Theo Beyer, Heinrich Jürgen Dahmlos, Klaus Eichelberger, Paul Golger, Manfred Morhard,
Helmut Traeder, Kurt Werdan
Herausgeber: Heinrich Jürgen Dahmlos

Bauzeichnen

4., neu bearbeitete Auflage

Bestellnummer 91142

Bildungsverlag EINS – Gehlen

Bildquellenverzeichnis: 13.2 M. Frühsorge, Hannover · 93.3 Volk und Wissen Verlag GmbH, Berlin · 94.2 Volk und Wissen Verlag GmbH, Berlin · 102.1 Volk und Wissen Verlag GmbH, Berlin · 103.1 Volk und Wissen Verlag GmbH, Berlin · 103.2 Volk und Wissen Verlag GmbH, Berlin · 104.1 Volk und Wissen Verlag GmbH, Berlin · 104.2 Volk und Wissen Verlag GmbH, Berlin 105.1 M. Frühsorge, Hannover · 105.2 Volk und Wissen Verlag GmbH, Berlin · 106.1 Volk und Wissen Verlag GmbH, Berlin 106.2 M. Morhard · 107.1 Volk und Wissen Verlag GmbH, Berlin · 164.1, 177.1, 181.1, 183.1, 182.1 Brununghoff, Heiden · 168.1, 170.3, 186.3, 188.3, 189.1, 190.1, 190.2, 190.3, 190.4 Nemetschek, München · 174.1, 175.1, 175.2, 175.3, 176.1 BAMTEC ® · 187.1 LEG/GSE · 196.1 M. Frühsorge, Hannover · 196.3 M. Frühsorge, Hannover · 416 DESOWAG, Düsseldorf · 417 DESOWAG, Düsseldorf

Umschlaggestaltung: Bauentwurf H.-J. Dahmlos, Gestaltung J. Dahmlos, Foto M. Frühsorge

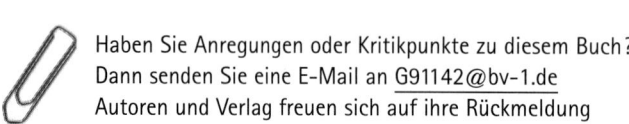

Haben Sie Anregungen oder Kritikpunkte zu diesem Buch?
Dann senden Sie eine E-Mail an G91142@bv-1.de
Autoren und Verlag freuen sich auf ihre Rückmeldung

www.bildungsverlag1.de

Gehlen, Kieser und Stam sind unter dem Dach des Bildungsverlages EINS zusammengeführt.

Bildungsverlag EINS
Sieglarer Straße 2, 53842 Troisdorf

ISBN 3-441-91142-3

© Copyright 2003: Bildungsverlag EINS GmbH, Troisdorf
Das Werk und seine Teile sind urheberrechtlich geschützt. Jede Verwendung in anderen als den gesetzlich zugelassenen Fällen bedarf deshalb der vorherigen schriftlichen Einwilligung des Verlages.

Vorwort

Diese „gezeichnete Fachkunde" wendet sich an alle, die mit Zeichnen und Zeichnungen für den Hochbau befasst sind:
- **Bauzeichner(innen)**, die sich noch in der Ausbildung an verschiedenen Schulen befinden oder bereits im Berufsleben stehen. Die vielen Aufgaben in den Grundfächern Zeichenübungen, Darstellende Geometrie, Perspektivisches Zeichnen, Bauzeichnen und Mauerwerksbau bieten Lehrern und Lernenden die Möglichkeiten der Auswahl von Übungen.
- **Hochbaustudenten**, denen das Bauzeichenbuch eine Hilfe bei der Anfertigung von Zeichnungen für unterschiedliche Studienbereiche bietet;
- **Poliere, Meister, Bautechniker und Bauingenieure**, die während ihrer Ausbildung und ihrer Berufstätigkeit Problemen des Lesens von Zeichnungen und der zeichnerischen Darstellung von bautechnischen Sachverhalten begegnen;
- **Architektur- und Ingenieurbüros**, deren Mitarbeitern mit dem Fachbuch auch ein umfangreiches Nachschlagewerk zur Verfügung steht.

Da das Bauzeichenbuch im gesamten deutschsprachigen Raum verbreitet ist, bietet es zum Teil auch einige landschaftsabhängige Lösungen.

In relativ kurzen zeitlichen Abständen wurde der fortschreitenden technischen Entwicklung und Normung durch mehrere Neubearbeitungen des Buches Rechnung getragen:
In diesem Zeichenbuch werden die Einsatzmöglichkeiten moderner CAD-Programme aufgezeigt.
Das herkömmliche Bauzeichnen wird in zunehmendem Maße durch das computergestützte Zeichnen ersetzt, wobei die Möglichkeiten des CAD über das Von-Hand-Zeichnen weit hinausgehen: Zeichnungen können einfacher bearbeitet werden, z. B. bei Änderungen, bei 3D-Darstellungen u. Ä. Massen- und Mengenberechnungen für Kalkulation und Ausschreibung erfolgen heute nahezu „automatisch" aus den Zeichnungen heraus.

Neben erforderlichen Erweiterungen, Verbesserungen und Berichtigungen (z. B. neue Rechtschreibung) wurden folgende Normenänderungen in diesem Fachbuch ausführlich berücksichtigt:
DIN ISO 128-23, 2000-03, Allgemeine Grundlagen der Darstellung
DIN 1045, 2001-07, Tragwerke aus Beton, Stahl- und Waschbeton
DIN ISO 3766, 1996-09, Vereinfachte Darstellung von Bewehrungen
DIN ISO 4066, 1996-09, Stabliste
DIN 18065, 2000-01, Gebäudetreppen
DIN 18195, 2000-08, Bauwerksabdichtungen

Für die Begrenzungen von teilweisen oder unterbrochenen Ansichten und Schnitten sind zurzeit gemäß den allgemeinen Zeichnungsnormen und den Normen für das Bauzeichnen unterschiedliche Linienarten vereinbart:
durchgezogene, schmale Linie,
Strichpunktlinie,
Zickzacklinie,
Freihandlinie.
In der vorliegenden Neuauflage werden alle vier Linienarten verwendet, da sie je nach Fachbereich und angewandter Norm in der Praxis anzutreffen sind.

Für Hinweise auf fachliche und pädagogische Verbesserungen des Standardwerkes „Bauzeichnen" sind wir den interessierten Nutzern dankbar.

Herausgeber und Autoren

Grundlagen des Bauzeichnens ... 8

1. Normung ... 8
2. Zeichengeräte ... 9
3. Zeichnungsträger ... 9
4. Zeichnungsmaßstäbe ... 11
5. Arten von Bauzeichnungen ... 12
6. Darstellung von Hochbauten ... 12
7. Schriftzeichen ... 13
7.1 Normschrift ... 14
7.2 Bauschrift ... 15
8. Linien ... 16
9. Bemaßungsrichtlinien ... 18
9.1 Maßeinheiten ... 18
9.2 Linien für die Bemaßung von Bauzeichnungen ... 18
9.3 Maßlinienbegrenzungen ... 18
9.4 Maßeintragungen ... 19
9.5 Höhenbemaßungen ... 19
10. Bemaßung von Grundrissen und senkrechten Schnitten ... 20
11. Schraffuren ... 22

Darstellende Geometrie ... 24

1. Geometrische Grundkonstruktionen ... 24
2. Parallelperspektiven ... 28
3. Rechtwinklige Parallelprojektion ... 30
3.1 Von der rechtwinkligen Parallelprojektion zum Raumbild ... 32
4. Schnitte an geometrischen Grundkörpern ... 34
4.1 Körper mit ebenen Flächen ... 34
4.2 Körper mit gekrümmten Oberflächen ... 37
4.3 Schnitte am Kegel ... 38
5. Darstellung von Baukörpern ... 41
6. Dachformen ... 43
7. Wahre Größen ... 46
7.1 Wahre Längen ... 46
7.2 Ebenen durch vier Punkte ... 48
7.3 Wahre Flächen ... 48
7.4. Abwicklungen von Zylindern und Kegeln ... 50
8. Zeichnerische Bestimmung wahrer Dachflächen ... 52
9. Durchdringungen ... 55
9.1 Körper mit ebenen Begrenzungsflächen ... 55
9.2 Körper mit gekrümmten Begrenzungsflächen ... 58

Perspektivisches Zeichnen ... 62

1. Zentralperspektiven ... 62
2. Eckperspektiven ... 65
3. Schlagschattenkonstruktion ... 75

Freihandzeichnen ... 80

1. Grundlagen des Freihandzeichnens ... 80
1.1 Der Zeichengrund ... 80
1.2 Die Zeichenmittel ... 80
2. Techniken des Skizzierens ... 82
2.1 Bildaufteilung und Plastizität ... 82
2.2 Skizzieren von Bauwerken ... 85
2.3 Ergänzungsskizzen für Entwurfszeichnungen ... 87

Baugeschichte ... 90

1. Altertum ... 90
1.1 Sumerische und ägyptische Baukunst ... 90
1.2 Griechische Baukunst 2000 v. Chr. bis 100 n. Chr. ... 90
1.3 Römische Baukunst 700 v. Chr. bis 325 n. Chr. ... 91
2. Baukunst im Mittelalter ... 94
2.1 Romanik – 1020 bis 1250 ... 96
2.2 Gotik – 1235 bis 1520 ... 99
3. Neuzeit ... 102
3.1 Renaissance – 1520 bis 1660 ... 102
3.2 Barock – 1660 bis 1735 ... 104
4. Baukunst im späten 18. und 19. Jahrhundert ... 106
5. Baukunst im 20. Jahrhundert ... 107

Bauzeichnen ... 108

1. Arten von Bauzeichnungen ... 108
1.1 Vorplanung ... 108
1.2 Vorentwurfszeichnungen ... 108
1.3 Bauvorlage- und Entwurfszeichnungen ... 109
1.4 Ausführungszeichnungen ... 114
1.5 Ergänzungen von Hochbauzeichnungen ... 114
2. Grundflächen und Rauminhalte ... 125
2.1 Begriffe ... 125
2.2 Berechnungsgrundlagen ... 125
2.3 Berechnung von Grundflächen ... 125
2.4 Berechnung von Rauminhalten ... 127

Computeranwendungen ... 128

1. Computerarbeitsplatz ... 128
1.1 Zur Geschichte des Computers ... 128
1.2 Einsatzgebiete ... 128
1.3 Hardware ... 129
1.4 Software ... 134
1.5 Ergonomie am Computerarbeitsplatz ... 134
2. Informationsaustausch mit Internet ... 135
2.1 Informationen im Internet ... 135
2.2 Herunterladen von Dateien ... 136
2.3 Austausch von Zeichnungen ... 136
3. Zeichnungsorganisation ... 136
3.1 Dateiorganisation ... 136
3.2 Archivierung von Projekten ... 136
3.3 Gemeinsamer Zeichnungspool ... 136
4. Kommunikationsunterlagen ... 137
4.1 Bericht ... 137
4.2 Skizze ... 137
4.3 Aktennotiz ... 137
4.4 Übernahme von Zeichnungen ... 137
5. Präsentationen ... 138
5.1 Zusammenstellung von Präsentationsunterlagen ... 138
5.2 Zielvorstellungen ... 138
5.3 Vorbereitung des Vortrages ... 138

5.4	Aufbau der Präsentation	138
6	CAD-Grundlagen	139
6.1	Befehlseingabemöglichkeiten (Menüs)	139
6.2	Koordinateneingabe	140
6.3	Strukturierung von CAD-Zeichnungen	141
6.4	Zeichnungshilfen	143
6.5	2D-Darstellungen	143
6.6	3D-Darstellungen	144
7	Bauplanung mit CAD	144
7.1	Bauteile einfügen	144
7.2	Bauteile modifizieren	145
7.3	Zeichnungsaufbau	146
7.4	Editieren	148
7.5	Bemaßen	149
7.6	Schraffieren	150
7.7	Beschriften	151
7.8	Makros und Blöcke nutzen	152
7.9	Hyperlinks einfügen	152
7.10	Pixelbilder einfügen	152
7.11	3D-Gebäudemodelle	153
7.12	Automatische Ableitung von Schnitten und Ansichten	153
7.13	Automatische Gewinnung von numerischen Daten	154
7.14	Fotorealistische Darstellungen	155
7.15	Plan-Layout und Plotten	157
7.16	Animationen	157
7.17	Planungsbeispiele mit CAD	158
8	CAD im Ingenieurbau	164
8.1	Vorteile der CAD-Technik im Ingenieurbau	164
8.2	Schaltpläne	164
8.3	Positionspläne	168
8.4	Flächenbewehrung mit Lagermatten	170
8.5	BAMTEC-Flächenbewehrung	174
9	CAD im Städtebau	186
10	CAD im Tief- und Straßenbau	189

Bauvorbereitungen ... **191**

1	Vermessungsarbeiten	191
1.1	Vermessungsarbeiten – Geräte und Techniken	192
1.2	Quer- und Längsprofile	196
2	Bausanierung	198
2.1	Aufmaßtechniken	199
2.2	Ausführung von Sanierungen	202
3	Baueingabe	205
3.1	Baugesetzbuch (BauGB)	205
3.2	Baunutzungsverordnung (BauNVO)	206
3.3	Bauordnungsrecht der Länder	207
3.4	Verordnung über Bauvorlagen im baubehördlichen Verfahren	209
3.5	Baukosten und Finanzierung	210
4	Der Bauvertrag	212
4.1	Rechtliche Grundlagen	212
4.2	VOB Teil A – Angebotsverfahren	213
4.3	VOB Teil B – Vertragsinhalte	213
4.4	VOB Teil C – Technische Vorschriften	214
4.5	AVA – Ausschreibung, Vergabe, Abrechnung	214
4.6	Besondere Unternehmensfunktionen	214
5	Management am Bau	215
5.1	Projektsteuerung	215
5.2	Projektleitung	215
5.3	Facility Management	216
6	Baustelleneinrichtung	217

Mauerwerksbau ... **219**

1	Natursteinmauern	219
1.1	Arten von Natursteinmauern	220
1.2	Fugenbilder von Naturwerksteinmauern	222
2	Mischmauerwerk	222
3	Mauerwerk aus künstlichen Steinen	223
3.1	Künstliche Mauersteine	223
3.2	Bindemittel	227
3.3	Sand	227
3.4	Mörtel	228
3.5	Mauermaße	233
3.6	Mauerschichten und Mauerdicken	234
3.7	Mauerenden und Mauerverbände	235
3.8	Mauerzusammenstöße	239
3.9	Maueröffnungen und Öffnungsüberdeckungen	241
3.10	Schlitze, Aussparungen und Durchbrüche	248
3.11	Hausschornsteine	248
3.12	Wärmedurchlasswiderstandsgruppen, Sanierung und Verbände	253
3.13	Bewehrtes Mauerwerk	255
3.14	Nicht tragende Trennwände	255
4	Außenmauern	257
4.1	Verankerung der Außen- an der Innenschale	258
4.2	Durchfeuchtungsschutz von Außenmauern	259
5	Aussteifung von Hochbauten	262
5.1	Standsicherheit von Mauern	262
5.2	Verankerung von Mauern	264
6	Decken	265

Beläge: Putz, Estrich, Fliesen ... **267**

1	Putzarbeiten	267
1.1	Ausführung von Putzen	268
1.2	Putztechniken	269
1.3	Putzschäden	271
2	Estriche	271
2.1	Dämmstoffe für Estriche	273
2.2	Ausführung von Estrichbelägen	273
3	Fliesen- und Plattenarbeiten	275
3.1	Maße für Fliesen- und Plattenarbeiten	276
3.2	Belagkonstruktionen	277

Beton- und Stahlbetonarbeiten ... **280**

1	Baustoffe für Beton und Stahlbeton	281
1.1	Zement	281
1.2	Betonzuschläge	282
1.3	Zugabewasser	283
1.4	Betonzusätze	283
2	Eigenschaften des Frischbetons	284
2.1	Konsistenz und Temperatur des Betons	284
2.2	Betonarten	284
2.3	Trockenrohdichte des Betons	284
3	Dauerhaftigkeit des Betons	285
3.1	Expositionsklassen	285

3.2	Betonzusammensetzung	287
3.3	Betondeckung der Bewehrung	289
3.4	Verdichten des Betons	289
4	Eigenschaften des Festbetons	290
4.1	Betondruckfestigkeit	290
4.2	Nachbehandlung und Schutz des Betons	290
5	Betonstähle	291
5.1	Betonstabstähle	291
5.2	Biegen von Betonstabstählen	292
5.3	Längenzugaben	292
5.4	Flächenbewehrungen	293
5.5	Betonstahllagermatten	295
5.6	Unterstützungen der Bewehrungslagen	295
6	Bautechnische Unterlagen	297
6.1	Zeichnungen	297
6.2	Baubeschreibung	297
7	Grundlagen	298
7.1	Rechnerische Stützweiten	289
7.2	Bewehrungsregeln	298
7.3	Stabbündel	298
7.4	Verankerung der Längsbewehrung	298
7.5	Stöße von Längsstählen	300
7.6	Querbewehrungen von Übergreifungsstößen	303
8	Stabförmige Betonbauteile	304
8.1	Stahlbetonbalken und Plattenbalken	304
8.2	Balkenbewehrungen	304
8.3	Balkenlängsbewehrungen	304
8.4	Balkenbewehrungen aus Bügeln	305
8.5	Darstellungen von Balkenbewehrungen	305
8.6	Bevorzugte Stabformen	308
8.7	Stahlbetonstützen	308
9	Flächenförmige Betonbauteile	309
9.1	Vollplatten aus Ortbeton	309
9.2	Bewehrungen mit Lagermatten	311
9.3	Darstellungen von Lagermatten	311
9.4	Positionsplan für die Verlegung von Lagermatten	311
9.5	Verlegezeichnungen für Lagermatten	311
9.6	Stahlbetonwände	317
10	Stahlbetontreppen	319
11	Spannbeton	319
11.1	Baustoffe für Spannbeton	319
11.2	Spannverfahren	319

Gründungen ... **320**

1	Der Baugrund	320
1.1	Reaktionen des Baugrundes	321
1.2	Gründungsarten	322
1.3	Baugruben	325

Ausbauarbeiten ... **326**

1	Holzwerkstoffe	326
1.1	Lagenholz	326
1.2	Verbundplatten	327
1.3	Holzspanwerkstoffe	327
1.4	Holzfaserplatten	328
1.5	Holzwolle-Leichtbauplatten und Mehrschicht-Leichtbauplatten	328
1.6	Gipskartonplatten und Gipskartonverbundplatten	329
1.7	Faserzementplatten	329
2	Verkleidungen	330
2.1	Wandverkleidungen	330
2.2	Deckenverkleidungen	334
2.3	Türen	337
2.4	Haustüren	340
2.5	Holzfenster	343
2.6	Einfach-, Verbund- und Kastenfenster	344
2.7	Beanspruchungsgruppen für Fenster	347
2.8	Leichte Elementtrennwände	350
3	Glas	351
3.1	Flachgläser	351
3.2	Wärmeschutzgläser	351
3.3	Schallschutzgläser	352
3.4	Sicherheitsgläser	352
3.5	Brandschutzgläser	353
3.6	Glasbaustoffe	353

Treppenbau ... **354**

1	Vorschriften für Gebäudetreppen	354
2	Berechnungen für Gebäudetreppen	357
3	Treppenformen	359
4	Stufenarten	359
5	Verziehen von Stufen	360
6	Tragekonstruktionen für Stufen	366
7	Darstellung von Treppenanlagen	368

Zimmerarbeiten und Ingenieurholzbau ... **370**

1	Bauholz	370
1.1	Wachstum der Bäume	371
1.2	Vollholz	372
1.3	Brettschichthölzer	374
1.4	Duo- und Triobalken	374
1.5	Hobeldielen	375
1.6	Parkett	375
1.7	Holzpflaster	377
1.8	Fußleisten	377
1.9	Furniere	378
1.10	Zeichnerische Darstellungen von Bauholz	378
2	Mechanische Holzverbindungsmittel	379
2.1	Nägel	379
2.2	Holzschrauben	380
2.3	Bolzen	382
2.4	Stabdübel und Passbolzen	383
2.5	Klammern	384
2.6	Nagelplatten	385
2.7	Rechteckige Dübel	385
2.8	Dübel besonderer Bauart	386
2.9	Holzverbinder	386
3	Holzbalkenlagen	388
4	Holzhausbau	391
4.1	Fachwerkbau	392
5	Dachtragwerke	396
5.1	Pfettendächer	396
5.2	Sparren- und Kehlbalkendächer	405
6	Dachraumbelichtungen	409

7	Nagelbinder	412
8	Holzschutz	414
8.1	Tierische Holzschädlinge	414
8.2	Pflanzliche Holzschädlinge	414
8.3	Vorbeugender chemischer Holzschutz	415
8.4	Bekämpfender chemischer Holzschutz	415
8.5	Konstruktiver Holzschutz	416

Klempner- und Dachdeckerarbeiten ... 420

1	Klempnerarbeiten	420
1.1	Dachrinnen	420
1.2	Regenfallrohre und Fallrohranschlüsse	421
1.3	Größenbemessung für Dachentwässerungen	422
2	Dachdeckerarbeiten	423
2.1	Bahndeckungen	424
2.2	Tafeldeckungen	426
2.3	Schuppendeckungen	426
2.4	Rohrdeckungen	427

Entwässerung ... 430

1	Drainung	430
1.1	Abwasserarten	430
1.2	Planungsrichtlinien	430
1.3	Bestandteile einer Drainung	432
2	Ausführung von Drainleitungen	433
3	Regen- und Schmutzwasserentsorgung	435
3.1	Entwässerungssysteme	435
3.2	Leitungsarten	435
3.3	Rohrarten, Kontrollschächte und Abscheider	436
3.4	Planungsrichtlinien	437

Haustechnik ... 440

1	Elektroinstallation	440
1.1	Gefahren des elektrischen Stromes	440
1.2	Schutzmaßnahmen	441
1.3	Gebäudeinstallation	442
1.4	Beleuchtung	445
1.5	Einbruchsicherung	448
1.6	Blitzschutz	449
1.7	Sonstige elektrische Installationen	449
2	Heizungsinstallation	450
2.1	Physikalische Grundbegriffe	450
2.2	Heizkörper	450
2.3	Leitungen	451
2.4	Wärmeerzeuger	452
2.5	Brennstofflagerung	454
2.6	Regelung und Steuerung	454
3	Sanitärinstallation	456
3.1	Planungsgrundlagen	456
3.2	Rohrinstallationen	459
3.3	Sanitäreinrichtungen	461

Bautenschutz ... 464

1	Wärmeschutz	464
1.1	Physikalische Grundlagen	465
1.2	Mindestanforderungen nach DIN 4108	468
1.3	Wärmeübergang	469
1.4	Wärmedurchgang durch Bauteile und Luftschichten	470
1.5	Temperaturen auf und in Bauteilen	470
1.6	Ermittlung des Temperaturverlaufs	471
1.7	Energiesparverordnung	471
1.8	Nachweisverfahren	472
1.9	Wärmedämmstoffe	473
2	Klimabedingter Feuchteschutz	475
2.1	Tauwasserschutz bei Flachdächern	475
2.2	Tauwasserschutz bei geneigten Dächern	476
2.3	Wasserdampf	478
2.4	Tauwasserbildung im Inneren von Bauteilen	480
2.5	Das Rechenverfahren nach Glaser	482
2.6	Kapillare Wasseraufnahme	483
2.7	Hygroskopische Wasseraufnahme	483
2.8	Kapillarkondensation	483
2.9	Richtiges Heizen und Lüften	483
3	Bauwerksabdichtungen	484
3.1	Abdichtungsstoffe	485
3.2	Ausführungen gegen Bodenfeuchte und nicht stauendes Sickerwasser	486
3.3	Ausführungen gegen von außen drückendes Wasser und aufstauendes Sickerwasser	486
4	Schallschutz	490
4.1	Bauakustische Grundbegriffe	490
4.2	Luftschalldämmung	491
4.3	Luftschalldämpfung	493
4.4	Trittschalldämmung	494
4.5	Körperschalldämmung	496
4.6	Schutz gegen Außenlärm	496
5	Brandschutz	497
5.1	Baustoffklassen	497
5.2	Feuerwiderstandsklassen	497
5.3	Bauaufsichtliche Bestimmungen	498
5.4	Klassifizierte Bauteile	499

Ökologisches Bauen ... 504

1	Energiesparhaus	504
2	Baustoffe	509
3	Baukonstruktionen – ökologisch	510
3.1	Wände	510
3.2	Wintergärten	511
3.3	Begrüntes Dach	513
4	Haustechnik	515

Stahlbau ... 518

1	Werkstoff Stahl	518
2	Korrosionsschutz	518
3	Verbindungen	524
4	Stahlbauteile	528
5	Aussteifung von Stahlskelettbauten	533

Tiefbau ... 534

1	Bodeneinteilung	534
2	Bodenaushub	535
3	Gebäudesicherung	537
4	Wasserhaltung	539

Sachwortverzeichnis ... 540

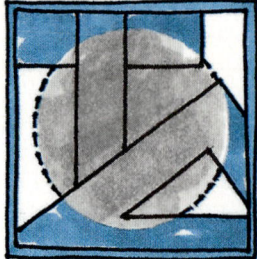

Grundlagen des Bauzeichnens

Die Arbeiten im Hoch- und im Tiefbau gestalten unsere Welt und beeinflussen damit unser Wohlbefinden. Veränderungen im Privat- und Berufsleben, die Entwicklung der Freizeitgestaltung und eine zunehmende Sensibilität für Umweltfragen stellen stets wechselnde Forderungen an die Planer.

Entsprechend dem Planungsfortschritt werden Zeichnungen angefertigt, die von Freihandskizzen bis zu Ausführungszeichnungen reichen und in denen Form, Nutzung und technische Einrichtungen des Bauwerks bis zur endgültigen Gestaltung weiterentwickelt werden. Lebens- und Arbeitsgewohnheiten des Bauherrn sowie Sachzwänge wie Vorschriften, Verordnungen, örtliche Gegebenheiten, Finanzierungsmöglichkeiten u. Ä. beeinflussen die Planung häufig erheblich. Bauzeichnungen sind daher wichtige Kommunikationsmittel zwischen Auftraggeber, Planer, Behörden, Finanzierungsinstituten und Bauunternehmern.

Die Anfertigung von Bauplänen setzt beim Bauzeichner nicht nur eine Begabung in grafischer Hinsicht voraus, sondern erfordert auch räumliches Vorstellungsvermögen. Er muss in der Lage sein, Planungsideen in Zeichnungen umzusetzen, sowohl auf Zeichnungsträgern herkömmlicher Art als auch mithilfe von modernen CAD-Systemen; darüber hinaus ist ein umfangreiches Wissen über Darstellungsarten mit unterschiedlichen Zeichengeräten, über einschlägige Normen, Verordnungen und Berechnungen ebenso erforderlich wie fundierte Kenntnisse über altbewährte und moderne Baustoffe und Konstruktionen.

Ferner muss sich der Bauzeichner Kenntnisse über die Bauvorbereitung erwerben; dazu gehören Baugenehmigungsverfahren, Bauvergabe und Vermessungsarbeiten. Baustellenbesuche vermitteln dem Zeichner zusätzlich Einsichten in Arbeitsverfahren und Arbeitsabläufe.

<table>
<tr><th>national</th><th>europaweit</th><th>international</th></tr>
<tr><td>z. B. DIN
Deutsches Institut für Normung e.V.
(Berlin, Köln)</td><td>z. B. EN
Europäisches Komitee für Normung CEN
(Brüssel)</td><td>ISO
Internationale Organisation für Normung
(Genf)</td></tr>
<tr><td>DIN</td><td>EN</td><td></td></tr>
<tr><td colspan="2">DIN EN</td><td></td></tr>
<tr><td colspan="3">DIN ISO</td></tr>
</table>

8.1 Gültigkeitsbereiche für Normen

1 Normung

Mit Normen werden in technischen Bereichen unterschiedliche Ziele verfolgt: Kommunikation, Verständigung, Planungserleichterung, Serienfertigung, Qualitätsgarantie für Baustoffe, Austauschbarkeit von Verschleißteilen u.a.

Seit dem Beginn des 20. Jahrhunderts gibt es Normen, die zunächst lediglich national gültig waren, später auch europaweit und international aufeinander abgestimmt wurden (Bild 8.1). Sind z.B. internationale Normen in das deutsche Normenwerk übernommen worden, werden sie mit DIN ISO und einer Normnummer gekennzeichnet (Bild 8.2), umfangreichere Normen können zusätzlich durch Teilnummern benannt werden und sind in ihrem Inhalt in Grundnormen, Fachgrundnormen und Fachnormen angelegt.

Arten von Normen. Bevor eine Norm in Kraft tritt, muss sie verschiedene Stadien durchlaufen:

- Der Norm-Entwurf, auf gelbem Papier gedruckt (Gelbdruck), wird der Öffentlichkeit zur Stellungnahme bis zu einem Einspruchsdatum vorgelegt. Die vorzeitige Anwendung einer derartigen Norm ist u. U. mit dem Vertragspartner abzusprechen.
- Die Vornorm gilt lediglich für eine begrenzte Zeit, in der noch weitere Erfahrungen gesammelt werden sollen.
- Die endgültige Norm, der so genannte Weißdruck, verpflichtet alle Beteiligten zur Einhaltung.
- Die Kreuzausgabe (X) unterscheidet sich nur unwesentlich von vorangegangenem Weißdruck, sie kann weiterhin unbedenklich angewendet werden.

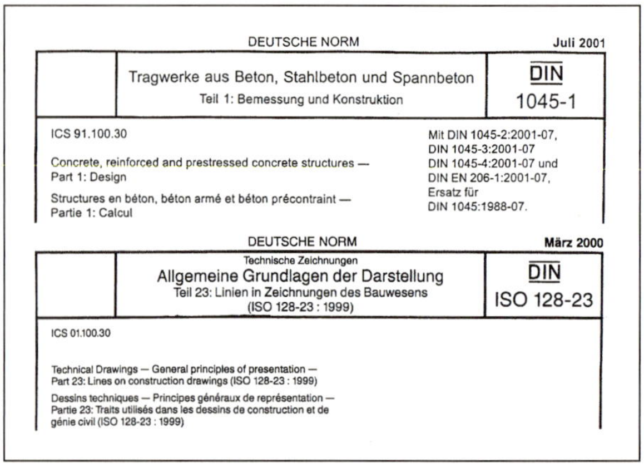

DEUTSCHE NORM — Juli 2001

Tragwerke aus Beton, Stahlbeton und Spannbeton
Teil 1: Bemessung und Konstruktion

DIN 1045-1

ICS 91.100.30

Concrete, reinforced and prestressed concrete structures — Part 1: Design

Structures en béton, béton armé et béton précontraint — Partie 1: Calcul

Mit DIN 1045-2:2001-07, DIN 1045-3:2001-07, DIN 1045-4:2001-07 und DIN EN 206-1:2001-07, Ersatz für DIN 1045:1988-07.

DEUTSCHE NORM — März 2000

Technische Zeichnungen
Allgemeine Grundlagen der Darstellung
Teil 23: Linien in Zeichnungen des Bauwesens
(ISO 128-23 : 1999)

DIN ISO 128-23

ICS 01.100.30

Technical Drawings — General principles of presentation — Part 23: Lines on construction drawings (ISO 128-23 : 1999)

Dessins techniques — Principes généraux de représentation — Partie 23: Traits utilisés dans les dessins de construction et de génie civil (ISO 128-23 : 1999)

8.2 Kopfzeilen für Normen

2 Zeichengeräte

Eine Vielzahl von Zeichengeräten wird für das Technische Zeichnen angeboten: Zeichenmaschinen, Zeichenplatten, Zeichenschienen, Zeichendreiecke, Maßstäbe, Reißzeuge und Zubehör wie Anspitzer, Radierer, Schablonen.

- Bleistifte für Vor- und Reinzeichnungen werden in unterschiedlichen Härten verwendet. Die Minen bestehen aus Graphit, dessen Anteil die Schwärze des Striches beeinflusst und aus Ton, der die Festigkeit ergibt. Feinminen werden aus Kunststoffverbindungen hergestellt. Für Bauzeichnungen werden die Härten HB bis 4H bevorzugt. Die Minen haben entweder einen Holzmantel oder werden von Klemminenhaltern bzw. Feinminenstiften gehalten.
- Tuschezeichengeräte werden vor allem für Reinzeichnungen sowie für Beschriftungen eingesetzt. Zu den Tuschezeichengeräten gehören Zeichen-, Reiß- und Trichterfedern, Graphostuschefüller und der am häufigsten angewendete Röhrchentuschefüller.
- Für die Anfertigung von technischen Zeichnungen können auch Filz-, Faser- bzw. Kugelschreiber, Tintenroller oder Pinsel benutzt werden.
- Zeichentusche ist vorwiegend schwarz, sie besteht aus destilliertem Wasser, Ruß und Schellack oder Ähnlichem. Außerdem werden deckende und transparente Tuschen in vielen Farben angeboten.

3 Zeichnungsträger

Zeichnungsträger sollten maßhaltig, fest und widerstandsfähig gegen Umwelteinflüsse sein; außerdem muss die Oberfläche Blei und/oder Zeichentusche gut annehmen sowie möglichst radierfest sein. Die wichtigsten Zeichnungsträger sind:

- Zeichenpapier, das im Wesentlichen aus Zellstoff, Textilien oder Altpapier und Leim besteht. Zeichenpapiere werden in Gramm pro Quadratmeter gehandelt: Papier bis 170 g/m², Halbkarton bis 200 g/m², Karton bis 500 g/m², Pappe über 500 g/m².
Zeichenpapiere können in 2 Gruppen eingeteilt werden: Undurchsichtiges (opakes) Papier, Zeichenkarton genannt. Durchsichtiges (transparentes) Papier, das auch unter der Bezeichnung Klarpapier bekannt ist (40 bis 150 g/m²). Zeichenpapiere werden nach der Ausführung der Zeichnung gewählt: Eine Tuschezeichnung wird auf einer glatten Oberfläche angefertigt, Bleizeichnung auf einer etwas rauhen (matten) Fläche dargestellt. Einige Zeichnungsträger haben zur Auswahl je eine glatte und eine matte Seite.
- Zeichenfolien werden aus Kunststoffen (PVC, Polyester) in den Ausführungen glasklar, mattiert oder undurchsichtig mit einer Dicke von 0,05 mm bis 0,2 mm hergestellt. Gegenüber Zeichenpapier sind Zeichenfolien maßhaltiger, dauerhafter und radierfester.
- Besondere Zeichnungsträger genügen sehr hohen Ansprüchen, sie bestehen aus zwei äußeren Lagen aus undurchsichtigem Zeichenpapier und einer mittleren Lage Aluminiumfolie, Polyesterfolie oder einem quer zur Herstellungsrichtung verlaufenden Zeichenkarton.
- Vordrucke für technische Zeichnungen gibt es in 1-, 2- und 5-mm-Teilung sowie für isometrische und dimetrische Projektionen.

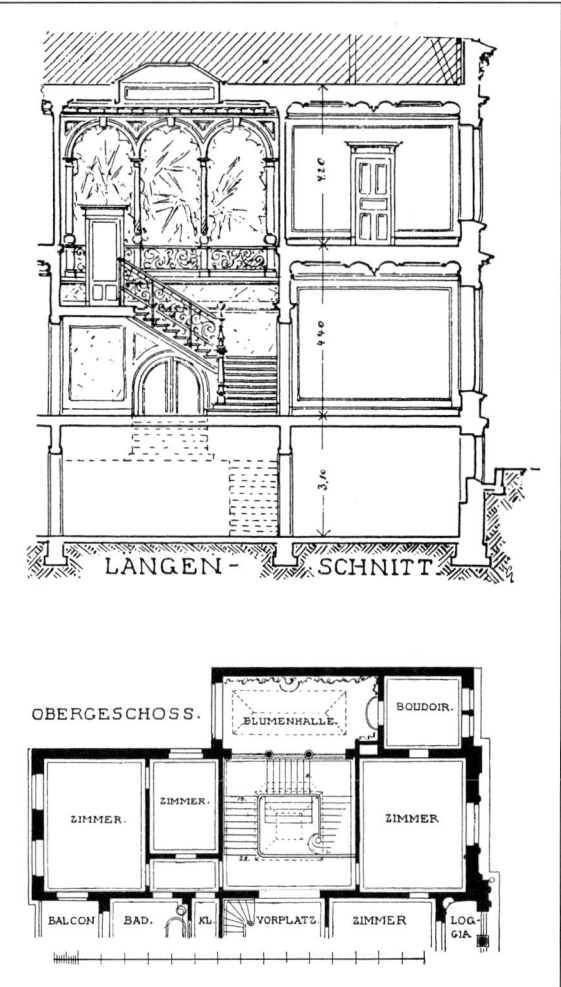

9.1 Bauzeichnung, um 1910

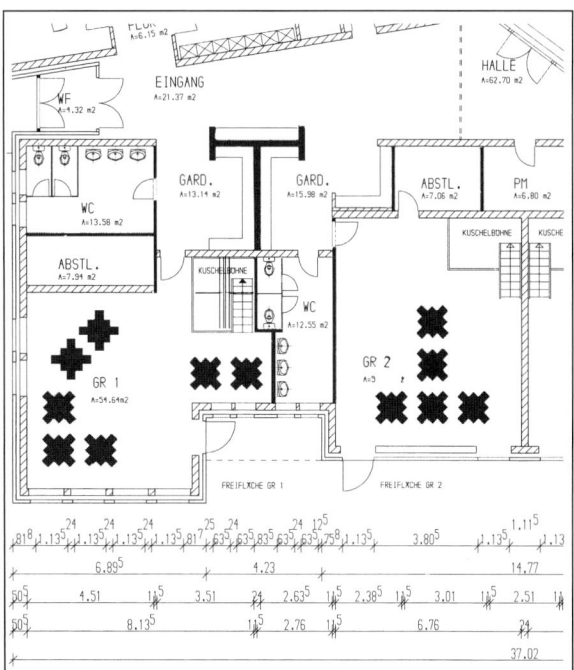

9.2 Bauzeichnung, vom Plotter erstellt

Grundlagen des Bauzeichnens

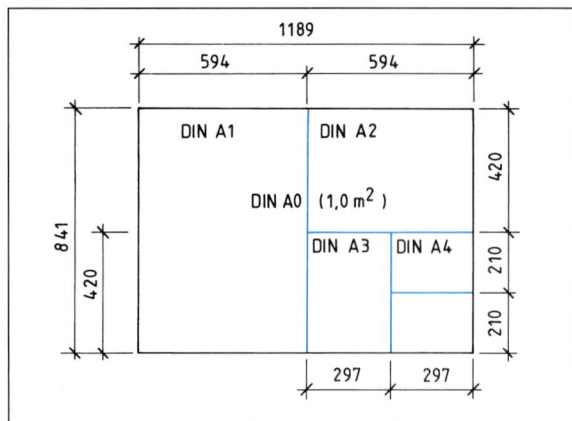

10.1 Zeichenblattformate

Kurz-zeichen	Blattgrößen	
	beschnitten mm	unbeschnitten mm
A0 (1,0 m²)	841 · 1189	880 · 1230
A1	594[1] · 841	625 · 880
A2	420[1] · 594	450 · 625
A3	297 · 420	330 · 450
A4	210 · 297	440 · 330

[1] 1/2 mm Abweichung

10.2 Bezeichnungen und Größen von Zeichnungsträgern

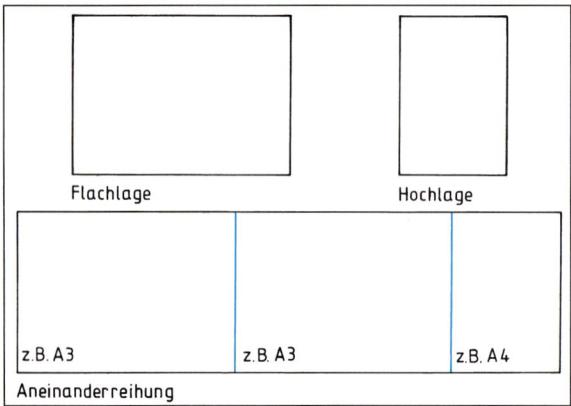

10.3 Lageformate

Zeichenblattformate. Zeichnungsträger werden in Rollen von 33 cm bis 183 cm Breite oder in Formatbögen geliefert, deren Größe in der so genannten A-Reihe genormt ist. Bei den Zeichenblättern werden beschnittene und unbeschnittene Blattformate unterschieden. Beschnittene Blätter haben das Ausgangsformat DIN A0, das bei dem Seitenverhältnis $1 : \sqrt{2}$ eine Größe von $1,0 \, m^2$ hat (Bild 10.1 und Tab. 10.2). Aus dieser Größe entstehen die weiteren Blattformate durch fortlaufendes Halbieren der jeweils größeren Seite.

Einrichten von Zeichenblättern. Im Bild 10.3 sind die Entstehung der verschiedenen Blattformate, die Flach- und die Hochlage, die Möglichkeit der Aneinanderreihung von Formaten sowie die Maße der Zeichnungsränder dargestellt. Vervielfältigungen von Originalzeichnungen werden häufig auf DIN-A 4-Format gefaltet und abgeheftet. Dafür sind Lochungs- und Faltmarken (Bild 10.4) innerhalb des Zeichnungsrandes erforderlich, außerdem ist eine bestimmte Reihenfolge bei der Faltung zu beachten, damit die Vervielfältigung (Plot, Druck, Lichtpause oder Fotokopie) in abgeheftetem Zustand wieder entfaltet werden kann.
Bild 10.5 zeigt ein Schriftfeld, aus dem allgemeine Angaben hervorgehen.

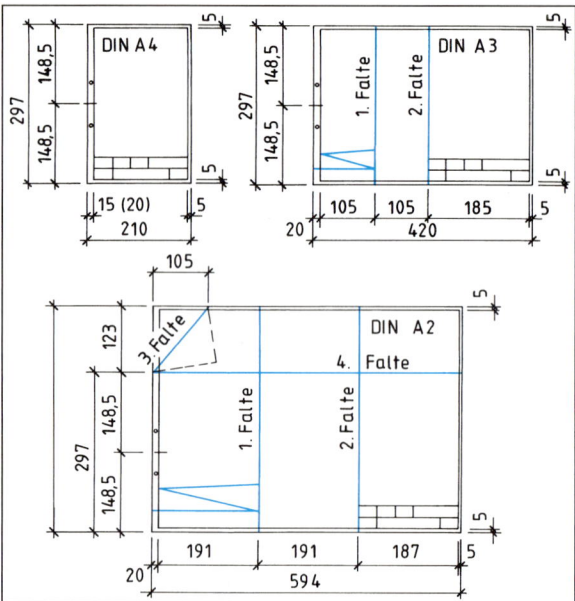

10.4 Lochungs- und Faltmarken

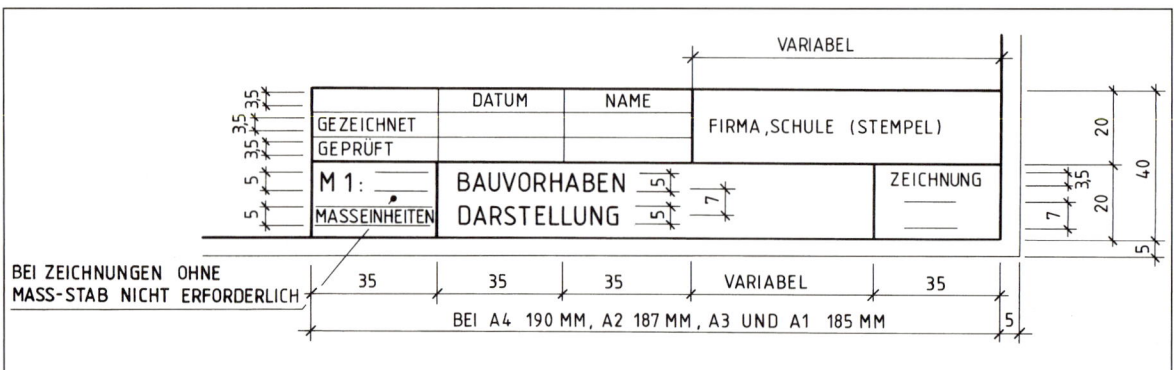

10.5 Schriftfeld zu Zeichnungsaufgaben

Grundlagen des Bauzeichnens 11

4 Zeichnungsmaßstäbe

Skizzen sind Freihandzeichnungen, die nicht maßstäblich sein müssen. Vor- und Reinzeichnungen dagegen werden vorwiegend maßstäblich angefertigt. Dafür wird ein Maßstab gewählt, der der Aufgabe der Zeichnung angemessen ist; nach der Größe der Darstellung richtet sich dann wiederum die Zeichenblattgröße.

Es sind drei Gruppen von Maßstäben zu unterscheiden:
- Vergrößerungsmaßstab n:1; n > 1 (großer Maßstab, für Bauzeichnungen selten; z.B. 2:1 oder 5:1).
- Natürlicher Maßstab 1:1 (für Detailzeichnungen).
- Verkleinerungs-(Reduktions-)maßstab 1:n; n > 1 (kleiner Maßstab, für die Mehrzahl der Bauzeichnungen).

Die Maßstäbe 1:2 und 1:2,5 können zu Irrtümern führen, weil sie der natürlichen Größe des Bauteils zu ähnlich sind. Für Bauzeichnungen gelten folgende Maßstäbe:
   1:1   1:5   1:10   1:20   1:25   1:50
         1:100   1:200   1:500   1:1000

Der Maßstab enthält eine Angabe über das Verhältnis von Darstellungsgröße zu wahrer Größe, z.B. bedeutet 1:50, dass 1,0 cm auf der Zeichnung einer natürlichen Länge von 50 cm entspricht.

Der Maßstab ist stets auf der Zeichnung anzugeben, dafür gibt es verschiedene Formen, z.B.:
M 1:50; Maßstab 1:20; MASS-STAB 1:10; 1:25; 1/200.
Sind auf einem Blatt Darstellungen in unterschiedlichen Maßstäben gezeichnet, muss jeder verwendete Maßstab angegeben werden.

Hinweis: Für M 1:5 und M 1:20 geht man von M 1:10 aus, indem man das 1:10-Maß verdoppelt bzw. halbiert; für M 1:50 und M 1:200 ist M 1:100 der Ausgangsmaßstab. Bei dem Maßstab 1:25 rechnet man
$$\frac{1}{100} \cdot 4 = \frac{1}{25}$$

Beispiele: Die wahre (natürliche) Länge 350 cm soll in den gängigen Maßstäben dargestellt werden:
M 1:10   M 1:5   M 1:20
$\frac{350\,cm \cdot 1}{10} = 35\,cm$; 35 cm·2 = 70 cm; 35 cm:2 = 17,5 cm
M 1:100   M 1:50   M 1:200
$\frac{350\,cm \cdot 1}{100} = 3{,}5\,cm$; 3,5 cm·2 = 7 cm; 3,5 cm:2 = 1,75 cm
M 1:25
$\frac{350\,cm \cdot 1}{100} \cdot 4 = 3{,}5\,cm \cdot 4 = 14\,cm$

Reduktions-(Verkleinerungs-)Maßstäbe erleichtern das maßstäbliche Zeichnen.

Aufgabe 1: Die in Bild 11.1 genannten wahren Längen sind in die geforderten Zeichnungsmaße umzurechnen.
Eine Zentimeterteilung auf dem Messgerät verlangt eine andere Art des Umrechnens: 1,0 cm entspricht als wahre Länge dem Nenner des Maßstabs, ebenfalls in cm.

Aufgabe 2: Die in Bild 11.2 aufgeführten Zeichnungsmaße sind in die geforderten wahren Längen umzurechnen.

wahre Länge cm	Zeichnungsmaß bei Maßstab						
	1:10 mm	1:5 mm	1:20 mm	1:100 mm	1:50 mm	1:200 mm	1:25 mm
10	10	20	5	1	2	0,5	4
12,5							
33							
50							
74							
100							
120							
137,5							
151							
160							
175							
185							
201							
211,5							
220							
225							
240							
249							
260							
280							
300							

Maßstabsberechnungen 1

▲ 11.1

▼ 11.2

Zeichnungsmaß mm	wahre Länge bei Maßstab						
	1:10 cm	1:5 cm	1:20 cm	1:100 cm	1:50 cm	1:200 cm	1:25 cm
5	5	2,5	10	50	25	100	12,5
7							
12							
19							
23							
26							
30							
32							
35							
37							
43							
47							
51							
60							
65							
72							
78							
84							
87							
90							
100							

Maßstabsberechnungen 2

5 Arten von Bauzeichnungen

Bauobjekte müssen in ihrer Gestalt und Funktion entwickelt und dargestellt werden. Ihre Standsicherheit ist in einer statischen Berechnung nachzuweisen, tragende Bauteile sind eventuell noch zusätzlich zeichnerisch zu erfassen.

Zeichnungen für die Objektplanung. Planung, Ausführung und gegebenenfalls eine Dokumentierung von Bauobjekten durchlaufen verschiedene Stadien, für die entsprechende Zeichnungen anzufertigen sind:
- Vorentwurfszeichnungen M 1:200 (1:500) enthalten das Entwurfskonzept hinsichtlich Hauptabmessungen, Gestalt, Funktion, Lage auf dem Baugrundstück, Einbindung in die Umgebung usw.
- Entwurfszeichnungen M 1:100 (1:200) stellen das gestalterisch und technisch durchgearbeitete Konzept dar.
- Bauvorlagezeichnungen M 1:100 (1:200, für Lagepläne u.Ä. auch 1:500 oder 1:1000) sind vor allem Entwurfszeichnungen, die den Bauvorlageverordnungen und Vorschriften des jeweiligen Bundeslandes entsprechen.
- Ausführungszeichnungen umfassen Zeichnungen in unterschiedlichen Maßstäben mit Einzelangaben: Werkzeichnungen M 1:50 (1:20) enthalten im Wesentlichen sämtliche Angaben für die Erstellung des Rohbaus einschließlich der Darstellung einiger Ausbauteile, z.B. der Türschläge, Art der Verglasung und ähnliches. Detailzeichnungen M 1:20, 1:10, 1:5, 1:1 ergänzen die Werkzeichnungen (Werkpläne) für besondere Ausschnitte mit zusätzlichen Angaben. Sonderzeichnungen enthalten Angaben für die Arbeiten einzelner Gewerke, z.B. Elektroinstallation, Be- und Entwässerung.
- Abrechnungszeichnungen dienen der Kostenabrechnung oder der Rechnungsprüfung.
- Baubestandszeichnungen, Bauaufnahmen, Baunutzungspläne im jeweils erforderlichen Maßstab sind zeichnerische Darstellungen bestehender Bauobjekte.

Zeichnungen für die Tragwerksplanung. Die Ergebnisse der statischen Berechnung müssen häufig in besonderen Zeichnungen dargestellt werden, um besondere Angaben zweifelsfrei und übersichtlich zu vermitteln:
- Positionspläne M 1:100 (1:50) enthalten z.B. Positionsnummern und weitere Angaben aus der statischen Berechnung wie Hauptmaße und Spannrichtungen.
- Tragwerksausführungszeichnungen werden in größerem Maßstab angefertigt.
- Schalpläne (1:50) geben die einzuschalenden Bauteile aus dem Stahlbeton-(Beton-)Bau in ihrer Form und ihren Abmessungen wieder.
- Rohbauzeichnungen bilden die Grundlage für die Herstellung des Tragwerkes. Sie enthalten Angaben über Form und Abmessungen von Aussparungen, Durchbrüchen, Anschlüssen und anderem.
- Bewehrungszeichnungen umfassen Angaben für die Bewehrungsarbeiten auf der Baustelle bzw. im Fertigteilwerk.
- Fertigteilzeichnungen werden für Fertigteiltragwerke aus Beton, Stahlbeton oder Mauerwerk zur Herstellung im Werk oder auf der Baustelle angefertigt.
- Verlegezeichnungen enthalten Angaben über den Zusammen- oder den Einbau von Fertigteilen.

6 Darstellung von Hochbauten

Baukörper müssen während der Planung für die Genehmigung und zu ihrer Errichtung eindeutig dargestellt werden; dies kann durch Ansichts-, Schnitt- und Detailzeichnungen erfolgen, bei deren Darstellung unterschiedliche Linienarten anzuwenden sind (Bild 13.1). Bei Strichpunktlinien dürfen die Punkte leicht strichförmig sein. Bis auf die Freihandlinie können die Linienarten breit, schmal (mittelbreit) oder fein (dünn) ausgeführt werden.

Ansichtszeichnungen:
- Draufsichten sind von oben gesehene Parallelprojektionen des Baukörpers auf die liegende Zeichenfläche.
- Ansichten (Aufrisse) sind von den Seiten gesehene Parallelprojektionen auf eine senkrecht stehend gedachte Zeichenfläche. Die Projektionslinien verlaufen dabei vorwiegend rechtwinklig zur Projektionsebene, das heißt, abgeknickte Bauteile erscheinen nicht in wahrer Größe, es sei denn, es wird ihre Abwicklung dargestellt.

Die Bezeichnung von Ansichten kann entweder auf die Himmelsrichtung weisen (Südansicht, Ansicht von Westen, Ansicht Ost) oder auf die Lage zu einem Ort (Straße, Platz).

Schnittzeichnungen sind Darstellungen **horizontal** oder **vertikal** geschnittener Bauteile. In Blickrichtung darf die Schnittebene verspringen, um möglichst viele Einzelheiten in einer Zeichnung zu erfassen.
- **Grundrisse** sind horizontal verlaufende, normalerweise etwa 1,50 m über dem Fußboden liegende Schnitte durch ein Gebäude, unter Umständen in verspringender Höhenlage, um möglichst viele Besonderheiten (z.B. Öffnungen und Ähnliches) zu erfassen. Grundrisse dienen vor allem den Längen- und Breitendarstellungen eines Gebäudes sowie deren Bemaßung.

Bei Grundrissen sind zwei Blickrichtungen denkbar, die je nach Erfordernis angewendet werden:

Von oben gesehen gibt der Grundriss unter anderem die Fußböden der Räume wieder, damit bietet diese Blickrichtung die Möglichkeit, z.B. Raumgrößen, Möblierung, Fußbodengestaltung, Leitungsführungen usw. einzutragen. Diese Art der Grundrissdarstellung wird von Architekten bei der Planung bevorzugt. Verdeckte Körperkanten werden durch gestrichelte Linien markiert. Konstruktionen, die über der Schnittebene liegen, werden durch Punktlinien dargestellt.

Gespiegelte Grundrisse, sozusagen von unten gesehen, sind Zeichnungen von Bauteilen, die über der horizontalen Schnittebene liegen. Diese Art der Blickrichtung wird für die Darstellung von besonderen Tragwerken gewählt.
- **Quer- und Längsschnitte** sind Aufrisse, die durch vertikale Schnittebenen entstehen, die ebenfalls verspringen dürfen, um z.B. möglichst viele Öffnungen, die Treppenanlage oder den Schornstein zu erfassen. Der vertikale Schnittverlauf ist in Grundrissen durch breite Strichpunktlinien zu markieren, die unter Umständen durch eine Angabe über die Blickrichtung ergänzt werden. Sichtbare Körperkanten werden durch Volllinien, verdeckte Körperkanten durch Strichlinien dargestellt. Hinter der Schnittebene „im Rücken des Betrachters" liegende Bauteile können durch Punktlinien dargestellt werden. Quer- und Längsschnitte dienen vor allem der Markierung von Höhenmaßen sowie der Angabe über die Baustoffe.

7 Schriftzeichen

Ein wesentlicher Bestandteil technischer Zeichnungen ist die Beschriftung (Maße, Zeichen, Bezeichnungen, Text); sie soll eindeutig lesbar, in ihrer Ausführlichkeit dem Maßstab der Zeichnung angemessen und mindestens 2,5 mm hoch sein.
Die unterschiedlichen Schrifthöhen (h) steigern sich etwa um den Faktor $\sqrt{2}$: **2,5 ; 3,5 ; 5,0 ; 7,0 ; 10 ; 14 mm** usw. Damit sind die Schrifthöhen dem Seitenverhältnis der Zeichenblattformate angepasst, um z. B. Mikrofilmrückvergrößerungen problemlos weiter beschriften zu können.
Die Schrift kann freihändig bzw. mithilfe von Schablonen oder Aufreibefolien ausgeführt werden.

7.1 Normschrift

Die Normschrift ist eine international angewendete Schriftart mit großen und kleinen Buchstaben, die es in vier unterschiedlichen Formen hinsichtlich der Schriftbreite und der Schriftneigung gibt:
Schriftform A schmal (Linienbreite h/14)
     B mittelbreit (Linienbreite h/10)
Schriftneigung v – vertikal, (senkrecht zur Leserichtung)
     k – kursiv (in 75° zur Leserichtung)

Von den genannten Möglichkeiten werden die Schriftarten **Bv** (mittelbreit, vertikal) und **Bk** (mittelbreit, kursiv) am häufigsten angewendet. Sämtliche Maße der Schriftform B sind auf Nennhöhen-Zehntel abgestimmt (Tab. 13.1).

Das freihändige normgerechte Schreiben macht es erforderlich, zunächst grundsätzliche Merkmale jedes einzelnen Zeichens zu erkennen, sich danach deren Breite im Verhältnis zu ihrer Höhe einzuprägen und dabei das Schriftzeichen zu üben (Bild 14.1).
- Die Zeichen der geraden und der schrägen Normschrift stehen in einem Rechteck bzw. einem Parallelogramm unterschiedlicher Breite.
- In die gedachten Flächen werden die Zeichen geschrieben, die weitgehend aus Geraden bestehen sollen.
- Das Zusammentreffen horizontaler Linien mit senkrechten bzw. in 75° geneigten Linien soll möglichst winklig sein. Kommen Rundungen vor, sind sie relativ klein zu zeichnen. Ausnahmen sind die Null, die Sechs und die Neun, die runden Klammern, das Prozent- und das Durchmesserzeichen.
- Bei der schrägen Normschrift müssen die Achsen vom Ä, M, V, W, X, Y in 75° verlaufen.
- Die Punkte bei dem i, dem j und bei den Umlauten sind sorgfältig auszuführen und nicht als Strich darzustellen.
- Die runden und die eckigen Klammern haben 1/10 h Unterlänge.
- Das √-Zeichen hat eine zusätzliche Oberlänge von 3/10 h.
- Die in Tabelle 13.1 aufgeführten Abstände zwischen Schriftzeichen und Wörtern sind Mindestmaße, die je nach zusammentreffenden Zeichenformen variieren werden müssen, damit das Schriftbild fließend und ohne Bruch erscheint.
- Die Reihenfolge der Strichführung ist individuell unterschiedlich, obgleich es hierfür Anleitungen gibt.

Beschriftungsteil, Bezeichnung	Verhältnis	Maße mm				
Höhe der Großbuchstaben, h	$\frac{10}{10}h$	2,5	3,5	5,0	7,0	10,0
Linienbreite, d	$\frac{1}{10}h$	0,25	0,35	0,5	0,7	1,0
Höhe der Kleinbuchstaben, c (ohne Ober- und Unterlängen)	$\frac{7}{10}h$	1,75	2,5	3,5	5,0	7,0
Ober- und Unterlängen, f	$\frac{3}{10}h$	0,75	1,0	1,5	2,0	3,0
Mindestabstand zwischen Schriftzeichen, a	$\frac{2}{10}h$	0,5	0,7	1,0	1,4	2,0
Mindestabstand zwischen Grundlinien bei Zeilen ohne Unterlängen (Großbuchstaben), b	$\frac{14}{10}h$	3,5	5,0	7,0	10,0	14,0
mit Unterlängen, b	$\frac{16}{10}h$	4,0	6,0	8,0	11,5	16,0
Mindestabstand zwischen Wörtern, e	$\frac{6}{10}h$	1,5	2,0	3,0	4,0	6,0

13.1 Einzelmaße für die Normschriftform B

Liniengruppe	Zeichnungsmaßstab	Schmale Linie mm	Breite Linie mm	Sehr breite Linie mm	Linienbreite für grafische Symbole mm
0,25	bis 1 : 100	0,13	**0,25**	0,5	0,18
0,35	1 : 50	0,18	**0,35**	0,7	0,25
0,5	1 : 20	0,25	**0,5**	1,0	0,35
0,7	1 : 10	0,35	**0,7**	1,4	0,5
1,0	1 : 5, 1 : 1	0,5	**1,0**	2,0	0,7

13.2 Empfohlene Linienbreiten

Aufgabe 1: (Bild 14.2). DIN-A4-Karton mit Rand, Schriftfeld und Lochungsmarke einrichten (Bilder 10.4 und 10.5). Schriftlinien für Schrifthöhe 7 mm (Bild 13.1) und Schriftneigungslinien in 75° dünn in Blei (2H) vorzeichnen. Schriftgruppen in Normschrift Bk in Blei (HB) freihändig vorzeichnen, Fehler verbessern und in Tusche oder mit Filzstift nachzeichnen.

Aufgabe 2: (Bild 14.3). Wie Aufgabe 1, jedoch 5 mm hohe Normschrift Bv. Evtl. senkrechte Hilfslinien mit 2H.

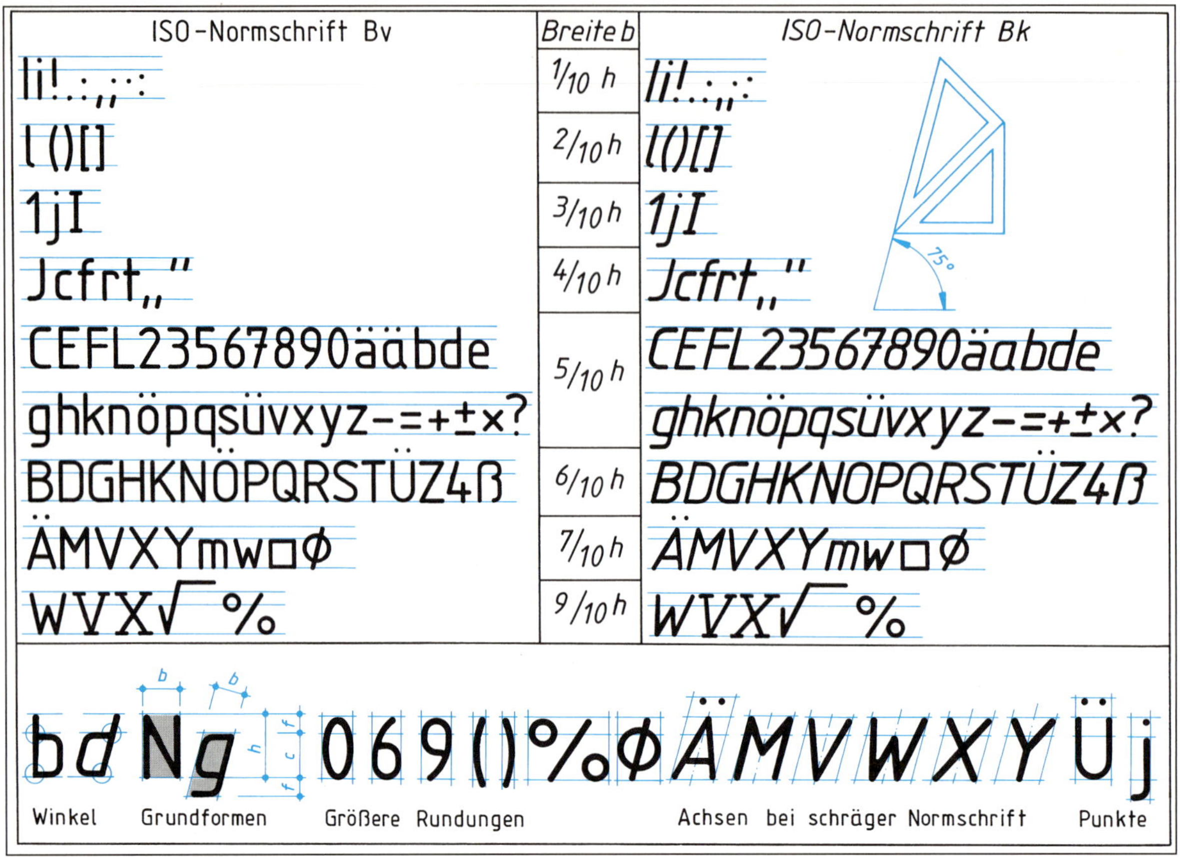

14 Grundlagen des Bauzeichnens

ISO-Normschrift Bv	Breite b	ISO-Normschrift Bk
Ii!.:,;:	1/10 h	Ii!.:,;:
[()[]	2/10 h	[()[]
1jI	3/10 h	1jI
Jcfrt„"	4/10 h	Jcfrt„"
CEFL23567890ääbde	5/10 h	CEFL23567890ääbde
ghknöpqsüvxyz-=+±x?		ghknöpqsüvxyz-=+±x?
BDGHKNÖPQRSTÜZ4ß	6/10 h	BDGHKNOPQRSTÜZ4ß
ÄMVXYmw□ø	7/10 h	ÄMVXYmw□ø
WVX√ %	9/10 h	WVX√ %

bd **Ng** 069()%øÄMVWXYÜj

Winkel — Grundformen — Größere Rundungen — Achsen bei schräger Normschrift — Punkte

14.1 Mittelbreite ISO-Normschrift

▼ 14.2

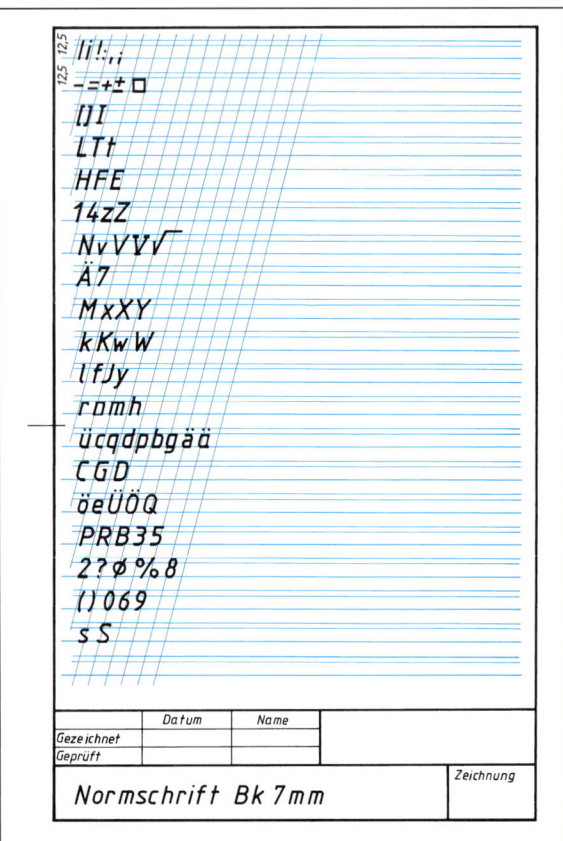

Normschrift Bk 7mm

▼ 14.3

Normschrift Bv 5mm

7.2 Bauschrift

Die Bauschrift wird für Architekturzeichnungen bevorzugt, sie umfasst außer den Ziffern und Zeichen lediglich Großbuchstaben, deren Form jeweils aus einem Quadrat entwickelt ist. Man nennt diese Schrift deshalb auch „Capitalis quadrata", sie wird freihändig geschrieben.

- Die Schriftzeichenbreiten sind auf Siebentel der Quadratbreite bezogen, von 0,5/7 für das I bis 9/7 für M und W (Bild 15.1).
- Rundungen bei Schriftzeichen sollen kreisförmig sein.
- Eine Hilfslinie in halber Schrifthöhe kann für die Zeichen H, F, E, K, X, Y, A und G von Nutzen sein.
- Die Ziffern 1 und 0 haben Schrifthöhe.
- Die geraden Ziffern 2, 4, 6 und 8 haben 1/7 Oberlänge.
- Die ungeraden Ziffern 3, 5, 7 und 9 haben 1/7 Unterlänge.
- Die Linienbreite beträgt mit Ausnahme der 2,5 mm hohen Schrift ca. 1/14 der Schrifthöhe (Tab. 15.2).

Weil die Formen der Schriftzeichen sehr unterschiedlich sind, ist darauf zu achten, dass die Freiflächen zwischen den einzelnen Zeichen etwa gleich groß sind; die Freiflächengröße zwischen dem Doppel-T gilt dabei als Anhalt (Bild 15.3). Die Abstände zwischen Wörtern sollen ebenfalls nicht linear, sondern, flächig gesehen, etwa gleich groß sein.

Aufgabe 1: (Bild 15.4). DIN-A4-Blatt vorbereiten. Blatteinteilung mit 11 mm Grundlinienabständen für 7 mm Schrifthöhe vornehmen. Die Bauschriftgruppen und Wörter in Blei (HB) freihändig vorzeichnen, Fehler verbessern und mit Tusche oder Filzstift nachzeichnen.

Aufgabe 2: (Bild 16.1). Wie Aufgabe 1, jedoch 7,5 mm Grundlinienabstand und 5 mm Schrifthöhe.

Schrifthöhe mm	Linienbreite mm	Kleinster Grundlinienabstand mm
2,5	0,25	4,0
3,5	0,25	6,0
5,0	0,35	8,0
7,0	0,5	11,0
10,0	0,7	15,0

15.2 Bauschriftmaße

15.3 Freiflächen

15.4 ▼

15.1 Bauschrift

▲ 16.1

8 Linien

Eine technische Bauzeichnung besteht aus Linien, deren Breite und Art unterschiedliche Bedeutung haben. In Bild 13.2 sind die üblichen Linienbreiten in Abhängigkeit vom Zeichnungsmaßstab aufgeführt. Die Linienbreiten nehmen etwa im Verhältnis 1:2:4 zu und werden in den Linienbreiten „schmal", „breit" und „sehr breit" unterschieden.

Linienarten, Anwendungen und Beispiele

Volllinie, schmal
Je nach Maßstab auch Volllinie breit.
Begrenzungen unterschiedlicher Werkstoffe in Ansichten und Schnitten. Schraffuren. Diagonallinien von Öffnungen, Durchbrüchen und Aussparungen. Pfeillinien in Treppen, Rampen und geneigten Ebenen. Rasterlinien 1. Ordnung. Kurze Mittellinien. Maßhilfslinien. Maßlinien und Maßlinienbegrenzungen. Hinweislinien. Vorhandene Höhenlinien in Zeichnungen für Außenanlagen. Sichtbare Umrisse von Teilen in der Ansicht. Vereinfachte Darstellung von Türen, Fenstern, Treppen, Armaturen usw. Umrahmung von Einzelheiten.

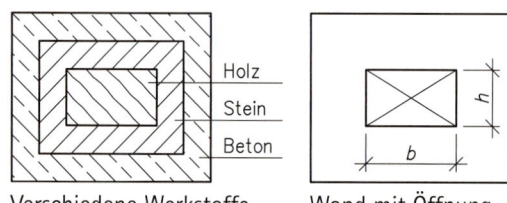

Verschiedene Werkstoffe — Wand mit Öffnung

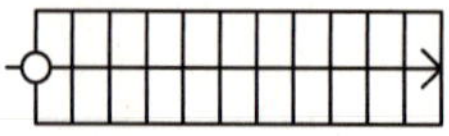

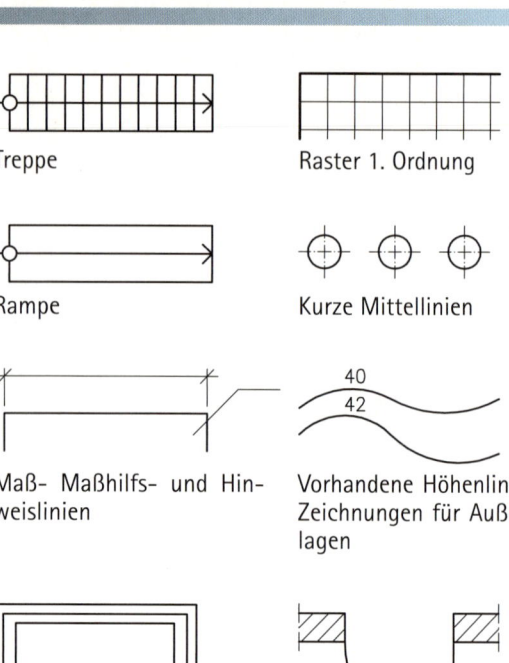

Treppe — Raster 1. Ordnung
Rampe — Kurze Mittellinien
Maß-, Maßhilfs- und Hinweislinien — Vorhandene Höhenlinien in Zeichnungen für Außenanlagen
Tür 
Fenster — Fenster
Umrahmungen von Einzelheiten

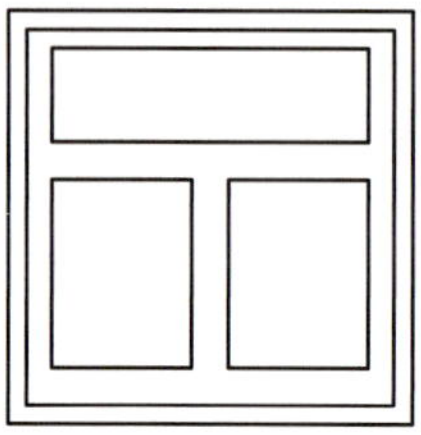

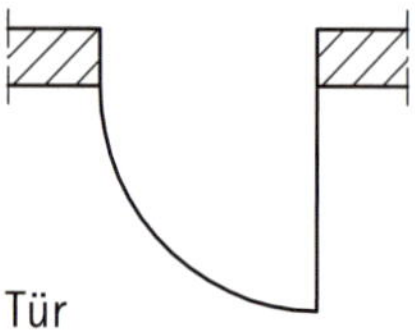

Zickzacklinie, schmal 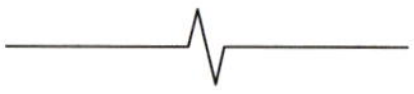
Begrenzungen von teilweise oder unterbrochenen Ansichten und Schnitten, wenn die Linie nicht eine Strichlinie ist.

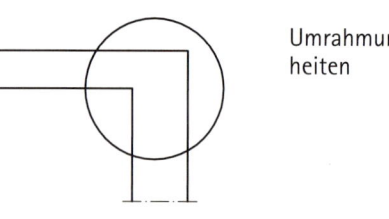

Begrenzungen

Volllinie, breit
Je nach Maßstab auch Volllinie schmal.
Sichtbare Umrisse von Teilen in Schnitten und Schraffur. Begrenzungen unterschiedlicher Werkstoffe in Ansichten und Schnitten. Sichtbare Umrisse von Teilen in der Ansicht. Vereinfachte Darstellung von Türen, Fenstern, Treppen, Armaturen usw. Rasterlinien 2. Ordnung. Pfeillinien zur Kennzeichnung von Ansichten und Schnitten. Projektierte Höhenlinien in Zeichnungen für Außenanlagen.

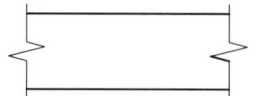

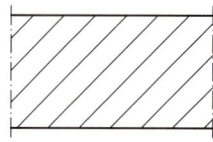

Schnitt mit Schraffur

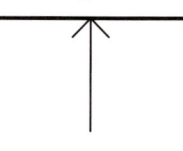

Blickrichtung

Grundlagen des Bauzeichnens

Volllinie, sehr breit
Sichtbare Umrisse von Teilen in Schnitten ohne Schraffur. Bewehrungsstähle. Linien von besonderer Bedeutung.

Schnitt ohne Schraffur — Bewehrungsstähle

Strichlinie, schmal
Je nach Maßstab auch Strichlinie breit.
Nicht sichtbare verdeckte Umrisse. Vorhandene Höhenlinien in Zeichnungen für Außenanlagen. Unterteilung von Pflanzflächen, Rasen.

Strichlinie, breit
Je nach Maßstab auch Strichlinien schmal.
Nicht sichtbare verdeckte Umrisse.

Verdeckte Umrisse — Unterteilung von Pflanzflächen

Strichlinie, sehr breit
Bewehrungsstähle in der unteren Lage einer Draufsicht bzw. hinteren Lage einer Seitenansicht.

Untere bzw. hintere Lage von Bewehrungsstählen

Strichpunktlinie, schmal
Schnittebenen. Mittellinien. Symmetrielinien. Rahmen für vergrößerte Einzelheiten. Bezugslinien. Begrenzungen von teilweisen oder unterbrochenen Ansichten und Schnitten.

Symmetrielinien — Bezugslinien

Strichpunktlinie, breit
Schnittebenen. Umrisse von sichtbaren Teilen vor der Schnittebene.

Schnittebene — Schnittebene

Stütze / Unterzug — Sichtbare Teile vor der Schnittebene

Strichpunktlinie, sehr breit
Zweitrangige Linien für Lagebezeichnungen und beliebige Bezugslinien. Kennzeichnung von Linien oder Oberflächen mit besonderen Anforderungen. Grenzlinien für Verträge, Phasen, Bereiche usw.

Oberfläche mit besonderer Anforderung

Strich-Zweipunktlinie, schmal
Alternativ- und Grenzstellungen beweglicher Teile. Schwerlinien. Umrisse angrenzender Teile.

Schwingtor — Alternativ- oder Grenzstellung — Angrenzende Teile

Strich-Zweipunktlinie, breit
Umrisslinie nicht sichtbarer Teile vor der Schnittebene.

Stütze / Unterzug — Verdeckte Teile vor der Schnittebene

Strich-Zweipunktlinie, sehr breit
Vorgespannte Bewehrungsstähle und Bewehrungsseile.

Vorgespannte Bewehrungsstähle und -seile

Punktlinie, schmal
Umrisse von nicht zum Objekt gehörenden Teilen.

Nicht zum Projekt gehörender Teil

Freihandlinie
bei manuell erstellten Zeichnungen
Holz im Quer- und im Längsschnitt.

Holz im Querschnitt — Holz im Längsschnitt oder in der Ansicht

Grundlagen des Bauzeichnens

Maßeinheiten	Maße unter 1,00 m			Maße ab 1,00 m	
m	0,05	0,24	0,885	1,00	3,375
cm	5	24	88,5	100	337,5
cm, m	5	24	88^5	1,00	3,37^5
mm	50	240	885	1000	3375

18.1 Einheiten und Schreibweise von Maßzahlen

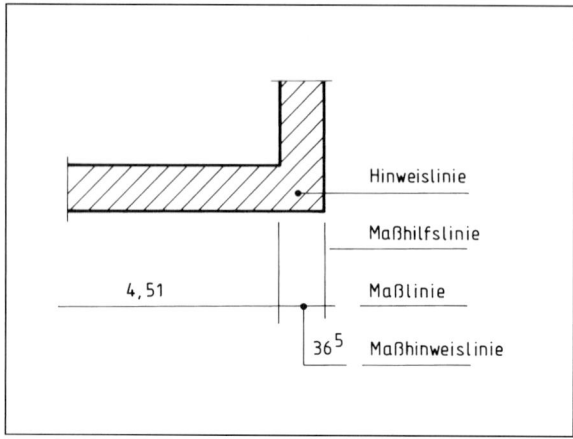

18.2 Linien für die Bemaßung

Darstellung	Bezeichnung Merkmale	Übliche Anwendung
1,01	Punkt $\varnothing \approx$ 1/2 Schrifthöhe	Zeichnungen mit kleinem Maßstab
2,50 / 1,75	Kreis (schmal) $\varnothing \approx$ 2/3 Schrifthöhe, mit Linienkreuzung, ohne Linienkreuzung	Ausführungszeichnungen u.Ä.
4,26 / 4,26 / 2,00 / 2,00	Schrägstrich (schmal, breit) 45° in Kommarichtung zu der zugehörigen Maßzahl (von oben rechts nach unten links in Leserichtung der Zeichnung), etwa 4 mm lang	Skizzen, Entwurfszeichnungen, Stahlbeton-Zeichnungen
15°	Pfeil $\approx$ 15°, $\approx$ 6 mm lang, schwarz ausgelegt	Metallbau- und andere Ingenieurzeichnungen, Rundungs- und Winkelbemaßungen
	Kreuz (liegend)	Achsbemaßungen

18.3 Maßlinienbegrenzungen

9 Bemaßungsrichtlinien

Für die Bemaßung von Bauzeichnungen sind allgemein übliche Richtlinien zu beachten, um ein zweifelsfreies Lesen der Zeichnung zu gewährleisten.

9.1 Maßeinheiten

Auf Bauzeichnungen kommen Bauteile vor, die in unterschiedlichen Maßeinheiten (m, cm, mm) bemaßt werden; z.B. werden Mauerwerksmaße in cm und/oder in m, Holzabmessungen in m, cm oder in mm, Metallbaumaße in mm angegeben. Die in einer Zeichnung enthaltenen Maßeinheiten sind in dem Schriftfeld zu vermerken. In Tab. 18.1 sind die Möglichkeiten der Schreibweise für Maßzahlen in Abhängigkeit von den Maßeinheiten zusammengestellt. Die Beispiele der dritten Zeile werden auf Bauzeichnungen bevorzugt. Für sie gilt die Regel:
Maße unter 1,00 m werden in cm angegeben, Maße ab 1,00 m in m. Sowohl bei cm- als auch bei m-Bemaßung werden Bruchteile von cm, also mm, als Hochzahl geschrieben.

9.2 Linien für die Bemaßung von Bauzeichnungen

Der Bezug der Maßzahlen zu den Bauteilen ist eindeutig zu markieren (Bild 18.2):
- Maßlinien sind vorwiegend durchgezeichnete, zu dem zu bemaßten Teil parallel verlaufende Linien.
- Maßhilfslinien geben die Begrenzung des jeweiligen Maßes an, sie werden, mit Ausnahme der Bemaßung von Raumbildern, rechtwinklig zur Maßlinien gezeichnet und berühren, im Gegensatz zu Maschinenbauzeichnungen, auf Bauzeichnungen die eigentliche Darstellung nicht.
- Hinweislinien dienen vor allem der näheren Baustoffbezeichnung, soweit die Art der Darstellung (z.B. Schraffur) einer weiteren Erklärung bedarf. Maßhinweis- und Hinweislinien können zur Verdeutlichung an ihrem Anfang einen Bezugspunkt haben.

9.3 Maßlinienbegrenzungen

Die Reichweite eines Maßes wird nicht nur durch Maßhilfslinien bestimmt, sondern durch zusätzliche Maßlinienbegrenzungen markiert, die auch bei einer Bleizeichnung vorwiegend in Tusche ausgeführt werden und unterschiedliche Formen haben können (Tab. 18.3).
- Auf einer Zeichnung ist außer Pfeilen (z.B. Bogenbemaßung) und Punkten (Platzmangel) nur eine Form der Maßlinienbegrenzung zu verwenden.
- Werden bei der Darstellung sehr schmaler Teile Maßlinienbegrenzungskreise angewendet, die einander überschneiden würden, wird der eine Kreis durchgehend, der andere gegenstoßend gezeichnet.
- Bei Pfeilen enden deren Spitzen an den Maßhilfslinien.
- Passen Pfeile nicht zwischen Maßhilfslinien, stoßen sie von außen an oder werden durch Punkte ersetzt.
- Kreis-, Kreisteil- und Winkelmaße werden vorzugsweise durch Pfeile begrenzt.
- Achsbemaßungen können durch liegende Kreuze markiert werden.

9.4 Maßeintragungen

Im Bild 19.1 sind die üblichen Maßeintragungen dargestellt:
- Das Lesen der Maßzahlen soll vornehmlich von unten oder von rechts erfolgen. Die Leserichtung von links ist für die markierten Bereiche zu vermeiden.
- Die Maßzahl wird über die Maßlinie geschrieben, das Höhenmaß von Öffnungen in Grundrisszeichnungen unter die Maßlinie. In Ausnahmefällen kann die Maßzahl zwischen eine dafür unterbrochene Maßlinie gesetzt werden.
- Passt eine Maßzahl nicht zwischen die Maßlinienbegrenzungen, wird sie vorzugsweise oberhalb rechts oder unterhalb links eingetragen. ist dieses nicht möglich, kann die Maßzahl entweder der Höhe nach versetzt angeordnet werden oder es erfolgt der Bezug durch eine Maßhinweislinie.
- Statt Kommata sind auch Punkte möglich.

9.5 Höhenbemaßungen

Höhenmaße müssen sowohl in Grundrissen als auch in senkrechten Schnitten, seltener in Ansichten angegeben werden (Bild 20.1).
- Steht ein Höhenmaß im Zusammenhang mit einem Breitenmaß, erfolgt die Angabe in Form eines Bruches: Breite (Zähler)/Höhe (Nenner). Diese Schreibweise wird bei Rechtecken angewendet, wenn deren Abmessungen lediglich durch Maßzahlen mit Maßhinweislinien angegeben werden. Dabei ist unter Umständen die Einbaulage des Teils zu berücksichtigen, z.B. wird ein in Flachlage eingebauter Rechteckquerschnitt mit 20/10 bemaßt.
Bei Öffnungsbemaßungen in Grundrisszeichnungen werden die Breitenmaße über, die Höhenmaße unter die Maßlinie geschrieben.
- Höhenmaße können auch ohne Maßlinien in Zeichnungen durch Höhenmarken dargestellt werden. Diese Höhenangaben beziehen sich vor allem auf Flächen, Brüstungshöhen, Sturzunterkanten und Ähnliches.

Rohbauhöhen – schwarzes gleichseitiges Dreieck
Fertighöhen – helles gleichseitiges Dreieck
Der Maßbezug kann durch eine zusätzliche Angabe näher erklärt werden (Tab. 19.2).

Höhe/Bauteil	Abkürzung
Oberkante	OK
Unterkante	UK
Fundament	FU
Terrain	T
Brüstungshöhe	BRH
Rohfußboden	RFB
Fertigfußboden	FFB
Kellergeschoss	KG
Untergeschoss	UG
Erdgeschoss	EG
Obergeschoss	OG
Erstes Obergeschoss	1. OG
Zweites Obergeschoss	2. OG
Dachgeschoss	DG

19.2 Höhenangaben für Flächen in Grundrissen und Schnitten

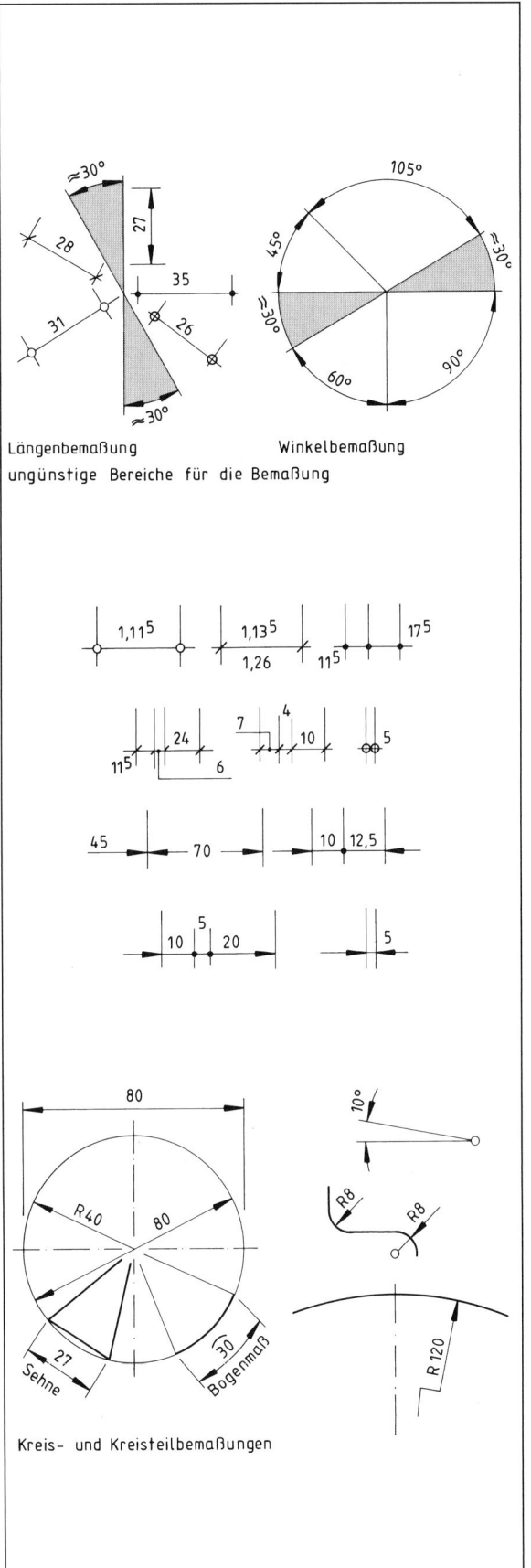

19.1 Maßeintragungen

Grundlagen des Bauzeichnens

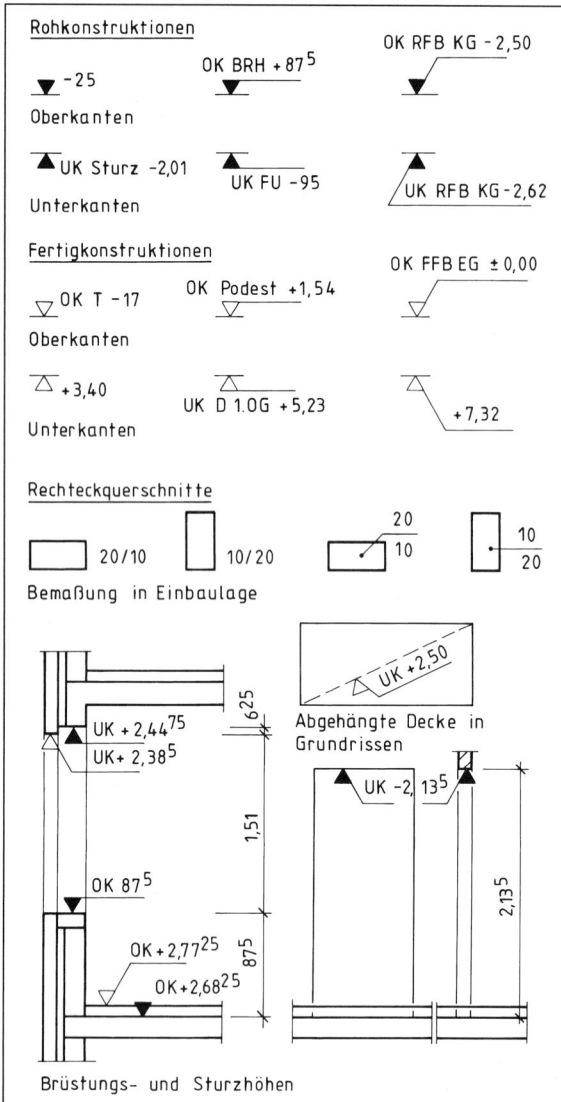

20.1 Höhenbemaßungen

Höhenmaße (Bild 20.1) werden vorwiegend auf OK FFB EG ± 0,00 bezogen. Die Höhe über oder unter Normal-Null (NN), Straßenhöhe oder Ähnliches kann hinzugefügt werden. Die Höhen für die über der Bezugshöhe ± 0,00 liegenden Bauteile werden, von dort gemessen, als positives Maß in die Zeichnung geschrieben, die Maße unterhalb ± 0,00 als negatives Maß. Brüstungs- und Sturzhöhen sowie Unterseitenhöhen abgehängter Decken werden häufig von der darunter liegenden zugehörigen Rohfußbodenhöhe aus bemaßt. In Grundrissen werden Räume mit abgehängter Decke durch eine gestrichelte Diagonale mit Höhenangabe markiert.

10 Bemaßung von Grundrissen und senkrechten Schnitten

Der Umfang der Grundrissbemaßung richtet sich nach der Art und dem Maßstab der Zeichnung. In Grundrisszeichnungen werden außer einigen Höhenmaßen (Öffnungshöhen, Gelände- und Fußbodenhöhen) vor allem Horizontalmaße angegeben, weil es sich bei dieser Art der Darstellung um einen horizontal verlaufenden Schnitt durch das Gebäude handelt.

Horizontale Bemaßungen in Grundrissen. Im Bild 21.1 sind drei Arten von Grundrissbemaßungen zusammengestellt, die je nach Schwerpunkt und Aufgabe der Zeichnung zu unterscheiden sind.

Dabei ist die Maßkette mit den meisten und auch kleinsten Maßen aus Gründen der Übersichtlichkeit dem Grundriss nächstliegend, jedoch außerhalb, anzuordnen. Bild 20.2 zeigt die vier maximal erforderlichen Maßketten mit ihren Abständen von der Darstellung:

- Pfeiler-, Vorsprungs- und Öffnungsbreitenmaße ergeben in ihrer Addition das Gesamtmaß.
- Mauerdicken und Raummaße ergeben ebenfalls die Gesamtlänge. Diese Maßkette kann auch innerhalb des Grundrisses eingetragen werden. Dabei ist die Raummitte nach Möglichkeit für weitere Eintragungen frei zu halten.
- Vor- und Rücksprungsmaße sind in einer gesonderten Maßlinie zu erfassen.
- Gesamtmaße werden am weitesten außen vorzugsweise unterhalb und rechts von der Darstellung eingetragen. Summen der Einzelmaße jeder Maßkette sind untereinander und mithilfe des Gesamtmaßes zu kontrollieren.
- Achsbemaßungen der Außenmaueröffnungen werden bevorzugt, wenn Öffnungen unterschiedlicher Breite in verschiedenen Geschossen axial zueinander liegen sollen.
- Bemaßungen durch Koordinaten werden beim Fertigteilbau, bei Bauaufnahmen und anderem angewendet. Ergänzende Angaben in einer Grundrisszeichnung beziehen sich vor allem auf den Schnittverlauf sowie die Raumnutzung, die Art des Fußbodenbelages, die Rohbaufläche und den Raumumfang.

Höhenbemaßungen in Grundrissen. Außer den Öffnungshöhen (unterhalb der Öffnungsbreite) werden in Grundrissen Flächenhöhen angegeben und mit Höhenzeichen markiert. Die Roh- und die Fertighöhen werden vorzugsweise in der Nähe von Höhenwechselstellen (Treppen,

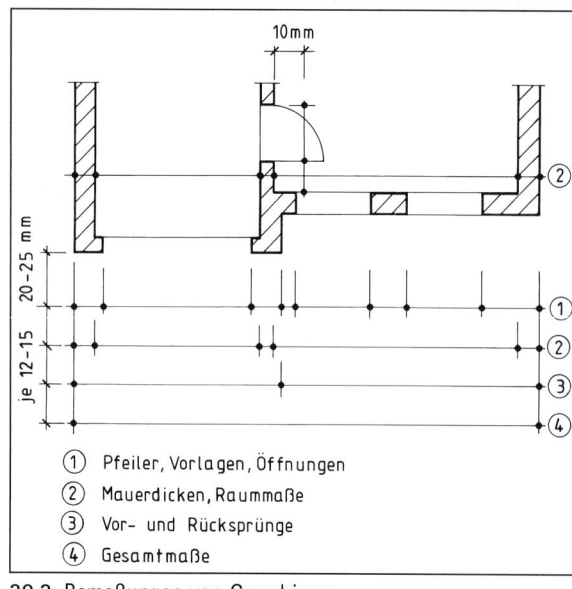

20.2 Bemaßungen von Grundrissen

Grundlagen des Bauzeichnens

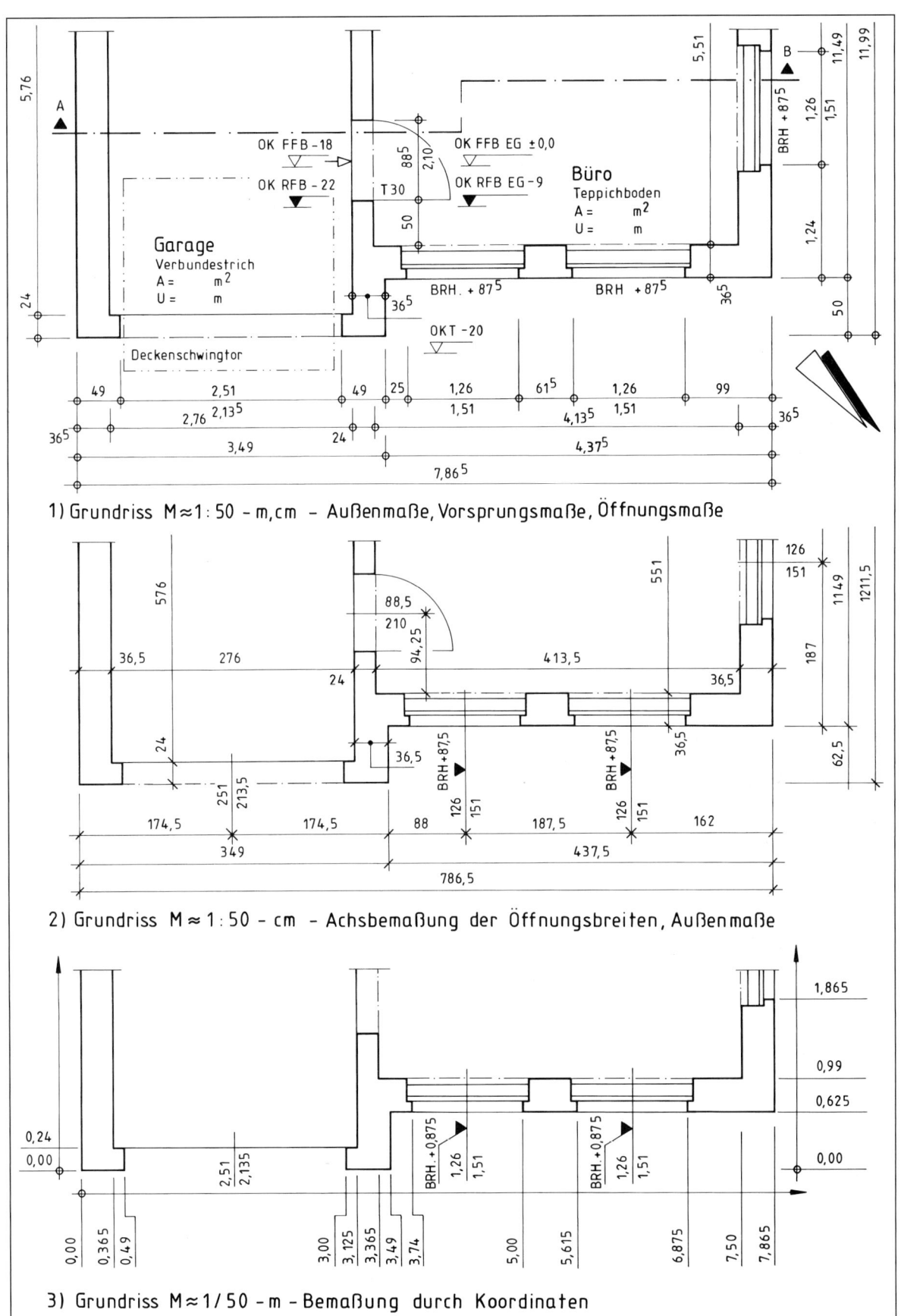

21.1 Arten der Bemaßung von Grundrissen

Grundlagen des Bauzeichnens

Rampen, Anschlägen) bemaßt. Brüstungs-, Sturz- und Terrainhöhen werden ebenfalls eingetragen.

Quer- und Längsschnitte dienen vor allem der Bemaßung von Höhen, weniger der horizontalen Längenbemaßung (Bild 22.1). Geschoss- und andere Höhen werden an Maßlinien geschrieben. Flächenhöhen, die häufig durch ein Nivellement bestimmt werden, können durch Maße an Höhenmarken für den Rohbau und den Fertigbau bestimmt werden. Steigungen und Gefälle werden vornehmlich in Prozent (%) angegeben und durch einen Richtungspfeil gekennzeichnet:

- Ein Gefälle von 3% ergibt auf 100 cm horizontaler Strecke eine Höhendifferenz von 3 cm.
- Neigungen können ebenfalls durch Höhenmaß/Grundmaß oder durch eine Winkelangabe festgelegt werden.

11 Schraffuren

Um technische Zeichnungen über die Anwendung unterschiedlicher Linienarten und Linienbreiten hinaus noch aussagekräftiger zu gestalten, können die Schnittflächen zusätzlich hervorgehoben werden (Tab. 23.2).
- Umrandung mit breiten Volllinien in Blei oder Tusche.
- Flächiges Anlegen mit Tusche, Blei oder Klebefolie.
- Eine Schraffur, die gleichzeitig Auskunft über den Baustoff geben kann.
- Eine betonte Umrandung und eine zusätzliche Schraffur.

Schraffurlinien werden in der Regel nicht vorgezeichnet, sondern zum Ende der Zeichenarbeit ausgeführt. Aneinanderstoßende Schnittflächen sind im Richtungswechsel zu schraffieren.

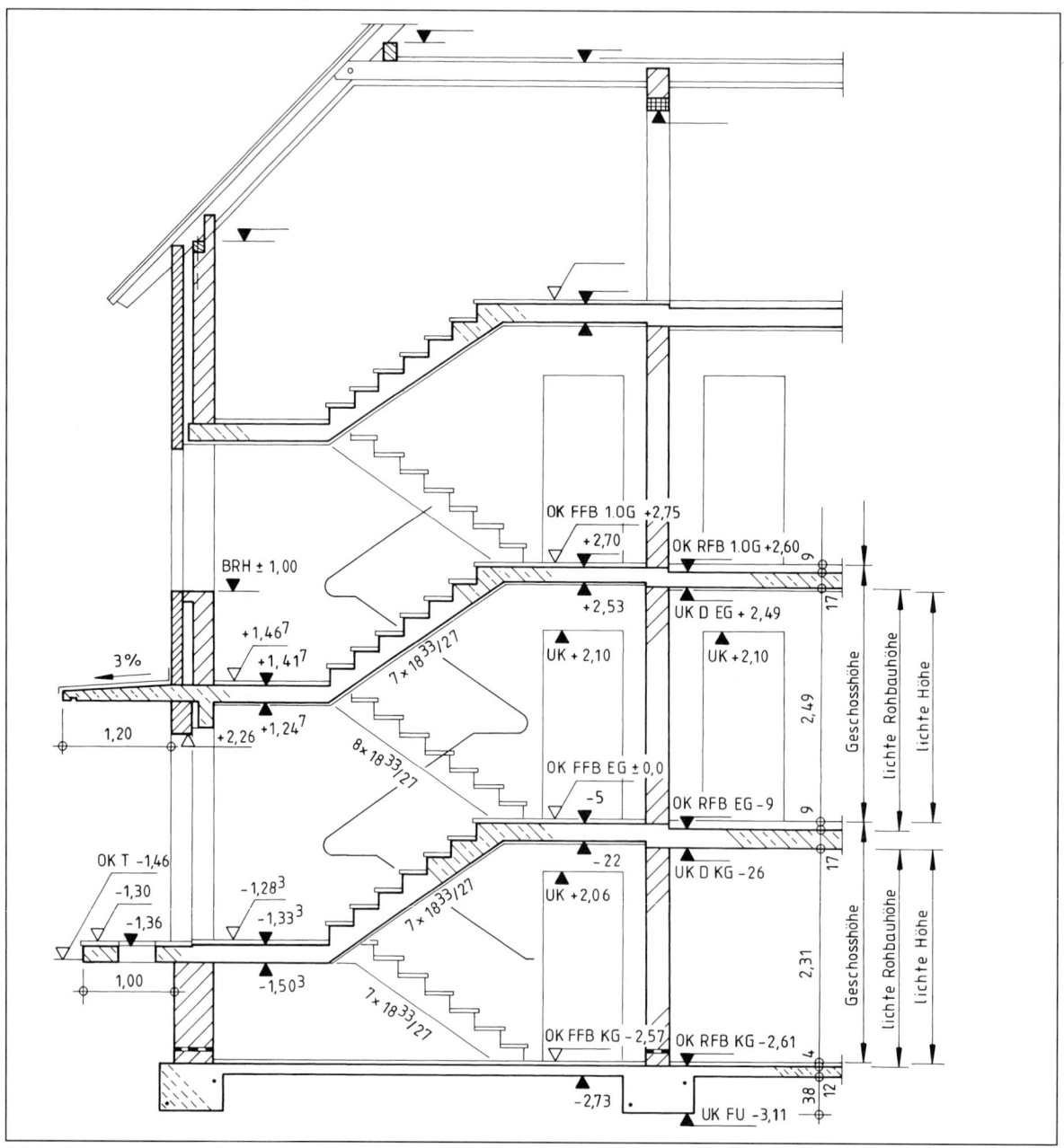

22.1 Höhenangaben in einer senkrechten Schnittdarstellung

Grundlagen des Bauzeichnens

Ausführungsrichtlinien für Schraffuren:
Im Bild 23.1 sind die für Bauzeichnungen wichtigsten Schnittflächenmarkierungen zusammengestellt.
- Die Schraffurrichtung gilt stets für die Leserichtung der Zeichnung.
- Die Schraffur erfolgt in den meisten Fällen durch feine Linien.
- Schraffuren werden vorwiegend an Zeichengeräten ausgeführt, lediglich Schnittflächen von Holz werden freihändig schraffiert. Darstellungen von Wärmedämmungen können mit Schablonen oder ebenfalls freihändig gezeichnet werden.
- Der Schraffurlinienabstand soll gleichmäßig und so groß wie möglich, allerdings auch so klein wie nötig sein.
- Ist die Schraffur in 45° vorgeschrieben, soll sie diese Richtung zu dem Hauptumriss oder zu der Symmetrieachse der Schnittfläche haben.
- Einander entsprechende Bauteile sollen in gleicher Richtung schraffiert werden.
- Werden Maßbegrenzungsstriche gezeichnet, deren Richtung festlegt, soll eine Schraffur in entgegengesetzter Richtung verlaufen.
- Schraffuren sind für Maßeintragungen zu unterbrechen.
- Besteht eine Schraffur aus Strichlinien oder aus Strichpunktlinien, sollte sie mit einem Abstand zu den Flächenbegrenzungslinien beginnen und enden.
- Ist eine Schnittfläche relativ groß, zum Beispiel bei Detailzeichnungen, wird eine Randschraffur bevorzugt.
- Stoßen flächig anzulegende gleichfarbige Teile zusammen, sind sie gegeneinander durch eine Lichtfuge freizustellen.
- Werden unübliche Schraffuren verwendet, ist darauf durch eine Legende hinzuweisen.

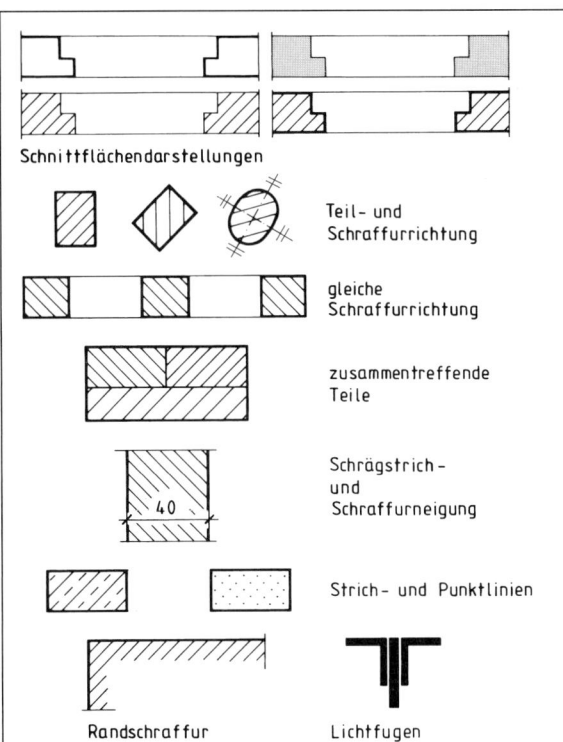

23.1 Schraffurrichtlinien

Böden, Bauteile, Baustoffe	Darstellung im Schnitt	
	schwarz/weiß	farbig
gewachsener Boden		sepia
aufgefüllter Boden		sepia
alte Bauteile		schwarz
neue Bauteile		rot
abzubrechende Bauteile		gelb
Mauerwerk (künstl. Steine)		braunrot
Kies		rotviolett
Sand, Putz, Mörtel		weiß
unbewehrter Beton		olivgrün
bewehrter Beton		blaugrün
Betonfertigteile		violett
Holz im Querschnitt		braun
Holz im Längsschnitt		braun
Stahl		schwarz
Sperrschicht Leichtwände		schwarz
Dämmschicht		blaugrau
Dichtstoffe		gelbgrün

23.2 Darstellung von Schnittflächen

Darstellende Geometrie

1 Geometrische Grundkonstruktionen

Halbieren einer Strecke $\overline{AB}$
Bild 24.1
Die Kreisbögen mit $R > \overline{AB}/2$ schneiden einander in C und in D.
Die Verbindung von C und D ist das Mittellot auf $\overline{AB}$ und Seitenhalbierende.

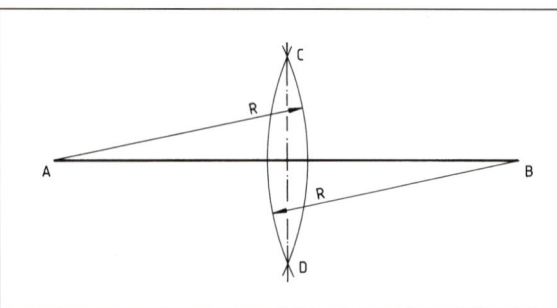

24.1

Fällen eines Lotes von P
Bild 24.2
Ein beliebiger Kreisbogen mit R1 um P schneidet die Gerade in A und B.
Die Kreisbögen mit $R2 > \overline{AB}/2$ um A und B schneiden einander in S.
$\overline{PS}$ ist das Lot.

Errichten eines Lotes im Punkt P
Bild 24.3
Ein beliebiger Kreisbogen mit R1 um P schneidet die Gerade in A und B.
Die Kreisbögen mit $R2 > \overline{AB}/2$ schneiden sich in S.
$\overline{PS}$ ist das Lot.

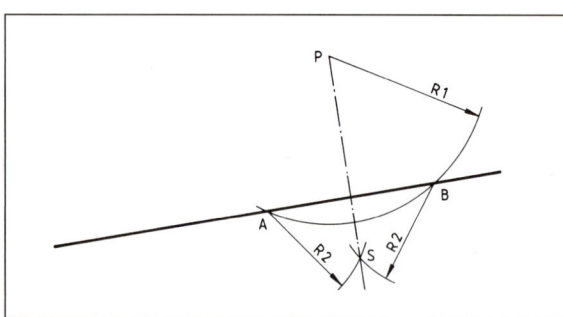

24.2

Halbieren eines Winkels
Bild 24.4
Ein beliebiger Kreisbogen mit R1 um S schneidet die Schenkel in A und B.
Die Kreisbögen mit $R2 > \overline{AB}/2$ schneiden einander in P.
SP ist Winkelhalbierende.

Zeichnen einer Parallele durch P
Bild 24.5
Das erste Zeichendreieck ist an die gegebene Gerade anzulegen.
Das zweite Zeichendreieck anlegen und fixieren.
Erstes Zeichendreieck bis zum Punkt P verschieben.

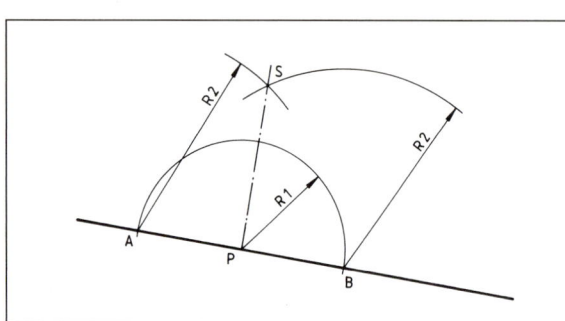

24.3

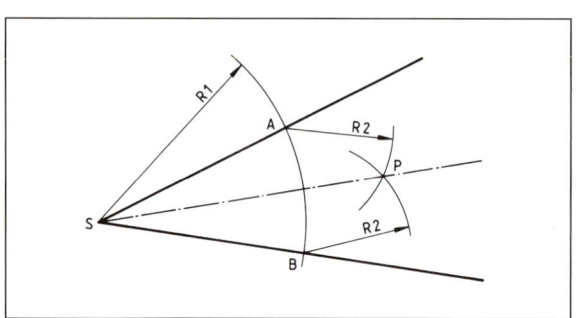

24.4

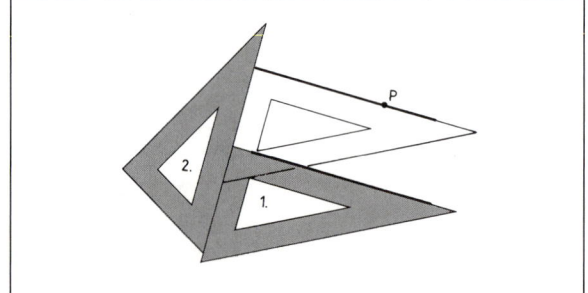

24.5

Darstellende Geometrie

Regelmäßiges Sechseck und Zwölfeck
Bild 25.1
Die Eckenweite des Vielecks ist d.
Kreis mit R = d/2 um den Schnittpunkt eines Achsenkreuzes M zeichnen. Die Schnittpunkte sind die Teilungspunkte 1, 4, 7 und 10. Die Kreisbögen mit R um diese Teilungspunkte ergeben die weiteren Teilungspunkte für die regelmäßige Zwölferteilung.

Regelmäßige Zwölferteilung eines Kreises
Bild 25.2
Die Teilungspunkte sind die Schnittpunkte des Kreises mit Geraden, die unter 30° und unter 60° zur waagerechten Achse durch den Mittelpunkt gezeichnet werden.

Abrundung am Winkel
Bild 25.3
Der Mittelpunkt M des Abrundungsradius ist der Schnittpunkt der beiden Parallelen mit dem Abstand R zu den Schenkeln des Winkels.

Ein Kreis berührt zwei Kreise in jeweils einem Punkt
Bild 25.4
Der Mittelpunkt des zu zeichnenden Kreises mit dem Radius R3 ist der Schnittpunkt von zwei geometrischen Ortslinien (OL1 und OL2).
OL1: Kreisbogen mit R3 + R1 um M1
OL2: Kreisbogen mit R2 + R3 um M2
Die Kreisübergangspunkte (Kreisberührungspunkte) liegen auf den Geraden durch M1 und M3 bzw. M2 und M3.

Ein Kreis berührt zwei Kreise in jeweils einem Punkt
Bild 25.5
Der Mittelpunkt des zu zeichnenden Kreises mit dem Radius R3 ist der Schnittpunkt von zwei geometrischen Ortslinien (OL1 und OL2).
OL1: Kreisbogen mit R3 − R1 um M1
OL2: Kreisbogen mit R3 − R2 um M2
Die Kreisübergangspunkte (Kreisberührungspunkte) liegen auf den Geraden durch M1 und M3 bzw. M2 und M3.

Ein Kreis berührt zwei Kreise in jeweils einem Punkt
Bild 25.6
Der Mittelpunkt des zu zeichnenden Kreises mit dem Radius R3 ist der Schnittpunkt von zwei geometrischen Ortslinien (OL1 und OL2).
OL1: Kreisbogen mit R1 + R3 um M1
OL2: Kreisbogen mit R3 − R2 um M2
Die Kreisübergangspunkte (Kreisberührungspunkte) liegen auf den Geraden durch M1 und M3 bzw. M2 und M3.

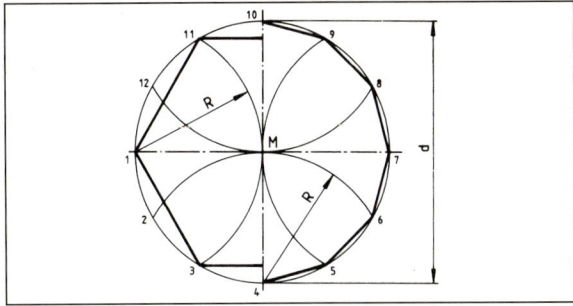

25.1

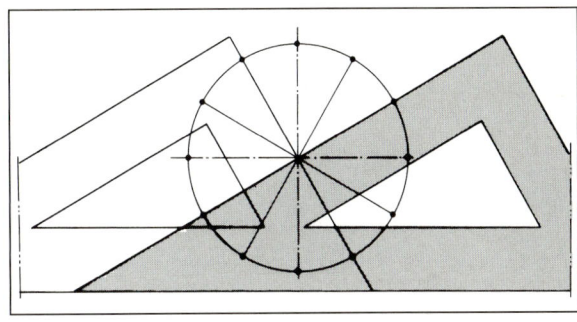

25.2

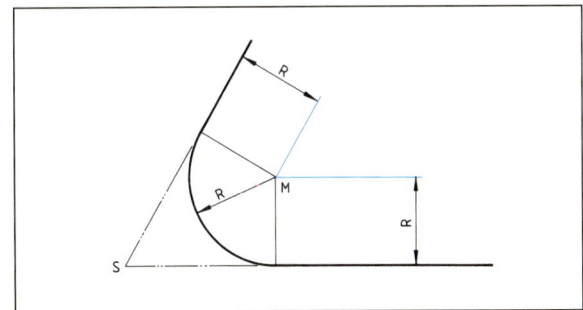

25.3

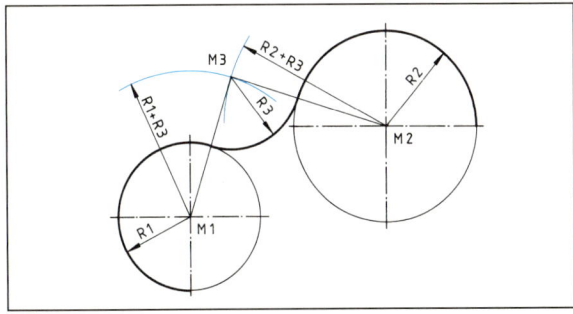

25.4

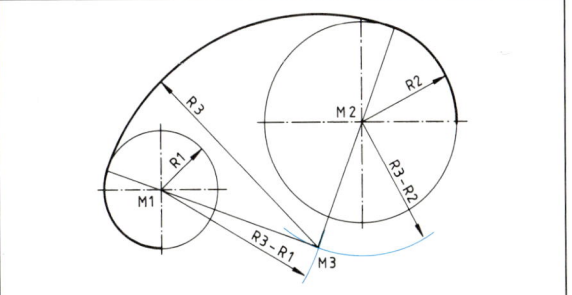

25.5

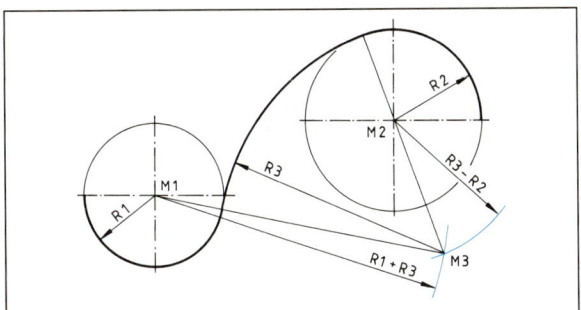

25.6

Darstellende Geometrie

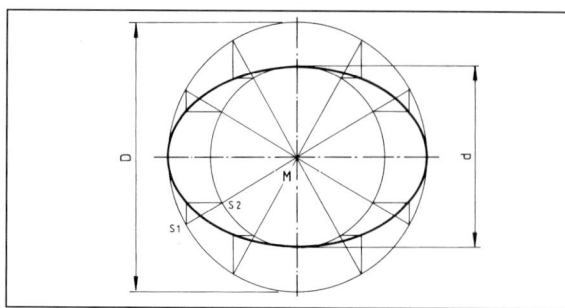

26.1

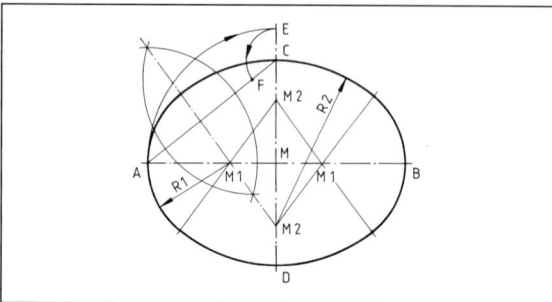

26.2

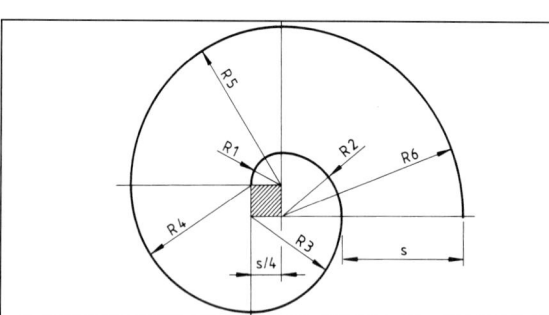

26.3

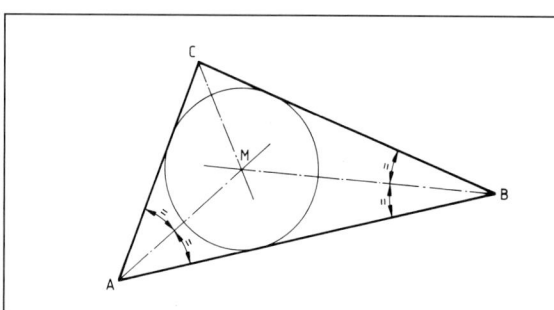

26.4

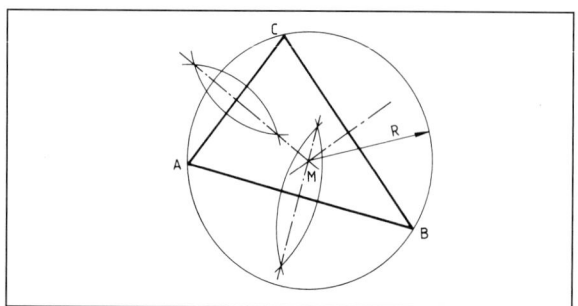

26.5

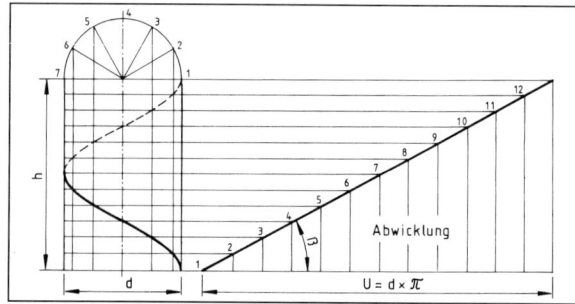

26.6

Ellipse
Bild 26.1
Gegeben sind die beiden Ellipsendurchmesser D und d. Um den Mittelpunkt M eines Achsenkreuzes sind Kreise mit diesen Durchmessern zu zeichnen.
Beliebige Strahlen von M aus schneiden die Kreise in S1 und S2. Die Parallelen durch S1 und S2 zu den beiden Hauptachsen schneiden einander in den Ellipsenpunkten.

Korbbogen
Bild 26.2
Ein Korbbogen ist eine der Ellipse ähnliche Figur, deren Umfang aus Kreisbögen zusammengesetzt ist.
Gegeben: D = $\overline{AB}$ und d = $\overline{CD}$
Der Kreisbogen mit $\overline{AM}$ um M schneidet die Achse in E.
Der Kreisbogen mit $\overline{CE}$ um C schneidet die Strecke $\overline{AC}$ in F.
Das Mittellot auf $\overline{AF}$ schneidet die Achsen in M1 und M2 den Mittelpunkten für die Kreisbögen mit R1 und R2.
M1 und M2 sind an den Achsen zu spiegeln.

Spirale (Näherungslösung)
Bild 26.3
Die Steigung der Spirale ist s.
1. Quadrat mit der Seitenlänge a = s/4 zeichnen
2. Kreisbogen mit R1 = a
3. Kreisbogen mit R2 = 2a
4. Kreisbogen mit R3 = 3a usw.

Die Zirkeleinsatzpunkte sind dabei um jeweils einen Eckpunkt zu versetzen.

Inkreis eines Dreiecks
Bild 26.4
Der Mittelpunkt M des Inkreises liegt im Schnittpunkt der drei Winkelhalbierenden.

Umkreis eines Dreiecks
Bild 26.5
Der Mittelpunkt M des Umkreises liegt im Schnittpunkt der drei Seitenhalbierenden.

Wendel (Schraubenlinie)
Bild 26.6
Gegeben: 1. Durchmesser d und
2. Steigung h oder Steigungswinkel β.
An einen Zylinder mit dem Durchmesser d ist ein Halbkreis mit R = d/2 zu zeichnen und in sechs gleiche Teile zu teilen.
Die Teilungspunkte sind zu nummerieren.
Die Steigung ist in 12 gleiche Teile zu teilen.
Die Konstruktionspunkte der Wendel sind die Schnittpunkte der zugehörigen waagerechten und senkrechten Hilfslinien.

Darstellende Geometrie

Regelmäßige Teilung einer Strecke
Bild 27.1
$\overline{AB}$ ist in n (im Beispiel: n = 6) gleiche Teile zu teilen. Von A aus ist ein Strahl unter beliebigem Winkel zu zeichnen, auf dem ein beliebiges Maß n-mal abzutragen ist. Der letzte Teilungspunkt E ist mit B zu verbinden. Die Parallelen zu $\overline{BE}$ durch die Teilungspunkte bilden auf der Strecke $\overline{AB}$ n gleiche Teile.

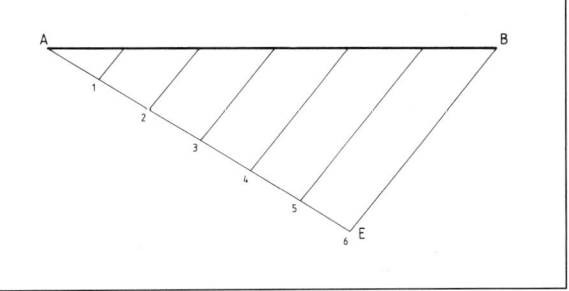
27.1

Kreis durch drei Punkte (Segmentbogen)
Bild 27.2
Gegeben: Drei Punkte A, B und C
Der Mittelpunkt M des Kreises, der durch die drei gegebenen Punkte verläuft, ist der Schnittpunkt der Mittelsenkrechten der Strecken $\overline{AC}$ und $\overline{BC}$.
Dieses gilt auch bei unsymmetrischer Anordnung der Punkte A, B und C.
$R = \overline{MA} = \overline{MC} = \overline{MB}$

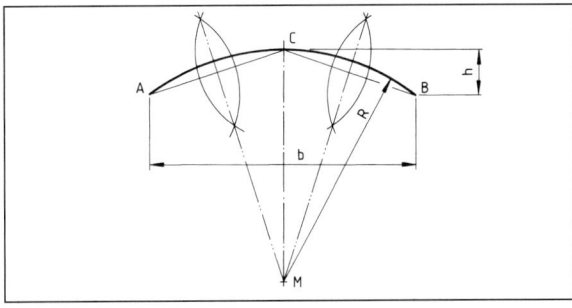
27.2

Spitzbögen (Bild 27.3)
I R = b (Gotik)
II R = b + x (Hochgotik) Je größer das Maß x gewählt wird, desto höher und schlanker wird der Spitzbogen.
III R = b − x (Gotik) Je größer das Maß x gewählt wird, desto niedriger wird der Spitzbogen.

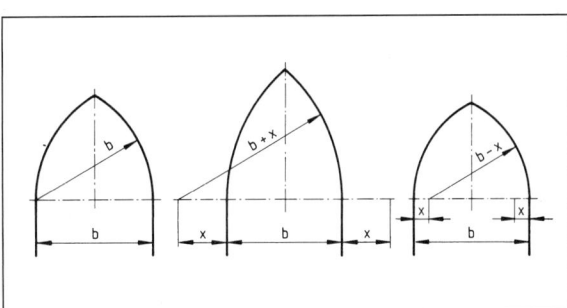
27.3

Stetige Teilung (Goldener Schnitt)
Bild 27.4
Teilung einer Strecke im Verhältnis x : z = y : x.
Der Goldene Schnitt wurde vielfach in der Baukunst angewendet, ist jedoch nie allgemein gültiges Kunstgesetz geworden.

Regelmäßiges Vieleck mit beliebiger Eckenzahl
Bild 27.5
$\overline{AB}$ ist in n (Beispiel: n = 7) gleiche Teile zu teilen. Die Strahlen von F aus
- über die Teilungspunkte mit **ungerader** Kennziffer ergeben die Eckpunkte eines Vielecks mit **ungerader** Eckenzahl.
- über die Teilungspunkte mit **gerader** Kennziffer ergeben die Eckpunkte eines Vielecks mit **gerader** Eckenzahl.

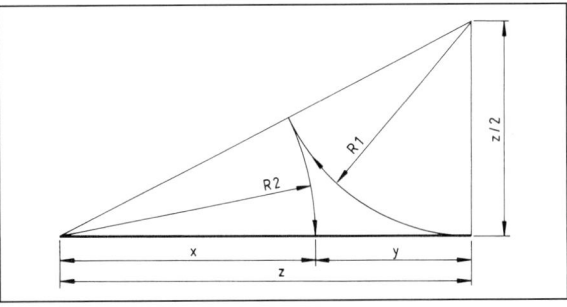
27.4

Parabel (mit errechneten x-Koordinaten)
Bild 27.6
Gegeben: b und h
1. Berechnen des Faktors k für die im zweiten Schritt angegebene Formel: $k = 4h/b^2$
2. Berechnen der x-Werte für beliebige y-Werte: $x = \sqrt{y/k}$

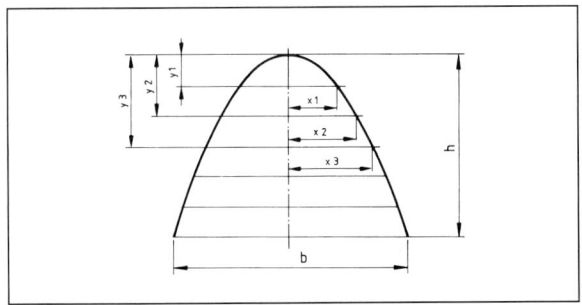
27.6

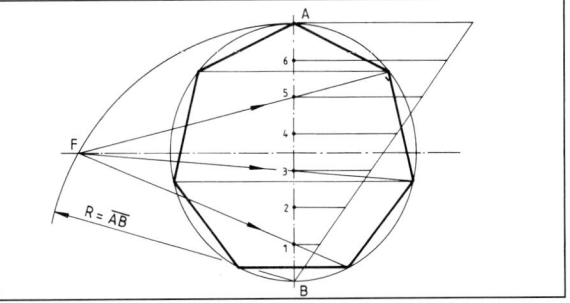
27.5

2 Parallelperspektiven

Bei der Anfertigung von Parallelperspektiven verzichtet man zugunsten einer vereinfachten Zeichentechnik auf größtmögliche Ähnlichkeit mit einer Fotografie, bei der sich Verjüngungen ergeben, wie sie bei Fluchtpunktperspektiven (Bild 28.5) gezeichnet werden.

Bei allen Parallelperspektiven werden Kanten, die tatsächlich parallel zueinander verlaufen, auch parallel gezeichnet. Man orientiert sich am Raumachsenkreuz mit den rechtwinklig zueinander stehenden Achsen x, y und z und zeichnet diese Achsen mit den in der Tabelle (28.1) angegebenen Winkeln und Maßstäben.

Beim Zeichnen von Parallelperspektiven darf nur parallel zu den Hauptachsen gemessen werden, weil sich alle Längen, die nicht parallel zu den drei Hauptachsen verlaufen, verändern und folglich unmaßstäblich dargestellt werden.

Für die Anfertigung genormter Parallelperspektiven gibt es Zeichenschablonen, mit denen sowohl die Hauptachsen als auch die parallel zu den drei Hauptebenen liegenden Kreise, die in Parallelperspektiven Ellipsen ergeben, gezeichnet werden können (Bild 28.6).

Parallelperspektive	Achsenwinkel zur Waagerechten			Verhältnis der Maßstäbe		
	x	y	z	x :	y	: z
Kavalierperspektive	0°	45°	90°	1 : 1 :	1 0,5	: 1 : 1
Dimetrie DIN 5	7°	42°	90°	1 :	0,5	: 1
Isometrie DIN 5	30°	30°	90°	1 :	1	: 1
Architektenperspektive	45°	45°	90°	1 :	1	: 1

28.1 Arten von Parallelperspektiven

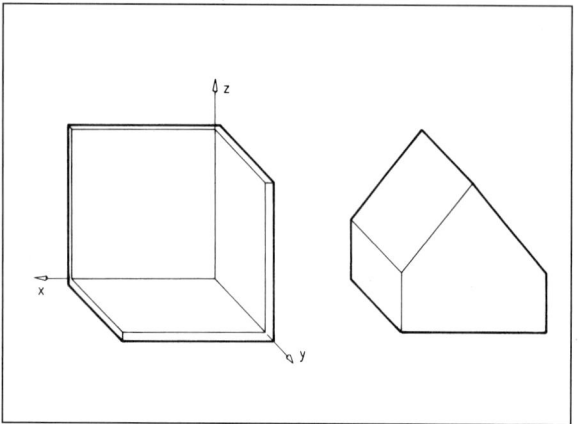

28.2 Kavalierperspektive

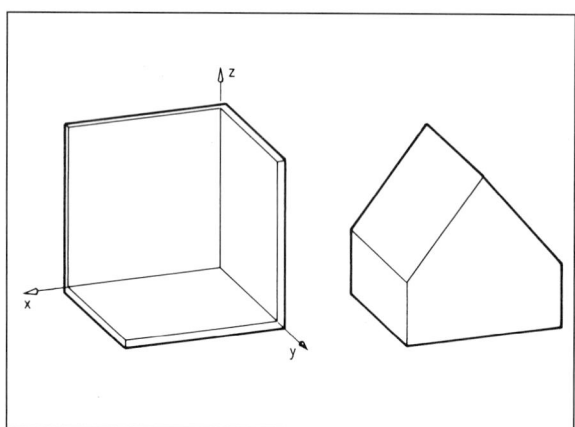

28.3 Dimetrie – DIN 5

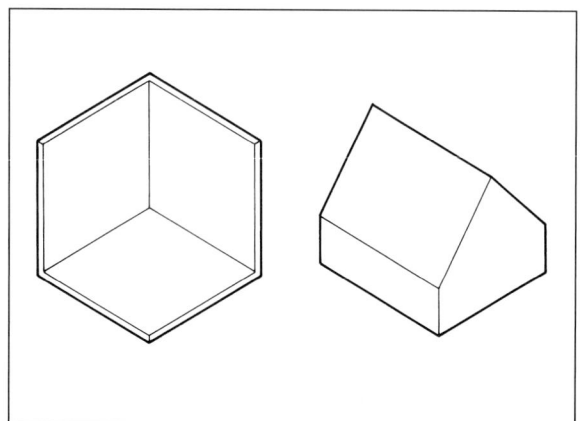

28.4 Isometrie – DIN 5

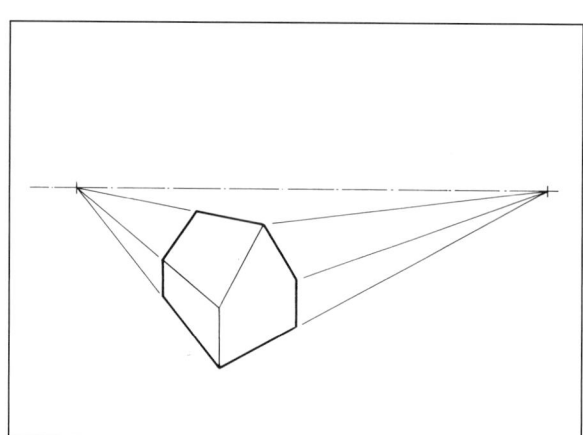

28.5 Fluchtpunktperspektive

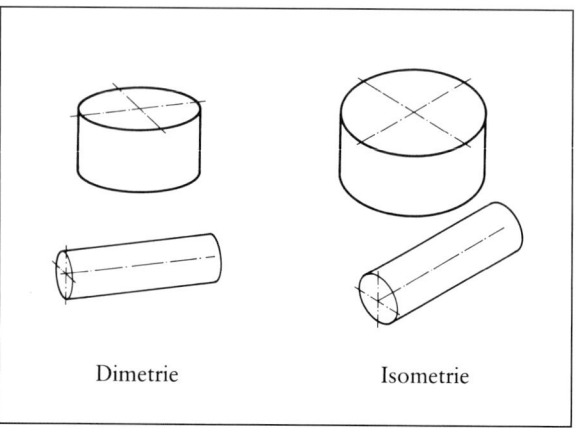

28.6 Parallelperspektive – genormt

Darstellende Geometrie

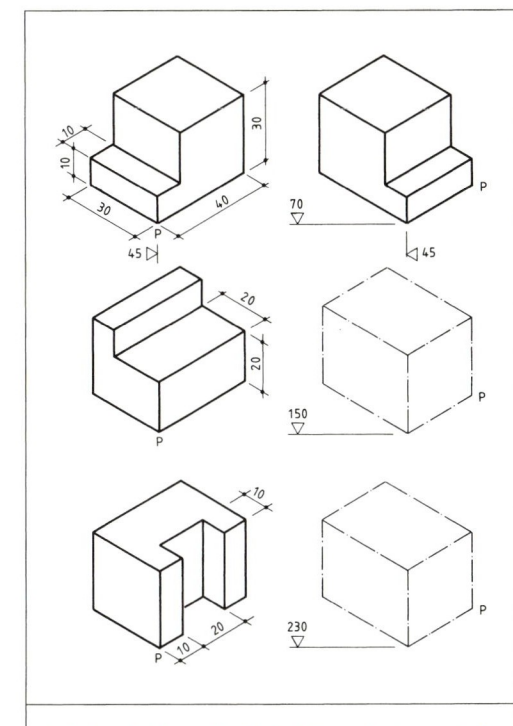

Aufgabe: Zeichnen Sie die drei Körper in isometrischer Projektion, links wie vorgegeben und rechts entsprechend dem Punkt P gedreht.

▲ 29.1

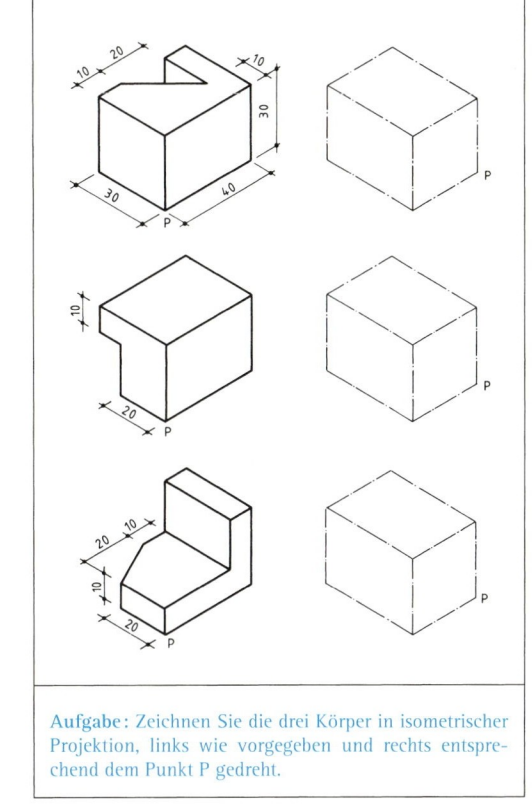

Aufgabe: Zeichnen Sie die drei Körper in isometrischer Projektion, links wie vorgegeben und rechts entsprechend dem Punkt P gedreht.

▲ 29.2

▼ 29.3

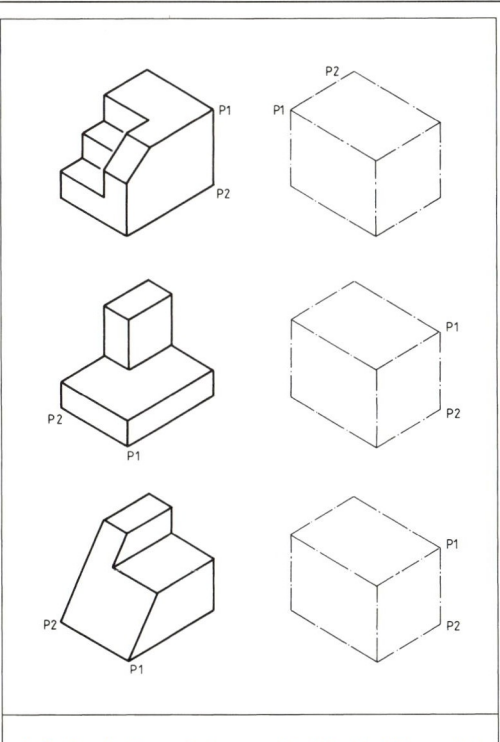

Aufgabe: Außenmaße in mm: 40 · 30 · 30. Alle parallel zu den Kanten verlaufenden Maße sind auf 10 mm gestuft. Zeichnen Sie die Körper rechts gedreht (P1; P2).

▼ 29.4

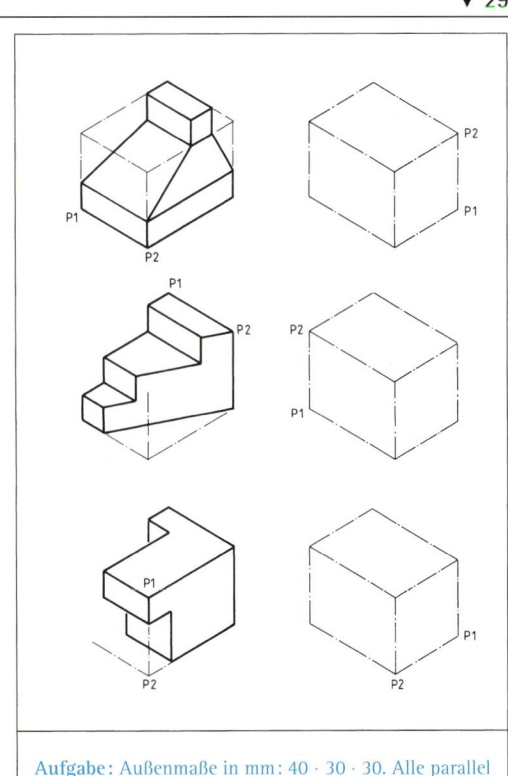

Aufgabe: Außenmaße in mm: 40 · 30 · 30. Alle parallel zu den Kanten verlaufenden Maße sind auf 10 mm gestuft. Zeichnen Sie die Körper rechts gedreht (P1; P2).

3 Rechtwinklige Parallelprojektion

Bei der rechtwinkligen Parallelprojektion werden die drei Flächen einer Raumecke mit den drei Achsen x, y und z als Projektionsebenen benutzt (Bild 30.1).

Den darzustellenden Körper denkt man sich in der Raumecke schwebend. Durch parallele, rechtwinklig zu der jeweiligen Ebene verlaufende Projektionsstrahlen werden auf den drei Flächen so genannte Ansichten erzeugt: Vorderansicht, Seitenansicht und Draufsicht (Bild 30.2).

In Projektionsrichtung nicht verdeckt liegende (sog. sichtbare) Kanten sowie Umrisse (z. B. von Zylindern) werden mit mittelbreiten Voll-Linien, verdeckt liegende Kanten mit schmalen Strichlinien dargestellt (Bild 30.3).

Nach dem Aufschneiden der Raumecke entlang der y-Achse werden die Projektionsebenen der Seitenansicht und der Draufsicht um 90° geschwenkt, sodass alle Ansichten in einer Ebene liegen (Bild 30.4).

Bild 30.5 zeigt die Darstellung eines Hauses in den drei Hauptansichten: Vorderansicht, Seitenansicht (von links) und Draufsicht.

Im Bild 30.6 ist zu erkennen, dass man sich den Körper auch um jeweils 90° gedreht und über die x- bzw. die z-Achse geschwenkt vorstellen kann, um so zu den drei Hauptansichten zu kommen.

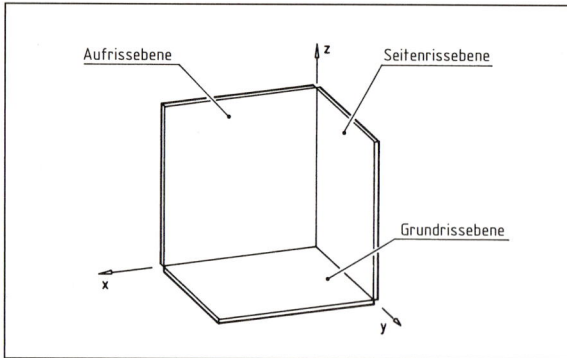

30.1

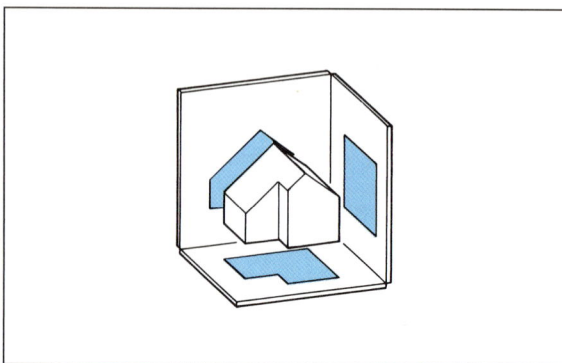

30.2

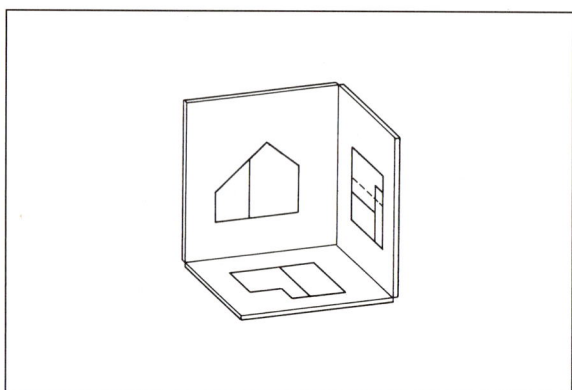

30.3

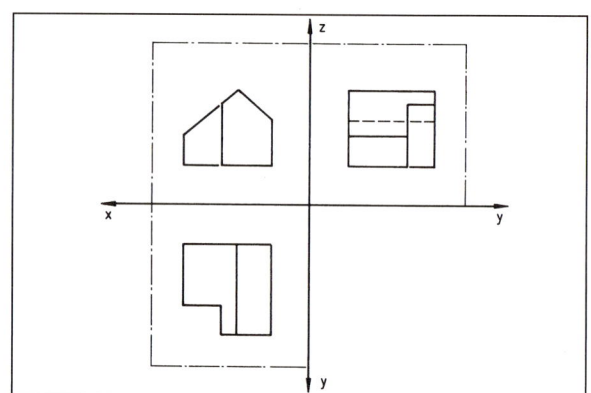

30.5

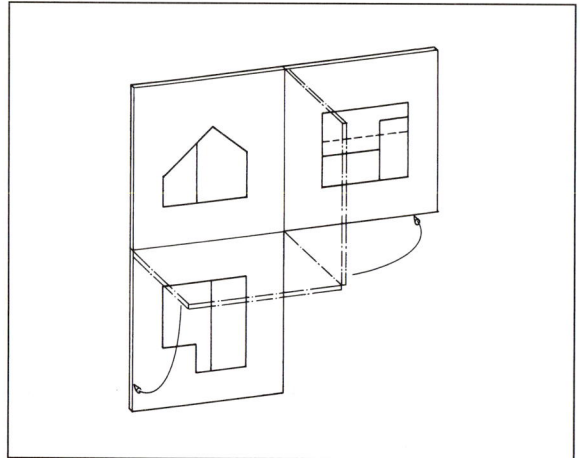

30.4

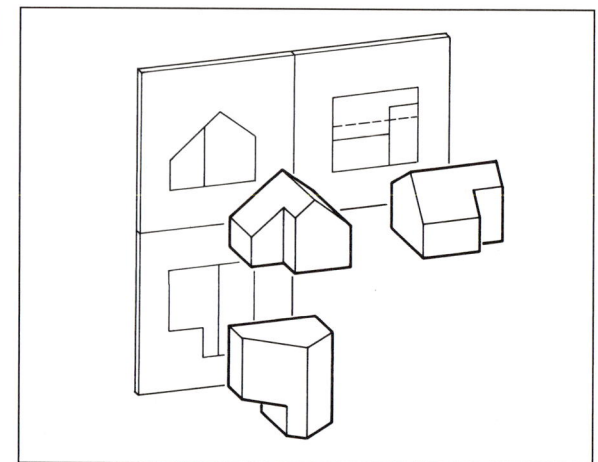

30.6

Darstellende Geometrie

Vom Raumbild zu den drei Ansichten

Das Achsenkreuz zwischen den Ansichten besteht aus den Achsen x, y und z (Bild 31.2).

Körperkanten, die in Zeichenblattlage in der Draufsicht senkrecht liegen, müssen in der Seitenansicht waagerecht erscheinen. In der Vorderansicht sind es in die Tiefe verlaufende – nicht direkt sichtbare – Kanten.

Zum leichteren Zeichnen der Seitenansicht können Kanten mithilfe von Projektionslinien über eine 45°-Linie, die zwischen den beiden y-Achsen verläuft, von der Draufsicht in die Seitenansicht übertragen werden und umgekehrt.

Aufgabe:
Zu Bild 31.1 und 31.3 a), b), c), d): siehe Aufgabe zum Bild 31.2.

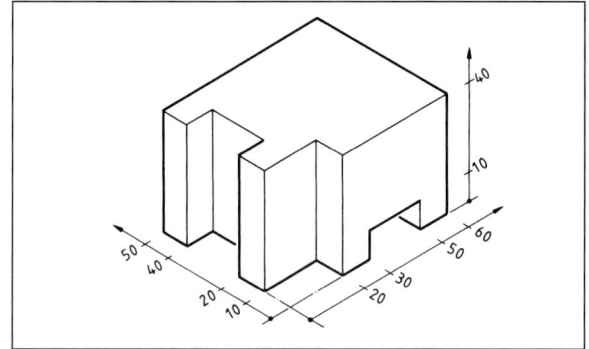

31.1

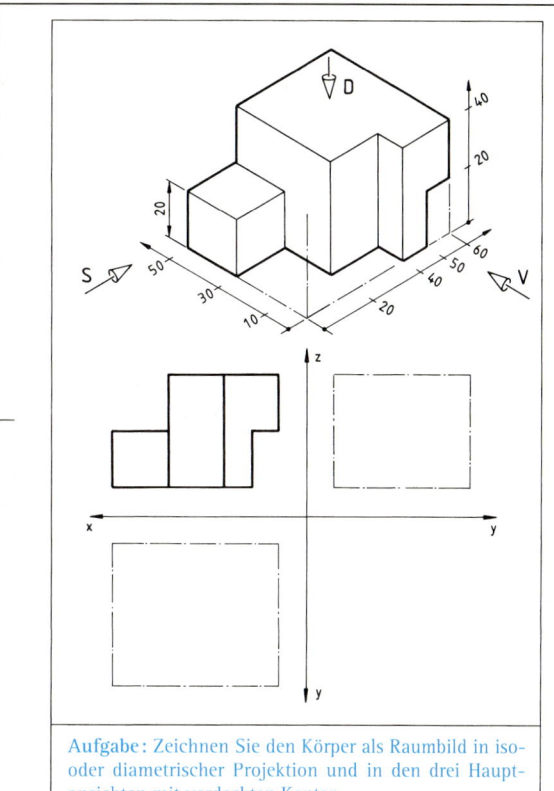

Aufgabe: Zeichnen Sie den Körper als Raumbild in iso- oder diametrischer Projektion und in den drei Hauptansichten mit verdeckten Kanten.

▲ 31.2

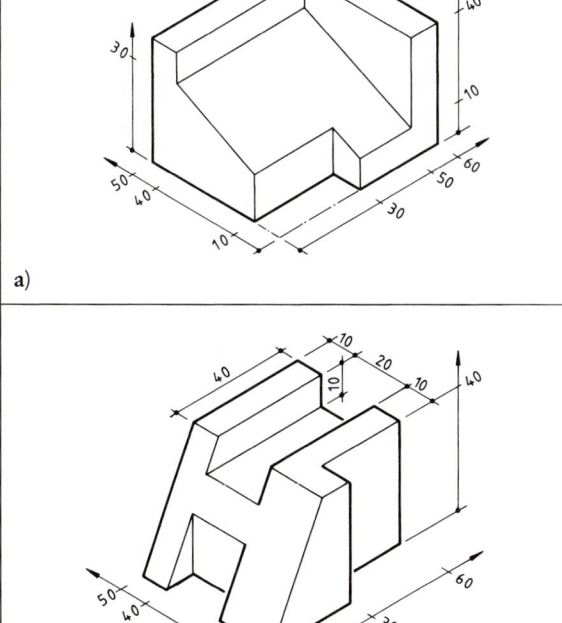

a)

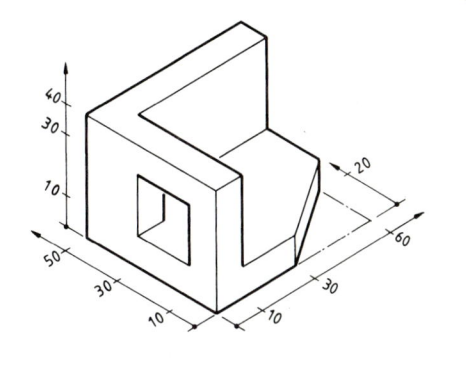

b)

c)

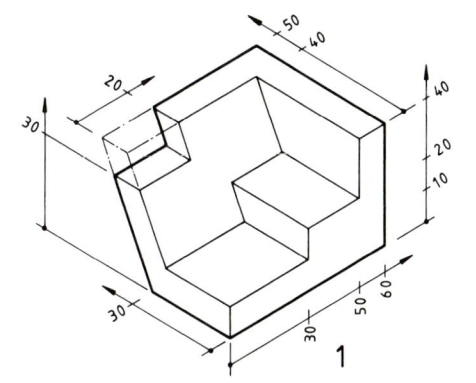

d)

31.3

Darstellende Geometrie

3.1 Von der rechtwinkligen Parallelprojektion zum Raumbild

Bei den Aufgaben auf dieser Seite soll das Lesen technischer Zeichnungen geübt werden. Gegeben sind jeweils zwei Ansichten, die die Körperform eindeutig wiedergeben. Der Nachweis, ob die Körperform richtig erkannt wurde, ist durch Ergänzen einer dritten Ansicht und durch Zeichnen eines Raumbildes zu erbringen.

Die Fähigkeit des Zeichnungslesens ist für die Berufspraxis besonders wichtig und muss daher gründlich geübt werden.

Aufgabe:
Zu zeichnen sind von Bild 32.2 und 32.3 auf DIN A4
a) die drei Ansichten
b) das Raumbild in iso- oder dimetrischer Projektion

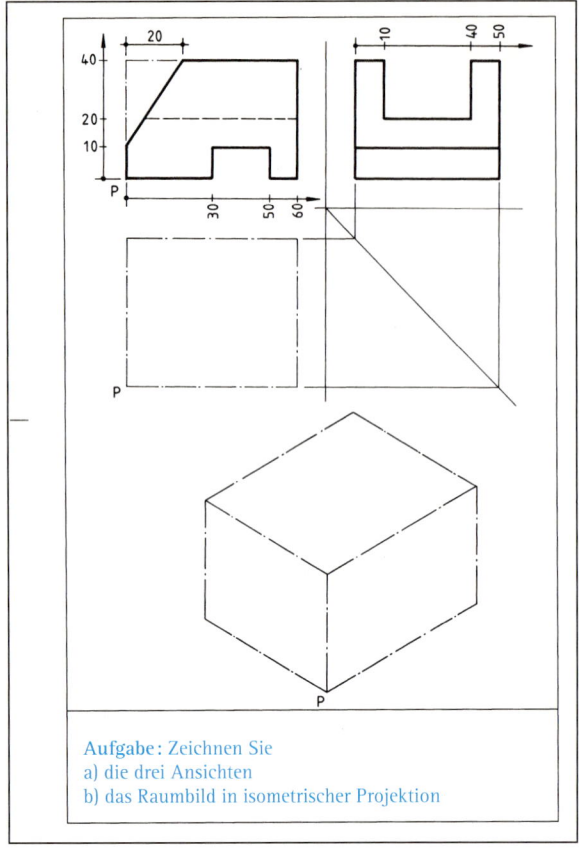

32.1

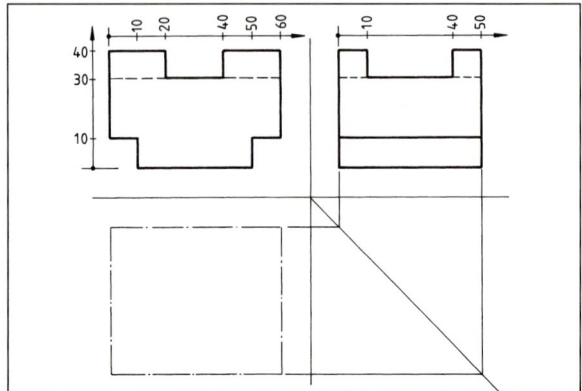

32.2

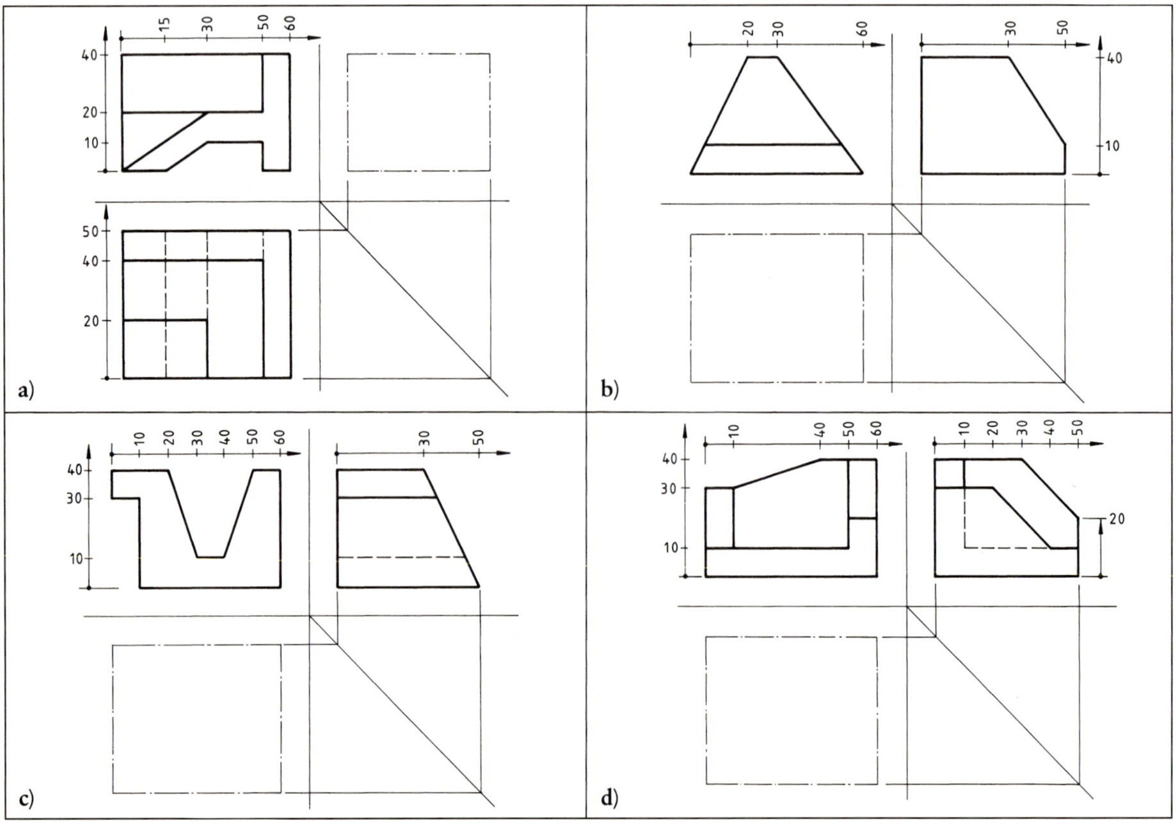

32.3

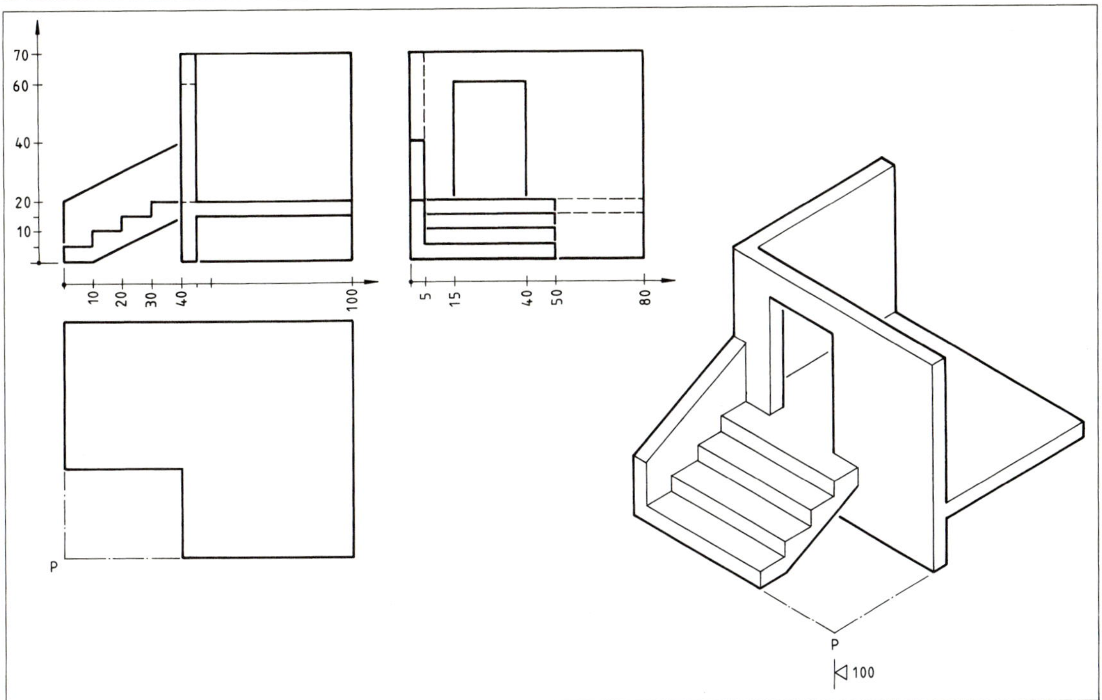

Darstellende Geometrie

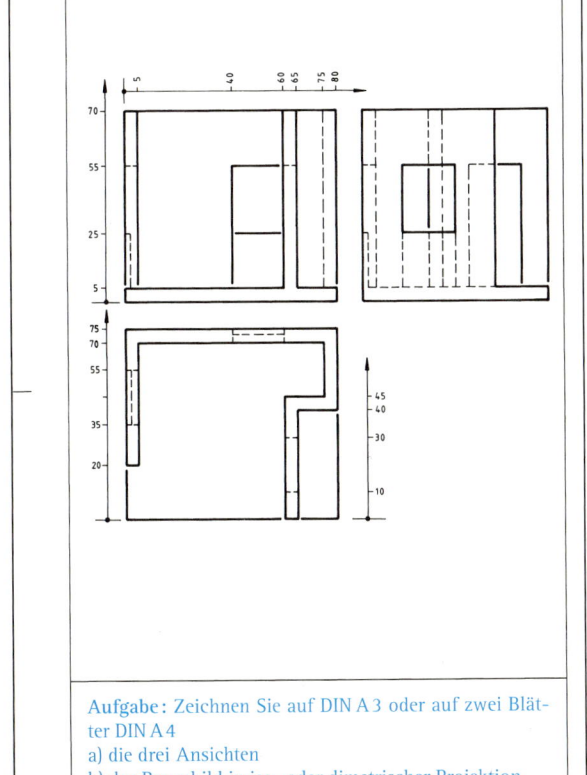

33.1

Aufgabe: Zeichnen Sie auf DIN A3 oder auf zwei Blätter DIN A4
a) die drei Ansichten (die Draufsicht ist zu ergänzen)
b) das Raumbild in iso- oder dimetrischer Projektion

33.2

Aufgabe: Zeichnen Sie auf DIN A3 oder auf zwei Blätter DIN A4
a) die drei Ansichten
b) das Raumbild in iso- oder dimetrischer Projektion

33.3

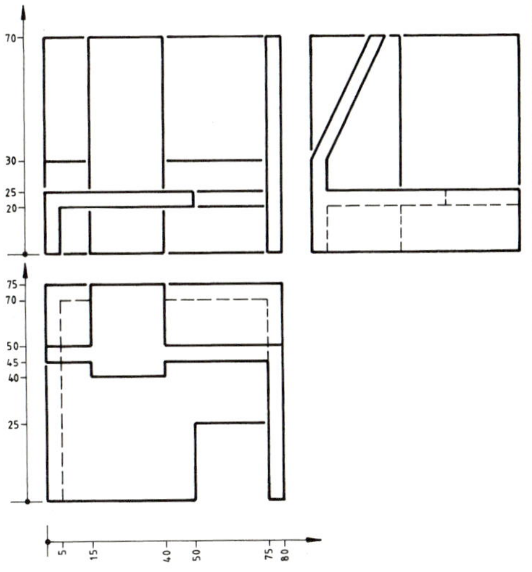

Aufgabe: Zeichnen Sie auf DIN A3 oder auf zwei Blätter DIN A4
a) die drei Ansichten
b) das Raumbild in iso- oder dimetrischer Projektion

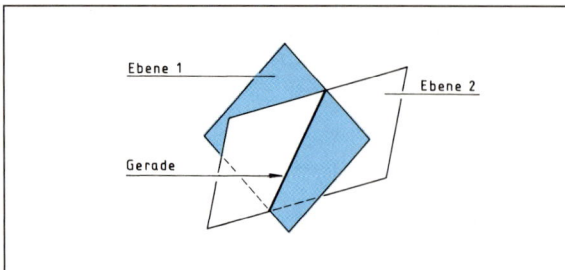

34.1

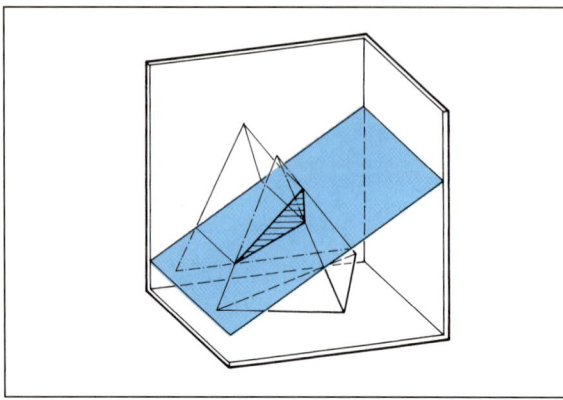

34.2

4 Schnitte an geometrischen Grundkörpern

4.1 Körper mit ebenen Flächen

Durchdringen zwei ebene Flächen einander, so ist die Durchdringungslinie eine Gerade. Auf dieser Geraden liegen alle Punkte, die sowohl zu der Ebene 1 als auch zu der Ebene 2 gehören (Bild 34.1).

Die Pyramide im Bild 34.2 wird durch eine Ebene geschnitten, die senkrecht zur Projektionsebene der Vorderansicht verläuft (Bild 34.3).

Weil durch diese Ebene drei Pyramidenflächen geschnitten werden, muss als Schnittfläche ein Dreieck entstehen, von dem lediglich die Lagen der drei Eckpunkte auf den Pyramidengraten zu konstruieren sind (Bild 34.3).

Im Bild 34.4 wird eine vierseitige Pyramide keilförmig geschnitten. Zwei Ebenen schneiden einander innerhalb des Körpers. Zu konstruieren sind die Seitenansicht und die Draufsicht.

Bei der Lösung dieser Aufgabe werden zuerst die Schnittflächen beider Schnittebenen in die Seitenansicht und in die Draufsicht gezeichnet. Anschließend werden die Schnittkanten einschließlich der verdeckten Kanten gezeichnet.

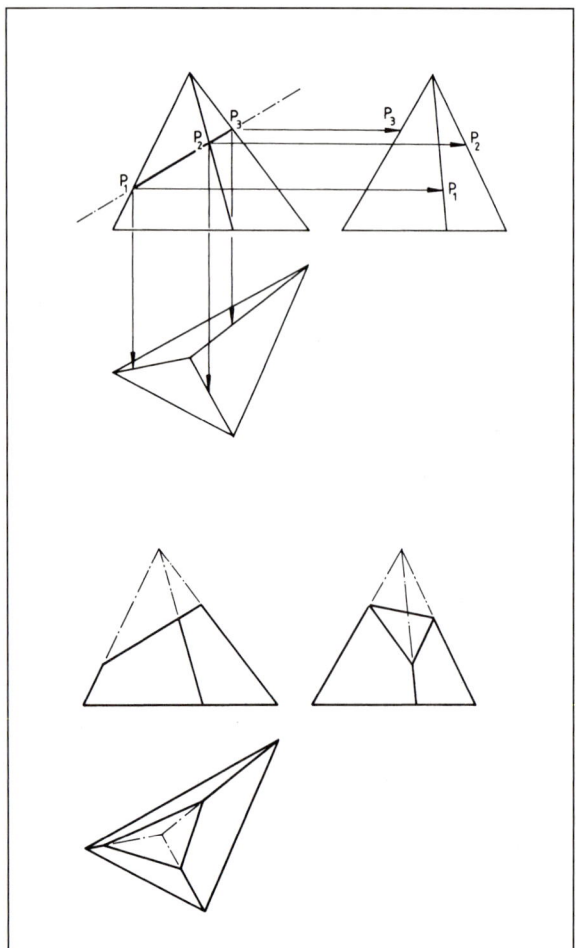

34.3

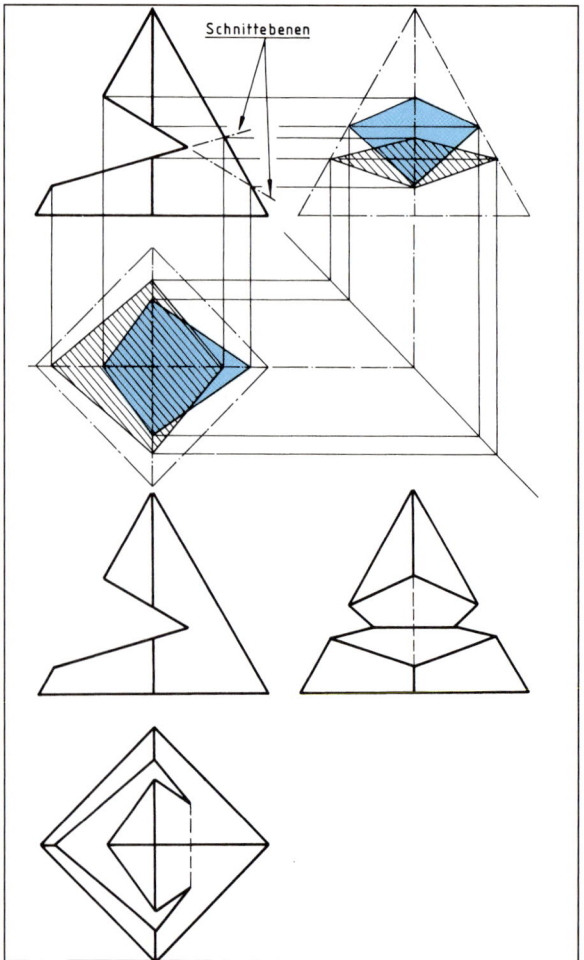

34.4

Darstellende Geometrie

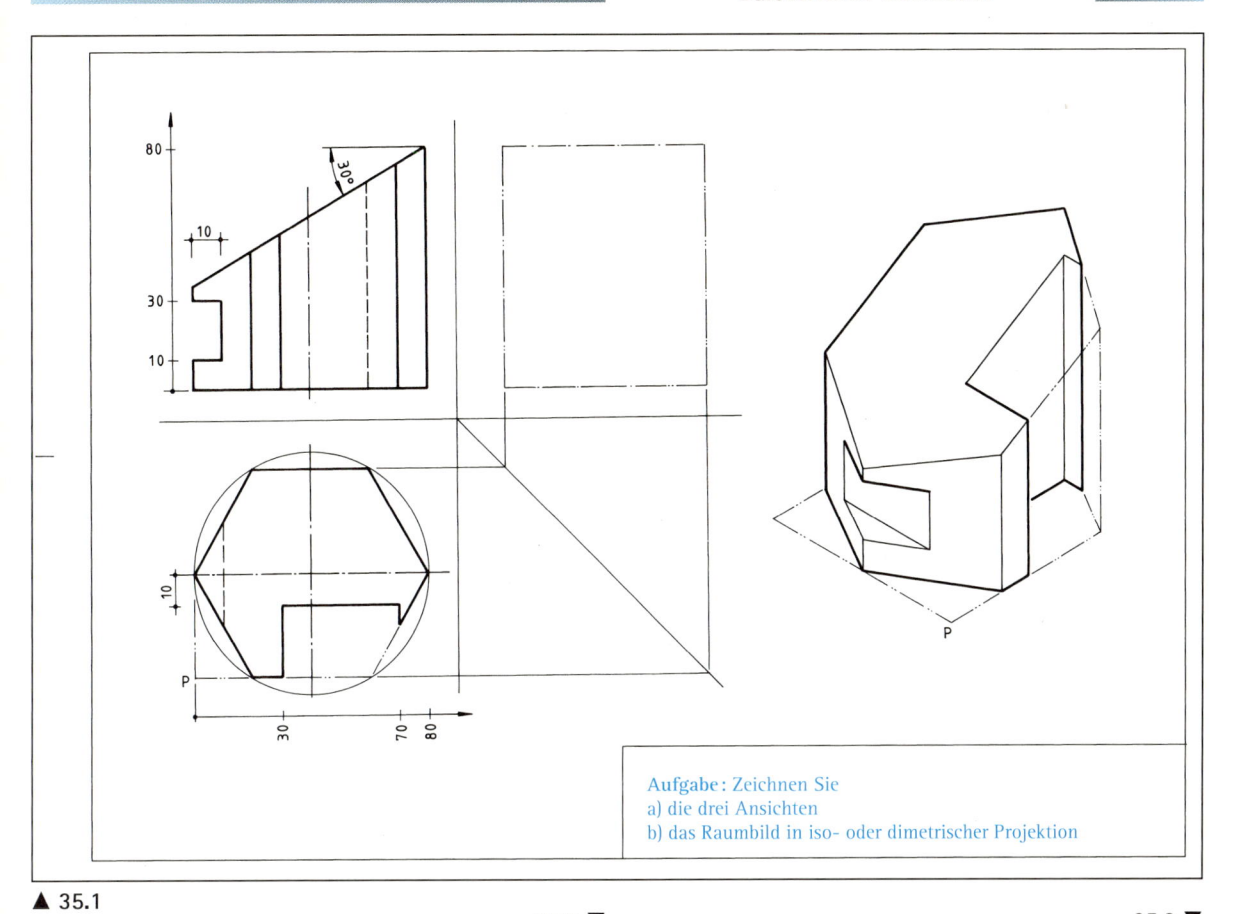

Aufgabe: Zeichnen Sie
a) die drei Ansichten
b) das Raumbild in iso- oder dimetrischer Projektion

▲ 35.1

35.2 ▼

Aufgabe: Zeichnen Sie die drei Ansichten.

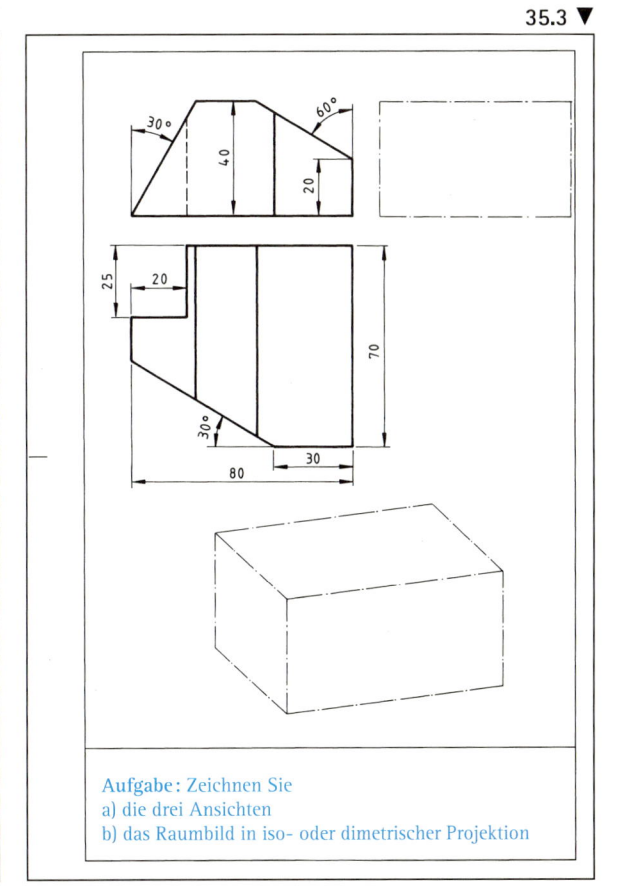

35.3 ▼

Aufgabe: Zeichnen Sie
a) die drei Ansichten
b) das Raumbild in iso- oder dimetrischer Projektion

Darstellende Geometrie

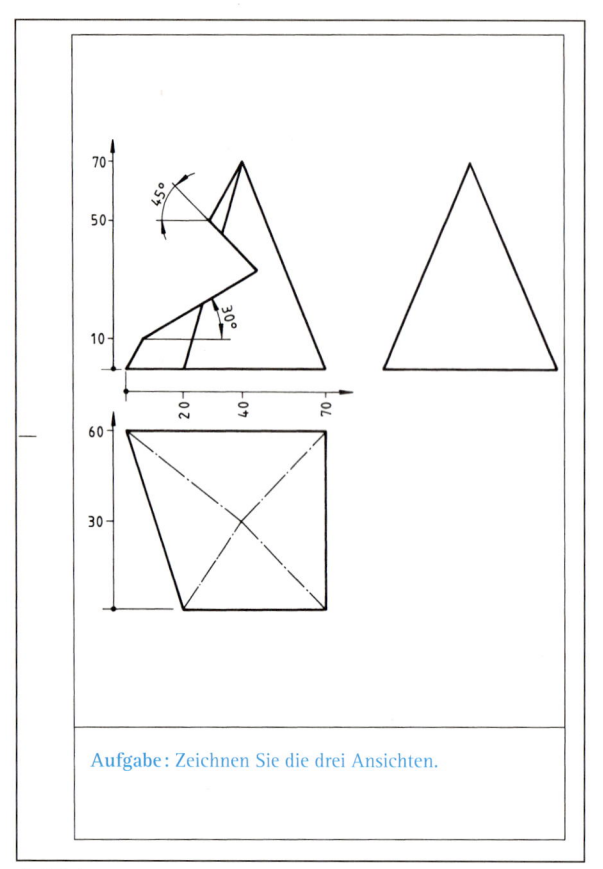

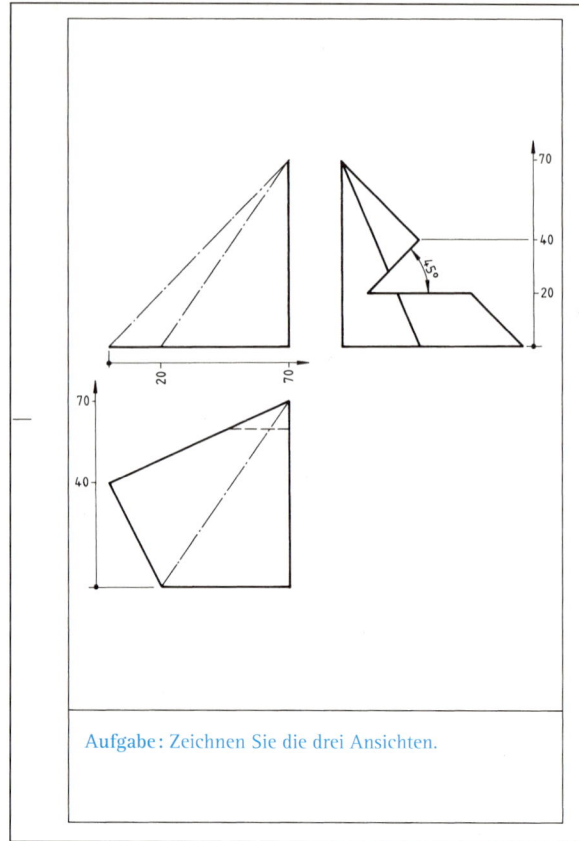

▲ 36.1

Aufgabe: Zeichnen Sie die drei Ansichten.

36.2 ▼

Aufgabe: Zeichnen Sie die drei Ansichten.

▲ 36.3

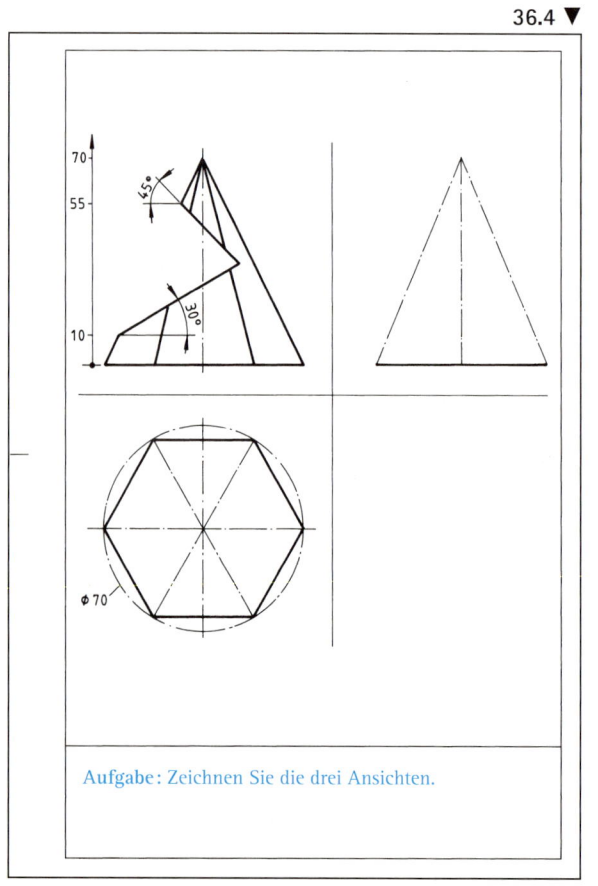

Aufgabe: Zeichnen Sie die drei Ansichten.

36.4 ▼

Aufgabe: Zeichnen Sie die drei Ansichten.

4.2 Körper mit gekrümmten Oberflächen

Wird ein Körper mit gekrümmter Oberfläche von einer Ebene geschnitten, ist die Durchdringungslinie in der Regel eine Kurve (Bild 37.1).

Um diese Kurve zeichnen zu können, müssen einzelne Punkte der Kurve konstruiert werden. Um diese Punkte zu erhalten, schneidet man den Körper mit einigen so genannten Hilfsebenen.

Das Bild 37.1 zeigt eine Hilfsebene, die parallel zur Projektionsebene der Seitenansicht verläuft. Auf diese Weise erzeugt man auf dem Zylinder Mantelhilfslinien, die mit der Hauptschnittebene zum Schnitt gebracht werden.

Es ist vorteilhaft, die Hilfsebenen auf die Punkte der regelmäßigen Zwölferteilung des Zylinderumfangs zu legen (Aufgabe 37.2).

Hinweise zu den Aufgaben in Bild 37.2 und 37.3.
Wird ein Zylinder durch eine Ebene geschnitten, die nicht senkrecht oder parallel zu seiner Achse verläuft, ist die Schnittfläche eine Ellipse, die zwei Symmetrieachsen hat.
Um jede Ellipse lässt sich ein Rechteck zeichnen, das die Ellipse in vier Punkten berührt. Die Rechteckseiten bilden also Tangenten zu der Ellipse. Die Berührungspunkte, die auch Wendepunkte genannt werden, liegen auf den Schnittpunkten der beiden Symmetrieachsen des Rechtecks.
Um den Kurvenverlauf bei Einschnitten in einen Zylinder schnell und sicher erkennen zu können, ist es vorteilhaft, die Wendepunkte der Ellipsen zu konstruieren. Das erreicht man, indem man sowohl den zu schneidenden Körper als auch die Schnittfläche verlängert (Aufgabe 37.3).

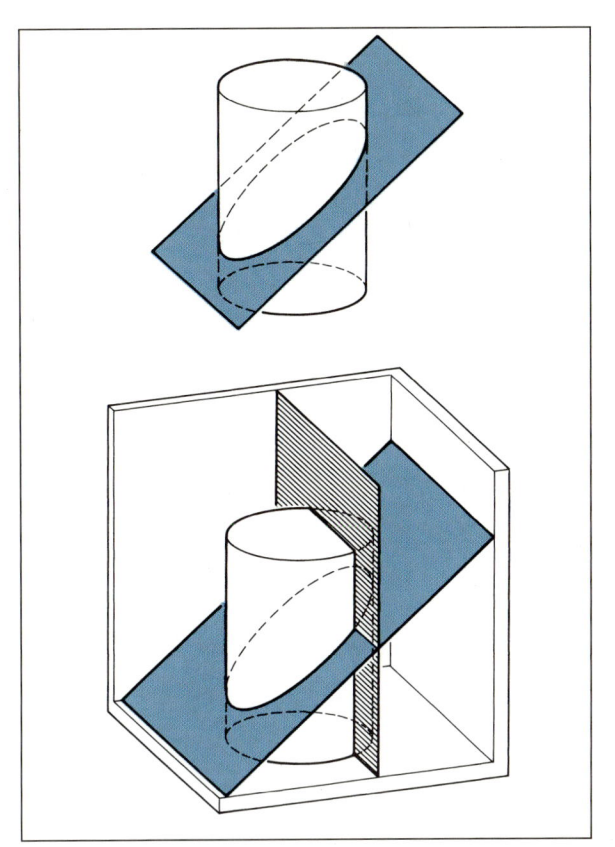

37.1

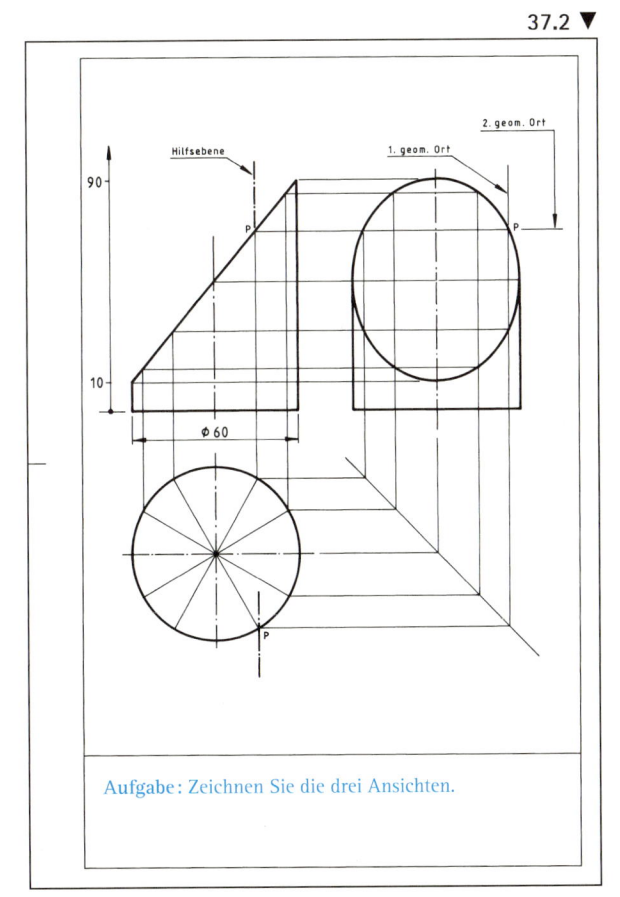

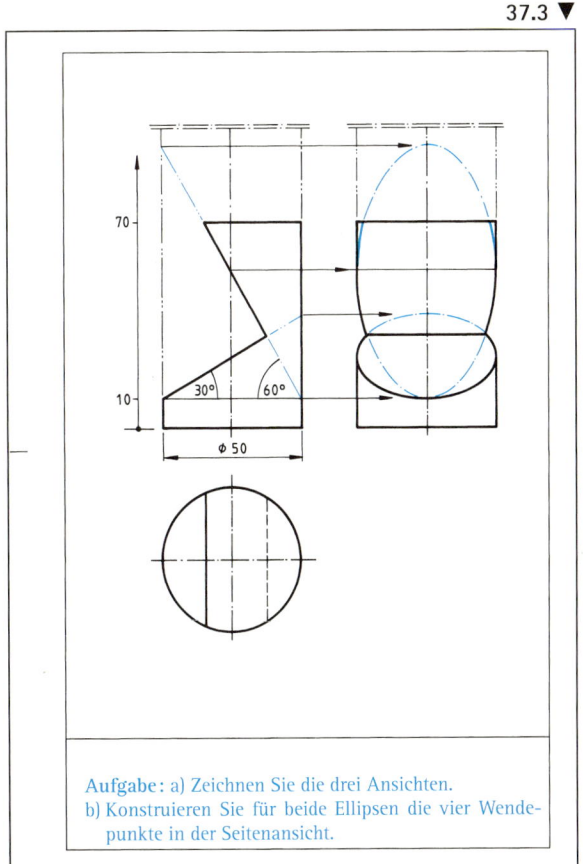

37.2 ▼

Aufgabe: Zeichnen Sie die drei Ansichten.

37.3 ▼

Aufgabe: a) Zeichnen Sie die drei Ansichten.
b) Konstruieren Sie für beide Ellipsen die vier Wendepunkte in der Seitenansicht.

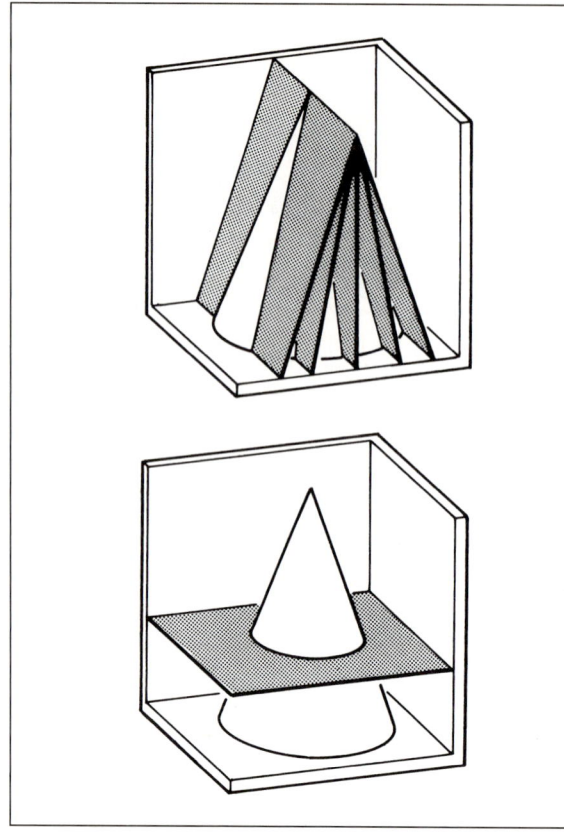

Darstellende Geometrie

4.3 Schnitte am Kegel

Wird ein gerader Kreiskegel durch eine Ebene geschnitten, entstehen Schnittflächen, deren Form von der jeweiligen Lage der Schnittebene abhängig ist. Es sind fünf verschiedene Kegelschnitte zu unterscheiden.

Die in den Vorderansichten der Kegel c), d) und e) im Bild 38.2 dargestellten Schnitte ergeben in den Seitenansichten und teilweise auch in den Draufsichten Kurven, für deren Konstruktion ausgewählte Punkte festgelegt werden müssen. Um diese Punkte zu finden, schneidet man die Kegel durch zusätzliche Hilfsebenen, die so ausgewählt werden müssen, dass sich die entstehenden Schnittflächen mit Lineal oder Zirkel zeichnen lassen.

Beim geraden Kreiskegel gibt es dafür zwei Möglichkeiten:

1. Hilfesebenen, die durch die Kegelspitze und rechtwinklig zu einer Projektionsebene verlaufen (Bild 38.1 oben).
2. Hilfsebenen, die rechtwinklig zur Kegelachse verlaufen, wenn diese Achse rechtwinklig zu einer Projektionsebene verläuft (Bild 38.1 unten).

Hinweise zur Aufgabe in Bild 39.2:
Die gewählten Hilfsebenen verlaufen
– rechtwinklig zur Kegelachse
– parallel zur Projektionsebene der Draufsicht
Eine Hilfsebene ist eingezeichnet. Die Schnittfläche des Kegels ergibt in der Draufsicht einen Kreis.

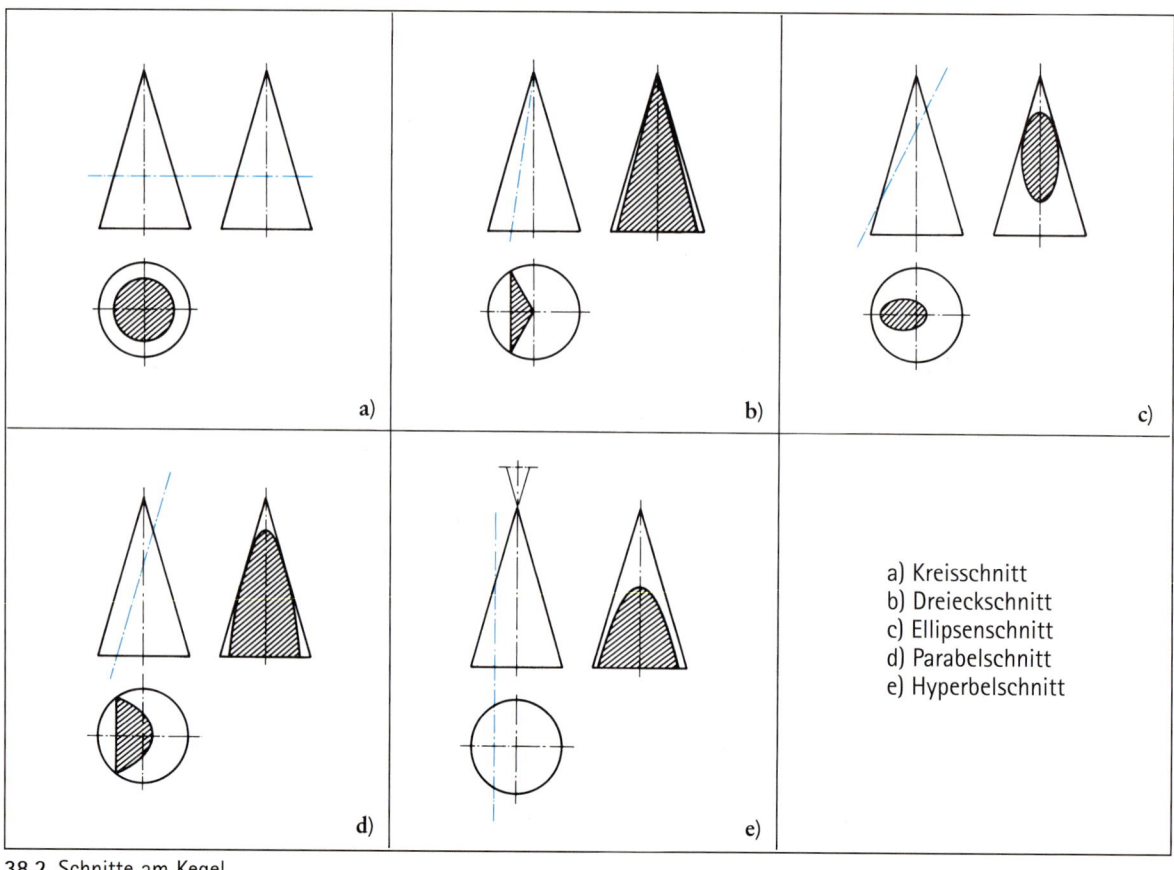

38.1

a) Kreisschnitt
b) Dreieckschnitt
c) Ellipsenschnitt
d) Parabelschnitt
e) Hyperbelschnitt

38.2 Schnitte am Kegel

Darstellende Geometrie

Kegelschnitt	die Schnittebene verläuft:
Kreis	rechtwinklig zur Kegelachse
Dreieck	durch die Spitze des Kegels
Ellipse	schräg zur Achse und zu keiner Mantellinie parallel
Parabel	parallel zu genau einer Mantellinie
Hyperbel	parallel oder schiefwinklig zur Kegelachse, wobei der Schnitt auch durch den Gegenkegel, jedoch nicht durch die Kegelspitze verläuft

39.1 Schnitte am Kegel

Hinweise zur Aufgabe in Bild 39.3:
Die gewählten Hilfsebenen verlaufen
- rechtwinklig zur Projektionsebene der Vorderansicht,
- durch die Kegelspitze und
- durch die Punkte der regelmäßigen Zwölferteilung des Umfangs der Grundfläche.

Diese Hilfsschnitte ergeben auf dem Kegel Mantellinien, deren Schnittpunkte mit der Hauptschnittebene die gesuchten Konstruktionspunkte sind.
Diese Methode ist immer dann zu wählen, wenn von dem Kegelmantel eine Abwicklung (Kapitel 7.4) zu zeichnen ist.

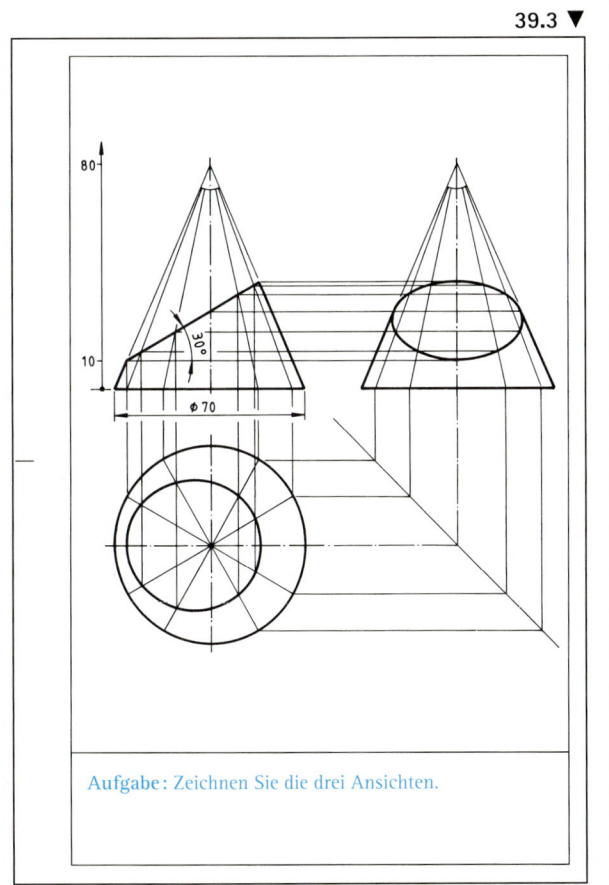

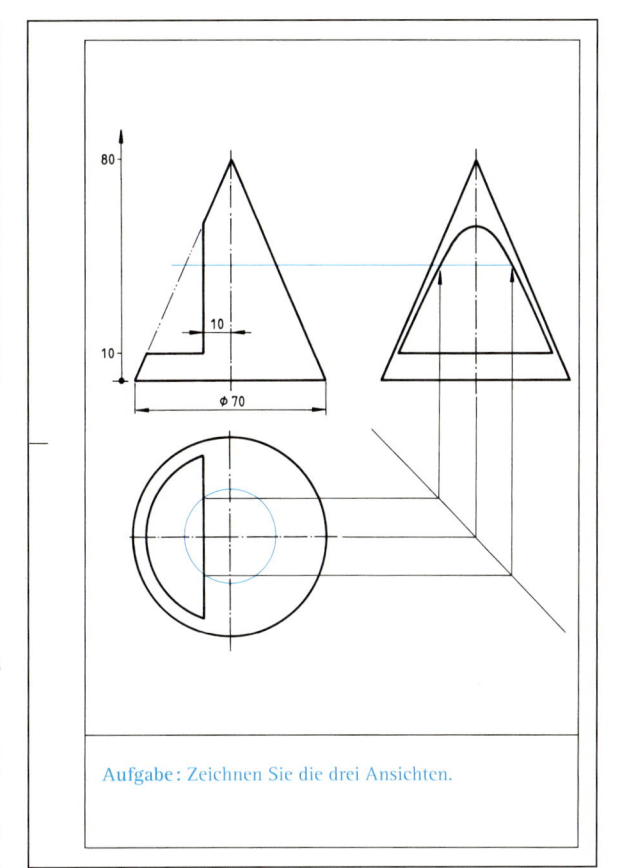

▲ 39.2 Aufgabe: Zeichnen Sie die drei Ansichten.

39.3 ▼ Aufgabe: Zeichnen Sie die drei Ansichten.

39.4 ▼ Aufgabe: Zeichnen Sie die drei Ansichten.

Darstellende Geometrie

Aufgaben Bild 40.1 bis 40.12:
Alle Grundkörper sind Rotationskörper. Gegeben ist jeweils die Vorderansicht. Alle Schnittflächen verlaufen senkrecht zur Projektionsebene der Vorderansicht. Zeichnen Sie jeweils die drei Ansichten.

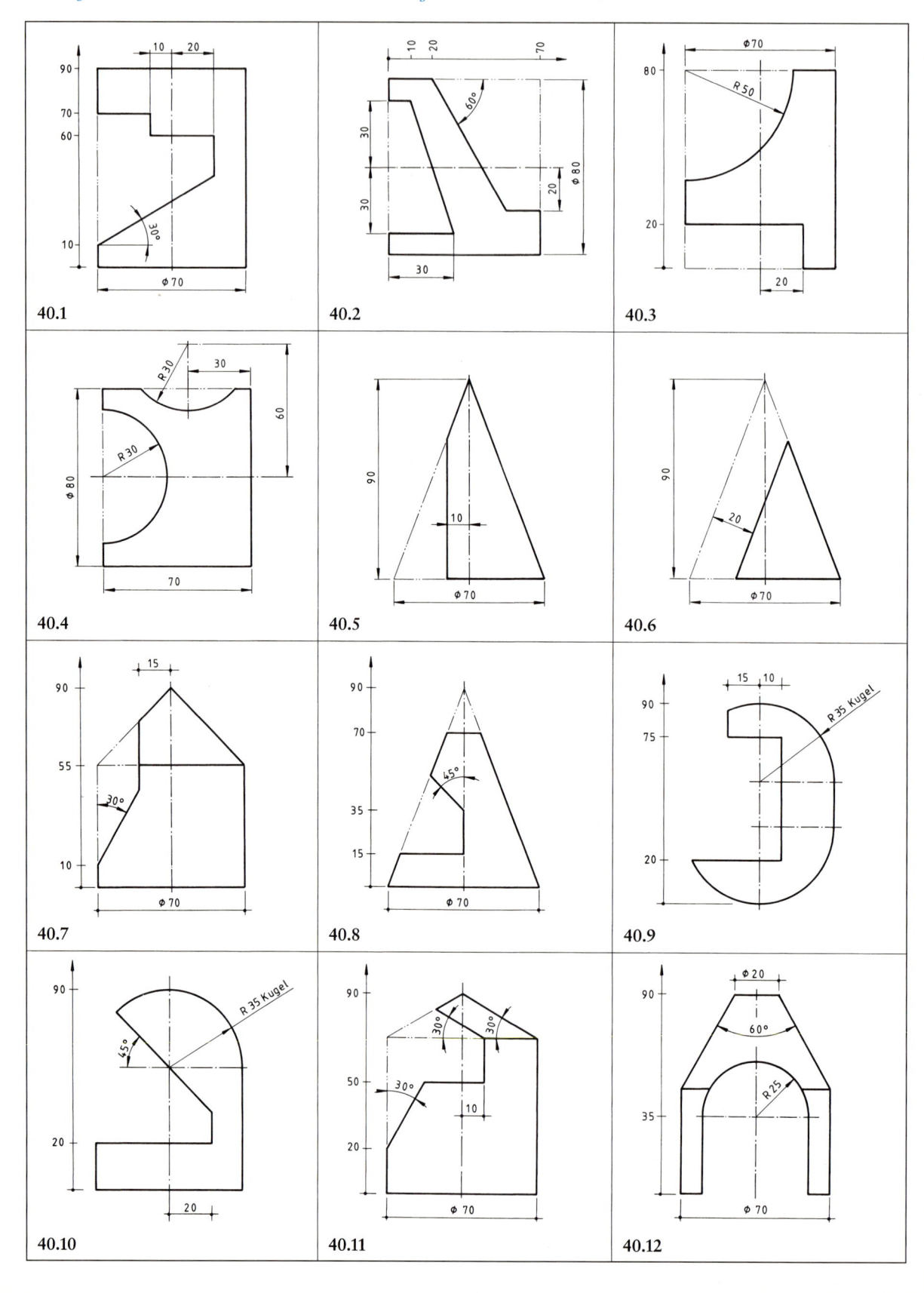

40.1

40.2

40.3

40.4

40.5

40.6

40.7

40.8

40.9

40.10

40.11

40.12

Darstellende Geometrie

5 Darstellung von Baukörpern

Um einen Körper vollständig und eindeutig darstellen zu können, sind häufig mehr als drei Ansichten erforderlich. Eine benachbarte Ansicht ergibt sich durch Schwenken des Körpers jeweils um 90° vor der Zeichenebene (Bild 41.1).

Bild 41.2 zeigt die zu bevorzugende Anordnung der Ansichten. Dabei wird also die **von links** gesehene Seitenansicht **rechts** und die **von rechts** gesehene Seitenansicht **links** neben die Vorderansicht (Hauptansicht) gezeichnet.

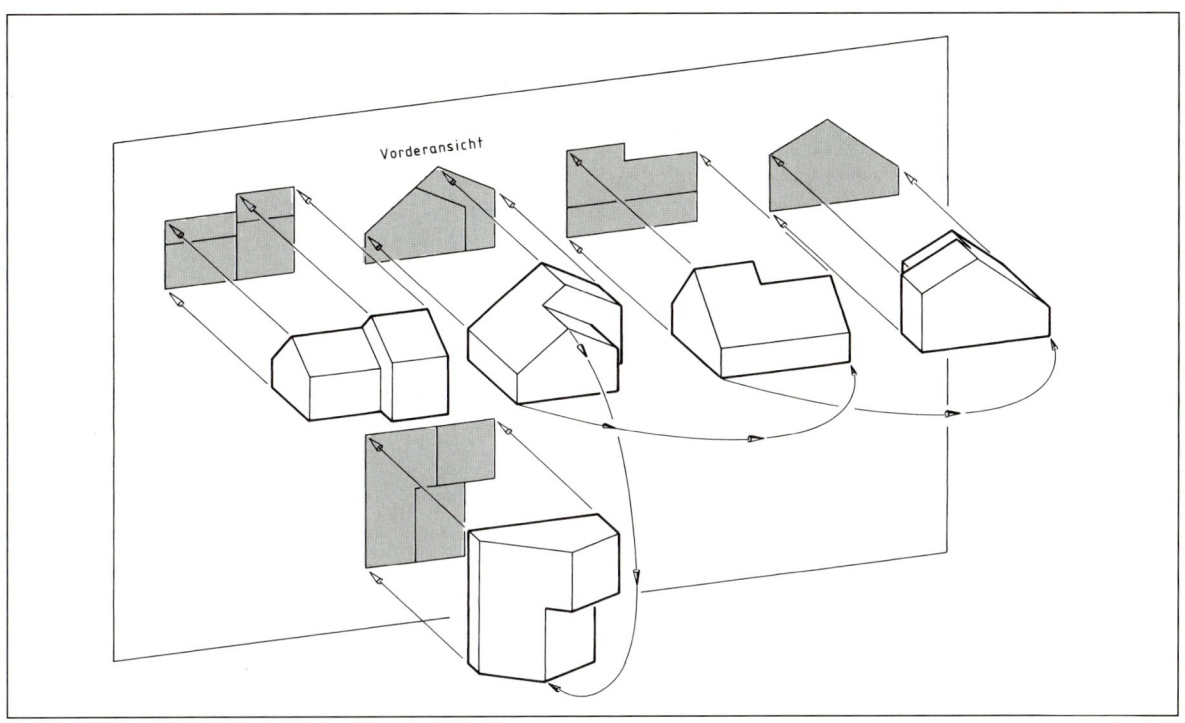

41.1 Regelanordnung der Ansichten

41.2 ▼

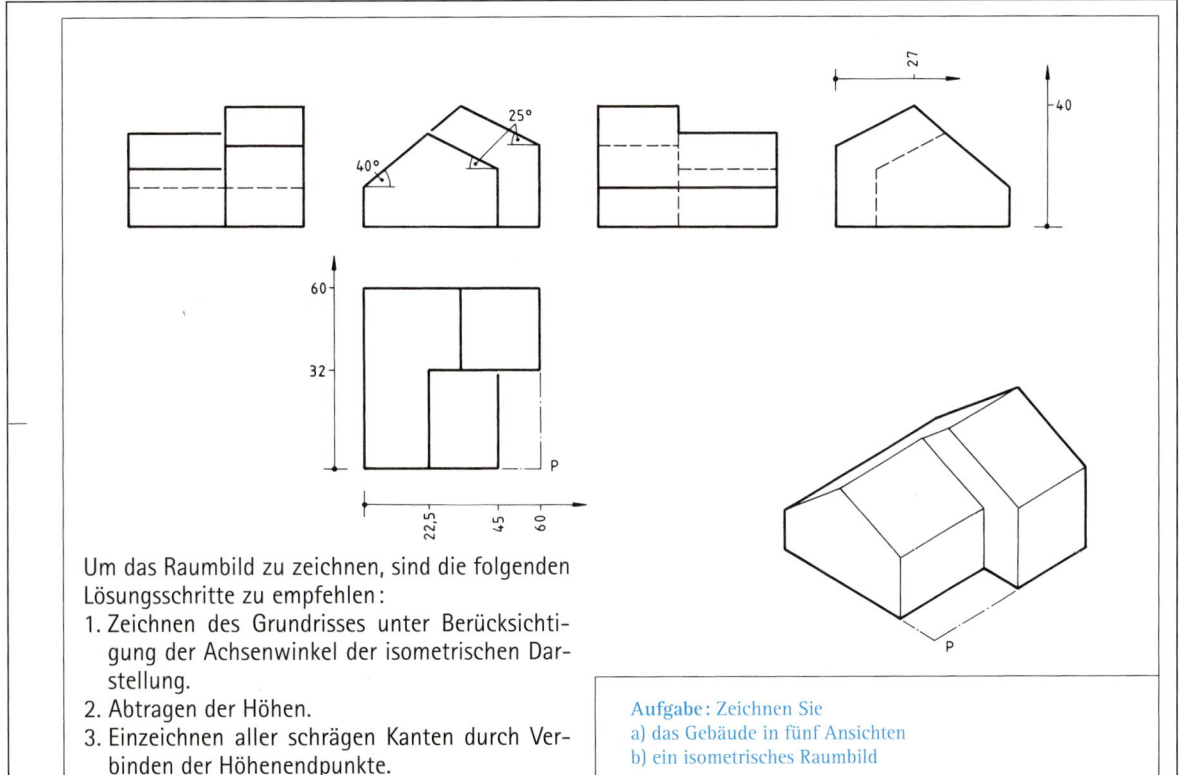

Um das Raumbild zu zeichnen, sind die folgenden Lösungsschritte zu empfehlen:
1. Zeichnen des Grundrisses unter Berücksichtigung der Achsenwinkel der isometrischen Darstellung.
2. Abtragen der Höhen.
3. Einzeichnen aller schrägen Kanten durch Verbinden der Höhenendpunkte.

Aufgabe: Zeichnen Sie
a) das Gebäude in fünf Ansichten
b) ein isometrisches Raumbild

Darstellende Geometrie

Aufgaben Bild 42.1 bis 42.6:
a) Stellen Sie die Baukörper in 5 Ansichten auf DIN A 3 dar. Zeichnen Sie ohne Achsenkrenze. Wählen Sie die Anordnung wie im Bild 41.2.
b) Zeichnen Sie zusätzlich ein isometrisches oder dimetrisches Raumbild unter Beachtung des Punktes P (für die Blickrichtung).

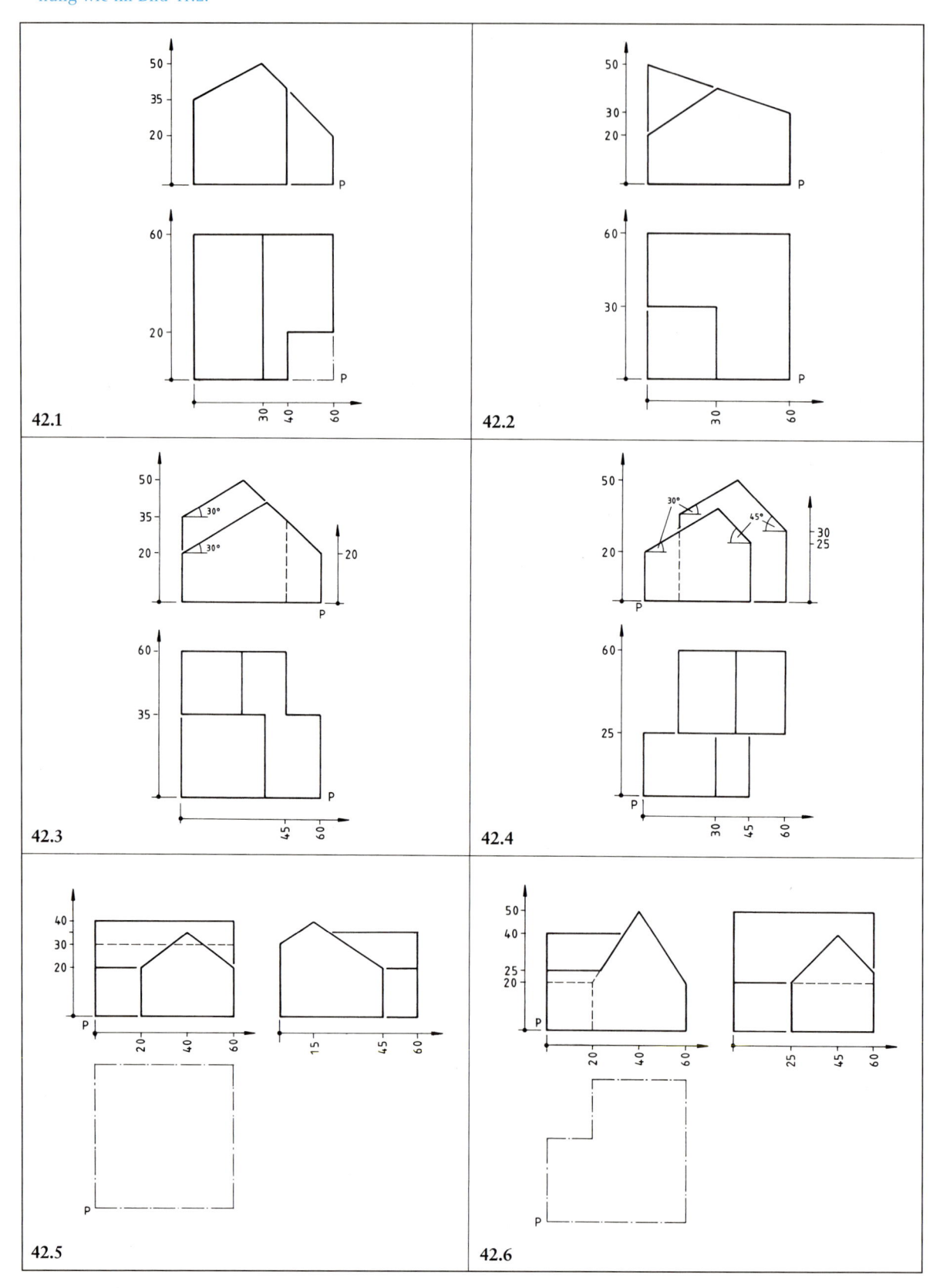

42.1

42.2

42.3

42.4

42.5

42.6

Darstellende Geometrie

6 Dachformen

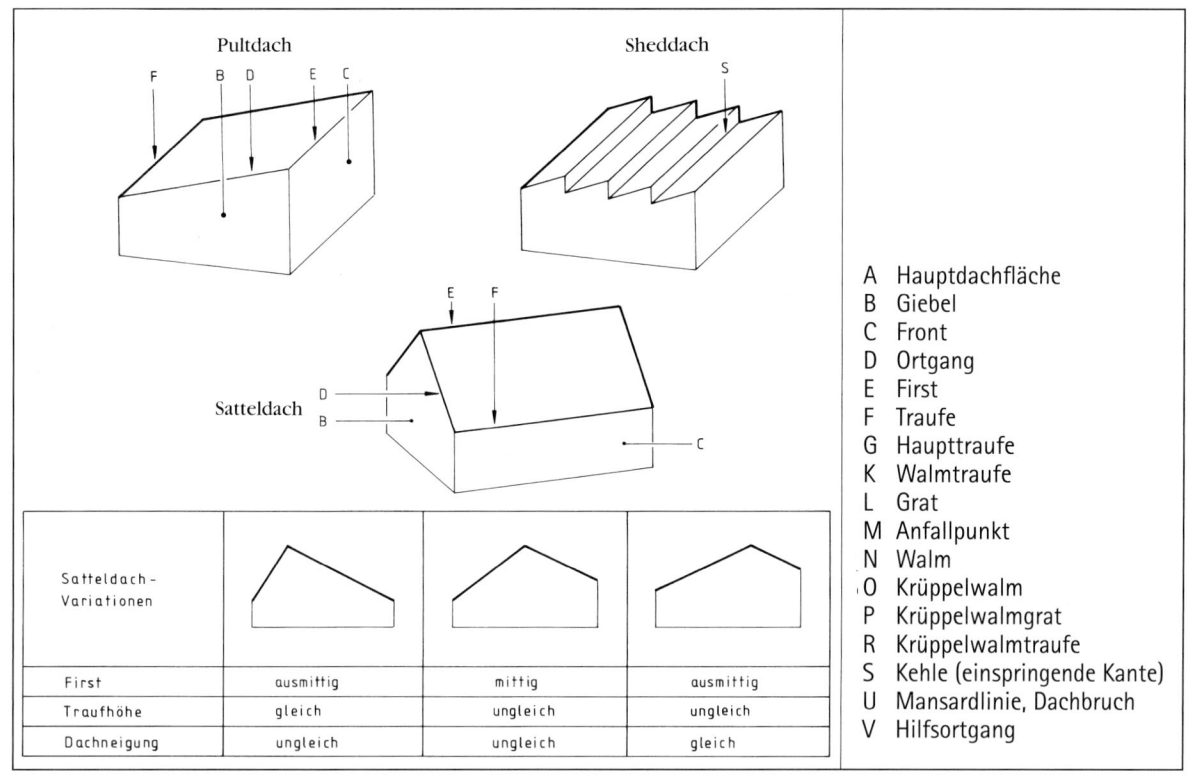

Pultdach Sheddach

Satteldach

A	Hauptdachfläche
B	Giebel
C	Front
D	Ortgang
E	First
F	Traufe
G	Haupttraufe
K	Walmtraufe
L	Grat
M	Anfallpunkt
N	Walm
O	Krüppelwalm
P	Krüppelwalmgrat
R	Krüppelwalmtraufe
S	Kehle (einspringende Kante)
U	Mansardlinie, Dachbruch
V	Hilfsortgang

Satteldach-Variationen			
First	ausmittig	mittig	ausmittig
Traufhöhe	gleich	ungleich	ungleich
Dachneigung	ungleich	ungleich	gleich

43.1 Verschiedene Dachformen

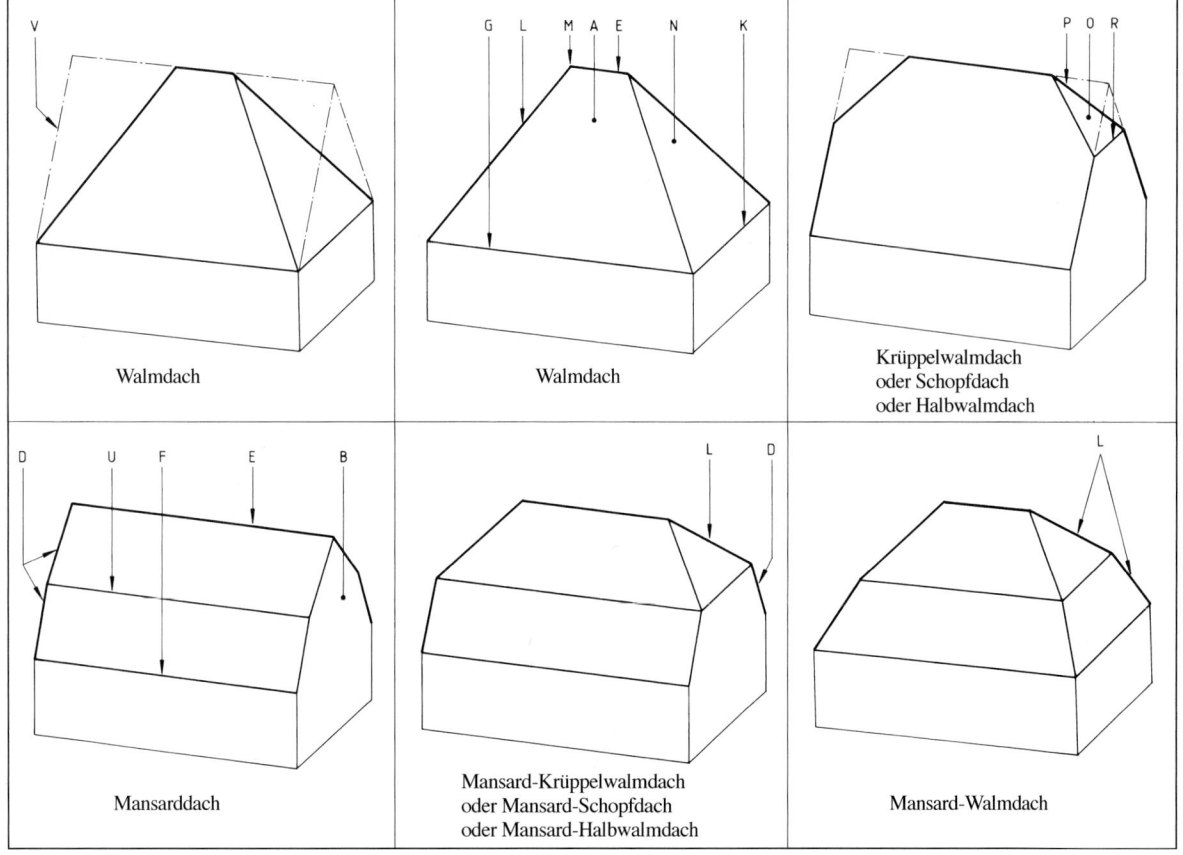

Walmdach

Walmdach

Krüppelwalmdach oder Schopfdach oder Halbwalmdach

Mansarddach

Mansard-Krüppelwalmdach oder Mansard-Schopfdach oder Mansard-Halbwalmdach

Mansard-Walmdach

43.2 Verschiedene Walmdachformen

Darstellende Geometrie

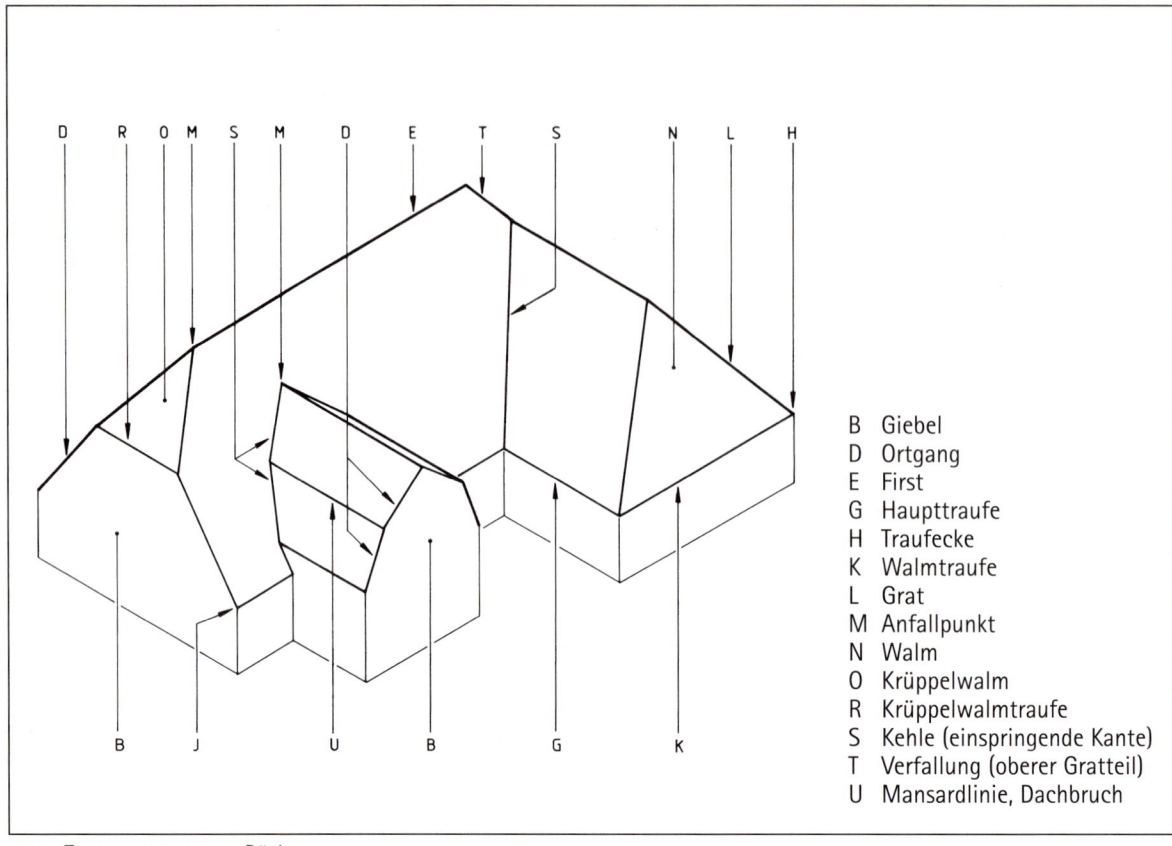

44.1 Zusammengesetzte Dächer

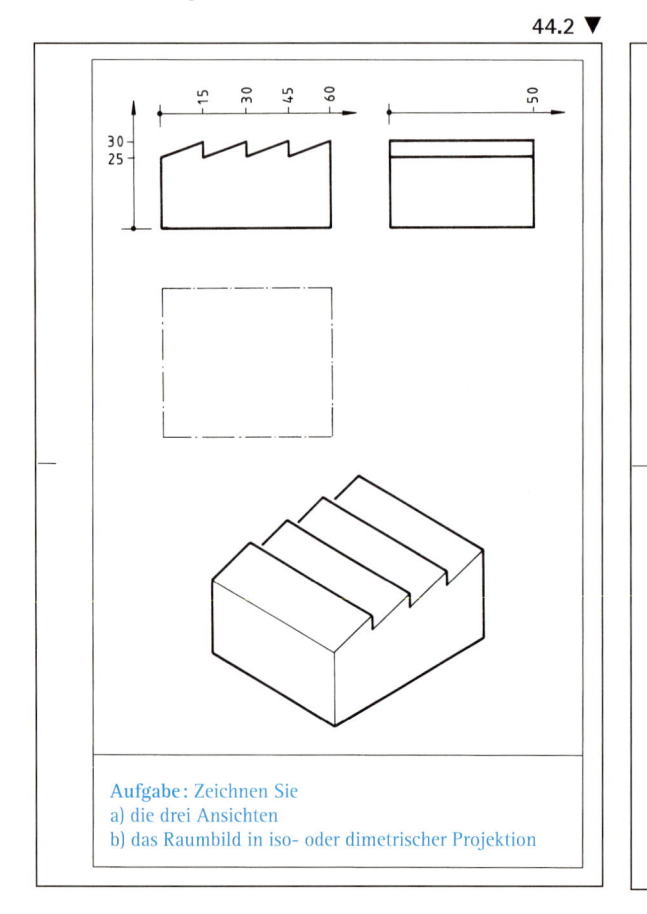

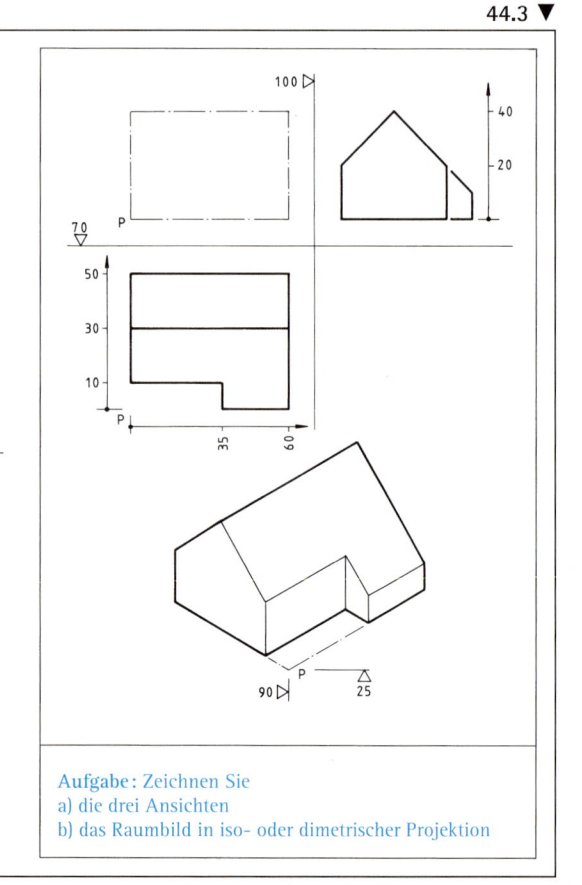

B Giebel
D Ortgang
E First
G Haupttraufe
H Traufecke
K Walmtraufe
L Grat
M Anfallpunkt
N Walm
O Krüppelwalm
R Krüppelwalmtraufe
S Kehle (einspringende Kante)
T Verfallung (oberer Gratteil)
U Mansardlinie, Dachbruch

44.2 ▼

Aufgabe: Zeichnen Sie
a) die drei Ansichten
b) das Raumbild in iso- oder dimetrischer Projektion

44.3 ▼

Aufgabe: Zeichnen Sie
a) die drei Ansichten
b) das Raumbild in iso- oder dimetrischer Projektion

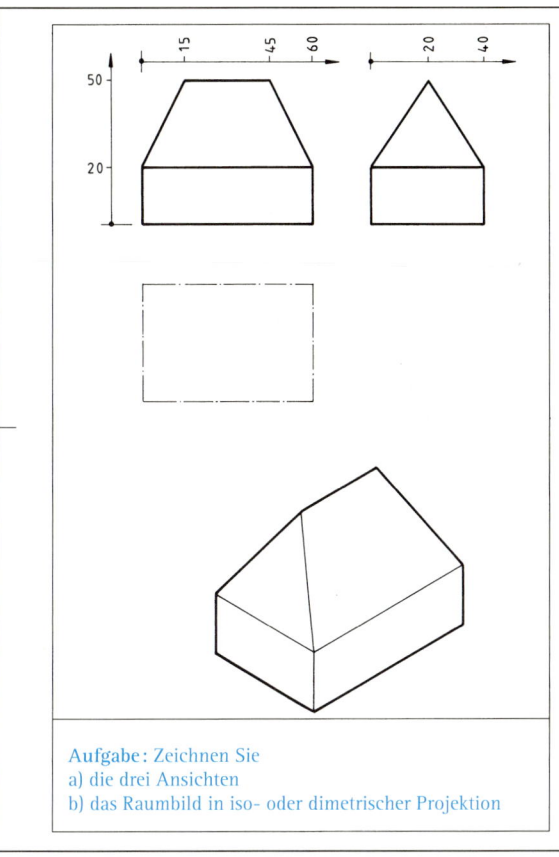

Darstellende Geometrie

▲ 45.1

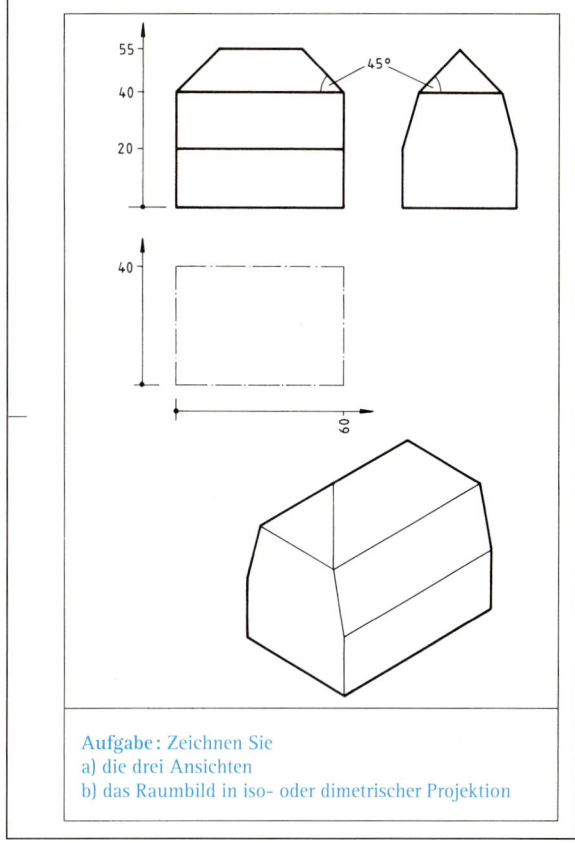

Aufgabe: Zeichnen Sie
a) die drei Ansichten
b) das Raumbild in iso- oder dimetrischer Projektion

▲ 45.2

Aufgabe: Zeichnen Sie
a) die drei Ansichten
b) das Raumbild in iso- oder dimetrischer Projektion

45.3 ▼

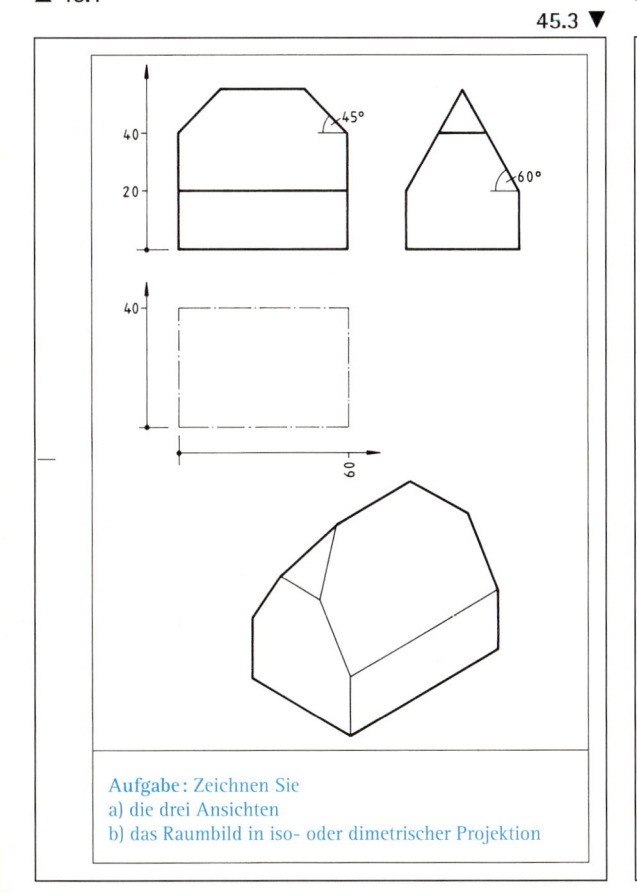

Aufgabe: Zeichnen Sie
a) die drei Ansichten
b) das Raumbild in iso- oder dimetrischer Projektion

45.4 ▼

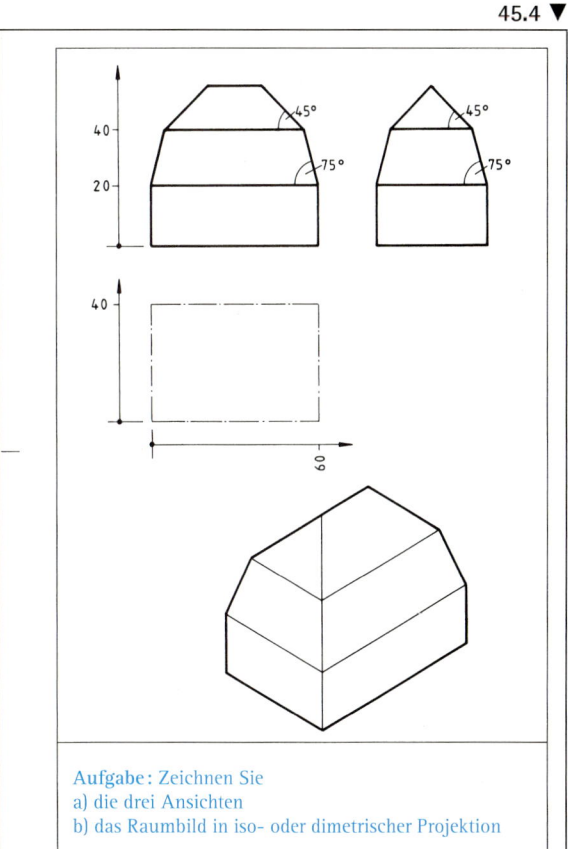

Aufgabe: Zeichnen Sie
a) die drei Ansichten
b) das Raumbild in iso- oder dimetrischer Projektion

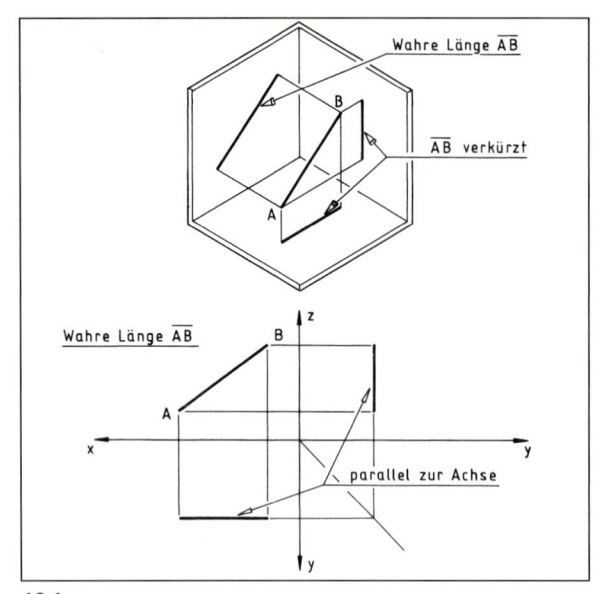

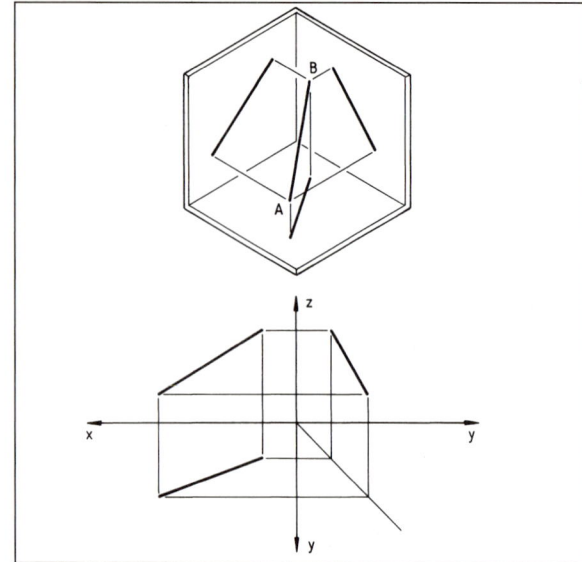

46.1

46.2

7 Wahre Größen

7.1 Wahre Längen

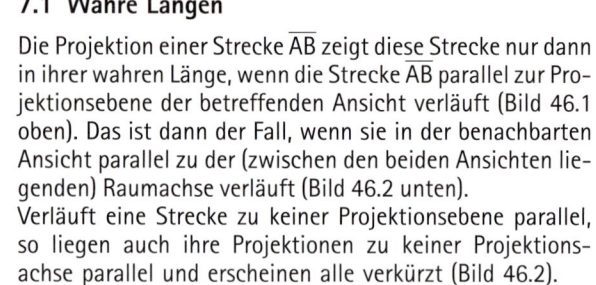

Die Projektion einer Strecke $\overline{AB}$ zeigt diese Strecke nur dann in ihrer wahren Länge, wenn die Strecke $\overline{AB}$ parallel zur Projektionsebene der betreffenden Ansicht verläuft (Bild 46.1 oben). Das ist dann der Fall, wenn sie in der benachbarten Ansicht parallel zu der (zwischen den beiden Ansichten liegenden) Raumachse verläuft (Bild 46.2 unten).

Verläuft eine Strecke zu keiner Projektionsebene parallel, so liegen auch ihre Projektionen zu keiner Projektionsachse parallel und erscheinen alle verkürzt (Bild 46.2).

Ermittlung der wahren Gratlänge (Bild 46.3).
Verfahren 1: Man zeichnet das rechtwinklige Dreieck AB'B getrennt von den Ansichten (Bild 46.4).
Verfahren 2: Das rechtwinklige Dreieck AB'B wird in der Draufsicht um die Achse AB' gedreht und in die Vorderansicht projiziert (Bild 46.5).

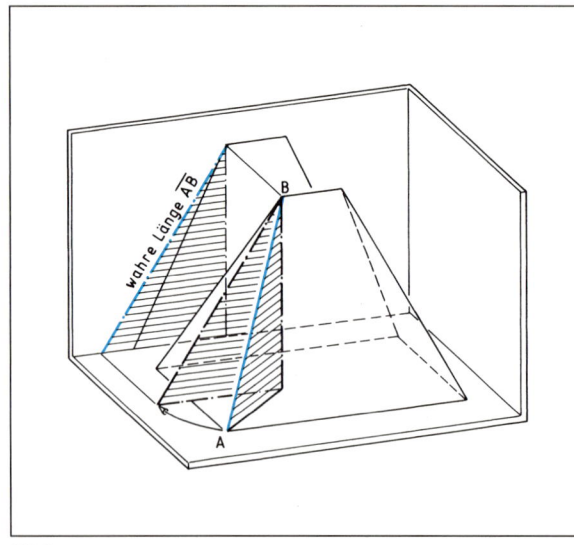

46.3

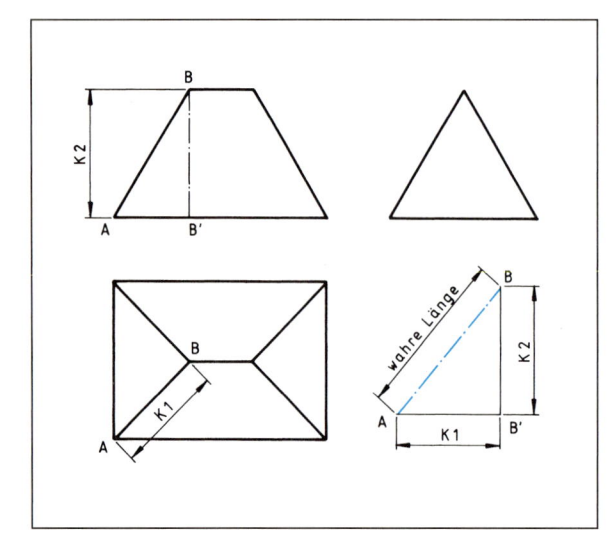

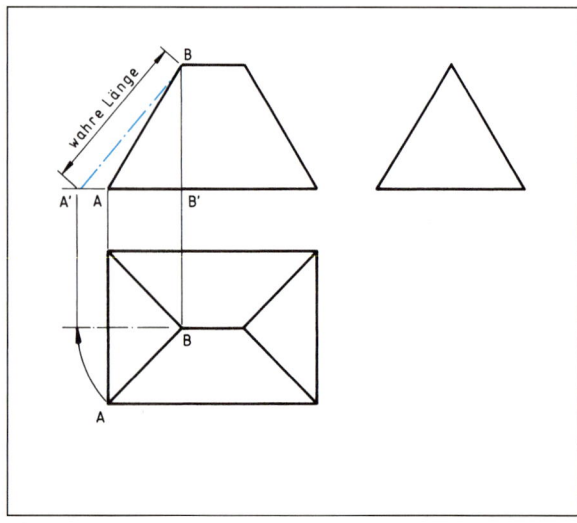

46.4

46.5

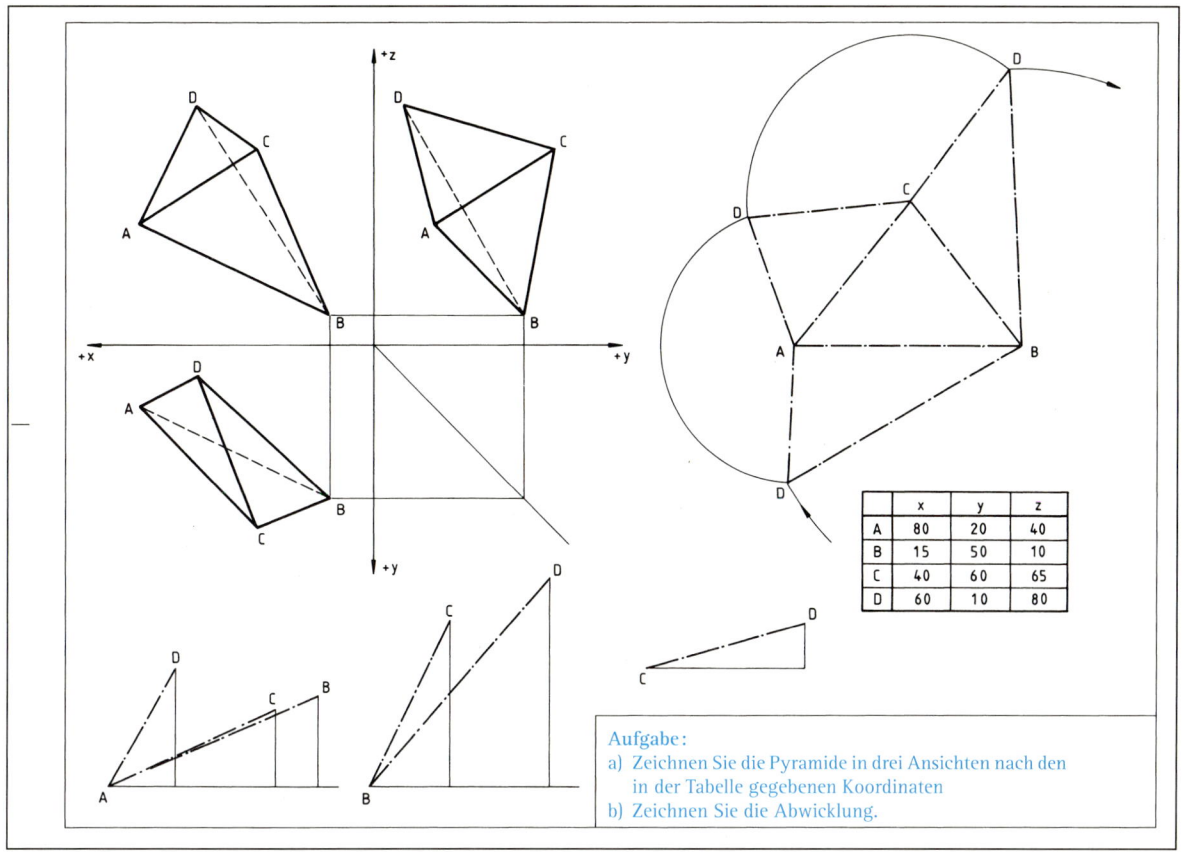

Darstellende Geometrie

47.1

	x	y	z
A	80	20	40
B	15	50	10
C	40	60	65
D	60	10	80

Aufgabe:
a) Zeichnen Sie die Pyramide in drei Ansichten nach den in der Tabelle gegebenen Koordinaten
b) Zeichnen Sie die Abwicklung.

47.2

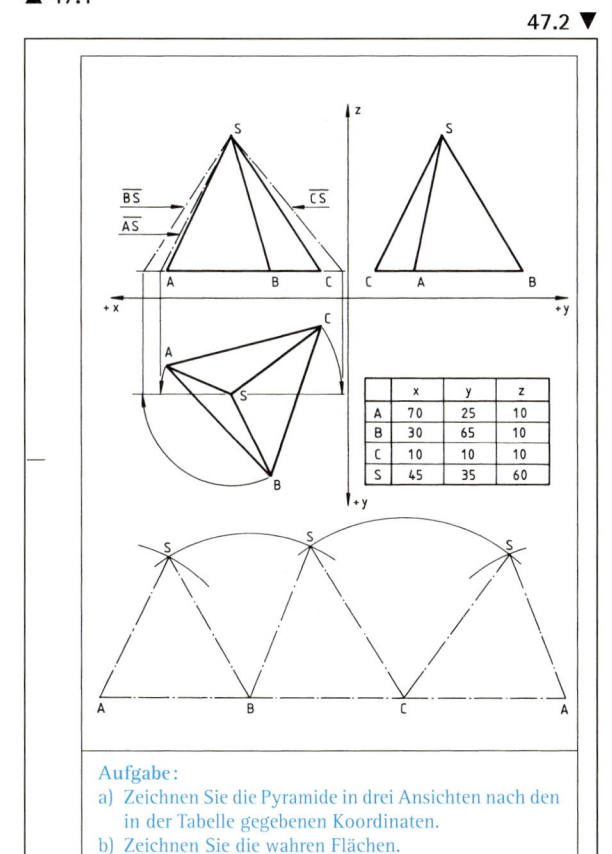

	x	y	z
A	70	25	10
B	30	65	10
C	10	10	10
S	45	35	60

Aufgabe:
a) Zeichnen Sie die Pyramide in drei Ansichten nach den in der Tabelle gegebenen Koordinaten.
b) Zeichnen Sie die wahren Flächen.

47.3

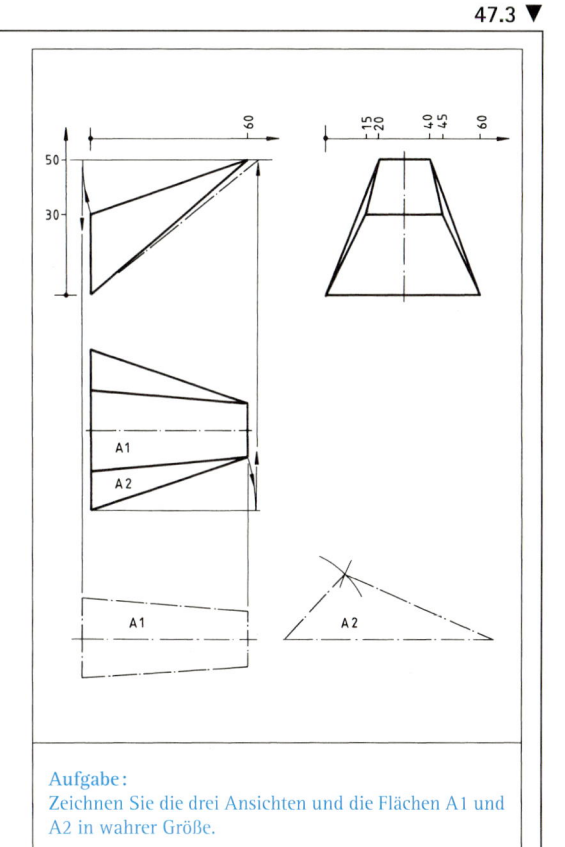

Aufgabe:
Zeichnen Sie die drei Ansichten und die Flächen A1 und A2 in wahrer Größe.

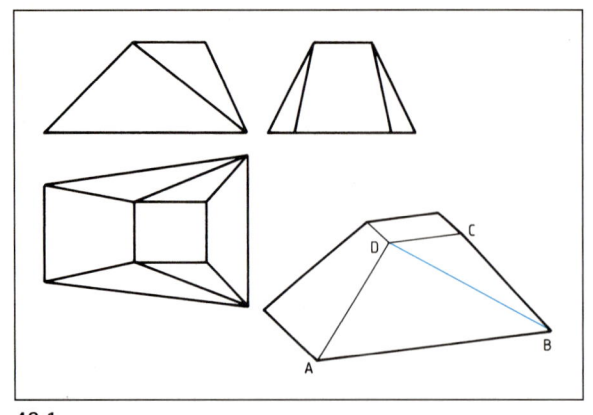

Darstellende Geometrie

48.1

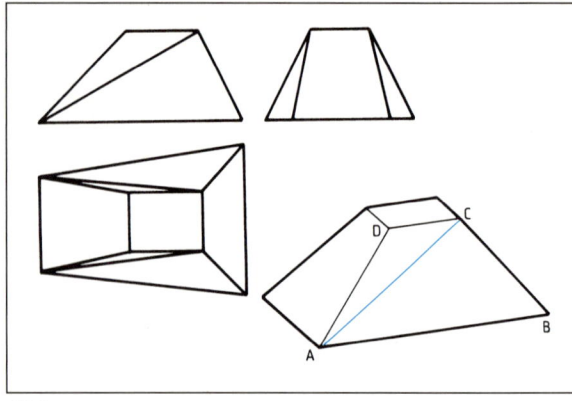

48.2

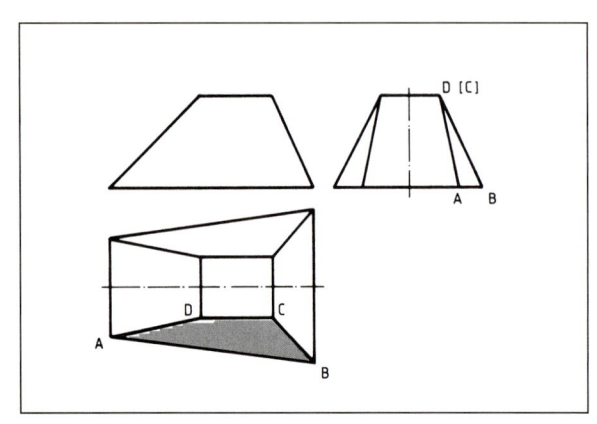

48.3

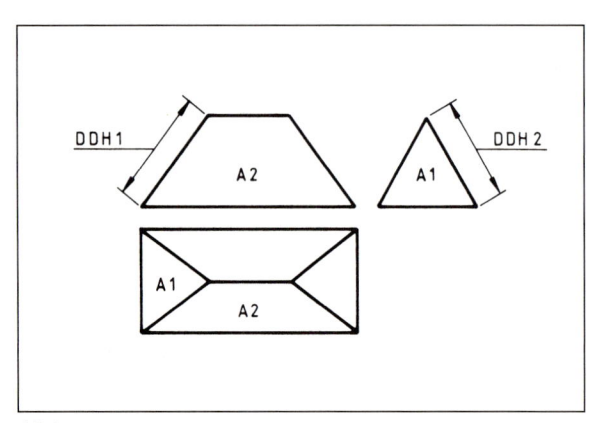

7.2 Ebenen durch vier Punkte

Eine Ebene ist durch drei Punkte eindeutig bestimmt. Sind von einem Körper, der durch ebene Flächen begrenzt werden soll, vier Eckpunkte gegeben, dann muss geprüft werden, ob diese Punkte auf einer Ebene liegen.
ist dies nicht der Fall, dann müssen zwei Ebenen als Begrenzungsflächen gewählt werden, die durch jeweils drei Eckpunkte verlaufen.

Die graue Fläche im Bild 48.3 kann keine Ebene sein, weil die drei Punkte D, C und B in der Seitenansicht auf einer Geraden (und damit auf einer Ebene) liegen, Punkt A jedoch nicht.
Durch die vier bezeichneten Punkte müssen daher zwei Ebenen gelegt werden, wofür es zwei Möglichkeiten gibt, wie Bild 48.1 und 48.2 zeigen.

7.3 Wahre Flächen

Von dem Walmdach im Bild 48.4 sollen die Dachflächen in wahrer Größe zeichnerisch bestimmt werden. Alle Flächen erscheinen verkürzt, weil keine parallel zu einer der drei Projektionsebenen liegt. Im Bild 48.4 sind die so genannten Dachdeckerhöhen DDH1 und DDH2 eingezeichnet, die parallel zu der jeweiligen Projektionsebene verlaufen und daher nicht verkürzt sind.
Zur Ermittlung der wahren Walmflächen denkt man sich diese Flächen, um die Traufen bis zur Waagerechten gedreht (Bild 48.5 und 48.6).

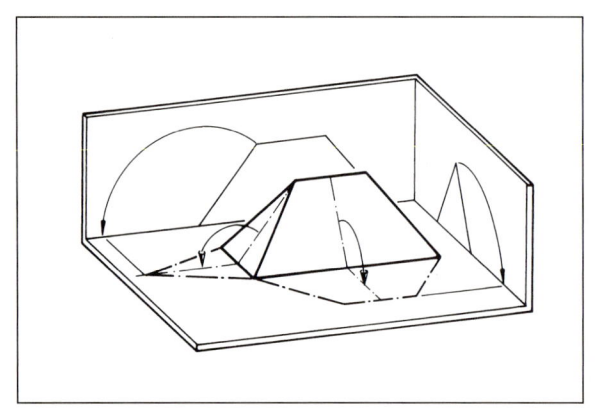

48.4

48.5

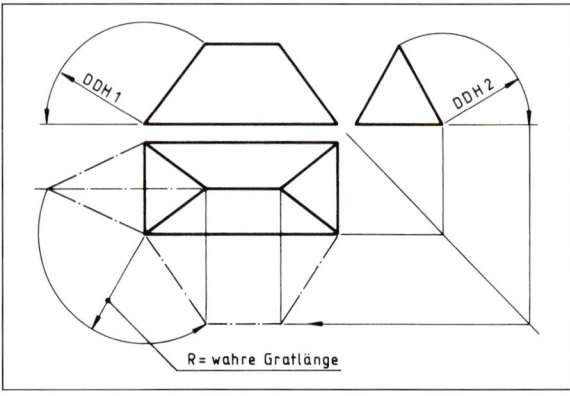

48.6

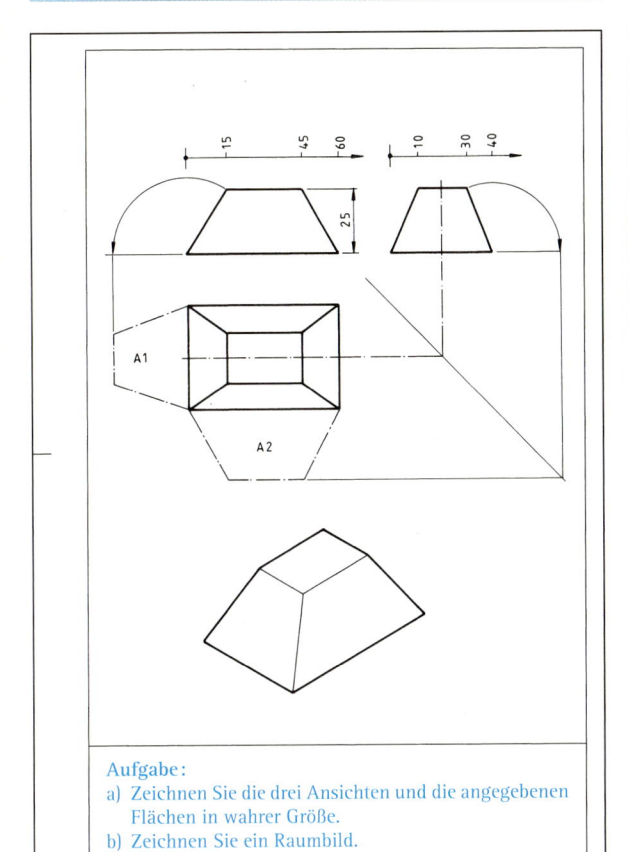

Darstellende Geometrie

▲ 49.1

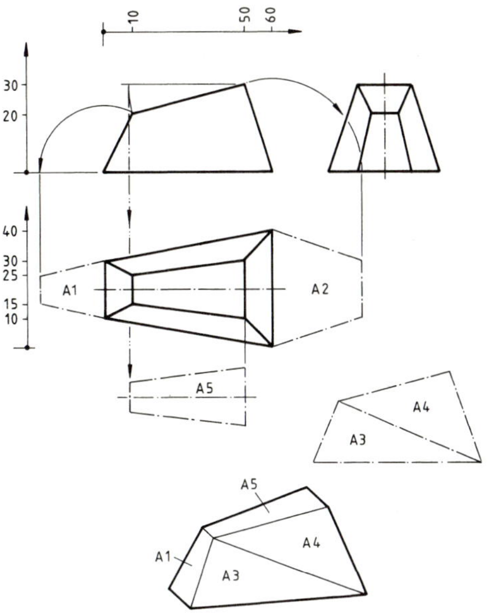

Aufgabe:
a) Zeichnen Sie die drei Ansichten und die angegebenen Flächen in wahrer Größe.
b) Zeichnen Sie ein Raumbild.

▲ 49.2

Aufgabe:
a) Zeichnen Sie die drei Ansichten und die angegebenen Flächen in wahrer Größe.
b) Zeichnen Sie ein Raumbild.

49.3 ▼

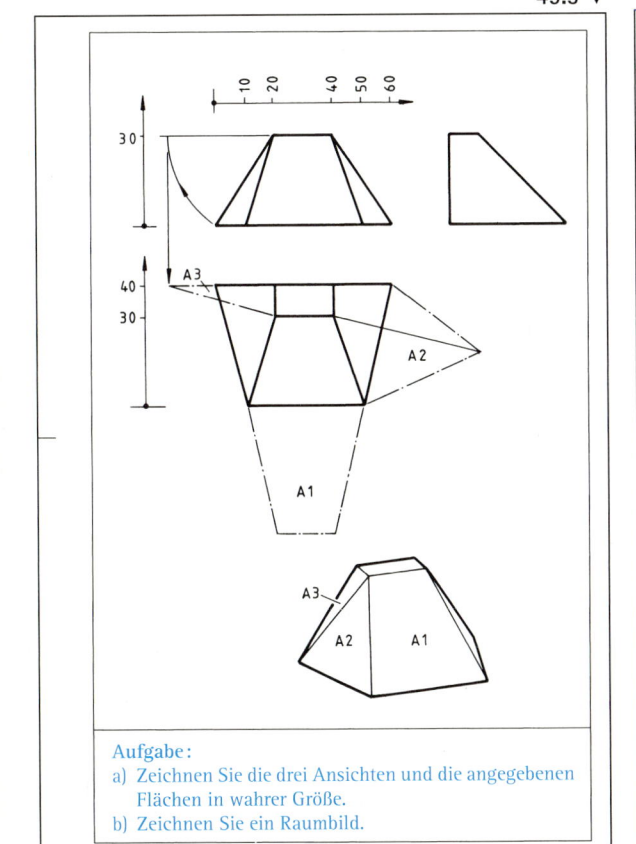

Aufgabe:
a) Zeichnen Sie die drei Ansichten und die angegebenen Flächen in wahrer Größe.
b) Zeichnen Sie ein Raumbild.

49.4 ▼

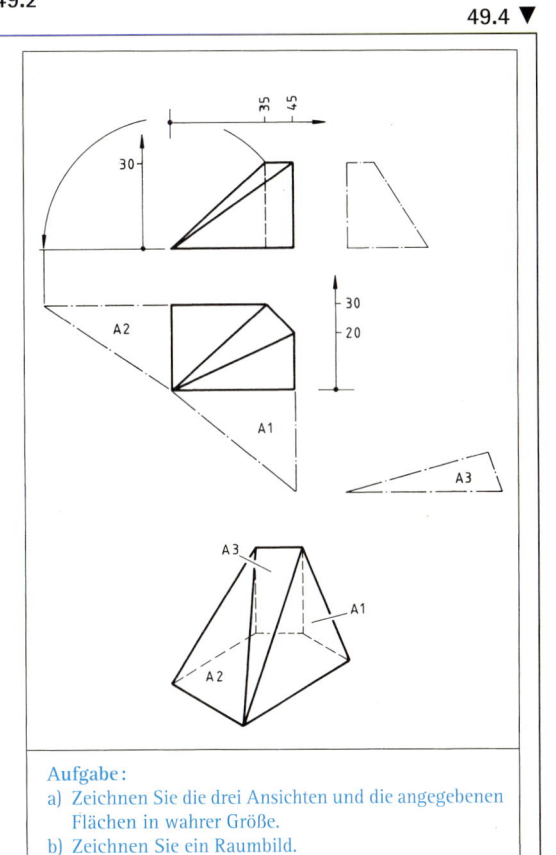

Aufgabe:
a) Zeichnen Sie die drei Ansichten und die angegebenen Flächen in wahrer Größe.
b) Zeichnen Sie ein Raumbild.

Darstellende Geometrie

50.1

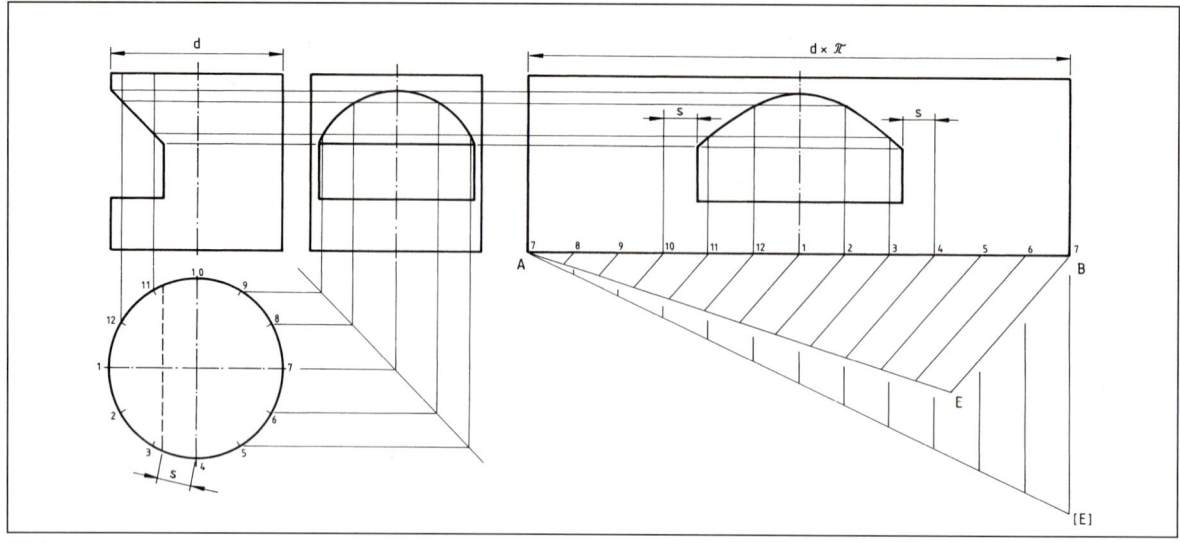

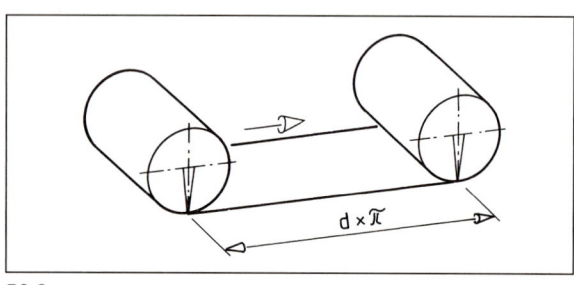

50.2

7.4 Abwicklungen von Zylindern und Kegeln

Die Abwicklung eines Zylindermantels ist ein Rechteck mit der Länge des Umfangs $U = d \cdot \pi$ (Bild 50.2).

Um die Mantelfläche in wahrer Größe darzustellen, zeichnet man von dem Punkt A aus unter beliebigem Winkel eine Strecke $\overline{AE}$, die sich mit einem Maßstab vorteilhaft in 12 gleiche Abschnitte teilen lässt; man wählt z.B. für die Länge der Strecke $\overline{AE}$ 12 cm, 9 cm oder 18 cm. Die Teilungspunkte für die Mantellinien findet man durch Parallelverschiebung zu $\overline{EB}$. Es ist vorteilhaft, die Strecke $\overline{AE}$ so zu legen, dass der Punkt E unter dem Punkt B liegt (Bild 50.1)!

Die Abwicklung eines Kegelmantels ist ein Kreisausschnitt, dessen Radius gleich der wahren Länge einer Mantellinie ist.

Um die wahre Entfernung eines Punktes von der Kegelspitze zu bestimmen, denkt man sich den Kegel so weit um seine Achse gedreht, dass die Mantellinie mit dem zu übertragenden Punkt parallel zur Projektionsebene liegt (Bild 50.3 und Bild 50.4). Der Kreisbogen, auf dem sich der Punkt dabei bewegt, ist in der Projektion eine Senkrechte zur Kegelachse.

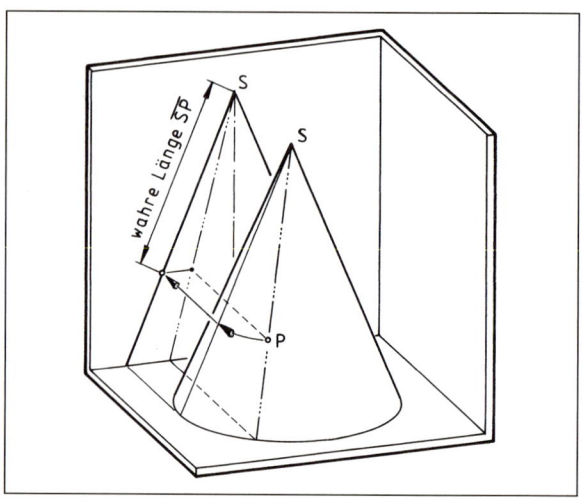

Aufgabe:
Zeichnen Sie die drei Ansichten und die Abwicklung des Kegelmantels.

50.4

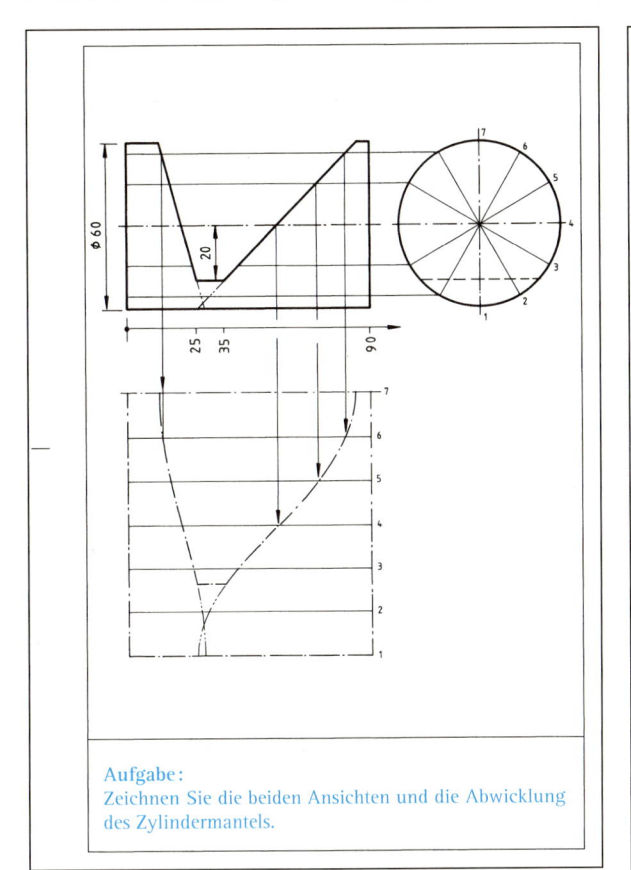

Darstellende Geometrie

▲ 51.1

Aufgabe:
Zeichnen Sie die beiden Ansichten und die Abwicklung des Zylindermantels.

▲ 51.2

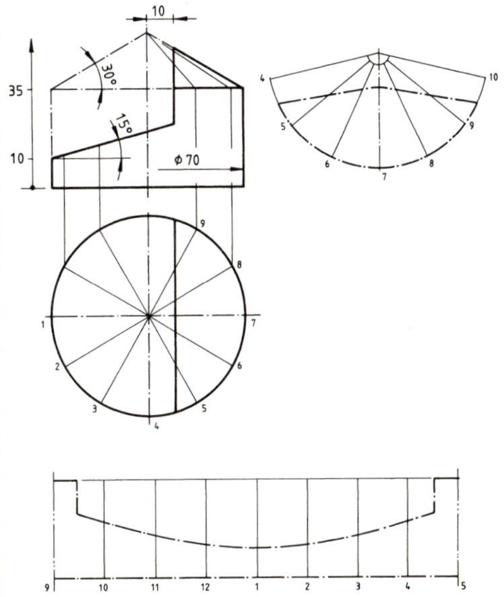

Aufgabe:
Zeichnen Sie die Abwicklung des Kegelmantels und des Zylindermantels.

51.3 ▼

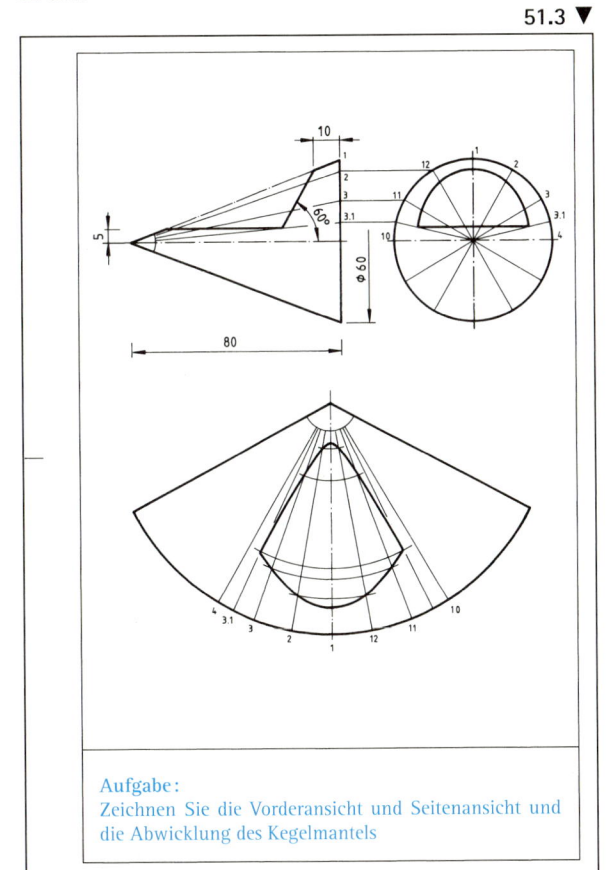

Aufgabe:
Zeichnen Sie die Vorderansicht und Seitenansicht und die Abwicklung des Kegelmantels

51.4 ▼

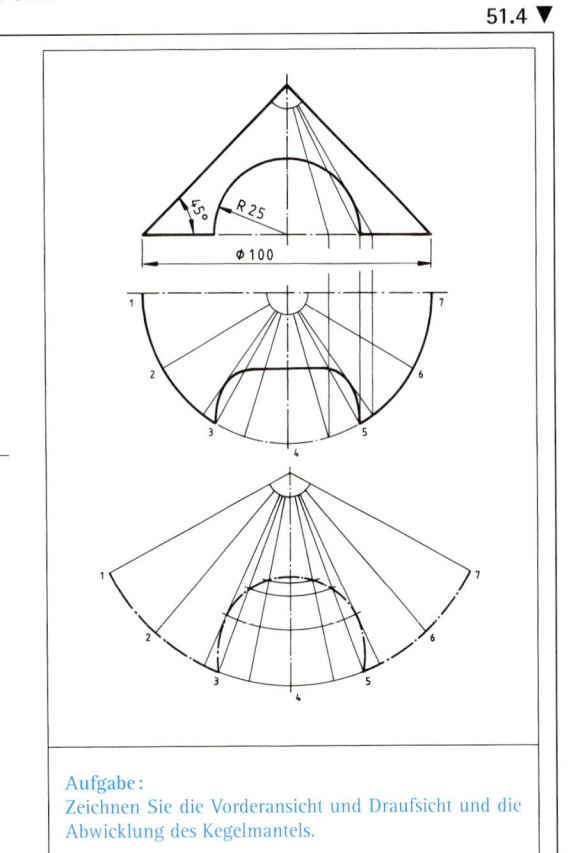

Aufgabe:
Zeichnen Sie die Vorderansicht und Draufsicht und die Abwicklung des Kegelmantels.

8 Zeichnerische Bestimmung wahrer Dachflächen

Um die Dachflächen in ihrer wahren Größe zu zeichnen, ist es vorteilhaft, die Dachquerschnitte (auch Dachprofile genannt) an die Draufsicht zu zeichnen. Alle Dachprofile sind in den folgenden Lösungsbeispielen zur Verdeutlichung grau angelegt (Bild 52.1 bis 53.3).

Für die Bestimmung der wahren Dachflächen ist die Dachdeckerhöhe (DDH) besonders wichtig, die stets rechtwinklig zur Traufe gemessen werden muss und gleich dem Abstand zwischen Traufe und First ist, wenn beide parallel zueinander verlaufen (Bild 52.1).

Zum Unterschied zur Dachdeckerhöhe wird mit der Dachhöhe (DH) die (lotrecht zu messende!) Höhendifferenz zwischen First und Traufe bezeichnet.

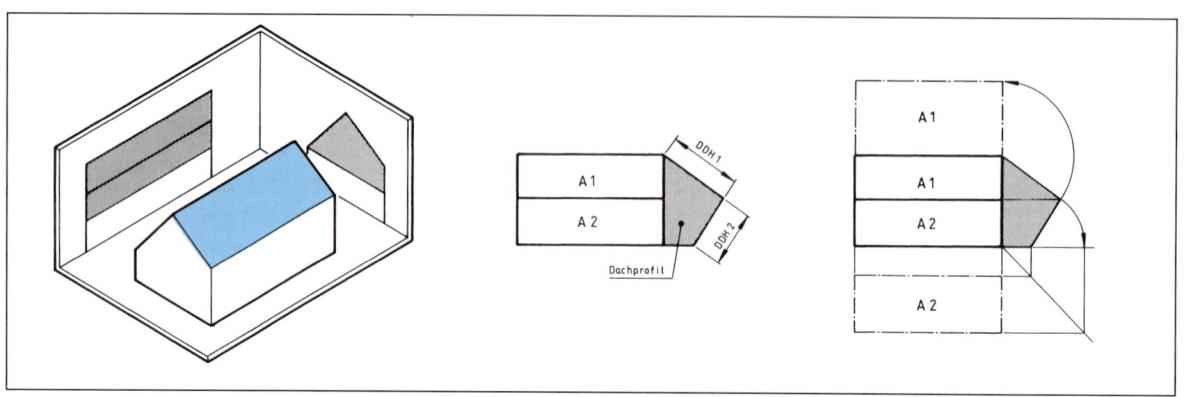

52.1

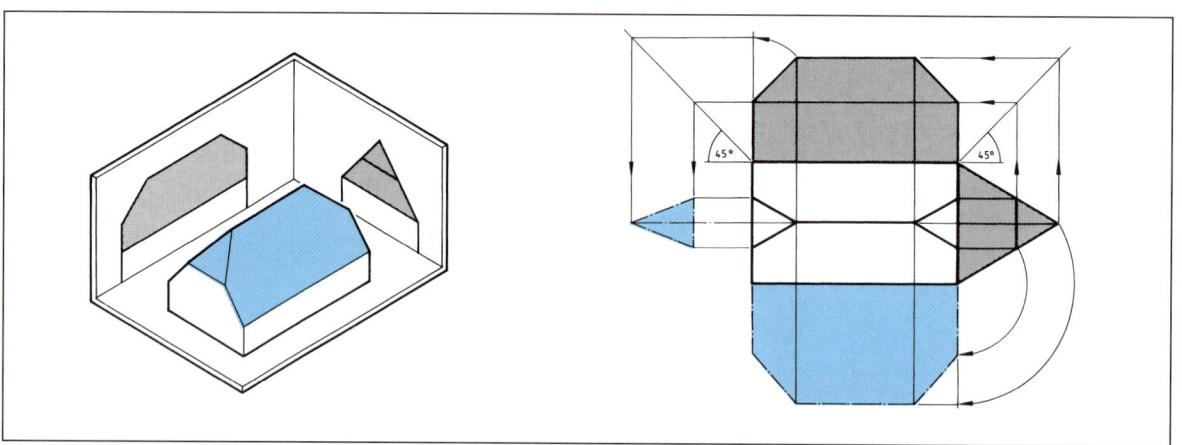

52.2

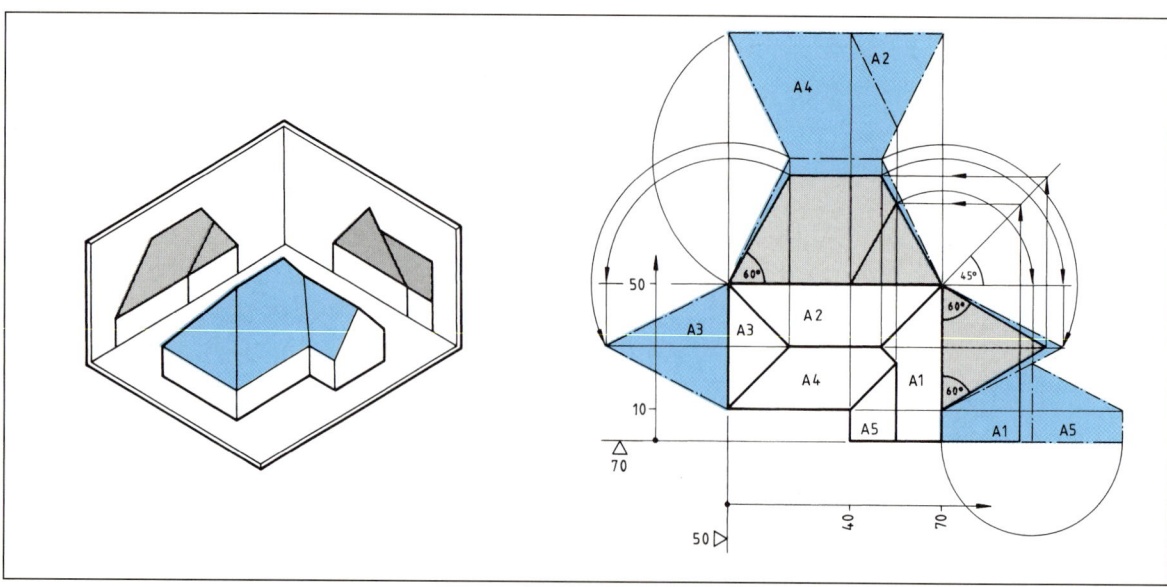

52.3

Darstellende Geometrie

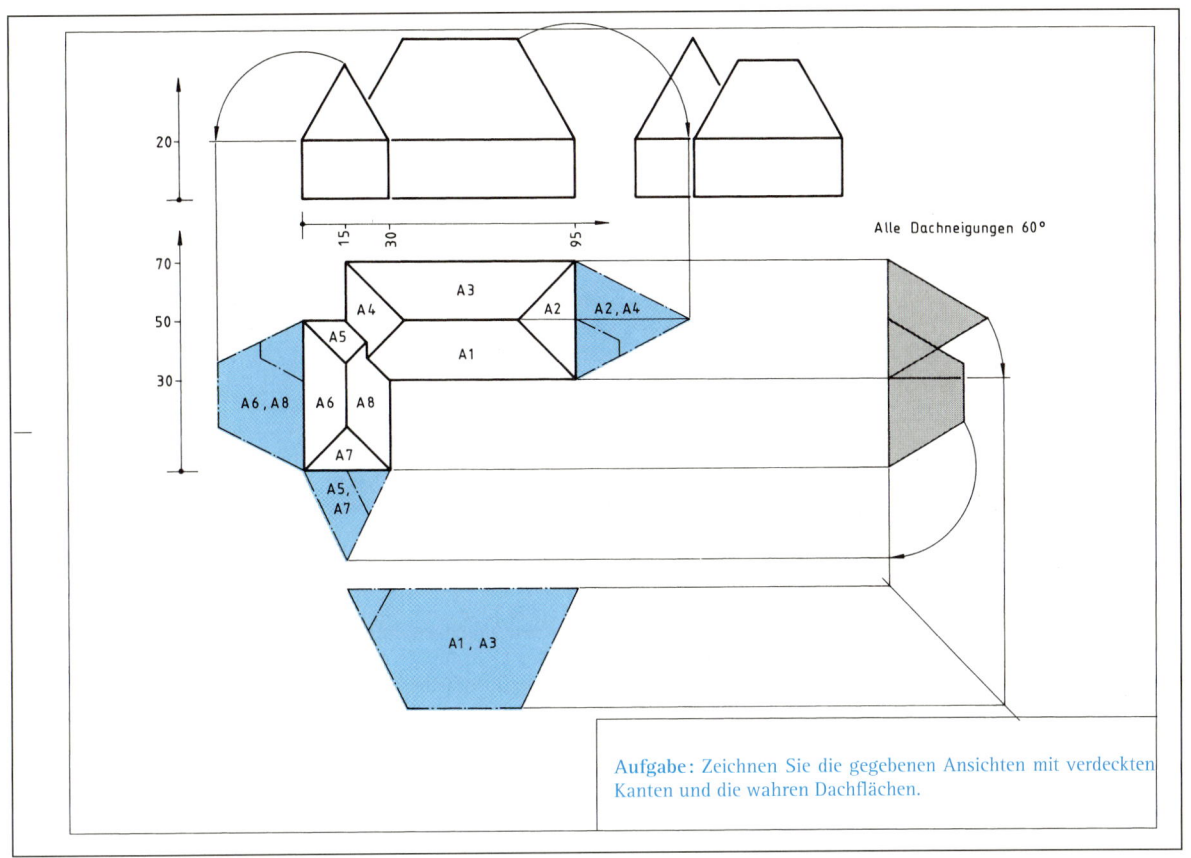

▲ 53.1

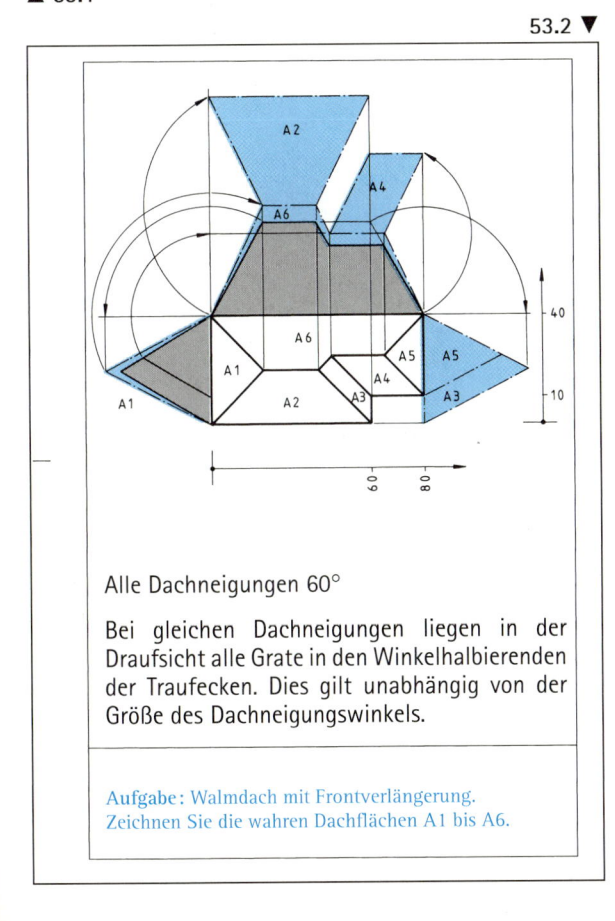

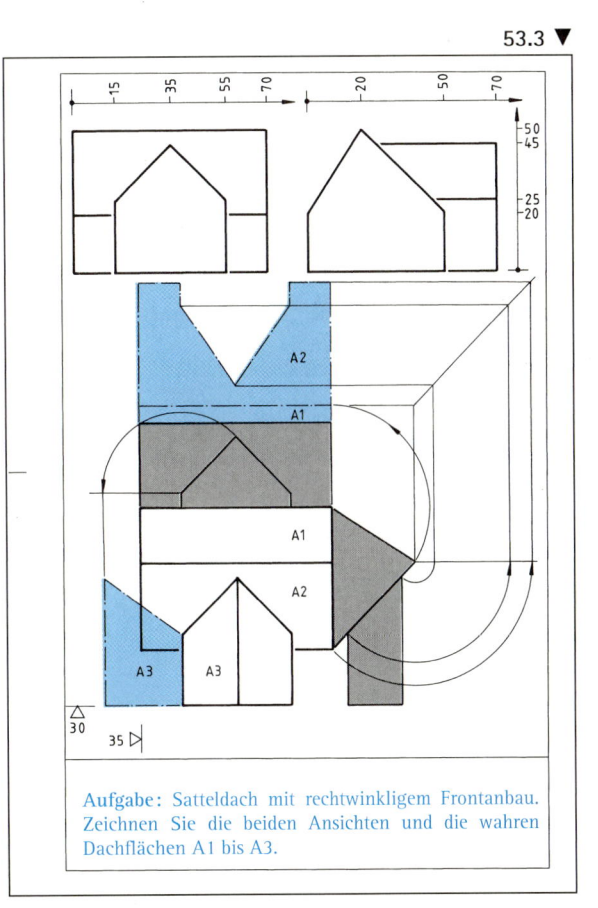

Aufgabe: Zeichnen Sie die gegebenen Ansichten mit verdeckten Kanten und die wahren Dachflächen.

Alle Dachneigungen 60°

53.2 ▼

Alle Dachneigungen 60°

Bei gleichen Dachneigungen liegen in der Draufsicht alle Grate in den Winkelhalbierenden der Traufecken. Dies gilt unabhängig von der Größe des Dachneigungswinkels.

Aufgabe: Walmdach mit Frontverlängerung. Zeichnen Sie die wahren Dachflächen A1 bis A6.

53.3 ▼

Aufgabe: Satteldach mit rechtwinkligem Frontanbau. Zeichnen Sie die beiden Ansichten und die wahren Dachflächen A1 bis A3.

Darstellende Geometrie

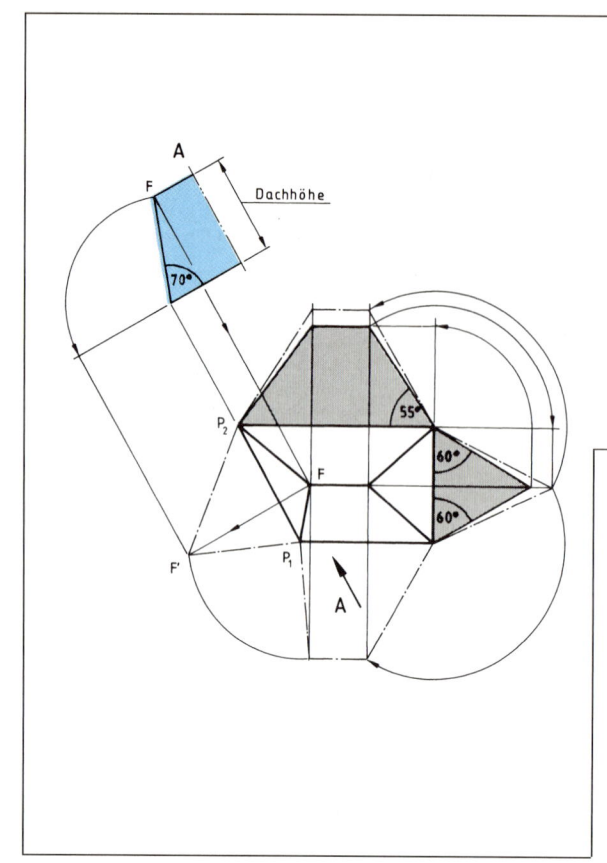

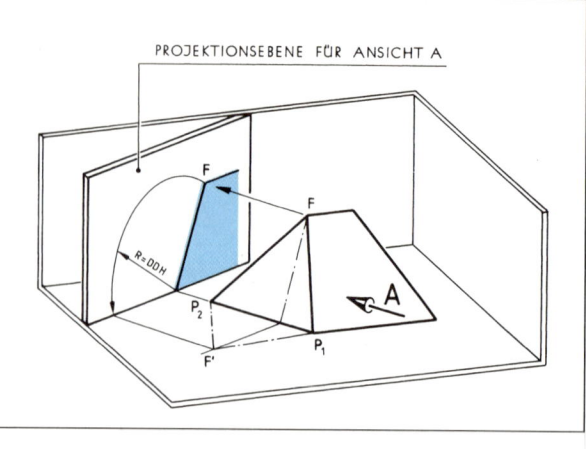

54.1 Walmdach mit ungleichen Neigungen über trapezförmigem Grundriss.

Bei dem Walmdach im Bild 54.1 sind für die Dachflächen verschiedene Neigungen (55°, 60°, 70°) gegeben.
Weil die Dachfläche A1 (P_2, P_1, F) zu keiner der drei Hauptprojektionsebenen rechtwinklig verläuft, muss der Anfallspunkt F durch eine zusätzliche Ansicht A in Richtung der Traufe P_1–P_2 ermittelt werden.
Die Projektion des Weges, den der Anfallspunkt F bei der Drehung der Dachfläche A1 um ihre Traufe beschreibt, ist in der Draufsicht eine Senkrechte zur Traufe P_1–P_2.

54.2 ▼

Aufgabe: Zeichnen Sie für das Walmdach mit ungleichen Neigungen die Draufsicht und ermitteln Sie die wahren Dachflächen A1 und A4. Die Neigung der Walmflächen A2 und A4 beträgt 55°.

54.3 ▼

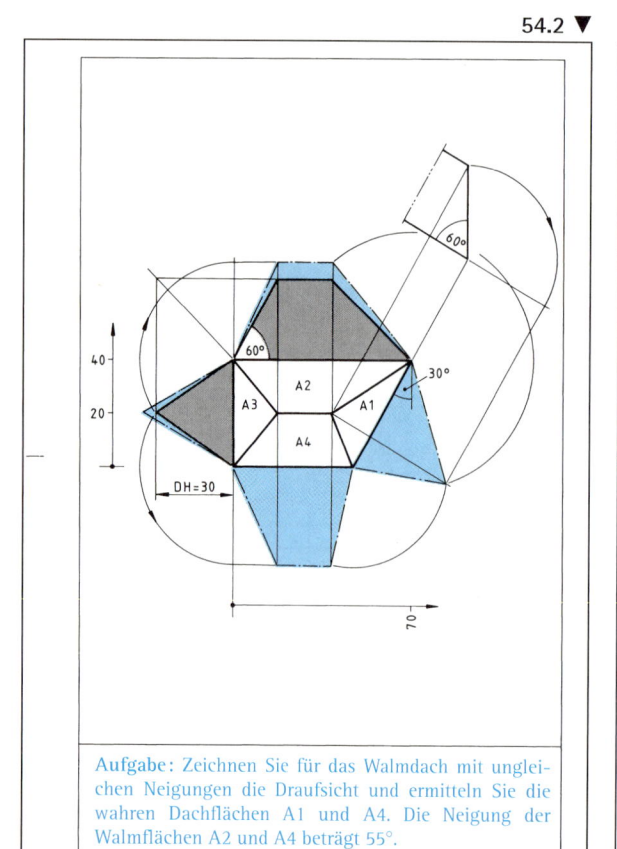

Aufgabe: Zeichnen Sie für das Walmdach mit ungleichen Neigungen die Draufsicht und ermitteln Sie die wahren Dachflächen A1 bis A4.

9 Durchdringungen

9.1 Körper mit ebenen Begrenzungsflächen

Körper mit ebenen Begrenzungsflächen weisen als Durchdringungslinien Geraden auf (Bild 55.3). Diese Geraden enden dort, wo eine Körperkante die Oberfläche eines anderen Körpers durchstößt. Diese Punkte nennt man daher Durchstoßpunkte.

Durchstoßpunkte bestimmt man durch Hilfsebenen, die zwei besondere Merkmale aufweisen (Bild 55.3):
1. senkrecht zu einer Projektionsebene liegen und
2. mit einer Durchstoßkante zusammenfallen.

Im Bild 55.3 ist eine solche Hilfsebene dargestellt. Sie schneidet eine der beiden Pyramiden. Die Schnittfläche ist ein Dreieck. Die Eckpunkte dieses Dreiecks sind (Bild 55.1) oben in die Draufsicht zu projizieren und durch Geraden zu verbinden. Die Durchstoßpunkte liegen dort, wo die Körperkante $\overline{AB}$ die Dreieckseiten schneidet.
Die Verbindung aller Durchstoßpunkte durch Geraden ergibt die Lösung, bei der noch entschieden werden muss, welche Kanten verdeckt liegen (Bild 55.1 unten).

Stehen die Flächen, auf denen Durchstoßpunkte liegen, senkrecht zu einer Projektionsebene, dann sind keine Hilfsebenen erforderlich (Bild 55.2 oben).
Die Quaderflächen Q1 und Q2 (Bild 55.4) stehen senkrecht zur Projektionsebene der Draufsicht.

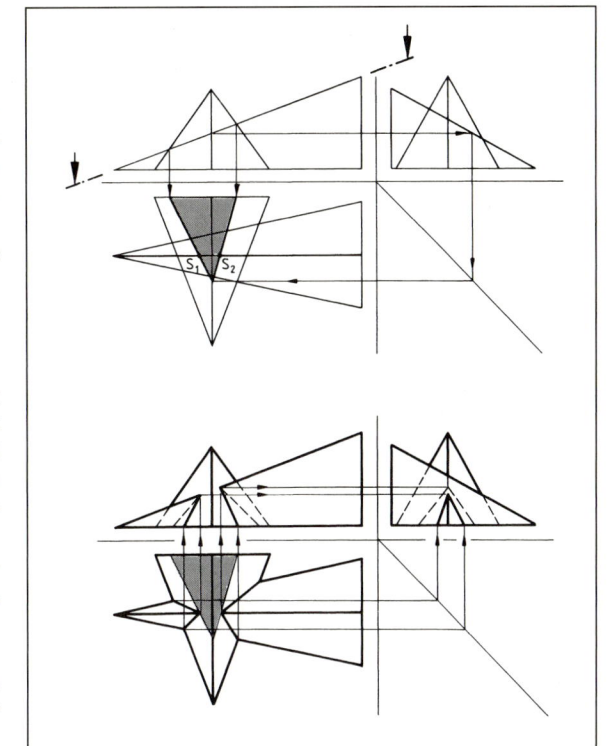

55.1

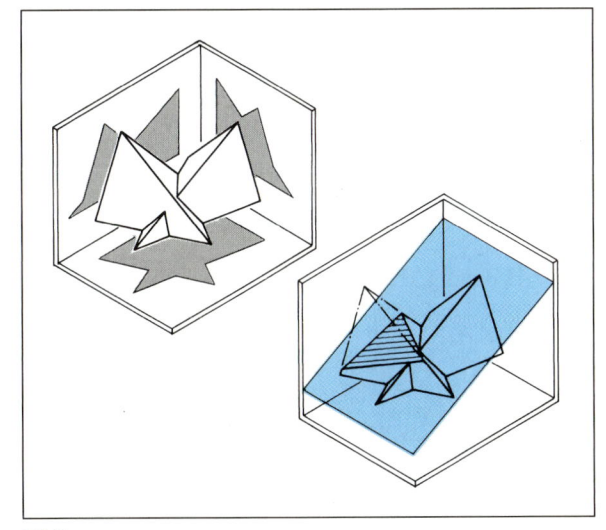

55.3

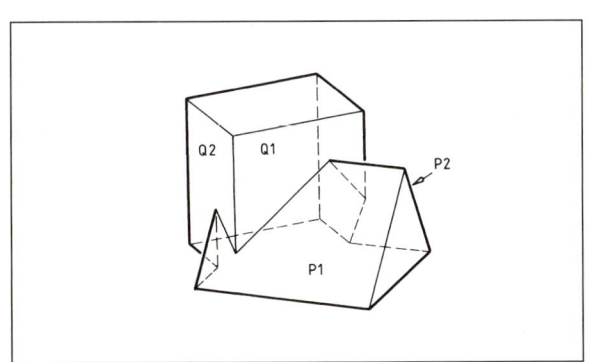

55.4

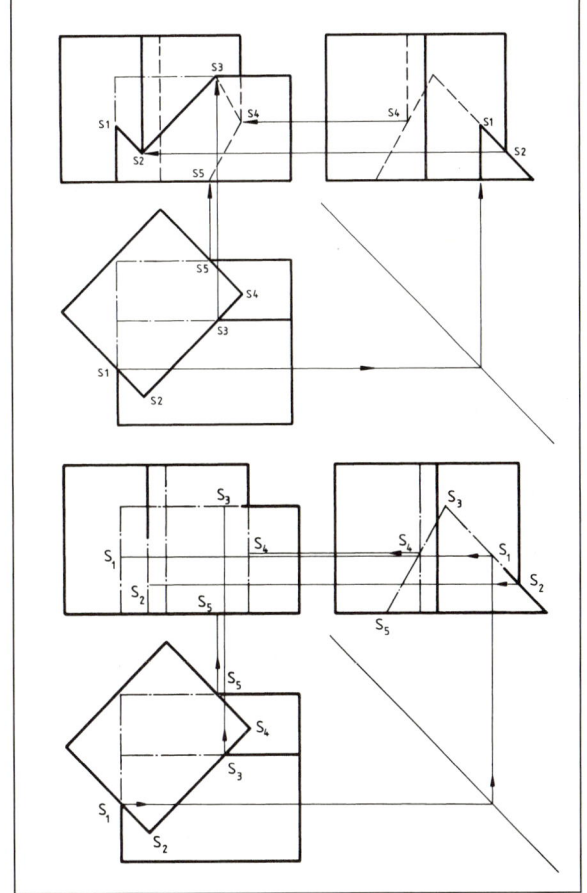

55.2

Darstellende Geometrie

Die Prismenflächen P1 und P2 (Bild 55.4) stehen senkrecht zur Projektionsebene der Seitenansicht.
Die Durchstoßpunkte S1, S2 und S5 sind daher von der Draufsicht aus, die Durchstoßpunkte S2 und S4 von der Seitenansicht aus in die Vorderansicht zu projizieren (Bild 55.2 unten).

Weil die Flächen des Vierkantprismas rechtwinklig zur Projektionsebene der Draufsicht verlaufen, können die Durchstoßpunkte S1, S3 und S4 von der Draufsicht aus in die Vorderansicht und von dort in die Seitenansicht projiziert werden. Für ihre Bestimmung sind also **keine** Hilfsebenen erforderlich.

Dieses gilt aber nicht für den Punkt S2. Weil die Kante K1 durch eine Fläche stößt, die zu keiner der drei Projektionsebenen rechtwinklig verläuft, ist für die Bestimmung ihres Durchstoßpunktes eine Hilfsebene erforderlich.

Hinweis:
Zur Bestimmung von Durchstoßpunkten sind Hilfsebenen dann erforderlich, wenn die von einer Geraden durchstoßene Fläche zu keiner der drei Hauptprojektionsebenen im rechten Winkel steht.
Die zu wählenden Hilfsebenen müssen
- rechtwinklig zu einer Projektionsebene verlaufen und
- mit einer Durchstoßkante zusammenfallen.

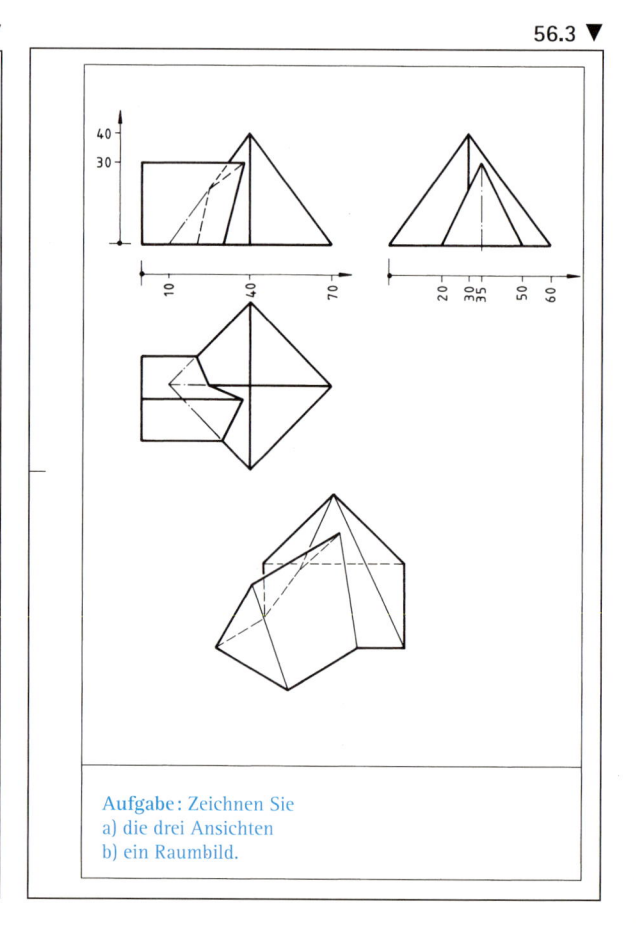

▲ 56.1
Aufgabe: Zeichnen Sie
a) die drei Ansichten (siehe Hinweis)
b) ein Raumbild.

56.2 ▼
Aufgabe: Zeichnen Sie
a) die drei Ansichten
b) ein Raumbild.

56.3 ▼
Aufgabe: Zeichnen Sie
a) die drei Ansichten
b) ein Raumbild.

Darstellende Geometrie

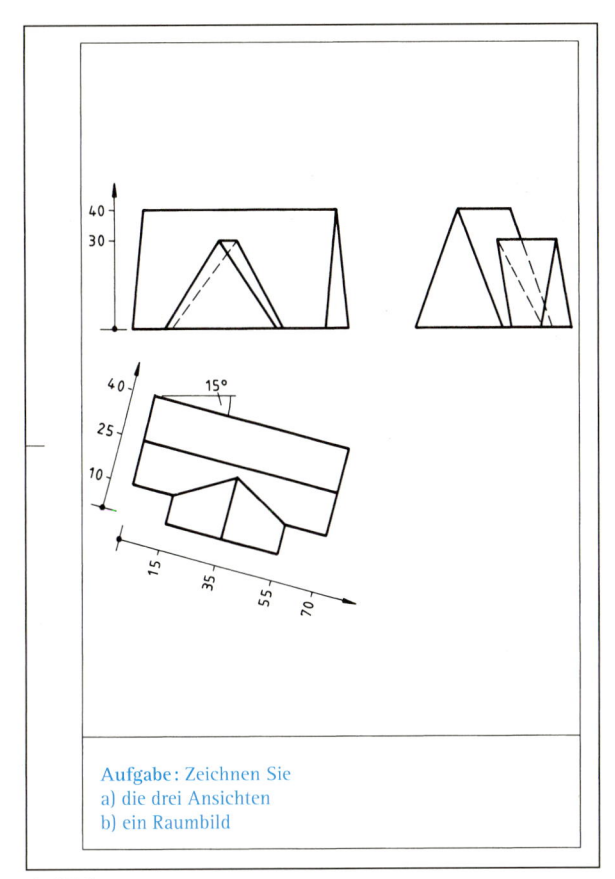

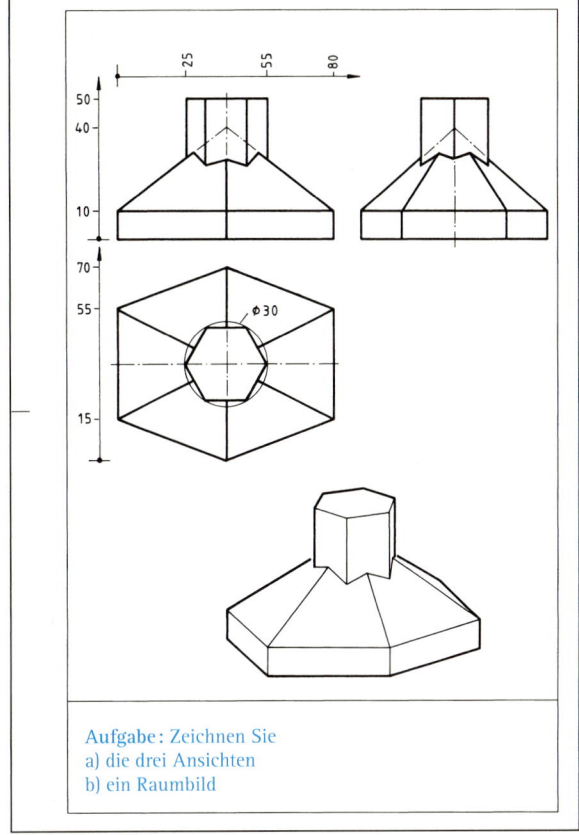

▲ 57.1

Aufgabe: Zeichnen Sie
a) die drei Ansichten
b) ein Raumbild

▲ 57.2

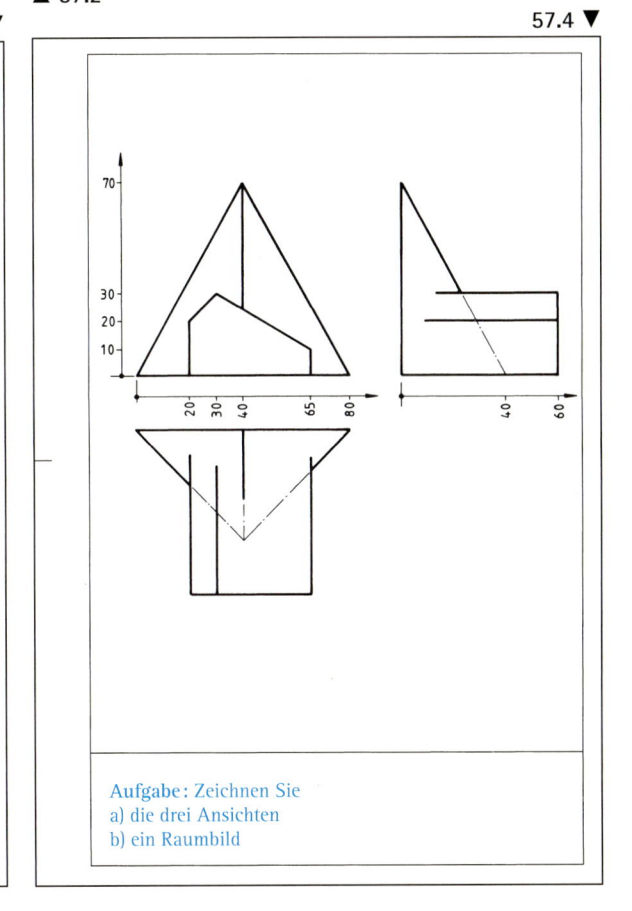

Aufgabe: Zeichnen Sie
a) die drei Ansichten
b) ein Raumbild

57.3 ▼

Aufgabe: Zeichnen Sie
a) die drei Ansichten
b) ein Raumbild

57.4 ▼

Aufgabe: Zeichnen Sie
a) die drei Ansichten
b) ein Raumbild

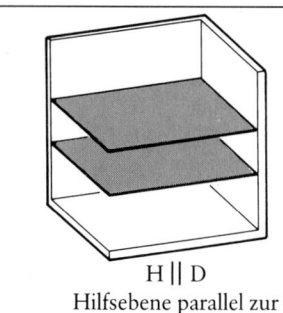

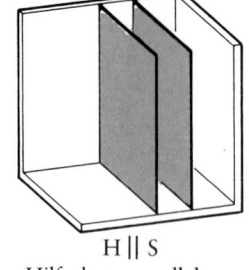

H ‖ D	H ‖ S	H ‖ V
Hilfsebene parallel zur Projektionsebene der Draufsicht	Hilfsebene parallel zur Projektionsebene der Seitenansicht	Hilfsebene parallel zur Projektionsebene der Vorderansicht

58.1

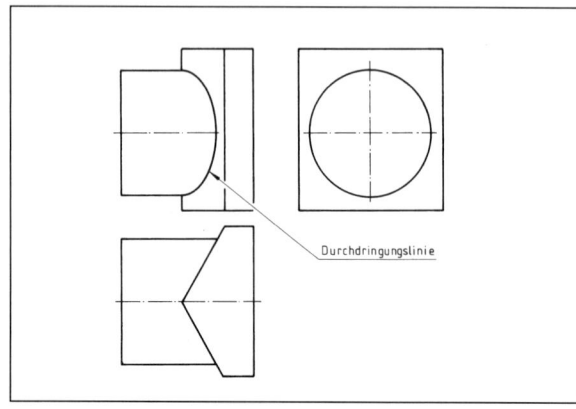

58.2

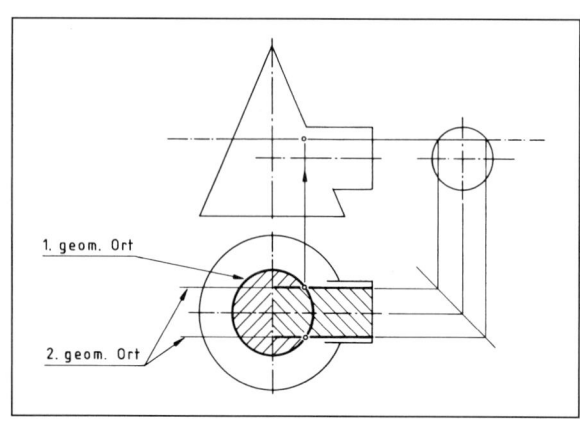

58.3

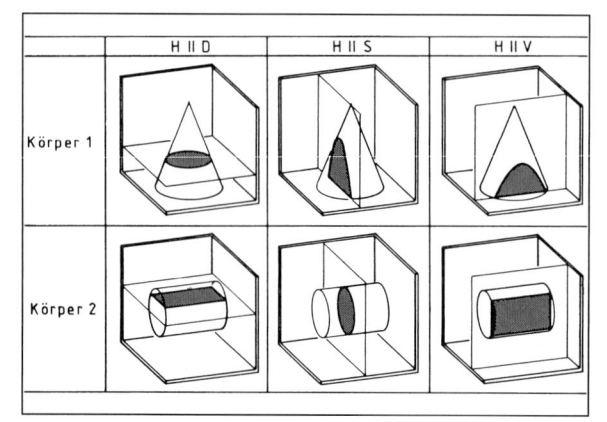

58.4

9.2 Körper mit gekrümmten Begrenzungsflächen

Durchdringen zwei Körper einander, von denen mindestens einer eine gekrümmte Oberfläche hat, dann ist die Durchdringungslinie in der Regel ein Kurve (Bild 58.2).

Diese Durchdringungslinie kann man sich aus unendlich vielen Punkten bestehend vorstellen. Als geometrische Orte für diese Punkte sind zunächst zwei **Flächen** (die Oberflächen beider Körper) bekannt.

Durch Einzeichnen von Hilfsebenen erreicht man eine Reduzierung dieser geometrischen Orts**flächen** auf geometrische Orts**linien**, deren Schnittpunkte die Konstruktionspunkte der zu zeichnenden Kurve sind.

Als Hilfsebenen kommen Ebenen in Betracht, die parallel zu einer der drei Projektionsebenen liegen (Bild 58.1).

Auswahl der Hilfsebenen

Für die Lösung einer Aufgabe ist eine Hilfsebene dann geeignet, wenn die Umrisslinien der Schnittflächen beider Körper entweder Geraden oder Kreise ergeben, sich also mit Lineal oder Zirkel zeichnen lassen.

Für das Beispiel im Bild 58.3 kommen demzufolge nur die Hilfsebenen parallel zur Projektionsebene der Draufsicht (HD) infrage (siehe Bild 58.4).

Lösungsschritte

1. Einzeichnen einer Hilfsebene (siehe Anmerkung unten!)
2. Einzeichnen des Umrisses der Schnittfläche des Kegels in die Draufsicht.
3. Einzeichnen des Umrisses der Schnittfläche des Zylinders in die Draufsicht.
4. Kennzeichnen der Schnittpunkte der beiden geometrischen Ortslinien als Konstruktionspunkte.
5. Übertragen der Konstruktionspunkte in die Vorderansicht.
6. Beginn bei Schritt 1.
   Die zweite Hilfsebene wird etwas höher oder tiefer gelegt als die erste. Diese Schrittfolge wird so oft wiederholt, bis genügend Konstruktionspunkte vorhanden sind, um die Kurve zeichnen zu können.

Hinweise zu Lösungsschritt 1 und Bild 58.4: Die Hilfsebenen können auf die Punkte der regelmäßigen Zwölferteilung des Zylinderumfangs in der Seitenansicht gelegt werden. Dieses ist jedoch keine Lösungsmethode, sondern dient lediglich einer vorteilhaften Verteilung der Hilfsebenen.

Darstellende Geometrie

Um Konstruktionspunkte für die Durchdringungslinie bei der Aufgabe im Bild 59.1 ermitteln zu können, muss zunächst die Lage der Hilfsebenen bestimmt werden, die für die Lösung der Aufgabe geeignet ist.

Dies geschieht am besten, indem man die beiden Körper hinsichtlich der durch die Hilfsebenen entstehenden Schnittflächen beurteilt.

Man stellt sich die Körper räumlich und in die Raumecke gestellt vor (Bild 59.2).

Körper 1 (Pyramide):

	Form der Schnittfläche	geeignet?
H ∥ D	Quadrat	ja
H ∥ S	Dreieck	ja
H ∥ V	Dreieck	ja

Körper 2 (Zylinder):

	Form der Schnittfläche	geeignet?
H ∥ D	Kurve (Ellipse)	nein
H ∥ S	Kurve (Ellipse)	nein
H ∥ V	Rechteck	ja

Für die Lösung der Aufgabe (im Bild 59.1) kommen demzufolge nur Hilfsebenen in Betracht, die parallel zur Projektionsebene der Vorderansicht liegen, weil nur diese von beiden Körpern Schnittflächen ergeben, die sich entweder mit einem Lineal oder mit einem Zirkel zeichnen lassen.

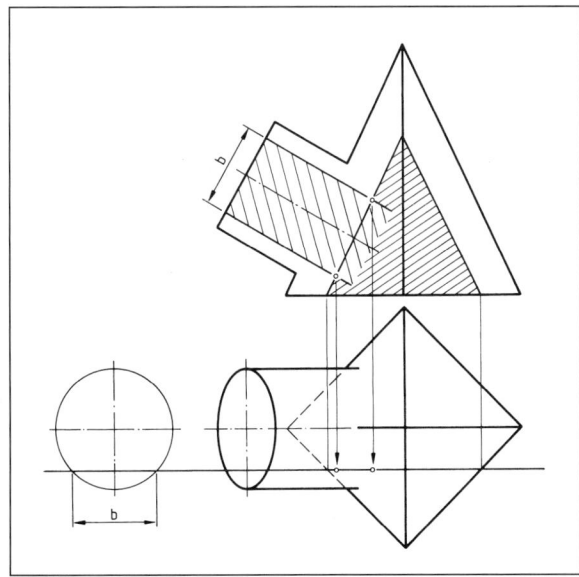

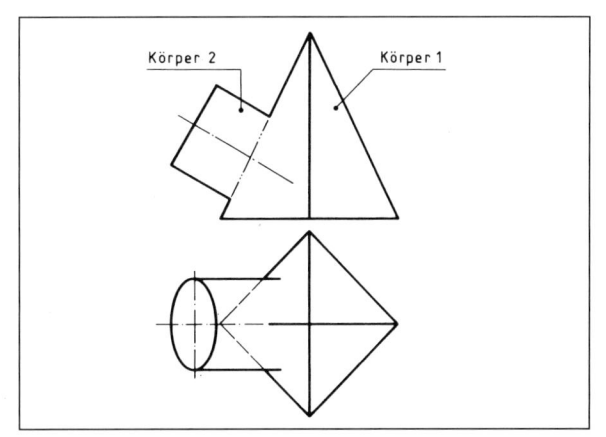

59.1

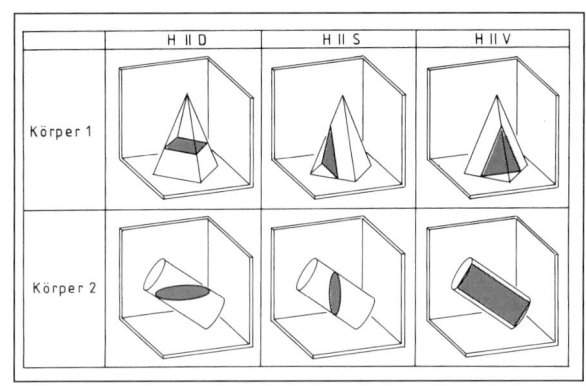

59.2

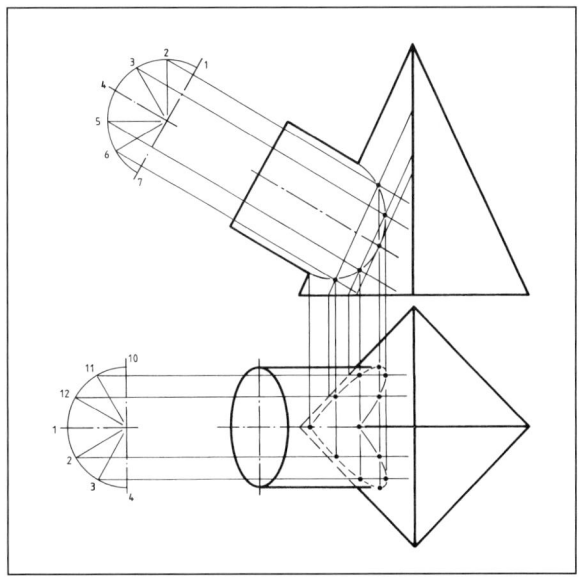

59.3

59.4

Zu Bild 59.4: Um das Maß b für die Breite der Schnittfläche zu erhalten, klappt man den Kreisquerschnitt in die Zeichenebene der Draufsicht. Das Maß b findet man in der Draufsicht parallel zur Zylinderachse und überträgt es in die Vorderansicht, wo es aber senkrecht zur Achse des Zylinders einzutragen ist. Man kann die Hilfsebenen grundsätzlich in jeder beliebigen Entfernung von der Zylinderachse in die Draufsicht einzeichnen, es ist aber stets vorteilhaft, die Hilfsschnitte auf die Punkte der regelmäßigen Zwölfteilung des Zylinderumfanges (bei dem eingeklappten Querschnitt) zu legen.

Bei der Zeichnung (Bild 59.3) genügt es, den halben Kreisquerschnitt in die Zeichenebenen der Vorderansicht und der Draufsicht zu klappen, man teilt die Halbkreisbögen in 6 gleiche Teile und nummeriert die Mantellinien lagerichtig.

Darstellende Geometrie

Aufgabe: Zeichnen Sie die drei Ansichten.

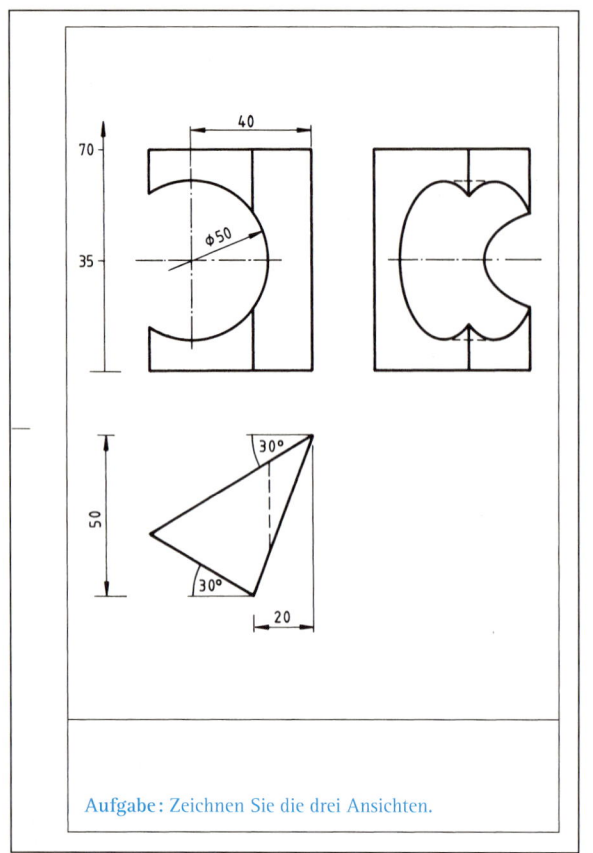

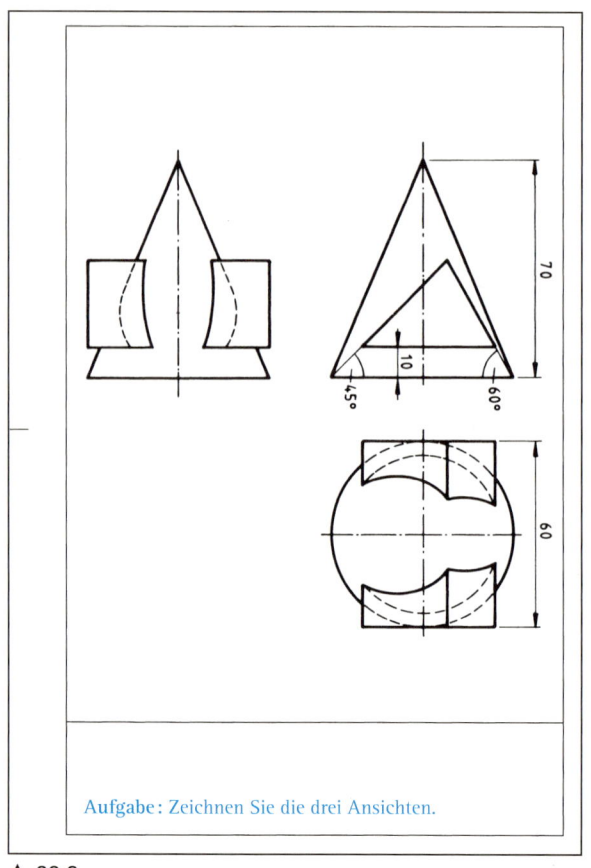

▲ 60.1

Aufgabe: Zeichnen Sie die drei Ansichten.

▲ 60.2

Aufgabe: Zeichnen Sie die drei Ansichten.

60.3 ▼

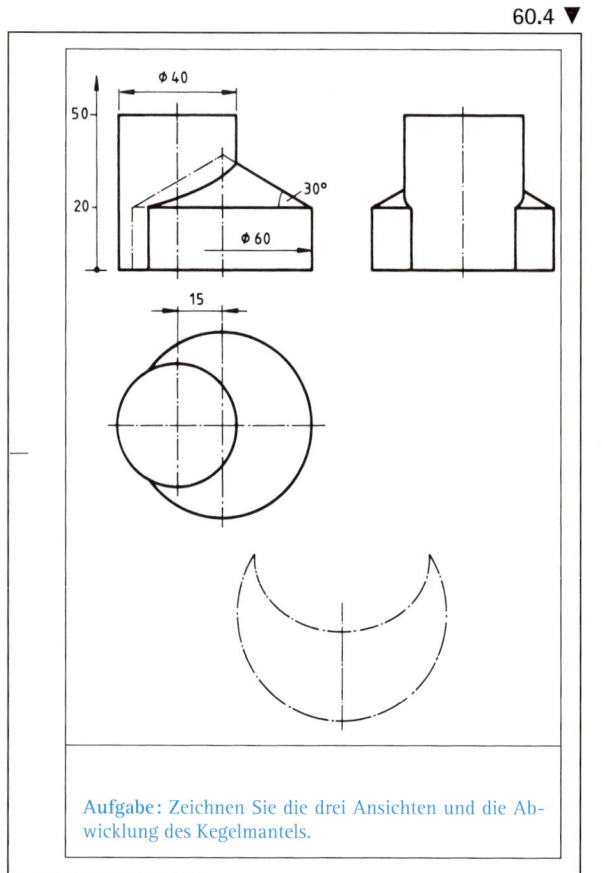

Aufgabe: Zeichnen Sie die drei Ansichten und die Abwicklung des Kegelmantels.

60.4 ▼

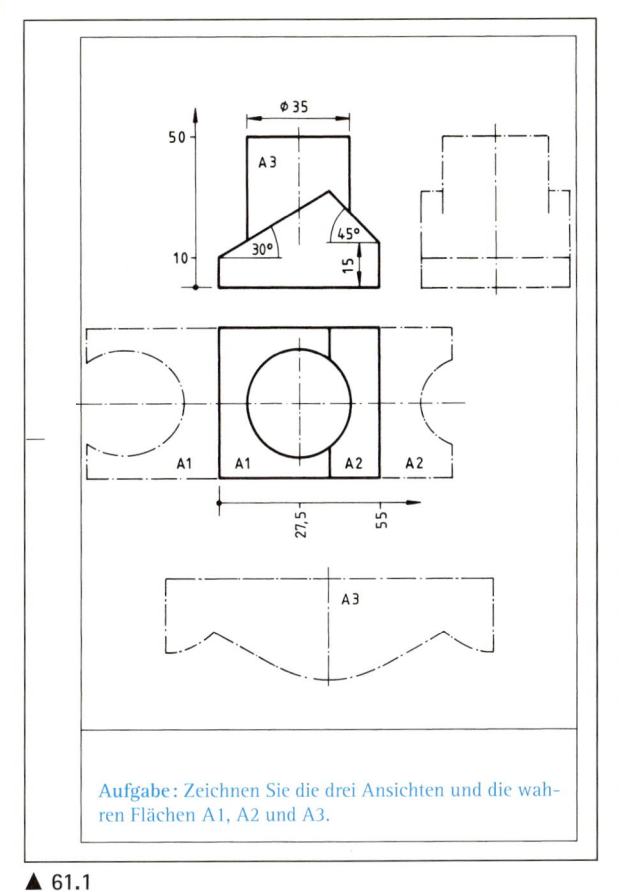

Darstellende Geometrie

Aufgabe: Zeichnen Sie die drei Ansichten und die wahren Flächen A1, A2 und A3.

▲ 61.1

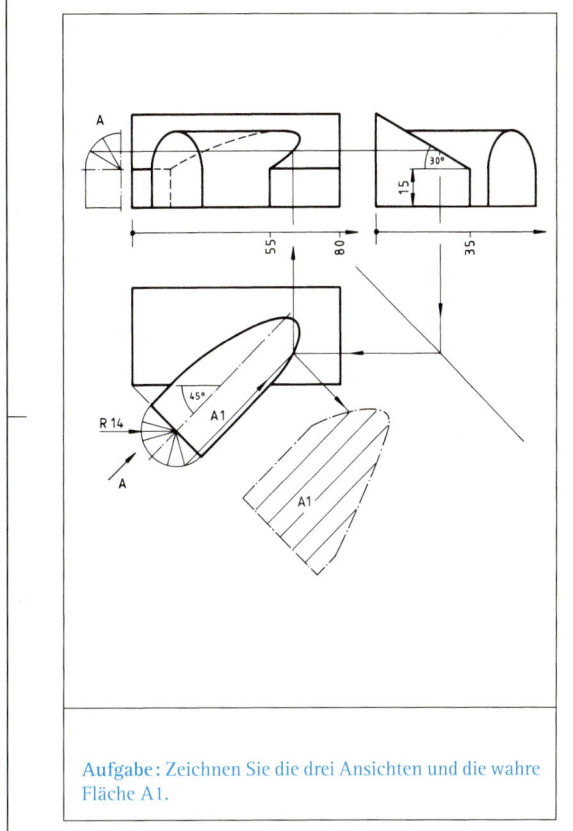

Aufgabe: Zeichnen Sie die drei Ansichten und die wahre Fläche A1.

▲ 61.3

61.2 ▼

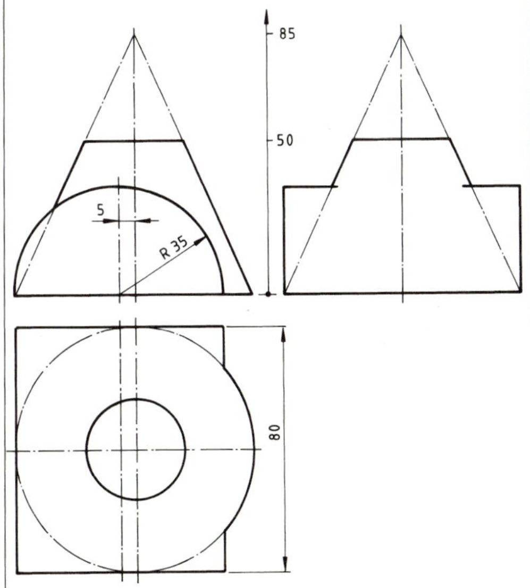

Aufgabe: Zeichnen Sie die drei Ansichten.

61.4 ▼

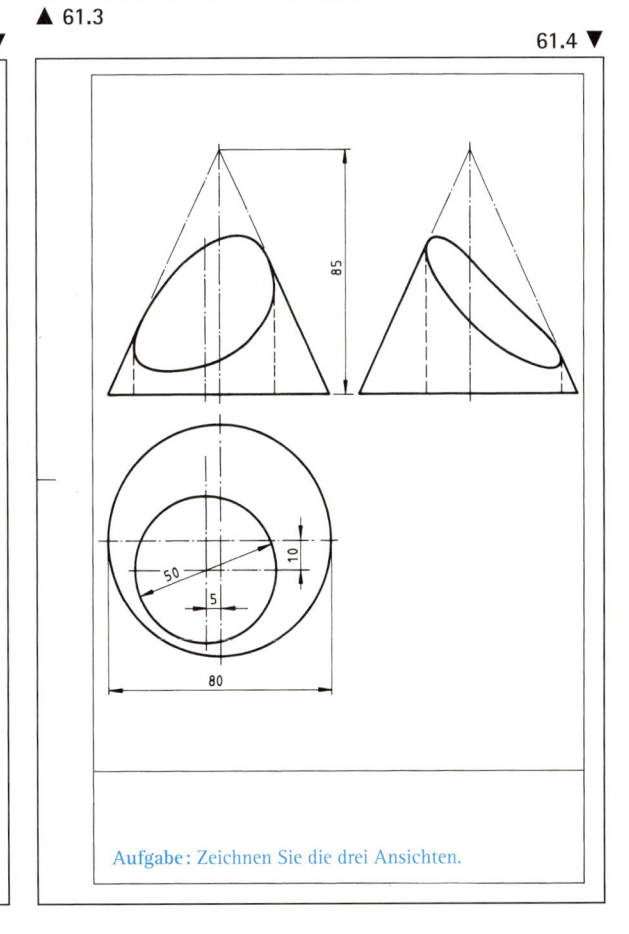

Aufgabe: Zeichnen Sie die drei Ansichten.

Perspektivisches Zeichnen

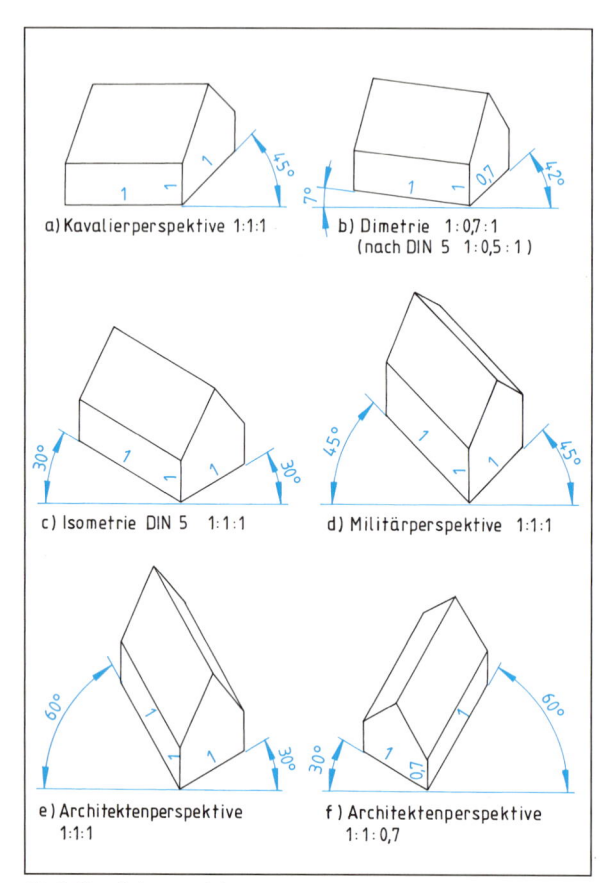

62.1 Parallelperspektiven
a) Kavalierperspektive 1:1:1
b) Dimetrie 1:0,7:1 (nach DIN 5 1:0,5:1)
c) Isometrie DIN 5 1:1:1
d) Militärperspektive 1:1:1
e) Architektenperspektive 1:1:1
f) Architektenperspektive 1:1:0,7

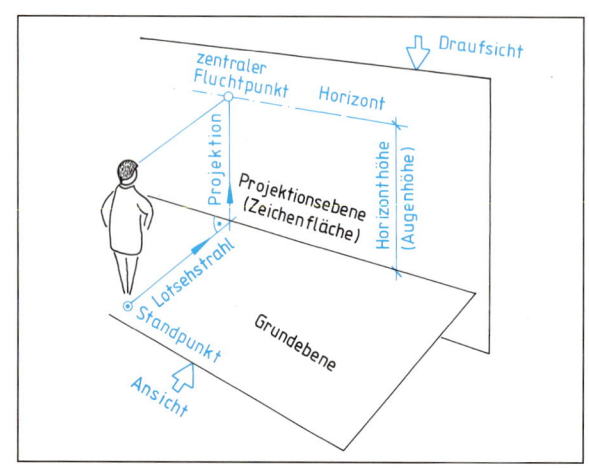

62.2 Ausgangssituation für Zentralperspektiven

Eine Perspektivzeichnung soll von dem Bau, Werkstück, Detail o.Ä. ein anschauliches Bild vermitteln; dabei handelt es sich um eine dreidimensional wirkende Darstellung auf einem zweidimensionalen Zeichnungsträger.
Parallelperspektiven sind Darstellungen, bei denen parallel zueinander liegende Kanten auch auf der Zeichnung parallel verlaufen. Im Bild 62.1 sind einige Arten von Parallelperspektiven wiedergegeben, die sich durch die Neigung ihrer Körperkanten (Länge und Breite) zur Horizontalen oder durch die Verkürzung der einen oder anderen Richtung, eventuell auch der Höhe, voneinander unterscheiden.
Fluchtpunktperspektiven haben vorwiegend parallel zueinander stehende senkrechte Körperkanten, sämtliche Tiefenlinien jedoch verlaufen zu einem bzw. zu zwei Fluchtpunkten hin. Damit kommt die Fluchtpunktperspektive der Sehweise des menschlichen Auges oder der Wirkung einer Fotographie sehr nahe: Im Hintergrund liegende Teile erscheinen kleiner als die im Vordergrund.

1 Zentralperspektiven

Die Ausgangssituation für die Anfertigung von Zentralperspektiven ist im Bild 62.2 zunächst noch ohne das darzustellende Objekt wiedergegeben: Der Betrachter steht auf der Grundebene; von seinem Standpunkt aus verläuft der Lotsehstrahl im rechten Winkel zur Projektionsebene (Zeichenfläche). Senkrecht über dem entstehenden Schnittpunkt zwischen Grundebene und Projektionsebene liegt auf dem Horizont (Augenhöhe) der Fluchtpunkt, zu dem sämtliche Tiefenlinien verlaufen.
In Bild 63.1 und 63.2 ist diese Situation in Ansichts- und Draufsichtszeichnungen aufgelöst (graue Flächen). In der Draufsicht werden vom Standpunkt aus zu jeder Körperecke Sehstrahlen gezeichnet, die auf der Projektionsebene Durchstoßpunkte ergeben; diese Punkte werden in die Ansicht projiziert, sie führen mit den zugehörigen Fluchtlinien zu dem perspektivischen Bild.
Zentralperspektiven eignen sich besonders gut für Innenperspektiven. Im Bild 63.2 stellt die Rückwand des Raumes ebenfalls die Projektionsebene dar.

Lage der Projektionsebene. Je nach Lage der Projektionsebene ergeben sich unterschiedlich große Perspektiven:
Projektionsebene im Hintergrund – größere Perspektive
Projektionsebene im Vordergrund – kleinere Perspektive
Projektionsebene in Zwischenlage – etwa maßstäbliche Perspektive.
Horizonthöhen. Von der Grundebene ausgehend wird die Ansicht maßstäblich gezeichnet und die Horizonthöhe bestimmt (Bild 63.3):

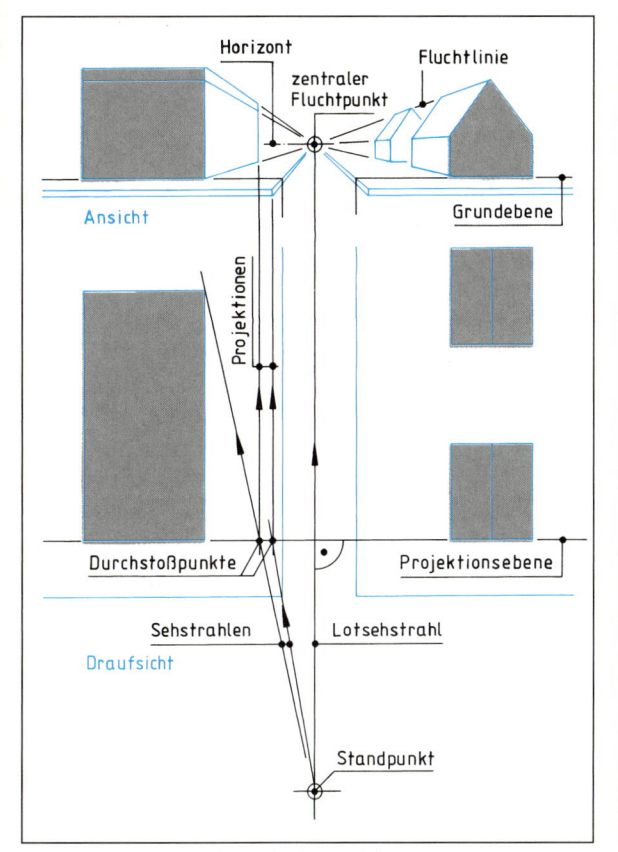

Perspektivisches Zeichnen

63.1 Zentralperspektive – Außenansicht

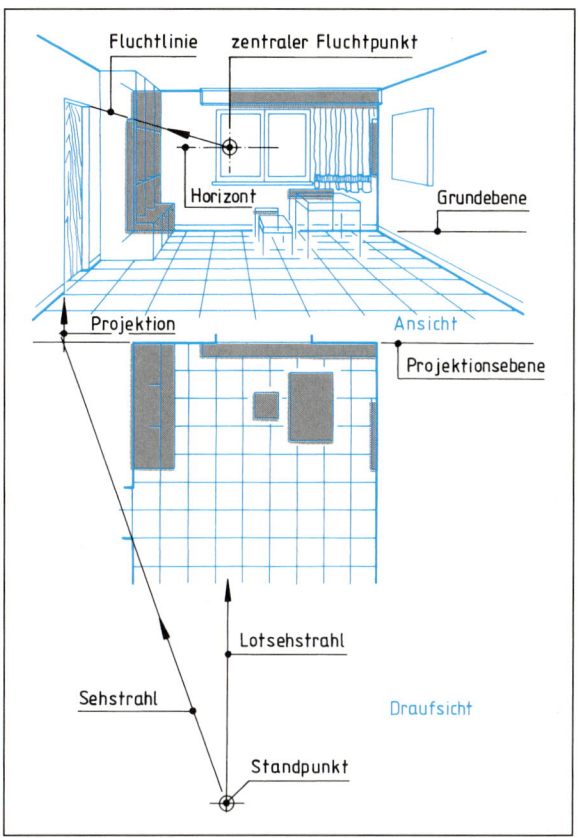

63.2 Zentralperspektive – Innenansicht

Frontalperspektive – Horizont in Augenhöhe (ausgewogene Darstellung der horizontalen Flächen)
Vogelperspektive – Horizont über Augenhöhe (Betonung der Grundfläche)
Froschperspektive – Horizont unter Augenhöhe (Betonung der Deckfläche).
Standpunktlagen. Eine entscheidende Bedeutung für die Wirkung der Zentralperspektive hat die Entfernung des Standpunktes von der Projektionsebene: Als Richtmaß gilt das etwa Eineinhalbfache der Draufsichtsbreite.
Die seitliche Lage des Standpunktes in der Draufsicht im Verhältnis zu ihrer Breite bedingt die mehr oder weniger starke Betonung der seitlichen Begrenzungen der Perspektive (Bild 63.3):
Linke Standpunktlage – Betonung der rechten Seite.
Rechte Standpunktlage – Betonung der linken Seite.
Aufgaben: Die Zeichnungen (Bild 64.1 bis 64.4) sind auf DIN-A4-Blättern in Hochlage auszuführen. Die Blattaufteilungen und die Größen der darzustellenden Gegenstände sind den 5-mm-Rastern zu entnehmen. Bei Innenperspektiven bildet vorzugsweise die Raumrückseite die Projektionsebene; die Grundebene liegt in Fußbodenhöhe.
Soweit nicht angegeben, sind die Standpunktlage und die Horizonthöhe selbstständig zu wählen; dafür ist es erforderlich, sich das gewünschte fertige Bild vorzustellen:
- Hervorhebung des rechten oder des linken Bildteils durch seitliches Verschieben des Standpunktes.
- Betonung des Vordergrundes durch geringe Entfernung des Standpunktes.
- Bevorzugung der Draufsicht bzw. der Untersicht durch entsprechende Wahl der Horizonthöhe.

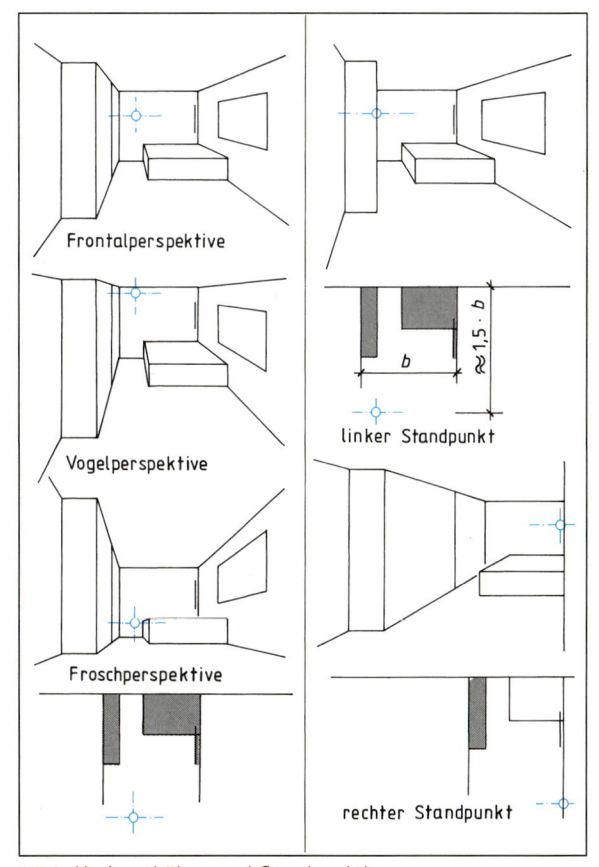

63.3 Horizonthöhen und Standpunktlagen

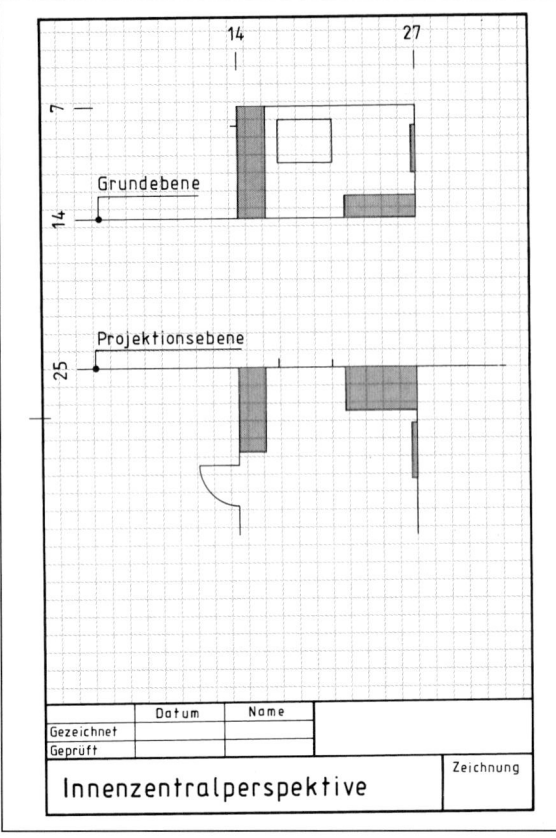

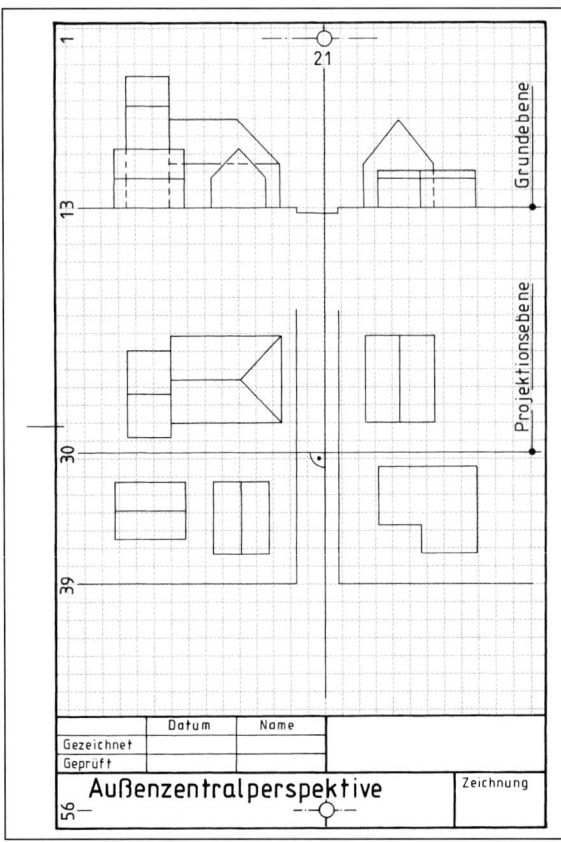

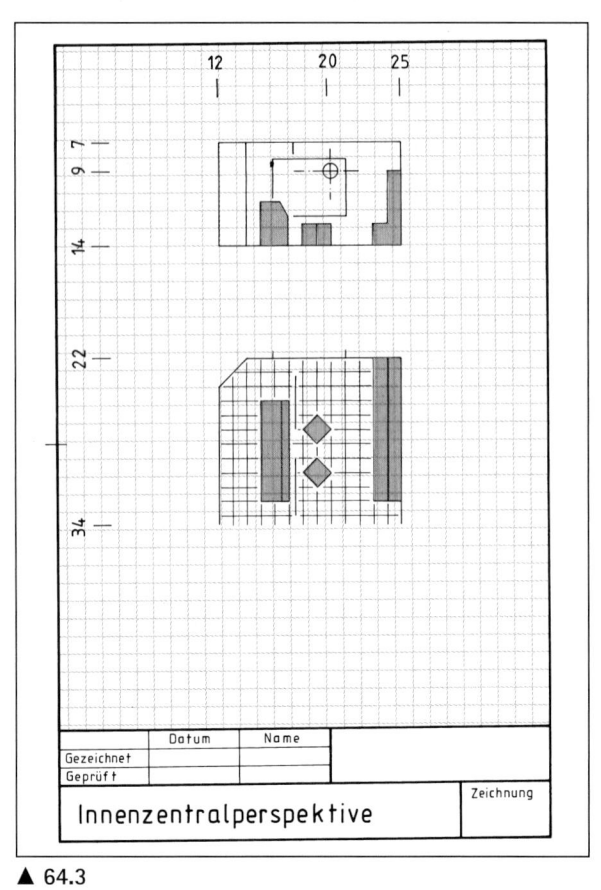

Perspektivisches Zeichnen

▲ 64.1 Innenzentralperspektive

▲ 64.3 Innenzentralperspektive

▼ 64.2 Außenzentralperspektive

▼ 64.4 Innenzentralperspektive

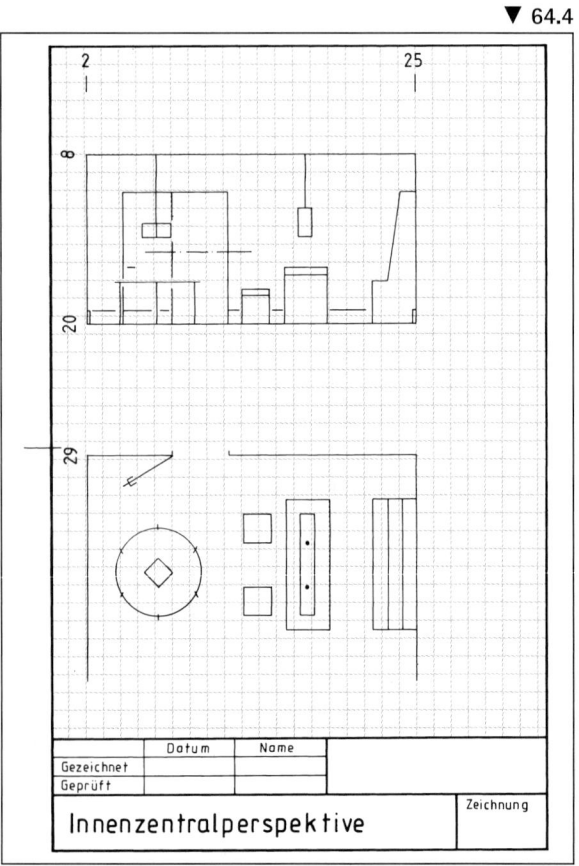

2 Eckperspektiven

Bei Eckperspektiven liegt die Draufsicht des darzustellenden Gegenstandes „über Eck", dadurch entstehen Fluchtpunktperspektiven, bei denen sowohl die Länge als auch die Breite des Objektes auf je einen Fluchtpunkt hin verlaufen; hinzu kommen noch einige Hilfsfluchtpunkte, wie z. B. der zentrale Fluchtpunkt. Im Bild 65.1 ist die Ausgangssituation für die Anfertigung von Eckperspektiven wiedergegeben, zunächst noch ohne darzustellendes Objekt:

- Aus zeichentechnischen Gründen wird der Gesichtswinkel des Betrachters mit 90° angenommen. Dieser Ausschnitt wird durch den linken und den rechten Hauptsehstrahl begrenzt.
- Die Schnittpunkte zwischen den Projektionen der beiden Hauptsehstrahlen und der Horizonthöhe ergeben den linken und den rechten Fluchtpunkt.
- Der senkrecht auf die Projektionsebene treffende Sehstrahl ist der Lotsehstrahl, der zur Lage des zentralen Fluchtpunktes führt.
- Die Horizonthöhe wird in Abhängigkeit von der Grundebene gewählt, auf der der Betrachter und eventuell auch der darzustellende Gegenstand stehen.

Vorbereitung einer Eckperspektivzeichnung. Die im Bild 65.1 räumlich dargestellte Situation muss für die Entwicklung einer Perspektivzeichnung in eine Ansicht und in eine Draufsicht aufgelöst werden (Bild 65.2).
- Draufsicht
  Das Zeichenblatt erscheint als Strich, der die Projektionsebene darstellt.
  Vom Standpunkt aus, der durch einen Kreis markiert werden kann, verlaufen die beiden Hauptsehstrahlen und der Lotsehstrahl bis zur Projektionsebene.
- Ansicht
  Die Grundebene wird ebenfalls als Linie dargestellt. Der Horizont wird von der Grundebene aus zunächst noch in Augenhöhe gezeichnet.
  Aus der Draufsicht werden die Schnittpunkte zwischen den beiden Hauptsehstrahlen und der Projektionsebene in die Ansicht auf den Horizont projiziert. Es ergeben sich der linke und der rechte Fluchtpunkt, die wiederum durch Kreise gekennzeichnet werden können.
  Im Bild 66.1 und im Bild 66.2 sind Beispiele für Eckperspektiven als Außen- und als Innenperspektive wiedergegeben.

Horizonthöhen. Aus Gründen der Blattausnutzung empfiehlt es sich, die Draufsicht und die Ansicht als teilweise überlagert zu zeichnen (Bild 66.4).
Im Bild 66.3 ist die Draufsicht oberhalb der Ansichten angeordnet, aus ihr sind drei Perspektiven mit unterschiedlichen Horizonthöhen entwickelt:
- Bei der Frontalperspektive liegt der Horizont innerhalb der Körperhöhe H, es entsteht eine Perspektive, die einer Art Vorderansicht entspricht.
- Bei der Vogelperspektive liegt die Horizonthöhe bei etwa 2 H über der Grundebene. Es entsteht eine perspektivische Darstellung, die mehr einer Draufsicht entspricht.
- Bei der Froschperspektive liegt der Horizont bei etwa 1/2 H unter der Grundebene. Die Wahl dieser Horizonthöhe ergibt eine Darstellung von unten her.

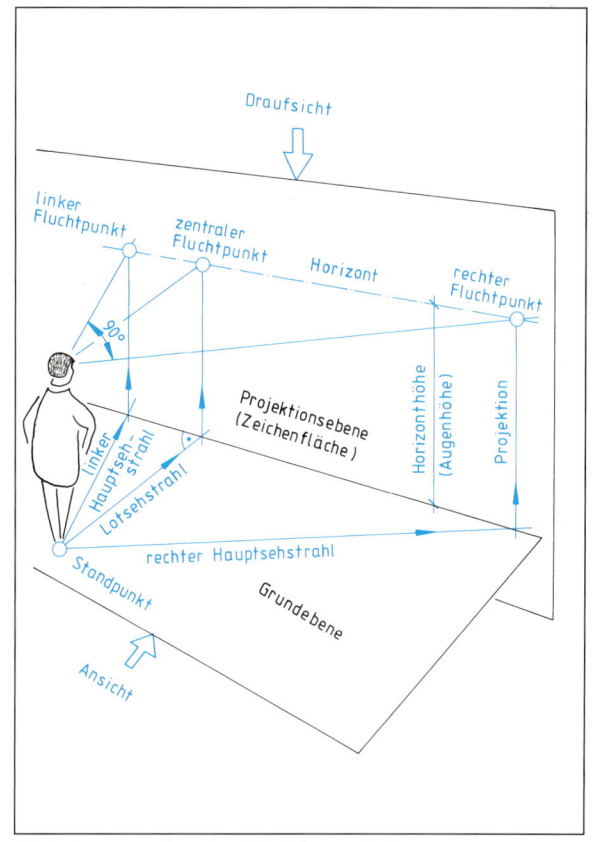

65.1 Ausgangssituation für Eckperspektiven

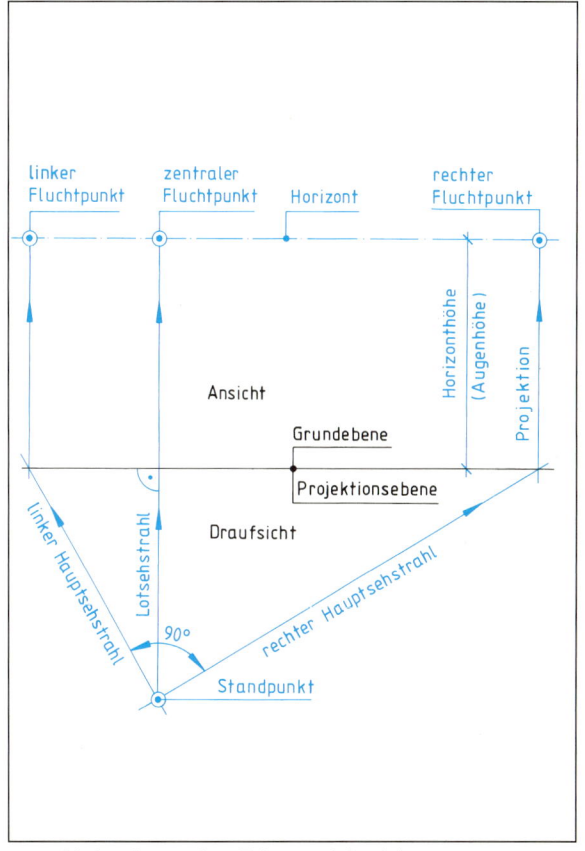

65.2 Vorbereitung einer Eckperspektivzeichnung

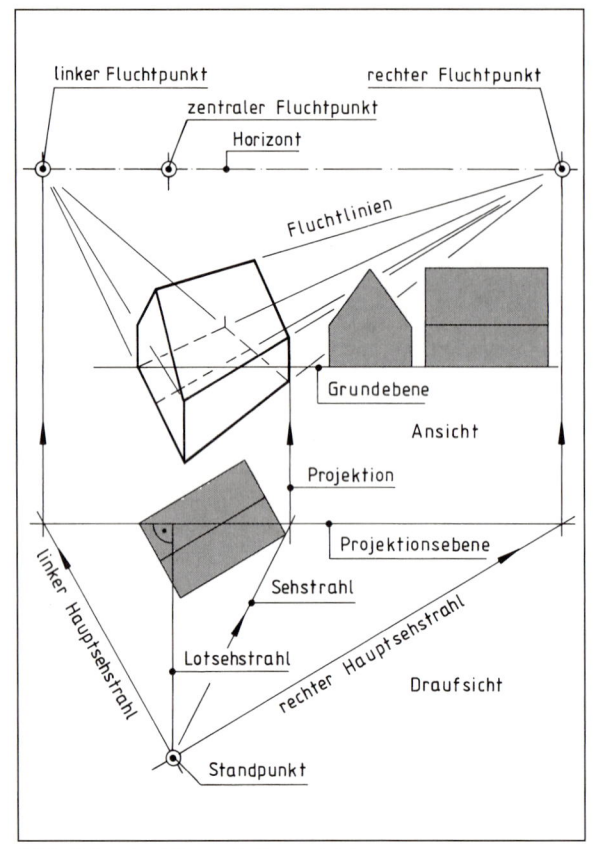

Perspektivisches Zeichnen

66.1 Eckperspektive – Außenansicht

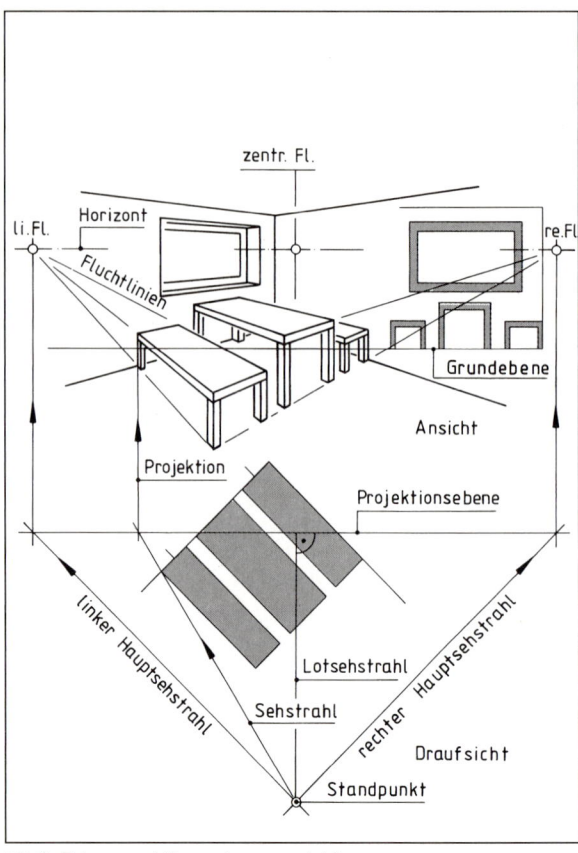

66.2 Eckperspektive – Innenansicht

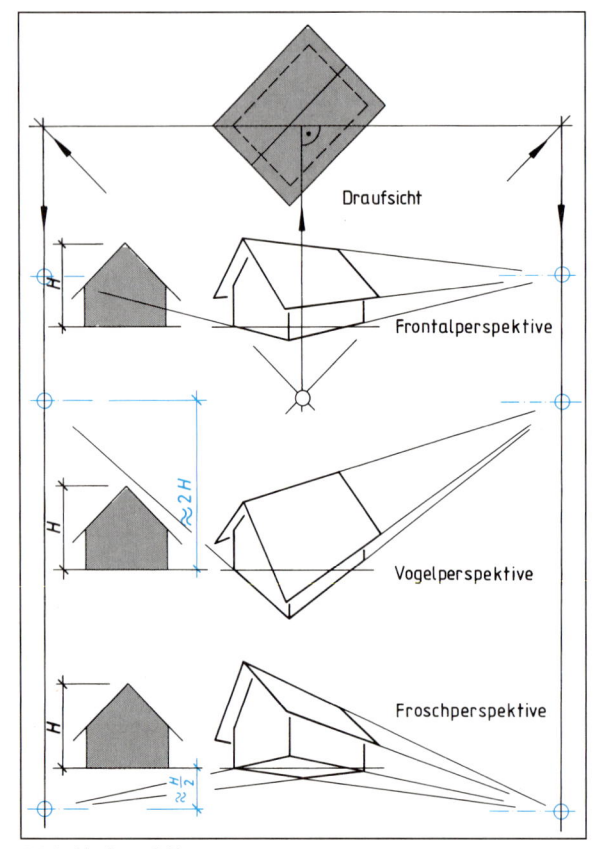

66.3 Horizonthöhen

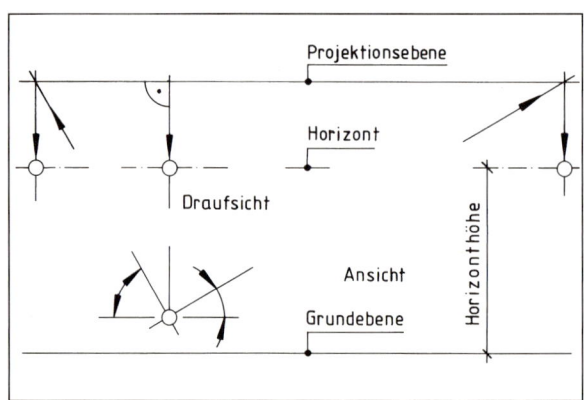

66.4 Überlagerung von Drauf- und Ansicht

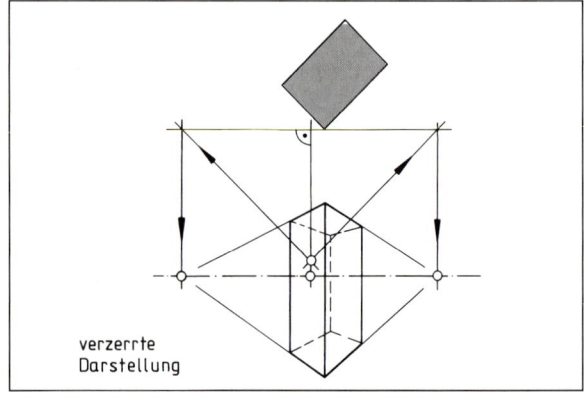

66.5 Standpunktentfernung in der Draufsicht

Standpunktlage in der Draufsicht. Mithilfe der beiden üblichen Zeichendreiecke (45° und 30°/60°) lassen sich drei unterschiedliche Standpunktlagen konstruieren (Bild 67.1), bei denen zwischen den beiden Hauptsehstrahlen jeweils ein Winkel von 90° entsteht:
Linker Standpunkt 60°/30° zur Horizontalen
Mittlerer Standpunkt 45°/45° zur Horizontalen
Rechter Standpunkt 30°/60° zur Horizontalen

Standpunktentfernung in der Draufsicht. Die Entfernung des Standpunktes im Verhältnis zur Körperdraufsicht ist von entscheidender Bedeutung für die Wirkung der Perspektive:
- Liegt der Standpunkt nahe beim Körper, erscheint dieser in relativ verzerrter Darstellung (Bild 66.5).
- Liegt der Standpunkt jedoch etwa 2,5 · D (D = Körperdiagonallänge in der Draufsicht) von der Mitte der Körperdraufsicht entfernt, ergibt die Perspektivzeichnung ein annähernd wahres Maßverhältnis der Körperausdehnungen (Bild 67.2). Die Wahl der Standpunktentfernung richtet sich nach der Wirkung, die mit der Perspektive erreicht werden soll, d.h., ob eine überzogene Darstellung gewünscht wird oder ein mehr der Wirklichkeit angenähertes Bild.

Lage der Draufsicht im Verhältnis zum Lotsehstrahl. Im Bild 67.3 sind drei unterschiedliche Draufsichtlagen im Verhältnis zum Lotsehstrahl und die zu ihnen gehörenden Perspektiven gezeichnet:
- Bei der linken Lage wird die rechte Körperseite betont, z.B. die Front des Satteldachhauses.
- Bei der mittleren Lage wirken Breite und Tiefe des Gebäudes annähernd ausgewogen.
- Bei der rechten Lage erscheint die linke Körperseite, z.B. der Giebel des Hauses, übertrieben dargestellt.

Lage der Draufsicht im Verhältnis zur Projektionsebene. Im Bild 68.2 sind drei Draufsichtlagen im Verhältnis zur Projektionsebene dargestellt. Die dazugehörigen Perspektivzeichnungen lassen die folgenden Unterschiede erkennen:
- Liegt die Draufsicht vor der Projektionsebene, erscheint die Perspektive verhältnismäßig groß.
- Liegt die Draufsicht auf der Projektionsebene, entsteht eine Perspektive, die ungefähr den wahren Größenverhältnissen des Körpers entspricht.
- Liegt die Draufsicht hinter der Projektionsebene, erhält man ein relativ kleines perspektivisches Bild.

Bei Eckperspektiven erscheinen die im Vordergrund liegenden Körperteile also vergrößert, die im Hintergrund befindlichen verkleinert. Daraus ergibt sich:

Die unmittelbar auf der Bildebene liegenden Körperteile erscheinen in der Perspektive in ihrer wahren Höhe.

Beispiel:
Bei Eckperspektiven einfacher Körper werden die wichtigsten Körperkanten in der Draufsicht vorzugsweise parallel zu den Hauptsehstrahlen angeordnet, um die entsprechenden Flächen in der Perspektive unmittelbar auf die zugehörigen Punkte hin fluchten zu können, außerdem berührt die Draufsicht die Projektionsebene.

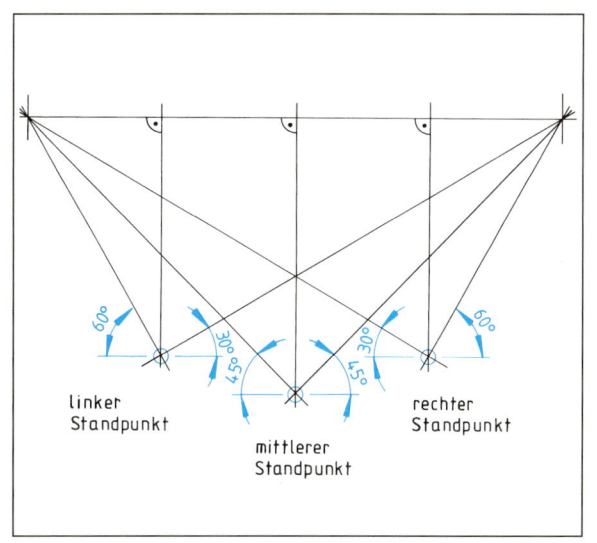

67.1 Standpunktlage in der Draufsicht

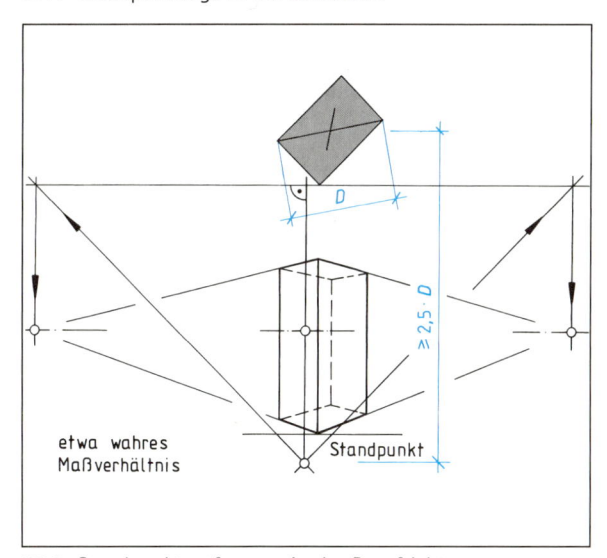

67.2 Standpunktentfernung in der Draufsicht

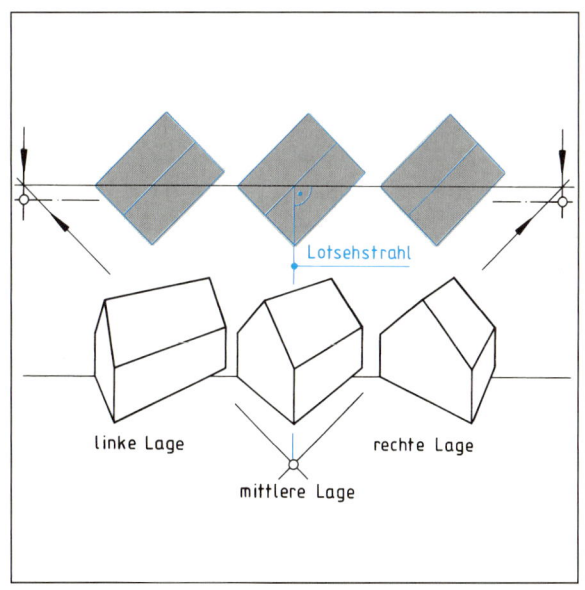

67.3 Lage der Draufsicht im Verhältnis zum Lotsehstrahl

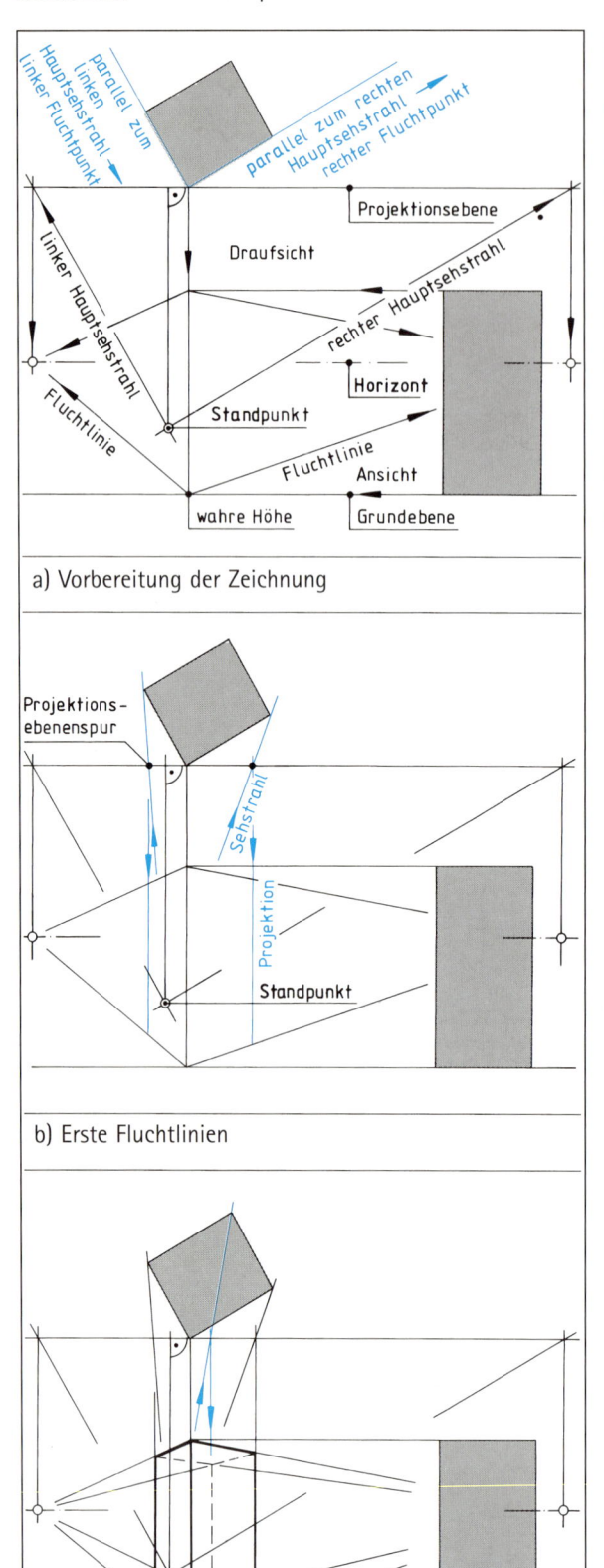

a) Vorbereitung der Zeichnung

b) Erste Fluchtlinien

c) Verdeckte Körperkanten und fertige Perspektive

68.1 Entwicklung einer Eckperspektive

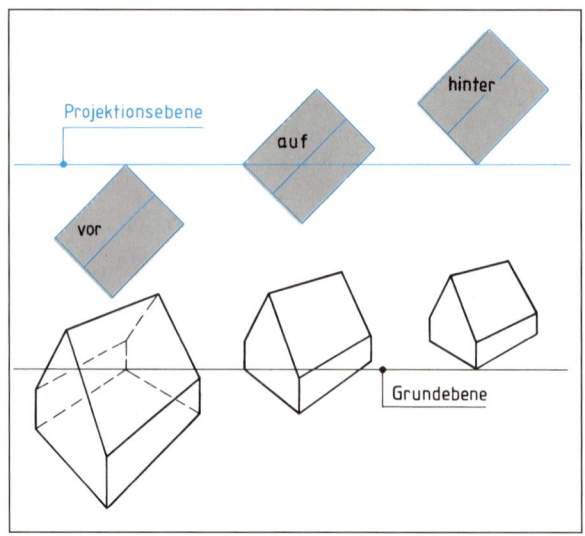

68.2 Lage der Draufsicht im Verhältnis zur Projektionsebene

Im Bild 68.1 ist die Eckperspektivzeichnung eines Quaders entwickelt:
- Nach der Vorbereitung der Zeichnung mit der Draufsicht (Hauptsehstrahlen, Standpunkt, Lotsehstrahl, Projektionsebene und Körperdraufsicht) sowie der Ansicht (Grundebene, Horizont, Fluchtpunkte und Körperseitenansicht) ist stets die wahre Höhe als Ausgangsmaß für das perspektivische Bild zu zeichnen. In dem dargestellten Beispiel ergibt sie sich aus der vorderen Ecke des Quaders in der Draufsicht, denn sie steht auf der Projektionsebene, sowie aus der Höhe der Seitenansicht.
Von der wahren Höhe in der perspektivischen Zeichnung aus sind die ersten Fluchtlinien zu den Fluchtpunkten zu zeichnen. Dabei gilt:
Körperkanten, die in der Draufsicht parallel zum linken Hauptsehstrahl verlaufen, fluchten in der Perspektive zum linken Fluchtpunkt, liegen sie parallel zum rechten Hauptsehstrahl, müssen sie zum rechten Fluchtpunkt hin verlaufen.
- Vom Standpunkt in der Draufsicht aus werden Sehstrahlen durch die Projektionsebene hindurch zu den Eckpunkten der Draufsicht gezeichnet, es entstehen Projektionsebenenspuren, die in die Perspektivzeichnung projiziert werden.
- Durch die Darstellung der senkrechten und fluchtenden verdeckten Körperkanten (gestrichelt) wird die Perspektive vervollständigt.

Besonderheiten beim Zeichnen von Eckperspektiven. Bei der Darstellung von Eckperspektiven sind einige zeichentechnische Methoden möglich, deren Anwendung sich einerseits aus der Aufgabenstellung ergibt, andererseits eine Arbeitserleichterung bietet.
- Berührt die Draufsicht die Projektionsebene nicht, hat sie jedoch zu den Hauptsehstrahlen parallel verlaufende Kanten (Bild 69.1), werden diese durch Hauptsehstrahlparallelen bis zur Projektionsebene verlängert. An den Schnittpunkten hätten sie dann ihre wahre Höhe, die in die Ansicht projiziert wird. Fluchtlinien zu den zugehörigen Fluchtpunkten und die Projektionen der Sehstrahlspuren führen zu der Perspektive.

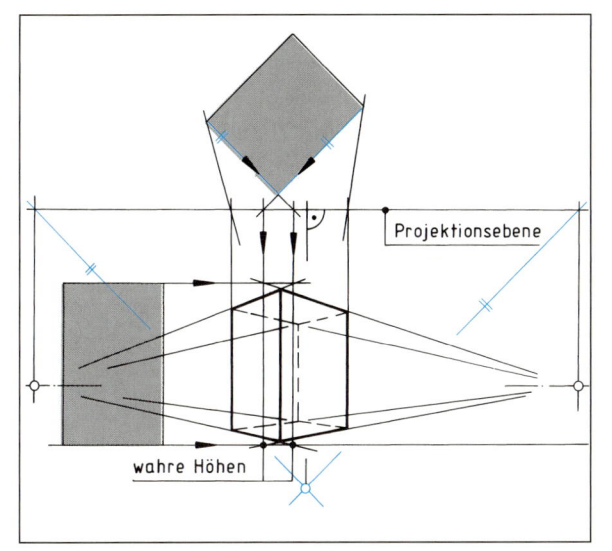

Perspektivisches Zeichnen

69.1 Hauptsehstrahlparallelen

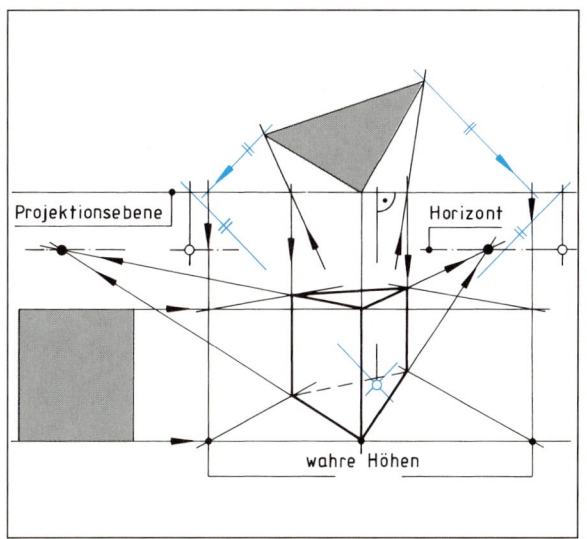

69.2 Kanteneckenprojektion

- Verlaufen Körperflächen in der Draufsicht nicht parallel zu den Hauptsehstrahlen, werden die Flächenbegrenzungen durch Parallelen zu den Hauptsehstrahlen auf die Projektionsebene projiziert, um die theoretische Lage ihrer wahren Höhe zu bestimmen (Bild 69.2). Fluchtlinien und Sehstrahlen ergeben die Perspektive.
- In der Draufsicht nicht parallel zu den Hauptsehstrahlen verlaufende senkrechte Flächen haben auf dem Horizont Hilfsfluchtpunkte (im Bild 69.2 schwarz markiert). Diese Hilfsfluchtpunkte dienen einerseits der Zeichengenauigkeit, andererseits der Arbeitserleichterung und Arbeitsbeschleunigung.
- In der Draufsicht rechtwinklig zur Projektionsebene verlaufende Linien fluchten auf einen zentralen Fluchtpunkt, der auf dem Schnittpunkt zwischen Lotsehstrahlprojektion und Horizont liegt (Bild 69.3).
- In der Draufsicht parallel zur Projektionsebene verlaufende Linien, deren Fluchtpunkte „in der Unendlichkeit" liegen, erscheinen in der Perspektive horizontal (Bild 69.4).
- Flächen, die geneigt zur Grundebene verlaufen, haben ihre Hilfsfluchtpunkte senkrecht über bzw. unter dem linken oder dem rechten Fluchtpunkt (Bild 70.1).
- Spiegelungen, z.B. im Wasser, haben die gleichen Fluchtpunkte wie die Perspektiven (Bild 70.2). Für die Konstruktion des Spiegelbildes werden lediglich die perspektivischen Höhenmaße senkrecht nach unten abgetragen und die fluchtenden Kanten gezeichnet.

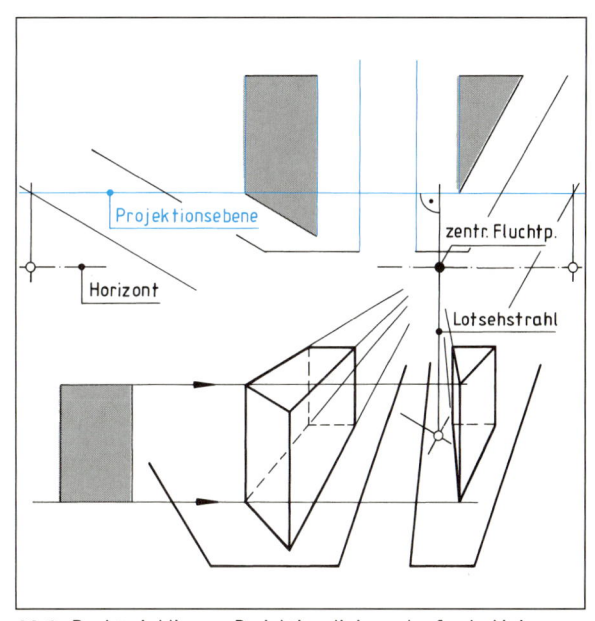

Aufgaben: Die Zeichnungen (Bild 70.4 bis 74.4) sind auf DIN A4 auszuführen. Die Blätter haben wegen der besseren Zeichnungsanordnung Flachlage.
Als Anhalt für die Blattaufteilung der Aufgaben können die 5-mm-Karos abgezählt und das entsprechende Maß auf das Zeichenblatt übertragen werden.
Reicht die Größe der Zeichenfläche nicht aus, um mit zwei Fluchtpunkten zu arbeiten, kann die Perspektive über einen Fluchtpunkt entwickelt werden (Bild 70.3). Dabei sind entscheidende Draufsichtspunkte durch parallele Hilfslinien auf die Projektionsebene zu übertragen.
Soweit nicht angegeben, sind Standpunktlage und/oder Horizonthöhe selbstständig zu wählen.

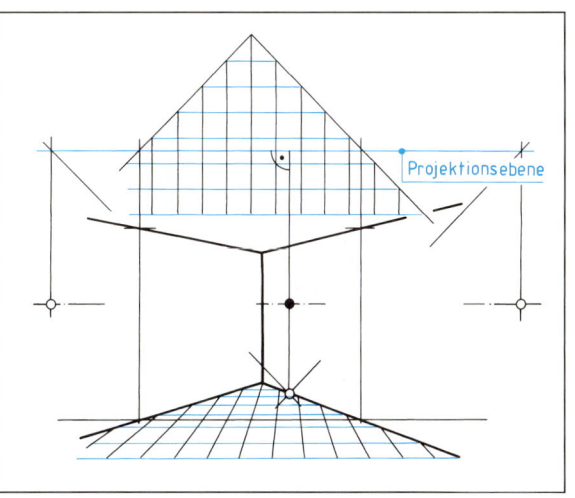

69.3 Rechtwinklig zur Projektionslinie verlaufende Linien

69.4 Zur Projektionsebene parallel verlaufende Linien

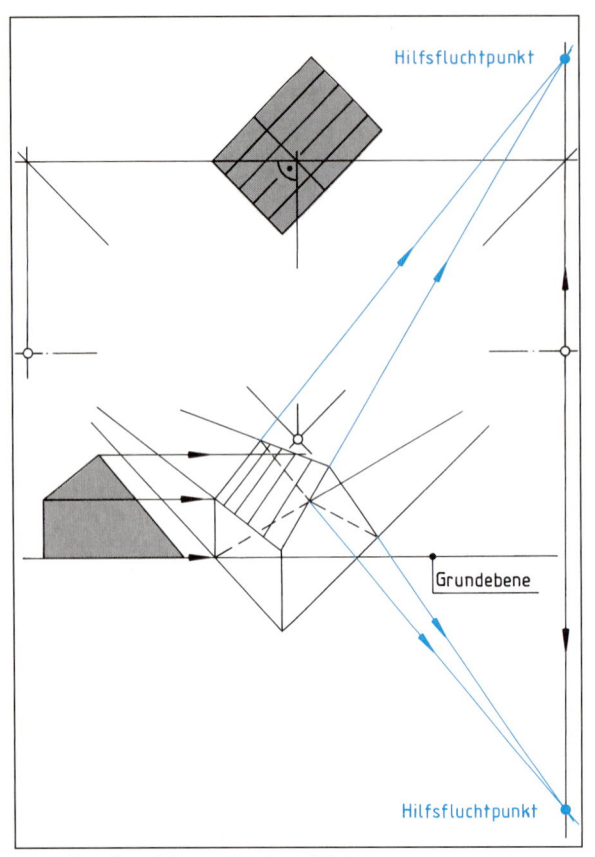

Perspektivisches Zeichnen

70.1 Zur Grundebene geneigte Flächen

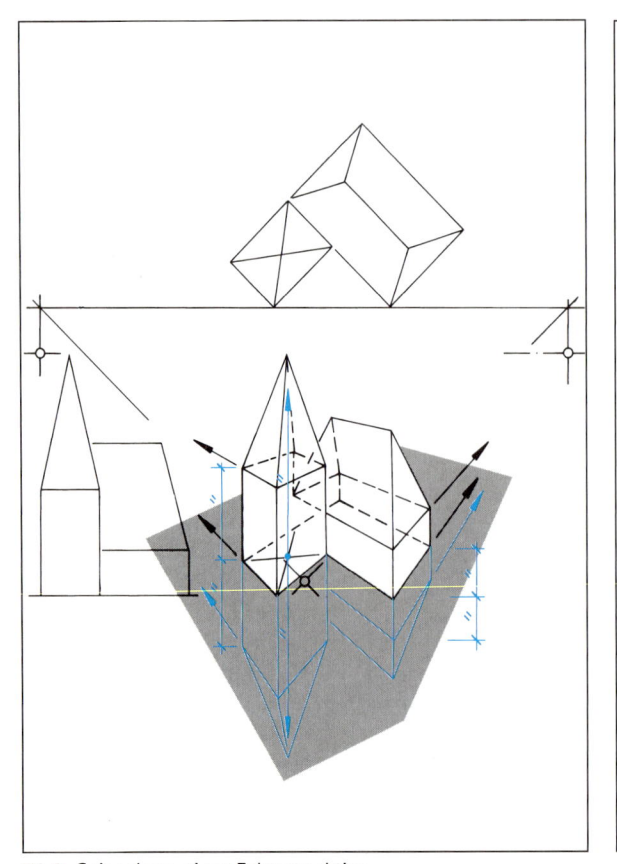

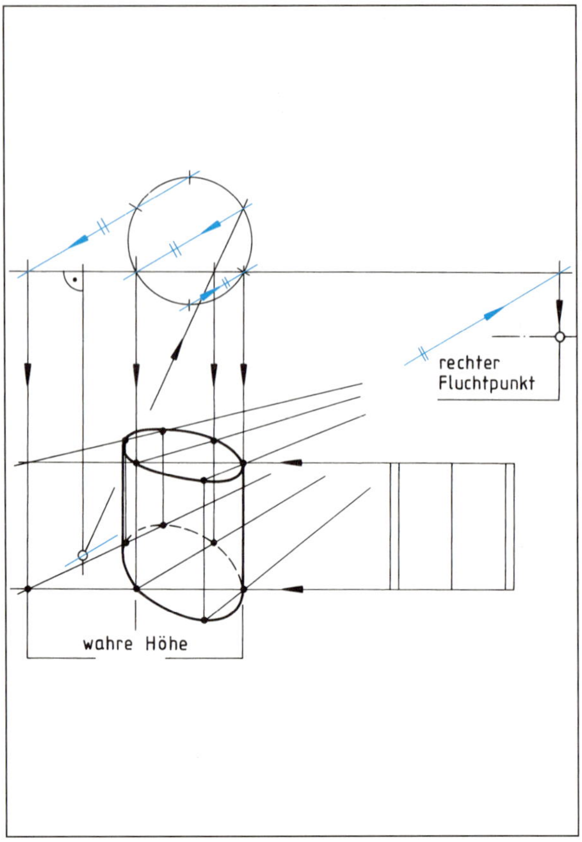

70.3 Eckperspektive über einen Fluchtpunkt

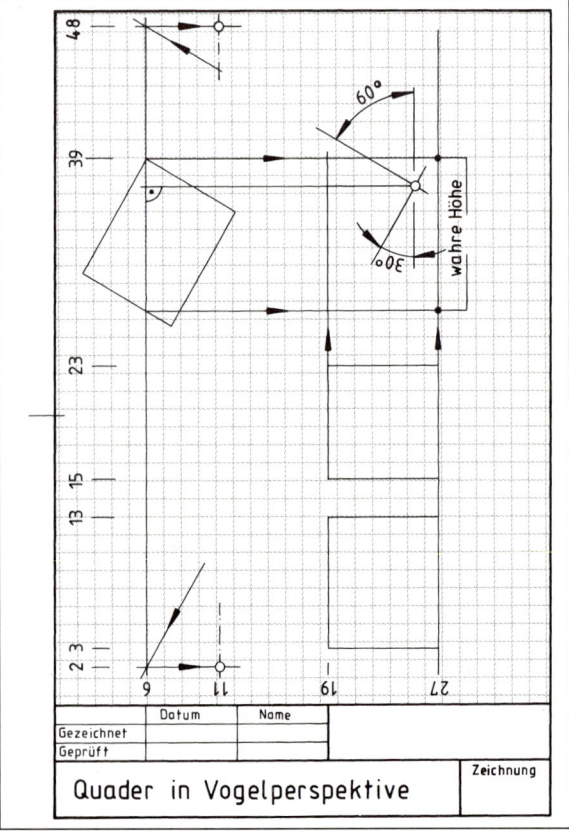

70.2 Spiegelung einer Eckperspektive

▲ **70.4** Quader in Vogelperspektive

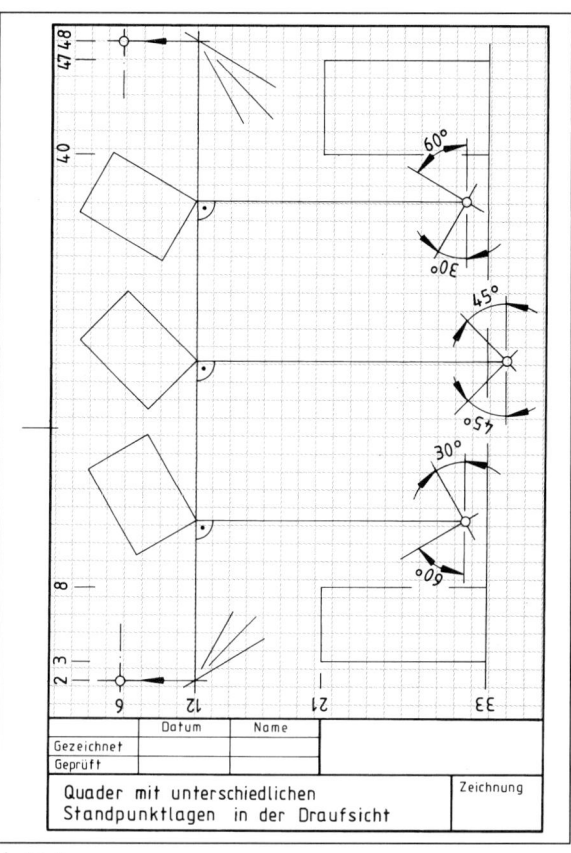

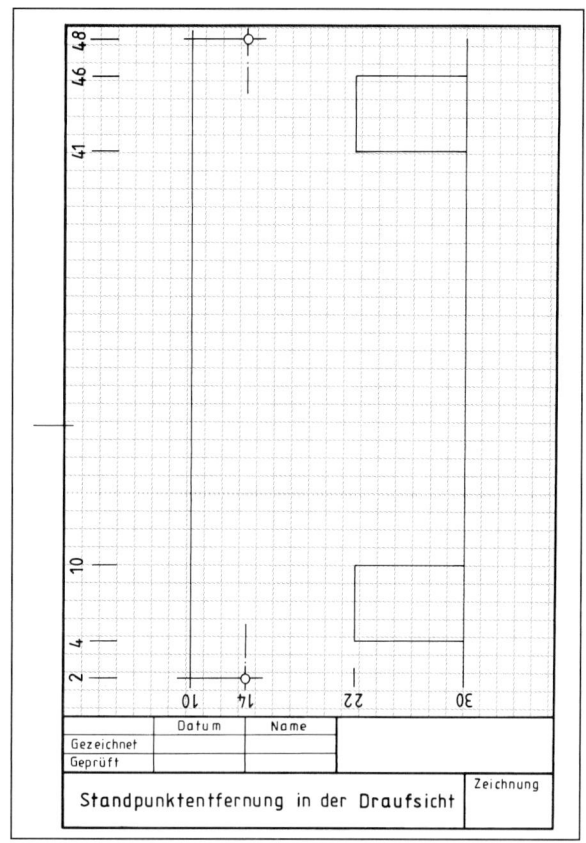

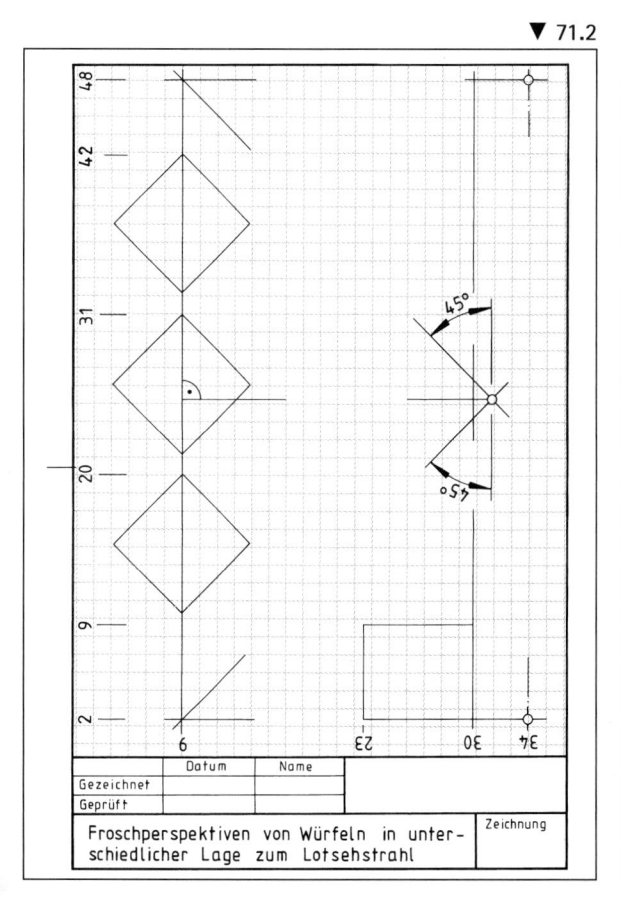

Perspektivisches Zeichnen

▲ 71.1 Quader mit unterschiedlichen Standpunktlagen in der Draufsicht

▲ 71.3 Standpunktentfernung in der Draufsicht

▼ 71.2 Froschperspektiven von Würfeln in unterschiedlicher Lage zum Lotsehstrahl

▼ 71.4 Frontalperspektiven von Quadern in unterschiedlicher Lage zur Projektionsebene

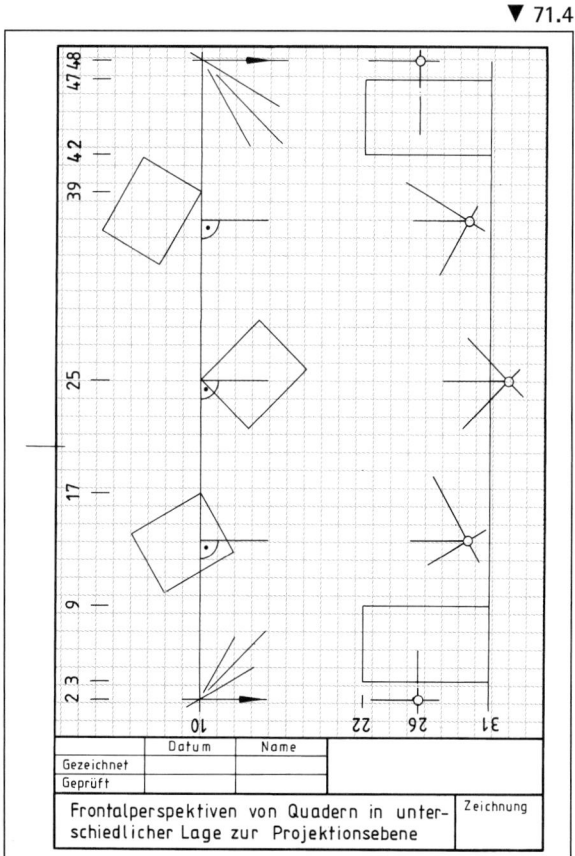

Perspektivisches Zeichnen

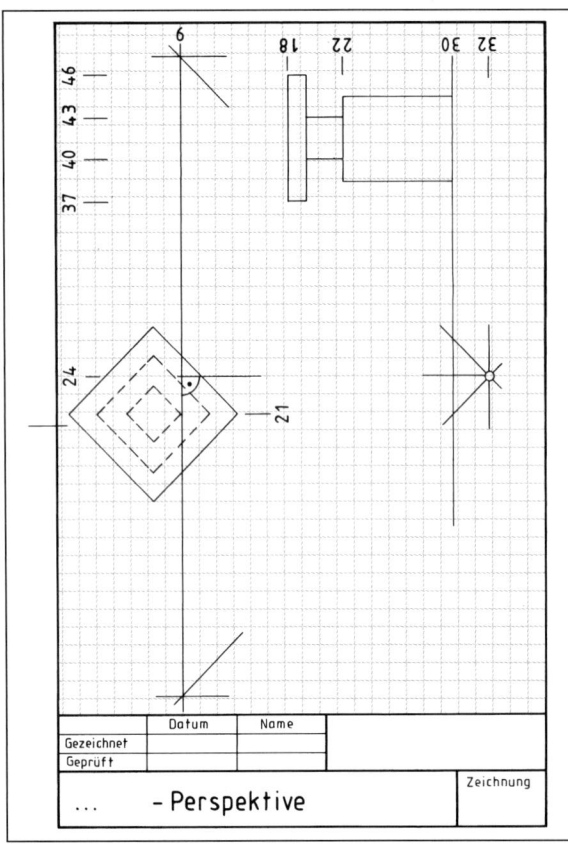

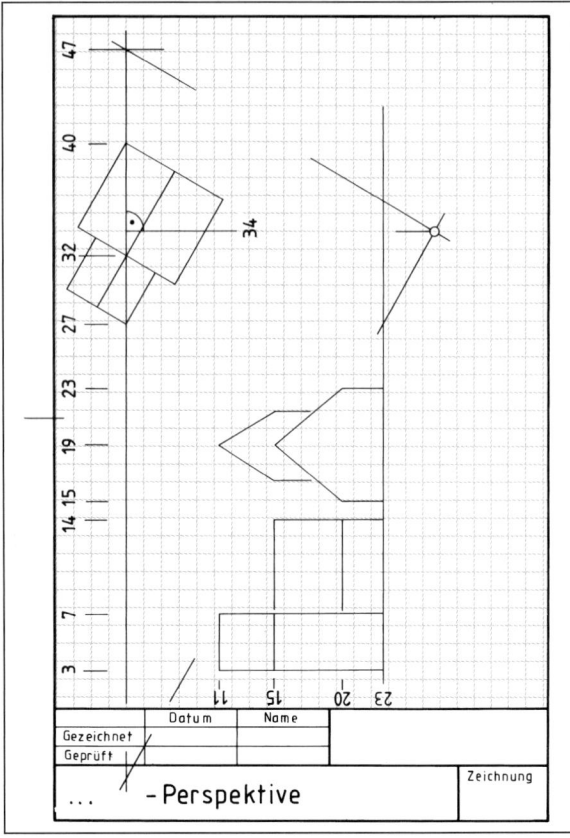

▲ 72.1

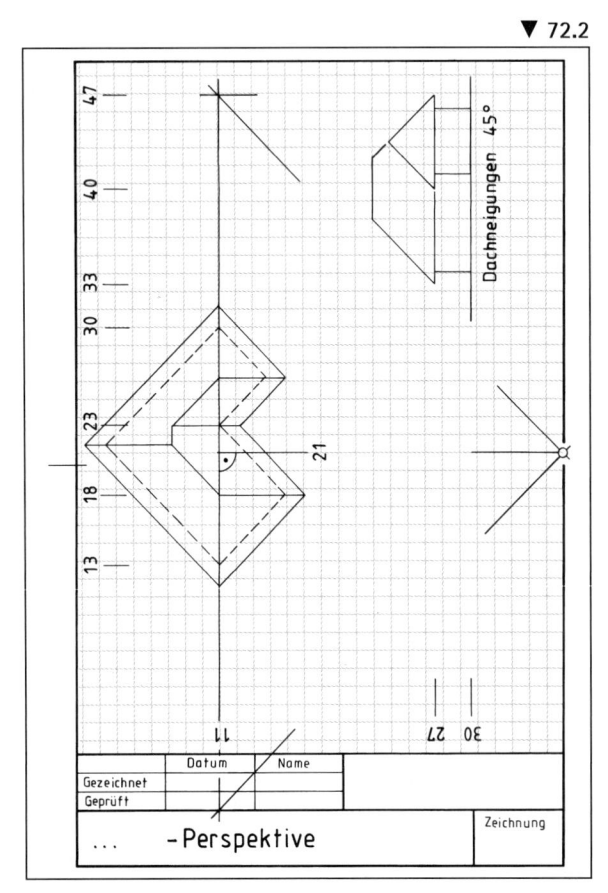

▲ 72.3

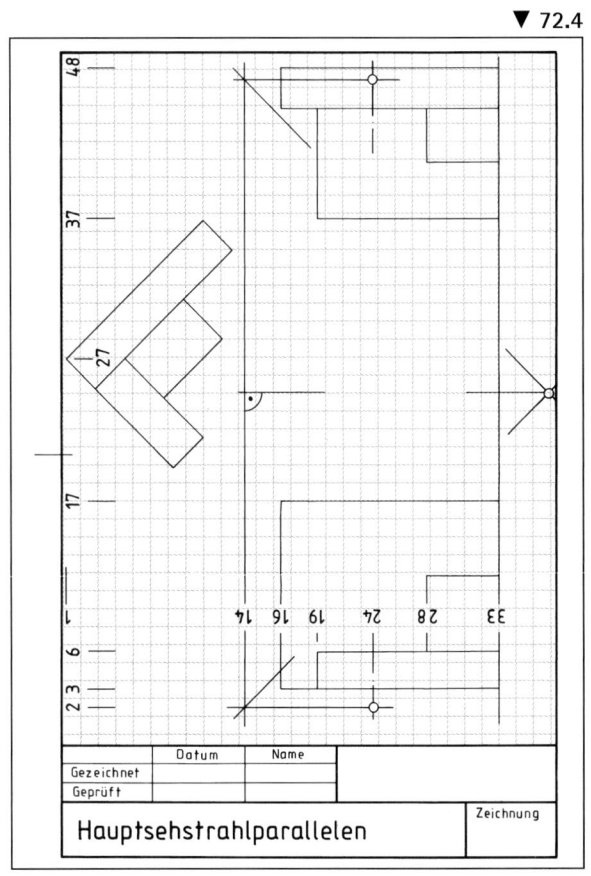

▼ 72.2

▼ 72.4

... -Perspektive

... -Perspektive

... -Perspektive

Hauptsehstrahlparallelen

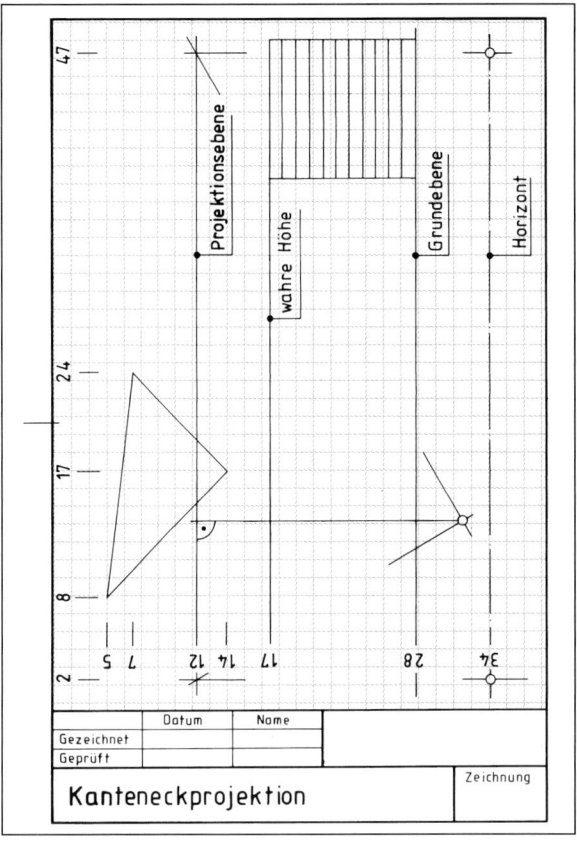

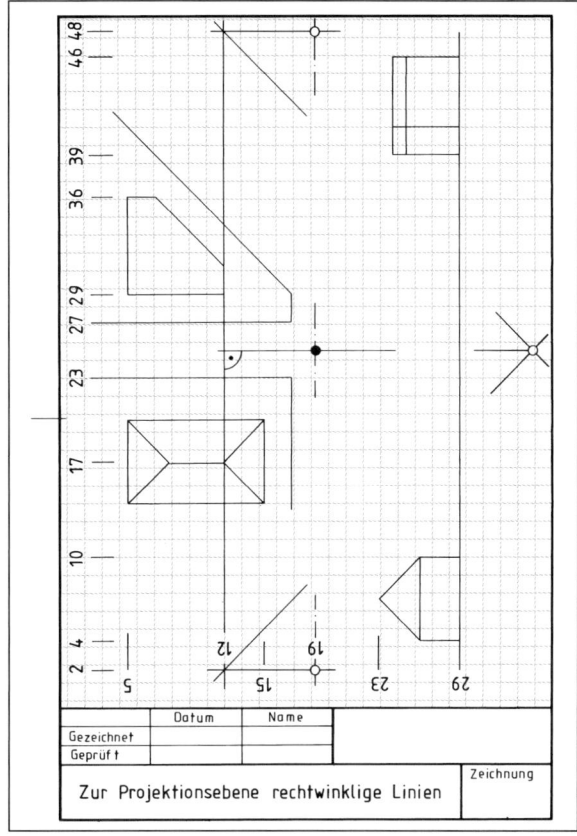

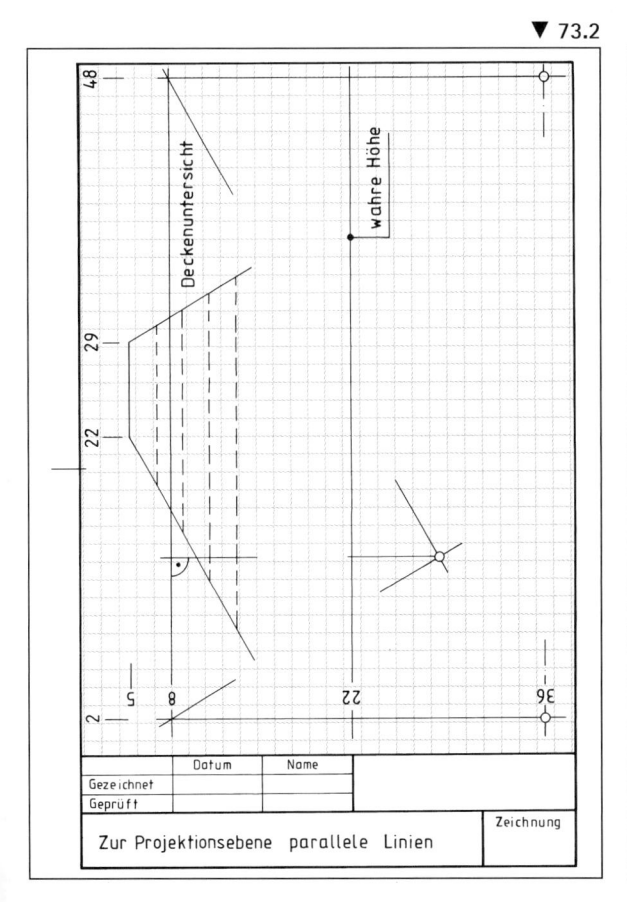

Perspektivisches Zeichnen

▲ 73.1 Kanteneckprojektion

▲ 73.3 Zur Projektionsebene rechtwinklige Linien

▼ 73.2 Zur Projektionsebene parallele Linien

▼ 73.4 Hilfsfluchtpunkte für geneigte Flächen

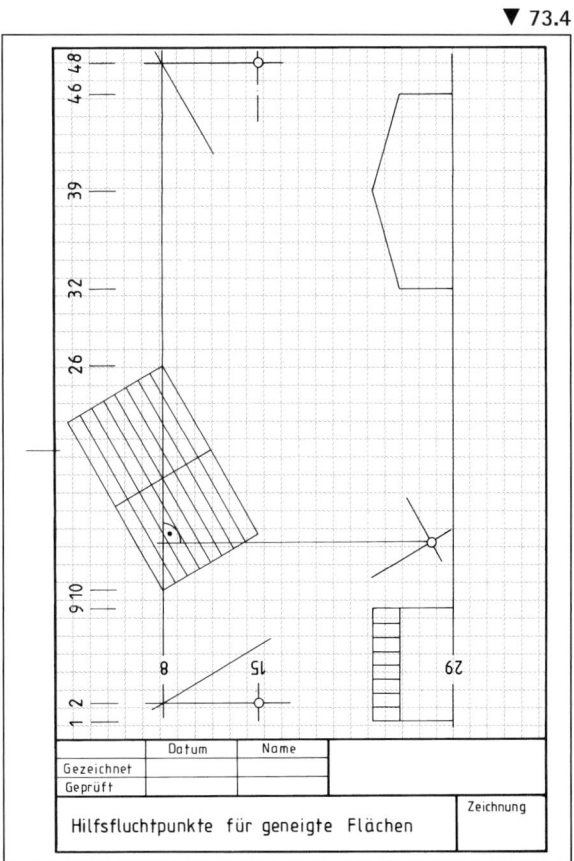

Perspektivisches Zeichnen

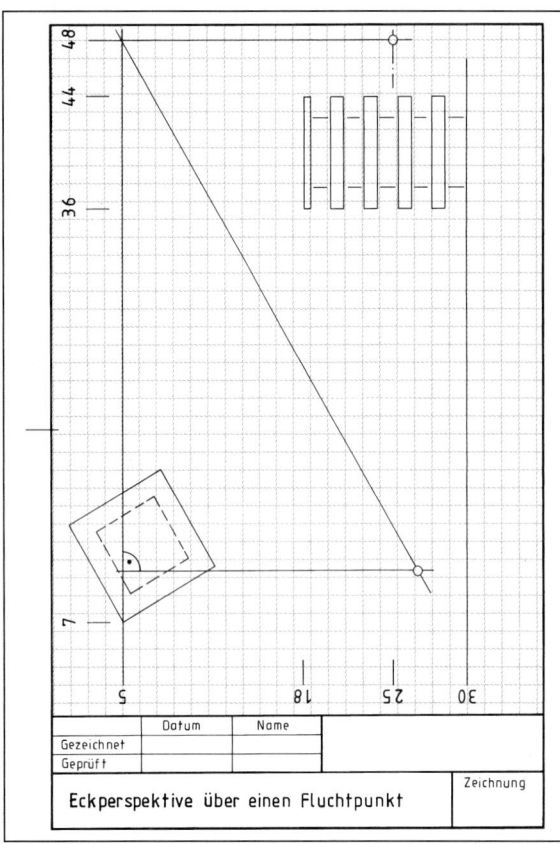

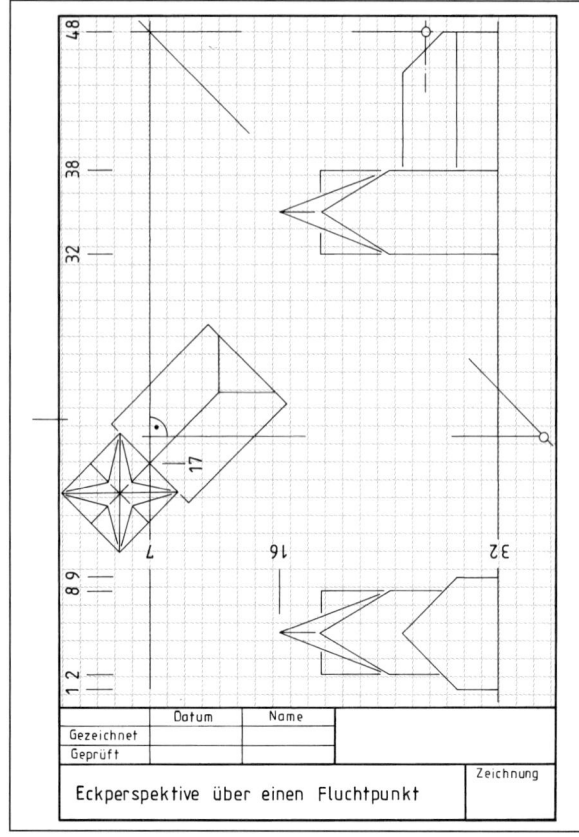

▲ 74.1

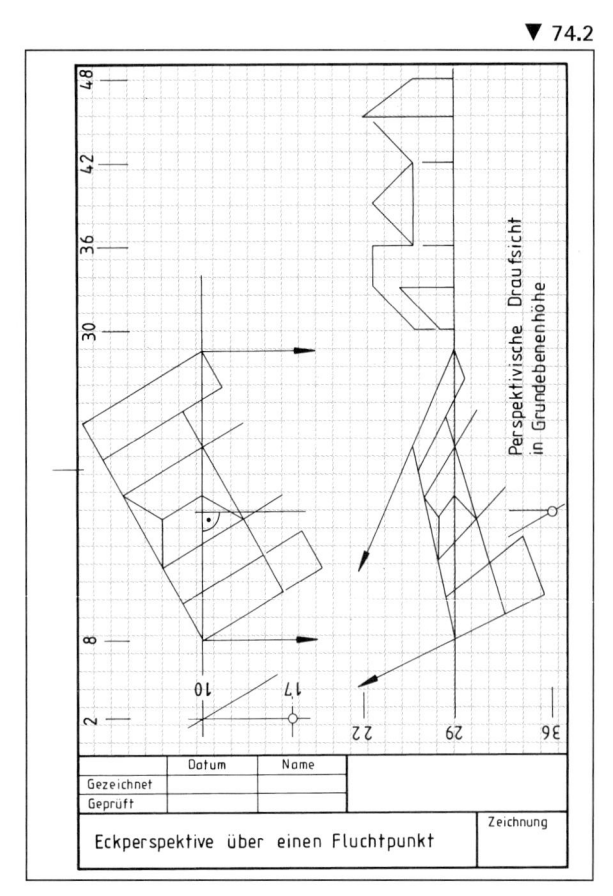

▼ 74.2

▲ 74.3

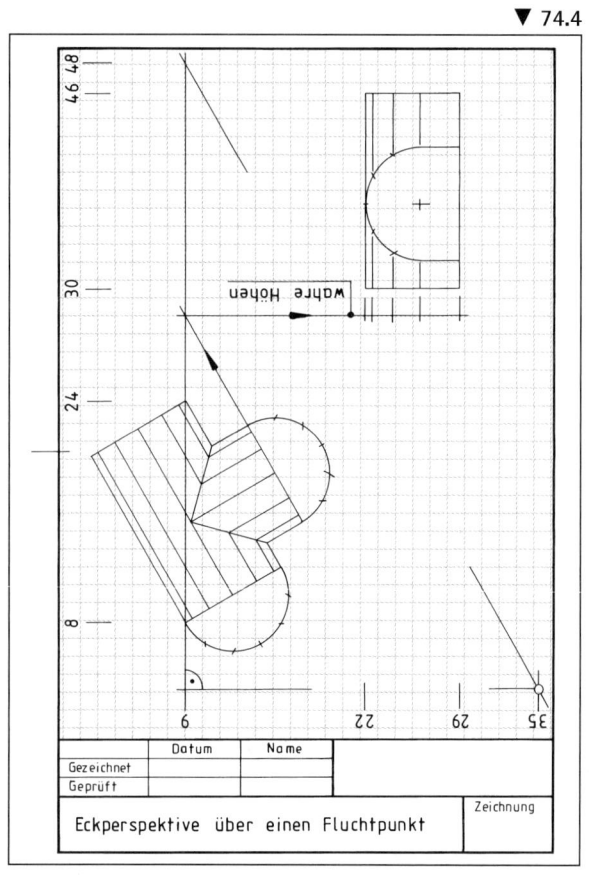

▼ 74.4

3 Schlagschattenkonstruktionen

Ansichts- und Perspektivzeichnungen können durch die Darstellung von Schatten anschaulicher gestaltet werden. Dabei sind zwei Arten von Schatten zu unterscheiden (Bild 75.1):
Im **Eigenschatten** befinden sich sämtliche dem Licht abgekehrten Flächen, er wird deutlich heller dargestellt als der **Schlagschatten**, der von Flächen oder Körpern, die stets im Eigenschatten liegen, auf andere Flächen geworfen wird. Bei räumlichen Darstellungen können beide Schattenarten als Gestaltungsmittel eingesetzt werden, während in flächigen Abbildungen die Tiefen (Vor- und Rücksprünge) vorwiegend durch die Markierung von Schlagschatten verdeutlicht werden (Bild 75.2).

Für die Entstehung und die Form von Schlagschatten sind verschiedene Voraussetzungen von Bedeutung:
- Als Lichtquelle wird die Sonne mit parallel zueinander verlaufenden Lichtstrahlen angenommen (Bild 75.3). Diese Lichtstrahlen haben – je nach Sonnenstand – eine Lichtstrahlneigung im Verhältnis zur Grundebene, auf der die Lichtstrahlgrundspur als Projektion des Lichtstrahls verläuft.
- Die Schatten werfende Flächenbegrenzung bzw. Körperkante wird von dem Lichtstrahl und der Lichtstrahlgrundspur tangiert, sodass der Schlagschatten entsteht (Bild 75.4).
- Die Lichtrichtung bestimmt die Schattenrichtung. In Bild 75.5 sind drei Beispiele für unterschiedliche Lichtrichtungen wiedergegeben.
- Die Schlagschatten tragende Fläche kann unterschiedlich geneigt sein. Im Bild 76.1 sind Schlagschatten auf horizontaler, auf senkrechter und auf schräger Fläche dargestellt.
- Bei geneigten Schatten werfenden Körpern verläuft die Lichtstrahlgrundspur durch die Lotprojektion auf die Grundebene (Bild 76.2).
- Bei „abgeknickten" Schlagschatten empfiehlt es sich, schrittweise vorzugehen (Bild 76.3), d. h. zunächst den Schatten in der Grundfläche zu zeichnen und ihn danach in die jeweils dazugehörige Flächenneigung umzulenken.
- Schlagschatten von Eckperspektiven fluchten trotz parallel verlaufender Lichtstrahlen und Lichtstrahlgrundspuren zu den bereits vorhandenen Fluchtpunkten (Bild 76.4).

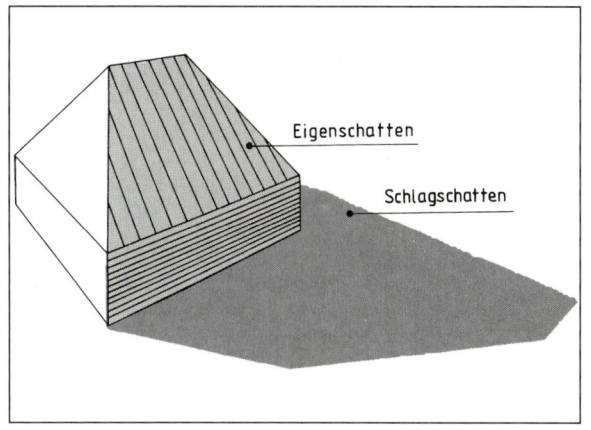

75.1 Schattenarten

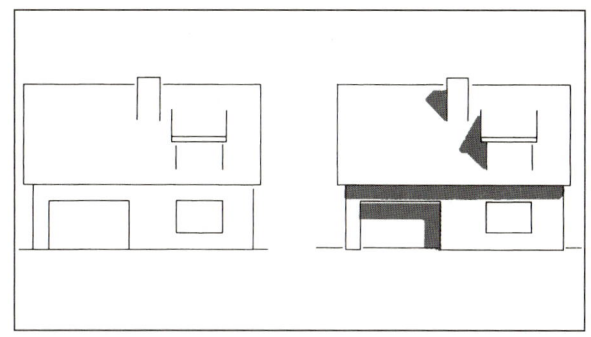

75.2 Tiefendarstellung durch Schlagschatten

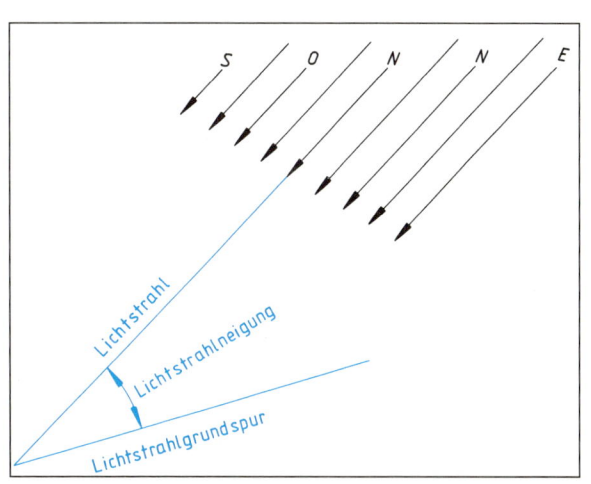

75.3 Parallele Lichtstrahlen

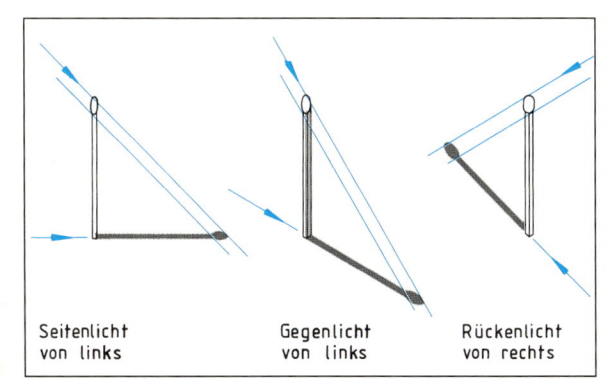

75.5 Lichtrichtungen

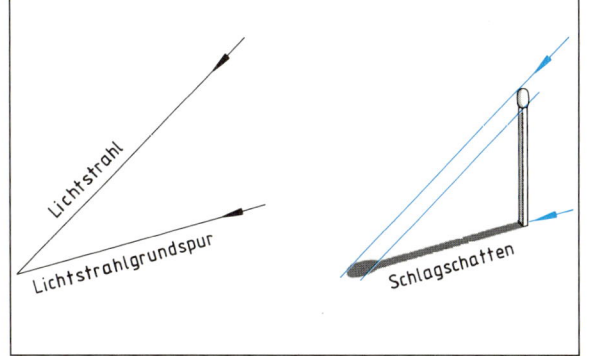

75.4 Schlagschatten

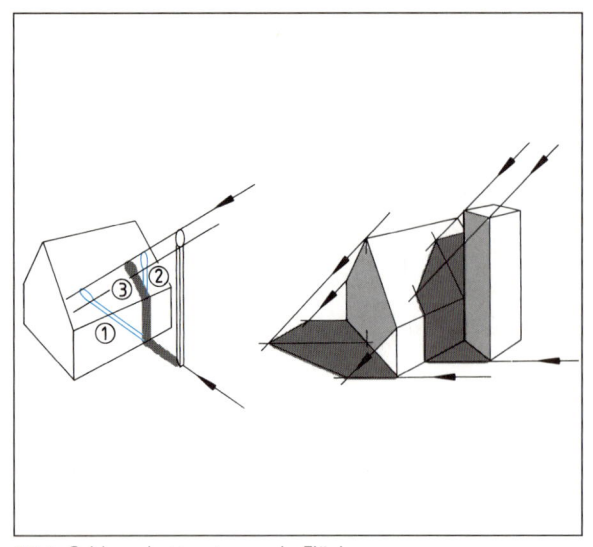

Perspektivisches Zeichnen

76.1 Schlagschatten tragende Flächen

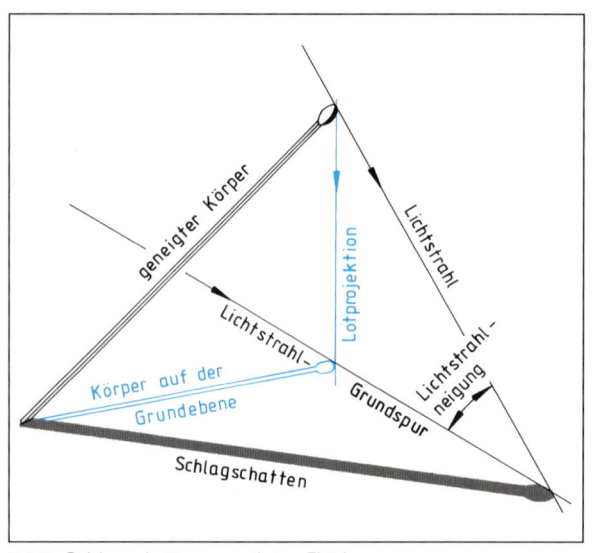

76.2 Schlagschatten geneigter Flächen

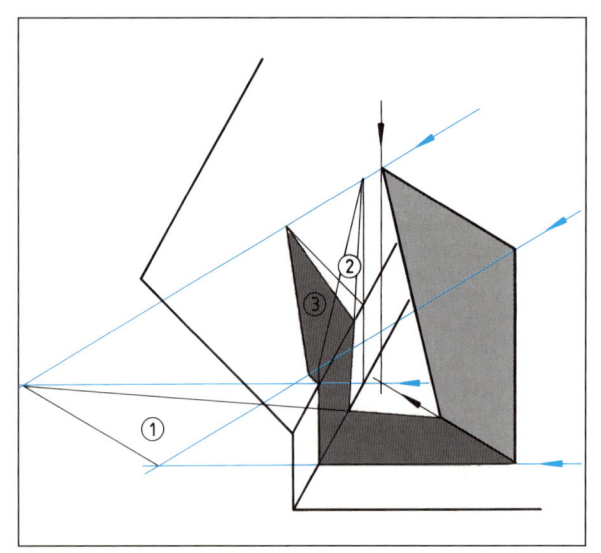

76.3 Schlagschatten unterschiedlicher Neigungen

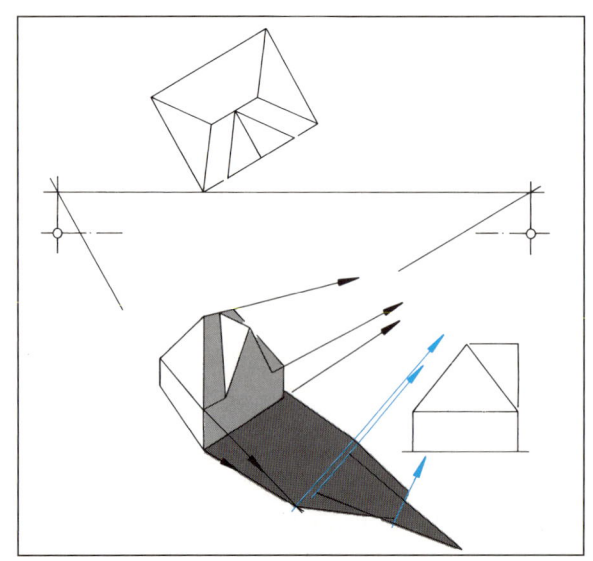

76.4 Schlagschatten von Eckperspektiven

Aufgabe 1: In Bild 77.1 sind, dem Beispiel oben links entsprechend, zunächst die Schlagschatten der Streichhölzer in der oberen Reihe zu konstruieren; danach sind die Eigen- und die Schlagschatten der Satteldachhäuser mit den in der oberen Reihe zur Horizontalen angegebenen Neigungen der Lichtstrahlen und der Lichtstrahlgrundspuren zu zeichnen. Dabei empfiehlt es sich, flächenweise vorzugehen.

Aufgabe 2: In Bild 77.2 sind zunächst die Schlagschatten auf der Horizontalen, also in Lichtstrahlgrundspurneigung, zu konstruieren, danach wird der Schatten in die Flächenneigung abgeknickt.

Aufgabe 3: In Bild 78.1 sind die Grundspuren der Schrägungen bereits dargestellt und durch die Neigungsangabe zur Horizontalen bemaßt. Der Lichtstrahl und die Lichtstrahlgrundspur verlaufen durch die Lotprojektionsschnittpunkte. Der Schatten reicht vom Fußpunkt der Schrägung bis zum Schnittpunkt zwischen dem Lichtstrahl und dessen Grundspur.

Aufgabe 4: In Bild 78.2 ist der Schlagschatten geneigter Linien und Flächen auf unterschiedlich geneigten Flächen zu konstruieren. Dabei ist in der nachstehend aufgeführten Reihenfolge vorzugehen:
a) **Projektion** der schrägen Schatten werfenden Kante auf die Horizontale.
b) **Lichtstrahl** durch den „Streichholzkopf" und **Lichtstrahlgrundspur** durch die Projektion zeichnen.
c) **Grundschatten** vom Fuß der Schrägen bis zum Schnittpunkt zwischen Lichtstrahl und dessen Grundspur darstellen.

Die Schatten tragende geneigte Fläche lenkt den Schlagschatten nicht in ihrer Neigung ab, sondern in der Neigung, die sich aus dem Grundschatten und dem Hilfsschatten der Lotprojektion im Bereich der geneigten Fläche ergibt.

In Bild 79.1 bis 79.4 sind jeweils mehrere Aufgaben zu Schlagschattenkonstruktionen gestellt. Die Lichtstrahlen und deren Grundspurverlauf sind in ihrer Neigung zur Horizontalen angegeben; jedoch verlaufen die Neigungen in der oberen Reihe des Bildes 79.3 in 45°. Bei den Aufgaben im Bild 79.4 ist zu bedenken, dass die Schatten tragenden Flächen Ansichtsflächen sind.

Perspektivisches Zeichnen

	Datum	Name
Gezeichnet		
Geprüft		

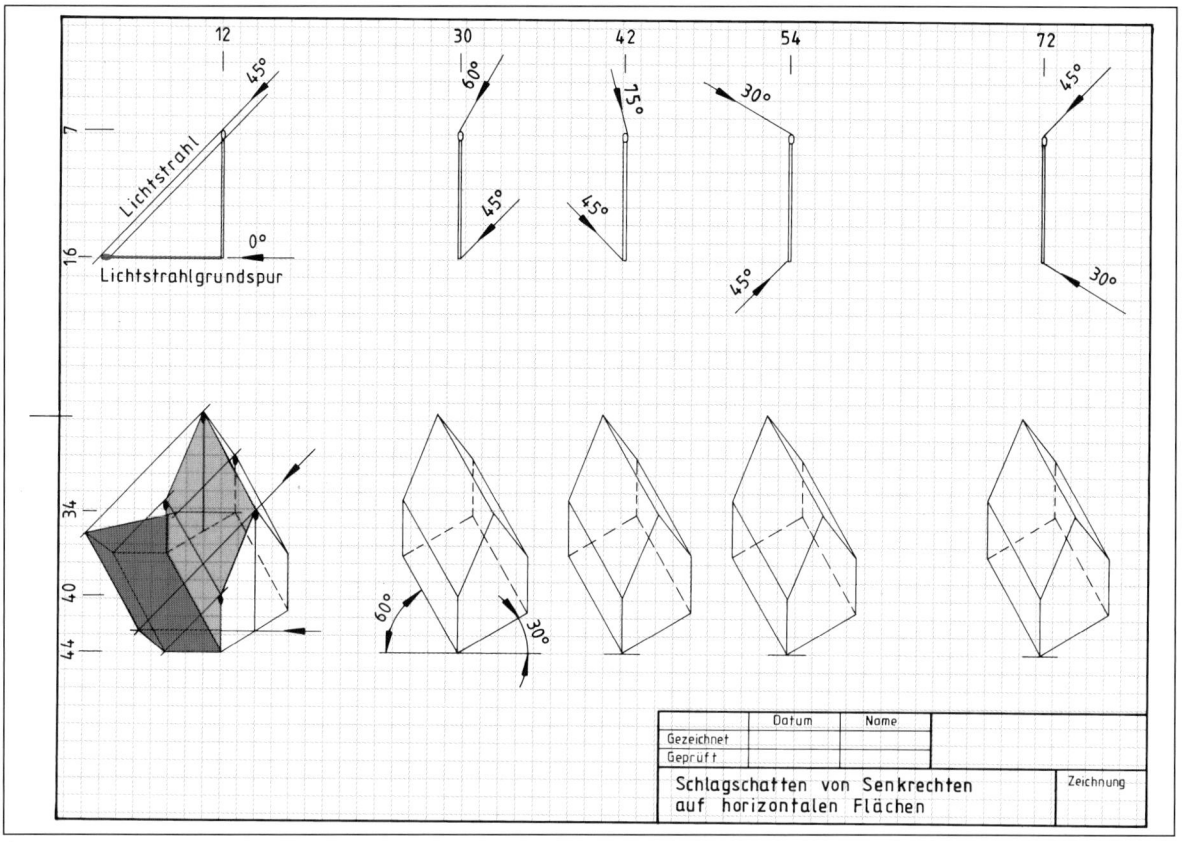

Schlagschatten von Senkrechten auf horizontalen Flächen

▲ 77.1

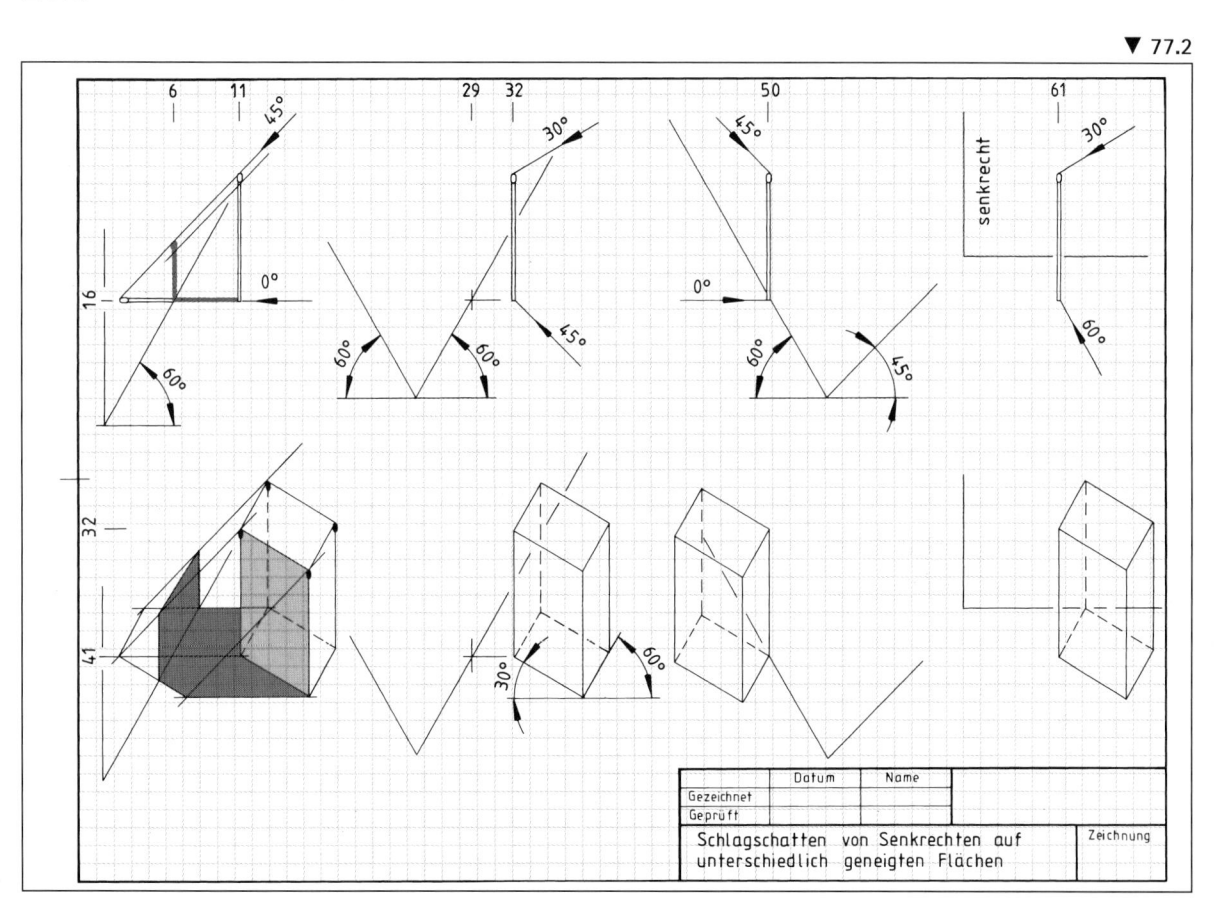

▼ 77.2

	Datum	Name
Gezeichnet		
Geprüft		

Schlagschatten von Senkrechten auf unterschiedlich geneigten Flächen

Perspektivisches Zeichnen

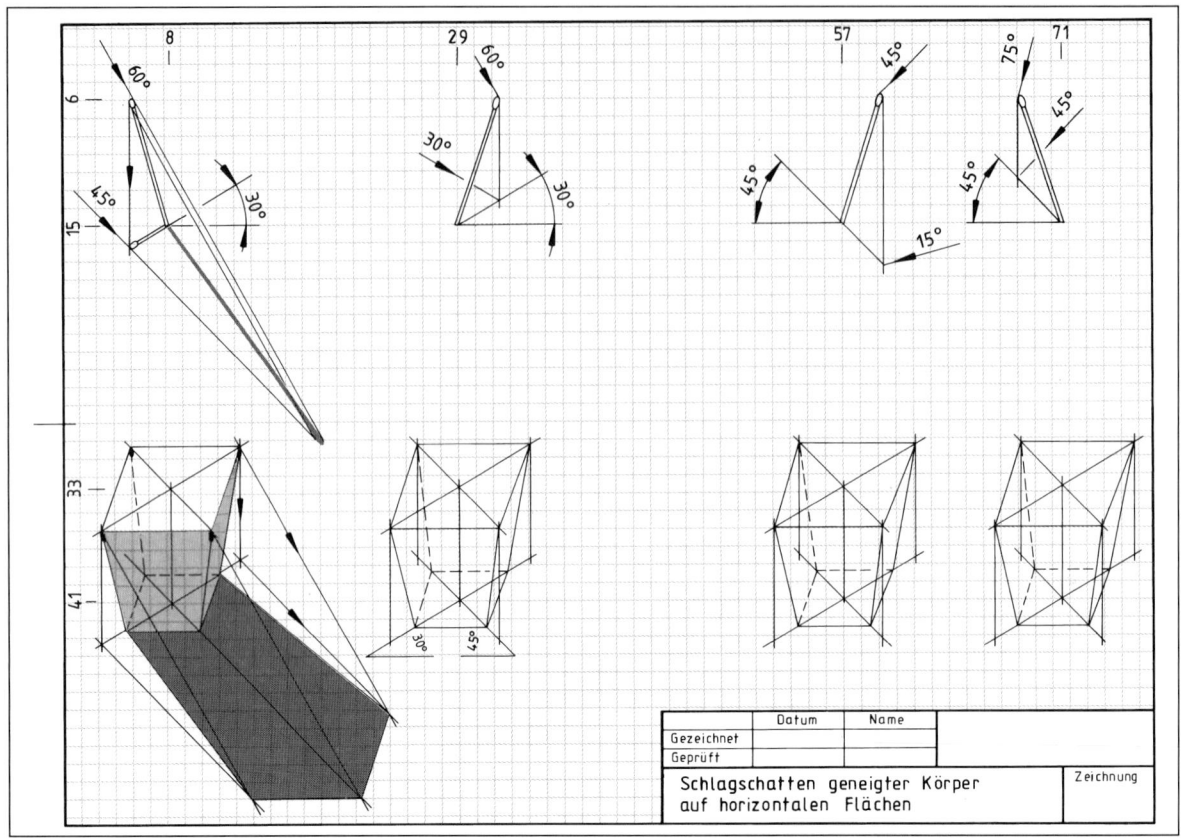

▲ 78.1

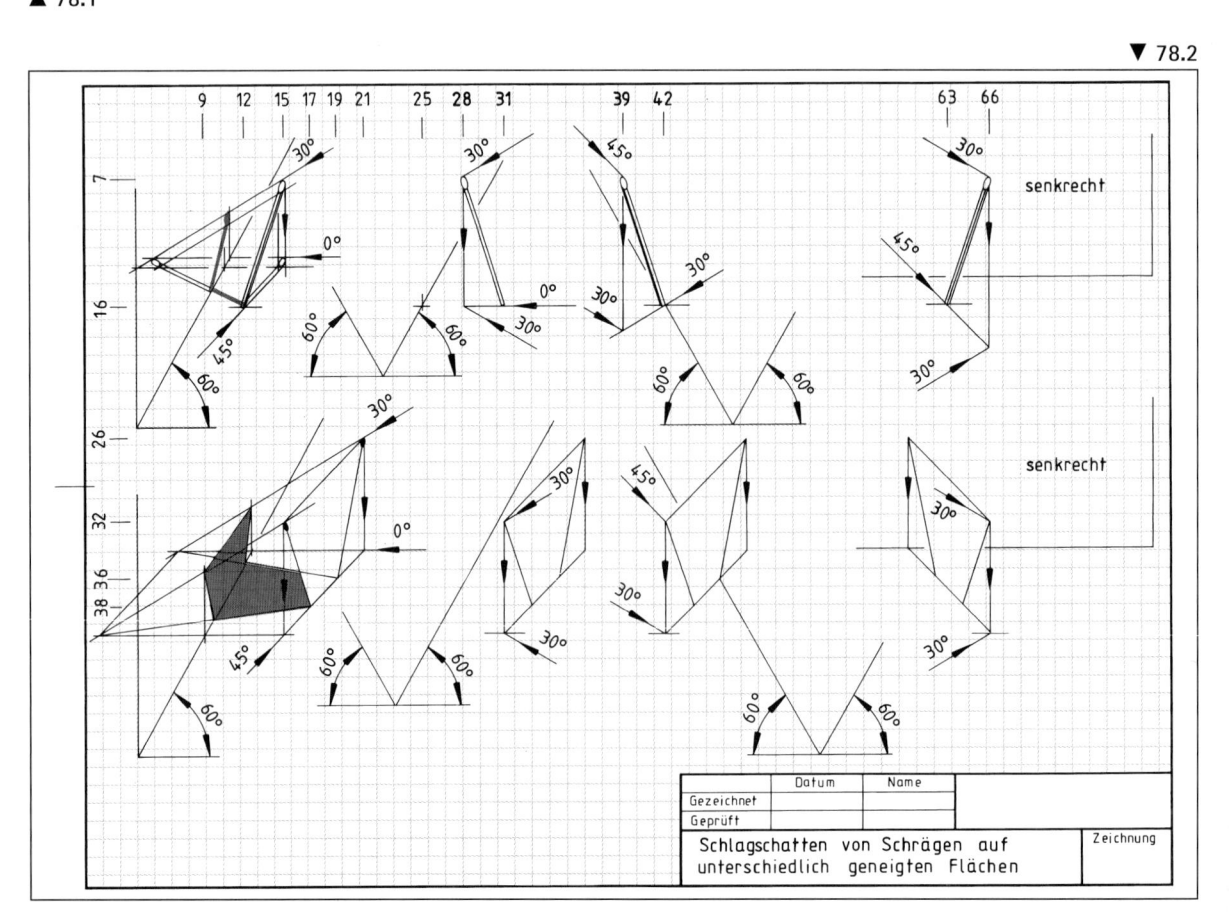

Schlagschatten geneigter Körper auf horizontalen Flächen

▼ 78.2

Schlagschatten von Schrägen auf unterschiedlich geneigten Flächen

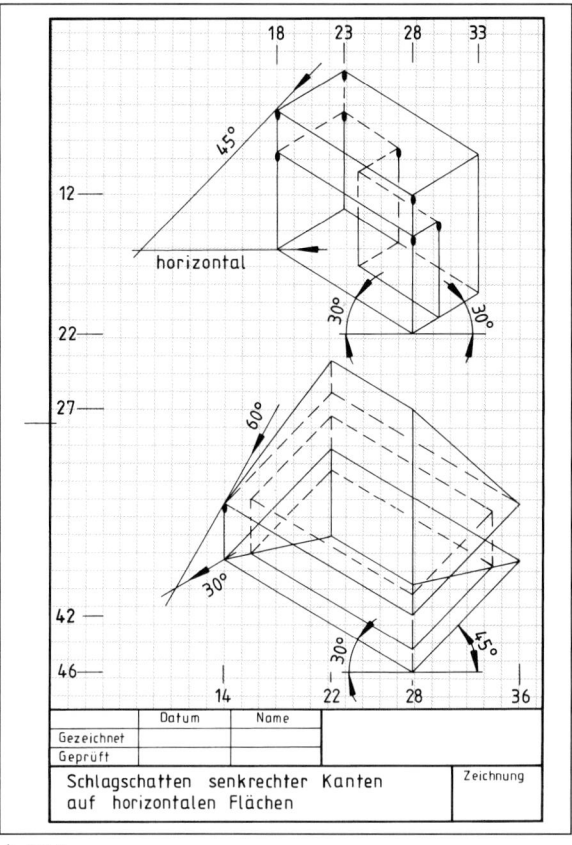

Perspektivisches Zeichnen 79

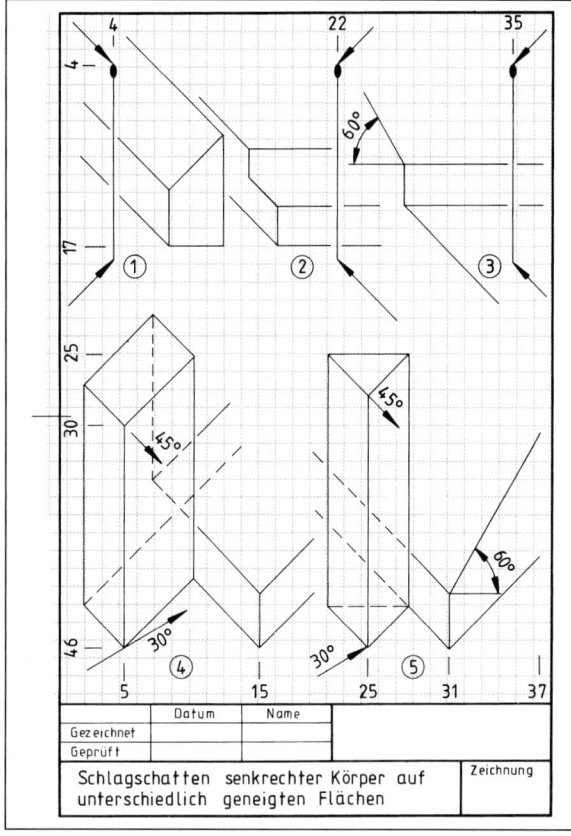

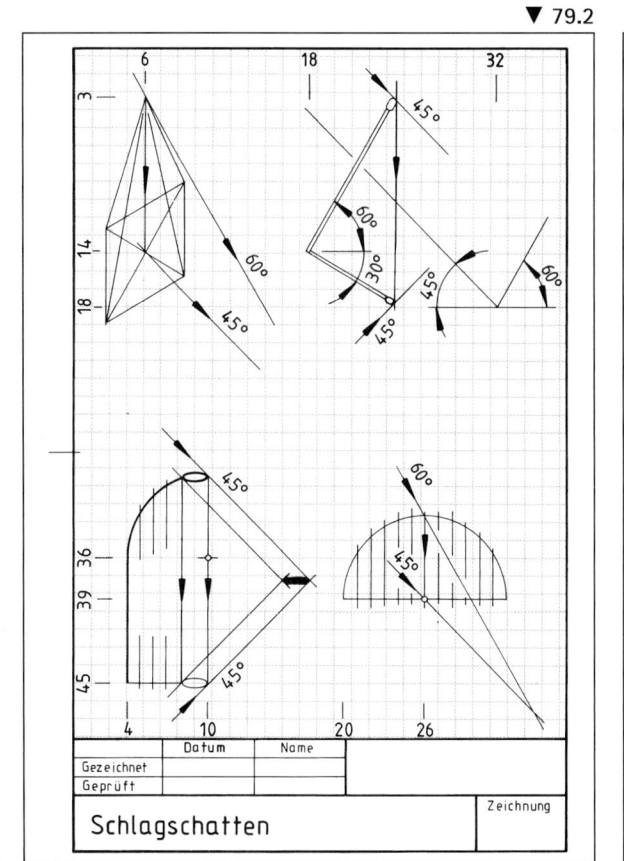

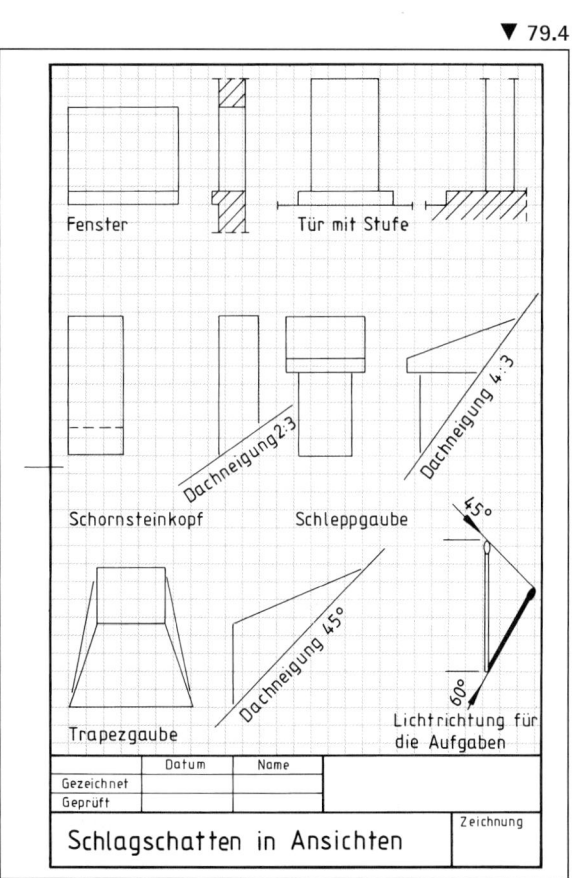

▲ 79.1 — Schlagschatten senkrechter Kanten auf horizontalen Flächen

▲ 79.3 — Schlagschatten senkrechter Körper auf unterschiedlich geneigten Flächen

▼ 79.2 — Schlagschatten

▼ 79.4 — Schlagschatten in Ansichten

Freihandzeichnen

1 Grundlagen des Freihandzeichnens

Die Freihandzeichnung wird im Bauwesen häufig und sehr vielseitig eingesetzt. Es beginnt mit dem Festhalten einer Idee auf Papier. Dazu gehört das Detail im Maßstab 1 : 1 ebenso, wie die Ansicht des Gegenstandes im Maßstab 1 : 200. Bauaufnahmen erfordern zur Maßeintragung eine Freihandskizze. Später wird der Entwurf durch Freihandzeichnungen von Bäumen, Menschen, Oberflächenstrukturen u.a. mehr ergänzt und dadurch in den Maßverhältnissen und der Tiefenwirkung verständlicher gemacht. Einen besonderen Effekt erzielt man, wenn der Gebäudekomplex mit Bleistift und Lineal vorgezeichnet und dann in Tusche freihändig nachgezogen wird. Selbst während der Bauzeit sind Freihandskizzen für einen schnellen Informationsaustausch zwischen Architekt und ausführender Baufirma unter Umständen notwendig.

1.1 Der Zeichengrund

Als Zeichengrund eignen sich Papiere, Kartons und Pappen. Papiere wurden bereits vor etwa 5000 Jahren von den Ägyptern aus den Pflanzenfasern der Papyrusstaude hergestellt. Im Mittelalter wurden mit Messer und Bimsstein Tierhäute zu Pergament ausgedünnt. Heute wird Zeichenpapier überwiegend aus den Fasern von Holzzellulose, Altpapier und Hadern (Textilabfälle) erzeugt. Die Leimzugabe beeinflusst die Beschreib- und Bemalbarkeit sowie die Dimensionsstabilität und die Alterungsbeständigkeit. Füllstoffe wie Gips, Kaolin etc. schließen die Papieroberfläche und verbessern den Weißgrad. Bei der Herstellung läuft die Papiermasse auf ein quer zur Laufrichtung gerütteltes Sieb. Dabei fließt das Wasser ab. Nach mehreren Trocknungsvorgängen wird die Papierbahn aufgerollt. Die Siebseite hinterlässt auf dem Papier rasterartige Eindrücke und wird als Rückseite eines Blattes angesehen. Die Seite, die von den Anpressfilzen berührt wurde, hat eine geschlossenere Oberfläche und wird als „Schön- oder Schauseite" bezeichnet. Sie erkennt man häufig an dem Prägestempel. Die Richtung, in der das Papier bei der Herstellung über Sieb und Walzen gelaufen ist, wird als Laufrichtung bezeichnet. Papier hat in Laufrichtung eine höhere Festigkeit. Auch arbeitet es weniger in dieser Richtung als zur Querrichtung (Dehnrichtung). Zum Zeichnen eignen sich je nach Format Papiere mit einem Gewicht von 80 bis 200 g/m^2. Kartons und Pappen bestehen aus den gleichen Rohstoffen wie Papiere und können ein- oder mehrschichtig hergestellt sein. Kartons haben ein Flächengewicht von 250 bis 450 g/m^2, Pappen eines von 200 bis 2000 g/m^2. Letztere enthalten vielfach einen hohen Anteil von billigeren Grundstoffen. Malgründe werden außer Weiß in einer Vielfalt von Farben und Farbabstufungen hergestellt.

1.2 Die Zeichenmittel

Plastizität kann man in einer zweidimensionalen Zeichnung durch Schattierungen, durch den Verlauf, durch Oberflächen und Schlagschatten von Mantellinien darstellen. Unter der Vielzahl der Zeichenmittel kann hier nur ein kleiner Auszug gebracht werden.

- Die Bleistifte mit den Härten 2H, H, HB, 2B, 4B, 6B und 8B lassen, abgesehen von ihrem Härtegrad, weitere Helligkeitsgrade durch den Druck und ihre Form der Spitze zu. Die Intensität kann durch Überlagerung von Strichen weiter verstärkt werden.
- Die Tuschezeichenmetallfeder, der Tuscheholzspan, die Tuschebambusrohrfeder und der Filzstift eignen sich für die Darstellung des Materials und der Licht-Schattenwirkung nur noch durch Strichüberlagerung und teilweise durch Auflagerdruck.
- Marker und Tuschpinsel erfordern ein hohes Können. Zögernder Auftrag, Unsicherheit und ständiges Absetzen ergeben ein fleckiges Bild. Eine Hell-Dunkelabstufung ist nur noch durch Marker- bzw. Tuscheverdünnung möglich. Je nach Stift- und Spitzenausbildung bzw. Pinselart und Pinselgröße lassen sich grobe Linien oder Flächen auftragen.

Aufgabe 1: Zeichnen Sie mit weichem Bleistift auf weißen Zeichenkarton, wie in Bild 81.1 oben links gezeigt, gerade Linien unterschiedlicher Länge von außen nach innen auf einen selbst gewählten Punkt.

Aufgabe 2: Versuchen Sie parallele Linien unterschiedlicher Stärke nach dem gegebenen Muster (Bild 81.1 oben rechts) oder einem Muster nach eigenem Entwurf zu zeichnen.

Aufgabe 3: Zeichnen Sie geometrische Körper und schattieren Sie sie durch parallele Linien. Verstärken Sie besonders dunkle Flächen durch Überlagerung von Strichen. Verändern Sie Ihre Darstellung durch eine ungleichmäßige Zickzacklinie unterschiedlicher Stärke, wie sie im rechten Würfel gezeigt ist.

Aufgabe 4: Wählen Sie in einem Rechteck einen Fluchtpunkt. Zeichnen Sie von diesem Punkt aus über die Ecken des Rechtecks Fluchtstrahlen. Passen Sie weitere Rechteckrahmen in die Fluchtstrahlen so ein, dass ihre Abstände nach außen immer größer werden.

Aufgabe 5: Zeichnen Sie Schleifen radial auf einen selbst gewählten Punkt (Bild 81.1 unten links). – Skizzieren Sie durch Aneinanderreihen von Ellipsen einfache runde Körper.

Freihandzeichnen

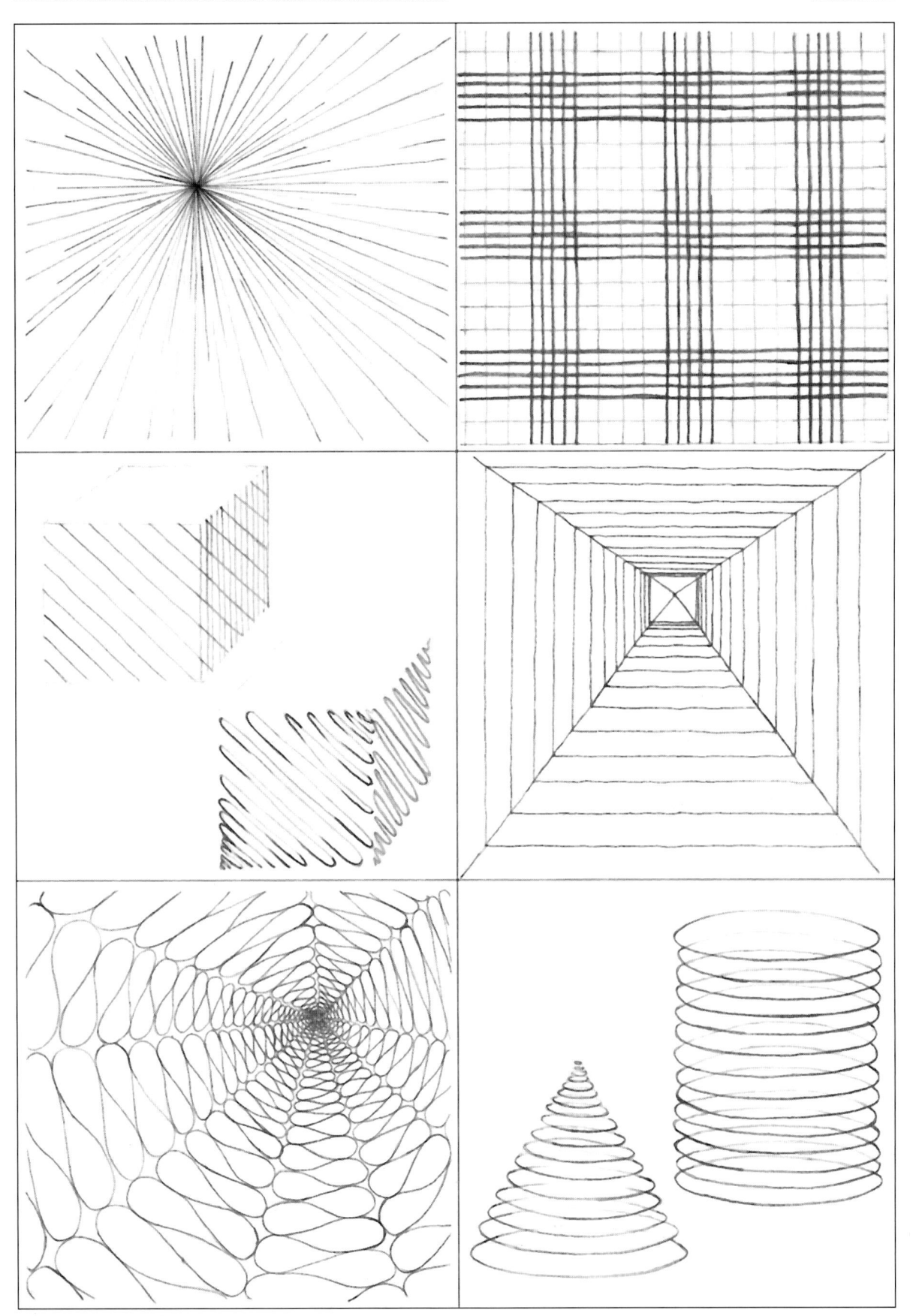

81.1 Zeichengrundübungen

82.1 Wahl des Bildausschnittes

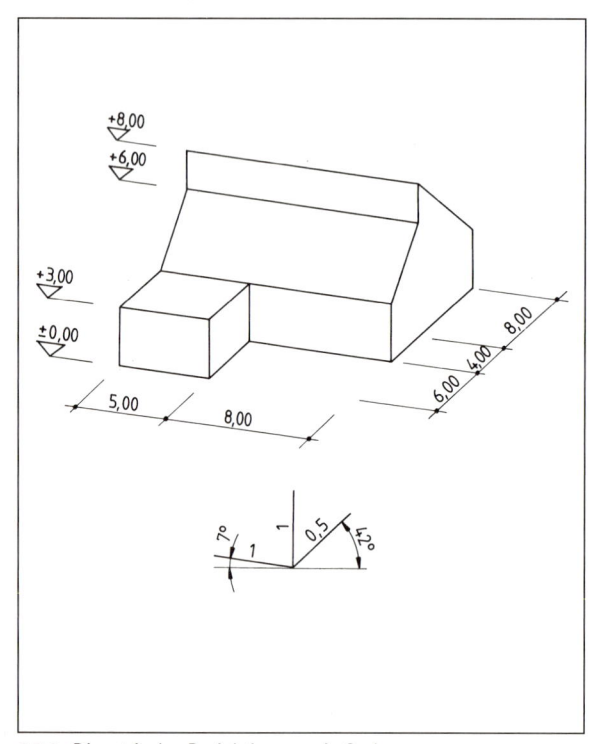

82.2 Dimetrische Projektion zur Aufgabe

Aufgabe 1: Zeichnen Sie das Haus (Bild 82.2) mehrfach (M = 1:200). Verstärken Sie die Plastizität durch Schattierung (Bild 83.1).

2 Techniken des Skizzierens

2.1 Bildaufteilung und Plastizität

Die Auswahl eines Bildausschnittes entscheidet, ob eine Zeichnung lebendig oder langweilig erscheint. Um sich die Komposition besser vorstellen zu können, kann man den Bildausschnitt mit einem Papprahmen oder ganz einfach mit Daumen und Zeigefinger beider Hände eingrenzen. Das Motiv (Bild 82.1) zeigt drei verschiedene Möglichkeiten. Im Fall A steht der Baum im Bildzentrum. Diese Entscheidung ist nur dann sinnvoll, wenn der Hauptgegenstand, in diesem Beispiel der Baum, in Form und Detail dargestellt werden soll. Das Bild im Ausschnitt B erzeugt im Gegensatz zum Ausschnitt C beim Betrachter durch die große Himmelsfläche ein Gefühl der Offenheit und Leichtigkeit. Der am Bildrand teilweise gezeichnete Baum grenzt das Motiv links ab. Im Bild wirken Diagonale, dargestellt durch Wege, Zäune, Häuserfronten usw., durch ihre Tiefenwirkung belebend.

Das Auge erkennt die räumliche Darstellung eines Körpers durch die perspektivische Zeichnung. Durch Schattierung der Oberflächen und durch Schlagschatten wird die plastische Vorstellung gesteigert. In der Regel wählt man eine Lichtquelle, die den Körper mit parallelen Lichtstrahlen von links oder rechts oben unter einem Einfallswinkel von 45° ausleuchtet. In einer Entwurfszeichnung kann die Hell-Dunkelbelegung der Oberfläche eines Bauwerks durch eine unterschiedliche Dichte von Punkten oder Linien dargestellt werden.

Freihandzeichnen

83.1 Schattierungen

Freihandzeichnen

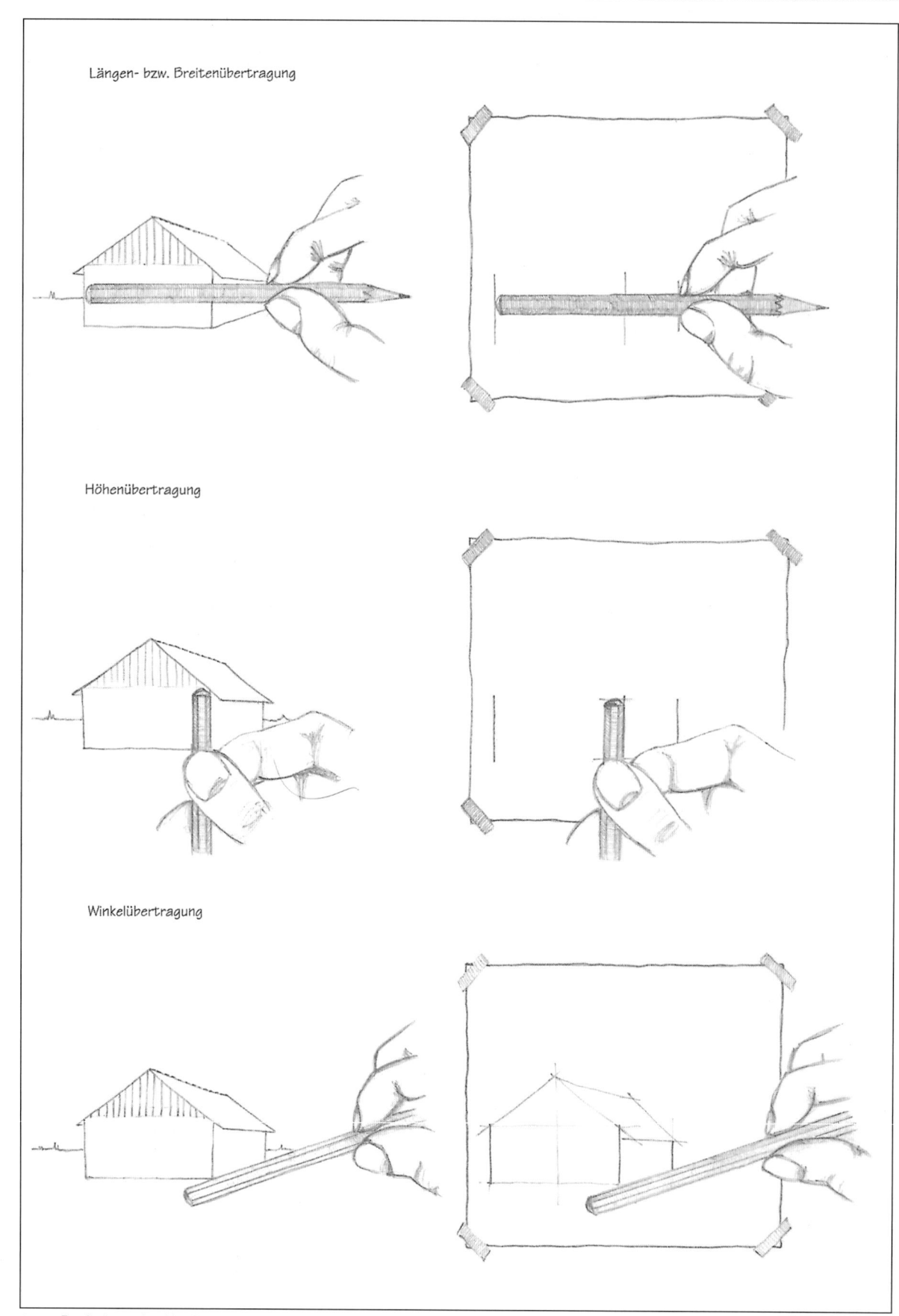

Längen- bzw. Breitenübertragung

Höhenübertragung

Winkelübertragung

84.1 Ermittlung der Umrisse

2.2 Skizzieren von Bauwerken

Nach der Wahl des Blattformates, Hoch- oder Querlage, wird die größte Bauwerkslänge bzw. Bauwerkshöhe auf dem Papier fixiert. Ausgewogen erscheint die Skizze, wenn das Objekt nicht das ganze Format füllt. Durch Peilungen, die über den Bleistift (Bild 84.1) bei mehr oder weniger ausgestrecktem Arm ausgeführt werden, lassen sich Strecken und Streckenabschnitte proportional auf das Zeichenblatt übertragen. Zur Überprüfung dient eine bestimmte Kante als Modulmaß. Das Vielfache oder ein Teil davon muss den wirklichen sowie den gezeichneten Strecken entsprechen. Die Winkel werden ebenfalls durch Peilungen übertragen. Zur Ermittlung des Fluchtpunktes reicht es, wenn die Sockel- und Firstkante eines Bauwerkes verlängert wird. Alle weiteren Kanten der entsprechenden Gebäudeseiten fluchten zu diesem Punkt. Er liegt auf dem Niveau der Augenhöhe des Betrachters. Beachten Sie, dass alle waagerechten Bauwerkslinien auf dieser Höhe auch waagerecht durch den Fluchtpunkt auf der Zeichnung laufen müssen. Nach den groben Umrissen kann mit der Ausarbeitung der Bauwerkdetails begonnen werden. Bedenken Sie dabei die Regel, dass weniger mehr sein kann. Soll die Skizze mit Schatten versehen werden, wird mit Linien beim Vorzeichnen noch sparsamer umgegangen. Danach werden Materialien, sowie Licht- und Schattenwirkungen durch eine 45-Grad-Schraffur unterschiedlicher Stärke (Bild 85.2) herausgearbeitet. Die räumliche Vorstellung kann auch durch das Zeichnen vieler kleiner Mantellinien erzeugt werden (Bild 85.1). Die Schattierung arbeitet man durch entsprechende Strichüberlagerung heraus.

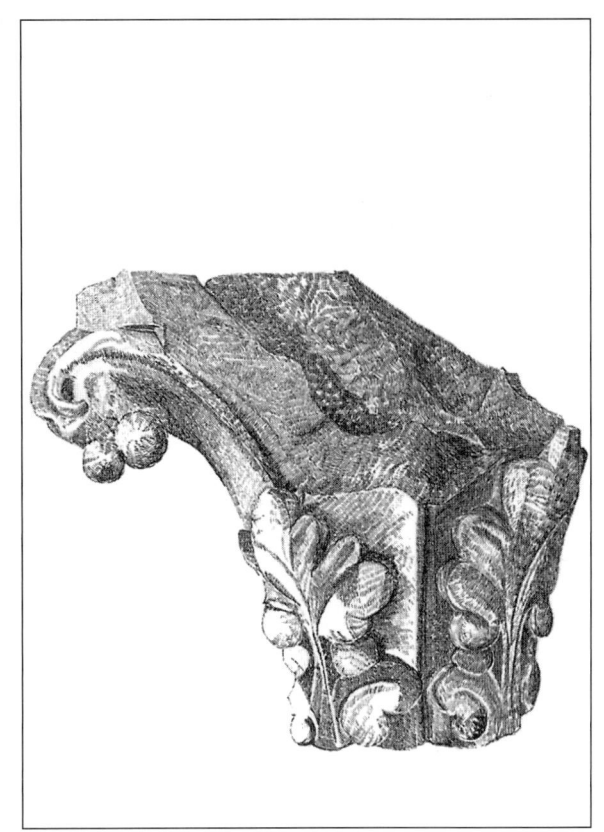

85.1 Bruchstück eines Kapitells

85.2 Pfahlbauten am Bodensee

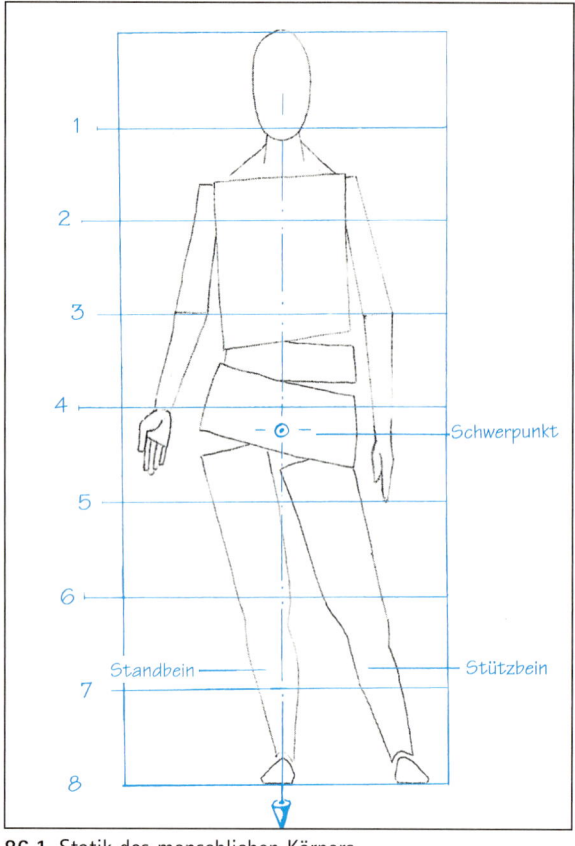

Freihandzeichnen

86.1 Statik des menschlichen Körpers

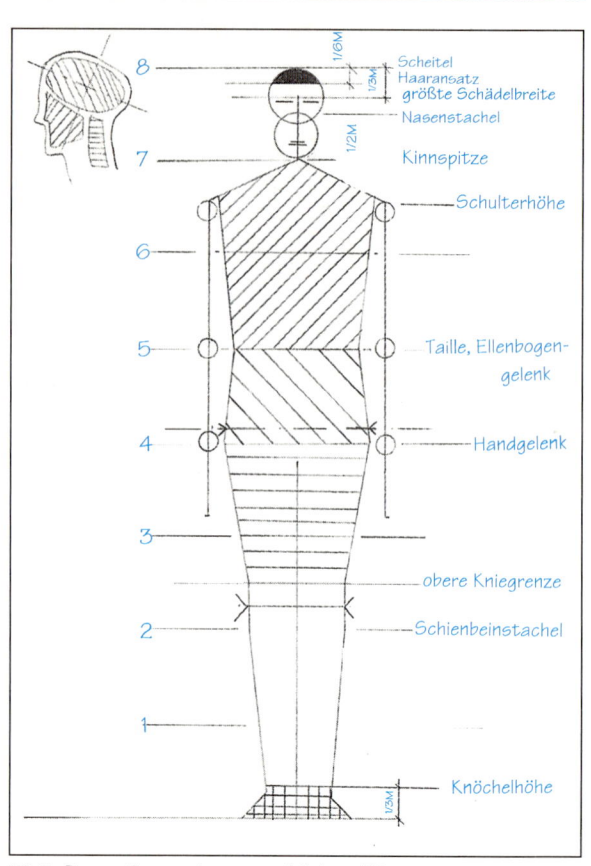

86.2 Proportionen des menschlichen Körpers

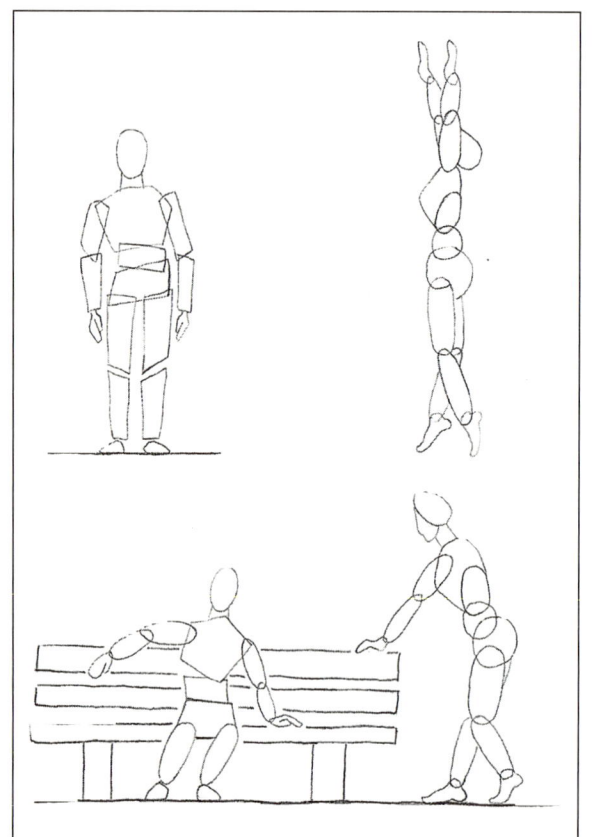

86.3 „Zusammengesetzte" Proportionen

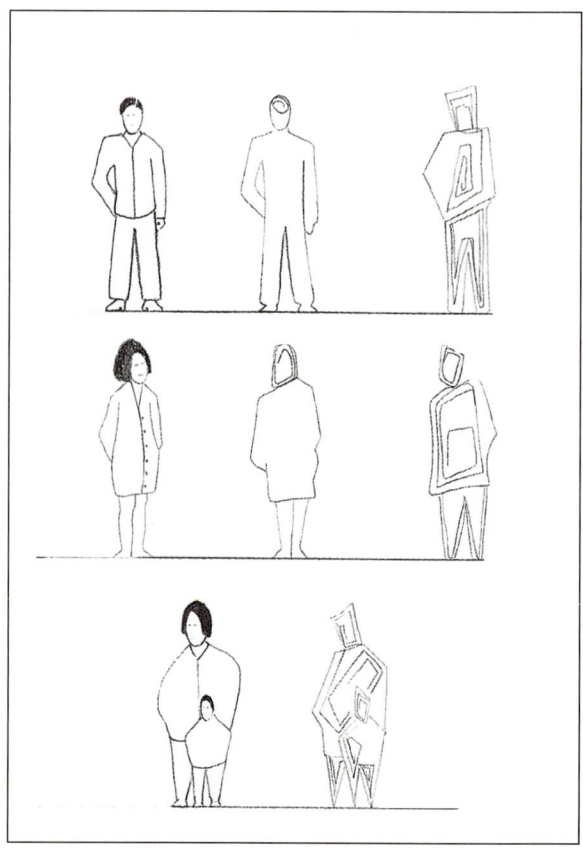

86.4 Abstraktionen des menschlichen Körpers

2.3 Ergänzungsskizzen für Entwurfszeichnungen

Um sich die Nutzung, die Größe und die Ausstattung eines Bauwerkes oder von Bauwerksbereichen besser vorstellen zu können, werden Entwurfszeichnungen mit abstrakten Darstellungen von Menschen, Pflanzen, Fahrzeugen und Oberflächenstrukturdarstellungen versehen.

Menschen darzustellen erfordert besonders die Einhaltung bestimmter Regeln. Proportionen, Statik und Bewegung des menschlichen Körpers müssen harmonieren, damit die Skizze nicht als störend empfunden wird. Die Proportionen (Bild 86.2) eines ausgereiften Menschen werden in Module eingeteilt. Das Ausgangsmaß eines Moduls kann die Kopfhöhe sein. Das heißt nicht, dass es keine schlankwüchsigen oder gedrungenen Menschen gibt. Beim Zeichnen ist man deshalb an diese Modulordnung nicht so streng gebunden. Verpflichtender dagegen ist die Statik des menschlichen Körpers (Bild 86.1). Die Standfestigkeit eines Menschen ist nur gegeben, wenn das Lot vom Schwerpunkt des Menschen aus durch den Knöchel des Standbeines geht. Das zweite Bein dient der Restunterstützung. Bewegungen eines Menschen lassen sich mit dem Proportionsstempeldruck (Bild 86.3) üben. Die einzelnen Körperabschnitte Kopf, Oberkörper, Bauch, Hüfttrapez usw. werden auf Gummi, Linoleum oder Holz gezeichnet und dann ausgeschnitten. Zusammengesetzt gestempelt lassen sich Menschen in verschiedenen Bewegungsphasen üben. Erst wenn die realistische Zeichnung gelingt, kann man mit der abstrakten Menschendarstellung durch Vereinfachung oder Hinzufügen beginnen (Bild 86.4).

Pflanzendarstellungen (Bild 87.1) erweisen sich ideal als Beiwerk zu Entwurfszeichnungen. Sie verstärken die Tiefenwirkung und die Größenvorstellung. Der Verfremdung und Auflösung in geometrische Formen oder Zierformen sind keine Grenzen gesetzt.

Wie bei der Darstellung von Menschen sind Kenntnisse der Grundstruktur der Bäume und Sträucher in Drauf- und Ansicht Voraussetzung für eine abstrakte Darstellung. Die Äste der Bäume verzweigen sich ab einer bestimmten Höhe in der für die Baumart typischen Form. Dabei verjüngen sie sich zunehmend nach außen und nach oben. Sträucher wachsen bündelartig aus dem Boden. Das Laubwerk wird entsprechend der Baumart flächig mit oder ohne Blattstruktur gezeichnet oder mit Rasterfolie angedeutet. Man kann auch die nackte Aststruktur belassen. Eine weitere Möglichkeit besteht in der Fotomontage einer Radierung von Baummotiven.

Strukturflächen (Bild 88.1) verbessern die Information der Zeichnung über die Oberflächenbeschaffenheit der Stoffe. Sie geben Auskunft über Muster und Rauigkeit, Reflexion und Absorbtion des Lichtes, Verlegeart von Fliesen und Mauersteinen. Als Darstellungsmittel dienen häufig reine Tuschezeichnungen. Neben weiteren Schwarzweißdarstellungen, wie Mischtechniken aus Tuschekontur und Rasterklebefolie sowie Tuschekontur, Bleistift und Marker, werden vielfach Prospekte für Bauherrn sowie auch farbige Vorlagen gefertigt. Dazu eignen sich Kolorierungen mit Farbstift oder Kreide, Tonklebefolien auf Kontrasthochglanzpause, Aquarelle usw.

87.1 Bäume und Sträucher – Ansichten, Draufsichten

Freihandzeichnen

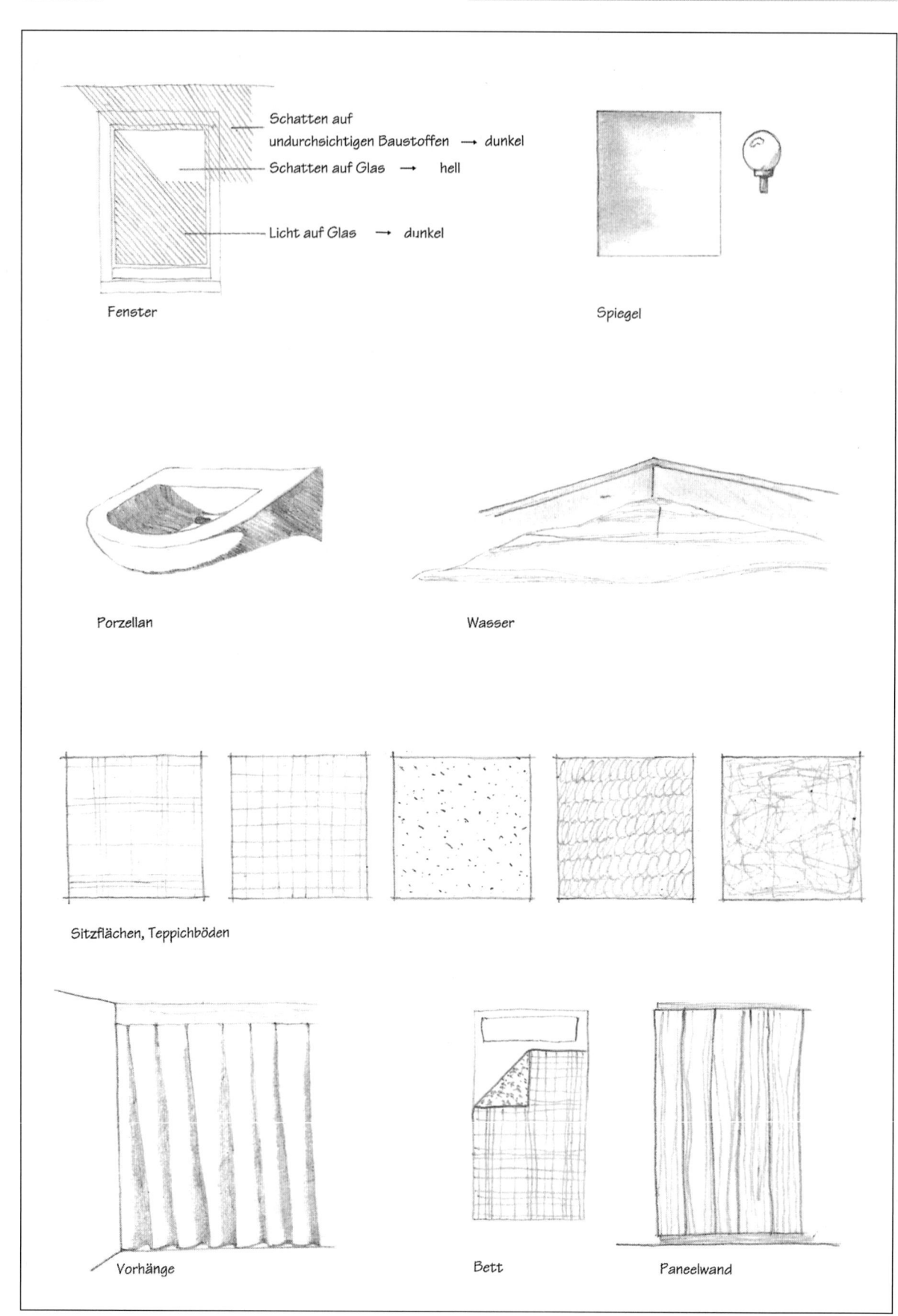

Schatten auf undurchsichtigen Baustoffen → dunkel
Schatten auf Glas → hell
Licht auf Glas → dunkel

Fenster

Spiegel

Porzellan

Wasser

Sitzflächen, Teppichböden

Vorhänge

Bett

Paneelwand

88.1 Darstellung von Strukturen

Freihandzeichnen

89.1 Verschiedene grafische Darstellungen

Baugeschichte

1 Altertum

Europas Baukunst entstand in Mesopotamien, dem heutigen Irak, und in Ägypten. Dort ist der Ursprung unserer Kultur. Die Entwicklung begann nach der letzten Eiszeit, vor etwa 17 000 Jahren. Während große Teile Europas mit Eis bedeckt waren, herrschte in dieser warmen Zone eine Regenzeit.

1.1 Sumerische und ägyptische Baukunst

Sumerische Baukunst 4500 bis 700 v. Chr. Am Zusammenfluss von Euphrat und Tigris, im so genannten Zweistromland, entstand 4500 v. Chr. die erste Stadt Ur. Weitere Städte wie Uruk, Babylon und Ninive folgten. Ihre Einwohnerzahlen betrugen zwischen 35 000 und 100 000. Stufenpyramiden, Tempel und Schatzhäuser bildeten den Mittelpunkt der Stadt. Bewässerungskanäle sorgten für ausgedehnte blühende Gärten. Zweigeschossige Wohnhäuser schlossen mit durchschnittlich 15 Räumen einen Innenhof ein. Als Baustoffe wurden Lehmziegel, gebrannte Ziegel und Palmenholz eingesetzt. Die Wände wurden verputzt und weiß getüncht. Während in Europa die Steinzeit zu Ende ging, hatten die Sumerer bereits das Rad, die Schrift und die Metallbearbeitungstechnik entwickelt sowie eine Zeiteinteilung eingeführt.

Ägyptische Baukunst 2800 bis 715 v. Chr. Der Städtebau war in Ägypten nicht so ausgeprägt wie bei den Sumerern. Dagegen überragt die Größe der Kultbauten am Nil bei weitem die der im Zweistromland. Riesige Tempel und Bestattungsanlagen zeugen noch heute vom Können der ägyptischen Baumeister. Die wichtigsten Werke sind die Pyramiden von Gizeh, sowie die Tempel von Theben, Luxor und Karnak.

90.1 Ordnungen der griechischen Steinsäulen

1.2 Griechische Baukunst 2000 v. Chr. bis 100 n. Chr.

Die kulturelle Entwicklung vollzog sich von Vorderasien nach Norden über die Insel Kreta bis zum Peloponnes (heute südliches Griechenland). Etwa im 17. Jahrhundert v. Chr. wurde auf Kreta der Palast von Knossos errichtet. Es war eine unbefestigte, Sorglosigkeit ausstrahlende Anlage mit den Ausmaßen 170-mal 156 Metern. Der Palast enthielt 400 Hallen und Zimmer, Badräume, Luftheizung und Klosetts mit Wasserspülung. Die Mauern und Decken waren mit Stuckreliefs verziert. Auf dem Peloponnes selbst entwickelten sich stark befestigte Königsburgen, die von dicken Zyklopenmauern umgeben waren. Doch bald wurden diese Bauwerke von den aus Norden einströmenden Doriern vernichtet. Sie übernahmen den vorhandenen Grundtyp des Megaro-Hauses. Dieses Haus wurde Vorbild für die zahlreichen griechischen und später auch römischen Tempel. Die ursprünglichen hölzernen Stützen wurden durch Steinsäulen ersetzt. Wir unterscheiden drei verschiedene Ordnungen (Bild 90.1):

Die dorische Säule. Sie ist die älteste. Das Verhältnis der Säulenzahl, Giebel- zur Längsseite des Tempels, beträgt etwa 6 zu 16. Die massigen, mit 18 flachen Kannelüren versehenen Säulen, haben eine Höhe von fünfmal den unteren Durchmesser und ruhen ohne Basis auf einem dreistufigen Unterbau. Sie verjüngen sich nach oben um ein Viertel des unteren Durchmessers. Der Übergang zum Architrav (horizontaler Träger aus Naturstein) bildet ein wulstförmiges Kapitell, das mit einer quadratischen Platte abgedeckt ist.

Die ionische Säule. Sie erscheint mit einer Höhe von neunmal dem unteren Durchmesser wesentlich eleganter. Durch die geradlinige Verjüngung von ein Sechstel ihres unteren Durchmessers wird dies noch verstärkt. 24 tiefe Kannelüren geben ihr ein Aussehen von besonderer Leichtigkeit. Das Kapitell wurde als Volutenpolster ausgebildet, das unten in der Mitte leicht eingesenkt ist.

Die korinthische Säule. Sie unterscheidet sich von der ionischen nur durch ihr Kapitell. Dieses ist in zwei Etagen rund herum mit 16 Arkanthusblättern verziert und erhält somit ein allseitig gleiches Aussehen. Die Römer kopierten später dieses Kapitell besonders häufig.

Die vollkommenen Formen und Proportionen der griechischen Bauten mit ihren Säulen, Kapitellen, Giebeln und Treppen waren Vorbilder für alle nachfolgenden Baustile. Besonders in den Epochen der Renaissance, des Barock und des Klassizismus wurde von den antiken Stilelementen reger Gebrauch gemacht.

1.3 Römische Baukunst 700 v. Chr. bis 325 n. Chr.

Das erste Fachbuch mit dem Titel „Baukunst" wurde von Vitruv, der Caesar und später Augustus diente, 30 v. Chr. geschrieben. Es besteht aus zehn Schriftrollen und ist gegliedert in die Themen Architektur, Ingenieurbau und Maschinenbau. Der Teil Architektur enthält folgende Abschnitte:
Anforderungen an den Baukünstler, Darstellung von Bauzeichnungen, Baubiologie, Baustoffe, Baukonstruktion, Städtebau sowie Entwurf von Tempeln, Bädern, Theatern und Arenen.
Die Römer übernehmen einen großen Teil der griechischen Bauelemente. Dazu gehörten unter anderem die Säulenordnungen. Der Bogen-, Gewölbe- und Kuppelbau wurde den Gesetzmäßigkeiten des Steinbaus entsprechend vervollkommnet. Die Flächen wurden aufwändig mit Ornamenten und Reliefs versehen. Ein wichtiges eigenes Stilelement der römischen Baukunst ist die Arkade. Den Römern gelang die Verbindung der Säule mit dem Rundbogen. Damit konnte man Gebäude mit hellen Räumen schaffen. Das Stilelement der griechischen Säule wurde dabei mit geringfügigen Abänderungen eingesetzt. Durch eine ausgeklügelte Steinschneidtechnik löste man den früheren etruskischen Doppelbogen durch einen Einzelbogen aus großen Steinquadern ab.
Aufgabe der Baukunst war es unter anderem, die römische Weltherrschaft zu repräsentieren. Es entwickelten sich daraus zwei Stilarten (Tab. 91.1).

Mitteleuropa. Die Römer breiteten ihr Imperium nach Norden bis zur Elbe aus und unterwarfen Germanen und Kelten. Die hier vorherrschende Holzbauweise wurde durch den hoch entwickelten Steinbau der Römer ersetzt. Die Städte Köln, Trier, Mainz und Augsburg entstanden in dieser Zeit. Zum Schutz der Besetzer wurden strategisch verteilte Kastelle errichtet.
Die häufigste Siedlungsform war die Gutsanlage (villae rusticae). Sie bestand aus mehreren Gebäuden, die im Geviert von 100 bis 200 m langen Mauern umgeben waren. Das Wohngebäude wurde so hoch gebaut, dass man nicht nur einen freien Blick auf den Hof, sondern auch über die Mauern hinweg auf das Acker- und Weideland hatte. Die geeignetste Lage für das Badehaus war wegen des Wasserzulaufs und Ablaufs die jeweils tiefste Stelle des Geländes. Für Ställe und Vorratshäuser wurde vorzugsweise ein Platz an der Mauer gewählt. Das Badegebäude, eine Selbstverständlichkeit zu jener Zeit, bestand, ähnlich wie die großen Thermen, aus mehreren Räumen: Aus- und Ankleideräume, Kaltwasserbad, Warmluftraum sowie Warmwasserbad. Manche Anlagen enthielten noch einen Schwitzraum, eine Wandelhalle, eine Toilette und Nebenräume. Die Badebecken, mit einer Tiefe von etwa einem Meter, hatten meist die Form eines Halbkreises. Mit einer Hypokaustenanlage (Bodenheizung) beheizten die Römer einen Teil der Wände, den Boden und die Becken (Bild 92.2).
Dem sehr starken Putz- und Estrichkalkmörtel wurde Ziegelgrus beigegeben, was die Erhärtung beschleunigte und durch den Gehalt an löslicher Kieselsäure zur höheren Festigkeit und Wasserbeständigkeit führte. Der Ziegelsplittbeton wurde in mehreren Schichten eingebracht und durch Stampfen verdichtet.

Stil	ratonal-funktioneller Massenstil	repräsentativer Dekorationsstil
Zweck	einfache, stabile Zweckbauten, im Vordergrund steht der Nutzen	Prachtbauten zu Repräsentationszwecken, im Mittelpunkt steht die architektonische Wirkung
Merkmale	Elemente des Mauerwerkbaus: Pfeiler, Mauervorlagen, Bögen und Bogenblenden, Strebe- und Entlastungsbögen	Blendarchitektur, Elemente der klassischen Säulenordnungen, Säulen, Halbsäulen, Gesimse, Ziergiebel, Marmorplatten, Mosaik
Beispiele	Brücken, Aquädukte, Thermen	Triumph- und Ehrenbögen, Tempel, Theater

91.1 Stilrichtungen der römischen Baukunst

91.2 Römisches Aquädukt – Pont du Gard

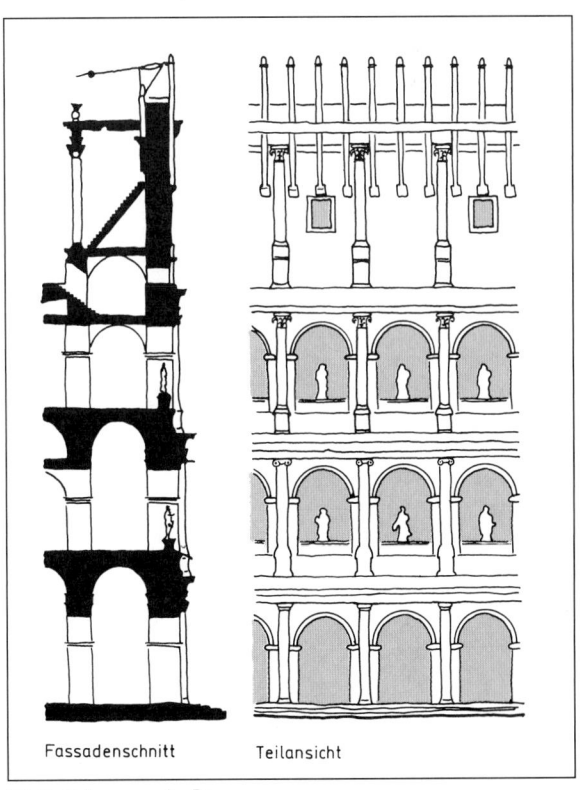

91.3 Kolosseum in Rom

Baugeschichte

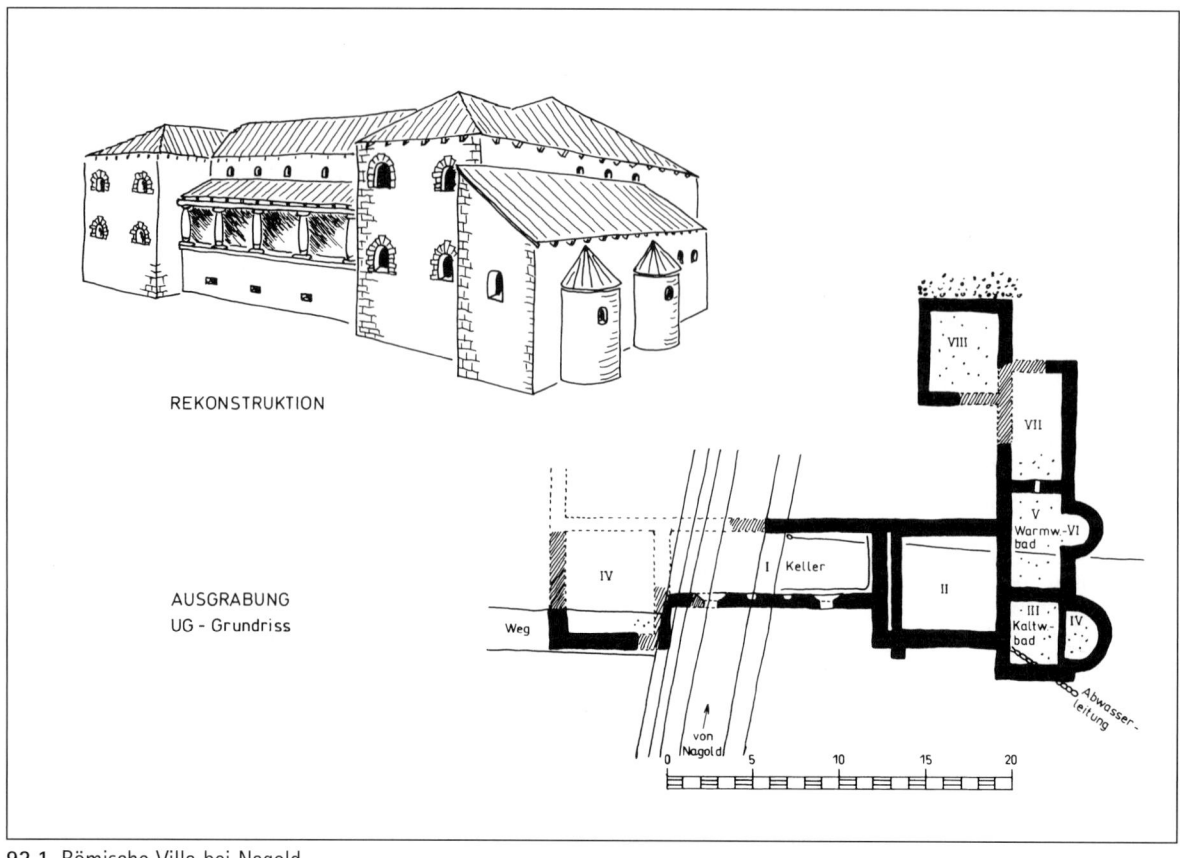

REKONSTRUKTION

AUSGRABUNG
UG - Grundriss

VIII, VII, V Warmw.-VI bad, III Kaltw.bad, IV, I Keller, II, IV, Weg, von Nagold, Abwasserleitung

0 5 10 15 20

92.1 Römische Villa bei Nagold

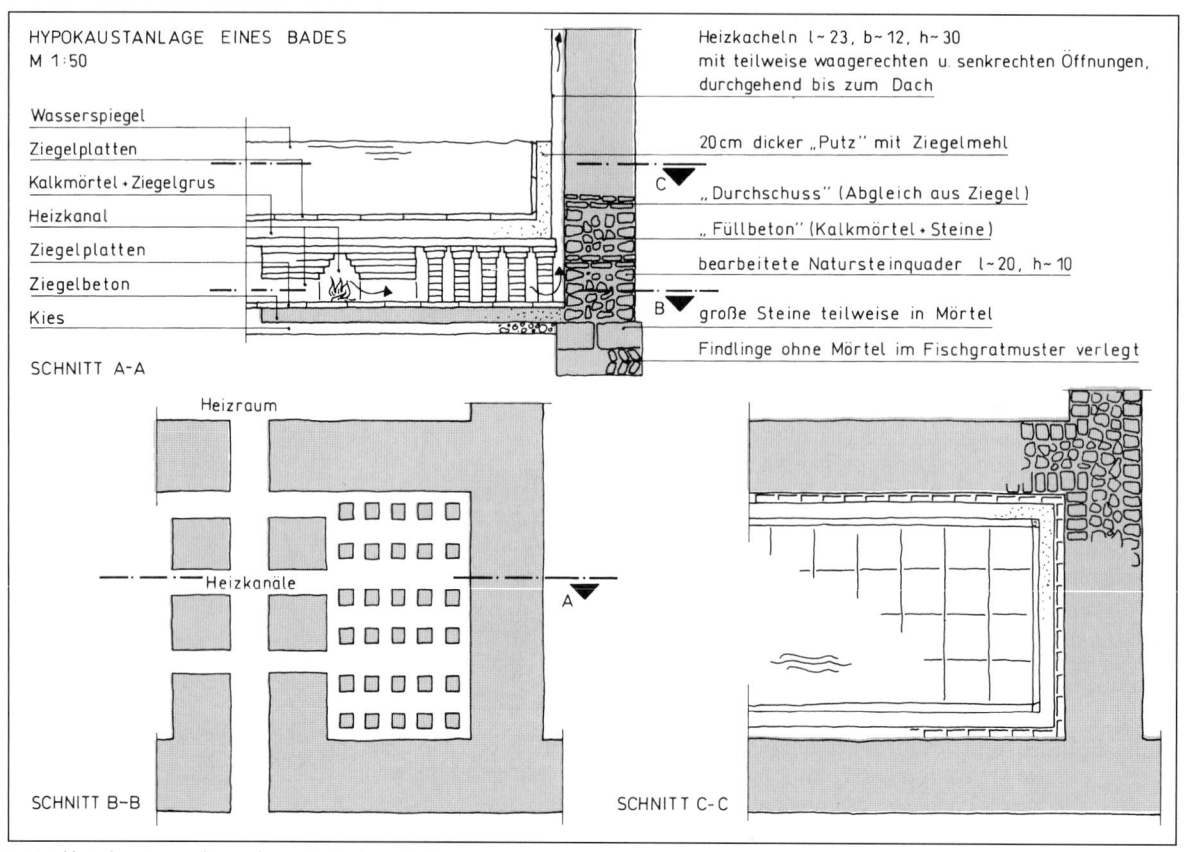

HYPOKAUSTANLAGE EINES BADES
M 1:50

- Wasserspiegel
- Ziegelplatten
- Kalkmörtel + Ziegelgrus
- Heizkanal
- Ziegelplatten
- Ziegelbeton
- Kies

SCHNITT A-A

- Heizkacheln l~23, b~12, h~30 mit teilweise waagerechten u. senkrechten Öffnungen, durchgehend bis zum Dach
- 20 cm dicker „Putz" mit Ziegelmehl
- „Durchschuss" (Abgleich aus Ziegel)
- „Füllbeton" (Kalkmörtel + Steine)
- bearbeitete Natursteinquader l~20, h~10
- große Steine teilweise in Mörtel
- Findlinge ohne Mörtel im Fischgratmuster verlegt

Heizraum

Heizkanäle

SCHNITT B-B   SCHNITT C-C

92.2 Hypokaustenanlage eines römischen Bades

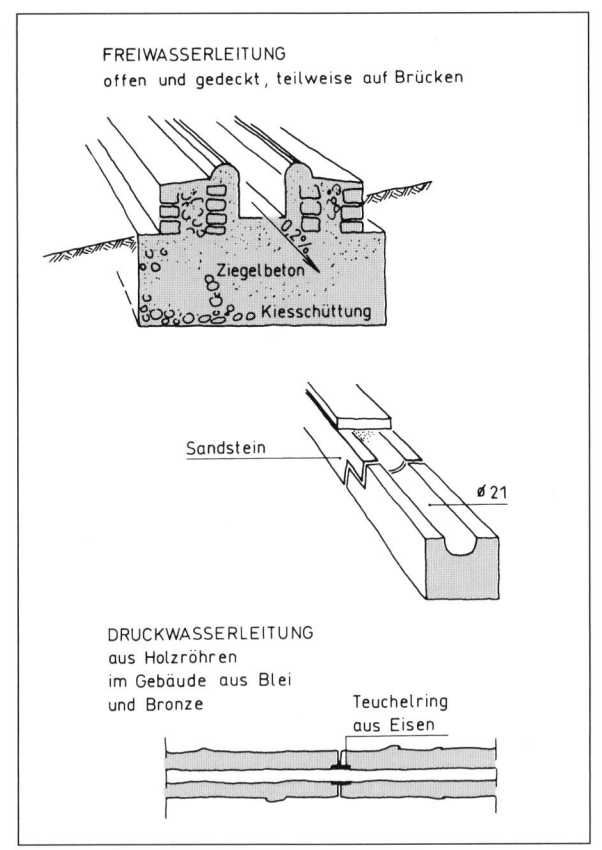

Baugeschichte

93.1 Römische Wasserleitung

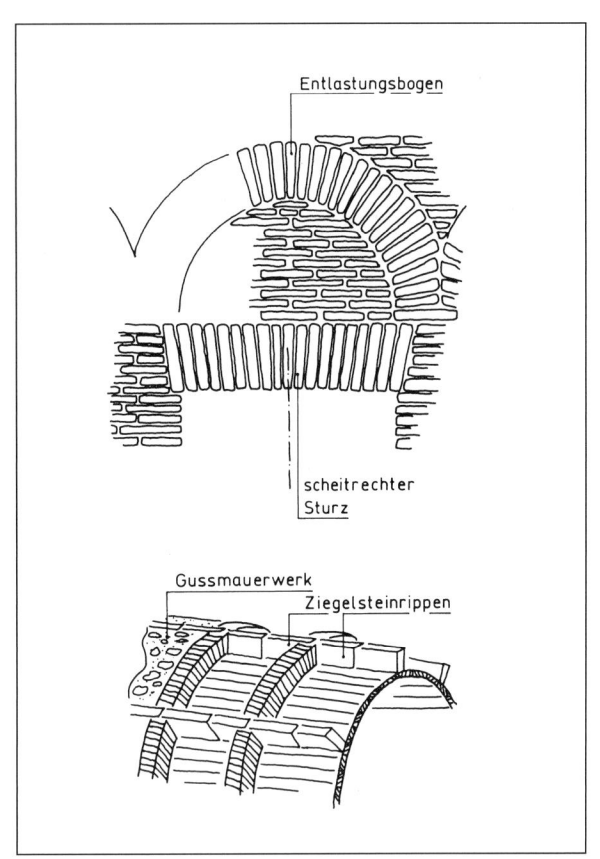

93.2 Römisches Gewölbe

Das Wohngebäude hatte häufig Ausmaße von bis zu 30 m · 30 m. In Einzelfällen, wie z. B. bei der Bad Kreuznacher Peristylvilla, wurde eine bebaute Fläche von 5700 m² erreicht. Die Bauten waren zwei bis drei Geschosse hoch und umschlossen einen nicht überdachten Innenhof. Die Hauptfassade hatte einen von Säulen getragenen Vorbau. Einige Räume waren mit Mosaikboden und Wandmalereien geschmückt und mit einer Hypokaustenheizung ausgestattet. Die Nebengebäude erstellte man entweder in Fachwerkbauweise, mit Lehm ausgefacht, und gemauertem Untergeschoss oder in Blockhausbauweise. Zur Versorgung mit Trinkwasser wurden drei bis 20 m tiefe Brunnen gegraben und durch Bohlen oder Mauerwerk gegen Erddruck ausgesteift. Der Transport des Wassers erfolgte über Druckleitungen aus Holz oder gemauerte Rinnen als Freileitungen.

Zurzeit der **Völkerwanderung** zerfiel das römische Reich. Der östliche Teil erfuhr unter Konstantin dem Großen um 300 n. Chr. nochmals eine Blütezeit. Byzanz wurde zur Hauptstadt ernannt und erhielt den Namen Konstantinopel, heute Istanbul. Im westlichen Teil des ehemaligen römischen Reiches übernahmen die frühchristlichen Baumeister den Langbau der spätantiken Basilika. Im Ostteil wurde der Kuppelbau zum Hauptstilelement des byzantinischen Sakralbaus. In der byzantinischen Baukunst entwickelte sich später aus dem Langhausbau und dem Kuppelbau die Kuppelbasilika. Dieser Gebäudetyp hielt sich im slawischen und griechischen Bereich besonders lange. Die Hagia Sophia (ehemals christliche Kirche) in Istanbul ist der bedeutendste Kuppelbau (Bild 93.3).

93.3 Hagia Sophia in Istanbul

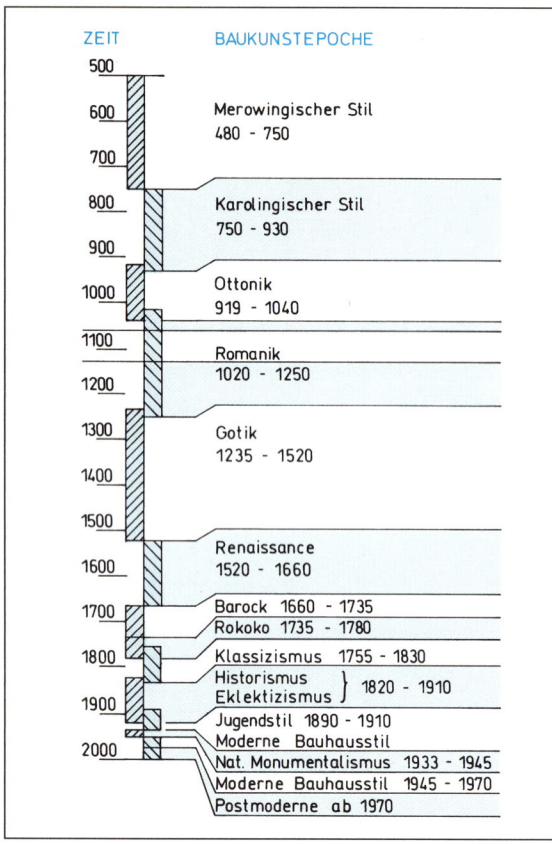

2 Baukunst im Mittelalter

Anstöße zu neuen Stilen in der Baukunst, die Zeugnisse des geistigen, künstlerischen, technischen und handwerklichen Schaffens sind, gingen aus verschiedenen Regionen Europas hervor. Diese entwickelten sich in den verschiedenen Ländern in Teilbereichen zu eigenen Raumordnungen und Verzierungen mit Stilelementen.

So unterscheiden sich gotische Sakralbauwerke aus Frankreich (Notre Dame zu Paris), Spanien (Dom zu Leon), Italien (Dom zu Siena) und Deutschland (Münster zu Ulm). In den folgenden Abschnitten beschränkt sich die Erörterung der Baukunst auf die Region Mitteleuropas. Die Zeiträume einer Baukunstepoche lassen sich nicht auf das Jahr genau festlegen und sind auch regional unterschiedlich. Die einzelnen Epochen überlappen sich teilweise um viele Jahre (Bild 94.1).

Um die Stilrichtung eines Bauwerks zu bestimmen und sie zeitlich richtig einzuordnen, sind mehrere Merkmale zu beachten. Häufig sind Bauwerke in verschiedenen Epochen erweitert worden, sodass an einem Bauwerk mehrere Stilelemente aus verschiedenen Zeiträumen zu erkennen sind. Daran lässt sich der Lebenslauf eines Gebäudes ablesen. Stilreine Baudenkmäler kommen selten vor. Während der Zeit des Historismus und Eklektizismus (1840 bis 1910) wurden Baustile und Stilelemente täuschend echt kopiert. Erst beim näheren und genaueren Hinsehen entpuppt sich an den Handwerkstechniken, z. B. die Verwendung von Beton, die rein romanische Kirche als neuromanisches Bauwerk des 19. Jahrhunderts.

94.1 Baustile ab 500 n. Chr.

ZEIT	BAUKUNSTEPOCHE
500–750	Merowingischer Stil 480 – 750
750–930	Karolingischer Stil 750 – 930
919–1040	Ottonik 919 – 1040
1020–1250	Romanik 1020 – 1250
1235–1520	Gotik 1235 – 1520
1520–1660	Renaissance 1520 – 1660
1660–1735	Barock 1660 – 1735
1735–1780	Rokoko 1735 – 1780
1755–1830	Klassizismus 1755 – 1830
1820–1910	Historismus Eklektizismus 1820 – 1910
1890–1910	Jugendstil 1890 – 1910
	Moderne Bauhausstil
1933–1945	Nat. Monumentalismus 1933 – 1945
1945–1970	Moderne Bauhausstil 1945 – 1970
ab 1970	Postmoderne ab 1970

94.2 Notre Dame – Paris – Gotik

94.3 Ulmer Münster – Gotik

Baugeschichte 95

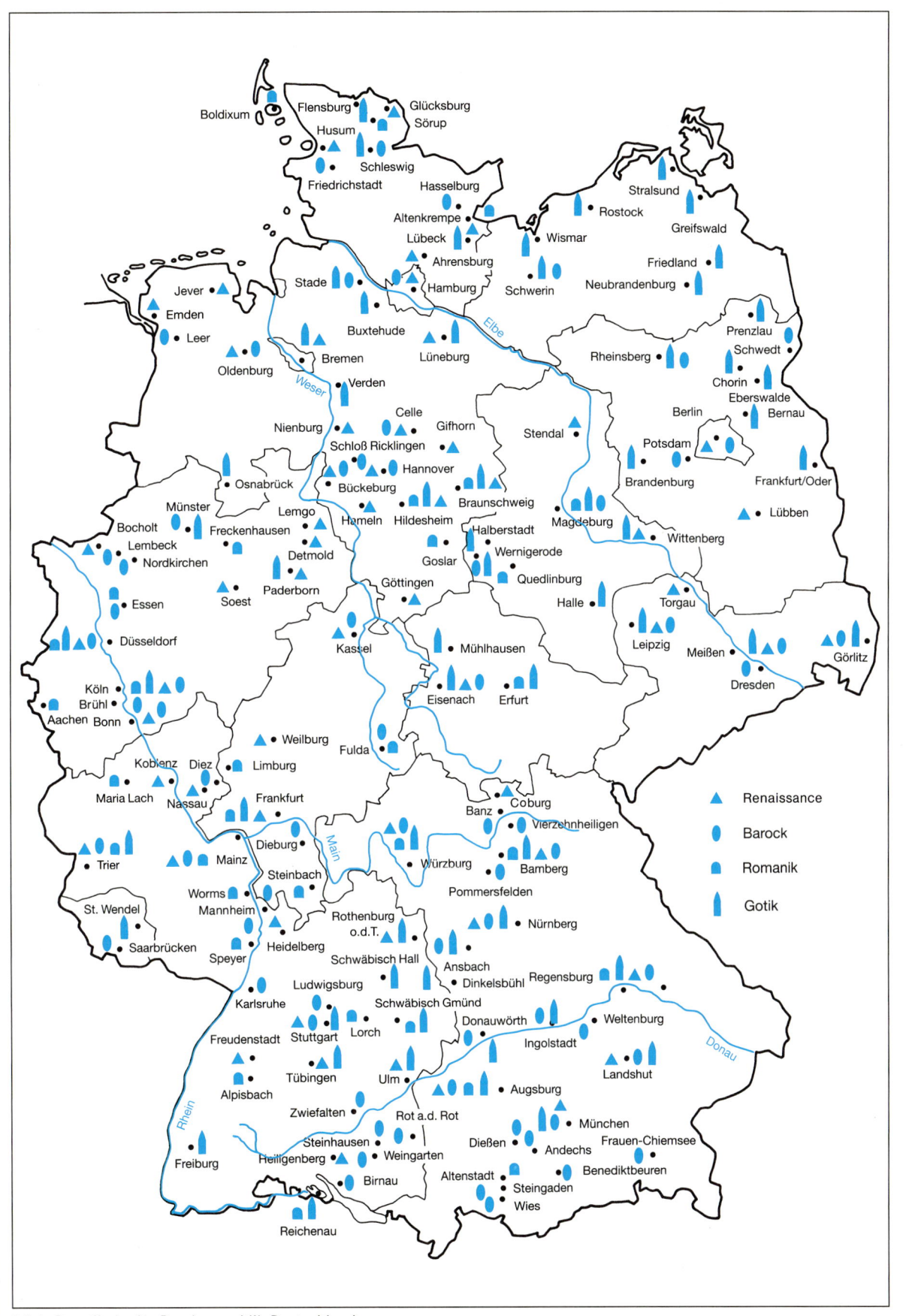

95.1 Baustile in der Bundesrepublik Deutschland

Legend:
▲ Renaissance
⬭ Barock
⌂ Romanik
⬗ Gotik

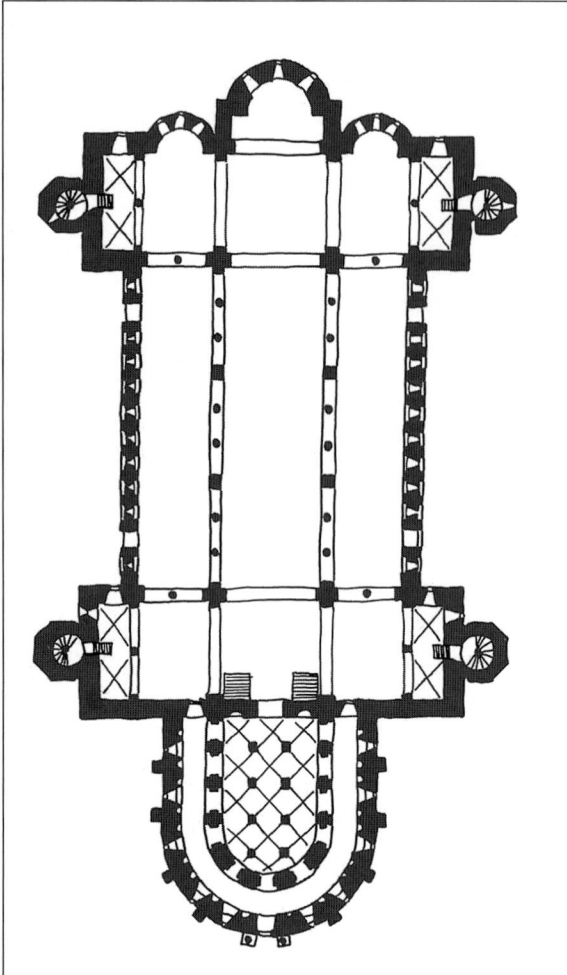

2.1 Romanik – 1020 bis 1250

Nach dem Zerfall des Weströmischen Reiches (476) vereinigte Karl der Große Mittel- und Westeuropa zum Frankenreich. Nach seinem Tode löste sich das Reich wegen Familienzwistigkeiten und kriegerischen Auseinandersetzungen mit osteuropäischen Völkern auf. Den Baustil dieser Epoche (750 bis 930) nennt man Karolingische Baukunst. Otto dem Großen gelang es, den Ostteil des Frankenreiches zu behaupten und zu festigen. In dieser Zeit (915 bis 1040) entstand die Ottonische Baukunst (Bild 96.1). Danach bildete sich aus den karolingischen und ottonischen Stilen die Romanische Baukunst. Sie gliedert sich in die Frühromanik (1020 bis 1050), Hochromanik (1050 bis 1200) und Spätromanik (1200 bis 1250).

Das Zusammenwirken von antiker Überlieferung, Germanentum und christlichem Geist ergab die neue abendländische Kultur. Als deren Zentren entstanden die Klöster. Sie beherbergten Schulen unter anderem für Baukunst und Malerei.

Sakralbaukunst. In Deutschland entdeckte man erneut den Mauerwerksbau. Die Kirchen wurden nach dem Muster der römischen Markt- und Gerichtshalle (Basilika) erbaut. Es sind meist dreischiffige Langhausbauten, die in Ost-West-Richtung ausgerichtet wurden. Der Ostteil der Kirche beherbergt den Altar, das Westwerk im Westen sollte das Gotteshaus gegen die Dämonen abschirmen. Man erkennt auch hier den Einfluss des germanischen Glaubens, der besagte, dass gute Geister das lebensnotwendige Licht im Osten aufgehen ließen, während im Westen, in der Finsternis, das Reich der Dämonen lag.

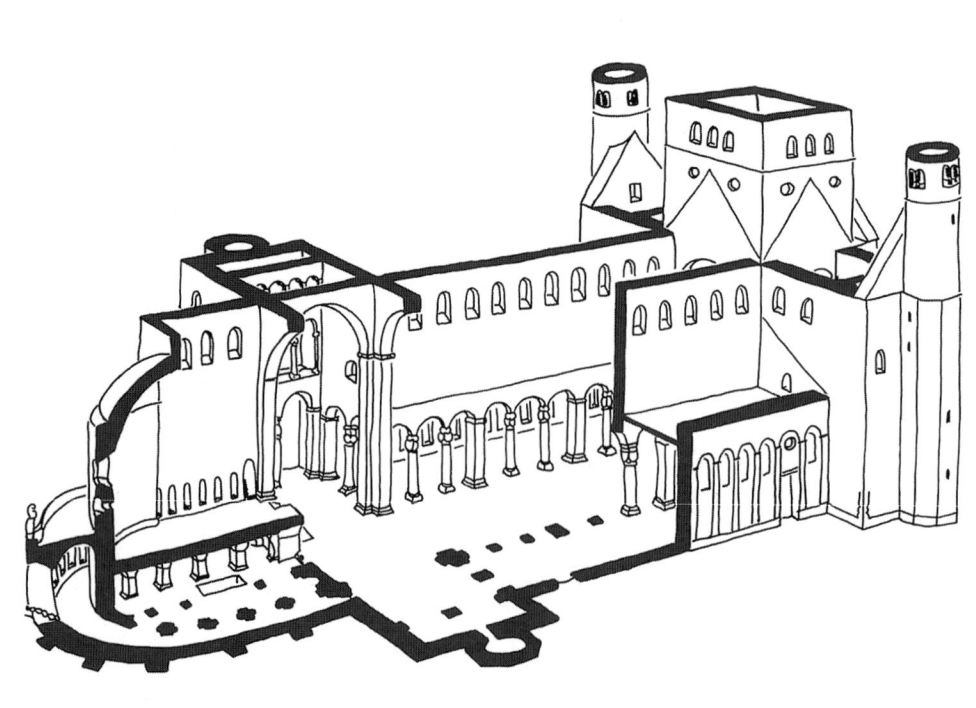

96.1 Dom St. Michael in Hildesheim – Romanik – Grundriss und Halbschnitt

Baugeschichte

Im Grundriss bildet das Quadrat, auch Joch genannt, die Grundfigur. Da durch das Kreuzgewölbe von diesem System nicht abgewichen werden konnte, spricht man von einem gebundenen System. Die Gewölbe selbst stützen sich auf Pfeiler und Säulen. Die Fenster sind klein und schmal und werden mit Rundbögen überbrückt. Die drei Schiffe kreuzt ein Querschiff. Der Bereich, an dem sich Hauptschiff und Querschiff überdecken, nennt man Vierung. Sie krönt ein gedrungener Vielecksturm mit zahlreichen Fenstern, die das Innere der Kirche stärker aufhellen. Unter dem erhöhten Chor und der Apsis liegt eine Unterkirche, die Krypta. Sie enthält die Gräber von Kaisern, Königen und Heiligen. Diese Krypta wirkt düster und geheimnisvoll.

Noch in der **Frühromanik** bestanden die Decken aus Holzbalken mit eingeschobenen Dielen. Erst später setzte sich wegen der Brandgefahr das Kreuzgewölbe durch. Auch die Wände veränderten sich während der Romanik. Zunächst herrschten glatte Flächen vor. Sie wurden mit farbenfreudigen Fresken bemalt. In der **Hochromanik** bekamen die Wände dann eine reiche Gliederung durch Wandvorlagen (Dienste) und Halbsäulen (Pilaster). Die abgetreppten Gewände (seitliche Umgrenzungen) der Portale überspannen Rundbogen (Archivolten). Jeder einzelne Rundbogen wird wieder von Säulen getragen. Der verbleibende Freiraum ist reich verziert. Da die Glasherstellung zur damaligen Zeit noch sehr schwierig war, gab es selten Glasfenster. Einige sind im Dom zu Augsburg und im Münster zu Straßburg erhalten geblieben.

Aufgabe: Skizzieren Sie freihändig die räumliche Aufteilung einer Basilika.

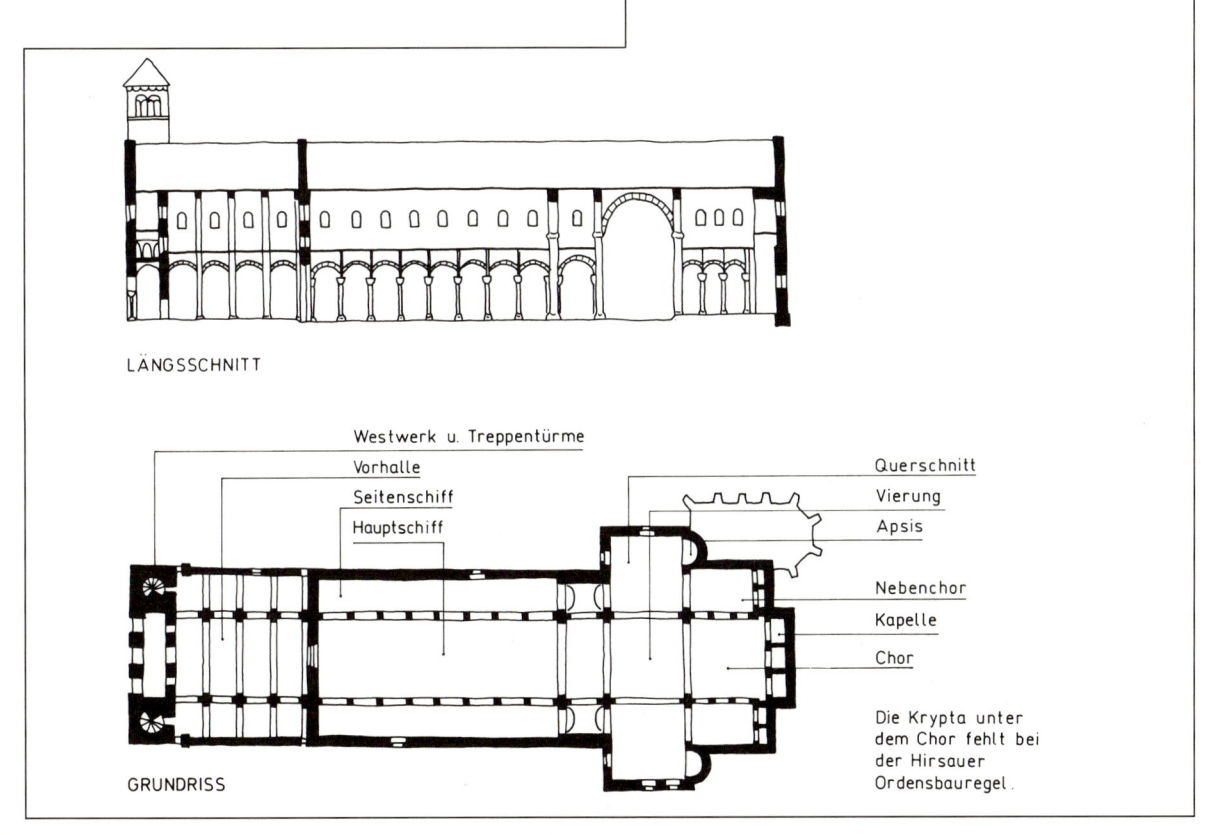

97.1 Klosterkirche in Hirsau – Romanik – Grundriss, Schnitt und Ansicht

Baugeschichte

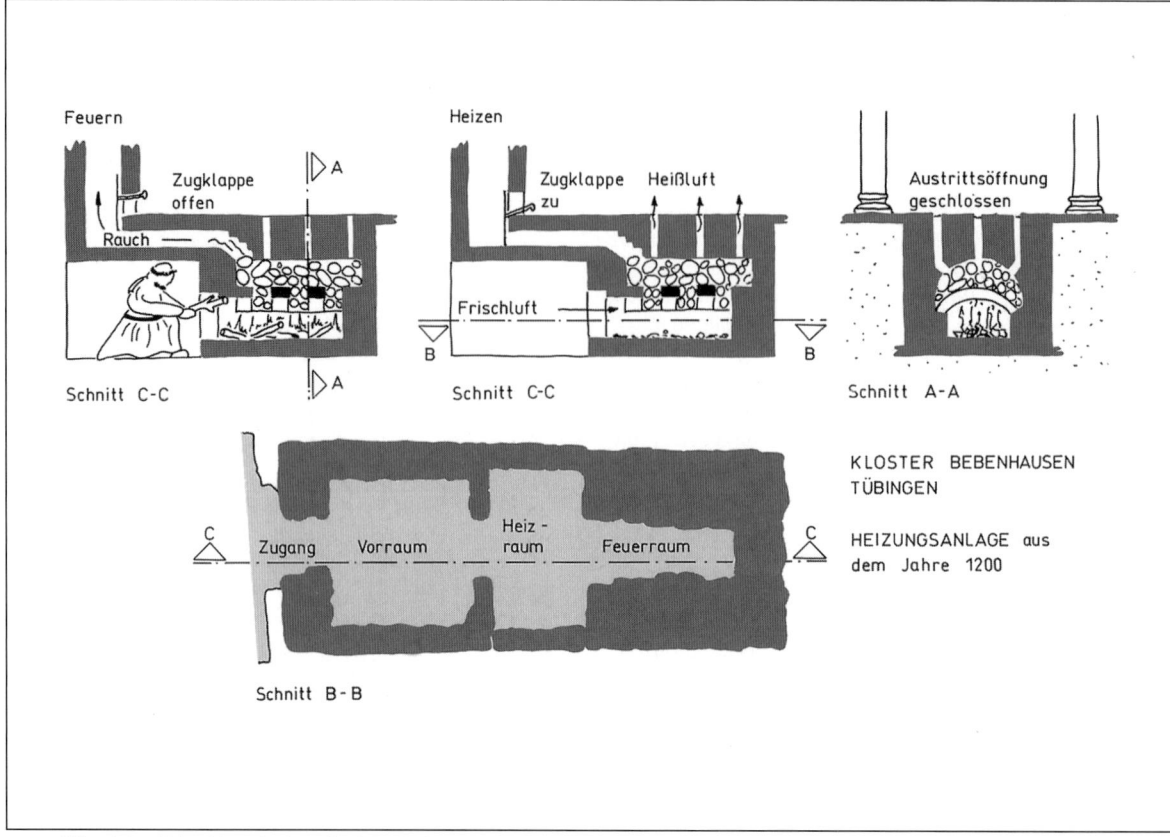

98.1 Mittelalterliche Unterboden-Speicherheizung

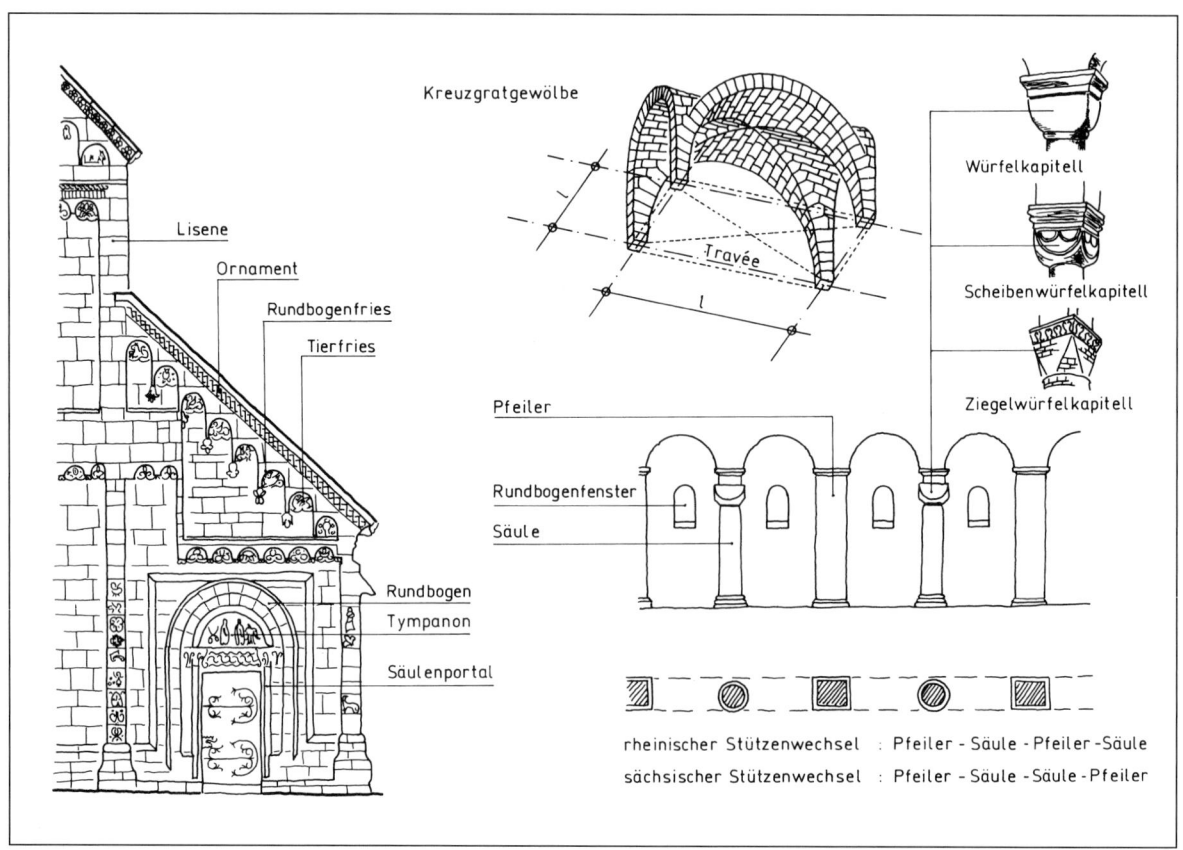

KLOSTER BEBENHAUSEN TÜBINGEN

HEIZUNGSANLAGE aus dem Jahre 1200

98.2 Stilelemente der Romanik

rheinischer Stützenwechsel : Pfeiler - Säule - Pfeiler - Säule
sächsischer Stützenwechsel : Pfeiler - Säule - Säule - Pfeiler

Baugeschichte

2.2 Gotik – 1235 bis 1520

Kaiser Friedrich II. hielt sich überwiegend in Sizilien auf. Um die innenpolitischen Schwierigkeiten in Deutschland beizulegen, musste er den deutschen Fürsten mehr und mehr Zugeständnisse machen. Sie erhielten das Münzrecht, erstellten eine eigene Wehr und erhoben eigene Landeszölle. Die Zersplitterung erreichte ihren Höhepunkt. Die Erfindung des Schießpulvers führte zum Niedergang des Rittertums. Dagegen entwickelten sich das Handwerk und der Handel. Die enormen Bauleistungen der Gotik entstanden aus einem tiefreligiösen Geist. Überall demütigten sich die Menschen und taten Buße, indem sie spendeten oder Fronarbeit leisteten. Im Zeitraum der Spätgotik setzten die Entdeckungen neuer Länder auf dem Seeweg ein. Christoph Columbus erreichte 1492/93 Amerika.

Der Begriff „Gotik" wurde erst im 16. Jahrhundert geprägt. Er war abwertend und bedeutete „barbarisch". Erst in der Romantik, im 19. Jahrhundert, wurde der Wert des gotischen Baustils erkannt. Das führte vielfach zur Vollendung der unterbrochenen Arbeiten an unseren Kirchenbauten. Der Ursprung der Gotik lag in Nordfrankreich.

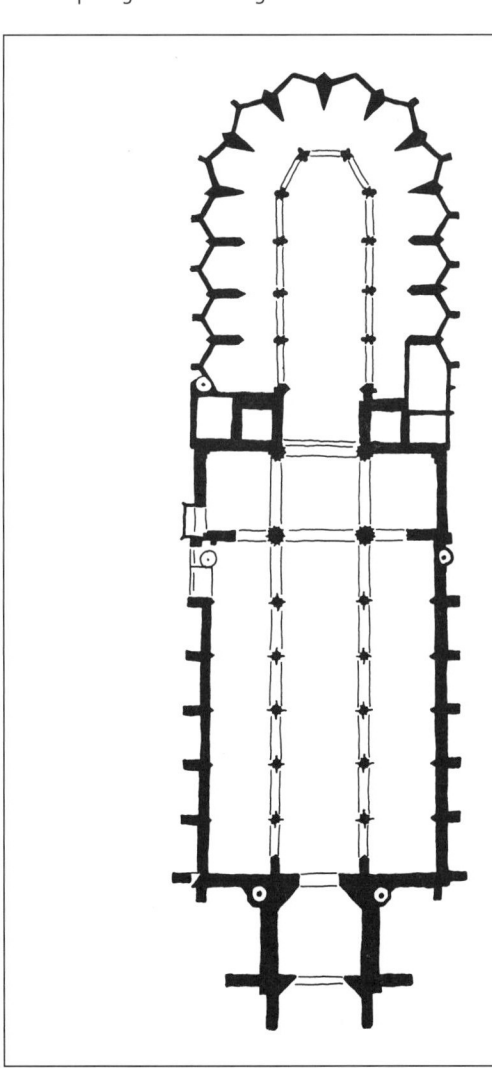

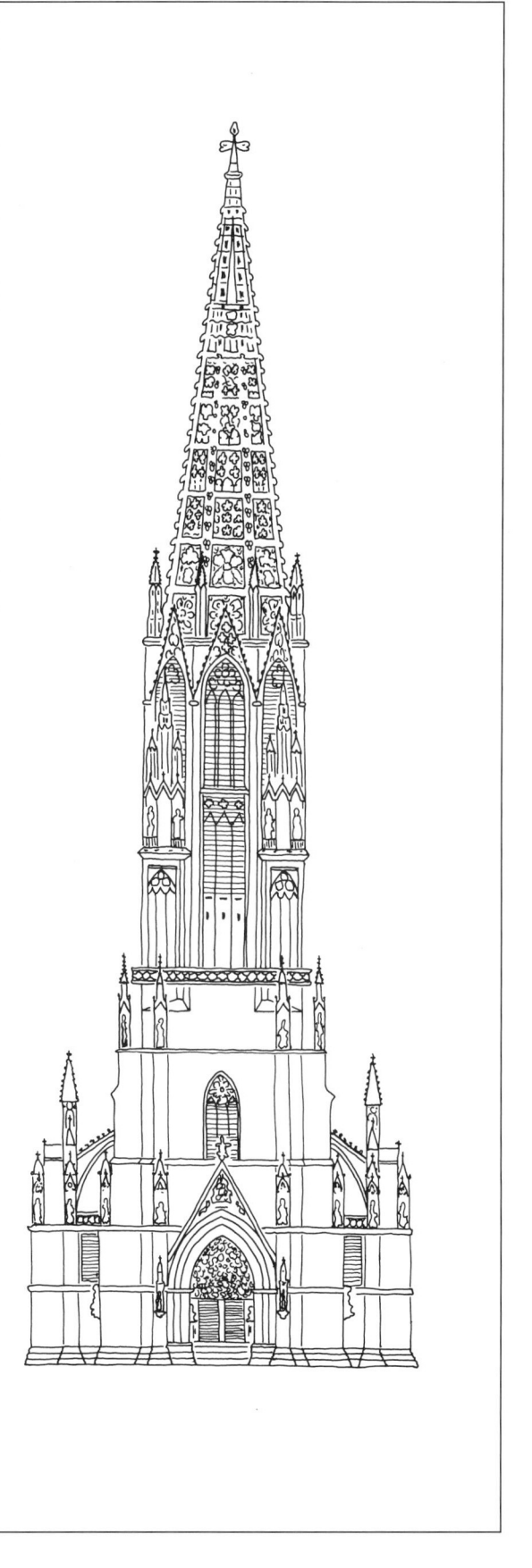

99.1 Freiburger Münster – Gotik – Grundriss und Ansicht

Baugeschichte

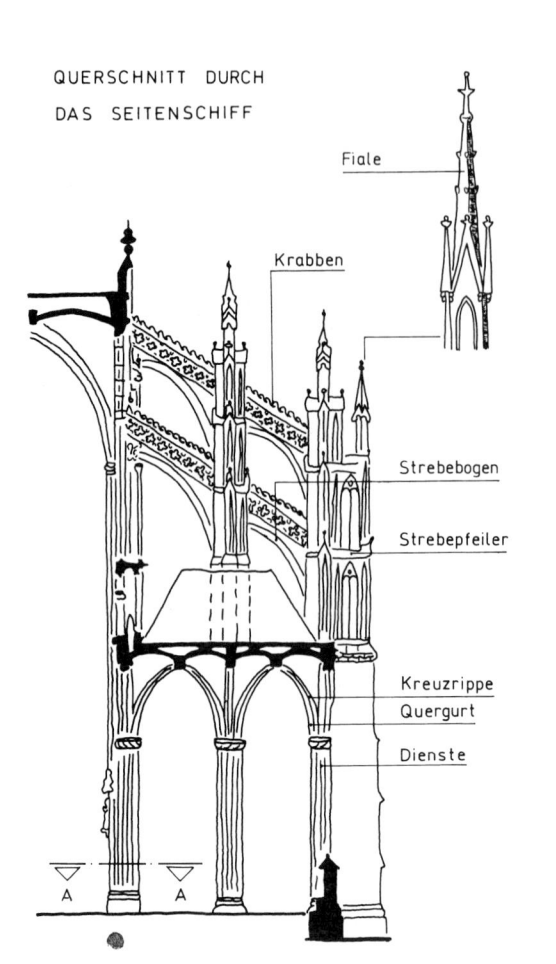

Sakralbaukunst. Die gotischen Kirchen wurden von einem Werkstattverbund, der „Bauhütte", errichtet. Es war eine Gemeinschaft hochgeschulter Kräfte. Sie bewahrten, im Gegensatz zu den Zünften, ihre Freiheit und hatten ihre eigene Gerichtsbarkeit. Die technischen und künstlerischen Erfahrungen wurden als strenges Berufsgeheimnis gehütet. Kenntnisse über Festigkeitslehre gab es kaum, wohl aber hatte man ein Gefühl für Lasten und Dimensionen. Die gotischen Kirchen stellen ein gut durchdachtes Steingerüst von Rippen und Säulen dar. Durch die Überbrückung mit dem Stützbogen ist man nicht mehr auf das Quadrat angewiesen. Die Säulen gehen aus einem Säulenbündel in das Rippengewölbe über und wechseln nicht wie in der Romanik in Größe und Form. Sie können zwar den senkrechten Druck, jedoch nicht den Schub aus dem Gewölbedruck aufnehmen. Dieser Schub wird außen über die Seitenschiffe hinweg von den Strebepfeilern aufgenommen. Fialen, schlanke, spitze Türmchen, die als Bekrönung von Strebepfeilern dienen, wirken beschwerend und somit stabilisierend.

Der Grundriss setzt sich aus einem nach Osten ausgerichteten drei- oder fünfschiffigen Langhaus und einem meist dreischiffigen Querhaus zusammen. Der Chor ist nicht erhöht und birgt unter sich keine Krypta mehr. Häufig trennt mittelschiffwärts ein Lettner, ein kunstvoll aus Holz geschnitztes oder aus Eisen geschmiedetes Gitterwerk, den Klerus vom Volk. Im Innern sind die Hochschiffwände häufig dreigeteilt: unten die großen Arkaden, in der Mitte das Triforium, und darüber das Fenstergeschoss. Außen wurde die tragende Konstruktion mit einem gewaltigen Programm an steinernen Bildwerken, Fialen, Wimpergen

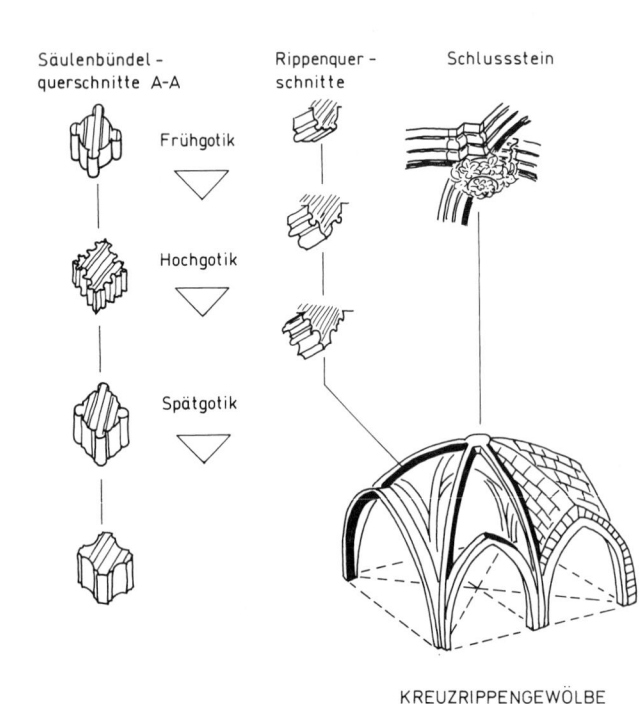

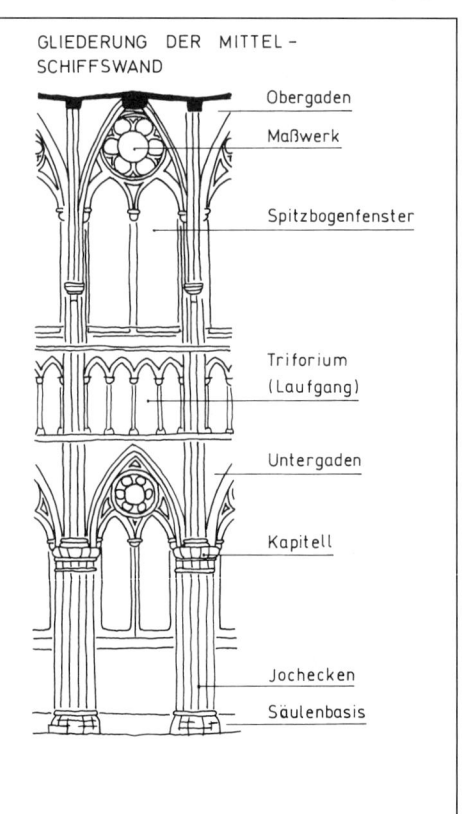

100.1 Stilelemente der Gotik

(gotischer Spitzgiebel) und Blendmaßwerken verziert. Teile davon sind blau, rot oder gelb hervorgehoben. Das Dach erhielt farbig glasierte Ziegel. Ursprünglich sollten die gotischen Kathedralen mehrere Türme zieren. Meist wurde davon nur einer und dieser in seiner Höhe unvollständig ausgeführt. Aus dem quadratischen Grundmaß wachsen sie zum Oktogon (Achteck), über das sich ein spitzer, filigraner Helm erhebt. In der Spätgotik entwickelte sich die basilikale Kathedrale zur gotischen Hallenkirche. Es fehlt das Querschiff und die Haupt- und Seitenschiffe sind gleich hoch. Eine weitere gotische Besonderheit in der deutschen Baugeschichte ist die Backsteingotik. Durch die Verwendung des nach dem Brennen kaum mehr bearbeitbaren Ziegelsteines, mussten die Baumeister weitgehend auf Schmuck verzichten. Das ergab große Wandflächen, sodass diese Bauten ruhiger und geschlossener wirken, als die Bauwerke, die aus Naturstein errichtet wurden.

Profanbaukunst. Durch die Entwicklung der Städte entstanden Stadttore, Rathäuser, Zunfthäuser und Kaufhallen. Ihre Merkmale sind steile Satteldächer. Die Staffelgiebelfassade wurde mit Fialen und Wimpergen geschmückt. Im holzreichen Süden wurden innen die Gebäude mit prächtig geschnitzten und profilierten Holzdecken und Holzwänden verkleidet. Dagegen wurden im Norden die Wände verputzt und bei wohlhabenden Leuten mit handgeknüpften Wandbildteppichen behängt. Die Menschen wohnten in dieser Zeit in Fachwerkbauten, die sich im Norden, in der Mitte und im Süden unterschiedlich entwickelten. So finden wir im Norden das niederdeutsche oder sächsische Fachwerk, in der Mitte das mitteldeutsche oder fränkisch-rheinische Fachwerk und im Süden Deutschlands das oberdeutsche oder alemannische Fachwerk. Aus der einfachen Ständerbauweise der Romanik entwickelte sich die Stockwerkbauweise. Für die Ausfachung des Fachwerks wurden senkrechte Holzstäbe, die Stakung, mit waagerechtem Weidengeflecht verarbeitet. Darauf kam ein Strohlehmbewurf. In Norddeutschland ersetzte man dieses Material bald durch Ziegel. Die Dachkonstruktion bestand damals häufig aus dem wirtschaftlichen Sparren- oder Kehlbalkendach. Die großen Spannweiten der Dächer wurden auch durch liegende Stühle von Pfettendachkonstruktionen erreicht.
Während der Gotik entstanden die ersten Sägemühlen und damit entwickelte sich der Beruf des Kistlers, später Schreiner oder Tischler genannt. Es wurden erstmals erwähnenswerte Möbel wie Tische, Sitzmöbel, Betten, Truhen und Schränke gefertigt. Sie zeichneten sich bereits durch eine reiche Verzierung mit Schnitzereien nach Stilmerkmalen der Architektur aus. Die Schlösser und Bänder der Türen und Tore wurden äußerst dekorativ nach Eichen- und Weinlaubmotiven geschmiedet.

Aufgabe 1: Aus welcher Geisteshaltung heraus waren die enormen Leistungen der gotischen Sakralbauten möglich?

Aufgabe 2: Vergleichen Sie das statische System einer romanischen Basilika mit dem eines gotischen Münsters!

Aufgabe 3: Vergleichen Sie die räumliche Aufteilung einer basilikalen Kathedrale mit der einer gotischen Hallenkirche.

sächsisches Fachwerk

fränkisch-rheinisches Fachwerk

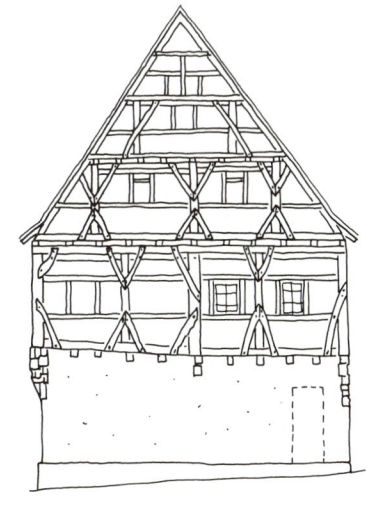

alemannisches Fachwerk

101.1 Verschiedene Fachwerke

102.1 Rathaus in Paderborn – Renaissance

3 Neuzeit

3.1 Renaissance – 1520 bis 1660

Die geografischen Entdeckungen und neue technische Entwicklungen führten zu einem Selbstbewusstsein des Bürgertums. Nicht mehr Gott war das Maß aller Dinge, sondern der Mensch. Luther schrieb von der Freiheit des Christenmenschen. Es wurde Kritik an den Fürsten, ja sogar an der Kirche geübt. Die Bauarbeiten an den halb fertigen Domen wurden fast überall gleichzeitig eingestellt. Statt dessen entstanden aufwändige Rat-, Zunft- und Wohnhausbauten. Durch die Siege in den Bauernkriegen erhielten die Fürsten einen Teil ihrer Macht zurück.

In Italien riss die Verbindung der Baukunst zur Antike nie ganz ab. Die Architekten nahmen zunächst die eigenen römischen Bauten zum Vorbild. Später wurden auch griechische und byzantinische Stilmerkmale hinzugefügt. Im Vergleich zu den antiken Bauten erkennt man heute, dass die Baumeister, die die Säulenordnungen, Giebel- und Ornamentformen, sowie die harmonische Baukörperzusammenstellung der Antike (Goldener Schnitt) nachahmten, dennoch auch eigene Vorstellungen von Raumbildung verwirklichten. Fast 100 Jahre später als in Italien hielt die Renaissance ihren Einzug in Deutschland. Während in Italien besonderer Wert auf Symmetrie, Gleichmaß und waagerechte Betonung der Fassadengliederung gelegt wurde, schmückte man in Deutschland zunächst spätgotische Bauformen mit antikem Zierrat. Dabei wurden die letzten leeren Flächen mit Ornamenten wie Triglyphen,

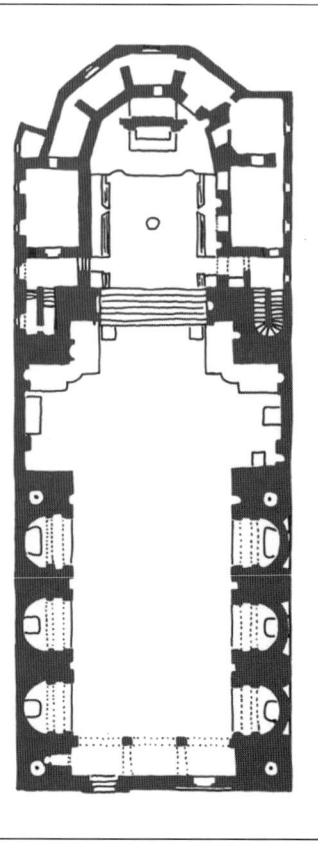

102.2 Jesuitenkirche St. Michael in München

Baugeschichte

Zahnschnitt, Eierstab, Kartusche mit Rollenwerk, Beschlagwerkdekor und Rankenwerk belegt. Die Giebel erhielten ein Schleifwerk aus Voluten, Obelisken und Kugeln.

Erst im 17. Jahrhundert setzten sich die reinen Proportionen der Renaissance durch. Eines der schönsten Beispiele dafür ist das Rathaus in Augsburg von Elias Holl. In Schlössern und Patrizierhäusern findet man eine aufwändige Raumausstattung. Der Boden besteht einerseits aus Stein- oder Ziegelfliesen, andererseits aus einem reich gemusterten Parkett verschiedenfarbiger Hölzer. Er spiegelt häufig das Muster der Decke wider. Die Wände haben eine aufwändige Holzvertäfelung. Im Erdgeschoss finden wir Gewölbe und in den oberen Geschossen zieren reich profilierte und teilweise bemalte Holzkassettendecken die Räume.

Aufgabe 1: Die Renaissance entwickelt sich in Mitteleuropa in zwei Abschnitten. An welchen Merkmalen in der Fassadengestaltung erkennen Sie den Früh- und Spätstil?

Aufgabe 2: Beschreiben Sie die Raumausstattung eines Profangebäudes der Renaissance!

Aufgabe 3: Suchen Sie anhand der Karte (Bild 95.1) in Ihrer näheren Umgebung Orte mit Gebäuden aus der Renaissance. Versuchen Sie, die Namen der Bauwerke zu ermitteln.

Aufgabe 4: Welche Stilmittel werden am Zeughaus in Augsburg (Bild 103.2) angewandt, um in der Fassadengestaltung die waagerechte Gliederung zu betonen?

103.1 Knochenhaueramtshaus in Hildesheim

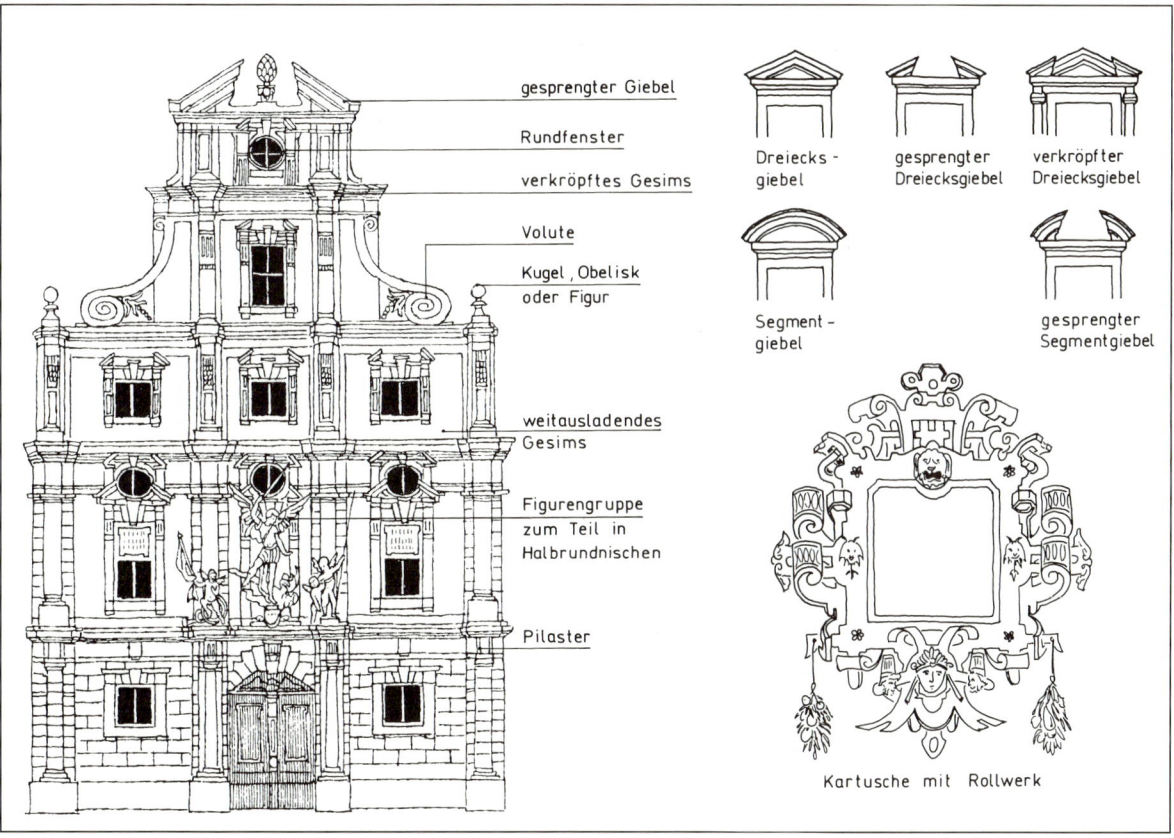

103.2 Zeughaus in Augsburg – Stilelemente der Renaissance

3.2 Barock – 1660 bis 1735

Von 1618 bis 1648 fand der Dreißigjährige Krieg statt, der zu großen Zerstörungen und sogar Verwüstungen führte. Die Macht der Städte und der Einfluss des Bürgertums gingen stark zurück. Dafür traten als Bauherren die Kirchenfürsten und der Hochadel auf. Das Repräsentationsbedürfnis der Herrscher ging so weit, dass viele in Geldschwierigkeiten gerieten. So wurde am Ende das Blattgold durch Bronze und der Marmor durch Marmorgips (Stucco lustro) ersetzt. Die Ideologie der Fürsten war: „Mehr scheinen als sein".

Mit dem Dreißigjährigen Krieg war in Deutschland sogar die eigene Bautradition vernichtet worden. In Norddeutschland wurden französische und holländische, und in Süddeutschland italienische Baumeister hinzugezogen. Somit wurden im Norden strenge und nüchterne, zum Klassizismus neigende Bauformen entwickelt. Dagegen trifft man im Süden auf bewegte und reich geschmückte Formen. Im Gegensatz zu dem um einen Innenhof geschlossenen Renaissanceschloss (Geschlossenes System) öffnet sich das Barockpalais in Form einer symmetrischen Dreiflügelanlage zur Stadt (Offenes System). Vorgelagert ist ein meist großer, geometrisch aufgeteilter Park. Vom Mittelteil gehen strahlenförmig angeordnete, schnurgerade Alleen aus.

Am Anfang werden Details aus der Renaissance unverändert übernommen. Erst im Hochbarock gelingt die Befreiung von der italienischen Überlieferung. Die Bauten zeichnen sich durch einen vielfältigen Formen- und Far-

104.1 Schloss Weißenstein in Pommersfelden

104.2 Schloss Weißenstein mit Barockgarten

Baugeschichte   105

benreichtum aus. Bezeichnend sind stark profilierende Fassaden, oft mit gekröpften Gesimsen und im Gegensatz zur Renaissance über mehrere Geschosse reichende Säulen, Halbsäulen und Pfeiler (Kolossalordnung). Die Gebäude sind konkav oder konvex geschwungen und überreich mit plastischem Schmuck wie Bandel- und Laubwerk versehen. Die Gebäudeecken wurden durch Risalite im Aussehen hervorgehoben. Ein weiteres neues Stilelement ist das Mansard- bzw. Knickdach.

Die Kirchtürme werden mit der Welschen- oder der Zwiebelhaube abgedeckt. Die Grundrisse der Kirchenbauten entwickelten sich von dem Langbau über den Zentralbau zur Vermischung von Lang- und Zentralbau. Im Innern werden die gleichen Gestaltungsmittel eingesetzt wie außen. Effektvoll wird das Licht durch die Fensteranordnung geführt. Durch perspektivische Decken- und Wandmalereien sowie durch überreichen Schmuck verlieren sich die Grenzen des Raumes, und die Decke scheint sich in das Unendliche des Himmels zu öffnen. Den gleichen Eindruck des Unendlichen schaffen die Spiegelfelder der Wände in den Schlössern. Die gewaltigen Treppenhäuser sind Prunkstücke, die häufig die Größe des Festsaales übersteigen.

Aufgabe 1: Wie unterscheidet sich der norddeutsche vom süddeutschen Bauwerksstil des Barocks? Welche Gründe führten dazu? Nennen Sie gemeinsame Stilelemente!

Aufgabe 2: Erläutern Sie den Begriff „Offenes System" bei den Schlossbauten des Barock!

105.1 Barockkirche in Schloss Ricklingen

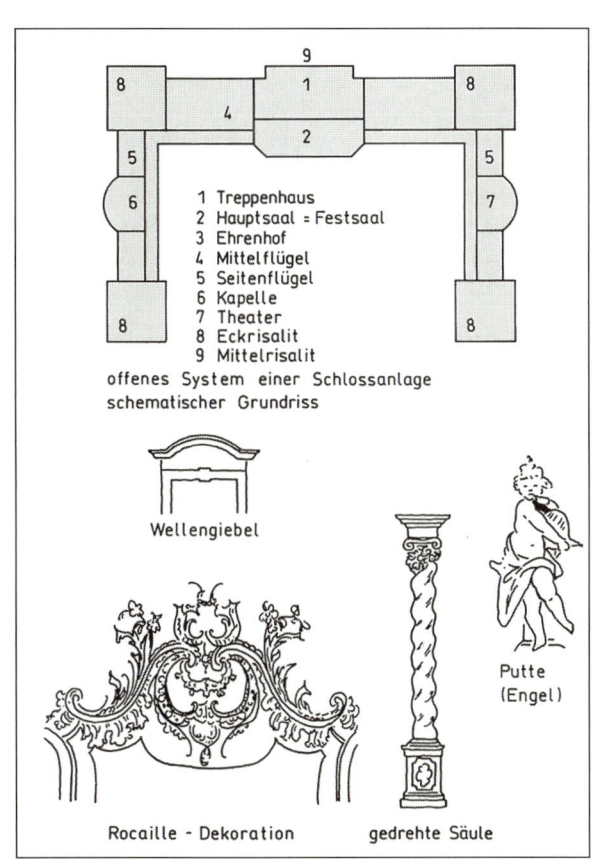

1 Treppenhaus
2 Hauptsaal = Festsaal
3 Ehrenhof
4 Mittelflügel
5 Seitenflügel
6 Kapelle
7 Theater
8 Eckrisalit
9 Mittelrisalit

offenes System einer Schlossanlage
schematischer Grundriss

Wellengiebel

Putte (Engel)

Rocaille - Dekoration   gedrehte Säule

105.3 Stilelemente des Barocks und Rokokos

105.2 Dresdener Zwinger – Kronentor

106.1 Berliner Schauspielhaus – Schinkel

106.2 Schloss Wörlitz – Erdmannsdorff

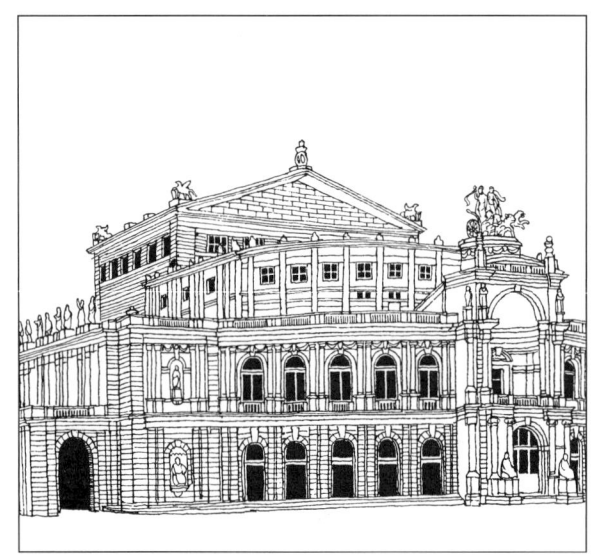

106.3 Oper in Dresden – G. Semper

4 Baukunst im späten 18. und 19. Jahrhundert

Klassizismus 1770 bis 1840. Mit der französischen Revolution brachen die Kulturträger, Kirche und Aristokratie, zusammen. Die Industrialisierung begann. Durch Ausgrabungen in Pompeji begeisterten sich die Bürger an den Bauten der Antike. Danach wurden Bauwerke hauptsächlich nach griechischem Vorbild geplant und gebaut. Die Epoche entnahm viele Stilmittel aus dem Bestand der griechisch-römischen Antike. Die Räume sind streng geometrisch angeordnet. Die Hauptfassade ist entweder eine vorgelagerte Säulenreihe, gestaltet nach einer der drei griechischen Säulenordnungen, oder sie hat einen Säulenvorbau am Eingangsportal. Darauf lastet jeweils ein flacher Dreiecksgiebel. Anfangs wurde dieser mit keinem, später nur mit spärlichem Skulpturenschmuck versehen. Die Wände sind durch Pilaster (Wandpfeiler) oder Lisenen (Mauerstreifen) gegliedert. Sparsam wurden dekorative Elemente wie Perl- und Eierstab sowie Zahnschnitt, Mäander und Palmettenfries eingesetzt. Beispiele dieser Baukunst sind: Neue Wache und Brandenburger Tor in Berlin, Residenzpalais in Kassel, Glyptothek und alte Pinakothek in München. In jeder deutschen Großstadt sind eine Vielzahl klassizistischer Bauten zu finden.

Historismus und Eklektizismus 1840 bis 1910. Nach der Epoche des Klassizismus, die ihre Architekturideen aus der griechischen Antike bezog, breitet sich eine stilreine Nachahmung von Romanik, Gotik oder Renaissance an einem Gebäude aus. Es entstehen neuromanische Justizpaläste, neugotische Rathäuser und Kirchen, sowie Verwaltungsgebäude und Opernhäuser in Neurenaissance und Neubarock. Einige sprechen von perfekten Stilfälschungen. In dieser Zeit werden auch die unvollendeten gotischen Bauwerke fertig gestellt. Zwei dieser nachträglich vollendeten Bauwerke sind der Dom zu Köln und das Münster in Ulm. Später werden an einem Bauwerk mehrere Baustile gemischt eingesetzt. Diese Epoche wird Eklektizismus genannt.

Jugendstil 1890 bis 1910. Gegen die Tendenzen des Historismus und des Eklektizismus wandte sich die von der jungen Generation ausgelöste Stilrichtung des Jugendstils. Es war ein Versuch, einen neuen Stil zu entwickeln, indem man sich an den organischen Formen der Natur orientierte. Benannt wurde diese Epoche nach der Zeitschrift „Jugend". Zwischen Gebäude, Einrichtung und Gebrauchsgegenstand wurde eine kunstlerische Einheit angestrebt. Das Ziel war außerdem, eine materialgerechte Konstruktion mit natürlichen Werkstoffen der beginnenden maschinellen Massenproduktion entgegenzusetzen.

Ein Merkmal des Jugendstils ist die unkonventionelle Anordnung von meist hellen Räumen. Linien und Formen sind leicht wellig nach dem Vorbild von Pflanzen geführt. Als Dekor wurden stilisierte Abbildungen von Schwänen, Kranichen, Wasserpflanzen, Lilien, Magnolien, Flammen und wehendem Haar verwandt. Dem Jugendstil gelang es nicht, die aufkommende neue Bautechnik zu rationalem und funktionalem Bauen zu nutzen und einen Bruch mit der Tradition zu vollziehen.

5 Baukunst im 20. Jahrhundert

Parallel zurzeit des Historismus bzw. Eklektizismus beginnt die erste Phase der Moderne. Durch die industrielle Revolution wurden nach dem Verwendungszweck neuartige Bauten erforderlich. Weit gespannte Fabrikhallen, verkehrstechnische Anlagen wie Brücken, Gleisanlagen, Bahnhöfe sowie Gas- und Wasserversorgungsanlagen wurden benötigt. Die Bevölkerung zog es mehr und mehr in die Stadt, weil sie dort, in den neu entstandenen Fabriken, das Einkommen für den Lebensunterhalt gesichert sah. Der Bedarf an Wohnraum stieg rapide. Drei- bis fünfgeschossige Massenwohnungen für die Arbeiter wurden gebaut. Eklektizistisch wurden Villen, Verwaltungsgebäude, Universitäten und andere Bauten im so genannten Gründerstil errichtet. Aber nicht nur Veränderungen in der Gesellschaft führten zu einem neuen Baustil, sondern auch die qualitative Verbesserung und die Möglichkeit der Massenfertigung der Baustoffe Beton, Stahl und Glas. Das Stahlfachwerk ermöglichte verglaste Hallen mit großen Spannweiten.

In der zweiten Phase der Moderne setzten sich in Europa die Entwicklungen des Stahlskelettbaus aus Amerika durch. Dort ermöglichte diese Konstruktion den Bau der „Wolkenkratzer". In Deutschland gründete eine Vereinigung von Architekten, Designern und Vertretern von Handwerk und Industrie 1907 den **Deutschen Werkbund**. Sie bemühten sich in der Architektur und bei Gebrauchsgegenständen um eine besonders ansprechende Form bei gleichzeitiger Werkstoff- und Konstruktionsgerechtigkeit. Parallel dazu eröffnete Walter Gropius 1909 die staatliche Hochschule für Bau und Gestaltung, das **Bauhaus**. Deren Aussage für gute Architektur war die Synthese aus Funktion, Konstruktion und Werkstoff. Dazu gehört auch die Verwendung industriell hergestellter Fertigteile. Stilmerkmale dieser Architektur sind klare, kubische, rechtwinklige Gebäudeblöcke mit Fensterbändern, die Außenhaut teilweise als Vorhangfassade ausgebildet, Terrassen und Gärten verschmelzen zu einer Einheit, ein Flachdach oder ein Dachgarten schließen das Gebäude nach oben ab.

Die Hochschule wurde zwar 1933 geschlossen, doch waren die Ideen nach dem 2. Weltkrieg maßgebend für die Grundlagen der modernen Architektur und des Industriedesigns.

Nationalsozialistische Architektur 1933 bis 1945. Während der Zeit des Nationalsozialismus von 1933 bis 1945 wurde die Epoche der modernen Architektur in vielen Bereichen unterbrochen. Es bildeten sich in der Architektur drei Ebenen:

- Die monumentalistische Staats- und Parteiarchitektur, die der Selbstdarstellung der Partei und der Ausrichtung der Massen bei Versammlungen und Aufmärschen diente. Es ist eine eklektische Architektur, deren Stilmerkmale überwiegend aus dem Fundus des Altertums stammen (Beispiel: Zeppelinfeld, Nürnberg).
- Der Heimatschutzstil, der für den Wohnungsbau, Kasernen, Ordensburgen und Ähnliches angewandt wurde. Dabei wurde auf bodenständige Bautraditionen und Baumaterialien zurückgegriffen.
- Der sachliche Baustil, der im Industrie- und Ingenieurbau eingesetzt wurde. Er bediente sich der Architekturgrundsätze der zwanziger Jahre. Es sind Skelettbauten aus Stahlbeton und Glas.

Nach dem Krieg wurde die Architektur des Bauhauses allgemein wieder aufgenommen. Es gab jedoch immer wieder Ansätze zu neuen Stilentwicklungen. So entstand in den sechziger Jahren der **Brutalismus**. Die Architekten dieser Stilrichtung ließen Tragkonstruktion und Versorgungs- und Entsorgungsleitungen (Lüftungskanäle, Wasser- und Abwasserleitungen) sichtbar und betonten sie farblich. Die Bauteile wurden in ihrer Struktur und ihrer Oberfläche nicht verfeinert. So wurde Beton nicht mehr verputzt, sondern der sägeraue Schalungsabdruck sichtbar gelassen. Die Betonung der Funktion in der Architektur, die arbeitsteilige Planung, die Orientierung an den Kosten und das Gewinndenken unserer Zeit führte zu einer Gesichtslosigkeit unserer Städte. Die zurzeit herrschende Stilrichtung der Postmoderne (Spätmoderne) versucht hier Abhilfe zu schaffen. Das Bauwerk soll wieder mehr Kunstobjekt sein. Dies wird durch eine gesetzmäßige Unordnung geschaffen. Teilweise werden eklektische Bauelemente übertrieben eingesetzt.

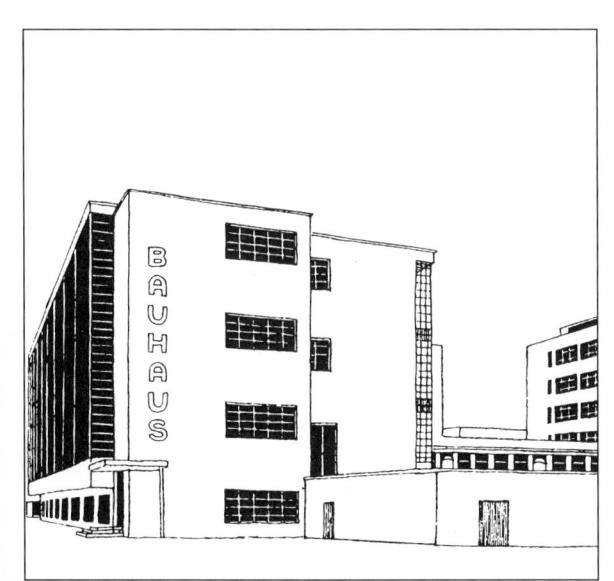

107.1 Bauhaus in Dessau – W. Gropius

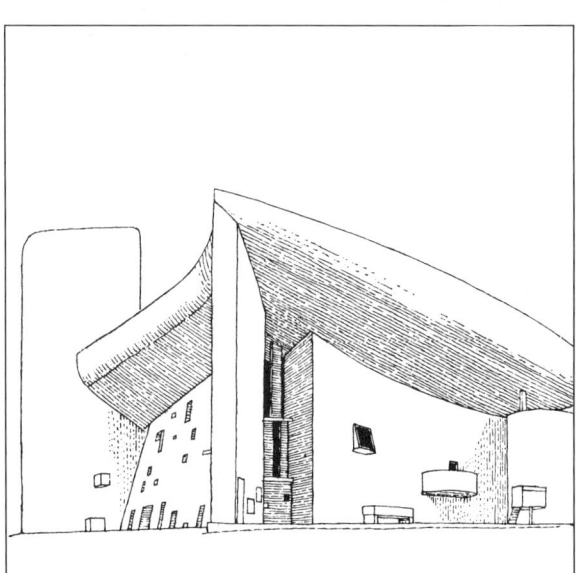

107.2 Kirche in Ronchamp – Le Corbusier

Bauzeichnen

1 Arten von Bauzeichnungen

Die Objektplanung für ein Gebäude reicht von einer freihändigen Ideenskizze bis zu den Ausführungszeichnungen. Je nach dem Ziel der Planung sind die Anzahl der Zeichnungen, die Ausführlichkeit der Darstellung sowie der Maß- und Materialangaben und der Maßstab unterschiedlich. Die Bauzeichennorm DIN 1356 lässt dem Zeichner einen relativ großen Spielraum für die individuelle Gestaltung einer Darstellung. Allerdings muss jede Bauzeichnung zweifelsfrei verständlich sein und je nach Maßstab die erforderlichen Angaben enthalten.

Einer Bauplanung liegen Vorschriften zugrunde, die dem gültigen Bebauungsplan zu entnehmen sind. Jede Bauzeichnung soll in einem Schriftfeld (Bild 108.1) Angaben zu dem Bauprojekt enthalten. Die Breite des Schriftfeldes ist so zu wählen, dass es bei einer gefalteten Zeichnungskopie voll zu lesen ist, ohne dass das Blatt aufgeklappt werden muss. Um das Schriftfeld nicht stets neu zeichnen zu müssen, können Stempel oder Folien eingesetzt werden.

1.1 Vorplanung

Verhandlungen mit dem Bauamt und eventuell einem Geldinstitut sowie intensive Gespräche des Architekten mit dem Bauherrn hinsichtlich des Raumprogramms, der Raumfunktion, der Lage zur Himmelsrichtung und anderem führen zur ersten zeichnerischen Darstellung des Bauvorhabens mit seinen Hauptabmessungen, die auch bereits eine grobe Kostenschätzung ermöglichen. Im Bild 109.1 ist das Musterbeispielhaus im Maßstab 1:200 dargestellt. Diese Zeichnungen werden häufig als (Freihand-)Skizzen ausgeführt:

- Mauerdicken werden durch einen einfachen Strich dargestellt, allerdings werden sie für die Ermittlung der Hauptabmessungen, der Raumgrößen und der voraussichtlichen Baukosten bereits berücksichtigt.
- Bei der Planung beginnt man in der Regel mit dem Erdgeschoss, dessen Wandstellungen häufig für die Raumaufteilungen weiterer Geschosse maßgebend sind.
- Treppenläufe werden in ihrer voraussichtlichen Größe und mit der Angabe ihrer Richtung dargestellt. Der Pfeil weist stets treppauf.
- Die Lage und die Größe des Schornsteins (Kamins) sollten bereits in diesem Planungsstadium bestimmt werden. Ein Querschnitt, seltener ein Längsschnitt, wird unter anderem für die Ermittlung der wichtigsten Höhen in den Ansichtszeichnungen skizziert.

1.2 Vorentwurfszeichnungen

Für die Genehmigung eines Bauvorhabens kann die Erlangung eines **Vorbescheides** von Wichtigkeit sein. Der formlose Antrag bezieht sich insbesondere auf Ausnahmegenehmigungen zu einzelnen Vorschriften des Bebauungsplanes, der Landesbauordnung, der Gestaltung usw.

Vorentwurfszeichnungen, die weniger Aufwand erfordern als Entwurfszeichnungen, werden vorzugsweise im Maßstab 1:200 angefertigt, sie gehen in ihrem Umfang und ihren Aussagen über die Vorplanungsskizzen hinaus (Bild 110.1).

Grundrisse. Räume, Mauern und andere tragende Bauteile sowie Einbauten werden maßstäblich dargestellt und in erforderlichem Umfang mit Hauptmaßen und/oder Achsmaßen, System- und Schnittlinien versehen. Dabei ist die Maßordnung im Hochbau nach Möglichkeit bereits zu berücksichtigen. Maueröffnungen werden nach Größe und

108.1 Schriftfeld

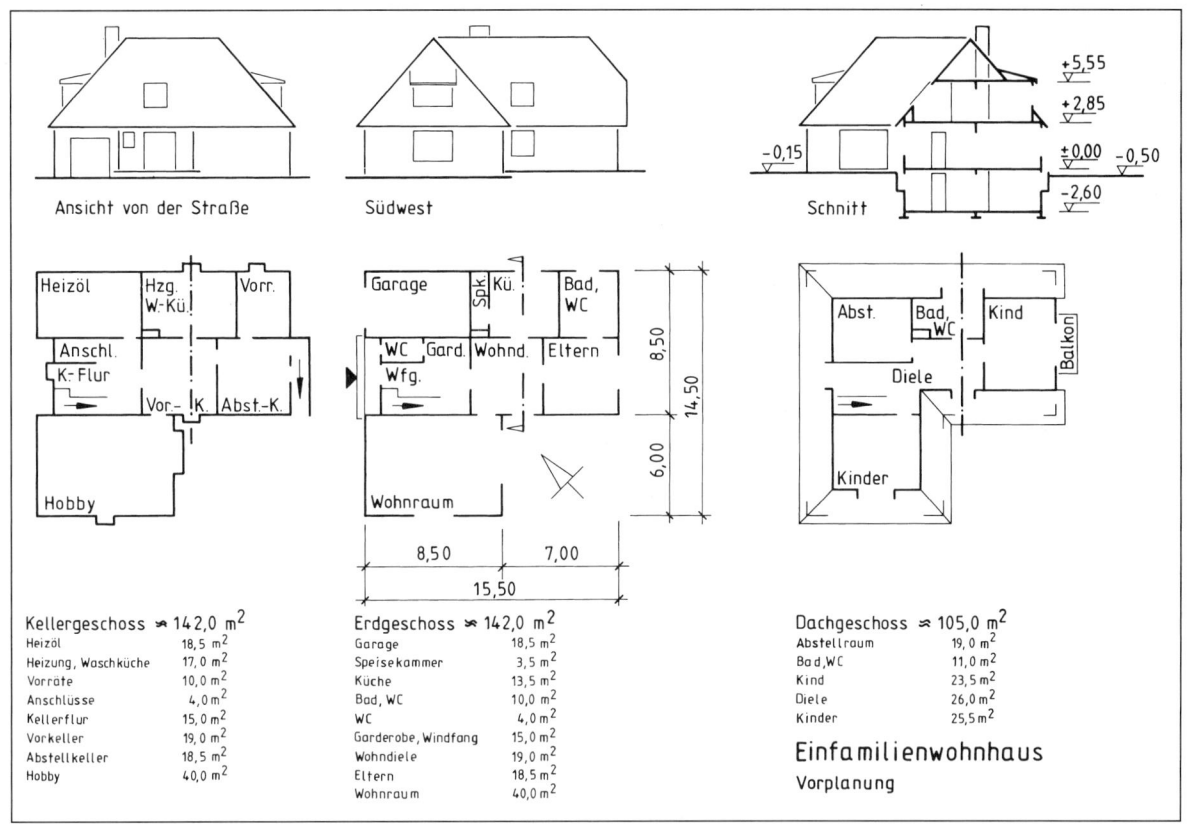

109.1 Einfamilienwohnhaus, Vorplanung (etwa 1 400 m³)

Kellergeschoss ≈ 142,0 m²		Erdgeschoss ≈ 142,0 m²		Dachgeschoss ≈ 105,0 m²	
Heizöl	18,5 m²	Garage	18,5 m²	Abstellraum	19,0 m²
Heizung, Waschküche	17,0 m²	Speisekammer	3,5 m²	Bad, WC	11,0 m²
Vorräte	10,0 m²	Küche	13,5 m²	Kind	23,5 m²
Anschlüsse	4,0 m²	Bad, WC	10,0 m²	Diele	26,0 m²
Kellerflur	15,0 m²	WC	4,0 m²	Kinder	25,5 m²
Vorkeller	19,0 m²	Garderobe, Windfang	15,0 m²		
Abstellkeller	18,5 m²	Wohndiele	19,0 m²		
Hobby	40,0 m²	Eltern	18,5 m²		
		Wohnraum	40,0 m²		

Einfamilienwohnhaus
Vorplanung

Lage eingezeichnet, sie werden jedoch lediglich in Ausnahmefällen bemaßt. Treppen, Aufzüge, Haus- und Wohnungseingänge sowie Besonderheiten des Bauwerkes werden dem Zeichnungsmaßstab entsprechend dargestellt. Angaben über Außenanlagen, die Lage des geplanten Bauwerkes zur Nachbarbebauung, zur Straße und zur Himmelsrichtung können die Zeichnung vervollständigen.

Quer- und Längsschnitte. Die Führungslinien der senkrechten Schnitte sind so durch die Grundrisse zu legen, dass sie außer den Gebäude- und Geländehöhen möglichst viele Bauteile wie Fundamente, Decken, Geschosse, Öffnungen, Schornsteine (Kamine), Treppen und Ähnliches erkennen lassen. Die Bemaßung umfasst vorwiegend Gelände-, Geschoss-, Trauf- und Gebäudehöhen.

Ansichten. Die Hauptumrisse der Ansichten werden mithilfe der Grundrisse und Schnitte vorwiegend ohne verdeckte Körperkanten gezeichnet. Diese Darstellungen sollen Auskunft geben über Gebäudegliederungen, Materialstrukturen, Außenöffnungen, Dachformen und Dachaufbauten, Einbindung in das Gelände und eventuell in die Nachbarbebauung. Ansichtszeichnungen können durch darstellerische Besonderheiten an Wirkung gewinnen:

Freistellungen (kleine Zwischenräume) bei Linien für einander nicht berührende Körperkanten.

Leicht gegeneinander versetzt gezeichnete Terrainoberkanten im Bereich vorspringender und zurückspringender Bauteile.

Steigerung der Tiefenwirkung durch die Anwendung unterschiedlicher Linienbreiten und Schatten.

Sparsame Darstellung von Bepflanzungen, Plattenbelägen, Menschen, Autos oder Ähnlichem.

1.3 Bauvorlage- und Entwurfszeichnungen

Für das Baugenehmigungsverfahren und die Weiterentwicklung der Planung des Bauvorhabens werden vorwiegend Zeichnungen im Maßstab 1:100 angefertigt, die das Bauwerk hinsichtlich seiner Größe, geplanten Gestalt, technischen Ausstattung sowie Funktion erfassen. Entsprechend der Aufgabe der Zeichnungen sind Inhalte und Art der Darstellung zu wählen. Früher wurden transparente Mutterpausen eingesetzt, um sich das mühsame Zeichnen weiterer Geschosse wenigstens teilweise zu ersparen. Überflüssige Bauteile mussten „herausgekratzt" werden. Durch die CAD-Technik wird der Layer, auch die Folie genannt, des Erdgeschosses für weitere Geschosse kopiert. Diesen Vorgang nennt man „Gechossgenerieren". Danach werden alle überflüssigen Bauteile mit einem einfachen Mausklick gelöscht und neue Bauteile hinzugefügt.

In Bild 111.1 bis 113.1 sind einige Möglichkeiten der Ausführung von Bauzeichnungen im Maßstab 1:100 beispielhaft wiedergegeben. Bei den Grundrissen sind der mittlere Teil als Vorzeichnung dargestellt, die Flügel jeweils in unterschiedlicher Ausführung nachgezeichnet.

Bauvorlagezeichnungen sollen der Baubehörde die für die Genehmigung erforderlichen Angaben vermitteln:

- In Grundrisse gehören Hauptabmessungen, die Einzelmaße der Räume und der tragenden Bauteile, der Öffnungsbreiten und Öffnungshöhen, der Rauchrohre mit ihren Reinigungs- und Anschlussöffnungen sowie der Treppen, Nutzungsbezeichnungen (Raumnummern für tabellarische Berechnungen) sowie eventuell Darstellungen der sanitären Einrichtungen und Ausstattung

Bauzeichnen

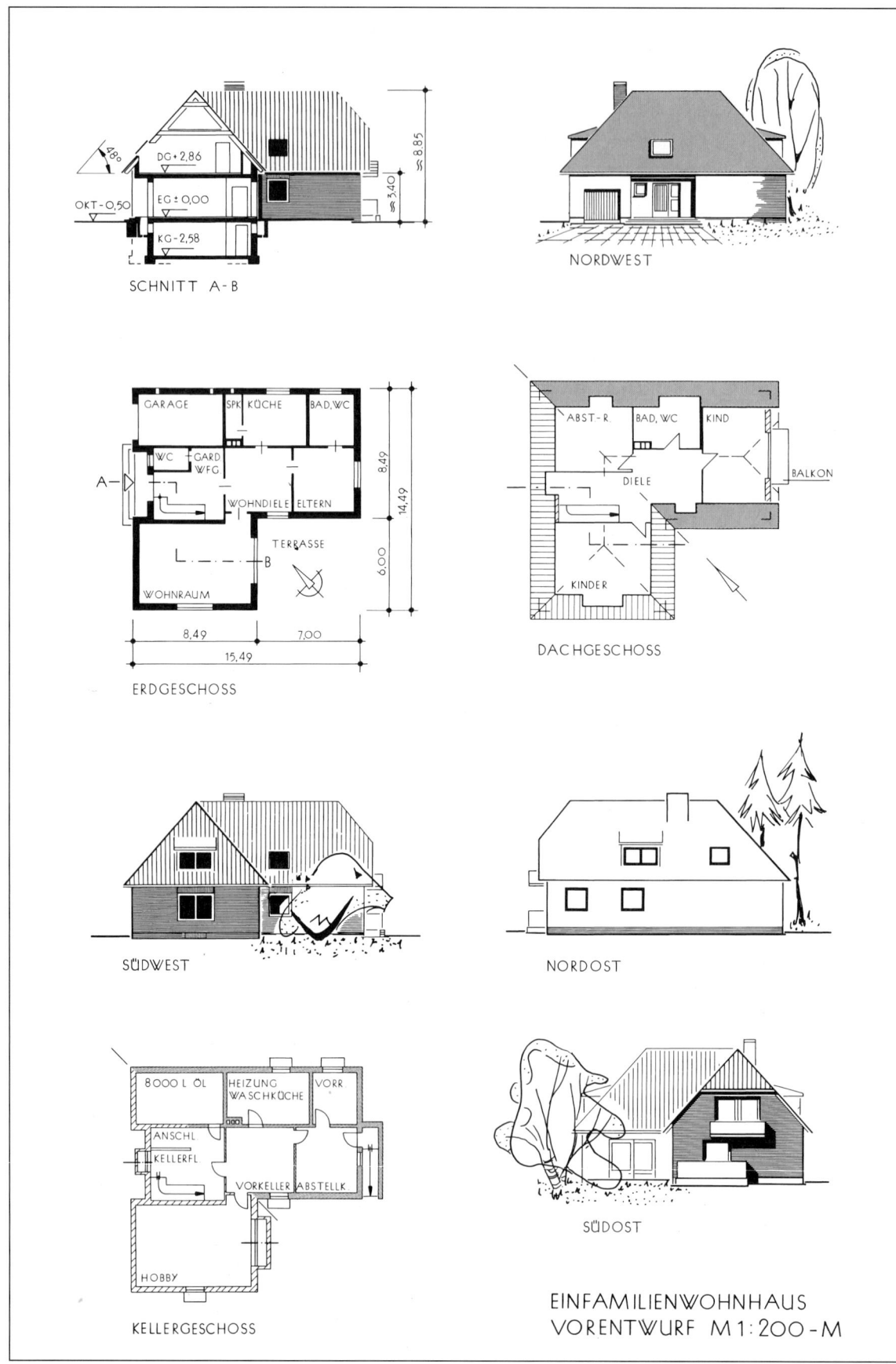

SCHNITT A-B

NORDWEST

ERDGESCHOSS

DACHGESCHOSS

SÜDWEST

NORDOST

KELLERGESCHOSS

SÜDOST

EINFAMILIENWOHNHAUS VORENTWURF M 1:200 - M

110.1 Einfamilienhaus, Vorentwurf, M 1:200

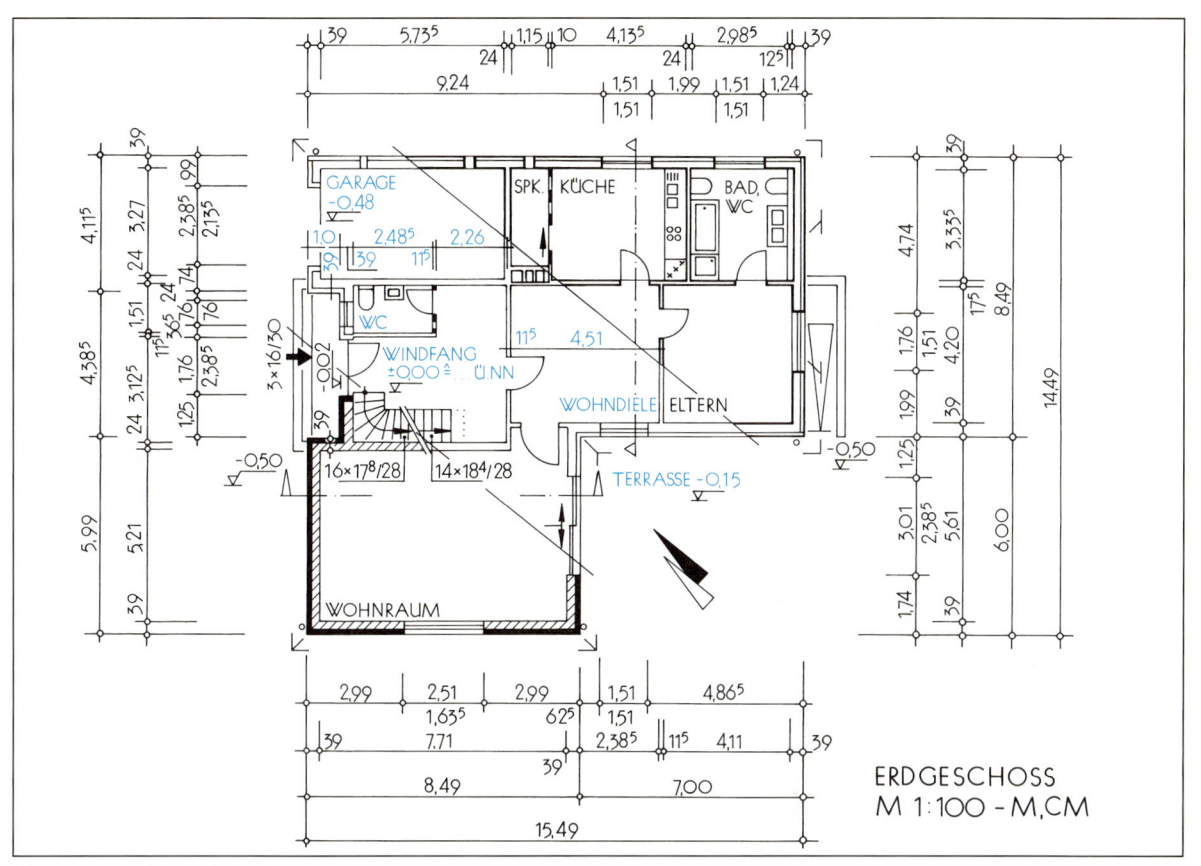

111.1 Erdgeschoss, M 1:100

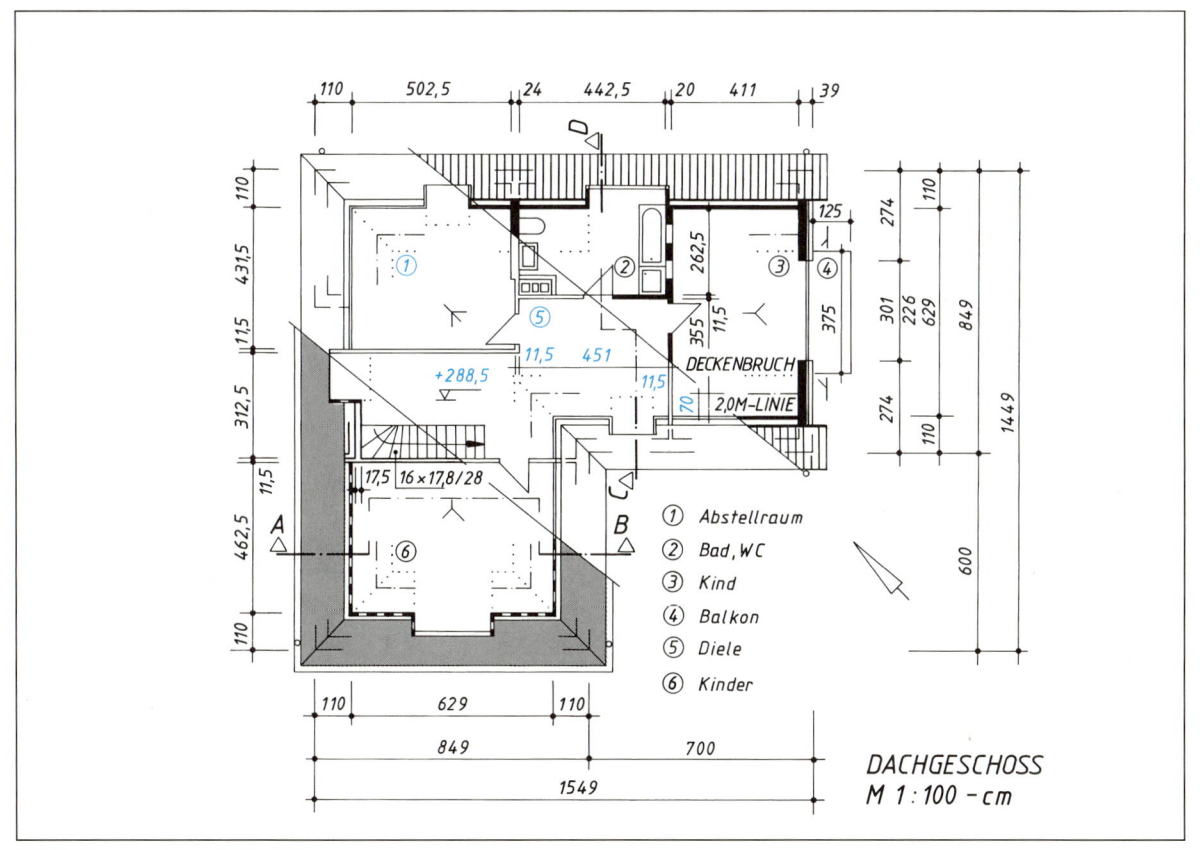

111.2 Dachgeschoss, M 1:100

Bauzeichnen

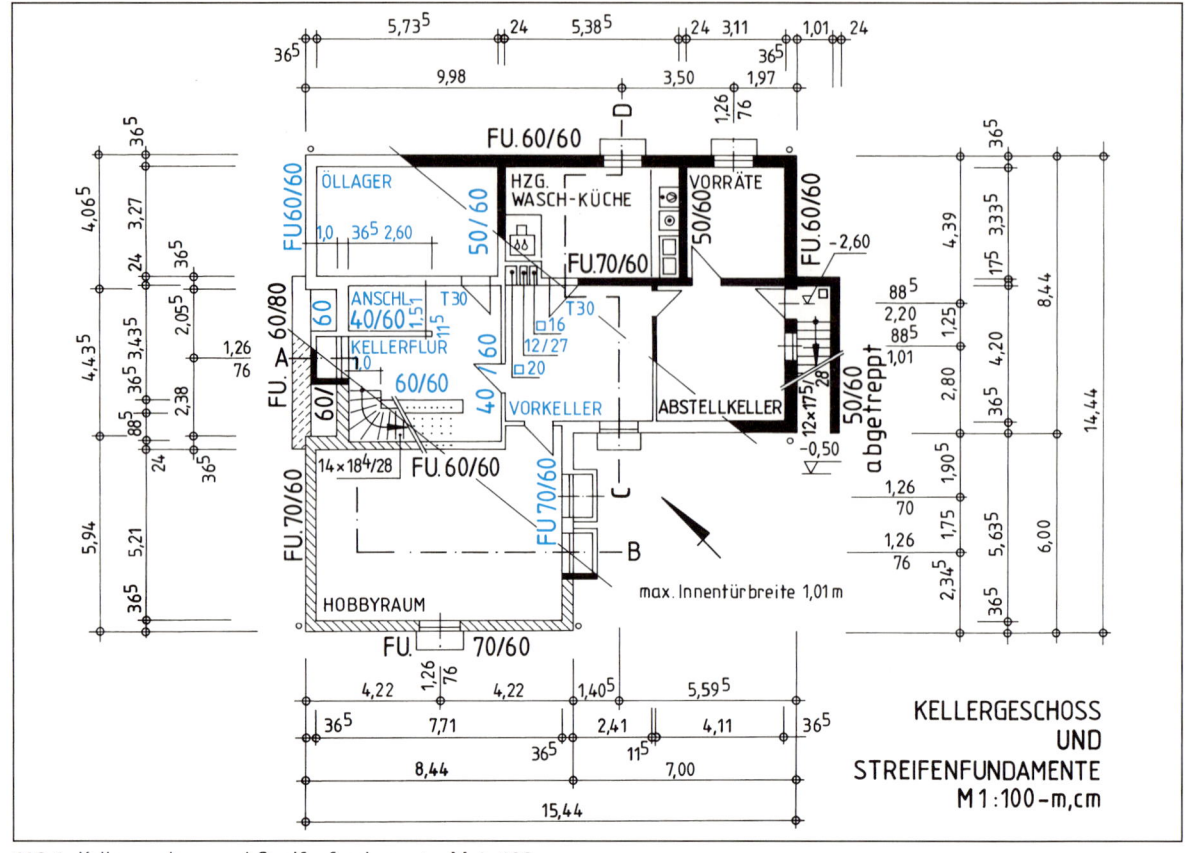

112.1 Kellergeschoss und Streifenfundamente, M 1:100

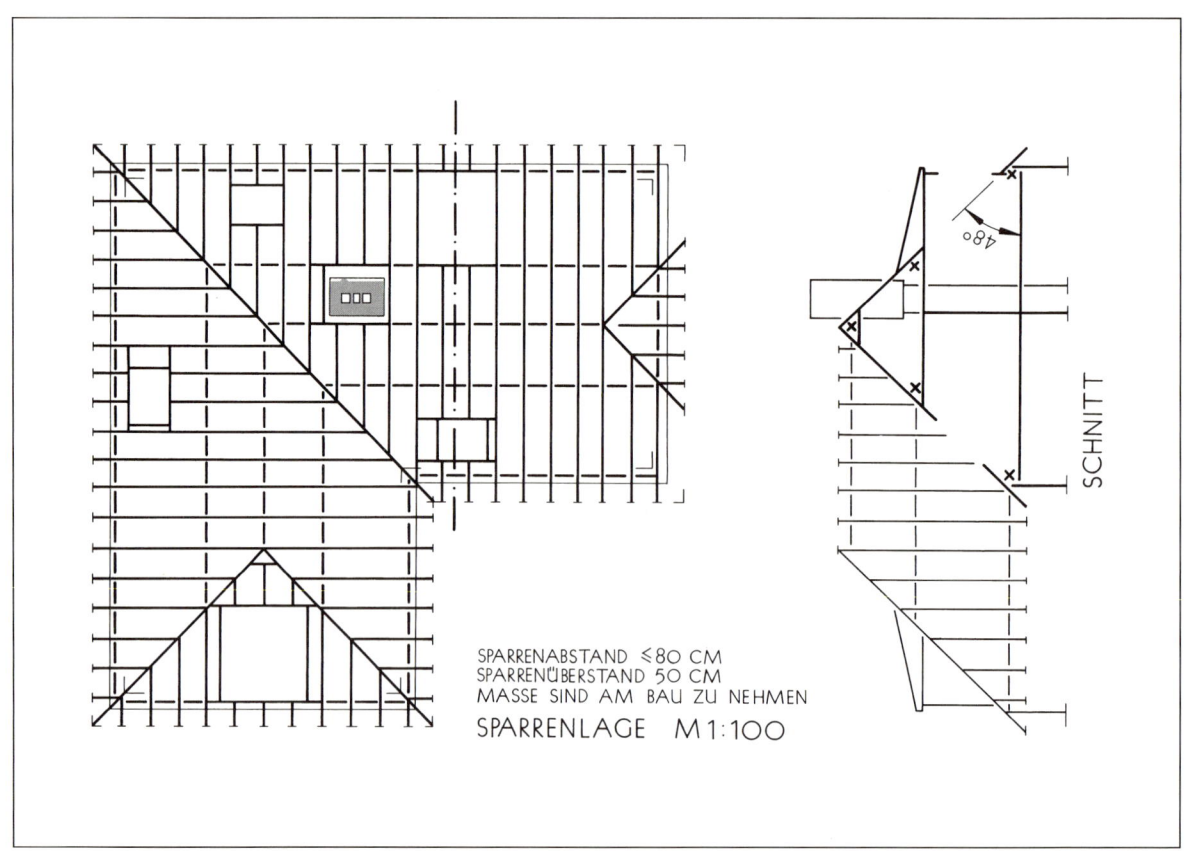

112.2 Sparrenlage, M 1:100

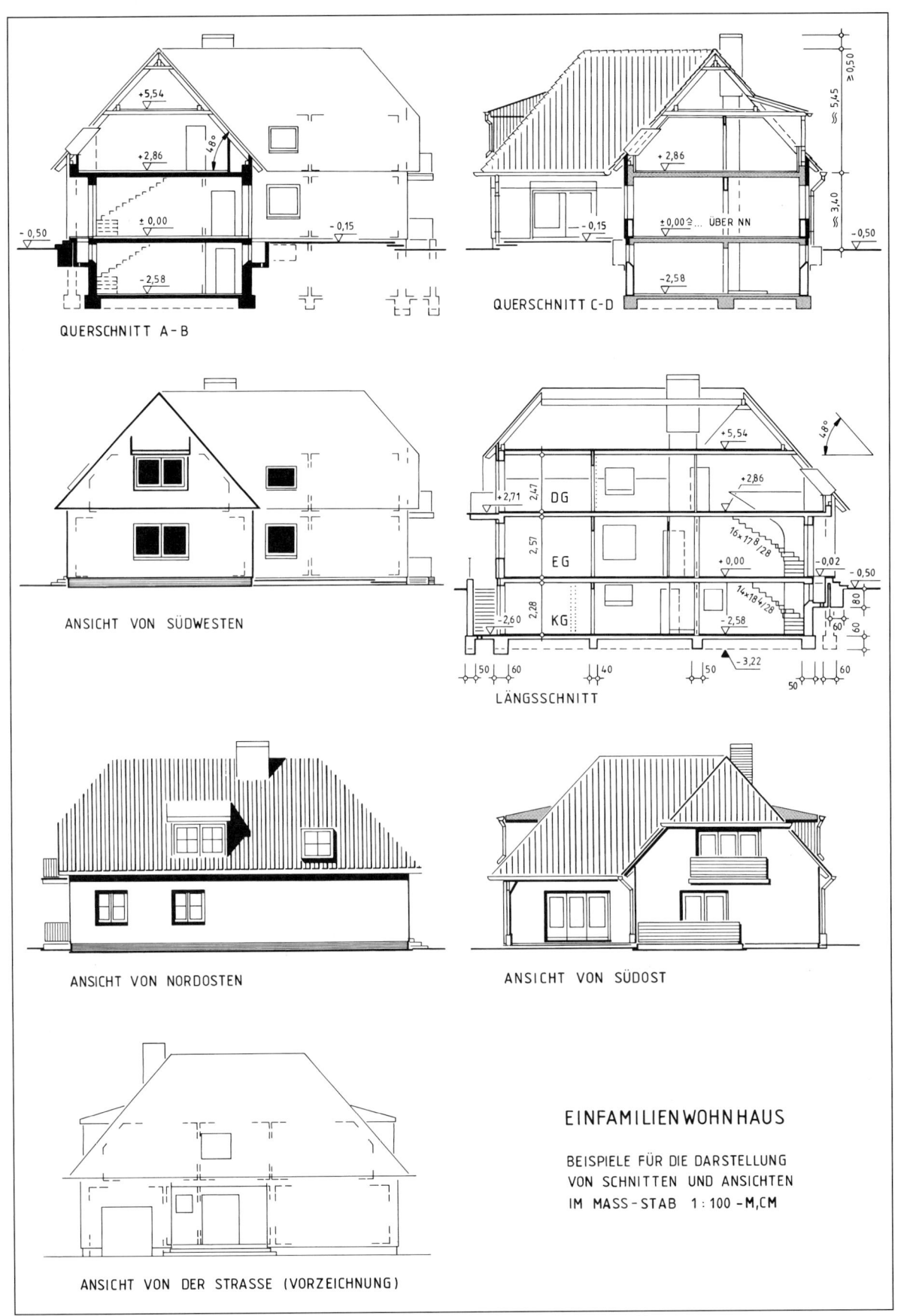

Bauzeichnen

QUERSCHNITT A-B

QUERSCHNITT C-D

ANSICHT VON SÜDWESTEN

LÄNGSSCHNITT

ANSICHT VON NORDOSTEN

ANSICHT VON SÜDOST

ANSICHT VON DER STRASSE (VORZEICHNUNG)

EINFAMILIENWOHNHAUS

BEISPIELE FÜR DIE DARSTELLUNG
VON SCHNITTEN UND ANSICHTEN
IM MASS-STAB 1:100 -M,CM

113.1 Einfamilienwohnhaus, Beispiele für die Darstellung von Schnitten und Ansichten, M 1:100

der Küchen, Schlagrichtung der Türen, Höhenangaben für Fußbodenflächen und Geländeoberflächen, Schnittverlaufslinien und Hinweise auf die Lage zur Himmelsrichtung, zu Straßen und Wegen.
- In senkrechten Schnitten sind die Fundamente, Deckenkonstruktionen und Deckendicken, Fußbodenbeläge, lichte Raumhöhen, Dachkonstruktion sowie Dachneigung und Dachhöhe, Treppen und Schornsteine zu zeichnen und zu bemaßen. Fußboden- und Geschosshöhen sowie Geschossbezeichnungen ergänzen die Darstellungen.
- In Ansichten sind die Baukörpergliederungen, Öffnungen, Schornsteinköpfe, Dachgauben, Außentreppen, Sockelsprung, Dachüberstände, die Fassaden- und Dachmaterialien sowie das Terrain darzustellen.

Für den Standsicherheitsnachweis müssen sämtliche erforderlichen Maße aus den Zeichnungen hervorgehen.
Positionspläne (M 1 : 100) dienen der Eintragung von Positionsnummern aus der Statischen Berechnung (Pos. 1; Pos. 2; ...).

Zeichnungen für die Massenermittlung ergeben eine detaillierte Kostenvorstellung für das zu errichtende Bauwerk: Die Entwurfszeichnungen und die statische Berechnung dienen der Massenermittlung, die nach der Verdingungsordnung für Bauleistungen (VOB) erfolgt. Die am Bau beteiligten Unternehmen geben ihre Preisvorstellungen aufgrund von Ausschreibungen ab.
Zeichnungen für die Möblierung, elektrische Einrichtung, sanitäre Versorgung und Entsorgung, Heizungsanlage, Gasversorgung sowie weitere Ausbauten vervollständigen die erforderlichen Entwurfszeichnungen.

1.4 Ausführungszeichnungen

Für die Ausführung der Mauer-, Stahlbeton- und Zimmerarbeiten werden Zeichnungen vorwiegend im Maßstab 1:50 angefertigt. In ihnen werden die Inhalte der Hundertstel-Zeichnungen zusammengefasst, soweit sie die genannten Gewerke betreffen. Die Zeichnungen lassen detailliertere Bemaßungen – vorwiegend Rohbaumaße – und Materialangaben zu, als es in Zeichnungen mit kleinerem Maßstab möglich ist.
- In Grundrissen müssen enthalten sein: Angaben über die zu verwendenden Baustoffe, Maße und Darstellung von Öffnungsgrößen, Formen der Stürze, soweit sie nicht scheitrecht ausgebildet werden sollen, Rauch- und Lüftungsrohre, Nischen, Pfeiler, Fenster-, Tür- und Anschlagarten, Treppen mit vollständiger Bemaßung, Unter- und Überzüge, Kragteile, Dehnfugen, Decken-, Wanddurchbrüche und Schlitze, Rohbau- und Fertighöhen, Neigungen, Installationsgegenstände, Hinweise auf ergänzende Zeichnungen, Angaben über Fußbodenbeläge, Bruttoraumflächen und -umfänge.
- Besonders in Quer-, jedoch auch in Längsschnitten werden vor allem sämtliche für die Ausführung erforderlichen Höhenmaße angegeben sowie Detailkonstruktionen dargestellt und bemaßt, die aus den Grundrissen nicht unmittelbar zu ersehen sind: Feuchtigkeitssperren, Drainage, Wärmedämmungen, Ringbalken, Träger- und Plattenauflager, Fußboden- und Deckenaufbauten, Dachkonstruktionen, Dachraumbelichtungen, Dachrinnen, Fallrohre, Dachdeckung. Es gehören dazu die Darstellung verdeckter Körperkanten und Hinweise auf weitere Zeichnungen.
- Bei Ansichten als Ausführungszeichnungen kann auf die Anwendung grafischer Effekte verzichtet werden, die über die Anwendung unterschiedlicher Linienbreiten und die Freistellung einander nicht berührender Körperkanten hinausgehen. Diese Zeichnungen haben vor allem die Aufgabe, Bauteile darzustellen, die in Grundrissen und in Schnitten nicht oder lediglich unzureichend erfasst werden können: Bauwerksgliederungen, Eingangsstufen, Außentür- und Fensterunterteilungen, Gauben-(Erker-)Ansichten, Dachflächenfenster, Dachdeckung, Schornsteinkopf, Sichtmauerwerk, Höhenlagen und Ähnliches.

In Bild 115.1 bis 123.1 sind einige Ausführungszeichnungen für das Beispielprojekt dargestellt. Damit vor allem die Grundrisszeichnungen nicht unübersichtlich werden, empfiehlt es sich, Sonderzeichnungen für bestimmte Arbeiten (z. B. Durchbrüche, Schlitze) und für besondere Gewerke (z. B. Elektro-, Sanitär- oder Heizungsinstallation) anzufertigen.

1.5 Ergänzungen von Hochbauzeichnungen

Außer der Darstellung von Form und Maßen des geplanten Bauwerkes können Hochbauzeichnungen durch ergänzende Angaben vervollständigt und belebt werden.
Belebung zeichnerischer Darstellungen. Ansichts-, Grundriss- und Perspektivzeichnungen sowie Lagepläne werden häufig durch die Darstellung von Bepflanzungen ergänzt, um die Einbindung des Bauvorhabens in seine geplante Umgebung anzudeuten bzw. der flächigen Darstellung eine Tiefenwirkung zu geben.

Beim Zeichnen von Bäumen, Büschen, Pflanzen und Hecken werden zunächst deren Standort im Verhältnis zur Darstellung und die Größe in Relation zum Zeichnungsmaßstab in Blei skizziert. Danach wird die Krone markiert. Bäume und Büsche bestehen aus Stamm, Ästen und Zweigen, deren unterschiedliche Durchmesser bei der Darstellung zu berücksichtigen sind. Es empfiehlt sich, die Bepflanzungen freihändig in Tusche oder mit einem Filzstift zu zeichnen. Schatten und die Andeutung von Terrain vervollständigen das Bild.

Bauzeichnungen können ebenfalls durch die Darstellung von Menschen und/oder Fahrzeugen (Bild 114.1) aufgelockert werden, sodass sich gleichzeitig ein gewisser Maßstab für die Beurteilung der Größe des Bauprojektes ergibt. Die Vorzeichnung kann in einfachen Freihandlinien angedeutet werden, eine detailliertere zeichnerische Ausführung erfolgt in Tusche.

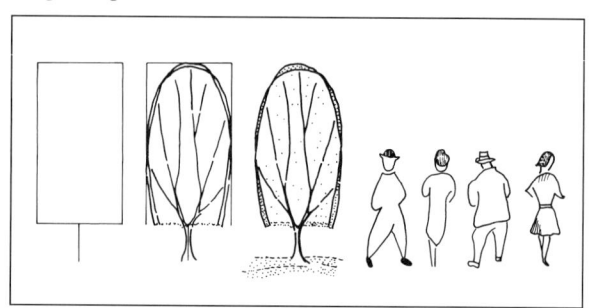

114.1 Belebung zeichnerischer Darstellungen

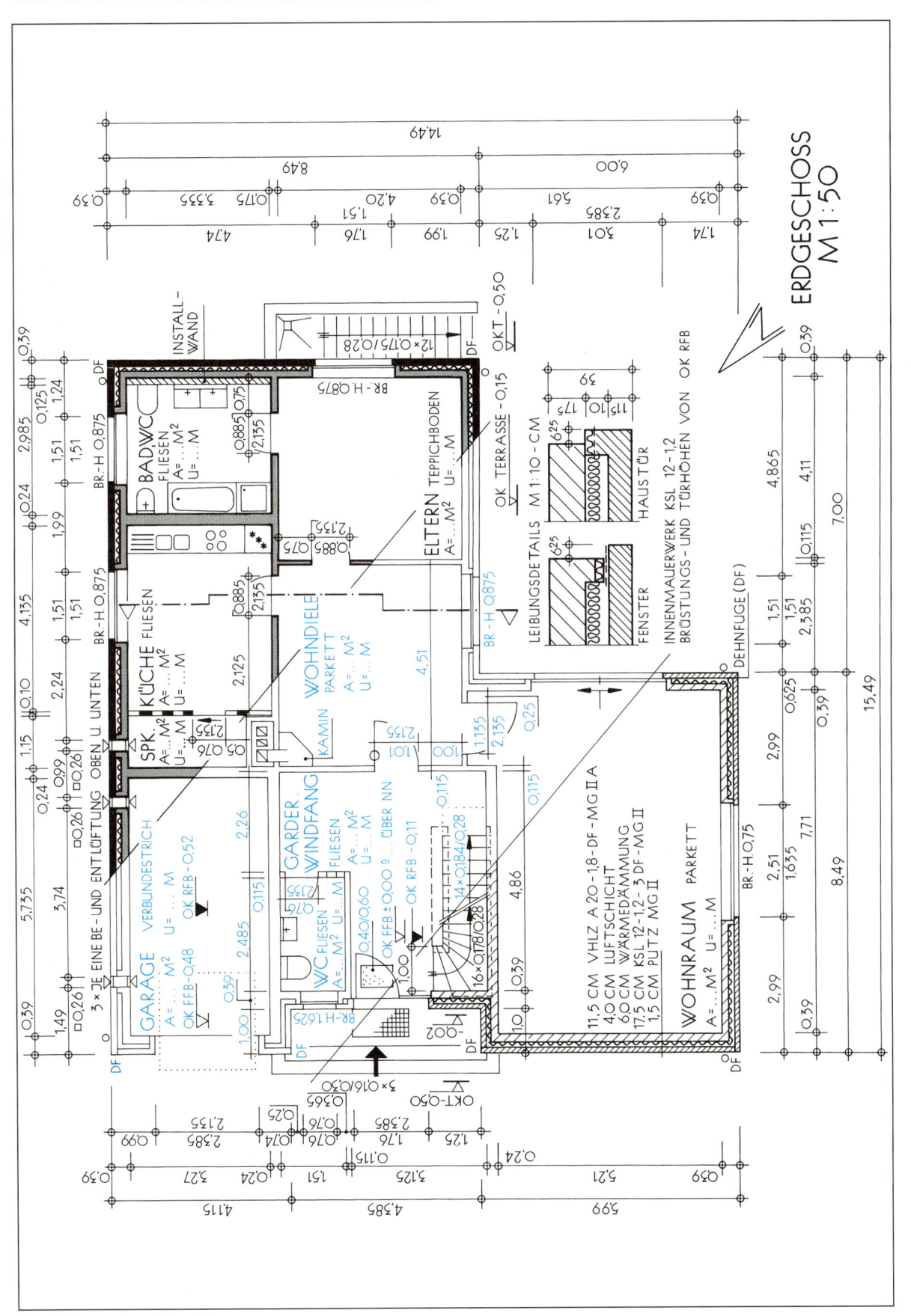

115.1 Erdgeschoss, M 1:50

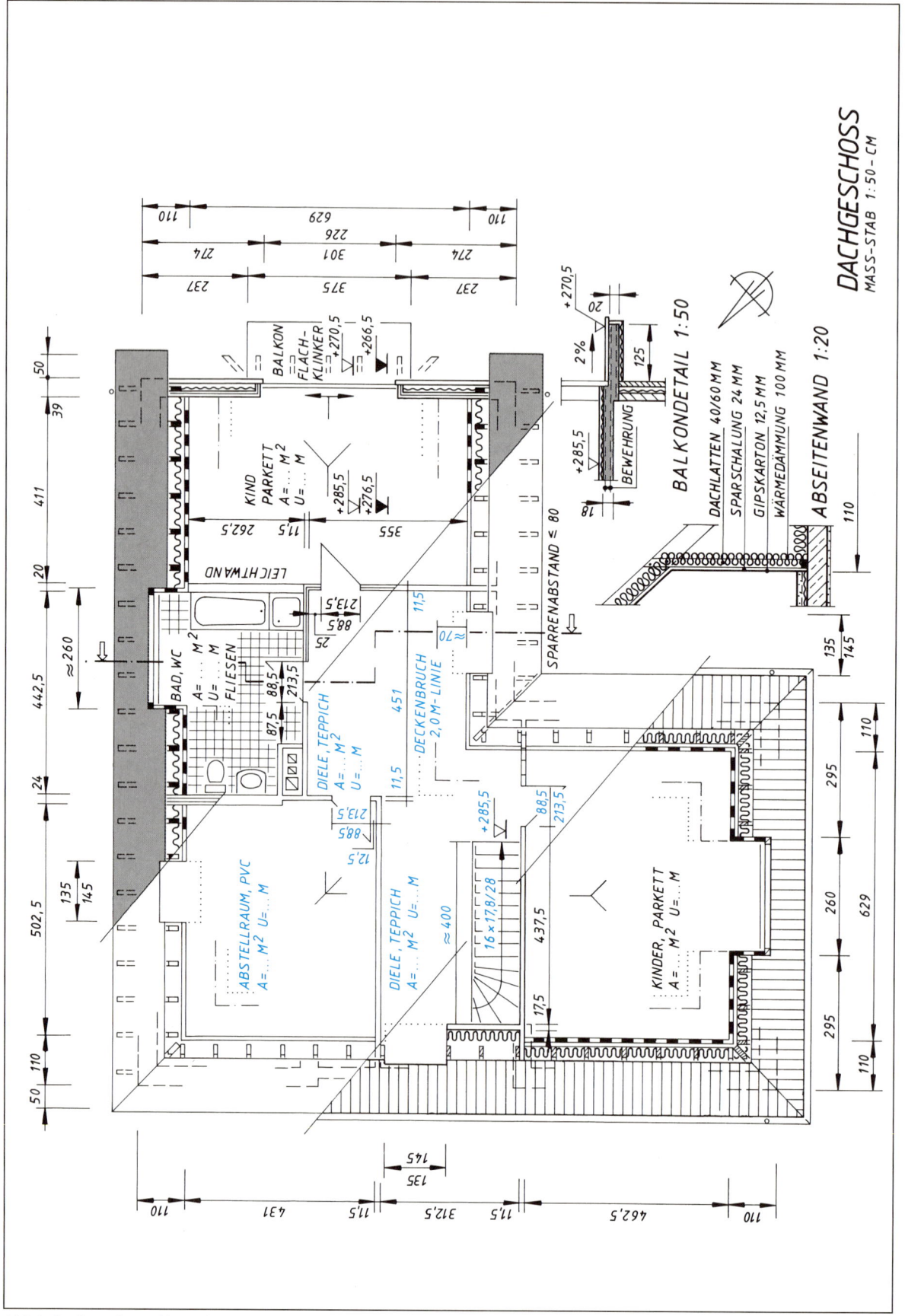

116.1 Dachgeschoss, M 1:50

117.1 Kellergeschoss, M 1:50

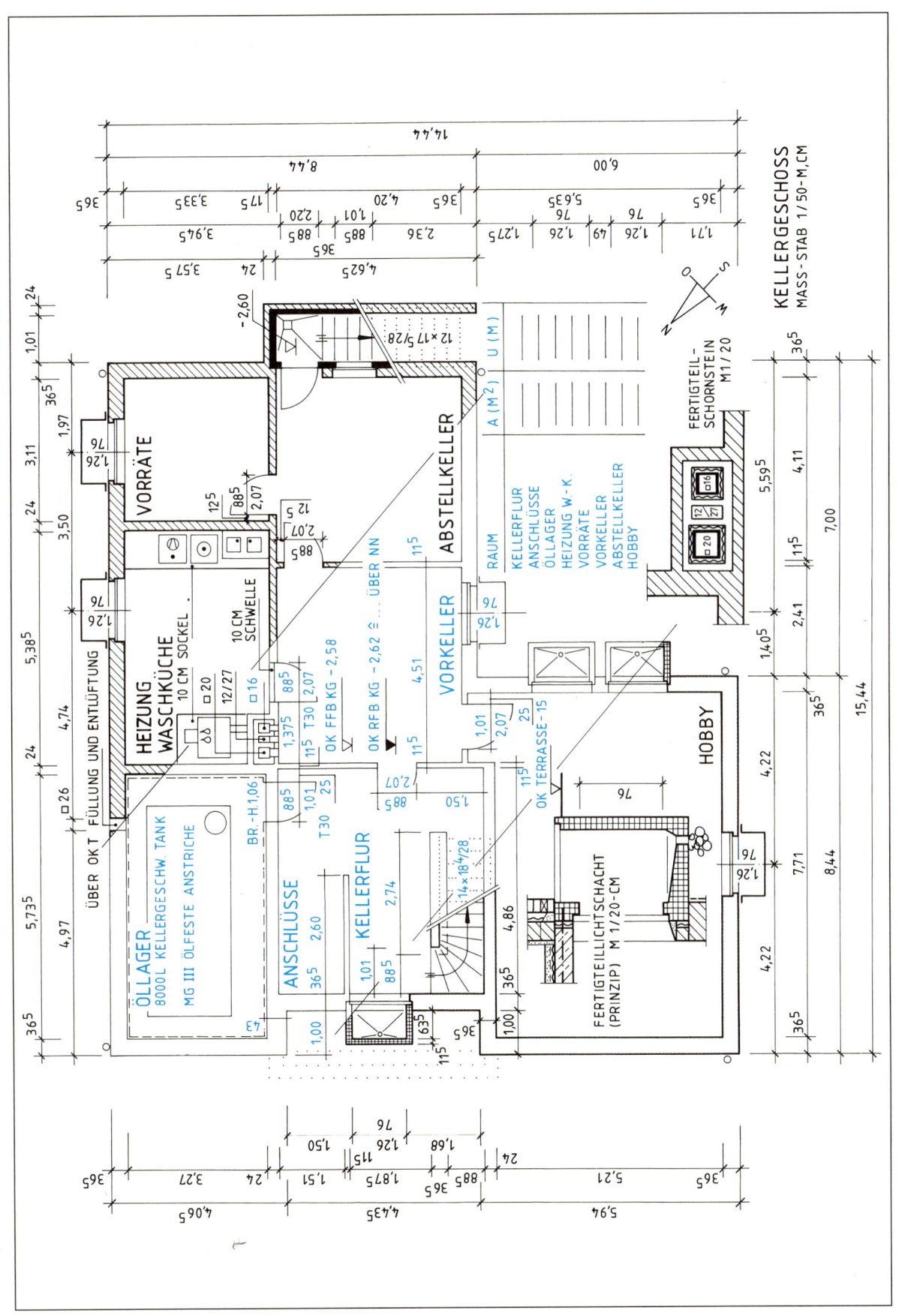

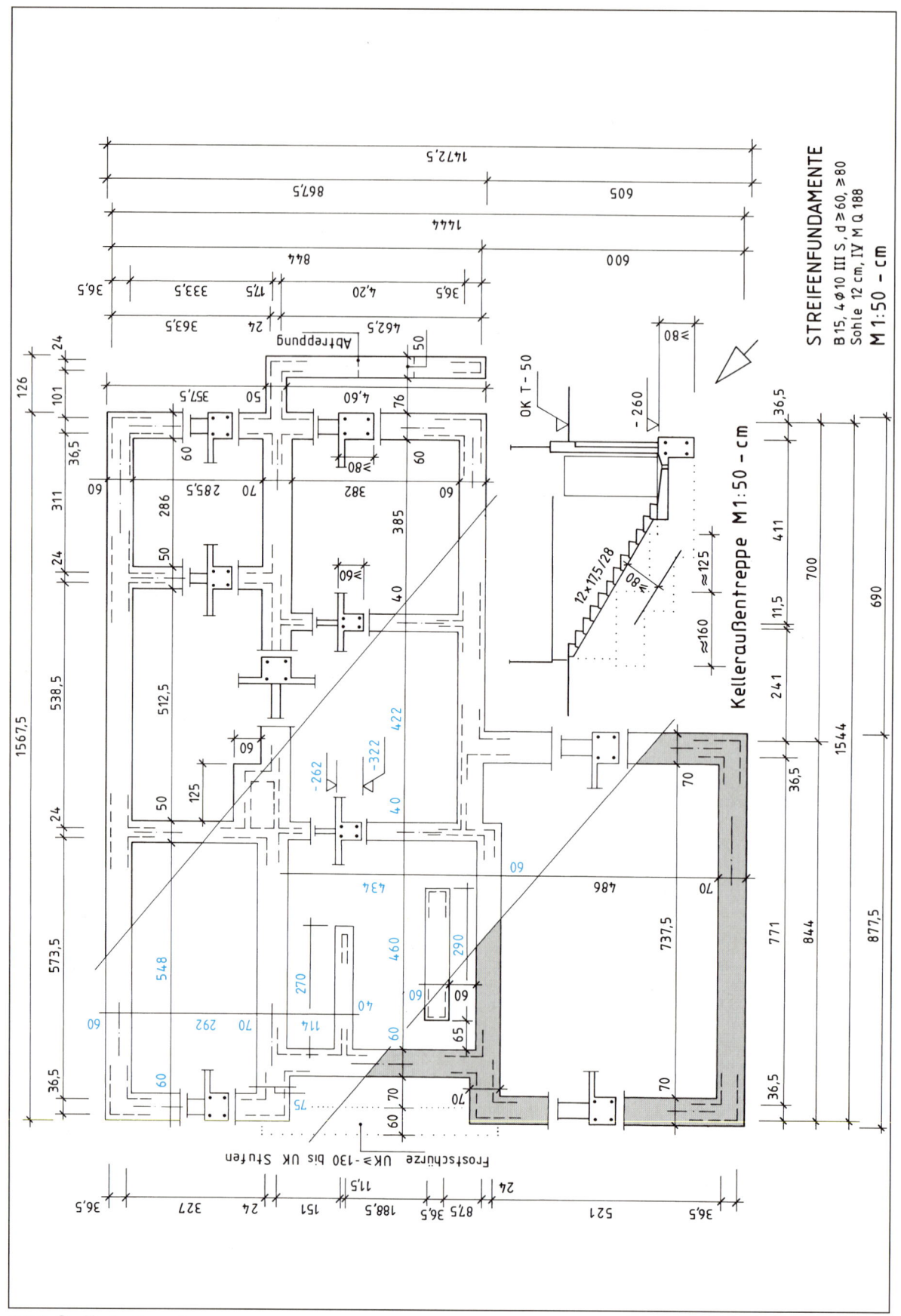

118.1 Streifenfundamente

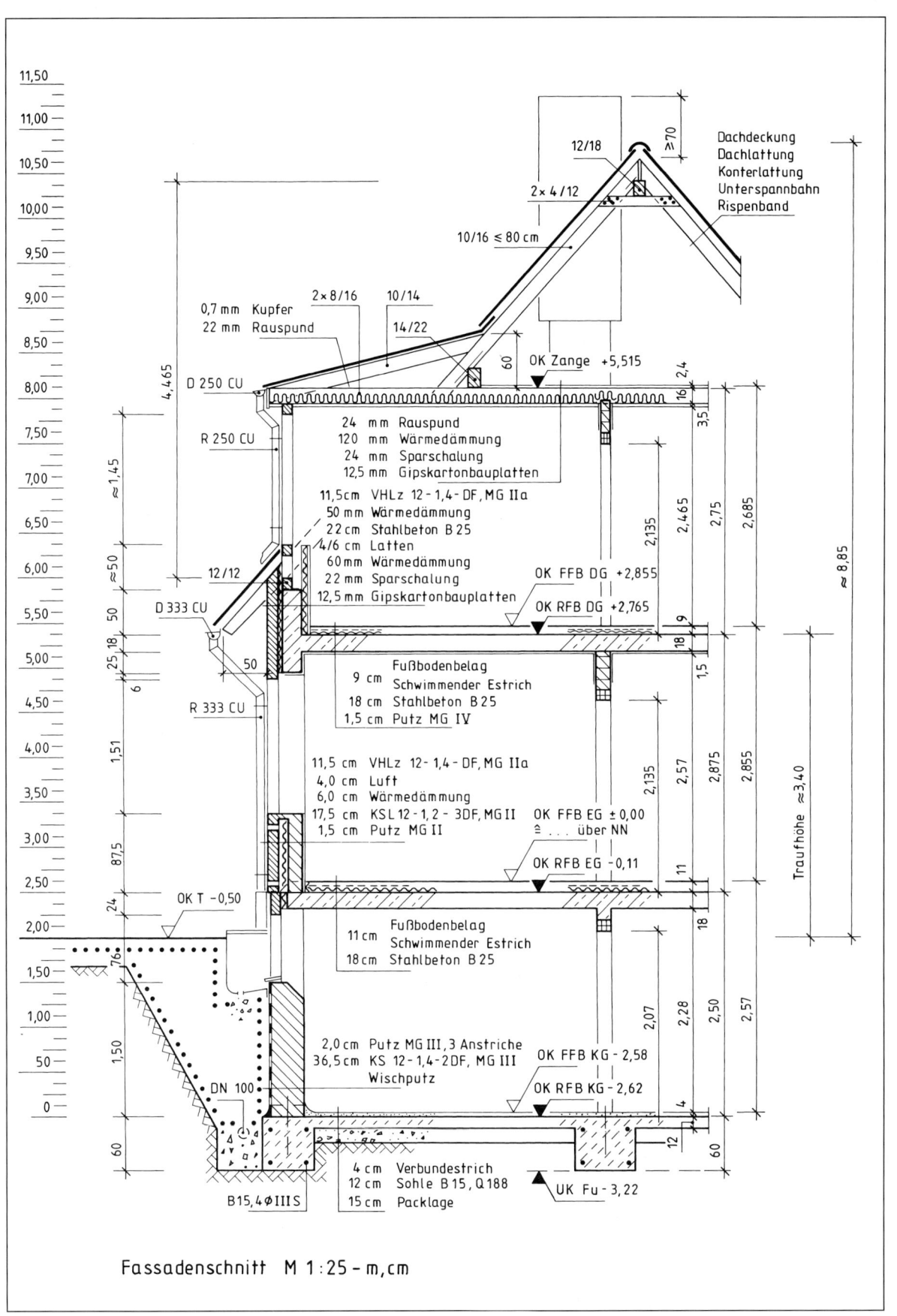

Bauzeichnen

Dachdeckung
Dachlattung
Konterlattung
Unterspannbahn
Rispenband

12/18
2 × 4/12
10/16 ≤ 80 cm
2 × 8/16   10/14
14/22
0,7 mm Kupfer
22 mm Rauspund

OK Zange +5,515

D 250 CU
R 250 CU

24 mm Rauspund
120 mm Wärmedämmung
24 mm Sparschalung
12,5 mm Gipskartonbauplatten

11,5 cm VHLz 12-1,4-DF, MG IIa
50 mm Wärmedämmung
22 mm Stahlbeton B 25
4/6 cm Latten
60 mm Wärmedämmung
22 mm Sparschalung
12,5 mm Gipskartonbauplatten

12/12
D 333 CU

OK FFB DG +2,855
OK RFB DG +2,765

9 cm Fußbodenbelag
Schwimmender Estrich
18 cm Stahlbeton B 25
1,5 cm Putz MG IV

R 333 CU

11,5 cm VHLz 12-1,4-DF, MG IIa
4,0 cm Luft
6,0 cm Wärmedämmung
17,5 cm KSL 12-1,2-3DF, MG II
1,5 cm Putz MG II

OK FFB EG ± 0,00
≙ ... über NN
OK RFB EG -0,11

11 cm Fußbodenbelag
Schwimmender Estrich
18 cm Stahlbeton B 25

OK T -0,50

Traufhöhe ≈ 3,40

2,0 cm Putz MG III, 3 Anstriche
36,5 cm KS 12-1,4-2DF, MG III
Wischputz

OK FFB KG -2,58
OK RFB KG -2,62

DN 100

4 cm Verbundestrich
12 cm Sohle B 15, Q 188
15 cm Packlage

UK Fu -3,22

B 15, 4 Ø III S

Fassadenschnitt M 1:25 – m, cm

119.1 Fassadenschnitt, M 1:25

120 Bauzeichnen

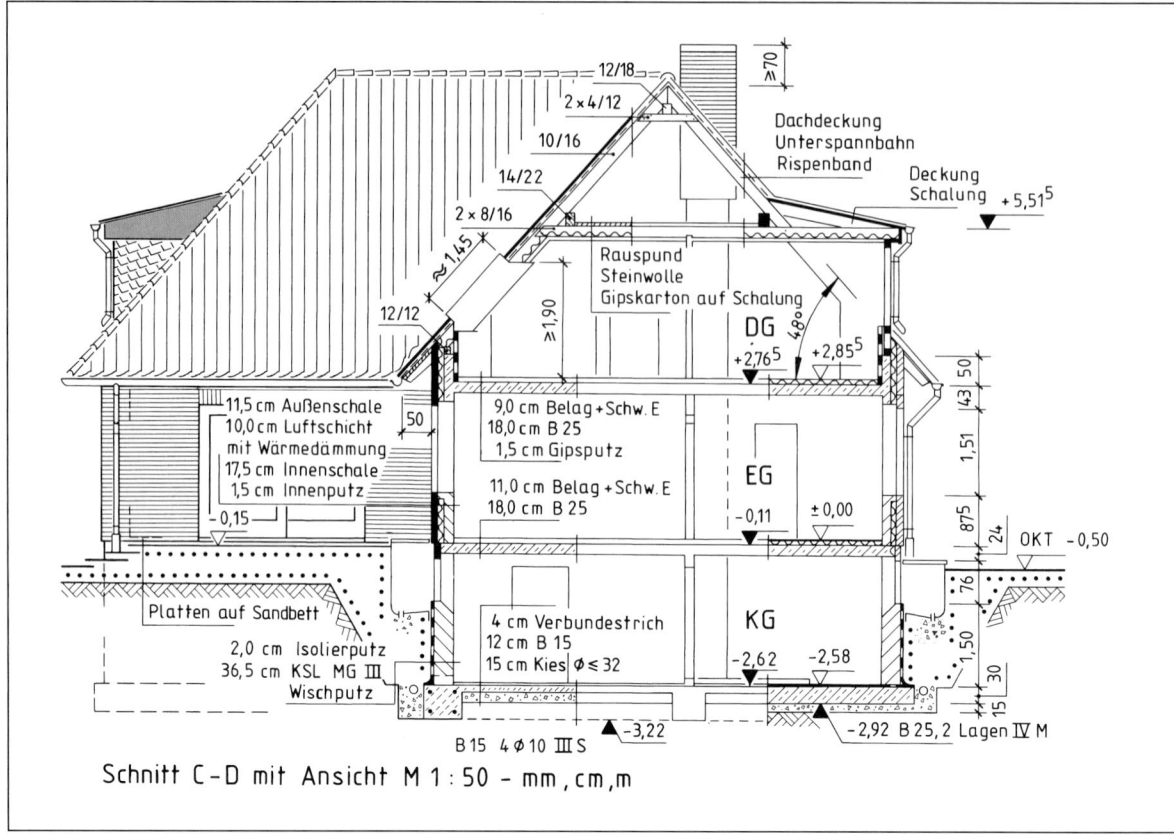

120.1 Schnitt C-D mit Ansicht, M 1:50

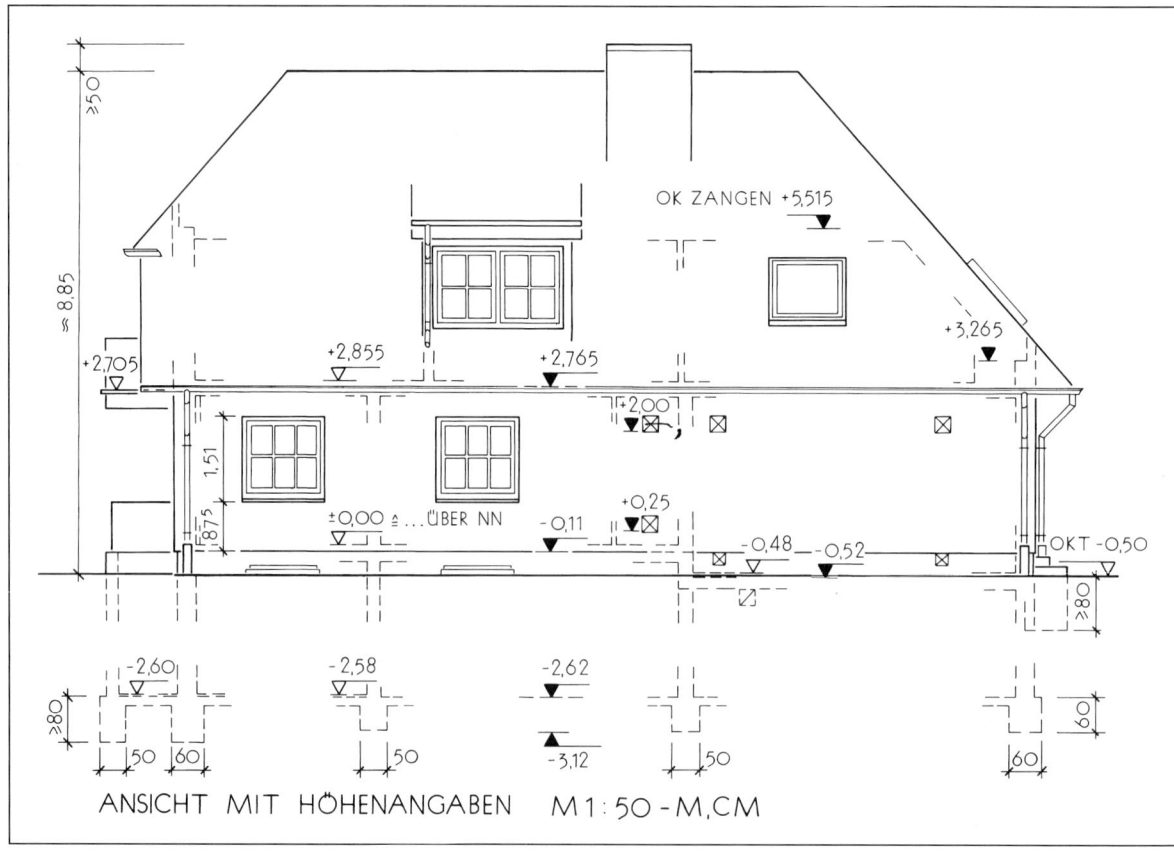

120.2 Ansicht mit Höhenangaben, M 1:50

Bauzeichnen

121.1 Ansicht von der Straße, M 1:50

121.2 Ansicht von Südosten, M 1:50

ANSICHT VOM GARTEN – SÜDWEST M 1:50

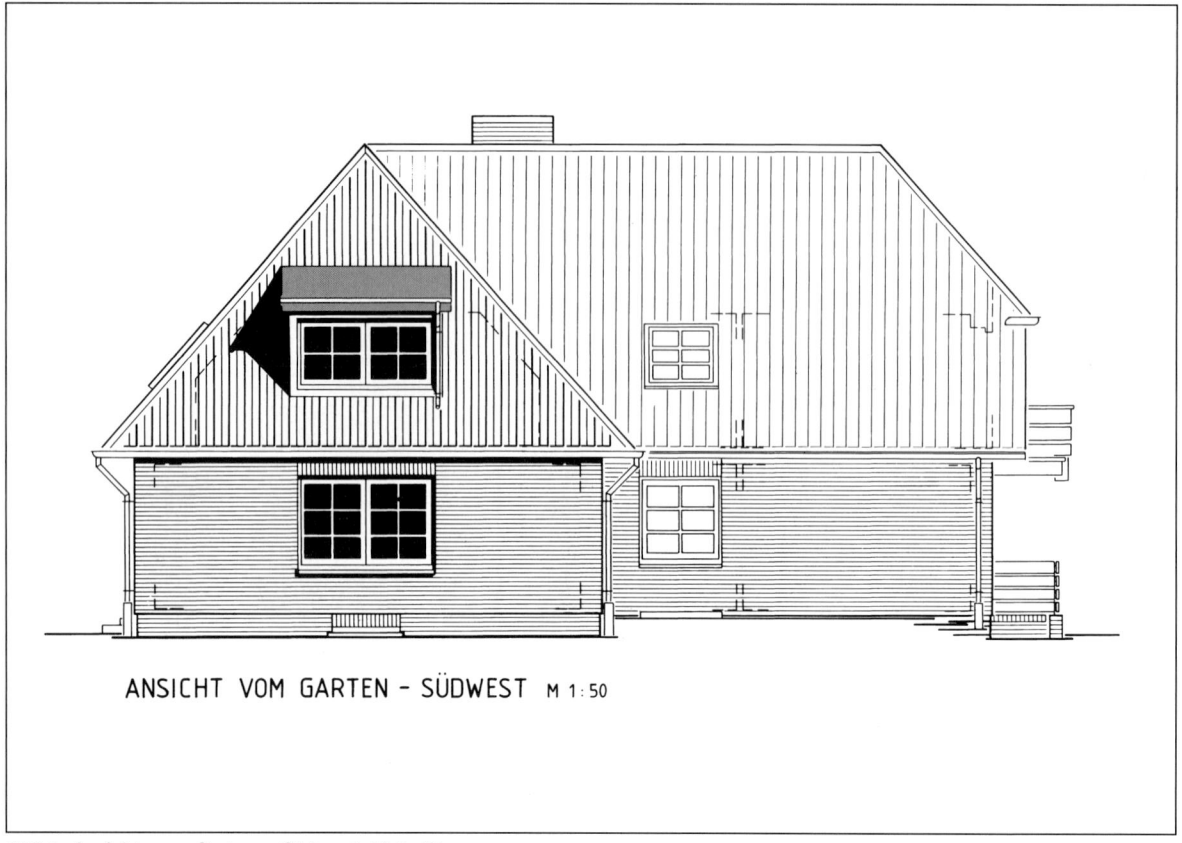

122.1 Ansicht vom Garten – Südwest, M 1:50

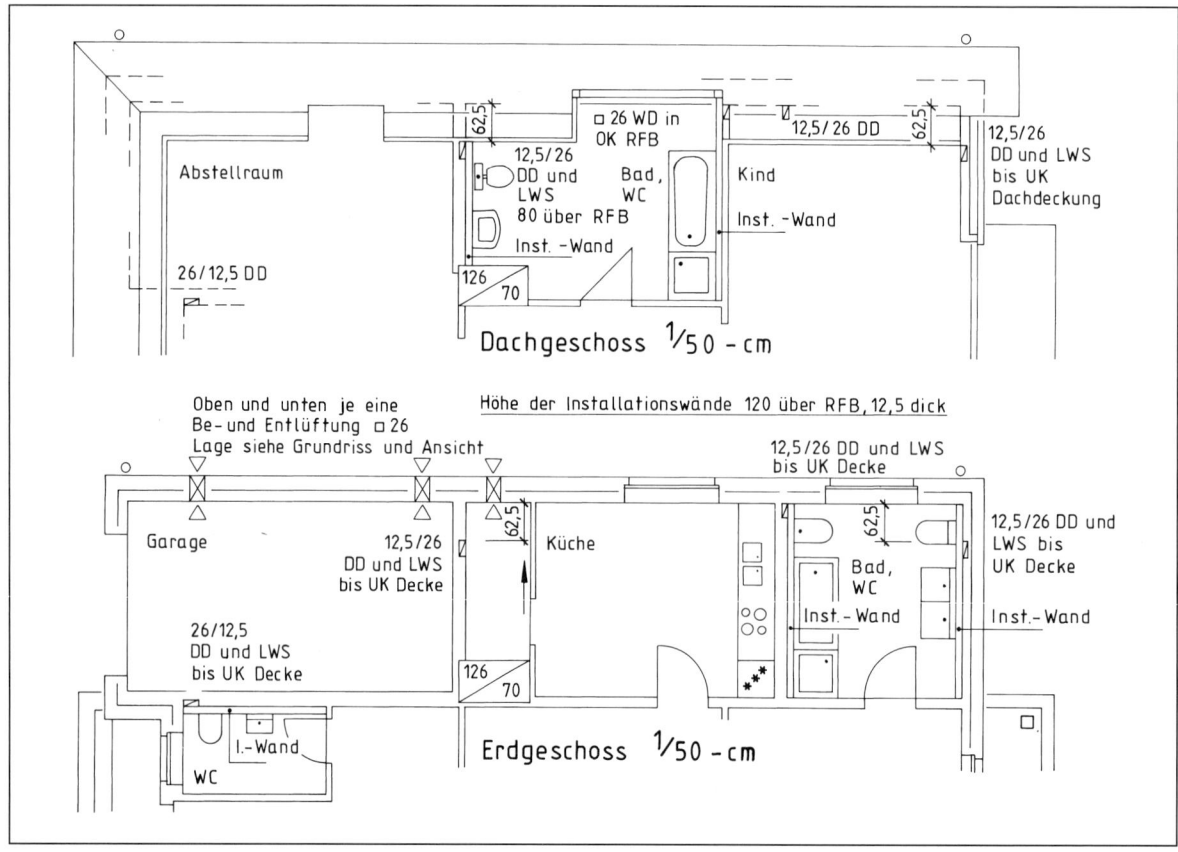

Dachgeschoss 1/50 – cm

- 26 WD in OK RFB
- 12,5/26 DD und LWS 80 über RFB Inst.-Wand
- 12,5/26 DD
- 12,5/26 DD und LWS bis UK Dachdeckung
- Abstellraum
- Bad, WC
- Kind
- Inst.-Wand
- 26/12,5 DD
- 126 / 70

Höhe der Installationswände 120 über RFB, 12,5 dick

Erdgeschoss 1/50 – cm

- Oben und unten je eine Be- und Entlüftung □ 26 Lage siehe Grundriss und Ansicht
- Garage
- 12,5/26 DD und LWS bis UK Decke
- 26/12,5 DD und LWS bis UK Decke
- Küche
- 12,5/26 DD und LWS bis UK Decke
- Bad, WC
- Inst.-Wand
- 12,5/26 DD und LWS bis UK Decke
- Inst.-Wand
- 126 / 70
- I.-Wand
- WC

122.2 Durchbrüche und Schlitze EG und DG

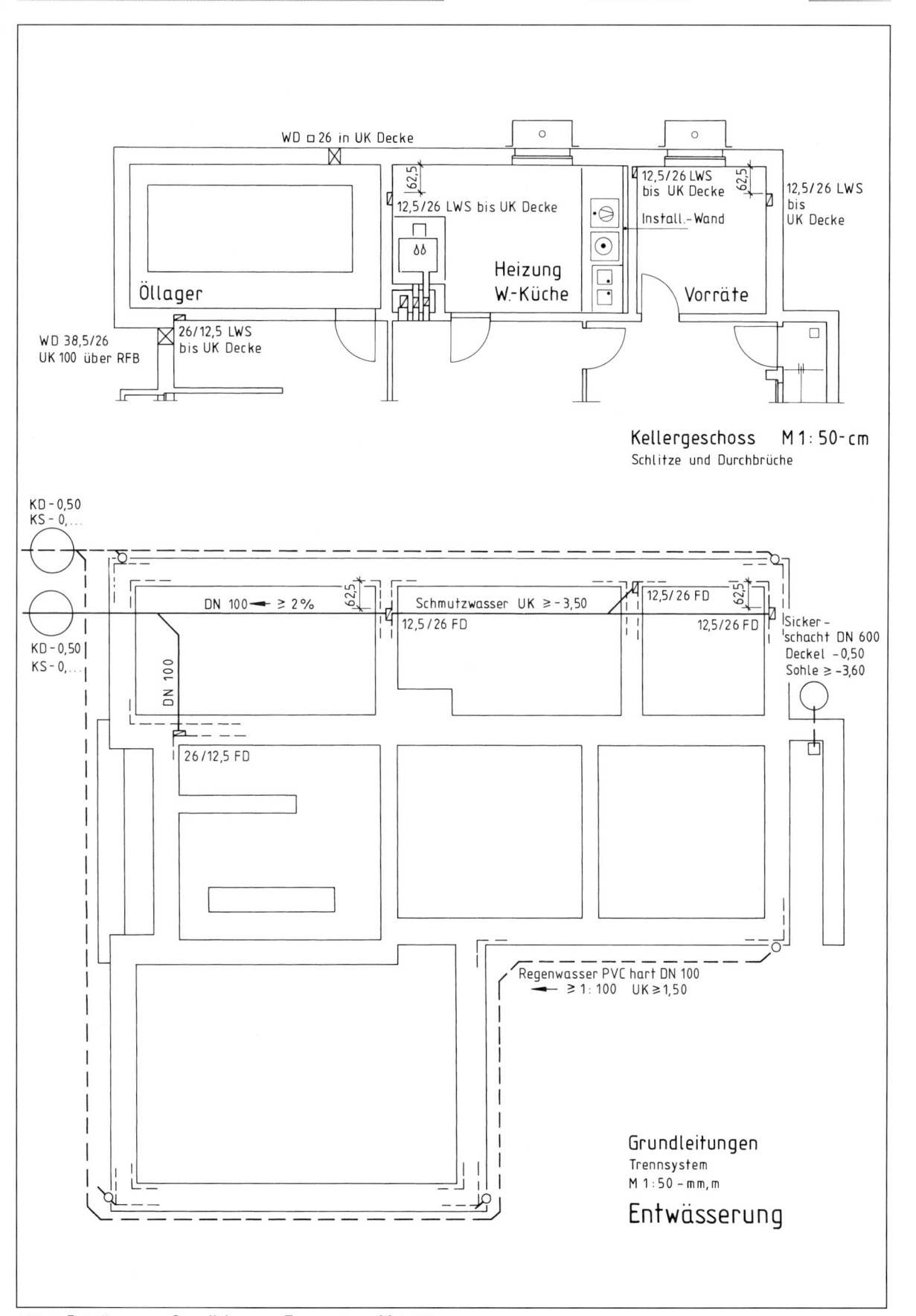

Bauzeichnen

Kellergeschoss M 1:50 - cm
Schlitze und Durchbrüche

- WD ☐ 26 in UK Decke
- 12,5/26 LWS bis UK Decke
- 12,5/26 LWS bis UK Decke
- 12,5/26 LWS bis UK Decke
- Öllager
- Heizung W.-Küche
- Install.-Wand
- Vorräte
- WD 38,5/26 UK 100 über RFB
- 26/12,5 LWS bis UK Decke

Grundleitungen
Trennsystem
M 1:50 - mm, m

Entwässerung

- KD -0,50 / KS -0,...
- KD -0,50 / KS -0,...
- DN 100 ≥ 2%
- Schmutzwasser UK ≥ -3,50
- 12,5/26 FD
- 12,5/26 FD
- 12,5/26 FD
- DN 100
- 26/12,5 FD
- Sickerschacht DN 600
  Deckel -0,50
  Sohle ≥ -3,60
- Regenwasser PVC hart DN 100
  ≥ 1:100   UK ≥ 1,50

123.1 Entwässerung, Grundleitungen, Trennsystem, M 1:50

Bauzeichnen

Raumnutzung, Einrichtung (Länge/Tiefe, cm)

Küchen
- Hängeschränke 30... alle 15/30
- Unterschränke 30... alle 15/30
- Spülen 90, 100, 120, 150/60
- Geschirrspüler 45, 60/60
- Kühlschränke 60/60
- Gefrierschränke 60/60
- Tiefkühlschränke 60, 100, 120/60
- Elektro-, Gasherde 45, 60/60
- Mikrowellenherde 45, 60/60

Bad, WC
- Waschtische 60, 65, 120/45, 50, 60
- Duschkabinen 80, 90/75, 80, 90
- Badewannen 150, 170, 180/75, 80
- WC-Becken 40/55, 70 (ohne/mit Spülkasten)
- Bidet 40/70
- Urinal 40/30
- Waschmaschine 45, 60/60
- Wäschetrockner 45, 60/60

Wohn- und Schlafräume
- Borte, Schränke 60, 90, 120.../45, 60
- Stühle 45/50
- Sessel 80/85
- Tische 80...140/70, 80
- Betten 140, 190, 200/70, 90, 100
- Nachtschränke 50/50

Heizung
- Flüssiger Brennstoff ≈ 60/80
- Gasförmiger Brennstoff ≈ 60/80
- Fester Brennstoff ≈ 60/80

124.1 Einrichtungsgegenstände in Grundrissen

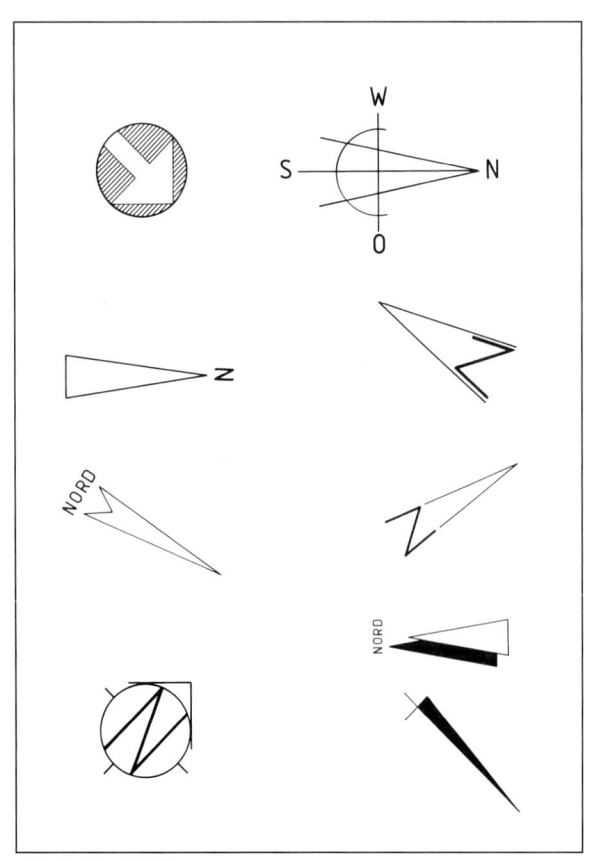

Nordpfeile. Zu Grundrisszeichnungen in jedem Maßstab gehört stets die Angabe der Himmelsrichtung, die bereits bei der Gebäudeplanung von wesentlicher Bedeutung ist. Im Bild 124.2 sind einige Nordpfeilbeispiele dargestellt, die individuell abgewandelt werden können, in ihrer Größe jedoch dem Zeichnungsmaßstab anzupassen sind.

Einrichtungsgegenstände in Grundrissen. Je nach Aufgabe der Zeichnung werden Grundrisse durch die Darstellung von Einrichtungsgegenständen der einzelnen Räume ergänzt. Dies ist vor allem für die Wasser- und Gasinstallation (z. B. in Küchen und Bädern/WC) bei Zeichnungen in größerem Maßstab üblich, um die erforderlichen Aussparungen für die Leitungsführungen in den Wänden planen und ausführen zu können. Für die Darstellung von Grundrisseinrichtungen gibt es im Handel Möblierungsschablonen (Bild 124.3) in den gängigen Zeichenmaßstäben. Im Bild 124.1 sind die wichtigsten Gegenstände in ihrer vereinfachten Darstellung mit ungefähren Abmessungen wiedergegeben.

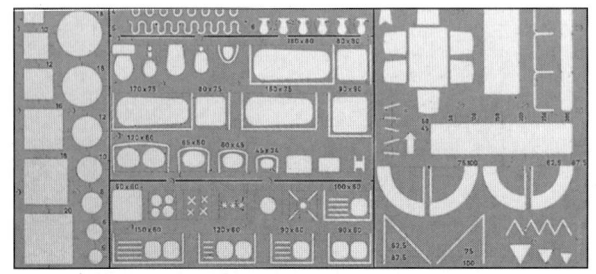

124.2 Nordpfeile

124.3 Möblierungsschablone – Ausschnitt

2 Grundflächen und Rauminhalte

Die DIN 277 mit ihren Teilen 1 und 2 ermöglicht es, die Kosten von Hochbauten zu ermitteln; außerdem bietet die Norm eine Grundlage, unterschiedliche Bauwerke miteinander zu vergleichen.

Flächengrößen werden aus den Grundrissen ermittelt, Höhenmaße aus den Schnittzeichnungen.

2.1 Begriffe

Brutto-Grundfläche (BGF) ist die Summe aller Grundrissebenen eines Bauwerkes.
Konstruktions-Grundfläche (KGF) ist die Summe der Grundflächen der aufgehenden Bauteile, wie Wände, Stützen, Pfeiler, aber auch der Schornsteinschäfte, Schächte, Türöffnungen, Nischen und Schlitze.
Netto-Grundfläche (NGF) ist die Summe der nutzbaren, zwischen den aufgehenden Bauteilen liegenden Grundflächen. Dazu gehören auch die Grundflächen frei liegender Installationen, fest eingebauter Gegenstände wie Öfen, Heizkörper u.Ä.
Die Netto-Grundfläche ist untergliedert:
Nutzfläche (NF) ist der Teil der NGF, der der Nutzung des Bauwerks aufgrund seiner Zweckbestimmung dient.
Funktionsfläche (FF) ist der Teil der NGF, der der Unterbringung zentraler betriebstechnischer Anlagen im Bauwerk dient.
Verkehrsfläche (VF) ist der Teil der NGF, der dem Zugang zu den Räumen, dem Verkehr innerhalb des Bauwerks und auch der Fluchtmöglichkeit dient.
Hauptnutzfläche (HNF) und **Nebennutzfläche (NNF)** sind Unterteilungen der Nutzfläche.

Brutto-Rauminhalt (BRI) ist der Rauminhalt des Baukörpers, der nach unten von der Unterfläche der konstruktiven Bauwerkssohle und im Übrigen von den äußeren Begrenzungsflächen des Bauwerks umschlossen wird.
Nicht zum Brutto-Rauminhalt gehören die Rauminhalte von: Fundamenten, Kellerlichtschächten, Außentreppen, Außenrampen, Eingangsüberdachungen, Dachgauben, konstruktiven oder gestalterischen Vor- und Rücksprüngen an den Außenflächen, auskragenden Sonnenschutzanlagen, Lichtkuppeln, Schornsteinköpfen und Dachüberständen, soweit sie nicht Überdeckungen für den Bereich b (siehe unten) sind.
Netto-Rauminhalt ist die Summe der Rauminhalte aller Räume, deren Grundflächen zur Nettogrundfläche gehören.

2.2 Berechnungsgrundlagen

Grundflächen und Rauminhalte sind nach ihrer Zugehörigkeit zu einem der folgenden Bereiche getrennt zu ermitteln:
Bereich a: überdeckte und allseitig in voller Höhe umschlossene Bauteile
Bereich b: überdeckte, jedoch nicht allseitig in voller Höhe umschlossene Bauteile
Bereich c: nicht überdeckte Bauteile

Grundfläche und Rauminhalte sind getrennt nach Grundrissebene und Rauminhalten sowie getrennt nach unterschiedlichen Höhen zu berechnen.
Waagerechte Flächen sind aus ihren tatsächlichen Maßen, schräg liegende Flächen aus ihrer senkrechten Projektion auf eine waagerechte Ebene zu berechnen.

2.3 Berechnung von Grundflächen

Für die Berechnung der **Brutto-Grundfläche** sind die äußeren Maße der Bauwerke einschließlich Bekleidung, z.B. Außenputz, in Fußbodenhöhe anzusetzen. Konstruktive und gestalterische Vor- und Rücksprünge bleiben dabei unberücksichtigt. Brutto-Grundflächen des Bereichs b sind an den Stellen, an denen sie nicht umschlossen sind, bis zur senkrechten Projektion ihrer Überdeckung zu rechnen.

Die **Konstruktions-Grundfläche** ist aus den Grundflächen der aufgehenden Bauteile zu berechnen. Dabei sind die Fertigmaße der Bauteile in Fußbodenhöhe einschließlich Putz oder Bekleidung anzusetzen. Konstruktive oder gestalterische Vor- und Rücksprünge an den Außenflächen, soweit sie die Netto-Grundfläche nicht beeinflussen, Fuß-, Sockelleisten, Schrammborde sowie vorstehende Teile von

Nr.	Nutzungsart, Benennung	Netto-Grundfläche (NGF)	
1	Wohnen und Aufenthalt	Hauptnutzfläche 1 (HNF 1)	Nutzfläche (NF)
2	Büroarbeit	Hauptnutzfläche 2 (HNF 2)	
3	Produktion, Hand- und Maschinenarbeit, Experimente	Hauptnutzfläche 3 (HNF 3)	
4	Lagern, Verteilen, Verkaufen	Hauptnutzfläche 4 (HNF 4)	
5	Bildung, Unterricht, Kultur	Hauptnutzfläche 5 (HNF 5)	
6	Heilen und Pflegen	Hauptnutzfläche 6 (HNF 6)	
7	Sonstige Nutzung[1]	Nebennutzfläche (NNF)	
8	Betriebstechnische Anlagen	Funktionsfläche (FF)	
9	Verkehrserschließung und -sicherung	Verkehrsfläche (VF)	

[1] Sanitärräume, Garderoben, Abstellräume, Fahrzeugabstellflächen, Fahrgastflächen, Räume für zentrale Technik, Schutzräume u.Ä.

125.1 Nutzungsarten und Gliederung der Netto-Grundfläche

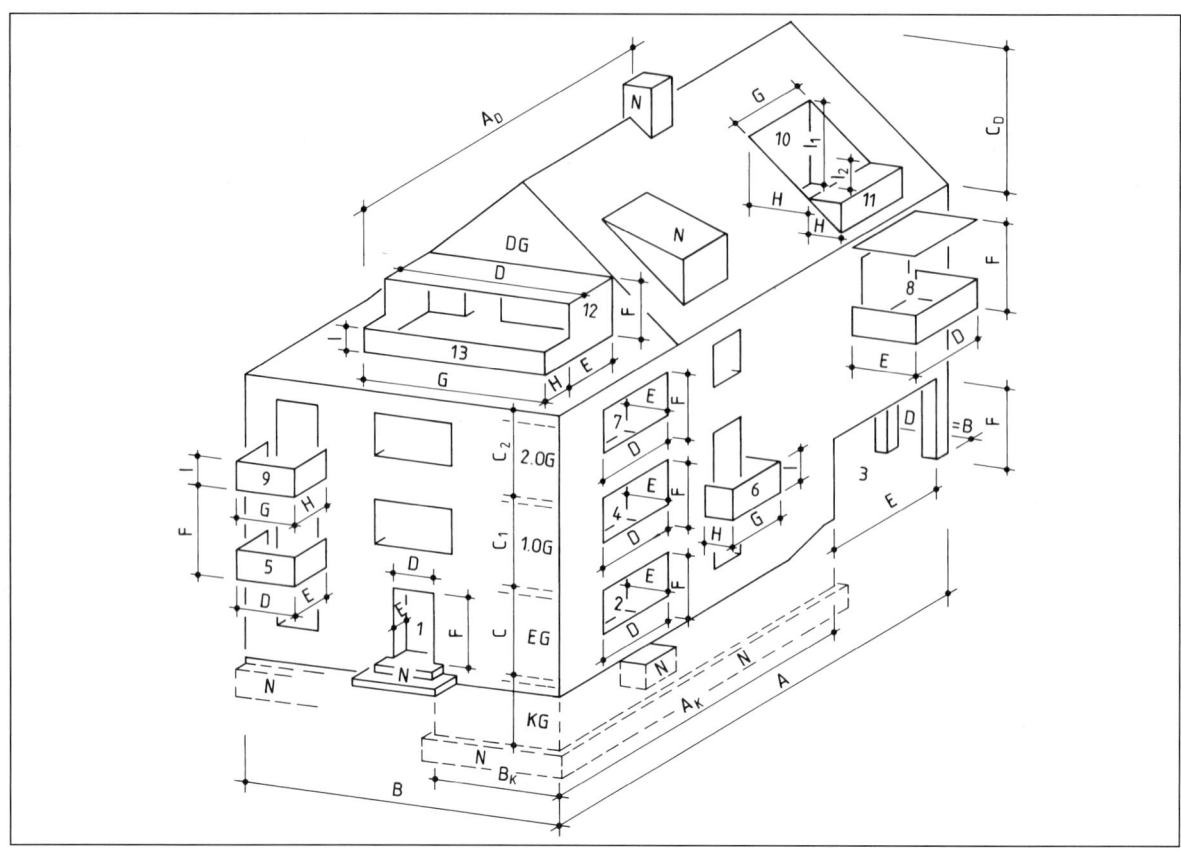

126.1 Grundmaße für die Berechnung der Rauminhalte

Rechenansatz	Allseitig umschlossen und überdeckt m^3	Nicht allseitig umschlossen, jedoch überdeckt m^3	Nicht allseitig umschlossen, nicht überdeckt m^3	Gesamt m^3
KG $A_K \cdot B_K \cdot C_K$				
EG $A \cdot B \cdot C$ $-$ (1) $D \cdot E \cdot F$ $-$ (2) $D \cdot E \cdot F$ $-$ (3) $D \cdot E \cdot F$				
1. OG $A \cdot B \cdot C$ $-$ (4) $D \cdot E \cdot F$ $+$ (5) $D \cdot E \cdot F$ $+$ (6) $G \cdot H \cdot I$				
2. OG $A \cdot B \cdot C_2$ $-$ (7) $D \cdot E \cdot F$ $+$ (8) $D \cdot E \cdot F$ $+$ (9) $G \cdot H \cdot I$				
DG $A_D \cdot B \cdot C_D \cdot 1/2$ $-$ (10) $G \cdot H \cdot (I_1 + I_2) \cdot 1/2$ $+$ (11) $G \cdot H \cdot I_2 \cdot 1/2$ $+$ (12) $D \cdot E \cdot F$ $+$ (13) $G \cdot H \cdot I$				
Datum				
Unterschrift				

126.2 Brutto-Rauminhalte, getrennt nach Geschossen

Fenster- und Türbekleidungen bleiben unberücksichtigt. Die Konstruktions-Grundfläche darf auch als Differenz aus Brutto- und Netto-Grundfläche ermittelt werden.

Bei der Berechnung der **Netto-Grundfläche** sind die Grundflächen von Räumen oder Raumteilen unter Schrägen mit lichten Raumhöhen von $\geq 1{,}50\,m$ sowie $> 1{,}50\,m$ stets getrennt zu ermitteln.

Bei der Berechnung der Netto-Grundfläche bzw. den Nutz-, Funktions- oder Verkehrs-Fläche (Tab. 125.1) im Einzelnen sind die lichten Maße der Räume in Fußbodenhöhe ohne Berücksichtigung von Fuß-, Sockelleisten oder Schrammborden anzusetzen.

Netto-Grundflächen des Bereiches b sind an den Stellen, an denen sie nicht umschlossen sind, bis zur senkrechten Projektion ihrer Überdeckung zu rechnen.

Grundflächen von Treppenräumen und Rampen sind als Projektion auf die darüber liegende Grundrissebene zu berechnen, soweit sie sich nicht mit anderen Grundflächen überschneiden.

Grundflächen unter der jeweils ersten Treppe oder ersten Rampe werden derjenigen Grundrissebene zugerechnet, auf der die Treppe oder Rampe beginnt. Sie werden ihrer Nutzung entsprechend zugeordnet.

Die Grundflächen von Aufzugs- und von begehbaren Installationsschächten werden in jeder Grundrissebene berücksichtigt, durch die sie führen.

2.4 Berechnung von Rauminhalten

Der **Brutto-Rauminhalt** ist aus den Brutto-Grundflächen und den dazugehörigen Höhen zu errechnen. Als Höhen für die Ermittlung des Brutto-Rauminhaltes gelten die senkrechten Abstände zwischen den Oberflächen des Bodenbelages der jeweiligen Geschosse oder der Oberfläche des Dachbelages.
Bei Luftgeschossen gilt als Höhe der Abstand von der Oberfläche des Bodenbelages bis zur Unterfläche der darüber liegenden Deckenkonstruktion.

Bei untersten Geschossen gilt als Höhe der Abstand von der Unterfläche der konstruktiven Bauwerkssohle bis zur Oberfläche des Bodenbelages des darüber liegenden Geschosses.

Für die Höhen des Bereiches c sind die Oberkanten der diesem Bereich zugeordneten Bauteile, z. B. Brüstungen, Attiken, Geländer, maßgebend.
Bei Bauwerken oder Bauwerksteilen, die von nicht senkrechten und/oder nicht waagerechten Flächen begrenzt werden, ist der Raum nach entsprechenden Formeln zu berechnen.

In Bild 126.1 sind die am häufigsten vorkommenden Teile von Hochbauten wiedergegeben und in Tabelle 126.2 zur Berechnung zusammengefasst.
Bei der Ermittlung des Brutto-Rauminhaltes sind vier Arten von Bauteilen zu unterscheiden, für die die Rechenansätze in der Reihenfolge Länge · Breite (Tiefe) · Höhe erfolgen:

- $A \cdot B \cdot C$ allseitig in voller Höhe umschlossen und überdeckt. Die Kellerhöhe C_K wird von UK Kellersohle bis OK FFB EG angesetzt. C und C_1 gelten jeweils von OK FFB bis OK FFB, C_2 und C_D von OK FFB bis OK Dachdeckung.
- $D \cdot E \cdot F$ nicht allseitig in voller Höhe umschlossen, jedoch überdeckt. Die Höhe F wird je nach Bauteil von OK FFB bis UK der darüber liegende Decke gerechnet oder von UK Bauteil bis OK Überdeckung beziehungsweise von OK Terrain bis UK Decke.
- $G \cdot H \cdot I$ nicht allseitig in voller Höhe umschlossen und nicht überdeckt.
- N nicht anzurechnende Bauteile wie Fundamente, Kellerlichtschächte, Außentreppen, Außenrampen, Eingangsüberdachungen, Dachgauben, konstruktive oder gestalterische Vor- und Rücksprünge an den Außenflächen, auskragende Sonnenschutzanlagen, Lichtkuppel, Schornsteinköpfe, Dachüberstände, soweit sie nicht Überdeckungen für den Bereich b sind.

Der **Netto-Rauminhalt** ist aus den Netto-Grundflächen und den lichten Raumhöhen zu berechnen.

Computeranwendungen

1 Computerarbeitsplatz

1.1 Zur Geschichte des Computers

128.1 Konrad Zuse

Der deutsche Bauingenieur Konrad Zuse wird fast einhellig auf der ganzen Welt als Schöpfer des ersten funktionierenden programmgesteuerten und frei programmierbaren Rechners in binärer Gleitpunktrechnung anerkannt. Diese Maschine – Z3 genannt – vollendete er 1941 in seiner kleinen Werkstatt zu Berlin-Kreuzberg. Erste Gedanken Zuses über die logischen wie technischen Prinzipien zum Bau solcher damals völlig neuartiger Rechnersysteme, die wir heute Computer nennen, gehen bereits auf das Jahr 1934 zurück. Konrad Zuse schuf auch – was weit weniger bekannt ist – mit „Plankalkül" (1941–1945) die erste höhere Programmiersprache der Welt – heute übliche Programmiersprachen sind z.B. „Visual Basic", „Delphi", „Visual Lisp" oder „C".

Konrad Zuse wollte die Ingenieure von der stupiden Rechenarbeit befreien, die z.B. bei baustatischen Berechnungen anfällt. Dazu konstruierte er von 1936 bis 1938 seine erste Maschine Z1. Sie war ein Rechner mit einer Taktfrequenz von einem Hertz (die heutigen Computer arbeiten mit zwei Gigahertz und mehr – also zweitausend Millionen mal schneller!) und wurde mit Lochstreifen (gelochte Filme) gesteuert. Sie gilt als die erste programmgesteuerte Rechenmaschine der Welt.

Unzufrieden mit der Zuverlässigkeit, entwarf er das Gerät Z2 (1938 bis 1940). Hier verwendete er wieder das Prinzip des mechanischen Speichers der Z1, setzte für das Festkommarechenwerk jedoch Telefonrelais (800 Relais) ein. Die Zuverlässigkeit überzeugte Konrad Zuse und er baute den Rechner Z3 vollständig aus Relais (600 im Rechenwerk und 1800 im Speicher), der 1941 fertig gestellt war und heute als der erste funktionsfähige frei programmierbare auf dem binären Zahlensystem (Gleitkomma) basierende Rechner der Welt gilt. Die zwischen 1942 und 1945 entwickelte Z4 war als Prototyp einer Serie gedacht. Die Zahlenwerte wurden hier schon über ein Tastenfeld eingegeben und die Ergebnisse auf einem Lampenfeld angezeigt. Der 2. Weltkrieg zerstörte zunächst Konrad Zuses Visionen, dass seine Rechner die Arbeit der Ingenieure vom sturen Zahlenrechnen befreien sollten.

1.2 Einsatzgebiete

Der Einsatzgrad der Mikroelektronik ist heute ein Maßstab für die Leistungsfähigkeit eines Industrielandes. In fast allen Bereichen der industriellen Fertigung ist der Einsatz von Computern inzwischen selbstverständlich geworden.

In Ingenieurbüros und Baufirmen wurden Computer schon in den Sechzigerjahren des vorigen Jahrhunderts für baustatische und vermessungstechnische Berechnungen eingesetzt. Heute kann man den Computereinsatz im Bauwesen in folgende Bereiche untergliedern:
- baustatische und bauphysikalische Berechnungen,
- Ausschreibung, Vergabe und Abrechnung (AVA),
- computerunterstütztes Zeichnen und Konstruieren (CAD),
- computerunterstützte Fertigung (CAM).

Baustatische und bauphysikalische Berechnungen
Der Nachweis der Standfestigkeit eines Bauwerkes (Statik) und die Nachweise eines ausreichenden Wärme-, Schall- und Brandschutzes erfordern aufwändige Berechnungen, die sinnvollerweise mit geeigneten Computerprogrammen ausgeführt werden. Dabei können mit entsprechenden Programmen auf einem Plotter fertige Konstruktionszeichnungen ausgegeben werden. Vor allem im Stahlbetonbau (Schal- und Bewehrungspläne) und im Holz- und Stahlbau werden gleichzeitig auch die Stücklisten automatisch erstellt, die früher von Bauzeichnern und Ingenieuren mühsam aus Zeichnungen erfasst werden mussten.

Ausschreibung – Vergabe – Abrechnung (AVA)
Bei der Ausschreibung von Bauleistungen, die vom Architekten oder Bauingenieur erstellt wird, werden alle Leistungen in Einzelpositionen zerlegt und aufgelistet (z. B.

„20 m Streifenfundamente 40/40 cm aus Beton C 16/20 anfertigen"), den interessierten Bauunternehmungen vorgelegt und die Preise in einem so genannten „Preisspiegel" verglichen. In der Regel erhält dann der günstigste Bieter den Auftrag. Spezielle AVA-Programme erleichtern hier die Ausschreibung und die Erstellung des Preisspiegels. Um die Kosten zu ermitteln, werden von den Baufirmen häufig Kalkulationsprogramme eingesetzt. Für die genaue Erfassung der ausgeführten Bauleistungen (Aufmaß) werden auf der Baustelle tragbare Computer (Notebooks oder Handhelds) verwendet. Die so erfassten Daten werden dann für die Abrechnung auf größere Datenverarbeitungsanlagen übertragen und dort weiterverarbeitet.

CAD

Unter CAD (computer aided design) versteht man das Konstruieren. und Entwerfen (design) oder auch Zeichnen (drafting) mit Rechnerunterstützung. Der Bauzeichner, Bautechniker, Architekt oder Bauingenieur erstellt eine Zeichnung nicht mehr auf dem Papier am Zeichenbrett, sondern am Bildschirm eines CAD-Systems. Die früher benutzten Konstruktionswerkzeuge wie Zeichenbrett, Bleistift, Tuschefüller, Zirkel, Radiergummi und Papier sind durch einen CAD-Computer und ein CAD-Zeichenprogramm ersetzt worden. Die Fähigkeiten des Zeichners und des Konstrukteurs werden durch den Computer nicht ersetzt, sondern ergänzt und potenziert.

Der Arbeitsaufwand bei der Erstellung einer mit CAD erstellten Zeichnung ist zunächst vergleichbar mit der Anfertigung einer herkömmlichen Zeichnung, wenn nicht ständig wiederkehrende Zeichnungselemente kopiert werden können. Bei CAD entfallen aber stumpfsinnige Schraffurarbeiten, und Maßketten können halb- und vollautomatisch erstellt werden. Ferner können ganze Ebenen von zusammengehörenden Zeichnungselementen, wie z. B. die Möblierung in einem Hausgrundriss, beliebig ein- und ausgeblendet werden.

Häufig wiederkehrende Zeichnungselemente werden nur einmal durch ihre Abmessungen definiert und als Geometrieelement (Makro/Block) abgespeichert. Als Makros abgelegte Bauteile können durch den Anwender von einer Fest- oder Wechselplatte, CD/DVD oder aus dem Internet abgerufen und in der aktuellen Zeichnung beliebig oft positioniert werden.

Computerunterstützte Fertigung (CAM)

Das computerunterstützte Fertigen von Bauteilen findet man im Bauwesen vor allem in der Fertigteilindustrie, wo die Bewehrungsstäbe vollautomatisch von Robotern auf den Schalungstischen platziert werden, bevor die Fertigteile betoniert werden. Auch im Mauerwerksbau gibt es schon Ansätze zur roboterunterstützten Fertigung.

1.3 Hardware

Rechner

Computer sind heute aus dem Berufs- und Privatleben nicht mehr wegzudenken. Nicht nur beim Fachhandel, sondern auch im Supermarkt kann man heute leistungsfähige Geräte zu einem günstigen Preis erwerben. Prinzipiell ist jeder handelsübliche Computer CAD-fähig, dennoch gelten für CAD-Workstations natürlich besondere Maßstäbe hinsichtlich Prozessorgeschwindigkeit, Größe des Arbeitsspeichers und Festplattenkapazität, da hier große Mengen grafischer Daten in einer akzeptablen Geschwindigkeit verarbeitet werden müssen.

Hauptplatine

Die Hauptplatine (Mainboard) enthält Stecksockel (Slots) für den Prozessor, die Arbeitsspeicher (RAM-)Module und Erweiterungskarten wie z.B. die Grafikkarte, Netzwerkkarte oder Soundkarte. Diese können auch in die Hauptplatine integriert sein wie der Festplatten- und Diskettenlaufwerkskontroller, von denen nur die Anschlussstecker sichtbar sind, an welche die Flachkabel zu den Laufwerken angeschlossen werden. Aus dem Computergehäuse herausgeführt sind Druckeranschlüsse, USB (Universal-Serial Bus-)Anschlüsse und die Anschlüsse der Steckkarten, z. B. die Monitoranschlussbuchse der Grafikkarte. Ferner enthält das Mainboard ein BIOS-Eprom, auf dem das „Basic Input Output System" abgespeichert ist, eine Art Grundkonfigurationsprogramm. Flash-Eproms können einfach aktualisiert werden (Daten sind beim Hersteller aus dem Internet erhältlich), um neu entwickelten Geräten und Einsteckkarten ein reibungsloses Zusammenwirken zu ermöglichen. Eine Knopfbatterie puffert die Konfigurationsdaten, die im Setup-Programm benutzerdefiniert eingestellt wurden.

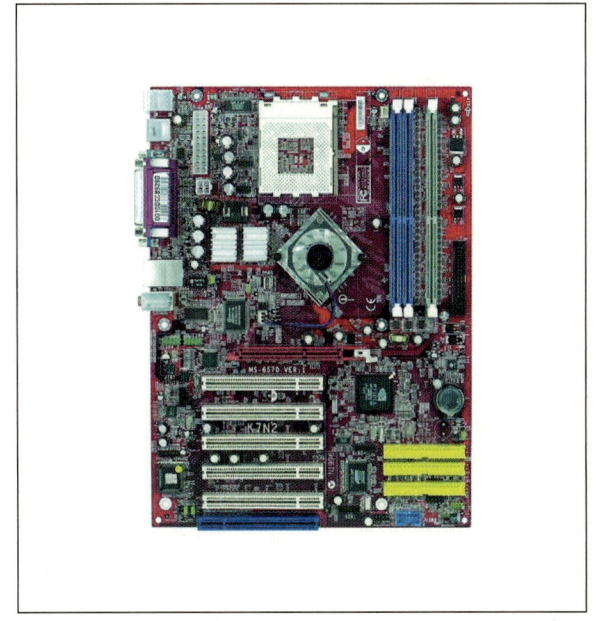

129.1 Hauptplatine (Mainboard)

Computeranwendungen

130.1 Prozessor

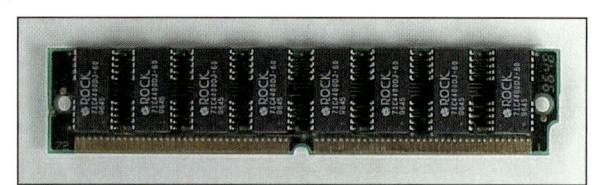

130.2 Speichermodul

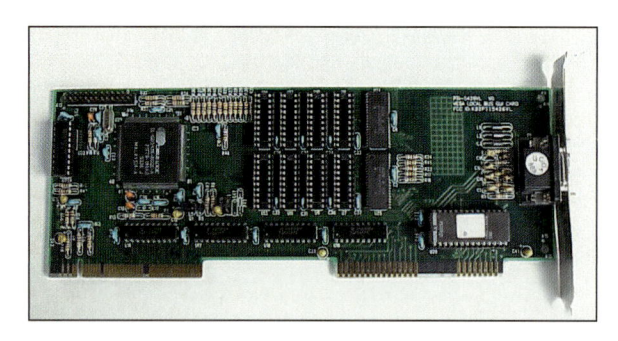

130.3 Grafikkarte

Standard-Auflösungen				
VGA	–	640	×	480 Punkte
SVGA	–	800	×	600 Punkte
XGA	–	1 024	×	768 Punkte
SXGA	–	1 280	×	1 024 Punkte
UXGA	–	1 600	×	1 200 Punkte

Prozessor (CPU)

Der Mikroprozessor (Central Processing Unit) ist das Gehirn des Rechners. Sein Systemtakt bestimmt neben der Breite des Datenbusses im Wesentlichen das Leistungsvermögen des Computers. Ein Prozessor mit 1,5 Gigahertz (1500 Millionen Schwingungen pro Sekunde) Taktfrequenz und einer Busbreite von 64 Bit (vergleichbar einem Leitungsbündel von 64 Leitungen) ist etwa sechsmal so schnell wie ein Prozessor mit 32 Bit und 500 Megahertz. Auch die Größe des Cache-Zwischenspeichers im Prozessor (Level-1-Cache) und des Cache-Speichers auf der Hauptplatine (Level-2-Cache) spielt eine Rolle. Üblicherweise ist ein Coprozessor für Gleitkommaberechnungen integriert.

Arbeitsspeicher (RAM)

Der Arbeitsspeicher (Random Acess Memory) arbeitet eng mit dem Prozessor zusammen und ist mit diesem durch den Frontside-Bus verbunden. Dessen Taktfrequenz (z. B. 266 MHz) ist in der Regel wesentlich niedriger als die Taktfrequenz des Prozessors. Der RAM-Speicher führt programmierte Befehle des Prozessors aus und speichert Daten (Zahlen, Texte und Grafiken), solange sie nicht dauerhaft auf der Festplatte abgespeichert werden. Er ist – vergleichbar dem Kurzzeitgedächtnis beim Menschen – flüchtig und sein Inhalt muss ständig durch Stromimpulse aufgefrischt werden. Die Speicherchips werden auf Steckmodulen geliefert und können dadurch bequem zur Aufrüstung in die dafür vorgesehenen Sockel (Slots) auf der Platine gesteckt werden.

Grafikkarte

Die Grafikkarte ist bei einer CAD-Workstation ein wichtiges Bauteil, wobei in Verbindung mit dem CAD-Monitor auf eine hohe (mind. 1 280 × 1 024 Punkte, besser 1 600 × 1 280) Auflösung zu achten ist. Eine ergonomische flimmerfreie Bildwiederholfrequenz (Vertikalfrequenz) von 100 Hz (Hertz = Schwingungen pro Sekunde) erfordert bei einer Auflösung von 1280 mal 1024 Punkten $1{,}1 \cdot 1024 \cdot 100 = 112\,640$ Hz ≈ 113 kHz (Kilohertz) Horizontalfrequenz beim Monitor.

Festplatte

Die Festplatte ist ein magnetischer Datenspeicher aus einem Stapel von starren Scheiben, der sich z. B. mit 10000 Umdrehungen pro Minute dreht und auf dessen magnetisch beschichteten Oberflächen die Daten in kreisförmigen Spuren aufgezeichnet werden, die wiederum in Sektoren unterteilt werden. Das Anlegen der Spuren und Sektoren nennt man „formatieren", wobei man zwischen der Vorformatierung ab Werk und der eigentlichen Formatierung durch das Betriebssystem (z. B. Windows) unterscheidet. Eine Festplatte mit 50 GB (Gigabyte) Speicherkapazität kann etwa 20 Millionen A4-Seiten Text mit je 2,5 kB (Kilobyte) abspeichern, die im Schnitt 50 Zeilen mit 50 Zeichen enthalten – ein alphanumerisches Zeichen (Ziffer oder Buchstabe) entspricht einem Byte Speicherplatz. Dieser Papierstapel wäre etwa zwei Kilometer hoch!

Computeranwendungen

Große Festplatten können auch in mehrere Partitionen unterteilt werden: Die einzelnen Partitionen werden dann mit verschiedenen Laufwerksbuchstaben (C, D, E ...) angesprochen.

CD/DVD/Brenner/FMB-Laufwerke
Die ersten CD-ROM-Laufwerke (Compact Disc) arbeiteten mit einfacher Geschwindigkeit. Inzwischen gibt es eine breite Auswahl von Geräten für die verschiedensten Einsatzbereiche:
- CD-ROM-Laufwerke mit mehr als 50-facher Geschwindigkeit und mehr zum Lesen von CDs mit bis zu 700 MB Speicherkapazität
- CD-Brenner zum Beschreiben von CD-Rs und Wiederbeschreiben von CD-RWs
- DVD-ROM-Laufwerke (Digital Versatile Disc) für CDs und DVDs mit bis zu 17 Gigabyte Speicherkapazität, auch DVD-Brenner zum (Wieder-)Beschreiben
- Für die Zukunft sind FMB (Fluorescent Multilayer Disc)-Laufwerke mit einer vielfach höheren Kapazität als DVDs zu erwarten.

131.1 Festplatte (geöffnet)

Und die Entwicklung geht weiter. Diese Medien eignen sich – sofern sie beschreibbar sind – auch hervorragend zu Dokumentationszwecken. So ist es heute schon üblich, alle Zeichnungen, Berechnungen und Schriftstücke eines Projekts auf CD zu brennen und den beteiligten Partnern (Bauherr, Planer, Behörden, Baufirmen) zu überlassen – Planschrank und Aktenordner ade!

Wechselplatten
Zum problemlosen Datenaustausch im Bauwesen eignen sich gebräuchliche Wechselplatten-Laufwerke mit Spezial-Disketten oder Kassetten (100 MB bis mehrere GB üblich). Dabei ist wichtig, dass man auf verbreitete Systeme setzt und nicht auf „Exoten".

131.2 DVD-Laufwerk

Streamer
Bandlaufwerke (Streamer) dienen der Komplettsicherung des Festplatteninhaltes von Servern und Arbeitsstationen. Diese Sicherung kann auch in automatischen Zeitintervallen erfolgen, wobei mit ausgefeilten Sicherungsstrategien (tägliche/wöchentliche Sicherung und Auslagerung der Bänder) höchstmögliche Datensicherheit erzielt wird.

131.3 Wechselplatten-Laufwerk

Eingabegeräte
Tastatur. Standardtastaturen haben folgende Bereiche (Blöcke):

- Alphanumerischer Block (Buchstaben/Ziffern)
- Funktionstastenblock (F-Tasten)
- Numerischer Block (Ziffernblock rechts)
- Cursorsteuerungsblock (Pfeiltasten etc.)

Tastaturen mit weiteren Funktionen für CAD, Internet und Multimedia bieten erweiterte Bedienungsmöglichkeiten.

131.4 Computer-Tastatur

Computeranwendungen

132.1 Wheel-Maus

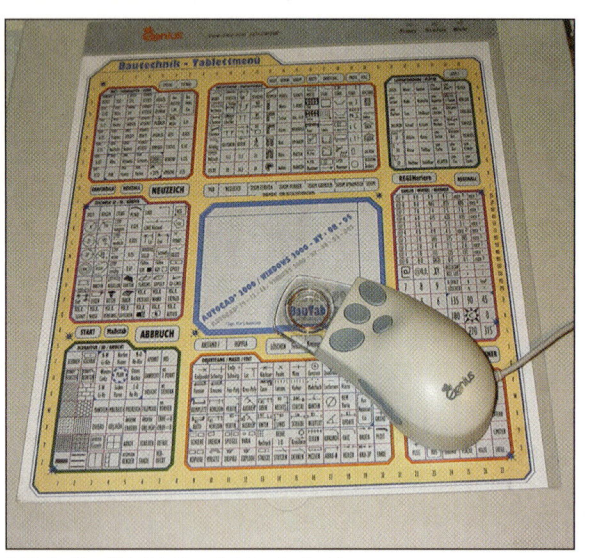

132.2 Grafiktablett mit Menüschablone

```
Bildröhre : 21" Diamondtron-NF
Maskenart : 0.25-0.27 mm Streifenmaske
Horizontalfrequenz : 30–130 KHz
Vertikalfrequenz : 50–160 Hz
Auflösung : 2 048 × 1 536
Ergonomie : TCO 99
Plug & Play DDC1/2B
Anschluss : 5 × BNC, D-Sub Mini 15 Pin
Herstellergarantie : 3 Jahre
Ergonomie MPR II, TCO 99
Plug & Play VESA DDC 2B
Maße T × B × H 482 × 493 × 490
Netto-Gewicht 33 kg
```

132.3 Beispiel-Daten für einen CAD-Monitor

Maus
Die Standardmaus hat 2 Tasten und ein Rad (Wheel-Maus). Die Benutzeroberflächen der Betriebssysteme und Anwenderprogramme bieten auf dem Bildschirm Symbole (Icons) oder Befehle in Menüs zum Anklicken an. Hat die Pfeilspitze des Mauscursors auf dem Bildschirm den gewünschten Befehl erreicht, wird dieser durch den Druck auf die linke Maustaste aktiviert. Die rechte Maustaste hat meistens die Funktion, ein so genanntes „Kontextmenü" aufzurufen oder ersetzt die Eingabetaste. Das Mausrad dient zum „Scrollen" (Hinauf- und Herunterschieben des Textes) auf dem Bildschirm, bei CAD-Programmen z. B. zur „ZOOM"-Funktion (Vergrößern und Verkleinern). Durch Druck auf das Rad können weitere Funktionen belegt werden, wie z.B. das Verschieben von Zeichnungen auf dem Bildschirm.

Grafiktablett. Das Grafiktablett (Digitizer) ist ein zu Unrecht etwas aus der Mode gekommenes Eingabegerät für CAD-Pläne. Über eine aufgelegte Menüschablone werden mit einer Lupe oder einem Stift die Befehlsfelder angeklickt und die grafischen Elemente oder Bauteile in einem Zeichenbereich positioniert. Der Vorteil gegenüber der reinen Mausbedienung über Bildschirmmenüs liegt darin, dass man sich nicht über verschachtelte Bild- und Textmenüs zum gewünschten Befehl vorkämpfen muss, sondern den gewünschten Befehl an einer festen Position auf der Schablone findet. Mit so genannten „WINTAB"-Treibern kann man das Tablett auch als „Mausersatz" verwenden, d.h., man braucht keine zusätzliche Maus für die Windows-Bedienung.

Ausgabegeräte
Monitor. Üblich sind im CAD-Bereich Monitore ab 20 Zoll Bildschirmdiagonale. TFT-Monitore (Thin-Film-Transistor) setzen sich trotz des höheren Preises gegenüber den CRT-Monitoren (Cathode-Ray-Tube: Kathodenstrahlröhre) immer mehr durch. Wichtig ist eine feine Loch- oder Streifenmaske von 0,25 mm, eine hohe Horizontalfrequenz sowie die Einhaltung der aktuellen TCO- und MPR II-Bestimmungen für Ergonomie und Abstrahlung.

Drucker. Heute sind überwiegend Tintenstrahldrucker und Laserdrucker in den Formaten A4 oder auch A3 im Einsatz. Auflösungen über 1200 DPI (Dots per inch, d.h. Punkte pro Zoll auf dem Papier) sind üblich und bieten bei Texten und Grafiken eine hohe Druckqualität. Die preisgünstigeren Tintenstrahldrucker erlauben grafische Ausdrucke in Farbe und Schwarzweiß, bei Texten ist die Ausdruck-Qualität von Laserdruckern besser. Im preislichen Spitzensegment sind Farblaserdrucker angesiedelt.

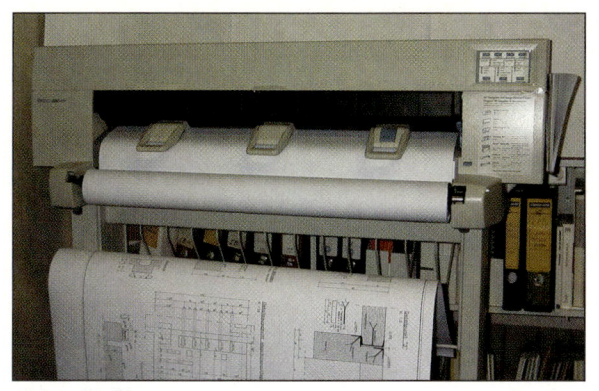

Computeranwendungen

133.1 A0-Plotter

Plotter. Die früheren Stiftplotter (mit Bleistift-, Tusche-, Kugelschreiber- oder Faserstiften) findet man nur noch selten, da sie von den heute üblichen Tintenstrahlplottern (im Bauwesen üblicherweise mit der Blattgröße A0) verdrängt wurden. Diese arbeiten nach dem Prinzip des Tintenstrahldruckers und können im Gegensatz zu Stiftplottern auch Pixelgrafiken in Farbe oder Schwarzweiß ausplotten. Im oberen Preisbereich dominieren die elektrostatischen Plotter.

Vernetzung
Die Vernetzung von Rechnern geschieht in einem „LAN" (Local Area Network, d. h. lokales Netzwerk) entweder „Peer-to-peer", wobei die einzelnen Computer gleichberechtigt verbunden sind oder im „Client-Server"-Netzwerk, wobei ein Server (Hauptrechner) bestimmte Funktionen für die angeschlossenen Arbeitsstationen (Clients) übernimmt:

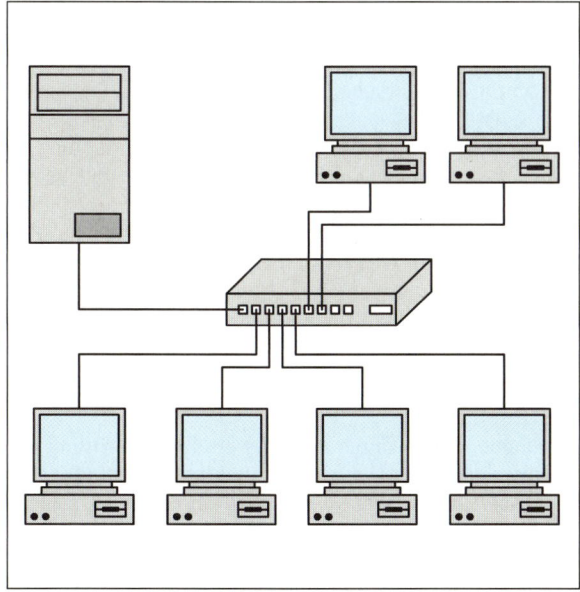

133.2 Rechner-Netzwerk (LAN)

- Programmserver stellen den Arbeitsstationen zentral installierte Programme wie z.B. Textverarbeitung oder CAD zur Verfügung, die an den Arbeitsstationen nicht lokal installiert werden müssen
- Fileserver speichern und verwalten die an den Arbeitsstationen anfallenden Daten zentral auf einer Festplatte – von hier aus kann auch eine zentrale Datensicherung auf CD-ROM oder Streamer erfolgen
- CD-ROM-Server erlauben den gleichzeitigen Zugriff auf verschiedene CD-ROMs
- Druckserver und Plotserver bedienen die daran angeschlossenen zentralen Drucker und Plotter
- Internetserver stellen als „Proxy Server" (Nachbarserver) die Verbindung zum Internet her, geschützt durch einen „Firewall" (Brandwand), damit keine unerwünschten Viren eindringen

Die Zugriffsrechte an den einzelnen Arbeitsstationen können vom Netz-Administrator zentral verwaltet werden. Die Vorteile des Netzwerks sind gewichtig: So können z.B. Programmupdates zentral auf die Arbeitsstationen überspielt werden, aktuelle Virenschutzsignaturen aus dem Internet können verteilt werden, die Datensicherung kann zentral erfolgen und es können softwaremäßig „zerstörte" Computer im Netz komplett „geklont" werden – vor allem im Schulungsbereich ist dies wichtig. Das Klonen kann auch automatisiert werden, man spricht dann von „selbstheilenden Arbeitsstationen".

Physikalische Voraussetzung ist eine leistungsfähige Vernetzung mit einer (theoretischen) Datenübertragungsrate von mindestens 100 Mbit/s, besser 1000 Mbit/s (100BaseTX oder 1000BaseTX). Dies wird mit S/UTP-Kabeln (Unshielded Twisted Pair) der „Kategorie 5" gewährleistet, bei denen die Kupferadernpaare miteinander verdrillt sind. Besonders beanspruchte Verbindungen (vor allem zwischen Netzknoten – den so genannten „Hubs" oder „Switches") werden als Lichtwellenleiter („LWL") ausgeführt. Koax-Kabel findet man nur noch in den älteren 10-MBit-Vernetzungen (10Base2), wobei die Kabel von Gerät zu Gerät laufen, was bei einer Störung zum Lahmlegen des gesamten Netzes führt.

Moderne Vernetzungen sind sternförmig aufgebaut: Von jedem Computer führt ein flexibles Patchkabel entweder über eine fest installierte Wanddose oder direkt zu einem Verteiler (Hub oder Switch). Switches sind intelligentere Verteiler als Hubs und daher diesen trotz des höheren Preises vorzuziehen. Sie regeln den Datenverkehr gezielter und flexibler und halten so die Netzbelastung geringer, was einer verbesserten Netz-„Performance" zugute kommt. Ferner kann man sie im Gegensatz zu Hubs in größeren Abständen zueinander aufstellen.

1.4 Software

Betriebssysteme
Man unterscheidet Systemsoftware und Anwendersoftware. Die Betriebssystemsoftware (Windows, Linux, MacOs etc.) stellt die Grundfunktionen zur Verfügung, die zum Betrieb des Computers und seiner Peripheriegeräte notwendig sind. Über die grafische Oberfläche werden über „Icons" (Bildsymbole) oder Menüs (Textbefehle) die Anweisungen z.B. zum Drucken oder Abspeichern erteilt.

Anwenderprogramme
Anwenderprogramme wie z.B. Textverarbeitung, Tabellenkalkulation (die so genannten „Office"-Programme) oder CAD (Computer Aided Design) setzen auf das Betriebssystem ihre eigenen spezifischen Programmfunktionen auf, wobei die Grundfunktionen wie z.B. Drucken in allen Anwenderprogrammen gleich bleiben. Installationsprogramme führen den Anwender durch den Installationsprozess, für den heute kein Spezialistenwissen mehr erforderlich ist.

Die oft sehr teuren CAD-Programme sind überwiegend gegen Kopieren und unberechtigte Mehrfachinstallation durch einen Hardware- oder Softwarelock geschützt. Der Hardwarelock liegt meistens in Form eines „Dongles" vor, eines Zwischensteckers, der z.B. auf die Drucker- oder USB-Schnittstelle gesteckt wird: Das CAD-Programm läuft dann nur bei aufgestecktem Dongle. Ist der Computer defekt, kann der Dongle problemlos an einen anderen Computer gesteckt werden und das Programm wird auf diesem Computer installiert und funktioniert dort genauso wie auf dem ersten Computer.

Ein Softwareschutz dagegen verhindert entweder schon das unberechtigte Kopieren der Programm-CDs oder -Disketten (Kopierschutz) oder er wird bei der Installation des Anwenderprogramms aktiviert: Mit einer nicht kopierbaren Lizenzdiskette überträgt man die Lizenz auf den Computer. Nur dann kann das CAD-Programm benutzt werden. Die Lizenz kann aber auch wieder auf die Diskette zurückübertragen werden. Probleme gibt es, wenn der Computer bei aufgespielter Lizenz wegen eines Hard- oder Softwareproblems nicht mehr zu starten ist: Das CAD-Programm kann dann evtl. nicht benutzt werden, auch nicht auf einem anderen Computer!

Ein anderes gängiges Verfahren sieht heute so aus: Man erwirbt die Software auf CD mit aufgedruckter Seriennummer und evtl. auch noch CD-Key (Schlüsselnummer). Bei der Installation müssen diese Codes in ein spezielles Datenfeld eingegeben werden und der Rechner generiert daraus und aus bestimmten Eigenschaften des Computers einen Anwendercode. Dieser Code hängt z.B. von der BIOS (Basic-Input-Output-System)-Seriennummer der Hauptplatine oder von den Daten der eingebauten Festplatte oder der Grafikkarte ab. Der Anwendercode muss an den Softwarehersteller geschickt werden (am schnellsten über seine Registrierseite im Internet) und man bekommt per E-Mail den Berechtigungscode zurück. Diesen gibt man in das entsprechende Registrierfeld der Software ein und das Programm läuft jetzt uneingeschränkt! Bis zur Eingabe des Berechtigungscodes läuft das Programm nur für einen bestimmten Zeitraum – z.B. 30 Tage – oder als Demoversion mit bestimmten Einschränkungen. Bei manchen Programmen kann man die Lizenz auch auf einen anderen Computer übertragen (z.B. auf ein Notebook) und nach dortigem Gebrauch wieder zurückübertragen.

Man kann aber nach der Programminstallation den Computer nicht mehr beliebig umbauen oder sich einfach ein neueres Gerät zulegen! Das CAD-Programm würde dann nicht mehr funktionieren, und Sie müssen einen neuen Berechtigungscode vom Softwarehersteller anfordern! Dies geht meistens nur mit der Unterschrift unter einer Erklärung, dass Sie die Software nicht unberechtigterweise mehrfach nutzen.

Obwohl sich die Softwarehersteller also immer raffiniertere Methoden zum Schutz vor Missbrauch einfallen lassen, gibt es auch von teurer und spezieller CAD-Software bereits Raubkopien, die z.B. aus dem Internet heruntergeladen werden können. Bei diesen ist der Hardware- oder Softwareschutz „gecrackt" (geknackt). Das Herunterladen, Benutzen oder der Besitz solcher illegaler Software ist strafbar! Im Gegensatz zu Musik-CDs dürfen Programme auch nicht zu privaten Zwecken kopiert oder weitergegeben werden! Neben dem strafrechtlichen Aspekt können hier zivilrechtliche Ansprüche im fünf- oder sechsstelligen Bereich entstehen. Also Finger weg von Raubkopien! Für Schüler und Studenten sowie Ausbildungseinrichtungen gibt es meistens recht preisgünstige Versionen mit voller Programmfunktionalität. Zum Testen der Software stehen legale Demoversionen bereit, die man oft auch über das Internet anfordern oder gar direkt Herunterladen kann.

1.5 Ergonomie am Computerarbeitsplatz

Beleuchtung
Die Räume sollten durch eine blendfreie Beleuchtung an der Decke mit einer Nennbeleuchtungsstärke von 500 Lux gut ausgeleuchtet sein. Einzelplatzbeleuchtungen sollten vermieden werden.
Die Anordnung der Bildschirm-Arbeitsplätze sollte parallel zum Fenster erfolgen, um eine verstärkte Adaptionstätigkeit der Augen zu vermeiden.

Bildschirmgeräte

Bildschirmgeräte mit Positivdarstellung (dunkle Zeichen auf hellem Hintergrund) sind zu bevorzugen, da die Hell-Dunkel-Adaption des Auges reduziert wird; bei CAD ist ein schwarzer Hintergrund angenehmer.

Die Bildschirme müssen serienmäßig entspiegelt sein. Die Bildschirmgröße muss die Darstellung eines ausreichenden Informationsumfanges gewährleisten.

Anordnung der Geräte

Um stark ermüdende und gesundheitsschädliche Körperhaltungen weitgehend zu vermeiden, sind folgende ergonomische Anforderungen zu erfüllen:
- Bildschirm-Arbeitstische müssen, falls sie nicht höhenverstellbar sind, eine Höhe von 720 mm haben.
  Es muss ausreichend Beinfreiheit bestehen; die Breite der Arbeitsfläche muss mindestens 1200 mm, besser aber 1600 mm, die Tiefe 800 bis 900 mm betragen.
- Die Anordnung von Bildschirm, Tastatur und Arbeitsvorlage muss flexibel sein; optimal ist eine Anordnung hintereinander.
  Um Reflexionen zu vermeiden, ist eine senkrechte Stellung des Bildschirms am günstigsten.
- Die Bildschirmhöhe ist so einzustellen, dass sich die Oberkante der bildgebenden Fläche in Augenhöhe befindet, um vorzeitige Ermüdungen und Gesundheitsschäden zu vermeiden.
- Die Arbeitsmittel sollten sich in einem einheitlichen Sehabstand von 500 bis 800 mm befinden.
- An den Arbeitsplätzen sind höhenverstellbare Drehstühle einzusetzen. Die Lehne der Stühle muss verstellbar sein; erforderlichenfalls sind Fußstützen bereitzuhalten.

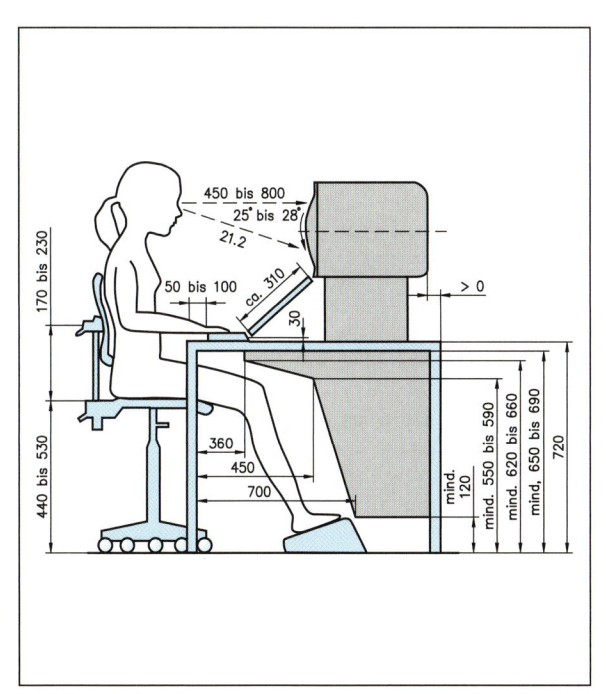

135.1 Beispiel eines ergonomisch gestalteten Bildschirm-Arbeitsplatzes

Raumgröße

Mindestanforderung an einen Bildschirm-Arbeitsplatz ist eine Fläche von 8 bis 10 m^2.

Strahlung

Die beim Betrieb eines Bildschirms entstehende Strahlung (Röntgenstrahlen, UV-Licht, elektromagnetische Strahlung) muss so geringfügig sein, dass selbst bei Dauerbetrieb keine gesundheitliche Beeinträchtigung resultieren kann.

Arbeitsmedizinische Vorsorgeuntersuchungen

Arbeitsmedizinische Vorsorgeuntersuchungen beim ermächtigten Betriebsarzt sind nach berufsgenossenschaftlichen Grundsätzen und nach PC-Tarifvertrag alle drei Jahre durchzuführen. Die Überprüfung des Sehvermögens steht dabei im Vordergrund.

Sehhilfen

Als Sehhilfen am PC sind Einstärkenbrillen (Monofokalgläser), angefertigt für den Sehabstand am Arbeitsplatz (50 bis 80 cm), am besten geeignet. Erfordert die Arbeitsaufgabe gleichzeitig eine optimale Fernsicht (z. B. bei der Arbeit mit Publikumsverkehr), kann auch eine Zweistärkenbrille sinnvoll sein. Es ist dann darauf zu achten, dass die Trennkante der Brille sehr hoch angesetzt ist, damit nicht mit zurückgeneigtem Kopf gearbeitet werden muss; dasselbe gilt für Gleitsichtgläser.

2 Informationsaustausch mit Internet

Das Internet ist heute ein unentbehrliches Kommunikationsmittel für die tägliche Arbeit im Planungsbüro geworden. Durch den weltweit möglichen Austausch von E-Mails (elektronischer Post) mit angehängten Dateien (Attachments) können Texte, Tabellen und Zeichnungen in wenigen Minuten zu den Empfängern gelangen.

2.1 Informationen im Internet

War es früher (in der finsteren Vor-Internet-Zeit) ein mühseliges Unterfangen, sich die technische Beschreibung eines in der aktuellen Planungsarbeit spontan benötigten Bauelements eines bestimmten Herstellers (z.B. eines Sparrenpfettenankers) in der aktuellen Version zu beschaffen, genügen jetzt einige Mausklicks im WWW (World-Wide-Web), um über eine „Suchmaschine" die Homepages diverser Holzverbindungsmittel-Hersteller anzuzeigen und sich bei der favorisierten Firma nicht nur die Bauteilbeschreibung mit technischen Daten und Preisen anzeigen zu lassen und auszudrucken, sondern auch gleich ein Zeichnungsdetail zum Einfügen in die Zeichnung herunterzuladen oder den dazugehörenden Ausschreibungstext oder die ganze bauaufsichtliche Zulassung in Form einer „PDF-Datei", die man sich mit einem ebenfalls im Internet kostenlos erhältlichen Leseprogramm (Reader) ansehen oder ausdrucken kann.

2.2 Herunterladen von Dateien

Benötigt man häufig Symbole oder Zeichnungsdetails bestimmter Bauelemente oder Einrichtungsgegenstände, kann man sie sich entweder von den Internet-Seiten der Hersteller (z.B. Fenster, Schornsteine, Isokörbe für den Balkonanschluss) herunterladen („downloaden") oder man durchsucht die baubezogenen CAD-Seiten im Internet (meistens in englischer Sprache) nach frei verwendbaren Zeichnungssymbolen (sog. Freeware). Hier lagern viele tausend brauchbare Dinge in den Tiefen des Internets, wie z.B. Möbel in 2D- und 3D-Darstellung, Skizzen von Personen und Fahrzeugen, Bäumen und Sträuchern und Vieles mehr.

2.3 Austausch von Zeichnungen

Die Möglichkeiten des reibungslosen Datenaustauschs zwischen den verschiedenen CAD-Programmen haben sich in den letzten Jahren stetig verbessert; nicht zuletzt deshalb, weil viele CAD-Hersteller dazu übergegangen sind, neben dem bisher schon verbreiteten DXF-Austauschformat (Data Interchange Format) das „DWG"-Format eines weltweit führenden CAD-Programms in ihren Programmen als weiteres Austauschformat anzubieten.

Mit diesen Formaten kann man in der Regel 2D- und 3D-Zeichnungen recht gut übertragen, wobei es natürlich noch Probleme mit den verschiedenen Textstilen oder Bemaßungen gibt. Drittanbieter stellen spezielle Konverter-Programme her, mit denen man diese Zeichnungselemente bearbeiten und anpassen kann. So ist es möglich, auch deutsche Umlaute oder Hochzahlen in Bemaßungen korrekt zu übertragen.

Leider lassen sich programmspezifische Bauteile wie Wände, Fenster und Türen usw. mit diesen Austauschformaten nicht als „intelligente" Bauteile übertragen, die im anderen CAD-Programm dann mit den entsprechenden Befehlen weiterbearbeitet werden können. In eine mit dem Programm „A" erzeugte Wand lassen sich mit dem Programm „B" keine Fenster einsetzen, wenn die Zeichnung über DXF ausgetauscht wurde.

Deshalb hat sich eine „Internationale Allianz für Interoperabilität" (IAI) gegründet, in der die führenden Hersteller von CAD-Programmen eine neue intelligente Schnittstelle für diese „Industrial Foundation Classes" (IFC) entwickeln. In der mit der IFC-Schnittstelle übertragenen Zeichnung soll dann z.B. die Wand aus Programm „A" problemlos in Programm „B" weiterbearbeitet werden können.

3 Zeichnungsorganisation

3.1 Dateiorganisation

Im herkömmlichen Planungsbüro wurden die Zeichnungen in Planschränken aufbewahrt. Da bei CAD die Dateien wichtiger sind als die Papierausdrucke, muss eine besondere Sorgfalt auf die Verwaltung dieser Dateien und auf das Anlegen von Sicherungskopien vorherrschen. Sicherheitshalber sollten alle Zeichnungen einmal täglich mit ihrem aktuellen Stand auf einem zentralen Server abgespeichert werden.
Ferner sollte dann noch wöchentlich eine weitere Gesamtsicherung z. B. auf Magnetband oder CDs erfolgen, wobei eine räumliche Auslagerung der Daten die Sicherheit noch erhöht. Auch eine Auslagerung ins Internet ist möglich, wenn die Sicherheit und Vertraulichkeit dieser Daten gewährleistet ist. Spezielle Provider bieten diesen kostenpflichtigen Service in verschiedenen Ausprägungen an (Daten-Hosting).

3.2 Archivierung von Projekten

Statt wie früher alle Papierdokumente in Aktenordnern abzuheften, sollten alle elektronisch erstellten Dokumente eines Projekts (CAD-Zeichnungen, gescannte Skizzen, Textdokumente, Bilder, Kalkulationstabellen usw.) nach der Projektfertigstellung auf CD oder DVD gebrannt und allen am Bau Beteiligten zur Verfügung gestellt werden (Architekt, Bauherr, Fachingenieure, Behörden, Bauunternehmung usw.). Damit ist eine ausreichende Dokumentation und sichere Archivierung gewährleistet.

3.3 Gemeinsamer Zeichnungspool

So genannte „Application Service Provider" (ASPs) bieten nicht nur die (gebührenpflichtige) Mitbenutzung von Programmen an, die dann nicht mehr gekauft werden müssen, sondern lediglich für eine gewisse Zeit „gemietet" werden können, sondern auch Daten-Hosting bis hin zur Bereitstellung eines virtuellen Planungspools.

Der Architekt stellt seine z.B. mit einem ASP-Tool erstellte Zeichnung unter einem bestimmten Projektnamen in den Planungspool und alle befugten Baubeteiligten können mit speziellen Passwörtern auf die Bereiche zugreifen, die für sie relevant sind. Die bearbeiteten oder ergänzten Zeichnungen und Dokumente können dann wiederum vom Planer übernommen und weiterbearbeitet werden. Ein Zugriff ist weltweit von jedem Computer mit Internetzugang möglich, wenn man die richtigen Zugangsdaten und Passwörter kennt.

4 Kommunikationsunterlagen

4.1 Bericht

Hier informiert der Verfasser den oder die Leser über ein einmaliges Ereignis (Messebesuch, Fortbildungsveranstaltung usw.) oder über eine Tätigkeit (Arbeitsvorgang, Projekt). Man beschränkt sich dabei auf genaue und sachlich richtige Informationen über das Wesentliche, ohne Hintergründe genauer zu erläutern oder Wertungen und Kommentare abzugeben.

Größeren Umfang weisen zum Beispiel Geschäftsberichte oder Untersuchungsberichte auf; sie sind meistens Mischformen und haben auch Merkmale von Protokollen, Beschreibungen und Erörterungen.

Merkmale des Berichts:

Inhalt:	Einmaliges Ereignis, tatsächliche Begebenheit, Beschränkung auf Tatsachen
Ziele:	Information des Lesers
Stil:	Knapp, sachliche Information, keine direkte Rede, keine Ausschmückungen
Zeit:	Imperfekt, evtl. auch Präsens
Aufbau:	Einleitung (Ort, Zeit, Personen, kurze Bemerkung znm Geschehen)
Hauptteil:	Darstellung und Auswirkungen des Geschehens in chronologischer Reihenfolge: Wer? Wann? Wo? Was? Wie? Warum? Welches Ergebnis?
Schluss:	Zusammenfassung und Ausblick

4.2 Skizze

In der Kommunikation zwischen den Baubeteiligten (Bauherr – Architekt – Ingenieur – Baufirma – Fachfirmen usw.) spielen Skizzen seit jeher eine bedeutende Rolle. Im Zeitalter der elektronischen Kommunikation können diese Skizzen rasch per Fax oder als gescannte E-Mail-Anhänge ohne Zeitverlust versandt werden.

4.3 Aktennotiz

Die Aktennotiz dient zur Dokumentation von Besprechungsergebnissen – sofern sie nicht förmlich in einem Protokoll festgehalten werden – oder zur Dokumentation von Vorgängen aller Art, die sich auf das Bauvorhaben beziehen. Beispiel: Der Statiker (Tragwerksplaner) nimmt als Fachbauleiter auf der Baustelle die Bewehrung ab, d.h. er kontrolliert ob Lage, Anzahl, Durchmesser und Stoßlängen der Bewehrungsstäbe und Betonstahlmatten mit den Bewehrungsplänen übereinstimmen. Dabei stellt er fest, dass in einer Konsole die Tragbewehrung fälschlicherweise unten statt oben eingelegt ist. Da am gleichen Tag noch betoniert werden soll, verständigt er sofort den verantwortlichen Polier und weist ihn auf den Fehler hin. Der Polier verspricht, umgehend die als Subunternehmer tätigen Eisenbieger anzuweisen, die Bewehrung in der Konsole sofort, auf jeden Fall aber vor dem Betonieren, zu korrigieren. Der Statiker macht in seinem Bewehrungsabnahmeprotokoll eine Aktennotiz, die wie folgt aussehen könnte:

> Konsole an Stütze Achse B/4 – Bewehrung falsch eingelegt (unten statt oben). Polier Müller verständigt, sagt sofortige Korrektur und Kontrolle vor dem Betonieren zu.
> Datum/Unterschrift

4.4 Übernahme von Zeichnungen

Um Zeichnungen, Zeichnungsausschnitte, Bilder und Textabschnitte (auch aus dem Internet) in technische Dokumentationen einzufügen, bedient man sich der Zwischenablage. Bei Windows-Systemen dient dazu die „Druck"-Taste, um gesamte Dokumente zwischenzuspeichern, oder man verwendet den Befehl „Kopieren" im „Bearbeiten-Menü". Ersatzweise kann man die Tastenkombination „Strg"/„C" benutzen. Eingefügt in das Textdokument werden diese Zeichnungen, Bilder und Textabschnitte mit dem Befehl „Einfügen" oder der Tastenkombination „Strg"/„V". Bilder kann man noch nachbearbeiten, indem man sie z.B. in der Größe skaliert (an den Eckgriffen ziehen), verzerrt (an den seitlichen oder oberen/unteren Griffen ziehen) oder an den Kanten beschneidet (Clip-Funktion).

5 Präsentationen

Eine Präsentation ist die Darstellung oder Darbietung von Sachaussagen oder Produktionen (im Bauwesen z. B. Entwürfe) durch eine oder mehrere Personen. Der Vortrag wird dabei durch bildhafte Mittel illustriert, z. B. durch Overhead-Folien, angepinnte Pläne oder eine Computerpräsentation mit Beamer. Eine Fragestunde oder Diskussion erfolgt im Anschluss.

Eine gründliche Vorbereitung ist Voraussetzung für eine erfolgreiche Präsentation. Besonders wichtig ist es natürlich, sich über das Präsentationsziel im Klaren zu sein, denn nur dann wird auch der Vortrag überzeugend sein. Für den weniger routinierten Redner empfiehlt es sich, den Vortrag vorher unter realistischen Bedingungen (falls möglich im gleichen Raum wie bei der Präsentation) zu üben.

5.1 Zusammenstellung von Präsentationsunterlagen

Bei der Gestaltung von Folien, Handouts und der Zusammenstellung einer Präsentationsmappe ist zu beachten, dass alle Unterlagen grafisch sauber aufgebaut sind und die Inhalte übersichtlich darstellen.

Bei einer Computerpräsentation mit entsprechenden Präsentationsprogrammen empfiehlt es sich, die Folien sicherheitshalber für den Fall einer Computerpanne auszudrucken.

Die Folien sollten folgende Elemente enthalten:
- Überschrift
- Symbol/Bild/Logo
- Zentrale Aussagen
- Zielangaben/Schlussfolgerungen/Ausblick

Bei der Beschriftung sollte man

- nur eine Schriftart einsetzen (maximal 2 Größen und höchstens 3 Farben)
- Groß- und Kleinschreibung verwenden
- Maximal 10 Zeilen pro Seite schreiben
- Zusammenhänge durch gleiche Farben kennzeichnen
- Wichtiges hervorheben (Fettdruck, Rahmen usw.)

5.2 Zielvorstellungen

Mögliche Zielvorstellungen einer Präsentation sind Information, Überzeugung und Motivation. Bei der Zielformulierung sollte die Erwartungshaltung der Zuhörer berücksichtigt werden. Folgende Fragen sind also bei der Planung zu berücksichtigen:

- Wer wird zuhören? (Sind Funktions- oder Entscheidungsträger anwesend?)
- Welche Vorkenntnisse und Interessen haben die Zuhörer?
- Wie kann die Präsentation schwerpunktmäßig so gestaltet werden, dass die Aufmerksamkeit des Publikums geweckt und aufrechterhalten wird?

5.3 Vorbereitung des Vortrags

Man sollte seinen Vortrag stichwortartig in großer, gut lesbarer Schrift auf Karten oder A5-Blättern vorbereiten, damit man stehend möglichst in freier Rede vortragen kann. Dabei ist auf Blickkontakt zum Publikum zu achten und eine zum Inhalt passende Gestik und Mimik einzusetzen. Kurze und prägnante Sätze erleichtern das Zuhören.

5.4 Aufbau der Präsentation

Ein Präsentationsvortrag gliedert sich in Einleitung, Hauptteil und Schluss. Die Einleitung (Eröffnung) ist eine sehr wichtige Phase für den weiteren Verlauf der Ausführungen: Der erste Eindruck ist oft entscheidend für das Urteil vieler Zuhörer über die Kompetenz des Referenten.

Nach der Begrüßung und einem die Aufmerksamkeit der Zuhörerschaft erweckenden Einstiegssatz (z. B. ein auflockernder Scherz) sollte man einen Überblick über die geplanten Inhaltspunkte geben und auf allgemeine Spielregeln während des Vortrags hinweisen (z. B. „Notieren Sie bitte Ihre Fragen, ich werde am Ende darauf eingehen").

Der Hauptteil sollte nicht länger als 20 Minuten dauern, um die Aufmerksamkeit der Zuhörer nicht überzustrapazieren. Die wesentlichen Argumente müssen sachlich und in logischer Reihenfolge dargestellt werden. Nach dem Motto „Ein Bild sagt mehr als tausend Worte" ist zur Erklärung der Zusammenhänge oder zur Veranschaulichung der Einsatz von Medien wie dem Overheadprojektor oder eines Notebooks mit Beamer sinnvoll.

Am Schluss werden alle wesentlichen Inhaltspunkte noch einmal zusammengefasst; man bedankt sich für die Aufmerksamkeit und bittet um Feedback. Die Verteilung von Handouts mit einer Kurzzusammenfassung nach der Präsentation erleichtert dem Publikum die Konzentration auf evtl. zu stellende Fragen oder Diskussionsbeiträge.

6 CAD-Grundlagen

Gegenüber dem herkömmlichen Zeichnen bietet CAD (Computer Aided Design/Drafting) wesentliche Vorteile. Diese sind in der Tabelle 139.1 zusammengefasst.

6.1 Befehlseingabemöglichkeiten (Menüs)

Man unterscheidet bei der Befehlseingabe die Tastatureingabe von Befehlen (z. B. „LINIE") oder Kurzbefehlen („L") sowie die Eingabe durch Anklicken von Text- oder Grafikmenüs (Toolbars/Werkzeugkästen).

Tastatureingabe

Die Tastatureingabe wird in der Regel nur noch ergänzend zur Mausbedienung eingesetzt („Linke Hand bleibt an der Tastatur, rechte Hand an der Maus" – bei Linkshändern natürlich umgekehrt), wobei über die Tastatur (ergänzende) Kurzbefehle, Ziffern und Beschriftungstexte eingegeben werden.

Eingabe mit der Maus

Die eigentliche Befehlseingabe erfolgt mit der Maus als Zeigegerät, wobei ein (Text-)Pull-Down- oder Pop-Up-Menü angeklickt wird oder ein Icon in einem Werkzeugkasten.

Eingabe mit Grafiktablett

Das früher verbreitete Grafiktablett ist durch den Siegeszug der grafischen Benutzeroberflächen etwas aus der Mode gekommen – von Zeit zu Zeit erlebt es eine gewisse Renaissance in der Form eines drucksensitiven Eingabegerätes für Skizzen, die dann in CAD-Linien umgewandelt werden können (Draftboard).

Die Eingabe über Grafiktablett hat den Vorteil, dass
- bestimmte Befehle immer an der gleichen Stelle auf der Menüschablone zu finden sind. Auch können über eine zugehörige 4- oder 16-Tasten-Lupe bestimmte häufig vorkommende Befehle (wie z. B. Löschen oder Neuzeich/Refresh/Regenerieren) bequem ausgeführt werden.

CAD	Normales Zeichnen
Kopieren von Zeichnungselementen möglich	Kein Kopieren von Zeichnungselementen möglich
Verschieben von Zeichnungselementen möglich	Kein Verschieben von Zeichnungselementen möglich
Einfaches Löschen von Zeichnungselementen	Umständliches Radieren oder Wegkratzen mit Klinge
Beliebiges Vergrößern/Verkleinern möglich	Kein Vergrößern/Verkleinern möglich
Ausdruck in beliebigem Maßstab möglich	Festgelegter Zeichnungsmaßstab
Bei 3D-Konstruktion automatische Ansichten, Schnitte und Perspektiven möglich	Ansichten, Schnitte und Perspektiven müssen separat gezeichnet werden
Automatische Stücklistenerstellung möglich	Stücklisten müssen von Hand erstellt werden
Automatische Flächen- und Volumenberechnung	Flächen- und Volumenberechnung von Hand
Verwendung von wiederkehrenden Zeichnungselementen (Makros/Blöcke) mit unterschiedlichen Maßen	Wiederkehrende Zeichnungselemente nur mit gleichen Maßen (z. B. als Klebefolien)
Verwendung von aktualisierbaren Zeichnungsteilen anderer Zeichnungen (Externe Referenzen)	Zeichnungsteile anderer Zeichnungen nur statisch verwendbar (z. B. Klebefolien)
Vorlagenzeichnungen mit änderbaren Elementen möglich	Mutterpausen ohne nachträgliche Änderungsmöglichkeit
Beliebiges Kopieren der Zeichnungsdatei ohne Qualitätsverluste und Maßabweichungen	Kopieren und Lichtpausen mit Qualitätsverlusten und Maßabweichungen

139.1 Wesentliche CAD-Vorteile

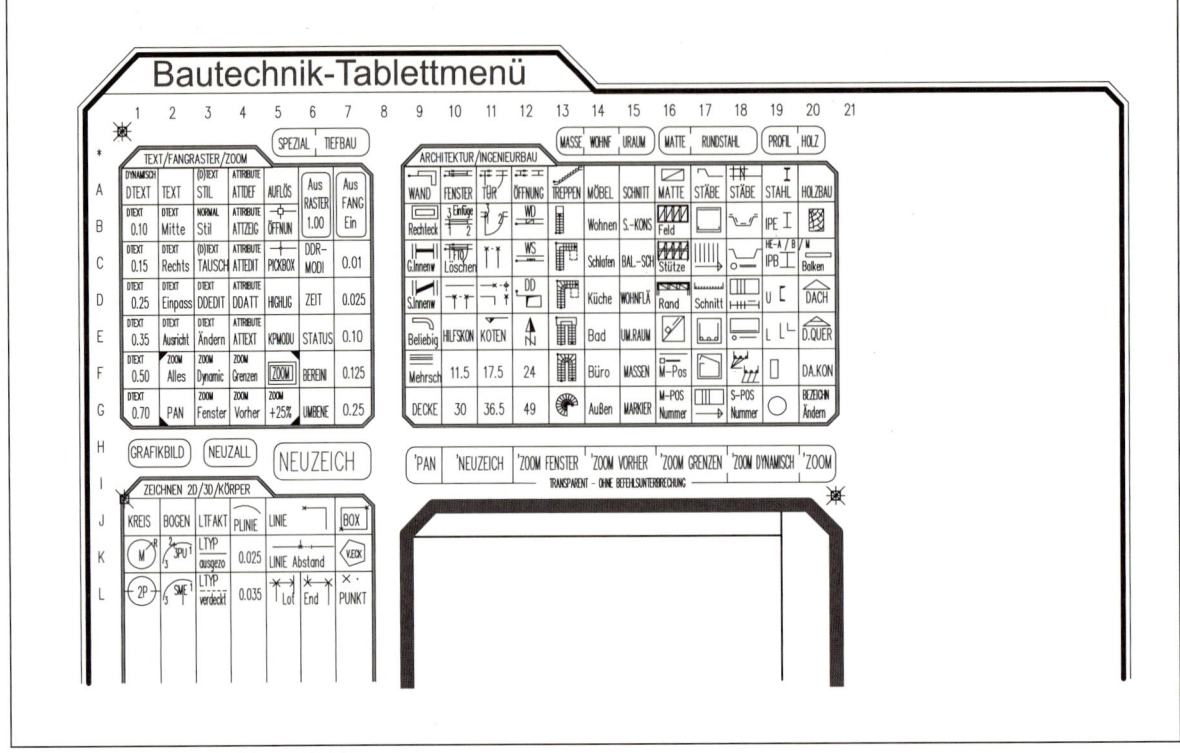

140.1 Grafiktablett mit Menüschablone

6.2 Koordinateneingabe

Absolute Koordinaten kartesisch, polar
Absolute Koordinaten beziehen sich auf den Ursprung des Koordinatensystems (X = 0/Y = 0) und werden benutzt, um z. B. den Startpunkt/Eckpunkt eines Zeichnungsteils festzulegen. Außerdem sind sie in Vermessungsplänen als Messpunkte gebräuchlich.

Relative Koordinaten kartesisch, polar
Relative Koordinaten beziehen sich nicht auf den Ursprung, sondern auf den zuletzt eingegebenen Punkt (= Koordinate). Praktischerweise braucht man jetzt nur noch die Differenzkoordinaten zum nächsten Punkt einzugeben und kann den Ursprung außer Acht lassen. Dabei unterscheidet man zwei Methoden:

- Mit kartesischen (X-/Y-)Koordinaten gibt man praktischerweise alle schrägen Längen ein (Steigungsdreieck).
- Da im Bauwesen häufig senkrechte und waagerechte Linien bzw. Bauteilausrichtungen vorkommen, sind hier Polarkoordinaten von Vorteil. Man gibt Länge und Winkel ein oder zeigt die Richtung bei eingestelltem Orthomodus oder Polarfang und gibt dazu die Länge ein.

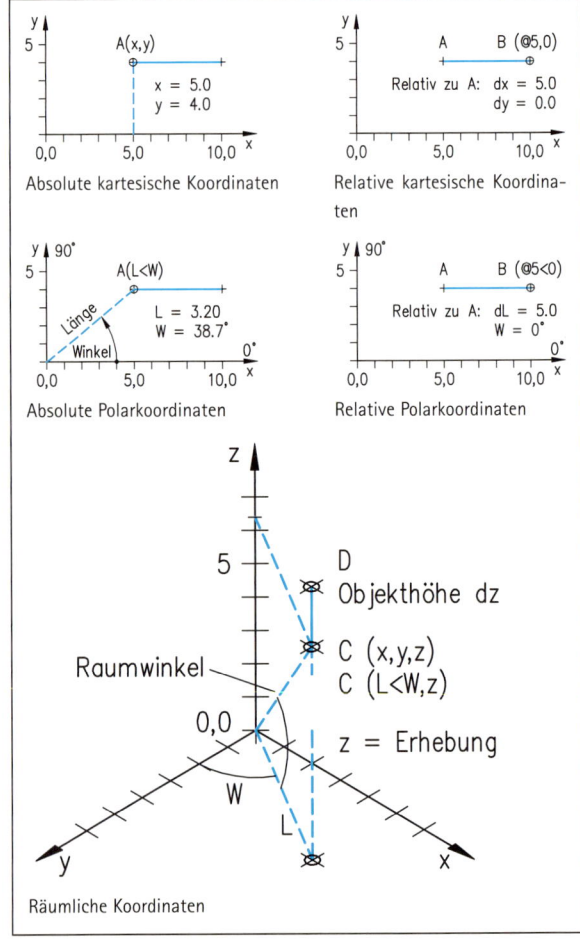

Absolute kartesische Koordinaten

Relative kartesische Koordinaten

Absolute Polarkoordinaten

Relative Polarkoordinaten

Räumliche Koordinaten

140.2 Koordinatensysteme

Computeranwendungen

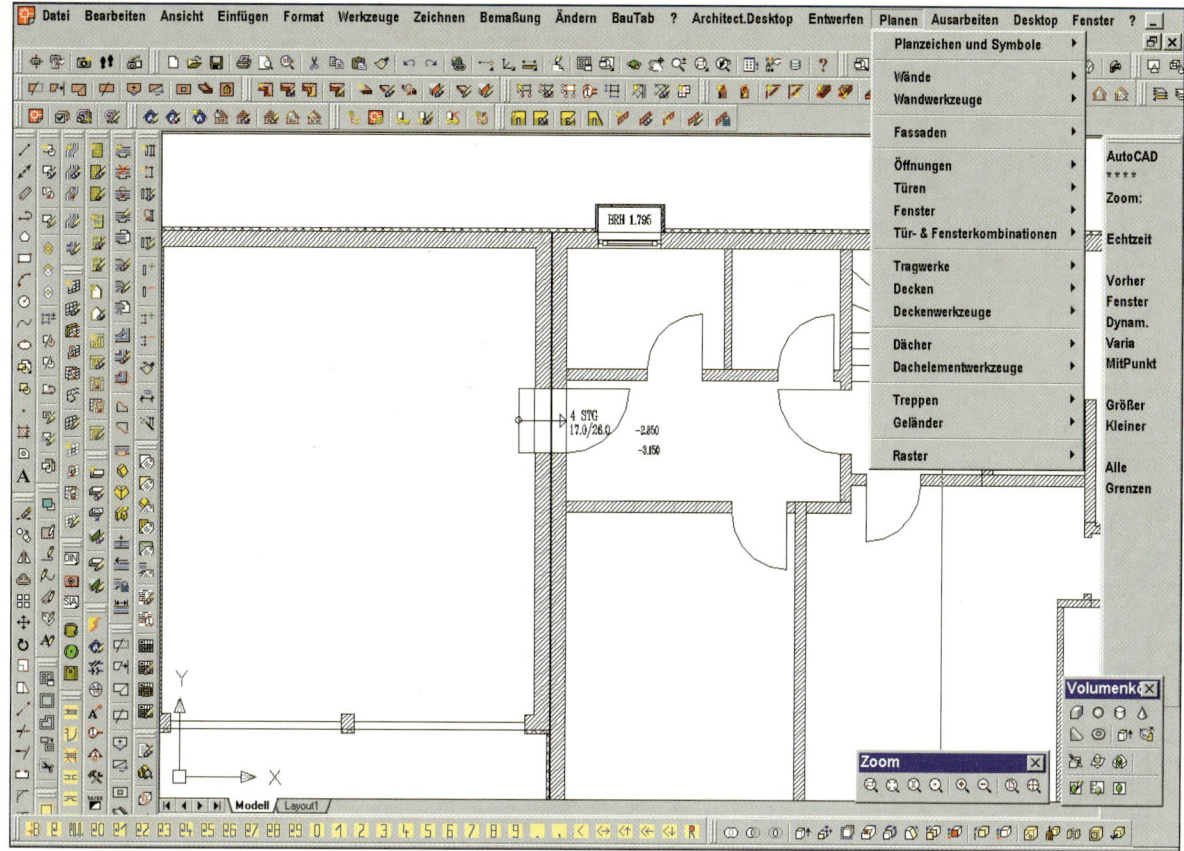

141.1 CAD-Bildschirm-Menüs

Im 3D-Raum kommen noch die Z-Koordinaten für die Höhe hinzu. Man kann sie je nach System direkt in der Befehlszeile (@ X, Y, Z/@ L < W, Z) oder in einer Maske (dX/dY/dZ) eingeben.

Wichtig ist grundsätzlich, dass niemals eine (z. B. mit dem Taschenrechner berechnete) **gerundete** Zahl eingegeben wird, weil damit bei schrägen Linien eine zunächst geringe Ungenauigkeit in die CAD-Zeichnung hineingetragen wird, was später fatale Folgen haben kann: Senkrechte Linien sind nicht mehr senkrecht, waagerechte Linien sind nicht mehr waagerecht, und bei der Vermaßung kommt es zur Katastrophe: Keine Maßzahl stimmt mehr exakt – es ist dann sehr schwierig, diese Fehler zu eliminieren.

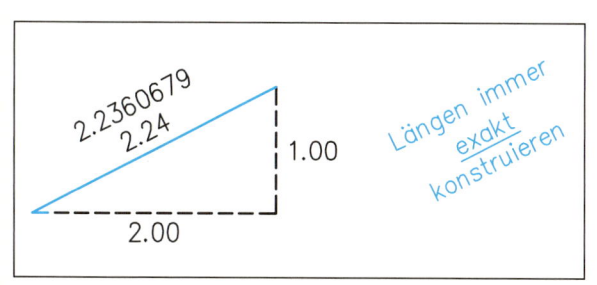

141.2 Achtung: Niemals gerundete Werte (Taschenrechner) eingeben!

6.3 Strukturierung von CAD-Zeichnungen

Farben, Linienstärken
In der Regel werden die Linienstärken beim Ausdruck benutzerdefiniert den verschiedenen Bildschirmfarben zugeordnet; manche Systeme erlauben auch die Darstellung der Linienstärken auf dem Bildschirm.

Bildschirmbefehle
Wenn man eine komplette Bauzeichnung auf dem Bildschirm darstellen würde, könnte man die Einzelheiten oftmals nicht mehr erkennen, da alles zu klein ist. Mit den Befehlen „Zoom"/„Bildausschnitt vergrößern/verkleinern" und „Pan"/„Bildausschnitt" „verschieben" kann man die Größe und Lage des zu bearbeitenden Bildausschnitts genau festlegen. Dynamische Zoombefehle und Panning mit dem Mausrad erlauben ein komfortables Arbeiten.

Computeranwendungen

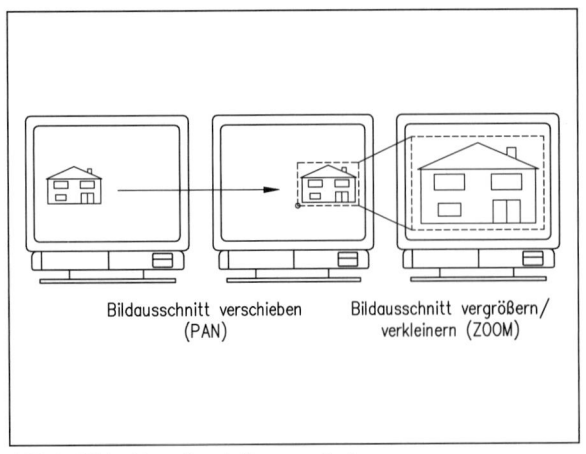

142.1 Bildschirm-Darstellung verändern

Layer, Folien, Ebenen
Eine häufig anzutreffende Strukturierungsmethode bei CAD-Zeichnungen ist das Anlegen von Layern (Folien, Zeichenebenen). Entweder werden die Layer manuell erzeugt oder bei bestimmten Befehlen vom System vorgegeben (z. B. wird eine 11,5er Wand automatisch auf den Layer „WAND115" gelegt). Die Layer können einzeln oder in Gruppen z.B. ein- und ausgeblendet werden, was den Fachplanern ermöglicht, nur die für sie wichtigen Informationen auf dem Bildschirm darzustellen. Für den Tragwerksplaner sind dabei andere Layer relevant als für den Innenarchitekten. Für größere Projekte ist es üblich, dass die Layerstruktur vom Auftraggeber oder koordinierenden Planungsbüro detailliert vorgegeben wird, die Layerstruktur kann dabei sehr umfangreich werden, was aber für die reibungslose Zusammenarbeit der verschiedenen am Bau beteiligten Planer unbedingt erforderlich ist.

Teilbilder
Eine andere Strukturierung erfolgt durch so genannte Teilbilder. Im Gegensatz zu den Layern sind Teilbilder eigenständige Dateien, deren Überlagerung die Zeichnung darstellt. Zusätzlich können hier noch Layer als weitere Feinuntergliederung vorkommen.

Gruppen, Funktionsgruppen
Bei vielen CAD-Systemen kann man die Zeichnungselemente zu Gruppen oder Funktionsgruppen zusammenfassen. Ein gemeinsames Auswählen (Identifizieren) wird dadurch ebenso möglich wie die Zuweisung von bestimmten Eigenschaften, z.B. einer Linienstärke oder Farbe.

Intelligente Bauteile
Bei Systemen mit intelligenten Bauteilen (z. B. Wänden, Fenstern, Treppen) erübrigt sich die Zeichnungsuntergliederung durch Layer oder Teilbilder (trotzdem werden sie zusätzlich noch eingesetzt). Die Bauteile „wissen", welche Funktion sie in der Zeichnung einnehmen und wie sie mit anderen Bauteilen interagieren müssen. So lassen sich tragende Außenwände mit anderen tragenden Außenwänden verschneiden oder an die Dachschräge anpassen, aber nicht mit Innenwänden mit nicht tragender Funktion oder aus einem anderen Material.

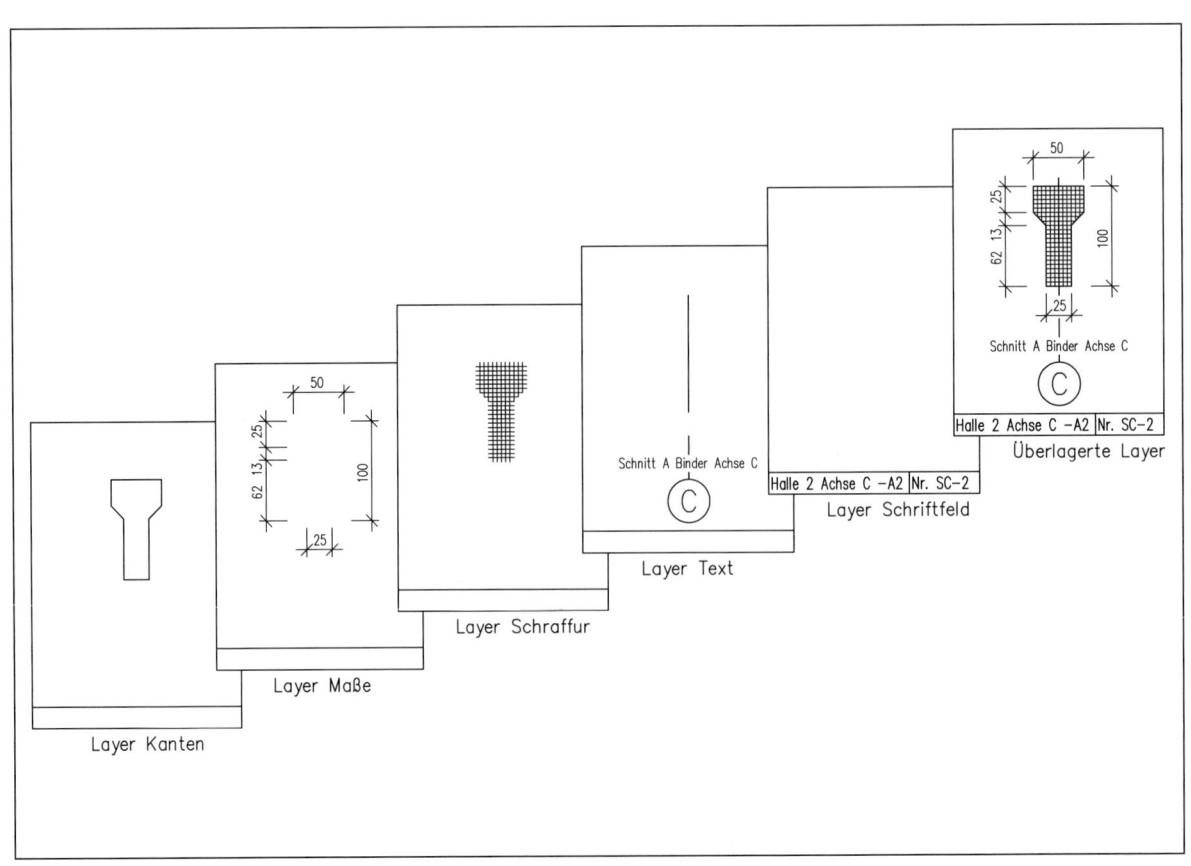

142.2 Layer (Zeichen-Ebenen/Folien)

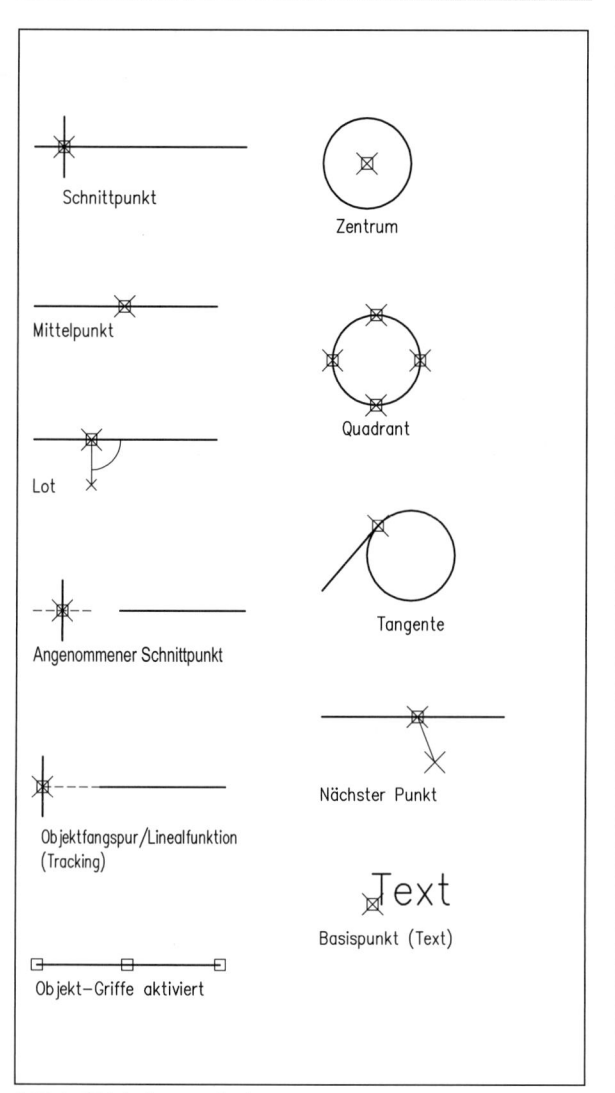

143.1 Objektfangmethoden

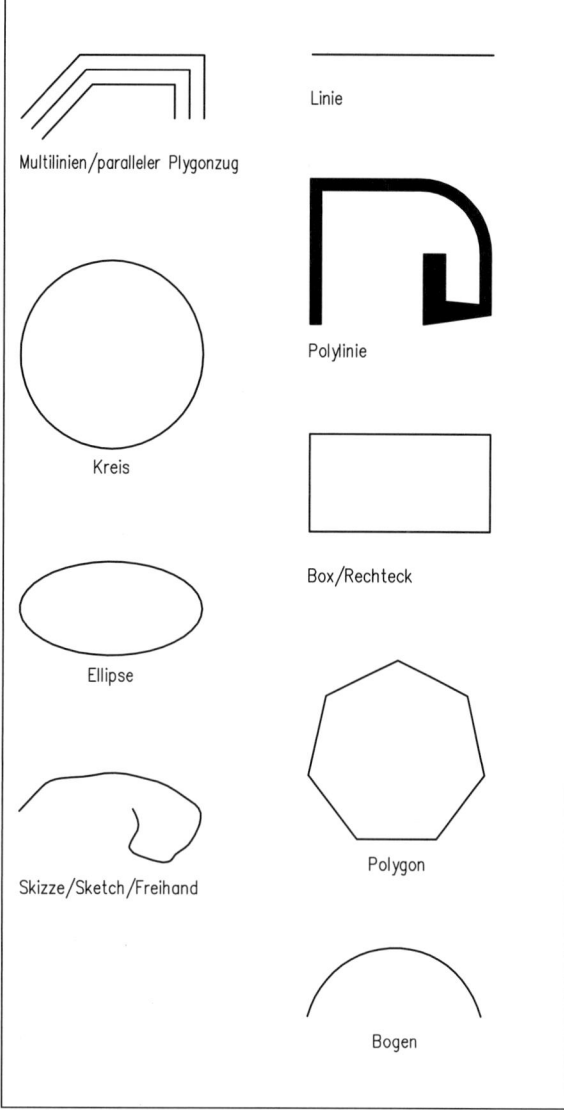

143.2 Grundelemente

6.4 Zeichnungshilfen

Raster/Fang
Neben der exakten Koordinateneingabe gibt es weitere Methoden zur Erzeugung exakter Abmessungen in einer CAD-Zeichnung: Mit einem Fangraster, dessen Maschengröße frei wählbar ist, können die Linien oder sonstige Zeichnungselemente exakt positioniert werden. Diese Methode eignet sich natürlich nur für Bauten mit Rastermaßen. Bei den üblichen Hochbauten liegen meistens die so genannten Nennmaße vor, wobei die Maße bei Öffnungen um 1 cm vergrößert (z. B. 2.26 m) und bei Wandlängen um einen Zentimeter vermindert werden (z.B. 9.99 m). Hier hilft entweder die Koordinateneingabe weiter oder eine spezielle Funktion zur Erzeugung der Nennmaße.

Objektfang
Eine weitere Methode zur exakten Positionierung ist der Objektfang oder die Objektfangspur (Linealfunktion). Dabei werden Endpunkte, Schnittpunkte, Mittelpunkte, Zentrumspunkte etc. oder die gedachte Verlängerung von Linien, Bögen, Wänden gefangen und als Anfangspunkt für weitere Zeichnungselemente oder Bauteile benutzt.

6.5 2D-Darstellungen

Linie, Kreis, Bogen
Die Linie stellt immer noch das am häufigsten benutzte Zeichnungselemet dar, weil gerade auch bei Ausführungsplänen heute noch überwiegend in 2D gezeichnet wird. Ergänzt durch Kreis und Bogen lassen sich fast alle Strukturen üblicher Konstruktionszeichnungen erzeugen.

Polylinie, Multilinie, Spline
Eine Sonderform der Linie stellte die Polylinie dar. Bei ihr hängen die Linienabschnitte aneinander und lassen sich in einfacher Weise verändern, z.B. kann allen Linienabschnitten eine andere Linienbreite oder Farbe zugewiesen werden. Die Multilinie hingegen besteht aus mehreren parallelen Linien, deren Abstände und Verschneidungseigenschaften frei definierbar sind.

Splines sind Kurven ähnlich den in diversen Grafikprogrammen verwendeten Bezier-Kurven, man kann damit im Bauwesen z.B. Übergangsbögen (Klothoiden) darstellen.

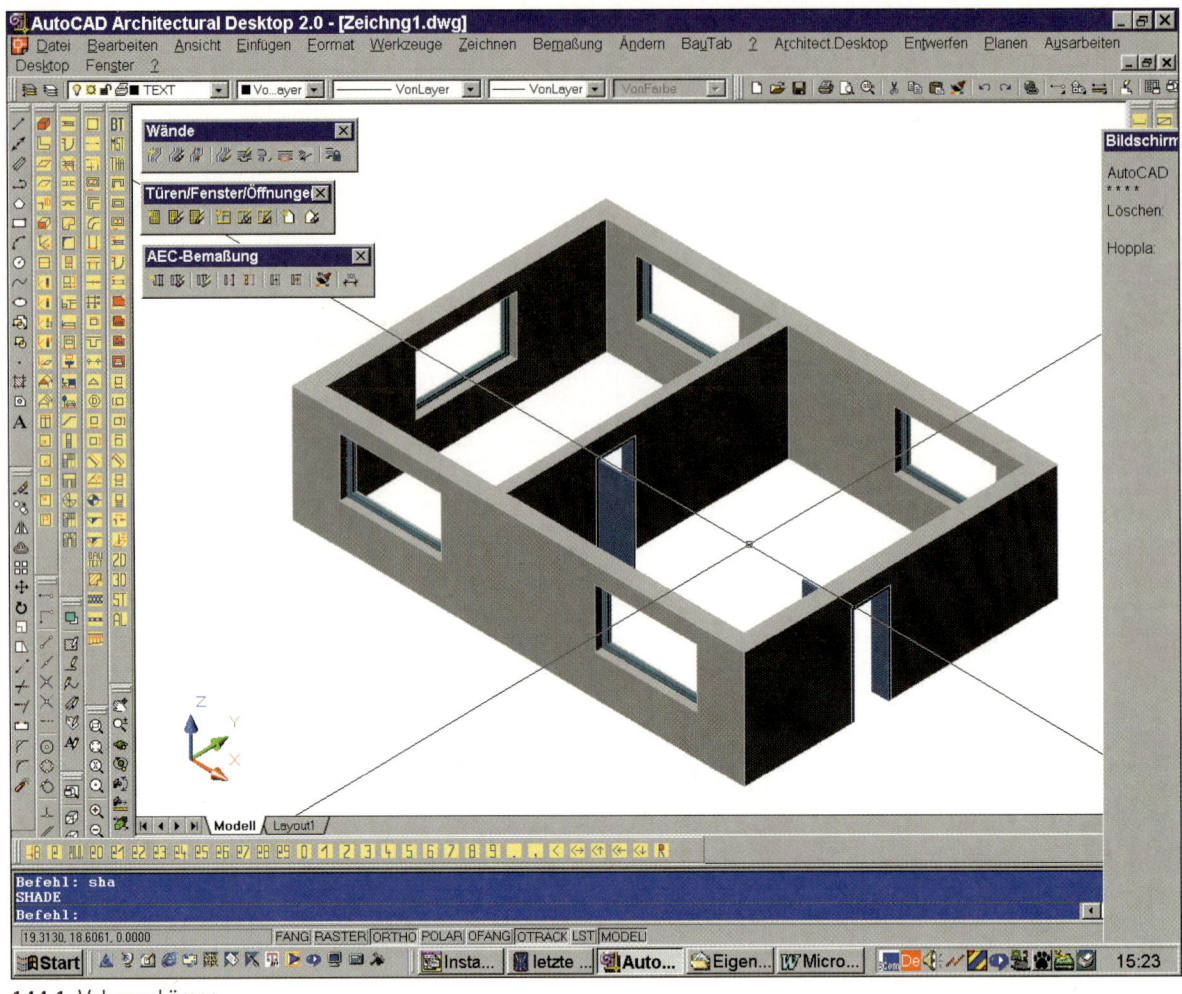

144.1 Volumenkörper

6.6 3D-Darstellungen

3D-Flächen
3D-Flächen können im 3D-Raum eine beliebige Lage einnehmen und bilden z.B. die Oberflächen von Dächern oder ein Geländemodell. Bei diesen digitalen Geländemodellen (DGM) werden geodätische Messpunkte dreieckförmig mit 3D-Flächen vermascht, um daraus Höhenlinien, Schnittprofile, Massenermittlungen und Trassierungen abzuleiten.

Regionen
Regionen können miteinander vereinigt oder voneinander abgezogen werden. Auch kann man die sich überschneidenden Flächen als eigenständige Flächen generieren.

Volumenkörper
Volumenkörper (Festkörper oder 3D-Solids) werden dazu benutzt, 3D-Volumenmodelle zu erzeugen. Wie die Regionen können sie vereinigt oder voneinander abgezogen werden. Man kann sie aus Polylinien oder 3D-Flächen extrudieren, wobei den Seitenflächen ein Neigungswinkel zugewiesen werden kann, um stumpfe oder spitze Körper mit beliebiger Form zu erzeugen. Bei Extrusion entlang einer Polylinie als Pfad können z.B. Rohrleitungen oder Geländer-Handläufe erzeugt werden. 3D-Volumenkörper können in beliebigen Raumebenen geschnitten werden, dabei ist eine automatische Schraffurzuweisung möglich. Durch „Kappen" oder „Abrunden" sowie „Fasen" der Kanten ergeben sich weitere interessante Darstellungsmöglichkeiten.

Mit diesen Volumenkörpern, die in manchen bautechnischen CAD-Programmen auch in Bauteile wie z.B. Wände, Balken oder Stützen umgewandelt werden können, lassen sich perfekte 3D-Modelle wie z.B. eine Fertigteilhalle erzeugen, deren verschiedene Ansichten oder Schnitte dann in 2D dargestellt werden können.

7 Bauplanung mit CAD

7.1 Bauteile einfügen

"Echte" Bauteile (man spricht auch von „AEC"-Elementen – AEC = Architectural Engineering Computing) wie Wände, Fenster, Decken, Treppen und Geländer werden mit bautechnischen Systembefehlen der bauspezifischen CAD-Programme oder Bautechnik-Module erzeugt. Diese Bauteile besitzen meistens eine gewisse „Eigenintelligenz": So kann man ein Fenster z.B. in eine Außenwand oder in eine Dachfläche einsetzen, aber nicht in eine Decke.

Computeranwendungen

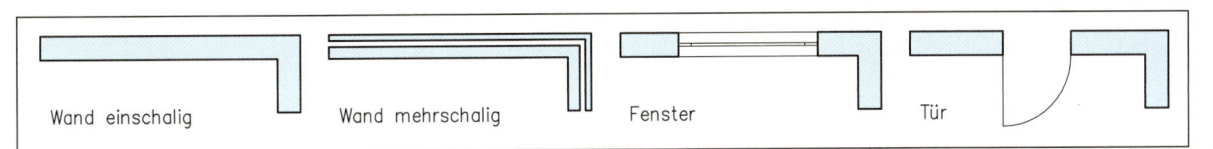

145.1 Module für Bauteile

Diese „echten" Bauteile (AEC-Elemente) können zunehmend auch in andere CAD-Programme übernommen werden. Es wird über geeignete Schnittstellen nicht nur die Geometrie übertragen, sondern weitere bauteilspezifische Eigenschaften wie Baustoffe und spezifisches Gewicht etc.

7.2 Bauteile modifizieren

Beim Modifizieren (Ändern) von Bauteilen werden die Eigenschaften wie Abmessungen, Farbe, Layer etc. über ein Kontextmenü angepasst. Alternativ können die Eigenschaften von anderen Bauteilen (z.B. die Wandhöhe einer Wand) auf ein anderes Bauteil übertragen werden.

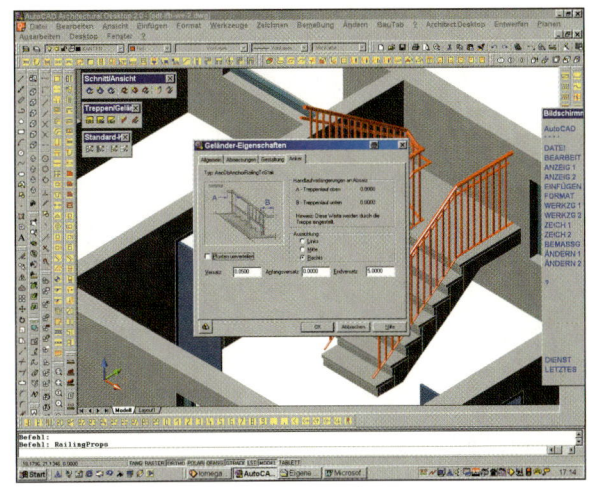

145.2 Geländereigenschaften verändern

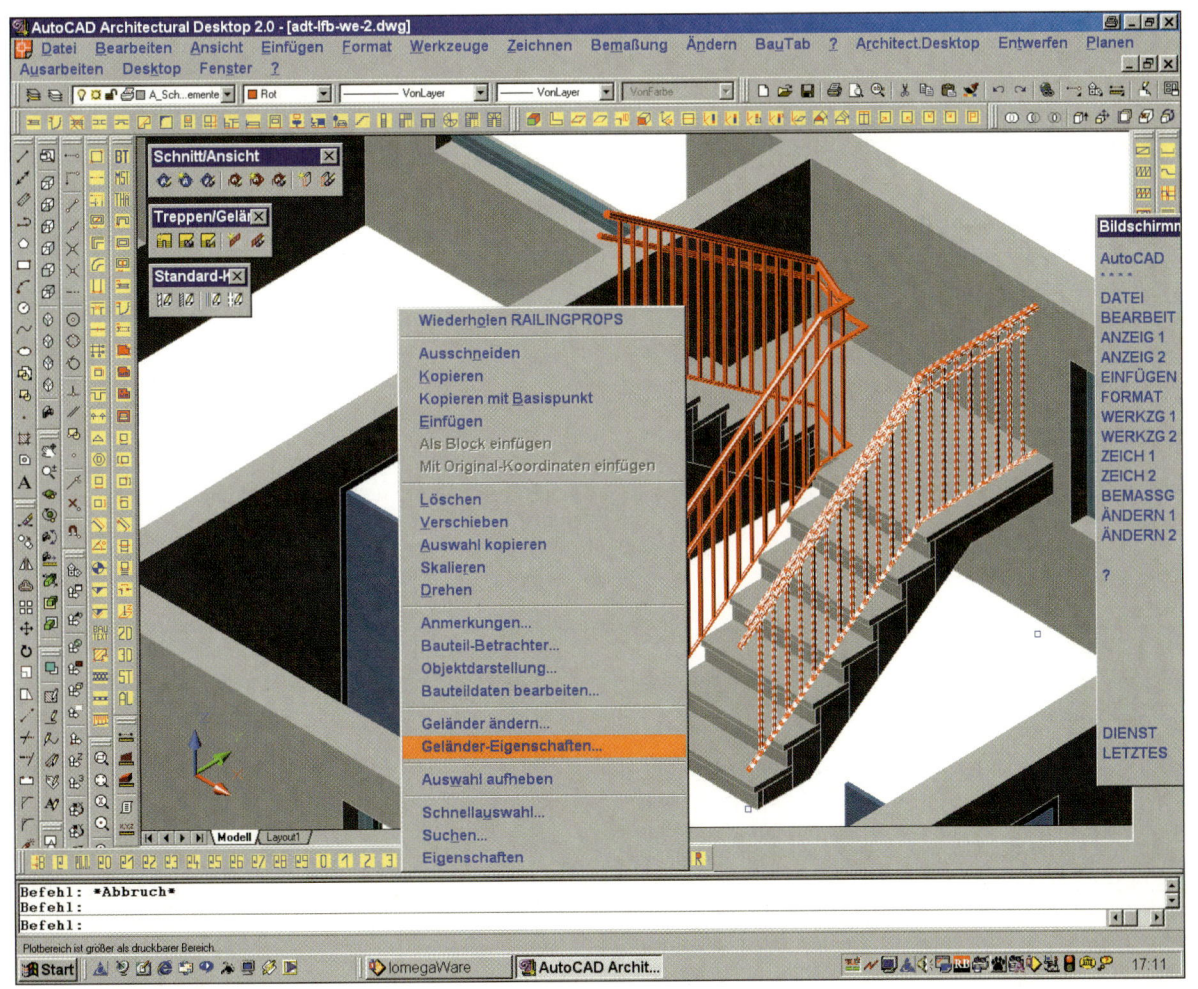

145.3 Geländer modifizieren

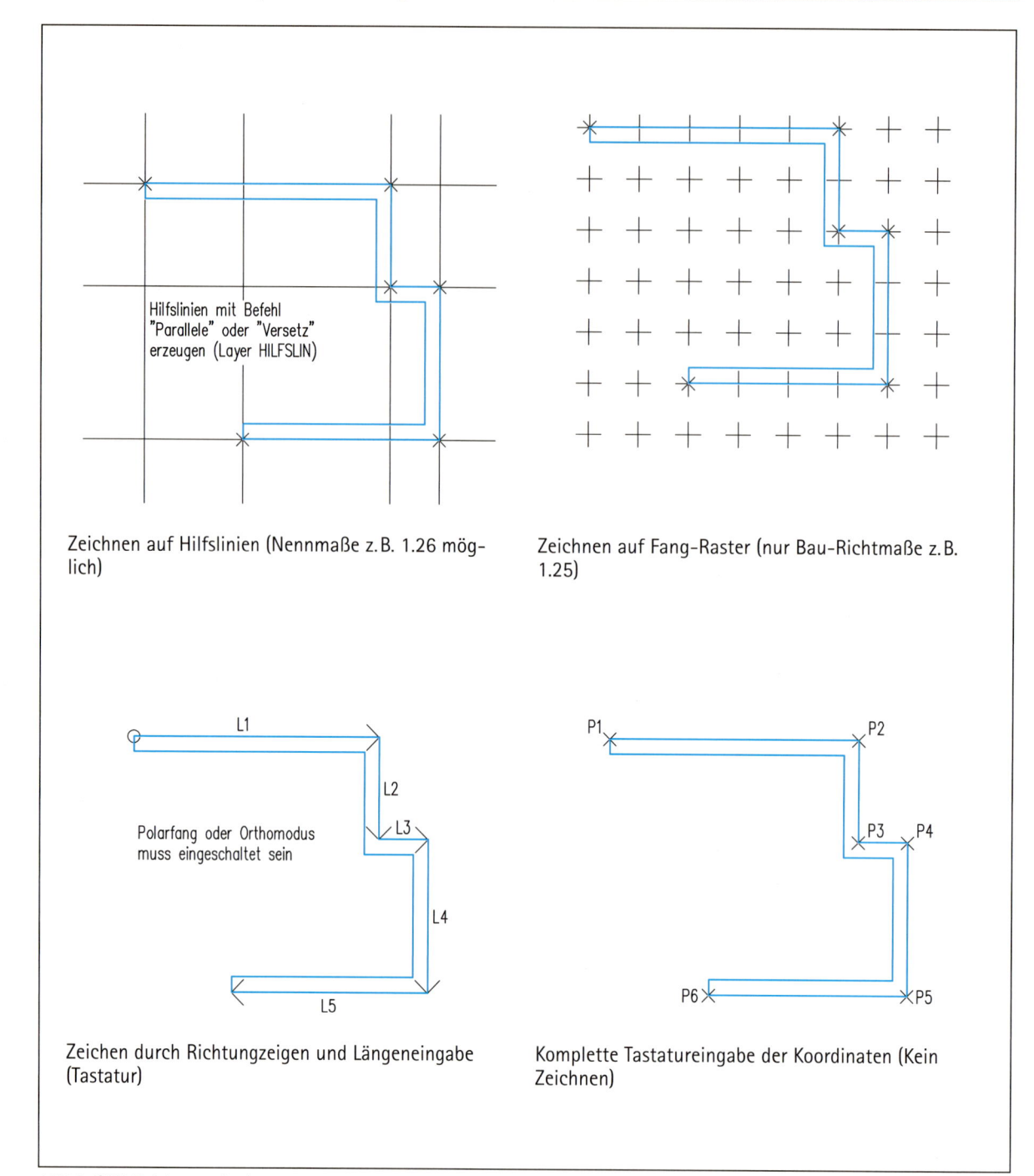

Zeichnen auf Hilfslinien (Nennmaße z.B. 1.26 möglich)

Hilfslinien mit Befehl "Parallele" oder "Versetz" erzeugen (Layer HILFSLIN)

Zeichnen auf Fang-Raster (nur Bau-Richtmaße z.B. 1.25)

Zeichen durch Richtungzeigen und Längeneingabe (Tastatur)

Polarfang oder Orthomodus muss eingeschaltet sein

Komplette Tastatureingabe der Koordinaten (Kein Zeichnen)

146.1 CAD-Zeichenmethoden

7.3 Zeichnungsaufbau

Die Reihenfolge des Zeichnungsaufbaus richtet sich nach dem verwendeten CAD-System. In der Regel werden auch bei 3D-Zeichnungen zuerst die Wände mit Koordinateneingaben erstellt. Eine elegantere Methode stellt ein Hilfslinienraster dar, welches mit Befehlen wie z. B. „Parallele" oder „Versetz" erzeugt wird und auf das die Wände mit Schnittpunkt-Objektfang gesetzt werden. Diese Eingabeart liegt näher am eigentlichen „Zeichnen" als eine pure Zahleneingabe.

Außenwände

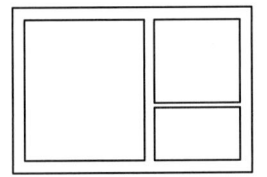

Innenwände

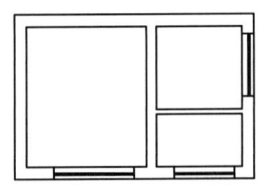

Fenster

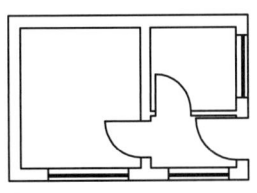

Türen

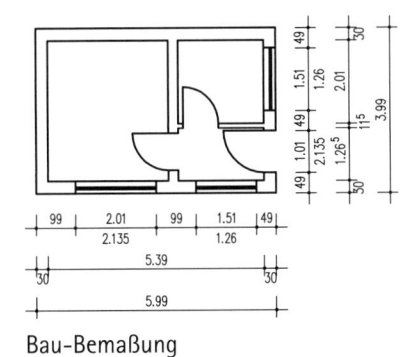

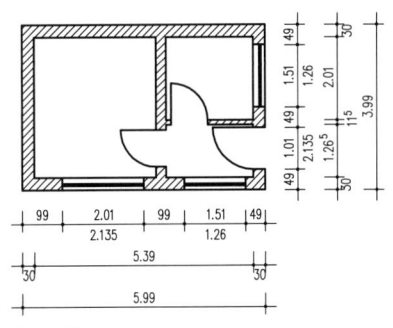

Bau-Bemaßung

Schraffur

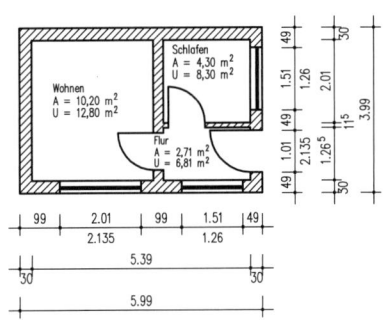

Raumbeschriftung

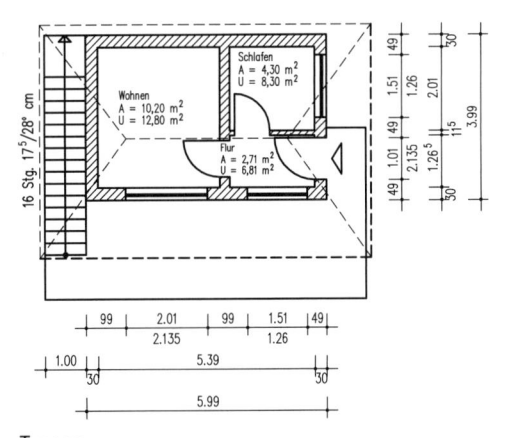

Treppe

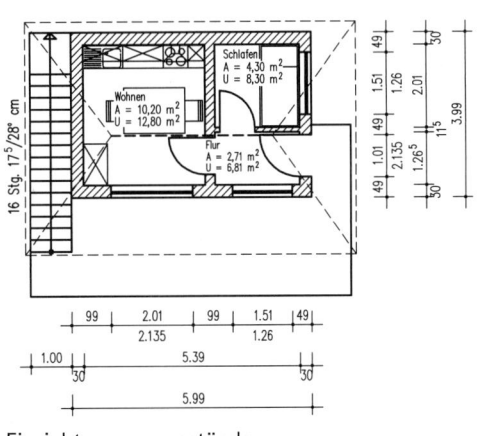

Einrichtungsgegenstände

147.1 CAD-Zeichnungsaufbau

7.4 Editieren

Zum Verändern (Edieren/Editieren oder Modifizieren) von CAD-Zeichnungselementen müssen diese zunächst einmal in geeigneter Weise ausgewählt (identifiziert/markiert) werden. Dies geschieht entweder durch Einzelselektion (Anpicken der Objekte nacheinander, evtl. Windows-konform mit gedrückter Umschalt-Taste) oder mit diversen Fenster- oder Zaun-Auswahlmethoden.

Objektwahl: Fenster, Kreuzen

Bei der Fensterwahl (Objekte nur innerhalb) werden alle Elemente markiert, die sich vollständig innerhalb eines rechteckigen Auswahlfensters befinden, das über die diagonalen Eckpunkte angegeben wird. Beim Kreuzen (geschnittene Objekte und Objekte innerhalb) werden auch diejenigen Elemente ausgewählt, die vom Auswahlfenster geschnitten werden. Beim Zaun (nur geschnittene Objekte) werden die Objekte nur markiert, wenn sie von den Fensterrändern geschnitten werden. Diese können bei manchen Programmen eine beliebige Form annehmen (Polygon).

Auswahlfilter

Bei der Objektwahl über Filter selektiert man nach gemeinsamen Eigenschaften der Objekte: So kann man z. B. alle 11,5er Wände auswählen oder alle gelben Linien oder alle Kreise mit einem Radius von über einem Meter.

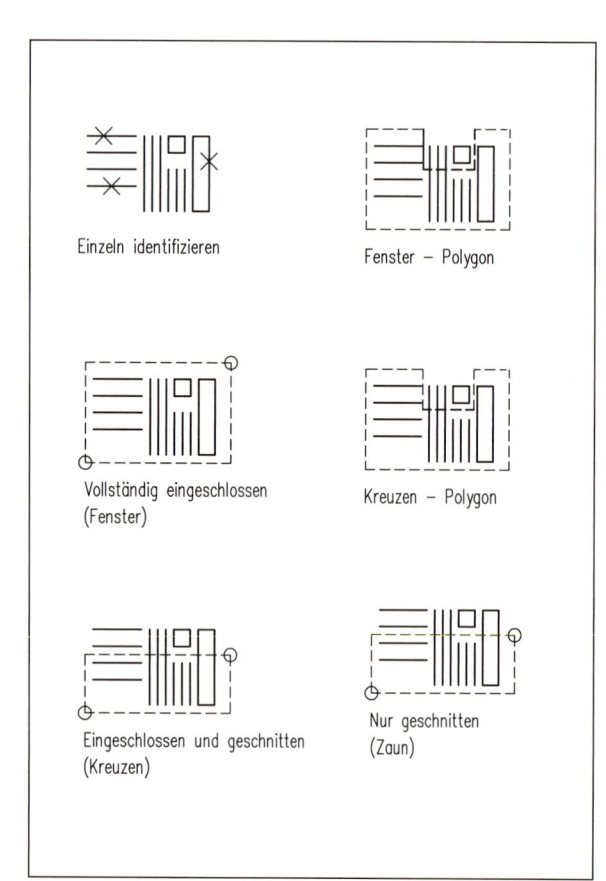

Löschen

Der einfachste Editierbefehl ist das Löschen. Dabei verschwinden die gewählten Elemente aus der Zeichnung – aber nicht unwiderruflich! In den meisten CAD-Programmen existiert ein „Undo"-, „Rückgängig"- oder „Zurück"-Befehl, mit dem man das Löschen rückgängig machen kann. Und nicht nur gelöschte Objekte erscheinen wieder – jede andere Änderung kann mit dem Undo-/Zurück-Befehl rückgängig gemacht werden.

Schieben, Kopieren, Reihe

Zeichnungsobjekte wie Linien, Texte, Wände können beliebig verschoben oder kopiert werden. Dabei muss man einen Basispunkt (Startpunkt, Bezugspunkt) der Verschiebung angeben und einen Zielpunkt (z. B. mit Relativ-Koordinaten). Eine Sonderform stellt das mehrfache Kopieren (Reihe, Anordnung) in einem rechtwinkligen oder polaren Raster dar. Hiermit werden z. B. ganze Stützen-Reihen mit einem Befehl erzeugt (Bild 148.2).

Drehen, Strecken, Varia

CAD-Objekte können in der Fläche und räumlich gedreht werden. Man kann sie spiegeln, wobei das Original erhalten bleibt oder beim Spiegeln gelöscht wird. Mit dem Dehnen/Verlängern-Befehl werden Elemente bis an die Kante eines anderen Elements verlängert; beim Trimmen/Stutzen werden alle überstehenden Teile abgeschnitten. Mit dem Befehl „Varia"/„Größe ändern" kann man Bauteile in der Größe skalieren.

Beim Strecken/Stauchen werden die Bauteile in einer Richtung verlängert oder verkürzt.

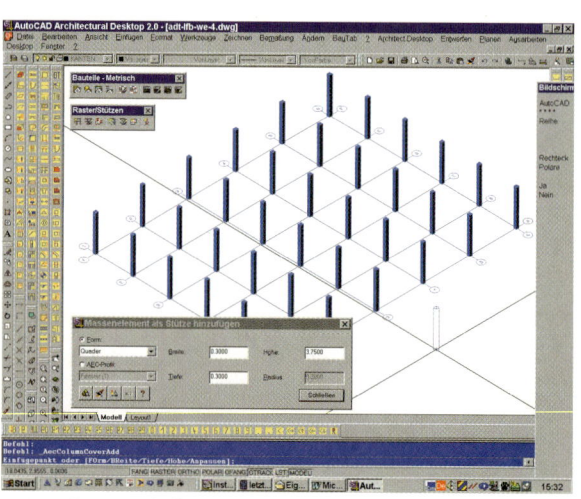

148.2 Raster mit Stützenreihen

148.1 Objektwahl

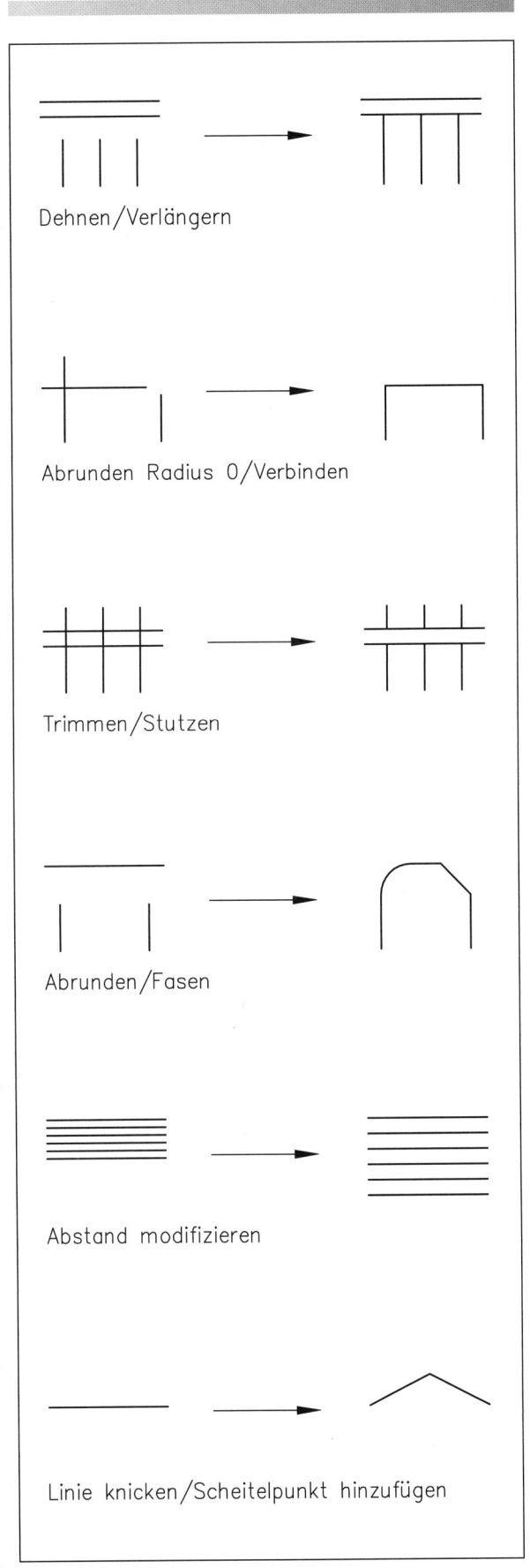

7.5 Bemaßen

Die wichtigste Funktion eines CAD-Programms ist die Bemaßungs-Funktion. Damit unterscheiden sich CAD-Programme wesentlich von anderen Grafikprogrammen, bei denen es oftmals nicht so sehr auf eine exakte Bemaßung ankommt. Schon bei der exakten Linien- oder Bauteileingabe über Koordinaten oder Raster oder Fangfunktionen werden die Maße festgelegt. Das eigentliche Bemaßen stellt diese Abmessungen dann nur noch in Form einer Maßlinie oder Maßkette auf dem Bildschirm oder dem Ausdruck dar.

Deshalb ist es während des CAD-Zeichnens absolut kontraproduktiv, beim Bemaßen zu „mogeln" und – die meisten Systeme erlauben dies – eine Maßzahl gegenüber dem Originalwert zu verändern. Damit löst man vielleicht momentan sein eigenes Problem, indem man z.B. das falsche Maß 12.99^3 in 12.99 „umwandelt", den Schaden hat aber derjenige, der die Zeichnung zur Weiterbearbeitung erhält: Die falsche Länge der Linie oder Wandkante wurde nicht korrigiert und trägt evtl. weitere Folgefehler in die Zeichnung hinein, so dass zum Schluss im ungünstigsten Fall kein Maß mehr exakt stimmt.

Die CAD-Bemaßung ist heute meistens assoziativ, d.h. bei eine Längenänderung oder Verschiebung des Bauteils ändert sich die Bemaßung mit. Eine auf den vorgesehenen Ausdruck – Maßstab (1 : 100, 1 : 50 etc.) bezogene Darstellung bewirkt die automatische Anpassung der Maßzahlgröße.

Baubemaßung
Im Gegensatz zur Maschinenbau-Bemaßung muss bei einer Bau-Bemaßung nach den in Deutschland geltenden Normen und Regeln die Maßhilfslinie einen Abstand zur zu bemaßenden Kante haben. Maßzahlen über 1 Meter werden in Meter, unter 1 Meter in Zentimeter geschrieben. Millimeter werden generell als hochgestellte Zahlen geschrieben.

Damit eignen sich nicht alle CAD-Programme zur Erstellung von Bauzeichnungen. Zumindest in entsprechenden Ergänzungs-Modulen muss eine Bau-Bemaßungsfunktion sichergestellt sein, sonst ist das Programm für bautechnische Zwecke unbrauchbar.

Außerdem gibt es eine Regel für die Anordnung der Maßketten. Die 1. Maßkette am Gebäude ist die so genannte Fenstermaßkette, bei der die Fensterleibungen von den Gebäudekanten aus eingemessen werden. Die Fensterhöhen (und Türhöhen) werden unter die Maßlinie geschrieben. Ein für bautechnische Zwecke brauchbares Programm erledigt dies automatisch.

149.1 Linien-Manipulation

Punktbemaßung

Bei der Einzel- oder Punktbemaßung werden die zu vermaßenden Gebäudeecken nacheinander angeklickt. Der Standort der Maßlinie wird entweder direkt gezeigt oder im relativen Abstand zu einer Gebäudeecke oder -Kante angegeben.

Schnittlinienbemaßung

Die Schnittlinienbemaßung erleichtert die Identifizierung der zu vermaßenden Kanten erheblich, wenn es viele sind. Man braucht nur eine Linie darüber zu ziehen oder ein Fenster darumzulegen, und alle dazwischen liegenden Kanten werden als zu bemaßende Punkte identifiziert.

Vollautomatische Bemaßung

Bei der vollautomatischen Bau-Bemaßung werden die Bauteile (z. B. Wände mit Fenstern) angeklickt und es werden automatisch drei oder mehr Bau-Maßketten erzeugt; bei verspringenden Außenkanten benötigt man in der Regel vier Maßketten. Dabei werden je nach Voreinstellung auch die Fensterhöhen und eventuell auch die Brüstungshöhen mitvermaßt.

7.6 Schraffieren

Neben dem Bemaßen war früher das Schraffieren oder Anlegen von herkömmlichen Zeichnungen nicht nur eine oftmals sehr zeitaufwändige Tätigkeit, sondern auch eine relativ stumpfsinnige. Schon die ersten besseren CAD-Programme beherrschten deshalb das automatische Schraffieren von Flächen. Heute ist die Schraffur meistens assoziativ, d. h., bei einer Veränderung der begrenzenden Kanten ändert sich die Schraffur mit.

Konturdefinierte Schraffur

Bei der konturdefinierten Schraffur werden die begrenzenden Kanten gezeigt (identifiziert) und die Schraffur erscheint mit dem gewählten Muster im gewählten Abstand. Natürlich kann man z. B. alle Wandlinien zusammen mit einem Auswahlfenster identifizieren, um sie gleichzeitig mit derselben Schraffur zu versehen. Vorher werden über die Layersteuerung alle nicht zu schraffierenden Elemente ausgeschaltet (deaktiviert, gefroren).

Automatische Konturverfolgung

Bequemer geht es mit der automatischen Konturerkennung: Man muss nur noch in die zu schraffierende Fläche tippen, und die Umgrenzung wird automatisch erkannt.

Automatische Bauteilschraffur

Bei Systemen mit intelligenten Bauteilen (z. B. Wänden) wird die Schraffur je nach eingestellter Darstellungsart automatisch mitgeneriert. Ist in einem „Darstellungsmanager" der Ansichtsmaßstab 1 : 100 eingestellt, ist überhaupt keine Schraffur sichtbar, weil Eingabepläne in diesem Maßstab nicht schraffiert werden. Bei 1 : 50 liegt der Schraffurabstand nicht so eng wie bei 1 : 25, dies wird automatisch berücksichtigt.

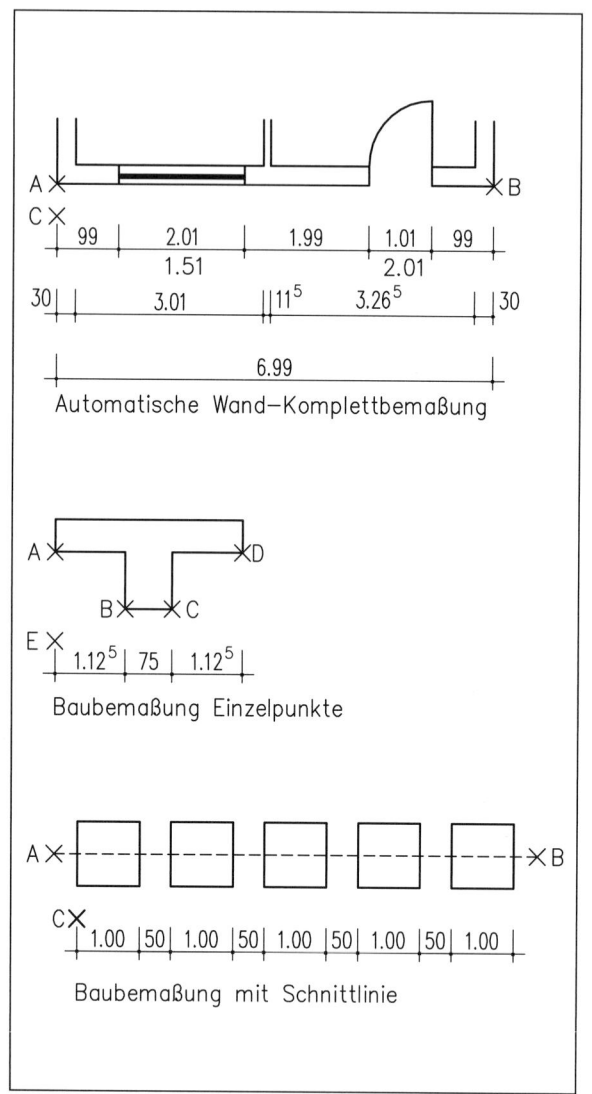

150.1 Bemaßungsmethoden

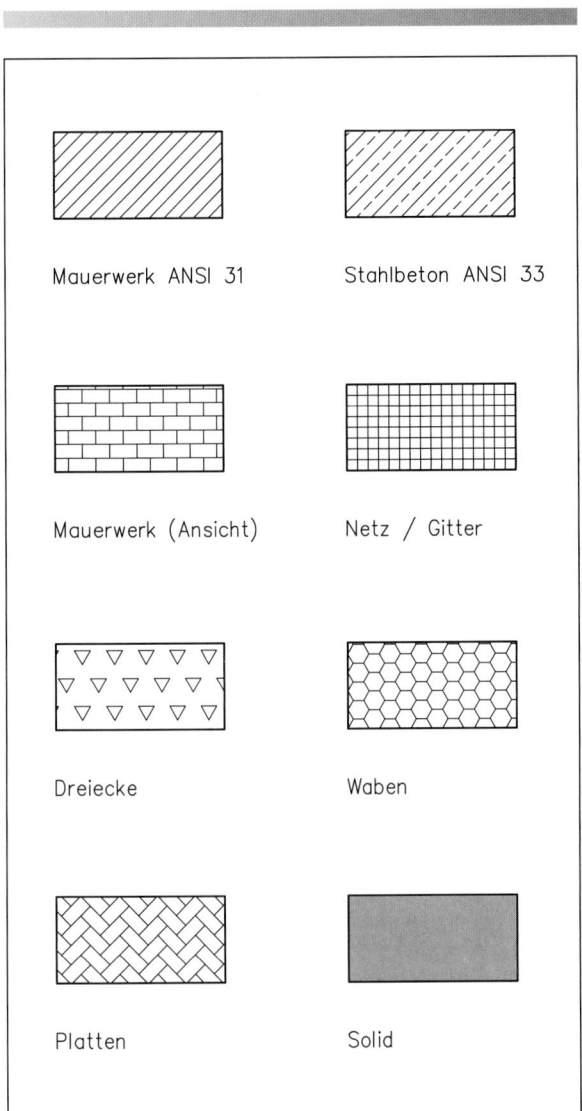

Computeranwendungen

7.7 Beschriften

Bauzeichnungen müssen in vielfältiger Weise beschriftet werden: Im Zuge der Anpassung der CAD-Systeme an das Windows-Betriebssystem wurden auch die systemeigenen Schriften übernommen. So ist es heute kein Problem mehr, alle Schriftarten einzusetzen, die man auch in einem Textdokument verwenden würde.

Zeilentext
Beim Zeilentext werden einzelne Textzeilen starr eingegeben, wobei man den Text linksbündig oder mittig oder rechtsbündig ausrichten kann; ein Umbruch kann nachträglich nicht mehr erfolgen.

Textabsätze
Beim Absatztext wird der Text ähnlich wie in einem Textverarbeitungsprogramm in ein Fenster oder einen Bereich geschrieben. Verändert man die Breite, wird der Text automatisch umbrochen, d.h., nicht mehr in eine Zeile passende Wörter werden in die nächste Zeile geschoben.

Texte einlesen
Bei diesem Absatztext ist es oftmals auch möglich, Texte aus Textdokumenten einzulesen. Die nachträglichen Bearbeitungsmöglichkeiten bis zur automatischen Rechtschreibungsprüfung und Suchen-/Ersetzen-Funktionen sind vergleichbar mit den Möglichkeiten von modernen Textverarbeitungsprogrammen.

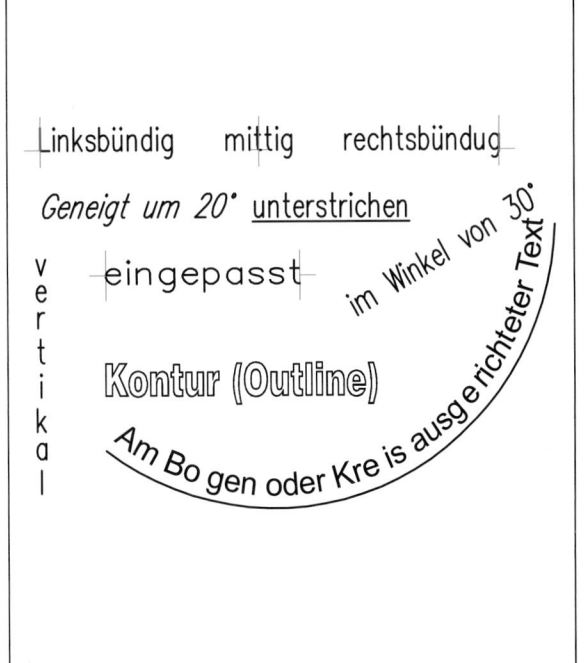

151.2 Schraffurmuster

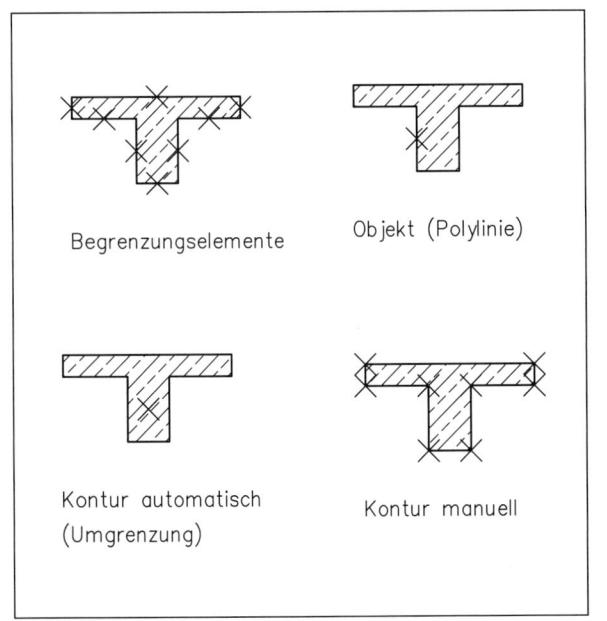

151.2 Schraffur-Methoden

151.2 Textstile und -formate

7.8 Makros und Blöcke

Gruppen
Mit der Gruppierung von Elementen kann man sich die Auswahl erleichtern, wenn man später diese Objekte auf einen anderen Layer legen will oder ihnen eine andere Farbe zuweisen möchte.

Makros/Blöcke
Bei Blöcken oder Makros geht man noch einen Schritt weiter: Die gruppierten Elemente werden unter einem Dateinamen abgespeichert und können jederzeit in jeder gewünschten Größe und Skalierung wieder eingefügt werden. Bei den so genannten Multiview(MV)-Blöcken kann das Erscheinungsbild über Layer oder Darstellungskonfigurationen variiert werden: Man kann bei Möbeln von der 2D- auf die 3D-Darstellung umschalten oder die Detaillierung eines Fensters je nach dem vorgesehenen Plotmaßstab automatisch ändern. Oder ein Waschbecken wird in der Seitenansicht oder in der Vorderansicht oder im Grundriss als 2D-Architektursymbol dargestellt und in der Perspektive als fotorealistisches Modell.

Externe Referenzen
Bei den Makros/Blöcken handelt es sich im Prinzip um eigene Zeichnungen von Bauteilen, die in andere Zeichnungen eingefügt werden. Vom Prinzip her nichts anderes sind die „Externen Referenzen": Wenn verschiedene Personen an verschiedenen Zeichnungsteilen arbeiten und diese Zeichnungsteile zu einer Gesamtzeichnung zusammengestellt werden, stellt sich die Frage, was mit der Gesamtzeichnung geschieht, wenn die Zeichnungsteile nach der Zusammenfügung verändert werden. Bei den „Externen Referenzen" geschieht die Aktualisierung automatisch. Hier lauern natürlich auch Gefahren: Unbeabsichtigte Änderungen oder versehentliche Umbenennungen oder Löschungen der referenzierten Pläne oder auch nur das Verschieben in ein anderes Verzeichnis haben katastrophale Folgen für die Gesamtzeichnung.

7.9 Hyperlinks einfügen

Vom Siegeszug des Internets wurden auch die CAD-Programme betroffen: In vielen Programmen ist es heute möglich, Hyperlinks (d.h. Verweise) einzufügen.

Hyperlinks zu anderen Zeichnungen
Diese Links müssen nicht unbedingt gleich ins Internet führen. Man kann Links auch zu anderen Zeichnungen oder sonstigen Dokumenten auf dem eigenen Computer oder im Netzwerk einfügen. So würde z.B. ein Verweis auf die Zeichnung GRUNDRISS-MUELLER-OG.DWG auf dem Netz-Computer MAYER-2 auf der Festplattenpartition C im Ordner\CAD-ZEICHNUNGEN wie folgt aussehen:

\\MAYER-2\C\CAD-ZEICHNUNGEN\GRUNDRISS-MUELLER-OG.DWG

Eine einfache Zeichnungsverwaltung kann man sich aufbauen, wenn man in einer Textverarbeitung, einem Tabellenkalkulationsprogramm oder in einer Datenbank eine Liste solcher Links anlegt. Die Zeichnungen können dann direkt z.B. per Doppelklick geöffnet werden.

Links ins Internet
Bei Links, die ins Internet führen, sieht die Adresse z.B. wie folgt aus:

HTTP://WWW.FREIE-MAKROS.DE/SCHRAENKE/SCHRANK5.DWG

Also könnte eine Block- oder Makroeinfügung auf eine Webadresse verlinkt sein und ein Bauteil dadurch direkt vom Hersteller „bezogen" werden, Ähnlich wie bei einer externen Referenz wäre dieses Bauteil ständig auf dem aktuellen Stand. Wurde dir Webadresse aber geändert, der Link verlegt oder umbenannt, erhält man nur eine Fehlermeldung.

Die „i-Drop"-Technik erlaubt bei manchen Programmen das direkte Einfügen von der Anbieterseite.

7.10 Pixelbilder einfügen

Bilder einfügen
Auch Pixelbilder können auf diese Weise oder durch eine eingebaute Programmfunktion eingefügt werden. Meistens wird man eine gerenderte oder schattierte Perspektive in die Zeichnung einfügen. Hierbei handelt es sich nicht um eine vektorbasierte CAD-Zeichnung, sondern um ein Pixelbild, das aus einzelnen Punkten rasterförmig zusammengesetzt ist.

Gescannte Bestandszeichnungen einfügen
Auch mit einem Scanner erfasste Bestandspläne kann man als Pixelbild auf einem eigenen Layer oder Teilbild hinterlegen; die zu ändernden Planteile werden entsprechend maskiert oder abgedeckt und im CAD-Programm neu gezeichnet. Die so entstandene Zeichnung wird als „Hybrid"-Plan bezeichnet, weil Rasterdaten und Vektordaten gemischt wurden.

Computeranwendungen

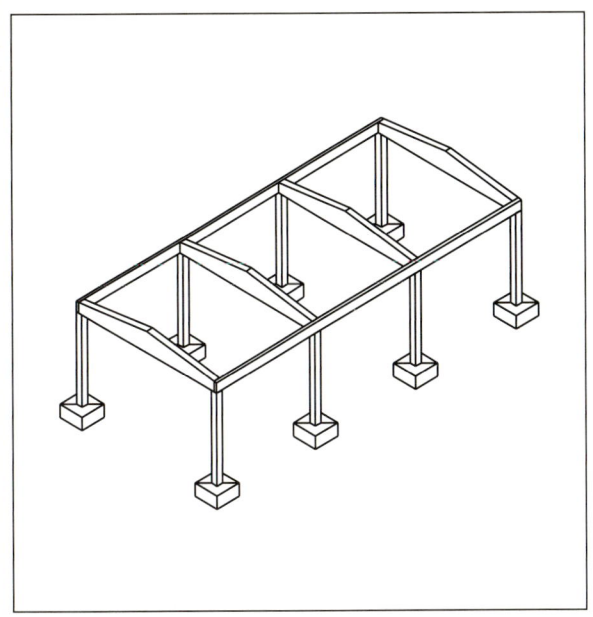

153.1 Linienmodell

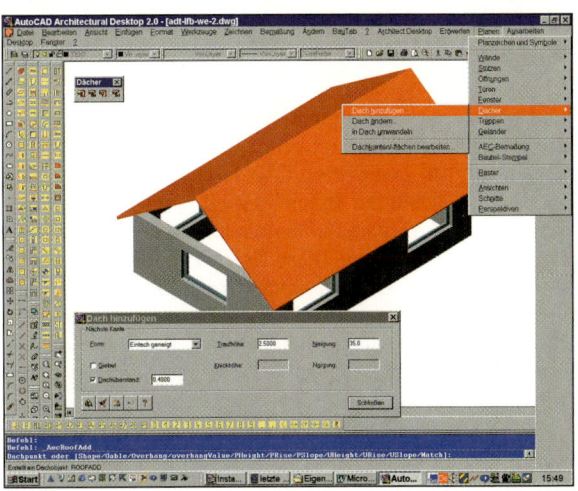

153.2 Volumenmodell

7.11 3D-Gebäudemodelle

Die Leistungsfähigkeit eines CAD-Programms ist abhängig von seiner rechnerinternen Darstellung. Man unterscheidet 2D- und 3D-Modelle. Bei den 2D-Modellen sind keine räumlichen Darstellungen möglich.

3D-Linienmodell

Im Linienmodell (3D-Kantenmodell oder Drahtmodell) werden beliebige Punkte im Raum mit Linien verbunden. Verdeckte Darstellungen oder Flächenschattierungen (Rendering) sind nicht möglich.

Flächenmodell

Im 3D-Flächenmodell werden die einzelnen Körper durch ihre Oberflächen definiert. Die Bauteile können perspektivisch dargestellt werden. Automatische Schnitte und Ansichten können erzeugt werden, das Ausblenden verdeckter Kanten und Schattierungen (Renderings) ist möglich. Beim Digitalen Geländemodell (DGM) werden geodätische Geländemesspunkte dreieckförmig miteinander vermascht, um daraus z.B. Höhenlinien und Schnittprofile automatisch zu generieren.

Volumenmodell

Beim 3D-Volumenmodell sind gegenüber dem Flächenmodell noch echte Durchdringungen und automatische Massenberechnungen möglich. Schwerpunktsbestimmungen und automatische Berechnung der Trägheitsmomente sowie automatische Kollisionskontrollen ermöglichen ein komfortables Arbeiten.

7.12 Automatische Ableitung von Schnitten und Ansichten

Schnitte

Eine wesentliche Arbeitserleichterung stellt bei einem CAD-Programm das automatische Erzeugen von Schnitten und Ansichten dar. Voraussetzung ist natürlich, dass man zuvor ein dreidimensionales Gebäudemodell erstellt hat, und dies ist ein größerer Arbeitsaufwand als die Erstellung eines 2D-Plans.

Genau deshalb wird oftmals darauf verzichtet, ein komplettes 3D-Modell zu erzeugen. Dabei werden die Vorteile der 3D-Bearbeitung übersehen: Führt man eine Änderung am Modell durch (z.B. Einfügen eines zusätzlichen Fensters in eine Wand), kann man alle davon abgeleiteten Schnitte, Ansichten und Details automatisch aktualisieren.

Bei der Erstellung von Schnitten werden eine Schnittlinie und ein Tiefenbereich angegeben, dann kann man den Schnitt positionieren.

Ansichten

In der gleichen Weise wie bei Schnitten können Ansichten erzeugt werden. Die Schnittlinie ist dann eine Ansichtslinie oder ein Punkt und eine Ansichtsrichtung. Besonders fortschrittliche Programme erlauben das dynamische Verschieben der Schnitt- oder Ansichtslinie: Beim Verschieben z.B. durch die Außenwand mutiert der Schnitt zur Ansicht und umgekehrt. Das ist keine Spielerei, sondern zur lagegenauen Positionierung von Schnitten sehr hilfreich.

Details

Auch Details können bei manchen Programmen mehr oder weniger automatisch erzeugt werden. Bei den schlichteren Varianten wird einfach ein anzugebender Bereich herauskopiert und im gewünschten Maßstab vergrößert, wobei eine automatische Beschriftung erfolgen kann. Eine weiter gehende Detaillierung ist nun manuell mit normalen Linien-Befehlen möglich.

Komfortabler wird es mit einer hinterlegten Detail-Datenbank, wobei der Detaillierungsgrad abhängig vom eingestellten Maßstab ist, z.B. bei Schnitten durch Fenster.

7.13 Automatische Gewinnung von numerischen Daten

Das Herausziehen von numerischen Daten aus Zeichnungen war früher eine Zeit raubende und fehlerträchtige Angelegenheit. Mit geeigneten CAD-Programmen kann man aus den „gezeichneten Daten" gezielt numerische Daten gewinnen, konkret also Zahlentabellen mit Wohnflächen, Massen, Stücklisten usw. Diese Daten können dann eventuell auch in anderen Programmen weiterbenutzt werden, wie z. B. in AVA-Programmen für die Erstellung einer Ausschreibung oder Stahllisten und Betonstahlmatten-Schneideskizzen. Natürlich können diese Funktionen auch im CAD-Programm integriert sein. Gerade bei vollautomatischer Ausgabe numerischer Daten sollte man sich niemals blind auf die Ergebnisse verlassen, sondern immer eine überschlägige Vergleichsberechnung durchführen.

Wohnflächenberechnung
Bei der automatischen Wohnflächenberechnung werden die in den Raumstempeln erfassten Daten wie Raum-Nummer, Raumbezeichnung, Wohnfläche oder Umfang tabellenförmig organisiert und nach den entsprechenden Vorschriften strukturiert ausgegeben.

Bauteilmassen
Eine Mengen- oder Massenberechnung wird vor allem zu Ausschreibungs-, Kostenschätzungs- und Kalkulationszwecken benötigt. Erfolgt diese Berechnung automatisch, können die Daten direkt in das entsprechende Programm übernommen werden. Manche fortschrittlichen bautechnischen CAD-Programme führen diese Daten automatisch im Hintergrund mit.

Stahllisten
Im konstruktiven Ingenieurbau werden Bauteillisten und Stahllisten benötigt. Bei den Stahllisten gibt es noch Verfeinerungen als Biegeliste beim Stabstahl oder Schneideskizze bei den Betonstahlmatten. All dieses kann von geeigneten CAD-Programmen automatisch erstellt werden.

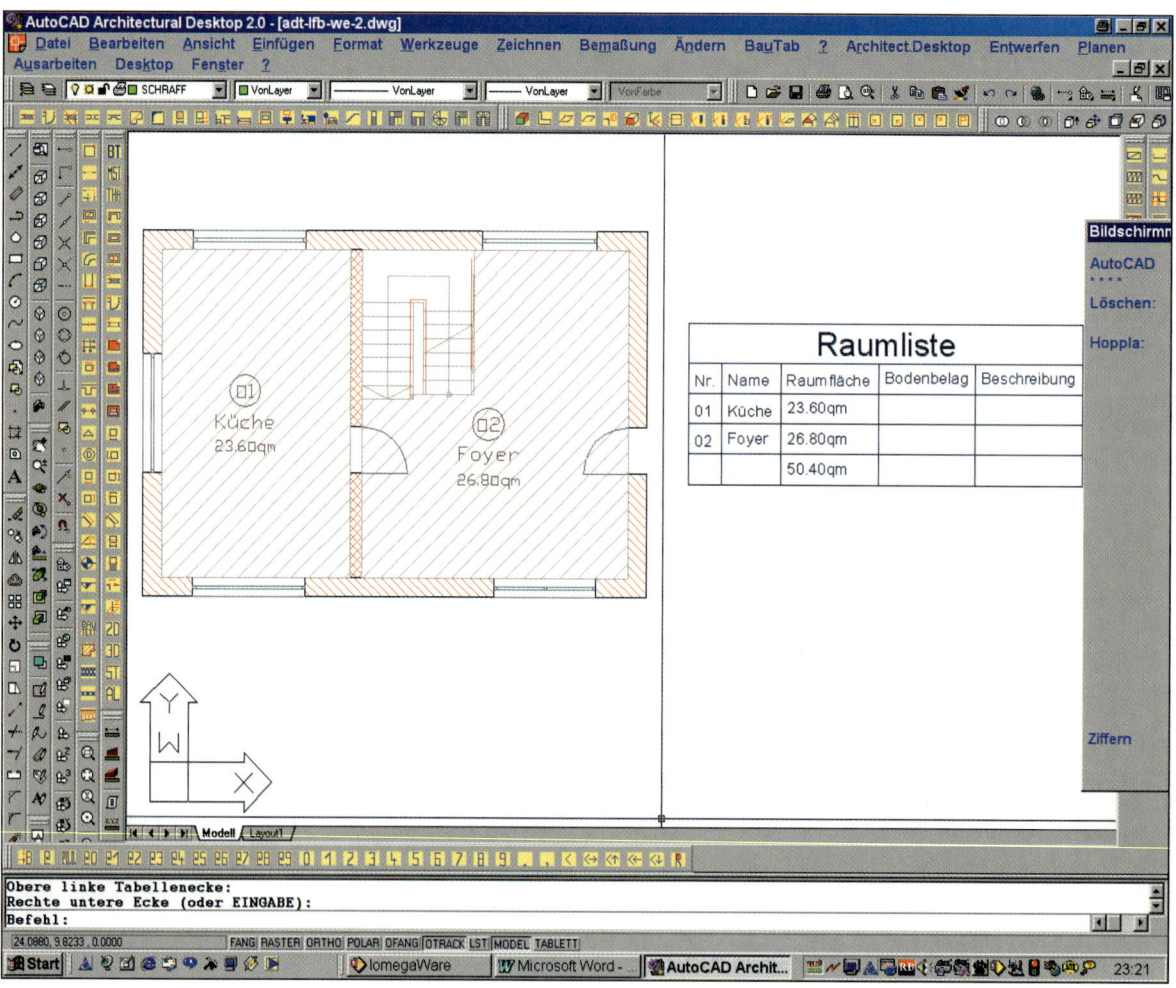

154.1 Gewinnung numerischer Daten

7.14 Fotorealistische Darstellungen

Die Erstellung fotorealistische Darstellungen von Gebäuden gehört heute schon zur üblichen Praxis bei größeren Bauvorhaben oder bei Bauträgerobjekten, die schon vor der Fertigstellung verkauft werden sollen. Dem Laien erschließt sich ein Bauvorhaben schneller über eine Visualisierung als über zweidimensionale Baupläne.

Perspektivenerzeugung
Zuerst muss aus der 3D-CAD-Zeichnung eine geeignete Perspektive ausgewählt werden. Dies geschieht durch entsprechende Bildschirmansichtsbefehle oder Bauteilbetrachter, bei denen man den gewünschten Ausschnitt in der gewünschten Parallel- oder Fluchtpunktperspektive einstellen kann.

Flächenschattierung mit und ohne Kanten
Danach erfolgt das Ausblenden der verdeckten Kanten oder eine Flächenschattierung (Shading). Beim Shading können oftmals verschiedene Darstellungsmöglichkeiten mit und ohne Hervorhebung der Kanten eingestellt werden.

Texturenschattierung (Rendern)
Eine weiter gehende Methode stallt das so genannte Rendern dar, wobei eine skalierbare Textur auf die Oberflächen gelegt wird (Bild 155.1). Diese Texturen lädt man sich aus entsprechenden Texturbibliotheken der CAD-Programme, oder man besorgt sie sich aus dem Internet oder benutzt eigene Scans oder Digitalfotos.

Auch ein Landschaftshintergrund oder bestehende Nachbargebäude können auf diese Weise eingefügt werden.

Spiegelung und Schatten (Raytracing)
Bei vielen Programmen kann man Lichtquellen (z. B. als „Sonne" mit exakter Sonnenstandsberechnung für den Standort des Bauvorhabens) einfügen und die Schatten automatisch berechnen lassen (Bild 155.1).

Beim echten Raytracing werden alle Spiegelungen der Lichtquellen in Spiegeln, an Fenstern oder auf glatten Oberflächen erfasst und dargestellt. Die Transparenz und der Brechungsfaktor von Glas oder ähnlichen Materialien sind einstellbar. Die fotorealistischen Darstellungen lassen sich oftmals kaum noch von echten Fotografien unterscheiden, wenn sie gut gemacht sind.

Weitere Nachbearbeitungsmethoden
Durch bestimmte Zusatz-Programme kann man CAD-Zeichnungen oder Teile davon handskizzenmäßig „verwackeln" (Bild 155.2). Dabei können verschiedene „Scribble"-Stile eingestellt werden wie z. B. Überschneiden der Enden oder geschwungene Linien usw.

Pixelbilder speichern
Die durch Rendern erzeugten Pixelbilder können mit üblichen Grafikprogrammen weiterbearbeitet und ausgedruckt werden. Gebräuchliche Formate sind BMP, TGA, TIF und JPG.

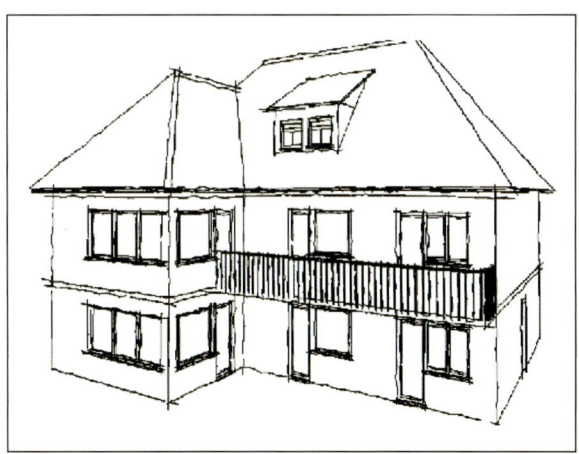

155.1 Licht und Schatten

155.2 Nachbearbeitung: Handskizze

Computeranwendungen

▲ 156.1 Gerendertes Pixelbild

▼ 156.2 Planzusammenstellung

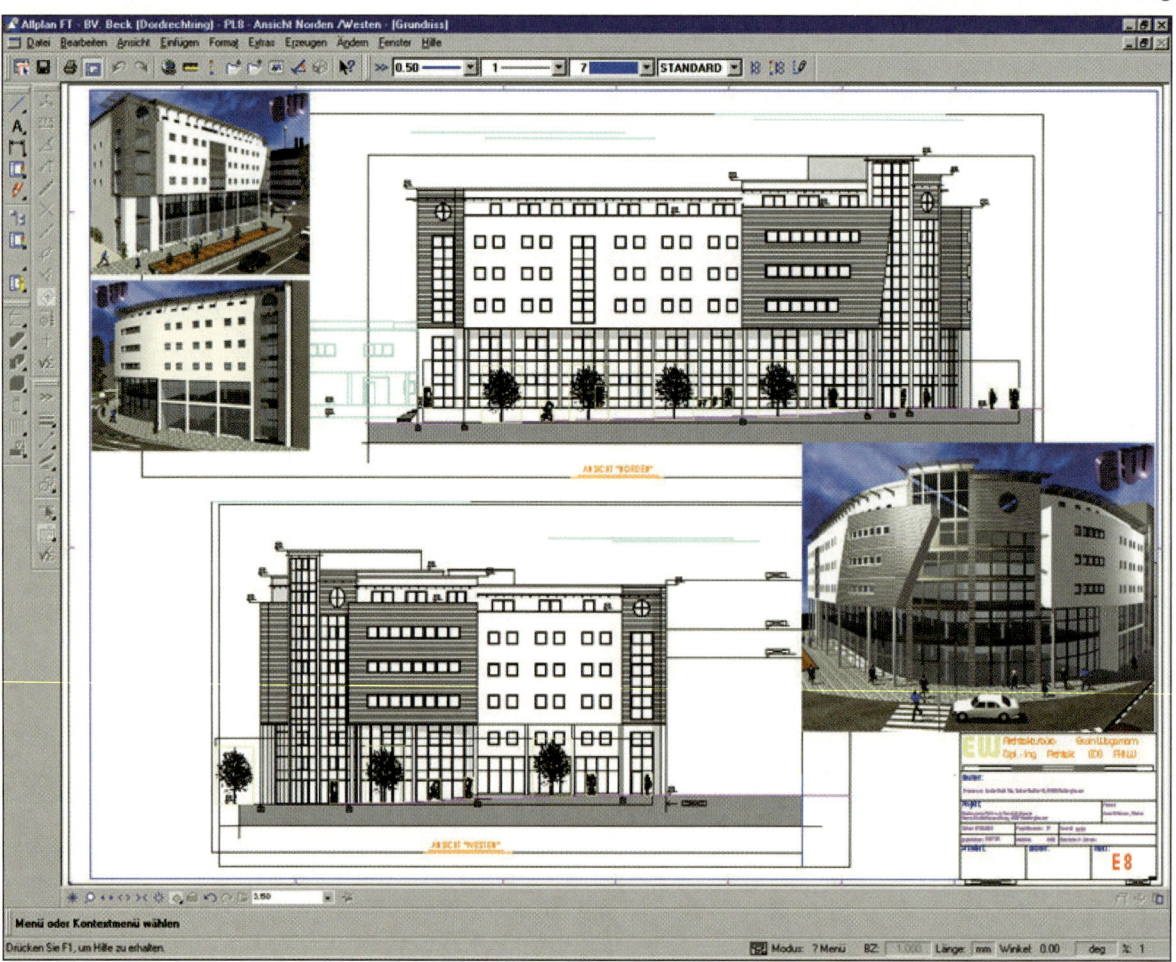

7.15 Plan-Layout und Plotten

Planzusammenstellung
In der Planzusammenstellung (Bild 156.2) werden im CAD-Programm oder mit externen Programmen alle auf dem Ausdruck vorgesehenen Planteile in den entsprechenden Maßstäben zusammengefügt und mit einem Planrand, einem Schriftfeld und gegebenenfalls einer Legende versehen.

Hier kann man auch noch gerenderte Pixelbilder einfügen, um perspektivische Ansichten realistisch abzubilden.

Layout/Papierbereich
Eine fortgeschrittenere Version der Planzusammenstellung ist das dynamische Layout (Papierbereich), bei welchem die zusammengefügten Zeichnungsteile nach einer Änderung am Modell automatisch aktualisiert werden. Fügt man also noch eine Deckenaussparung hinzu, wird diese in allen betroffenen Grundrissen, Schnitten, Ansichten und Details automatisch geändert – nur nicht bei den eingefügten Pixelbildern, die neu gerendert werden müssen.

Drucken und Plotten: Maßstab
Das Ausdrucken von Zeichnungen (Plotten) erfolgt in der Regel über eine entsprechende Bildschirmmaske, in der die Einstellung für den gewünschten Plotmaßstab vorgenommen wird (Bild 157.1).

Bei manchen Programmen gibt man hier auch den gewünschten Schattierungsstil (Linienmodell, verdeckte Kanten, Flachschattierung mit und ohne Kanten) und die Zuweisung der Bildschirmfarben zu den Linienstärken ein, sofern dies nicht über voreingestellte Plotstiltabellen gesteuert wird. Beim Schwarzweißdruck kann auch angegeben werden, ob Grautöne zugelassen werden oder nicht. Eine Druckvoransicht erleichtert das Einpassen in das benutzte Papierformat.

7.16 Animationen
Die ansprechenste, aber auch aufwändigste Aufbereitung von CAD-Daten ist das Erstellen von Animationen, also „Trickfilmen", bei denen gegenüber dem Rendern eine Bewegung ins Spiel kommt. Hierbei kann die Kamera statisch bleiben, und nur die Beleuchtung ändert sich im Laufe eines simulierten Tages. Meistens wird aber die Kamera, d.h. das Auge des Betrachters, bewegt, um die Simulation ablaufen zu lassen.

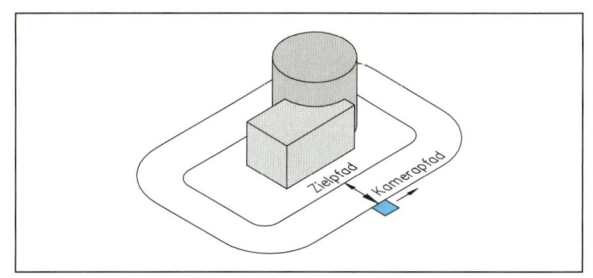

157.2 Animation

Aufzeichnen von Bewegungsabläufen
Grundsätzlich gibt es zwei verschiedene Vorgehensweisen, um Animationen zu erzeugen:

Bei der ersten Methode wird die Animation einfach durch Bewegen eines fiktiven Betrachters oder durch Drehen der perspektivischen Ansicht im CAD-Programm direkt ausgeführt, wobei diese Bewegung als Aufzeichnung direkt „mitgeschnitten" wird.

Bei der zweiten Methode werden ein Kamerapfad und ein Zielpfad z.B. durch Polylinien definiert.

Kameraweg
Man gibt nun an, wie viele Bilder (Frames) pro Wegeinheit „geschossen" und gerendert werden, und lässt den Vorgang ablaufen. Statt eines Zielpfades werden in manchen Programmen auch eine Kamerarichtung und die Brennweite eingegeben. Die Summe der gerenderten Bilder ergibt die Animation, welche in einem der üblichen Video-Formate abgespeichert wird, z.B. als AVI-File oder im komprimierten MPEG-Format (.MPG).

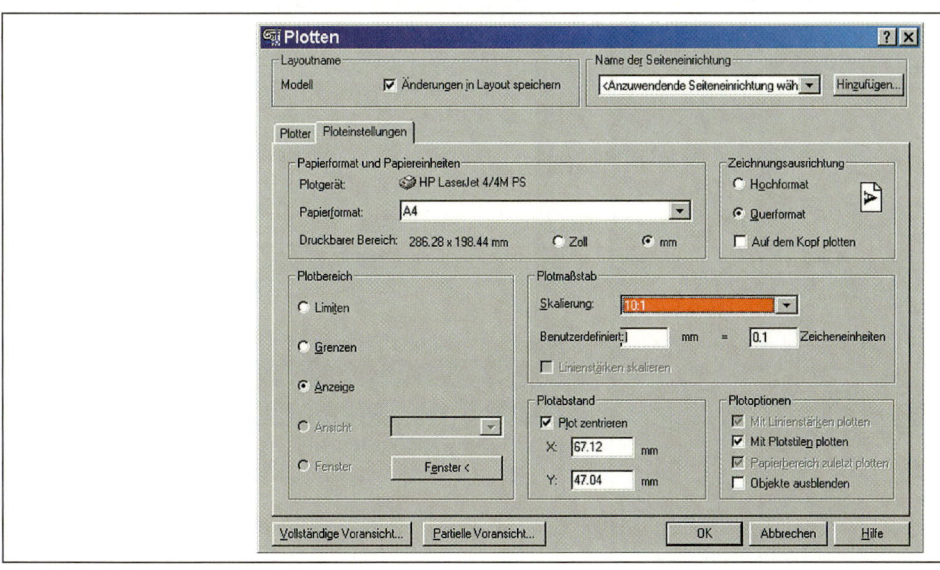

157.1 Einstellungen zum Plotten

7.17 Planungsbeispiel mit CAD

Die verschiedenen CAD-Programme unterscheiden sich zu sehr, um ein allgemein gültiges Planungsbeispiel mit allen Befehlseingaben darstellen zu können. Deshalb soll im Folgenden die Vorgehensweise beim Erstellen einer Eingabeplanung am Beispiel eines Programms erfolgen, das in abgespeckter Version auch für den Laien verfügbar ist und das eine relativ einfache Eingabe mit modernen Ansätzen in der CAD-Planung kombiniert: Visuelle Architektur ist damit möglich geworden.

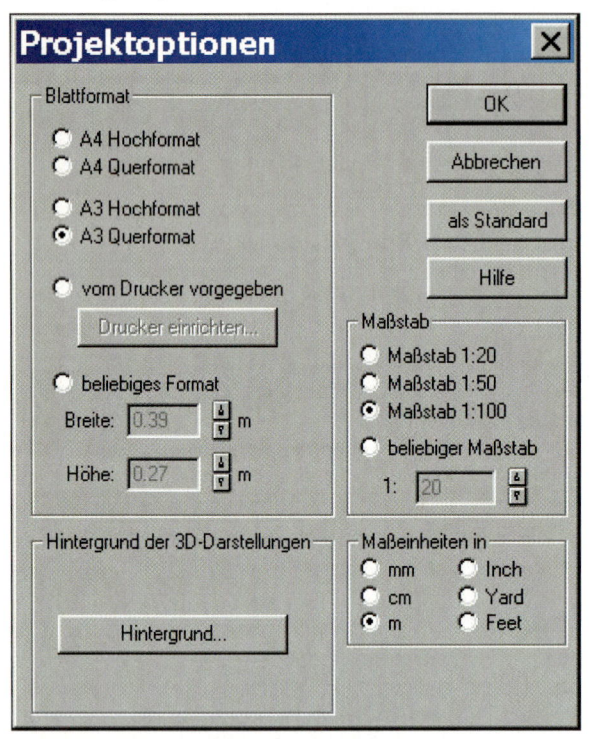

158.1 Einstellungen der Projektvorgaben

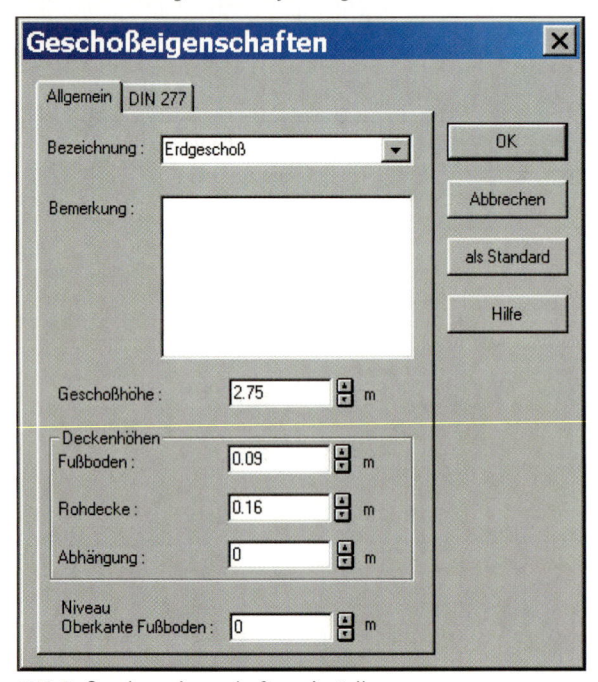

158.2 Geschosseigenschaften einstellen

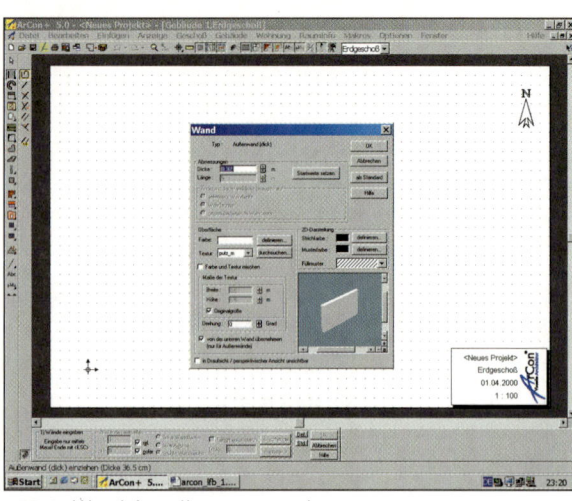

158.3 Wandeinstellungen vornehmen

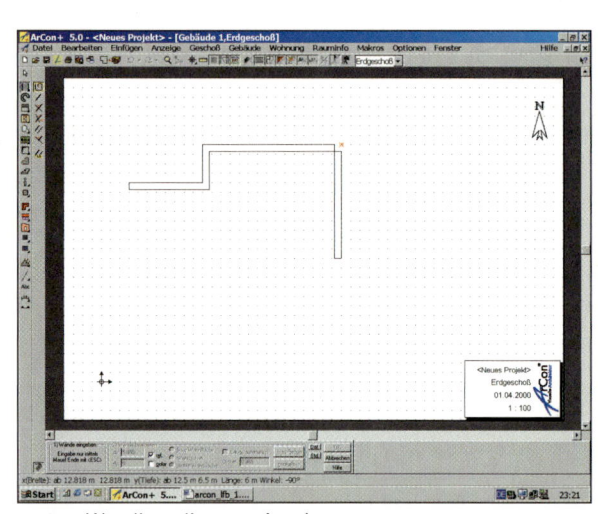

158.4 Wandkoordinaten eingeben

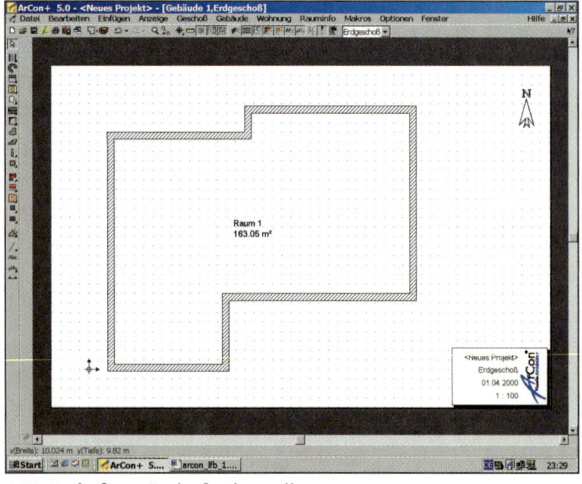

158.5 Außenwände fertig stellen

Computeranwendungen 159

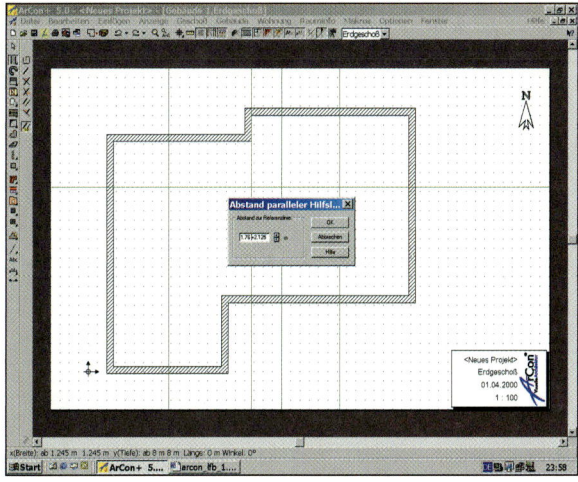

159.1 Hilfslinien für Innenwände erzeugen

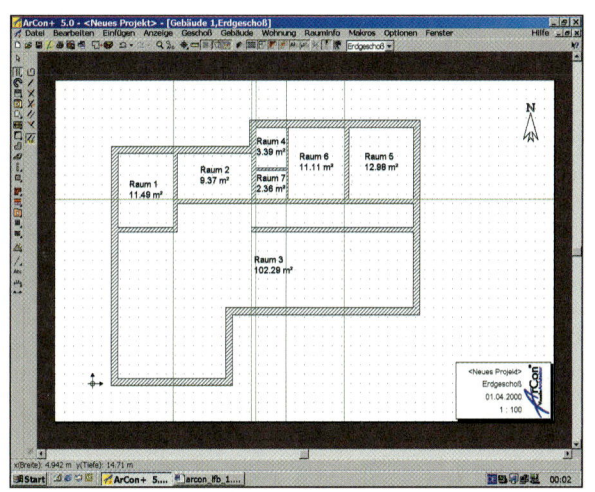

159.2 Innenwände zeichnen

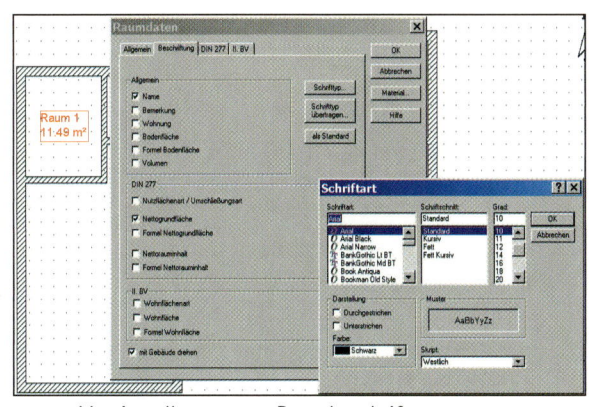

159.3 Voreinstellungen zur Raumbeschriftung

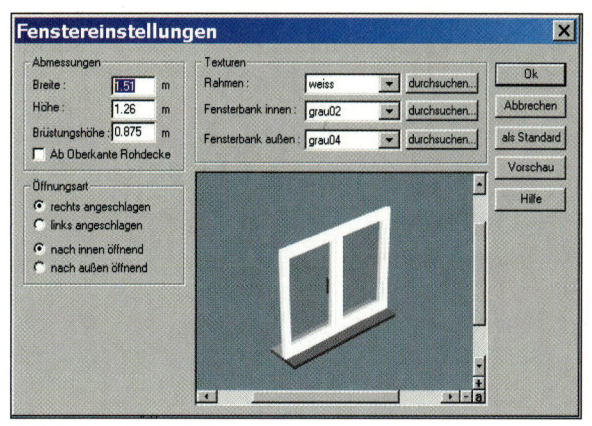

159.4 Fenstereinstellungen

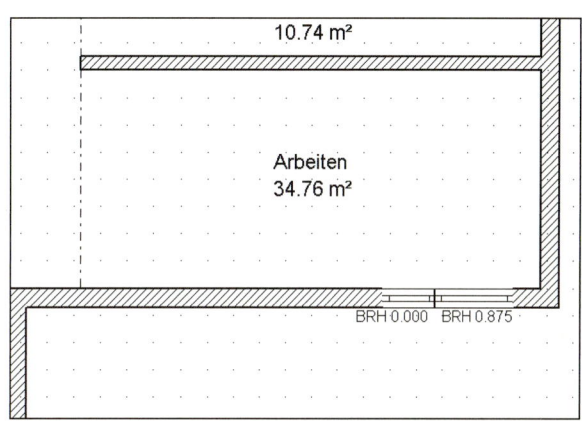

159.5 Fenster einfügen

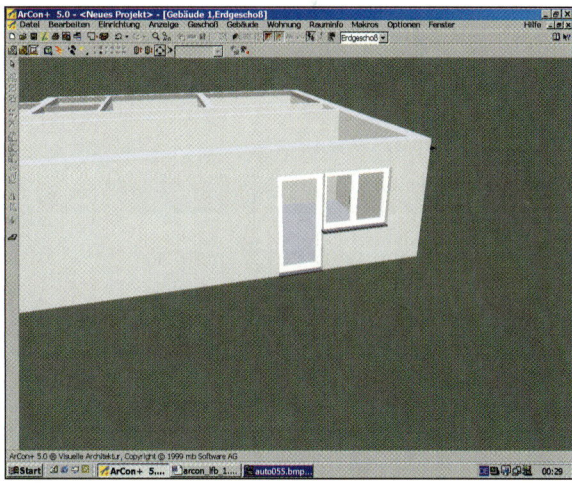

159.6 Visuelle Kontrolle der Fenster

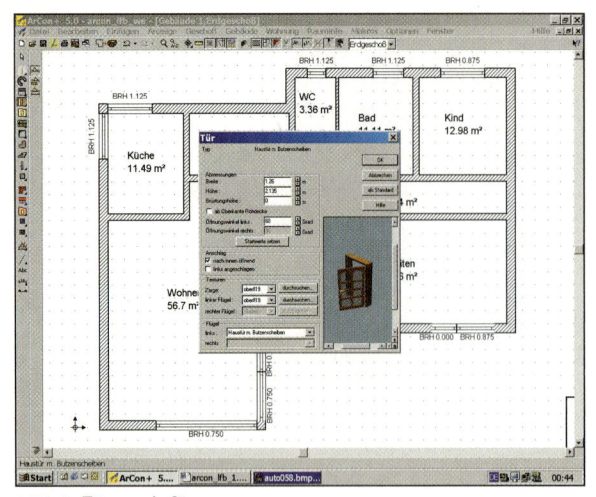

Computeranwendungen

160.1 Türen einfügen

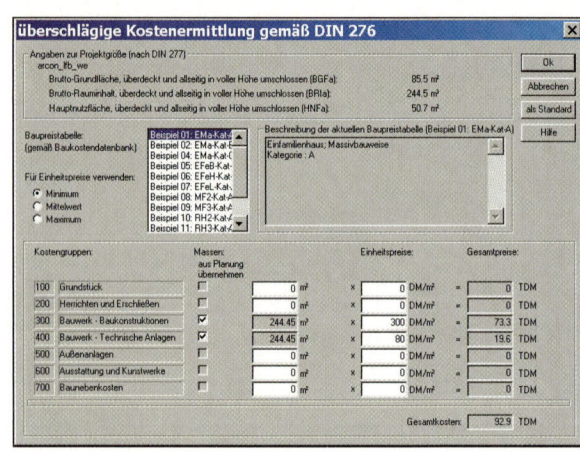

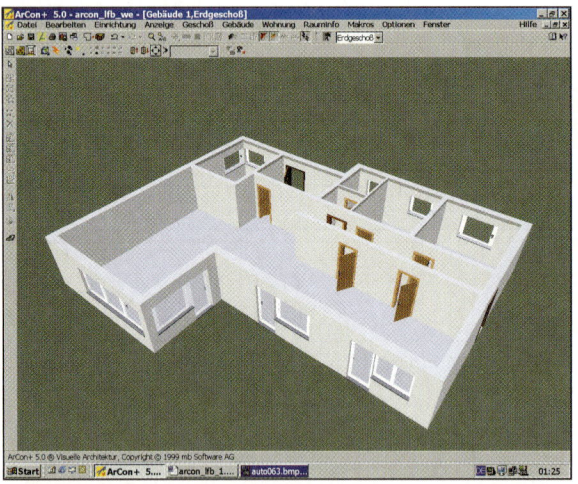

160.2 Visuelle Kontrolle der Türen

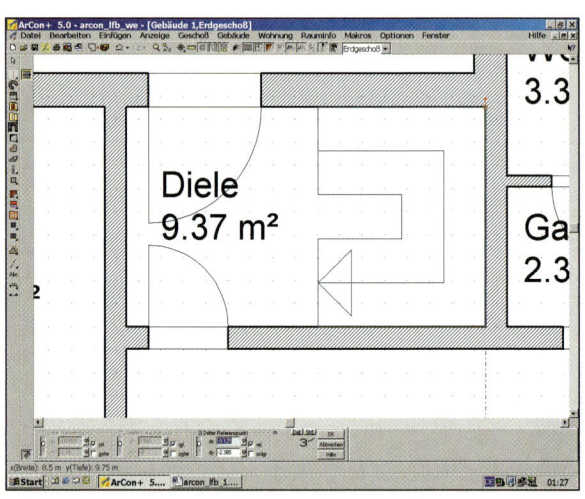

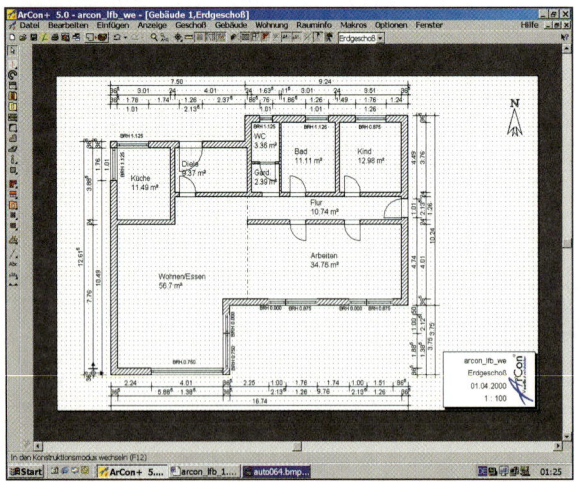

160.3 Automatische Wandbemaßung mit 3 Ketten

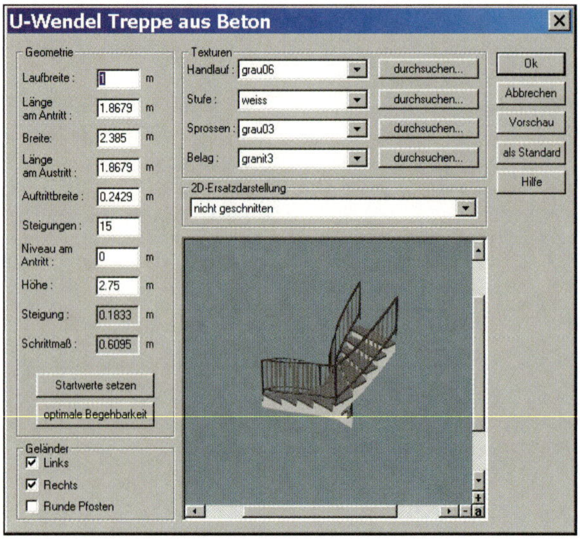

160.4 Zwischen-Kostenschätzung

160.5 Treppengeometrie bestimmen

160.6 Treppeneinstellungen

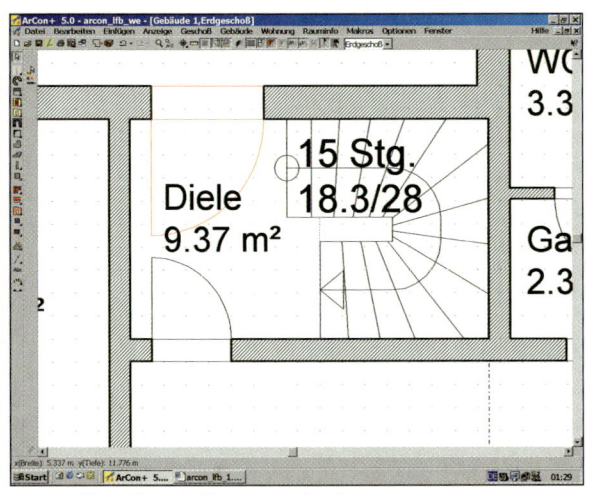

Computeranwendungen

161.1 Eingefügte halbgewendelte Treppe

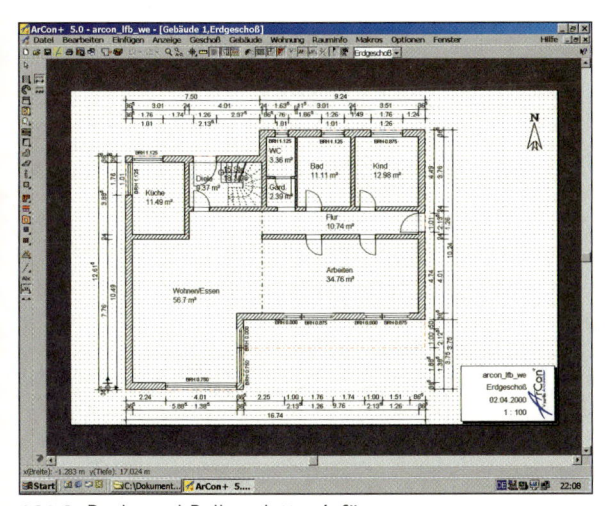

161.2 Decke und Balkonplatte einfügen

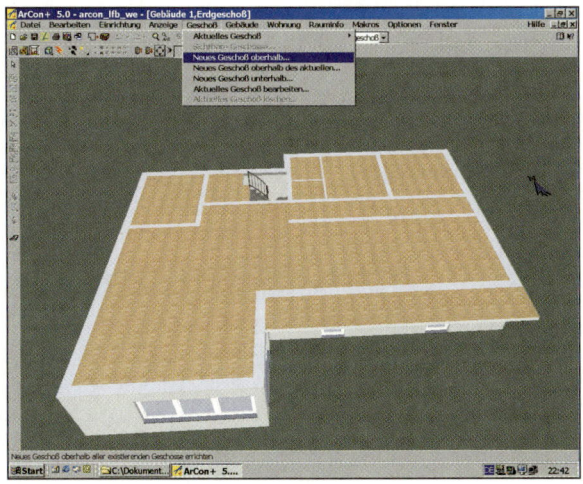

161.3 Visuelle Kontrolle der Decke

161.4 Übernahmeparameter für Obergeschoss

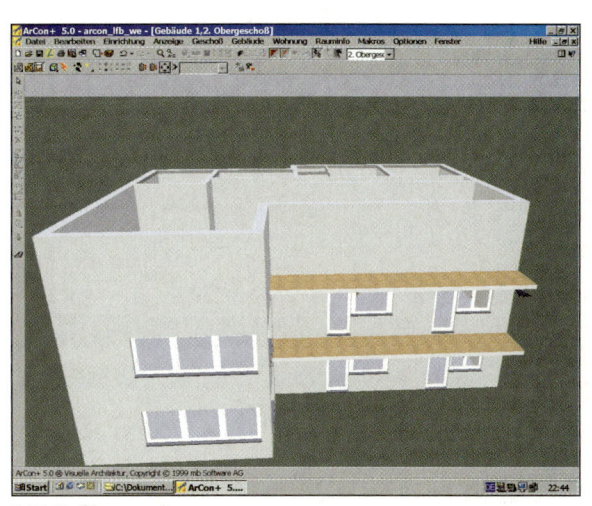

161.5 Obergeschoss erzeugen

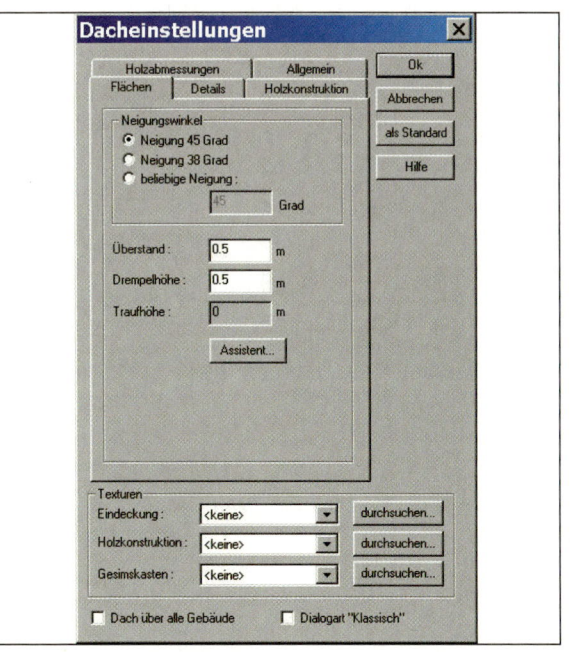

161.6 Dach-Voreinstellungen

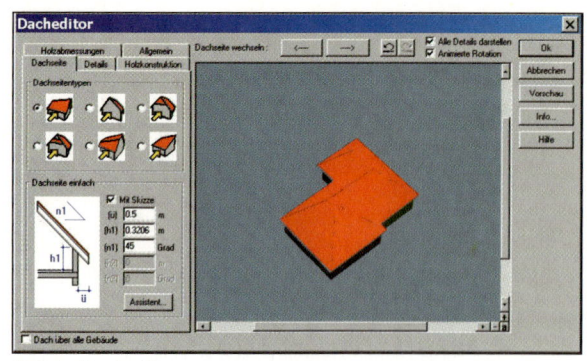

Computeranwendungen

162.1 Dacheditor

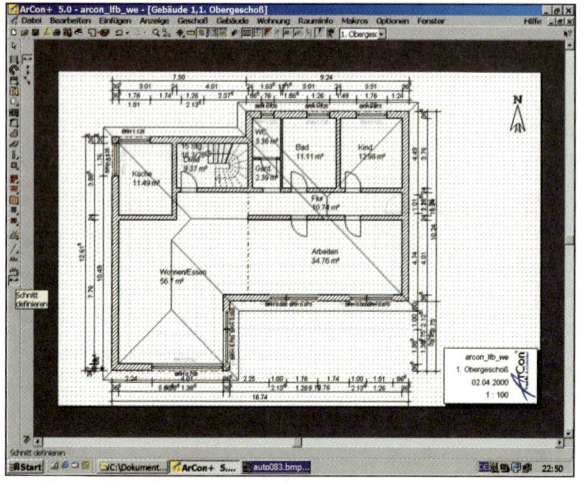

162.2 Automatische Dachkonturerkennung

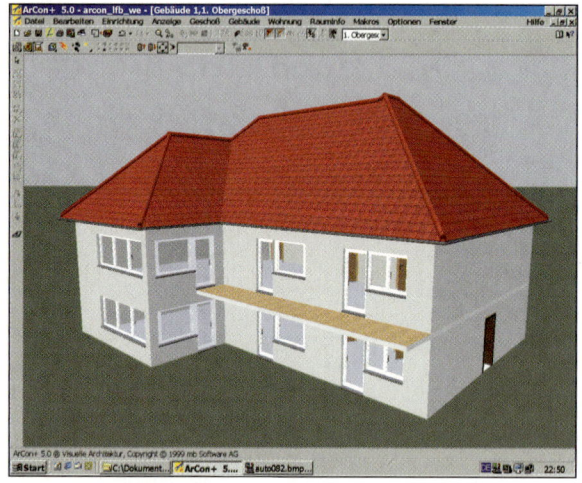

162.3 Visuelle Kontrolle des Daches

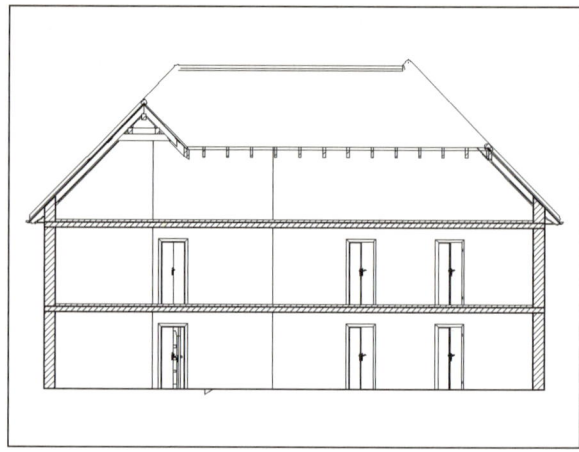

162.4 Automatischer Schnitt (dynamisch)

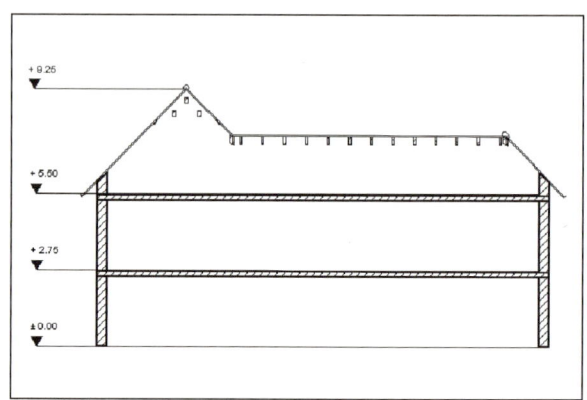

162.5 Ein weiterer Schnitt mit Höhenkoten

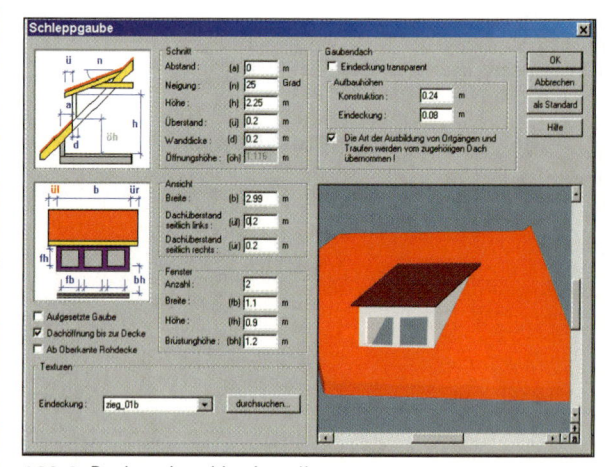

162.6 Dachgauben-Voreinstellungen

Computeranwendungen

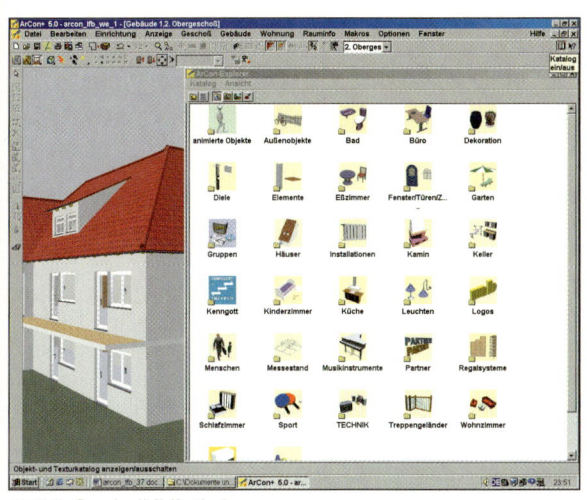

163.1 Symbolbibliotheken

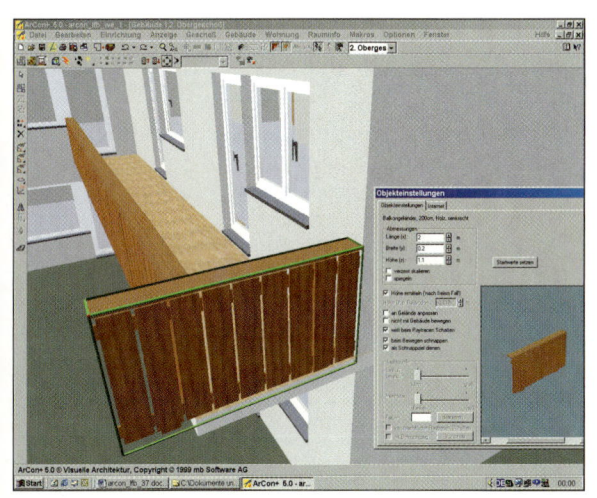

163.2 Balkongeländer einfügen

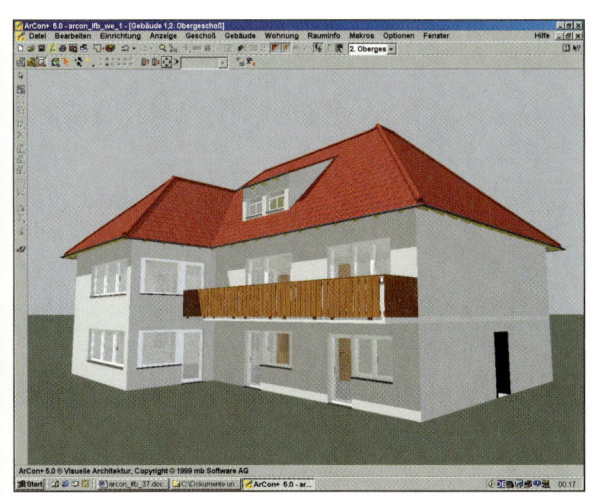

163.3 Visuelle Kontrolle des Balkons

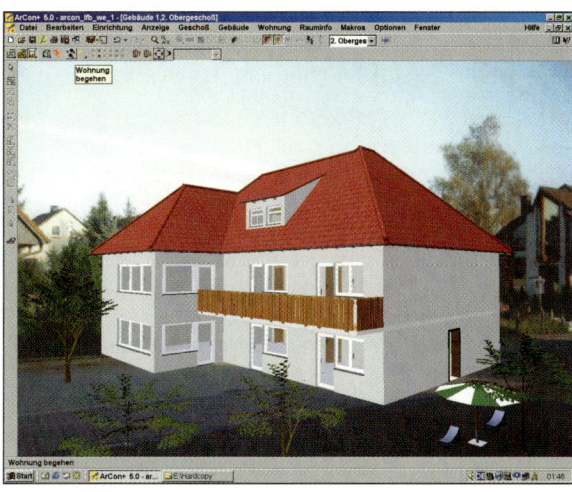

163.4 Hintergrundbild einfügen

163.5 Automatische Flächenberechnung nach II. BV

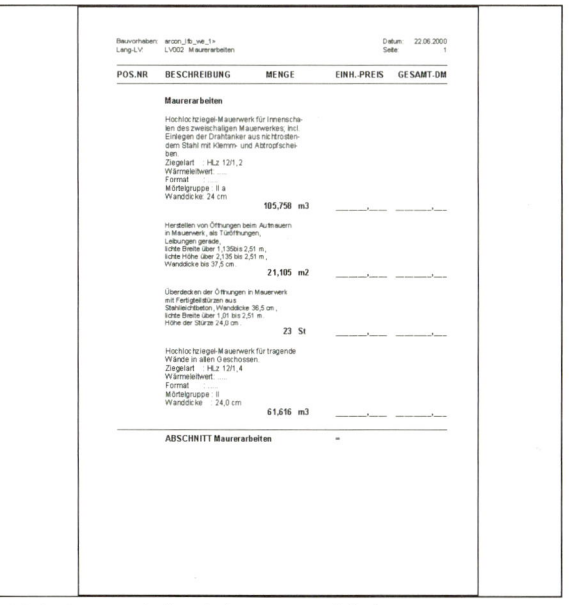

163.6 Automatisches Leistungsverzeichnis

8 CAD im Ingenieurbau

8.1 Vorteile der CAD-Technik im Ingenieurbau

Im Ingenieurbau kann die Konstruktionsarbeit mit der CAD-Technik in folgenden Punkten verbessert werden:
- Im CAD-System werden immer alle Längen im Maßstab 1:1 eingegeben und die fertige Zeichnung kann in beliebigen Maßstäben gedruckt oder geplottet werden.
- Einfaches und rationelles Schraffieren
- Muster- und flächige Fillingsdarstellungen
- Schnelle und flexible Bemaßungen
- Einfache Modifizierungen der Schalungsgeometrie und Matten- und Stabstahlbewehrung
- Die Symboltechnik erlaubt häufig wiederkehrende Konstruktionselemente, Stützen, Unterzüge oder auch Planköpfe usw. als Symbole zu speichern, um sie später wieder zu laden und geometrisch modifiziert im Plan abzusetzen.
- Rationelles Verlegen von Stab- und Mattenbewehrungen mithilfe von Standard- Biegeformen und Eingabealgorithmen (Bild 164.1)

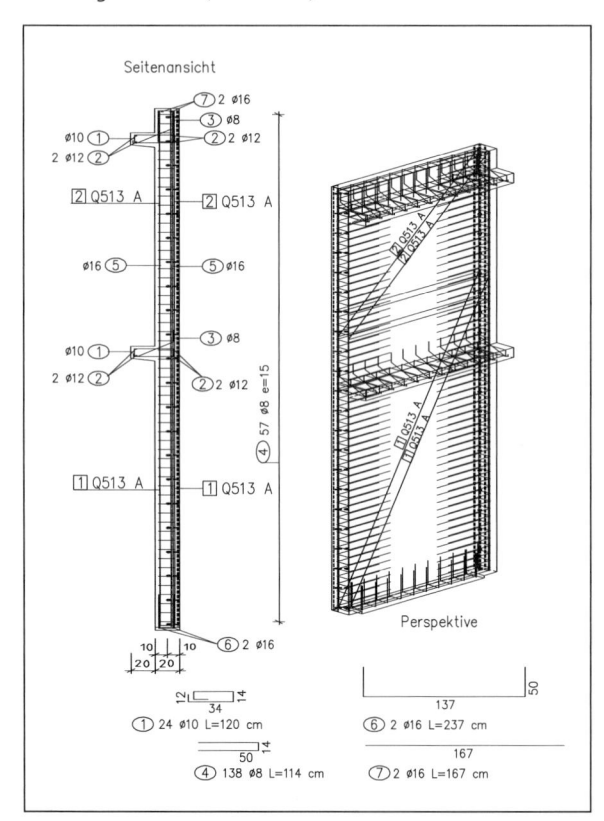

164.1 Räumliche Eisenunterlegung

- Bei einer räumlichen Eisenverlegung werden die Eisen automatisch in allen Ansichten und Schnitten dargestellt. Die Eisen müssen nicht wie früher von Hand mehrfach in die entsprechenden Schnitte und Ansichten übertragen werden.
- Alle Stähle werden automatisch in einer Stahlverwaltung mitgeführt und bei Änderungen aktualisiert. Matten-, Schneideskizzen, Biege- oder Stahllisten können auf dem Plan abgesetzt werden und als Liste gedruckt werden.
- Mithilfe der Finite-Elemente-Methode (FEM) können Platten und Scheiben berechnet werden. Die direkte Verknüpfung von FEM-Programmen und CAD-Bewehrung erlaubt eine schnelle Bewehrung der errechneten FEM-Werte auf dem CAD-Bildschirm.

8.2 Schalpläne

Für das Einschalen von Beton- und Stahlbetonbauteilen benötigt man Ausführungszeichnungen, die deren Endzustand eindeutig und übersichtlich darstellen. Ausführungszeichnungen bei der Ortbauweise nennt man Schalpläne, bei Fertigteilen Elementzeichnungen. Diese Pläne werden als Grundrisse, Schnitte, Ansichten, Abwicklungen und Detailzeichnungen gezeichnet.
Schalpläne von Wänden, Öffnungen, Decken, Unterzügen und Stützen werden grundsätzlich mit den üblichen 2D- oder 3D-Funktionen konstruiert.

Bei der Verwendung einer Schalung mit räumlichem Modell (Bild 164.2) ergeben sich aber zusätzliche Vorteile wie:

- Automatische Mengenermittlung der Baustoffe
- Beliebige Schnitte und Ansichten
- Geometrische Änderungen werden in alle anderen Ansichten und Schnitte übertragen
- Bei einer 3D-Schalung werden die Bewehrungseisen in einer beliebigen Ansicht verlegt und in alle anderen Ansichten und Schnitte automatisch gezeichnet.
- Bessere Veranschaulichung des geplanten Bauwerks durch eine räumliche, d.h. perspektivische Darstellung

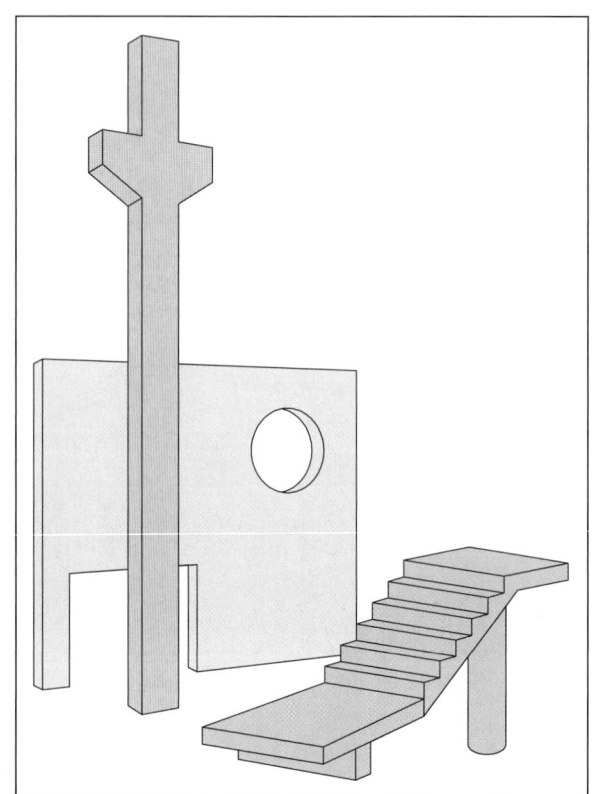

164.2 Schalpläne als 3D-Konstruktion

Computeranwendungen

Grundriss

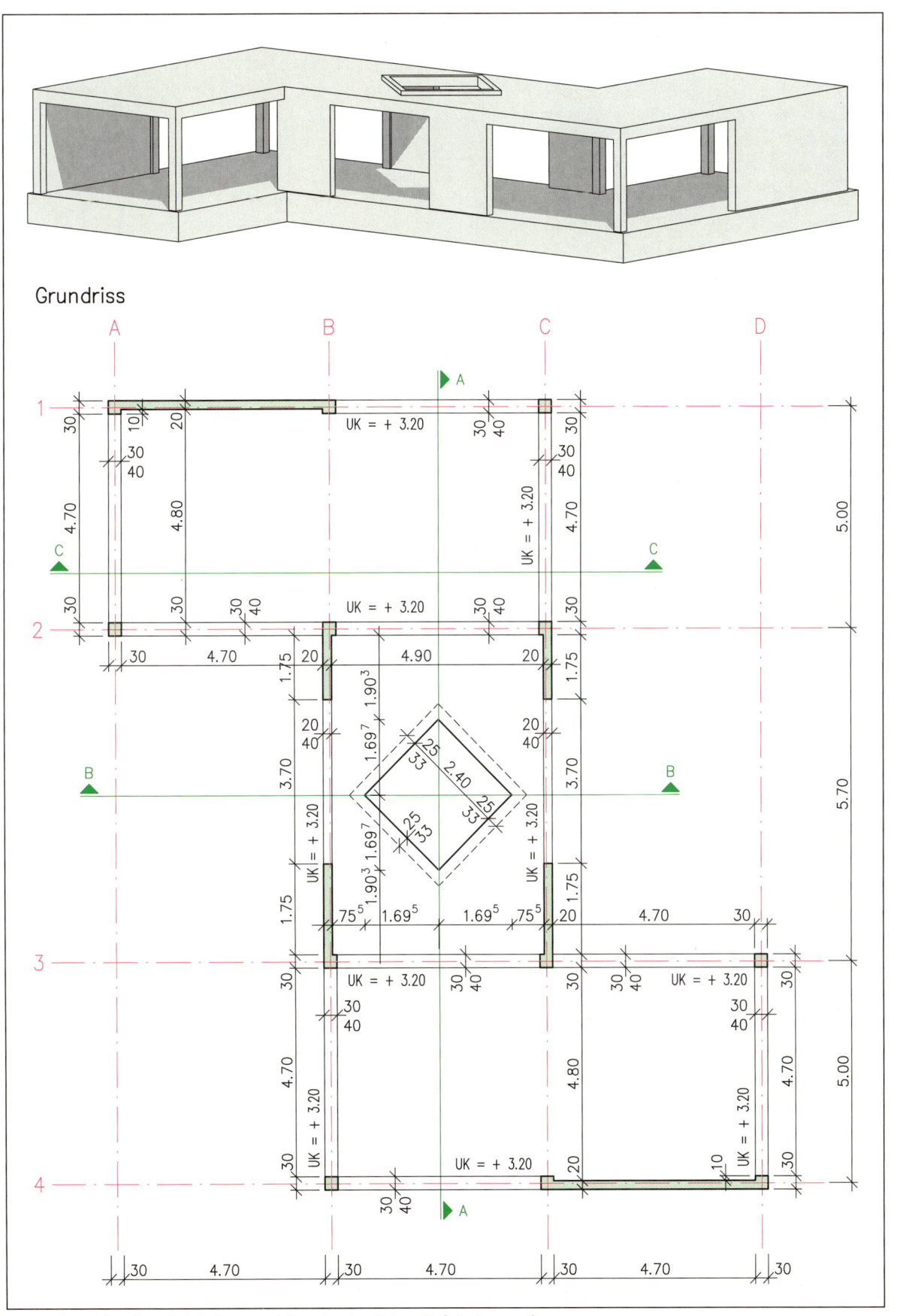

165.1 Grundriss eines Schalplanes und berechnetes Foto mit Schattenwurf

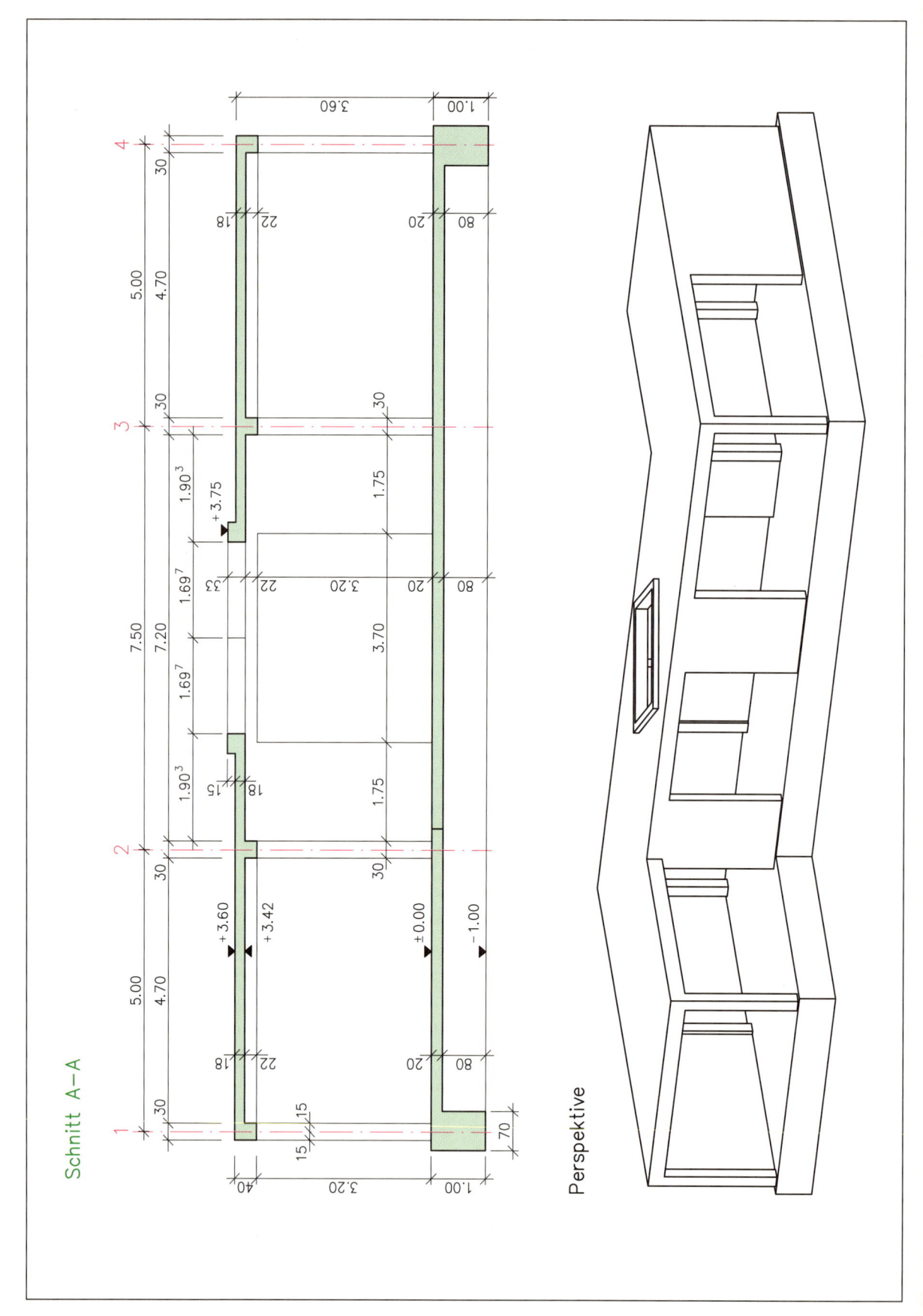

166.1 Schnitt A-A und Perspektive eines Schalplanes

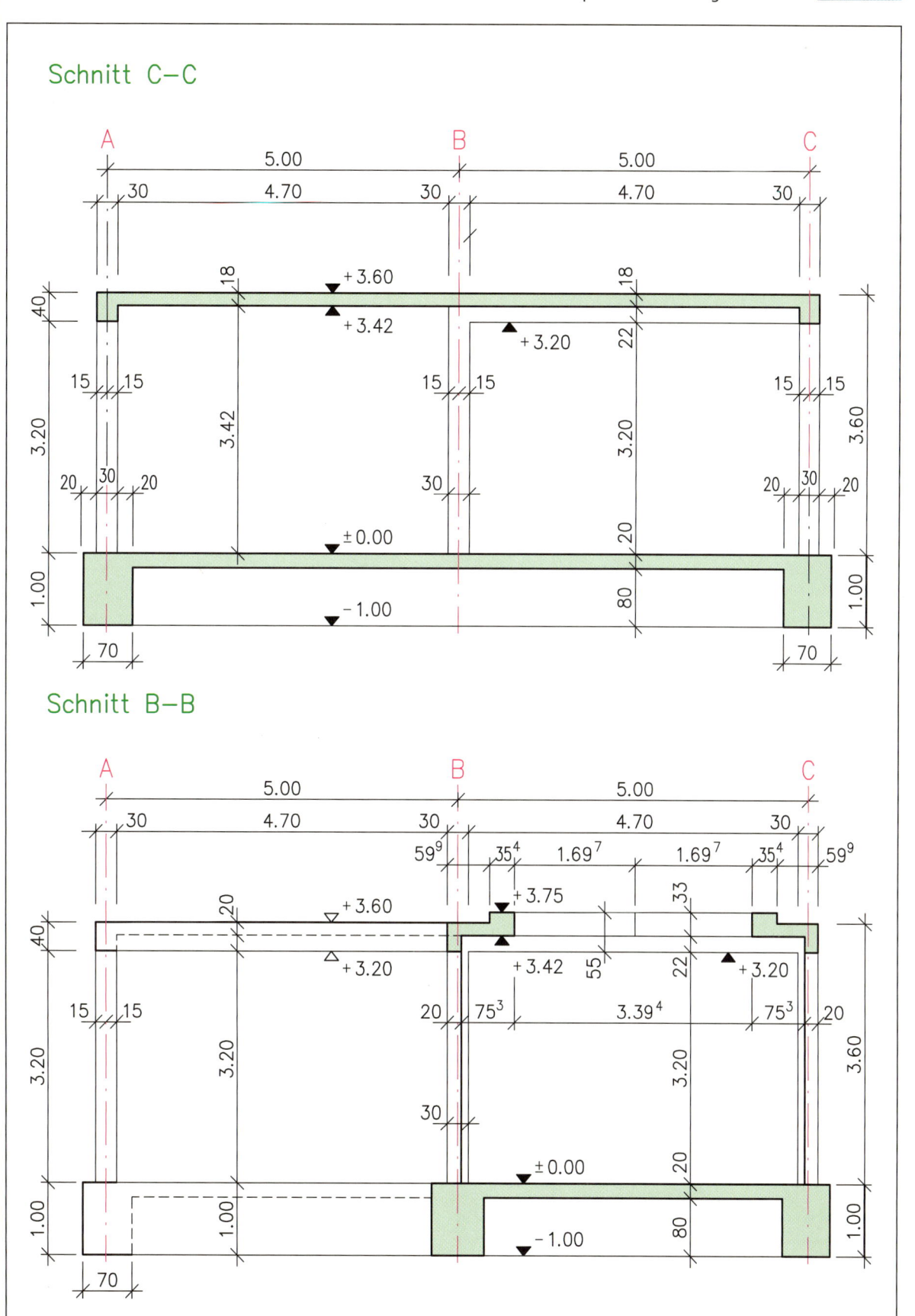

167.1 Schnitt C-C und Schnitt B-B eines Schalplanes

8.3 Positionspläne

Tragwerkszeichnungen, in der Regel Grundrisse im Maßstab 1:100, die Angaben enthalten über
- Positionsnummern,
- die Lage und
- die Bauteilabmessung tragender Bauteile sowie
- die Tragrichtung von Platten und Decken,

werden **Positionspläne** (Bild 168.1) genannt.

Positionssymbole sind bereits vordefiniert und müssen nur entsprechend der zu beschriftenden Position ausgewählt, abgesetzt und beschriftet werden.

Dazu gehören die Möglichkeit, erklärenden Text an den Positionsnummern zu ergänzen, oder das automatische Hochzählen der Positionsnummern, die auch Buchstaben und Sonderzeichen enthalten können.

Weitere CAD-Befehle betreffen das einfache Übernehmen von Texten anderer Positionen, die vielfachen Modifikationsmöglichkeiten und die Vorschautechnik zur Verhinderung von Überschreibungen sowie die zahlreichen einstellbaren Variationsmöglichkeiten bei Symbolen und Texten.

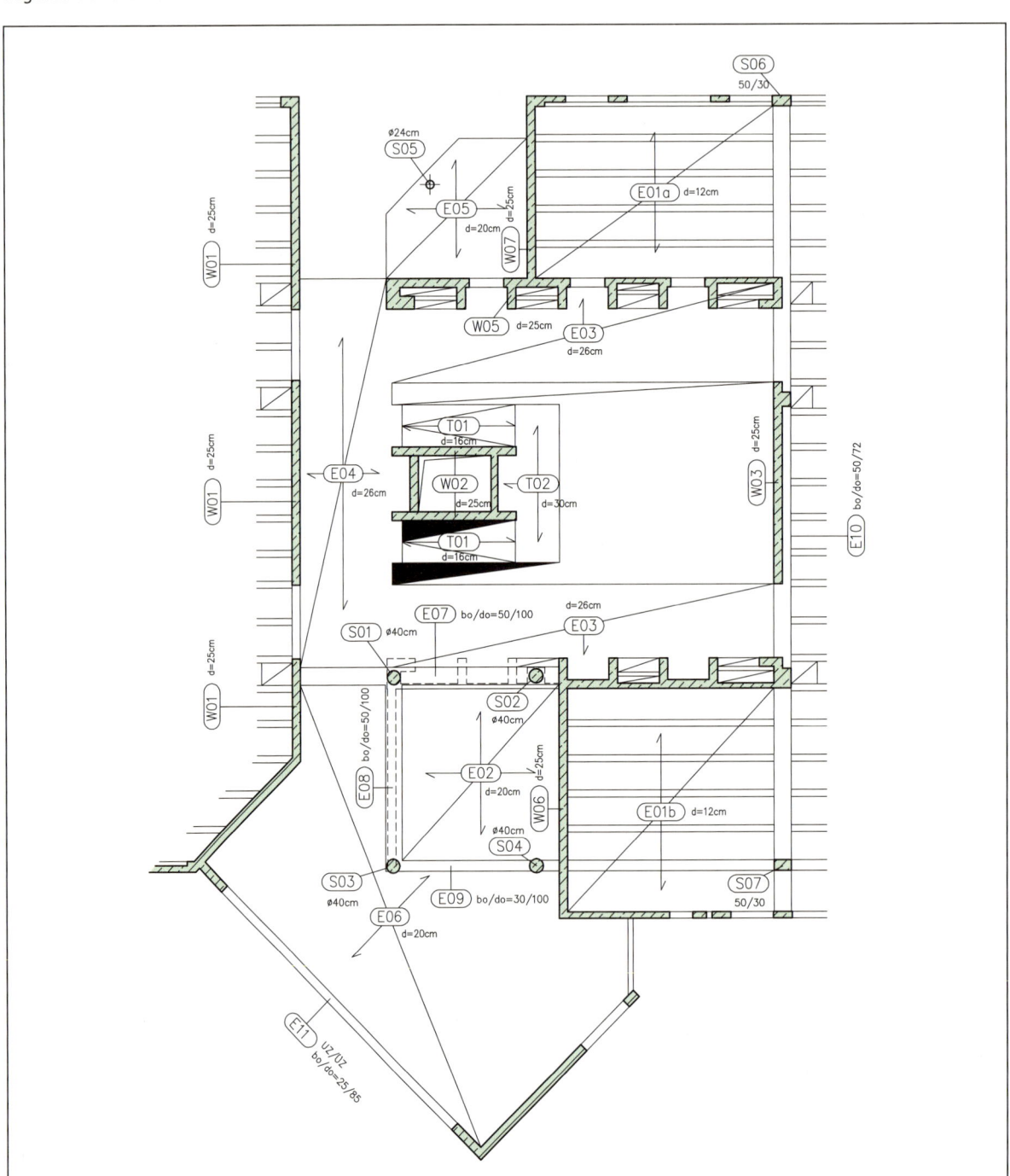

168.1 Positionsplan

Computeranwendungen

169

Nachstehend sollen allgemeine **CAD-Eingabetechniken im Ingenieurbau** mit der Eingabe von Zeichenelementen bei der Konstruktion eines Positionsplanes (Bild 169.1) aufgezeigt werden:
- Beschriftung von konstruktiven Bauteilen
- statische Kennzeichnungen
- Parametereinstellungen
- Editierfunktionen
- Variationsbearbeitungsmöglichkeiten
- Vorschautechniken

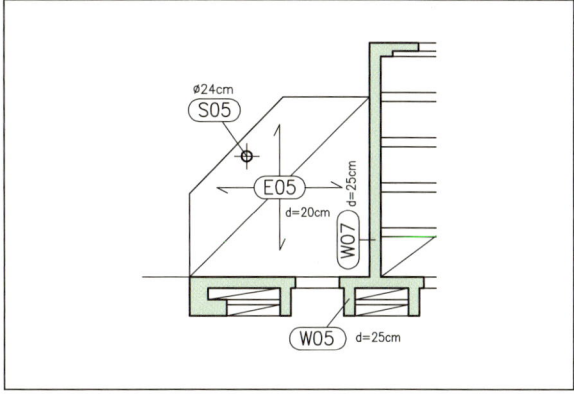

Vertikale Bauteilpositionierung (Bild 169.2)
Gewählte <Parameter-Einstellungen>:

169.1 Ausschnitt eines Positionsplans

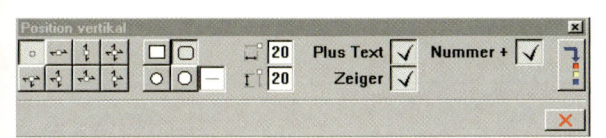

<Symbolform oval
<Zeiger zum Bauteil
<Zusatztext (Plus Text)
<Nummerierung wird automatisch addiert (Nummer +)

- Positionstext „W07" eingeben
- Verlegeort zeigen
- Wand zeigen (= Verbindungslinie zum Bauteil)
- Einfügepunkt zeigen und Zusatztext „d = 25 cm" eingeben

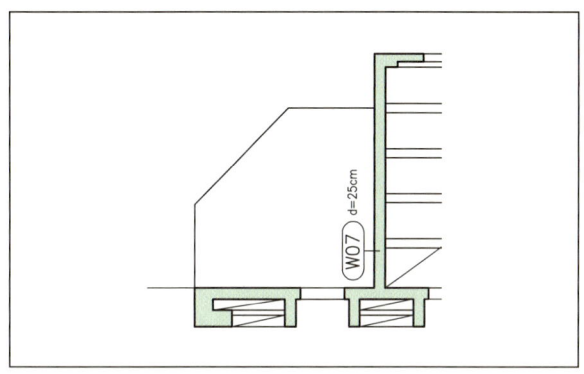

Deckenpositionierung (Bild 169.3)
Gewählte <Parameter-Einstellungen>:

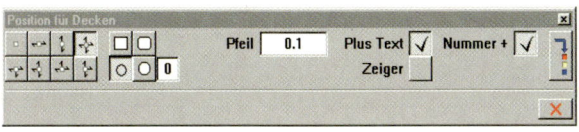

<Symbolform rund
<Spannrichtung allseitig
<Länge der Pfeile 0,10 im Verhältnis der Deckengröße
<Zeiger zum Bauteil deaktiviert
<Zusatztext (Plus Text) aktiviert
<Nummerierung wird automatisch addiert (Nummer +)

- Diagonalpunkte 1 und 2 zeigen
- Ort des Zusatztextes zeigen
- Zusatztext eingeben „d = 20 cm"

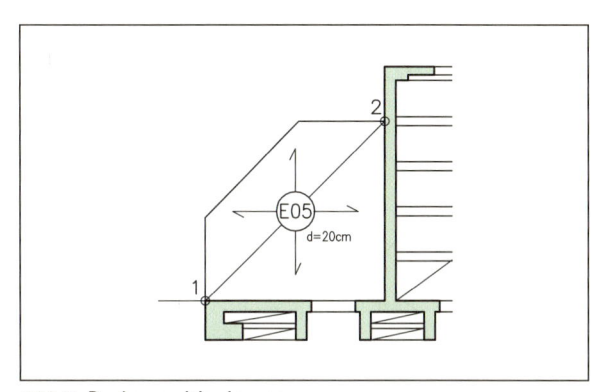

169.2 Vertikale Bauteilpositionierung

169.3 Deckenpositionierung

Mit wenigen Eingaben können die Symbolform, Spannrichtung, der Text und Zusatztext geändert werden:

Neue gewählte <Parametereinstellung> (Bild 169.4)

<Symbolform oval
<Spannrichtung nach unten
<Zusatztext „d = 18 cm"
<Text „E06"

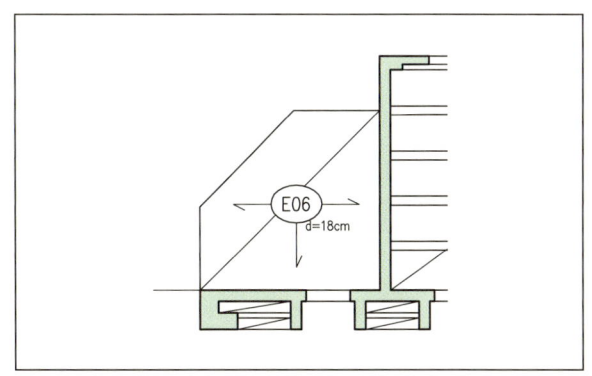

169.4 Modifizierte Deckenpositionierung

Computeranwendungen

8.4 Flächenbewehrung mit Lagermatten

Mit den CAD-Mattenbewehrungsfunktionen kann der Konstrukteur Standardbewehrungsformen wie **Feld-, Stütz- und Randbewehrungen** einschließlich der Bewehrung von Aussparungen realisieren. Mithilfe von spezifischen Dialog- und Vorschautechniken können sehr schnell mehrere Verlegearten am Bildschirm durchgespielt werden, um die bautechnisch günstigste und wirtschaftlichste Lösung herauszufinden.

Beliebige Geometrien können aus dem Schalplan übernommen und automatisch mit Matten bewehrt werden. Dabei werden die Überdeckungslängen, soweit nicht manuell verändert, normgerecht berücksichtigt. Erforderliche Modifikationen der Schalungsgeometrien können beliebig in einem Arbeitsgang mit automatischer Anpassung der Mattenverlegung durchgeführt werden. Ein- oder mehrlagige Bewehrungen werden ebenso berücksichtigt wie Aussparungen (Bild 170.1) in den Deckenflächen, wobei auch nachträglich Aussparungen in Verlegungen eingefügt werden können.

Die Darstellungsart der Matten auf dem Bewehrungsplan kann entsprechend den Erfordernissen eingestellt werden. So können beispielsweise Einzelmatten mit Diagonale, mehrere gleiche Matten als Gruppe (Bild 170.2) oder Zeichnungsmatten mit Einzelstäben gezeichnet werden. Alle Matten werden inklusive Stößen und Querschnitten automatisch beschriftet. Neben ebenen Matten stehen auch Bügelmatten zur Verfügung. Sobald die maximale Länge der Matte überschritten wird, entstehen automatisch weitere Bügelmatten der gleichen Form, die stumpf gestoßen werden. Zur **Kollisionskontrolle** können Sie die Bewehrung dreidimensional fotorealistisch im Animationsfenster darstellen oder die Kollisionsanzeige verwenden.

Eine wesentliche Beschleunigung und Optimierung des Konstruktionsvorganges kann durch die Nutzung der Verknüpfung mit einem Finite-Elemente-Programm-modul erreicht werden. Die direkte, interaktive Übernahme der Berechnungsergebnisse in den Bewehrungsplan gewährleistet kontrollierbares und damit fehlerfreies Arbeiten. Damit entfällt eine umständliche Umsetzung von ausgedruckten Ergebnisdaten. Der erforderliche Bewehrungsgehalt wird in einem Bildschirmfenster als **farblich abgestufter Höhenlinienplan** (Bild 170.3) dargestellt. Dabei lassen sich die obere und untere Lage der Bewehrung nach den Bewehrungsrichtungen getrennt behandeln. Der jeder Farbe zugeordnete Bewehrungsgehalt kann einer Legende entnommen werden. Beim Verlegen der Mattenbewehrung wird laufend automatisch die erfolgte Abdeckung der notwendigen Bewehrung errechnet und in der Farbdarstellung berücksichtigt. Rundstahlbewehrungszulagen lassen sich ebenfalls entsprechend ihrer Abdeckung berücksichtigen.

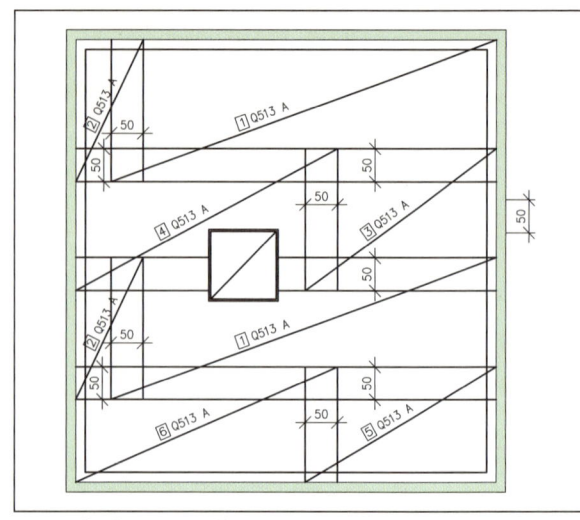

170.1 Stoßversetzte Verlegung quer

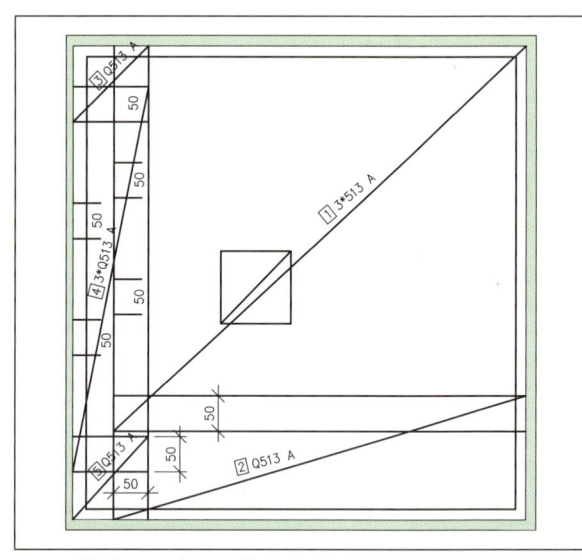

170.2 Verlegung längs, Gruppendarstellung

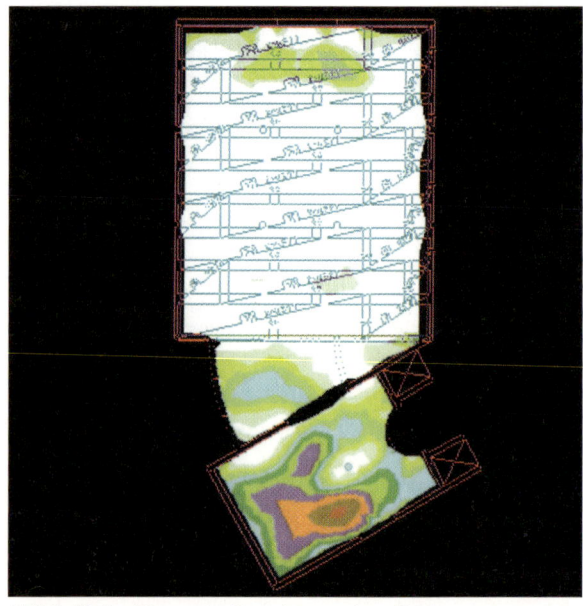

170.3 Finite-Elemente-Bewehrung einer Decke

Computeranwendungen

Im Folgenden werden einige exemplarische Beispiele für **mögliche Parametereinstellungen** und **Optionsauswahlmöglichkeiten** bei der CAD-Flächenbewehrung dargestellt:
- Auswahl möglicher Verlegearten
- Bauteilgeometrieeingabe
- Mattenart
- Mattenkenngrößen nach Norm
- mögliche Mattendarstellungen
- Mattenbeschriftung bzw. Mattenbemaßung
- Auswertungen (Mattenliste, Schneideskizze)
- räumliche Kontrolle der Mattenverlegung (Bild 171.1)

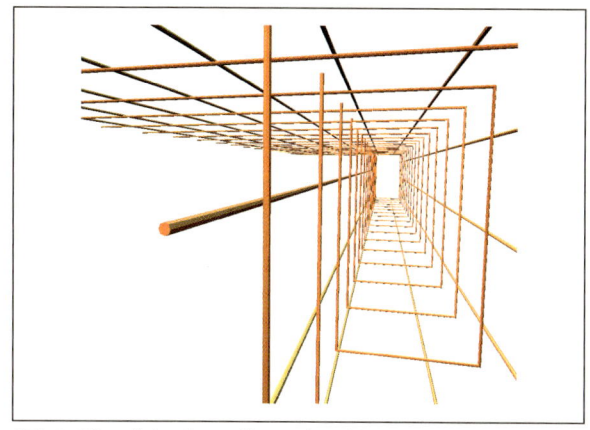

Polygonale Feldverlegung (Bild 171.2)
Mögliche <Parameter-Einstellungen>:

171.1 Räumliche Darstellung einer Mattenverlegung

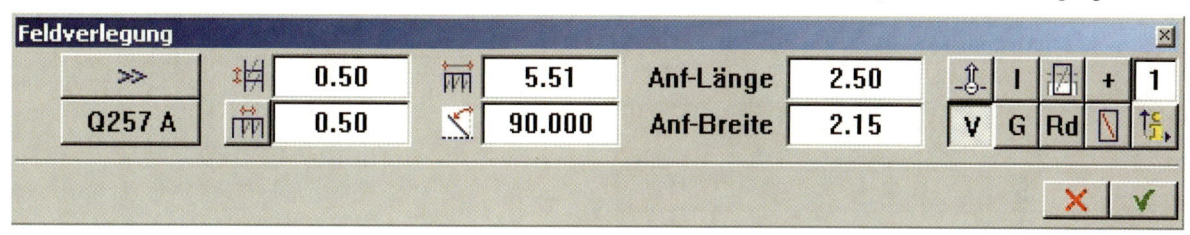

<Mattentyp
<Längs- und Querüberdeckung
<Verlegelänge- und Verlegewinkel
<Anfangslänge und Anfangsbreite

Weitere Optionen:
<Verlegestartpunkt wechseln
<Längs- oder Querverlegung
<Verlegeende bündig
<Stückzahl automatisch addieren
<Anzahl der Lagen
<Stoßversetzte Verlegung
<Matten in Gruppendarstellung ein/aus

- Auflagertiefe (0.10) eingeben
- Punkte (1 bis 7) des Verlegepolygons zeigen

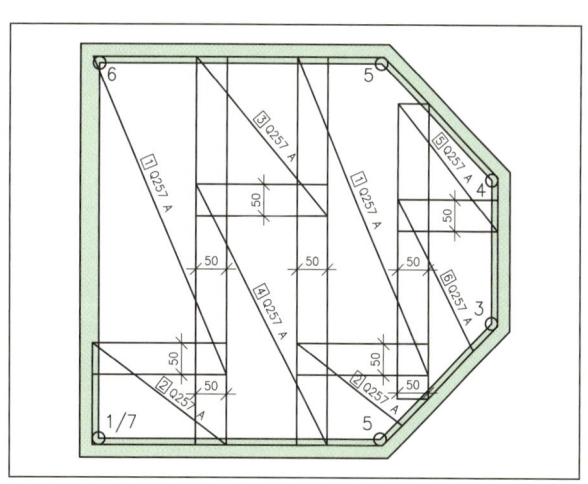

Stützbewehrung (Bild 171.3)
- Winkel eingeben 90°
- Wanddiagonalpunkte 1 und 2 zeigen
  (Stützbewehrung wird auf Wandachse bezogen)

Mögliche
<Parameter-Einstellungen>:
<Stützbewehrunglänge im
  Dialogfeld auf 2.00 einstellen
<Auflagertiefen im Dialogfeld:
  Wand 0.10

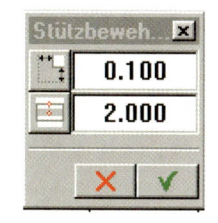

171.2 Polygonale Feldbewehrung

Weitere Verlegung wie bei der polygonalen Feldverlegung.

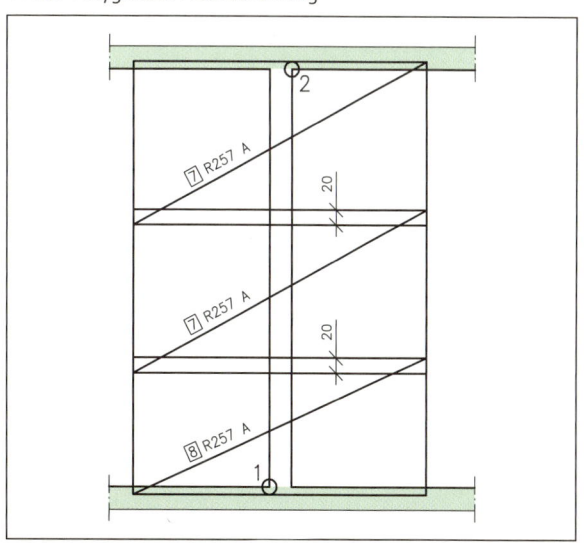

171.3 Stützbewehrung

Randbewehrung mit Bügelmatten

<Parameter-Einstellungen>:

<Mattentyp
<Biegerichtung quer
<Beliebige Biegeform

- Biegeform der Matte über Koordinaten eingeben
- 1. und 2. Punkt (Bild 172.1) der Verlegegeraden zeigen

<Parameter-Einstellungen>:

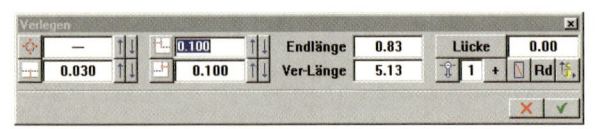

<Betondeckungen einstellen
<evtl. Endlänge, Lücke, Mattendarstellung ändern

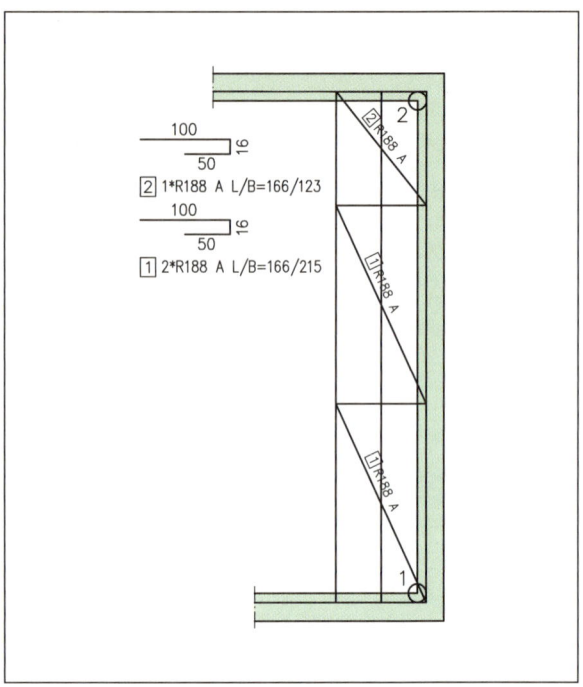

172.1 Randbewerung mit Bügelmatten

Mattenschneideskizze

Über eine Eingabemaske wird der Listenkopf für die Schneideskizze ausgefüllt.

<Parameter-Einstellungen>:

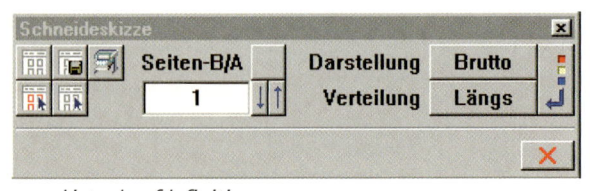

<Listenkopfdefinition
<Schneideskizze speichern
<Schneideskizze aktualisieren
<Schneideskizze lesen
<Schneideskizze plotten

Die Schneideskizze (Bild 172.2) kann einzeln oder mit dem Mattenverlegeplan geplottet werden. **Mattenreste** in der Schneideskizze können durch Anklicken als Restmatten im Mattenverlegeplan abgesetzt werden. Dabei können die Mattenabmessungen beliebig geändert werden und die Schneideskizze wird immer automatisch aktualisiert.

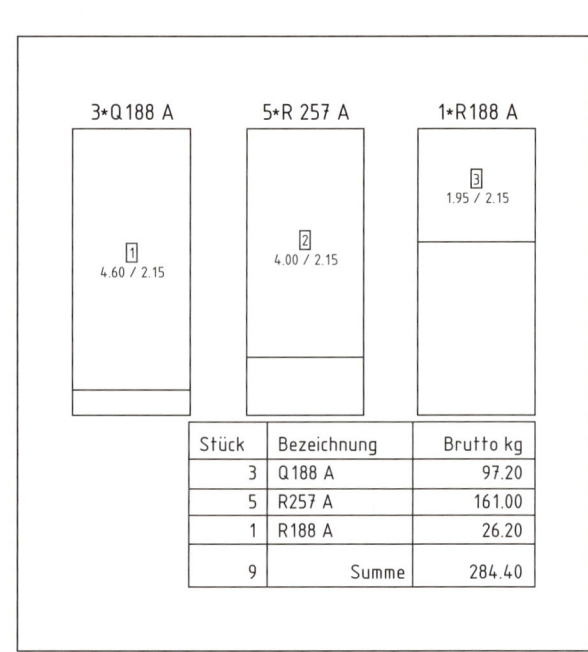

Stück	Bezeichnung	Brutto kg
3	Q 188 A	97.20
5	R 257 A	161.00
1	R 188 A	26.20
9	Summe	284.40

172.2 Mattenschneideskizze

Mattenliste

Ähnlich wie die Schneideskizze können Mattenlisten generiert werden. Nach der notwendigen Listenkopfdefinition und Auswahl eines Listenformulars kann die Mattenliste (Bild 172.3) entweder auf den Plan ausgegeben oder als Liste gedruckt werden. Zur Weiterverarbeitung können die Daten der Listen z.B. als Textdatei oder im Tabellenkalkulationsformat gespeichert werden.

Pos	Stück	Mattenbez	Länge (m)	Breite (m)	Gewicht (kg)
1	3	Q188 A	4.600	2.150	89.42
2	5	R257 A	4.000	2.150	128.80
3	1	R188 A	1.950	2.150	10.22
			Gewicht/Aufführung (kg)		228.44
			Anzahl der Ausführungen		1
			Gesamtgewicht (kg)		228.44

172.3 Mattenliste

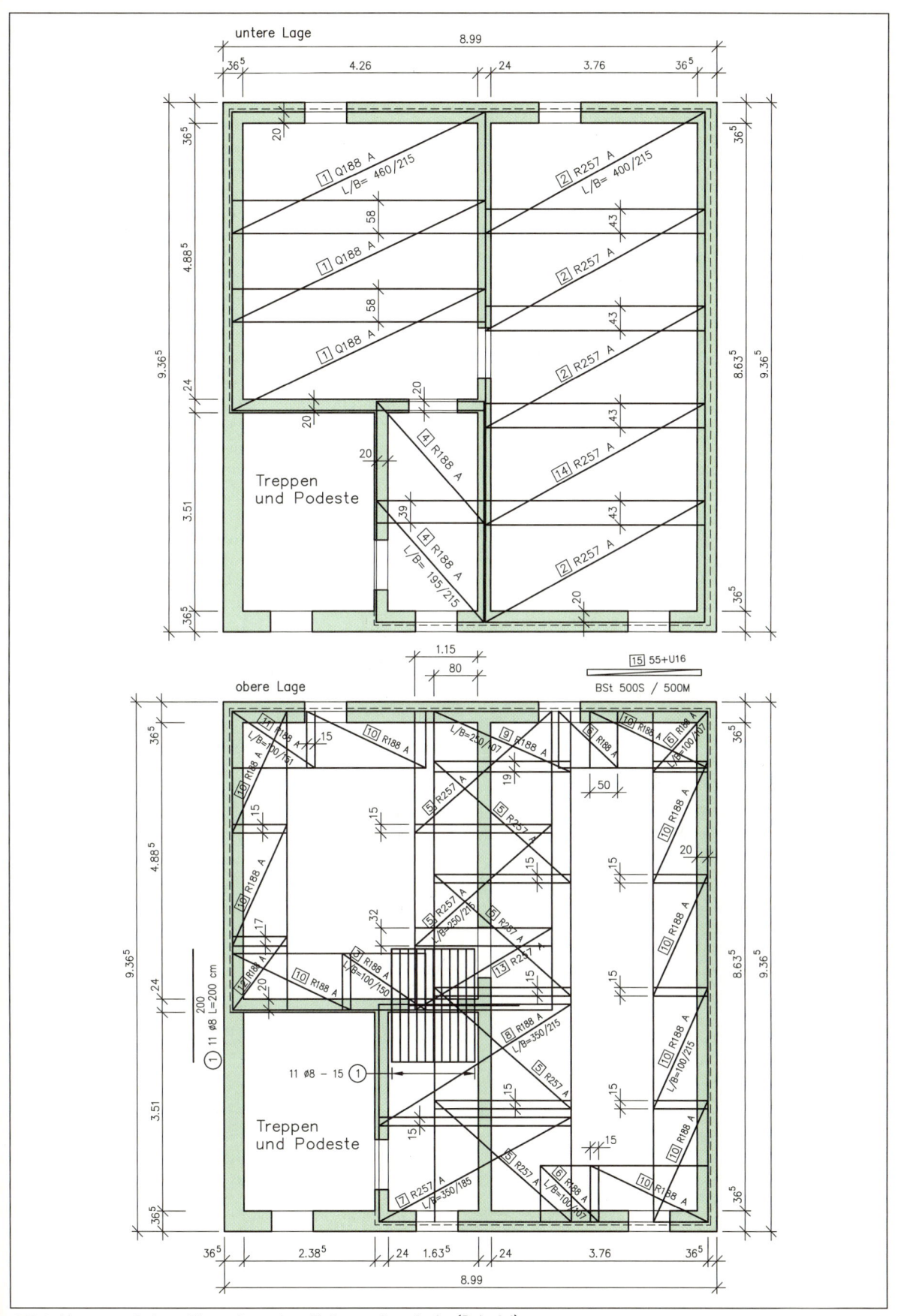

173.1 Untere und obere Mattenlage einer Kellergeschossdecke (Beispiel)

8.5 BAMTEC-Flächenbewehrung

BAMTEC (Bewehrungs-Abbund-Maschinen-System) ist eine CAD-unterstützte, besonders wirtschaftliche Bewehrungstechnologie für Flächenbewehrungen. Statt der herkömmlichen Baustahlmatten zur Bewehrung von Stahlbetondecken oder Bodenplatten werden BAMTEC-Elemente verwendet. Diese enthalten ausschließlich einachsig verlegte Rundstähle, die mit quer laufenden aufgeschweißten Flachstahlbändern zu einer Montageeinheit verbunden sind. Diese Teppiche werden aufgerollt und auf die Baustelle geliefert. Dort wird je ein Teppich für die Längs- und die Querbewehrung in die dafür vorbereitete Schalung ausgerollt (Bild 174.1).

Die Teppichabmessungen sind aufgrund von Gewicht und transporttechnischen Vorgaben wie folgt festgelegt:

- Ein Teppich sollte ein Gesamtgewicht von 1 200 kg nicht überschreiten. Damit ist gewährleistet, dass ein Teppich noch von zwei Arbeitern ausgerollt werden kann. Als weiteres Kriterium für das maximale Teppichgewicht ist die zulässige Tragkraft des Baustellenkranes zu beachten.
- Die maximale Breite eines Teppichs – die Länge der Rolle – darf nicht mehr als 15 m betragen. Die maximale Teppichlänge ergibt sich aus dem Grundriss und dem zulässigen Gewicht und kann 25 m und mehr erreichen.

Vorteile der CAD-unterstützten Teppichbewehrung:
- Fördert die Anwendung der Finite-Elemente-Berechnung im Ingenieurbüro als Rechenmethode. Damit entfallen Unterzüge, Überzüge, Stahlträger, deckengleiche Unterzüge und Wandscheiben.
- Erhebliche Bewehrungseinsparungen gegenüber einer Bewehrung mit Baustahllagermatten je nach statischem System und Bearbeitungsqualität. Die Einsparung ergibt sich aus der softwaregesteuerten Bearbeitungsqualität im Ingenieurbüro, dem Wegfall der Übergreifungsstöße in jeder Richtung und der exakteren Anpassung an die vorhandene Beanspruchung. Jeder parallel liegende Stab kann einen anderen Durchmesser, eine andere Länge und einen anderen Abstand aufweisen als der vorhergehende.
- Geringere Verlegezeiten der Bewehrung auf der Baustelle, da der Teppichhersteller die fertige Bewehrungslage auf die Baustelle liefert.
- Kein Verschnitt wie bei Lagermatten.
- Geringer Platzbedarf bei der Lagerhaltung.
- Vollautomatisierte Fertigung aufgrund der Online-Daten aus dem Ingenieurbüro bestehend aus einem Richtschneide-Automaten und einem Roboter.
- Das Bewehren wird witterungsunabhängiger. In vielen Fällen kann der Baustahl erst kurz vor dem Betonieren geliefert und verlegt werden.
- Die Teppichbewehrung verlängert die Planungsphase. Änderungen sind auch später noch möglich.

174.1 Ausgerollte Teppichbewehrung

Computeranwendungen

Die statische Berechnung einer Decke erfolgt mit einem Finite-Elemente-Programm direkt im CAD-System aufgrund lage von Architekturdaten. Damit ist überall die erforderliche Bewehrung in x- und y-Richtung für die obere und untere Lage getrennt bekannt.

Nach der Aufteilung der Deckenfläche in möglichst wenige Teppiche bestimmt das CAD-Modul automatisch den Aufbau der Teppichelemente – also Lage, Länge und Stabdurchmesser aller Stäbe der Teppichelemente. Der Bewehrungsgrad richtet sich genau nach den **Höhenlinien** (Bild 175.1) der Finite-Elemente-Berechnung.

Je Decke sind mindestens vier Elementlagen erforderlich: obere und untere Lage jeweils in x- und in y-Richtung, wobei diese nicht notwendig senkrecht zueinander sein müssen. Im **Rollout-Plan** (Bild 176.1) werden die Positionen der einzelnen Teppich-Elemente definiert. Ebenso werden im Rollout-Plan für die Verlegung auf der Baustelle die exakte Lage und die Ausrollrichtung eines jeden einzelnen Teppich-Elements dargestellt.

Der **Übersichtsplan** (Bild 175.2) dient der Übersicht über die gesamte Flächenbewehrung einer Lage und wird zur Prüfung der Bewehrung durch den Prüfstatiker und zur Abnahme der Bewehrung auf der Baustelle verwendet.

Der **Fertigungsplan** (Bild 175.3) stellt jeden einzelnen Teppich dar und wird beim Produzenten zur Kontrolle der maschinellen Fertigung durch den Roboter benötigt.

Ein Roboter schweißt die Stäbe in den berechneten Abständen auf die Montagebänder und fertigt so ein maßgenaues Element. Dabei verwertet er ohne Umwege die Daten des Statikers. Die Schweißanlage ist etwa 16,5 m lang, 1,7 m hoch und 3 m breit.

Bei der Montage der Teppich-Elemente kann das Teppich-Element ohne Traverse mit dem Kran an seinen Ausgangspunkt befördert werden. Das hat den Vorteil, dass keine Materialien von der Baustelle zurück zum Produzenten transportiert werden müssen. Die Zeit für den Einbau der Bewehrung wird minimiert. Da die Lage jedes Teppich-Elements exakt definiert ist, garantiert die BAMTEC-Bewehrungstechnologie eine hohe Lagegenauigkeit und Ausführungsqualität.

Für die untere und obere Lage sind jeweils zwei Teppich-Elemente erforderlich, die rechtwinklig zueinander ausgerollt werden. Dabei können auch die oberen Lagen von Unterzugsbewehrungen integriert werden, ebenso die Bewehrungen von deckengleichen Unterzügen, die untere Bewehrung von Wandscheiben und die Auswechslungen für Aussparungen.

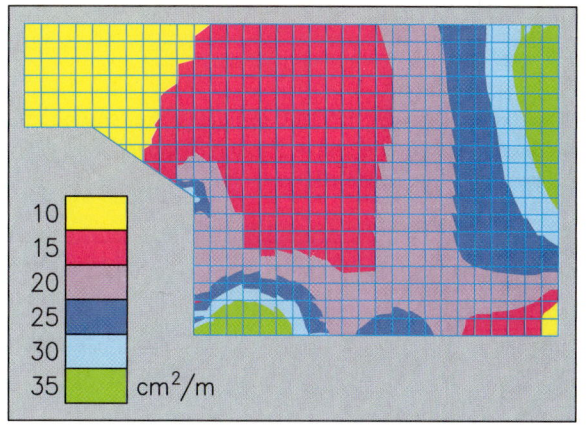

175.1 Höhenlinien einer Finite-Element-Berechnung

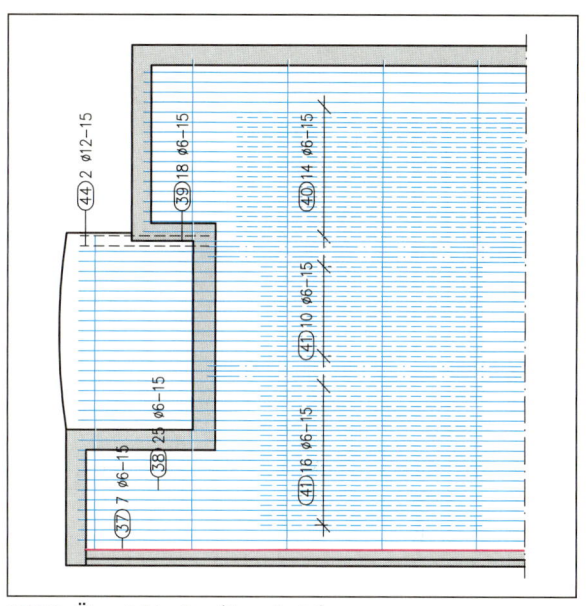

175.2 Übersichtsplan (Ausschnitt)

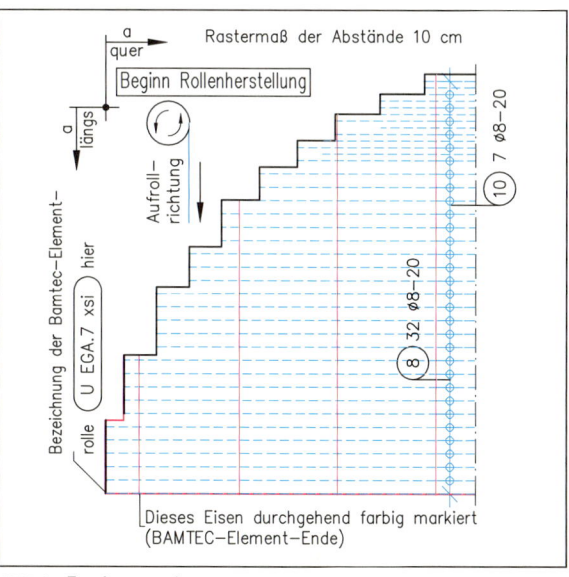

175.3 Fertigungsplan

Computeranwendungen

Die Reihenfolge der BAMTEC-Element-Bewehrung muss genau nach der Nummerierung erfolgen! Beginnend mit Nr. (U EG 1 – xsi) siehe auch Verlegeanleitung!

Auflagertiefen mind. Vermaßung wenn nicht anders angegeben

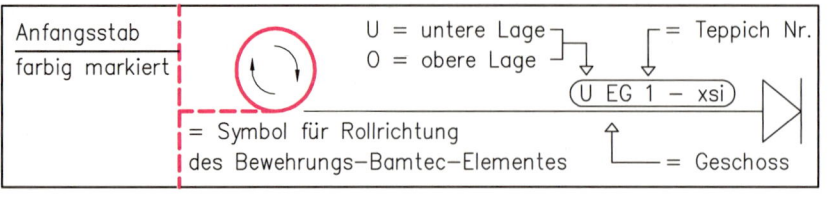

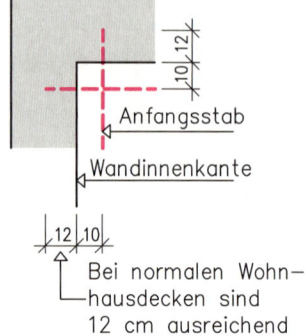

Anfangsstab farbig markiert

U = untere Lage
O = obere Lage
= Teppich Nr.
(U EG 1 – xsi)
= Symbol für Rollrichtung des Bewehrungs-Bamtec-Elementes
= Geschoss

Anfangsstab
Wandinnenkante

Bei normalen Wohnhausdecken sind 12 cm ausreichend

= durch BStG- Matten abgedeckte Flächen (Freiflächen)

DECKE ÜBER ERDGESCHOSS D = 24 cm
UNTERE LAGE

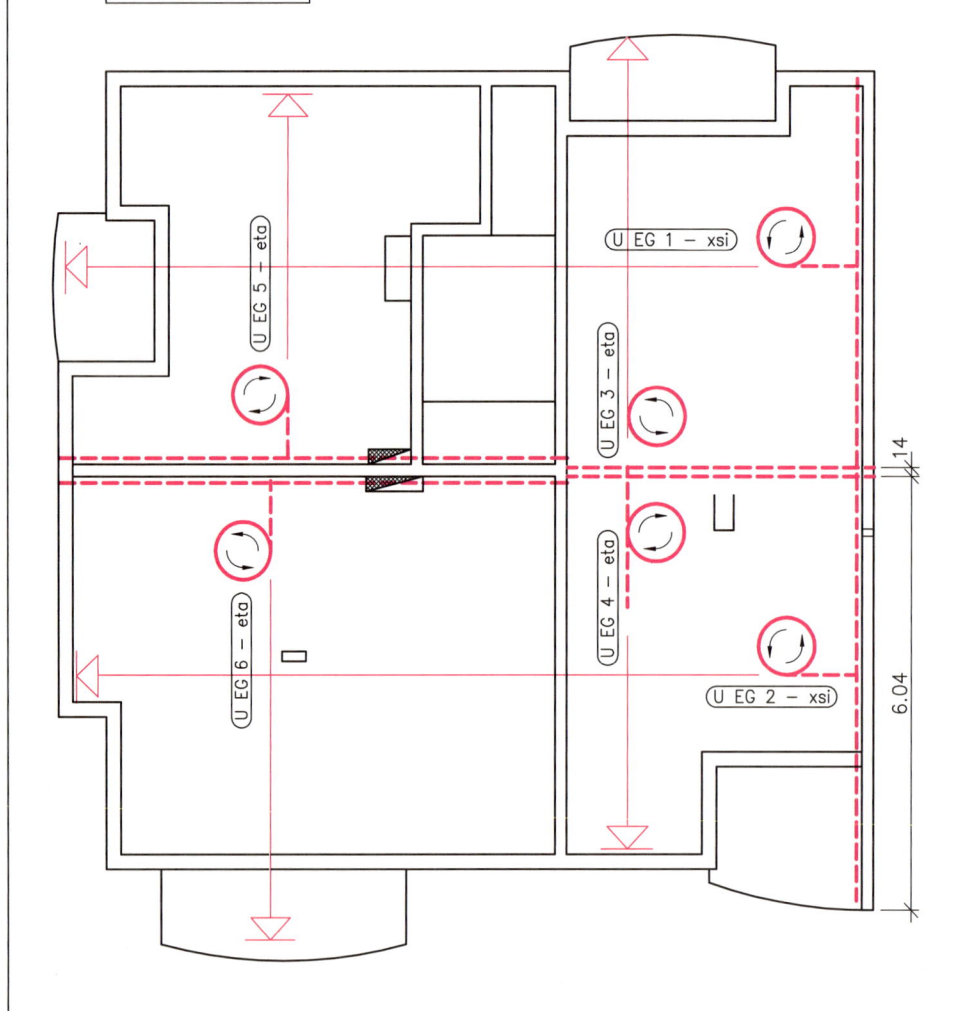

176.1 Rollout-Plan

Rundstahl

Bei der **Eingabe** stehen Standardbiegeformen ebenso wie beliebige Stäbe und räumlich gebogene Eisen zur Verfügung. Jede Biegeform kann beliebig modifiziert werden. Schwierige Bauteilgeometrien lassen sich auf einfache Weise bewehren, indem Biegeformen aus gezeichneten Konstruktionselementen abgeleitet werden. Alle Basiselemente der Konstruktion, von der Linie bis zum Spline, sowie 3D-Linien und Polygone lassen sich in Bewehrungsstäbe umwandeln. Komplexeste Eisenformen und Verlegebilder lassen sich so in Rundstahl realisieren. Der Biegerollendurchmesser wird in Abhängigkeit des Stabquerschnittes dargestellt – wobei zwischen DIN und Ö-Norm gewählt werden kann. Ebenfalls dargestellt werden können beliebige Werte im Auszug sowie auf der Biegeliste.

Damit können exakte Bewehrungsführungen in den Schalungsgeometrien unter Berücksichtigung aller Biegeradien angezeigt werden. Standardmäßig wird die Länge von gebogenen Eisen über polygonale Annäherung der Außenmaße ermittelt. Dabei besteht die Möglichkeit der exakten Ermittlung der Eisenlänge, d.h. der Abwicklung der Stabachse des gebogenen Eisens. Dadurch können Eisen im Biegebetrieb auf das genaue Maß abgelängt werden.

Für die **Verlegung** von Eisen stehen Funktionen zur Verfügung, um alle bautechnisch notwendigen und sinnvollen Bewehrungsverteilungen zu ermöglichen. Bei der Stabdarstellung kann zwischen realem Durchmesser, Punktdarstellung, quadratischer, achteckiger und runder Darstellung gewählt werden. Abbiegungen können rund oder polygonal dargestellt werden. Bei einer räumlichen Verlegung sind optische Kollisionskontrollen bei beengten Verhältnissen durch exakte Darstellung der Stäbe mit realem Stabdurchmesser möglich. Sie können im Animationsfenster (Bild 177.1) fotorealistisch dargestellt werden. Zusätzlich steht eine Kollisionsanzeige zur Verfügung.

Im „räumlichen Modus" arbeiten Sie wie gewohnt im Grundriss, alle Informationen entstehen jedoch unbemerkt räumlich im Hintergrund und können weiterführend genutzt werden. Die Rundstahl- und Mattenelemente werden automatisch und widerspruchsfrei in allen Ansichten und Schnitten verwaltet. Punktdarstellungen von Bewehrungsstäben ergeben sich direkt aus den vorhandenen Schnitten. Änderungen in der Bewehrungsführung werden konsequent in allen Ansichten mitgeführt, sodass Mehrfacharbeiten entfallen. Ansichten und Schnitte können zu jedem Zeitpunkt der Bearbeitung vollautomatisch erzeugt werden, d.h., zusätzliche Ansichten und Schnitte eines bereits definierten Bauteils müssen nicht konstruiert werden, sondern können ohne zusätzlichen Arbeitsaufwand direkt abgeleitet werden. Dies führt zu einer erhöhten Sicherheit in Bezug auf Übereinstimmung der verschiedenen Ansichten.

Der räumliche Modus mit seinen Vorteilen kann selbstverständlich auch eingesetzt werden, wenn ein ebener Schalplan als Grundlage dient. Dann entsteht unbemerkt ein Bewehrungsmodell über einer ebenen Schalung. Schalten Sie das Bewehrungsmodell aus, dann arbeiten Sie im „ebenen Modus". Diese Arbeitstechnik wird häufig dann verwendet, wenn Bewehrungspläne stark vereinfacht dargestellt werden können. Der Arbeitsablauf bei Rundstahlverlegungen verläuft prinzipiell in zwei Schritten: Zuerst wird die verwendete Position definiert. In der nachfolgenden Verlegung des Eisens werden die Stückzahlen der Bewehrungsstäbe ermittelt. Sollen die Rundstahlverlegungen in mehreren, manuell erzeugten Ansichten des Bauteils dargestellt werden, so ist dies bei der Ermittlung der Stückzahlen zu berücksichtigen. Die völlig freie Darstellung eines Bewehrungsstabes sowie dessen Lage in den unterschiedlichen Ansichten ermöglichen ein Höchstmaß an Bearbeitungsfreiheit.

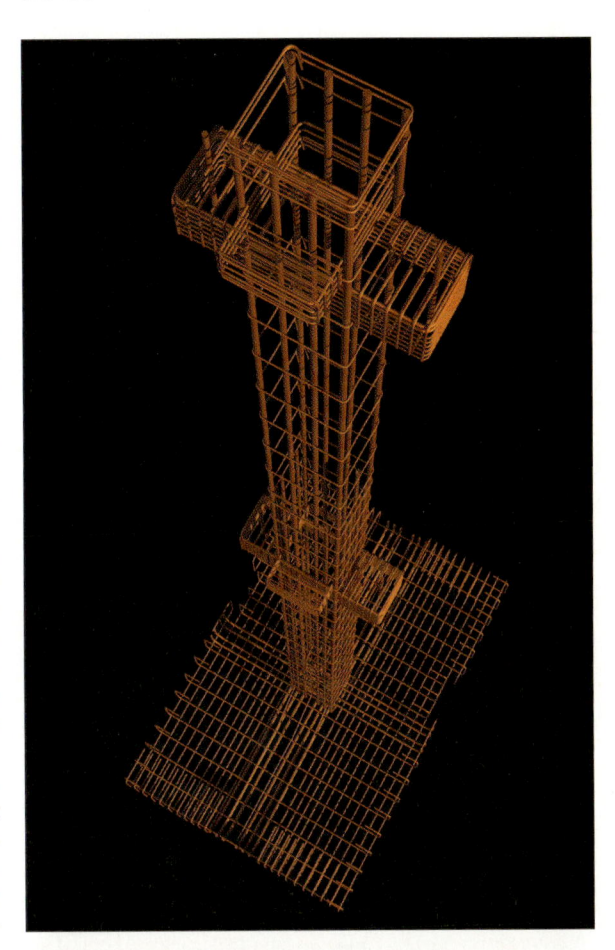

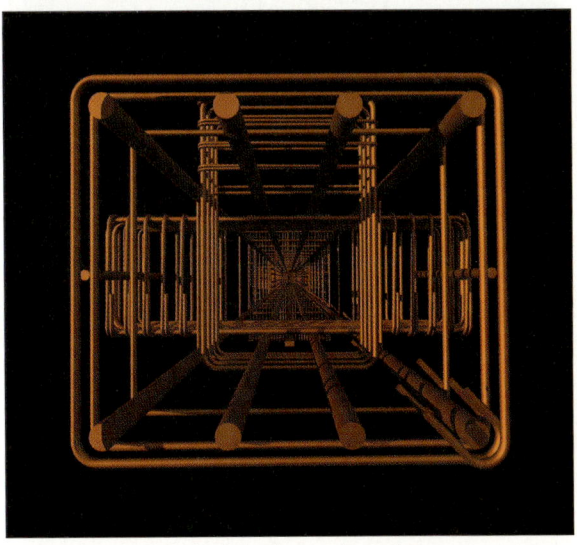

177.1 Fotorealistische Bewehrungsdarstellung

Computeranwendungen

FF-Bewehrungstechnologie FF steht für Formwork-Finder (= Schalungsfinder). Diese Bewehrungstechnologie bietet sowohl eine Alternative als auch eine Ergänzung zu den bekannten Eingabefunktionen. Mit ihr können Rundstahlbewehrung und Mattenbewehrung gezeichnet werde. Sobald der Cursor einen Querschnitt erkennt, passt er vollautomatisch und lagerichtig die Bewehrung ein. Dabei kann diese aus mehreren Positionen bestehen. In räumlichen Bauteilen können Sie sogar eine automatische Verlegung in der Tiefe vornehmen. Damit kommt die FF-Bewehrung gegenüber der herkömmlichen CAD-Eingabe mit einem Bruchteil von Eingaben und Entscheidungen aus.

Vor der eigentlichen Biegeformeingabe können Sie sich zwischen Rundstahl und Matten entscheiden. Die nachfolgenden Abfragen sind nahezu identisch und die Werte vollkommen kompatibel zur Rundstahl- und Mattenbewehrung.

Es wird zwischen drei Arten der Biegeformeingabe (Bild 178.1) unterschieden:

Die **freie Biegeform** wird schalkantenorientiert eingegeben. Dabei ermittelt die FF-Bewehrung aufgrund der umliegenden Geometrien auch Eiseneckpunkte an imaginären Schalungsecken.

Die **Biegeformen über zwei Punkte** werden punktorientiert eingegeben und die FF-Bewehrung ermittelt aufgrund der umliegenden Geometrien den Systemwinkel.

Die **expandierenden Biegeformen** werden am Cursor hängend in vorhandene Geometrien geschoben und passen sich dort expandierend an die jeweilige Schalungsgeometrie an. Darüber hinaus erfolgt eine Unterscheidung zwischen Standard- und Katalogformen, umso der Anwendungshäufigkeit gerecht zu werden.

Während die Standardformen im Dialogfeld immer zur Auswahl stehen, können Sie sich bei den Katalogformen die Anzeige frei zusammenstellen.

So lassen sich weniger häufig benutzte Formen auch über ein Listenfeld auswählen.

Durch eine Vielzahl von Einstellungsmöglichkeiten, von Haken über Schlaufen bis hin zu beliebigschiefwinkligen Anpassungen, ergeben sich aus den wenigen Grundformen nahezu unendlich viele Varianten von schnell erzeugbaren Biegeformen.

Die Bedienerfreundlichkeit der freien Biegeform wird durch eine skizzenhafte und schalkantenorientierte Eingabe erreicht. Die FF-Bewehrung ermittelt stets aufgrund der vorhandenen Bauteilgeometrien sofort die exakten Eisenpunkte und setzt so Freihandlinien automatisch in Bewehrungselemente um. Schenkellängen, verschiedene Biegerollendurchmesser, die Biegeformdarstellung sowie eine Rasterung der Eisenlängen können direkt eingegeben werden.

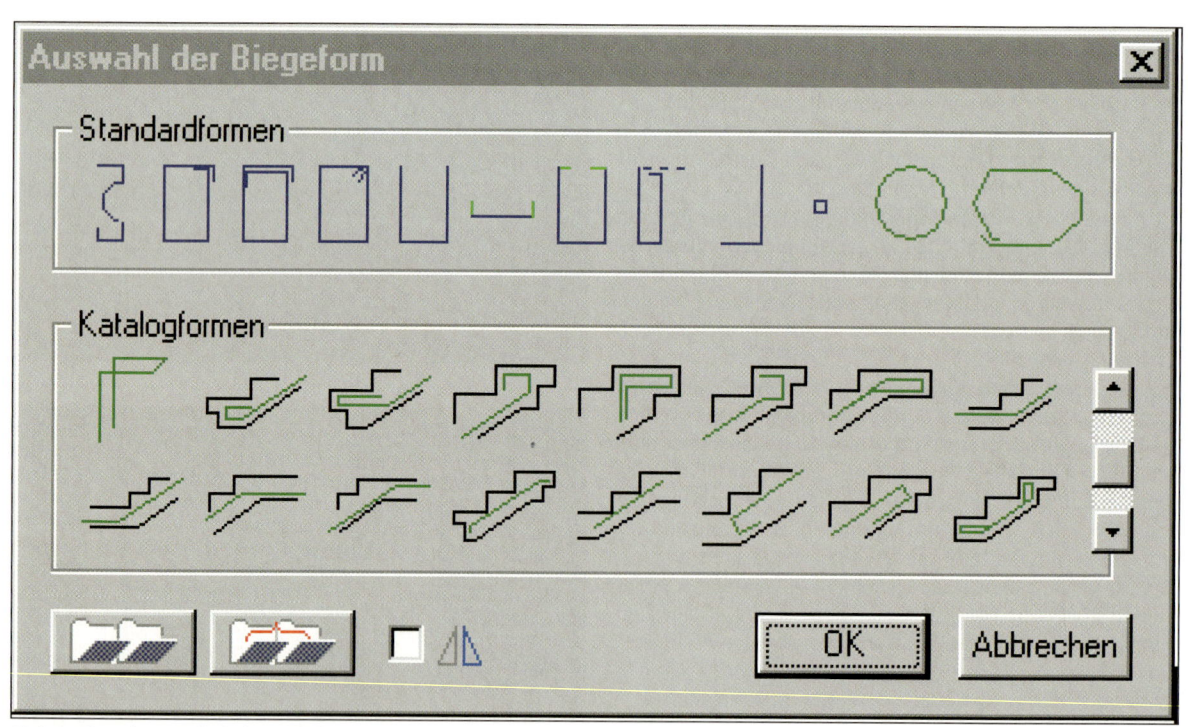

178.1 Biegeformen bei einer FF-Bewehrung

Computeranwendungen

Mithilfe der folgenden Skizzen wird schematisch die CAD-Konstruktion einer **Balkenbewehrung** beschrieben.
Es wird angenommen, dass der Balken als 3D-Modell im Architekturplan gezeichnet wurde und als räumliches Schalungsmodell für die Bewehrung verwendet werden kann.

Konstruktionsabfolge:
1. Umwandlung des 3D-Modells in Ansicht, Draufsicht und Schnitte
2. Bügelbewehrung beginnend im Schnitt A-A
3. Bewehrung der Ansicht mit den geraden Eisen
4. Beschriftung und Auszüge der Positionen

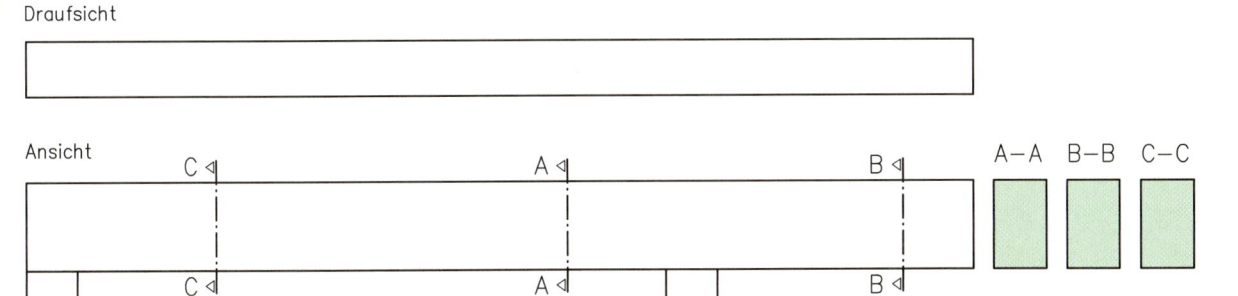

1. Schritt
Das 3D-Balkenmodell wird in eine Ansicht, Draufsicht und in die Schnitte A-A, B-B und C-C umgewandelt.

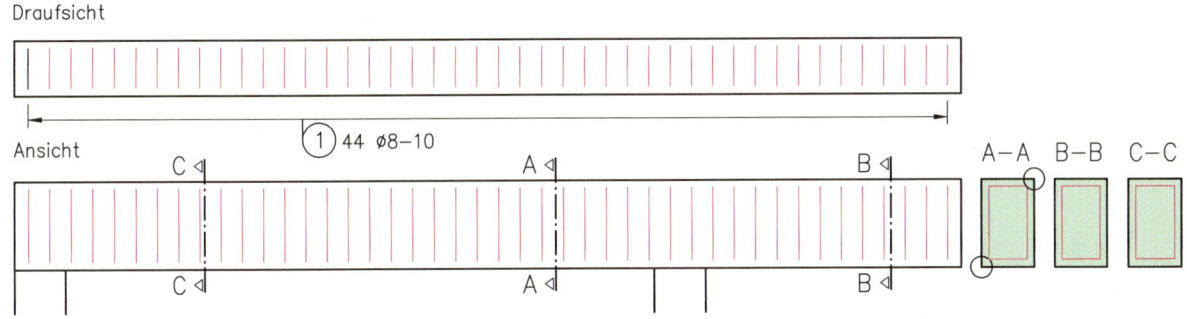

2. Schritt
Im Schnitt A-A werden die mit zwei Kreisen gekennzeichneten Schalungseckpunkte für die Definition der Bügel eingegeben. Weitere Eingaben sind: Betondeckung, Bügelabstände, Bügelgeometrie, Verlegelänge in der Ansicht und die Bemaßung. Bei der Bewehrung mit dem räumlichen Modell werden die Bügel **automatisch** in die Draufsicht und die Schnitte B-B oder C-C gezeichnet.

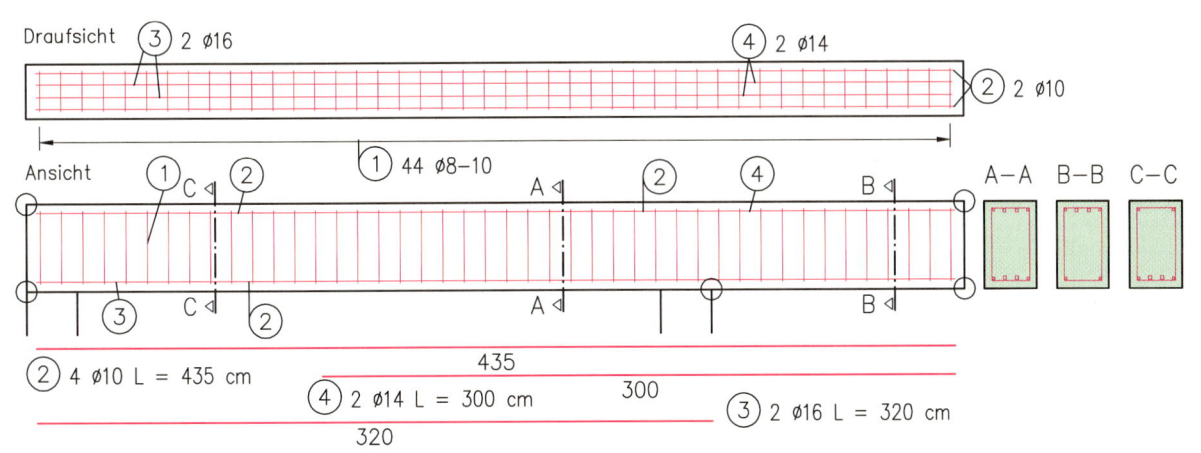

3. Schritt
Verlegung der Längseisen in der Ansicht entweder automatisch aufgrund der Schalungsgeometrie, durch Eingabe der gekennzeichneten Schalungspunkte in der Ansicht oder durch Eingabe der Eisenlängen. Weitere Eingaben sind: Betondeckung, Stabgeometrien und die Anzahl der Stäbe. In der Draufsicht und den Schnitten werden die Eisen automatisch gezeichnet.

Computeranwendungen

4. Schritt

Zum Schluss werden die Stabauszüge abgesetzt. Die Schnitte werden durch Anklicken der Eisen mit Positionsbezeichnungen (Pos.-Nr. oder mit Anzahl, Durchmesser usw.) beschriftet. Änderungen der Eisen bezüglich Durchmesser, Anzahl, Haken, Schenkel usw. werden beim räumlichen Bewehren von den Ansichten über die Schnitte bis hin zur Stahlliste durchgängig automatisch verwaltet. Ebenso können beliebige Perspektiven mit entsprechender Beschriftung und Bemaßung auf der Zeichnung zur räumlichen Darstellung der Eisenlage platziert werden.

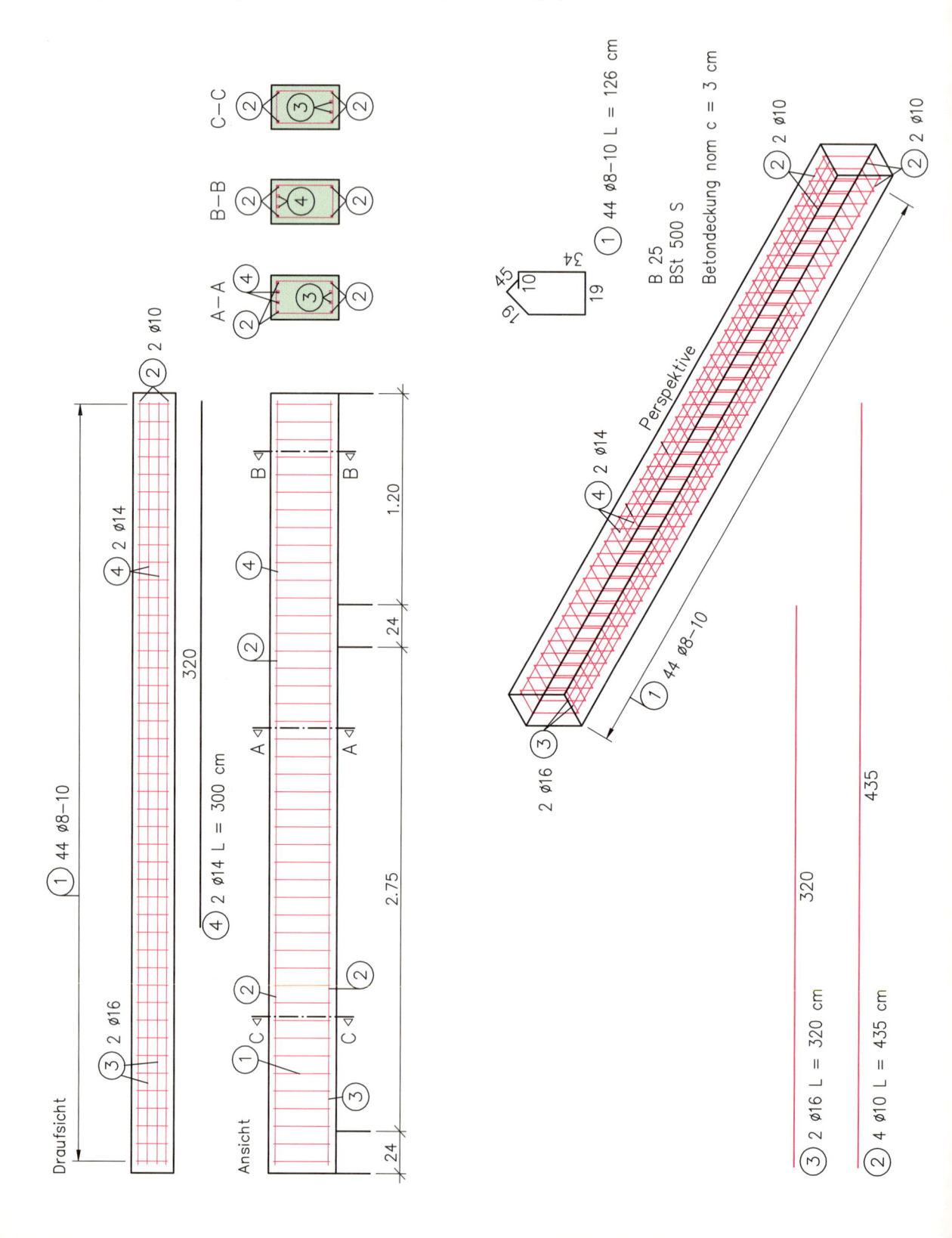

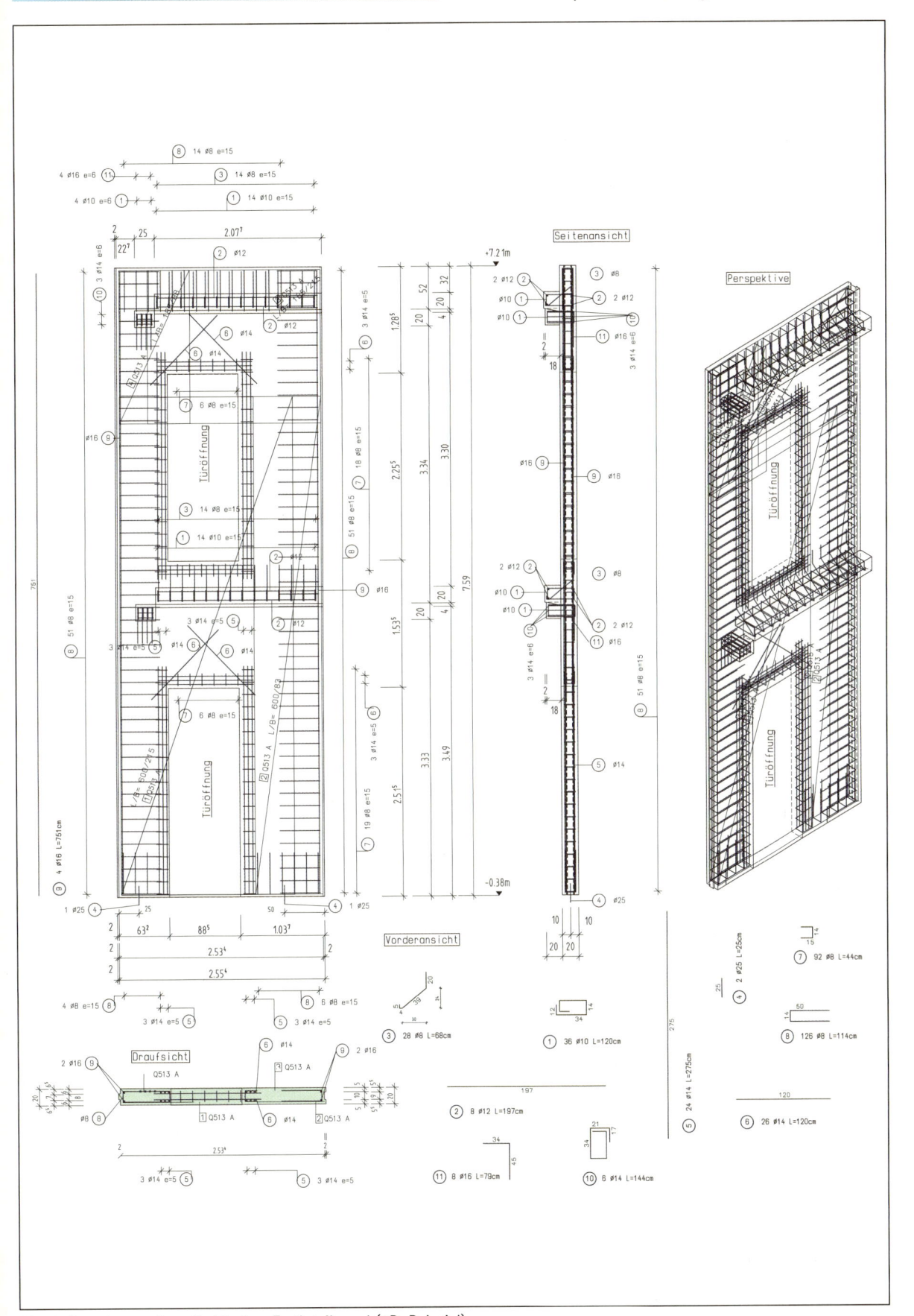

181.1 Bewehrung einer Stahlbeton-Fertigteilwand (3D, Beispiel)

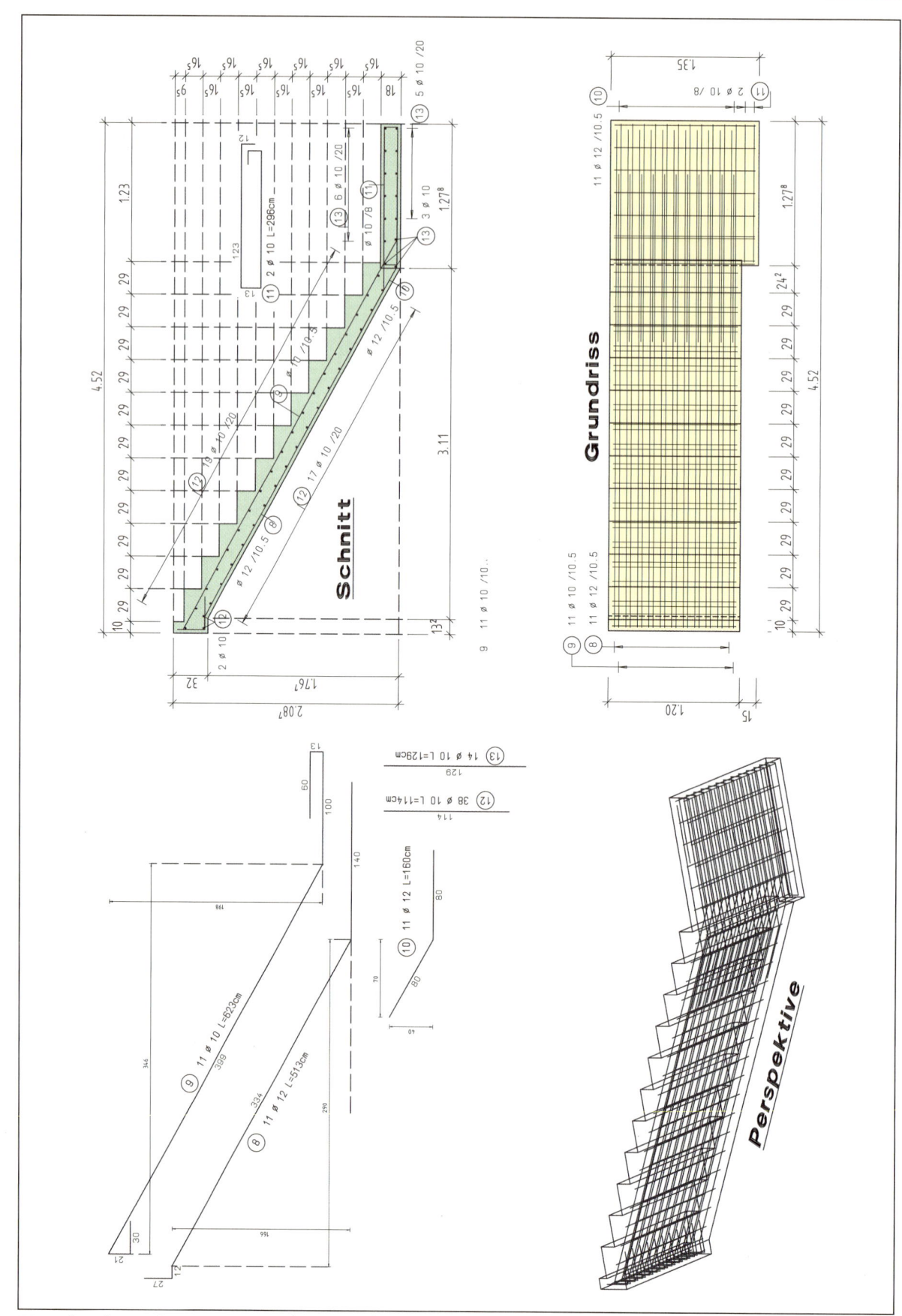

182.1 Bewehrung eines Treppenlaufes (3D, Beispiel)

Computeranwendungen

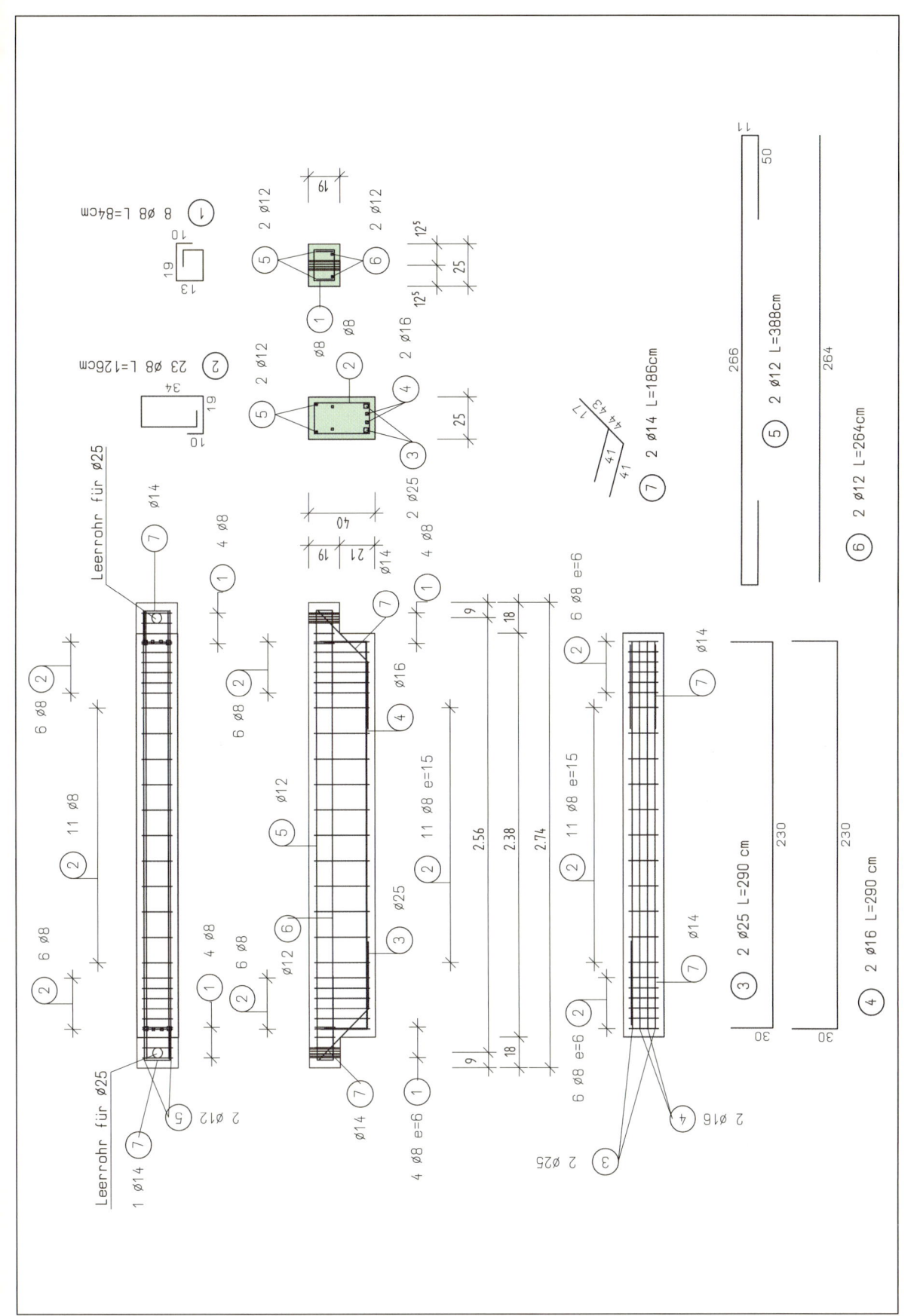

183.1 Bewehrung eines Stahlbeton-Fertigteilträgers (3D, Beispiel)

Computeranwendungen

Mit einem **Rundstahl-Bewehrungsbaukasten** kann man vollautomatisch bauteilspezifische Bewehrungspläne erzeugen. Es können komplette Bewehrungspläne im Sinne eines Baukastens aus einzelnen oder mehreren vordefinierten Bauteilen mit wenigen Eingabeschritten erzeugt werden. Der Aufwand für die Bewehrungsplanerstellung sinkt damit je nach Bauteil um ein Vielfaches.

Die Verwaltung der Rundstahl-Bauteile erlaubt jederzeit den Rückgriff auf bereits vorliegende Eingabedaten.

Für neue Bauteile, die sich nur in wenigen Details von bereits erzeugten Bauteilen unterscheiden, ergibt sich dadurch ein weiterer Rationalisierungseffekt. Selbsterklärende Dialogfelder und Kontrollgrafiken führen den Anwender von der **Geometrieeingabe (Bild 184.1)** bis zur **Bewehrungsdefinition** (Bild 184.2). Die Bestimmung eines Absetzpunktes genügt und der Bewehrungsplan wird komplett mit allen gewünschten Schnitten und Eisenauszügen maßstabsgerecht gezeichnet. Selbst die Beschriftung und Vermaßung wird sofort mitgeführt. Die automatisch erzeugten Bauteilbewehrungspläne der Rundstahl-Bauteile können ergänzt und weiterbearbeitet und in Gesamt-Bewehrungspläne eingefügt werden.

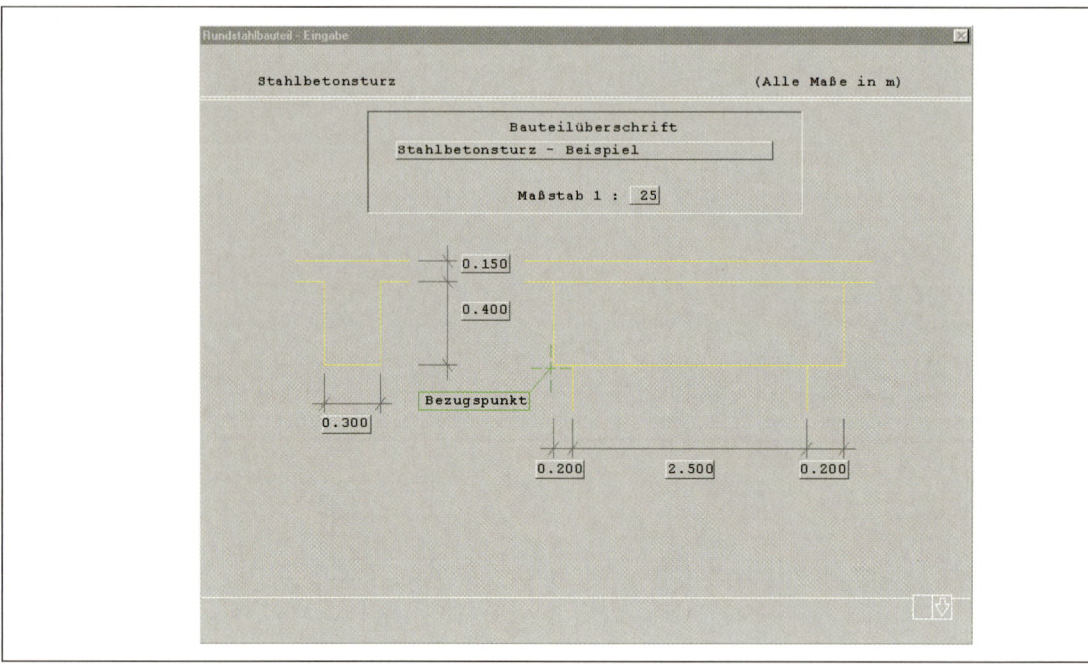

184.1 Geometrieeingabe bei einem Stahlbetonsturz

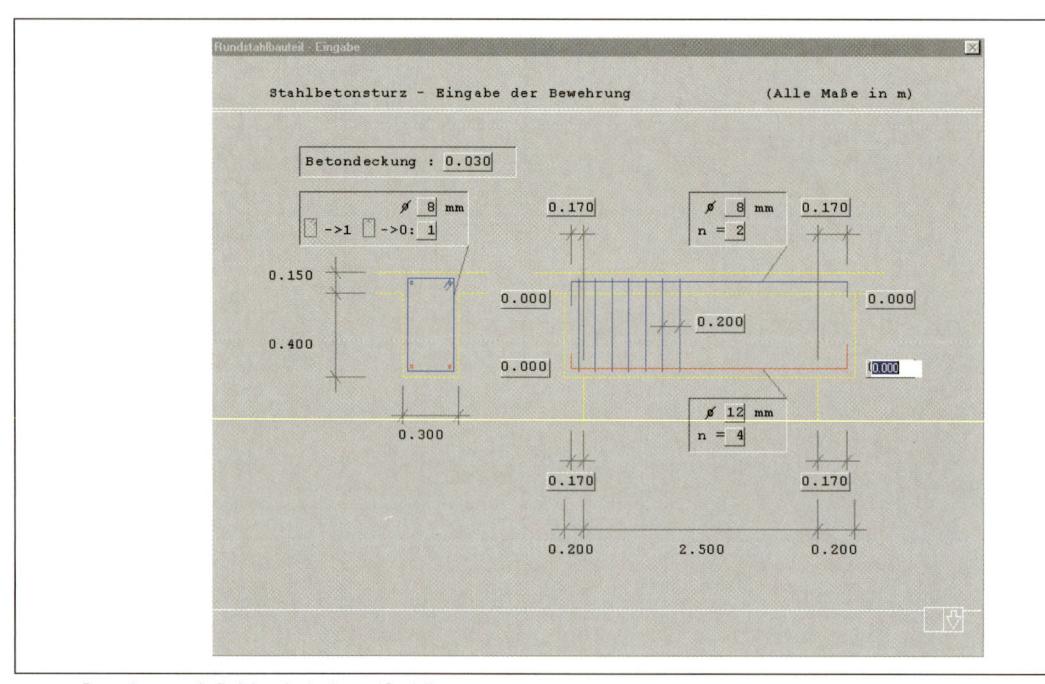

184.2 Bewehrungsdefinition bei einem Stahlbetonsturz

Computeranwendungen 185

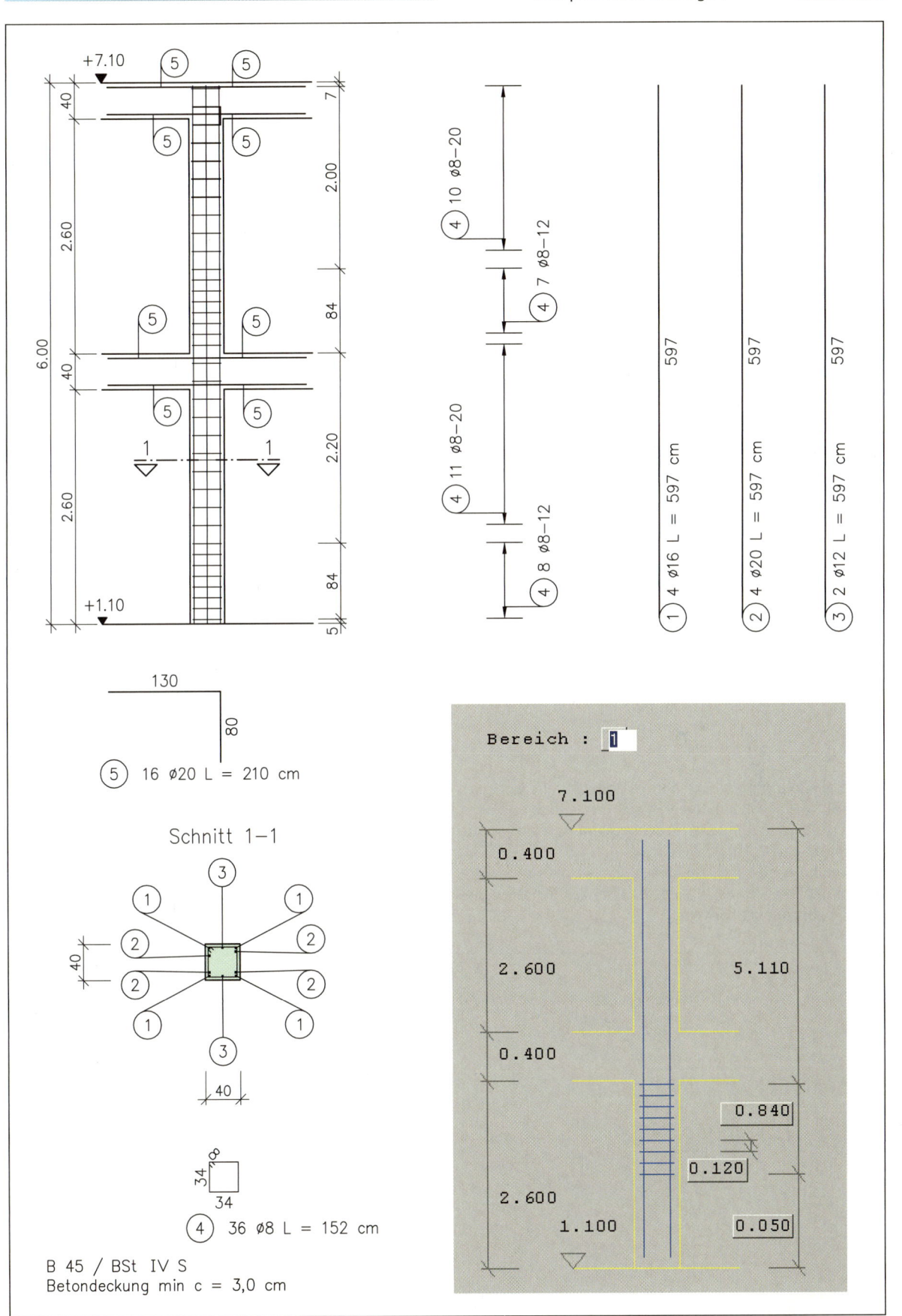

185.1 Stützenbewehrung mit Bewehrungsbaukasten gezeichnet

9 CAD im Städtebau

Flächennutzungspläne (Bild 187.1) werden auf der Basis von Flurkarten erstellt. Falls diese Pläne handgezeichnet sind, werden sie gescannt und diese Scandaten im CAD-System zur Weiterbearbeitung eingelesen.

Scanbilder sind keine Vektorzeichnungen, sondern Pixelbilder, die eventuell im CAD-System zur weiteren Verwendung gedreht oder skaliert werden müssen. Mit den CAD-Symbolen der Planzeichenverordnung (Bild 186.1) werden die Flächen nach Nutzungsart, die Baulinien und -grenzen, Grün- und Verkehrsflächen usw. gezeichnet. Den einzelnen Flächen werden Kennwerte der baulichen Nutzung (Bild 186.2) zugeordnet. Diese Werte können später in einer Städtebauliste und in den Nutzungsschablonen ohne langwieriges Messen und Rechnen ausgewertet werden. Die verwendeten Planzeichen im Flächennutzungsplan können als Legende automatisch auf der Zeichnung abgesetzt werden.

Auch bei dieser CAD-Anwendungstechnik können Änderungen in der Planung wie die bauliche Nutzung, Flächenumrisse, Schraffuren, farbliche Gestaltung und vieles mehr Zeit sparend modifiziert und editiert werden.

Mit den CAD-Funktionen zum Bebauungsplan (Bild 186.3) wird eine detaillierte Flächenplanung durchgeführt, indem die bauliche Nutzung für die einzelnen Grundstücke definiert wird. Grundlage für die Erstellung sind nachgezeichnete Flurdaten-Scanbilder.

Eingabedefinitionen:
1. Darstellung der Grundstücksfläche
   (Bezeichnung Schraffur, Muster, Füllfläche usw.)
2. Bauliche Nutzung für das Grundstück
   (Bezeichnung, BMZ, GRZ, GFZ, Bauweise usw.)

Bei der Gestaltungsplanung werden zunächst die Gebäude (Bild 188.1) eingegeben. Dabei stehen verschiedene Dachformen zur Verfügung. Die Geschossplanung kann sofort oder später durchgeführt werden.

Die Planung kann sofort dreidimensional konstruiert werden, um später virtuell mit entsprechender Schattendarstellung abbilden zu können.

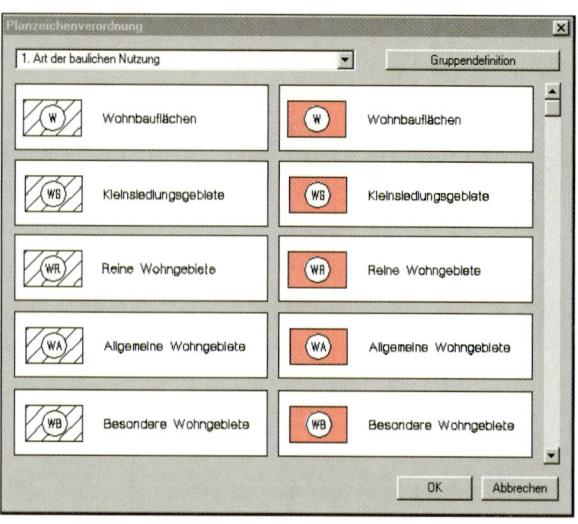

186.1 CAD-Symbole der Planzeichenverordnung

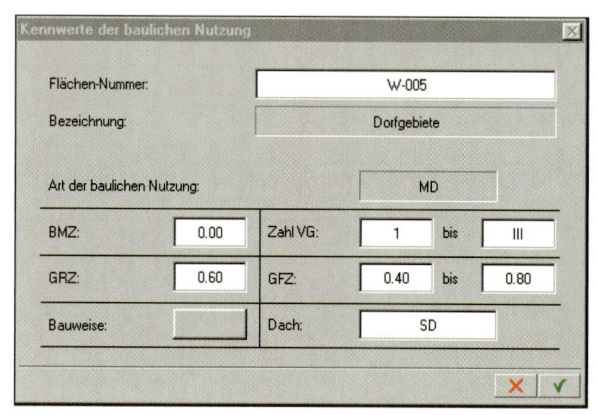

186.2 Kennwerte der baulichen Nutzung

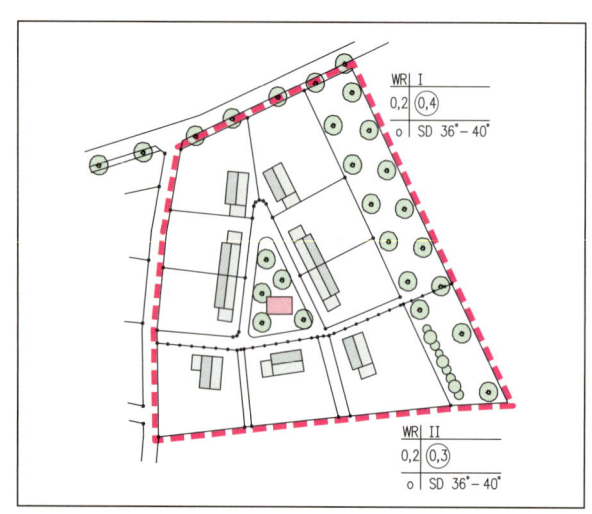

186.3 Bebauungsplan

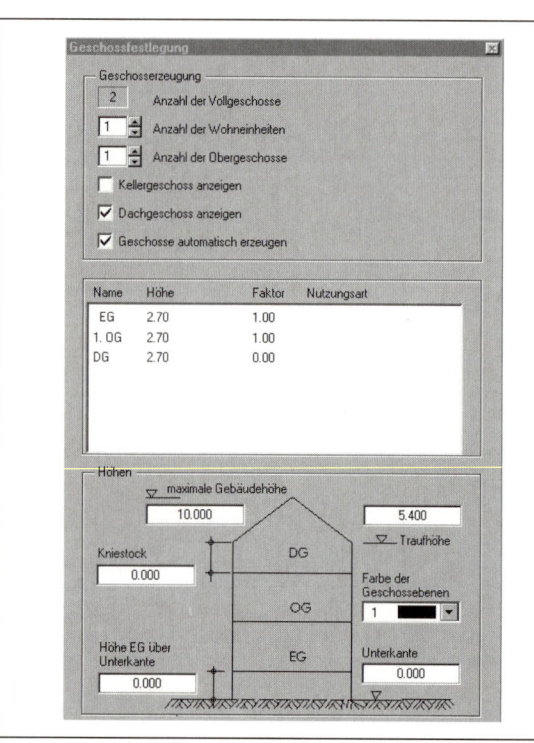

186.4

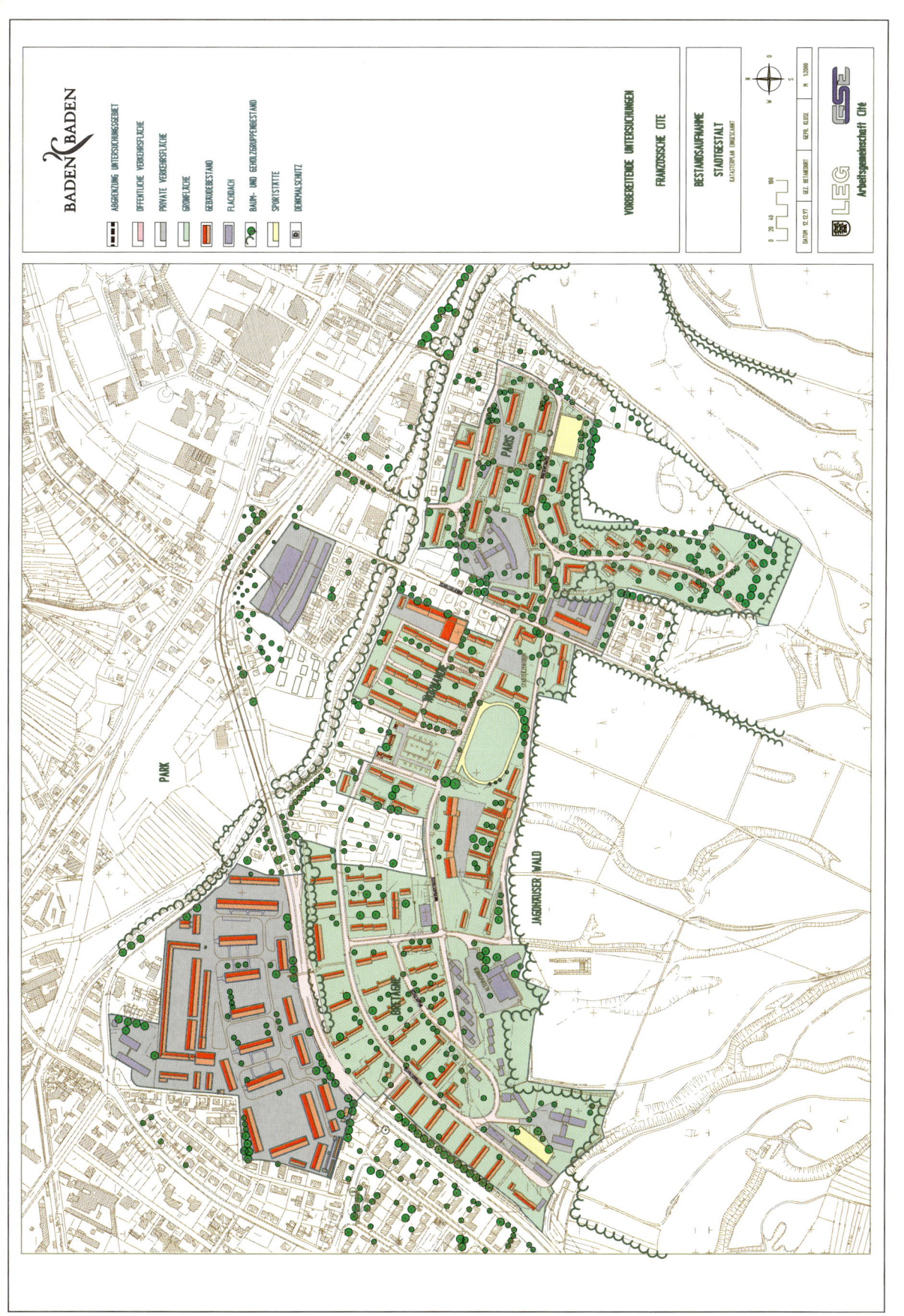

187.1 Flächennutzungsplan

Festgelegt werden Gebäudehöhe und Dachparameter, die Darstellung im Grundriss und im Dreidimensionalen. Für die Auswertung in den Städtebaulisten kann sofort eine Geschossdefinition festgelegt werden:
- Anzahl der Wohneinheiten
- Gesamtzahl der Wohneinheiten des Gebäudes für spätere Auswertungen
- Anzahl der Obergeschosse
- Nutzungsart und Faktor
- Gebäudehöhen

Die Gebäude können durch beliebige Anbauten, wie z. B. Garagen oder Wintergärten erweitert werden.
Die vorgeschriebenen Gebäudeabstände (Bild 188.2) kann man durch Anklicken entsprechender Gebäudeecken und Dachpunkte kontrollieren. Die Tiefe der Abstandsflächen wird errechnet aus der Gebäudehöhe und den Faktoren, die entsprechend der gültigen Bauordnung eingegeben werden müssen.
Für die Grünordnungsplanung müssen die Pflanzen entsprechend der Planzeichenverordnung eingegeben werden. Es werden sowohl der Bestand als auch die Planung der Grünelemente eingetragen. Wenn man die räumliche Wirkung von Bebauung und Pflanzung darstellen möchte, können die Grünordnungsplanungen auch mit 3D-Symbolen (Bild 188.3) erstellt werden.
Ist der Bebauungs- und Gestaltungsplan einmal eingegeben, kann er auf vielfältige Art ohne Messen und Rechnen ausgewertet werden. Die wichtigsten Auswertungen sind das nachträgliche Beschriften mit Nutzungsschablonen und das Erstellen von Listen.

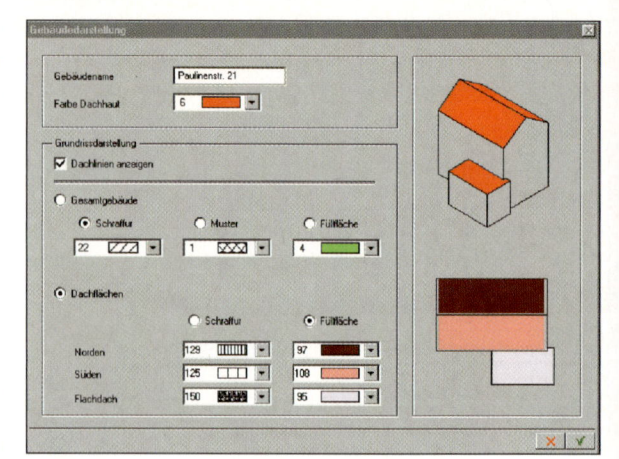

188.1 Definition der Gebäudedarstellung im CAD

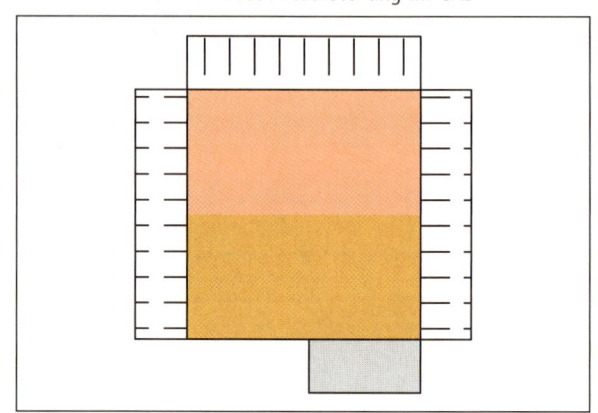

188.2 Abklappen der Gebäudeabstandsflächen

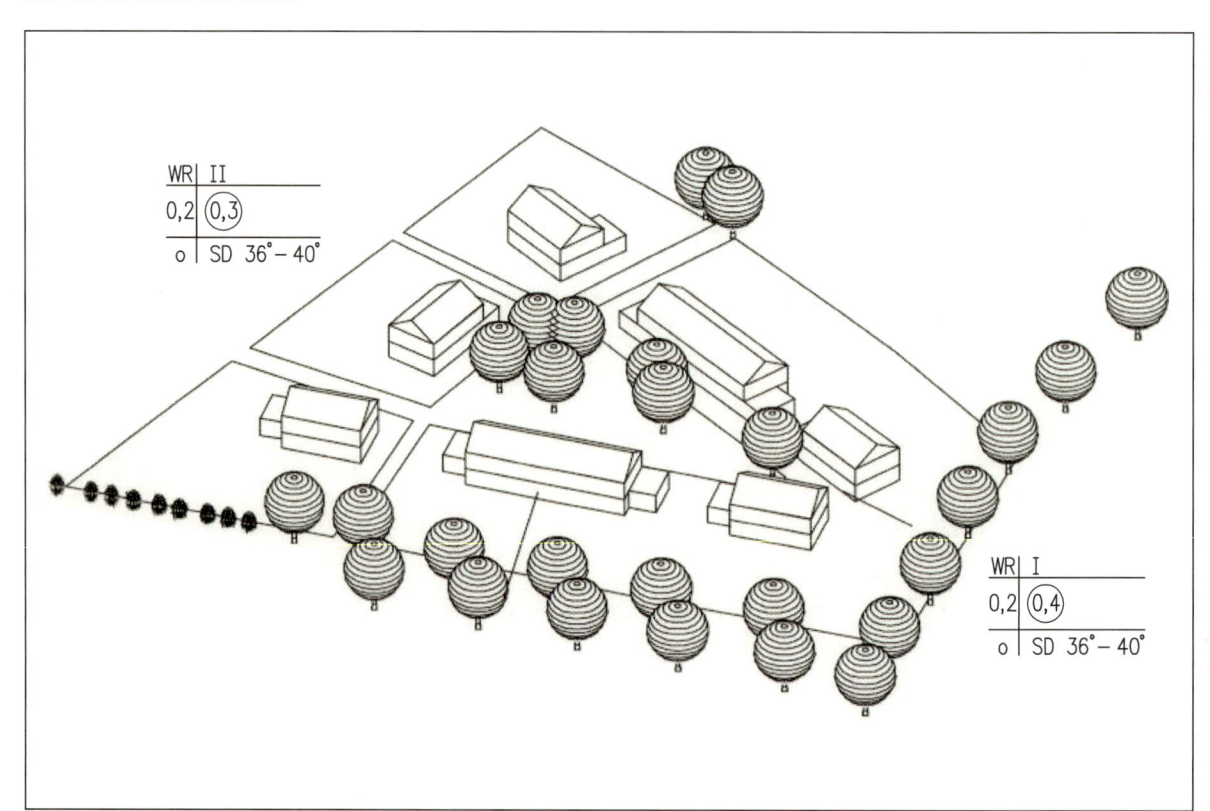

188.3 Räumliche Darstellung der Bebauung und Pflanzung

10 CAD im Tief- und Staßenbau

Lagepläne (Bild 189.1) zeichnen sich durch komplexe Geometrien aus, wobei eine Vielzahl von Symbolarten, im Verkehrswesen typische Kurvenformen und Beschriftungselemente zur Plandarstellung verwendet werden. Der gegenseitige Datenaustausch zwischen Vermessungsingenieur und Planer ist eine weitere Anforderung, die zu einem reibungslosen Pla-nungsablauf notwendig ist. Bei vielen Aufgaben aus den Bereichen Städtebau, Erschließung, Straßenbau, Kunstbauwerke, Tief- und Grundbau ist die Geometrie durch Achsen bestimmt. Die Bearbeitung von Achsen (Bild 189.2) stellt deshalb den CAD-Lageplanschwerpunkt dar. Die Bestandsaufnahme im Bezug auf Urgelände steht am Anfang der Lageplanbearbeitung. Punktkoordinaten stellen hierbei die wichtigste Voraussetzung für die Übernahme des Bestandes in die grafische Abbildung dar. Diese Koordinaten werden entweder durch Digitalisierung vorhandener Karten, manuelle Eingabe per Tastatur oder durch direkte Übernahme aus Punktdateien (beliebige ASCII-oder genormte REB-Formate) eingelesen. Dreidimensional vorhandene oder erzeugte Punkte können im Modul „Digitales Geländemodell" weiterbearbeitet werden. Eine enorme Zeitersparnis bedeutet die Datenübergabe für beliebige Linien über das ASCII-Format. Liegen beispielsweise vom Vermessungsamt bereits Lagepläne in entsprechender digitaler Form vor, so können diese mit allen Informationen übernommen werden. Eine zeitaufwändige Auswertung von Punktdaten kann dadurch entfallen.

Die im Straßenbau üblichen Stationierungen sind komfortabel zu erstellen. Für die schnelle Umsetzung von Lageplandetails stehen Funktionen wie Musterlinien, Böschungsschraffuren, lageplanspezifische Punktsymbole einschließlich automatischer Beschriftung und viele Modifikationsmöglichkeiten zur Verfügung. Liegt die Straßenachse vor, können die Fahrbahnränder links und rechts der Achse errechnet werden. Die Ergebnisse der Querneigungen, Höhen und Abstände können in Listen gedruckt werden.

- Straßenachse mit Einzelelementen konstruieren (z.B. Gerade, Kreis, Klothoide, Wendelklothoide)
- Wegeränder erzeugen

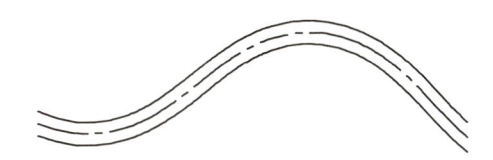

- Beschriftung der Trasse

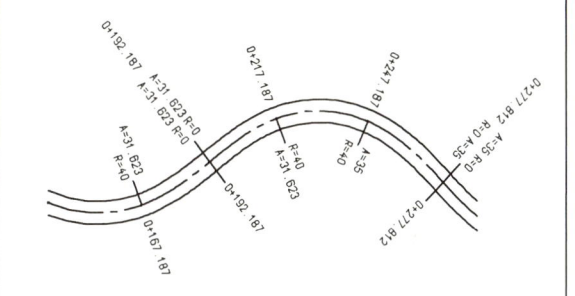

- Stationierung der Straßenachse

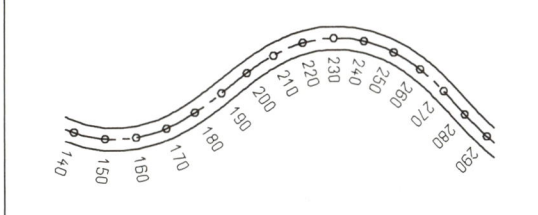

189.2 CAD-Konstruktionsablauf einer Straßenplanung

189.1 Beispiel einer Straßenplanung

Computeranwendungen

Das **digitale Geländemodell (DGM)** ist ein äußerst vielseitig einsetzbares Hilfsmittel bei der Planung von:

- Hoch- und Tiefbauten bei schwierigen Geländesituationen,
- Landschaftsarchitektur,
- Sportplatzbau, Golfplätze,
- Erdbau, Erdmassenberechnungen.

Das DGM (Bild 190.1) bildet die Grundlage für den Entwurf, die Plandarstellung, die Präsentation sowie die Massenberechnung und Abrechnung von geplanten und vorhandenen Geländezuständen bei Baumaßnahmen aller Art. Für die Berechnung eines digitalen Geländemodells können Punktkoordinaten, ergänzt mit eventuell vorliegenden Bruchkanten oder anderen geländespezifischen Sonderlinien, ein- und ausgelesen werden. Auf der Grundlage der Punktdaten wird mithilfe einer Dreiecksvermaschung automatisch ein räumliches Modell (Bild 190.2) des Geländes berechnet.

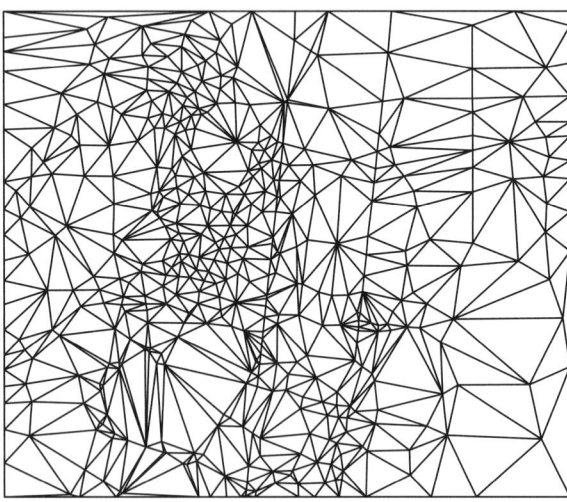

Dieses kann nun in vielfacher Weise ausgewertet und weiterbearbeitet werden.
Mögliche Darstellungs-, Auswertungs- und Präsentationsmöglichkeiten sind:

- automatische Erzeugung von Höhenlinienplänen
- Höhenlinien-, Höhenkotenbeschriftungen
- Geländeprofile (Bild 190.3) entlang von beliebigen Kurven
- automatische Erzeugung des Höhenplanes mit Beschriftung der Neigungen und Halbmesser
- Krümmungs- und Verwindungsband (Bild 190.4)
- Einböschung der Fahrbahn in das Gelände
- Massenermittlungen
- automatische Querprofilerstellung senkrecht zu beliebigen Elementen (Achsen, Profile, usw.)
- Auf- und Abtragsermittlung z. B. zwischen Bestands- und Planungsgeländezustand
- Böschungsberechnungen
- Präsentation von Bauobjekten kann vollständig im geplanten Geländeverlauf sowie des Baubestandes erfolgen: Damit sind anschauliche Demonstrationen vor Entscheidungsgremien möglich.

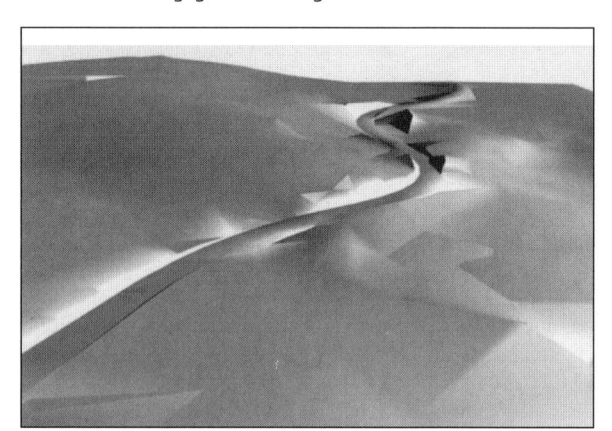

190.1 Digitales Geländemodell (Dreiecksnetz)

190.2 Digitales Geländemodell als 3D-Körper

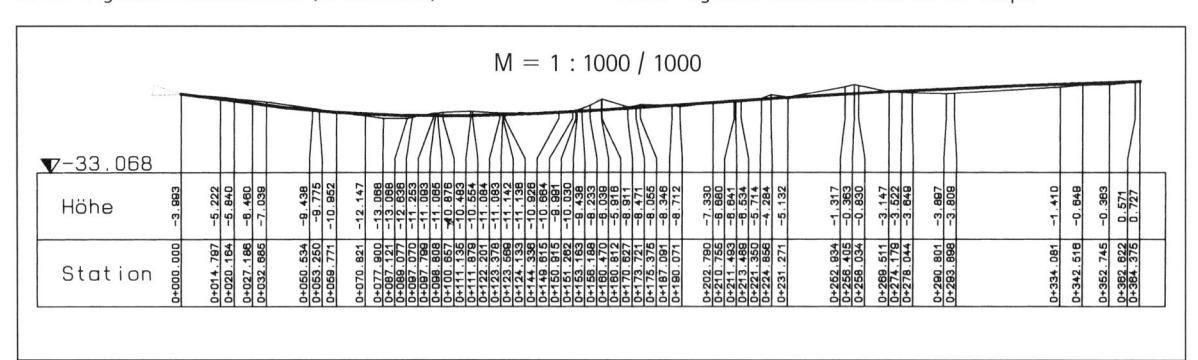

190.3 Profilauszug (DGM) entlang einer Wegachse mit Gradiente

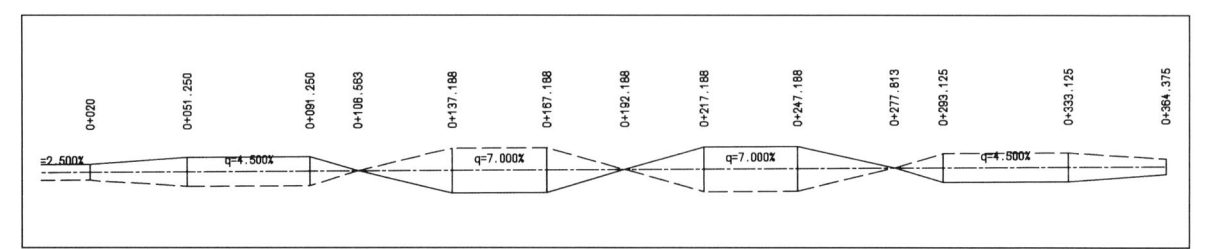

190.4 Verwindungsband

Bauvorbereitungen

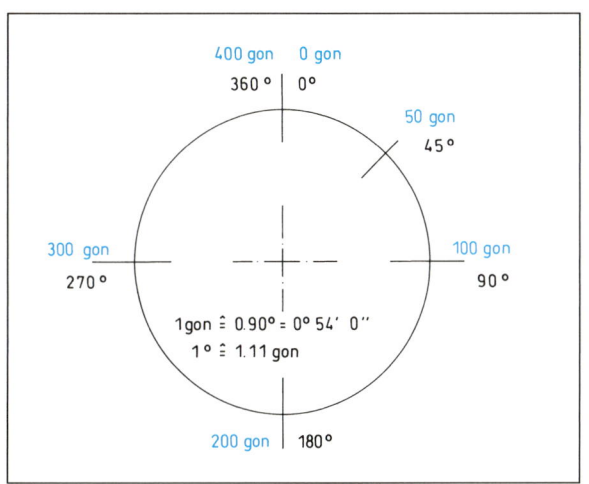

191.1 Die Winkeleinheiten

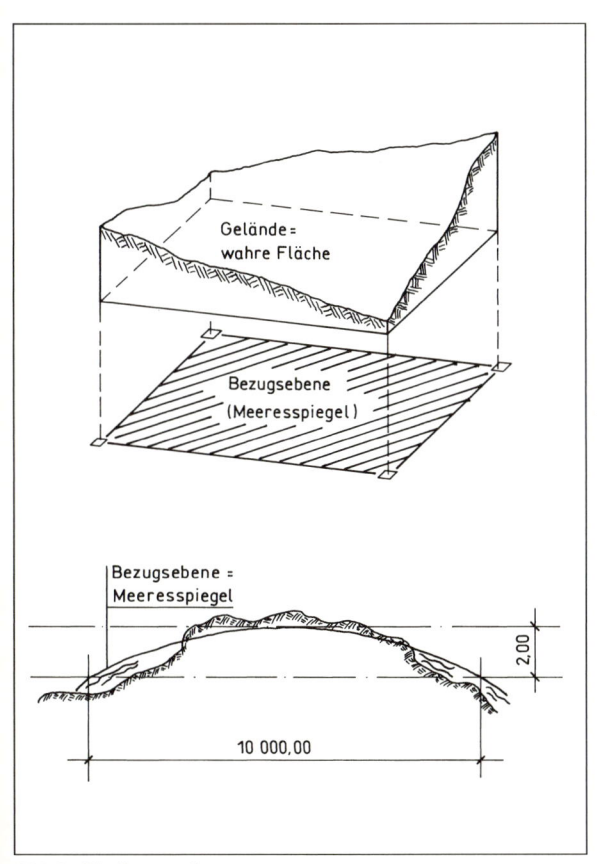

191.2 Die Bezugsebene

1 Vermessungsarbeiten

Das Vermessen spielt beim Abstecken und Aufnehmen von Bauwerken und Geländeformen eine große Rolle. Die Daten werden in Feldbüchern, Rissen, Diagrammen und Plänen festgehalten. Für die Maße sind die bekannten gesetzlichen Einheiten vorgeschrieben. Als besonderes Flächenmaß werden das Ar und das Hektar angesehen.

Ar   a = 100 m^2
Hektar   ha = 100 a = 10 000 m^2

Winkel werden in Gon (gon) gemessen.

Da das Dezimalsystem viele Vorteile hat, wurde Grad aus der Sexagesimalteilung, von Gon aus der Zentesimalteilung abgelöst (Bild 191.1).

Vollkreis = Vollwinkel = 360° = 400 gon
Rechter Winkel   =   90° = 100 gon

1° = 60' (Minuten); 1' = 60" (Sekunden)
1 gon = 100 cgon (Zentigon) = 1 000 mgon (Milligon)
1 gon = 0,9° = 0°54
1° = 1,11 gon

Beispiel: 24° 43' 15"

$15" = \dfrac{15"}{60"} = 0,25'$ $43,25' = \dfrac{43,25}{60,00} = 0,72°$

24° 43' 15" = 24,72°
              24,72° · 1,11 gon = 27,439 gon
                               Zentigon   Milligon

Bezugsebene. Für die Lagemessung wird von der Horizontalebene ausgegangen. Das bedeutet, dass alle Strecken nicht der Geländeneigung folgend, sondern waagerecht gemessen werden. Für die Höhenmessung ist dies nicht ausreichend, denn auf eine Entfernung von 5 km beträgt die Erdkrümmung bereits etwa 2,0 m. Deshalb wird der unter der Landmasse gedachte Meeresspiegel als Bezugsebene (Bild 191.2) angenommen. Beim Nivellement hebt sich dieser Fehler bei gleichen Zielweiten wieder auf. Das Deutsche Höhennetz bezieht seine Ausgangshöhe vom Amsterdamer Pegel. Dieser Punkt wird mit „Normalnull" (NN) bezeichnet. Auf dem Vermessungsamt erhält man gegen eine Gebühr Auskunft über die Höhen einzelner Netzpunkte. Im bebauten Gelände sind diese Punkte als Höhenbolzen an Gebäudewänden oder Gartenmauern zu finden.

Bauvorbereitungen

1.1 Vermessungsarbeiten – Geräte und Techniken

Loten (Bild 192.1 oben)
Geräte: Wasserwaage, Lot oder Senkel, Laser, Theodolit. Anwendung: Senkrechtes Erstellen von Wänden, Stützen, Schalungen und Fertigteilen. Außerdem zum Einloten von Gebäudefluchten und Achsen.

Fluchten (Bild 192.1 mitte)
Geräte: Schnur, Fluchtstäbe. Anwendung: Darstellung von kurzen Geraden mittels Schnur oder Draht. Besonders im Gelände und für Strecken zwischen 5 m und 100 m ist die Markierung durch Fluchtstäbe geeignet.

Längenmessung (Bild 192.1 unten)
Geräte: Gliedermaßstab, Länge = 2,00 und 1,00 m; Bandmaß, Länge = 2,00, 10,00, 15,00, 25,00, 50,00 m; Messlatten, Länge = 5,00 m. Achten Sie auf waagerechte Messung!

Rechte Winkel abstecken. Je nach Bodenbeschaffenheit des Geländes, Ebenheit und Größe der Bauteile eignen sich verschiedene Methoden. Die **Verreihung** (Bild 192.2), Dreiecksbildung aus Latten oder nur aus Längenmessgeräten mit den Seitenverhältnissen 3:4:5 nach dem Satz des Pythagoras, wird sehr häufig für einfache Arbeiten auf der Baustelle eingesetzt.

Sind größere Dimensionen gegeben, so setzt man dafür im Gelände die **Kreuzscheibe** oder das **Winkelprisma** ein. Diese Vermessungsgeräte können mittels eines Stativs auch auf Betondecken verwendet werden.

Auf ebenen Flächen eignen sich in begrenztem Maß zur Errichtung von rechten Winkeln das **Nivelliergerät mit Horizontalkreis** und die **Schnurzirkelmethode** (Bild 192.3).

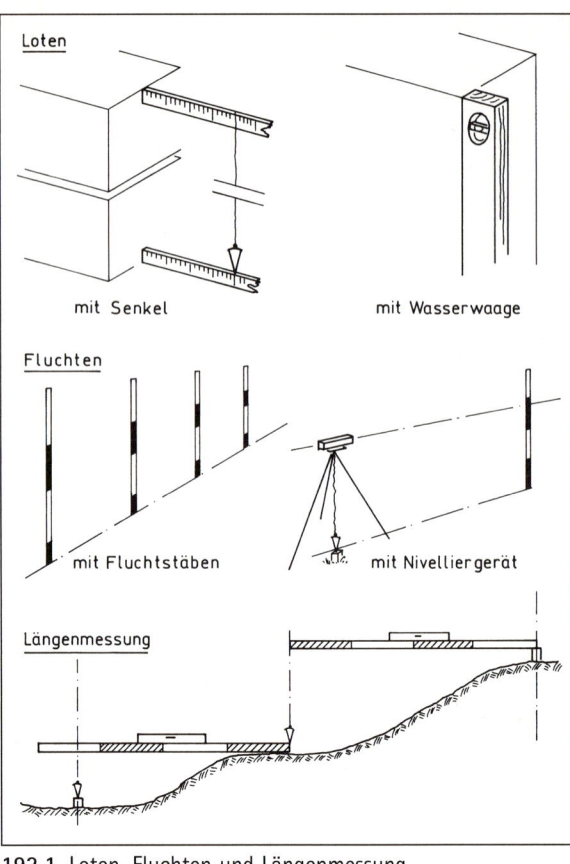

192.1 Loten, Fluchten und Längenmessung

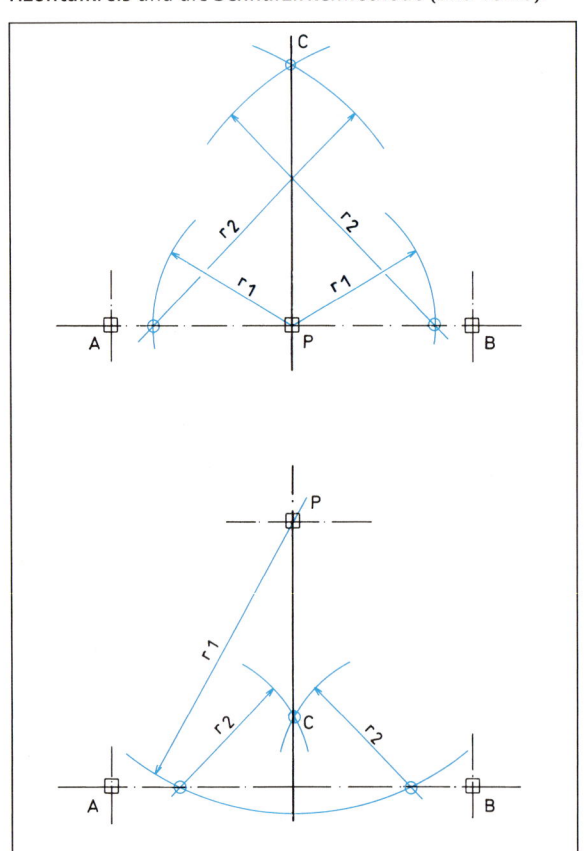

192.3 Rechte Winkel mit dem Schnurzirkel

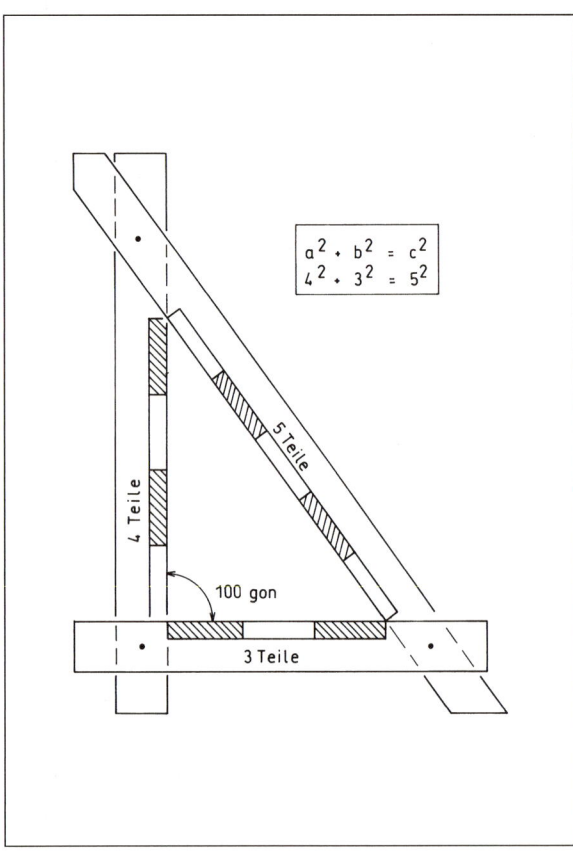

192.2 Methode der Verreihung

$$a^2 + b^2 = c^2$$
$$4^2 + 3^2 = 5^2$$

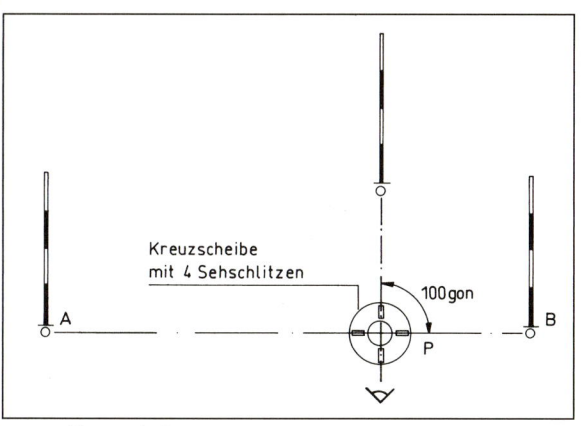

Bauvorbereitungen

Es werden je nach der Lage des Punktes P zwei Arten unterschieden: Der Scheitelpunkt P des rechten Winkels liegt auf der Strecke A–B. Die **Kreuzscheibe** (Bild 193.1) wird auf P stationiert und nach der Dosenlibelle senkrecht gestellt. Die Sehschlitze werden nach A und B ausgerichtet. Rechtwinkelig dazu werden, durch die anderen zwei Sehschlitze, die Fluchtstäbe eingewiesen. Mit dem **Nivelliergerät** verfährt man ähnlich. Jedoch wird die Peilung und die Ablesung des Winkels durch das Fernrohr vorgenommen. Mit dem **Schnurzirkel** (Bild 193.3 oben), d.h. mit einem Bleistift, einer Schnur oder besser mit einem Metallmaßband, wird um P ein frei gewählter Radius r_1 zum Schnitt mit der Strecke A–B gebracht. Um die gewonnenen Punkte bringt man zwei gleiche Kreisbögen zum Schnitt in C. Die Strecke C–P steht senkrecht zu A–B.

Der Punkt P liegt außerhalb von A–B. Der Scheitelpunkt ist unbekannt. Der **Winkelspiegel** oder das **Winkelprisma** (Bild 193.2) wird in die Flucht A–B gebracht. Durch zwei 50-gon-Spiegel oder durch ein Prisma wird der Sehstrahl um 100 gon abgelenkt. Decken sich die Fluchtstäbe des Spiegel- bzw. Prismenbildes mit dem sichtbaren eingewiesenen Fluchtstab, so ist der Scheitelpunkt des 100-gon-Winkels gefunden. Mit dem **Schnurzirkel** (Bild 192.3 unten) schlägt man um P einen Kreisbogen mit frei gewähltem Radius r, der die Strecke A–B schneidet. Von den gewonnenen Schnittpunkten bringt man zwei Kreisbögen zum Schnitt. Verbindet man den Schnittpunkt mit P, erhält man den Schenkel zum 100-gon-Winkel.

Abstecken von Bögen. Bestimmung von Bogenanfang und -ende (Bild 193.3): Tangentenwinkel $\alpha = 100$ gon: Bogenanfang BA und Bogenende BE erhält man, wenn Radius r vom Tangentenschnittpunkt TS abgetragen wird. Tangen-

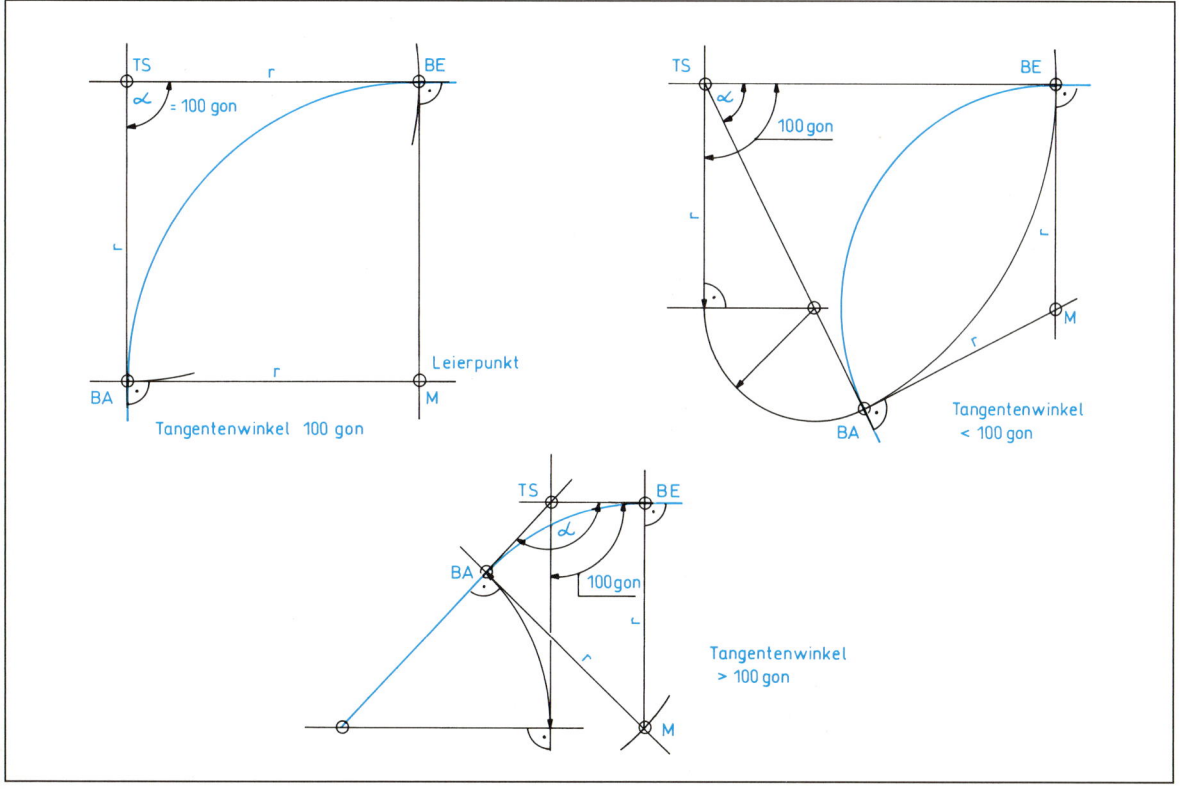

193.1 Kreuzscheibe

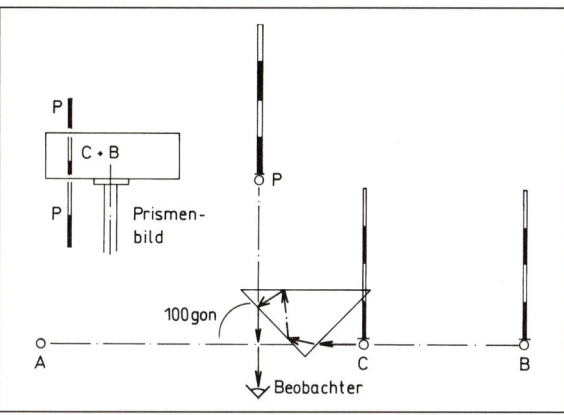

193.2 Winkelprisma

193.3 Bestimmung von Bogenanfang nach Bogenende

Bauvorbereitungen

tenwinkel $\alpha < 100$ gon sowie > 100 gon: Es wird an eine Flucht ein Winkel mit 100 gon und einer Schenkellänge abgetragen. Das Lot auf r schneidet die 2. Flucht. Der Kreisbogen um diesen Schnittpunkt mit r = Lot ergibt BA. TS − BA = TS − BE.

Unzugänglicher Leierpunkt (Mittelpunkt) M: 1/4-Methode (Bild 194.1), ein ungenaues, aber vielfach ausreichendes Verfahren. Nach der Formel $h = \sqrt{r^2 - (s/2)^2}$ berechnet man die Bogenhöhe h. Durch Abtragen von h vom Mittelpunkt der Sehne s aus erhält man den ersten Bogenpunkt P1. P2 wird ermittelt, indem auf der Sehne BA − P1 h/4 abgetragen wird. Weitere Bogenpunkte konstruiert man nach gleichem Muster.

Koordinatenmethode (Bild 194.2). Zuerst werden BA und BE ermittelt. Aus der Tabelle werden die x-Werte von BA und BE aus auf der Flucht abgetragen. Im rechten Winkel darauf errichtet man die y-Werte. Fehlende Werte kann man nach der Formel $y = r - \sqrt{r^2 - x^2}$ berechnen.

Kreisbogenradius r in m								x-Werte
8	9	10	12	14	16	18	20	
y-Werte in m								
0,06	0,06	0,05	0,04	0,04	0,03	0,03	0,03	1,00
0,25	0,21	0,20	0,17	0,14	0,13	0,11	0,10	2,00
0,58	0,52	0,46	0,38	0,33	0,28	0,25	0,23	3,00
1,07	0,94	0,84	0,68	0,58	0,51	0,45	0,40	4,00
1,76	1,52	1,34	1,09	0,92	0,80	0,71	0,64	5,00
2,71	2,29	2,00	1,61	1,35	1,17	1,03	0,92	6,00
4,13	3,34	2,86	2,25	1,88	1,61	1,42	1,27	7,00
	4,88	4,00	3,06	2,51	2,14	1,88	1,67	8,00
			5,37	4,20	3,51	3,03	2,68	10,00
				5,42	4,65	4,00	12,00
						9,83	8,00	16,00

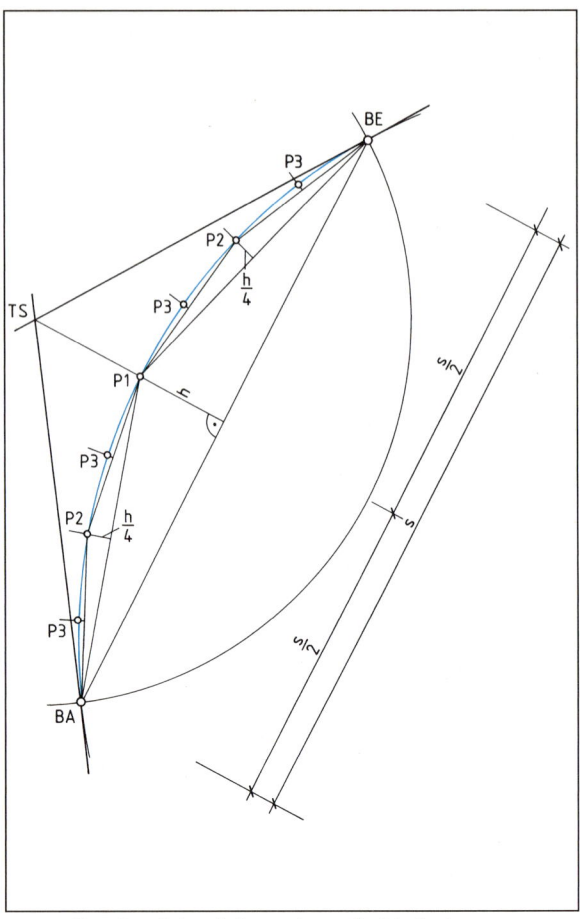

194.1 Unzulänglicher Leierpunkt − 1/4-Methode

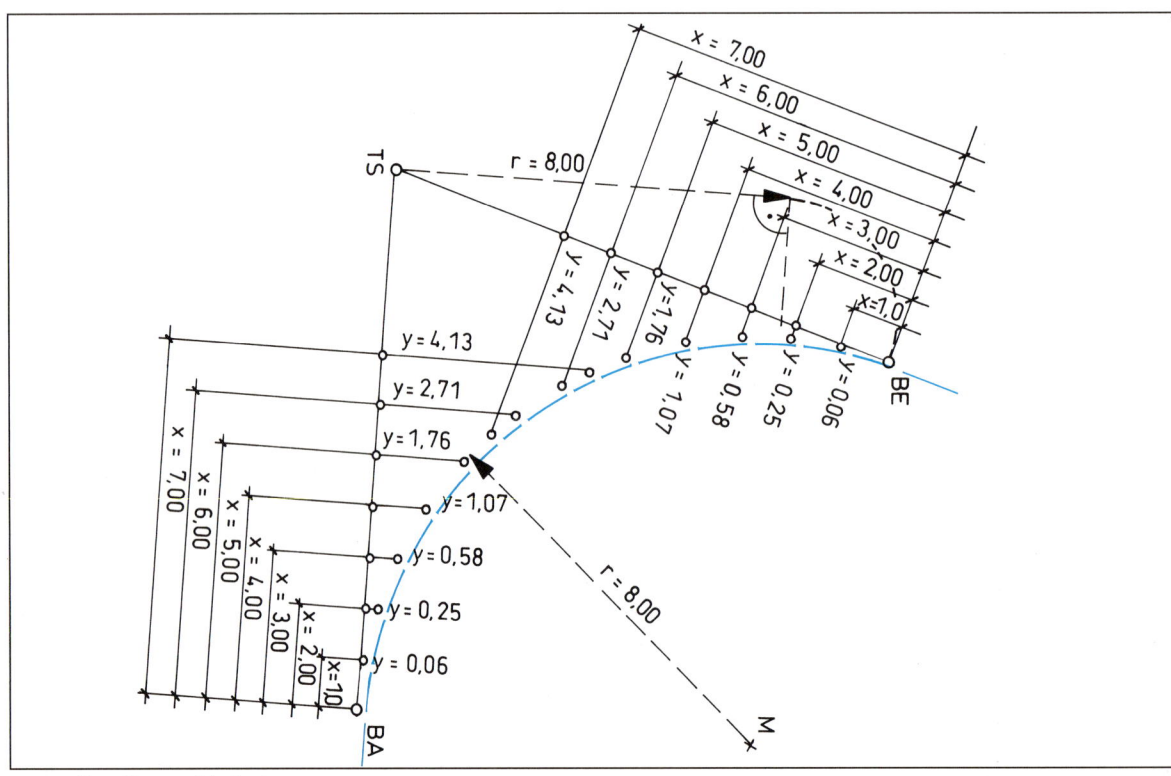

194.2 Koordinaten-Methoden

Bauvorbereitungen

Höhenübertragungen. Zum Einmessen eines Gebäudes wird auf der Baustelle ein vorläufiger Höhenpunkt angelegt. Vom nächstliegenden Höhenbolzen des deutschen Höhennetzes wird die Höhe auf einen gesicherten Pfosten übertragen. Die Oberkante des Fertigfußbodens (OKFF) im Erdgeschoss erhält die Höhe ± 0.00. Für den Ausbauhandwerker wird an den Wänden, vorzugsweise in der Nähe der Türen, 1,00 m über OKFF der „Meterriss" angezeichnet. Dies ermöglicht später bei den Ausbauarbeiten die Kontrolle und weitere Übertragung der Höhe in aufrechter Körperhaltung.

Die Schlauchwaage (Bild 195.1) eignet sich zum Übertragen von Höhenpunkten auf kurze Entfernung. Sichtkontakt zwischen Fest- und Neupunkt ist nicht notwendig. Sie wird im Rohbau verwandt, um den Meterriss für Estrich- und Plattenleger anzubringen.

195.1 Einsatz der Schlauchwaage

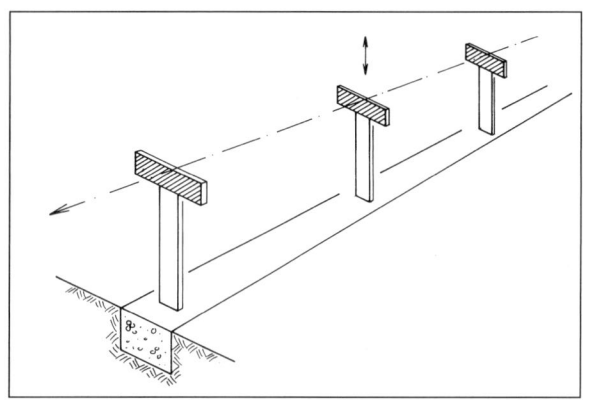

Visiertafeln (Bild 195.2) setzt man zum Übertragen von Zwischenhöhenpunkten zwischen zwei Höhenfestpunkten ein. Durch Peilen über das erste Visier zum letzten Visier lassen sich beliebig viele Zwischenpunkte einweisen. Diese Technik wird besonders bei der Rohrverlegung eingesetzt.

195.2 Visiertafeln

Nivelliergeräte (Bild 195.3) bestehen aus einem Fernrohr, das zur Justierung mit einer „Libelle" gekoppelt ist. Bei den automatischen Geräten entfällt das Justieren. Bewegliche Spiegel oder Prismen im optischen System halten durch die Schwerkraft die Ziellinie waagerecht. ist das Gerät mit einem Horizontalkreis versehen, lassen sich Winkel abstecken und messen. Auch grobe Entfernungsmessungen können durchgeführt werden. Dazu liest man die Höhendifferenz auf der Messlatte ab, die durch Striche ober- und unterhalb des Fadenkreuzes eingeschlossen wird. Multipliziert man die Differenz in cm mit 100, so erhält man die Distanz zwischen Gerät und Messlatte.

Laser senden einen gebündelten, einfarbigen Lichtstrahl aus, der auch bei großen Zielweiten eine geringe Streuung aufweist. Diese Eigenschaft des Laserstrahles eignet sich besonders, um Punkte über eine bestimmte Distanz, sowohl vertikal als auch horizontal, zu übertragen. Von Vorteil ist, dass der übertragene Punkt als Lichtfleck oder beim Rundumlaser als Lichtlinie sichtbar ist.

195.3 Einsatz des Nivelliergeräts

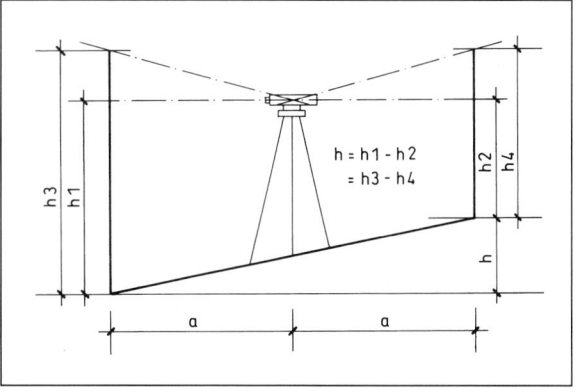

Strecken- oder **Liniennivellements** (Bild 196.1) werden mit der Ablesung des Rückblicks am Festpunkt A begonnen. Nach dem Eintrag in das Feldbuch geht der Lattenträger zum Wechselpunkt WP1. Es wird der Vorblick abgelesen und eingetragen. Man achte darauf, dass Rückblick und Vorblick annähernd gleiche Zielweiten haben. Dadurch heben sich Instrumentenfehler bei den Ablesungen gegenseitig auf (Bild 195.4). Das Instrument wird umgesetzt und die Latte vorsichtig gedreht. Der Vorgang wiederholt sich, beginnend mit dem Rückblick, bis durch weitere Umsetzungen die Höhe des Neupunktes FPB erreicht ist. Werden auf der Strecke weitere Höhen benötigt, kann man Zwischenpunkte ablesen und damit die Höhe ermitteln. Durch das Flimmern der Luft bei hoher Außentemperatur oder durch den unruhigen Stand der Latte bei starkem Wind erhält man ungenaue Ablesungen. Ein Nivellement ist bei diesen Wetterverhältnissen zu vermeiden.

195.4 Gleiche Zielweiten

Bauvorbereitungen

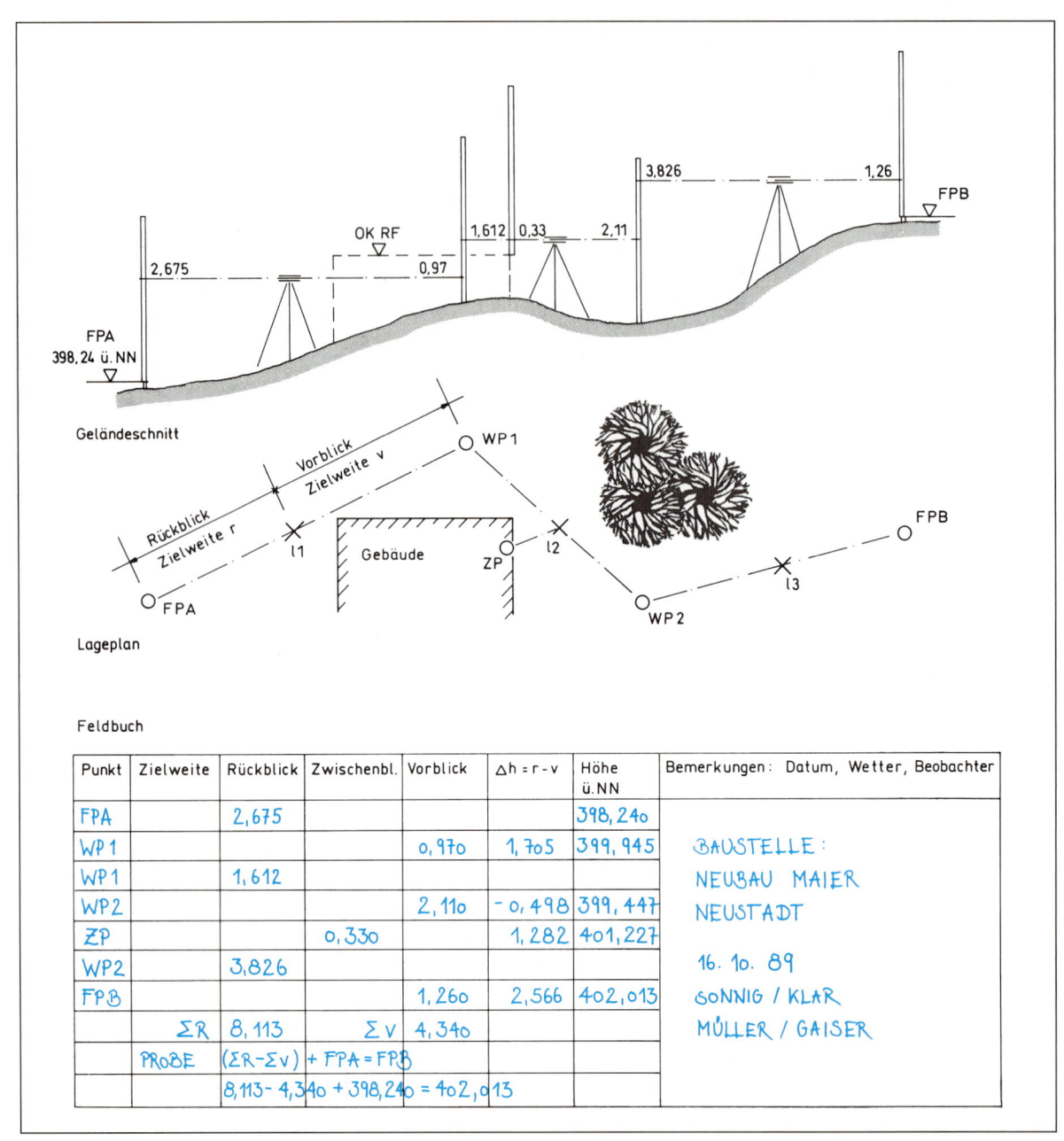

Geländeschnitt

Lageplan

Feldbuch

Punkt	Zielweite	Rückblick	Zwischenbl.	Vorblick	$\Delta h = r-v$	Höhe ü.NN	Bemerkungen: Datum, Wetter, Beobachter
FPA		2,675				398,240	BAUSTELLE:
WP 1				0,970	1,705	399,945	NEUBAU MAIER
WP 1		1,612					NEUSTADT
WP 2				2,110	-0,498	399,447	
ZP			0,330		1,282	401,227	16. 10. 89
WP 2		3,826					SONNIG / KLAR
FPB				1,260	2,566	402,013	MÜLLER / GAISER
	ΣR	8,113	Σv	4,340			
	PROBE	($\Sigma R - \Sigma v$)	+ FPA = FPB				
		8,113 - 4,340 + 398,240 = 402,013					

196.1 Streckennivellement

1.2 Quer- und Längsprofile

Um ein Gebäude, eine Straße, einen Kanal oder andere Projekte richtig in die Geländeform und in die Bauplanung aufnehmen und nach der Ausführung abrechnen zu können, ist eine genaue Geländeaufnahme erforderlich (Bild 197.1). Dazu teilt man das Gelände in mehrere parallele Vertikalschnitte quer zur Bauwerkshauptrichtung, genannt Querprofile, und längs zur Bauwerkshauptrichtung, genannt Längsprofile, auf (Bild 197.2). In der unteren Zeile wird die Stationierung, d. h. die Entfernung der einzelnen Messpunkte vom Nullpunkt aus, abgetragen. Die obere Zeile enthält die geplanten Höhen. In der Zeile dazwischen werden die vorhandenen Höhen eingetragen. Der Horizont, in unserem Fall die Höhe 620,00 ü. NN, ist eine gerundete Ausgangshöhe. Von dieser Linie aus werden alle Höhen gezeichnet. Neigt sich das Gelände nur wenig und ist das Bauwerk großflächig geplant, zeichnet man die Profile in zwei Maßstäben. Die Höhen von Gelände und Bauwerk werden in einem größeren Maßstab als die Längen der Stationierung dargestellt. Dadurch erkennt man Neigungswechsel im Gelände besser. Häufig trägt man die Profile in einen Lageplan ein. Dabei werden die Abstände der Profile sowohl nach Gebäudefluchten und Gebäudeachsen, als auch nach markanten Geländesprüngen gewählt. Beim Nivellement werden Höhen von Kuppen und Senken, die zwischen den Profilen liegen, zusätzlich aufgenommen.

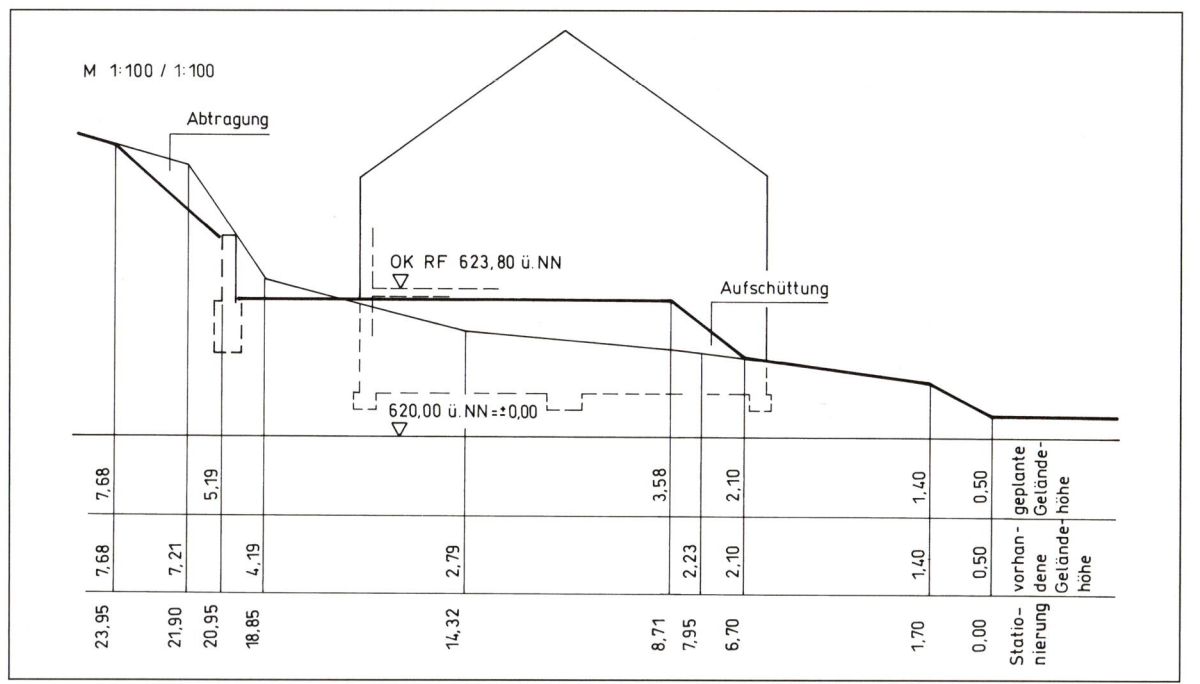

197.1 Querprofil

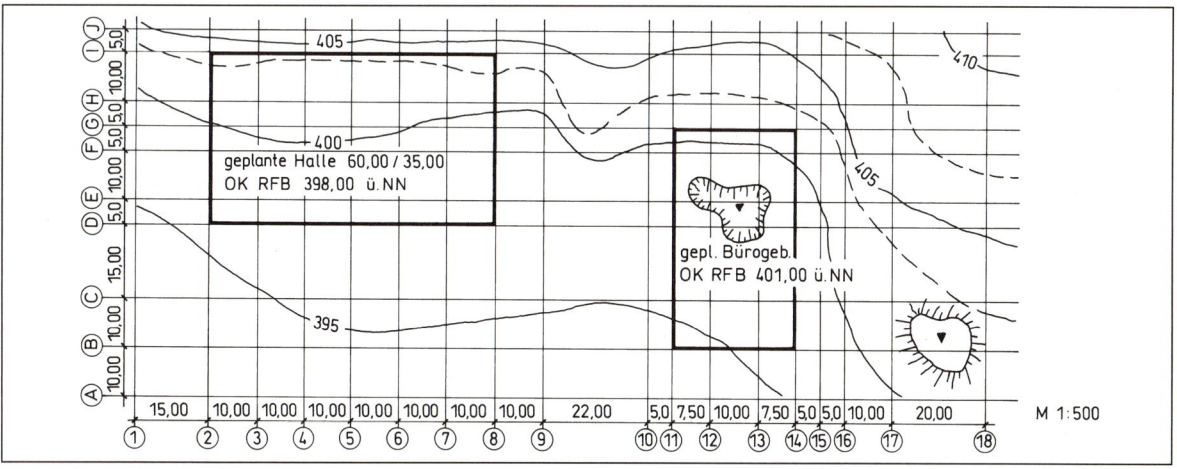

197.2 Raster für eine Geländeaufnahme

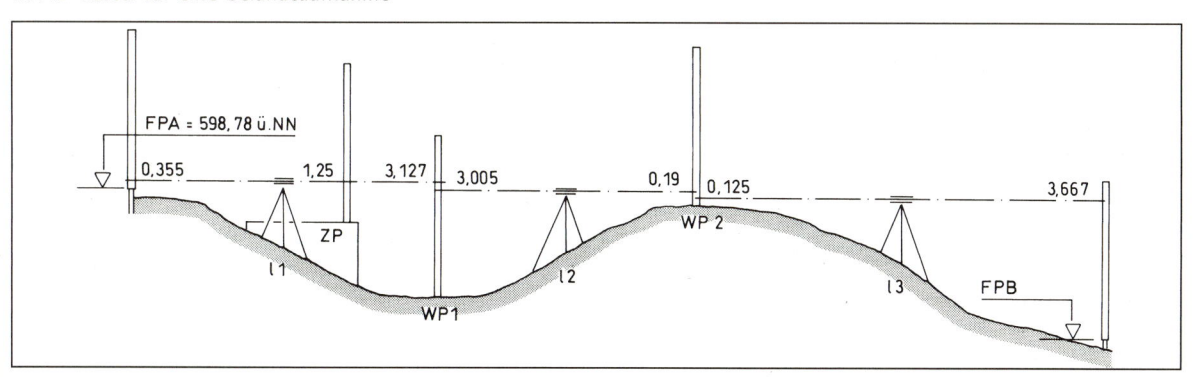

197.3 Aufgabe 1 – Streckennivellement

Aufgabe 1: Fertigen Sie sich ein Feldbuchformular an und ermitteln Sie damit den Festpunkt B des in Bild 197.3 gezeigten Streckennivellements.

Aufgabe 2: Ermitteln Sie Bogenanfang BA und Bogenende BE sowie die Bogenpunkte nach der Koordinatenmethode für einen Bogen mit dem Radius r = 12,00 m im Maßstab 1:100. Zeichnen Sie den Bogen mit einem Tangentenwinkel von a) 90°, b) 115°, c) 75 gon.

Bauvorbereitungen

2 Bausanierung

Die Baumaßnahmen an Altbauten gliedern sich in drei Aufgabenbereiche. Die Instandhaltung umfasst aus wirtschaftlichen Gründen Maßnahmen zur Schadensvorbeugung. Wie beim Auto bedarf ein Gebäude in bestimmten Abschnitten eines Kundendienstes. Verschleppt man diese kleinen Reparaturen, die nur wenig Mittel erfordern, so entstehen beträchtliche Schäden mit sehr hohen Kosten.

Auf diese Weise kann innerhalb von 5 bis 10 Jahren mit zunehmender Geschwindigkeit ein Gebäude unbewohnbar werden. Ein weiterer Aufgabenbereich liegt in der Erhaltung der Gebäude wegen ihrer geschichtlichen, künstlerischen, städtebaulichen oder volkskundlichen Bedeutung. Historische Gebäude werden saniert, wenn man sie wiederherstellt oder unseren heutigen Bedürfnissen anpasst. Dies erfordert einen hohen planerischen und handwerklichen Aufwand. Gesetzliche Grundlagen sind das Baugesetz und die Denkmalschutzgesetze der einzelnen Länder und der Stadtstaaten. Die oberste Denkmalschutzbehörde sind die Innenministerien, die von den Landesdenkmalämtern beraten werden. Die höheren und unteren Denkmalschutzbehörden, Regierungspräsidien und Landratsämter, setzen die Beratung in die Praxis um. Es werden Abbruchgenehmigungen, Denkmalschutzgenehmigungen und Baugenehmigungen erlassen.

Durch die letzten zwei Kriege wurde ein großer Teil der Gebäude zerstört. Sie hätten mehrere 100 Jahre alt werden können. Folgende Aufteilung der Bauwerke nach ihrem Baujahr ergibt sich in den alten Ländern der Bundesrepublik:

Baujahr: bis 1918   Bestand 20%
            1919–1948   14%
            1949–1964   33%
      ab 1965   33%

198.1 Altbausanierung

198.2 Typischer Bauschaden

5 bis 15 Jahre:	Flachdacheindeckung, Elektroboiler, Innenanstriche, Tapeten Außenanstriche an Fassade, Fenster und Türen Textilfußbodenbeläge
15 bis 30 Jahre:	Zinkblechbauteile im Außenbereich wie Rinnen- und Fallrohre Dachanschlüsse, Außenplattenverkleidungen Außenverglasungen, Abdichtungen von Außenbauteilen mit Fugenmassen Heizkessel, Stahlradiatoren und elektronische Regeleinrichtungen
30 bis 50 Jahre:	Dachdeckungen, Dachanschlüsse, Kaminköpfe, Fenster und Außentüren, Außenwandputz und -bekleidungen Teile des Innenwand- und Deckenputzes Innenfliesen- und Plattenbodenbeläge Sanitärleitungsnetz für Bäder und Küchen Elektroinstallationsnetz mit Schalter und Dosen, Heizleitungsrohrnetz

198.4 Lebensdauer von Bauteilen und Baustoffen

Schritt	Zweck	Verfahren
1. Kurzbegehung	Prüfen der Modernisierungswürdigkeit nach Checkliste	Grobüberprüfung vorhandener Bestandspläne, Fotodokumentation, Übersicht der Bewohnerstruktur
2. Maßliche Erfassung	Erstellung zuverlässiger Planungsunterlagen	Neuaufmaß bei Nichtvorhandensein von Planunterlagen, Thermovision, Fotogrammetrie, Statikauswertung
3. Technische Erfassung	Klärung des Zustands aller Einzelbauteile in statischer ver- und entsorgungstechnischer Hinsicht	Endoskopische Untersuchung, Gutachten über Schornstein, Sanitär- und Elektroinstallation
4. Erfassung der Mieterdaten	Einbeziehen der Mieterwünsche in die Planung	Datenerfassung durch Befragung, Mieterinformation über Baumaßnahmen

198.3 Planungsschritte für die Bestandsaufnahme

Bauvorbereitungen

2.1 Aufmaßtechniken

Das additive Messen (Bild 199.3) zählt zur einfachsten Messtechnik. In einer Schnittebene werden Einzelmaße gemessen, die beim Zeichnen fortlaufend addiert werden. Diese Technik ist unzureichend, weil Geradlinigkeit, Rechtwinkligkeit und Lotrechte am Bauwerk vorausgesetzt werden. Außerdem werden Maßfehler addiert oder mitgeschleppt. Eine Winkelkontrolle erfolgt nicht.

Das Koordinatenaufmaß und die Dreiecksmessung (Bild 199.3) eignen sich zur Aufnahme von Grundrissen. Mehrere Maße werden fortlaufend von einem 0-Punkt aus auf dem Bandmaß abgelesen. Verbindet man diese Messtechnik mit der Dreiecksmessung, so erhält man für die entsprechende Grundrissebene gute Planwiedergaben. Für die Dreiecksmessung sind die Raumdiagonalen zu nehmen. Es ist darauf zu achten, dass flache und spitze Dreiecke ungenaue Messungen ergeben. Bei dieser Messtechnik fehlt immer noch die vertikale Verknüpfung der Räume.

Das einfache Messnetz (Bild 200.2) lässt sich aus Messebenen, Schnurachsen und Loten errichten. Dabei werden Schnüre gespannt, die durch Dreiecksmessung in ihrer Lage festgelegt werden. Die horizontale Messebene sollte möglichst viele Bauteile schneiden. Um ein räumliches Messnetz zu erhalten, müssen durch mindestens zwei Lote die einzelnen Geschosse bzw. Messebenen miteinander verknüpft werden.

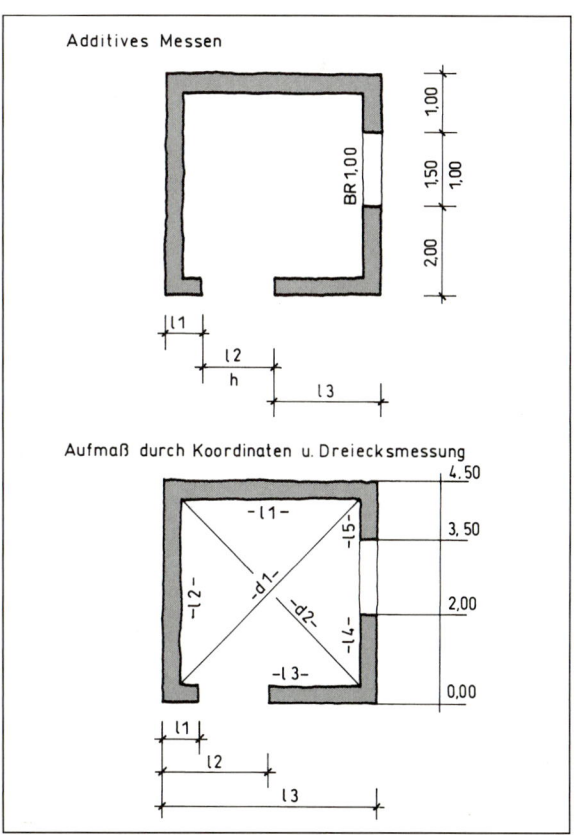

199.1 Formular – Blatt 1

199.2 Formular – Blatt 2

199.3 Additives Messen und Aufmaß mit Koordinaten

Durch ein abgehängtes Bandmaß im Treppenhaus lässt sich der Abstand der einzelnen Messebenen ablesen. Die horizontalen Achsen werden durch gespannte Schnüre dargestellt, die wieder durch Dreiecksmessungen in ihrer Position festgelegt werden. Auf diese Schnurachsen werden mittels Winkelspiegel rechtwinklig die Baumaße als Orthogonalmaße gemessen. Jeder Punkt erfordert somit zwei Messungen. Mit höherem Geräteaufwand, wie Theodolit, Laser, etc. lassen sich die Messebenen leichter errichten.

Das Polarverfahren (Bild 200.1) ist für Bauaufnahmen mit unklarem Grundriss geeignet. Es wird pro Raum ein zentraler Standort gewählt, von dem mittels Nivelliergerät mit Teilkreis oder mittels Theodolit möglichst viele Punkte anvisiert werden können. Durch Winkel- und Entfernungsmessung, Standort-Punkt, lässt sich der Grundriss auftragen. Es ist selbstverständlich, dass zur Kontrolle die Standorte gegenseitig und einige Punkte von verschiedenen Standorten zugleich angepeilt werden. Für alle aufgezeigten Verfahren ist es sinnvoll, die gewonnenen Maße an Ort und Stelle maßstabsgerecht auf Zeichenkarton oder Folie zu übertragen und das Objekt zu zeichnen. Somit werden keine Maße vergessen und Maßfehler können sofort erkannt und verbessert werden. Größere Bauaufnahmen erfordern einen hohen Messaufwand, der nur mit teuren elektronischen Geräten bewerkstelligt werden kann. Auch hier hat die EDV Einzug gehalten. Diese Arbeiten sind Aufgabe von Vermessungsbüros. Die photogrammmetrische Aufnahme ermöglicht über spezielle Auswertegeräte das Zeichnen von exakten maßstäblichen Plänen.

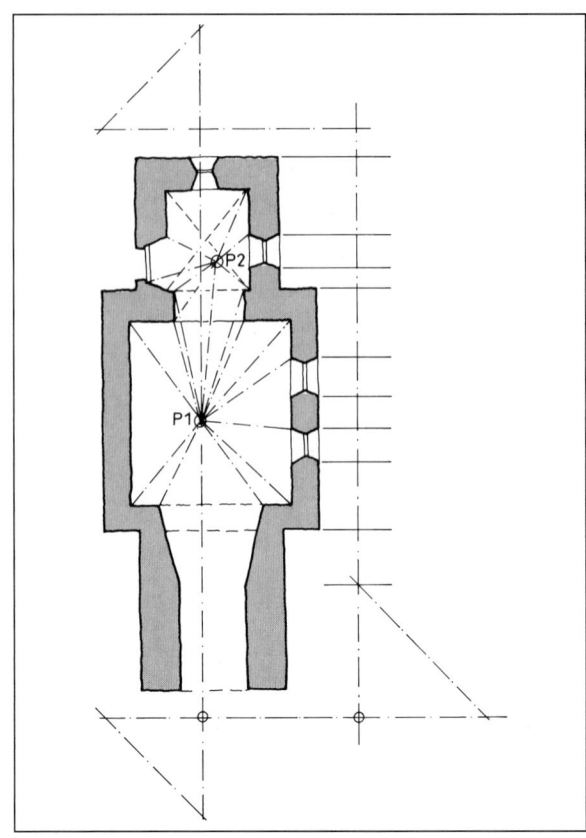

200.1 Polarverfahren

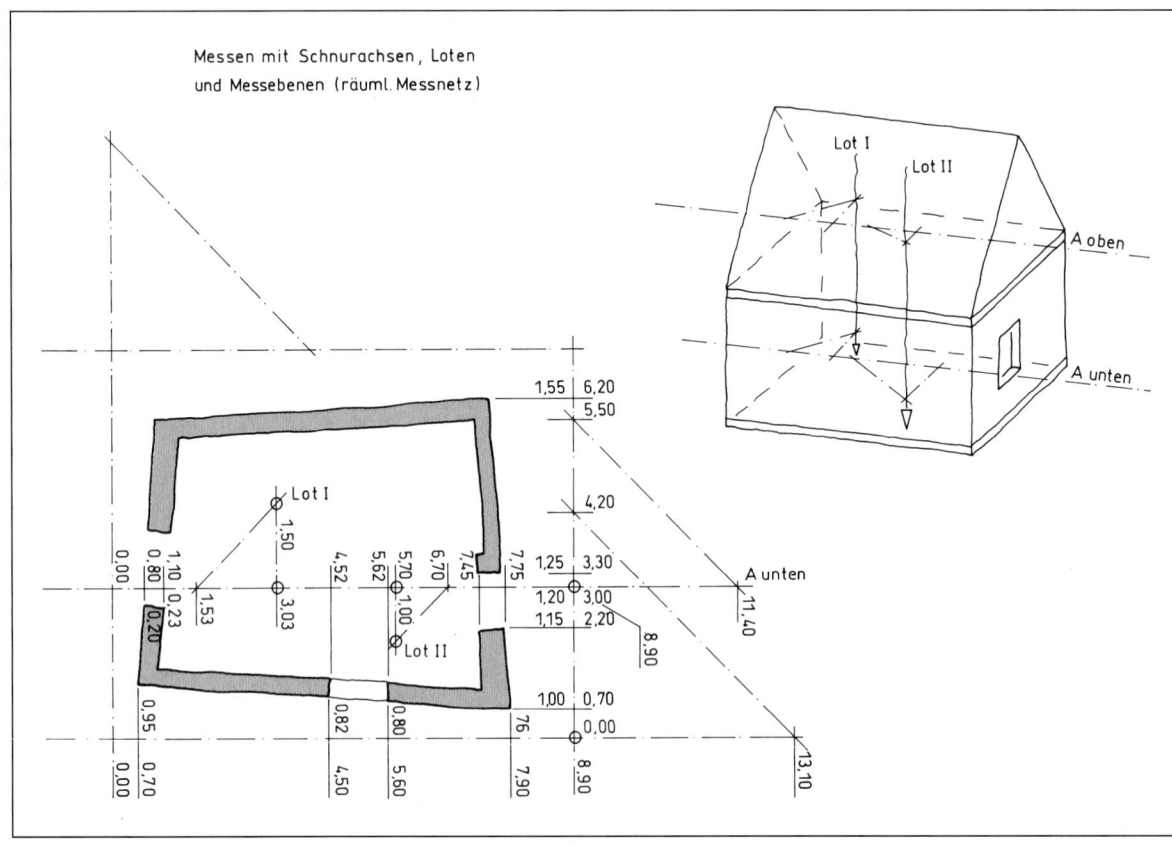

200.2 Messen mit Schnurachsen

Bauvorbereitungen

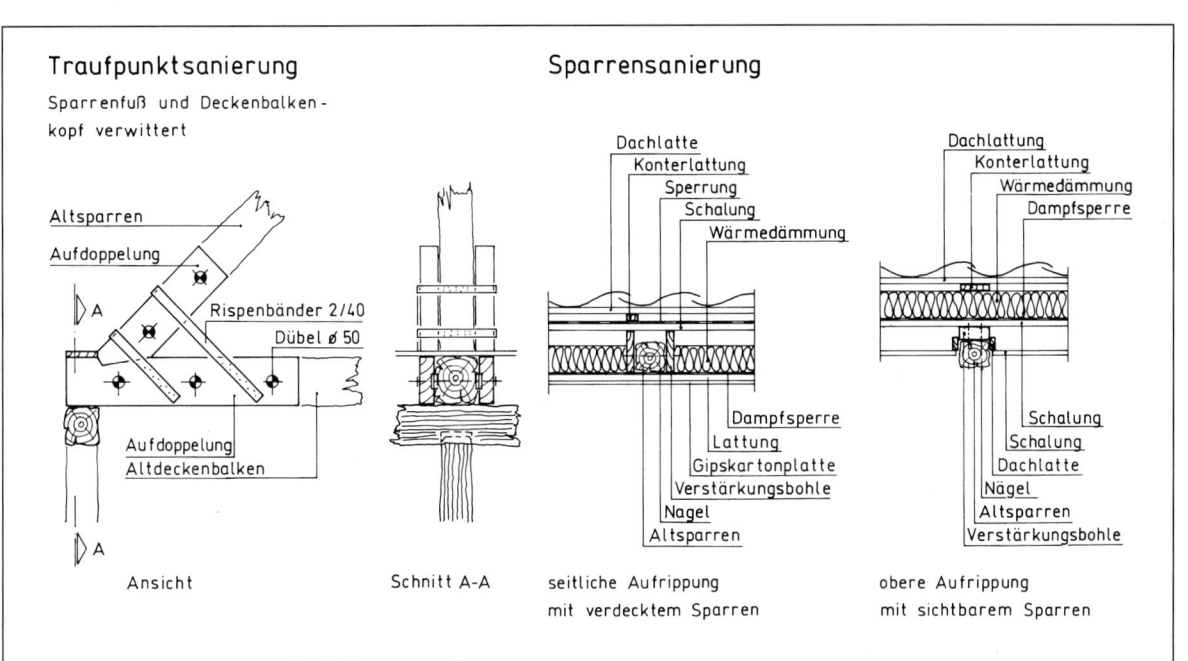

Traufpunktsanierung
Sparrenfuß und Deckenbalkenkopf verwittert

- Altsparren
- Aufdoppelung
- Rispenbänder 2/40
- Dübel ø 50
- Aufdoppelung
- Altdeckenbalken

Ansicht

Schnitt A-A

Sparrensanierung

- Dachlatte
- Konterlattung
- Sperrung
- Schalung
- Wärmedämmung
- Dampfsperre
- Lattung
- Gipskartonplatte
- Verstärkungsbohle
- Nagel
- Altsparren

seitliche Aufrippung mit verdecktem Sparren

- Dachlattung
- Konterlattung
- Wärmedämmung
- Dampfsperre
- Schalung
- Schalung
- Dachlatte
- Nägel
- Altsparren
- Verstärkungsbohle

obere Aufrippung mit sichtbarem Sparren

Brüstungssanierung

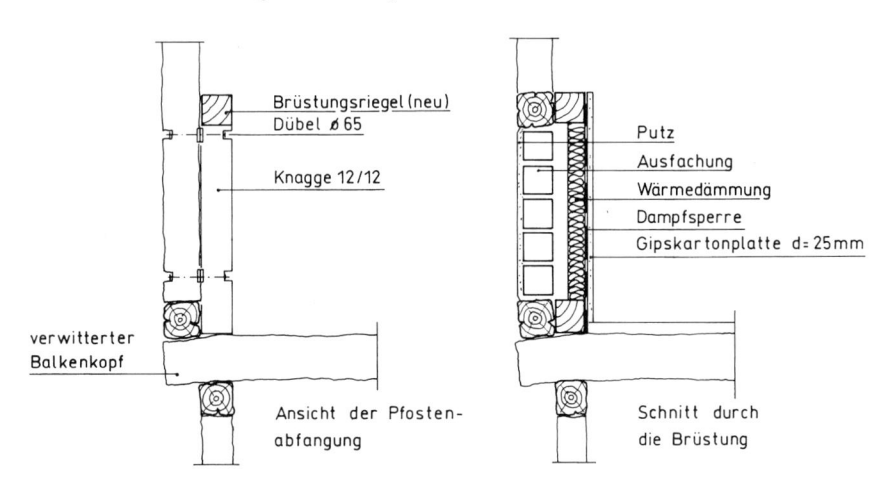

- Brüstungsriegel (neu)
- Dübel ø 65
- Knagge 12/12
- verwitterter Balkenkopf

Ansicht der Pfostenabfangung

- Putz
- Ausfachung
- Wärmedämmung
- Dampfsperre
- Gipskartonplatte d = 25 mm

Schnitt durch die Brüstung

Traufpunktsanierung
Deckenbalkenende verwittert und soll erhalten (sichtbar) bleiben

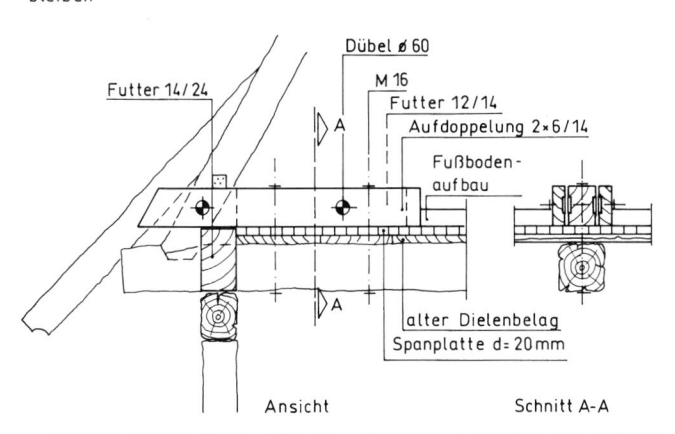

- Futter 14/24
- Dübel ø 60
- M 16
- Futter 12/14
- Aufdoppelung 2 × 6/14
- Fußbodenaufbau
- alter Dielenbelag
- Spanplatte d = 20 mm

Ansicht

Schnitt A-A

Holzbalkendeckensanierung
Gebälk teilweise sichtbar

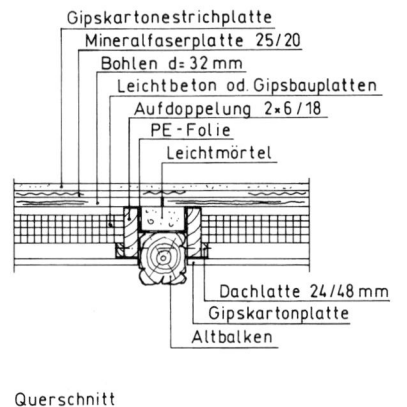

- Gipskartonestrichplatte
- Mineralfaserplatte 25/20
- Bohlen d = 32 mm
- Leichtbeton od. Gipsbauplatten
- Aufdoppelung 2 × 6/18
- PE-Folie
- Leichtmörtel
- Dachlatte 24/48 mm
- Gipskartonplatte
- Altbalken

Querschnitt

201.1 Sanierung der Holzkonstruktion

2.2 Ausführung von Sanierungen

Die Sanierung eines Gebäudes erfordert sowohl Kenntnisse der modernen Bautechnik, als auch das Wissen und die Fertigkeiten historischer handwerklicher Bautradition. Unter der Vielzahl von Sanierungsmaßnahmen zählen die Sicherung der Tragkonstruktion und der nachträglichen Trockenlegung eines Bauwerks zu den wichtigsten und häufigsten Tätigkeiten. Die chemische und physikalische Verträglichkeit neuer Techniken und Baustoffe mit den alten Bauweisen ist zu beachten. Häufig führen Planungen, die diese Regel außer Acht lassen, nach einigen Jahren zu großen Bauschäden.

Die Sicherung der Tragkonstruktion (Bilder 201.1 u. 202.1) ist abhängig vom Schadensausmaß und von der vorgesehenen Nutzung. Sie wird eingeteilt in:
- Die einfache Ausbesserung schadhafter Bauteile ohne die Konstruktion und die historische Verbindungstechnik zu ändern.
- Die Ausbesserung unter Verwendung zusätzlicher neuer Bauteile um vorhandene Bauteile und Holzverbindungen zu verstärken.
- Der Einsatz von ergänzenden Konstruktionen, die Teile von vorhandenen Konstruktionen entlasten um überwiegend höhere Verkehrslasten zuzulassen.
- Die Gesamtentlastung des Tragwerksystems durch eine zum Teil auch werkstofffremde Bauweise um eine neue Nutzung zu ermöglichen.

Die Trockenlegung (Bild 202.2) eines älteren Gebäudes ist häufig wegen der früher nicht oder nur selten ausgeführten Sperrung gegen Bodenfeuchtigkeit erforderlich. Sie ist nachträglich nur mit hohem Kostenaufwand oder in einfacher Ausführung als nur teilweise befriedigende Lösung einzubauen.
- Waagerechte Sperrungen auf der Bodenplatte lassen sich durch Sperrestriche, Spachtelmassen und Dichtungsanstriche ausführen.
- Waagerechte Sperrungen unter aufgehendem Mauerwerk werden mechanisch durch abschnittsweises Einlegen einer Dichtungsbahn in eine durchgehende waagerechte Mauerwerksaussparung hergestellt. Die Aussparung wird durch Ausspitzen der Steinschicht sowie durch Aufsägen mit einer Ketten-, Kreis- oder Seilsäge erzeugt. Eine weitere Möglichkeit ist das waagerechte Einschlagen von Blechen oder das Füllen von aneinander gereihten Bohrungen mit Sperrbeton. Chemisch kann man den kapillaren Feuchtigkeitstransport unterbrechen, indem man die Kapillare schließt oder die Porenwände wasserabstoßend macht. Dazu werden flüssige Stoffe, die sich verbreiten und sich wasserunlöslich verfestigen, durch Bohrlöcher in das Mauerwerk injiziert.
- Senkrechte Sperrungen auf Außenwänden lassen sich häufig nur auf der Rauminnenseite anbringen. Sperrputze oder Mauerwerksverblendungen sind einer der wenigen Wege, die Feuchtigkeit zu mindern. Der Putz ist der Gefahr des Abhebens ausgesetzt, die Verblendungen mindern die Nutzfläche. Vor dem Aufbringen sind schadhafte Steine zu ersetzen, absandender Fugenmörtel auszukratzen und die Fugen mit Zementmörtel neu auszuwerfen. Außensperrungen werden wie bei einem Neubau in der gleichen Technik hergestellt und befriedigen in ihrer Wirksamkeit zusammen mit einer Drainage.

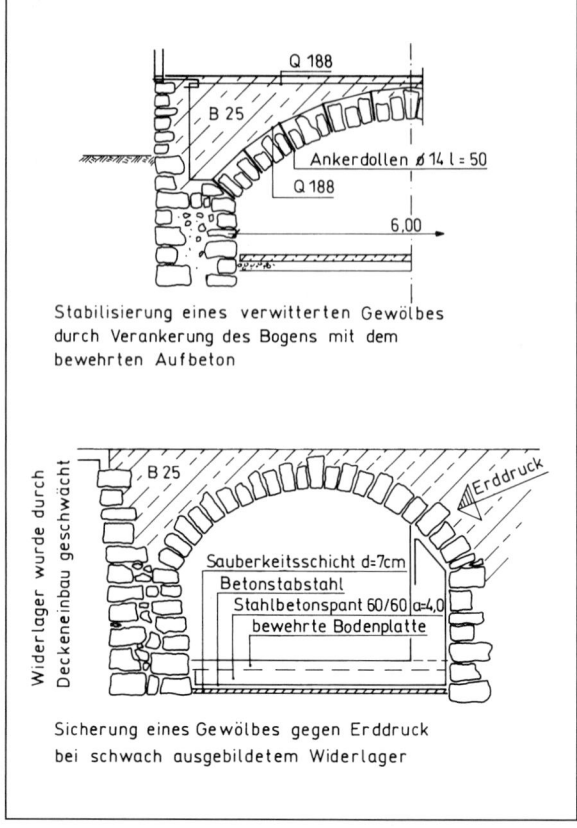

202.1 Gewölbesanierung

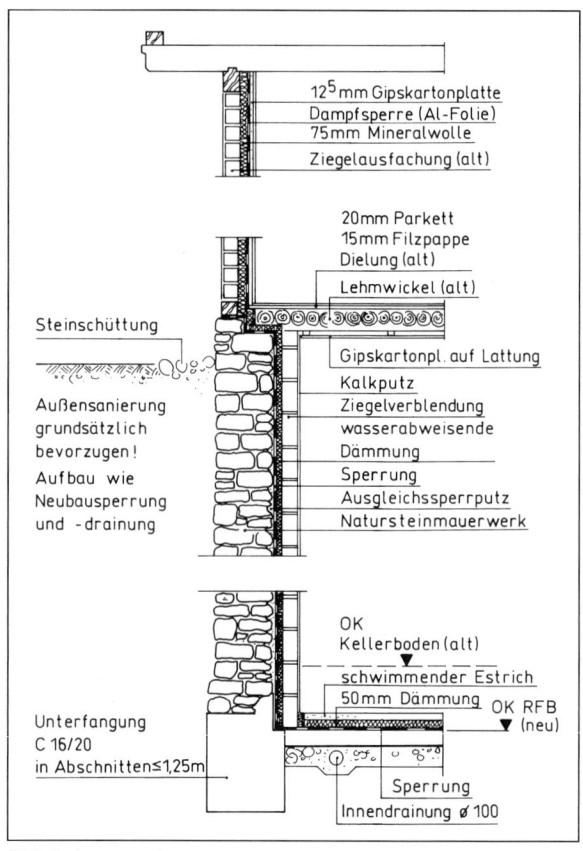

202.2 Innensanierung

Bauvorbereitungen

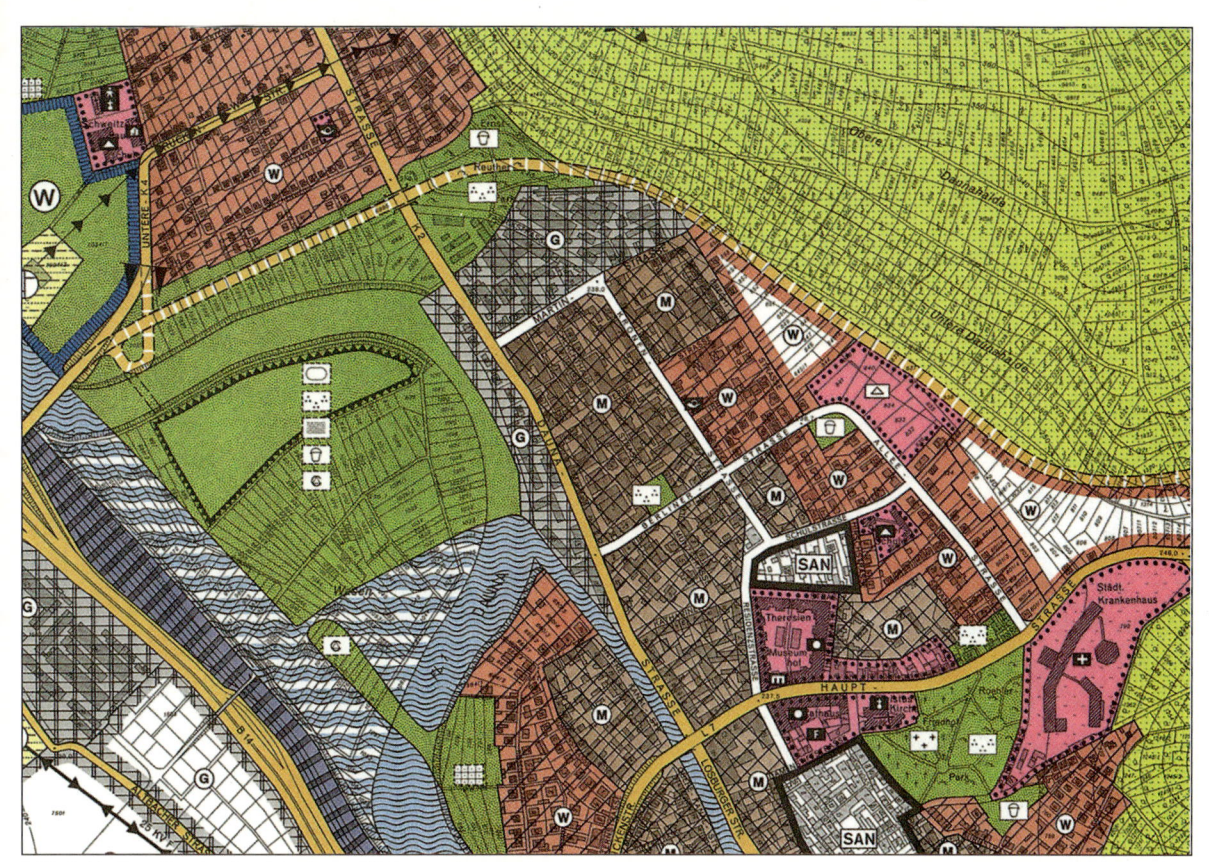

203.1 Vorbereitender Bauleitplan – Flächennutzungsplan

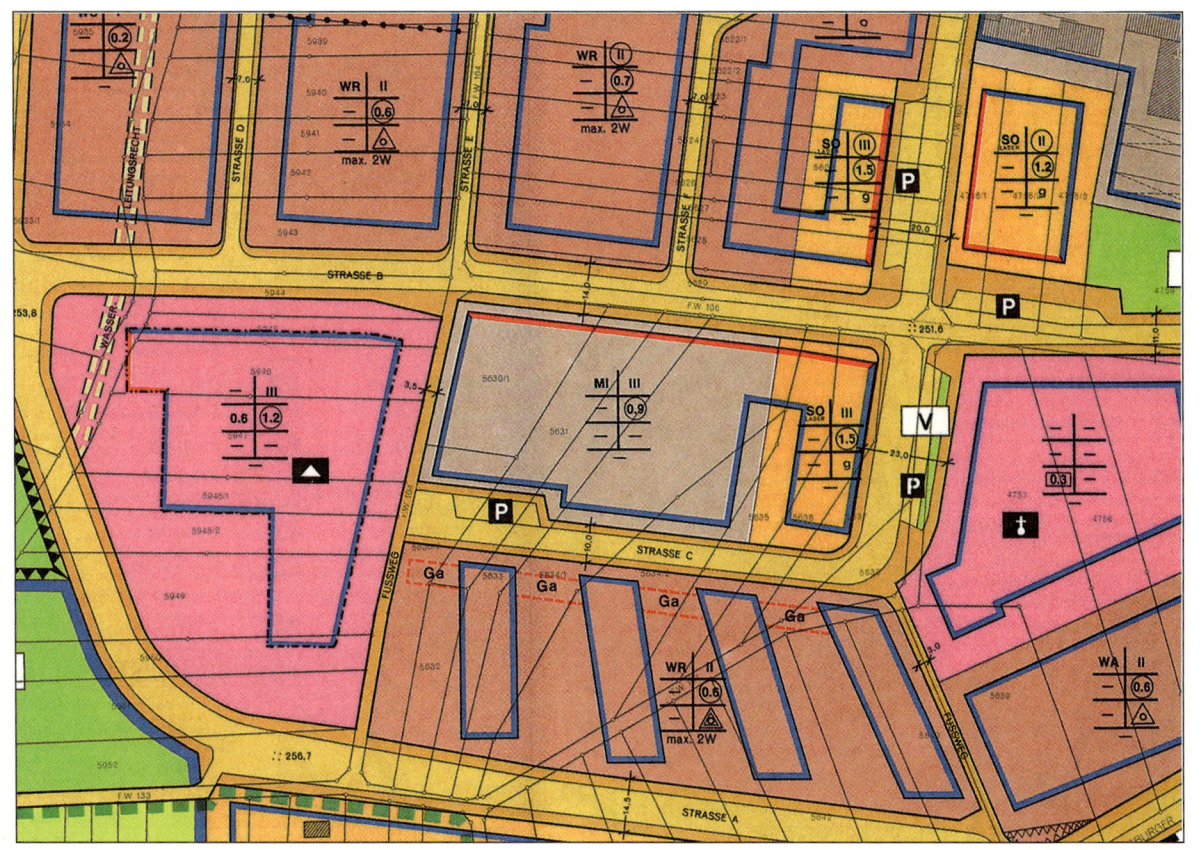

203.2 Verbindlicher Bauleitplan – Bebauungsplan

Bauvorbereitungen

Art der baulichen Nutzung

Wohnbauflächen
- Kleinsiedlungsgebiete (W, WS)
- Reine Wohngebiete (WR)
- Allgemeine Wohngebiete (WA)
- Besondere Wohngebiete (WB)

Gemischte Bauflächen
- Dorfgebiete (M, MD)
- Mischgebiete (MI)
- Kerngebiete (MK)

Gewerbliche Bauflächen
- Gewerbegebiete (G, GE)
- Industriegebiete (GI)

Sonderbauflächen
- Wochenendhausgebiete (S, SO)
- Klinikgebiete (SO)

Planungen zum Schutz u. zur Entwicklung von Natur u. Landschaft

- Flächen für Schutzmaßnahmen
- Flächen für Anpflanzungen
- Flächen mit Bindungen für Bepflanzungen u. für Erhalt von Pflanzen
- Umgrenzung von Schutzgebieten als
- Anpflanzen: Bäume
- Sträucher
- sonstige Bepflanzungen
- Erhaltung: Bäume
- Sträucher
- sonstige Bepflanzungen
- (N) Naturschutzgebiet
- (L) Landschaftsschutzgebiet

Maß der baulichen Nutzung

- ○ offene Bauweise
- (E) nur Einzelhäuser zulässig
- (D) nur Doppelhäuser zulässig
- (H) nur Hausgruppen zulässig
- (ED) nur Einzel- und Doppelhäuser zulässig
- g Geschlossene Bauweise
- Baulinie
- Baugrenze
- Flächen von Bebauung freizuhalten
- Flächen für Garagen, Stellplätze etc.
- Spielplätze

- (0,7) oder GFZ 0,7 — Geschossflächenzahl
- 0,4 oder GRZ 0,4 — Grundflächenzahl
- 3,0 oder BMZ 3,0 — Baumassenzahl
- III — Zahl der Vollgeschosse als Höchstmaß (röm. Ziffer)
- (V) — zwingend (röm. Ziffer im Kreis)
- III-V — als Mindest- u. Höchstmaß
- Ga — Garagen / Gemeinschaftsgarage
- St — Stellplätze / Gemeinschaftsstellplatz
- Grenze des räumlichen Geltungsbereichs des Bebauungsplans

Grünflächen

- öffentliche oder private Grünfläche
- Spielplatz
- Sportplatz
- Freibad
- Friedhof
- Parkanlage
- Dauerkleingärten
- Zeltplatz

Flächen für den überörtlichen Verkehr

- Autobahnen u. ähnliche Straßen
- Hauptverkehrsstraßen
- Straßenbahnen
- Bahnanlagen
- (P) Ruhender Verkehr

Örtliche Verkehrsflächen

- Straßenverkehrsflächen
- Straßenbegrenzungslinien

Flächen für die Landwirtschaft und Wald

- Flächen für Wald
- Flächen für Landwirtschaft

Wasserflächen

- Flächen mit wasserrechtlichen Festsetzungen
- (GW) z. B. Schutzgebiet für Grund- u. Quellwassergewinn

Regelungen für die Stadterhaltung und für den Denkmalschutz

- (E) Erhaltungsbereich
- (G) Gesamtanlagen, die dem Denkmalschutz unterliegen
- (D) Kulturdenkmal (Einzelanlagen)

Flächen für den Gemeinbedarf

- Schulen
- Krankenhäuser
- Sozialgebäude
- Kirchen
- Gebäude zu kulturellen Zwecken öffentliche Verwaltungen
- Verkehrsflächen für
- (P) öffentliche Parkfläche
- Fußgängerbereich
- Sportstätten
- Post
- Schutzbauwerke
- (F) Feuerwehr
- Flächen für Spielanlagen oder Sportstätten
- (V) Verkehrsberuhigter Bereich

Flächen für Ver- und Entsorgungsanlagen

- Elektrizität
- Gas
- Fernwärme
- Wasser
- Ablagerung
- Abfall
- Hauptversorgungs- und Hauptabwasserleitungen (oberirdisch / unterirdisch)

204.1 Planzeichen für Bauleitpläne

3 Baueingabe

In einem dicht besiedelten Land wie der Bundesrepublik Deutschland sind gesetzliche Regelungen für Baumaßnahmen auf bebautem oder noch zu bebauendem Boden unerlässlich. Sie haben die Aufgabe, für eine geordnete städtebauliche Entwicklung zu sorgen, gesunde Wohn- und Arbeitsverhältnisse zu schaffen und einer Verschandelung und Zersiedelung der Landschaft entgegenzuwirken. Man unterscheidet Gesetze, die von einem ordentlichen Gesetzgeber (Bundes- oder Landtag, Bürgerschaft und Magistrat) erlassen werden und Verordnungen, die von der obersten Bauaufsichtsbehörde (Bundesbauministerium) beschlossen werden. Da Verordnungen von Fachministerien und deren Fachabteilungen ausgearbeitet werden, enthalten sie mehr Fachvorschriften als die allgemein gehaltenen Gesetze. Sie geben den Baufachleuten genaue Angaben über zulässige Ausführungen und Daten der statthaften Toleranz. Dabei müssen Inhalt, Zweck und Ausmaß vom übergeordneten Gesetz bestimmt sein.

Unter anderem werden im Bauwesen folgende Rechtsvorschriften unterschieden:
- Bundesgesetze: Baugesetzbuch (BauGB), Baunutzungsverordnung (BauNVO) und Planzeichenverordnung (PlanzV);
- Ländergesetze: Diese Gesetze haben in den Ländern keine einheitlichen Abkürzungen. Landesbauordnungen (LBO, BO, LBauO etc.), Bauvorlagenverordnungen (BauVorlVO, BauVerV, BauuntPrüfVO, BVorLVO, etc.), Ausführungsverordnungen (AVO)
- Verordnungen der Gemeinden und Städte.

3.1 Baugesetzbuch (BauGB)

Das Baugesetzbuch als Bundesgesetz ist in allen Bundesländern und Stadtstaaten einheitlich. Es enthält folgende Regelungen:
- Die Bauleitplanung (Flächennutzungs- und Bebauungsplan) legt die Bebauung einer Gemeinde durch den „Vorbereitenden Bauleitplan" (Flächennutzungsplan, Bild 203.1) fest. Er enthält die beabsichtigte Art der Bodennutzung nach den voraussehbaren Bedürfnissen der gesamten Gemeinde innerhalb eines Zeitraumes von 10 bis 15 Jahren. Der Planungsträger ist die Gemeinde. Die Inhalte sind mit übergeordneten Planungen, nebengeordneten Bauleitplänen und ergänzenden Planungen abzustimmen. Übergeordnete Planungen enthalten Regionalpläne, Landesentwicklungsplan, Bundesraumordnungsprogramm, Fachplanungen (Fernstraßengesetz), fachliche Entwicklungspläne (Kraftwerke, Mülldeponien etc.). Nebengeordnete Bauleitpläne sind Bauleitpläne benachbarter Gemeinden. Ergänzende Planungen sind Verkehrs- und Landschaftsplanungen. Als Kartenunterlagen wird die deutsche Grundkarte mit Höhenlinien verwendet. In der Regel wird der Maßstab 1 : 5000 eingesetzt. Übersichtskarten werden auf den Maßstab 1 : 10000 verkleinert und Ausschnitte werden auf den Maßstab 1 : 2500 vergrößert. Der Flächennutzungsplan bedarf der Genehmigung der höheren Verwaltungsbehörde. Er ist verbindlich gegenüber Behörden und an der Planung beteiligter Träger öffentlicher Belange. Der Flächennutzungsplan räumt ein gegen Veränderungen geschütztes Baurecht nicht ein.

Aus dem vorbereitenden Bauleitplan wird der „Verbindliche Bauleitplan" (Bebauungsplan, Bild 203.2) erstellt. Er enthält rechtsverbindliche Angaben für die städtebauliche Ordnung eines Gemeindegebietteils. Im Gegensatz zum Flächennutzungsplan ist der Bebauungsplan für jedermann rechtsverbindlich. Dem Besitzer eines Grundstücks im Geltungsbereich eines Bebauungsplanes kann das Baurecht nur gegen eine Entschädigung entzogen werden. Die Darstellung der städtebaulichen Einzelheiten erfolgt nach der Planzeichenverordnung (PlanzV) durch Zeichnung, Farbe, Schrift oder Text. Der Planungszeitraum beschränkt sich auf etwa 5 Jahre. Wie beim Vorbereitenden Bauleitplan sind übergeordnete und ergänzende Planungen sowie nebengeordnete Bauleitpläne zu berücksichtigen. Als Kartenunterlagen dienen Katasterkarten mit Höhenlinien im Maßstab 1 : 1000 oder 1 : 500.
- Die Sicherung der Bauleitplanung verhindert wertsteigernde Veränderungen auf Grundstücken nachdem die Gemeinde beschlossen hat, dass ein Bebauungsplan ausgestellt werden soll. So kann die Gemeinde wertsteigernde Veränderungen auf den betreffenden Grundstücken untersagen (Veränderungssperre) oder die Prüfung von Bauanträgen aussetzen.
- Die Regelung der baulichen und sonstigen Nutzung bezieht sich auf Zulässigkeiten, Ausnahmen und Nutzungsbeschränkungen von Bauvorhaben. Dieser Bereich enthält Gesetze über Entschädigungen, die sich aus Änderungen im Bebauungsplan ergeben.
- Die Bodenordnung regelt die Umlegung von vorhandenen Grundstücken in erforderliche Baugrundstücke die nach Lage, Form und Größe für die bauliche oder sonstige Nutzung zweckmäßig gestaltet sein müssen.
- Die Enteignung dient dem Wohl der Allgemeinheit. Grundstücke, die für die Gemeinschaft dringend benötigt werden und die der Besitzer nicht zu veräußern bereit ist, können enteignet werden. Das Gesetz enthält auch die Regelung der Entschädigung für die enteigneten Grundstücke.
- Die Erschließung von Baugrundstücken durch Straßen, Stützmauern, Grünflächen etc. sind Vorarbeiten, ohne die ein Baubeginn nur schwer möglich wäre. In diesem Gesetzesteil sind dazu die Aufgaben der Gemeinden aufgeführt. Die Gemeinden tragen mindestens 10 % des beitragsfähigen Erschließungsaufwandes.
- Das besondere Städtebaurecht mit seinen einzelnen Vorschriften regelt städtebauliche Sanierungs- und Entwicklungsmaßnahmen. Sie befassen sich mit dem Erhalt baulicher Anlagen und Gebiete. Außerdem behandelt das Gesetz Sozialpläne und den Härteausgleich für die im Sanierungsgebiet wohnenden Menschen, die Aufhebung von Miet- und Pachtverhältnissen, städtebauliche Aktionen im Zusammenhang mit Schritten zur Verbesserung der Agrarstruktur (Flurbereinigungen aus Anlass einer städtebaulichen Maßnahme), Wertermittlung von Grundstücken und Gebäuden, Zuständigkeiten (gemeinsamer Flächennutzungsplan, Bauleitplanung bei Bildung eines Planungsverbandes von mehreren Gemeinden) und Verwaltungsverfahren.

Bauvorbereitungen

3.2 Baunutzungsverordnung (BauNVO)

Die BauNVO wurde aus dem BauGB abgeleitet. Darin wird der Bundesminister für Raumordnung, Bauwesen und Städtebau ermächtigt, Vorschriften zu erlassen, die die Art, das Maß und die Berechnung der baulichen Nutzung vorschreiben. Im Flächennutzungsplan und im Bebauungsplan werden Baugebiete nach Art ihrer baulichen Nutzung in folgende Bereiche aufgeteilt:

Wohnflächen (W) gemischte Bauflächen (M)
gewerbliche Bauflächen (G) Sonderbauflächen (S)

Soweit es erforderlich ist, sind die für die Bebauung vorgesehenen Flächen nochmals nach der besonderen Art ihrer baulichen Nutzung zu unterscheiden:

Kleinsiedlungsgebiete (WS) reine Wohngebiete (WR)
allgem. Wohngebiete (WA) besondere Wohngebiete (WB)
Dorfgebiete (MD) Mischgebiete (MI)
Kerngebiete (MK) Gewerbebetriebe (GE)
Industriegebiete (GI) Sondergebiete (SO)

Das Maß der baulichen Nutzung wird durch das Verhältnis von Geschossflächen, Grundfläche oder Baumasse zur Grundstücksfläche definiert. Es hat die Aufgabe, dass Wohnungen und Arbeitsstätten genügend belichtet, besonnt und belüftet werden. Die vorhandenen Werte der geplanten baulichen Nutzung dürfen die zulässigen Werte (Bild 206.1) nicht überschreiten.

- Grundstücksfläche ist die Fläche des Baugrundstücks, die im Bauland und hinter der im Bebauungsplan festgesetzten Straßenbegrenzungslinie liegt. Fehlt diese Linie, so ist die tatsächliche Straßengrenze maßgebend.
- Grundfläche ist die Fläche des Grundstücks, die vom Bauwerk überdeckt wird. Grundflächen von Nebenanlagen, Balkonen, Loggien und Terrassen werden nicht angerechnet.
- Geschossfläche ist die Summe aller Flächen, die nach den Außenmaßen aller Vollgeschosse ermittelt wird. Flächen von Aufenthaltsräumen in anderen Geschossen sowie dazugehörige Treppenräume mit ihren Umfassungswänden sind mitzurechnen. Grundflächen von Nebenanlagen, Balkonen, Loggien und Terrassen bleiben unberücksichtigt.
- Baumasse ist das Volumen eines Gebäudes, das aus den Außenmaßen vom Fußboden des untersten Vollgeschosses bis zur Decke des obersten Vollgeschosses errechnet wird. Die Begriffsbestimmung für das Vollgeschoss wird nach landesrechtlichen Vorschriften geregelt.
- Bauweise, Baulinien und Baugrenzen sind weitere bebauungslenkende Mittel in der Baunutzungsverordnung. Im Bebauungsplan ist, soweit erforderlich, die offene oder geschlossene Bauweise festzulegen. Zur offenen Bauweise zählen Gebäude mit seitlichem Grenzabstand als Einzelhäuser, Doppelhäuser oder Hausgruppen mit höchstens 50 m Länge. In der geschlossenen Bauweise werden die Gebäude ohne Grenzabstand aneinander gereiht. Wird eine Baulinie festgelegt, so muss mit der Gebäudeflucht auf diese Linie gebaut werden. Eine Baugrenze erlaubt das Bauen nur innerhalb der festgelegten Grenze.
Geringfügige Überschreitungen der Baulinie, Baugrenze oder Bebauungstiefe durch Gebäudeteile können zugelassen werden.

Baugebiet	(Z)	(GRZ)	(GFZ)	(BMZ)
in reinen Wohngebieten (WR) allgem. Wohngebieten (WA) Mischgebieten (MI) Ferienhausgebieten	bei: 1 2 3 4 und 5 6 und mehr	0,4 0,4 0,4 0,4 0,4	0,5 0,8 1,0 1,1 1,2	– – – – –
in Dorfgebieten (MD)	bei: 1 2 und mehr	0,4 0,4	0,5 0,8	– –
in Kerngebieten (MK)	bei: 1 2 3 4 und 5 6 und mehr	1,0 1,0 1,0 1,0 1,0	1,0 1,6 2,0 2,2 2,4	– – – – –
in Gewerbegebieten (GE)	bei: 1 2 3 4 und 5 6 und mehr	0,8 0,8 0,8 0,8 0,8	1,0 1,6 2,0 2,2 2,4	– – – – –
in Industriegebieten (GI)	–	0,8	–	9,0

206.1 Zulässige bauliche Nutzung

$$GFZ = \frac{Geschossfläche~(m^2)}{Grundstücksfläche~(m^2)}$$

$$BMZ = \frac{Baumasse~(m^3)}{Grundstücksfläche~(m^2)}$$

$$GRZ = \frac{Grundfläche~(m^2)}{Grundstücksfläche~(m^2)}$$

GFZ = Geschossflächenzahl
BZM = Baumassenzahl
GRZ = Grundflächenzahl

206.2 Berechnungsformeln

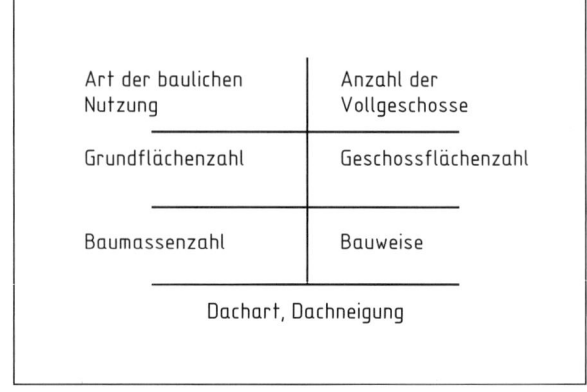

Art der baulichen Nutzung	Anzahl der Vollgeschosse
Grundflächenzahl	Geschossflächenzahl
Baumassenzahl	Bauweise
Dachart, Dachneigung	

206.3 Füllschema der Nutzungsschablone

3.3 Bauordnungsrecht der Länder

Die Länder der Bundesrepublik Deutschland haben ihre eigenen Bauordnungen. Sie weichen, bedingt durch Gebräuche und topografische Gegebenheiten, voneinander ab. Um eine weitgehende Vereinheitlichung, Vereinfachung und Zusammenfassung des Bauordnungsrechts anzustreben, eine Rechtszersplitterung zu vermeiden sowie eine Angleichung an das EG-Recht zu ermöglichen, wurde von der Arbeitsgemeinschaft der für das Bau-, Wohnungs- und Siedlungswesen zuständigen Minister der Länder (ARGEBAU) die Musterbauordnung (MBO) entwickelt. Sie hat nur eine Leitfunktion, aber keine gesetzliche Wirkung. Folgende Bauordnungen haben in den entsprechenden Ländern Gesetzeskraft:

Landesbauordnungen (LBO) von Baden-Württemberg, Saarland, Rheinland-Pfalz, Schleswig-Holstein und Bremen;

Bauordnungen (BO) von Bayern, Berlin, Brandenburg, Hamburg, Hessen, Mecklenburg-Vorpommern, Niedersachsen, Nordrhein-Westfalen, Sachsen, Sachsen-Anhalt und Thüringen.

Nach den Vorschriften der Bauordnungen bedürfen Errichtung, Änderung und Abbruch baulicher Anlagen sowie Nutzungsänderung von Gebäuden und Räumen der Genehmigung der Bauaufsichtsbehörde. Bauvorhaben kleineren Ausmaßes oder mit geringerer Gefährdung für Menschen sind genehmigungsfrei. Die einzelnen Gesetze bestimmen, dass alle baulichen Anlagen so zu gestalten und zu erhalten sind, dass sie die öffentliche Sicherheit oder Ordnung, insbesondere Leben oder Gesundheit, nicht gefährden. Dazu gehören Bauabstand, Betriebssicherheit, werkgerechte Gestaltung, Standsicherheit, Schall-, Wärme-, Erschütterungs-, Feuchtigkeits- und Brandschutz. Weitere Bestimmungen regeln Anforderungen an Baustoffe, Bauteile und Bauarten.

Inhalt der Bauordnung sind auch verfahrenstechnische und baubegleitende Maßnahmen der Baubehörde von der Planung bis zur Schlussabnahme des Bauwerks. Dazu gehören in der Regel:

- Die Baulast bedeutet eine Erklärung des Bauherrn gegenüber der Baurechtsbehörde, mehr oder weniger starke Einschränkungen öffentlich-rechtlicher oder anderer Art auf dem betreffenden Grundstück hinzunehmen. In der Praxis sind dies öffentliche Ver- und Entsorgungsleitungen über bzw. unter der Terrainoberkante des Grundstücks, Belastungen durch Abstandsflächen von Nachbargebäuden etc. Die Baulasten werden in das Baulastenverzeichnis der Gemeinde oder Baurechtsbehörde eingetragen.

- Der Bauvorbescheid ermöglicht es, dem Bauwilligen auf bestimmte Fragen seines Bauvorhabens eine schriftliche Antwort zu bekommen. Dieser Weg ist z. B. sinnvoll bei Bauvorhaben, deren Form oder Fassade vom Bebauungsplan nicht erfasst ist und von den benachbarten Gebäuden stark abweichen soll. Der Bauvorbescheid hat gegenüber der Baugenehmigung den Vorteil der geringeren Gebühr und der schnelleren Laufzeit.

- Die Baugenehmigung (Bild 207.1) wird erteilt, wenn dem Vorhaben keine berechtigten Einwände der Eigen-

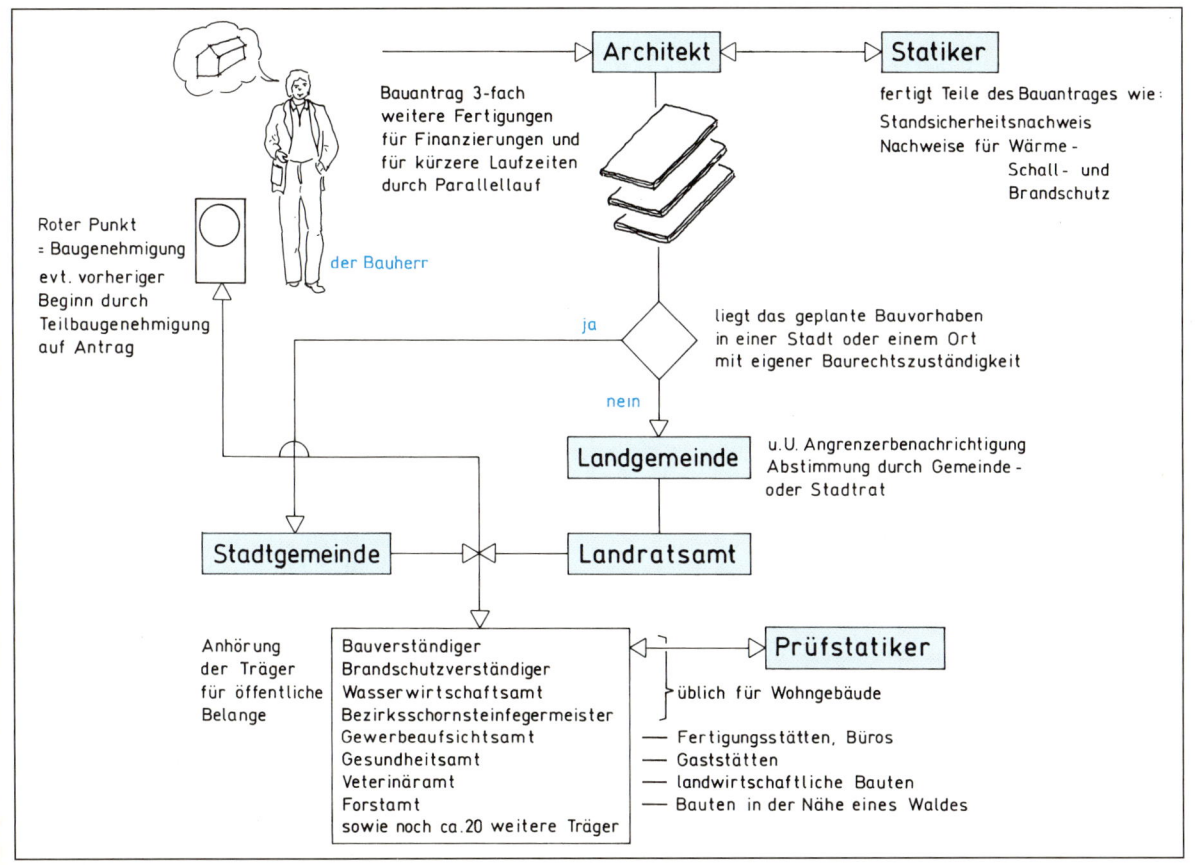

207.1 Das baurechtliche Verfahren

Bauvorbereitungen

tümer benachbarter Grundstücke und keine öffentlich-rechtlichen Vorschriften entgegenstehen. Sie kann unter Auflagen und Bedingungen erteilt werden. Vor Zugang der schriftlichen Baugenehmigung darf mit den Bauarbeiten nicht begonnen werden. Nach einer mehrmonatigen Bauunterbrechung, in der Regel drei bis sechs Monate, ist ein erneuter Baubeginn der Baubehörde schriftlich anzuzeigen. Teilbaugenehmigung und Genehmigung erlöschen, wenn innerhalb einer Frist, in der Regel zwei bis drei Jahre, nach der Erteilung der Genehmigung nicht mit den Bauarbeiten begonnen oder die Bauausführung mehrere Jahre, in der Regel ein bis zwei Jahre, unterbrochen wurde. Eine Verlängerung ist auf Antrag möglich.

- Eine Bauüberwachung während der Bauzeit durch die Bauaufsichtsbehörde gewährleistet die Einhaltung der öffentlich-rechtlichen Vorschriften und die ordnungsgemäße Erfüllung der Pflichten der am Bau Beteiligten. Die Beauftragten können Proben von Bauprodukten auch aus fertigen Bauteilen entnehmen.
- Eine Bauzustandsbesichtigung ist in einigen Ländern auch unter dem Begriff „Bauabnahme" im Gesetz aufgeführt. Die Fertigstellung des Rohbaus (Rohbauabnahme) und die abschließende Fertigstellung (Schlussabnahme) genehmigungspflichtiger Anlagen sind der Baubehörde innerhalb einer Frist anzuzeigen. Der Rohbau ist abzunehmen, sobald tragende Teile, Dachkonstruktion, Schornstein, Brandwände und Treppenräume errichtet sind. Bis zur Abnahme sind alle zu beurteilenden Bauteile offen zu halten und dürfen weder verputzt noch verkleidet werden. In einigen Bundesländern werden die Schornsteine gesondert vom Schornsteinfegermeister einer Roh- und Schlussabnahme unterzogen.
- Die Baueinstellung oder die Beseitigung eines Gebäudes kann angeordnet werden, wenn gegen bauliche Vorschriften verstoßen wurde.

Ab 1995 wird eine Angleichung des Länderrechts an EU-Recht angestrebt. Dazu zählen aus dem Bauordnungsrecht die Regelungen des Planvorlagenrechts, des öffentlich rechtlichen Bauleiters, des Kenntnisgabeverfahrens und der Stellplatzregelung. Unter anderem enthält es folgende wesentlichen neuen Inhalte:

- Der Bauherr muss geeignete Planverfasser und Bauunternehmer mit dem Bauvorhaben beauftragen.
- Der Planverfasser ist für die Richtigkeit und Vollständigkeit seiner Pläne verantwortlich.
- Der Bauunternehmer ist für die Einhaltung aller Vorschriften auf dem Bau verantwortlich.
- Die Stelle und Aufgaben des öffentlich rechtlichen Bauleiters gibt es nicht mehr.
- Wohngebäude im Bereich eines gültigen verbindlichen Bauleitplanes werden nicht mehr nach dem Baugenehmigungsverfahren, sondern nach dem Kenntnisgabeverfahren gebaut. Ausgenommen sind Hochhäuser, gewerbliche Bauten etc. Wenn die Angrenzer schriftlich zugestimmt haben, darf 14 Tage nach Eingang der vollständigen Unterlagen bei der Baubehörde mit der Ausführung begonnen werden. Die statische Berechnung gehört nicht dazu. Sie muss aber bis zum Baubeginn beigebracht werden.

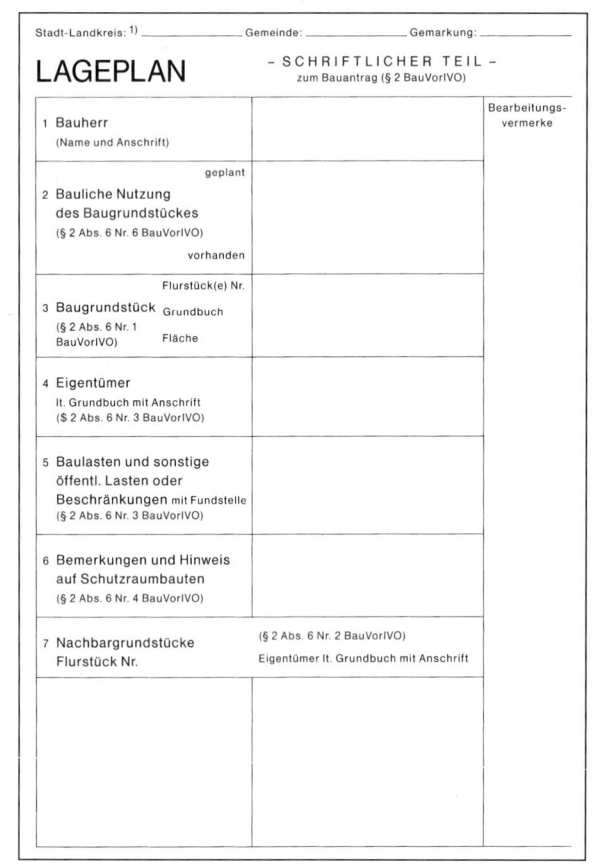

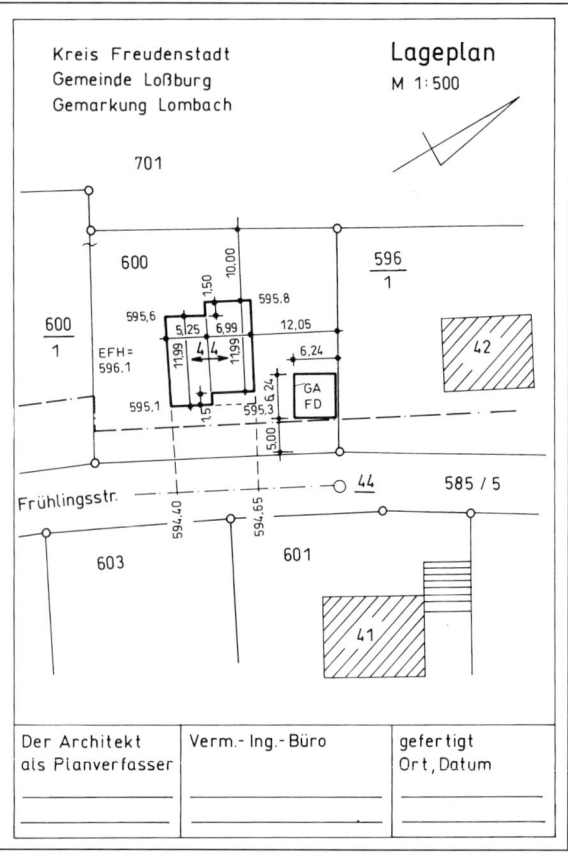

208.1 Lageplan – schriftlicher Teil

208.2 Lageplan

3.4 Verordnung über Bauvorlagen im baubehördlichen Verfahren

Nach dieser Verordnung werden die schriftlichen und zeichnerischen Bauvorlagen erstellt, die für die Errichtung, Änderung oder Nutzungsänderung von Gebäuden erforderlich sind. Text und Planzeichenlegende sind in den einzelnen Bundesländern häufig geringfügig unterschiedlich gefasst. Im nachfolgenden Abschnitt wird als Beispiel die Bauvorlagenverordnung (BauVorlVO) von Baden-Württemberg erläutert. Sie entspricht inhaltlich dem Durchschnitt der Vorlagenverordnungen anderer Länder. Die genaue Kenntnis der Verordnung über Bauvorlagen im baubehördlichen Verfahren des Landes, in dem das Gebäude errichtet werden soll, ist jedoch unerlässlich.

Dem **Bauantrag** sind folgende Bauvorlagen beizufügen: Lageplan, Bauzeichnungen, Baubeschreibung, Standsicherheitsnachweis mit anderen bautechnischen Nachweisen und Darstellung der Grundstücksentwässerung. Die letzten beiden Nachweise können nachgereicht werden. Sie müssen aber noch vor Baubeginn prüfbar sein. Die Bauvorlagen werden in der Regel in dreifacher Ausfertigung, unterschrieben von Bauherrn und Entwurfsverfasser, bei der Gemeinde eingereicht. Ist die Gemeinde untere Baurechtsbehörde, was häufig bei Stadtgemeinden der Fall ist, so reicht eine zweifache Ausfertigung. Ist für die Prüfung des Bauantrags die Beteiligung anderer Behörden oder Dienststellen erforderlich, so kann die Bauaufsichtsbehörde weitere Ausfertigungen verlangen. Für den Bauherrn sind Mehrfertigungen zur Vorlage bei der Finanzierung des Bauvorhabens sinnvoll.

Der **Lageplan** besteht aus einem zeichnerischen (Bild 208.2) und einem schriftlichen Teil (Bild 208.1). Die Lageplanzeichnung sollte im Maßstab 1:500, jedoch nicht kleiner als 1:1000 dargestellt werden. In der Regel wird dazu der Auszug aus dem Katasterkartenwerk (Ausschnitt aus der Flurkarte) genommen. Tangiert das Bauvorhaben durch Abstandsflächen die Nachbargrundstücke, so darf nur ein Sachverständiger (Vermessungsingenieur) die Eintragungen in den Katasterkartenauszug vornehmen. Der Inhalt ist schwarzweiß mit den Planzeichen der Bauleitpläne zu versehen. Zusätzlich sind Flächen und Grenzen in Farbe anzulegen.

Der **zeichnerische Teil** des Lageplans muss, soweit für die Beurteilung des Vorhabens erforderlich, enthalten:
- Lage des Grundstücks zur Nordrichtung (Nordpfeil), die katastermäßigen Grenzen des Grundstücks und der Nachbargrundstücke und deren Bezeichnung;
- soweit im Bebauungsplan festgesetzt die Abgrenzung der überbaubaren Flächen und der Flächen für Garagen und Stellflächen auf dem Grundstück und den Nachbargrundstücken;
- die bestehenden baulichen Anlagen auf dem Grundstück und den benachbarten Grundstücken unter Angabe der Nutzung, Geschosszahl, Dachform und gegebenenfalls Firstrichtung;
- Kultur- und Naturdenkmale auf dem Grundstück und den Nachbargrundstücken;
- die geplante Anlage unter Angabe der Außenmaße, der Höhenlage des Erdgeschossfußbodens bezogen auf Normalnull, der Abstände zu den Grundstücksgrenzen und zu anderen Gebäuden auf demselben Grundstück, der Zu- und Abfahrten sowie der für das Aufstellen von Feuerwehrfahrzeugen notwendigen Flächen;
- Abgrenzung von Flächen innerhalb eines Grundstücks, die einem besonderen Zweck vorbehalten sein sollen, z. B. Kinderspielplätze.
- Abgrenzung von Flächen, auf denen Baulasten ruhen;
- Leitungen und Einrichtungen für die Versorgung mit Strom, Gas, Wärme, brennbaren Flüssigkeiten, Leitungen des Funk- und Fernmeldewesens sowie Anlagen zur Entsorgung von Abwässern.

Im **schriftlichen Teil** des Lageplans sind anzugeben:
- die Bezeichnung des Grundstücks nach Liegenschaftskataster und Grundbuchblatt mit Flächengröße und Angabe des Eigentümers.
- Die Bezeichnung der Nachbargrundstücke nach dem Liegenschaftskataster unter Angabe der Eigentümer mit Anschrift.
- Baulasten oder sonstige öffentliche Lasten oder Beschränkungen (Denkmal-, Natur-, Landschafts-, Grabungsschutz- und Flurbereinigungsgebiet etc.).
- Festsetzungen des Bebauungsplanes wie Bauweise, Art und Maß der baulichen Nutzung soweit- sie im zeichnerischen Teil nicht enthalten sind.
- die vorhandene und vorgesehene Art der baulichen Nutzung.
- eine nachvollziehbare Berechnung der Grundflächen-, Geschossflächen- oder Baumassenzahl für vorhandene und geplante Bauten.

Die **Bauzeichnungen** für einen Bauantrag umfassen die Grundrisse aller Geschosse einschließlich nutzbarer Dachräume, Schnitt(e) und Ansichten im Maßstab 1:100. Anzugeben sind die Nordrichtung im Grundriss des Erdgeschosses, die Maße, wesentliche Baustoffe und Bauarten, der Maßstab sowie bei Änderungen eines Gebäudes die zu beseitigenden und die neuen Bauteile. Folgende Einzelheiten müssen dargestellt werden:
- in den Grundrissen die Treppen, die Lage der Schornsteine unter Angabe der Reinigungsöffnungen, die Lage der Feuerstätten und der ortsfesten Behälter für brennbare oder sonstige schädliche Flüssigkeiten unter Angabe des Fassungsvermögens, Aufzugs-, Lüftungs-, Abfall- und Untergeschosslichtschächte, Toiletten, Badewannen und Duschen.
- in den Schnitten Geschoss- und lichte Raumhöhen, Treppenverlauf unter Angabe des Treppensteigungsverhältnisses sowie der Anschnitt des vorhandenen und künftigen Geländes.
- in den Ansichten der Anschluss an eventuelle Nachbargebäude unter Angabe des vorhandenen und künftigen Geländes und des Straßenlängsgefälles, die Höhenlage der Gebäudeeckpunkte auf Normalnull bezogen, die Wandhöhen sowie bei geneigten Dächern die Angabe der Dachneigung und der Firsthöhe.

Die **Baubeschreibung** ergänzt die zeichnerischen Unterlagen. In ihr wird insbesondere die Konstruktionen, die Feuerungsanlage, die Haustechnischen Anlagen sowie die Nutzung des Vorhabens erläutert. Bei gewerblich genutzten Anlagen wird eine Vielzahl weiterer Angaben verlangt. Ferner sind der umbaute Raum, die Baukosten einschließlich der Wasserver- und Entsorgungsanlagen aufzulisten.

Der **Standsicherheitsnachweis und andere bautechnische Nachweise** sind, soweit notwendig, durch Berechnungen und durch Konstruktionszeichnungen zu erbringen. Die anderen bautechnischen Nachweise betreffen den Wärme-, Schall- und Brandschutz.

Die **Grundstücksentwässerung** wird durch den Entwässerungsplan im Maßstab 1 : 500, erweiterte Grundriss- und Schnittzeichnungen im Maßstab 1 : 100 und eventuelle Zeichnungen der Entwässerungsanlagen dargestellt sowie durch eine Baubeschreibung ergänzt.
- Der Entwässerungsplan enthält als Lageplan die Führung der vorhandenen und geplanten Leitungen außerhalb des Gebäudes einschließlich Schächten und Abscheidern. Es ist außerdem die Lage des Anschlusses an die öffentliche Kanalisation mit den Rohrdurchmessern, der Sohlen- und Einlaufhöhe sowie dem Gefälle anzugeben.
- Die Grundrisse und Schnitte der Bauzeichnungen werden ergänzt durch schematische Darstellungen von Lage, Querschnitt und Gefälle von Anschluss-, Fall- und Grundleitungen sowie der Anschlusskanäle. Die Grundleitungen, Anschlusskanäle, die tiefste zu entwässernde Stelle und die Einleitungsstelle in den öffentlichen Kanal sind mit Höhen über Normalnull zu versehen. Es müssen die Lüftung der Leitungen, die Reinigungsöffnungen, Schächte, Abscheider, Rückstauvorrichtungen, Art der Wasserablaufstellen (Waschbecken, WC etc.) sowie die Anlagen zur Reinigung, Vorbehandlung und Hebung des Abwassers eingetragen werden. Soweit erforderlich sind Bauteile mit Werkstoffkurzbezeichnungen zu versehen.
- Aus der Baubeschreibung müssen Art, Zusammensetzung und Menge der Abwässer ersichtlich sein.

3.5 Baukosten und Finanzierung

Reine Baukosten (Bild 210.1). Die Baukosten werden nach DIN 276 ermittelt und sind vielen Faktoren wie Region, Konjunktur, Standard etc. unterworfen. Für den Bauherrn sind Kostenüberschreitungen meist nur in geringem Umfange tragbar. Die reinen Baukosten werden deshalb in den einzelnen Leistungsphasen nach der Honorarordnung für Leistungen der Architekten und Ingenieure (HOAI) mehrfach ermittelt. Die Leistungsphasen sind unterteilt in: Grundlagenermittlung, Vorplanung, Entwurfs- und Genehmigungsplanung, Ausführungsplanung, Vorbereitung der Vergabe, Mitwirkung bei der Vergabe, Objektüberwachung und Objektbetreuung bzw. Dokumentation. Mit fortlaufender Planung und Bauzeit können die reinen Baukosten mehrfach überprüft und u. U. korrigiert werden. So ist es möglich, einer Baupreiserhöhung des Objekts ständig gegenzusteuern (Bild 210.2). Es werden vier Verfahren für die Kostenermittlung unterschieden:
- Der **Kostenüberschlag** oder Kostenrahmen ist eine zunächst sehr grobe Ermittlung der Gesamtkosten. Die Abweichungen können erheblich sein. Er ist ausreichend für erste Überlegungen zur Wirtschaftlichkeitsberechnung und zu Finanzierungsüberlegungen. Die Berechnung erfolgt aufgrund von Kennwerten für Bruttogrundflächen oder Bruttorauminhalten.

Grundstückskosten
Kaufpreis des Grundstücks
Kosten des Grundstückserwerbs (Vermessungs-, Grundbuch- und Notarkosten sowie Maklergebühren und Grunderwerbssteuer)

Reine Baukosten (69%)
Roh- und Ausbaukosten für das Gebäude
Roh- und Ausbaukosten für Nebengebäude

+ **Erschließungskosten** (5%)
Anschlussbeiträge für
Straße, Kanal, Wasser, Strom, Kabel, Gas
Kosten der Erschließungsanlagen auf dem Grundstück:
Zufahrt, Kanal, Wasser, Strom, Kabel, Gas

+ **Kosten der Außenanlagen** (8%)
Gartenanlage, Einfriedungen, Müllboxen

+ **Baunebenkosten** (18%)
Honorare für Architekt, Statiker, Prüfstatiker und beratende Ingenieure
Zinsen während der Bauzeit
Geldbeschaffungskosten
Auszahlungsverluste (Disagio)
Notar- und Grundbuchkosten für Grundschuld und Hypothek
Gebühren für die Baugenehmigung
sonstige Kosten (Richtfest, Versicherungen)

= **Gesamtkosten** (100% ohne Grundstückskosten)

210.1 Ermittlung der Gesamtbaukosten

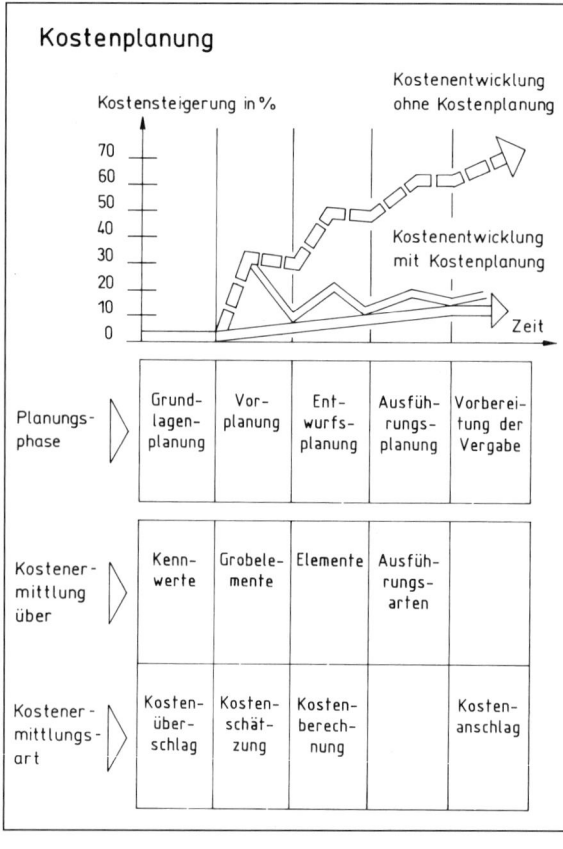

Kostenplanung

210.2 Kostenentwicklung mit und ohne Kostenplanung

Für ein Gebäude wird je nach Art, Standard und Basisjahr (1913, 1950, 1970, 1980 etc.) aus Tabellen der Preis für einen m³ ermittelt. Außerdem benötigt man die Preisindizes (prozentuale Preissteigerung) aus Veröffentlichungen der statistischen Landesämter (z.B. im Deutschen Architektenblatt). Durch nachstehende Formel können dann die reinen Baukosten ermittelt werden.

RBK = VU · UK · IND : 100%
RBK = Reine Baukosten in EUR
VU = Volumen des umbauten Raumes in m³
UK = Kosten für einen m³ umbauten Raum, bezogen auf ein bestimmtes Basisjahr in EUR pro m³
IND = Index in %

- Die **Kostenschätzung** ist in der Berechnung aufwändiger, erzielt aber dafür genauere Werte. Das Ergebnis erhält man über die Kennwerte der Kosten von Grobelementen (Bild 211.1). Grobelemente sind Baugrube, Basisfläche (BAF), Außenwandflächen (AWF), Innenwandflächen (IWF), Deckenflächen (DEF) und Dachflächen (DAF). Die Kosten der Bautechnik (Wasser, Abwasser, Heizung etc.) werden einzeln durch Kennwerte, bezogen auf den Brutto Rauminhalt (BRIa) ermittelt.
- Die **Kostenberechnung** erlaubt aus den zur Verfügung stehenden Planungsdaten eine wesentlich genauere Berechnung der Gesamtkosten als die Kostenschätzung. Sie ist nach DIN 276 Grundlage für die Entscheidung, ob das Bauvorhaben durchgeführt werden soll und ist zugleich Grundlage für die erforderliche Finanzierung. Die Ermittlung der Kosten erfolgt über Kennwerte von Ausführungsarten für Bauelemente (Bild 211.2).
- Der **Kostenanschlag** bezieht Werte aus den Leistungsbereichen (Leistungsverzeichnisse) in die Kostenberechnung mit ein und erfüllt dabei zugleich die Kostenkontrollfunktion während der Bauausführung.
- Die **Kostenfeststellung** erhält man durch die Abrechnung nach der Fertigstellung des Bauwerks. Sie liefert neue Informationen über alle Einheitspreise. Daten für Kostenschätzung und Kostenberechnung sind von der Datenbank „Baukostenberatungsdienst" abrufbar.

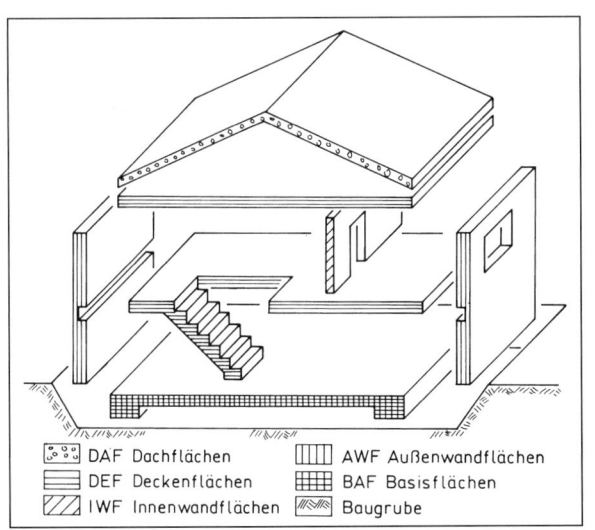

Finanzierung. Während der Vorplanung wird der Finanzierungsplan aufgestellt. Dazu ermittelt man zunächst das Eigenkapital, das bei Gebäuden mindestens 20 bis 30% der Baukosten betragen sollte. Die Differenz zwischen Gesamtbaukosten und Eigenkapital muss über Fremdmittel (Fremdkapital) aufgebracht werden. Aus Eigenkapital und dem erforderlichen Fremdkapital wird die Betriebskosten-Nutzen-Analyse bzw. die Belastung für den Bauherrn berechnet.

- Das **Eigenkapital** umfasst alle verfügbaren Barmittel sowie Guthaben aus Bausparmitteln, Eigenleistungen und Eigenkapitalersatz, unter dem man alle Mittel versteht, die unverzinslich oder extrem niedrig zu verzinsen sind. Dazu gehören öffentliche Mittel, Familienzusatzdarlehen, Verwandtendarlehen etc.
- Das **Fremdkapital** wird in Form von Krediten von Banken, Bausparkassen, Lebensversicherungen etc. geliehen. Dafür muss der Bauherr, je nach Marktlage und Laufzeit des Kredits, 4 bis 14% Zinsen pro Jahr aufbringen. Die Bank kürzt das Darlehen durch einen Abschlag (Disagio) von 0 bis 10%. Bei einem Kredit von 100000 EUR und einem Disagio von 4% erhält man 98000 EUR ausbezahlt, muss aber den Nennwert von 100000 EUR nebst Zinsen zurückzahlen.

Baukredite werden in der Regel langfristig (5 bis 30 Jahre) vergeben. Zur Sicherheit lassen die Kreditgeber Grundpfandrechte in das Grundbuch eintragen. Das Grundbuch wird beim zuständigen Amtsgericht geführt. Dort wird jedes Grundstück eingetragen und genau beschrieben. Es enthält den Namen des Eigentümers, die Größe der Fläche und die Belastungen wie Baulasten und in der Rangfolge der eventuellen Befriedung die Grundpfandrechte (Hypotheken und Grundschulden). Das Pfandrecht Hypothek unterscheidet sich vom Pfandrecht Grundschuld dadurch, dass der Hypothek eine Forderung (das ausbezahlte Darlehen) entgegenstehen muss. Eine Grundschuld muss nach Tilgung des Darlehens nicht gelöscht werden. Bei erneutem Kreditbedarf kann die eingetragene Grundschuld als Sicherung für die Bank dienen. Wegen dieser einfacheren Handhabung wird der Grundschuld gegenüber der Hypothek zunehmend der Vorzug gegeben.

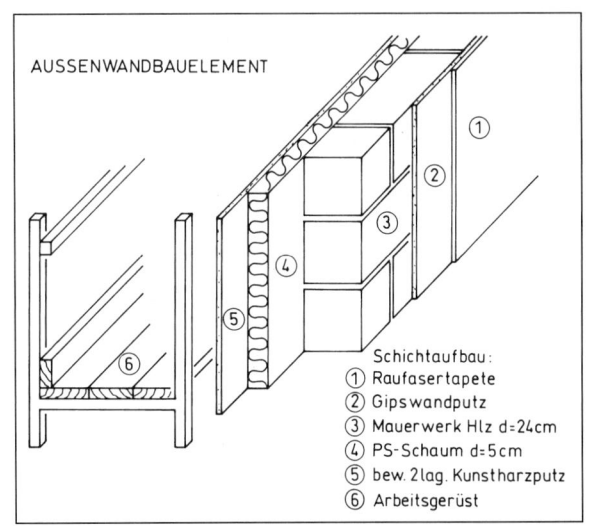

211.1 Grobelemente

211.2 Bauelemente

4 Der Bauvertrag

Bei einem Bauvorhaben werden Dienstleistungen vollbracht und Werke hergestellt. Zur Ausführung und späteren Abrechnung müssen Verträge abgeschlossen werden. Um die Rechtssicherheit zu erhöhen, sollten sie in schriftlicher Form abgefasst werden. Vertragsschließende sind Auftraggeber: Bauherrn, vertreten durch den Architekten, Bauträger, Baubetreuer, Generalunternehmer.
Auftragnehmer: Baufirmen, Lieferanten sowie Ingenieure.

4.1 Rechtliche Grundlagen

Bauverträge stellen ein komplexes Regelungswerk aus vielfältigen Vertragsbedingungen dar. Zu den wichtigsten Gesetzen und vorformulierten Vertragsbedingungen zählen unter anderem das Bürgerliche Gesetzbuch (BGB), die Allgemeinen Geschäftsverbindungen (AGB), die Verdingungsordnung für Bauleistungen (VOB) und die Verdingungsordnung für Leistungen (VOL).

Das **Bürgerliche Gesetzbuch (BGB)** ist das wichtigste und umfassendste Privatrecht. Es gilt grundsätzlich bei allen Rechtsgeschäften. Für Bauverträge sind daraus folgende Regelungen wichtig:
Der Allgemeine Teil enthält die Bereiche Personen natürlicher und juristischer Art, Sachen, Rechtsgeschäfte (Verträge), Fristen, Termine, Verjährung und Sicherheitsleistung. Das Recht der Schuldverhältnisse ist aufgeteilt in die Sparten Inhalt, Verträge (Dienst- und Werkvertrag), Miete und Pacht. Das Sachenrecht enthält die Regelung des Vorkaufsrechtes, der Hypothek und der Grundschuld.

Die **Allgemeinen Geschäftsverbindungen (AGB)** wurden überwiegend zum Schutz des Verbrauchers z. B. vor dem „Kleingedruckten" geschaffen. Die AGB entfallen, wenn die Vertragsbedingungen nachweislich und einzeln ausgehandelt wurden. Üblich sind aber im Bauwesen eine Vielzahl von Anwendungsfällen mit vorformulierten Vertragsbedingungen, die mehr als einmal abgeschlossen werden. Die Kenntnisse der Einschränkungen durch das AGB-Gesetz sind deshalb wichtig.

Die **Verdingungsordnung für Bauleistungen (VOB)** wurde zur Ergänzung des BGB für Werkverträge im Bauwesen geschaffen. Gegenstand des Werkvertrages kann sowohl die Herstellung oder Veränderung einer Sache als auch der Erfolg durch eine Dienstleistung sein. Das BGB ist ein allgemein gültiges Gesetz. Es fehlen ihm bauspezifische Inhalte. Damit nicht jedes Mal der Vertrag durch eigene Bauvertragsbedingungen ergänzt und von der Gegenseite geprüft werden muss, wurde die VOB geschaffen. Sie bildet eine eigene Textvorlage zum Vertrag und ist aber selbst kein Gesetz. Der Inhalt befasst sich mit der Verdingung (Vertragsverpflichtung), Bauabwicklung und technischen Durchführung von Bauleistungen. Die VOB besteht aus den Teilen:
VOB Teil A – Allgemeine Bestimmungen für die Vergabe von Bauleistungen (wird nicht Vertragsbestandteil);
VOB Teil B – Allgemeine Vertragsbedingungen für die Ausführung von Bauleistungen;
VOB Teil C – Allgemeine technische Vorschriften für Bauleistungen mit ihren DIN-Normen.

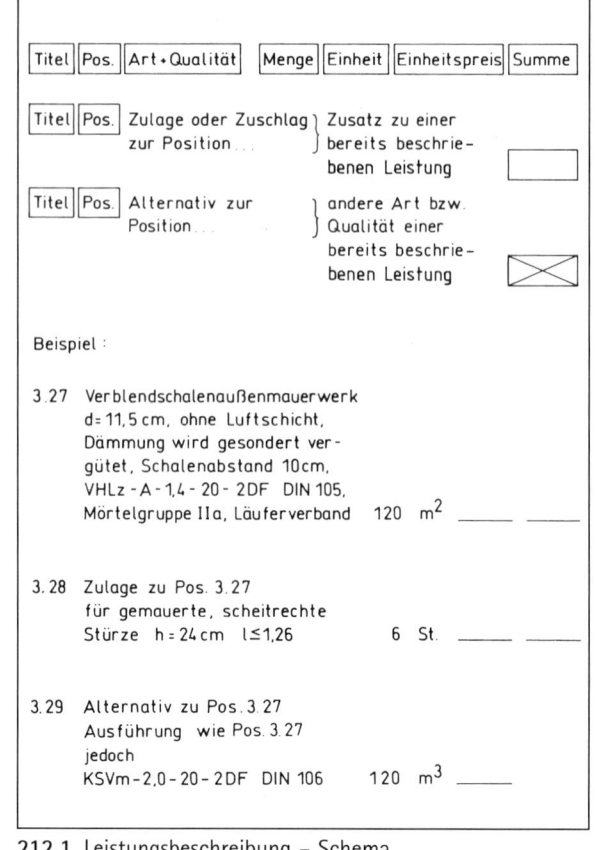

212.1 Leistungsbeschreibung – Schema

Die **Verdingungsordnung für Leistungen** (VOL) ist nur für Werkstofflieferungsverträge anwendbar. Diese Verträge beziehen sich auf die reinen Lieferungen von Werkstoffen (Baustoffe).

Die Leistungsbeschreibung ist mit dem Leistungsverzeichnis möglich. Darin werden die benötigten Leistungen einzeln nach Art und Menge eindeutig vom Auftraggeber beschrieben. Allgemein gültige, sich wiederholende technische Beschreibungen können in den so genannten Vorbemerkungen zusammengefasst werden.
Damit sich überschaubare Abschnitte ergeben, wird das Leistungsverzeichnis gegliedert. Für die Rohbauarbeiten wird häufig folgende Einteilung vorgenommen:
Titel 1 Baustelleneinrichtung
Titel 2 Erdarbeiten
Titel 3 Entwässerungskanalarbeiten
Titel 4 Mauerarbeiten
Titel 5 Beton- und Stahlbetonarbeiten
Titel 6 Stundenlohnarbeiten
Den Einzelabschnitt im Leistungsverzeichnis bezeichnet man als Position. Darin wird die Leistung nach Art, Qualität, Menge und Einheit aufgeführt (Bild 212.1). Der Bieter setzt später seine kalkulierten Preise an dieser Stelle ein.
Um zweideutige und umfangreiche Texte der einzelnen Leistungen in der Beschreibung zu vermeiden, wurde das Standardleistungsbuch zusammengestellt. Es enthält vorgegebene Texte, aufgeteilt nach Bauart, Bauteil, Baustoff und Einheit, die je nach gewünschter Ausführung zusammensetzbar sind.

4.2 VOB Teil A – Angebotsverfahren

Ein Vertrag ist ein Rechtsgeschäft, das durch zwei oder mehrere Willenserklärungen zustande kommt. Der Anfrage folgen ein oder mehrere Angebote, der Auftrag, die Auftragsbestätigung, die Ausführung, die Abnahme, die Abrechnung und zuletzt die Zahlung. Die notwendigen Informationen für das Angebot sind vom Auslober (Auftraggeber) in den Verdingungsanlagen zu geben. Das Verfahren um Angebote zu erhalten, nennt man Ausschreibung. Es wird unterschieden zwischen:

Öffentlicher Ausschreibung (offenes Verfahren). Sie unterliegt in der Zahl der Unternehmerangebote keiner Beschränkung. Das Bauvorhaben wird in Tageszeitungen und Fachzeitschriften ausgeschrieben. Dieser Vergabefall eignet sich für größere und staatliche Bauvorhaben.

Beschränkter Ausschreibung (nicht offenes Verfahren). Sie ergeht nur an eine beschränkte und ausgewählte Zahl von überwiegend ortsansässigen Bietern. Sie eignet sich für kleinere und mittlere Bauvorhaben. Die beschränkte Ausschreibung findet auch statt, wenn das Bauvorhaben ein hohes Maß an Fachkräften, Fachverstand, Spezialgerät oder Geheimhaltung erfordert.

Freihändiger Vergabe (Verhandlungsverfahren). Hierbei wird ein Auftragsnehmer direkt mit dem Bauvorhaben beauftragt. Dies sollte die Ausnahme bleiben und sollte nur in Fällen von Unwetterschäden (Dachabdeckung) oder Gefahrenabwehr (Einsturzgefahr) zur Anwendung kommen.

Die Ausschreibungsunterlagen arbeitet in der Regel der Architekt aus und überlässt sie gegen einen Selbstkostenbetrag den Bietern zur Kalkulation der Einheitspreise. Zu einem festgelegten Submissionstermin werden die Angebote geöffnet. Nach rechnerischer, technischer und wirtschaftlicher Prüfung wird der Zuschlag (Auftrag) erteilt. Dazwischen können je nach Marktlage langwierige Verhandlungen liegen. Dem zeitlichen Vergabeablauf (Bild 213.1) sind zur Bearbeitung Mindestfristen einzuräumen.

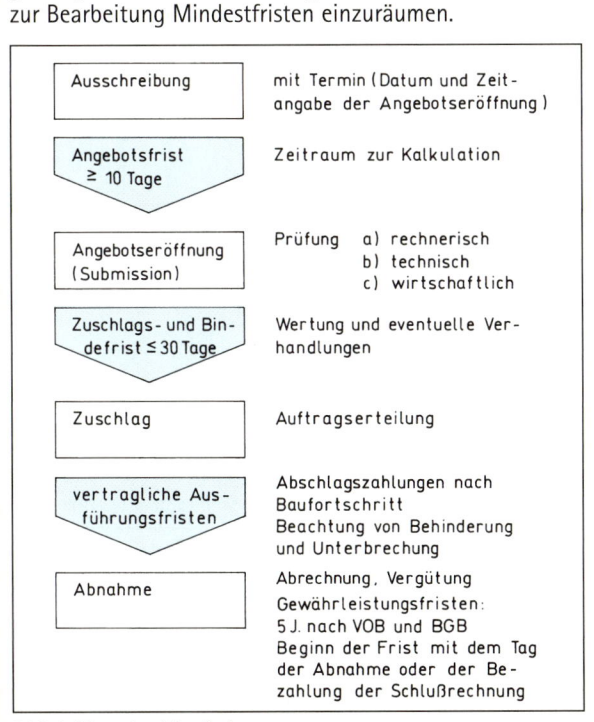

213.1 Vergabeablaufschema

4.3 VOB Teil B – Vertragsinhalte

Die besonderen Vertragsbedingungen beschreiben Bestimmungen, die von der VOB Teil B, abweichen. Üblich sind z.B. Änderungen in den Bereichen Gefahrenübertragung und Gewährleistung nach BGB. Durch die höhere Sicherheit des Auftraggebers und das höhere Risiko des Auftragnehmers wirken diese Regelungen meist preissteigernd.

Die zusätzlichen Vertragsbedingungen enthalten Regelungen, die nicht in der VOB Teil A und B in der geplanten Art enthalten sind. Dazu zählen u.a. Vereinbarungen über:
- Ausführungsunterlagen, die der Auftragnehmer zu beschaffen hat. Es kommt z.B. im Industriebau häufig vor, dass die Statische Berechnung und/oder Bewehrungspläne vom Bauunternehmer angefertigt werden.
- Baustellenbedingungen, die es zulassen, dass die Anschlüsse für Wasser und Energie (Strom und Gas) kostenlos zur Verfügung gestellt werden oder andere Erleichterungen (vorhandener Kran) in Anspruch genommen werden können. Erschwernisse beim Bauablauf (Bäume die nicht gefällt werden dürfen) sind ebenfalls zu nennen.
- Ausführungsfristen durch die der Beginn und das Ende der Arbeiten festgelegt werden.
- Vertragsstrafen und Beschleunigungsvergütungen und deren Berechnung, die bei Terminüber- bzw. -unterschreitung fällig werden.

Die zusätzlichen Technischen Vorschriften ergänzen die allgemeinen Technischen Vorschriften, wenn dies durch besondere Bauweisen oder neue Baustoffe notwendig wird.

Die Allgemeinen Vertragsbedingungen für die Ausführung von Bauleistungen (AVB) enthalten vertragsrechtliche Bestimmungen für die Abwicklung von Bauaufträgen. Unter anderem werden aufgeführt:
- Ausführungsfristen sind verbindlich einzuhalten. Gerät ein Auftragnehmer in Verzug, so kann der Auftraggeber Schadenersatz verlangen oder dem Auftragnehmer eine angemessene Frist zur Vertragserfüllung setzen. Verstreicht diese Frist erfolglos, kann der Auftrag entzogen werden.
- Behinderung und Unterbrechung der Ausführung wird nur anerkannt, wenn eine vom Auftraggeber zu vertretende Schuld, Streik oder höhere Gewalt die Leistung behindert hat. Witterungsverhältnisse während der Ausführungszeit, mit denen normalerweise gerechnet werden muss, gelten nicht als Behinderung. Die Ausführungsfristen werden um den Zeitraum der Behinderung verlängert.
- Die Abnahme beendet die Leistung. Sie hat stets schriftlich durch die Anfertigung eines Abnahmeprotokolls zu erfolgen. Wegen wesentlicher Mängel kann die Abnahme bis zu deren Beseitigung verweigert werden.
- Die Gewährleistung beträgt für Bauwerke nach VOB und dem BGB 5 Jahre. Die Frist beginnt mit der Abnahme der gesamten Leistung (Schlussabnahme). Der Auftragnehmer ist verpflichtet, alle während dieser Frist auftretenden Mängel auf seine Kosten zu beseitigen.
- Zahlungen werden unterschieden nach Vorauszahlungen, Abschlagszahlungen und Schlusszahlungen. Vorauszahlungen auf noch nicht erbrachte Bauleistungen oder nicht eingebaute Baustoffe sind u.U. durch Bankbürgschaften abzusichern; dabei stellt die Bank ihre

Kreditfähigkeit dem Auftraggeber als Sicherheit zur Verfügung. Abschlagszahlungen werden für erbrachte Leistungen (z.B. nach dem Betonieren einer Geschossdecke) überwiesen. Schlusszahlungen werden auf die Schlussrechnung abzüglich der bezahlten Abschlagszahlungen geleistet.
- Sicherheitsleistungen bewahren den Auftraggeber während der Bauzeit und Gewährleistungsfrist vor Schäden. Bei Abschlagszahlungen werden 10% des Wertes der nachgewiesenen Leistungen (ohne Mehrwertsteueranteil) einbehalten. Von Schlusszahlungen werden in der Regel 97 bis 95% der Gesamtsumme ausbezahlt; der Rest von 3 bis 5% wird nach dem Verstreichen der Gewährleistungsfrist fällig. Über eine Bankbürgschaft ist eine vollständige Auszahlung möglich.

4.4 VOB Teil C – Technische Vorschriften

Der Teil C der VOB umfasst etwa 80% des Gesamtwerkes. Sämtliche Normen der am Bau vorkommenden Gewerke sind darin aufgeführt. Jede Norm ist in folgende Abschnitte unterteilt:

0 Hinweise zur Leistungsbeschreibung.
1 Allgemeines.
2 Baustoffe und die dazugehörigen Normen.
3 Ausführungen mit normgerechten Arbeitstechniken.
4 Nebenleistungen. Dies sind Leistungen, die im Einheitspreis enthalten sind und nicht mehr besonders vergütet werden. Zum Beispiel ist die Wasserhaltung von Regenwasser bei einer Baugrube eine Nebenleistung, während die Wasserhaltung von Schichtenwasser keine Nebenleistung darstellt und somit gesondert bezahlt werden muss.
5 Abrechnung wird durch Aufmaß bereits während der Bauzeit begonnen. Nach der Fertigstellung sind viele Bauteile nicht mehr zugänglich. Dieser Abschnitt regelt, wie die erfolgte Leistung nach Längen-, Flächen- oder Raummaß sowie nach Masse und Stückzahl zu ermitteln ist. Dabei ist zu beachten, welche Öffnungen übermessen werden müssen und welche Bauteile beim Messen durchbinden.

4.5 AVA – Ausschreibung, Vergabe, Abrechnung

Besonders im AVA-Bereich ermöglicht die EDV eine übersichtliche, vorausschauende und schnelle Arbeitsweise. Die EDV-Programme lösen eine Vielzahl von Aufgaben (Bild 214.1). Schnittstellen übertragen die Mengen aus CAD-gefertigten Zeichnungen. Es werden drei Arten der AVA-Bearbeitung unterschieden:
- AVA ohne CAD. Die Massen werden herkömmlich aus den Zeichnungen ermittelt. Die Ergebnisse fügt man in die Ausschreibungstexte aus Datenbanken ein.
- Standard-AVA. Die Massenermittlung muss für ca. 40 Gewerke ermittelt werden. Dabei sind verschiedene Aufmaßregeln zu beachten. Die Gewerke werden wiederum in viele Einzelpositionen unterteilt, in die aus dem CAD-Programm die ermittelten Mengen übertragen werden.
- Bauelement-AVA. Die Massen werden nach Bauelementen aus den CAD-Daten berechnet. Jede Bauelementfläche bzw. jeder Rauminhalt wird nur einmal ermittelt. Das Programm zerlegt die Bauelemente automatisch in die Gewerke und fügt die entsprechenden Mengen ein.

4.6 Besondere Unternehmensfunktionen

Zur Bewältigung eines Bauvorhabens können sich aus steuerlichen Gründen und aus Gründen des Leistungsvermögens mehrere Unternehmen zu einer BGB-Gesellschaft zusammenschließen. Diese Gesellschaft nennt man Arbeitsgemeinschaft (Arge). Die kaufmännische und technische Federführung liegt bei einem, oder aufgeteilt nach kaufmännischer und technischer Geschäftsleitung, bei zwei Arge-Partnern. Gegenüber dem Auftraggeber haftet die Arge als ein Unternehmen.

Häufig werden Aufträge vom Auftragnehmer an andere Unternehmen weitergegeben. Sie selbst führen die Arbeiten gar nicht oder nur teilweise aus. Folgende Stellungen zueinander sind möglich:
- Der Generalübernehmer (Gesamtübernehmer) ist für das gesamte Bauvorhaben verantwortlich und erbringt selbst keine Bauleistung.
- Der Generalunternehmer (Gesamtunternehmer) ist für das gesamte Bauvorhaben verantwortlich und erbringt einen Teil der Bauleistung selbst. Weitere Teile werden von ihm auf eigene Rechnung an andere Unternehmen vergeben.
- Der Hauptunternehmer (Erstunternehmer) erstellt das Bauvorhaben im Auftrag des Bauherrn selbst.
- Der Nachunternehmer (Subunternehmer) erhält den Auftrag vom Hauptunternehmer. Es besteht keine Rechtsbeziehung zum Bauherrn.
- Der Nebenunternehmer erbringt neben dem Hauptunternehmer Bauleistungen. Rechtlich gesehen gilt er gegenüber dem Bauherrn als Auftraggeber.

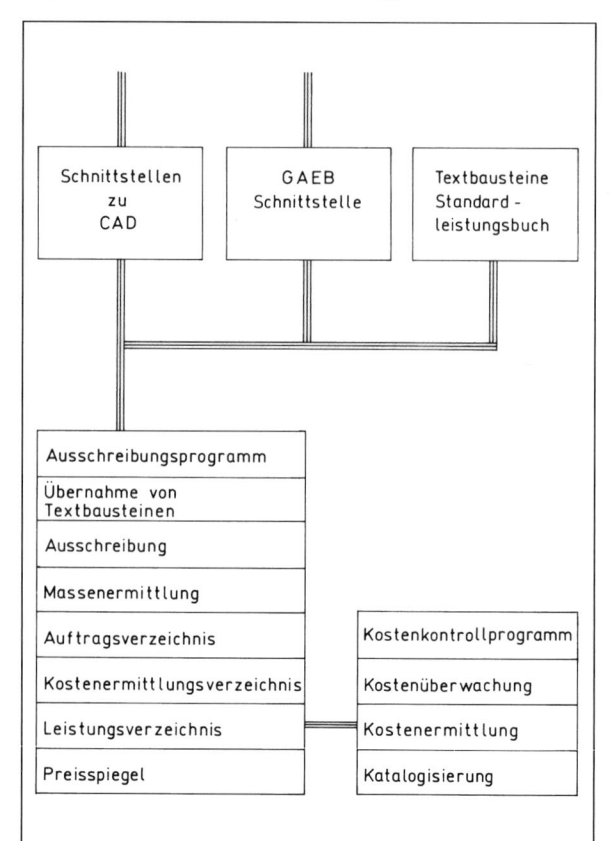

214.1 Ausschreibung – Vergabe – Abrechnung (AVA)

5 Management am Bau

Management steht für Führung im Planen, Verwirklichen, Bewirtschaften und Kontrollieren. Dieser Begriff wird im Bauwesen auf verschiedenen Ebenen gebraucht. Durch die Größe und Komplexität der Bauwerke sind zum Teil neue Begriffe und Funktionsstellen (Bild 215.1) im Beziehungsfeld Auftraggeber/Auftragnehmer entstanden:

- Der *Bauherr* steckt die Ziele für die Größe, Funktion, Qualitätsvorstellung und den Kostenrahmen des Bauprojektes ab.
- Der *Projektsteuerer* (Projektmanager) nimmt die Aufgaben aus dem Bereich des Bauherrn wahr, die für diesen vom Fachwissen und Aufwand her eine Überforderung darstellen würden.
- Der *Objektplaner* ist der planende und bauleitende Architekt, zu dessen Hauptaufgabe einerseits der Entwurf und andererseits die Projektleitung für die technische und terminliche Abwicklung des Bauobjektes gehört.
- Der *Generalplaner* übernimmt außer der Architektenleistung auch die Fachplanungen, wie z. B. die Tragwerksplanung, Heizung, Lüftung, Sanitär usw. Häufig vergibt er diese Leistung an einen Nachunternehmer.
- Der *Generalunternehmer* erbringt sämtliche Leistungen für das gesamte Projekt. Davon vergibt er einen Teil der Leistungen. Den größten Anteil, oft die Rohbauarbeiten, führt er selbst aus.

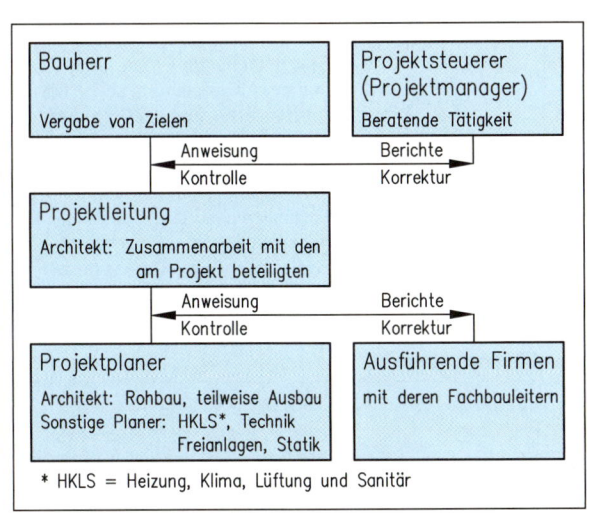

215.1 Hierarchie des Baumanagements

5.1 Projektsteuerung (oberstes Projektmanagement)

Ein Projekt ist in der Bautechnik ein bauliches Vorhaben mit dem Ziel, das Bauobjekt zeitlich, finanziell und personell in einem abgegrenzten Rahmen zu errichten. Das Bauobjekt selbst besteht aus den Leistungen des Entwurfs (Design) und der Erstellung des Bauwerks (Produkt). Bei größeren Bauwerken wäre der Bauherr in seinen Aufgaben überfordert, das Projekt in den Bereichen Organisation, Koordination, Information, Dokumentation, Qualität, Quantität, Termine und Kosten zu leiten und zu überwachen. Diese Aufgaben werden häufig vom Bauherrn an Projektsteuerer (Projektmanager) delegiert. Der Projektsteuerer muss eigenständig sein und darf nicht aus Teilen der Belegschaft des Architekturbüros bestehen. In größeren Unternehmen und staatlichen Verwaltungen nehmen eigene Bauabteilungen die Projektsteuerung wahr. Folgende grundlegende Entscheidungen sind vom Bauherrn nicht an den Projektmanager delegierbar:

- Vergabe der Bauleistungen an mehrere Auftragnehmer oder an einen Generalunternehmer;
- Bei Änderungen der Raumnutzungen und der Raumgrößen die zeitliche und kostenbezogene Durchführbarkeit des Projektes zu überprüfen;
- Abstimmung der Kostenplanung des Objektplaners (Architekt) mit anderen Planern, z. B. Tragwerksplanung.

Dagegen sind im Bereich von Unternehmen als Bauherrn folgende Leistungen an den Projektmanager delegierbar:

- Vorgabe von Soll-Daten im Bereich von Ermitteln, Planen und Festschreiben;
- Vergleich des Soll-Ist-Bereichs der Vorgabe;
- Gegensteuerung bei Abweichungen sowie die Aktualisierung.

Betroffen sind die Bereiche Termine, Kosten, Organisation, Information und Dokumentation sowie Qualität, festgehalten in einem Raumbuch, und Quantität. Erwartet wird, dass schwierige Abläufe auch für den Laien verständlich und durchsichtig werden. Daraus ergibt sich die Notwendigkeit treffsicherer Entscheidungen. Die gesetzten Ziele werden dann besser eingehalten. Vorteile sind: Verringerung der Kosten um etwa 10 bis 30%, Verkürzung der Projektlaufzeit, Sicherung von Qualität und Quantität und Transparenz in den Prozessabläufen. Die Zusammenarbeit läuft im Allgemeinen reibungslos. Die Mindestanforderungen werden in einem Projekthandbuch festgehalten. Der Inhalt könnte wie folgt aussehen:

- Projektstruktur,
- Qualitätsanforderungen,
- Projektbeteiligte,
- Projektorganisation,
- periodische Koordinationssitzungen und Projektberichte, Protokolle,
- Terminplanung,
- periodische Fortschrittskontrolle,
- Kostenmanagement,
- Verträge (eigene und mit Dritten),
- Kapazitäts- und Einsatzplanung,
- Dokumentation,
- Chronik.

Die Ziele des Handbuchs sind: verkürzte Durchlaufzeit des Projektes, die Sicherung der Qualität der Leistung, Fördern der Zusammenarbeit vieler Spezialisten und Optimierung der betriebsinternen Abläufe.

5.2 Projektleitung

Man unterscheidet das interne und externe Projektmanagement (PM). Das interne PM umfasst die einzelnen Planungsphasen und somit die Abläufe innerhalb des Architekturbüros. Die zu erbringende Leistung aus Arbeitsstunden wie z. B. Bauzeichnerstunden an CAD-Arbeitsplätzen und Sachkosten wird ermittelt, sodass die einzelnen Aufgaben an die geeigneten Mitarbeiter vergeben werden können. Während des Planungsablaufs werden wöchentlich, 14-tägig oder monatlich die Soll-Werte mit den Ist-Werten verglichen. Jede Abweichung wirkt sich auf die weiteren Vorgänge aus. Das externe PM umfasst das reibungslose

Bauvorbereitungen

Zusammenarbeiten aller am Bauprojekt Beteiligten, um Termin-, Kosten-, Qualitäts- und Quantitätsziele einzuhalten.
Wichtig ist die Wahl der richtigen Software „Projektmanagementsystem" mit ausreichender Vernetzung (Datenaustausch) zur im Büro eingesetzten Software.

5.3 Facility Management

Facility steht für das Sachanlagevermögen, z.B. Grundstücke, Infrastrukturen, Gebäude sowie Geräte und Maschinen. Leistungen und Anlagen des Kerngeschäfts eines Unternehmens wie z.B. Maschinen für die Produktion gehören nicht dazu. Ein Gebäude verursacht von der Planung über die Ausführung, Nutzung, bis zur Beseitigung Kosten. Etwa 85% davon entstehen während des Lebenszeitraums in seiner Nutzungsphase (Bild 216.2). Das sind unter anderen Ausgaben für Hypothekenzinsen, Gebäudeunterhalt, Instandsetzung, Wartung, Steuern und Versicherungen. Mit *Facility Management* (FM) wird der Lebenszeitraum eines Gebäudes wirtschaftlich gestaltet. Der Einsatz der Computertechnik wird CAFM, Computer-Aided Facility Management, genannt. Eingesetzt wird FM in Institutionen, die umfangreiche Immobilien besitzen, verwalten oder betreiben, wie Industrie, Wohungsbauunternehmen, Kommunalverwaltungen, usw. Durch die 3D-Modellierung mittels CAD sind viele Daten der Räume wie Wandart, Wandbelag, Fensterart, Verkehrslast der Decke, Bodenbelag, Abgehängte Decke usw. bereits einzeln erfasst. Nachfolgende Beispiele zeigen, welche Vorteile das CAFM hat. Während der Nutzung fallen Renovierungs- und Reparaturarbeiten an. Schadensstelle und Schadensbezeichnung sowie die benötigten Teile stehen in kürzester Zeit zur Verfügung. Dabei wird registriert, ob sich bestimmte Baustoffe als untauglich für spezifische Betriebsabläufe erweisen oder ob eine höhere Investition, auf längere Zeit gesehen, wirtschaftlicher ist. Raumnutzungspläne sagen aus, wo, wann und wie gereinigt werden muss. Putzkolonnen werden danach eingeteilt. Müllbeseitigung, Müllvermeidungs- und Energieeinsparungsprogramme senken die Umweltbelastung und sparen Kosten.

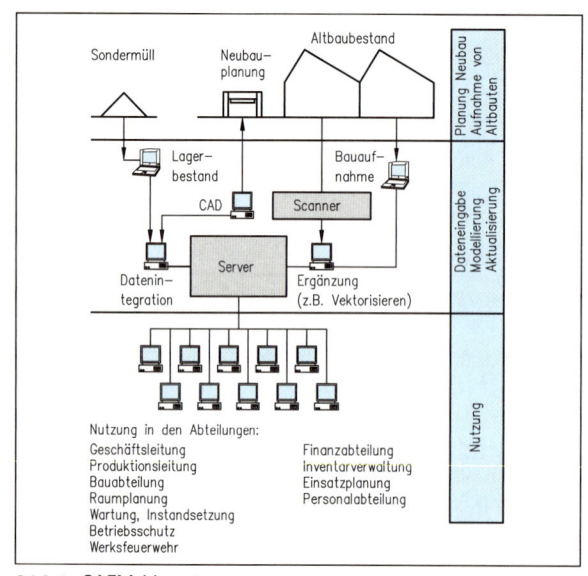

216.2 Thema: Fascility-Management

Nr.	Begriff	Beispiele
Grundlagenermittlung		
01	Bestandsaufnahme (Ist-Zustand)	Ermittlung der vorhandenen und geplanten Objekte nach Standort, Liegenschaft, Gebäudeart, Geschossen, Ausstattung, Nutzung, Organisation, Strukturen usw.;
02	Bedarfsermittlung (Soll-Zustand)	Beschreibung der Leistungsbereiche Verwaltung, Dienste, Betrieb; Beschreibung der Organisation und der Ablaufplanung sowie des Arbeitsplatzes und der Technologien; Bestimmen der Daten- und der Informationsorganisation, der Schnittstellen, Verknüpfungen, Kostenberechnung und des Terminablaufs;
03	Leistungsbeschreibung	Festlegen der EDV-Organisation, Schnittstellen definieren, Hardware und Software bestimmen;
Ausführungsplanung		
04	Schnittstellen	Objektüberwachung bezüglich Qualität und Termine sowie Vergleich von Planung und Ausführung
05	Datenerfassung	über CAD, Kataloge, AVA (Raumbuch); Datenbankabstimmung zwischen Planer, Finanzbuchhaltung, Instandhaltung, externem Dienstleister, Hausverwalter, Bauherr bzw. Eigentümer;
06	Dokumentation	Bestandspläne, Gewährleistungsüberwachung (Verjährung);
07	Systemeinführung	Installation, Einweisung, Schulung;
Anwendung		
08	Objektdatenbankpflege	Software anpassen, beraten und betreuen;
09	Bewirtschaftung	Nutzungskosten, Umzugsplanung, Wartung, geplante Instandhaltung, Entsorgung, Vermietung, Verpachtung, Verkauf;

216.1 CAFM-Vernetzung

216.1 FM-Planungsschritte

6 Baustelleneinrichtung

Wie in einem Betrieb muss vor dem Beginn der Bauarbeiten der Entwurf für den Bauablauf stufenweise in immer genauer werdenden Schritten projektiert werden. Der Lageplan der Baustelleneinrichtung (Bild 217.1), häufig im Maßstab 1:500 gezeichnet, enthält alle notwendigen Einrichtungen und Daten, die für einen reibungslos und wirtschaftlich ablaufenden Baubetrieb notwendig sind. Folgende Abschnitte sind bei der Baustelleneinrichtung zu berücksichtigen:

Bauverfahren bezeichnen die verschiedenen Herstellungsarten von Bauwerken. Dazu zählen die folgenden Ausführungen:

- Als Bauweisen kommen Ortbeton-, Fertigteil- oder Mischbauweisen zur Ausführung. Baustoffabhängige Bauweisen werden nach Stahl-, Holz- oder Stahlbetonskelettbau sowie Mauerwerksbau unterschieden.
- Der Bauablauf kann richtungs- oder/und zeitorientiert sein. So ist z. B. zu berücksichtigen, ob aus zwingenden Gründen von hinten nach vorn oder Teilbauten von oben nach unten errichtet werden sollen.
- Der Technikeinsatz erspart besonders bei der richtigen Auswahl der Schalungsart Kosten. So ist zu überlegen, ob Gleit-, Kletter-, oder fahrbare Schalungen eingesetzt werden können. Beengte Bauplatzverhältnisse zwingen die Planer, Teile der Baustelleneinrichtung in zwei Ebenen zu projektieren.

Fertigungssysteme gliedern den abschnittsweisen Materialfluss eines Baubetriebs bzw. den Fertigungsablauf vom Baustoff bis zum vollendeten Bauwerk. Der Aufbau wird bestimmt durch die örtlichen Gegebenheiten der geplanten Baustelle und das vorgesehene Bauverfahren. Die Herstellung von Betonfertigteilen auf der Baustelle kann z. B. an verschiedenen Stellen nahe den Einbauorten oder, wenn das Gelände flach oder tragfähig genug ist, in einer zentralen Feldfabrik hergestellt werden.

Die Betriebsstruktur bildet den Aufbau der einzelnen Betriebs- und Betriebsteilpunkte. Sie sind die einzelnen Tätigkeitszentren auf der Baustelle. Die wichtigsten Betriebszentren sind Schalungszimmerei, Biegeplatz, Betonierplätze, Mischanlage und Werkstätten. Unterteilt man die Schalungszimmerei in ihre Teilbetriebspunkte, so zählen dazu Schalholzlager, Reißboden, Schaltische und Maschinenplatz (Kreis- und Bandsäge).

Transportsysteme verbinden die einzelnen Betriebspunkte über Transportwege. Man unterscheidet den chargenweisen Transport, z. B. die Kranförderung (Heben – Querverfahren/Schwenken – Absenken) und den fortlaufenden Transport, z. B. das Pumpen von Beton. Die Zuordnung der Betriebspunkte ist so festzulegen, dass die Kosten der Transporte so klein wie möglich gehalten werden. Die für die Wahl der Beförderungstechnik ausschlaggebenden Faktoren sind: Häufigkeit, Wichtigkeit und Wirtschaftlichkeit.

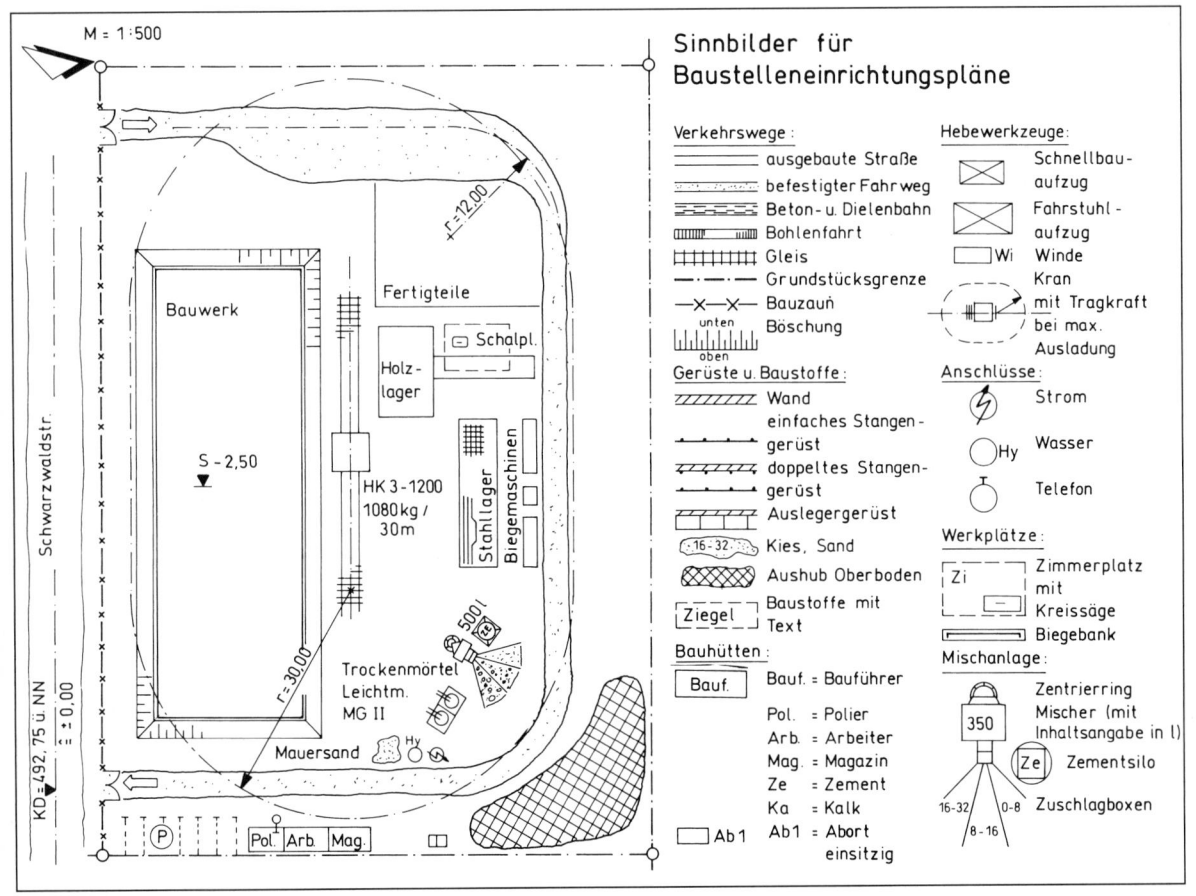

217.1 Baustelleneinrichtungsplan

Bauvorbereitungen

Regeln bei der Planung der Zuordnung:
- Kran – Gebäude: Die Kranbahn ist parallel zum Gebäude zu verlegen. Der Abstand richtet sich nach der Baugrube und dem Schnurgerüst.
- Kran – Mischanlage: Das Fahren mit dem Kran kostet Zeit und soll möglichst vermieden werden. Das Fahren mit der Katze bzw. mit dem Ausleger darf nicht länger dauern als das Schwenken und Hochziehen.
- Lager – Kran – Straße: Auch dabei soll Baustoff und Bauwerk ohne Fahren mit dem Fahrwerk erreicht werden.
- Unterkünfte: Sie sind nahe der Baustraßen, aber außerhalb des Kranarbeitsbereiches (Unfallgefahr) zu legen.
- Baustraßen müssen entsprechend den Straßenbauregeln angelegt werden. Die Radien für Lastzüge betragen 12,00 m. ist eine Umfahrt nicht möglich, so muss eine Wendeplatte eingeplant werden.

Die Abstimmung von Bauverfahren, Ablauf der Fertigung, Aufbau der einzelnen Betriebspunkte und Transportstruktur sind die wichtigsten Bausteine zur Planung der Baustelleneinrichtung. Folgende Angaben sollte ein Baustelleneinrichtungsplan enthalten: Baustellenzufahrt, Baustraßennetz, soweit vorgesehen die Betonaufbereitungsanlage, Kranbahnen, Deponie für Verfüll- und Oberbodenmaterial, Biegeplatz, Schalungszimmerei, Wasserver- und -entsorgung, Strom- und Telefonnetz, Baustofflager, Baustellenbüros, Mannschaftsräume und Wohnlager.

Bauabläufe bedingen eine Verzahnung der Arbeiten von verschiedenen Gewerken (z. B. Installationen vor dem Verputzen) und äußeren Gegebenheiten (z. B. Sperrung von Verkehrswegen oder Betriebsflächen). Die Bauablaufplanung wird in zwei Schritten vorgenommen:
- Die Grobplanung befasst sich mit der Erstellung einer langfristigen Ablaufplanung der wichtigsten Bauabschnitte.
- Die Feinplanung erfasst detailliert die Arbeitsabschnitte mit den Fertigungszeiten der Arbeitsvorgänge.

Zur grafischen Darstellung werden Bauablaufpläne gefertigt. Folgende zwei Möglichkeiten werden angewandt:
- Das Balkendiagramm (Bild 218.1) wird vorwiegend für einfache Planungen des Bauablaufs, der Planung einzelner Fertigungsvorgänge sowie für Arbeitskraft- und Maschineneinsatzplanungen eingesetzt. Horizontal stellt man die Bauzeit in Tagen dar und vertikal führt man die Arbeitsgänge möglichst in ihrer Reihenfolge auf. In die Balken oder in die Spalten neben den Arbeitsvorgängen können der Bedarf an Gesamtstunden, Zahl der Arbeitskräfte und andere vorzusehende Leistungen eingesetzt werden.
- Der Netzplan (Bild 218.1) wird bei vielen Teilprozessen und den daraus sich ergebenden Verflechtungen benützt. Alle Vorgänge müssen so aufeinander folgen, dass der vorangegangene Arbeitsablauf abgeschlossen ist, bevor der Nachfolgende beginnt. Parallele Vorgänge werden aufgespalten. Bei Wartezeiten wie z. B. der Erhärtungszeit von Beton, wird ein Wartevorgang eingebaut. Zum Netzplan fertigt man eine Vorgangs- und Abhängigkeitsliste.

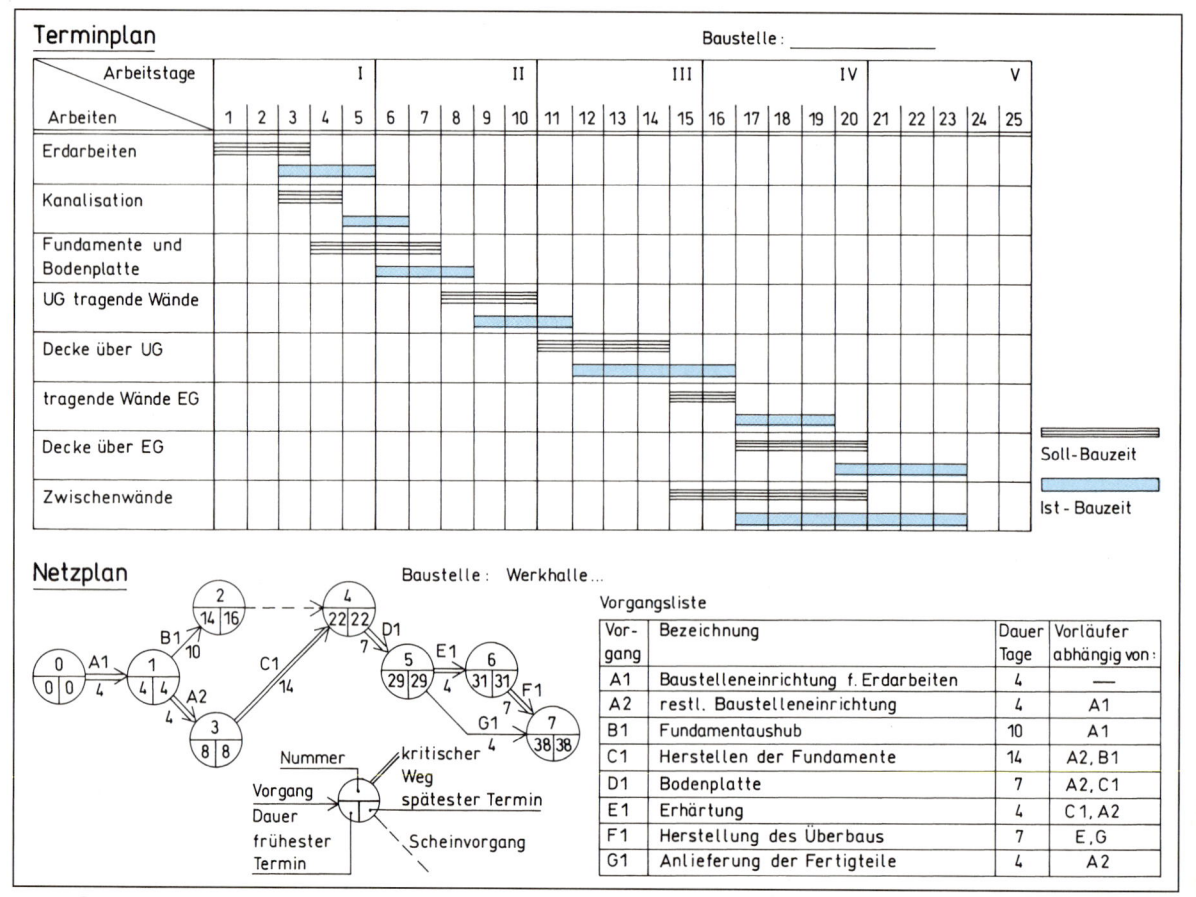

Vorgang	Bezeichnung	Dauer Tage	Vorläufer abhängig von
A1	Baustelleneinrichtung f. Erdarbeiten	4	—
A2	restl. Baustelleneinrichtung	4	A1
B1	Fundamentaushub	10	A1
C1	Herstellen der Fundamente	14	A2, B1
D1	Bodenplatte	7	A2, C1
E1	Erhärtung	4	C1, A2
F1	Herstellung des Überbaus	7	E, G
G1	Anlieferung der Fertigteile	4	A2

218.1 Balkendiagramm und Netzplan-Beispiele

Mauerwerksbau

Die Aufgaben des Maurers umfassen neben einigen Betonarbeiten im Wesentlichen das Errichten von Wänden, die in diesem Kapitel zur Verdeutlichung gegenüber Betonwänden, Fertigteilwänden u.Ä. als Mauern bezeichnet werden (Tafel 219.1). Das Verputzen von Mauern und Decken sowie das Einbringen von Estrichen wird landschaftlich unterschiedlich ebenfalls vom Maurer, jedoch auch vom Stuckateur bzw. vom Estrichleger übernommen.

Mauern sind scheibenförmige Bauteile, die ihrer unterschiedlichen Aufgabe entsprechend geplant und gemäß Norm ausgeführt werden müssen; dort werden drei Arten von Mauern hinsichtlich ihrer Belastung genannt:
- Tragende Mauern sind Bauteile, die sowohl vertikale Lasten (z.B. aus Decken) als auch horizontale Lasten (z.B. aus Windanfall) aufnehmen können.
- Aussteifende Mauern sind Bauteile, die ein ganzes Gebäude oder andere Mauern aussteifen bzw. ein Knicken verhindern; sie gelten stets als tragende Mauern.
- Nicht tragende Mauern werden lediglich durch ihre Eigenlast beansprucht, sie dürfen nicht zur Aussteifung anderer Bauteile herangezogen werden; ebenfalls ist das unbeabsichtigte Einleiten von Lasten nicht zulässig. Nicht tragende Mauern dienen vor allem der Raumbildung und werden u.U. verschiebbar ausgeführt.

Nach **Mauermaterialien**
Natursteinmauern, Mischmauern, Mauern aus künstlichen Steinen, bewehrtes Mauerwerk.

Nach **Aufgabe der Mauern**
Abgrenzungsmauern, Stützmauern, tragende Mauern, aussteifende Mauern, nicht tragende Mauern.

Nach **Lage der Mauern**
Außenmauern, Innenmauern, Kellermauern, Geschoßmauern, Brandmauern, Wohnungstrennmauern sowie Treppenhausmauern.

Außenmauerkonstruktionen
Einschalige Mauern, Sichtmauern, zweischalige Mauern, innere (tragende) Mauerschale, äußere (Verblend-) Schale, Mauern mit Kerndämmung, mit ≥ 6,0 cm Luftschicht, mit ≥ 4,0 cm Luftschicht und zusätzlicher Wärmedämmung, mit ≥ 2,0 cm Längsfuge, mit ≥ 2,0 cm Außenputz, mit ≥ 1,5 cm Innenputz, mit äußerer oder/und innerer Wärmedämmung, mit Vorhangfassade.

219.1 Mauerarten und Unterscheidungsmerkmale

1 Natursteinmauern

Natursteine haben unterschiedliche Entstehung:
- Erstarrungsgesteine: z.B. Basalt, Bims, Granit, Trass, Tuff, teilweise in säulenartiger Form.
- Ablagerungsgesteine: z.B. Kalkstein, Sandstein, Travertin, teilweise schichtig gelagert.
- Umwandlungsgesteine: z.B. Gneis, Marmor, Schiefer.

Natursteine dürfen nicht auf Zug bzw. Biegezug beansprucht werden. Die Druckfestigkeiten einiger Gesteinsarten sind in der Tabelle 219.2 wiedergegeben.
Je nach Art des Steines und der Aufgabe der Mauer werden die Steine bearbeitet, wodurch u.a. die Güteklasse des Natursteinmauerwerkes (N 1, N 2, N 3, N 4), aber auch die Ausbildung der Fugen bestimmt werden.

Ausführung von Natursteinmauern (Bild 221.1):
- Schichtförmig gewachsene Steine sind stets auf Lager (Lastangriff rechtwinklig zur Schichtung) zu setzen.
- Die Eck- und Endsteine sind die größeren Steine.
- Der Fugenanteil soll im Verhältnis zur Steinansichtsfläche so gering wie möglich sein.
- Vorwiegend runde Steine sind im Mauerwerk so zu verarbeiten, dass sie keine Keilwirkung ausüben und die Mauer zu sprengen drohen.
- Mauern aus wenig oder gar nicht behauenen Steinen müssen aus Gründen der Standfestigkeit in etwa 1,50 m Höhe eine quer zum Lastangriff verlaufende vorwiegend horizontale Abgleichung erhalten, in die auch gegebenenfalls eine horizontale Feuchtigkeitssperrschicht eingefügt werden kann.
- Bei Mauern aus behauenen Steinen dürfen nicht mehr als drei Fugen (Stoß- und Lagerfugen) zusammentreffen und nicht mehr als zwei Stoßfugen übereinanderliegen.
- Die Lagerfugen müssen rechtwinklig zum Kraftangriff verlaufen.

Gesteinsarten	Gruppe	Mindstdruckfestigkeit N/mm²
Kalkstein, Travertin vulkanische Tuffsteine	A	20
Weiche Sandsteine mit tonigem Bindemittel	B	30
Dichte Kalksteine und Dolomite, Marmor, Basaltlava	C	50
Sandsteine mit kieseligem Bindemittel Grauwacke	D	80
Granit, Diorit, Syenit, Diabas	E	120

219.2 Mindestdruckfestigkeiten von Natursteinen

1.1 Arten von Natursteinmauern

Natursteinmauern unterscheiden sich, abgesehen von der Gesteinsart, vorwiegend durch den Grad der Steinbearbeitung und die davon abhängige Fugenausbildung (Bild 221.1). Natursteine, deren Lager- und Stoßflächen bearbeitet sind, werden auch als Naturwerksteine bezeichnet, für deren Verarbeitung zu beachten ist, dass
- die Steinlängen und die Steinbreiten von der Steinhöhe abhängig sind,
- bei der Verarbeitung von Läufern und Bindern spätestens nach zwei Läufern ein Binder folgen soll bzw. dass Läufer- und Binderschicht einander abwechseln.

Zu den Naturwerksteinen gehören ebenfalls Natursteinplatten (Fensterbänke, Treppenstufen, Fußbodenplatten u. Ä.).
Natursteine sind entweder polygonal oder in Schichten (lagerhaft) gewachsen. Ihre Ansichtsflächen können naturbelassen bleiben, von Hand oder maschinell bearbeitet werden.
Trockenmauerwerk dient als Schwergewichtsmauer vor allem zur Abgrenzung von Grundstücken, Wegen, Feldern bzw. als einfache Stützmauern, die durch ihr Eigengewicht und ihre Dicke standfest sind; sie werden ohne Verwendung von Mörtel, jedoch u. U. mit Lehm oder Grassoden als Fugenmaterial „trocken" aufeinandergeschichtet.
Zyklopenmauerwerk besteht aus grob zugerichteten Feldsteinen oder aus gebrochenen, wenig bearbeiteten (säulig gewachsenen) Steinen, die in Mörtel verlegt werden. Dieses Mauerwerk wird für Einfriedigungen oder Stützmauern mit relativ niedriger Höhe verwendet, es gilt als nicht tragendes Mauerwerk.
Bruchsteinmauerwerk (Natursteinmauern, Güteklasse N 1) besteht aus gebrochenen, rauhen Steinen mit vorwiegend planen, annähernd parallel zueinander verlaufenden Lagerflächen.
Schichtenmauerwerk (Güteklasse N 2 und N 3) besteht aus gebrochenen Steinen, die sich durch den Grad ihrer Bearbeitung unterscheiden, dabei darf die Fugendicke 3,0 cm nicht überschreiten. Schichtenmauerwerk wird vor allem nach dem Grad der Steinbearbeitung in drei Arten unterteilt:
- Hammerrechtes Schichtenmauerwerk wird aus annähernd quaderförmigen Steinen errichtet; die Bearbeitungstiefe der Lager- und der Stoßflächen soll, von der Sichtseite aus gemessen, mindestens 12 cm betragen.
- Unregelmäßiges Schichtenmauerwerk besteht aus Steinquadern, deren Bearbeitungstiefe mindestens 15 cm betragen soll. Bei hammerrechtem und bei unregelmäßigem Schichtenmauerwerk dürfen in einer Schicht Steine mit unterschiedlicher Höhe verarbeitet werden.
- Regelmäßiges Schichtenmauerwerk ist an gleichen Steinhöhen innerhalb einer Schicht zu erkennen. Die Bearbeitungstiefe beträgt mindestens 15 cm, allerdings müssen die Flächen von Steinen für Gewölbe, Kuppeln u. Ä. in ganzer Tiefe bearbeitet sein.

Quadermauerwerk (Güteklasse N 4) wird grundsätzlich nach den Verbandsregeln für Mauerwerk aus künstlichen Steinen ausgeführt, d. h. es werden Läufer- und Bindersteine vermauert, deren Flächen voll bearbeitet sind und vorwiegend rechtwinklig zueinander stehen.

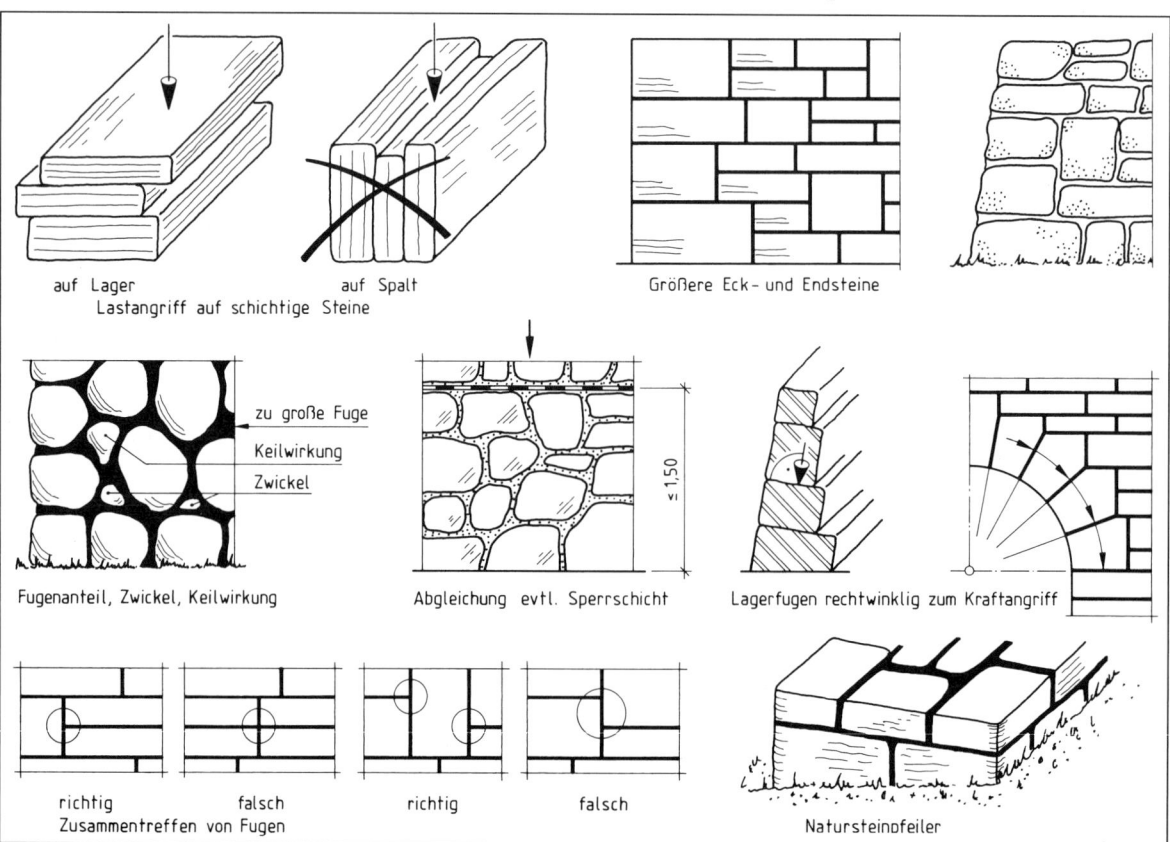

auf Lager — auf Spalt
Lastangriff auf schichtige Steine

Größere Eck- und Endsteine

zu große Fuge
Keilwirkung
Zwickel

Fugenanteil, Zwickel, Keilwirkung

Abgleichung evtl. Sperrschicht (≤ 1,50)

Lagerfugen rechtwinklig zum Kraftangriff

richtig — falsch — richtig — falsch
Zusammentreffen von Fugen

Natursteinpfeiler

220.1 Grundregeln für die Verarbeitung von Natursteinen

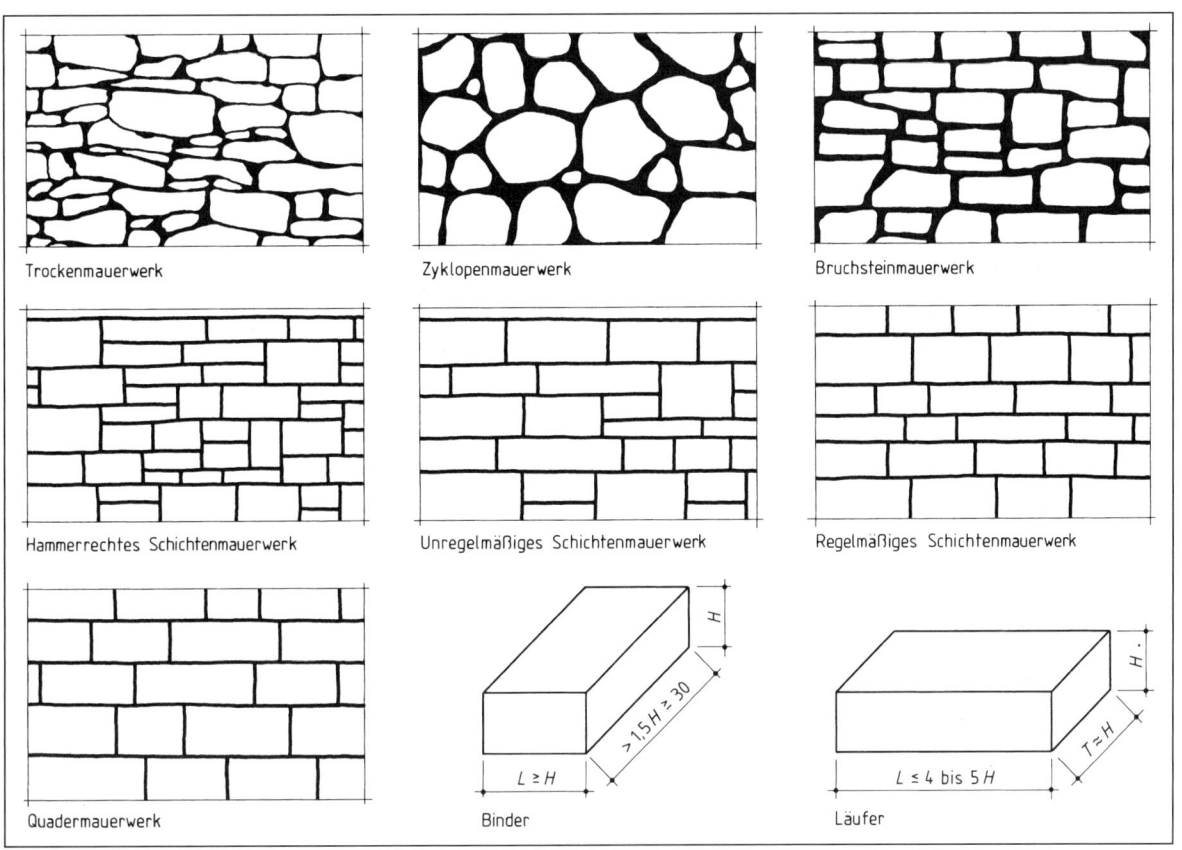

Mauerwerksbau

Trockenmauerwerk | Zyklopenmauerwerk | Bruchsteinmauerwerk

Hammerrechtes Schichtenmauerwerk | Unregelmäßiges Schichtenmauerwerk | Regelmäßiges Schichtenmauerwerk

Quadermauerwerk | Binder ($L \geq H$, $>1{,}5\,H \geq 30$) | Läufer ($L \leq 4$ bis $5\,H$, $T \geq H$)

221.1 Arten von Natursteinmauern

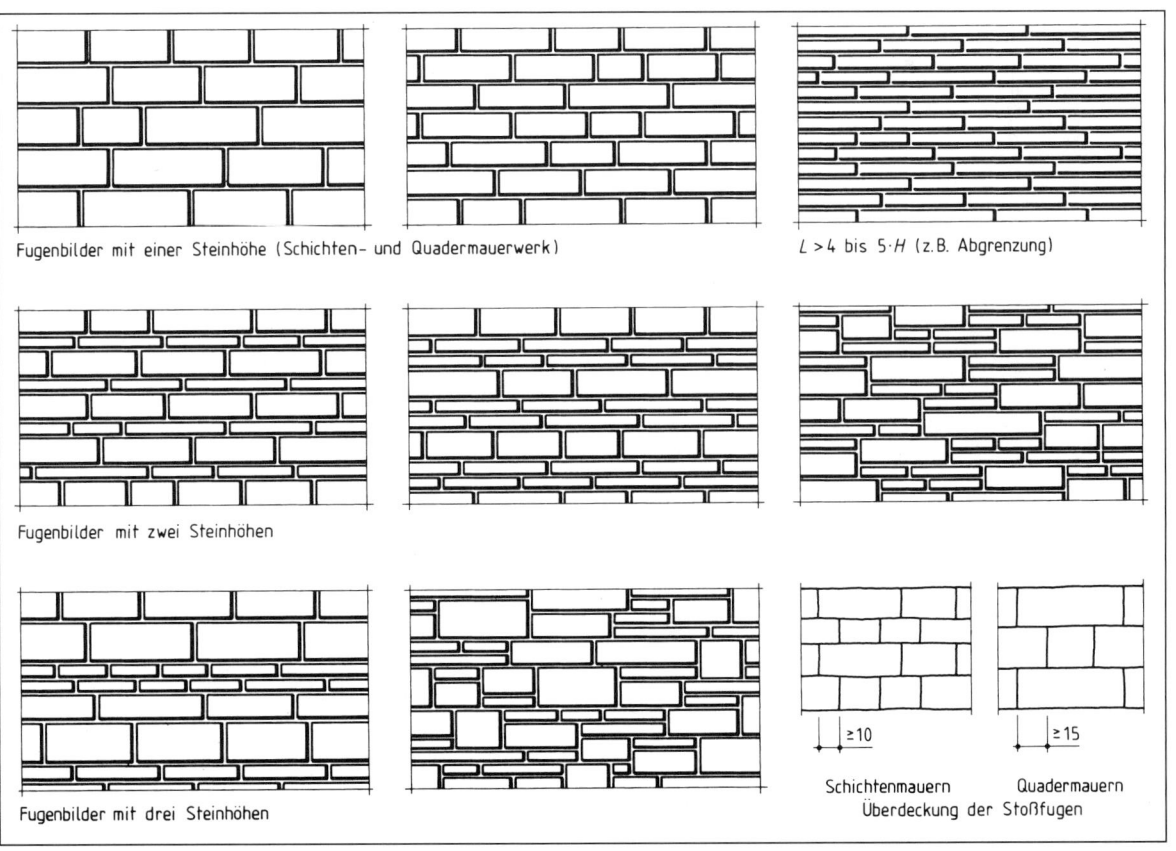

Fugenbilder mit einer Steinhöhe (Schichten- und Quadermauerwerk) | $L > 4$ bis $5 \cdot H$ (z.B. Abgrenzung)

Fugenbilder mit zwei Steinhöhen

Fugenbilder mit drei Steinhöhen | Schichtenmauern (≥ 10) / Quadermauern (≥ 15) Überdeckung der Stoßfugen

221.2 Fugenbilder für Natursteinmauern

1.2 Fugenbilder von Naturwerksteinmauern

Die Fugenbilder von Naturwerksteinmauern sind vornehmlich nach der Anzahl der verwendeten Steinhöhen innerhalb einer Schicht zu unterscheiden (Bild 221.2):

Eine einheitliche Steinhöhe wird bei Quadermauerwerk bevorzugt, bietet sich jedoch auch bei Steinen an, die in gleich hohen Schichten gewachsen sind.

Zwei unterschiedliche Steinhöhen können in mehreren Variationen angeordnet werden:
Höhenwechsel von Schicht zu Schicht oder Schichten gleicher Steinhöhen, jeweils von einer anderen Steinhöhe unterbrochen, bzw. unterschiedliche Steinhöhen innerhalb einer Schicht, wobei zwei kleinere Schichthöhen (jeweils Lagerfuge plus Steinhöhe) einer größeren Schichthöhe entsprechen müssen.

Drei unterschiedliche Steinhöhen setzen im Idealfall Schichthöhen in Drittelteilung voraus; dabei ergeben sich verschiedene Lösungsmöglichkeiten:

- Abwechselnd unterschiedliche Schichthöhen, evtl. in ungleicher Anzahl.
- Verwendung von zwei Steinhöhen innerhalb einer Hauptschicht und Einstreuen der dritten Steinhöhe.

Die Anordnung von drei unterschiedlichen Steinhöhen nebeneinander kann zu einer Verzahnung der Hauptfugen führen. Die Verbandsvorschriften über das Zusammentreffen von Fugen im Naturwerksteinmauerwerk sind bei der Verarbeitung von drei unterschiedlichen Steinhöhen besonders zu beachten; ebenfalls sind die Mindest-Überdeckungsmaße einzuhalten.

2 Mischmauerwerk

Mischmauerwerk gilt als einschalige Mauer, bei der Naturwerksteine (Schichten- und Quadermauerwerk) lediglich auf der Ansichtsseite und nicht in voller Mauertiefe versetzt werden, während die Innenseite aus unbearbeiteten Natursteinen oder aus einem anderen Material besteht. Wenn die gesamte Mauerdicke als tragend angesetzt werden soll, gelten für die Ausführung derartiger Mauern folgende Vorschriften:

- Mindestens 30% der Naturwerksteine (Verblendung) müssen als Bindersteine in die Hintermauer eingreifen.
- Die Binder müssen $\geq 24{,}0$ cm tief sein.
- Das Einbindemaß der Binder muss mindestens 10,0 cm betragen.

Die Rückseiten der Mauern sind u. U. gegen Feuchtigkeit zu schützen.

Arten von Mischmauerwerk. Mischmauerwerk kann in unterschiedlichen Kombinationen von Naturwerksteinen und Hintermauermaterial ausgeführt werden (Bild 222.1):

- Hintermauerwerk aus weniger bearbeiteten Natursteinen, die besonders sorgfältig auszuwickeln und zu vermörteln sind.
- Hintermauerwerk aus künstlichen Steinen (Klinker) mit hoher Druckfestigkeit, die im Verband zu mauern sind; dies bedingt eine Mindestdicke der Mauer von 24,0 cm + 1,0 cm + 11,5 cm = 36,5 cm.
- Innenseite der Konstruktionen aus Beton oder aus Stahlbeton. Die Stahlbetonrückseite ist zunächst zu errichten.

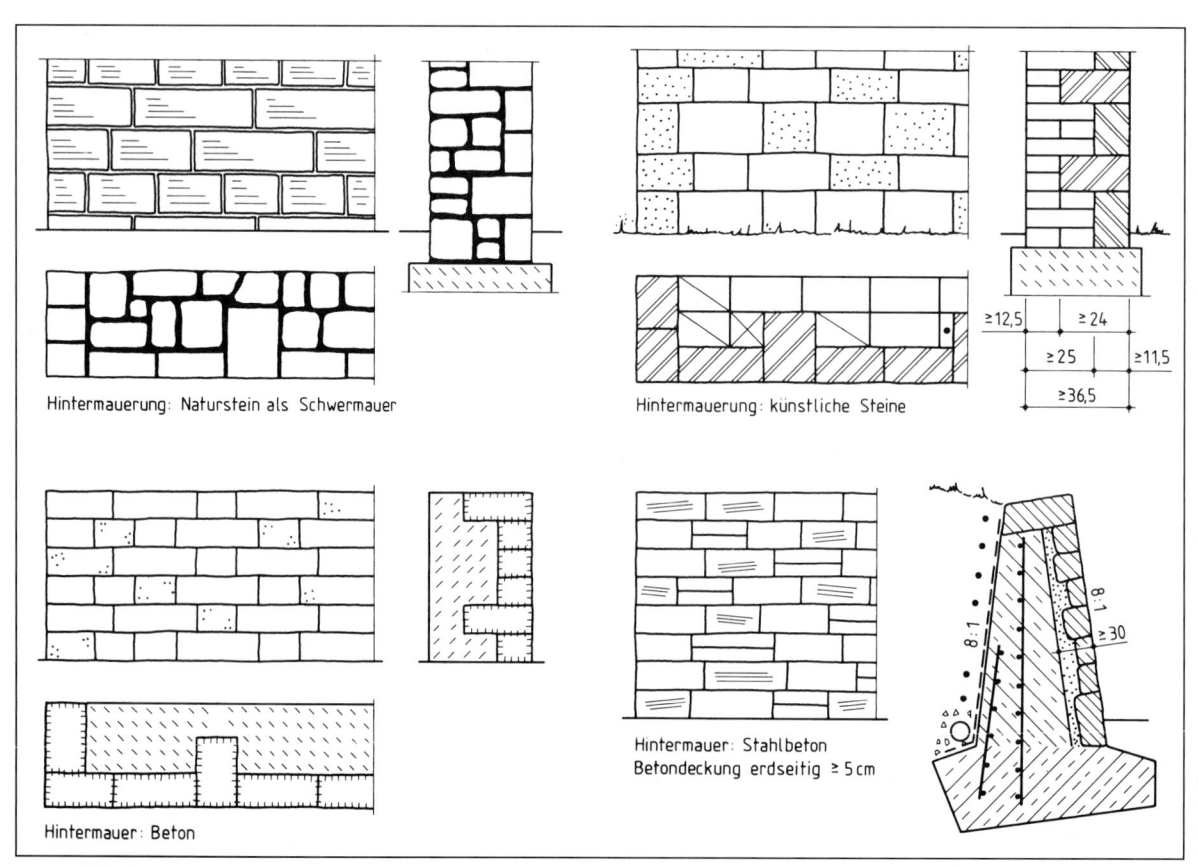

222.1 Mischmauerwerk-Beispiele

Mehrschalige Naturwerksteinmauern dienen vor allem der Mauerverblendung. Als tragend darf lediglich die Innenschale der Mauer angesetzt werden, die als Endstütze ≥ 24 cm, als Zwischenstütze ≥ 11,5 cm, betragen muss. Für den Maueraufbau gelten auch die Vorschriften für zweischaliges Mauerwerk aus künstlichen Steinen. Die Außen- und die Innenschale werden durch Halte- bzw. Trageanker miteinander verbunden. Die Naturwerkstein-Außenschale muss ≥ 10 cm sein und an ihren freien Rändern zusätzlich verankert werden.

In großflächigen Naturwerksteinverblendungen müssen dem verwendeten Material entsprechend etwa 2,0 cm breite horizontale und vertikale Dehnfugen vorgesehen werden, sodass eine Verblendsteinfläche von maximal 50,0 m² eingehalten wird.

Aufgaben: In Bild 223.1 und 223.2 sind Ansichten von Natursteinmauern angedeutet. Die Aufgaben sind auf DIN-A 4-Karoblättern zu lösen (M 1 : 20, eine Karolänge entspricht 10 cm).
Vorzeichnung: Fugenmitten unter Beachtung der Verbandsregeln für Natursteinmauern mit einer Linie evtl. an Schiene und Winkel darstellen.
Reinzeichnung: Fugen in Doppellinie mit einem weichen Blei- oder einem Filzstift freihändig ausführen. Für eine naturgetreue Wiedergabe der Steinformen reicht die natürliche Unruhe der Zeichenhand aus.
Belebung der Darstellung: Die Steinstruktur durch horizontale bis leicht geneigte Schraffuren andeuten. Die Fugen eventuell anlegen.

3 Mauerwerk aus künstlichen Steinen

Künstliche Steine dürfen nicht auf Zug- bzw. Biegezug beansprucht werden, sie können jedoch relativ hohe Druckkräfte aufnehmen. Um diese Kräfte übertragen zu können, ist es erforderlich, dass die Steine sowohl im Verband verarbeitet als auch durch Mauermörtel miteinander verbunden werden. Bei künstlichen Mauersteinen (z. B. gebrannten Steinen), deren Flächen nicht absolut plan und parallel zueinander verlaufen, gleichen die Fugen Unebenheiten aus.

3.1 Künstliche Mauersteine

Bei der Planung und Ausführung von Mauerwerk ist die Auswahl der künstlichen Steine wichtig, denn ihre Druckfestigkeit und Rohdichte sind entscheidend für die Erfüllung der Anforderungen, die an die jeweilige Mauer gestellt werden. In Bild 224.1 sind die wichtigsten künstlichen Mauersteine zusammengestellt.

- Künstliche Mauersteine sind genormt, sie unterliegen einer Eigen- und/oder einer Fremdüberwachung.
- Als Hauptarten sind gebrannte und ungebrannte Steine sowie deren Rohstoffe und die Art ihrer Herstellung zu unterscheiden.
- Auf Zeichnungen und in Texten werden die Steine durch Kurzzeichen beschrieben, die ebenfalls Lochungen und besondere Eigenschaften erkennen lassen. Auf Zeichnungen können verschiedene Mauerwerksarten auch durch unterschiedliche Schraffuren deutlich gemacht werden.

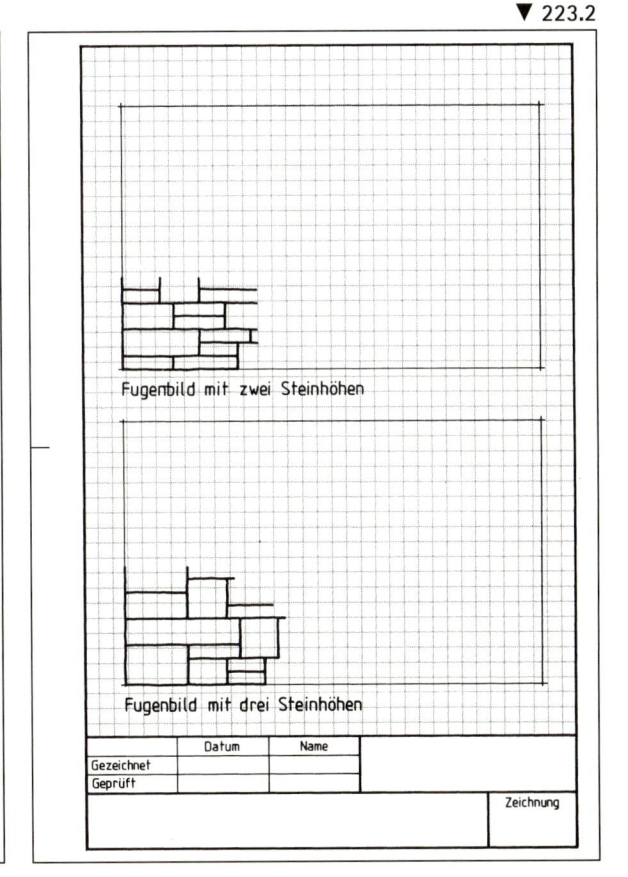

▼ 223.1

▼ 223.2

Norm, Steinart, Material, Herstellung	Kurzzeichen, Eigenschaften Formen		Steinfestigkeitsklassen	Steinrohdichteklassen
DIN 105 Ziegel und Klinker (gebrannt) Ton, Lehm, evtl. Sand zur Magerung; Sägemehl, Styropor zur Porenbildung. Vormauerstein (V) frostwiderstandsfähig. **Vollziegel** Gelochte Vollziegel (Lochung ≤ 15%) Hochlochziegel Lochung A (Löcher ≤ 2,5 cm²) Lochung B (Löcher > 2,5 cm²; ≤ 6 cm²) Lochung C (Löcher > 6 cm², ≤ 15 cm²) Langlochziegel	Mz Mz HLz HLzA HLzB HLzC LLz	VMz VHLz VHLzA VHLzB VHLzC VLLz	4; 6; 8; 12 20; 28	1,0; 1,2; 1,4 1,6; 1,8; 2,0
Klinker (auch hochfeste Ziegel) Vollklinker Gelochte Vollklinker (Lochung ≤ 15% der Lagerfläche) Hochlochklinker Lochung A (Löcher ≤ 2,5 cm²) Lochung B (Löcher > 2,5 cm²) Langlochklinker Keramikklinker Keramikhochlochklinker	KMz KMz KHLz KHLz A KHLz B LLz KK KHK		28; 36; 48; 60	1,2; 1,4; 1,6 1,8; 2,0; 2,2
Leichtziegel Leichthochlochziegel Leichtlanglochziegel Leichtlanglochziegelplatten Hohlblockleichtziegel Mauertafelziegel	Mz HLz LLz LLp Hblz HLzT		4; 6; 8; 12	0,6; 0,7; 0,8; 1,0
DIN 106 Kalksandsteine (ungebrannt) Branntkalk: Sand 1 : 12; formen und unter Dampfdruck härten (≤ 220° C). Vollsteine (Lochung ≤ 15%) Hochlochung (Lochung > 15%)	KS KSL		6; 12; 20; 28	0,6; 0,7; 0,8; 0,9 1,2; 1,4; 1,6; 1,8 2,0; 2,2
Blocksteine (Lochung ≤ 15%)	KS		4; 6	
Hohlblocksteine (Lochung > 15% der Lagerfläche) Vormauersteine Vormauerlochsteine Verblendsteine (höhere Steinfestigkeitsklasse)	KSL KS KS KS	Vm Vml Vb	6; 12; 20; 28	1,0; 1,2; 1,4; 1,6 1,8; 2,0; 2,2
DIN 398 Hütten-(Sand-)steine Hüttensand mit Kalk, Zement o.Ä. gebunden, luft- oder dampfgehärtet. Hüttenvollsteine (Lochung ≤ 25% der Lagerfläche) Hüttenlochsteine (Lochung > 25% der Lagerfläche) Hüttenhohlblocksteine	HSV HSL HS Hbl	VHSV	6 bis 28	1,0; 1,2; 1,4 1,6; 1,8; 2,0
Porenbetonsteine Feiner Sand mit Kalk und Zement gebunden, Zusatz von Treibmitteln, dampfgehärtet. **DIN 4165** Blocksteine **DIN 4166** Plansteine	PB PP		2 4 6 8	0,35 ... 0,50 0,55 ... 0,80 0,65 ... 0,80 0,80 ... 1,00
Leichtbetonsteine Bims, Ziegelsplitt, Blähton o.Ä., mit Kalk oder Zement gebunden. **DIN 18152** Vollsteine Vollblöcke	V Vbl		2; 4; 6; 12	0,5; 0,6; 0,7; 0,8 0,9; 1,0; 1,2; 1,4 1,6; 1,8; 2,0
DIN 18151 Hohlbocksteine (mit 1 bis 4 senkrechten Kammern)	Hbl (1–4)		2; 4; 6	0,5; 0,6; 0,7; 0,8 0,9; 1,0; 1,2; 1,4

224.1 Künstliche Mauersteine

Mauerwerksbau

- Die Mauerfestigkeit und der Brandschutz sind von der Stein- und der Mörteldruckfestigkeit sowie von dem Schlankheitsgrad – Mauerhöhe zu Mauerdicke h:d – abhängig.

Die Steinfestigkeiten (N/mm² bzw. MN/m²) bestimmen neben der Mörteldruckfestigkeit die Mauerfestigkeit. Die Steindruckfestigkeitsklassen sind genormt:

2 4 6 8 10 12 20 28 36 48 60

Die Steinrohdichte (kg/dm³) bestimmt die Dichte und damit die Wärmeleitfähigkeit, das Wärmespeichervermögen und die Schalldämmfähigkeit der Steine. Die Steinrohdichteklassen sind genormt:

0,5 0,6 0,7 0,8 0,9 1,0 1,2 1,4 1,6 1,8 2,0 2,2

Die Formate künstlicher Mauersteine ergeben sich u.a. aus der Verarbeitbarkeit der Steine, der Abstimmung von Länge, Breite und Höhe unter Beachtung der erforderlichen Fugen aufeinander sowie auf die Grundmaße 1,00 m bzw. von 0,75 m. In Bild 225.1 sind die vier Mauersteinvorzugsformate mit den Flächenbezeichnungen der Steine sowie den Maßen, Bezeichnungen und Markierungen der Teilsteine wiedergegeben.

Dabei wird der 3/4 Stein auch als Dreiquartier, der 1/2 Stein als Zweiquartier und der 1/4 als Quartier bezeichnet.

Die beiden kleinen Steinformate werden nach ihrer Höhe benannt:

Dünnformat – DF, Normalformat – NF

Die beiden größeren Formate sind ein Vielfaches von DF bzw. NF:

2 DF (1 1/2 NF) und 3 DF (2 1/4 NF)

Die Länge der vier Vorzugsformate einschließlich einer Stoßfuge ergibt sich einheitlich aus 1,00 m/4 = 25 cm, die Breite bei den drei kleinen Formaten entsprechend aus 1,00 m/8 = 12,5 cm, bei dem größten Vorzugsformat aus 0,75 m/4 = 18,75 cm.

Bei den drei kleinen Vorzugsformaten wird die Stoßfuge stets mit 1,0 cm angesetzt, die Längsfuge bei dem großen Format mit 1,25 cm, die Kopffuge wiederum mit 1,0 cm, sodass die Steinlängen in jedem Fall 24,0 cm, die Steinbreiten 11,5 bzw. 17,5 cm betragen.

Für die vier Vorzugsformate gelten drei unterschiedliche Schichthöhen (Lagerfuge + Steinhöhe):

DF 25 cm/4 = 6,25 cm; NF 25 cm/3 = 8,33 cm
2 DF und 3 DF 25 cm/2 = 12,5 cm

Nach den Maßen der genannten Schichthöhen ergibt sich deren Anzahl pro 1,00 m Mauerhöhe.

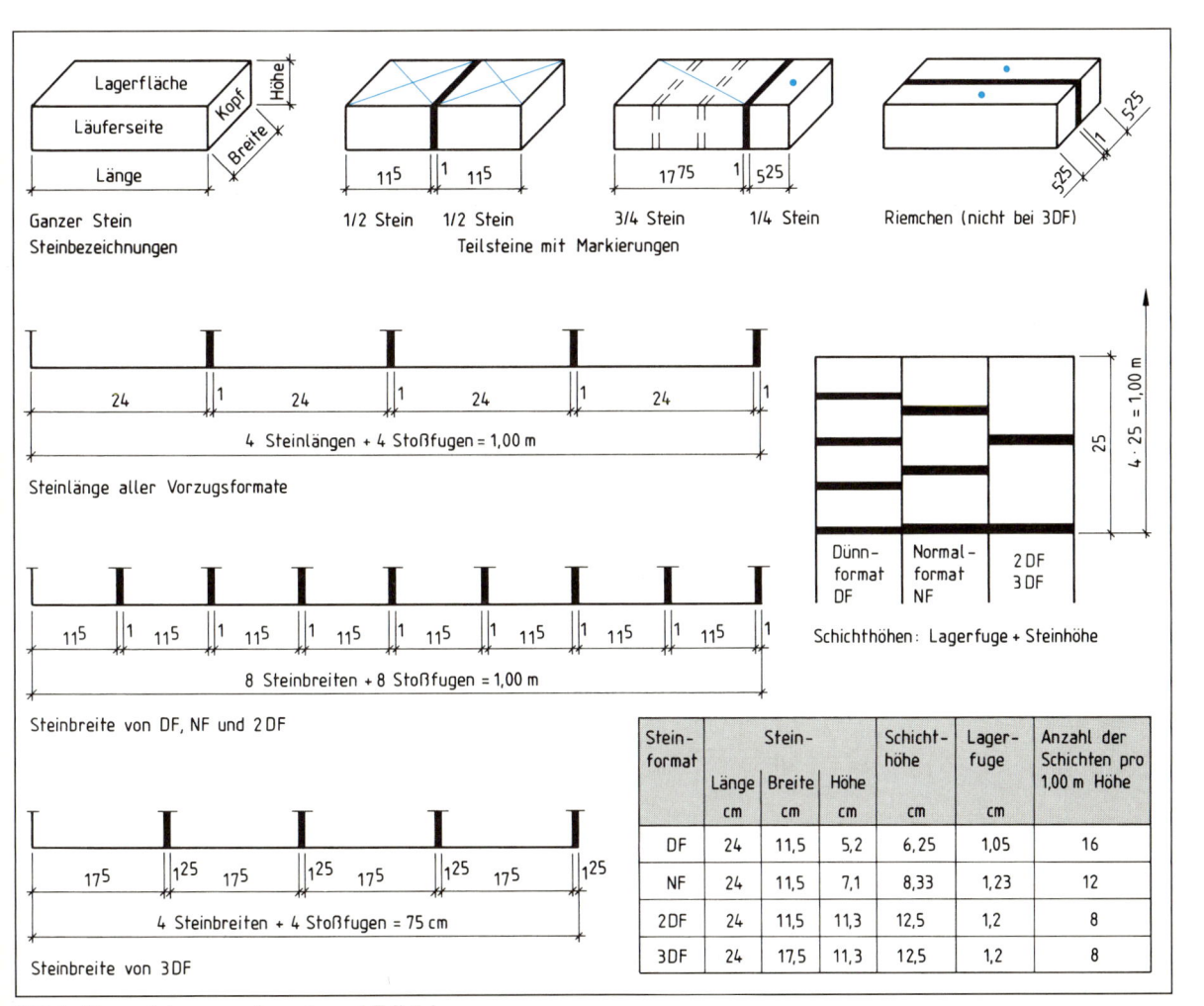

| Stein-format | Stein- | | | Schicht-höhe | Lager-fuge | Anzahl der Schichten pro 1,00 m Höhe |
	Länge cm	Breite cm	Höhe cm	cm	cm	
DF	24	11,5	5,2	6,25	1,05	16
NF	24	11,5	7,1	8,33	1,23	12
2DF	24	11,5	11,3	12,5	1,2	8
3DF	24	17,5	11,3	12,5	1,2	8

225.1 Mauersteinvorzugsformate und Teilsteine

Mauerwerksbau

Die Bezeichnung künstlicher Mauersteine auf Zeichnungen ist vorgeschrieben: **DIN-Nummer, Kurzzeichen, Druckfestigkeitsklasse – Rohdichteklasse – Formatkurzzeichen**. Zusätzlich kann die Mauermörtelgruppe (MG) vermerkt werden. Bei Blocksteinen, die in unterschiedlichen Richtungen (Länge/Breite) verarbeitet werden können, wird auch noch die Mauerdicke (in mm) angegeben.
Bei genormten Steinen kann auf die Angabe der DIN-Nummer verzichtet werden):

(DIN 105) VHLzB 20-1, 8-NF, MG IIa

Beispiel für die Bezeichnung genormter künstlicher Mauersteine.

Großformatige Steine dienen der Arbeitskostensenkung und der Einsparung von Fugen; sie werden für verputztes Innen- und/oder Außenmauerwerk verarbeitet.

- **Blocksteine** als Vollsteine oder Hochlochsteine sind in ihrer Abhängigkeit vom Dünnformat in dem Bild 226.1 dargestellt. Die Maßangaben beziehen sich auf die Verarbeitung mit 1,0 cm Stoßfugen und 1,2 cm Lagerfugen. Für Steine, die im Dünnbettverfahren miteinander verklebt werden, sind die genannten Fugenmaße zu den Steinmaßen zu addieren. Blocksteine können der Länge oder der Breite nach vermauert werden, dabei ist die Mauerdicke bei der Steinbezeichnung in mm zu vermerken:

(DIN 4166) GP 6 – 1,0 – 12 DF (240).

- **Leichtlanglochsteine** sind zu unterscheiden in:

  Leicht-Langlochziegel (LLz), die als Blockformate vorwiegend für tragende Mauern im Handel sind und

  Leicht-Langloch-Ziegelplatten (LLp) (vornehmlich für nicht tragende Innenmauern).

- **Schalungssteine** sind Wandbauelemente mit Nuten an den Kopf- und/oder Lagerflächen sowie großen Kammern, die nach dem trockenen Versetzen (Vermeidung von Kältebrücken), vorwiegend im Halbsteinverband, mit Beton ($\leq$ C 20/25) ausgefüllt werden, der zusätzlich mit Betonstabstahl bewehrt werden kann.

Die Schalungssteine bestehen aus Holzbeton, Leichtbeton oder Beton, sie sind entsprechend ihrem Material mehr oder weniger tragfähig und wärmedämmend. Eine zusätzliche Wärmedämmung kann durch eingestellte Styroporplatten o. Ä. verbessert werden.
Als Sondersteine sind u. a. Halb-, Übergangs-, Anschlag- und Trennsteine sowie Auflagersteine für Stahlbetonplatten im Handel erhältlich.
Schalungssteine können je nach Material und Dicke für Keller-, Geschoss-, Außen- und Innenmauerwerk verarbeitet werden. In der Regel werden Schalungssteinmauern beidseitig verputzt und im Erdbereich gegen Feuchtigkeit gesperrt.

Format	Länge cm	Breite cm	Höhe cm
4 DF	24	24	11,3
5 DF	30	24	11,3
6 DF	36,5	24	11,3
8 DF	24	24	23,8
10 DF	30	24	23,8
12 DF	36,5	24	23,8
15 DF	36,5	30	23,8
16 DF	49	24	23,8
20 DF	49	30	23,8

Blocksteine und Leicht-Langlochziegel

Maße	Nennmaß cm
Länge l	33
	49,5
	99,5
Höhe h	17,5
	23,8
	32
Dicke s	4
	5
	6
	7
	8
	10
	11,5

Leicht-Langlochziegelplatten

Holzspanbeton		Leichtbeton		Normalbeton	
Mauer-dicke	Beton-kern	Mauer-dicke	Beton-kern	Mauer-dicke	Beton-kern
15	10	11,5	7	24	19
17,5	12	17,5	12	30	24
20	15	20	15		
24	16	24	19		
30	21	30	24		

Schalungssteine

226.1 Mauersteingroßformate

Mauerwerksbau 227

3.2 Bindemittel

Mauer-, Putz-, Fug- und Estrichmörtel sowie Beton sind Gemische aus Bindemitteln und Zuschlägen, die durch die Zugabe von Anmachwasser verarbeitbar gemacht werden.

Baukalk – DIN EN 459-1 – (Bild 227.1) wird durch Brennen und Löschen aus Kalkstein für Weißkalk bzw. einem tonhaltigen Kalkstein für Hydraulische Kalke gewonnen. Ein hoher Tonanteil bewirkt nach dem Erhärten eine höhere Druckfestigkeit und Sprödigkeit sowie ein Erhärten unter Wasser. Tonarme Kalke ergeben leicht verarbeitbare Mörtel, die nach dem Erhärten von geringerer Festigkeit, elastisch und wassersaugend sind. Luftkalke werden ungelöscht mit Q und gelöscht als Kalkhydrat mit S klassifiziert. Beispiel: Weißkalk, gelöscht, als Kalkhydrat, mit $\geq 80\%$ Massenanteil CaO: **EN 459-1 CL80-S**.

Zement (Bild 227.2) – DIN 1164 – ist ein Kalk-Ton-(Mergel-)Gemisch, das durch Brennen bis ca. 1 500 °C (Sinterung) zu Portlandzementklinkern und durch feines Mahlen zu Portlandzement wird. Ein werkseitiger Zusatz von geringen Mengen Gipsstein ist zur Verlängerung der Verarbeitbarkeit des Zementes zulässig.

Zemente unterscheiden sich vor allem durch ihre Druckfestigkeit, jedoch auch durch die Zusammensetzung (Bild 227.2). Außer den aufgeführten Zementarten sind weitere für Baustoffe und Bauteile amtlich zugelassen. Beispiele für die Kurzbezeichnung von Zementen; die Angabe der DIN-Nummer kann entfallen, soweit es sich um Normenzemente handelt:

DIN 1164   CEM I 52,5 R

Lehm (nicht genormt) ist ein verwitterter Sandstein, der im Ofen- und Heizungshau als Mörtel für das Versetzen feuerfester Schamottesteine verwendet wird. Als wandbildendes Baumaterial, u.U. mit Füllstoffen (z.B. Stroh) angereichert, ist der Lehm im Außenbereich durch besondere Maßnahmen vor der Einwirkung von dauernder Feuchtigkeit und vor Frostbefall zu schützen. Lehmbauteile schwinden sehr stark, sie haben bis auf eine geringere Druckfestigkeit im Wesentlichen die Eigenschaften gebrannter Steine. Lehm eignet sich aus den genannten Gründen vor allem für den Innenausbau.

Schamottemörtel besteht aus gebranntem fein granuliertem Ton, der durch Zugabewasser verarbeitbar und für die Verkleidung von Feuerungsräumen mit Schamottesteinen verwendet wird.

3.3 Sand

Sand ist ein Zuschlag. Er soll bei Mörteln möglichst scharfkörnig (Grubensand), bei Betonen dagegen rundkörnig (Flusssand) sein. Anmachwasser und Bindemittel machen den Mörtel verarbeitbar und führen zu einem künstlichen Gestein (Bild 227.4).

Benennung	Kurz-zeichen	Kalkgehalt % Masseanteil	Benennung	Kurz-zeichen	Druckfestigkeit in N/mm²
Weißkalk 90	CL90	90	Hydraulischer Kalk 2	HL2	2
Weißkalk 80	CL80	80	Hydraulischer Kalk 3,5	HL3	3,5
Weißkalk 70	CL70	70	Hydraulischer Kalk 5	HL5	5
Dolomitkalk 85	DL85	85	Natürlicher Hydraulischer Kalk 2	NHL2	2
Dolomitkalk 80	DL80	80	Natürlicher Hydraulischer Kalk 3,5	NHL3,5	3,5
			Natürlicher Hydraulischer Kalk 5	NHL5	5

227.1 Arten von Baukalk

Benennung	Kurz-zeichen	Bestandteile
Portlandzement	CEM I	Portlandzementklinker
Portlandkomposit-Zement	CEM II	Portlandzementklinker, Puzzolane, Flugasche, Ölschiefer, Kalkstein, Hüttensand
Hochofenzement	CEM III	Hüttensand, Portlandzementklinker

227.2 Arten von Zement

Mörtelgruppe MG	Luftkalk Kalkhydrat	Hydraulischer Kalk HL2	Hydraulischer Kalk HL5 Putz u. Mauerbinder MC5	Zement	Sand natürlich
I	1	–	–	–	3
I	–	1	–	–	3
I	–	–	1	–	4,5
II	2	–	–	1	8
II	–	2	–	1	8
II	–	–	1	–	3
IIa	1	–	–	1	6
IIa	–	–	2	1	8
III	–	–	–	1	4
IIIa	–	–	–	1	4

227.3 Mischungsverhältnisse für Normalmörtel in Raumteilen

Normalmörtel				Leichmörtel		Dünnbettmörtel	
Mörtelgruppe MG	Mindestdruckfestigkeit nach 28 Tagen in N/mm²						
	Eignungsprüfung	Güteprüfung	Eignungsprüfung	Güteprüfung	Eignungsprüfung	Güteprüfung	
I	–	–					
II	3,5	2,5					
IIa	7	5					
III	14	10					
IIIa	25	20					
LM21					≥ 7	≥ 5	
LM36					≥ 7	≥ 5	
						≥ 14	≥ 10

227.4 Mörteldruckfestigkeiten

Zuschlag mit		Bezeichnung für	
Kleinstkorndurchmesser mm	Größtkorndurchmesser mm	natürliche Zuschläge	gebrochene Zuschläge
–	0,25	Feinst-Fein-Grob- Sand	Feinst-Fein-Grob- Sand Brechsand
–	1,0		
1,0	4,0		

227.5 Bezeichnungen von Sand aus natürlichem Gestein

3.4 Mörtel

In Tabelle 228.1 sind die genormten Mauermörtel zusammengestellt.

- Zusätze beeinflussen die Eigenschaften des Mörtels; es sind Zusatzstoffe (Baukalk, Gesteinsmehl, Trass, Betonzusatzstoffe) und Zusatzmittel mit Prüfzeichen zu unterscheiden (Luftporenbildner LP, Verflüssiger BV, Dichtungsmittel DM, Erstarrungsbeschleuniger und Frosthilfe BE, Erstarrungsverzögerer VZ, Stabilisierer ST).
- Baustellenmörtel wird mit all seinen Teilen auf der Baustelle gemischt.
- Werkfrischmörtel wird verarbeitbar an die Baustelle geliefert.
- Werktrockenmörtel, als Sack- oder Siloware angeliefert, wird durch Zugabe der erforderlichen Wassermenge auf der Baustelle angemacht.
- Werkvormörtel wird auf der Baustelle unter Zugabe von Bindemittel und Wasser zu dem erforderlichen Mörtel gemischt.
- Leichtmörtel (LM 21 und LM 36) wird entweder als Werkfrisch- oder als Werktrockenmörtel geliefert; seine Zuschlagrohdichte ist $< 1,5$ kg/dm^3. LM ist nicht zulässig für die Errichtung von Gewölben und von Sichtmauerwerk, das der Witterung ausgesetzt ist.
- Dünnbettmörtel (DM, der MG III entsprechend) für die Verarbeitung von Plansteinen wird als Werktrockenmörtel mit Größtkorndurchmesser $\leq 1,0$ mm geliefert, er ist nicht zulässig für Gewölbekonstruktionen und Steine mit Maßabweichungen $> 1,0$ mm.
- MG I ist nicht zulässig für Gewölbe- oder Kellermauerwerk sowie bei mehr als zwei Vollgeschossen (dabei gelten Kellergeschosse nicht als Vollgeschoss) und bei Mauerdicken < 24 cm; bei zweischaligem Mauerwerk ist die Abmessung der Innenschale maßgebend, eine Außenschale darf ebenfalls nicht in MG I gemauert werden.
- MG II und MG IIa sind nicht für Gewölbe zulässig.
- MG III und IIIa sind nicht für das Mauern von Außenschalen zulässig, ausgenommen ist das nachträgliche Verfugen.
- Fugmörtel wird entweder auf der Baustelle als wasserundurchlässige Mörtelgruppe III gemischt oder als Fertigmörtel angeliefert. Zementsichere Farbzusätze sind möglich.

Der zu verwendende Mörtel wird entweder durch die Mörtelgruppe (MG) bezeichnet oder durch das Mischungsverhältnis in Raumteilen (RT) angegeben; Zusätze sind gesondert aufzuführen.

Mörtelgruppen: MG I – Kalkmörtel
MG II und MG IIa – Kalkzementmörtel
MG III und MG IIIa – Zementmörtel

Mischungsverhältnisse werden in der Reihenfolge Bindemittel : Zuschlag angegeben.

Beispiele:
                Anteil Kalk : Anteil Zement : Anteil Sand
MG IIa: 2   :   1   :   8
MG III: :   1   :   4

In Tabelle 228.2 sind Gips- und Anhydritmörtel für Putzarbeiten zusammengestellt.

Mörtelgruppe	Luft- und Wasserkalk Kalkteig	Luft- und Wasserkalk Kalkhydrat	Hydraulischer Kalk	Hydraulischer Kalk Putz und Mauerbinder	Zement	Sand	Druckfestigkeit N/mm²
I	1	–	–	–	–	4	–
	–	1	–	–	–	3	
	–	–	1	–	–	3	
	–	–	–	1	–	4,5	
II	1,5	–	–	–	1	8	2,5
	–	2	–	–	1	8	
	–	–	2	–	1	8	
	–	–	–	1	–	3	
IIa	–	1	–	–	1	6	5
	–	–	–	2	1	8	
III	–	–	–	–	1	4	10
IIIa	–	–	–	–	1	4[1]	20

1) besonders geeigneter Sand: gewaschen, nach Sieblinien

228.1 Zusammensetzungen und Mischungsverhältnisse für Normmauermörtel in Raumteilen

Gruppe	Mörtel Art	Bindemittel Baugips bzw. Anhydritbinder	Kalkhydrat
IV	a	Gipsmörtel	1	–
	b	Gipssandmörtel	1	
			1	
	c	Gipskalkmörtel	0,5 bis 1	1
			1 bis 2	1
		Kalkgipsmörtel	0,1 bis 0,2	1
			0,2 bis 0,5	1
V		Anhydritmörtel	1	–
		Anhydritkalkmörtel	1	1,5

228.2 Gips- und Anhydritmörtel

Mauerwerks-festigkeitsklasse	Erforderliche Steindruckfestigkeitsklasse bei Verwendung der Mörtelgruppe		
	IIa	III	IIIa
M 1,5	2	–	–
M 2,5	4	–	–
M 3,5	6	–	–
M 5	12	–	–
M 6	20	12	–
M 7	28	20	–
M 9	–	28	20
M 11	–	36	28
M 13	–	48	36
M 16	–	60	48
M 20	–	–	60

228.3 Mauerwerksfestigkeiten für Rezeptmauerwerk (RM)

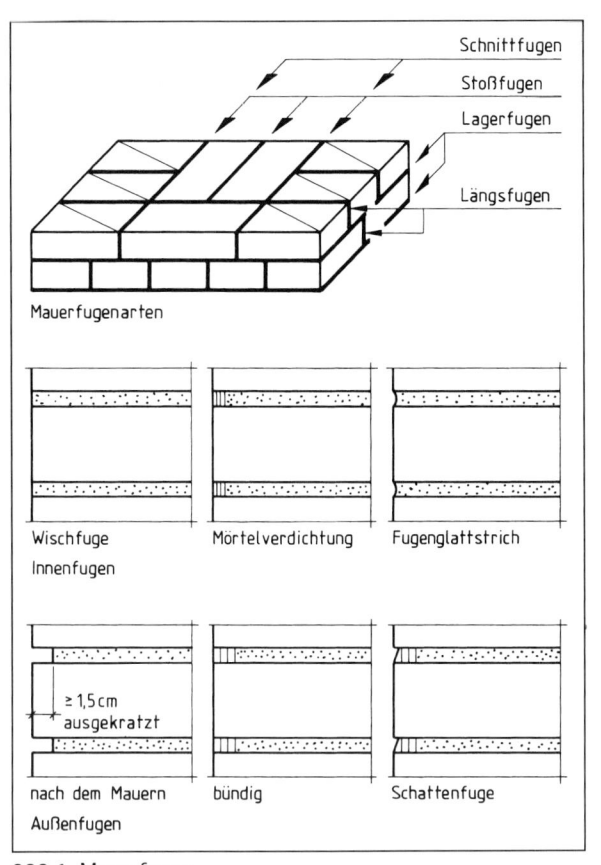

Mauerwerksbau

Rezeptmauerwerk. Die Festigkeit von Mauerwerk aus künstlichen Steinen richtet sich nach deren Druckfestigkeit, der Mauermörtelart (Kalk, Zement) und der Mörtelgruppe (IIa, III, IIIa).

Auf eine Eignungsprüfung des Mauerwerkes (EM) kann für die Vielzahl der Mauerwerksbauten verzichtet werden, wenn folgende Voraussetzungen für ein Rezeptmauerwerk (RM, Tab 228.3) erfüllt sind:
- Gebäudehöhe $\leq$ 20,0 m über Terrain,
- Stützweite der aufliegenden Stahlbetondecken $\leq$ 6,00 m, die bei zweiachsig gespannten Platten für die kürzere Seite gelten.

Fugenbezeichnungen sind in Bild 229.1 wiedergegeben:
- Stoß- und Längsfugen sind bei Mauerwerk aus DF, NF und 2 DF sowie die Kopffugen bei 3 DF rechnerisch stets 1,00 cm dick, jedoch beim 3-DF-Format sind die Läuferseitenfugen mit 1,25 cm anzusetzen.
  Die Lagerfugenmaße ergeben sich aus der Differenz zwischen Schicht- und Steinhöhe.
- Vorwiegend bei Sicht- und bei Verblendmauerwerk, das der Witterung ausgesetzt ist, werden die Fugen vor dem Erhärten $\geq$ 1,5 cm tief ausgekratzt und danach mit einem wasserundurchlässigen Fertigmörtel oder Zementmörtel ausgefugt.

Bei Innenmauerwerk reicht häufig ein Fugenglattstrich, bei dem lediglich eine mechanische Verdichtung des Mauermörtels durch Reiben mit einem Schwamm oder Ähnlichem erfolgt.

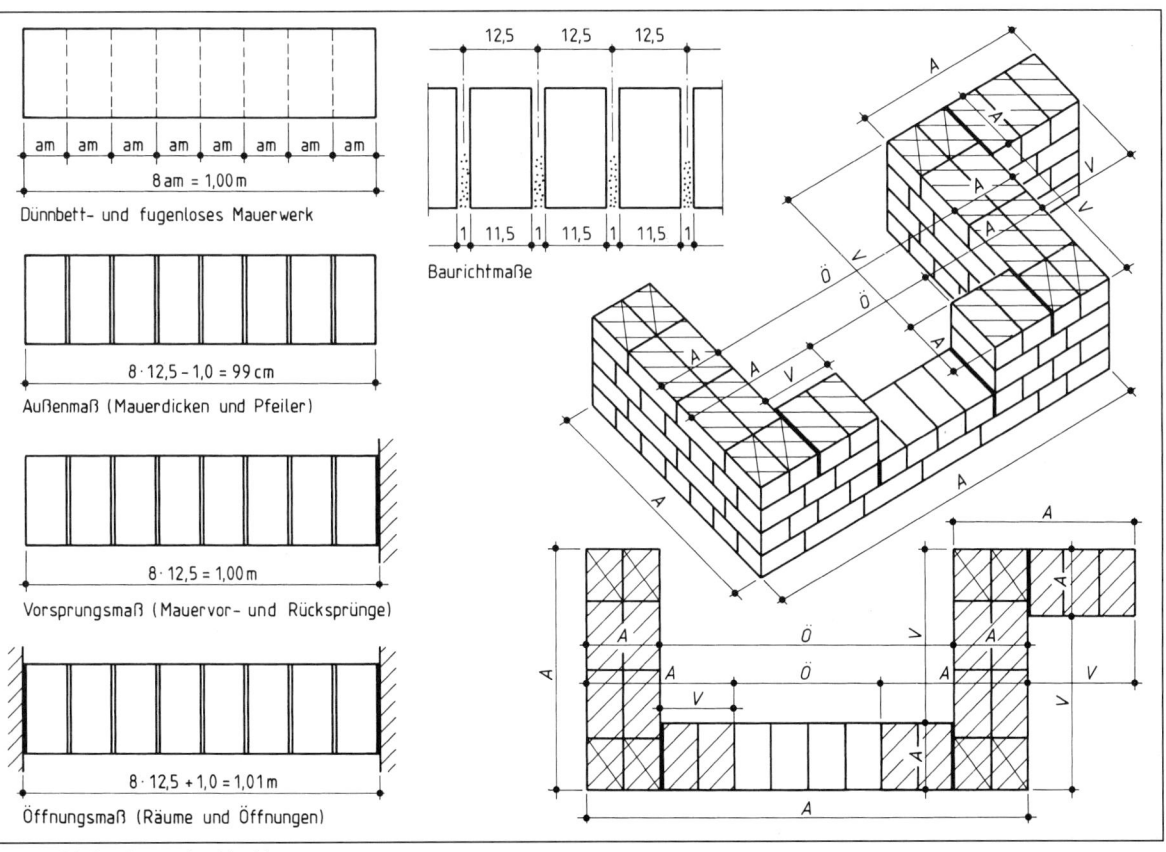

229.1 Mauerfugen

229.2 Maßordnung im Hochbau

Mauerwerksbau

n am	Vorsprungsmaß cm	Außenmaß cm	Öffnungsmaß cm
5	62,5	61,5	63,5
4			
3			
2			
1			
7			
8			
11			
20			
37			
55			
108			
16,5			
22,5			
43,5			
62,5			
77,5			

Mauermaße

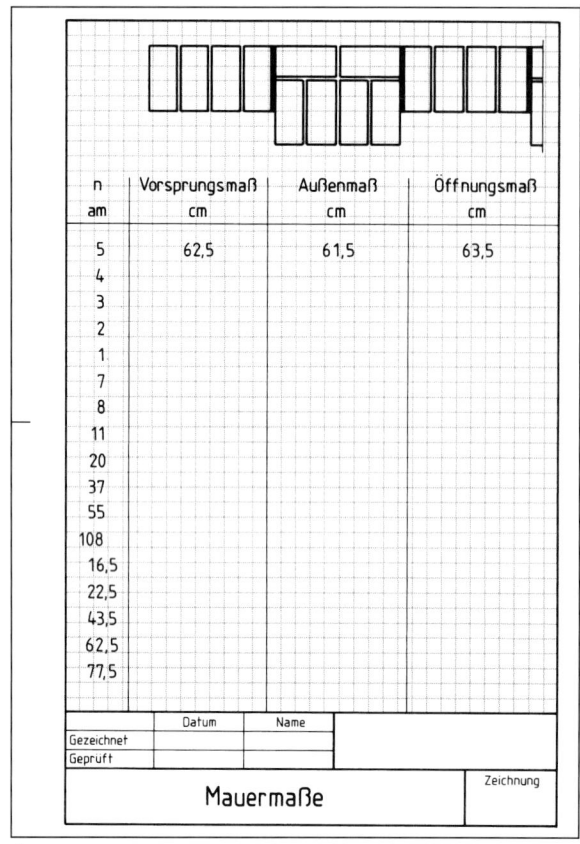

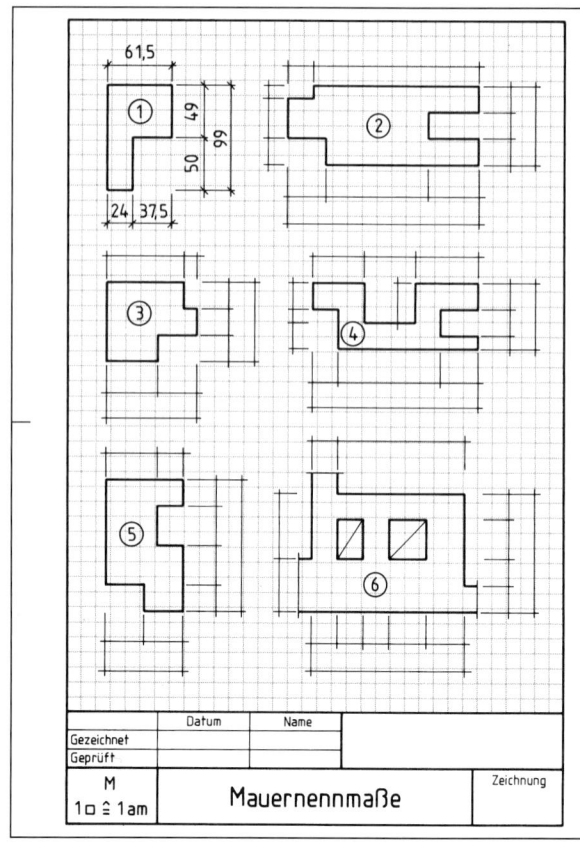

▲ 230.1

Mauernennmaße — M 1□ ≙ 1am

▲ 230.2

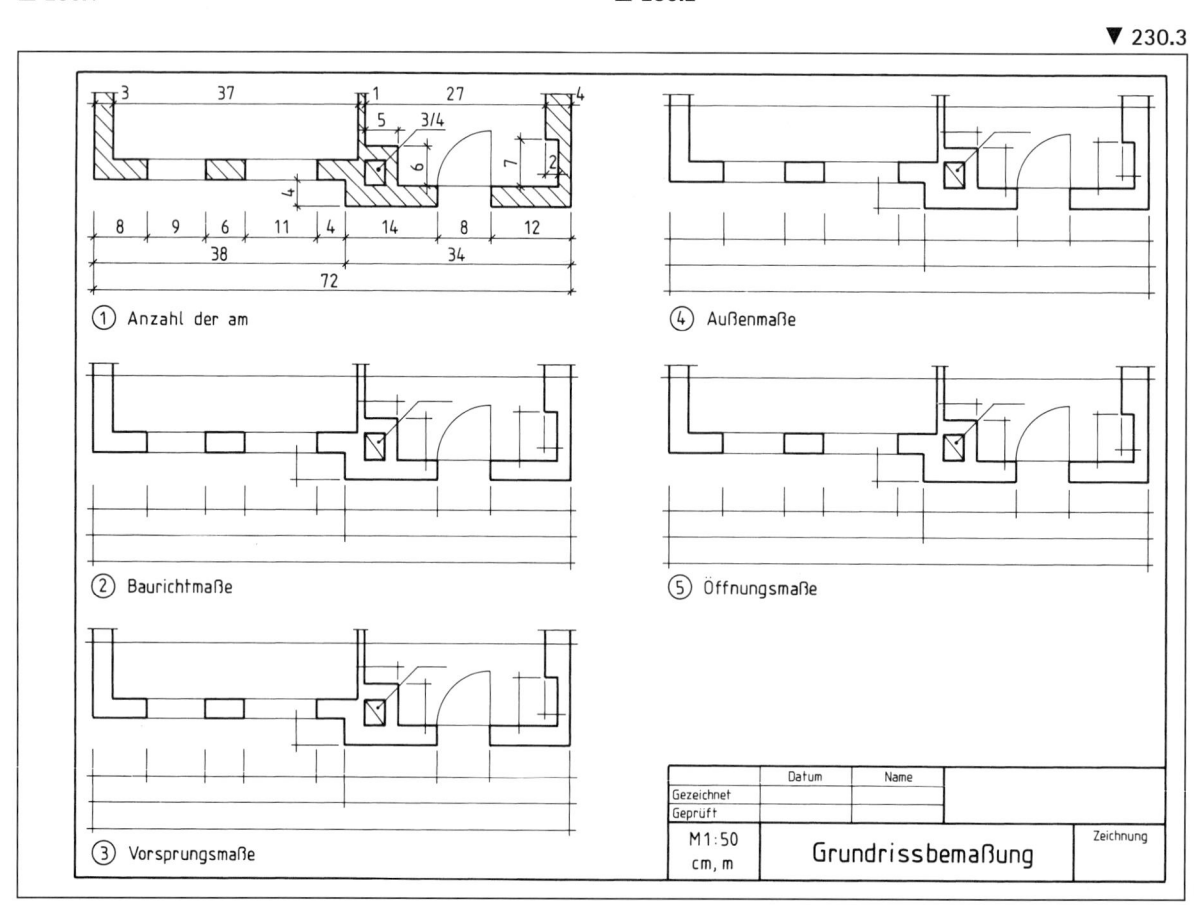

▼ 230.3

① Anzahl der am

② Baurichtmaße

③ Vorsprungsmaße

④ Außenmaße

⑤ Öffnungsmaße

Grundrissbemaßung — M 1:50, cm, m

Mauerwerksbau 231

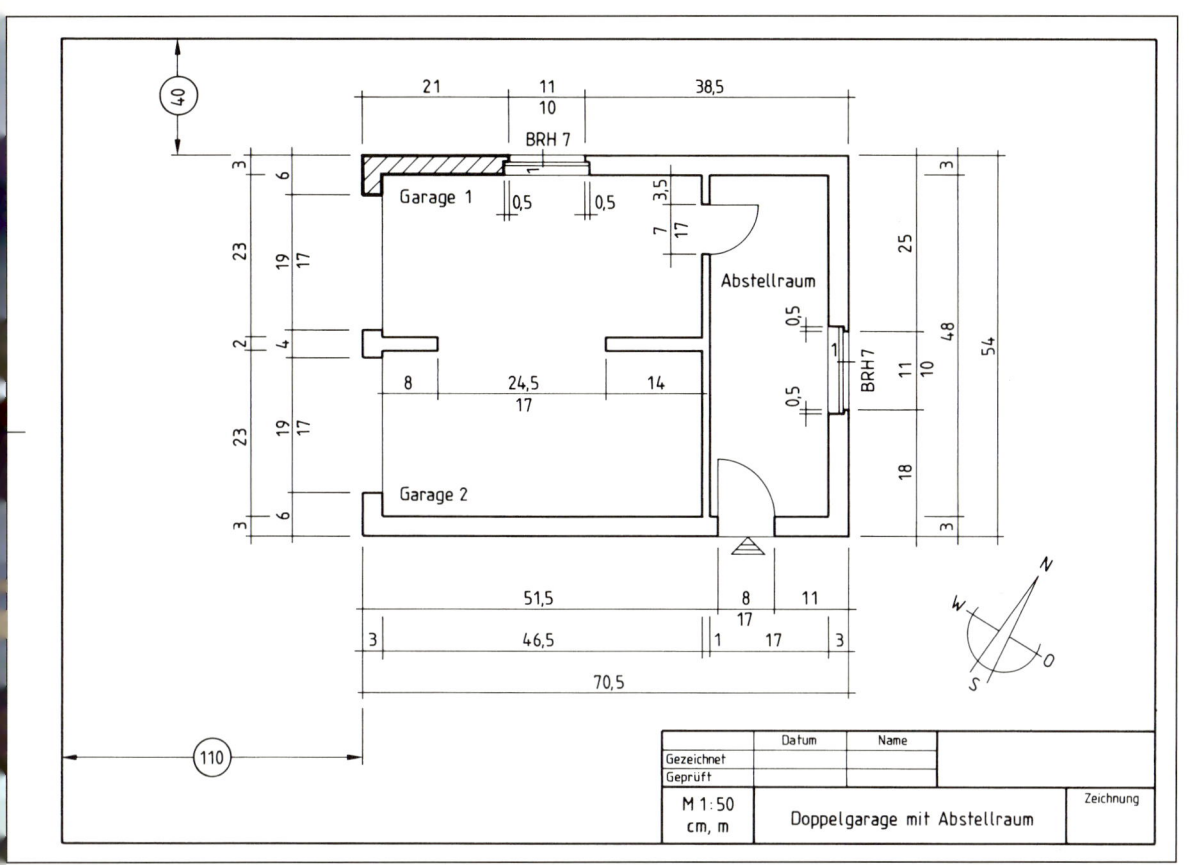

▲ 231.1

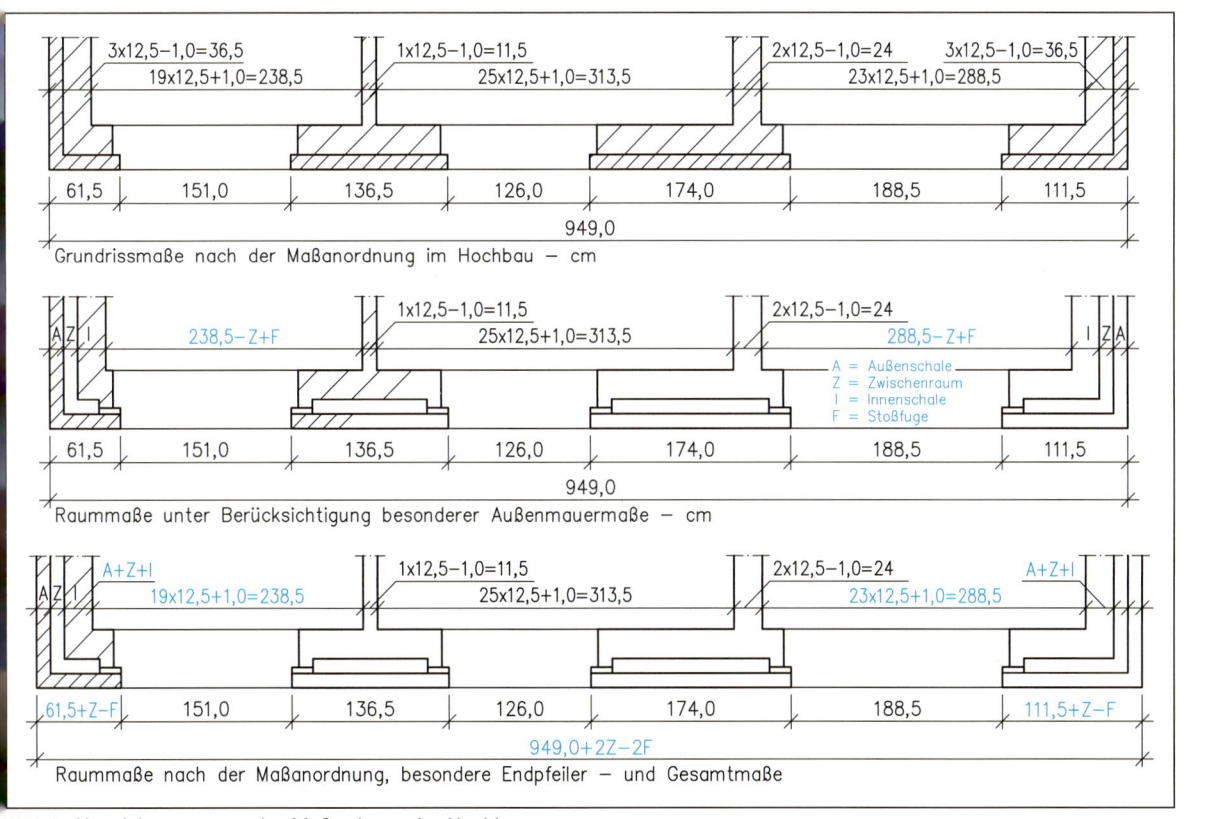

231.2 Abweichungen von der Maßordnung im Hochbau

A = Außenschale
Z = Zwischenraum
I = Innenschale
F = Stoßfuge

Grundrißmaße nach der Maßanordnung im Hochbau – cm

Raummaße unter Berücksichtigung besonderer Außenmauermaße – cm

Raummaße nach der Maßanordnung, besondere Endpfeiler – und Gesamtmaße

Mauerwerksbau

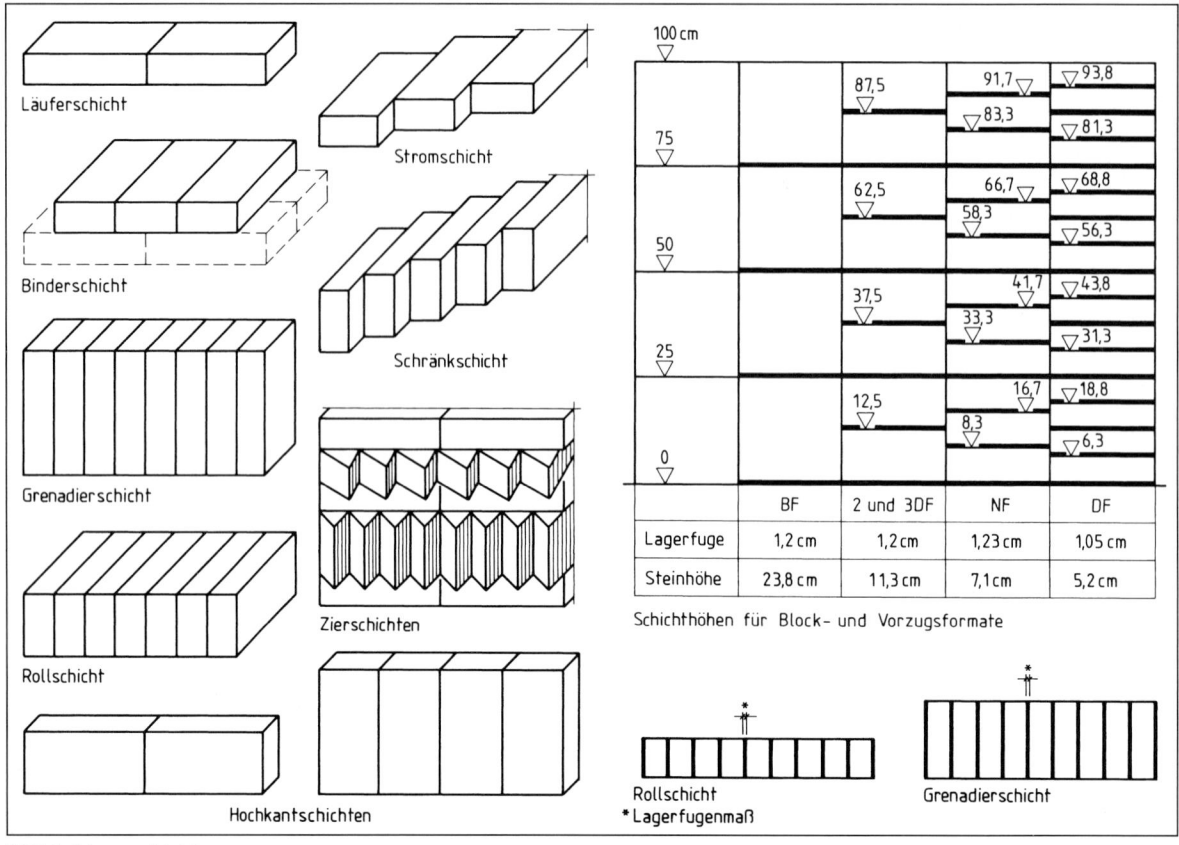

	BF	2 und 3DF	NF	DF
Lagerfuge	1,2 cm	1,2 cm	1,23 cm	1,05 cm
Steinhöhe	23,8 cm	11,3 cm	7,1 cm	5,2 cm

Schichthöhen für Block- und Vorzugsformate

232.1 Mauerschichten

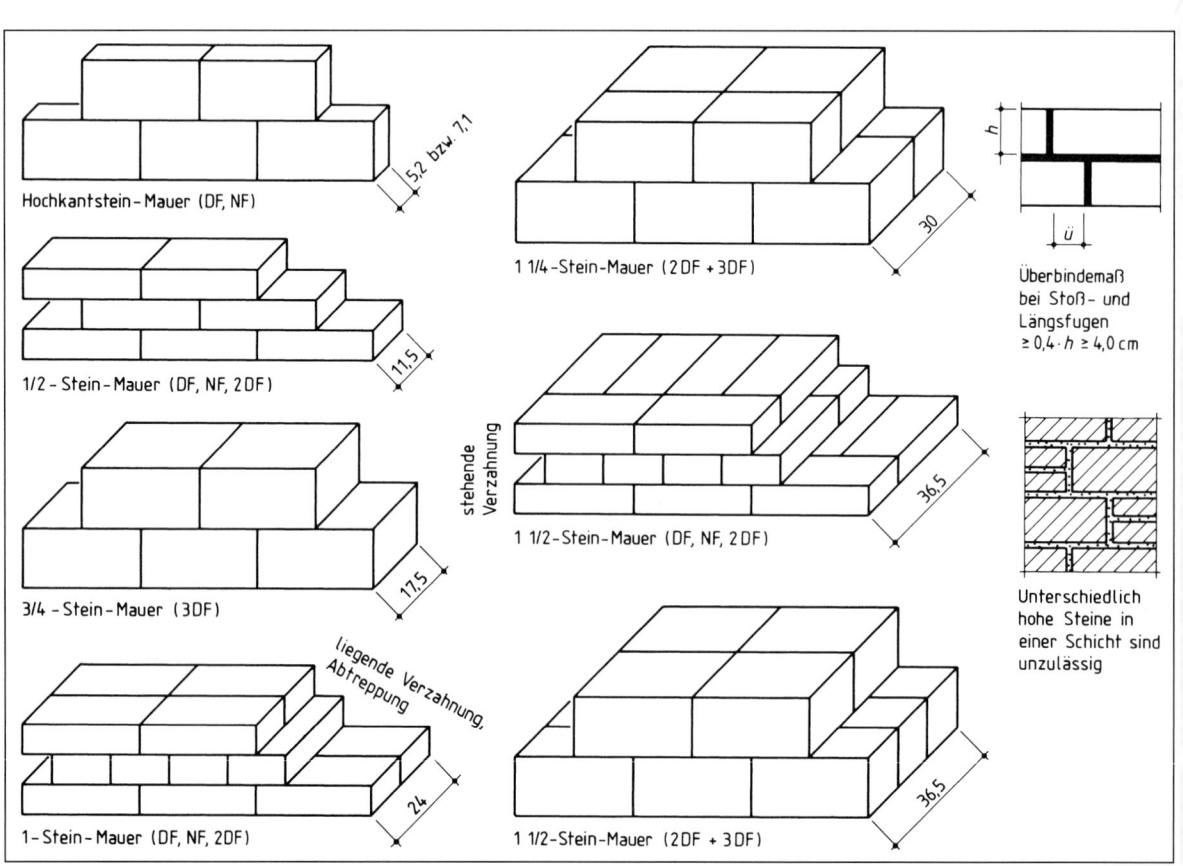

Überbindemaß bei Stoß- und Längsfugen
$\geq 0{,}4 \cdot h \geq 4{,}0$ cm

Unterschiedlich hohe Steine in einer Schicht sind unzulässig

232.2 Mauerdicken

3.5 Mauermaße

Bei der Planung, Darstellung und Bemaßung gemauerter Bauteile sind genormte Mauermaße zu berücksichtigen, damit u.a. die Standsicherheit des Mauerwerkes und die handwerksgerechte Verarbeitung der Mauersteine gewährleistet sind.

Die Maße von Mauerwerksteilen in Grundrissen beziehen sich für Neubauten auf die Rohbaumaße ohne Verputz, Fliesen, Vertäfelungen u.a. Die Maßordnung im Hochbau sieht vor, dass Mauerwerksteile in Grundrissen nach dem Achtelmeter (am, Oktameter) geplant werden:

$$1 \text{ am} = 1{,}00 \text{ m}/8 = 0{,}125 \text{ m} = 12{,}5 \text{ cm}$$

Bei Mauerwerk im Dünnbettverfahren (z.B. bei miteinander verklebten Planblöcken) und bei fugenloser Bauweise (z.B. Betonbauten) betragen die Mauermaße u.U. einen Bruchteil bzw. häufig ein Vielfaches von 12,5 cm:

6,25 cm; 12,5 cm; 18,75 cm; 25 cm; 31,25 cm; 37,5 cm usw.

Für Mauerwerk aus Steinen mit 1,0 cm breiten Stoßfugen ist diese Fuge für die Ermittlung der Rohbaumaße (Nennmaße) zu berücksichtigen. Dabei bedeutet n die Anzahl der am in ganzen und, falls erforderlich, auch in 1/2 am; z.B. 1/2; 1; 1 1/2; 2 am usw.:

Außenmaß $\quad A = n \cdot 12{,}5 \text{ cm} - 1{,}0 \text{ cm}$
Beidseitig freistehendes Mauerwerk

Vorsprungsmaß $\quad V = n \cdot 12{,}5 \text{ cm}$
Einseitig angebundenes Mauerwerk

Öffnungsmaß $\quad Ö = n \cdot 12{,}5 \text{ cm} + 1{,}0 \text{ cm}$
Beidseitig angebundenes Mauerwerk

Die Grundrissmaßermittlung für gemauerte Bauten erfolgt zunächst über die Ermittlung der Baurichtmaße:

$$n \cdot \text{Achtelmetermaß}$$

am	Baurichtmaß cm	Rohbaumaße Außenmaß A cm	Rohbaumaße Vorsprungsmaß V cm	Rohbaumaße Öffnungsmaß Ö cm
1/2	6,25	5,25	6,25	7,25
1	12,5	11,5	12,5	13,5
1 1/2	18,75	17,75	18,75	19,75
2	25	24	25	26
2 1/2	31,25	30,25	31,25	32,25
3	37,5	36,5	37,5	38,5
3 1/2	43,75	42,75	43,75	44,75
4	50	49	50	51
4 1/2	56,25	55,25	56,25	57,25
5	62,5	61,5	62,5	63,5
5 1/2	68,75	67,75	68,75	69,75
6	75	74	75	76
6 1/2	81,25	80,25	81,25	82,25
7	87,5	86,5	87,5	88,5
7 1/2	93,75	92,75	93,75	94,75
8	100	99	100	101

233.1 Maßordnung im Hochbau

Für die Planung und Bemaßung von Mauerwerk in Grundrissen empfiehlt es sich, die Baurichtmaße bis 100 cm auswendig zu wissen (Bild 233.1) und zu diesen Maßen u.U. 1/2 am (6,25 cm) zu addieren, um danach erst das geforderte Rohbaumaß zu bestimmen.

Baurichtmaße von 8 am (1,00 m) an beginnen stets mit einer ganzen Anzahl von Metern, zu der u.U. ein am-Maß addiert wird, z.B. 1,0625; 2,75.

Ist die Anzahl der erforderlichen am bekannt, können horizontale Mauermaße wie folgt berechnet werden:

Anzahl der am geteilt durch 8, ergibt die ganzen Meter, der Rest den am-Baurichtmaßanteil hinter dem Komma.

37,0 am : 8 = 4 m Rest 5 am (0,625 m)
Baurichtmaß = 4,625 m; Außenmaß = 4,615 m
Vorsprungsmaß = 4,625 m; Öffnungsmaß = 4,635 m

52,5 am : 8 = 6 m Rest 4 1/2 am;
Baurichtmaß = 6,00 m + 0,50 m + 0,0625 m
= 6,5625 m
Außenmaß = 6,5525 m (6,55 m)
Vorsprungsmaß = 6,5625 m (6,56 m)
Öffnungsmaß = 6,5725 m (6,57 m)

31,5 am : 8 = 3 m Rest 7,5 am
Baurichtmaß = 3,00 m + 0,875 m + 0,0625 m
= 3,9375 m
Außenmaß = 3,9275 m (3,93 m)
Vorsprungsmaß = 3,9375 m (3,94 m)
Öffnungsmaß = 3,9475 m (3,95 m)

Zunehmende Wärmeschutzanforderungen an Außenmauern, Schutz vor Durchfeuchtung und vor Schallbelästigung verlangen Außenmauerkonstruktionen, deren Abmessungen selten mit der Maßordnung im Hochbau zu erfassen sind. In Bild 231.2 sind die zwei Möglichkeiten für derartige Abweichungen dargestellt. Von dem Grundriss nach der Maßordnung ausgehend werden neue Mauermaße ermittelt:

1) Die Maße der jeweils außen liegenden Räume werden um den Differenzbetrag zu dem Maßordnungsmaß der Außenmauer verkleinert. Die äußeren Mauermaße – Pfeiler-, Öffnungs- und Gesamtmaße – entsprechend der Maßordnung.
2) Die Maßordnungsmaße der äußeren Räume bleiben trotz vergrößerter Außenmauermaße erhalten, es ändern sich die Maße der Endpfeiler und das Gesamtmaß.

Aufgaben: Maßermittlung ohne Taschenrechner.
1) Bild 230.1: Die horizontalen Mauermaße sind zu berechnen.
2) Bild 230.2: Die vorgesehenen Bemaßungen sind durch Maßzahlen in cm zu ergänzen. Eine Karolänge entspricht einem am. Die Summe der Einzelmaße muss das entsprechende Gesamtmaß ergeben.
3) Bild 230.3: Die Bemaßung des Teilgrundrisses ist schrittweise vorzunehmen. Mithilfe der unter ① angegebenen Anzahl der Achtelmeter sind für ② sämtliche Baurichtmaße zu bestimmen; eine Kontrolle der Maßketteneinzelmaße mit dem Gesamtmaß ist vorzunehmen. Für ③, ④ und ⑤ sind lediglich die jeweils geforderten Maße zu ermitteln und in die Zeichnungen einzutragen.
4) Bild 231.1: Der Grundriss für eine Doppelgarage ist im Maßstab 1 : 50 auf einem A3-Blatt zu zeichnen und zu bemaßen. Die Anzahl der am ist durch die Zahlen an den Maßlinien angegeben; die Höhenlagen sind zu übernehmen.

Mauerwerksbau

Die Rohbaumaße von Mauerwerkshöhen werden bei Dünnbett- und bei fugenloser Bauweise vorzugsweise im 25-cm-Raster geplant: 25 cm; 50 cm; 75 cm; 1,00 m.
Bruchteile des 25-cm-Rasters führen zu den Schichthöhen

$$25\,\text{cm}/2 = 12,5\,\text{cm};$$
$$25\,\text{cm}/3 = 8,33\,\text{cm};$$
$$25\,\text{cm}/4 = 6,25\,\text{cm}.$$

Bei Mauerwerk aus Mauersteinen mit Mörtel-Lagerfugen besteht eine Schichthöhe aus Lagerfugenhöhe plus Steinhöhe. Die Steinhöhen sind genormt, z. B.:

| 23,8 cm | 11,3 cm | 7,1 cm | 5,2 cm |

Aus der Differenz zwischen Schicht- und Steinhöhe ergibt sich das Lagerfugenmaß:

25   cm − 23,8 cm = 1,2 cm
 8,33 cm − 7,1 cm = 1,23 cm
12,5 cm − 11,3 cm = 1,2 cm
 6,25 cm − 5,2 cm = 1,05 cm

Bei Mauerhöhenmaßen sind wie bei Längenmaßen drei Möglichkeiten gegeben (n = Anzahl der Schichten):

Unter- und Oberseite ohne Lagerfuge
 = n · Schichthöhe minus Lagerfugenhöhe

Unter- oder Oberseite mit einer Lagerfuge
 = n · Schichthöhe

Unter- und Oberseite mit je einer Lagerfuge
 = n · Schichthöhe plus Lagerfugenhöhe

Bei stehenden Mauerschichten, Roll- und Grenadierschicht, gelten die Fugen als Lagerfugen, obgleich sie senkrecht stehen.

3.6 Mauerschichten und Mauerdicken

Mauerschichten werden nach der Lage der Steine und ihrer Ansichtsfläche benannt (Bild 232.1).

- Läuferschicht: Die Steine liegen auf einer Lagerfläche, man sieht Läuferseiten; diese Schichtart wird bei Mauerdicken angewendet, die der Steinbreite entsprechen.
- Binder- oder Kopfschicht: Die Steine liegen auf einer Lagerfläche, man sieht Köpfe. Binderschichten bedingen Mauerdicken von ≥ 24,0 cm. Diese Steinlage wird als Binder bezeichnet, weil die Steine häufig zwei hintereinander liegende Läufer überbinden.
- Grenadierschicht (Stehschicht): Die Steine stehen auf einem Kopf, man sieht Läuferseiten. Diese Schicht findet vor allem als Sturz über Maueröffnungen Anwendung.
- Rollschicht (Rolle): Die Steine liegen auf einer Läuferseite, man sieht Köpfe. Diese Schicht wird vor allem als obere Abdeckschicht mit einer Mauerdicke ≥ 24,0 cm angewendet.
- Hochkantschicht: Die Steine stehen auf einer Läuferseite, man sieht Lagerflächen. Für diese Schichten, die nicht für tragende oder aussteifende Mauern angewendet werden dürfen, sondern als schalldämpfende Wandverkleidungen Verwendung finden, werden vor allem Hochloch-DF-, -NF-, -2- und -3-DF-Formate verarbeitet (Mauerdicke 5,2 bis 11,3 cm).

Hochkantsteine, die auf einem Kopf stehen und deren Lagerflächen zu sehen sind, dürfen wegen der Gefahr des Kippens lediglich in wenigen Ausnahmefällen, etwa für dekoratives Mauerwerk, dessen Standsicherheit durch Fachwerk o. Ä. gewährleistet ist, verarbeitet werden.

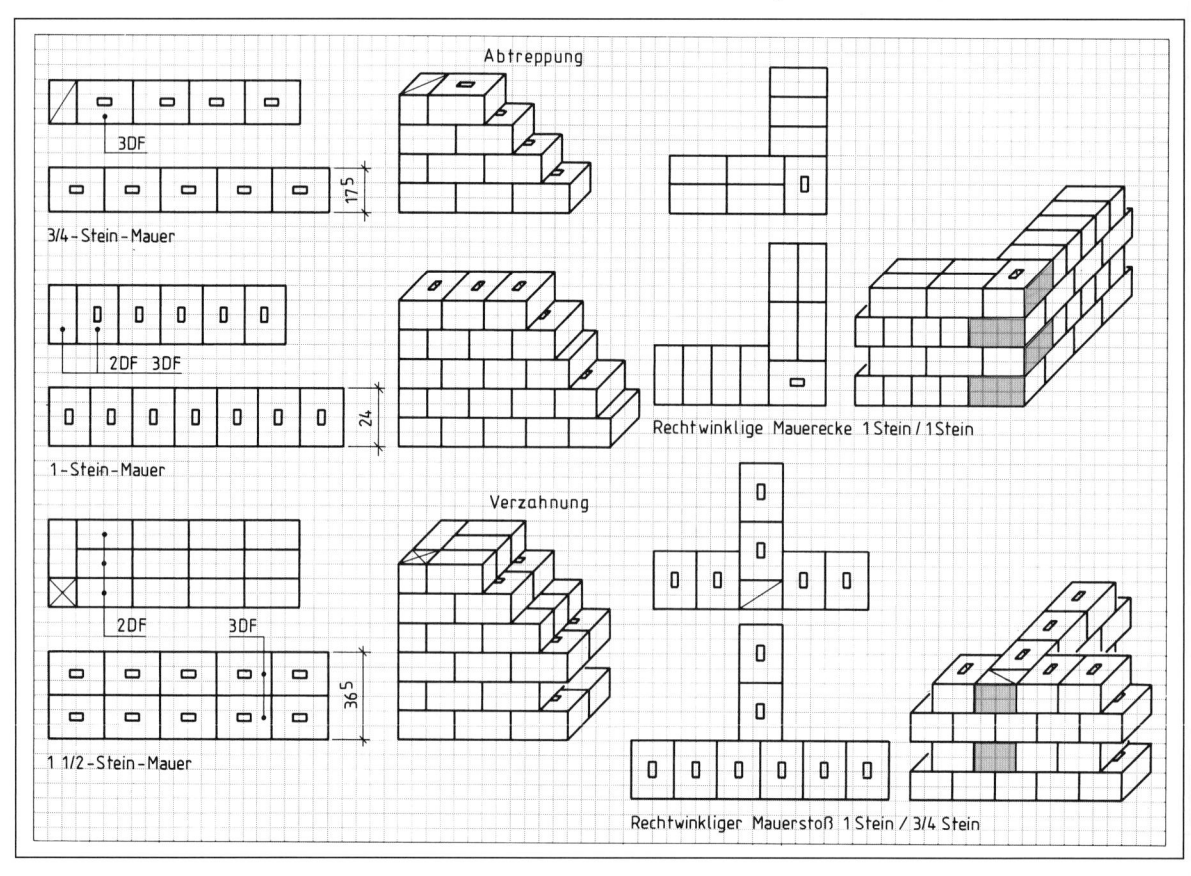

- Stromschicht: Die Steine liegen über Eck auf einer Lagerseite, man sieht Köpfe und je nach Schräglage der Steine mehr oder weniger von einer Läuferseite.
- Schränkschicht: Die Steine liegen über Eck auf einer Läuferseite, man sieht Köpfe und je nach Schräglage der Steine mehr oder weniger von einer Lagerfläche.
Die Strom- und die Schränkschicht sind Zierschichten, die in der Regel aus Vollsteinen bestehen.

Mauerdicken aus künstlichen Mauersteinen sind abhängig vom Steinformat. In Bild 232.2 sind einige gängige Mauerdicken aus Vorzugssteinformaten wiedergegeben. Je nach Art der Mauer – Keller-, Geschoss-, Außen-, Innenmauer, verputzt oder unverputzt, kann zwischen klein- und großformatigen Steinen gewählt werden. Kleinformate werden vor allem aus optischen Gründen für Sicht- und für Verblendmauerwerk eingesetzt. Die Verarbeitung großformatiger Blocksteine wird aus Kostengründen bei verputztem Mauerwerk bevorzugt.

Für Mauerkonstruktionen gelten grundsätzliche Regeln:
- In tragenden Mauerverbänden müssen die Steine immer in zwei aufeinander folgenden Schichten ein Mindestüberdeckungsmaß haben: ü ≥ 0,4 · Steinhöhe ≥ 4,5 cm
- Bei einschaligem Mauerwerk aus künstlichen Steinen ist die Verarbeitung verschieden hoher Steine in einer Schicht nicht zulässig, um u. a. ein Durchbrechen der Steine infolge unterschiedlicher Belastung oder Setzung zu vermeiden.

3.7 Mauerenden und Mauerverbände

Ein gerader (senkrechter) Maueranfang bzw. ein senkrechtes Mauerende werden durch die Verarbeitung von Teilsteinen (3/4 oder 1/2 Stein) erreicht. Nachstehend werden lediglich die klassischen Mauerverbände behandelt, bei denen das Verarbeiten von 1/4 Steinen und jegliche Fugendeckung ausgeschlossen sind. In der Praxis werden diese Bedingungen nicht in jedem Fall erfüllt. An Schornsteinecken werden u. U. 1/4 Steine vermauert, oder es wird im Inneren einer Mauer 1/4 Stein Fugendeckung geduldet.

In Bild 235.1 sind gerade Mauerenden unterschiedlicher Mauerbreite und -länge dargestellt:
- Die 1/2 Stein dicken Schichten (11,5 cm) beginnen oder enden je nach Mauerlänge, gewünschtem Überbindemaß und Verbandsbild mit 1/2, 1 oder 3/4 Stein.
- Bei dem Regelverband der 1 Stein dicken Mauer (24 cm) beginnt und endet die Binderschicht mit Bindern, sofern die Mauerlänge durch eine ganze Anzahl von Köpfen (am) teilbar ist; die Läuferschicht beginnt und endet mit zwei 3/4 Steinen hintereinanderliegend. Geht die Mauerlänge nicht in ganzen am (12,5 cm) auf, wird im Umgeworfenen Verband gemauert, d.h. die Binderschicht hat ein Läuferende, die Läuferschicht ein Binderende.
- Von der 1 1/2 Stein dicken Mauer an (36,5 cm) beginnt und endet im Regelverband jede Läuferschicht mit so viel 3/4 Steinen in Läuferrichtung hintereinanderliegend, wie die Mauer halbe Steine dick ist, jede Binderschicht mit zwei Paar 3/4 Steinen in Binderrichtung in den Ecken liegend. Beim Umgeworfenen Verband werden die Regelenden wiederum vertauscht.

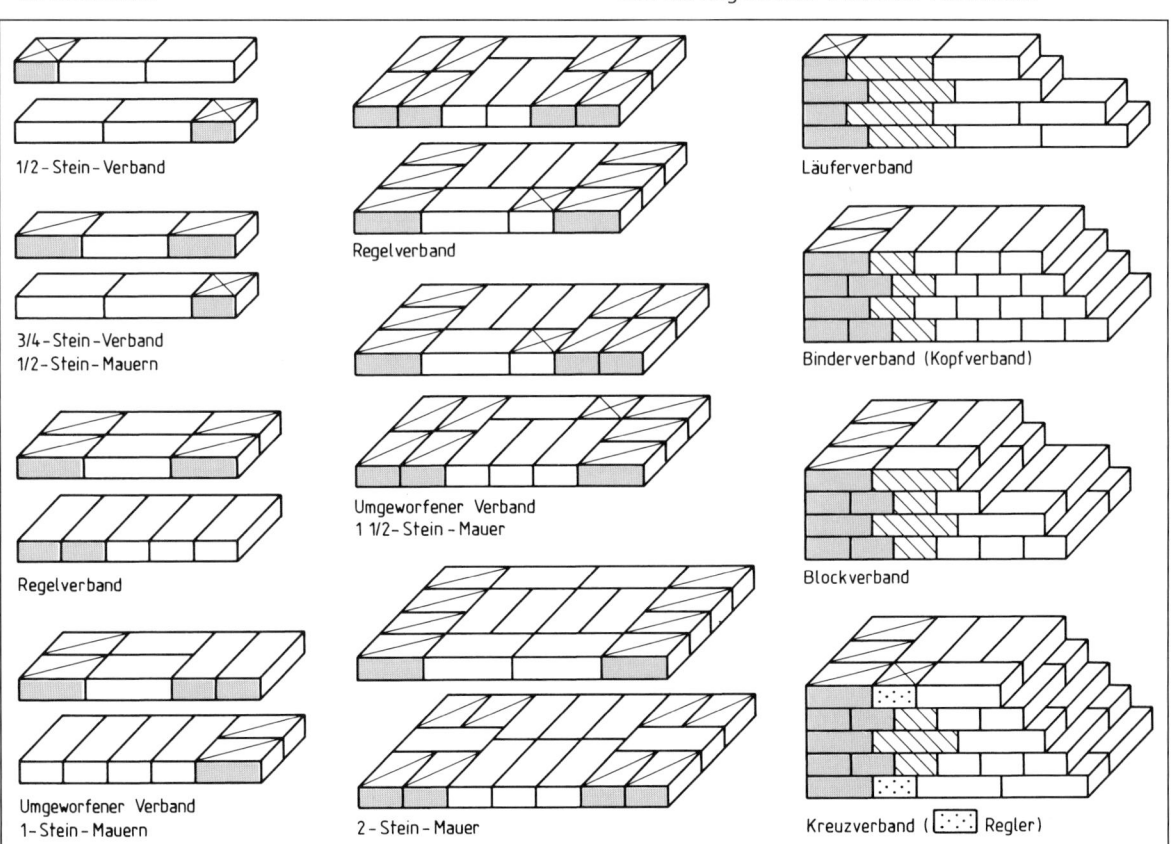

235.1 Mauerenden – Mauerverbände

- Bei 1 1/2 Stein dicken und dickeren Mauern ist vor allem darauf zu achten, dass niemals zwei Läufer hintereinander liegen; Läufer und Binder wechseln einander ab, bzw. liegt in der Binderschicht einer zwei Stein dicken Mauer Binder hinter Binder.
- Binderschichtenden von 2 Stein dicken Mauern an (49 cm) werden durch ganze Steine zwischen den 2 Paar 3/4 Steinen ergänzt; bei der 2 1/2 Stein dicken Mauer (nicht dargestellt) sollten die Ergänzungssteine am Mauerende eine Läuferseite erkennen lassen, also als Binder vermauert werden.

Unter dem Begriff Mauerverband ist außer der Steinverzahnung auch das äußere Erscheinungsbild der Mauerfläche zu verstehen: Der Wechsel zwischen unterschiedlich großen Steinflächen und die Lage der Stoßfugen sind bei sichtbarem Mauerwerk von besonderer Bedeutung, wenn auch wichtige Vorschriften der Verbandslehre Anwendung finden müssen, ebenso wie bei Mauerwerk, das durch Putz, Fliesen, Vorhangfassaden o.Ä. verkleidet wird.

Zwei Gruppen von Mauerverbänden sind hierbei zu unterscheiden:
- Zu der ersten Gruppe gehören Verbände für massives Mauerwerk. In Bild 235.1 sind die typischen Verbandsbilder durch Schraffuren hervorgehoben:
Der **Läuferverband** besteht bis auf Maueranfang und -ende lediglich aus Steinen, die in Läuferrichtung verlaufen. Die Dicke einer Mauer im Läuferverband richtet sich nach der Breite der verwendeten Steine.

Der **Binderverband** (Kopfverband) hat als Regelverband in der einen Schicht Binder als Anfang, in der folgenden zwei 3/4 Steine in Läuferrichtung hintereinanderliegend. Der Binderverband hat eine weniger gute Einzelsteinverzahnung. Die Mauerdicke des Binderverbandes ist gleich der Steinlänge, im Normalfall 24 cm.

Im **Blockverband** wechseln Binder- und Läuferschicht einander ab. Sämtliche gängigen Mauerdicken von der 1 Stein dicken Mauer an können im Blockverband gemauert werden, er ist der am häufigsten errichtete Verband für alle größeren Mauerdicken.
Der 1 Stein dicke Blockverband beginnt in der Regel mit einer Binderschicht, durch die die Mauerdicke zweifelsfrei festgelegt ist.

Der **Kreuzverband** besteht wie der Binderverband aus Binder- und Läuferschichten, es wird jedoch in jede zweite Läuferschicht nach dem 3/4-Stein-Anfang ein Kopf (Regler) eingeschoben; dadurch werden die Stoßfugen dieser Schicht gegenüber der vorangegangenen Läuferschicht um 1/2 Stein versetzt, sodass das kreuzförmige Verbandsbild entsteht. Der Kreuzverband kann in sämtlichen Mauerdicken von ein Stein an gemauert werden; er ist besonders tragfähig.

- Zu der zweiten Gruppe zählen die vorwiegend 1/2 Stein dicken sichtbar bleibenden Verblendverbände (Bild 236.1). Sie entstehen durch das mehr oder weniger regelmäßige Einstreuen von Köpfen in die Läuferfolge, es entsteht ein häufig landschaftgebundenes Verbandsbild.

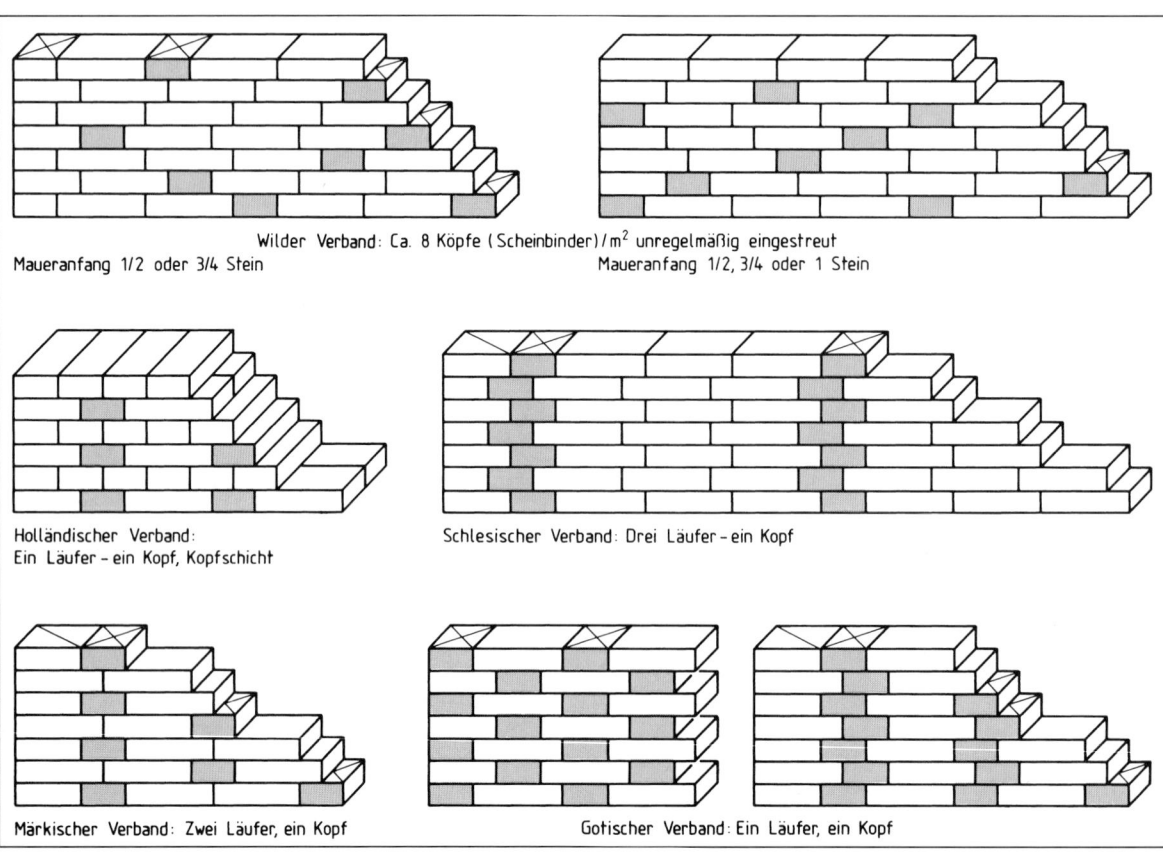

Maueranfang 1/2 oder 3/4 Stein

Wilder Verband: Ca. 8 Köpfe (Scheinbinder)/m² unregelmäßig eingestreut
Maueranfang 1/2, 3/4 oder 1 Stein

Holländischer Verband:
Ein Läufer – ein Kopf, Kopfschicht

Schlesischer Verband: Drei Läufer – ein Kopf

Märkischer Verband: Zwei Läufer, ein Kopf

Gotischer Verband: Ein Läufer, ein Kopf

236.1 Verblenderverbände

Mauerwerksbau

Verzahnung der Schichten

Wilder Verband

Gotischer Verband

Gleiche Mauerdicken

Ungleiche Mauerdicken

Kreuzverband

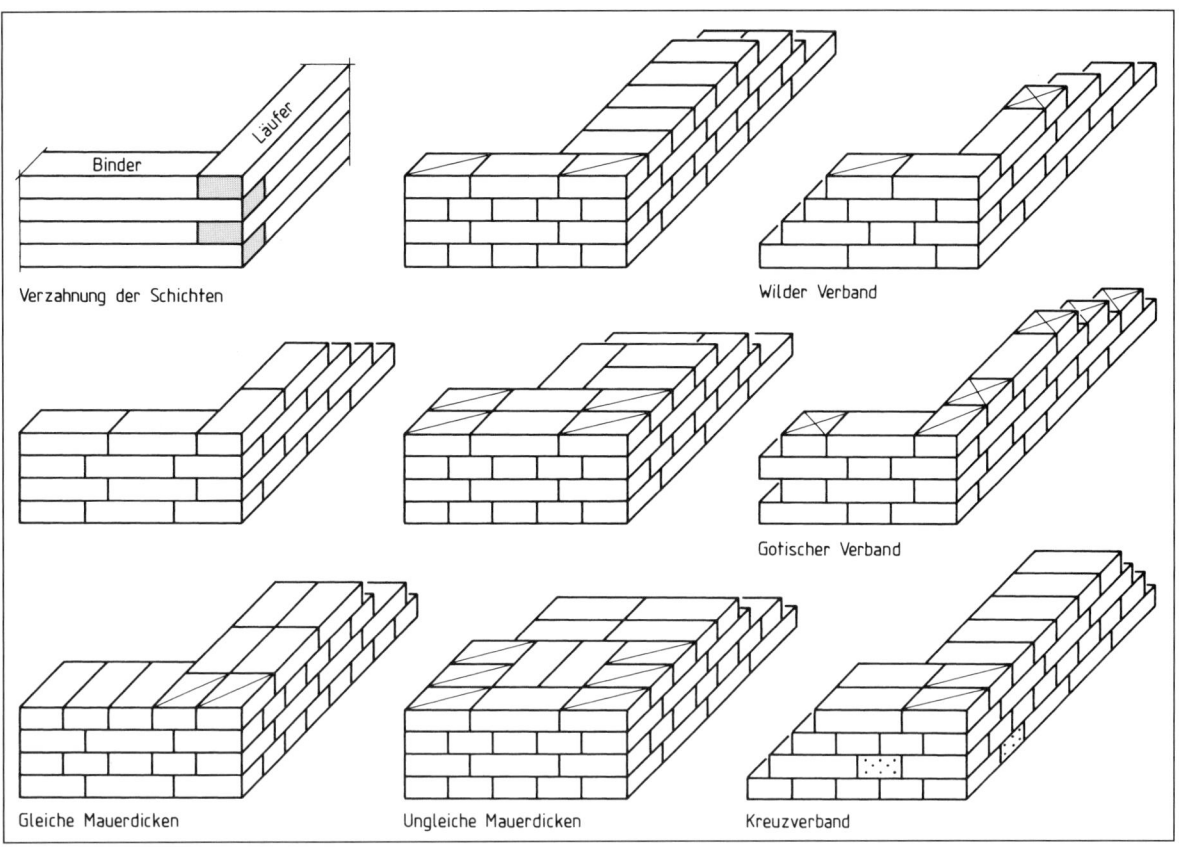

237.1 Rechtwinklige Mauerecken

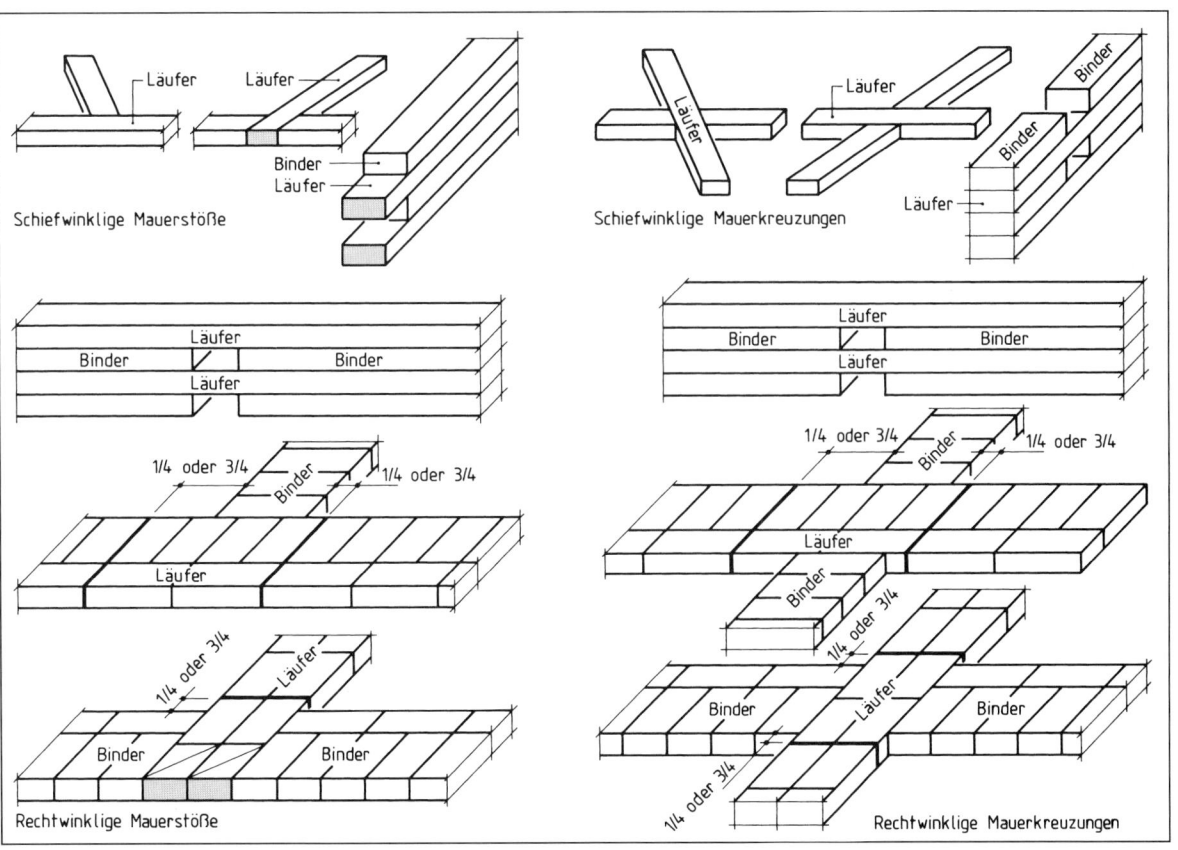

Schiefwinklige Mauerstöße

Schiefwinklige Mauerkreuzungen

Rechtwinklige Mauerstöße

Rechtwinklige Mauerkreuzungen

237.2 Rechtwinklige Mauerstöße und Mauerkreuzungen

Mauerwerksbau

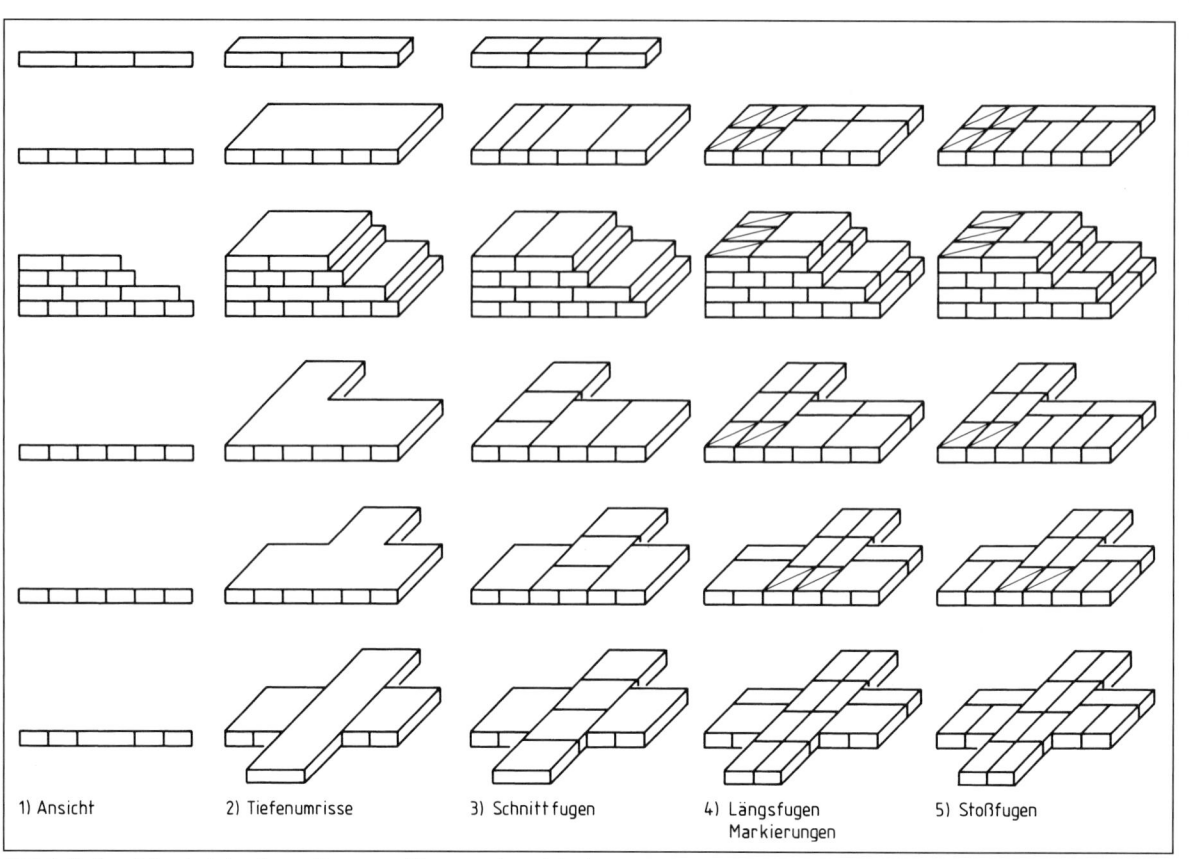

1) Ansicht 2) Tiefenumrisse 3) Schnittfugen 4) Längsfugen Markierungen 5) Stoßfugen

238.1 Reihenfolge bei der Darstellung von Mauerwerksverbänden

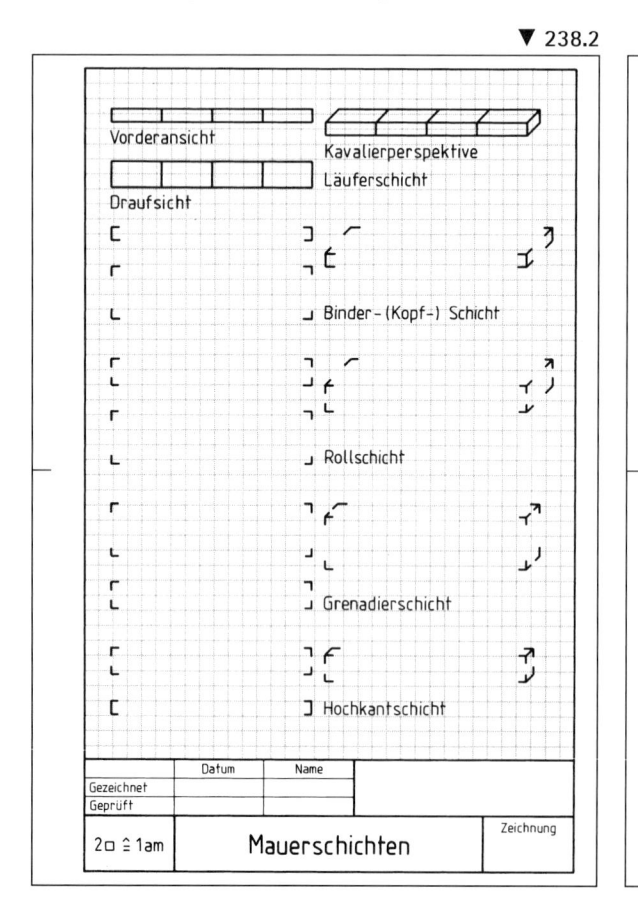

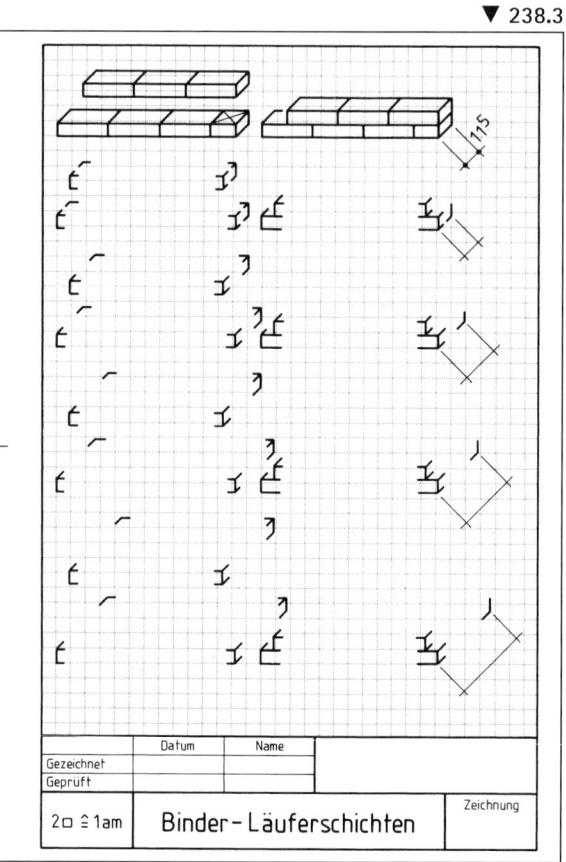

▼ 238.2

Vorderansicht — Kavalierperspektive — Läuferschicht
Draufsicht
Binder-(Kopf-) Schicht
Rollschicht
Grenadierschicht
Hochkantschicht

Gezeichnet / Geprüft / Datum / Name
2▢ ≙ 1am — Mauerschichten — Zeichnung

▼ 238.3

Gezeichnet / Geprüft / Datum / Name
2▢ ≙ 1am — Binder-Läuferschichten — Zeichnung

Mauerwerksbau

3.8 Mauerzusammenstöße

In den Bildern 237.1 und 237.2 ist eine Auswahl rechtwinkliger Mauerzusammenstöße wiedergegeben. Dazu gehören **Mauerecken, Mauerstöße und Mauerkreuzungen**, bei deren Ausführung einige Verbandsregeln zu beachten sind:

- Die Schichten der verschiedenen Mauerrichtungen sind miteinander zu verzahnen.
- Die durchgehende Schicht ist stets als Läuferschicht auszuführen, die Binderrichtung stößt stumpf dagegen. Bei Ecken und Stößen beginnen die Läuferschichten im Regelfall mit Läuferschichtanfang (3/4 Stein).
- Die nächstliegende Schnittfuge in der Läuferrichtung muss um 1/4 oder 3/4 Stein aus der inneren Ecke entfernt liegen.
- Mauerzusammenstöße sind vorwiegend rechtwinklig, sie können jedoch auch unter Verwendung gehauener Steine schiefwinklig, d. h. stumpf- oder spitzwinklig, ausgeführt werden (nicht dargestellt). Dabei ist ebenfalls darauf zu achten, dass die nächstliegende Schnittfuge der Läuferrichtung 1/4 Stein von der inneren Ecke entfernt liegt.
- Bei der Darstellung von Mauerverbänden in Grundrissen oder anderer in sich geschlossener Mauerschichten, z.B. bei Schornsteinverbänden, sind parallel zueinander verlaufende Mauern in der einen Richtung jeweils als durchgehende Läuferschicht, in der anderen als gegenstoßende Binderschicht auszubilden, in der darauf folgenden Schicht wechseln die Richtungen. Es ist stets mit der Darstellung der durchgehenden Läuferrichtungen zu beginnen.

Aufgaben: In Bild 238.2 bis 240.4 sind Aufgaben zur Darstellung von Mauerschichten, Mauerverbänden, Mauerzusammenstoßen und Schornsteinverbänden gestellt. Die Aufgaben sind auf DIN-A 4-Karoblättern zu lösen. In **Ansichten** entspricht eine Karohöhe einer Schichthöhe. In **Draufsichten** entsprechen vier Karolängen einem Läufer; (drei Karos – 3/4 Steinlänge, zwei Karos – 1/2 Steinlänge, ein Kopf). In Raumbildern entspricht eine Karodiagonale 1/2 Stein. Die Blattaufteilung ist durch Abzählen der Karos einzurichten. Die Ausführung der Zeichnungen kann als Freihandzeichenübung zunächst dünn in Blei erfolgen. Danach kann, ebenfalls freihändig oder am Reißbrett, in Blei, Tusche oder mit einem Filzstift nachgezeichnet werden. Für die räumliche Darstellung von Mauerwerksteilen empfiehlt es sich, eine bestimmte Arbeitsreihenfolge einzuhalten (Bild 238.1):

1) Die gesamte Ansicht mit der (den) Schichthöhe(n) sowie Stoß- und Lagerfugen zeichnen.
2) Die Tiefenumrisse in Kavalierperspektive (45°, durch die Karoecken) ohne verdeckte Kanten markieren.
3) Die Schnittfugen festlegen: In Läufermaßstab (vier Karos; in der Tiefe zwei Karodiagonalen) durch die gesamte Mauerdicke festlegen. Bei Mauerzusammenstößen liegt die nächste Schnittfuge in Läuferrichtung der Tiefe nach in 1/4 (1/2 Karodiagonallänge) oder 3/4 Stein (1 1/2 Karodiagonallänge) aus der Ecke heraus.
4) Die Längsfugen in der Draufsicht und evtl. in der Abtreppung darstellen.
5) Die Stoßfugen der Binder einzeichnen und die Dreiviertelsteine markieren.

▼ 239.1 Mauerverbände

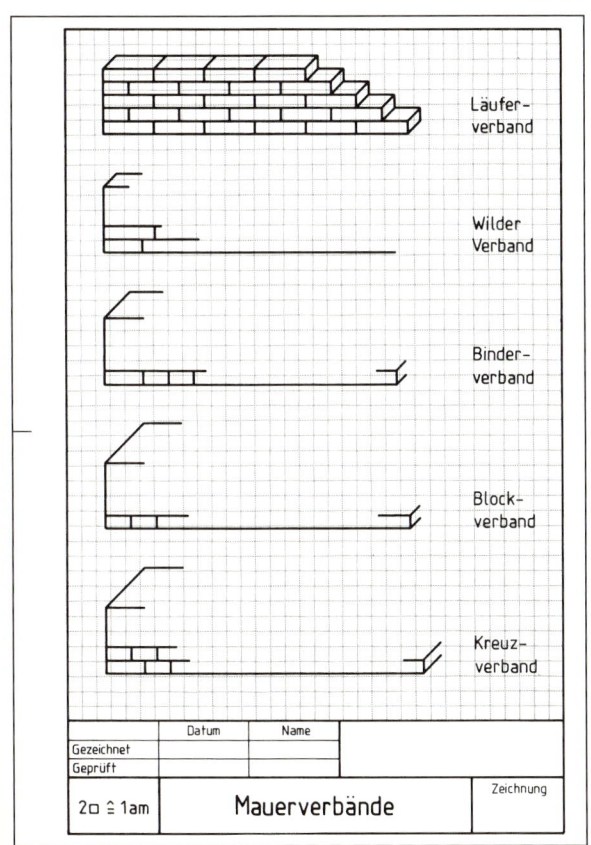

▼ 239.2 Maueranfang und -ende

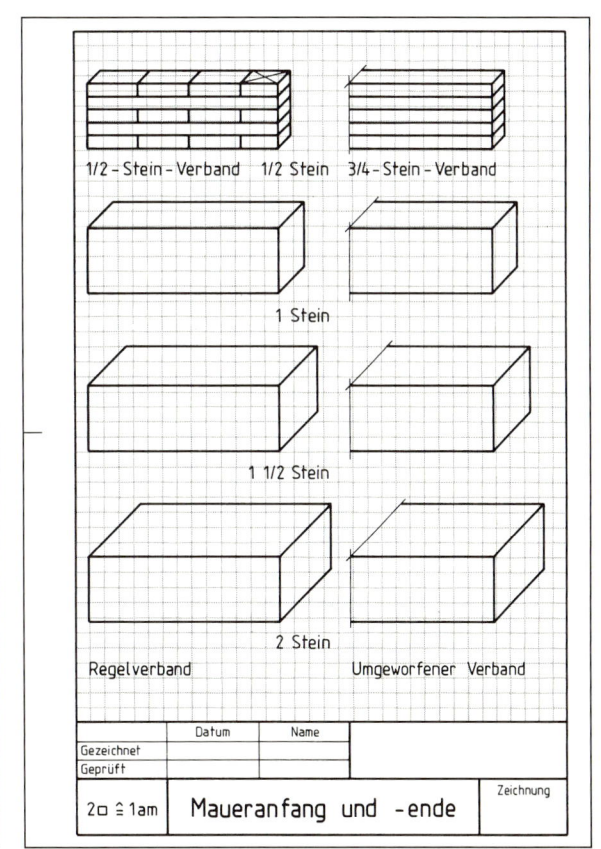

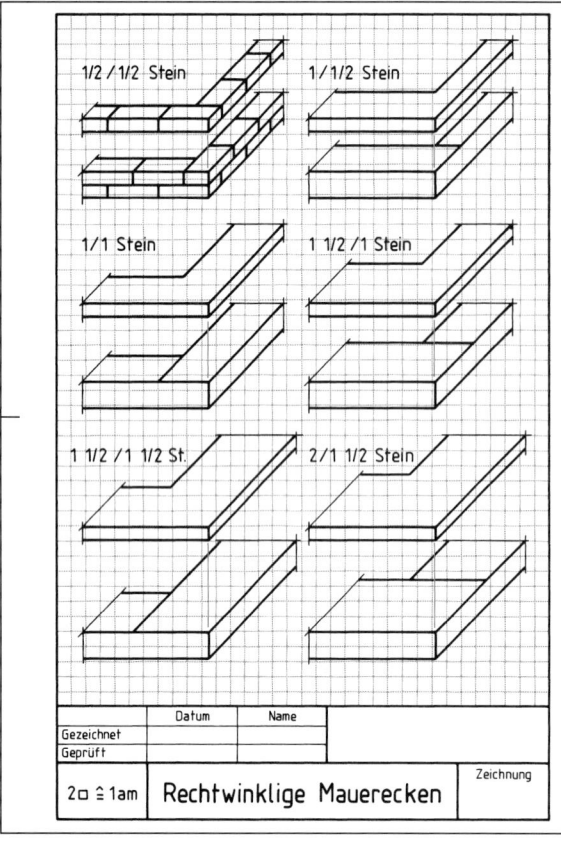

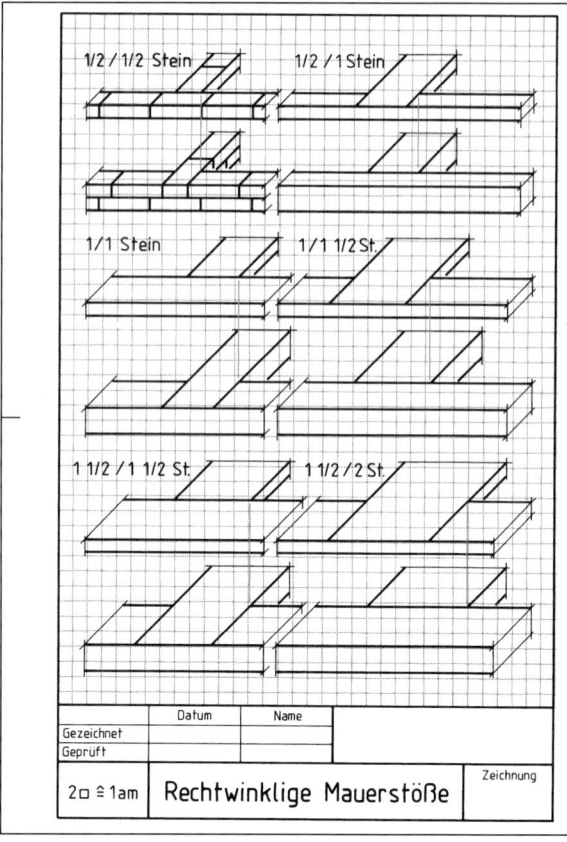

Mauerwerksbau

▲ 240.1 Rechtwinklige Mauerecken

▲ 240.2 Rechtwinklige Mauerstöße

▼ 240.3 Rechtw. Mauerkreuzung

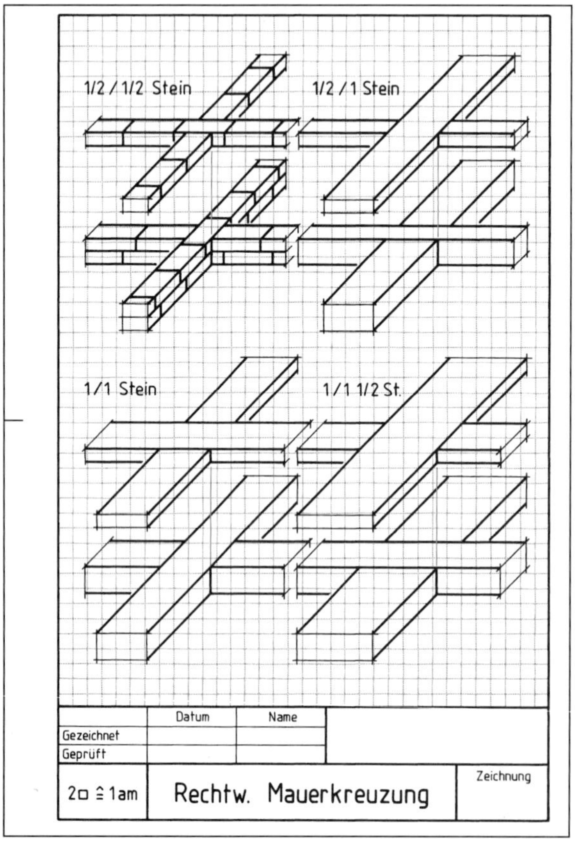

▼ 240.4 Schornsteinverblendung

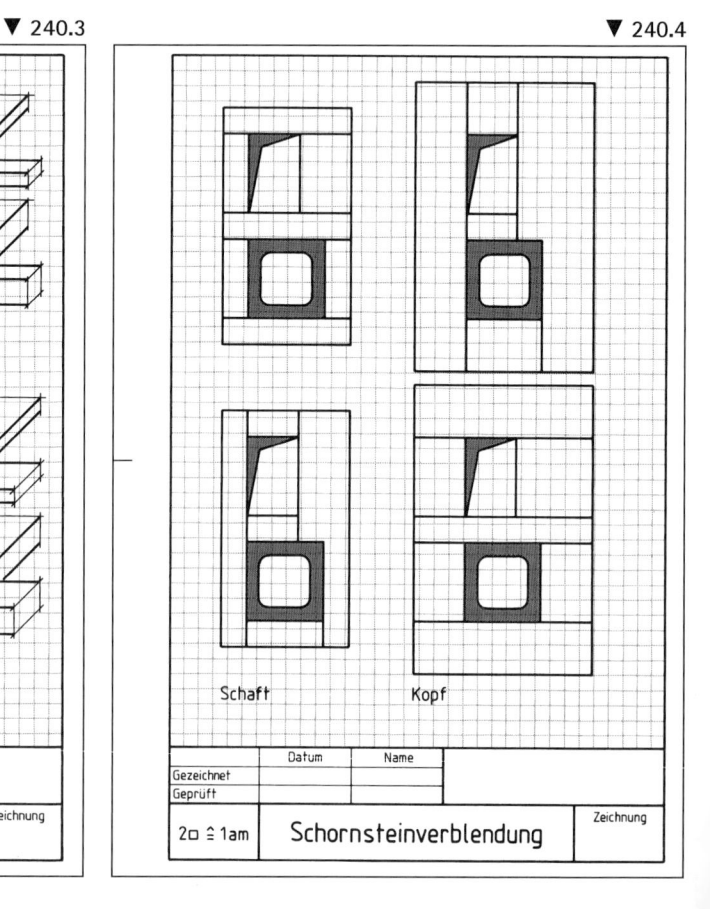

3.9 Maueröffnungen und Öffnungsüberdeckungen

Zu den **Maueröffnungen** zählen Fenster- und Türöffnungen, Nischen, Durchbrüche u.a. Die üblichen Fachbezeichnungen sind in Bild 241.1 am Beispiel einer Fensteröffnung aufgeführt.

Maueröffnungen werden vorwiegend durch Fenster oder Türen geschlossen, die in das Mauerwerk eingesetzt werden; die Verbindung zwischen Mauer und Einbauteil bedarf besonderer Aufmerksamkeit, sie muss stabil, zugluft- und wasserdicht hergestellt werden. Dafür sind in der Regel Maueranschläge erforderlich, die bei den Anschlagarten 1 und 2 danach benannt werden, ob das Einbauteil von innen oder von außen eingesetzt wird. Der stumpfe Anschlag (Anschlagart 3) wird evtl. bei Putzbauten (Außen- und Innenputz) angewendet. Der doppelte Anschlag kann z. B. bei Doppelfenstern oder Doppeltüren Verwendung finden.

Am Sturz wird der gleiche Anschlag ausgebildet wie an den Leibungen. Fenster haben oberhalb ihrer Brüstung jedoch keinen Anschlag, dort werden der Anschluss und die Abdichtung durch eine Sohlbank aus Stein, Metall oder Holz ausgebildet.

Öffnungsüberdeckungen. Die Stürze über Maueröffnungen müssen senkrechte Kräfte aus Mauerwerk, Decken und Nutzlasten sicher auf die Widerlager übertragen. Selbsttragende gemauerte Bögen werden üblicherweise durch ihre Spannweite s, die Stichhöhe f sowie die Bogenhöhe d bestimmt. In Bild 242.1 sind die Kräfte, Bezeichnungen, Formen und Grenzwerte selbst tragender Mauerbögen wiedergegeben.

Die Kräfte an einem Sturz (Aktionen und Reaktionen) rufen in dem Bauteil Spannungen hervor, die von ihm und den angrenzenden Pfeilern aufgenommen werden müssen.
Bögen übertragen je nach Größe ihrer Stichhöhe f im Verhältnis zu ihrer Spannweite s (flacher Bogen, steiler Bogen) unterschiedlich große Horizontal- (F_H) und Vertikalkräfte (F_V) auf ihre Widerlager.

Gemauerte Öffnungsüberdeckungen
Bei Bogenformen, die in reiner Mauerkonstruktion, also ohne jeden zusätzlichen Träger ausführbar sind, müssen Grenzwerte eingehalten werden (Bild 242.1).

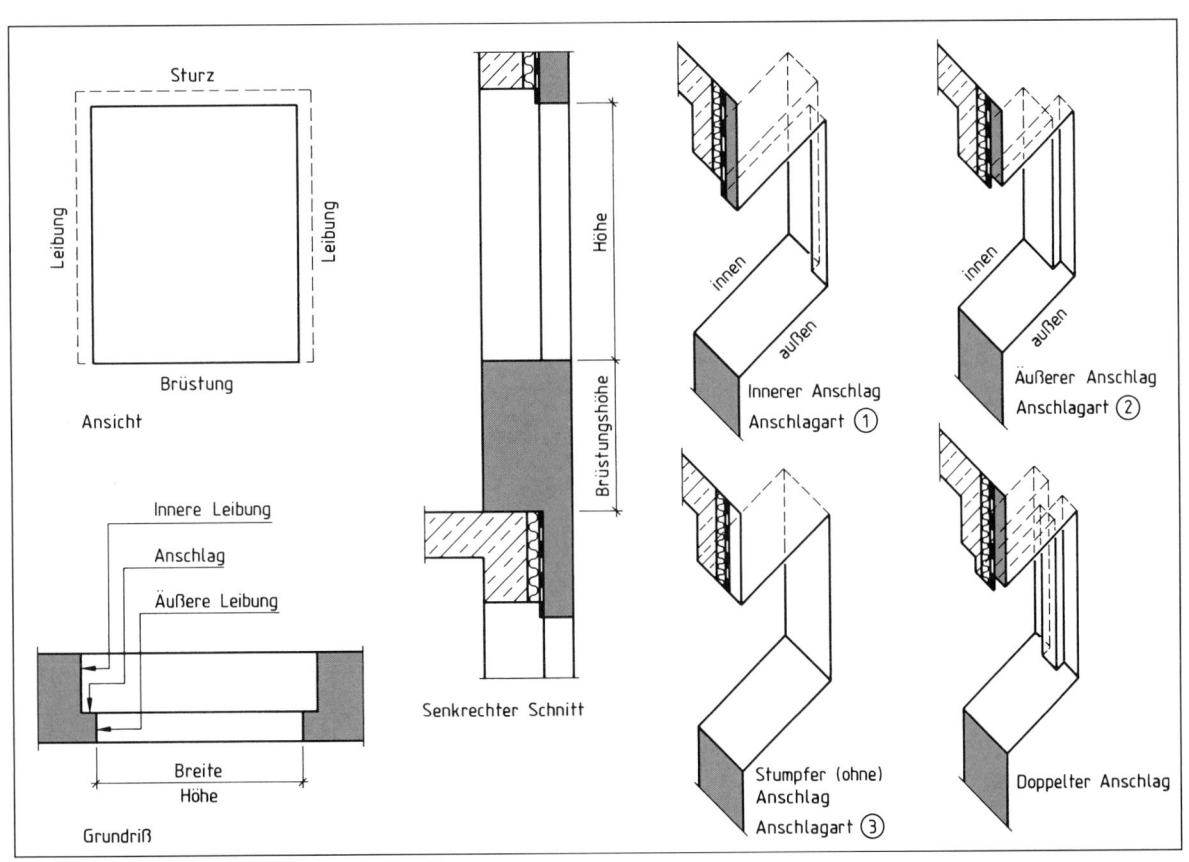

Bogen-höhe d cm	maximale Spannweite s				
	Scheitrechter Bogen cm	Segment-bogen cm	Rund-bogen cm	Spitz-bogen cm
< 24	–	–	–	201
24	90	130	201	351
36,5	130	160	351	551
49			551	851
61,5			851	
Pfeilerbreite bei max. 3,01 m Höhe	$\geq s/2$	$\geq s/3$	$\geq s/5$	$\geq s/6$

241.2 Grenzwerte für selbst tragende Mauerbögen

241.1 Bezeichnungen für Fenster- und Türöffnungen

Mauerwerksbau

Berechnung für Mauerbögen:
Gegeben: Spannweite s, Strichhöhe f, Bogenhöhe d.
Gesucht: Radien r_1 und r_2, Bogenlängen b_1 und b_2 (Bild 243.2).

Für die Berechnung der gesuchten Werte geht man von einem rechtwinkligen Dreieck aus, das von den Längen r_1, $s/2$ und r_1 minus f gebildet wird. Nach dem Lehrsatz des Pythagoras ist

$$r_1^2 = (s/2)^2 + (r_1 - f)^2.$$

Nach Auflösung der Klammern und Formelumstellung ergibt sich:

$$r_1 = \frac{f}{2} + \frac{s^2}{8 \cdot f} \qquad r_2 = r_1 + d$$

Berechnung der Kreisbogenlängen:

$$b = \frac{2r \cdot \pi \cdot \alpha}{360°} \qquad \sin \alpha/2 = \frac{s/2}{r_1} \alpha/2 = ...$$

$$b_1 = \frac{r_1 \cdot \pi \cdot \alpha/2}{90°} \qquad b_2 = \frac{r_2 \cdot \pi \cdot \alpha/2}{90°}$$

Für den Segmentbogen (Bild 244.1) sind die Werte r_1, r_2, $\alpha/2$, b_1 und b_2 zu berechnen. Der Mauerbogen ist ohne Fugen im Maßstab 1:10 zu zeichnen und in cm zu bemaßen.

Schlussstein. Die Lasten aus Mauerwerk, Decken und Nutzung greifen an dem Rücken des gemauerten Sturzes an und werden bei gleichhüftigen Bögen je zur Hälfte auf die angrenzenden Pfeiler übertragen. Jeder gemauerte selbsttragende Bogen soll in seiner Mitte, also über der Öffnungsachse, einen Schlussstein (S) haben, der die Lasten sicher in die Bogenlinie einleitet; an dieser Stelle darf keine Fuge vorhanden sein, da sie einen Schwachpunkt im Mauerwerk darstellt. Symmetrische Bögen bestehen aus einer ungeraden Anzahl von Schichten, denn rechts und links vom Schlussstein muss eine gleiche Anzahl von Schichten vorhanden sein. An den beiden Widerlagern haben die Bögen je eine Fuge, sodass die Anzahl der Fugen um eine Fuge größer ist als die Zahl der Bogenschichten.

Stein- und Fugenformen. In Bild 243.3 sind Stein- und Fugenformen gemauerter Bögen dargestellt:

- Werden Bögen aus künstlichen Mauersteinen mit Vorzugsgröße (z. B. DF oder NF) hergestellt, ergeben sich wegen der parallelen Lagerflächen dieser quaderförmigen Steine keilförmige Fugen, die an der

  Bogenleibung mindestens 0,5 cm und
  am Bogenrücken höchstens 2,0 cm breit sind.

  Die keilförmigen Fugen ergeben sich durch das Einzeichnen der parallel zur Steinachse verlaufenden Steinbegrenzungen.

- Sonderanfertigungen keilförmiger natürlicher bzw. künstlicher Mauersteine können mit parallelen oder mit keilförmigen Fugen verarbeitet werden.

Zusammentreffen von Bogen- und Lagerfugen
- Bogenrückenfuge und die nächste Lagerfuge sollen nach Möglichkeit ineinander übergehen, damit die evtl. behauenen Steine an dieser Stelle nicht zu dünn werden.
- Die Widerlagerfugen dürfen nicht zu Steinformen führen, die schwer behaubar sind.

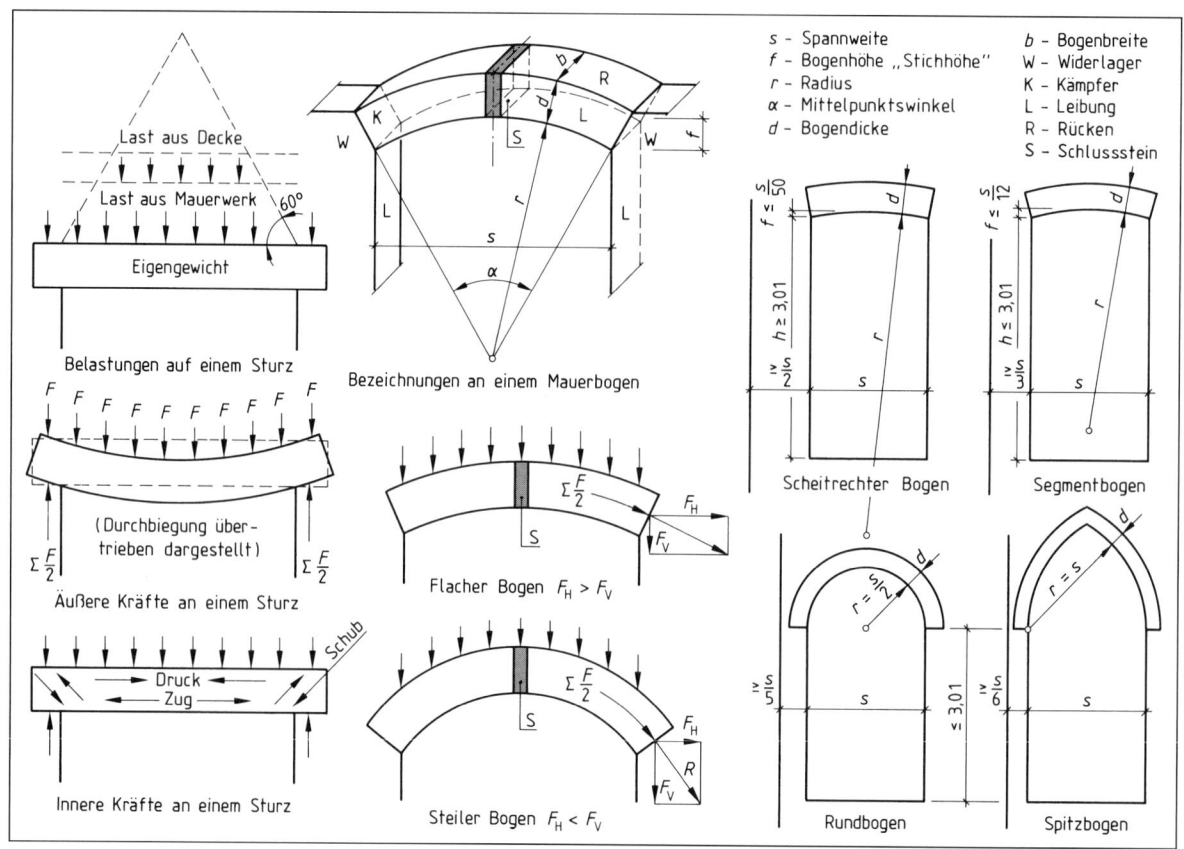

242.1 Kräfte, Bezeichnungen, Formen und Grenzwerte selbst tragender Mauerbögen

Berechnung der Fugendicken

In der Tabelle 243.1 sind die zulässigen Schichtmaße für Öffnungsüberdeckungen aus den vier Steinvorzugsgrößen zusammengestellt.

Zur Berechnung der tatsächlich vorhandenen Schichthöhen (Stein plus Fuge) an der Leibung und am Rücken des Bogens geht man von der Bogenlänge und den zulässigen Maßen der Schichthöhen aus:

$$\text{Anzahl der Schichten} = \frac{\text{Bogenlänge}}{\text{zulässiges Schichthöhenmaß}}$$

Gegeben: Bogenleibungslänge = 134,5 cm; Bogenrückenlänge = 162,6 cm; Steinformat DF

$$\text{Anzahl der Schichten an der Bogenleibung} = \frac{134,5}{5,7 \text{ cm/Schicht}} = 23,6$$

Gewählt wird stets die nächstkleinere ungerade Anzahl von Schichten, damit die Fugen auf keinen Fall zu dünn werden

Format	Stein-höhe	Schichtmaß	
		zul. Kleinstmaß an der Bogenleibung cm	zul. Größtmaß an dem Bogenrücken cm
DF	5,2	5,2 + 0,5 = 5,7	5,2 + 2,0 = 7,2
NF	7,1	7,1 + 0,5 = 7,6	7,1 + 2,0 = 9,1
2 und 3 DF	11,3	11,3 + 0,5 = 11,8	11,3 + 2,0 = 13,3

243.1 Zulässige Schichtmaße für Bögen aus künstlichen Mauersteinen

und ein Schlussstein in der Bogenmitte liegt: gewählt 23 Schichten. Die vorhandene Fugendicke ergibt sich aus der Differenz zwischen der Bogenlänge und der Summe (Σ) aller Steinhöhen, geteilt durch die erforderliche Anzahl der Fugen = Anzahl der Schichten plus 1.

$$\text{vorh. Fugendicke an der Leibung} = \frac{b_1 - \Sigma \text{ Steinhöhen}}{\text{Anzahl der Schichten} + 1}$$

$$\text{vorh. Fugendicke an der Leibung} = \frac{134,5 \text{ cm} - 23 \cdot 5,2 \text{ cm}}{23 + 1}$$
$$= 0,62 \text{ cm} > 0,5 \text{ cm}$$

Kontrolle für den Bogenrücken:

$$\text{vorh. Fugendicke am Rücken} = \frac{b_2 - \Sigma \text{ Steinhöhen}}{\text{Anzahl der Schichten} + 1}$$

$$\text{vorh. Fugendicke am Rücken} = \frac{162,6 \text{ cm} - 23 \cdot 5,2 \text{ cm}}{23 + 1}$$
$$= 1,8 \text{ cm} < 2,0 \text{ cm}$$

Die Mauerverbände selbst tragender Bögen müssen den „klassischen Pfeilerverbänden" entsprechen (Bild 243.2). Sollte die maximale Fugenbreite am Bogenrücken überschritten werden, können innerhalb der Vorschriften
- das Bogenmaß d und damit r_2 verringert werden;
- die Stichhöhe f flacher gewählt werden, oder es
- können zwei übereinanderliegende, voneinander unabhängige Bögen gemauert werden.

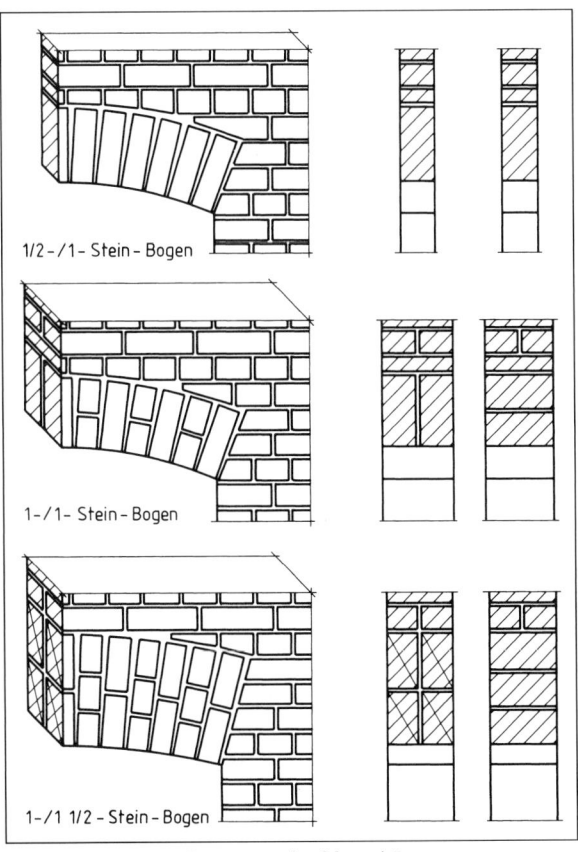

243.2 Verbände selbst tragender Mauerbögen

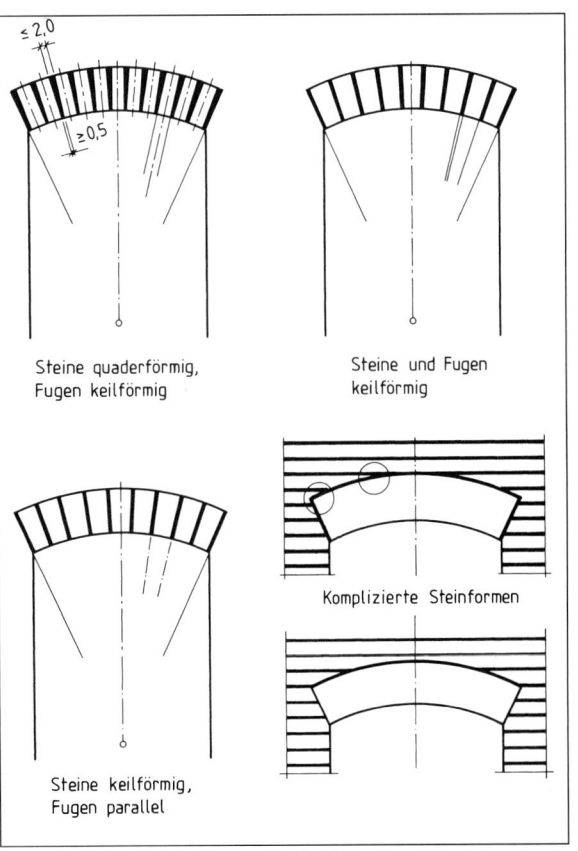

243.3 Stein- und Fugenformen (cm)

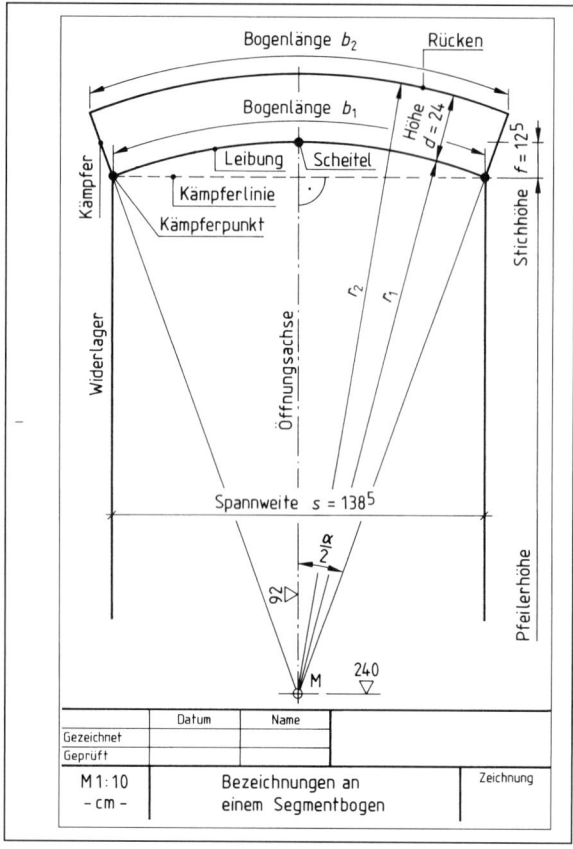

Mauerwerksbau

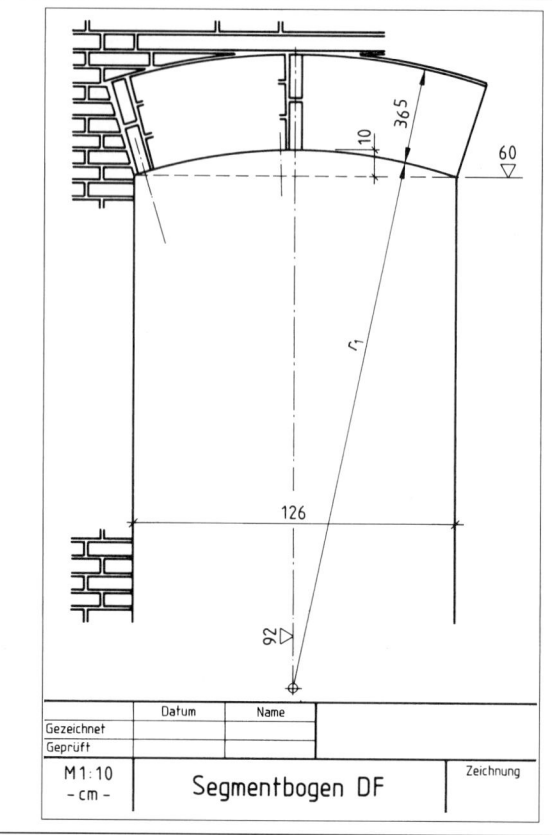

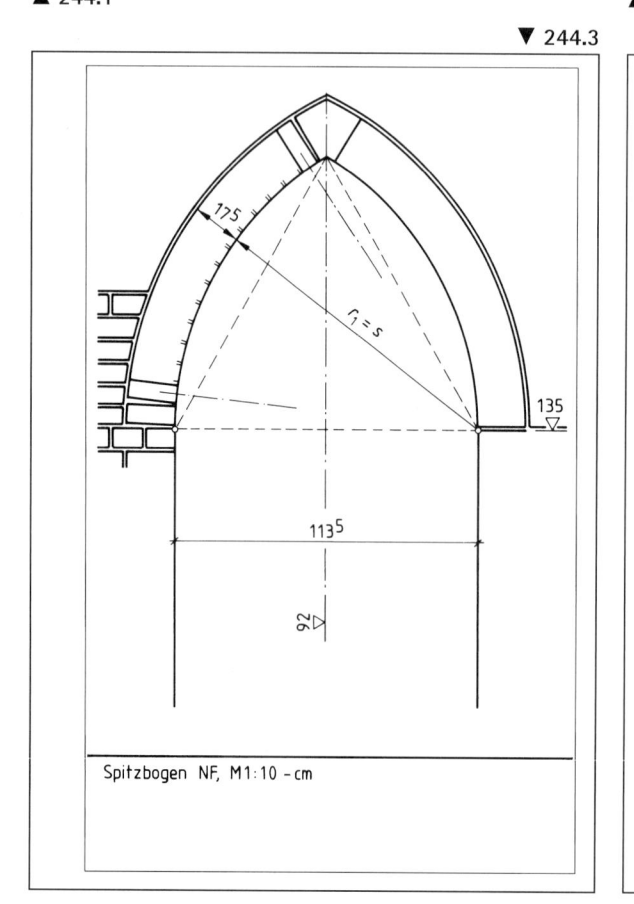

▲ 244.1 — Bezeichnungen an einem Segmentbogen, M 1:10 – cm –

▲ 244.2 — Segmentbogen DF, M 1:10 – cm –

▼ 244.3 — Spitzbogen NF, M 1:10 – cm

▼ 244.4 — Halbrundbogen mit keilförmigen Steinen und keilförmigen Fugen, $d = 24$ cm, 2 DF; M 1:10 – cm –

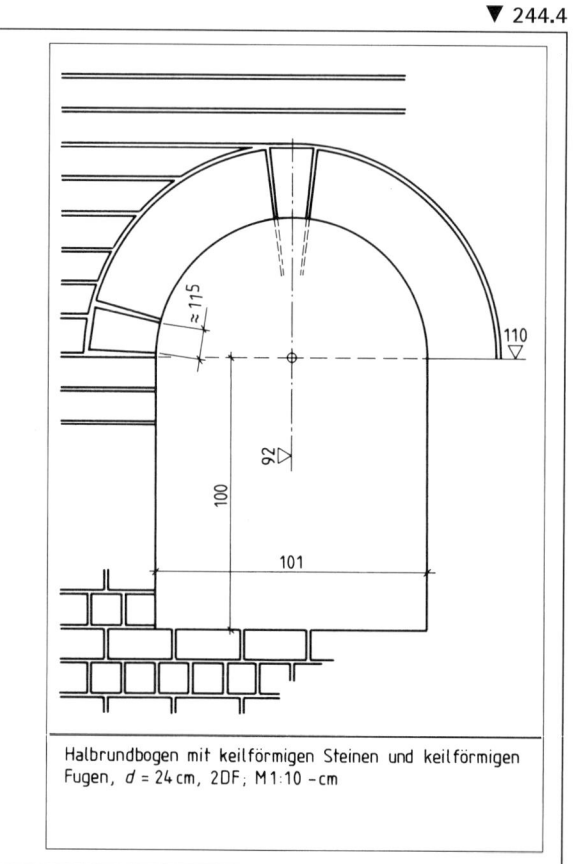

Mauerwerksbau

Öffnungsüberdeckungen aus Ortbeton finden vor allem bei Außenmaueröffnungen Anwendung (Bild 245.1):
- ist die Öffnungsbreite nicht zu groß ($\leq$ 1,01 m), genügt das Auflager der Stahlbetonplatte als Sturzträger, u. U. mit Zulagestählen, deren Anzahl und Abmessung sich nach der vorhandenen Belastung richten.
- Stahlbetonplattenbalken werden häufig gleichzeitig als Ringbalken ausgebildet, die die Mauer gegen Verformungen aussteifen.
- Erhält ein Stahlbetonsturz eine Vormauerung in der Form eines scheitrechten Bogens, müssen die Mauersteine durch konstruktive Maßnahmen (z. B. Anker oder Unterstützungen) mit der Hinterkonstruktion verbunden werden, damit die erste Schicht über der Öffnung nicht durchhängt; bei einer Grenadierschicht ist diese Gefahr geringer als bei einer Läuferschicht.
- Trogsteine (U-Schalen) sind 11,5; 17,5 oder 24 cm breit und hoch sowie vorwiegend 24 cm lang, sie dienen der Aufnahme von Ortbeton und der erforderlichen Bewehrung aus Betonstabstahl oder aus einem Stahlbauprofil. Die Trogsteine werden der Länge nach auf einer Unterstützung aneinandergelegt, die nach dem Erhärten des Betons wieder entfernt wird. Die Steine bestehen meistens aus dem gleichen Material wie die Mauersteine, wodurch Spannungen zwischen zwei unterschiedlichen Materialien vermieden werden.

Stahlbeton muss an seiner Außen-(Wetter-)Seite eine zusätzliche Wärmedämmung von $\geq$ 3,5 cm Dicke erhalten, damit sich, vor allem an innen liegenden Flächen beheizter Räume, kein Schwitzwasser bilden kann.

Fertigstürze (Flachstürze) werden über Außen- und Innenmaueröffnungen verlegt (Bild 246.1):
- Sie sind durch ihre Breite von 11,5 bzw. 17,5 cm auf übliche Mauerdicken kombinierbar und mit ihren Höhen von 7,1 und 11,3 cm auf Mauersteinhöhen abgestimmt.
- Das Fertigsturzmaterial soll dem des Mauerwerks entsprechen, um Spannungen auszuschließen, die zu Rissen führen können.
- Um die Lasten aus dem Sturzmauerwerk und der Decke sicher auf die Auflager zu übertragen, ist als Richtwert für jede Auflagerlänge $a \geq s/10 \geq 10$ cm zu wählen.
- Als Öffnungsmaß gilt $s \leq 2,85$ m.
- Flachstürze haben lediglich eine Zugbewehrung, ihnen fehlt eine ausreichende Druckzone, die entweder durch Mauerwerk, durch Mauerwerk und Ortbeton oder nur durch Ortbeton ausgebildet werden kann.
- Flachstürze können vielseitig verwendet werden, z.B. für Sturzanschläge, Rolläden und Nischenüberdeckungen.

Stahlbauprofile (Bild 246.2) werden häufig als Sturzträger verwendet, sie werden durch ihr Kurzzeichen sowie durch die Angabe der Höhe gekennzeichnet, ihre Herstellungslänge liegt zwischen 6,00 und 15,00 m. Zu unterscheiden sind:
- Mittelbreite I-Träger nach EURONORM mit parallelen Flanschflächen in den Höhen von 80 bis 600 mm (Bezeichnung z.B. IPE 160);
- Breitflanschträger mit parallelen Flanschflächen in den Höhen von 100 bis 1 000 mm in drei Ausführungen: leicht HE-A; normal HE-B; verstärkt HE-M.

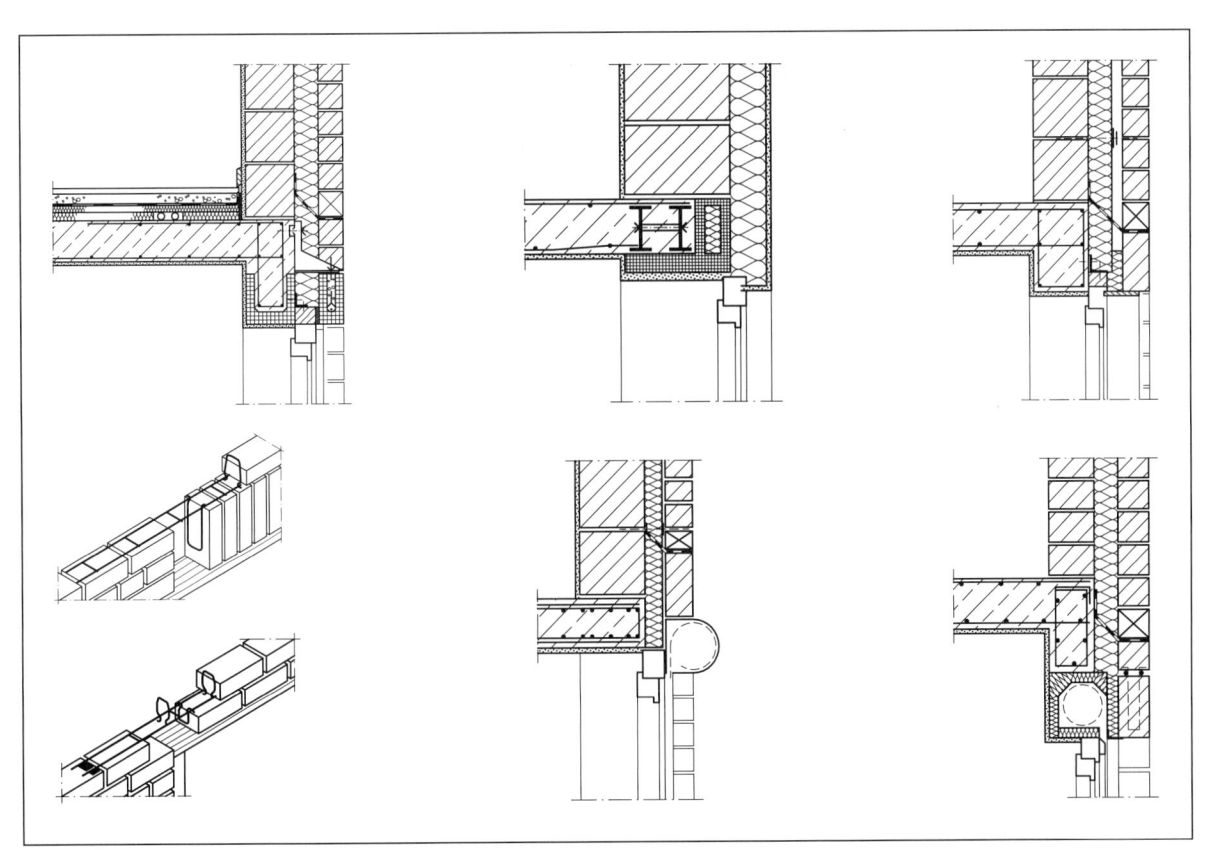

245.1 Öffnungsüberdeckungen aus Ortbeton

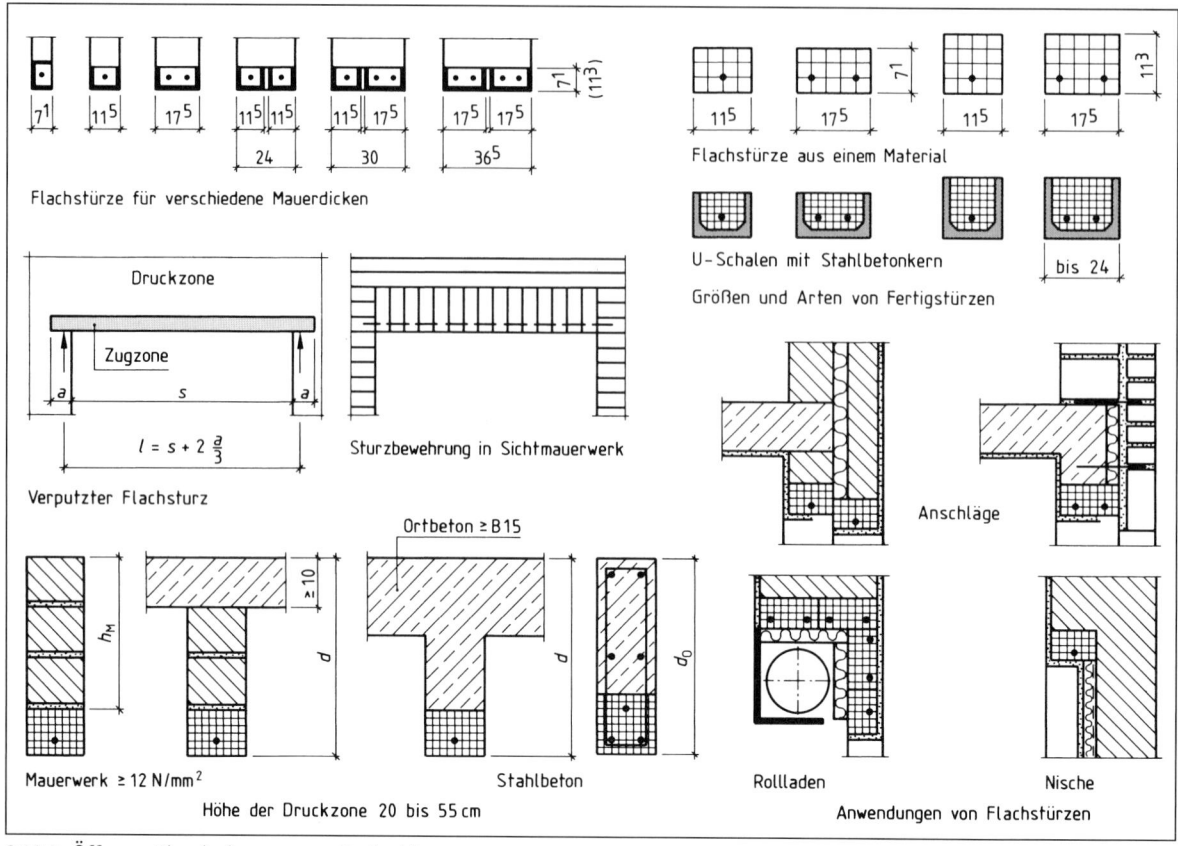

Mauerwerksbau

Flachstürze für verschiedene Mauerdicken

Flachstürze aus einem Material

U-Schalen mit Stahlbetonkern

Größen und Arten von Fertigstürzen

Verputzter Flachsturz — $l = s + 2\frac{a}{3}$

Sturzbewehrung in Sichtmauerwerk

Anschläge

Mauerwerk ≥ 12 N/mm² — **Stahlbeton** — **Rollladen** — **Nische**

Höhe der Druckzone 20 bis 55 cm

Anwendungen von Flachstürzen

246.1 Öffnungsüberdeckungen aus Fertigstürzen

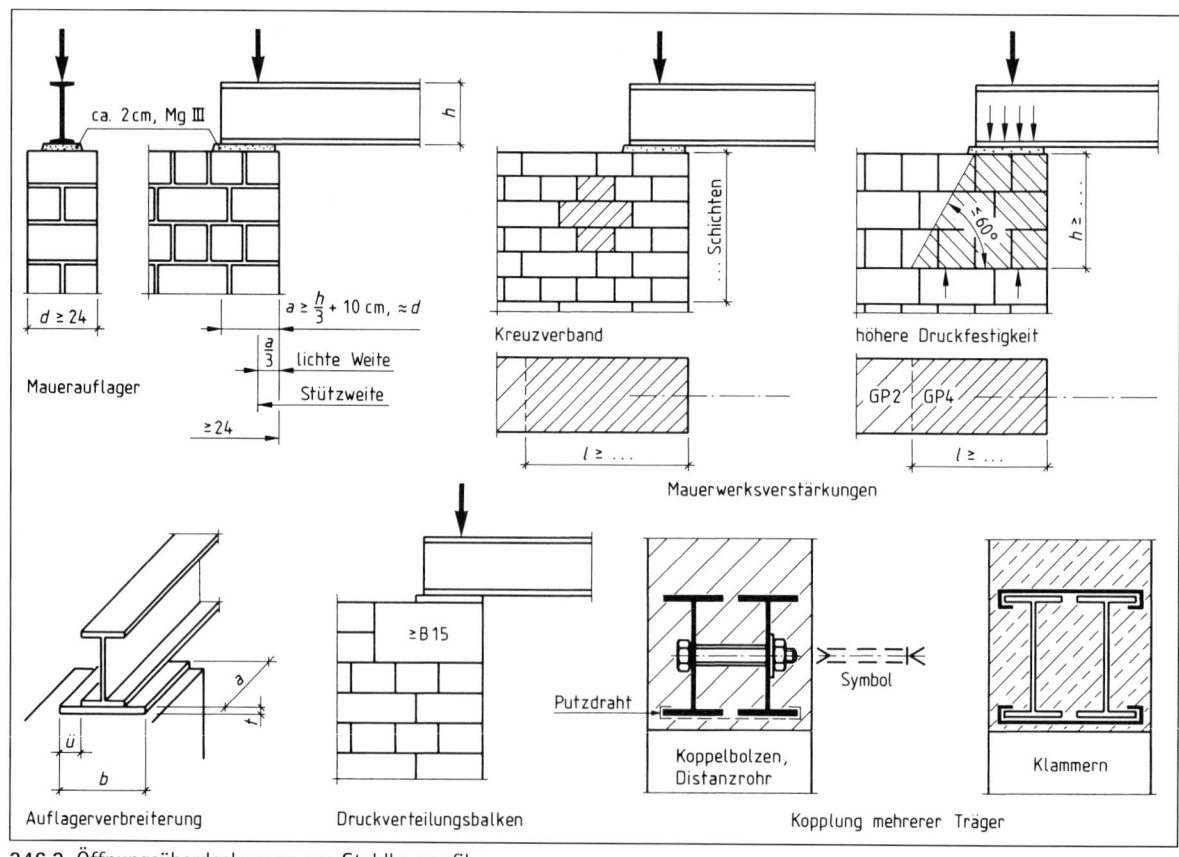

Mauerauflager — $d \geq 24$; ca. 2 cm, Mg III; $a \geq \frac{h}{3} + 10$ cm, $\approx d$; $\frac{a}{3}$ lichte Weite; Stützweite ≥ 24

Kreuzverband — Schichten; $l \geq \ldots$

höhere Druckfestigkeit — $\leq 60°$; GP2 / GP4; $l \geq \ldots$

Mauerwerksverstärkungen

Auflagerverbreiterung

Druckverteilungsbalken — $\geq$ B15

Kopplung mehrerer Träger — Putzdraht; Symbol; Koppelbolzen, Distanzrohr; Klammern

246.2 Öffnungsüberdeckungen aus Stahlbauprofilen

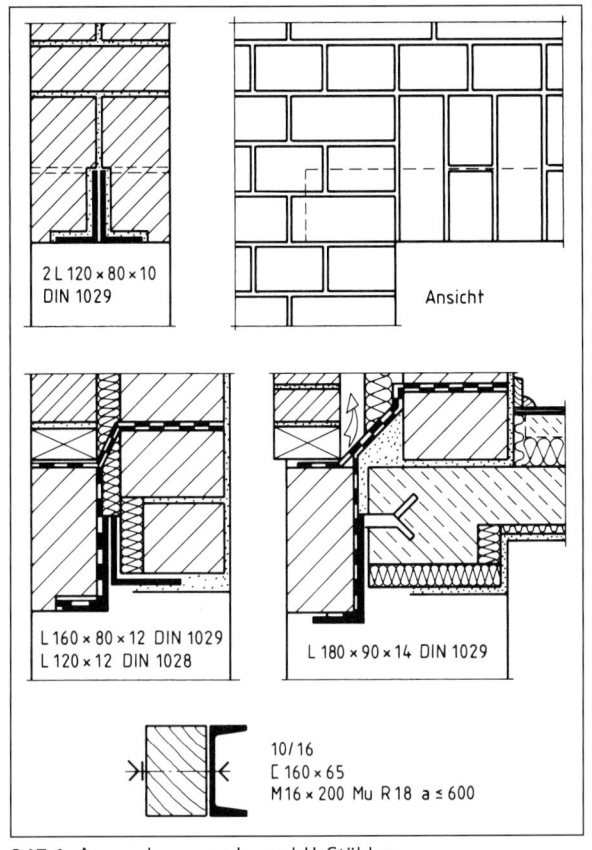

Mauerwerksbau

Die Ausbildung der Trägerauflager auf Mauerwerk ist rechnerisch nachzuweisen, wenn nicht Erfahrungswerte maßgebend sind. Bei der Verlegung von I-Sturzträgern sind einige konstruktive Maßnahmen zu beachten (Bild 246.2):

- Mauerwerk als Endauflager von Trägern muss ≥ 24 cm dick sein, damit ein Ausknicken der Mauer verhindert wird.
- Als vollflächiges Trägerauflager muss ein Mörtelbett (ca. 2,0 cm dick, Mg III) vorgesehen werden. Um die Leibungskante bei einer Durchbiegung des Trägers nicht zu stark zu belasten, soll die Mörtelbettkante gegenüber der Mauerinnenkante etwas zurückspringen.
- In Grenzfällen genügt es u.U., die Auflager im Kreuzverband auszuführen.
- Eine nach der Statischen Berechnung erforderliche Vergrößerung der Auflagerdruckfestigkeit kann durch die Wahl höherer Materialfestigkeiten im Auflagerbereich oder durch die Vergrößerung der Auflagerfläche erreicht werden.
- Sind mehrere schmale oder mittelbreite nebeneinander liegende I-Träger erforderlich, müssen sie durch Koppelbolzen (∅ ≥ 16 mm) mit Rohren (∅ ≥ 25 mm) oder durch Klammern miteinander verbunden werden.
- Die Träger sind allseitig vor Korrosion und Brand zu schützen. Eine Ausmauerung und Vermörtelung zwischen den Trägern und/oder um die Träger herum erfüllen diese Forderung.

Für besondere Konstruktionen, z. B. weit gespannte Verblendstürze, Verstärkungen, Aussteifungen, finden auch andere Stahlprofile Verwendung (Bild 247.1).

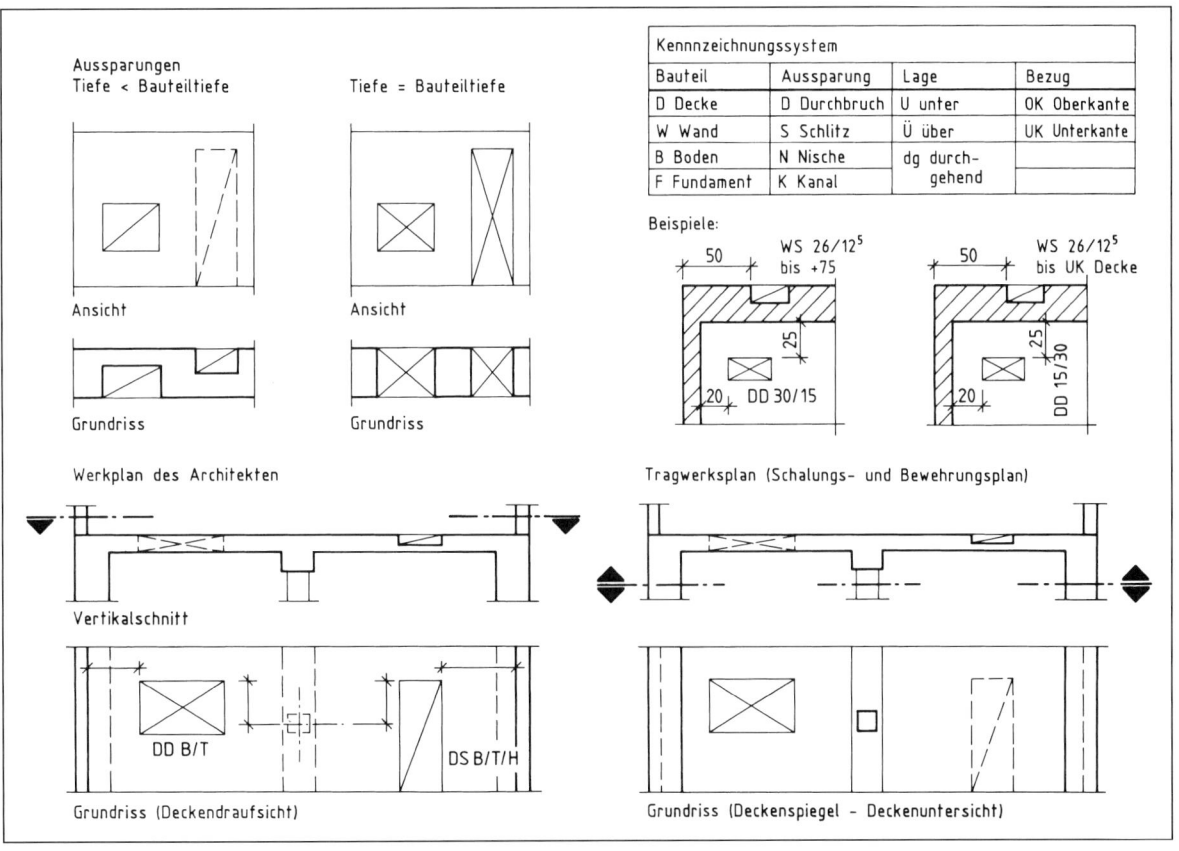

247.1 Anwendung von L- und U-Stählen

247.2 Aussparungen

3.10 Schlitze, Aussparungen und Durchbrüche

Jede Unterbrechung in tragenden Bauteilen führt zu einer Beeinträchtigung ihrer Standsicherheit. Sind die Unterbrechungen größer und werden sie bereits während der Errichtung des Bauteils hergestellt, müssen sie in der statischen Berechnung berücksichtigt werden. Schlitze und Aussparungen in tragendem Mauerwerk brauchen nicht nachgewiesen zu werden, wenn ihre Größe nicht über die in den Tabellen 248.1 bis 248.3 aufgeführten Maße hinausgeht. Nachträglich mechanisch herzustellende Schlitze dürfen lediglich gefräst und nicht gestemmt werden, um den Mauerverband nicht durch Erschütterungen zu stören.

Die zeichnerische Darstellung von Schlitzen, Aussparungen und Durchbrüchen erfolgt in Grundrissen, Schnitten und Ansichten. In Bild 247.2 sind die Darstellungen, Bezeichnungen und die Bemaßung wiedergegeben, die in der Reihenfolge Breite · Tiefe · Höhe erfolgen soll.

Mauer-dicke	Breite	Rest-mauer-dicke	Mindestabstand der Schlitze und Aussparungen	
			von Öffnungen	unter-einander
cm	cm	cm		
≥ 11,5	–	–	≥ 2fache Schlitzbreite bzw. 36,5 cm	≥ Schlitz-breite
≥ 17,5	≤ 26	≥ 11,5		
≥ 24	≤ 38,5	≥ 11,5		
≥ 30	≤ 38,5	≥ 17,5		
≥ 36,5	≤ 38,5	≥ 24		

248.1 Gemauerte vertikale Schlitze und Aussparungen

Mauer-dicke	Tiefe[1]	Einzel-schlitz-breite	Abstand der Schlitze und Aussparungen von Öffnungen
mm	mm	mm	mm
≥ 11,5	≤ 10	≤ 100	≥ 115
≥ 17,5	≤ 30	≤ 100	
≥ 24,0	≤ 30	≤ 150	
≥ 30,0	≤ 30	≤ 200	
≥ 36,5	≤ 30	≤ 200	

[1] vertikale Schlitze, die ≤ 1,00 m über Fußboden reichen, dürfen in Mauern ≥ 24 cm bis 80 mm tief und bis 120 mm breit sein.

248.2 Nachträglich gefräste vertikale Schlitze

Mauer-dicke	unbeschränkt Tiefe[2]	≤ 1,25 m lang[3] Tiefe
cm	mm	mm
≥ 11,5	–	–
≥ 17,5	0	≤ 25
≥ 24	≤ 15	≤ 25
≥ 30	≤ 20	≤ 30
≥ 36,5	≤ 20	≤ 30

[1] nur zulässig in Bereichen ≤ 0,40 m ober- oder unterhalb der massiven Rohdecke, jeweils an einer Mauerseite, nicht in Langlochsteinen.
[2] werden Werkzeuge mit Tiefenanschlag eingesetzt, dürfen die Maße um 10 mm erhöht werden; ebenfalls dürfen dann in Mauern ≥ 24 cm einander gegenüberliegende Schlitze von jeweils 10 mm Tiefe ausgeführt werden.
[3] Mindestabstand von Öffnungen in Längsrichtung ≥ 49 cm, zwischen Schlitzen zweifache Schlitzlänge.

248.3 Nachträglich gefräste horizontale oder schräge Schlitze

- In Ingenieurzeichnungen wird die Decke **über** dem Grundriss mit seinen vorwiegend verdeckt (gestrichelt) gezeichneten tragenden Wanden und anderen Stützen sowie evtl. Aussparungen **von oben betrachtet** dargestellt.
- In Architekturzeichnungen dagegen wird der Grundriss mit seinen Wanden, Installationen und den erforderlichen Aussparungen usw. **unter** der genannten Decke wiedergegeben, sodass sie mit ihren erforderlichen Aussparungen **im Rücken des Betrachters** liegend darzustellen ist. Dabei werden Körperkanten durch Punktlinien markiert.

3.11 Hausschornsteine

Zu den besonders zu beachtenden Teilen bei der Errichtung eines Hochbaus gehört der Hausschornstein (Kamin) mit einer freien Höhe von ≤ 4,50 m, dessen Planung und Ausführung u. a. durch die DIN 18160 vorgeschrieben sind. Es sind Abgas-, Ent- und Belüftungsrohre (Züge) zu unterscheiden.

Die Grundlagen der Schornsteinplanung sind in Bild 249.1 wiedergegeben: Durch das Verbrennen von festen (Koks, Briketts, Holz), flüssigen (Heizöl) oder gasförmigen (Erdgas) Stoffen wird die Luft im Abgasrohr erwärmt, sie wird gegenüber der kälteren Außenluft leichter, die ihrerseits als schwerere Luft nachdrückt und so die Aufwärtsbewegung der Abgase bewirkt. Das Funktionieren dieses Kreislaufs ist zunächst von der wirksamen Schornsteinhöhe (≥ 4,00 m, gemessen von Feuerhöhe bis Mündung), der Verbrennungstemperatur im Verhältnis zur Außentemperatur, der Zufuhr von Frischluft und des Wärmeverlustes innerhalb des Schaftes oder des Kopfes abhängig.
In Bezug auf die Anzahl der Anschlüsse an einen Schornstein unterscheidet man
- eigene bzw. einfach belegte Schornsteine mit lediglich einem Feuerstättenanschluss,
- gemeinsame bzw. mehrfach belegte Schornsteine mit dem Anschluss von mehr als einer Feuerstätte,
- gemischt belegte Schornsteine, z. B. mit Abgas-, Gas-, Ent- oder Belüftungsrohr.

Das ungehinderte Austreten der Abgase ist von der Anordnung des Schornsteinkopfes im Verhältnis zu umliegenden Bauteilen (First, Dachkanten u. Ä.) abhängig, dabei sind Mindesthöhen der Schornsteinmündung über Dach zu beachten.
Im Querschnitt wird ein Rohr (Zug) durch Wangen gebildet; Rohre werden durch Zungen getrennt.
Die Darstellung und die Ausführlichkeit der Bemaßung des Schornsteines sind dem Zeichnungsmaßstab und der Aufgabe der Zeichnung anzupassen.

Wichtige Vorschriften und Empfehlungen sind in Bild 250.1 zusammengestellt:
- Die Abgasrohrquerschnittform (nicht Ent- und Belüftungsrohre) muss rund, quadratisch oder rechteckig mit einem maximalen Seitenverhältnis von 2:3 sein, damit im Zug keine zusätzlichen hemmenden Wirbel entstehen und um die Abkühlungsfläche der Rohrinnenseiten so klein wie möglich zu halten.

Mauerwerksbau

- Abgas-, Ent- und Belüftungsrohre sollen nach Möglichkeit zu einem Schornsteinblock zusammengelegt werden, um ein unnötiges Auskühlen der Rohre zu vermeiden.
- Um z. B. den Schornsteinkopf in eine strömungsgünstigere Position zu führen, darf jeder Schornsteinschaft einmal bis zu 60° zur Horizontalen gezogen werden. Der gezogene Schaftteil ist dann mit einer Schulterwange zu unterstützen.
- Schornsteinwangen, die sich bei Erwärmung ausdehnen, dürfen nicht durch Decken o. Ä. belastet werden. An Schornsteine angrenzende tragende Bauteile müssen durch Mindestabstände vor Erhitzung und Brand geschützt werden. Ein Ausfüllen des Zwischenraumes mit Beton oder anderen nicht brennbaren Baustoffen dient außerdem der Abstützung des Schaftes, dessen freie Länge ≤ 4,50 m betragen darf.
- Gemauerte Schornsteinschäfte dürfen wegen ihrer Ausdehnung durch Erwärmung lediglich bis zu einer Höhe von max. 10,00 m mit den angrenzenden Mauern im Verband errichtet werden.

Gängige Schornsteinschaft-Konstruktionen (Bild 250.2).
- Gemauerte Schornsteinschäfte werden in Ausnahmefällen ausgeführt, mit Rauchrohren > 400 cm^2 müssen sie mindestens ein Stein dicke Wangen haben.
- Schornsteinquerschnitte können ein-, zwei- oder dreischalig sein (Bild 253.1). Die Formstücke (2 bis 4 Stück pro stg. M) bestehen vorwiegend aus einem Leichtbeton. Je nach Ausführung beträgt die Wangen- und Zungendicke 5,0 bis 15,0 cm. Um höhere Abgastemperaturen aufnehmen zu können und einen möglichst geringen Reibungswiderstand im Zug zu gewährleisten, wird bei zweischaligen Konstruktionen ein Schamotte-, Keramik- oder Innenrohr (Wanddicke ca. 2,5 cm) verarbeitet.
- Dreischalige Schornsteine erhalten eine zusätzliche Wärmedämmung aus Mineralfasern bzw. aus körnigem Dämmaterial (Dicke ca. 5,0 cm). Diese Ausführung ist auch bei gemauerten Schornsteinen üblich.
- Um Gewicht zu sparen, kann statt des Schamotterohres ein Edelstahlinnenrohr gewählt werden.
- Geschosshohe Schornsteinschäfte (Bild 250.2) sind vor allem bei Großbauvorhaben besonders rationell.

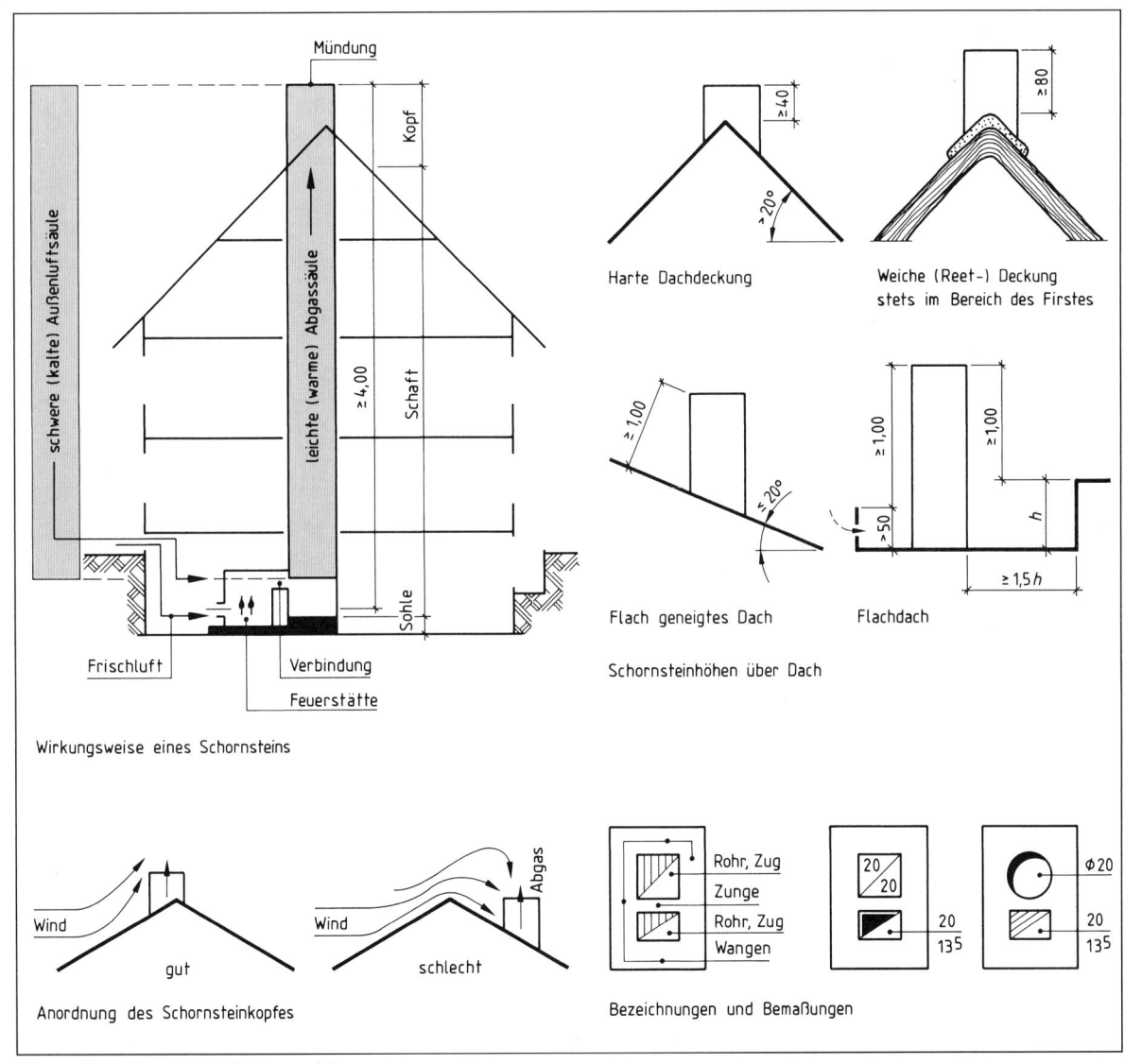

249.1 Grundlagen zum Schornsteinbau

Mauerwerksbau

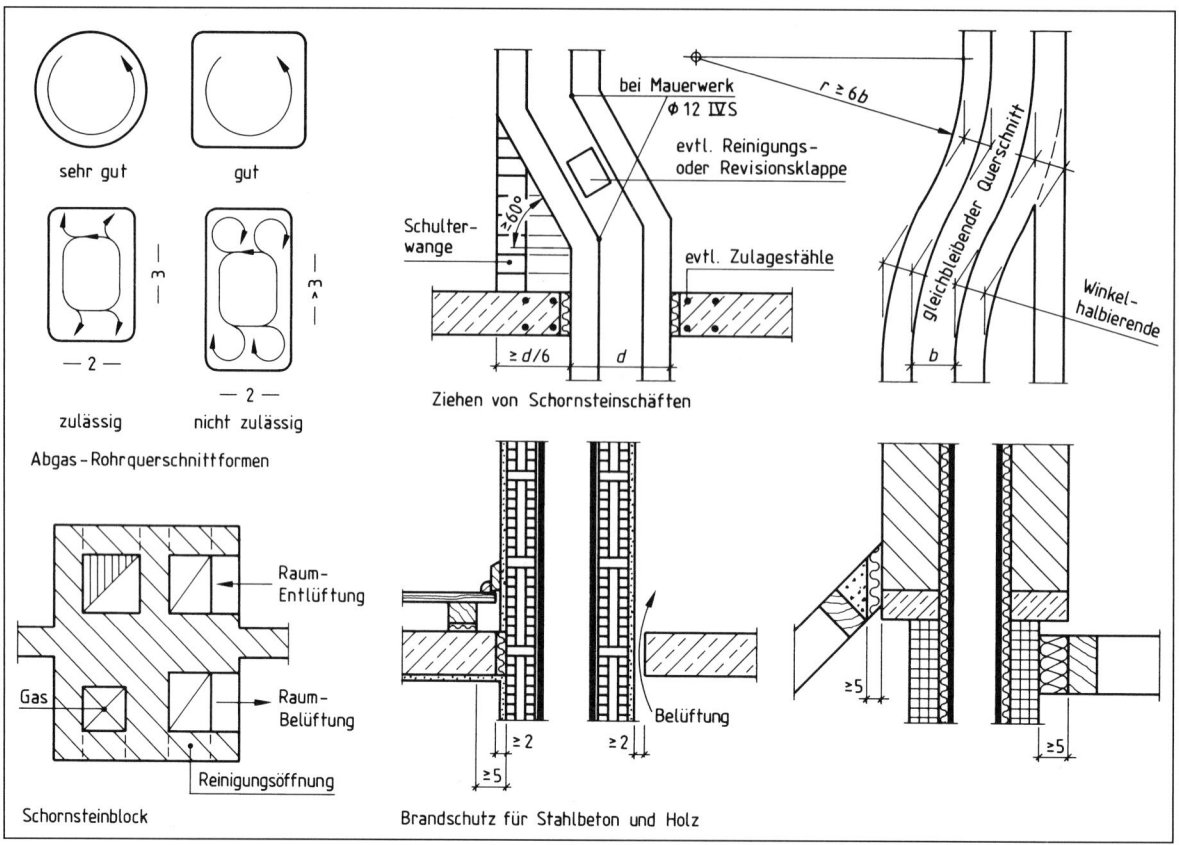

250.1 Schornsteinschaft – Konstruktionen

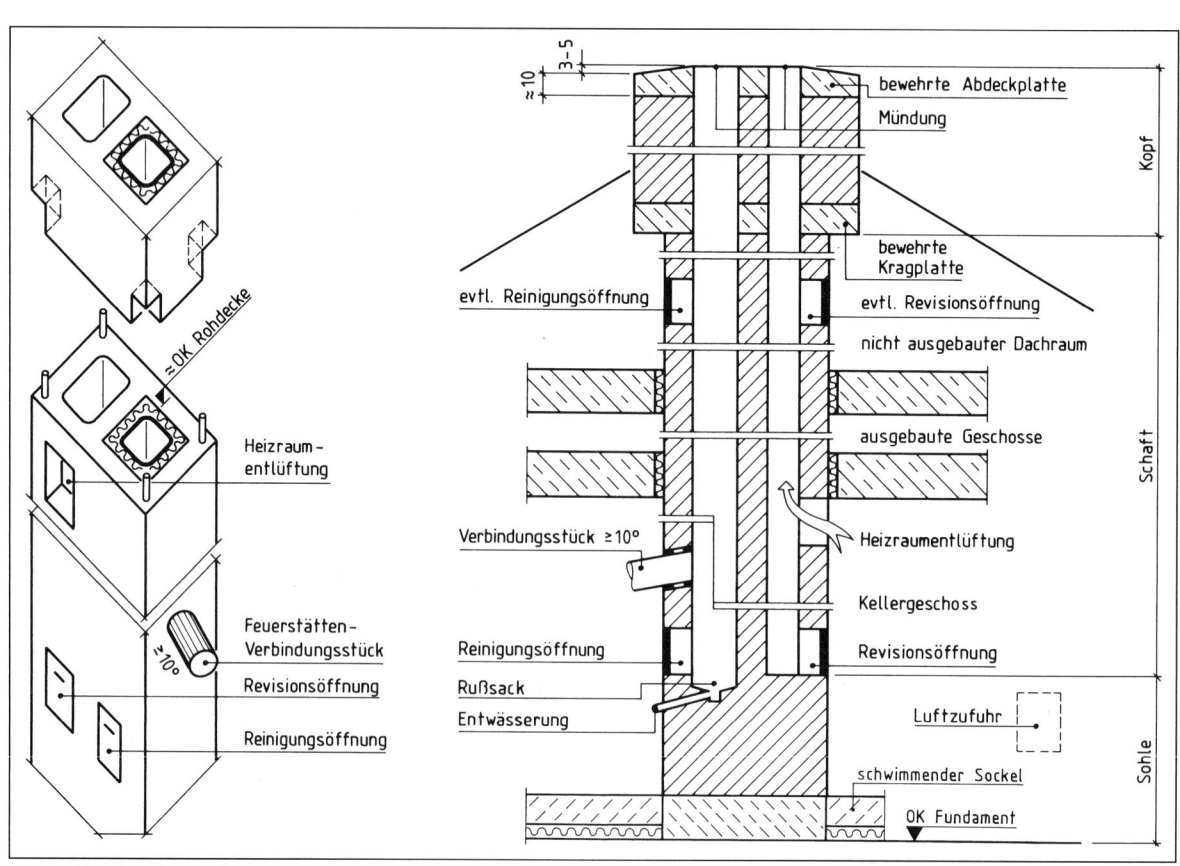

250.2 Geschosshoher Schaft, Hausschornstein – Aufbau

Mauerwerksbau 251

Ein Hausschornstein-Aufbauprinzip ist unabhängig von dem Baumaterial und der Konstruktion stets zu beachten:
- Jeder Schornstein steht auf einem Fundament, das lediglich in Ausnahmefällen getrennt von den übrigen Fundamenten auszuführen ist.
- Der untere Teil des Schornsteins bis zum Beginn der Rohre ist die Sohle (der Sockel) des Schaftes. Sie reicht bis zur Unterkante der Reinigungsöffnung für das Rauchrohr, das ≥ 50 cm hoch liegen muss, um eine Ruß-(Sott-) entnahme zu ermöglichen.
- Das Verbindungsstück zwischen Heizkessel und Rauchrohr soll in mindestens 10° ansteigend eingebaut werden. Vor allem Heizkessel mit Brennern, die bei Betrieb Geräusche verursachen, werden auf schwimmende Sockel gestellt, die ebenfalls gegen angrenzende Mauern gedämmt werden müssen, um eine Körperschallübertragung auf das Bauwerk zu verhindern.
- Heizungsräume haben in der Regel ein Entlüftungsrohr, dessen unverschlossene Öffnung unmittelbar unter der Decke liegt, da sich dort die sauerstoffarme leichtere Luft sammelt, die abgesogen werden muss. Auch Entlüftungsrohre müssen eine Revisionsöffnung haben, die vorwiegend auf der Höhe der Reinigungsöffnung des Rauchrohres angeordnet wird. Die Öffnungen werden mit Schiebern aus Beton oder durch Stahlklappen geschlossen.
- Innerhalb nutzbarer Geschosse soll der Schornsteinschaft außer Brennstellenanschlüssen weitgehend von Öffnungen frei bleiben, andernfalls sind diese mit besonderen Sicherheitsklappen zu schließen.
- In einem nicht ausgebauten Dachraum sind für das Rauch- und für das Entlüftungsrohr evtl. weitere Revisionsöffnungen vorzusehen.

Schornsteinkopf (Bild 251.1). Der Schornsteinkopf ist der anfälligste Teil der Hausschornsteinanlage, er ist der Witterung und teilweise großen Unterschieden zwischen der Abgas- und der Außentemperatur ausgesetzt; darüber hinaus muss an ihn der wasserdichte Anschluss der Dachdeckung erfolgen (Verwahrung). Aus den genannten Gründen werden die Wangen des Schornsteinkopfes gegenüber den Wangen des Schaftes häufig verstärkt, dafür ist eine Auskragung innerhalb des Dachraumes bzw. in der Höhe der Dachdeckung erforderlich. Im Bereich der Schornsteinmündung wird der Schornsteinkopf in der Regel zum Schutz vor Feuchtigkeit mit einer bewehrten Platte aus Ortbeton oder als Betonfertigteil abgedeckt; seltener wird als oberste Schicht eine Rolle gemauert.

Schornsteinkopf-Ausbildungen sind in Bild 251.1 detailliert dargestellt:
Das Rauchrohr des gemauerten Kopfes gilt als dreischalig. Das Innenrohr muss sich bei Erwärmung ausdehnen können, deshalb ist bei der Errichtung des Schornsteinkopfes eine Dehnfuge vorzusehen, sie wird durch eine Manschette aus nicht rostendem Stahl überdeckt, die in Unterkante Abdeckung enden oder über die Mündung hinausgeführt werden kann, um das Rohr vor einlaufendem Wasser zu schützen. Bei nach außen abgeschrägten Deckplatten kann an den Wangen herunterlaufendes Wasser Rußstreifen hinterlassen.

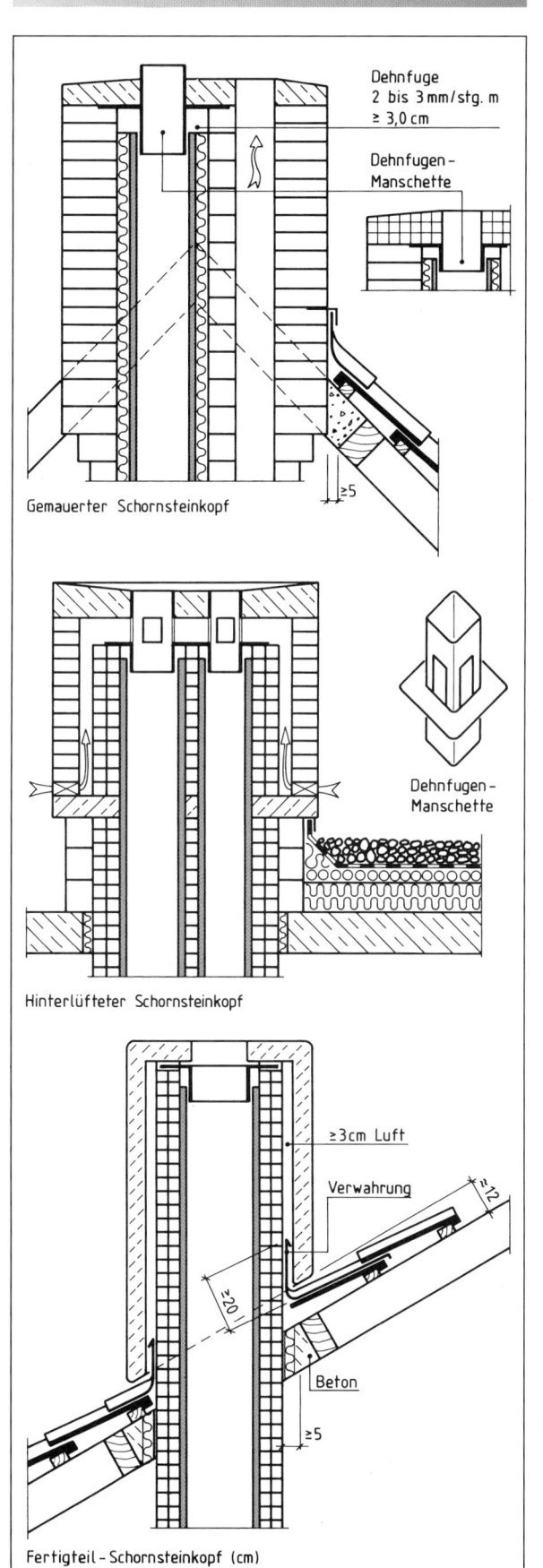

251.1 Schornsteinköpfe

Mauerwerksbau

Der hinterlüftete Schornsteinkopf besteht z. B. aus zweischaligen Betonfertigteilen, die über Dach auf einer Kragplatte mit 1/2 Stein und ca. 6 cm breiter Hinterlüftung ummauert werden. Die Dehnfugenmanschetten müssen Entlüftungsschlitze haben und bei nach innen geschrägter Abdeckplatte über deren Oberkante hinausragen, um die Rohre vor Wasser zu schützen.

Der Fertigteilschornsteinkopf aus Beton mit einer dem Dachdeckungsmaterial angepassten Außenfläche wird, im Ganzen in $\geq$ 3 cm seitlichem Abstand über den verlängerten Schornsteinschaft gestülpt und befestigt. Seine Unterkante soll ca. 12,0 cm über Sparrenoberkante enden, damit eine handwerksgerechte Andichtung an die Dachhaut erfolgen kann.

Reinigung der Schornsteinanlage. Sie erfolgt bei harter Bedachung vorwiegend von der Mündung des Schornsteines aus. Für das Erreichen des Schornsteinkopfes sind je nach Traufhöhe und Dachneigung Leitern oder Trittsteine in der Dachfläche und Standroste unterhalb des Schornsteinkopfes erforderlich.
Dachflächenfenster und Laufbohlen ermöglichen bei höheren Gebäuden den Zugang vom Dachraum zum Schornsteinkopf.
Reinigungsöffnungen sind im Bereich des nicht ausgebauten Dachraumes (ausgenommen Treppen- und Nebenräume) zulässig, sofern der Abstand bis zur Schornsteinkopfmündung $\geq$ 4,50 m beträgt.
Bei Reet- oder Strohdeckungen wird die Reinigung von einer besonders großen Reinigungsöffnung aus innerhalb des Dachraumes vorgenommen, es sei denn, der Schornstein ist von innen besteigbar.

Die gesamte Schornsteinanlage unterliegt bei Neubauten, als Bestandteil der Bauabnahme, einer Rohbau- und einer Gebrauchsabnahme.

Fertigteilschornsteine
In Bild 252.1 ist das Aufbauprinzip für einen dreiteiligen Fertigteilschornstein (Kamin) wiedergegeben. Diese Schornsteinkonstruktion wird wegen ihrer kostengünstigen und technisch einwandfreien Lösung sowohl in Neubauten als auch bei Gebäudesanierungen bevorzugt.

Die mit Lagerfuge 33,3 cm (auch 25 cm) hohen Mantelsteine werden ohne Verbindung zum Mauerwerk geschosshoch vermauert und durch Decken ausgesteift. Das Deckenloch für den Schornsteinkopf soll rundherum 2 cm größer als die Schaftmaße sein. Die Fugen werden mit Mineralwolle ausgestopft und gewährleisten eine Dehnmöglichkeit des Schornsteins.

In Bild 251.1 sind Schornsteinkopf-Konstruktionen dargestellt, wie sie auch bei Fertigkteilschornsteinen Anwendung finden können. Fertigteil-Schornsteinköpfe gibt es im Handel in Betonausführung, als Mauerwerknachbildung und verschiefert.

Im Bild 253.1 sind Schornsteinquerschnitte unterschiedlicher Konstruktionen zusammengestellt.

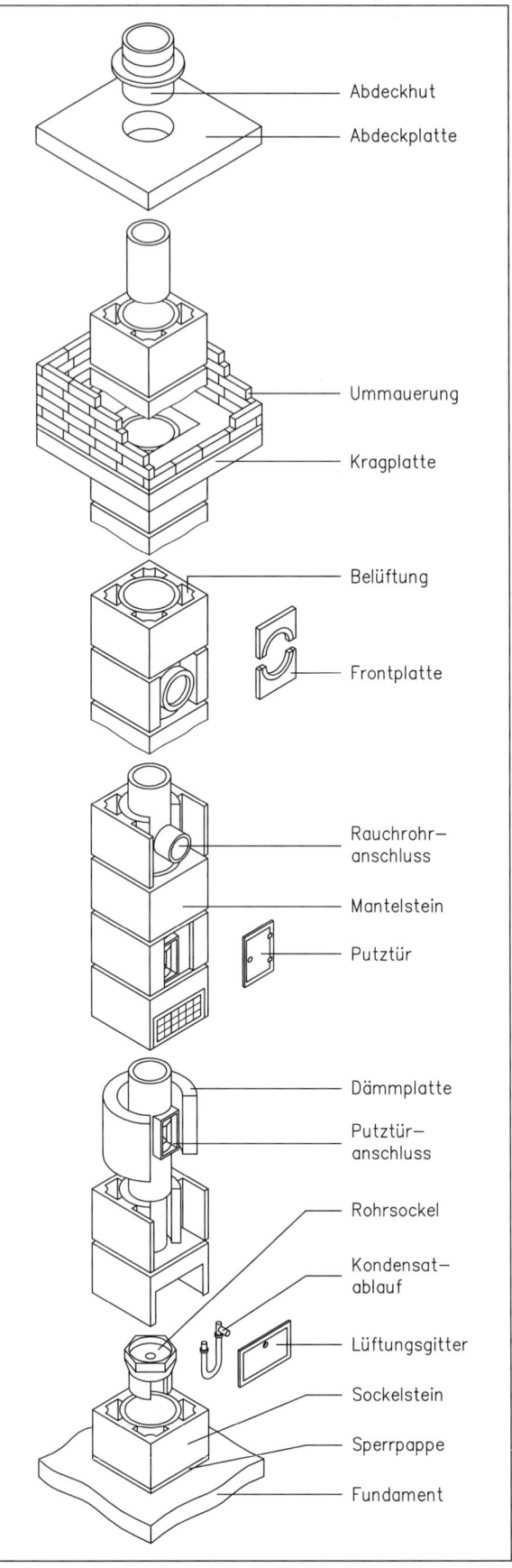

252.1 Fertigteilschornstein

Mauerwerksbau

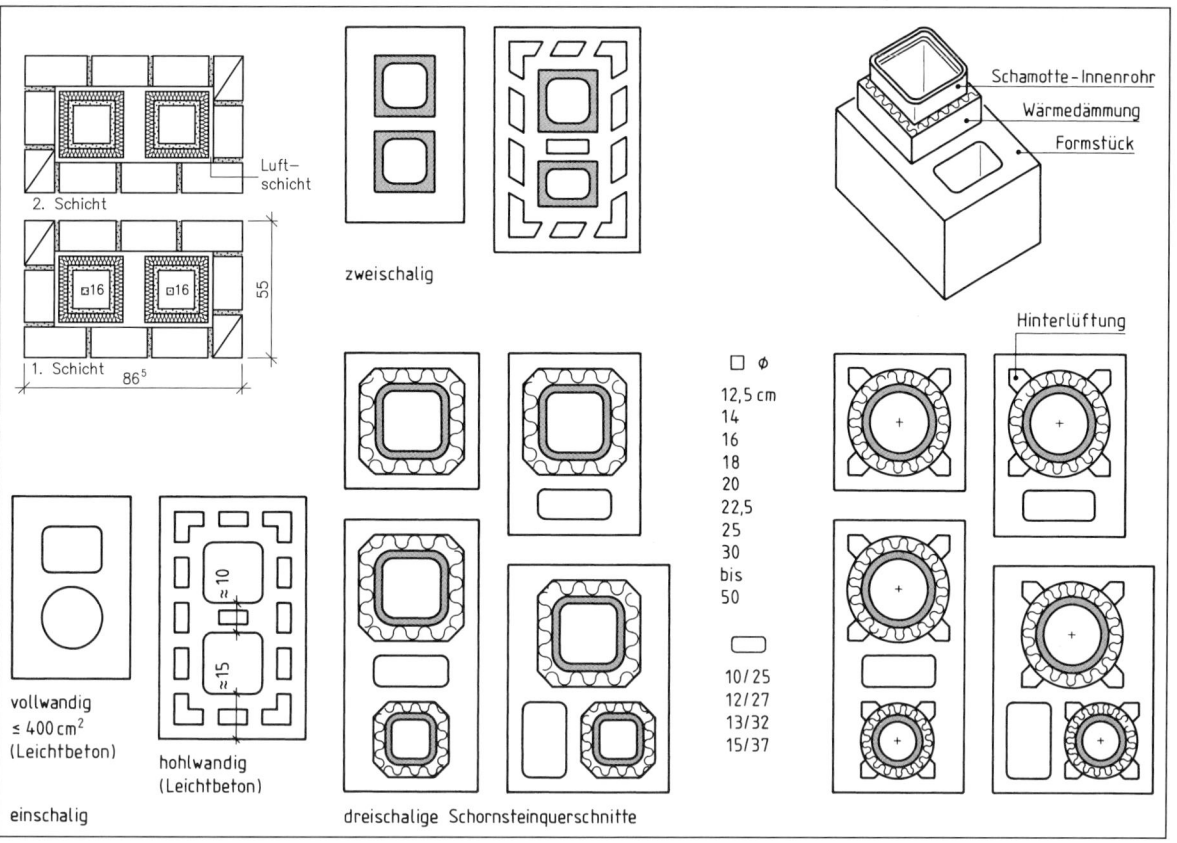

253.1 Schornsteinquerschnitte

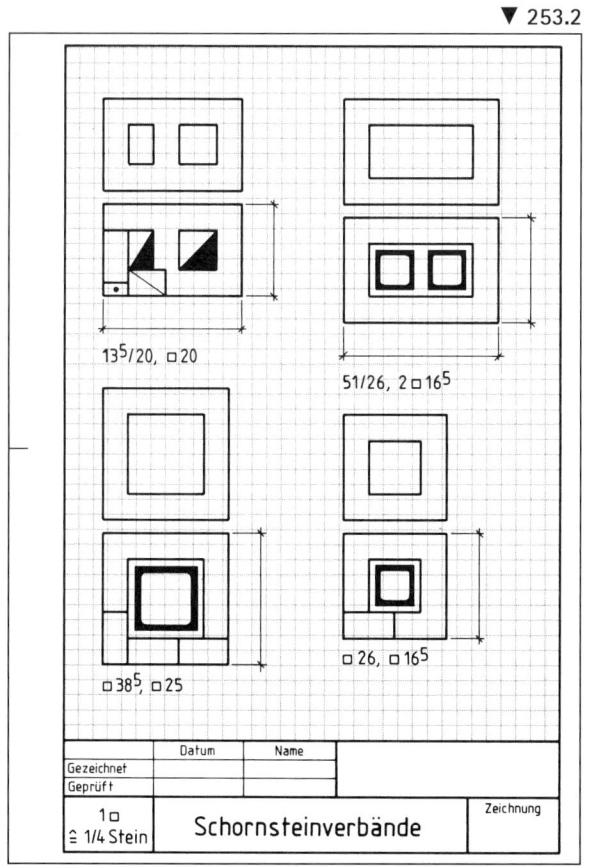

253.2 Schornsteinverbände

3.12 Wärmedurchlasswiderstandsgruppen, Sanierung und Verbände

Durch den Einsatz moderner Kessel mit sehr niedrigen Abgastemperaturen werden Schornsteine mit Formsteinen in mehrschaliger Bauweise mit hoher Wärmedämmung erforderlich. Der Wärmedurchlasswiderstand eines Schornsteins muss einen Wert aufweisen, der auf der Innenseite der Mündung mindestens der Wasserdampftaupunkttemperatur des Abgases entspricht. Das bedeutet, dass die Abgase erst an der Mündung des Schornsteins vom gasförmigen Aggregatzustand in den flüssigen Aggregatzustand übergehen dürfen. Um aufwändige rechnerische Nachweise zu vermeiden, wurden drei **Wärmedurchlasswiderstandsgruppen** (Bild 254.2) eingeführt.

Schornsteinabschnitte, die in kalten Räumen wie z. B. in nicht ausgebauten Dachräumen liegen, erfordern für die Schornsteinwangen mindestens die Wärmedurchlasswiderstandsgruppe II. Für die ungünstige Lage von an Außenwänden angebauten Schornsteinen wird die Gruppe I verlangt.

Beim **Sanieren** von Heizungsanlagen in bestehenden Gebäuden wird eine Querschnittsanpassung und eine Erhöhung des Wärmedurchlasswiderstands der Schornsteine notwendig. Folgende Sanierungshauweisen (Bild 254.1) eignen sich:

- Einführen von starren Edelstahlrohren (V 4 A) mit 2 cm dickem Mineralwollerohr als Dämmung,
- Einführen von Schamotterohren mit Mineralwollerohr oder Schüttdämmung;
- Einführen von Keramik- oder Glasrohren mit Dämmung;

Mauerwerksbau

Die Dämmung verhindert nicht nur einen Wärmeverlust, sie dient auch zur Aussteifung der eingeführten Rohre. Die Montage kann wahlweise vom Schornsteinkopf durch Herablassen der Rohre oder über ausgebrochene Öffnungen der Schornsteinwangen erfolgen.

Wenn auch die **Verbandsregeln** für den Neubau eines Schornsteins nicht mehr angewandt werden, so ist deren Kenntnis für die Verblendung von Schornsteinköpfen sowie für die Sanierung von Schornsteinen notwendig:

- In jeder Schicht sind nach Möglichkeit ganze Steine (vornehmlich 24 · 11,5 cm) zu verwenden.
- Die jeweils folgende Schicht ist um 180° verdreht zur vorhergehenden Schicht anzulegen.
- Zungensteine sind um mindestens 1/4 Stein (6,25 cm) in die Wangen einzubinden, damit sie bei mechanischer Belastung (z. B. Fegen der Rohre) nicht verschoben werden.
- In Rohrecken darf jeweils lediglich eine Stoßfuge liegen, Kreuzfugen sind zu vermeiden, da die folgende Schicht in diesem Bereich unweigerlich Fugendeckung hätte.
- Die Planung der Rohranordnung sowie der Schornsteinverbände und die Maßermittlung erfolgen am einfachsten auf kariertem Papier; dabei ist der Maßstab 1 Läufer $\triangleq$ 4 Karos zu wählen.
- Die übliche Wangendicke von Hausschornsteinen darf nicht durch Schlitze, Dübel, größere Verbindungsmittel u. Ä. geschwächt werden.
- Feuerstättenrohre, die in Mauerecken liegen, sollen erforderlichenfalls um $\geq$ 1/4 Stein aus der Ecke herausliegen, um einen problemlosen Feuerstättenanschluss zu gewährleisten.

Aufgabe: (Bild 253.2) Die Schornsteinverbände der ersten (jeweils untere Darstellung) und der zweiten Schicht sind auf kariertem Zeichenkarton entsprechend den Lösungshinweisen freihändig zu skizzieren sowie nachzuzeichnen und soweit gefordert zu bemaßen.

Wärmedurch-lasswider-standsgruppe	Wärmedurch-lasswider-stand in m², K/W	Ausführungs-art nach DIN 4705 T2	Ausführungs-beispiele
I	$\geq 0{,}65$	I	dreischalige Schornsteine mit Dämmschicht
II	0,22 bis 0,64	II	gemauerte Schornsteine Wangendicke ≥ 24 cm aus Mz $\rho \geq 1{,}4\,t/m^3$
III	0,12 bis 0,21	III	gemauerte Schornsteine Wangendicke $\geq 11{,}5$ cm aus Mz $\rho \geq 1{,}8\,t/m^3$, oder KS $\rho \geq 1{,}6\,t/m^3$, oder KS $\rho \geq 2{,}0\,t/m^3$

254.2 Wärmedurchlasswiderstandsgruppen von Schornsteinen

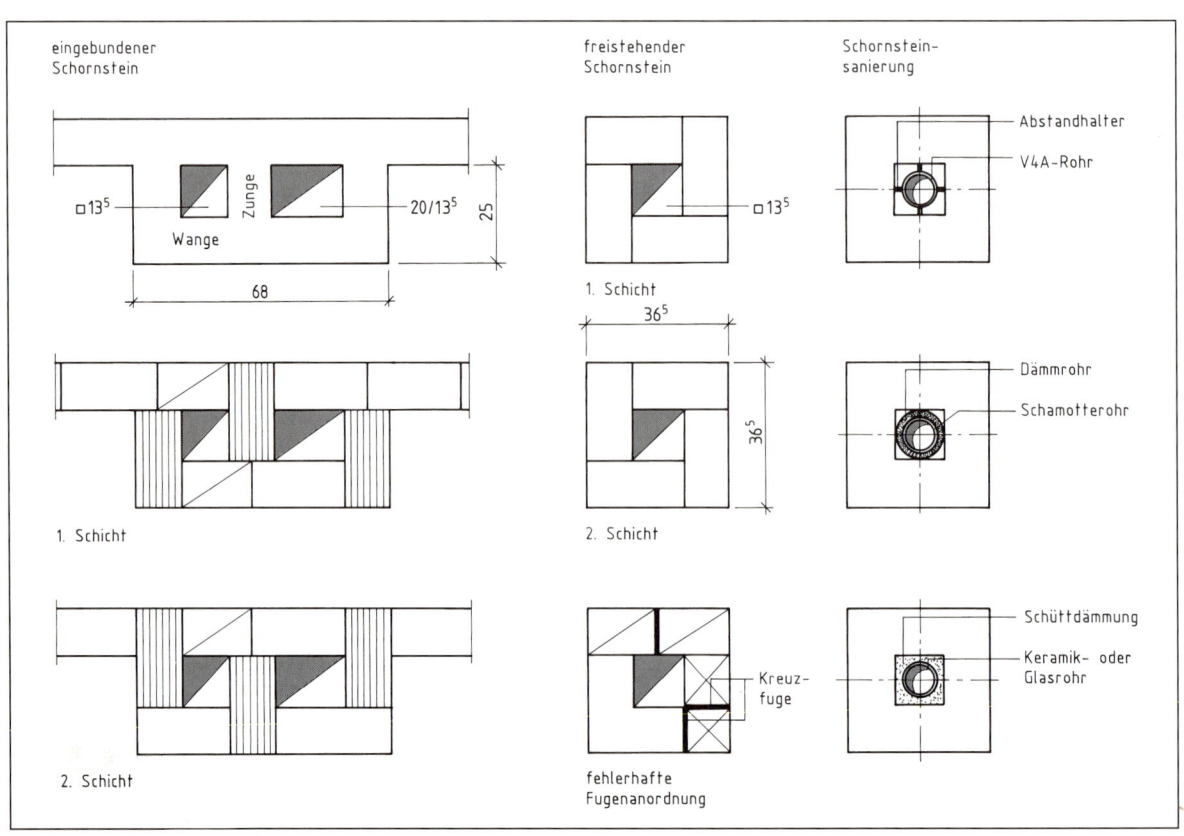

254.1 Alte Verbände und Sanierung von Schornsteinen

3.13 Bewehrtes Mauerwerk

Tragende und aussteifende Mauern werden häufig durch Wind- oder Erddruck quer zu ihrer Flächenachse beansprucht, es besteht die Gefahr, dass die Mauer ausknickt. Um die Standsicherheit von Mauern zu gewährleisten, deren Abmessungen und Belastungen nicht den üblichen Mindest- bzw. Höchstwerten entsprechen, ist u.U. bewehrtes Mauerwerk auszuführen.

In Bild 255.1 sind drei Arten von normengerecht bewehrtem Mauerwerk wiedergegeben:
- horizontale Bewehrung in Lagerfugen oder in Formsteinen,
- vertikale Bewehrung in Formsteinen oder ummauert,
- horizontale und vertikale Bewehrung, z. B. Betonstahlmatten.

Als Bewehrung darf lediglich gerippter Betonstahl IV S oder IV M verwendet werden, der in MG III oder IIIa eingemauert oder in verdichtetem Beton $\geq$ B 15 verlegt werden muss, nachdem er vor einem Verschieben gesichert wurde. Das Überdeckungsmaß muss bei Verwendung von Mauermörtel III oder IIIa $\geq$ 2 Stab-$\varnothing$ $\geq$ 30 mm betragen; bei der Verfüllung mit Beton sind die *nom-c*-Betondeckungsmaße der DIN 1045 einzuhalten.

Falls die Mauern dauernder Feuchtigkeit ausgesetzt sind, müssen die Betonstähle zusätzlich durch eine Feuerverzinkung oder andere geeignete Maßnahmen, z. B. durch Beschichtung, vor Korrosion geschützt werden.

3.14 Nicht tragende Trennwände

Nicht tragende leichte Trennwände dienen der Raumteilung, nicht der Gebäudeaussteifung. Dabei können sie durch entsprechende Konstruktion ebenfalls Aufgaben im Bereich des Brand-, Wärme- sowie evtl. des Schallschutzes übernehmen. An nicht tragende Innenwände werden je nach der Menschenansammlung in dem Raum unterschiedliche Anforderungen gestellt:

Einbaubereich 1 (leichte Ausführung) für Wohnungen, Hotel-, Büro-, Krankenräume.

Einbaubereich 2 (schwere Ausführung) für Hörsäle, Versammlungs-, Schul-, Ausstellungs-, Verkaufsräume.
Zu dem Einbaubereich 2 gehören aus Gründen der Stabilität ebenfalls Trennwände zwischen Räumen mit Fußboden-Höhenunterschieden 21,00 m.
Die Standsicherheit der Wände wird durch die Verbindung mit angrenzenden Bauteilen gesichert. Diese Randlagerung kann zwei-, vier- oder dreiseitig erfolgen (Bild 256.1).
Nicht tragende Trennwände werden in Bezug auf das verwendete Material der Unterkonstruktion eingeteilt:
Trennwände in massiver Bauart bestehen vorwiegend aus Gipswandbauplatten, die mithilfe von Fugengips im Verband gemauert werden, Teilplatten werden geliefert bzw. auf der Baustelle gesägt.
Ein Verputzen der Wand ist nicht erforderlich, es genügt evtl. ein Spachteln der Fläche.
Bezeichnungen von leichten Wandbauplatten: Porengips-Wandbauplatte mit 100 mm Dicke: **PW 100**;
Gips-Wandbauplatten 60 mm dick: **GW 60**;
schwere Gips-Wandbauplatten 120 mm dick: **SW 120**.

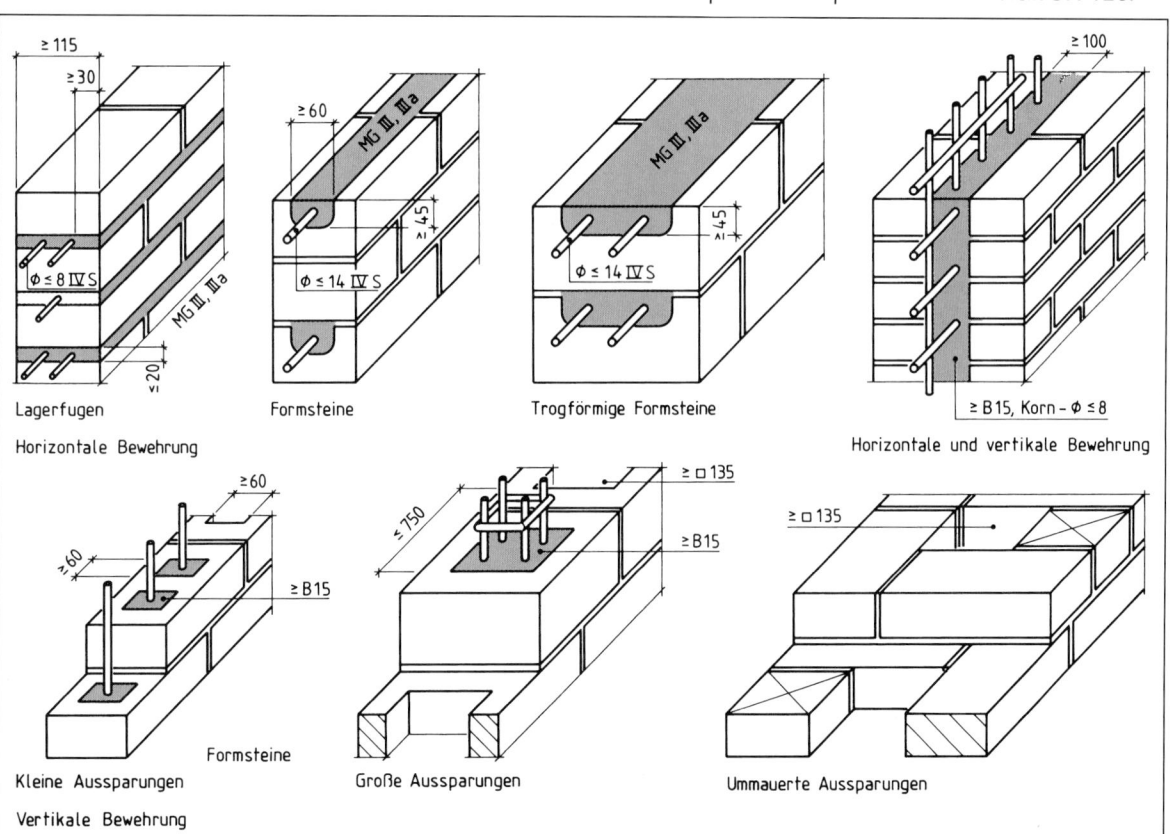

255.1 Bewehrtes Mauerwerk

Je nach Plattenart, -dicke und -randlagerung sowie geplanter Öffnungsgrößen in der Leichtwand sind maximale Wandhöhen- und Wandlängenmaße einzuhalten. Wandschlitze für Installationsleitungen mit geringen Abmessungen (im cm-Bereich) sind zulässig, soweit sie nach dem Verlegen der Installation sorgfältig mit Fugen- oder Haftputzgips verschlossen werden. Anschlüsse zu Randlagerungen sind beweglich auszuführen:

- Elastische Anschlüsse werden mit mauerbreiten elastischen Streifen (aus Filz-, Kork-, Hartschaumdämmstoffen) zu den angrenzenden Bauteilen ausgeführt.
- Gleitende Anschlüsse werden mit Spezialprofilen (Kunststoff, Leichtmetall) oder Nuten in den Randlagerungen hergestellt.
- Deckenanschlüsse sind wegen der Durchbiegung der Decken in ihrem Dehnvermögen besonders sorgfältig auszubilden, um die Wand lediglich zu halten, aber nicht zu belasten.

Trennwände in Holzbauart haben als Unterkonstruktion vorzugsweise ein senkrecht stehendes Ständerwerk aus Flachpressplatten (Rippen) oder aus Vollholz (Stiele) im Mittenabstand von $\leq$ 62,5 cm. Horizontale Riegel werden lediglich aus konstruktiven Gründen angeordnet, z. B. zur Aussteifung der senkrechten Hölzer.

- Fußbodenanschlüsse der Trennwände werden unverschieblich über Schwellenhölzer mit der Rohkonstruktion verbunden.

Die Mindestabmessungen der Ständer in Abhängigkeit von der Wandhöhe, jedoch auch vom Einbaubereich, sind genormt:
Rippenbreite $\geq$ 28 mm, Rippenhöhe 60, 80 oder 100 mm; Stielbreite 30, 40 oder 60 mm, Stielhöhe 40, 60 oder 80 mm. Die Unterkonstruktion der Trennwand wird u. U. mit Dämmstoffen ausgefüllt und ein- oder beidseitig mit Holz (Brettern), Holzwerkstoffen (Span-, Holzfaser-, Sperrholzplatten) oder Gipsbauplatten (Gipskarton-, Gipsfaserplatten) geschlossen; dabei wird unterschieden zwischen: **Bekleidung**, statisch nicht mitwirkend, und **Beplankung**, statisch mitwirkend.

Montagewände aus Gipskartonplatten bestehen aus einem vorgefertigten Metallprofil-Ständerwerk (U- oder C-Profil), das mit Platten $\geq$ 12,5 mm dick ein- oder zweiseitig, einfach oder doppelt bekleidet ist; eine zusätzliche Wärmedämmung im Inneren der Wand ist möglich. Die Ständer haben einen Mittenabstand von $\leq$ 62,5 cm.

Glasbausteinwände dürfen außer ihrem Eigengewicht keinerlei lotrechten Lasten ausgesetzt sein. Um horizontale Kräfte, z.B. aus Wind, aufnehmen zu können, werden außen liegende größere Glasbausteinwände in ihren Fugen mit Rundstählen bewehrt sowie an ihren Rändern mit einem armierten Betonrahmen in Dehn- und Gleitfugen zu den tragenden Bauteilen eingebaut. In Bild 257.1 sind die Vorzugsmaße und die Anschlusskonstruktionen von Glasbausteinwänden dargestellt. Eine Kombination unterschiedlich großer Steine ist denkbar, sofern sie die statisch nachzuweisende Bewehrung in den Stoß- und den Lagerfugen ermöglicht.

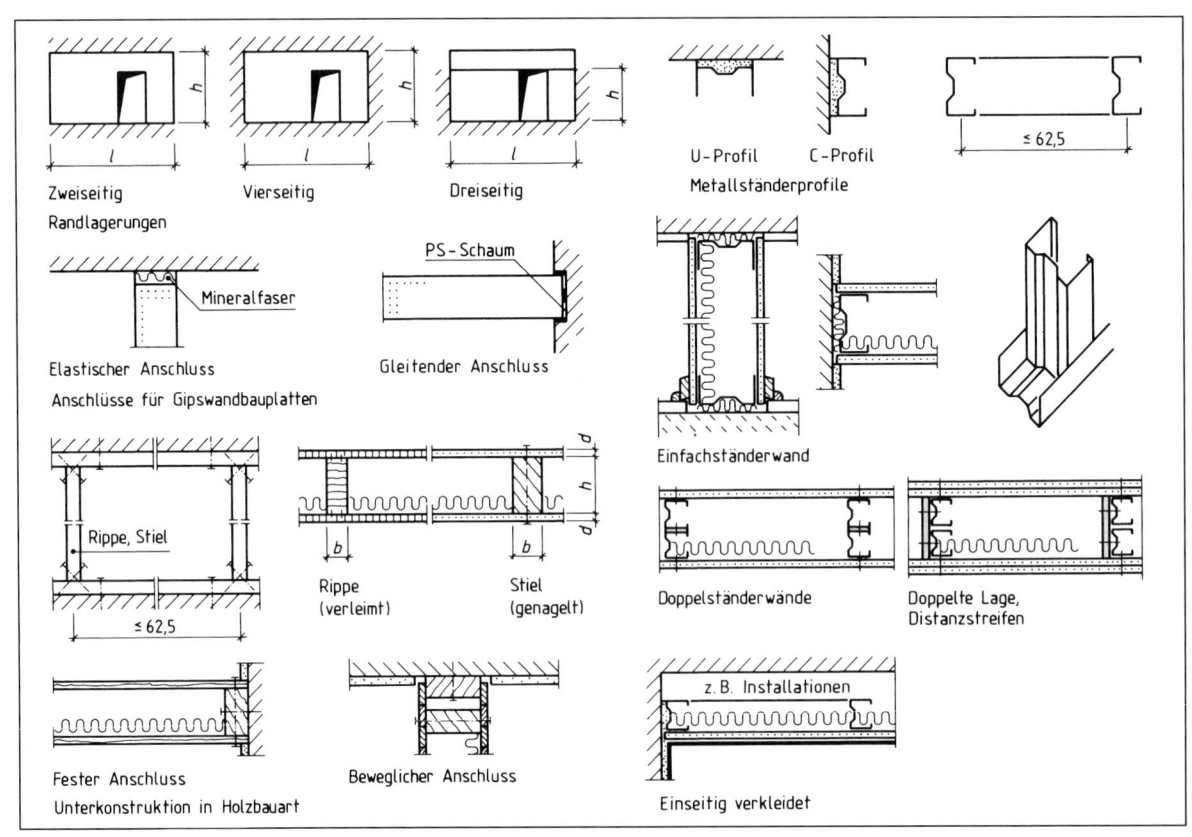

256.1 Nicht tragende leichte Trennwände

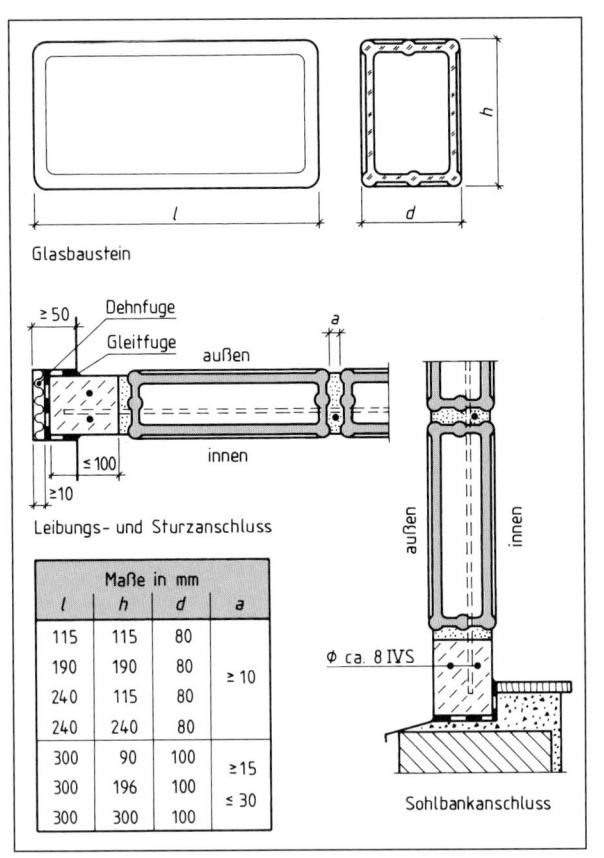

Mauerwerksbau

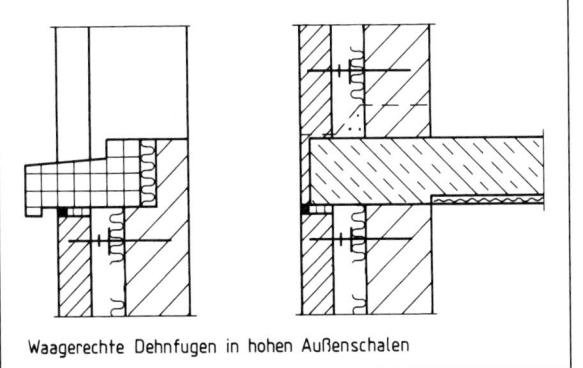

4 Außenmauern

Außenmauern von Räumen für den dauernden Aufenthalt von Menschen müssen neben ihrer Standfestigkeit und Sicherheit gegen unterschiedliche Umweltbedingungen auch zum Wohlbefinden der Bewohner beitragen.

- Die Aufnahme lotrechter und senkrechter Lasten wird in der Statischen Berechnung nachgewiesen, ggf. erfolgt die Wahl der Mauerdicke nach Erfahrungswerten.
- Die Schalldämmfähigkeit tragender Außenmauern ist in der Regel bereits durch ihr relativ hohes Eigengewicht vorhanden. Bei Ausfachungen von Fachwerkkonstruktionen ist eine ausreichende Schalldämmung evtl. durch zusätzliche Maßnahmen sicherzustellen.
- Die Feuersicherheit wird vorwiegend durch das verwendete Mauermaterial (Steine, Putz) oder durch andere schwer entflammbare Baustoffe gewährleistet.
- Wärmestrahlung kann bei langen bzw. dunklen Maueraußenschalen zu Verformungen führen; vorsorglich sind Dehnfugen erforderlich (Bild 257.2):
  Senkrechte Dehnfugen werden vorwiegend an den Gebäudeecken vorgesehen, ihre Lage richtet sich nach der Himmelsrichtung, zu der die Mauern stehen; weitere Zwischendehnfugen können z.B. im Leibungsmauerwerk der Fenster oder bei Mauerwerksvorsprüngen ausgebildet werden.
  Waagerechte Dehnfugen sind bei über zwei geschosshohen Außenschalen und zwischen Bauteilen vorzusehen, die aus unterschiedlichen Materialien bestehen.

Vor allem Wärme- und Feuchteschutz stellen an Außenmauern Anforderungen, die durch Beachtung besonderer Vorschriften eingehalten werden können.

- Einschaliges Mauerwerk erfüllt die Wärme- und Feuchteschutzforderungen an Außenmauern entweder durch die Verarbeitung von im Verband gemauerten stark porenhaltigen Mauersteinen mit ausreichender Dicke und dem Aufbringen eines wasserundurchlässigen Außenputzes oder durch Mauerwerk aus frostbeständigen Steinen mit von Schicht zu Schicht versetzter Längsfuge von ≥ 2,0 cm Dicke (statt 1,0 cm) in MG II a oder III.
- Zweischaliges Mauerwerk besteht aus einer Außenschale (≥ 9,0 cm, bei Schalenfuge 11,5 cm dick) und einer Innenschale (je nach Belastung ≥ 11,5 cm dick) in einem maximalen Abstand von 15,0 cm untereinander.

257.1 Glasbausteinwände

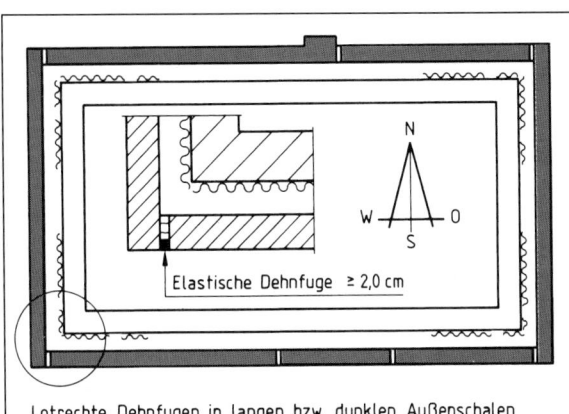

Maße in mm			
l	h	d	a
115	115	80	≥ 10
190	190	80	≥ 10
240	115	80	≥ 10
240	240	80	≥ 10
300	90	100	≥ 15 / ≤ 30
300	196	100	≥ 15 / ≤ 30
300	300	100	≥ 15 / ≤ 30

257.2 Dehnfugen in Außenschalen

257.3 Mindestanzahl und Durchmesser von Drahtankern

Anwendungsbereich	Drahtanker je m² Wandfläche	
	Mindestanzahl[1]	Durchmesser mm
Soweit im Folgenden nichts anderes bestimmt ist	5	3
Mauerbereich höher als 12,0 m über OK T oder Abstand der Schalen > 7 cm, ≤ 12 cm	5	4
Abstand der Mauerschalen > 12 cm, ≤ 15 cm	5 oder 7	5 4

[1] an allen freien Rändern (Öffnungen, Gebäudeecken, Dehnfugen, oberen Rändern von Außenschalen u.Ä.) sind zusätzlich mindestens drei Anker pro lfd. m anzuordnen.

4.1 Verankerung der Außen- an der Innenschale

Bei jedem zweischaligen Mauerwerk sind die beiden Schalen durch nicht rostende Drahtanker (VA-Stahl) miteinander, jedoch zueinander unterschiedlich beweglich zu verbinden (Bild 258.1). Ein Abbiegen der Anker ist unzulässig. Können Drahtanker nicht während des Hochziehens der Innenschale eingelegt oder soll eine Außenschale nachträglich errichtet werden, müssen Dübelanker verwendet werden. In Tabelle 257.3 sind die Mindestanzahl und die Mindestdurchmesser der Drahtanker zusammengestellt.

Die Drahtanker werden vorzugsweise in die Lagerfugen gelegt, ihr Abstand in der Horizontalen darf höchstens 75 cm, in der Vertikalen maximal 50 cm betragen.
Um den Einbau der erforderlichen Maueranker zu gewährleisten, empfiehlt es sich, dem Handwerker die Anzahl der Anker für jede Fassadenfläche anzugeben.

Beispiel: Für die Frontfassade (Bild 259.1) ist die Anzahl der erforderlichen Maueranker zu berechnen (Tafel 258.2). Dabei ist es üblich, die Gebäudehöhe von OK T anzunehmen, wenn auch das Sockelmauerwerk vorwiegend einschalig erstellt wird.

Bedingungen:
Die Außenschale ist $< 12{,}0$ m hoch, der Abstand zur Innenschale beträgt 12 cm, an den beiden Gebäudeecken befinden sich Dehnfugen.
Nach Bild 257.3 sind mindestens 5 Anker $\varnothing$ 4 mm pro m² Mauerfläche und zusätzlich ≥ 3 Anker pro lfd. M. an den Freirändern erforderlich.

Anzahl der Anker für die Fassadenflächen:
$[7{,}00\text{ m} \cdot 5{,}75\text{ m} - (3 \cdot 1{,}25\text{ m} \cdot 1{,}50\text{ m} + 1{,}75\text{ m} \cdot 2{,}50\text{ m})] \cdot 5$ Anker/m² ≥ 152 Anker

Anzahl der Anker an den freien Mauerrändern:
Horizontal
$7{,}00$ m $\cdot$ 3 Anker/m = 21 Anker
$(6 \cdot 1{,}25 + 1{,}75)$ m $\cdot$ 3 Anker/m = 28 Anker

Vertikal
$2 \cdot 5{,}75$ m $\cdot$ 3 Anker/m = 35 Anker
$6 \cdot 1{,}50$ m $\cdot$ 3 Anker/m = 27 Anker
$2 \cdot 2{,}50$ m $\cdot$ 3 Anker/m = 15 Anker
≥ 126 Anker
$\Sigma \geq 278$ Anker

258.2 Beispielrechnung für Drahtanker

Aufgabe: Für die Giebelfassade ist die Mindestanzahl (ca. 390) der einzubauenden Maueranker unter den im vorstehenden Beispiel genannten Bedingungen zu berechnen. Die Ortgangschrägenlängen sind mithilfe des Lehrsatzes des Pythagoras zu ermitteln. Der Giebel ist im Maßstab 1:50 auf ein DIN-A4-Blatt zu übertragen, die zusätzlichen Randanker sind einzuzeichnen.
Derartige Hilfszeichnungen sind dem Maurer für jede Fassadenfläche zu übergeben, damit eine ausreichende Verbindung zwischen Außen- und Innenschale gewährleistet ist.

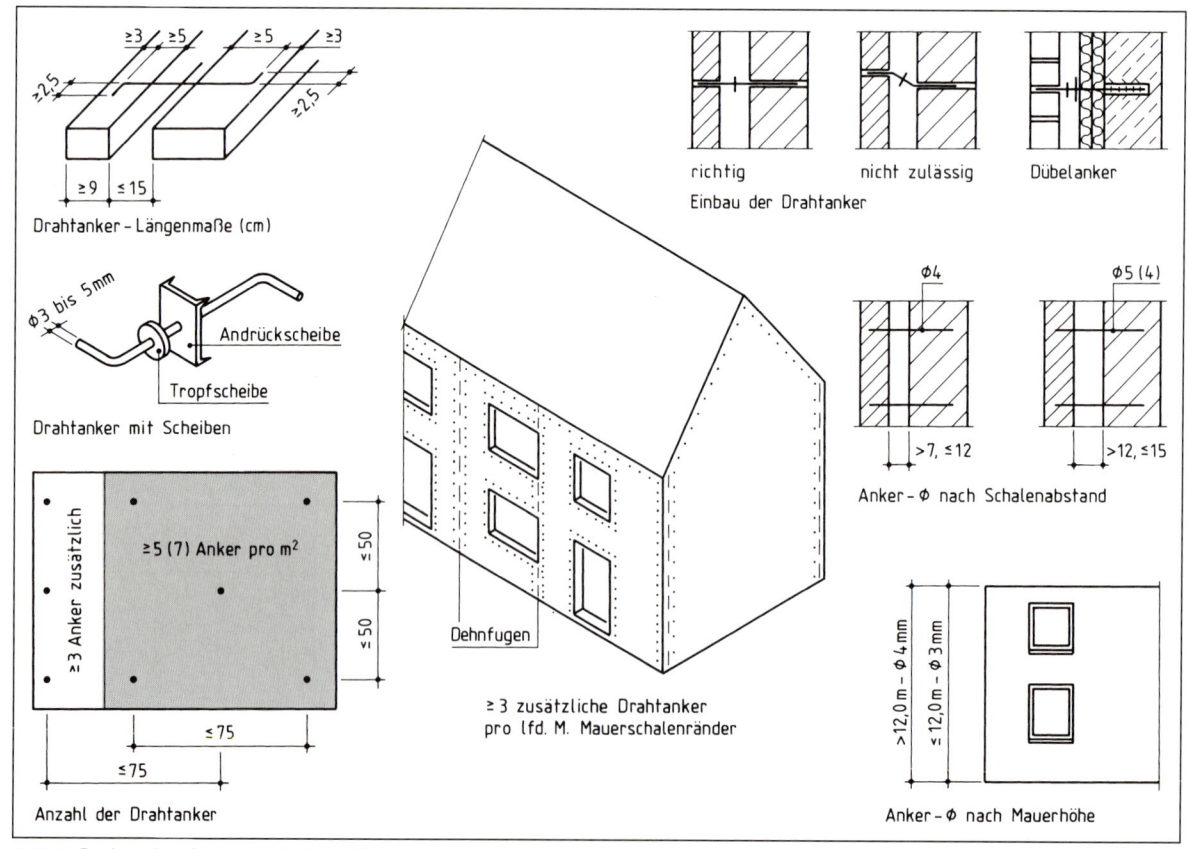

258.1 Drahtanker für zweischaliges Mauerwerk

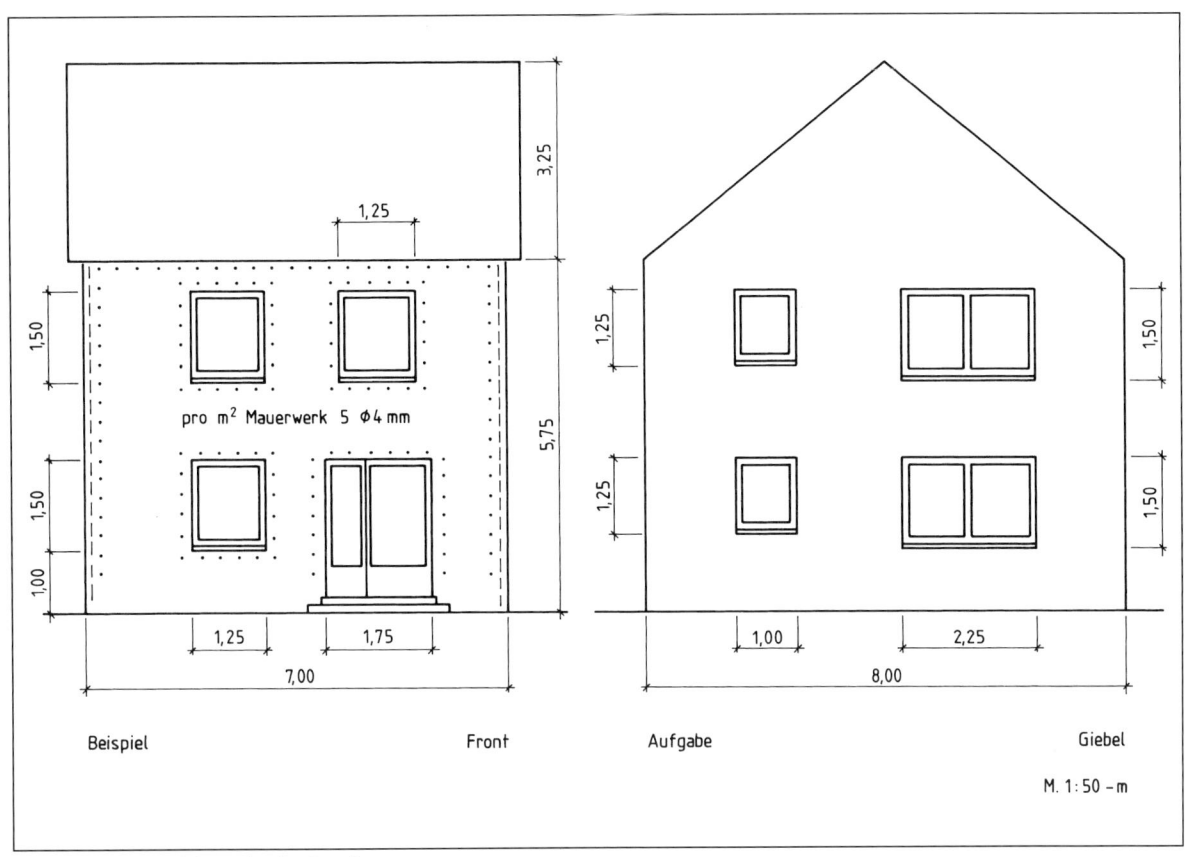

259.1 Anzahl und Lage der Drahtanker

4.2 Durchfeuchtungsschutz von Außenmauern

Die DIN 1053 sieht als Maßnahme gegen die Durchfeuchtung von Außenmauern durch Schlagregen verschiedene Konstruktionen vor (Bild 260.1).

Einschaliges Außenmauerwerk
- $\geq$ 2,0 cm dicker Außenputz aus wasserdichtem, frostwiderstandsfähigem Mörtel (MG III oder IIIa) auf einer mindestens 24 cm dicken Mauer.
- Im Verband gemauertes Außenmauerwerk $\geq$ 31 cm dick (2 DF + 3 DF) mit $\geq$ 2,0 cm Längsfugen (MG III oder IIIa).

Zweischaliges Außenmauerwerk
Bei zweischaligem Mauerwerk gilt die Innenschale als tragend. Die Zwischenkonstruktion ist auch bei Mauern ohne Luftschicht im Fußbereich der Außenschale zu entwässern. Die Entwässerung wird entweder durch offen gelassene Stoßfugen gewährleistet oder es werden bei Putzbauten Steine mit entsprechend großen Schlitzen verarbeitet. Die Mindestgröße von Entwässerungsöffnungen ist genormt: $\geq$ 50 cm$_2$ pro 20 m$_2$ Mauerfläche einschließlich Maueröffnungen

- Zweischalige Außenmauern mit 2,0 cm dicker Schalenfuge (MG II a) auf der Außenseite der Innenschale; für diese Mauern sind in jedem Fall Drahtanker $\varnothing \geq$ 3 mm zu wählen.

- Zweischalige Außenmauern mit Kerndämmung, deren Schalenzwischenraum $\leq$ 15 cm vollständig durch dauernd wasserabweisende Platten, Matten, Granulate, Ortschaum o. Ä. ausgefüllt wird. Die Außenschale muss $\geq$ 11,5 cm dick sein. Anzahl und Durchmesser der Drahtanker nach Tabelle 258.3.

- Zweischalige Außenmauern mit Luftschicht $\geq$ 6,0 cm $\leq$ 15,0 cm. Wenn der Mauermörtel an den Luftschichtseiten sorgfältig abgestrichen werden kann, darf die Luftschichtbreite auf 4,0 cm vermindert werden. Im Bereich der Luftschicht sind die Drahtanker mit einer Tropfscheibe aus Kunststoff zu versehen. Weitere Brücken zwischen den beiden Schalen sind lediglich in Leibungsbereichen zulässig.

- Zweischalige Außenmauern mit Luftschicht und zusätzlicher Wärmedämmung. Der lichte Abstand der beiden Schalen darf maximal 15,0 cm betragen; abzüglich der Wärmedämmung, die stets auf der Außenseite der Innenschale anzubringen ist, muss eine ungehinderte Luftschichtbreite von $\geq$ 4,0 cm verbleiben. Das Wärmedämmmaterial (Platten, Matten) wird durch Andrückscheiben, die auf die Drahtanker gezogen werden, an der Innenschale gehalten.

Zweischaliges Außenmauerwerk mit Luftschicht muss an seiner Unterseite Belüftungs-, an seiner Oberseite Entlüftungsschlitze haben: Je $\geq$ 75 cm^2 pro 20 m^2 Mauerfläche einschließlich Maueröffnungen.

Die Belüftungsöffnungen im Fußbereich der Mauer dienen gleichzeitig der Luftschichtentwässerung.
Um dem Maurer die Arbeit auf der Baustelle zu erleichtern, empfiehlt es sich, die vorgeschriebenen Entwässerungs- und die Lüftungsöffnungen ihrer Anzahl nach zu berechnen

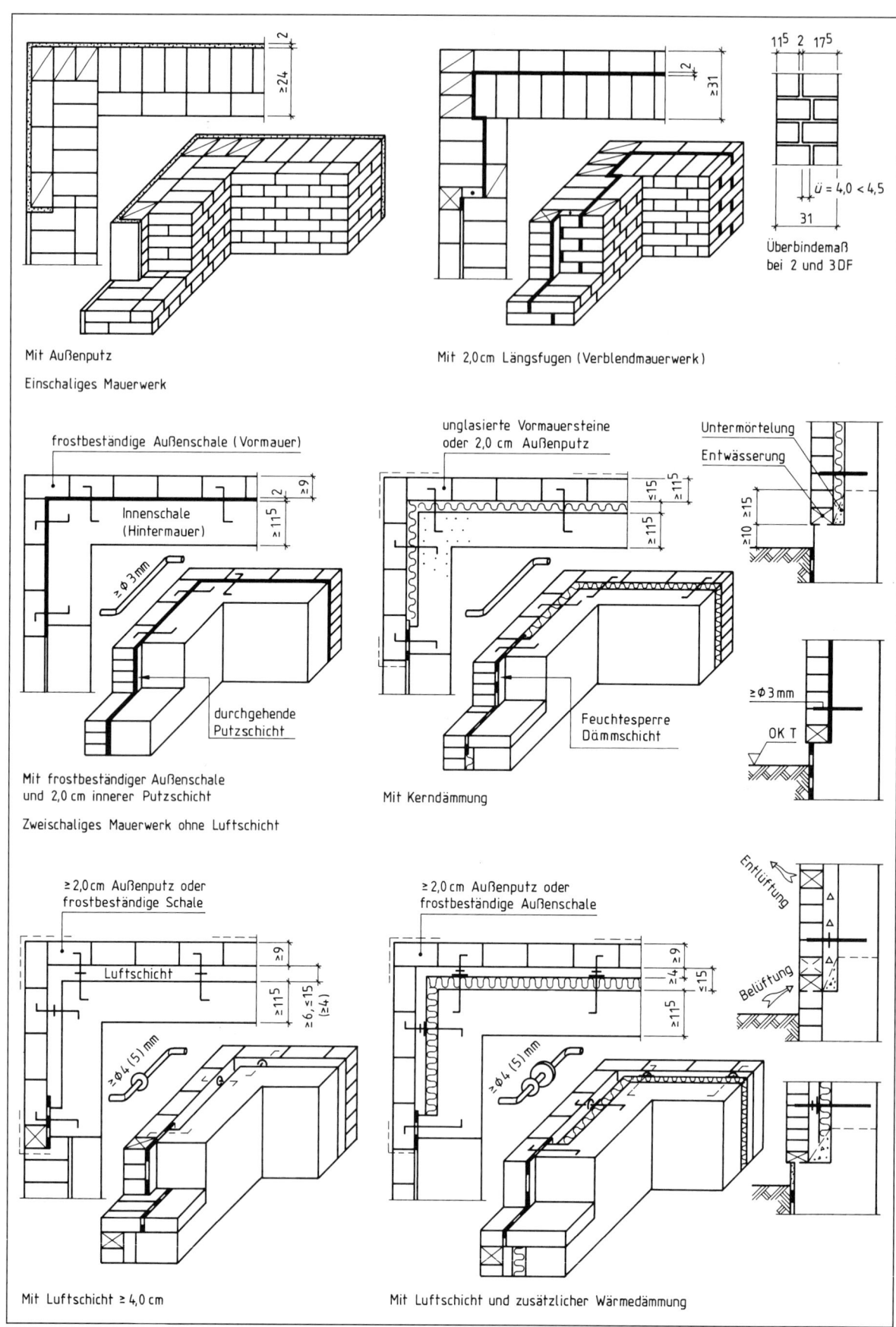

Mauerwerksbau

Mit Außenputz
Einschaliges Mauerwerk

Mit 2,0 cm Längsfugen (Verblendmauerwerk)

Überbindemaß bei 2 und 3 DF

Mit frostbeständiger Außenschale und 2,0 cm innerer Putzschicht
Zweischaliges Mauerwerk ohne Luftschicht

Mit Kerndämmung

Mit Luftschicht ≥ 4,0 cm

Mit Luftschicht und zusätzlicher Wärmedämmung

260.1 Feuchtigkeitsschutz bei Außenmauern

und ihre Lage in Ansichtszeichnungen anzugeben. Sollten die erforderlichen Öffnungen bei Verblendschalen nicht in einer Schicht unterzubringen sein, müssen sie auf mehrere Schichten verteilt werden. Um ein Verstopfen der offenen Stoßfugen durch den Mörtel der folgenden Lagerfuge zu verhindern, werden vor dem Weitermauern kleine Pappstücke o. Ä. über die offenen Fugen gelegt. In Tabelle 262.1 sind die Lüftungsfugengrößen für Verblendsteine aufgeführt.

Beispiel: Für eine Frontfassade (Bild 261.2) sind die Anzahl und die Verteilung der Lüftungsschlitze zu ermitteln: Zweischaliges Mauerwerk mit Luftschicht, Außenschale aus DF-Steinen.

Bruttofläche der Frontfassade: $7,00\,m \cdot 5,75\,m = 40,25\,m^2$

Erforderliche Größe der Be- und der Entlüftungsöffnungen $\geq 40,25\,m^2 \cdot \dfrac{75\,cm^2}{20,0\,m^2} \geq 151\,cm^2$

Anzahl der erforderlichen offenen Stoßfugen $\geq \dfrac{151\,cm^2}{6,25\,cm^2/Fuge} \geq 25\,Fugen$

Die Anzahl der erforderlichen offenen Stoßfugen wird auf die Nettofassadenfläche verteilt.

Steinformat	Stoßfugenquerschnitt
DF	$6,25\,cm \cdot 1,0\,cm = 6,25\,cm^2$
NF	$8,33\,cm \cdot 1,0\,cm = 8,33\,cm^2$

261.1 Lüftungsfugengrößen

Nettofassadenfläche:
$40,25\,m^2 - (3 \cdot 1,25\,m \cdot 1,50\,m + 1,75\,m \cdot 2,50\,m) = 30,25\,m^2$

Anzahl der erforderlichen offenen Be- und Entlüftungsstoffugen pro m² Nettofassadenfläche $\geq \dfrac{25\,Fugen}{30,25\,m^2} \geq 0,8\,Fugen/m^2$

Anzahl der Be- und der Entlüftungsfugen je Einzelfläche: Die Anzahl der Lüftungsöffnungen ist vor allem innerhalb kleiner Flächen, wie z. B. Sturzmauerwerk auf mindestens je zwei Be- und Entlüftungsfugen zu vergrößern.

$A_1 = 1,85\,m \cdot 5,75\,m \cdot 0,8\,Fugen/m^2$ $\geq 8\,Fugen$
$A_2 = 1,25\,m \cdot 0,50\,m \cdot 0,8\,Fugen/m^2$ gew. $2\,Fugen$
$A_3 = 1,25\,m \cdot 1,25\,m \cdot 0,8\,Fugen/m^2$ gew. $2\,Fugen$
$A_4 = 1,25\,m \cdot 1,00\,m \cdot 0,8\,Fugen/m^2$ gew. $2\,Fugen$
$A_5 = (1,25\,m \cdot 3,25\,m + 1,00\,m \cdot 2,50\,m) \cdot 0,8\,Fugen/m^2$ $\geq 6\,Fugen$
$A_6 = A_2$ gew. $2\,Fugen$
$A_7 = A_3$ gew. $2\,Fugen$
$A_8 = (1,50\,m \cdot 3,25\,m + 1,25\,m \cdot 2,50\,m) \cdot 0,8\,Fugen/m^2$ $\geq 7\,Fugen$
$\Sigma\ 31\,Fugen$
$>\ 25\,Fugen$

Aufgabe: Für die hinterlüftete Giebelfassade ist die Anzahl der erforderlichen und der tatsächlich vorzusehenden offenen Stoßfugen zu berechnen. Die Zeichnung ist im Maßstab 1:50 auf ein kariertes A4-Blatt zu übertragen, die Lüftungsschlitze sind einzuzeichnen.

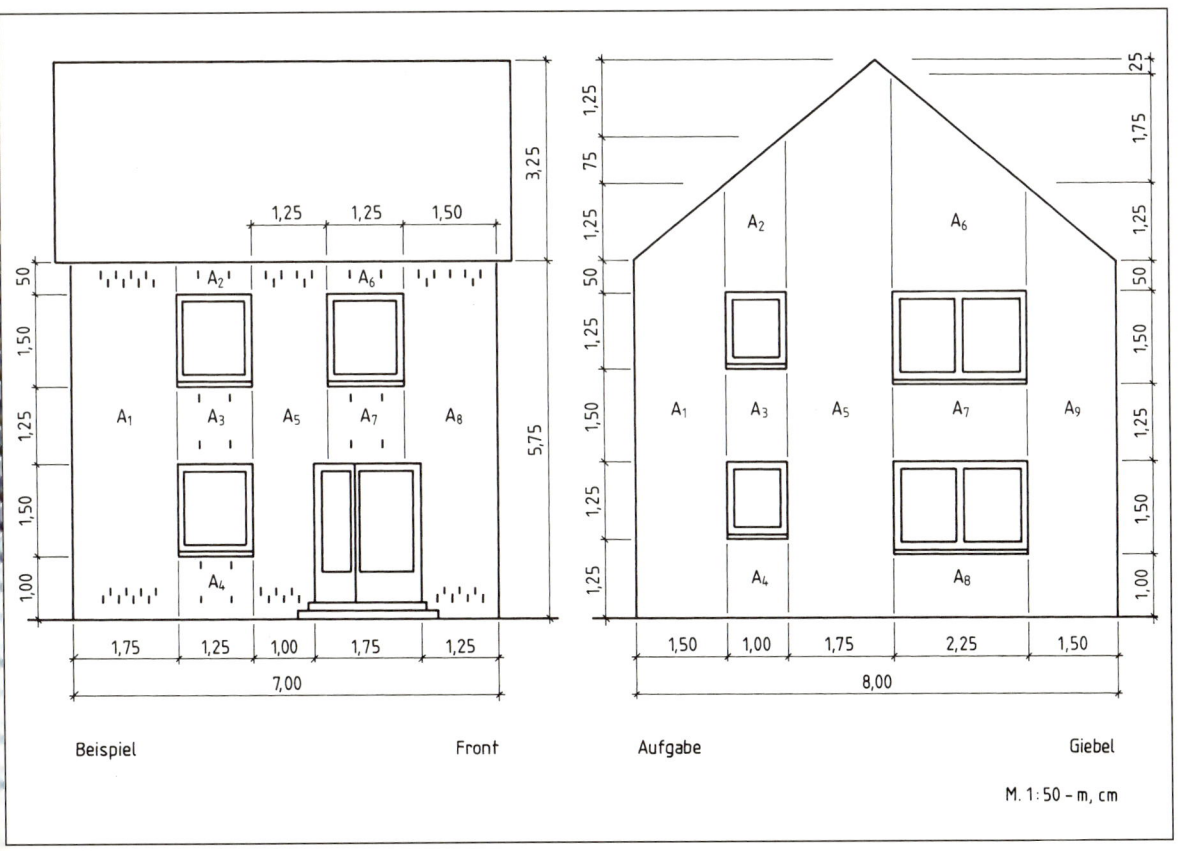

261.2 Anzahl und Lage der Lüftungsöffnungen

5 Aussteifung von Hochbauten

Eine räumliche Steifigkeit von Gebäuden kann durch Maßnahmen erreicht werden, die den Bau geschossweise vor einer Verschiebung sichern.

- Scheibenförmige massive Platte (Bild 262.1), die durch Auflagerung von 210,0 cm Breite unverschieblich mit dem Mauerwerk verbunden ist.
- Ringanker (Bild 263.1) sind in der Mauerebene oder in ihrem unmittelbaren Bereich horizontal liegende, lediglich auf Zug beanspruchbare Bauteile, vorzugsweise bewehrt mit $\geq 2 \varnothing 10$ IV S.

Streifenfundamente sind vorwiegend als Ringanker auszubilden; sie sind als Ringfundament mit $\geq 2 \varnothing 12$ IV S oder $\geq 4 \varnothing 10$ IV S kraftschlüssig zu bewehren.

Bei Mauern mit besonders vielen oder großen Öffnungen sind Ringanker erforderlich.

Parallel zur Mauer verlaufende Bewehrungen scheibenförmiger Massivdecken oder -stürze dürfen als Ringanker angerechnet werden.

- Ringbalken sind ebenfalls in der Mauerebene horizontal liegende Bauteile, die jedoch außer Zugkräften auch Biegemomente aufnehmen können, die aus rechtwinklig zur Mauer wirkenden Kräften resultieren und die nicht von scheibenförmigen Decken oder von aussteifenden Mauern abgeleitet werden (z. Holzbalkenlagen).

Scheibenförmige Stahlbetonplatten, die infolge stark wechselnder oder unterschiedlicher Temperaturen zum Dehnen und Schwinden neigen (z. B. Dachdecken) müssen gleitend auf Ringbalken gelagert werden, um den Mauerverband nicht zu zerstören.

5.1 Standsicherheit von Mauern

Neben der erforderlichen Gesamtsteifigkeit des Bauwerkes muss jedes Mauerwerkseinzelteil in sich und in Verbindung mit anschließenden Bauteilen standsicher ausgeführt werden. Durch horizontale Kräfte drohen Mauern umzukippen oder durch lotrechte Kräfte bzw. falsche Einspannung auszuknicken (Bild 263.2).

Außer der Wahl geeigneter Stein- und Mauermörtelfestigkeitsklassen ist für die Standsicherheit von Mauern durch geeignete Maßnahmen zu sorgen:

- Tragende Innen- und Außenwände über Terrain sind in der Regel 211,5 cm dick vorzusehen.
- Die Mindestquerschnittsgröße tragender Mauerpfeiler beträgt 11,5 cm/36,5 cm bzw. 17,5 cm/24 cm; diese Pfeiler dürfen nicht durch Schlitze geschwächt werden.
- Übliche Voraussetzungen hinsichtlich der Mauerart, ihrer Dicke, Höhe und ihrer senkrechten Belastung sind in Bild 264.2 zusammengestellt. Die Werte gelten für Gebäudehöhen bis zu 20,0 m über dem umgebenden Gelände; dabei dürfen die Höhen geneigter Dächer zur Hälfte angesetzt werden.
- Die Stützweite der aufliegenden Decken darf maximal 6,00 m betragen.
- Tragende Mauern (Bauteile, die mehr als ihre Eigenlast aus einem Geschoss zu tragen haben) sollen unmittelbar auf Fundamenten oder auf gleichwertigen Abfangkonstruktionen gegründet werden.
- Mauern können frei stehen (Standsicherheit durch Eigengewicht) oder an ihren Rändern zwei-, drei- oder vierseitig gehalten werden.

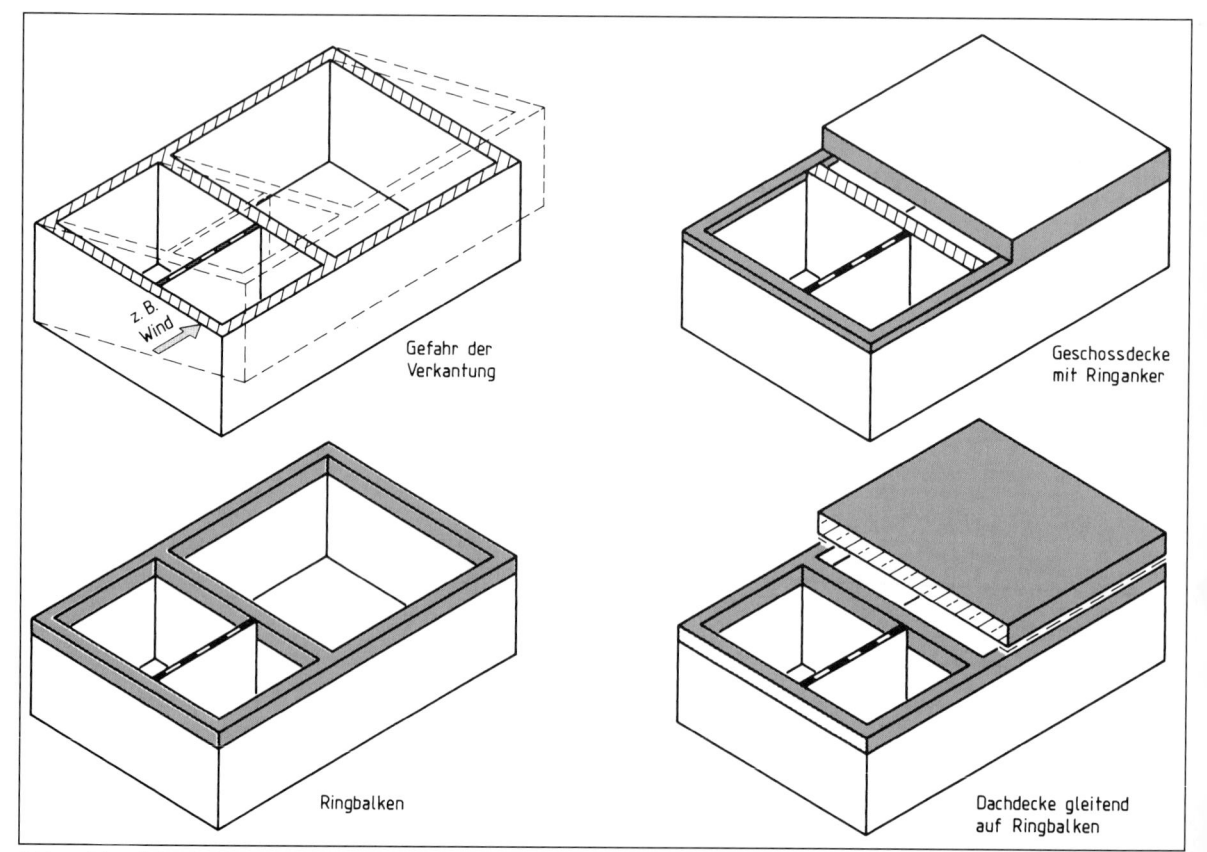

262.1 Räumliche Steifigkeit eines Gebäudes

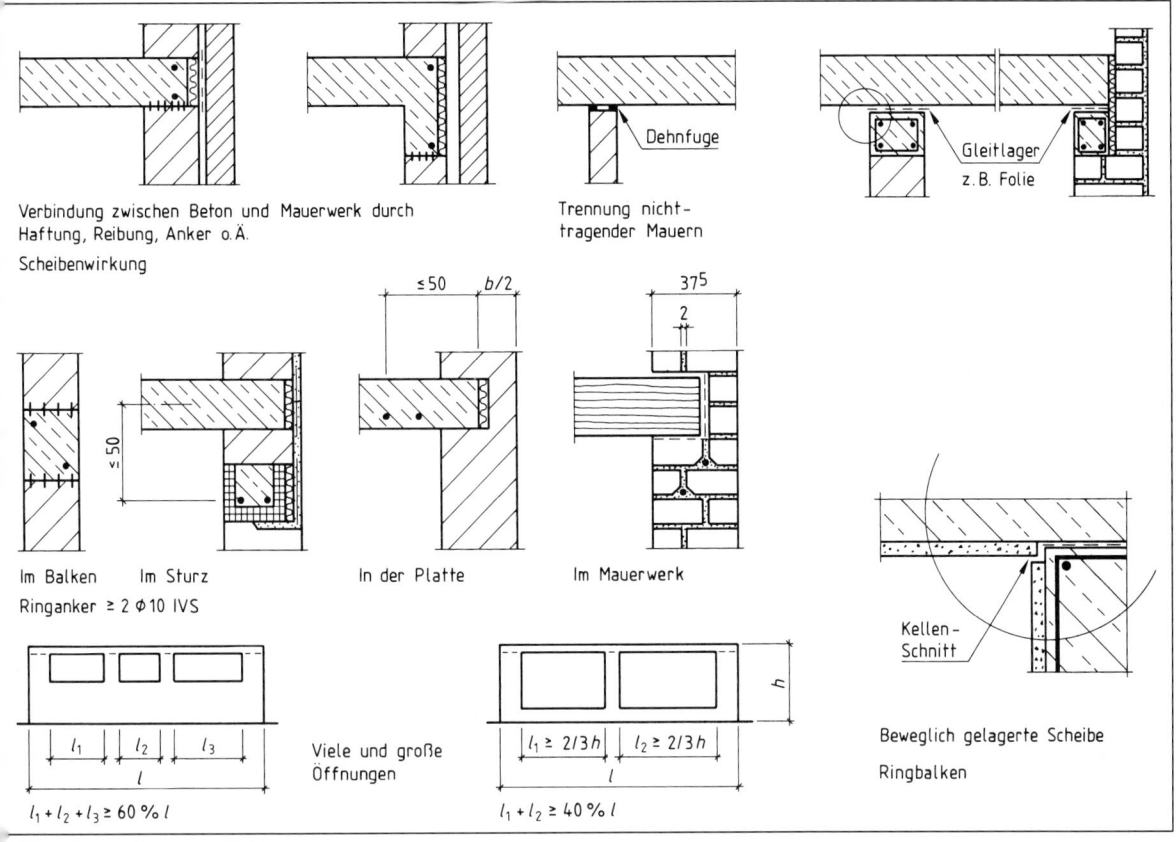

Mauerwerksbau 263

Verbindung zwischen Beton und Mauerwerk durch Haftung, Reibung, Anker o. Ä.
Scheibenwirkung

Trennung nicht-tragender Mauern

Dehnfuge

Gleitlager z. B. Folie

Im Balken Im Sturz
Ringanker ≥ 2 ⌀ 10 IVS

In der Platte

Im Mauerwerk

Kellen-Schnitt

Viele und große Öffnungen

$l_1 + l_2 + l_3 ≥ 60\% \, l$

$l_1 ≥ 2/3 \, h$ $l_2 ≥ 2/3 \, h$
$l_1 + l_2 ≥ 40\% \, l$

Beweglich gelagerte Scheibe
Ringbalken

263.1 Aussteifung von Gebäuden

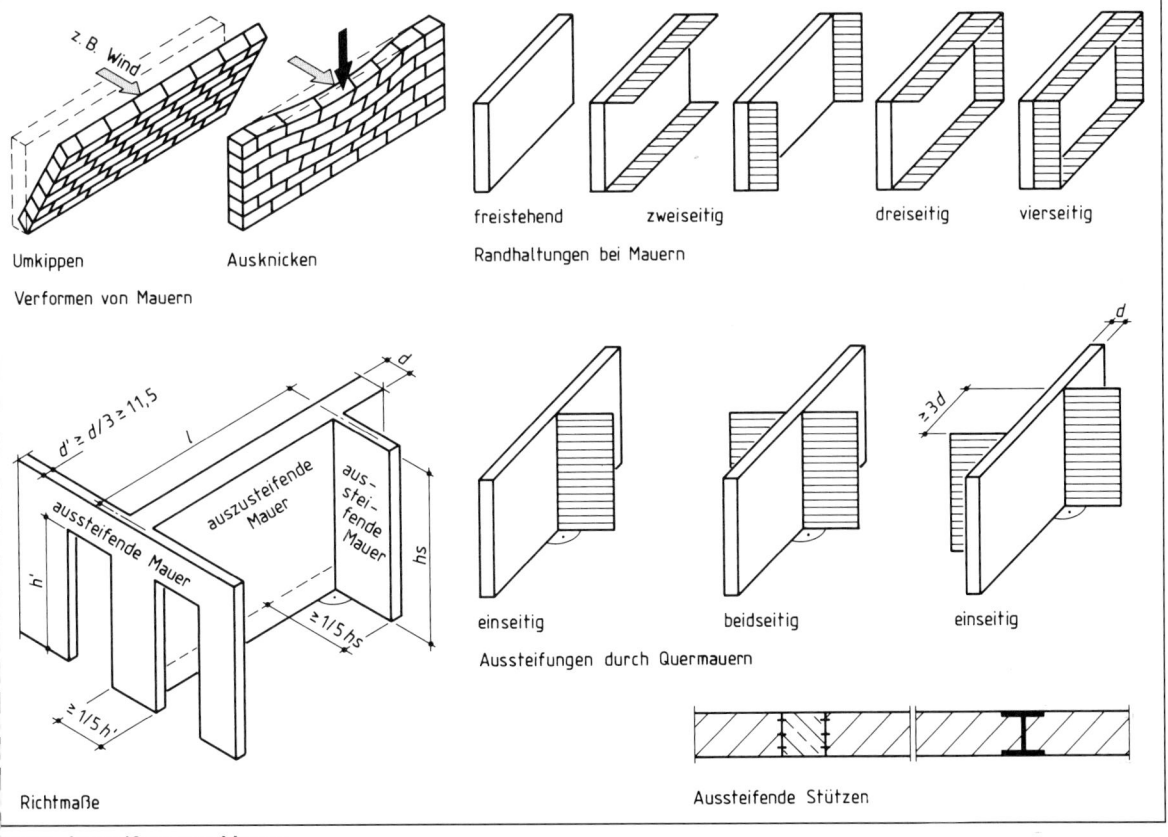

z. B. Wind

Umkippen   Ausknicken
Verformen von Mauern

freistehend   zweiseitig   dreiseitig   vierseitig
Randhaltungen bei Mauern

$d' ≥ d/3 ≥ 11{,}5$

aussteifende Mauer   auszusteifende Mauer   aussteifende Mauer

≥ 1/5 hs
≥ 1/5 h'

einseitig   beidseitig   einseitig
Aussteifungen durch Quermauern

Richtmaße

Aussteifende Stützen

263.2 Aussteifung von Mauern

- Auszusteifende Mauern werden vornehmlich rechtwinklig zu ihrer Fläche durch aussteifende Mauern gehalten. Die Maximalabstände der aussteifenden Mauern, ihre Länge und Dicke sind rechnerisch nachzuweisen, wobei Richtmaße einzuhalten sind.
- Ein- und beidseitig aussteifende Mauern sollen aus dem gleichen oder ähnlichem Material wie die auszusteifende Mauer bestehen und müssen vor allem bei einseitiger Aussteifung gleichzeitig mit ihr im Verband hochgeführt werden (liegende Verzahnung).
- In der Mauerebene stehende Stützen aus Stahlbeton, Formstählen o. Ä. können bei ausreichender Verankerung aussteifende Funktionen übernehmen.

Keller-(Untergeschoss-)außenmauern brauchen in ihrer Standsicherheit nicht nachgewiesen zu werden, wenn im Wesentlichen folgende Voraussetzungen erfüllt sind:
Mauerdicke $\geq$ 24 cm. Lichte Mauerhöhe $\leq$ 2,60 m.
Die Decke über Keller wirkt als aussteifende Scheibe. Die Verkehrslast innerhalb des Erddrucks ist $\leq 5\,kN/m^2$.
Die Auflast pro lfd. M. Deckenauflager überschreitet nicht die in der Norm angegebenen Höchstwerte.
Vor der Arbeit an den Geschossgrundrissen im Maßstab 1 : 100 ist die Standsicherheit jeder einzelnen Mauer zu prüfen. Liegen die Gegebenheiten innerhalb der aufgeführten Vorschriften, erübrigt sich ein statischer Nachweis der Standsicherheit.

5.2 Verankerung von Mauern

Mauern müssen bei fehlendem Auflager von Massivdecken und bei Holzbalkendecken und Dächern sowohl zug- als auch druckfest verankert werden. In den Bildern 264.1 und 265.1 sind gebräuchliche Verbindungen zwischen Mauern und unterschiedlichen Decken sowie zu Dachstühlen dargestellt.
- Die Balken liegen nach Möglichkeit auf einem Ringbalken, der das Mauerwerk aussteift.
- Kräfte aus der Instabilität der Mauern werden durch Zuganker auf die Balken übertragen. Dabei sind Kopfanker an den Balkenenden und Giebelanker quer zur Balkenrichtung anzuordnen.
- Zuganker sollen wegen einer möglichst großen Auflast nicht unter Maueröffnungen angeordnet werden, sie dürfen untereinander einen maximalen Abstand von 2,0 bis 4,0 m haben. Die Splinte der Anker müssen mindestens 24,0 cm tief kraftschlüssig in das Mauerwerk eingebunden sein.
- Verlaufen die Anker quer zu den Holzbalken, liegen sie auf Spannhölzern (ca. 6/8 cm), die auch evtl. auftretende Druckkräfte von Balken zu Balken übertragen können.
- Balken können in Quer- und/oder in Längsrichtung zusätzlich zur reinen Holzverbindung durch Bauklammern zugfest miteinander verbunden werden.
- Mauerwerk wird häufig durch einbetonierte Balkenanker vor allem mit der Dachbalkenlage verbunden. Dabei wird jeder Balkenkopf in der Regel durch zwei Flachstähle auch gegen Abheben gesichert.

Nichtaufliegende Stahlbetonplatten, Rippendecken, gewölbte I-Träger-Kappendecken sowie andere Decken, die nicht durch Reibung mit den Außenmauern verbunden sind, müssen die Standsicherheit der Mauer ebenfalls durch Anker gewährleisten, soweit nicht andere Maßnahmen diese Aufgabe übernehmen.

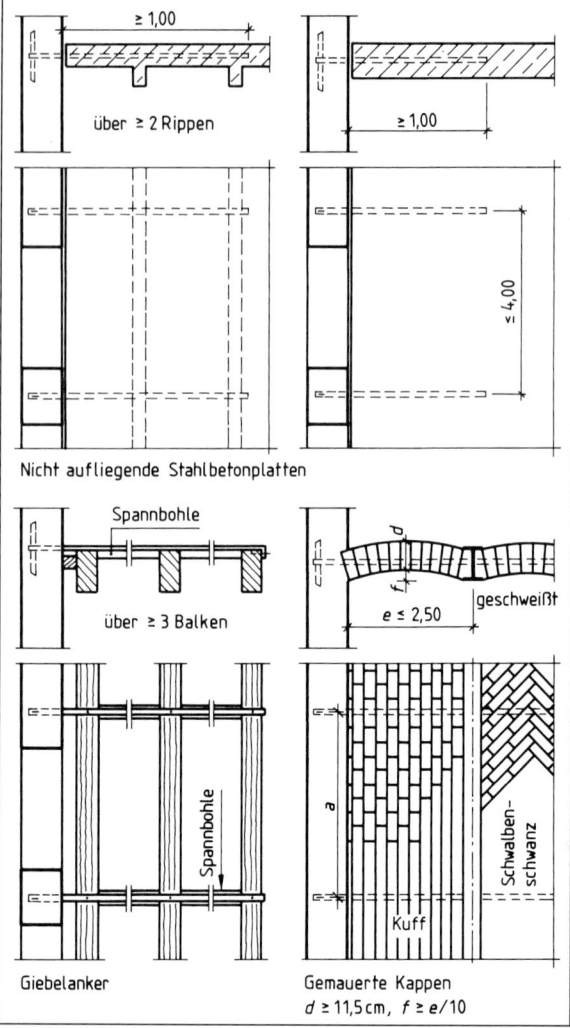

264.1 Verankerungen von Mauern an Decken

Mauerart	Voraussetzungen		
	Dicke d cm	lichte Mauer-Höhe hs	Belastung p kN/m²
Innenmauern	$\geq$ 11,5 < 24	$\leq$ 2,75 m	$\leq$ 5
	$\geq$ 24	–	
einschalige Außenmauern	$\geq$ 17,5[1] < 24	$\leq$ 2,75 m	
	$\geq$ 24		
Tragschale zweischaliger Außenmauern und zweischalige Haustrenn-mauern	$\geq$ 11,5[2] < 17,5[2]	$\leq$ 2,75 m	$\leq$ 3[3]
	$\geq$ 17,5 < 24		
	$\geq$ 24	$\leq$ 12 · d	$\leq$ 5

[1] bei eingeschossigen Garagen u.Ä. $\geq$ 11,5 cm zulässig.
[2] maximal zwei Geschosse (zuzügl. ausgebautem Dachgeschoss) mit aussteifenden Mauern im Abstand $\leq$ 4,50 m bzw. Randabstand einer Öffnung $\leq$ 2,00 m.
[3] einschließlich Zuschlag für nicht tragende innere Trennwände.

264.2 Übliche Mauerdicken über Terrain

Mauerwerksbau 265

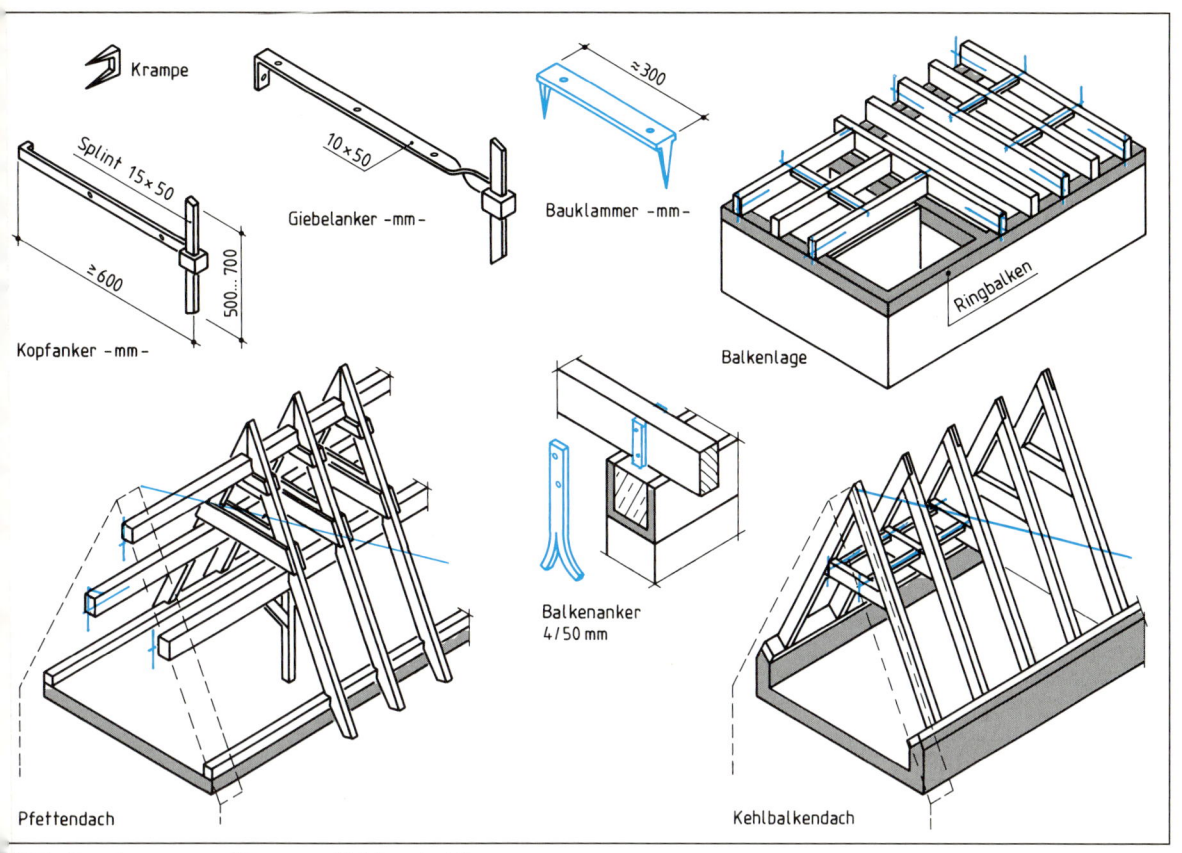

265.1 Verankerung von Mauern an Holzkonstruktionen

5 Decken

Räume werden in senkrechter Richtung durch Mauern oder Wände und in horizontaler Richtung vor allem durch Decken als tragende Konstruktion gebildet, die außer ihrem Eigengewicht auch Verkehrs- und als Dachdecken evtl. Schnee- und Windlasten auf andere Bauteile zu übertragen haben.

Rohdecken. Decken sind Abschlusskonstruktionen von Räumen nach oben; es ist daher vorwiegend die „Decke über ..." gemeint, weil die Mauern, Spannweiten u. Ä. des jeweiligen darunter liegenden Geschosses als tragende Bauteile die Abmessungen und die Konstruktion der Decke bestimmen. Zur genaueren Definition kann die Decke als Kellerdecke, Geschossdecke, Wohnungstrenndecke, (Flach-) Dachdecke, Decke über einer Durchfahrt, jedoch Decke unter nicht ausgebauten (Dach-)Räumen oder Fußböden von nicht unterkellerten Räumen näher beschrieben werden.
An Decken werden Anforderungen hinsichtlich ihrer Standsicherheit, ihres Wärme-, Schall- und Brandschutzes gestellt, die in Normen festgelegt sind.

Scheibenförmige Decken (z. B. Stahlbetonplatten) nehmen bei kraftschlüssiger Verbindung mit den Wänden außerdem Horizontalkräfte auf, etwa aus Wind oder aus Erddruck. Bei Balkendecken (z. B. Holzbalken o. Ä.) werden diese Horizontalkräfte durch aussteifende Wände und/oder durch Ringbalken aufgefangen.

In dem Bild 266.1 sind die wichtigsten Deckenkonstruktionssysteme als Prinzipzeichnungen zusammengestellt; Normal-, Leicht- und Porenbeton sowie Betonstähle sind dabei die am häufigsten verwendeten Baustoffe. Bis zur Erhärtung und damit der vollen Tragfähigkeit der Rohdecke wird sie durch ein mehr oder weniger aufwändiges Traggerüst, die Einschalung, unterstützt. Die Nachteile der Massivkonstruktion hinsichtlich ihrer geringen Schall- und Wärmedämmung müssen ggf. durch Beläge ausgeglichen werden.

Dreidimensional tragende Dach- und Deckenkonstruktionen für selten vorkommende Spezialbauten sind in diesem Zusammenhang nicht behandelt, sie erfordern von Fall zu Fall eine besondere fachliche Beratung.

Deckenunterseiten werden vorwiegend mit Mörtel der Gruppe I, II, III oder IV unmittelbar auf der tragenden Konstruktion verputzt, um eine glatte Deckenunterseite zu erreichen. Aus brand-, wärme- und schallschutztechnischen Gründen oder als Unterbringungsmöglichkeit für Installationen verschiedener Art (Leitungen, Beleuchtungen) können jedoch auch unter der Rohdecke flächenbildende Konstruktionen angebracht werden:

- Deckenbekleidungen sind unmittelbar durch Latten o. Ä. an der tragenden Decke befestigt, während
- Unterdecken in einem Abstand zur tragenden Decke mit nicht rostenden Metallabhängern und einer Unterkonstruktion eingebaut werden.
- Flächenbildende Decklagen, die eben, jedoch auch gegliedert oder geschwungen sein können, bestehen aus Holz, Platten, Putz o. Ä.

Mauerwerksbau

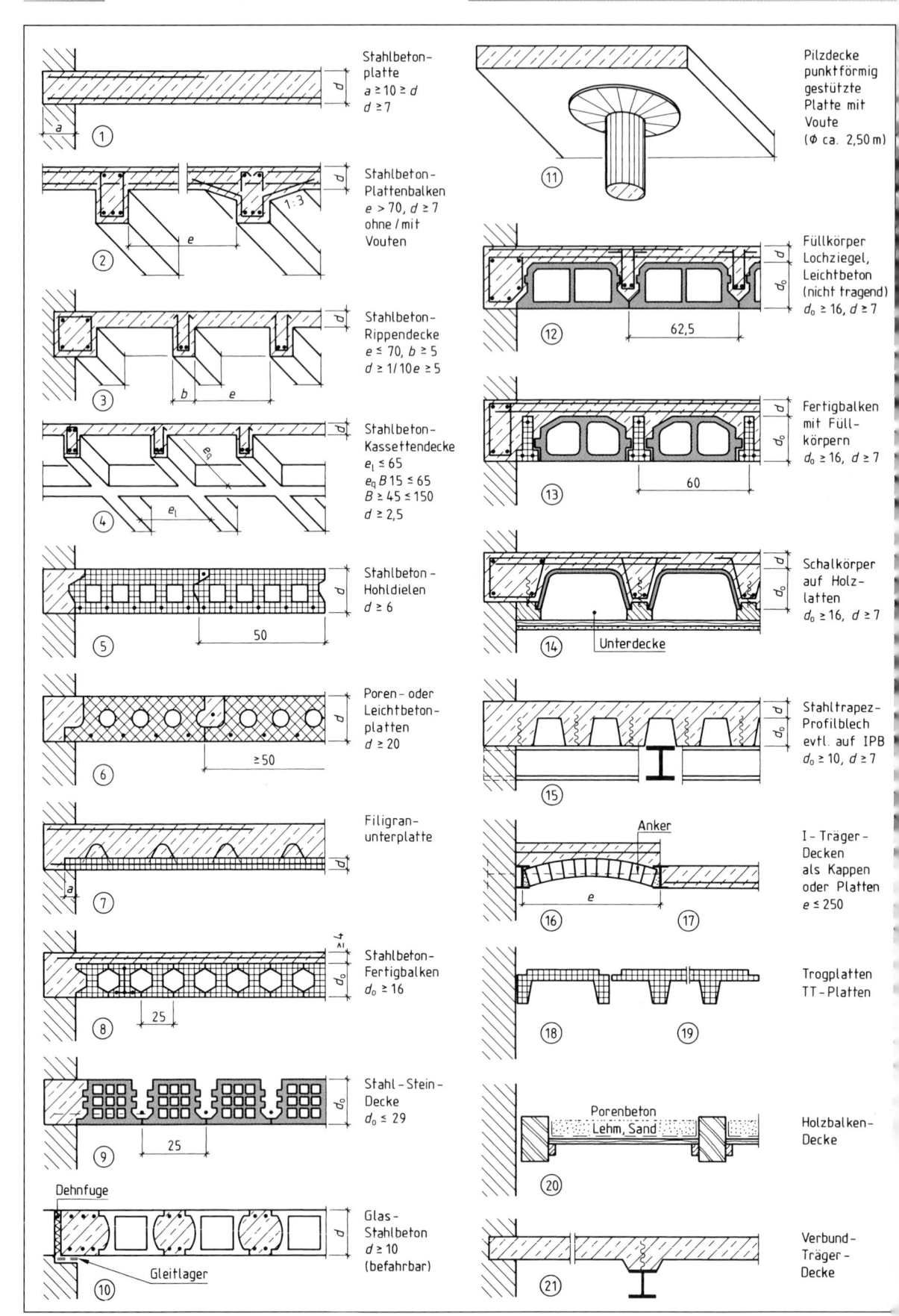

1 Stahlbetonplatte
$a \geq 10 \geq d$
$d \geq 7$

2 Stahlbeton-Plattenbalken
$e > 70, d \geq 7$
ohne / mit Vouten

3 Stahlbeton-Rippendecke
$e \leq 70, b \geq 5$
$d \geq 1/10\, e \geq 5$

4 Stahlbeton-Kassettendecke
$e_l \leq 65$
$e_q\, B\, 15 \leq 65$
$B \geq 45 \leq 150$
$d \geq 2,5$

5 Stahlbeton-Hohldielen
$d \geq 6$

6 Poren- oder Leichtbetonplatten
$d \geq 20$

7 Filigranunterplatte

8 Stahlbeton-Fertigbalken
$d_0 \geq 16$

9 Stahl-Stein-Decke
$d_0 \leq 29$

10 Glas-Stahlbeton
$d \geq 10$
(befahrbar)

11 Pilzdecke punktförmig gestützte Platte mit Voute
(Ø ca. 2,50 m)

12 Füllkörper Lochziegel, Leichtbeton (nicht tragend)
$d_0 \geq 16, d \geq 7$

13 Fertigbalken mit Füllkörpern
$d_0 \geq 16, d \geq 7$

14 Schalkörper auf Holzlatten
$d_0 \geq 16, d \geq 7$

15 Stahltrapez-Profilblech evtl. auf IPB
$d_0 \geq 10, d \geq 7$

16/17 I-Träger-Decken als Kappen oder Platten
$e \leq 250$

18/19 Trogplatten TT-Platten

20 Holzbalken-Decke

21 Verbund-Träger-Decke

266.1 Deckenkonstruktionen

Beläge: Putz, Estrich, Fliesen

1 Putzarbeiten

Putzarbeiten werden regional bedingt von Stuckateuren (Gipsern) oder Maurern ausgeführt. Der Putz wird auf Wände, Decke, außen oder innen, in Handarbeit bzw. mit Putzmaschinen in unterschiedlicher Oberflächenstruktur aufgebracht.

Putze dienen der optischen Gestaltung oder werden zum Schutz vor physikalischen bzw. chemischen Einflüssen aufgetragen; sie können ein- oder mehrlagig ausgeführt werden; dabei gelten Vorbehandlungen des Putzgrundes, z.B. durch Spritzbewurf, Haftbrücken, Grundierungen, nicht als Putzlage. Ebenso werden plattenförmige Verkleidungen in Trockenbauweise nicht als Putz im herkömmlichen Sinn bezeichnet.

Einzelne Putzschichten können nach dem verwendeten Zuschlagmaterial unterschieden werden:

Mineralische Putze erhalten den Kennbuchstaben P, sie werden zusätzlich nach ihrer Druckfestigkeit und ihren Bindemitteln unterschieden (Tab. 267.1). Auf Plänen kann die Kennzeichnung der Putzart jedoch auch entweder durch die Angabe des Bindemittels erfolgen, z.B. Zementputz, Gipskalkputz, oder durch die Mörtelbezeichnung

MG I; MG II; MG IIa; MG III; MG IIIa; MG IV.

Mineralische Zuschläge für Mörtelputze haben ein dichtes Gefüge aus Sand, Schlacke oder Metallspänen bzw. poriges Gefüge aus Bims, Blähton oder Polystyrol.
In Tabelle 267.2 sind übliche Korngruppen aufgeführt.

Putzmörtelgruppe		Mindestdruckfestigkeit N/mm²	Bindemittel
P I	a,b	keine Anforderungen	Luftkalk, Hydraulische Kalke
	c	1,0	
P II		2,5	Hydraulische Kalke, Putz- und Mauerbinder, Kalkzement-Gemische
P III		10,0	Zement
P IV	a,b,c	2,0	Baugipse mit oder ohne Anteile von Baukalk
	d	keine Anforderungen	
P V		2,0	Anhydritbinder mit/ohne Anteile von Baukalken

267.1 Druckfestigkeit und Bindemittel von Putzmörteln

Anwendung		Korngruppen für	
Wandputz	außen	Spritzbewurf Unterputz Oberputz	0/4 oder 0/8 0/2 oder 0/4 0/2, 0/4 oder 0/8
	innen	Spritzbewurf Unterputz Oberputz	0/4 oder 0/8 0/2 oder 0/4 0/1, 0/2 oder 0/4
Deckenputz		Spritzbewurf Unterputz Oberputz	0/4 0/2 oder 0/4 0/1 oder 0/2

267.2 Korngruppen für mineralische Putze

Typ	Anwendungsbereich	Zuschlag-∅ mm	Mindestgehalt an Bindemitteln
P Org 1	Außen- und Innenputz	≤ 1	8
		> 1	7
P Org 2	Innenputz	≤ 1	5,5
		> 1	4,5

267.3 Organische Beschichtungen (Massen-%)

Lage, Aufgabe des Putzes	baustellengemischte Putze	werkgemischte Putze
außen	20 (15) mm	15 (10) mm
innen	15 (10) mm	10 (5) mm
Wasser abweisend außen	≥ 20 mm	15 (10) mm
Wärmedämmung	≥ 20 mm	≥ 20 mm

267.4 Putzdicken

Sorte	Verwendung
Stuckgips	Stuck-, Form-, Rabitzarbeiten, Innenputz und Gipsbauplatten
Putzgips	Innenputz- und Rabitzarbeiten
Fertigputzgips	Innenputz (werkseitige Zugaben zugel.)
Haftputzgips[1]	einlagige Innenputze
Maschinen-Putzgips	Einsatz von Putzmaschinen (Stellmittel und Füllstoffe zugel.)
Ansetzgips	Ansetzen von Gipskartonbauplatten
Fugengips	Verbinden von Gipsbauplatten
Spachtelgips	Verspachteln von Gipsbauplatten

[1] besonders für sehr glatte Betonflächen geeignet

267.5 Baugipse, Sorten und Verwendung

Beläge: Putz, Estrich, Fliesen

In Tabelle 268.1 sind die Putzmörtelgruppen für mineralische Putze mit ihrem Bindemittel- und ihren Zuschlaganteilen (Mischungsverhältnis) zusammengestellt.

Kunstharzputze zeichnen sich durch ihre vielseitige Oberflächengestaltbarkeit, gute Haftung sowohl auf glatten als auch auf weichen Flächen, durch ihre geringe Rissanfälligkeit, dünne Schichtdicke, und Wasserdampfdurchlässigkeit aus.
Kunstharzputze enthalten z. T. Kunstharzdispersionen, deren Kunstharzdurchmesser ≤ 0,01 mm betragen. Derartige Kunstharzzusätze finden auch bei mineralischen werkgemischten Mörteln Anwendung, um z.B. die Verarbeitbarkeit zu verbessern.
Zusatzmittel beeinflussen die Eigenschaften, Zusatzstoffe z.B. die Farbe der Beschichtung.

Organische Putze mit den Kennbuchstaben P Org sind Kunstharzputze, die als Bindemittel Harze aus der Erdölgewinnung enthalten; sie werden auch als Beschichtungen bezeichnet (Tab. 267.3).

Baugips – DIN 1168 – wird aus Gipsstein $CaSO_4 + 2H_2O$ durch mehr oder weniger vollständiges Herausbrennen des Kristallwassers bzw. doppeltes Brennen gewonnen. Dadurch werden die Eigenschaften der unterschiedlichen Baugipsarten (Bild 267.5) bestimmt. Gips darf nicht dauernder Feuchtigkeit ausgesetzt oder mit Zement gemischt werden.

1.1 Ausführung von Putzen

Unabhängig von dem Ort der Herstellung, der Verarbeitungsweise sowie der Art der Bindemittel und der Zuschläge sind für die Auswahl und die Ausführung des Putzes die an ihn gestellten Anforderungen und sein Einsatz ausschlaggebend.
Die eigentlichen Putzarbeiten können vorbereitende Maßnahmen erforderlich machen:
Putzträger wie Leichtbauplatten, Streckmetall, Draht-, Ziegeldrahtgeflecht oder Rohrmatten sind einzubauen, um einen geeigneten Putzgrund hinsichtlich Haftung, Wärmedämmung, Formgebung zum Verputzen glatter Betonflächen, Überbrücken von Zusammenstößen unterschiedlicher Baustoffe und Überverputzen von Holzbauteilen vorzubereiten.

Putz-mörtel-gruppe		Mörtelart	Baukalk DIN 1060				Putz- und Mauer-binder DIN 4211	Zement DIN 1164	Baugipse ohne werkseitige Zusätze DIN 1168		Anhydrit-binder DIN 4208	Sand Mineralische Zuschläge mit dichtem Gefüge
			Luftkalk		Hydrau-lischer Kalk	Hydrau-lischer Kalk			Stuckgips	Putzgips		
			Kalkteig	Kalk-hydrat[1]								
P I	a	Luftkalk-mörtel	1,0	1,0	–	–	–	–	–	–	–	3,5 bis 4,5 / 3,0 bis 4,0
	a	Hydrauli-scher Kalkmörtel	–	–	1,0	–	–	–	–	–	–	3,0 bis 4,0
P II	a	Hydrauli-scher Kalk-mörtel; Mörtel mit Putz- und Mauerbinder	–	–	–	1,0 oder 1,0	–	–	–	–	–	3,0 bis 4,0
	b	Kalkzement-mörtel	1,5 oder 2,0	–	–	–	1,0	–	–	–	–	9,0 bis 11,0
P III	a	Zementmörtel mit Zusatz von Luftkalk	≤ 0,5	–	–	–	2,0	–	–	–	–	6,0 bis 8,0
	b	Zementmörtel	–	–	–	–	1,0	–	–	–	–	3,0 bis 4,0
P IV	a	Gipsmörtel	–	–	–	–	–	–	1,0	–	–	–
	b	Gipssand-mörtel	–	–	–	–	–	–	1,0 oder 1,0	–	–	1,0 bis 3,0
	c	Gipskalk-mörtel	1,0 oder 1,0	–	–	–	–	–	0,5 bis 1,0 oder 1,0 bis 2,0	–	–	3,0 bis 4,0
	d	Kalkgips-mörtel	1,0 oder 1,0	–	–	–	–	–	0,1 bis 0,2 oder 0,2 bis 0,5	–	–	3,0 bis 4,0
P V	a	Anhydrit-mörtel	–	–	–	–	–	–	–	–	1,0	≤ 2,5
	b	Anhydrit-kalkmörtel	1,0 oder 1,5	–	–	–	–	–	–	–	3,0	12,0

[1] zur Verbesserung der Verarbeitbarkeit

268.1 Mischungsverhältnisse in Raumteilen für Putzmörtel

Beläge: Putz, Estrich, Fliesen **269**

Rabitzgewebe ist eine Unterkonstruktion aus verzinktem Draht- oder Ziegeldrahtgewebe, das vor allem für abgeschrägte oder gewölbte Putzflächen geformt und durch geeignete Maßnahmen z. B. durch abgehängte Unterkonstruktionen zu sichern ist. Das Rabitzgewebe wird an seiner Sichtseite mit einem Gipsputz überzogen, der sich in den Zwischenräumen des Gewebes verkrallt.

Putzbewehrungen, etwa Gewebearmierung, Mineralfaser- und Drahtgewebe bis zu Baustahlgittern, werden vor allem an den Stellen eingebaut, an denen unterschiedliche Putzgrundspannungen unweigerlich Risse im Putz zur Folge hätten. Jedoch können ebenfalls Temperaturunterschiede und zu große Putzflächen zu Rissen führen.

Putzprofile sind aus konstruktiven und/oder arbeitstechnischen Gründen an Putzgrunddecken, Putzabschlüssen, Putzübergängen sowie Putzfugen vorzusehen. Die Putzprofile bestehen vorwiegend aus verzinktem, gelochtem Stahlblech mit bzw. ohne Beschichtung.

Der Putz muss wegen der an ihn gestellten Anforderungen eine mittlere Dicke haben, die auf Zeichnungen und in Bemaßungen den Angaben von Bild 267.4 entsprechen sollen. Die Mindestdicke (Klammerwert) ist zur Vermeidung von Rissen bei einlagigen Putzen zu bevorzugen.
In Tabelle 270.1 und 270.2 sind Systeme für Außen- und Innenputze zusammengestellt. Es gilt die Regel, dass bei zweilagigen Putzen unterschiedlicher Festigkeit der Unterputz die größere Festigkeit haben sollte. Bei zweilagigem Putz muss der Unterputz Gips enthalten, sofern der Oberputz als Gipsputz ausgeführt werden soll. Mauerwerk aus Beton- oder Porenbetonsteinen muss u. U. durch einen Silikatanstrich (Tiefengrund) für die Haftfähigkeit des Putzes vorbereitet werden.

1.2 Putztechniken

Die Gestaltung der Putzoberfläche richtet sich neben der physikalischen Aufgabe des Putzes auch nach dem gewünschten optischen Eindruck der Struktur- und danach, ob die Putzfläche angestrichen oder tapeziert werden soll. Arbeitstechnisch bedingte Gestaltungsmöglichkeiten werden landschaftsgebunden unterschiedlich angewendet.

Abziehen: den Putz nach dem Auftragen über Putzlehren mithilfe von scheitrechten Werkzeugen flucht- und waagerecht abziehen.
Filzen: mit Brett, das einen porösen Belag hat, fein reiben.
Glätten: mit einer Stahlkelle sorgfältig sehr glatt abziehen.
Reiben: mit einem Holzbrett kreisförmig andrücken und planieren; die Oberseite bleibt je nach Korngröße des Zuschlages mehr oder weniger rauh.
Kellenwurf: die raue Struktur des mit der Kelle uneben flächendeckend angeworfenen Putzmörtels bleibt erhalten.
Kellenstrich: nach dem Auftragen des Putzes schuppen- oder fächerförmiges Verstreichen mit der Kelle, sodass wellenartige scharfe Erhebungen entstehen.
Spritzen: ein- oder zweilagiger dünnflüssiger Maschinenputz unterschiedlicher Körnung.
Besondere Oberflächenstrukturen haben spezielle Putze (Beispiele im Bild 269.1), die ebenfalls häufig geografisch unterschiedlich angewendet werden.
Rapputz: mit einem Lappen o. Ä. dünn aufgeriebener Putz, der vor allem dem Glattstrich der Mauerfugen dient; die Putzgrundstruktur bleibt sichtbar.

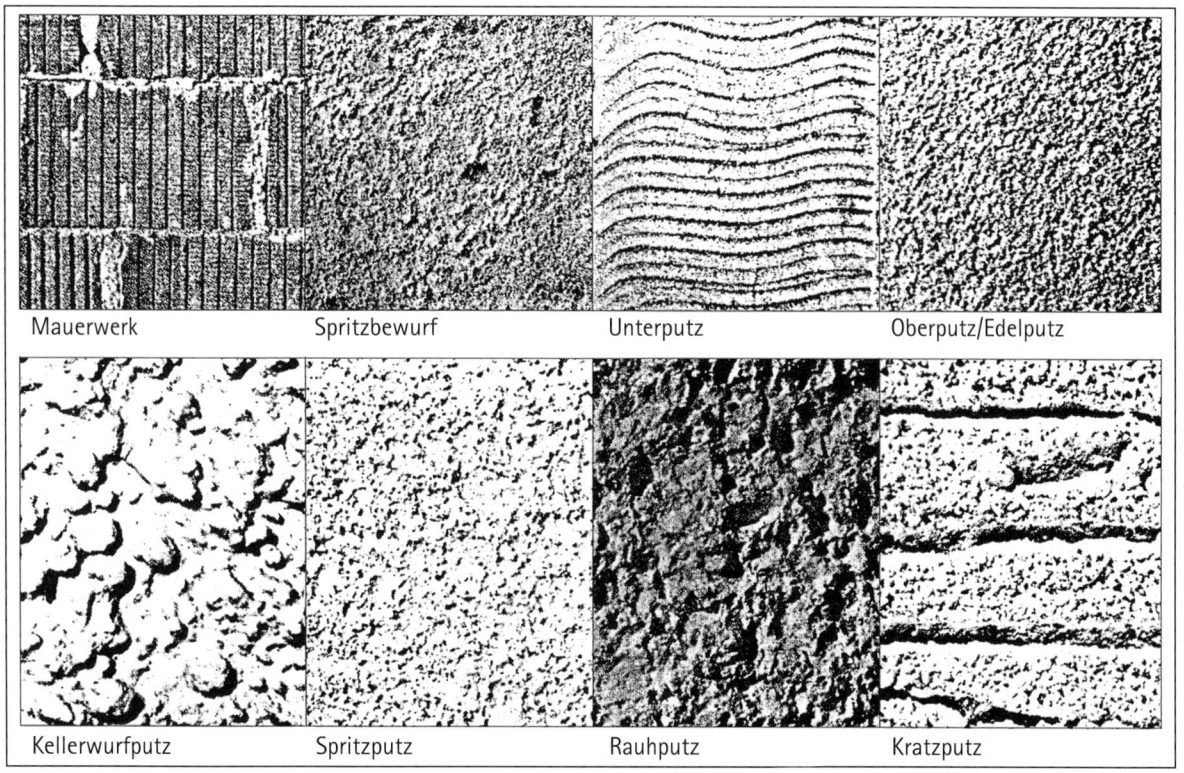

| Mauerwerk | Spritzbewurf | Unterputz | Oberputz/Edelputz |
| Kellerwurfputz | Spritzputz | Rauhputz | Kratzputz |

269.1 Putzstrukturen

Beläge: Putz, Estrich, Fliesen

Stein- oder Stockputz: Putz mit hohem Zementanteil und damit hoher Festigkeit, der nach dem Erhärten steinmetzmäßig bearbeitet wird (z.B. Scharieren, Stocken, Nachahmung von Natursteinen). Die Putzdicke ist um die nachträgliche Bearbeitungstiefe zu vergrößern.

Naturputz: häufig auf mehr oder weniger unebenem Putzträger (z.B. Natursteinen) weder flucht- noch lotrecht auf-

Außenputze	Anforderung bzw. Einsatz	Mörtelgruppe bzw. Beschichtungsstoff-Typ	
		Unterputz[1]	Oberputz[2]
Wandputz	ohne besondere Anforderungen	–	P I
		P I	P I
		–	P II
		P II	P I
		P II	P Org 1
		–	P Org 1[3]
		–	P III
	Wasser hemmend	P I	P I
		–	P Ic
		–	P II
		P II	P I
		P II	P II
		P II	P Org 1
		–	P Org 1[3]
		–	P III
	Wasser abweisend	P Ic	P I
		P II	P I
		–	P Ic[4]
		–	P II[4]
		P II	P II
		P II	P Org 1
		–	P Org 1[3]
		–	P III
	erhöhte Festigkeit	–	P II
		P II	P II
		P II	P Org 1
		–	P Org 3
		–	P III
	Kellerwand-Außenputz	–	P III
	Außensockelputz	–	P III
		–	P III
		P III	P Org 1
		P III	P Org 1[3]
Deckenputz		P II	P I
		P II	P II
		P II	P IV[4]
		P II	P Org 1
		–	P III
		P III	P III
		P III	P Org 1
		–	P IV[4]
		P IV[4]	P IV[4]
		–	P Org 1

[1] evtl. Spritzbewurf P II bzw. P III auf wenig saugendem Putzgrund.
[2] ohne oder mit abschließender Oberflächengestaltung.
[3] als Putzgrund lediglich Beton mit geschlossenem Gefüge.
[4] nur an feuchtigkeitsgeschützten Stellen.

270.1 Putzsysteme für Außenputze

Innenputze	Anforderung bzw. Einsatz	Mörtelgruppe bzw. Beschichtungsstoff-Typ	
		Unterputz[1]	Oberputz[2]
Wandputz	geringe Beanspruchung[1]	–	P Ia,b
		P Ia,b	P Ia,b
		P II	P Ia,b, P IVd
		P IV	P Ia,b, P IVd
	übliche Beanspruchung[2]	–	P Ic
		P Ic	P Ic
		–	P II
		P II	P Ic, P II, P IVa,b,c
		P V,	P Org 1, P Org 2
		–	P II
		P III	P Ic, P II, P III
		–	P Org 1, P Org 2
		–	P IVa,b,c
		P IVa,b,c	P IVa,b,c, P Org 1, P Org 2
		–	P V
		P V	P V, P Org 1, P Org 2
		–	P Org 1, P Org 2[3]
	Feuchträume[4]	–	P I
		P I	P I
		–	P II
		P II	P I, P II, P Org 1
		–	P III
		P III	P II, P III, P Org 1
		–	P Org 1[3]
Deckenputz	geringe Beanspruchung[1]	–	P Ia,b
		P Ia,b	P Ia,b
		P II	P Ia,b, P IVd
		P IV	P Ia,b, P IVd
	übliche Beanspruchung[3]	–	P Ic
		P Ic	P Ic
		–	P II
		P II	P Ic, P II, P IVa,b,c
		–	P Org 1, P Org 2
		–	P IVa,b,c
		P IVa,b,c	P IVa,b,c, P Org 1, P Org 2
		–	P V
		P IV	P V, P Org 1, P Org 2
		–	P Org 1[3], P Org 2[3]
	Feuchträume[4]	–	P I
		P I	P I
		–	P II
		P II	P I, P II, P Org 1
		–	P III
		P III	P II, P III, P Org 1
		–	P Org 3

[1] z.B. für normale Wohnräume
[2] z.B. für normale Wohn- und Arbeitsräume sowie für privat genutzte Küchen und Bäder; ab P II für Flure und Treppenhäuser öffentlicher Gebäude.
[3] nur auf Beton mit geschlossenem Gefüge.
[4] z.B. bei gewerblich genutzten Küchen, Bädern, Duschen.

270.2 Putzsysteme für Innenputze

gebrachter Putz, der die Struktur des Untergrundes erkennen lässt.

Waschputz: Der grobkörnige, in seinem Zuschlag häufig farblich unterschiedliche Zementputz, wird kurz vor dem Erhärten an seiner Oberseite gewaschen, sodass die einzelnen Kiesel sichtbar werden (Waschbeton).

Kratzputz: vor dem Erhärten des Putzes wird ein Teil des groben Zuschlages aus dem Putz herausgekratzt, sodass eine narbenförmige Oberfläche entsteht.

Edelputz: ein Oberputz, der mit kalk- und zementechten Farben oder mit farbigen Gesteinsmehlen durchfärbt ist.

Sgraffito: eine Putztechnik, bei der relativ dünne unterschiedlich durchgefärbte Putzschichten als mehrere Oberputze übereinander aufgetragen werden. Eine Deckschicht bestimmt die Hauptfarbe der gesamten Fassade. Nach dem Erhärten werden einzelne Putzlagen bis zur gewünschten Farbschicht ausgekratzt, sodass ein farbiges Bild entsteht.

Fresko: eine Wasserfarbenmaltechnik auf frischem, noch feuchtem Kalkoberputz (Wandmalerei). Beim Erhärten bildet sich auch über den Farben eine wasserunlösliche Schicht, die zu einer langen Haltbarkeit der Bilder führt.

1.3 Putzschäden

Putzarbeiten müssen besonders sorgfältig ausgeführt werden, weil material- oder ausführungsbedingte Fehler sichtbar bleiben bzw. nur mit großem Aufwand beseitigt werden können.

Ursachen für Putzschäden sind die falsche Wahl der Materialien und deren Abstimmung aufeinander, zu viel oder zu wenig Wasser im Frischputz, unsachgemäße Vorbereitung des Putzgrundes, falsche Putztechnik oder Putzdicke, witterungsbedingte Einflüsse auf den frischen Putz (z.B. Frost, Schlagregen), Durchfeuchtung außen und/oder innen, Verfärbung, Abplatzen vom Putzgrund, Putzrisse, Absanden, Aussprengungen.

2 Estriche

Estriche sind Bauteile, die unmittelbar auf eine tragende Rohkonstruktion oder eine dazwischen liegende Trenn- bzw. Dämmschicht flächenförmig aufgebracht werden (Bild 272.1), sie werden nach ihrer Konstruktion, Aufgabe und Verarbeitung unterschieden:

Verbundestrich V ist mit dem tragenden Untergrund unmittelbar verbunden.

Estrich auf Trennschicht T wird aufgebracht, wenn eine eigene Verformungsmöglichkeit geschaffen werden soll; er ist durch ein bis zwei Lagen Öl- oder Asphaltpapier, durch Folie oder eine Glasvliesgleitschicht von dem absolut ebenen Untergrund und von aufgehenden Bauteilen zu trennen.

Estrich auf Dämmschicht – Schwimmender Estrich – S ist als Druckverteilungsplatte durch eine Dämmschicht (zur Trittschall- und/oder Wärme- und Schalldämmung) schwimmend auf seinem Untergrund gelagert.

Heizestrich H ist ein beheizbarer, in der Regel schwimmender Estrich.

Industrieestrich F ist hoch beanspruchbar, z.B. gegen Abrieb und Eindrücken.

Einschichtiger Estrich wird in einem Arbeitsgang in erforderlicher Dicke hergestellt.

Mehrschichtiger Estrich wird in mindestens zwei Schichten im Verbund aufgebaut.

Nutzschicht aus Hartstoff oder Kunstharz ist die obere Schicht eines mehrschichtigen Estrichs.

Übergangs- oder Unterschicht ist die untere Schicht eines mehrschichtigen Estrichs.

Ausgleichestrich dient dem Ausgleich größerer Unebenheiten im tragenden Untergrund oder der Umhüllung von Heizelementen.

Schutzestrich dient dem Schutz der Tragkonstruktion, z.B. bei begrünten Dächern.

Gefälleestrich bildet den Übergang zwischen der horizontalen Tragfläche und dem mit Gefälle verlaufenden Belag.

Baustellenestrich wird in frischem Zustand baustellen- oder werkgemischt verarbeitet.

Fließestrich ist ein Baustellenestrich, der durch Zugabe von Fließmitteln ohne größere Verteilungsarbeit oder Verdichtung eingebracht wird.

Fertigteilestrich besteht aus kraftschlüssig verlegten Platten.

Scheinfugen sind auf halbe Dicke in den frischen Estrich in 6,0 bis 8,0 m Abstand geschnittene Fugen, die vorzugsweise an Raumvorsprüngen liegen und das Schwinden des Estrichs beim Erhärten aufnehmen sollen.

Randfugen schließen den Estrich gegen seitliche Begrenzungen ab.

Lieferform	Anwendungstyp	Nenndicken	
		unter Belastung d_B mm	Differenz $d_L - d_B$ mm
Matten M	T[1]	10	
Filze F		15	≤ 5
Platten P	TK[2]	20	
		25	≤ 3
		30	

[1] Trittschalldämmstoffe unter Schwimmenden Estrichen   [2] Trittschalldämmstoffe z.B. unter Fertigteilestrichen

271.1 Faserdämmstoffmaße für die Trittschalldämmung

Beläge: Putz, Estrich, Fliesen

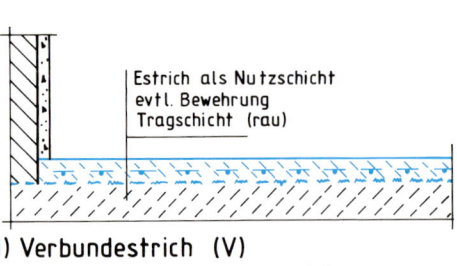

1) Verbundestrich (V) nachträglich aufgebracht
- Estrich als Nutzschicht
- evtl. Bewehrung
- Tragschicht (rau)

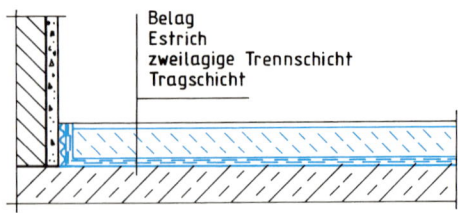

2) Estrich auf Trennschicht (T)
- Belag
- Estrich
- zweilagige Trennschicht
- Tragschicht

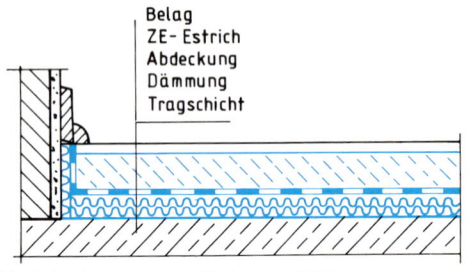

3) Schwimmender Estrich (S) in Trockenräumen
- Belag
- ZE-Estrich
- Abdeckung
- Dämmung
- Tragschicht

4) Verbundestrich gleichzeitig mit der Tragschicht aufgebracht
- Belag
- Estrich
- Tragschicht

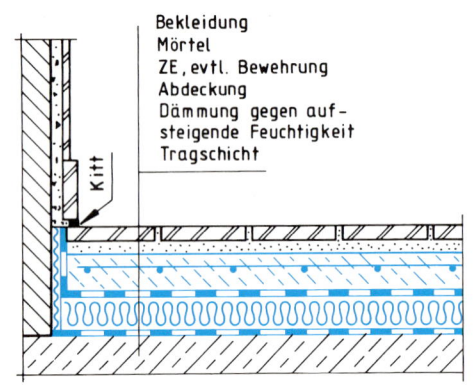

5) Schwimmender Estrich in Naßräumen
- Bekleidung
- Mörtel
- ZE, evtl. Bewehrung
- Abdeckung
- Dämmung gegen aufsteigende Feuchtigkeit
- Tragschicht
- Kitt

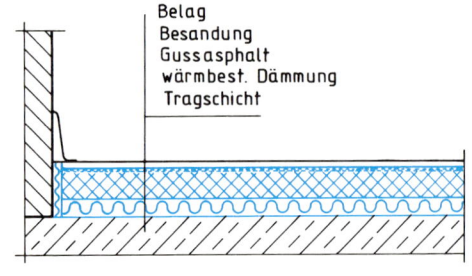

6) Asphaltestrich auf Dämmung
- Belag
- Besandung
- Gussasphalt
- wärmebest. Dämmung
- Tragschicht

7) Heizestriche (H)
- Estrich
- Abdeckung
- Dämmung
- Tragschicht
- Trennschicht
- Ausgleichsschicht

8) Holzpflaster
- Holzpflaster
- Kleber
- Verbundestrich
- Tragschicht

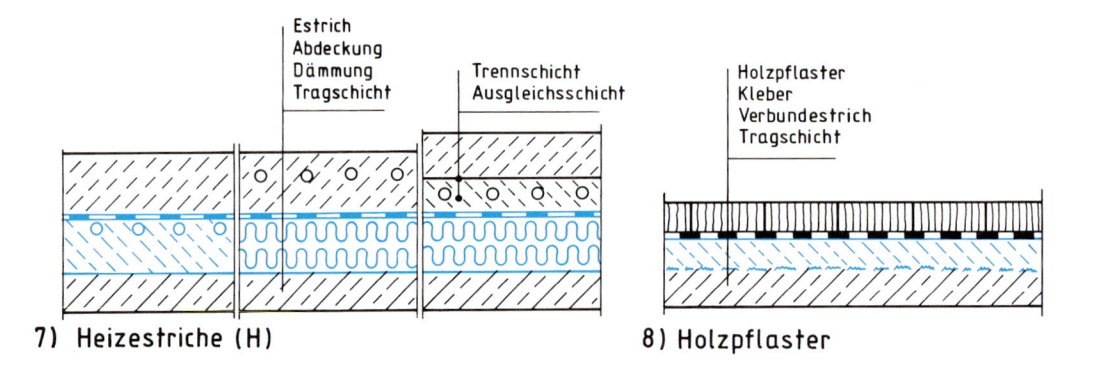

272.1 Estriche auf Massivtragschichten

Beläge: Putz, Estrich, Fliesen **273**

Trennfugen, die aus Gründen unterschiedlicher Setzung oder Dehnung durch das gesamte Gebäude verlaufen, sind ebenfalls durch den Estrich und evtl. Belag zu führen und beweglich zu schließen.
Haftbrücken verbinden bei Bedarf den Estrich besonders sicher mit der tragenden Unterkonstruktion.
Zuschläge sind vor allem Sande und Kiese $\varnothing \leq 16$ mm, Hartgesteinbruch (Korund, Silicium, Granit), oder Metallspäne.
Zusatzstoffe sind volumen bildende Anteile wie Trass, Flugasche.
Zusatzmittel beeinflussen durch chemische und/oder physikalische Wirkung die Verarbeitbarkeit, Erstarrung oder Erhärtung des Estrichs, sie bilden keinen Volumenanteil. (Farbpigmente oder Kunstharzdispersionen).

2.1 Dämmstoffe für Estriche

Wärmedämmstoffe dienen der Hohlraumdämpfung, der Schalldämmung und dem Schallschluck als **Platten P** 500/1000 mm oder als **Bahnen B** in erforderlichen Breiten 600 bis 1000 mm mit oder ohne Beschichtungen oder Trägermaterialien.

- **Mineraldämmstoffe Min** (Glas-, Gesteins- oder Schlackenschmelze)
- **Faserdämmstoffe Pfl** (Kokos, Holz oder Torf), in Dicken von 30 bis 120 mm.
- **Schaumkunststoffe** (Styropor) sind als Platten 500/1000 mm oder als Bahnen 1000/5000 mm im Handel. Die üblichen Nenndicken betragen 20 bis 100 mm.
- **Korkerzeugnisse** bestehen aus Korkschrot $\varnothing$ 2 mm bis 30 mm, der harzgebunden als **Backkork BK** oder mit Bitumen gebunden als **imprägnierter Kork IK** verarbeitet wird. Handelsform sind Platten 500/1000 mm in den Dicken 30 bis 80 mm.

Trittschalldämmstoffe haben die Aufgabe, die Estrichschicht von der Tragkonstruktion und anderen Bauteilen zu trennen, um vor allem eine Trittschallübertragung weitgehend zu vermeiden, jedoch auch eine Luftschall- und Wärmedämmung zu erreichen.

- **Schaumkunststoffe** bestehen aus Polystyrol-Partikelschaumstoff (Hartschaum). Sie werden in Platten 500/1000 mm oder in Bahnen 1000/5000 mm geliefert, deren Lieferdicke d_L sich je nach ihrer Stärke unter der Belastung durch den Estrich um ca. 2 bis 3 mm auf die Baudicke d_B, die für Zeichnungen maßgebend ist, verringern kann. Die üblichen Baudicken reichen von 15 bis 40 mm in 5-mm-Intervallen. Die Dicke für einen Schaumkunststoff wird durch das Verhältnis d_L/d_B, z. B. 38/35 mm, angegeben.
- **Faserdämmstoffe** werden entweder aus Mineralfasern oder aus pflanzlichen Fasern als **Matten M, Filze F** oder **Platten P** hergestellt (Tab. 271.1).

2.2 Ausführung von Estrichbelägen

Für die Ausführung von Estrichen sind besondere Eigenschaften und Vorschriften zu beachten:
Zementestrich ZE ist der am häufigsten eingebrachte Estrich. Wegen der Gefahr des Schwindens und der Rissebildung soll der Estrich einen Zementanteil ≤ 400 kg/m³ enthalten; das Einlegen nichtstatischer Betonstahlmatten kann den genannten Nachteilen entgegenwirken. Als Bindemittel wird vorwiegend CEM I 35,5 R, für höhere Estrichfestigkeiten CEM I 42,5 R verwendet. Die Zuschlaggrößen dürfen bei einer Estrichdicke bis 40 mm $\varnothing \leq 8$ mm, bei über 40 mm $\varnothing \leq 16$ mm betragen, sie müssen dem jeweiligen Sieblinienbereich ③ der DIN 1045 entsprechen. Das Mischungsverhältnis für Zementestriche beträgt etwa 1 Raumteil (RT) Zement : 4 RT Zuschlag. Chemische Zusatzmittel zur Beeinflussung der Plastizität, der Abbinderegulierung und der Frostsicherheit sind ebenso zulässig wie Zusatzstoffe. Zementestriche werden auf der Baustelle oder im Werk gemischt, eingebracht, verdichtet und waagerecht abgezogen. Da der w/z-Wert die Festigkeit des Estrichs wesentlich beeinflusst, soll seine Konsistenz dem Bereich KS oder KP entsprechen. Dienen Verbundestriche als Nutzschicht, werden sie an ihrer Oberfläche mit Zement gepudert und geglättet.
In den Bildern 274.1 bis 274.4 sind Bezeichnungen, Anwendungen, Maße und Festigkeiten von Estrichen aufgeführt.
Anhydritestriche AE enthalten als Bindemittel vor allem synthetische Anhydritbinder (AB 20) mit 2,5 RT Sand $\varnothing$ 0/8 gemischt. Anhydritestriche gibt es in den Festigkeitsklassen:
AE 12;   AE 20;   AE 30   und   AE 40 B.
Die Nachteile von AE bestehen sowohl in seiner Empfindlichkeit gegen dauernde Feuchtigkeitseinwirkung, der u. U. durch den Einbau einer Dampfsperre begegnet werden kann, als auch in seiner Aggressivität (durch Schwefelgehalt) gegenüber Metallen. Ein Vorteil liegt in der geringen Schwindungsneigung dieses Estrichs (bis zu 1000 m² ohne Dehnfuge). Anhydritestriche eignen sich besonders gut als Fließestrich.
Magnesiaestriche ME sind ein Gemisch aus wasserfreiem Magnesiumchlorid ($MgCl_2$) und Magnesiumoxid (MgO) 1:2 bis 1:3,5. ME darf nicht einer dauernden Feuchtigkeitseinwirkung bzw. einer Dampfdiffusion ausgesetzt sein.
Gussasphaltestrich GE wird vorzugsweise in 20 bis 30 mm Dicke ausgeführt. Das Asphaltzuschlaggemisch wird bei einer Temperatur von 220 bis 250 °C flächig gegossen und abgezogen. Die Zuschläge bestehen aus Sand oder Splitt. Gussasphaltestriche sind für die Festigkeitsklassen:
GE 10,   GE 15,   GE 40   und   GE 100
genormt. Gussasphalt hat mehrere Vorteile in Bezug auf schnelle Belastbarkeit, hohe Elastizität, Wärme- und Schalldämmung, ist allerdings teurer als gleichzusetzende andere Estriche und bedingt stets einen Belag, der nach einer leichten Besandung des Estrichs aufgebracht wird. Baustoffe, die bei der Verarbeitung mit Gussasphalt in Berührung kommen (Dämmschicht, Holz u. Ä.), müssen gegen die hohe Einbautemperatur beständig sein. Die Zusammendrückbarkeit der Dämmschichten bei schwimmendem GE darf maximal 5 mm betragen, um bleibende Einbuchtungen bei Punktbelastungen zu vermeiden.
Die Dicke unbeheizter Schwimmender Estriche richtet sich u. a. nach der Dicke der Dämmschicht (Tab. 274.3).

Estriche werden nach der Art ihrer Verarbeitung unterschieden:
Bei Schwimmendem Estrichen muss die Tragkonstruktion (z. B. Stahlbeton) so eben sein, dass die Dämmschicht nicht durch eine Schallbrücke unterbrochen wird. An aufgehenden Bauteilen (Wanden, Rohren u. Ä.) sind 10 mm dicke

Festigkeitsklassen N/mm²	Anwendungen
ZE 12	V-Estrich zur Aufnahme von Belägen
ZE 20	S-Estrich $\leq$ 1,5 kN/m² Nutzlast bei Aufnahme von Belägen
ZE 30	V-Estrich als Nutzestrich für normale Beanspruchung
ZE 40 und 50	V-Estrich als Nutzestrich für starke Beanspruchung
ZE 55 M ZE 65 A ZE 65 KS	V-Estrich vor allem mit Hartstoffzuschlägen als Nutzestrich für stärkste Beanspruchung

273.1 Festigkeit und Anwendungen von Zementestrichen

Verkehrslast kN/m²	Beispiele der Raumnutzung	Festigkeitsklasse	Estrichdicke in mm bei Zusammendrückbarkeit der Dämmschicht in mm	
			≤ 5	$\geq 5, \leq 10$
1,5	Wohnräume	ZE 20	≥ 35	≥ 40
2,0	Flure, Büro-, Krankenräume u. a.		≥ 40	≥ 45
3,5	Treppenhäuser, Schul- und Behandlungsräume	ZE 30	≥ 55	≥ 60
5,0	Versammlungs-, Ausstellungs-, Verkaufsräume, Gaststätten		≥ 65	≥ 75

273.2 Dicken von Zementestrichen

Estrichart	Estrichnenndicke mm d_B [1]	
	≤ 30 mm	> 30 mm
Zement ZE 20 Anhydrit AE 20 Magnesia ME 7 [2]	≥ 35 [3]	≥ 40 [3]
Gussasphalt GE 10	≥ 20	≥ 20

[1] $d_L - d_B \leq 10$ mm, bei GE ≤ 5 mm, bei einer Zusammendrückbarkeit > 5 mm ist die Nenndicke des Estrichs um ≥ 5 mm zu erhöhen.
[2] bei Steinholzestrich $\geq$ ME 30.
[3] bei Belägen aus Stein oder Keramik muss die Estrichnenndicke ≥ 45 mm betragen.

273.3 Nenndicken für unbeheizte Schwimmende Estriche

Estrichart	Festigkeitsklasse N/mm²	
	ohne Belag	mit Belag
Zementestrich ZE	≥ 20	≥ 12
Anhydritestrich AE	≥ 20	≥ 12
Magnesiaestrich ME	≥ 20	≥ 5
Gussasphaltestrich GE (je nach Raumtemperatur)	–	≥ 15 bis ≤ 100

273.4 Mindestfestigkeitsklassen von Estrichen

Randdämmstreifen von OK RFB bis OK FFB vorzusehen. Sämtliche Dämmungen sind vor dem Aufbringen des Estrichmaterials, außer bei Fertigteilestrichen, durch eine Abdeckung aus Bitumenpapier mit ausreichender Überlappung gegen eine Durchfeuchtung durch Zementleim zu schützen. Die Abdeckung ist bis Oberkante Randstreifen hochzuziehen.

Fließestriche (baustellengemischt oder als Trockenmörtel mit Zusatzmitteln angeliefert) werden auf der Fläche etwa gleichmäßig verteilt; durch die weiche Konsistenz nivelliert sich die Oberfläche horizontal ein, es sind lediglich etwa in Raumecken, um Rohre herum und an ähnlichen Stellen kleine Nacharbeiten erforderlich.

Heizestriche dienen der Aufnahme eines Fußbodenheizsystems, das den Estrich und den Belag durch elektrischen Strom oder durch Wasser in kunststoffbeschichteten Kupfer- oder in Plastikrohren mit einer Vorlauftemperatur bis zu ca. 60 °C (bei Gussasphaltestrichen 45 °C) aufheizt, die Belagtemperatur soll ca. 27 °C erreichen. Die Estrichdicke beträgt in der Regel mindestens 45 mm + d, wobei d dem äußeren Heizrohrdurchmesser entspricht. Das Heizsystem kann auch in einem eigenen Ausgleichestrich untergebracht sein. Die Heizkreise und die Größe der Estrichfelder sollen aufeinander abgestimmt sein; nicht vermeidbare Fugenübergänge sind durch Mantelrohre zu schützen.

Fertigteilestriche werden in Trockenbauweise aus Bauplatten, z. B. Gipskarton-, Gipsfaser- oder Holzwerkstoffplatten, auf geeigneten Unterlagen im Verbund, auf einer Trenn- oder einer Dämmschicht verlegt.

Die Estrichdicke richtet sich nicht nur nach den in Normen geforderten Mindestmaßen, sondern auch nach der Dicke des vorgesehenen Fußbodenbelages; sie ist häufig von Raum zu Raum unterschiedlich und muss zur Vermeidung von Schwellen durch entsprechende Estrichdicken ausgeglichen werden. Aus diesem Grunde ist die Art des Belages in Ausführungszeichnungen für jeden Raum anzugeben.

Bezeichnungen von Estrichen (Tab. 275.1):
Zementestrich der Festigkeitsklasse 30, Verbundestrich, 40 mm Nenndicke: **ZE 30 – V 40**

Gussasphaltestrich der Härteklasse 15, auf einer Trennschicht, 30 mm Nenndicke: **GE 15 – T 30**

Anhydritestrich der Festigkeitsklasse 20, schwimmend, 45 mm Nenndicke: **AE 20 – S 45**

Anhydritestrich der Festigkeitsklasse 20, schwimmend, 80 mm Nenndicke, als Heizestrich mit 50 mm Überdeckung der Heizelemente: **AE 20 – S 80 H 50**

Einschichtiger Magnesiaestrich der Festigkeitsklasse 50, Verbundestrich, 15 mm Nenndicke, hoch beanspruchbar: **ME 50 – V 15 F**

Zweischichtiger zementgebundener Hartstoffestrich der Festigkeitsklasse 55 mit Hartstoffen der Gruppe M, Verbundestrich, 15 mm Nenndicke der Hartstoffschicht, 40 mm Nenndicke der Übergangsschicht, hoch beanspruchbar: **ZE 55 M – 15/40 F**

Beläge: Putz, Estrich, Fliesen

3 Fliesen- und Plattenarbeiten

Fliesen und Platten werden im Innen- und/oder Außenbereich als Bekleidungen verarbeitet; sie dienen der Gestaltung und dem Schutz vor klimatischen und mechanischen Einflüssen. Fliesen müssen u.U. frost-, säurebeständig und/oder rutschsicher sein. Im Wesentlichen sind folgende Fliesen und Platten zu unterscheiden:

- Künstliche Fliesen, Riemchen und Mosaike, die als feinkeramische Erzeugnisse einzeln im Trockenpressverfahren aus pulverisiertem Ton gebrannt, gefärbt und/oder glasiert werden. Es ist u.a. die Wasseraufnahmefähigkeit von 3% (Steinzeug) bis 10% (Steingut) für die Auswahl der Fliese von Bedeutung.
- Bodenklinkerplatten werden aus tonigen Massen im Trockenpressverfahren geformt und bei über 1000 °C (Sinterung) gebrannt; sie sind widerstandsfähig gegen Witterungseinflüsse und chemische Belastungen.
- Tonfliesen, deren rustikaler Charakter durch die unlasierte, durchgefärbte Struktur hervorgehoben wird.
- Künstliche, einzeln gezogene Matten oder Spalt-(Doppel-) Platten, die als grobkeramische Bekleidungselemente aus nassem Tonmaterial im Strangpressverfahren hergestellt, dabei geformt und evtl. in weiteren Arbeitsgangen nachgeformt, gebrannt, gefärbt und/oder glasiert werden.
- Keramische Fliesensteine für Trenn- und Nasszellenmauern, die wie Glasbausteine zu bewehren sind.
- Formstücke und Formsteine für Ecken, Abschlüsse u.Ä.
- Platten, Riemchen und Mosaike, die aus Natursteinen unterschiedlicher Art gesägt werden.

Falls nichts anderes festgelegt ist, gilt die Lieferung der Güteklasse I als vereinbart. Sortierungen minderer Güteklasse (II und III) beziehen sich vor allem auf optisch wahrnehmbare Fehler.

Das Bett der Fliesen oder Platten kann je nach Erfordernis in unterschiedlicher Dicke ausgebildet werden:

Dickbett aus Zementmörtel (CEM II/B-P vor allem für Natursteine), bei dem der Mörtel im Butteringverfahren mit einer Kelle (Traufel) im Mittenbereich der Fliesenrückseite aufgetragen wird. Der Mörtel verteilt sich beim Andrücken oder Anklopfen der Fliese auf die Tragfläche; es können sich jedoch wasserhaltende Mörtelnester bilden. Deshalb dürfen frostgefährdete Flächen nicht im Dickbettverfahren belegt werden.

Estricharten	Festigkeitsklassen (Härteklassen)	Bestandteile	Nenndicken mm
Zementestrich (auch Terrazzo)	ZE 12, 20, 30, 40, 50	Sand, Kies, geschliffener Naturstein	10 15 20 25 30 35 40 45 50 60 70 80
Zementgebundener Hartstoffestrich	ZE 55 M, 65 A, 65 KS	Hartmineralien, Metall	
Anhydritestrich	AE 12, 20, 30, 40	Anhydritbinder	
Magnesiaestrich (auch Steinholzestrich)	ME 5, 7, 10, 20, 30, 40, 50	Magnesia, Magnesiumchlorid, organische Stoffe	
Gussasphaltestrich (220 bis 250 °C, Sandabstreuung)	GE 10, 15, 40, 100	Bitumen	

275.1 Arten, Nenndicken und Festigkeitsklassen von Estrichen

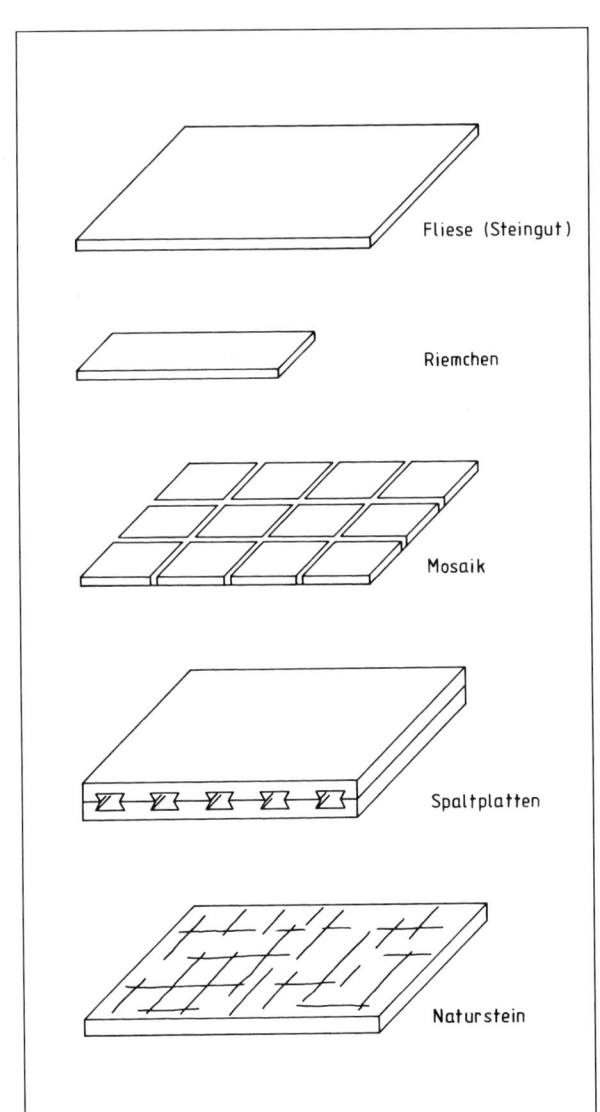

275.2 Beispiele für Bekleidungen

Art des Materials	maximale Seitenlänge cm	Fugenbreite mm
Trockengepresste Fliesen	≤ 10 / > 10	1 bis 3 / 2 bis 8
Stranggepresste Fliesen	≤ 30 / > 30	4 bis 10 / ≥ 10
Bodenklinkerplatten	–	8 bis 15
Solnhofer Platten[1], Natursteinplatten	–	2 bis 3
Natursteinriemchen, Natursteinmosaiken	–	1 bis 3

[1] nicht frostbeständig

275.3 Fugenbreiten für Bekleidungen und Beläge

Dünnbett aus hydraulisch erhärtendem Dispersionskleber (erhärtet durch Wasserabgabe), Reaktionsharzkleber (Zweikomponentenkleber) oder elastischem Fliesenkleber. Das Dünnbett wird entweder im Floatingverfahren mit einer Zahnkelle unmittelbar auf die Verlegefläche gespachtelt oder im Butteringverfahren auf der Rückseite der Fliese verteilt.

Mittelbett als Kombination des Buttering- und des Floatingverfahrens gewährleistet eine hohlraumfreie Verlegung des Belages, wie auch das **Fließmörtelbett** für Bodenbeläge.

Bei der Verarbeitung von Fliesen oder Platten ist Folgendes zu berücksichtigen:
- Die Beanspruchung des Belages hinsichtlich seiner Verschleißklasse (Abriebfestigkeit I bis IV), Rutschsicherheit, chemischem Angriff u.Ä.
- Die gewünschte Farbe und Größe der Platten und Fugen. Im Innenbereich sind nahezu sämtliche Fugenfarben denkbar, soweit der Fugenfertigmörtel für die klimatischen Raumverhältnisse geeignet ist bzw. möglichen chemischen Einflüssen widersteht. In Außenbereichen wird die Zementfuge, evtl. mit Zusatz zementechter Farben, bevorzugt.
- Der Verlauf der Fugen.
- Die tragende Fläche, bei der wegen ihres Materials oder ihrer Struktur u.U. eine Vorbehandlung erforderlich ist:

Unverputztes Mauerwerk evtl. durch eine Grundierung und/oder eine bis zu 5,0 mm dicke Ausgleichschicht vorbereiten.

Putzoberflächen sollen für die Belegung unabhängig von ihrer Mörtelgruppe rauh sein.

Betonflächen und Zementestriche je nach Ansetzmaterial frühestens nach einer Zeitspanne von mindestens 28 Tagen bis zu sechs Monaten auf rauher Oberfläche belegen, weil zementgebundene Bauteile während ihrer Erhärtungszeit zum Schwinden neigen.

Gipsbaustoffe wegen ihrer hohen Saugfähigkeit und häufig sehr glatter Oberfläche grundieren.

Gipskartonwände gegen Schwingungen aussteifen.

Hartschaumplatten sicher verkleben und verankern; evtl. aufrauhen oder grundieren.

Holzspanplatten wegen ihrer Saugfähigkeit grundieren.

Trittschalldämmungen in Form von Bahnen oder Platten erfordern eine Lastverteilungsschicht ≥ 20 mm aus einem Verlegemörtel.

Alte Fliesenbeläge müssen fest mit dem Unterbau verbunden sein, der neue Belag wird im Dünnbettverfahren aufgebracht; bei hoher Belastung ist u.U. eine Haftbrücke erforderlich.

3.1 Maße für Fliesen- und Plattenarbeiten

Die Fliesenarbeiten werden nach der Installation der Ver- und Entsorgungsleitungen, dem Einbau der Fenster, Türen und Anschlagsschienen sowie der Beendigung der Putzarbeiten ausgeführt. Sanitäre Gegenstände sind, soweit sie nicht eingefliest werden (z. B. WC-Becken, Waschtische), zuletzt zu montieren.

Bei der Planung von Wand- und Bodenfliesenarbeiten sind die Nennmaße (Kantenlänge + eine Fugenbreite) der Fliesen bzw. Platten zu beachten. Dadurch kann das Schneiden einzelner Belagselemente weitgehend überflüssig werden. Nicht zu vermeidende Teilfliesen sollen in unauffälligen Ecken verarbeitet werden.

Durchbrüche für die Wasser-, Elektro-, Gas- oder Heizungsinstallation können bei sorgfältiger Planung z. B. durch Wandabwicklungs- und Grundflächenzeichnungen oder den Einsatz von Schablonen fliesengerecht angeordnet werden. Es sollen Durchbrüche nach Möglichkeit im Zusammenstoß von Fliesenecken oder Fliesenkanten bzw. in der Fliesenmitte liegen (Bild 277.1). Da vor allem Entwässerungsleitungen leicht verstopfen, sind Revisionsrahmen so einzubauen, dass die Leitungen ohne Fliesenschäden gewartet werden können.

Sockel und/oder Friese bzw. eingestreute Motivfliesen können je nach gewünschtem Belagsbild vorgesehen werden.

Kantenmaße von Fliesen und Platten außer bei Mosaiken:
10/10 cm; 15/15 cm; 25/25 cm; 30/30 cm; 40/40 cm, ...;
jedoch auch
10/15 cm; 10/20 cm; 12,5/25 cm; 20/30 cm; 30/40 cm. ...

Die Dicke keramischer Beläge beträgt 4 bis 15 mm, bei stark belasteten Außenböden bis zu 45 mm. Die Dicke ist z. T. fabrikationsbedingt, richtet sich jedoch auch nach der größten Kantenlänge des Belages, sie ist erforderlichenfalls beim Hersteller bzw. Lieferanten zu erfragen.

Die Dicke von Natursteinbekleidungen liegt je nach Material und Kantenlänge zwischen 7 und 15 mm. Dickere Natursteinbeläge (z. B. Treppenstufen) gelten als Naturwerksteine.

Die üblichen Fugenbreiten sind in der Tabelle 275.3 zusammengestellt; sie sind u.a. abhängig von der maximalen Seitenlänge und dem Material. Dabei sind auch die Maßhaltigkeit und das Schwindverhalten des Belages von Bedeutung. Dauerelastische Fugen z. B. zwischen Boden- und Wandbelägen sowie Dehnfugen können mit Silikon geschlossen werden.

Dickbettmaße sind in Tabelle 276.1 aufgeführt. Das Dickbett bietet die Möglichkeit, geringe Ungenauigkeiten in Bezug auf Rechtwinkligkeit, Dellen u.Ä. in der Tragkonstruk-

Art der Bekleidung	Bereich	Dicke mm
Wandbekleidung	innen und außen	≥ 15
Bodenbeläge auf Massivschicht	innen und außen	≥ 20
Bodenbeläge auf Trennschicht	innen außen	≥ 30 ≥ 50
Bodenbeläge auf Dämmschicht	innen außen	≥ 45 ≥ 50

276.1 Dickbettmaße

Mörtel für	Mischungsverhältnis Zement:Sand (in RT)	Korngrößen des Zuschlages
Spritzbewurf	1:2 bis 1:3	0 bis 4
Unterputz bewehrt und unbewehrt	1:3 bis 1:4	0 bis 4
Dickbett	1:4 bis 1:5	0 bis 4
Fugen	1:2 bis 1:3	0 bis 2

276.2 Mörtel für Fliesenarbeiten

tion auszugleichen oder ein leichtes Gefälle auszubilden. **Mittelbettmaße** betragen etwa 10 mm.

Dünnbettmaße (3 mm) können bei der Planung in der Regel außer Acht gelassen werden.

3.2 Belagkonstruktionen

An den Aufbau der Unterkonstruktionen für Fliesen und Platten werden unterschiedliche Anforderungen gestellt.

Innenwandbekleidungen sind hinsichtlich ihres Aufbaus relativ einfach; es handelt sich dabei vorwiegend um angemörtelte Verbundbeläge (Bild 278.1), die im Dick-, Mittel- oder im Dünnbett unmittelbar bzw. auf einer Haft- oder Ausgleichsschicht und u.U. einer Abdichtung oder Dämmschicht angesetzt werden.

Wandbeläge in Badbereichen werden auf einer vertikalen mineralischen Abdichtung angesetzt.

Fugen zwischen Tragmaterialien mit unterschiedlichem Dehnverhalten (Mauerwerk/Stahlbeton, Holz/Mauerwerk) sind z.B. mit Drahtgewebe zu überbrücken oder mit Dehnfuge bis OK Belag auszubilden.

Außenwandbekleidungen sind nicht nur klimatischen Wechselwirkungen (nass/trocken, warm/kalt) ausgesetzt, sondern auch physikalischen Kräften durch Wasserdampfdruck, Taupunktlage und Frosteinwirkung. Werden die genannten Gefahren nicht berücksichtigt, können Schäden in der Belagfläche auftreten. Die Berechnung und die Ausführung von Außenwandverkleidungen müssen fachmännisch mit großer Sorgfalt vorgenommen werden.

Fliesen und Platten auf äußeren Sperr- oder Wärmedämmschichten sind auf einem zweilagigen bewehrten Unterputz P III b von 25 bis 35 mm Dicke anzusetzen. Die Eigenlast der Bekleidung ist durch Anker, die mit der Bewehrung kraftschlüssig zu verbinden sind, auf den tragenden Wandteil zu übertragen. Mindestens vier nicht rostende Anker $\geq \varnothing$ 3 mm/m² Wandfläche sowie $\geq$ 3 Anker/lfd. M. freie Ränder sind für die Lastübertragung erforderlich.

Bodenbeläge sind hinsichtlich der Art ihrer Verlegung auf dem tragenden Bauteil zu unterscheiden (Bild 279.1):
Verbundbeläge werden im Dickbettverfahren unmittelbar auf einer Stahlbetonplatte bzw. auf Beton oder im Dünnbettverfahren auf Schwimmendem Estrich verlegt.
Beläge auf Trenn- oder Sperrschicht können im Dickbett unmittelbar, im Dünnbett auf einer evtl. bewehrten Lastverteilungsschicht verlegt werden.
Schwimmende Beläge werden auf eine Wärme- und/oder zugleich eine Trittschalldämmschicht aufgebracht, die je nach Belastung und Zusammenpressbarkeit der Dämmschicht als einfacher oder als bewehrter Estrich ausgeführt werden kann. Bei zu großer nachträglicher Verformung der Dämmung besteht die Gefahr des Fugenabrisses zur Wandbekleidung. Bei Feuchträumen, Belägen mit Gefälle, Balkonabdeckungen und Holzbalkendecken sind hinsichtlich Sperrung, Belüftung, Lastübertragung und Ausgleich weitere Konstruktionsschichten vorzusehen.
Schwimmende Fliesenbeläge ab 40 m² bzw. ab 8 m Kantenlänge müssen elastische Bewegungsfugen erhalten, die an aufsteigenden Bauteilen oder innerhalb der Fläche (z.B. im

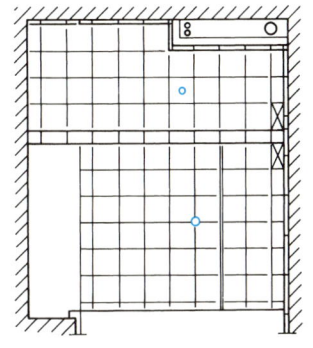

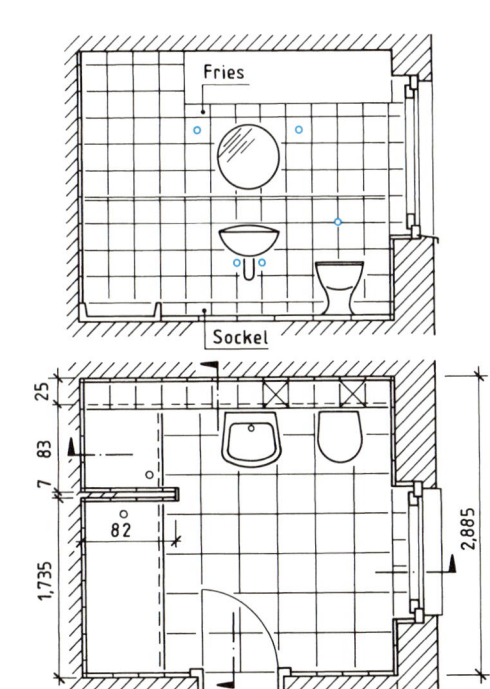

277.1 Fliesengerechte Installation in einem Bad

Bereich von Durchgängen) bis auf die Abdeckung zu führen sind. Auch bei Übergängen von unterschiedlich dicken Schwimmenden Estrichen sind elastische Bewegungsfugen vorzusehen.

Als Bewehrung für Estriche sind nicht rostende Betonstahlgitter mit einer maximalen Maschenweite von 50/50 mm und einem Mindestdrahtdurchmesser von 2 mm zu verarbeiten.

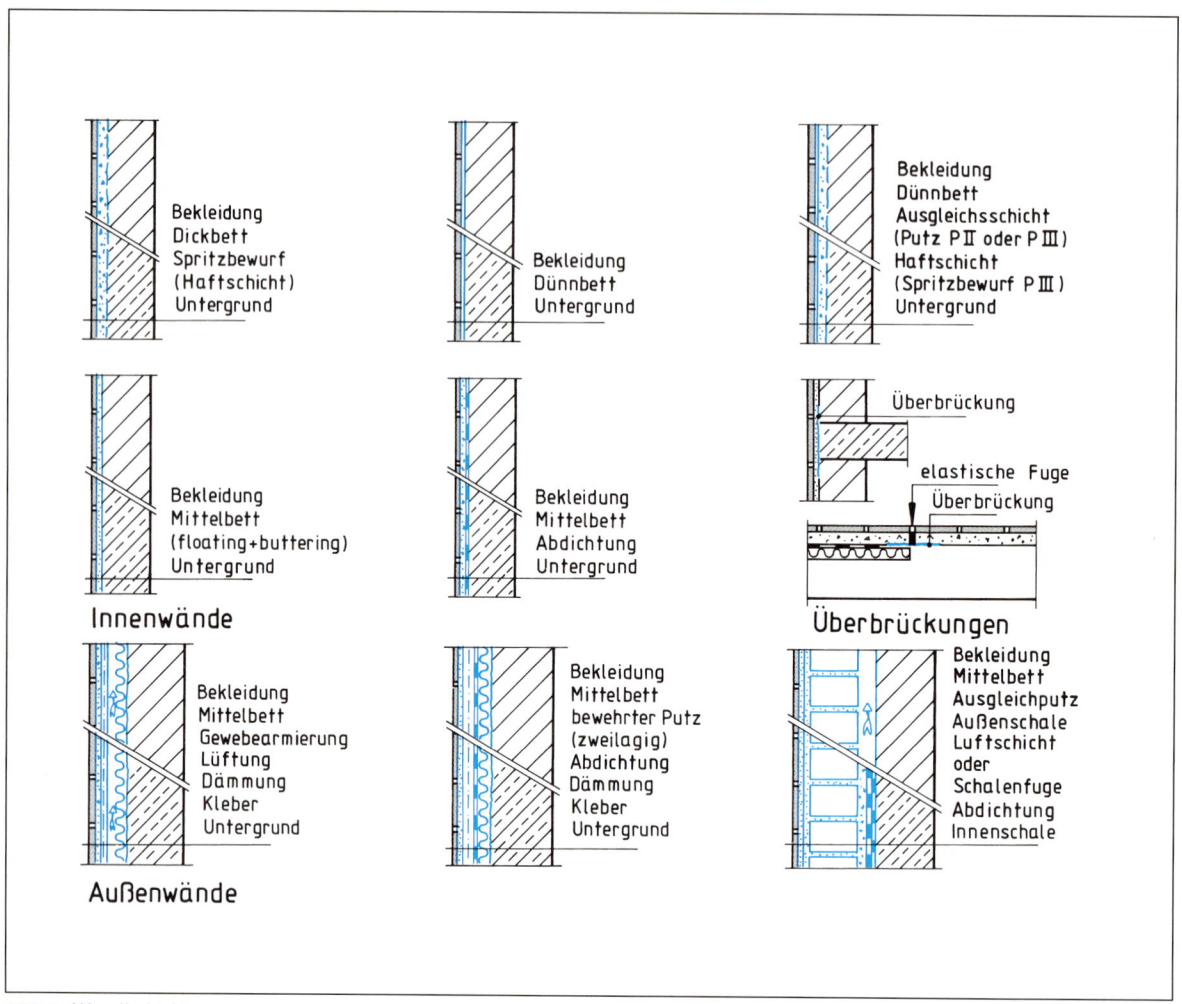

278.1 Wandbekleidungen

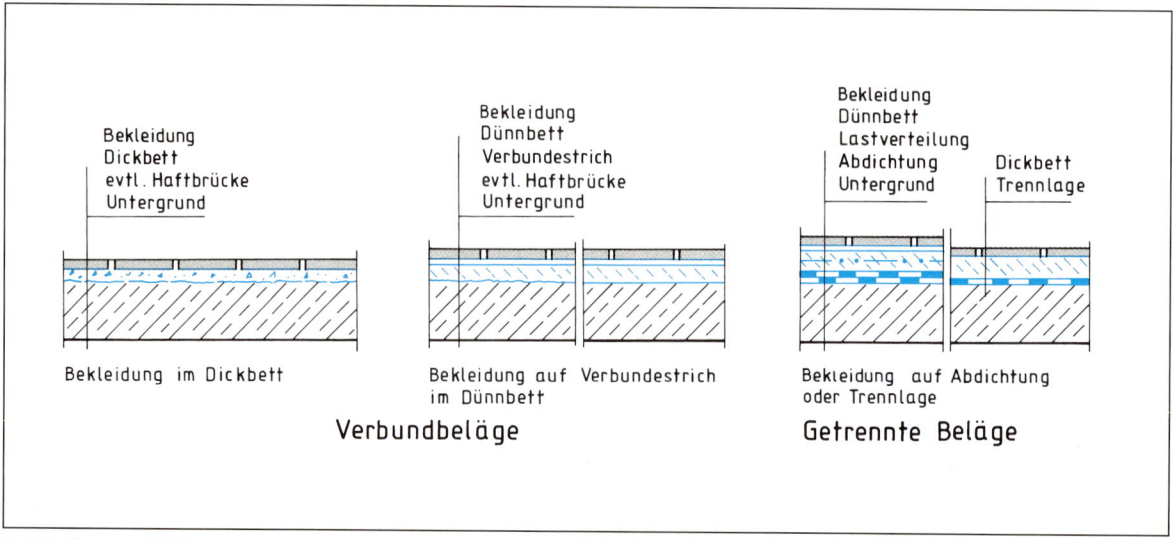

278.2 Bodenbekleidungen

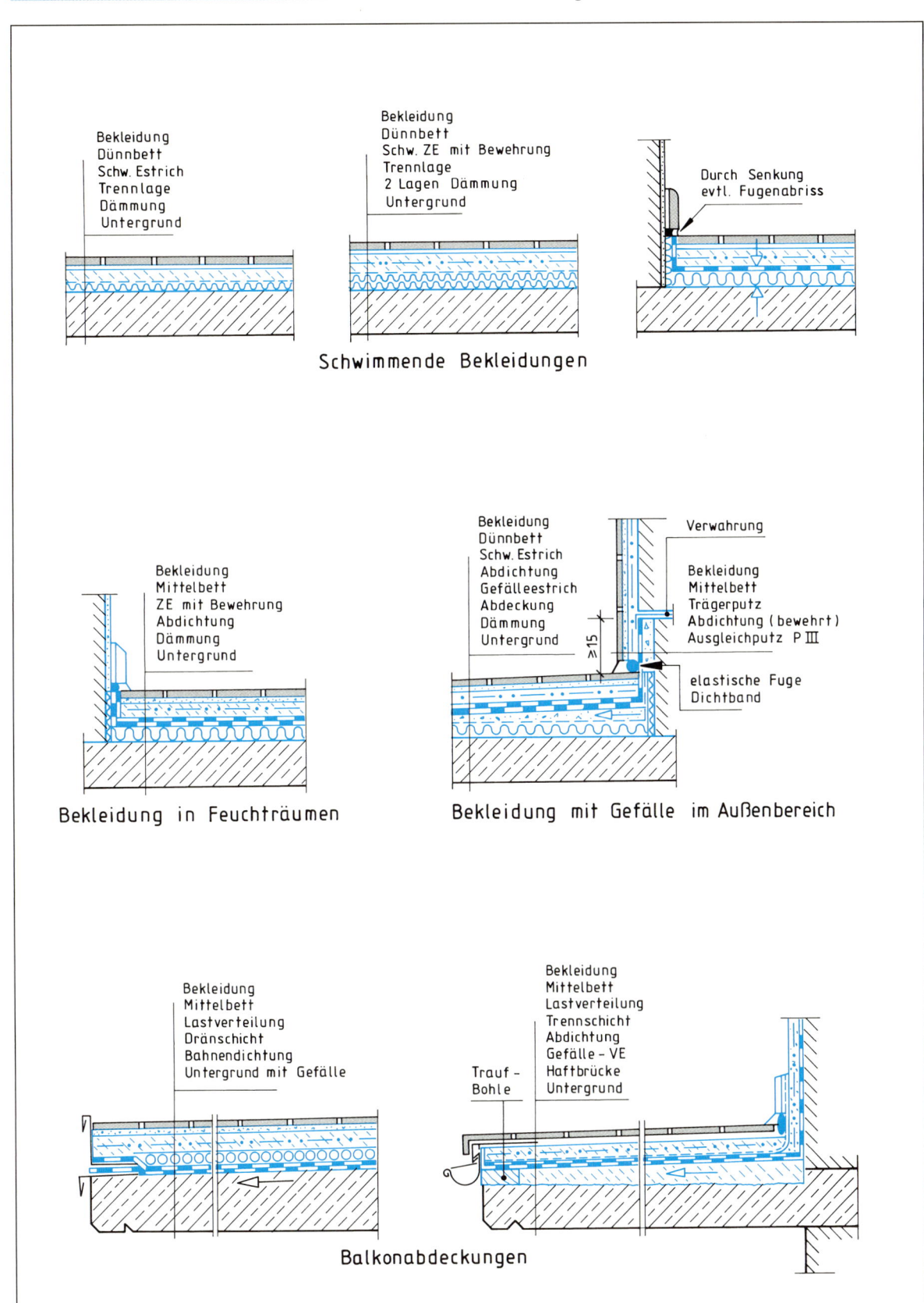

Beläge: Putz, Estrich, Fliesen

Schwimmende Bekleidungen

Bekleidung
Dünnbett
Schw. Estrich
Trennlage
Dämmung
Untergrund

Bekleidung
Dünnbett
Schw. ZE mit Bewehrung
Trennlage
2 Lagen Dämmung
Untergrund

Durch Senkung evtl. Fugenabriss

Bekleidung in Feuchträumen

Bekleidung
Mittelbett
ZE mit Bewehrung
Abdichtung
Dämmung
Untergrund

Bekleidung mit Gefälle im Außenbereich

Bekleidung
Dünnbett
Schw. Estrich
Abdichtung
Gefälleestrich
Abdeckung
Dämmung
Untergrund

Verwahrung

Bekleidung
Mittelbett
Trägerputz
Abdichtung (bewehrt)
Ausgleichputz P III

elastische Fuge
Dichtband

≥15

Balkonabdeckungen

Bekleidung
Mittelbett
Lastverteilung
Dränschicht
Bahnendichtung
Untergrund mit Gefälle

Trauf-Bohle

Bekleidung
Mittelbett
Lastverteilung
Trennschicht
Abdichtung
Gefälle - VE
Haftbrücke
Untergrund

279.1 Bodenbekleidungen (Fortsetzung)

Beton- und Stahlbetonarbeiten

Für den üblichen Hochbau können im Wesentlichen die folgenden Stahlbetonbauteile ihrer Form nach unterschieden werden ((Bild 280.1):
- **Flächige Bauteile** sind Stahlbetonplatten und Stahlbetonwände
- **Stabförmige Bauteile** sind Stahlbetonbalken und Stahlbetonstützen
- **Gemischtförmige Bauteile** sind sowohl Stahlbetonplattenbalken, bei denen der Balken als Unterzug, als Überzug oder als plattengleicher Balken ausgebildet ist, als auch Stahlbetonrippendecken, bei denen die Rippen in relativ geringen Abständen zueinander liegen und in ihrem Querschnitt verhältnismäßig klein sind. Die Rippen stellen die eigentlich tragenden Bauteile dar, während die Platte lediglich eine aussteifende Funktion hat und der Flächenbildung dient.

Die unterschiedlichen Bauteile werden durch Lasten beansprucht und erfahren dadurch Verformungen, in Bild 280.1 übertrieben dargestellt, die durch Bewehrungen sowie durch die Betondruckfestigkeit in zulässigen Grenzen gehalten werden müssen.

Folgende Belastungsformen sind zu unterscheiden:
- Flächenförmige Lasten
- Streckenförmige Lasten
- Punktförmige Einzellasten

Es sind jedoch auch Lastkombinationen möglich.

Bei der Anfertigung eines Stahlbetonbauteils sind mehrere Arbeitsschritte zu vollziehen:
- **Die Einschalung** für das Stahlbetonbauteil ist entsprechend seinen Abmessungen nach Werkplänen als Hohlform aus Holz, Holzwerkstoff- oder Metallplatten anzufertigen. Häufig ist eine Unterstützungskonstruktion erforderlich. Für komplizierte oder stark belastete Einschalungen werden unter Umständen besondere Schalungszeichnungen nach entsprechender statischer Berechnung angefertigt.
Die Fugen in der Einschalung sind so dicht auszuführen, dass kein Zementleim abtropfen kann.
- **Die erforderlichen Stahleinlagen** sind nach Bewehrungszeichnungen anzufertigen (Ablängen, Biegen, Verbinden), in die Schalungsform einzulegen und gegen Verschieben zu sichern.

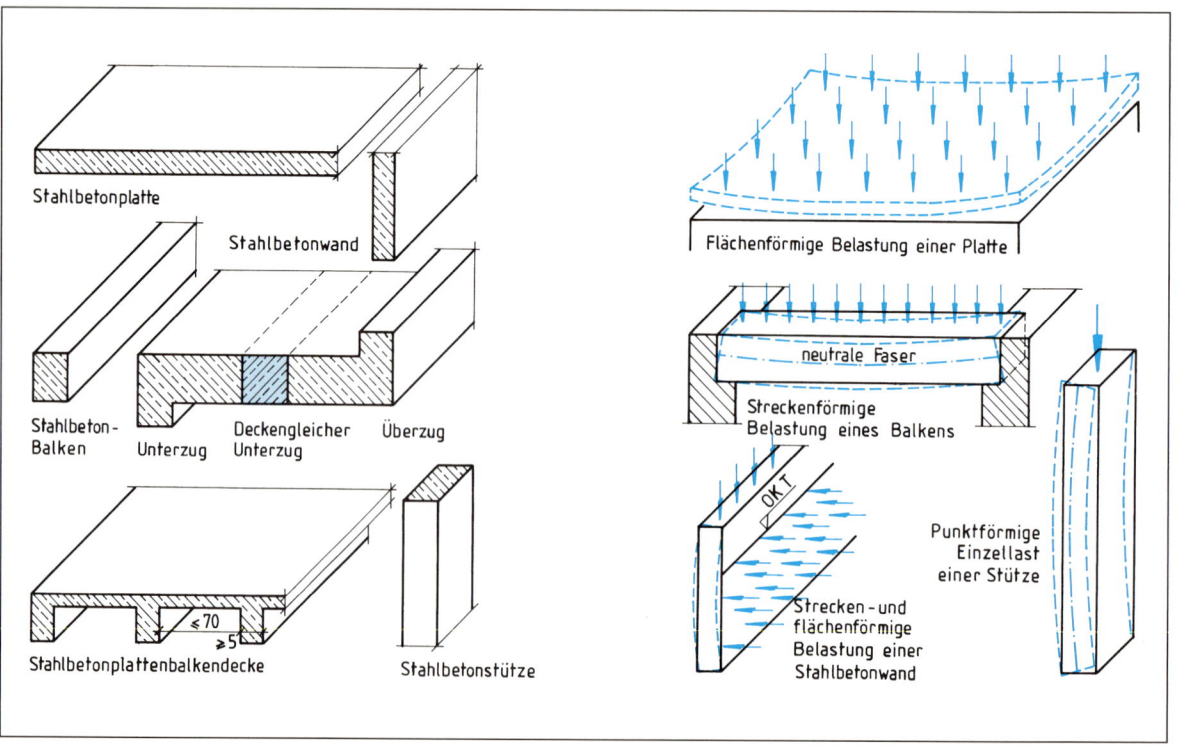

280.1 Stahlbetonwerke und ihre Verformung unter Belastung

Beton- und Stahlbetonarbeiten

Festigkeits-klasse des Zements	Für die seitliche Schalung der Balken und für die Schalung der Wände und Stützen	Für die Schalung der Deckenplatten	Für die Rüstung der Balken, Rahmen und weit gespannten Platten
32,5	3 Tage	8 Tage	20 Tage
32,5 R; 42,5	2 Tage	5 Tage	10 Tage
42,5 R; 52,5; 52,5 R	1 Tag	3 Tage	6 Tage

281.1 Ausschalfristen

- **Der Beton** ist entsprechend der statischen Berechnung und einschlägigen Normen zu mischen, in die Schalung einzubringen (zu schütten), durch Stampfen, Stochern oder Rütteln zu verdichten und gegebenenfalls innerhalb der ersten sieben Tage durch Abdecken vor Frost zu schützen. Ein Feuchthalten des Betons während der ersten Tage nach dem Schütten schützt ihn vor zu frühem Austrocknen. Noch nicht erhärteter Beton ist vor Erschütterungen zu schützen.

- **Nach einer Erhärtungszeit** von bis zu 20 Tagen (Tab. 281.1) kann, je nach Festigkeitsklasse des Zements, Art der Schalung und des Bauteils, ausgeschalt werden. Vorsichtshalber bleiben Hilfsstützen über die Ausschalungsfrist hinaus stehen, damit auftretende Belastungen, z. B. Materiallagerung, abgeleitet werden können.

1 Baustoffe für Beton und Stahlbeton

Stahlbetonbauteile bestehen aus Betonstahl (Bewehrung, Armierung) und Beton, einem künstlichen Gestein aus Zement, Betonzuschlag, Zugabewasser und eventuell Zusatzmitteln und (oder) Zusatzstoffen. Die positiven Eigenschaften der beiden Baustoffe, beim Stahl die hohe Zugfestigkeit, beim Beton die hohe Druckfestigkeit, werden in dem Verbundbaustoff Stahlbeton vereinigt. *Eine vorhandene geringe Zugfestigkeit des Betons wird in der statischen Berechnung nicht in Ansatz gebracht.* Druckstäbe dagegen können bei einer Bewehrung vorgesehen werden.
Die beiden Baustoffe haben ähnliche Ausdehnungskoeffizienten. Darüber hinaus schützt der Beton den Stahl vor Rostbildung.

1.1 Zement

Die für den Beton- und Stahlbetonbau geeigneten Zemente sind nach DIN 1164 genormt, die durch DIN EN 197-1 ersetzt werden soll.
Zement ist ein hydraulisches Bindemittel, das mit Wasser vermischt einen Zementleim ergibt, der die Zuschläge zu einem künstlichen Gestein verbindet und raumbeständig erhärtet.

Zemente werden nach fünf Hauptarten unterschieden:
- CEM I – Portlandzement
- CEM II – Portlandkompositzement
- CEM III – Hochofenzement
- CEM IV – Puzzolanzement
- CEM V – Kompositzement

In Tabelle 281.2 sind die Zementarten und ihre Zusammensetzung aufgeführt:

Zementart	Bezeichnung	Kurzzeichen	Zusammensetzung in Masse-%	
			Portlandzementklinker (K)	Weitere Hauptbestandteile
CEM I	Portlandzement	CEM I	100	–
CEM II	Portlandhüttenzement	CEM II/A-S	94...80	6...20 Hüttensand (S)
		CEM II/B-S	79...65	21...35 Hüttensand (S)
	Portlandpuzzolanzement	CEM II/A-P	94...80	6...20 natürliches Puzzolan (P)
		CEM II/B-P	79...65	21...35 natürliches Puzzolan (P)
	Portlandflugaschezement	CEM II/A-V	94...80	6...20 kieselsäurereiche Flugasche
	Portlandölschieferzement	CEM II/A-T	94...80	6...20 gebrannter Ölschiefer (T)
		CEM II/B-T	79...65	21...35 gebrannter Ölschiefer (T)
	Portlandkalksteinzement	CEM II/A-L	94...80	6...20 Kalkstein (L)
	Portlandflugaschehüttenzement	CEM II/B-SV	79...65	10...20 kieselsäurereiche Flugasche (V) Hüttensand (S)
CEM III	Hochofenzement	CEM III/A	64...35	36...65 Hüttensand (S)
		CEM III/B	34...20	66...80 Hüttensand (S)
CEM IV	Puzzolanzement	CEM IV/A	89...65	11...35 natürliches Puzzolan (P) kieselsäurereiche Flugasche (V)
		CEM IV/B	64...45	36...55 (P) und (V)
CEM V	Kompositzement	CEM V/A	64...40	18...30 (P) und (V)
		CEM V/B	58...20	31...50 Hüttensand 31...60 (P) und (V)

281.2 Zementarten und ihre Zusammensetzung

Beton- und Stahlbetonarbeiten

- **Portlandzementklinker (K)** bestehen aus Calciumsilikaten, Aluminiumoxid und Eisenoxid sowie gegebenenfalls einigen anderen Verbindungen, z. B. Magnesiumoxid.
  Die Portlandzementklinker werden bis zur Sinterung gebrannt und später fein gemahlen. Je feiner Portlandzement gemahlen ist, desto fester bindet er ab. Portlandzement ist hydraulisch, d.h. erhärtet auch unter Wasser.
- **Hüttensand (S)** ist latent hydraulisch, er fällt bei der Roheisengewinnung an. Hüttensand besteht aus CaO, MgO, SiO_2 und Al_2O_3. Durch plötzliches Abkühlen der Schlackenschmelze entsteht ein Granulat, das gemahlen wird.
- **Natürliche Puzzolane (P)** sind vulkanischen Ursprungs oder Sedimentgesteine; zu ihnen gehört z.B. Trass.
- **Kieselsaure Flugasche (V)** ist ein feinkörniger Staub, der aus Rauchgasen von Feuerungsanlagen mit fein gemahlener Kohle gewonnen wird.
- **Gebrannter Ölschiefer (T)** wird bei einer Brenntemperatur von etwa 800° C aus Naturschiefer hergestellt.
- **Kalkstein (L)** kann bei bestimmter eigener Zusammensetzung als Zusatz für die Zementherstellung verwendet werden.

Zemente mit besonderen Eigenschaften erhalten Kennbuchstaben:
- Zement mit niedriger Hydratationswärme – NW
- Zement mit hohem Sulfatwiderstand – HS
- Zement mit niedrigem wirksamen Alkaligehalt – NA

Die genormten Zementfestigkeitsklassen sind in der Tabelle 282.1 zusammengestellt.

Beispiele für die Bezeichnung von Normenzementen:
- Portlandzement der unteren Festigkeitsklasse mit hoher Anfangsfestigkeit: **DIN 1164-CEM I 32,5 R**
- Portlandhüttenzement mit 6 bis 20% Hüttensand, mittlerer Festigkeitsklasse und üblicher Anfangsfestigkeit: **DIN 1164-CEM II/A-S 43,5**
- Hochofenzement mit 66 bis 80% Hüttensand der höchsten Festigkeitsklasse mit üblicher Anfangsfestigkeit, niedriger Hydratationswärme und hohem Sulfatwiderstand: **DIN 1164-CEM III/B 52,5 – NW/HS**

1.2 Betonzuschläge

Normal- und Schwerzuschlag soll nach EN 12620, Leichtzuschlag nach EN 13055-1 genormt werden. Bis zur Einführung dieser europäischen Normen gilt die nationale DIN 4226, in der die Betonzuschläge, die an sie gestellten Anforderungen ihre Prüfung und Überwachung festgelegt sind. In der Tabelle 282.2 sind die Betonzuschlagbezeichnungen in Abhängigkeit von ihrer Korngröße und ihrem Vorkommen zusammengestellt.

Die Verwendung recycelter Zuschläge unterliegt besonderen Normen.

Natürliche Betonzuschläge werden in vier Betonzuschlaggemische unterteilt.

- Das Betonzuschlaggemisch soll im Interesse einer hohen Betonfestigkeit und einer möglichst sparsamen Zementzugabe einerseits grobkörnig, andererseits durch einen stetigen Kornaufbau hohlraumarm sein, um ein druckfestes, dichtes Kunststeingefüge zu ergeben.
- Die verschiedenen Korndurchmesser werden nach Sieblinien zu Betonzuschlaggemischen mit einem Größtkorn von 8 mm, 16 mm, 32,5 mm (Nenngröße 32 mm) und 63 mm zusammengestellt (Bild 283.1). Die Masseprozentanteile der einzelnen Korndurchmesser sind in den drei Sieblinien A, B und C festgelegt, die den Forderungen nach grobkörnigem und hohlraumarmem Betonzuschlag entsprechen.
  Die Sieblinienbezeichnung erhält zur Verdeutlichung die Angabe des verwendeten Größtkorndurchmessers, z.B. A16, B32.
- Bei der Mischung des Betons z.B. in Betonwerken dürfen auch unstetig aufgebaute Betonzuschläge mit einer Ausfallkörnung verarbeitet werden (U8 bis U63), bei der die jeweils etwa mittelgroßen Korndurchmesser fehlen (gestrichelte Linien).
- Außerhalb und zwischen den Sieblinien entstehen die Bereiche (1) bis (5), in denen die Körnungen der Betonzuschläge wie folgt gekennzeichnet sind:
  ① grobkörnig
  ② Ausfallkörnung
  ③ grob- bis mittelkörnig (günstig)
  ④ mittel- bis feinkörnig (brauchbar)
  ⑤ feinkörnig
- Das Größtkorn darf 1/3 der kleinsten Bauteilabmessung nicht überschreiten.
- Um den geforderten Sieblinienbereich sicher einzuhalten, kann die Zusammensetzung des Betonzuschlags in Korngruppen (0 bis 4, 4 bis … oder 0 bis 2, 2 bis A, 4 bis …) erfolgen.

Zement-Festigkeitsklasse	Druckfestigkeit in N/mm²				Kennfarbe[3]	Farbe des Ausdrucks
	Anfangsfestigkeit		Normfestigkeit			
	2 Tage mindestens	7 Tage mindestens	28 Tage mindestens	höchstens		
32,5[1]	–	16	32,5	52,5	hellbraun	Schwarz
32,5 R[2]	10	–				Rot
42,5[1]	10	–	42,5	62,5	grün	Schwarz
42,5 R[2]	20	–				Rot
52,5[1]	20	–	52,5	–	rot	Schwarz
52,5 R[2]	30	–				Weiß

[1] üblich erhärtende Zemente ohne Kennbuchstabe
[2] schnell erhärtende Zemente, Kennbuchstabe R (rapid)
[3] Grundfarbe des Sackes bzw. des Siloheftblattes

282.1 Zementfestigkeitsklassen und ihre Kennfarben

Zuschlag in mm mit		zusätzliche Bezeichnung		Korngruppen
Kleinstkorn	Größtkorn	ungebrochener Zuschlag	gebrochener Zuschlag[1]	
0	4	Sand	Brechsand Edelbrechsand	0/4, 4/… 0/2 2/4 4/…
4	32 (31,5)	Kies	Splitt Edelsplitt	
32 (31,5)	63	Grobkies	Schotter	

[1] Für gebrochene Zuschläge im Straßenbau gelten andere Bezeichnungen

282.2 Betonzuschläge und Korngruppen

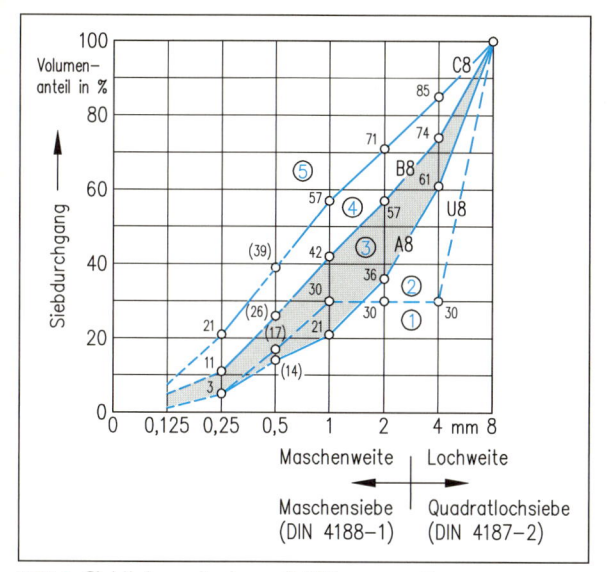

Beton- und Stahlbetonarbeiten

283.1 Sieblinien mit einem Größtkorn von 8 mm

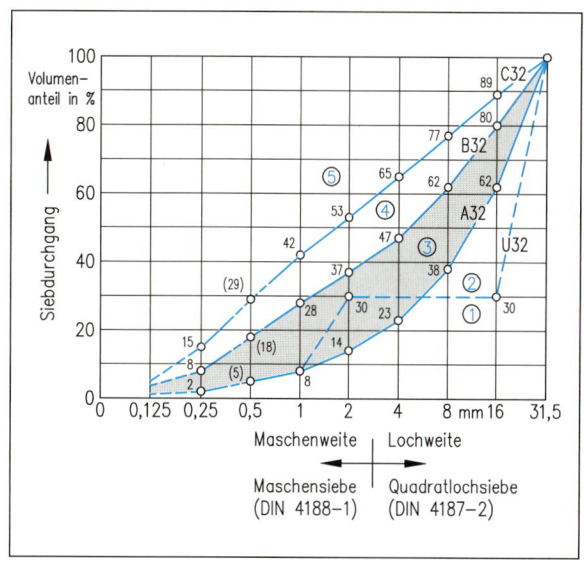

283.3 Sieblinien mit einem Größtkorn von 32 mm

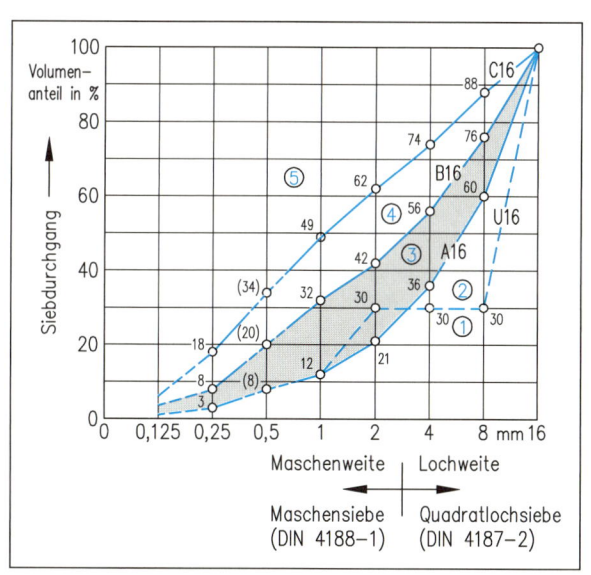

283.2 Sieblinien für Betonzuschläge

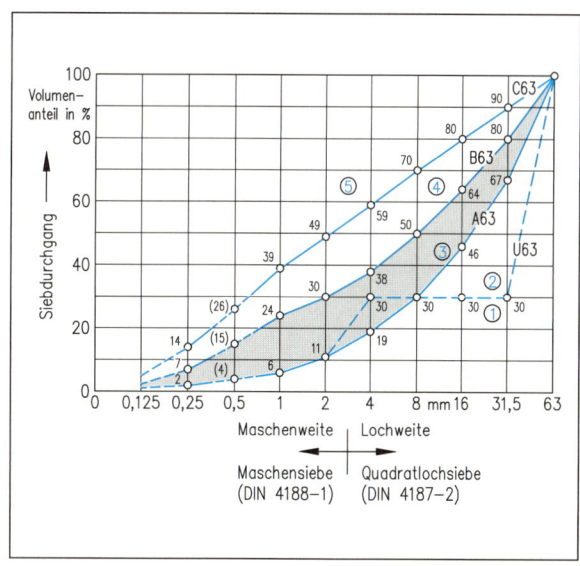

283.3 Sieblinien mit einem Größtkorn von 63 mm

1.3 Zugabewasser

Bei der Bemessung des erforderlichen Wassers ist unter Umständen die vorhandene Eigenfeuchte der Zuschläge zu berücksichtigen.

Als Zugabewasser ist jedes schadstofffreie Wasser (z. B. Trinkwasser) geeignet, das dem trockenen Gemisch aus Betonzuschlag und Bindemittel beigemengt wird. Bei der Bemessung des Zugabewassers ist eventuell eine bereits vorhandene Oberflächenfeuchte des Betonzuschlags zu berücksichtigen, um den tatsächlichen Wassergehalt bestimmen zu können. Lediglich etwa 40 % des Wassergehaltes werden bei der Erhärtung des Zements chemisch gebunden, der Rest dient der Verarbeitbarkeit des Frischbetons und muss später verdunsten.

Der Wasserzementwert ist für die Qualität des Zementleims (Wasser-Zement-Gemisch), die spätere Betonfestigkeit, das Schwindverhalten des Betons, den Korrosionsschutz der Bewehrung sowie ihre Verankerung in dem Beton von großer Bedeutung.

Der Wasserzementwert W ist die Verhältnisgröße Wassergewicht zu Zementgewicht:

$$W = \frac{w}{z}$$

W Wasserzementwert ohne Einheit
w Wassergewicht in kg (oder l)
z Zementgewicht in kg

1.4 Betonzusätze

Bei den Betonzusätzen zum Frischbeton sind zwei Arten zu unterscheiden:

- **Betonzusatzmittel** wirken auf chemischer und/oder physikalischer Basis auf die Verarbeitbarkeit, das Erhärten beziehungsweise das Erstarren des Betons (Tab. 284.1).
- **Betonzusatzstoffe** beeinflussen bestimmte Eigenschaften des Betons wie Gefügedichte (z. B. durch Mischöl) und Farbe. Zu den Betonzusatzstoffen gehören: Gesteinsmehl, Pigmente, Flugasche und Silicastaub.

Beton- und Stahlbetonarbeiten

Wirkungsgruppe	Kurzzeichen	Farbkennzeichen
Betonverflüssiger	BV	Gelb
Fließmittel	FM	Grau
Luftporenbildner	LP	Blau
Dichtungsmittel	DM	Braun
Verzögerer	VZ	Rot
Beschleuniger	BE	Grün
Einpresshilfen	EH	Weiß
Stabilisierer	ST	Violett

284.1 Betonzusatzmittel, Kurzzeichen und Farbkennzeichen

Klasse	Ausbreitmaß (Durchmesser in mm)	Konsistenzbereich
F1[1]	≤ 340	steif
F2	350 bis 410	plastisch
F3	420 bis 480	weich
F4	490 bis 550	sehr weich
F5	560 bis 620	fließfähig
F6[2]	≥ 630	sehr fließfähig

[1] Bei steifen Betonen empfiehlt sich eine Verdichtungsprüfung
[2] „Selbstverdichtender Beton" nach allgemeiner bauaufsichtlicher Zulassung oder einer Zustimmung im Einzelfall

284.2 Konsistenzklassen nach dem Ausbreitmaß

Klasse	Verdichtungsmaß	Konsistenzbereich
C0	≥ 1,46	sehr steif
C1	1,45 bis 1,26	steif
C2	1,25 bis 1,11	plastisch
C3	1,10 bis 1,04	weich

284.3 Konsistenzklassen nach dem Verdichtungsmaß

Klasse	Umgebungseinflüsse
X0	Kein Korrosions- oder Angriffsrisiko
XC	Bewehrungskorrosion, ausgelöst durch Karbonatisierung
XD	Bewehrungskorrosion, ausgelöst durch Chloride, ausgenommen Meerwasser
XS	Bewehrungskorrosion, ausgelöst durch Chloride aus Meerwasser
XF	Betonangriff durch Frost mit und ohne Taumittel
XA	Betonangriff durch chemische Angriffe der Umgebung
XM	Betonangriff durch Verschleißbeanspruchung

284.4 Expositionsklassen, allgemeine Übersicht

2 Eigenschaften des Frischbetons

Besondere Eigenschaften von Betonen beziehen sich auf Wasserundurchlässigkeit, Frostwiderstand, Widerstand gegen chemische Einflüsse, hohen Abnutzungswiderstand, Hitzebeständigkeit und Verarbeitbarkeit unter Wasser.

Der Beton muss bereits vor seiner Verarbeitung bestimmte Eigenschaften haben, die für den Festbeton von Wichtigkeit sind.

2.1 Konsistenz und Temperatur des Betons

Für die Beurteilung des frischen Betons ist neben seinen Bestandteilen seine Konsistenz von Bedeutung. Die Konsistenzklasse wird nach dem
- **Ausbreitmaß** (Tab. 284.2) oder nach dem
- **Verdichtungsmaß** festgestellt (Tab. 284.3).

Die **Frischbetontemperatur** darf im Allgemeinen 30 °C nicht überschreiten und 5 °C nicht unterschreiten.

2.2 Betonarten

Betone werden unterschieden nach
- dem Erhärtungszustand:
  Frischbeton und Festbeton;
- dem Ort der Verwendung:
  Ortbeton wird als Frischbeton an Ort und Stelle zu Bauteilen verarbeitet;
  Werkbeton erhärtet in Formen in einem Betonwerk, um später als Betonfertigteil, Betonware oder Betonwerkstein eingebaut zu werden;
- dem Ort der Herstellung:
  Baustellenbeton ist Beton, dessen Bestandteile auf der Baustelle zugegeben und gemischt werden;
  Transportbeton ist Beton, dessen Bestandteile außerhalb der Baustelle zugegeben werden und der in Fahrzeugen an der Baustelle in einbaufertigem Zustand übergeben wird;
  Werkgemischter Transportbeton wird im Werk fertig gemischt und in Fahrzeugen an die Baustelle gebracht;
  Fahrzeuggemischter Transportbeton wird während der Fahrt oder nach dem Eintreffen auf der Baustelle in Mischfahrzeugen gemischt;
- nach der Konsistenz: z.B. Fließbeton.

2.3 Trockenrohdichte des Betons

In der Tabelle 284.5 sind die Rohdichteklassen für die Betone aufgeführt:

	Leichtbeton						Normalbeton	Schwerbeton
Rohdichteklasse	D 1,0	D 1,2	D 1,4	D 1,6	D 1,8	D 2,0		
Trockenrohdichte in kg/m^3	≥ 800 und ≤ 1000	> 1000 und ≤ 1200	> 1200 und ≤ 1400	> 1400 und ≤ 1600	> 1600 und ≤ 1800	> 1800 und ≤ 2000	> 2000 bis ≤ 2600	> 2600

284.5 Klassifizierung von Beton nach der Trockenrohdichte

- Leichtbeton $\geq 800\,kg/m^3$ bis $\leq 2000\,kg/m^3$. Der möglichst grobkörnige Zuschlag besteht aus Naturbims, Hochofenschlacke, Blähton, Porenbeton oder Ähnlichem.
- Normalbeton $> 2000\,kg/m^3$ bis $< 2600\,kg/m^3$ mit Zuschlag aus Sand und Kies oder Brechsand und Splitt.
- Schwerbeton $> 2600\,kg/m^3$ mit Zuschlag aus Schwerspat, Eisenerz, Stahlschrott oder Ähnlichem.

3 Dauerhaftigkeit des Betons

Damit Beton dauerhaft ist, muss er widerstandsfähig gegen Umgebungsbedingungen sein. Darunter sind diejenigen chemischen und physikalischen Einwirkungen zu verstehen, denen der Beton und die Bewehrung ausgesetzt sind, die jedoch in der statischen Berechnung für das Bauwerk nicht als Lasten in Ansatz gebracht werden können.

3.1 Expositionsklassen

Die Einwirkungen der Umgebungsbedingungen werden in **Expositionsklassen** eingeteilt, die sowohl Grundlage für die Anforderungen an die Ausgangsstoffe und die Zusammensetzung des Betons als auch an die Mindestmaße der Betondeckung sind. In der allgemeinen Übersicht (Tab. 284.4) sind die möglichen Umwelteinflüsse aufgeführt, die sich auf die **Bewehrungskorrosion** und auf den **Betonangriff** auswirken.

Nach den vorhandenen Umweltbedingungen werden die Expositionsklassen bestimmt, die in den Tabellen 285.1 und 286.1 näher aufgeschlüsselt sind. Treffen zwei oder mehr Expositionsklassen zu, ist die weiter reichende für die Betonzusammensetzung zu wählen.

Die Expositionsklasse ist auf den Bewehrungszeichnungen und in der Leistungsbeschreibung für das Betonbauwerk zu vermerken.

Klasse	Beschreibung der Umgebung	Beispiele für die Zuordnung von Expositionsklassen	Mindestbetonfestigkeitsklasse
1 Kein Korrosions- oder Angriffsrisiko Für Bauteile ohne Bewehrung oder eingebettetes Metall in nicht betonangreifender Umgebung kann die Expositionsklasse X0 zugeordnet werden.			
X0	Für Beton ohne Bewehrung oder eingebettetes Metall: alle Umgebungsbedingungen, ausgenommen Frostangriff, Verschleiß oder chemischer Angriff	Fundamente ohne Bewehrung ohne Frost Innenbauteile ohne Bewehrung	C12/15 LC12/13
2 Bewehrungskorrosion, ausgelöst durch Karbonatisierung[1] Wenn Beton, der Bewehrung oder anderes eingebettetes Metall enthält, Luft und Feuchte ausgesetzt ist, muss die Expositionsklasse wie folgt zugeordnet werden:			
XC1	trocken oder ständig nass	Bauteile in Innenräumen mit üblicher Luftfeuchte (einschließlich Küche, Bad und Waschküche in Wohngebäuden); Beton, der ständig in Wasser getaucht ist	C16/20 LC16/18
XC2	nass, selten trocken	Teile von Wasserbehältern; Gründungsbauteile	C16/20 LC16/18
XC3	mäßige Feuchte	Bauteile, zu denen die Außenluft häufig oder ständig Zugang hat, z.B. offene Hallen, Innenräume mit hoher Luftfeuchtigkeit z.B. in gewerblichen Küchen, Bädern, Wäschereien, in Feuchträumen von Hallenbädern und in Viehställen	C20/25 LC20/22
XC4	wechselnd nass und trocken	Außenbauteile mit direkter Beregnung	C25/30 LC25/28
3 Bewehrungskorrosion, verursacht durch Chloride, ausgenommen Meerwasser Wenn Beton, der Bewehrung oder anderes eingebettetes Metall enthält, chloridhaltigem Wasser, einschließlich Taumittel, ausgenommen Meerwasser, ausgesetzt ist, muss die Expositionsklasse wie folgt zugeordnet werden:			
XD1	mäßige Feuchte	Bauteile im Sprühnebelbereich von Verkehrsflächen; Einzelgaragen	C30/37 LC30/33
XD2	nass, selten trocken	Solebäder; Bauteile, die chloridhaltigen Industrieabwässern ausgesetzt sind	C35/45 LC35/38
XD3	wechselnd nass und trocken	Teile von Brücken mit häufiger Spritzwasserbeanspruchung; Fahrbahndecken; Parkdecks[2]	C35/45 LC35/38

285.1 Expositionsklassen und Mindestbetonfestigkeitsklassen

4 Bewehrungskorrosion, verursacht durch Chloride aus Meerwasser Wenn Beton, der Bewehrung oder anderes eingebettetes Metall enthält, Chloriden aus Meerwasser oder salzhaltiger Seeluft ausgesetzt ist, muss die Expositionsklasse wie folgt zugeordnet werden:			
XS1	salzhaltige Luft, aber kein unmittelbarer Kontakt mit Meerwasser	Außenbauteile in Küstennähe	C30/37 LC30/33
XS2	unter Wasser	Bauteile in Hafenanlagen, die ständig unter Wasser liegen	C35/45 LC35/38
XS3	Tidebereiche, Spritzwasser- und Sprühnebelbereiche	Kaimauern in Hafenanlagen	C35/45 LC35/38
5 Frostangriff mit und ohne Taumittel Wenn durchfeuchteter Beton erheblichem Angriff durch Frost-Tau-Wechsel ausgesetzt ist, muss die Expositionsklasse wie folgt zugeordnet werden:			
XF1	mäßige Wassersättigung, ohne Taumittel	Außenbauteile	C25/30 LC25/28
XF2	mäßige Wassersättigung, mit Taumittel	Bauteile im Sprühnebel- oder Spritzwasserbereich von taumittelbehandelten Verkehrsflächen, soweit nicht XF4; Betonbauteile im Sprühnebelbereich von Meerwasser	C25/30 LC25/28
XF3	hohe Wassersättigung, ohne Taumittel	offene Wasserbehälter; Bauteile in der Wasserwechselzone von Süßwasser	C25/30 LC25/28
XF4	hohe Wassersättigung, mit Taumittel	Verkehrsflächen, die mit Taumitteln behandelt werden; Überwiegend horizontale Bauteile im Spritzwasserbereich von taumittelbehandelten Verkehrsflächen; Räumerlaufbahnen von Kläranlagen; Meerwasserbauteile in der Wasserwechselzone	C30/37 LC30/33
6 Betonkorrosion durch chemischen Angriff Wenn Beton chemischem Angriff durch natürliche Böden, Grundwasser, Meerwasser und Abwasser ausgesetzt ist, muss die Expositionsklasse wie folgt zugeordnet werden:			
XA1	chemisch schwach angreifende Umgebung nach DIN EN 206-1:2001-07, Tabelle 2	Behälter von Kläranlagen; Güllebehälter	C25/30 LC25/28
XA2	chemisch mäßig angreifende Umgebung nach DIN EN 206-1:2001-07, Tabelle 2, und Meeresbauwerke	Betonbauteile, die mit Meerwasser in Berührung kommen; Bauteile in Beton angreifenden Böden	C35/45 LC35/38
XA3	chemisch stark angreifende Umgebung nach DIN EN 206-1:2001-07, Tabelle 2	Industrieabwasseranlagen mit chemisch angreifenden Abwässern; Gärfuttersilos und Futtertische der Landwirtschaft; Kühltürme mit Rauchgasableitung	C35/45 LC35/38
7 Betonkorrosion durch Verschleißbeanspruchung Wenn Beton einer erheblichen mechanischen Beanspruchung ausgesetzt ist, muss die Expositionsklasse wie folgt zugeordnet werden:			
XM1	mäßige Verschleißbeanspruchung	Tragende oder aussteifende Industrieböden mit Beanspruchung durch luftbereifte Fahrzeuge	C30/37 LC30/33
XM2	starke Verschleißbeanspruchung	Tragende oder aussteifende Industrieböden mit Beanspruchung durch luft- oder vollgummibereifte Gabelstapler	C30/37 LC30/33
XM3	sehr starke Verschleißbeanspruchung	Tragende oder aussteifende Industrieböden mit Beanspruchung durch elastomer- oder stahlrollenbereifte Gabelstapler; Oberflächen, die häufig mit Kettenfahrzeugen befahren werden; Wasserbauwerke in geschiebebelasteten Gewässern, z.B. Tosbecken	C35/45 LC35/38

[1] Die Feuchteangaben beziehen sich auf den Zustand innerhalb der Betondeckung der Bewehrung. Im Allgemeinen kann angenommen werden, dass die Bedingungen in der Betondeckung den Umgebungsbedingungen des Bauteils entsprechen. Dies braucht nicht der Fall zu sein, wenn sich zwischen dem Beton und seiner Umgebung eine Sperrschicht befindet.
[2] Ausführung direkt befahrener Parkdecks nur mit zusätzlichem Oberflächenschutzsystem für den Beton.

286.1 Expositionsklassen und Mindestbetonfestigkeitsklassen (Fortsetzung)

3.2 Betonzusammensetzung

Nach der Bestimmung der zutreffenden Expositionsklasse wird nach den Tabellen 287.1 und 288.1 die Betonzusammensetzung bestimmt, die sich vor allem auf den höchstzulässigen w/z-Wert, den Mindestzementgehalt, die Mindestdruckfestigkeitsklasse des Betons und die zu verwendende Zementart bezieht.

1 Kein Korrosions- oder Angriffsrisiko bei Standardbeton			
Festigkeitsklasse des Betons	Mindestzementgehalt in kg/m³ [1] verdichteten Betons für Konsistenzbereich		
	steif	plastisch	weich
C8/10	210	230	260
C12/15	270	300	330
C16/20	290	320	360

[1] Zement: Festigkeitsklasse 32,5; Zuschlag: Größtkorn 32 mm
Der Zementgehalt muss vergrößert werden um:
– 10 % bei einem Größtkorn des Zuschlags von 16 mm
– 20 % bei einem Größtkorn des Zuschlags von 8 mm
Der Zementgehalt darf verringert werden um:
– max. 10 % bei Zement der Festigkeitsklasse 42,5
– max. 10 % bei einem Größtkorn des Zuschlags von 63 mm

2 Bewehrungskorrosion, ausgelöst durch Karbonatisierung				
Expositionsklasse	XC1	XC2	XC3	XC4
Umgebung	trocken oder ständig nass	nass, selten trocken	mäßige Feuchte	wechsend nass und trocken
höchstzulässiger w/z-Wert	0,75	0,75	0,65	0,60
Mindestzementgehalt in kg/m³	240	240	260	280
Mindestdruckfestigkeitsklasse	C 16/20	C 16/20	C 20/25	C 25/30
verwendbare Zementarten	alle Zemente nach DIN 1164			

3 und 4 Bewehrungskorrosion, ausgelöst durch Chloride						
Expositionsklasse	XD1	XD2	XD3	XS1	XS2	XS3
Umgebung	andere Chloride als aus Meerwasser			Chloride aus Meerwasser		
	mäßig feucht	nass, selten trocken	wechselnd nass/ trocken	salzhaltige Luft	unter Meerwasser	Bereiche von Tide, Spritzwasser, Sprühnebel
höchstzulässiger w/z-Wert	0,55	0,50	0,45	0,55	0,50	0,45
Mindestzementgehalt in kg/m³	300	320[1]	320[1]	300	320[1]	320[1]
Mindestdruckfestigkeitsklasse	C30/37	C35/45	C35/45	C30/37	C35/45	C35/45
verwendbare Zementarten	alle Zemente nach DIN 1164					

[1] bei massigen Bauteilen (> 80 cm) z ≥ 300 kg/m²

5 Betonangriff durch Frost mit oder ohne Taumittel						
Expositionsklasse	XF1	XF2[1]		XF3		XF4[1]
Wassersättigung	mäßig	mäßig		hoch		hoch
Taumittel	ohne	mit		ohne		mit
höchstzulässiger w/z-Wert	0,60	0,55	0,50	0,55	0,50	0,50
Mindestzementgehalt in kg/m³	280	300	320	300	320	320
Mindestdruckfestigkeitsklasse	C25/30	C25/30	C35/45	C25/30	C35/45	C30/37

287.1 Anforderungen an die Zusammensetzung von Frischbetonen

mittlerer Luftgehalt in Vol-%[2),3)] bei Zuschlaggrößtkorn in mm	8	–	≥ 5,5	–	≥ 5,5	–	≥ 5,5
	16	–	≥ 4,5	–	≥ 4,5	–	≥ 4,5
	32	–	≥ 4,0	–	≥ 4,0	–	≥ 4,0
	63	–	≥ 3,5	–	≥ 3,5	–	≥ 3,5
Widerstand des Zuschlags gegen Frost bzw. Frost und Taumittel		F_4[4)]		MS_{25}[5)]		F_2[4)]		MS_{18}[5)]
verwendbare Zementarten		alle Zemente nach DIN 1164		alle Zemente nach DIN 1164 außer: CEM II/P CEM II/A-V CEM II/B-SV		alle Zemente nach DIN 1164		CEM I CEM II/S CEM II/T CEM II/A-L CEM III A[6)] CEM III/B[7)]

[1)] Zusatzstoffe des Typs II dürfen zugegeben, aber nicht auf den Zementgehalt oder den w/z-Wert angerechnet werden.
[2)] Einzelwerte dürfen die Anforderungen um höchstens 0,5 Vol.-% unterschreiten.
[3)] erdfeuchter Beton (z.B. Pflastersteine) mit $w/z < 0,40$ darf ohne LP hergestellt werden.
[4)] Kategorie des Frostwiderstands nach E DIN 4226.
[5)] Kategorie der Magnesiumsulfat-Widerstandsfähigkeit nach E DIN 4226.
[6)] Festigkeitsklasse ≥ 42,5 oder Festigkeitsklasse ≥ 32,5 R mit Hüttensandgehalt ≤ 50 M.-%.
[7)] nur für folgende Anwendungsfälle (dabei kann auf LP verzichtet werden):
  Meerwasserbauteile: $w/z ≤ 0,45$; $z ≥ 340$ kg/m³; ≥ C35/45
  Räumerlaufbahnen: $w/z ≤ 0,35$; $z ≥ 360$ kg/m³; ≥ C40/50

6 Betonangriff durch chemische Angriffe der Umgebung

Expositionsklasse	XA1	XA2	XA3[1)]
Angriffsgrad	schwach	mäßig	stark
höchstzulässiger w/z-Wert	0,6	0,5	0,45
Mindestzementgehalt in kg/m³	280	320	320
Mindestdruckfestigkeitsklasse	C25/30	C35/45	C5/45
verwendbare Zementarten	alle Zemente nach DIN 1164	alle Zemente nach DIN 1164; bei Sulfatangriff HS-Zement, ausgenommen Meerwasser; bei $SO^{2-}_4 ≤ 1500$ mg/l anstelle von HS-Zement auch Mischung aus Zement + Flugasche möglich, ausgenommen bei Meerwasser	

[1)] Schutz des Betons – z.B. Schutzschichten oder dauerhafte Bekleidungen – erforderlich oder Gutachten für Sonderlösung.

7 Betonangriff durch Verschleißbeanspruchung

Expositionsklasse	XM1	XM2[1)]	XM2	XM3
Beanspruchung	mäßig	stark	stark	sehr stark
höchstzulässiger w/z-Wert	0,55	0,55	0,45	0,45
Mindestzementgehalt[2)] in kg/m³	300	300	320	320
Mindestdruckfestigkeitsklasse	C30/37	C30/37	C35/45	C35/45
Anforderungen an den Zuschlag	mäßig raue Oberfläche, gedrungene Gestalt; ≤ 4 mm überwiegend aus Quarz oder gleiche Härte; > 4 mm mit hohem Verschleißwiderstand; bei sehr starker Beanspruchung Hartstoffe; Zuschlaggemisch möglichst grobkörnig			
verwendbare Zementarten	alle Zemente nach DIN 1164			

[1)] Oberflächenbehandlung erforderlich.
[2)] für alle Festigkeitsklassen ≤ C 55/67; $z ≤ 360$ kg/m³.

288.1 Anforderungen an die Zusammensetzung von Frischbetonen

Beton- und Stahlbetonarbeiten

In der Tabelle 289.3 sind die Mischungsanteile für Standardbetone in Abhängigkeit von der Konsistenz und dem Sieblinienbereich zusammengestellt.

3.3 Betondeckung der Bewehrung

Für die Dauerhaftigkeit des Stahlbetonbauteils ist die Betondeckung der Bewehrung von großer Wichtigkeit. Das Betondeckungemaß gilt von Betonoberfläche bis Außenkante äußere Bewehrung.
Das Mindestmaß c_{min} ist die Betondeckung, die an keiner Stelle unterschritten werden darf; sie wird bestimmt aus:
- Sicherung des Verbundes (Tab. 289.1)
- Korrosionsschutz der Bewehrung (Tab. 289.2)

Der Brandschutz für Stahlbetonbauteile ist gesondert in Brandschutzbestimmungen nach DIN 4102 festgelegt.
Das Nennmaß c_{nom} ist das Verlegemaß unter Berücksichtigung von Maßabweichungen:
- c_{nom} = Mindestmaß c_{min} + Vorhaltemaß Δc.
- Vorhaltemaß Δc allgemein 15 mm.
- Vorhaltemaß Δc für Umweltklasse XC1 = 10 mm.
- Das Nennmaß c_{nom} ist der statischen Berechnung zu Grunde zu legen und zusätzlich zu dem Mindestmaß c_{min} auf Bewehrungszeichnungen zu vermerken.
- Grundsätzlich müssen auch rechnerisch nicht berücksichtigte Bewehrungen den Anforderungen der Betondeckung genügen.
- Betonbauteile mit gestalteten Ansichtsflächen, z. B. steinmetzmäßig bearbeiteten Oberflächen, müssen entsprechend vergrößerte Betondeckungen haben.
- Werden bewehrte Bauteile unmittelbar auf dem Baugrund hergestellt, z. B. Fundamentplatten, ist zunächst eine Sauberkeitsschicht aus mindestens 5,0 cm Beton anzuordnen, wenn die erforderliche Betondeckung nicht durch andere Maßnahmen gewährleistet ist.

3.4 Verdichten des Betons

Ein mechanisches Verdichten des Frischbetons ist auf jeden Fall erforderlich, um Betonlücken zu schließen und die Stähle vollständig im Beton einzubetten und zu verankern. Je nach Konsistenz des Betons wird er gestampft, gestochert oder gerüttelt.

Stahlbeton	$c_{min} \geq d_s$ [1]) bzw. d_{sv} [2])		
Spannbeton	sofortiger Verbund	Litze	$c_{min} \geq 2{,}5\, d_{sn}$ [3])
		gerippte Drähte	$c_{min} \geq 3{,}0\, d_{sn}$
	nachträglicher Verbund		$c_{min} \geq d_{duct}$ [4])

[1]) d_s Stabdurchmesser
[2]) d_{sv} Vergleichsdurchmesser eines Stabbündels
[3]) d_{sn} Nenndurchmesser
[4]) d_{duct} Hüllrohraußendurchmesser

289.1 Mindestmaße c_{min} der Betondeckung zur Sicherung des Verbundes

Klasse	Mindestbetondeckung c_{min} in mm [1), 2)]		Vorhaltemaß Δc in mm
	Betonstahl	Spannglieder im sofortigen und im nachträglichen Verbund [3)]	
XC1	10	20	10
XC2	20	30	15
XC3	20	30	
XC4	25	35	
XD1	40	50	
XD2			
XD3 [4)]			
XS1	40	50	
XS2			
XS3			

[1)] Die Mindestbetondeckung darf bei Bauteilen, deren Festigkeitsklasse um zwei Klassen höher liegt, als nach Tabelle 290.1 erforderlich ist, um 5 mm vermindert werden; dies gilt nicht für Umweltklasse XC1.
[2)] Wird Ortbeton kraftschlüssig mit einem Fertiganteil verbunden, darf die Mindestbetondeckung an den der Fuge zugewandten Rändern auf 5 mm im Fertigteil und auf 10 mm im Ortbeton verringert werden; die Bedingungen zur Sicherstellung des Verbundes müssen jedoch eingehalten werden, wenn die Bewehrung im Bauzustand berücksichtigt wird.
[3)] Bei Spanngliedern im sofortigen und im nachträglichen Verbund wird c_{min} auf die Oberfläche des Hüllrohres bezogen.
[4)] Im Einzelfall können besondere Maßnahmen zum Korrosionsschutz der Bewehrung erforderlich werden.

289.2 Mindestbetondeckung c_{min} zum Schutz gegen Korrosion und Vorhaltemaß Δc in Abhängigkeit von der Expositionsklasse

Konsistenz	Druckfestigkeitsklasse	Sieblinienbereich	Zement kg	Baustoffbedarf Gesteinskörnung kg/m³	Wasser kg/m³
steif C 1, F 1	C8/10	3 4	230 250	2045 1975	140 160
	C12/15	3 4	290 320	1990 1915	140 160
	C16/20	3 4	310 340	1975 1895	140 160
plastisch C 2, F 2	C8/10	3 4	250 270	1975 1900	160 180
	C12/15	3 4	320 250	1915 1835	160 180
	C16/20	3 4	340 370	1895 1815	160 180
weich C 3, F 3	C8/10	3 4	280 300	1895 1825	180 200
	C12/15	3 4	340 380	1835 1755	180 200
	C16/20	3 4	380 410	1810 1730	180 200

289.3 Zusammensetzung von Standardbetonen

4 Eigenschaften des Festbetons

Festbeton ist bereits erhärteter Beton, der im Allgemeinen nach 28 Tagen die von ihm geforderten Eigenschaften haben muss. Die Betonfestigkeit nimmt im Laufe der Jahre zu, soweit keine störenden Einflüsse auftreten.

4.1 Betondruckfestigkeit

Die Betondruckfestigkeit (f_{ck} – charakteristischer Wert der Betondruckfestigkeit) wird mithilfe von zylindrischen (⌀ 150 mm, h = 300 mm) oder würfelförmigen Probekörpern (150 mm Kantenlänge) geprüft.
Die Betonproben verbleiben einen Tag in der Form, werden sechs Tage wasser- und 21 Tage luftgelagert; danach wird die 28-Tage-Druckfestigkeit ermittelt.
Normal- und Schwerbetone werden mit C benannt. Die Druckfestigkeit wird durch die Werte $f_{ck,cyl}/f_{ck,cube}$ angegeben (Tab. 2901). Leichtbetone werden mit LC benannt, die Indices bezeichnen die Formen der Probekörper.

4.2 Nachbehandlung und Schutz des Betons

Um die vom Beton erwarteten Eigenschaften – insbesondere im Oberflächenbereich – zu erhalten, sind eine sorgfältige Nachbehandlung und ein Schutz über einen angemessenen Zeitraum erforderlich. Bevorzugte Maßnahmen sind:

- Belassen des Betons in der Schalung,
- Abdecken der Betonoberfläche mit dampfdichten Folien,
- Auflegen von Wasser speichernden Abdeckungen unter ständigem Feuchthalten bei gleichzeitigem Verdunstungsschutz,
- Kontinuierliches Besprühen des Betons mit Wasser bzw. Fluten,
- Aufsprühen eines geeigneten Nachbehandlungsmittels.

Die häufigste Nachbehandlung erfolgt durch Wässerung, sie ist hinsichtlich ihrer Dauer für die einzelnen Expositionsklassen unterschiedlich:

- Bei den Expositionsklassen XO (unbewehrte Bauteile) und XC1 (Innenbauteile) ist der Beton mindestens einen halben Tag nachzubehandeln, wenn die Verarbeitbarkeitszeit < 5 Stunden und die Temperatur der Betonoberfläche ≥ 5 °C beträgt; andernfalls ist die Nachbehandlungedauer angemessen zu verlängern.
- Bei der Expositionsklasse XM (Verschleißbeanspruchung) ist der Beton so lange nachzubehandeln, bis die Festigkeit des oberflächennahen Bereichs 70 % der charakteristischen Festigkeit erreicht hat. Ohne besonderen Nachweis sind die Werte der Tabelle 290.2 zu verdoppeln.
- Bei allen anderen Expositonsklassen ist der Beton so lange nachzubehandeln, bis die Festigkeit im oberflächennahen Bereich 50 % der charakteristischen Festigkeit erreicht hat. Ohne besonderen Nachweis sind die Werte der Tabelle 290.2 zu berücksichtigen. Die Nachbehandlungsdauer ist bei einer Verarbeitbarkeit > 5 Stunden angemessen zu verlängern.

Druckfestigkeitsklasse	$f_{ck,cyl}$ N/mm²	$f_{ck,cube}$ N/mm²
Normal- und Schwerbeton		
C8/10	8	10
C12/15	12	15
C16/20	16	20
C20/25	20	25
C25/30	25	30
C30/37	30	37
C35/45	35	45
C40/50	40	50
C45/55	45	55
C50/60	50	60
Hochfester Beton		
C55/67	55	67
C60/75	60	75
C70/85	70	85
C80/95	80	95
C90/105	90	105
C100/115	100	115
Leichtbeton		
LC8/9	8	9
LC12/13	12	13
LC16/18	16	18
LC20/22	20	22
LC25/28	25	28
LC30/33	30	33
LC35/38	35	38
LC40/44	40	44
LC45/50	45	50
LC50/55	50	55
LC55/60	55	60
LC60/66	60	66
LC70/77	70	77
LC80/88	80	88

290.1 Druckfestigkeitsklassen für Normal-, Schwer- und Leichtbeton

Oberflächen- temperatur[1] in °C	Festigkeitsentwicklung des Betons bei 20 °C β_{cm2}/β_{cm28} [2]			
	schnell ≥ 0,50	mittel ≥ 0,30 ... < 0,50	langsam ≥ 0,15 ... < 0,30	sehr langsam < 0,15
≥ 25	1	2	2	3
< 25 ... ≥ 15	1	2	4	5
< 15 ... ≥ 10	2	4	7	10
< 10 ... ≥ 5[3]	3	6	10	15

[1] Anstelle der Oberflächentemperatur des Betons darf die Lufttemperatur angesetzt werden.
[2] Verhältnis mittlere Druckfestigkeit nach 2 Tagen zur mittleren Druckfestigkeit nach 28 Tagen bzw. zur Druckfestigkeit zu einem späteren Termin (z. B. 56 Tage), ermittelt entweder bei der Erstprüfung oder aus bekanntem Verhältnis von Betonen vergleichbarer Zusammensetzung.
[3] Bei Temperaturen < 5 °C ist die Nachbehandlungsdauer um die Zeit zu verlängern, während der die Temperatur unter 5 °C lag.

290.2 Mindestdauer der Nachbehandlung in Tagen für alle Expositionsklassen außer XO, XC1 und XM

5 Betonstähle

Für die Bewehrung von Beton nach DIN 1045 wird Betonstahl (BSt) nach DIN 488 verarbeitet.
Die Betonstahlsorten und Eigenschaften der Betonstähle sind in der Tabelle 291.1 aufgeführt:

Verarbeitungsform

- Betonstabstahl (S)
- Betonstahlmatten (M)
- Bewehrungsdraht wird in einem Ringbündel hergestellt und werkmäßig zu Bewehrungen weiterverarbeitet. Bewehrungsdraht wird auch für die Umschnürung von runden Stahlbetonstützen verwendet.

Festigkeitseigenschaft

- Streckgrenze R_e in N/mm²

Oberflächengestaltung

- gerippte Betonstabstähle
- gerippte Betonstahlmatten
- profilierter oder glatter Bewehrungsdraht

Herstellungsverfahren

- warmgewalzt oder kaltverformt

5.1 Betonstabstähle

Betonstabstähle BSt IV S 500 werden in Längen von 12,00 bis 15,00 m geliefert und im Werk oder auf der Baustelle nach Zeichnungen oder Tabellen gebogen.
Gewichte und Abmessungen für gerippte Betonstabstähle BSt IV S 500 sind in der Tabelle 291.2 aufgeführt, wie sie für Zeichnungen und statische Berechnungen zugrunde gelegt werden.

Parallel verlaufende Betonstähle (Stab- und Spannstähle) müssen als horizontale (Decken) und als vertikale Bewehrung (Wände) Mindestabstände haben, die der Tabelle 292.1 zu entnehmen sind. Die Stababstände müssen das Einbringen von Beton, dessen einwandfreies Verdichten und den ausreichenden Verbund zwischen Stahl und Beton sicherstellen.
Bei einer Stabanordnung in getrennten horizontalen Lagen sollen die Stäbe jeder einzelnen Lage vertikal übereinander liegen, damit sie einwandfrei von Beton umschlossen werden können (Bild 292.2).

Benennung[1]	BSt 500 S	BSt 500 M	BSt 500 P	BSt 500 G
	Betonstabstahl	Betonstahlmatten	Bewehrungsdraht	
			profiliert	glatt
Erzeugnisform				
Nenndurchmesser d_s in mm	6 bis 28	4 bis 12	4 bis 12	
Streckgrenze in N/mm²	500			
Biegerollendurchmesser beim Rückbiegeversuch für Nenndurchmesser d_s in mm 6 bis 12 14 bis 16 20 bis 25 28 bis 40	5 d_s 6 d_s 8 d_s 10 d_s			

[1] in der statischen Berechnung und auf Zeichnungen
[2] Dehnbarkeit, Verformbarkeit; (A) normalduktile, (B) hochduktile

291.1 Betonstähle

Nenndurchmesser d_s in mm	6	8	10	12	14	16	20	25	28	32	36	40
Nenngewicht G in kg/m	0,222	0,395	0,617	0,888	1,21	1,58	2,47	3,85	4,83	6,31	7,99	9,87
Nennquerschnitt A_s in mm	0,283	0,503	0,785	1,13	1,54	2,01	3,14	4,91	6,16	8,04	10,18	12,57
Nennumfang U in mm	1,89	2,51	3,14	3,77	4,40	5,03	6,28	7,85	8,80	10,05	11,31	12,57

291.2 Abmessungen und Gewichte für Betonstabstahl BSt 500 S

Beton-stahl	allgemein		$s_n{}^{2)} \geq$	$\begin{cases} d_s{}^{1)} \\ 20 \text{ mm} \end{cases}$
	Größtkorn-durchmesser	$d_g > 16$ mm	$s_n \geq$	$d_g + 5$ mm
Spann-stahl[3]	sofortiger Verbund	horizontal	$s_{nh} \geq$	$\begin{cases} d_s \\ 20 \text{ mm} \\ d_g + 5 \text{ mm} \end{cases}$
		vertikal	$s_{nv} \geq$	$\begin{cases} d_s \\ 10 \text{ mm} \\ d_g \end{cases}$
	nachträglicher Verbund	horizontal	$s_{nh} \geq$	$\begin{cases} 0{,}8 \, d_{duct}{}^{4)} \\ 40 \text{ mm} \end{cases}$
		vertikal	$s_{nv} \geq$	$\begin{cases} 0{,}8 \, d_{duct} \\ 50 \text{ mm} \end{cases}$

[1] Stabdurchmesser
[2] lichter Stababstand parallel verlaufender Einzelstäbe
[3] Zwischen den im Verbund liegenden Spanngliedern und verzinkten Einbauteilen oder Bewehrung müssen mindestens 2 cm Beton vorhanden sein; es darf keine metallische Verbindung bestehen.
[4] Hüllrohraußendurchmesser

292.1 Mindestmaße der Abstände parallel verlaufender Betonstähle

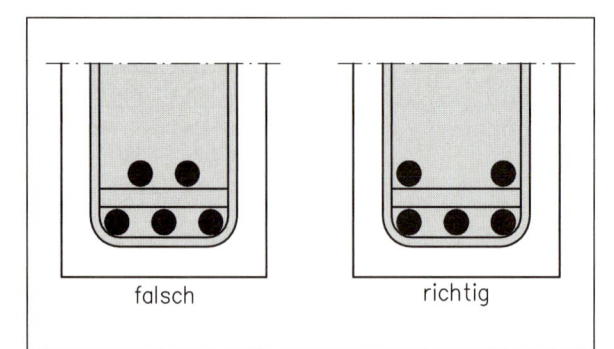

292.2 Bewehrung in zwei Ebenen (Lagen)

Betonstabstahl	Haken, Winkelhaken, Schlaufen		Schrägstäbe und andere gebogene Stäbe		
	Stabdurchmesser		Mindestmaße der Betondeckung rechtwinklig zur Biegeebene		
	$d_s < 20$ mm	$d_s \geq 20$ mm	> 100 mm $> 7\,d_s$	> 50 mm $> 3\,d_s$	≤ 50 mm $\leq 3\,d_s$
	$4\,d_s$	$7\,d_s$	$10\,d_s$	$15\,d_s$	$20\,d_s$

292.3 Mindestmaße der Biegerollendurchmesser d_{br}

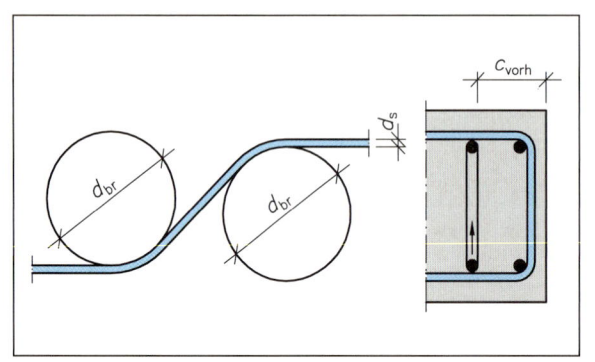

292.4 Seitliche Betondeckung

5.2 Biegen von Betonstabstählen

Betonstabstähle werden als gerade oder als gebogene Stähle verarbeitet. Das Biegen erfolgt in kaltem Zustand über Biegerollen an der Baustelle oder in einem Werk. Beim Biegen darf die gestreckte Außenseite des Stahls nicht einreißen.

Die Maße gebogener Stabstähle sind stets Außenmaße.

Die Biegerolldurchmesser d_{br} der Tabelle 292.3 sind als Mindestmaße einzuhalten, sie sind abhängig vom Durchmesser des zu biegenden Stahls.
Die vorhandene seitliche Betondeckung c_{vorh} (Bild 292.4) von aufgebogenen Stabstählen ist ausschlaggebend für das Mindestmaß des zu wählenden Biegerollendurchmessers, damit der seitliche Beton nicht abplatzt und der Stahl dadurch seinen Verbund mit dem Beton verliert und leichter rostet.
Bei Leichtbeton sind die Maße der Biegerollen um 30 % zu vergrößern.

5.3 Längenzugaben

Das Biegen von Betonstählen erfordert Längenzugaben, die für die Ausgangslänge des Stabstahles berücksichtigt werden müssen.
Haken und Winkelhaken werden zum Schließen von Bügeln oder zur Verankerung von Betonstabstählen gebogen. Die Längenzugabe ist abhängig von dem Stahldurchmesser und der Hakenform, sie ist der Tabelle 293.1 zu entnehmen.
Aufbiegungen können an Stellen im Bauteil erfolgen, in denen die untere Bewehrung nicht durchzulaufen braucht und als obere Armierung benötigt wird; außerdem kann die

Form	Aufbiegungs-neigung	Aufbiegungs-länge l_A	Grund-länge l_G	Längen-zugabe l_Z
a)	30°	2 h	1,73 h	0,28 h
b)	45°	$h \cdot \sqrt{2}$	h	$h(\sqrt{2} - 1)$
c)	60°	1,15 · h	0,58 · h	0,57 · h

($l_Z = l_A - l_G$)

292.5 Aufbiegungsmaße für Betonstabstähle

Aufbiegung einen Teil der Schubkraft aufnehmen. Für die Längenberechnung von aufgebogenen Betonstabstählen sind die Längenzugaben l_z und die Aufbiegungslängen l_A zu ermitteln. In der Tabelle 292.5 sind die genannten Aufbiegungsmaße in Abhängigkeit von der Aufbiegungshöhe h und der Aufbiegungsneigung zusammengestellt. Je höher ein Betonbauteil ist, desto steiler ist normalerweise die Aufbiegungsneigung zu wählen.

5.4 Flächenbewehrungen

Zu den Flächenbewehrungen gehören Decken- und Wandarmierungen. Sie werden aus Betonstabstählen geflochten oder aus Betonstahlmatten gebildet.
In der Tabelle 293.2 sind Querschnittsmaße von Betonstabstählen in Abhängigkeit vom Stababstand, Stabdurchmesser und von der Anzahl der Stäbe pro 1,0 m Flächenbreite zusammengestellt. Die Längsstäbe werden mithilfe von Bindedraht durch Querstäbe miteinander verbunden.

Haken zum Verschluss				Haken zur Verankerung			
a) Haken		b) Winkelhaken		c) Haken		d) Winkelhaken	
$d_s < 20$	$d_s \geq 20$	$d_s < 20$	$d_s \geq 20$	$d_s < 20$	$d_s \geq 20$	$d_s < 20$	$d_s \geq 20$
$\geq 10\,d_s$	$\geq 12\,d_s$	$\geq 8\,d_s$	$\geq 10\,d_s$	$\geq 15\,d_s$	$\geq 17\,d_s$	$\geq 13\,d_s$	$\geq 15\,d_s$

293.1 Längenzugabe l_H für Haken

Stababstand s in cm	Durchmesser d_s									Stäbe pro m
	6	8	10	12	14	16	20	25	28	
5,0	5,65	10,05	15,71	22,62	30,79	40,21	62,83	98,17		20,00
5,5	5,14	9,14	14,28	20,56	27,99	36,56	57,12	89,25		18,18
6,0	4,71	8,38	13,09	18,85	25,66	33,51	52,36	81,81	102,63	16,67
6,5	4,35	7,73	12,08	17,40	23,68	30,93	48,33	75,52	94,73	15,38
7,0	4,04	7,18	11,22	16,16	21,99	28,72	44,88	70,12	87,96	14,29
7,5	3,77	6,70	10,47	15,08	20,53	26,81	41,89	65,45	82,10	13,33
8,0	3,53	6,28	9,82	14,14	19,24	25,13	39,27	61,36	76,97	12,50
8,5	3,33	5,91	9,24	13,31	18,11	23,65	36,96	57,75	72,44	11,76
9,0	3,14	5,59	8,73	12,57	17,10	22,34	34,91	54,54	68,42	11,11
9,5	2,98	5,29	8,27	11,90	16,20	21,16	33,07	51,67	64,82	10,53
10,0	2,83	5,03	7,85	11,31	15,39	20,11	31,42	49,09	61,58	10,00
10,5	2,69	4,79	7,48	10,77	14,66	19,15	29,92	46,75	58,64	9,52
11,0	2,57	4,57	7,14	10,28	13,99	18,28	28,56	44,62	55,98	9,09
11,5	2,46	4,37	6,83	9,83	13,39	17,48	27,32	42,68	53,54	8,70
12,0	2,36	4,19	6,54	9,42	12,83	16,76	26,18	40,91	51,31	8,33
12,5	2,26	4,02	6,28	9,05	12,32	16,08	25,13	39,27	49,26	8,00
13,0	2,17	3,87	6,04	8,70	11,84	15,47	24,17	37,76	47,37	7,69
13,5	2,09	3,72	5,82	8,38	11,40	14,89	23,27	36,36	45,61	7,41
14,0	2,02	3,59	5,61	8,08	11,00	14,36	22,44	35,06	43,98	7,14
14,5	1,95	3,47	5,42	7,80	10,62	13,87	21,67	44,85	42,47	6,90
15,0	1,88	3,35	5,24	7,54	10,26	13,40	20,94	32,72	41,05	6,67
16,0	1,77	3,14	4,91	7,07	9,62	12,57	19,63	30,68	38,48	6,25
17,0	1,66	2,96	4,62	6,65	9,06	11,83	18,48	28,87	36,22	5,88
18,0	1,57	2,79	4,36	6,28	8,55	11,17	17,45	27,27	34,21	5,56
19,0	1,49	2,65	4,13	5,95	8,10	10,58	16,53	25,84	32,41	5,26
20,0	1,41	2,51	3,93	5,65	7,70	10,05	15,71	24,54	30,79	5,00
21,0	1,35	2,39	3,74	5,39	7,33	9,57	14,96	23,37	29,32	4,76
22,0	1,29	2,28	3,57	5,14	7,00	9,14	14,28	22,31	27,99	4,55
23,0	1,23	2,19	3,41	4,92	6,69	8,74	13,66	21,34	26,77	4,35
24,0	1,18	2,09	3,27	4,71	6,41	8,38	13,09	20,45	25,66	4,17
25,0	1,13	2,01	3,14	4,52	6,16	8,04	12,57	19,63	24,63	4,00

293.2 Querschnitte A_s von Flächenbewehrungen in cm²/m

Betonstahlmatten BSt 500 M (A)
Lagermatten-Lieferprogramm
(mit Materialeigenschaften gemäß DIN 1045-1, Tabelle 11; ab 01.10.2001)

Die neue DIN 1045-1 definiert erhöhte Anforderungen an die Duktilität von Betonstählen, die über den Anforderungen nach DIN 488 liegen. Das geforderte Qualitätsniveau wird mit einer neuen tiefgerippten Betonstahlmatte erreicht, die zukünftig vom Fachverband Betonstahlmatten produziert wird. Im Zuge der Anpassung der Betonstahlmatten an die DIN 1045-1 wird das Lagermattenprogramm außerdem reduziert. Nachfolgend ist das neue Lagermattenprogramm wiedergegeben.

Länge/Breite	Randeinsparung (Längsrichtung)	Matten-bezeichnung	Mattenaufbau in Längsrichtung/Querrichtung					Querschnitte	Gewicht	
			Stab-abstände	Stabdurchmesser		Anzahl der Längsrandstäbe		längs quer	je Matte	je m²
				Innenbereich	Randbereich	links	rechts			
m			mm	mm				cm²/m	kg	
5,00/2,15	ohne	Q188 A	150 / 150	6,0 / 6,0				1,88 / 1,88	32,4	3,01
		Q257 A	150 / 150	7,0 / 7,0				2,57 / 2,57	44,1	4,10
		Q335 A	150 / 150	8,0 / 8,0				3,35 / 3,35	57,7	5,37
6,00/2,15	mit	Q377 A	150 / 100	6,0 d / 7,0	6,0 / —	4	4	3,77 / 3,85	67,6	5,24
		Q513 A	150 / 100	7,0 d / 8,0	7,0 / —	4	4	5,13 / 5,03	90,0	6,98
5,00/2,15	ohne	R188 A	150 / 250	6,0 / 6,0				1,88 / 1,13	26,2	2,44
		R257 A	150 / 250	7,0 / 6,0				2,57 / 1,13	32,2	3,00
		R335 A	150 / 250	8,0 / 6,0				3,35 / 1,13	39,2	3,65
6,00/2,15	mit	R377 A	150 / 250	6,0 d / 6,0	6,0 / —	2	2	3,77 / 1,13	46,1	3,57
		R513 A	150 / 250	7,0 d / 6,0	7,0 / —	2	2	5,13 / 1,13	58,6	4,54

Der Gewichtsermittlung der Lagermatten liegen folgende Überstände zugrunde:

Q188 A – Q335 A: Überstände längs: 100/100 mm   Überstände quer: 25/25 mm
Q377 A – Q513 A: Überstände längs: 100/100 mm   Überstände quer: 25/25 mm
R188 A – R335 A: Überstände längs: 125/125 mm   Überstände quer: 25/25 mm
R377 A – R513 A: Überstände längs: 125/125 mm   Überstände quer: 25/25 mm

„d": Doppelstab in Längsrichtung

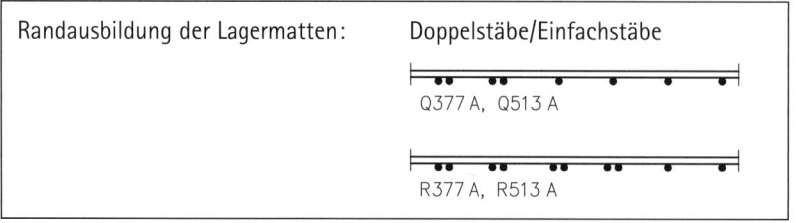

Randausbildung der Lagermatten: Doppelstäbe/Einfachstäbe

Q377 A, Q513 A

R377 A, R513 A

294.1 Neue Lagermatten

Flächenbewehrungen werden vornehmlich aus Betonstahlmatten gefertigt, die aus sich kreuzenden kaltverformten gerippten Stählen bestehen, welche an ihren Kreuzungsstellen durch Widerstandspunktschweißung scherfest miteinander verbunden sind.

Listen- und Zeichnungsmatten werden im Stahlwerk nach listenförmigen Formblättern oder nach Zeichnungen speziell für ein Bauvorhaben angefertigt; sie können in Längen bis zu 12,00 m und in Breiten bis zu 3,00 m mit Stahldurchmessern bis zu 12 mm hergestellt werden.

5.5 Betonstahllagermatten

Lagermatten werden vom Baustoffhändler in bevorzugten Abmessungen, Mattenlängen 5,00 oder 6,00 m, Mattenbreite 2,15 m, Stabdurchmesser 6 bis 8 mm, vorgehalten (Tab. 294.1):

Q-Matten – statische Matten für zweiachsige Bewehrung mit gleichen oder annähernd gleichen Bewehrungsquerschnitten in Längs- und in Querrichtung. Abstand der Stäbe in Längs- und in Querrichtung 150 mm; Q 513 Querstababstände 100 mm.

R-Matten – statische Matten für einachsige Bewehrung, Abstand der Längsstäbe 150 mm, der Querstäbe 250 mm.

Lagermatten werden mit Übergreifungsstößen verlegt. In Bild 295.1 sind Randsparsysteme für Betonstahllagermatten dargestellt. Dabei werden die im Randbereich liegenden tragenden Längsstähle als Einfachstäbe im Gegensatz zu den Doppelstäben im Mittenbereich angeordnet.

5.6 Unterstützungen der Bewehrungslagen

Betonstahlbewehrungen müssen von ihren Einschalungen freigestellt und untereinander in bestimmten Abstand unverschieblich eingebaut werden. Dafür sind Abstandhalter erforderlich.

Die untere Lage kann durch Abstandhalter nach der Tabelle 295.2 fixiert werden. Die Abstandhalter dürfen jeweils nur für eine bestimmte Betondeckung $c_{v,nom}$ bemessen sein. In der Tabelle 296.2 sind Hinweise für die Auswahl der Abstandhalter in Abhängigkeit von der Art des Bauteils wiedergegeben.

Die obere Lage wird vornehmlich durch linienförmige Unterstützungen unverschiebbar in ihrer Lage gehalten. In der Tabelle 296.1 sind gängige Unterstützungskörbe und Unterstützungsschlangen mit ihren Maßen zusammengestellt. Wird die obere Bewehrungslage durch Unterstützungen gehalten, die auf der unteren Lage stehen, müssen sie über den unteren Abstandhaltern angeordnet werden, um ein Durchbiegen der unteren Bewehrung zu vermeiden.

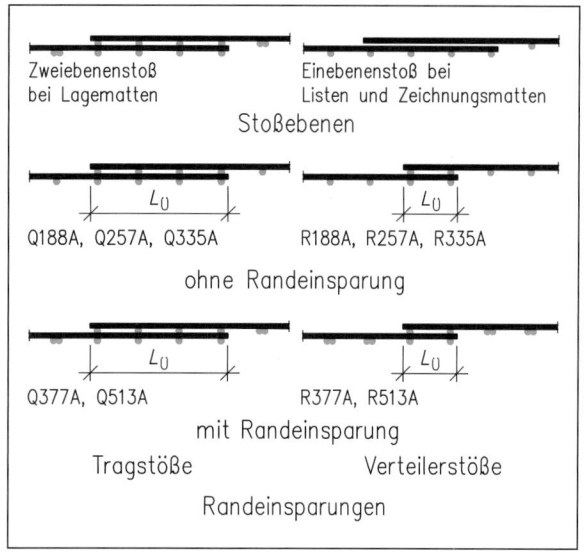

295.1 Stoßebenen und Randausbildungen bei Lagermatten

Zweiebenenstoß bei Lagematten	Einebenenstoß bei Listen und Zeichnungsmatten
Stoßebenen	
Q188A, Q257A, Q335A	R188A, R257A, R335A
ohne Randeinsparung	
Q377A, Q513A	R377A, R513A
mit Randeinsparung	
Tragstöße	Verteilerstöße
Randeinsparungen	

A Radform	
B 1 Punktförmig, nicht befestigt	
B 2 Punktförmig, befestigt	
C 1 Linienförmig, nicht befestigt	
C 2 Linienförmig, befestigt	
D 1 Flächenförmig, nicht befestigt	
D 2 Flächenförmig, befestigt	

295.2 Abstandhalter zur Sicherung der Betondeckung

Beton- und Stahlbetonarbeiten

Typ A auf der Schalung stehend (mit Kunststofffüßen)				Typ SBA auf der unteren Bewehrung stehend				SCHLANGE auf der unteren Bewehrung stehend			
Korblänge 2,00 m h = Unterstützungshöhe (cm)				Korblänge 2,00 m h = Unterstützungsabstand (cm)				Stützlänge 2,00 m h = Unterstützungsabstand (cm)			
Typenbezeichnung U...				Typenbezeichnung SBA...				Typenbezeichnung S...			
Typ	Gewicht je Korb	Typ	Gewicht je Korb	Typ	Gewicht je Korb	Typ	Gewicht je Korb	Typ	Gewicht je Korb	Typ	Gewicht je Korb
U 8	0,658	U 26	1,422	SBA 5	0,650	SBA 23	1,350	S 2	0,421	S 24	1,284
U 9	0,762	U 27	1,458	SBA 6	0,676	SBA 24	1,383	S 3	0,436	S 26	1,319
U 10	0,788	U 28	1,491	SBA 7	0,702	SBA 25	1,609	S 4	0,452	S 28	1,355
U 11	0,845	U 29	1,748	SBA 8	0,728	SBA 26	1,646	S 5	0,468	S 30	1,390
U 12	0,874	U 30	1,785	SBA 9	0,753	SBA 27	1,684	S 6	0,484	S 32	1,517
U 13	0,903	U 31	1,823	SBA 10	0,779	SBA 28	1,722	S 7	0,567	S 34	1,558
U 14	0,931	U 32	1,861	SBA 11	0,804	SBA 29	1,760	S 8	0,583	S 36	1,559
U 15	0,960	U 33	2,198	SBA 12	0,831	SBA 30	1,798	S 9	0,599	S 38	1,640
U 16	0,988	U 34	2,242	SBA 13	0,857	SBA 31	1,836	S 10	0,615		
U 17	1,017	U 35	2,287	SBA 14	0,882	SBA 32	1,873	S 11	0,613		
U 18	1,046	U 36	2,332	SBA 15	0,953	SBA 33	2,237	S 12	0,670		
U 19	1,074			SBA 16	1,034	SBA 34	2,282	S 13	0,687		
U 20	1,103			SBA 17	1,063	SBA 35	2,326	S 14	0,705		
U 21	1,259			SBA 18	1,091	SBA 36	2,371	S 15	0,723		
U 22	1,292			SBA 19	1,120	SBA 37	2,416	S 16	0,862		
U 23	1,325			SBA 20	1,148	SBA 38	2,460	S 18	0,898		
U 24	1,359			SBA 21	1,284	SBA 39	2,505	S 20	1,212		
U 25	1,392			SBA 22	1,317	SBA 40	2,550	S 22	1,248		

296.1 Unterstützungen für die obere Bewehrungslage

Bauteil		Stütze	Wand		Balken		Decke, Fundament
Typgruppe		waagerechte Bewehrung	waagerechte Bewehrung	lotrechte Bewehrung	waagerechte Bewehrung	lotrechte Bewehrung	waagerechte Bewehrung
A	Radform	0[1]	0[1]	−	−	−	−
B 1	punktförmig, nicht befestigt Klotz, Block	−	−	−	0	−	0
B 2	punktförmig, befestigt (Klotz, Block)	+[2]	+[2]	+[2]	+	+[2]	+
C 1	linienförmig, nicht befestigt[3]	−	−	−	+	−	+
C 2	linienförmig, befestigt[3]	+	+	0	+	0	+
D 1	flächenförmig, nicht befestigt[3]	−	−	−	+	−	+
D 2	flächenförmig, befestigt[3]	+	+	0	+	0	+

Legende: + geeignet, 0 bedingt geeignet, − nicht geeignet
[1] Vorsicht beim Zusammenspannen der Schalung, häufig nicht ausreichend kippstabil.
[2] Wenn Kippen oder Verschieben nicht möglich ist.
[3] mit Längenbegrenzung (350 mm bzw. < 2 d oder < 0,25 b (d = Bauteildicke, b = Bauteilbreite)

296.2 Hinweise zur Auswahl von Abstandhaltern

Beton- und Stahlbetonarbeiten   **297**

In der Tabelle 397.1 sind die maximalen Verlegeabstände für Unterstützungen der oberen und der unteren Bewehrung sowie die Anzahl pro m² der jeweiligen Unterstützungen in Abhängigkeit von den Stahldurchmessern aufgeführt.

6 Bautechnische Unterlagen

Zu den bautechnischen Unterlagen zählen:
- Ausführungszeichnungen, üblicherweise Schal- und Bewehrungspläne
- statische Berechnung(en),
- ergänzende Projektbeschreibungen,
- allgemeine bauaufsichtliche Zulassungen.
- bauphysikalische Nachweise.

6.1 Zeichnungen

Die Bauteile, die Betonstahlbewehrung, Spannglieder und Einbauteile sind auf den Zeichnungen eindeutig, übersichtlich und vollständig darzustellen und zu bemaßen.

Die Darstellungen müssen mit der statischen Berechnung übereinstimmen und prüffähig sein. Auf zugehörige Zeichnungen ist hinzuweisen. Nachträgliche Änderungen sind auf allen zugehörigen Zeichnungen vorzunehmen. Insbesondere sind anzugeben:
- die Expositionsklasse,
- die erforderliche Festigkeitsklasse des Betons,
- die Positionsnummer bei Stabstählen in einem Kreis, bei Betonstahlmatten in einem Rechteck,
- die Anzahl der Bewehrungsstäbe und deren Durchmesser, z.B. 5 ⌀ 16,
- die Betonstahlsorte,
- der Stababstand in cm,
- bei gebogenen Stäben die Einzellängen in cm und die Gesamtlänge in cm oder in m,
- die Lagekennzeichnung nach Norm (vgl. Tab. 297.2),
- die Betondeckungsmaße c_{min} und c_{nom},
- evtl. Übergreifungs- und Verankerungslängen,
- die erforderlichen Biegerollendurchmesser,
- Art und Anordnung der Abstandhalter und der Unterstützungen.

Für Schalungs- und Traggerüste, für die eine statische Berechnung erforderlich ist, sind Ausführungskennzeichnungen anzufertigen; ebenso für Schalungen, die hohem seitlichen Druck durch Frischbeton ausgesetzt sind.

6.2 Baubeschreibung

In einer Baubeschreibung müssen z.B. erläutert werden:
- ergänzende Angaben, die für die Bauausführung, die Prüfung der Zeichnungen oder der statischen Berechnung notwendig sind, aber nicht ohne weiteres aus den Zeichnungen hervorgehen, etwa gestaltete Ansichtsflächen des Betons.
- der Montagevorgang einschließlich zeitweiliger Stützungen und Aufhängungen bei Bauwerken mit Fertigteilen. Ebenso die während der Montage für die Tragfähigkeit und Gebrauchstauglichkeit wichtigen Zwischenzustände.

Durchmesser der unterstützten Stäbe	Verlegeabstand $s^{1)}$	
	linienförmige Unterstützung[2]	punktförmige Unterstützung[3]
$d_s \leq 6{,}5$ mm	50 cm (1)[5]	50 cm ((6))[6]
$6{,}5 > d_s \leq 12$ mm	70 cm (0,7)	70 cm ((3,5))
$d_s > 12$ mm	70 cm (0,7)	70 cm[4] ((3,5))

[1] Der Verlegeabstand entspricht dem Achs- bzw. dem Mittenabstand.
[2] Linienförmige Unterstützungen sind in Längsrichtung ohne Lücken zu verlegen.
[3] Die Angaben gelten sowohl in Längs- als auch in Querrichtung.
[4] Soll ein größerer Verlegeabstand gewählt werden, ist dieser durch eine Berechnung nachzuweisen.
[5] Die Klammerwerte geben die ungefähre Anzahl der benötigten Unterstützungen pro m² **obere Bewehrung** an.
[6] Die Werte in Doppelklammern geben die ungefähre Anzahl der benötigten Unterstützungen pro m² untere Bewehrung an.

297.1 Maximale Verlegeabstände für Bewehrungsunterstützungen und deren Anzahl pro m² Bewehrungslage

DIN 1356	ISO	DIN 1356	ISO
u – unten	B (below)	h – hinten	F (far)
o – oben	T (top)	1. Lage	1
v – vorn	N (near)	2. Lage	2

297.2 Lagekennzeichnung

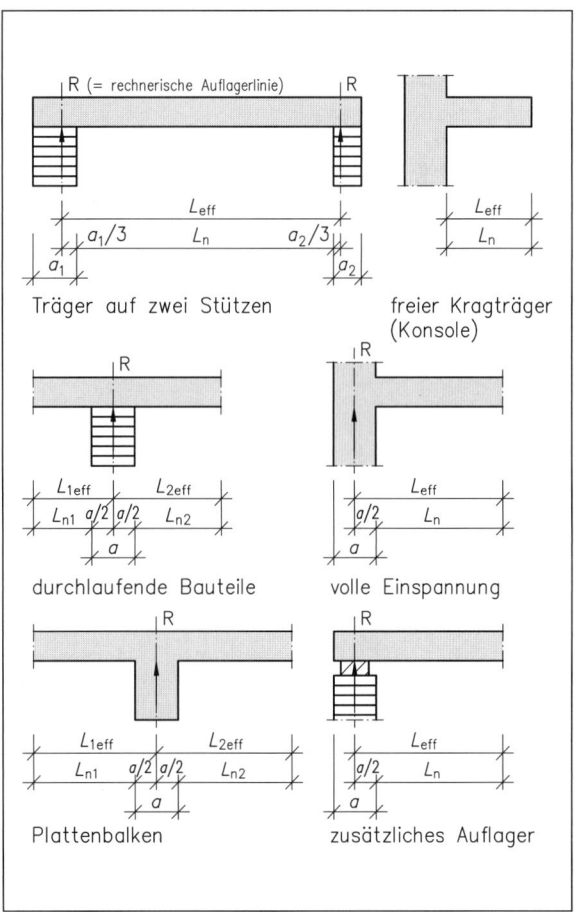

297.3 Rechnerische Stützweiten für Balken und Platten

7 Grundlagen

Für die Konstruktion und die zeichnerische Darstellung von Stahlbetonbauteilen sind grundsätzliche Vorschriften zu beachten.

7.1 Rechnerische Stützweiten

Für die Berechnung der Standsicherheit von Balken und Platten ist deren jeweilige rechnerische Stützweite l_{eff} zu ermitteln; in der Tabelle 297.3 sind einige Beispiele zusammengestellt. Darin markiert R die rechnerische Auflagerlinie.
Die rechnerische Stützweite für Stahlbetonbauteile wird berechnet nach der allgemeinen Formel:

$$l_{eff} = l_n + a_1 + a_2$$

l_{eff} – wirksame Stützweite
l_n – lichte Stützweite
a_1, a_2 – Lage der Auflagerlinien im Verhältnis zur Stützeninnenseite

Die Auflagerlinie ist eine gedachte Linie, die als rechnerische Linie innerhalb der End- bzw. der Zwischenauflager liegt; sie dient der Ermittlung der wirksamen Stützweite und spielt bei der Einhaltung der Verankerungslänge der Biegezugbewehrung eine Rolle.

7.2 Bewehrungsregeln

Die folgenden Festlegungen gelten für Betonstabstähle, Spannglieder und Betonstahlmatten.
- Stäbe mit $d_s > 32$ mm dürfen nur in Bauteilen mit einer Dicke $\geq 15\,d_s$ (≥ 480 mm) eingebaut werden.
- Zugbewehrungen sind zur Verankerung bis in die Druckzone zu führen, damit z. B. bei einspringenden Ecken von Stahlbetontreppenläufen der Beton nicht durch Strecken der Bewehrung ausplatzt (Bild 301.2).

7.3 Stabbündel

Stabbündel bestehen aus zwei oder drei Einzelstäben mit gleichem Durchmesser $d_s \leq 28$ mm, die einander berühren und die bei der Montage und dem Betonieren durch geeignete Maßnahmen, z.B. durch Bindedraht, zusammengehalten werden.
- Bei allen Nachweisen, in die der Stabdurchmesser d_s eingeht, ist der Vergleichsdurchmesser d_{sV} einzusetzen. Der Vergleichsdurchmesser ist der Durchmesser eines mit dem Stabbündel flächengleichen Einzelstabes. Wird die Anzahl der Stäbe mit n bezeichnet, ergibt sich

$$d_{sV} = d_s \cdot \sqrt{n}$$

- Bei Bauteilen mit überwiegendem Zug darf der Wert d_{sV} 36 mm nicht überschreiten.
- Bei der Betonfestigkeitsklasse C 70/85 darf d_{sV} 28 mm nicht überschreiten.
- Für die Anordnung der Stäbe im Bündel und für die Mindestmaße der Betondeckung ist Bild 310.3 zu beachten.
- Bei der Verankerung von Stabdübeln sind die Enden der Einzelstäbe gegeneinander zu versetzen.
- Weitere Vorschriften für die Verankerung von Stabbündeln siehe DIN 1045-1.

7.4 Verankerung der Längsbewehrung

Bewehrungsstähle und geschweißte Betonstahlmatten müssen so verankert sein, dass ihre Kräfte in den Beton eingeleitet werden und eine Längsrissbildung sowie ein Abplatzen des Betons im Verankerungsbereich ausgeschlossen sind.
Die Grundmaße der Verankerungslängen l_b von Betonstählen an Auflagern sind der Tabelle 298.1 zu entnehmen, sie sind abhängig von der Betonfestigkeitsklasse, der Verbundbedingung und dem Stabdurchmesser.
Die Verbundbedingungen (Bild 298.2) werden durch die Abmessungen des Bauteils sowie die Lage und den Neigungswinkel der Bewehrung während des Betonierens beeinflusst.

Betonfestigkeitsklasse	Verbundbedingung	Stabdurchmesser d_s in mm							
		6	8	10	12	14	16	20	25	28
C 12/15	gut	40	53	66	79	92	105	132	165	184
	mäßig	56	75	94	113	132	150	188	235	263
C 16/20	gut	33	43	54	65	76	87	109	136	152
	mäßig	47	62	78	93	109	124	155	194	217
C 20/25	gut	28	37	47	56	66	75	94	117	131
	mäßig	40	54	67	80	94	107	134	167	187
C 25/30	gut	24	32	40	48	57	65	81	101	113
	mäßig	35	46	58	69	81	92	115	144	161
C 30/37	gut	21	29	36	43	50	57	71	89	100
	mäßig	31	41	51	61	71	82	102	128	143
C 35/45	gut	19	26	32	39	45	52	64	81	90
	mäßig	28	37	46	55	64	74	92	115	129
C 40/50	gut	18	24	30	35	41	47	59	74	83
	mäßig	25	34	42	51	59	67	84	105	118
C 45/55	gut	16	22	27	33	38	44	55	68	76
	mäßig	23	31	39	47	55	62	78	97	109
C 50/60	gut	15	20	25	31	36	41	51	64	71
	mäßig	22	29	36	44	51	58	73	91	102

298.1 Grundmaß der Verankerungslänge l_b in cm

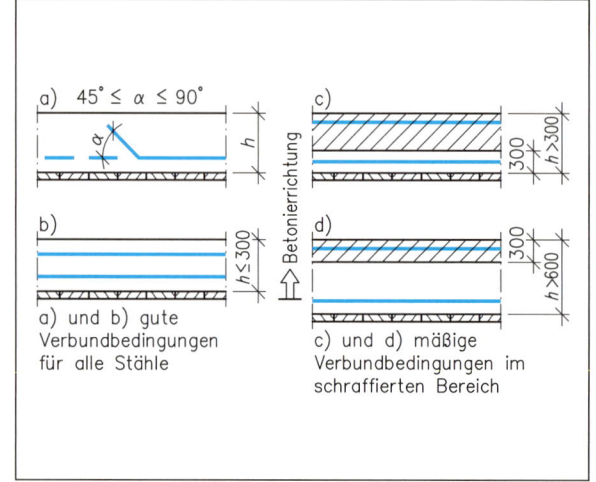

298.2 Verbundbedingungen
a) und b) gute Verbundbedingungen für alle Stähle
c) und d) mäßige Verbundbedingungen im schraffierten Bereich

Beton- und Stahlbetonarbeiten

Gute Verbundbedingungen:

a) alle Stäbe mit einer Neigung α von 45° bis 90° zur Waagerechten

b) alle Stäbe mit einer Neigung α von 0° bis 45° zur Waagerechten,
- die in Bauteile eingebaut sind, deren Dicke in Betonierrichtung $\leq$ 300 mm ist.
- die in Bauteile mit einer Dicke > 300 mm eingebaut sind und entweder höchstens 300 mm über der Unterkante des Frischbetons oder mindestens 300 mm unter der Oberseite des Bauteils oder Betonierabschnittes liegen.

c) bei liegend gefertigten stabförmigen Bauteilen (z. B. Stützen), die mit einem Außenrüttler verdichtet werden und deren äußere Querschnittsabmessungen $\leq$ 500 mm sind.

Mäßige Verbundbedingungen liegen in allen oben nicht genannten Fällen vor und bei Bauteilen, die im Gleitverfahren hergestellt werden.
Die Verankerungen sind nach Bild 299.1 auszubilden, um Zugkräfte sicher in den Beton einzuleiten.
In Bild 300.1 sind Verankerungen in Abhängigkeit von der Auflagerart und der Auflagerbreite zusammengestellt.

Art und Ausbildung der Verankerung	Beiwert α_a Zugstab[1]	Druckstab
a) gerade Stabenden	1,0	1,0
Verankerungen ohne Querstab b) Haken c) Winkelhaken d) Schlaufen	0,7[2] (1,0)	(nicht zulässig)
e) gerade Stabenden mit mindestens einem angeschweißtem Stab innerhalb $L_{b,net}$	0,7	0,7
Verankerungen mit mindestens einem Querstab f) Haken g) Winkelhaken h) Schlaufen	0,5 (0,7)	(nicht zulässig)
Verankerungen mit Querstäben i) gerade Stabenden mit mindestens zwei angeschweißten Stäben innerhalb $L_{b,net}$ [1] $d_s \leq 16$ mm, bei Doppelstäben $d_s \leq 12$ mm	0,5	0,5

[1] Die in Klammern angegebenen Werte gelten, wenn im Krümmungsbereich die Betondeckung rechtwinklig zur Krümmungsebene gemessen weniger als 3 d_s beträgt oder kein Querdruck oder keine enge Verbügelung vorhanden ist.
[2] Bei Schlaufenverbindungen mit Biegerollendurchmesser $d_{b\,r} \geq 15\ d_s$ darf der Wert α_a auf 0,5 reduziert werden.

299.1 Zulässige Verankerungsarten von Betonstählen

Druckbewehrungen werden mit geraden Stabenden verankert, sie dürfen an ihren Enden keine Haken, Winkelhaken oder Schlaufen haben.

Zugstäbe mit $d_s >$ 32 mm müssen als gerade Stäbe oder mit Ankerkörpern verankert werden.

Die erforderliche Verankerungslänge $l_{b,\,net}$ ist mithilfe des Werts l_b aus der Tabelle 298.1 zu ermitteln:

$$l_{b,\,net} = \alpha_a \cdot l_b \cdot \frac{A_{s,\,erf}}{A_{s,\,vorn}} \geq l_{b,\,min}$$

$A_{s,erf}$, $A_{s,vorh}$ – die rechnerisch erforderliche oder die vorhandene Querschnittsfläche der Bewehrung

$l_{b,min}$ – der Mindestwert der Verankerungslänge:
$l_{b,min} = 0{,}3 \cdot l_b \geq 10\,d_s$ für die Verankerung von Zugstäben
$l_{b,min} = 0{,}6 \cdot l_b \geq 10\,d_s$ für die Verankerung von Druckstäben

α_a = Beiwert für die Verankerungsart (Bild 299.1)

Bei Betonstahlmatten soll mindestens ein Stab hinter der rechnerischen Auflagerlinie R liegen.

7.5 Stöße von Längsstählen

Stöße von Längsstählen sind durch mechanische Verbindungen (z.B. bauaufsichtlich zugelassene Kupplungen) oder durch Schweißen (direkte Stöße) oder indirekt durch Übergreifen der Betonstähle (Übergreifungsstöße, Bild 300.2) herzustellen. Die Übergreifungsstöße sind so auszubilden, dass

- die Kraftübertragung zwischen den gestoßenen Stäben kraftschlüssig sichergestellt ist,
- im Bereich der Stöße keine Betonabplatzungen auftreten und sich eine Rissbildung im Beton in zulässigen Grenzen hält,
- die Stöße möglichst gegeneinander versetzt sind.

Übergreifungsstöße von Stäben > 32 mm sind nur in Bauteilen zulässig, die überwiegend auf Biegung beansprucht werden (z.B. Stützen).

Der zulässige Längsversatz, die Querabstände s und der Abstand s_0 zum Bauteilrand sind Bild 301.3 zu entnehmen.

Ist der lichte Abstand der gestoßenen Stäbe $> 4\,d_s$, muss die Übergreifungslänge um die Differenz zwischen dem erforderlichen Stababstand und $4\,d_s$ vergrößert werden.

Übergreifungslängen sind nach der folgenden Formel zu berechnen:

$l_s = l_{b,\,net} \cdot \alpha_1 \geq l_{s,\,min}$

$l_{b,\,net}$ – die Verankerungslänge (siehe oben)
α_1 – der Beiwert für die Übergreifungslänge nach Bild 301.4
$l_{s,\,min}$ – der Mindestwert der Übergreifungslänge mit $l_{s,min} = 0{,}3 \cdot \alpha_a \cdot \alpha_1 \cdot l_b \geq 15 \cdot d_s$
$\geq 200\,mm$
α_a – der Beiwert nach Bild 299.1, zulässige Verankerungsarten Zeile 1 und 2, der Einfluss von angeschweißten Querstäben darf nicht angesetzt werden.
l_b – das Grundmaß der Verankerungslänge (Tab. 289.1)

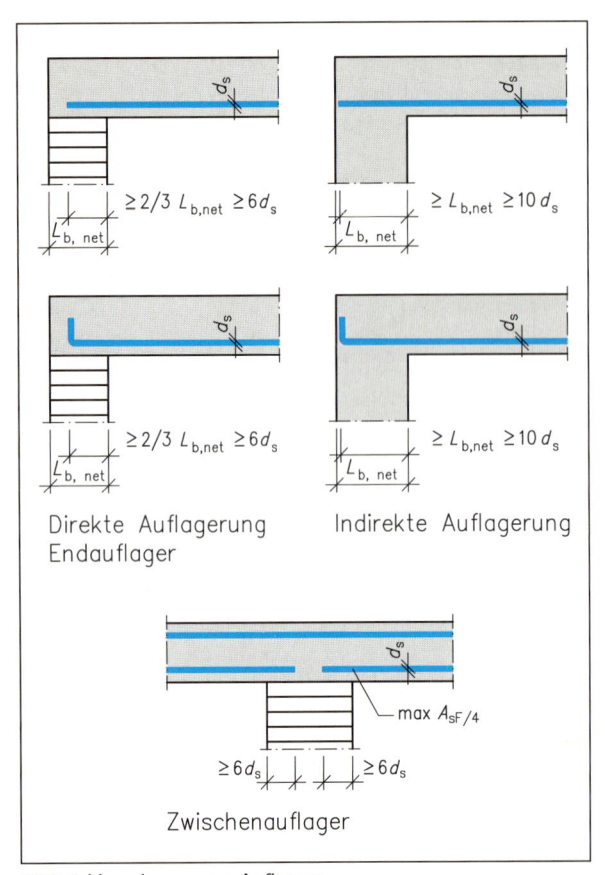

300.1 Verankerung an Auflagern

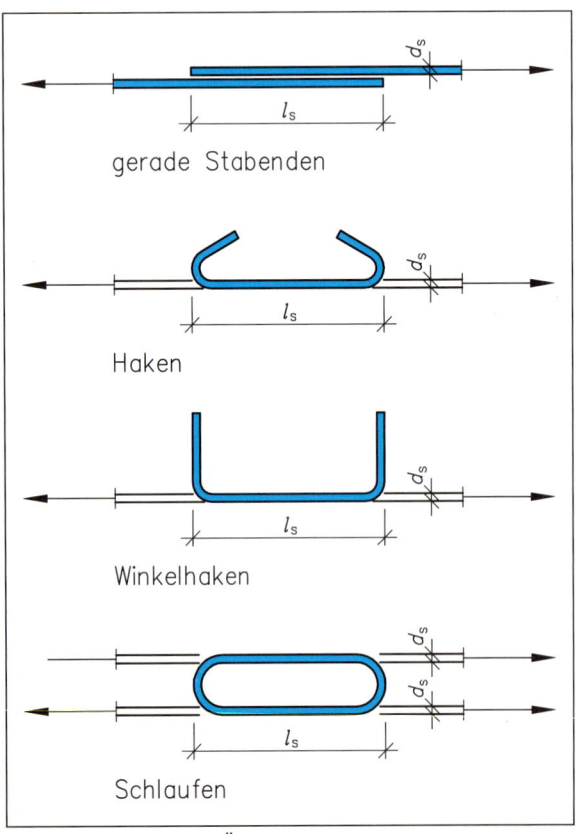

300.2 Ausbildung von Übergreifungsstößen

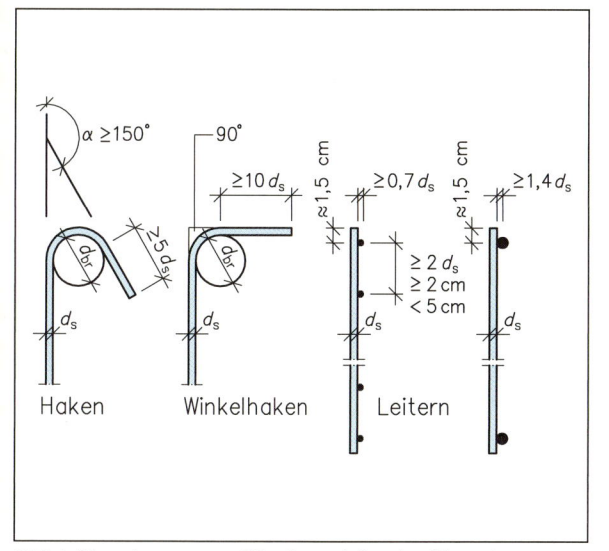

301.1 Verankerung von Bügeln und Querkraftbewehrungen

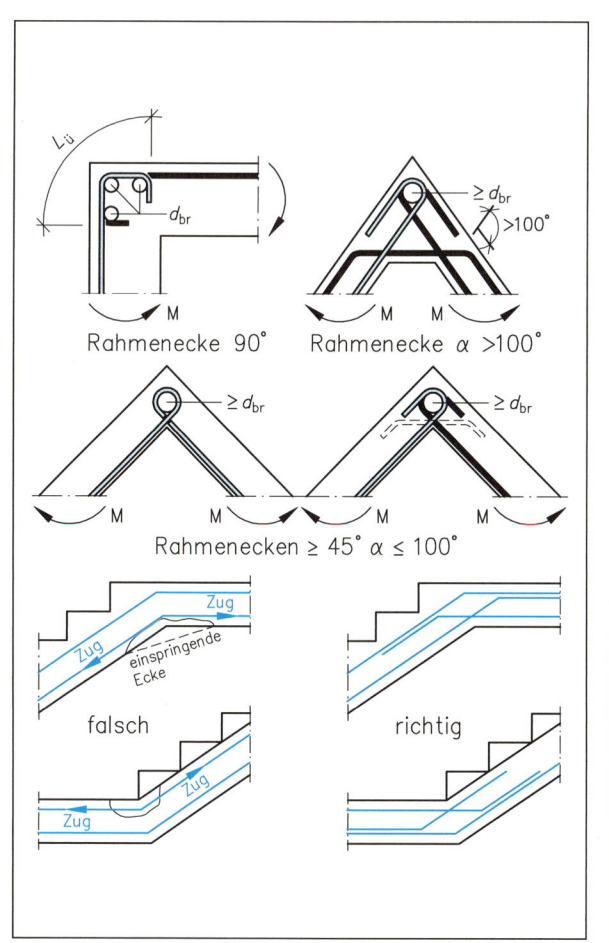

301.2 Bewehrungsführung an Ecken

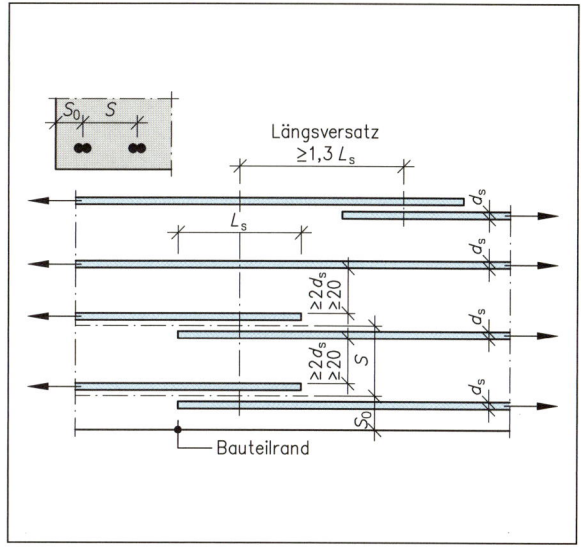

301.3 Längsversatz und Querabstände der Bewehrungsstäbe im Stoßbereich (cm)

Stoßanteil			≤ 30%	> 30%
Zugstöße	$d_s < 16$ mm	$a \geq 12\,d_s$; $b \geq 6\,d_s$	1,0	1,0
		$a < 12\,d_s$; $b < 6\,d_s$	1,2	1,4
	$d_s \geq 16$ mm	$a \geq 12\,d_s$; $b \geq 6\,d_s$	1,0	1,4
		$a < 12\,d_s$; $b < 6\,d_s$	1,4	2,0
Druckstöße			1,0	

301.4 Beiwert α_1 zur Berücksichtigung des Stoßanteils (DIN 1045-1, Tabelle 27)

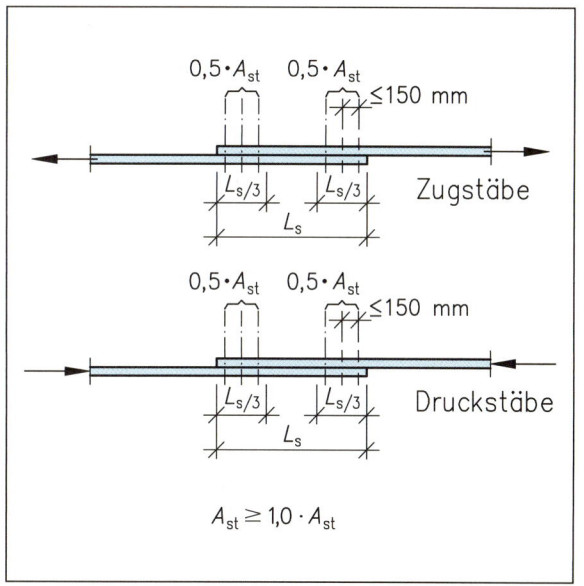

301.5 Querbewehrungen A_{st} für Übergreifungsstöße

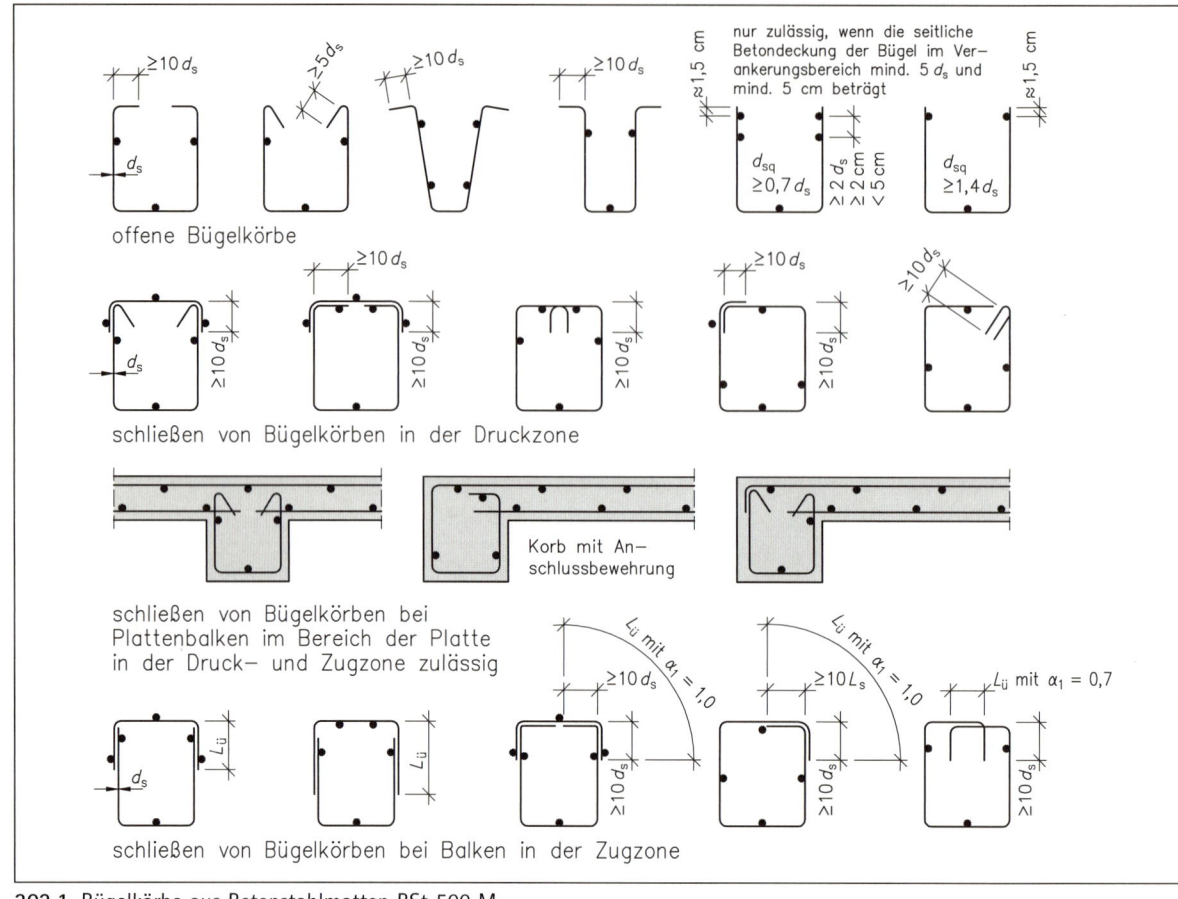

302.1 Bügelkörbe aus Betonstahlmatten BSt 500 M

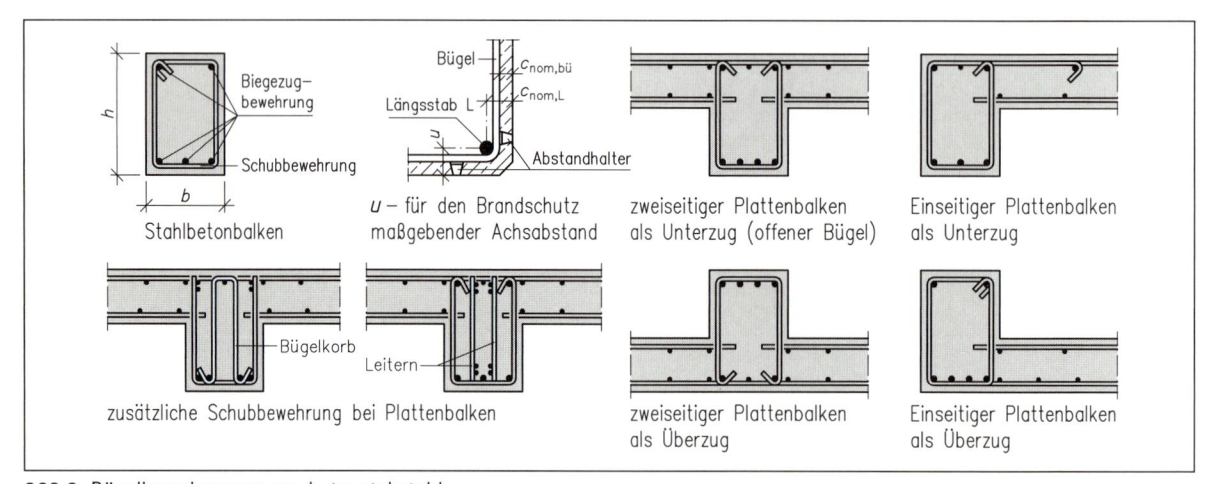

302.2 Bügelbewehrungen aus betonstabstahl

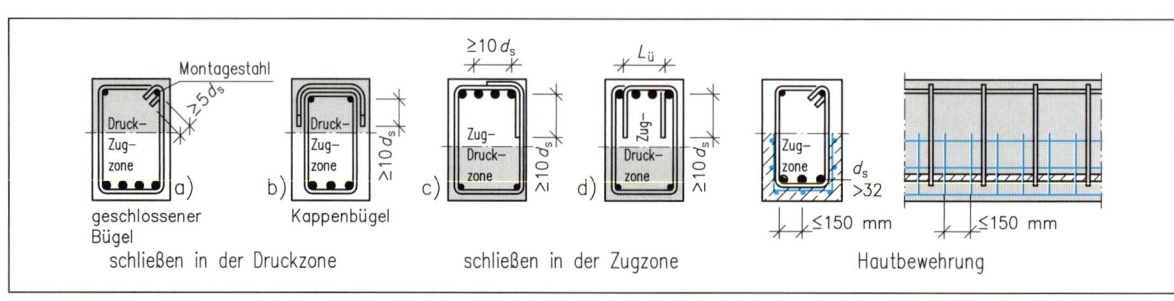

302.3 Schließen von Bügeln

Beton- und Stahlbetonarbeiten

Grundriss	Schnitt/Ansicht	Bedeutung
a) ————— b) —·—·—		Gerader Bewehrungsstab ohne Verankerungselemente a) allgemein b) als Anschlussbewehrung, der Stab ist bereits auf einer anderen Zeichnung dargestellt und mit einer Positionsnummer versehen
a) b) c)	⊙	Gerader Bewehrungsstab mit Verankerungselementen a) mit Haken b) mit Winkelhaken c) mit einem Ankerkörper
		Bewehrungsstäbe falls erforderlich, mit Markierung der Stabenden durch schmalen Schrägstrich und Positionsnummer
a) b)		Gebogener Bewehrungsstab a) Darstellung als geknickter Linienzug b) Darstellung als Linienzug aus Geraden und Bögen z.B. bei Schlaufen, gekrümmten Bauteilen und bei Darstellung in großem Maßstab
a) ×———— b) —————		a) rechtwinklig aus der Zeichenebene abgebogener Bewehrungsstab b) rechtwinklig aus der Zeichenebene aufgebogener Bewehrungsstab
a) b) c)	• ○ ∴	Schnitt durch einen Bewehrungsstab c) allgemein d) als Anschlussbewehrung e) Schnitt durch ein Stabbündel, z.B. aus drei Bewehrungsstählen
		Draufsicht auf ab- oder aufgebogene Bewehrungsstähle. Die Biegestellen sind durch kurze Querlinien zu markieren. Der in der Zeichenebene liegende Teil des Bewehrungsstabes ist durch eine breite Volllinie, der übrige Teil durch eine gestrichelte breite Linie darzustellen. Bei ausschließlicher Darstellung in der Draufsicht ist zusätzlich die Biegeform hinter der Positionsnummer schematisch darzustellen.

303.1 Darstellung und Symbole für Stabstahlbewehrungen

7.6 Querbewehrungen von Übergreifungsstößen

Im Bereich von Übergreifungsstößen muss eine Querbewehrung angeordnet werden (Bild 301.5):
- Die Querbewehrung muss eine Gesamtquerschnittsfläche A_{st} haben, die nicht kleiner ist als die Querschnittsfläche A_s eines gestoßenen Stabes.
- Die Querbewehrung muss bügelartig ausgebildet werden, falls $s \leq 12\, d_s$ ist, andernfalls darf sie gerade sein.
- Die Querbewehrung muss zwischen der Längsbewehrung und der Betonoberfläche angeordnet sein.
- Ist der Stabdurchmesser d_s gestoßener Stähle < 16 mm, bei Betonfestigkeitsklasse $\leq C\,55/67$ oder $\leq LC\,45/50$ und < 12 mm bei Betonfestigkeitsklassen $\geq C\,60/75$ oder $\geq LC\,50/55$, darf die sowieso vorhandene Querbewehrung als ausreichend betrachtet werden, wenn der Anteil gestoßener Stähle $\leq 20\,\%$ der gesamten Längsbewehrung beträgt.
- Die Übergreifungsstöße in Betonkonstruktionen mit der Betongüte $\geq C\,70/85$ sind mit Bügeln zu umschließen; die Summe der Querschnittsflächen der senkrechten Bügelschenkel muss gleich der erforderlichen Querschnittsfläche der gestoßenen Längsbewehrung sein.
- Werden bei einer mehrlagigen Bewehrung mehr als $50\,\%$ des Querschnitts der einzelnen Lagen in einem Schnitt gestoßen, sind die Übergreifungsstöße durch Bügel zu umschließen, die für die Kraft aller gestoßenen Stäbe zu berechnen sind.

Grundriss	Schnitt/Ansicht	Bedeutung
		Übergreifungsstoß von Bewehrungsstäben a) ohne Markierung der Stabenden b) mit Markierung der Stabenden durch schmale 45°-Volllinien und Positionsnummer
		Gruppen gleicher Bewehrungsstäbe a) Eine Gruppe gleicher Bewehrungsstäbe darf durch mindestens einen maßstäblich gezeichneten Stab mit einer sich über den Verlegebereich erstreckenden, begrenzten Querlinie dargestellt werden. Die Zuordnung von Stabgruppe und Verlegebereich erfolgt durch einen Kreis um den Schnittpunkt von Stab und Querlinie. b) Bei der Anordnung gleicher Bewehrungsstähle in Gruppen mit unterschiedlichem Stababstand sind die einzelnen Verlegebereiche durch eine entsprechend begrenzte unterbrochene Querlinie zu kennzeichnen sowie die anteilig zu setzenden Stückzahlen und die zugehörigen Stababstände anzugeben. Die Abstände zwischen den Verlegebereichen sind zu bemaßen. Die Zuordnung von Stabgruppen und Verlegebereichen erfolgt durch einen Kreis um den Schnittpunkt eines mindestens maßstäblich zu zeichnenden Stabes mit der Querlinie.
		Bei einzelnen gleichen Bewehrungsstäben braucht die Kennzeichnung nur einmal angegeben zu werden, wobei die Positionsnummer mit den zugehörigen Stäben durch Hinweislinien zu verbinden ist.
		Bügelanordnungen, die nicht eindeutig der Bewehrungsdarstellung im Schnitt entnommen werden können, sind zusätzlich hinter den Positionsnummern schematisch darzustellen.
		Schubzulagen sind im Querschnitt darzustellen. Die Art der Verankerung ist anzugeben. In der Ansicht genügt bei Schubzulagen aus Betonstabstahl wie bei Bügeln die Angabe des Verlegebereichs.

Grundriss	Schnitt/Ansicht	Bedeutung
		a) Draufsicht auf eine Matte oder Teilansicht einer gebogenen Matte, z.B. Bügelmatte b) Achsbezogene Darstellung einer Matte c) Bei der Regeldarstellung dürfen die zur Angabe der Querbewehrung erforderlichen Punkte ganz oder teilweise entfallen, falls deren Lage zweifelsfrei oder ohne Bedeutung und eine Verwechslung ausgeschlossen ist. d) Vereinfachte Darstellung, falls Lage der Bewehrung zweifelsfrei oder ohne Bedeutung ist und wenn bei der Regeldarstellung eine Verwechslungsgefahr besteht.
	a) ————— b) —————	Darstellung eines Spanngliedes a) Regeldarstellung b) vereinfachte Darstellung, falls eine Verwechslung mit schlaffer Bewehrung ausgeschlossen ist
	a) ○ b) + •	Spannglied a) bei nachträglichem Verbund oder ohne Verbund (Spannglied im Hüllrohr) b) bei sofortigem Verbund (Spannbettvorspannung) – Regeldarstellung – vereinfachte Darstellung, falls eine Verwechslung mit schlaffer Bewehrung ausgeschlossen ist
	a) b) a) ⌀ b) ⌀	Spanngliedverankerung a) Spannanker b) Festanker
	a) b) a) ⌀ b) ⌀	Spanngliedkopplung a) bewegliche Kopplung b) feste Kopplung

303.2 Darstellung und Symbole für Betonstahlmatten und Spannbewehrungen

8 Stabförmige Betonbauteile

Zu den stabförmigen Betonbauteilen gehören Balken und Stützen.

8.1 Stahlbetonbalken und Plattenbalken

Zu den Balken gehören:
- **Stahlbetonbalken**, die als horizontale oder geneigt verlaufende stabförmige Einzelbauteile der Unterstützung anderer Bauteile dienen.
- **Stahlbetonplattenbalken**, die ein- oder zweiseitig mit Stahlbetonplatten verbunden und als Unterzug oder als Überzug ausgebildet sind.
- **Plattengleiche Balken**, die innerhalb einer Stahlbetonplatte durch eine balkenförmige Zusatzbewehrung ausgebildet werden (Deckengleicher Unterzug).

8.2 Balkenbewehrungen

In Bild 304.1 ist die erforderliche Bewehrung eines Stahlbetonbalkens schrittweise dargestellt:

① Der Stahlbetonbalken mit einem eingespannten und einem frei drehbaren Auflager.

② Die möglichen Lasten auf einem Stahlbetonbalken führen zu einer Verformung des Bauteils.

③ Die neutrale Faser trennt die Biegezug- und die Biegedruckspannungen. Die Biegezugspannungen müssen durch Längsbewehrungen aufgenommen werden. Sind in den oberen Bügelecken keine statisch erforderlichen Stähle anzuordnen, müssen Montagestähle ($d_s \approx$ 12 mm) zum Fixieren der Bügel vorgesehen werden. Die Biegedruckspannungen werden in der Regel von dem Festbeton aufgenommen.

④ Der Balken droht sich unter der Belastung in Schichten aufzuspalten, es entstehen Schubspannungen, die durch Querbewehrungen in Form von Bügeln oder durch Schubzulagen wie Bügelkörbe oder Leitern, seltener durch Aufbiegungen (Bild 304.1), aufgenommen werden müssen.

⑤ Mithilfe von Bindedraht werden die Längs- und die Querstähle zu einem Bewehrungskorb geflochten, der in sich stabil mithilfe von Abstandhaltern in der vorbereiteten Schalung unverschieblich fixiert wird.

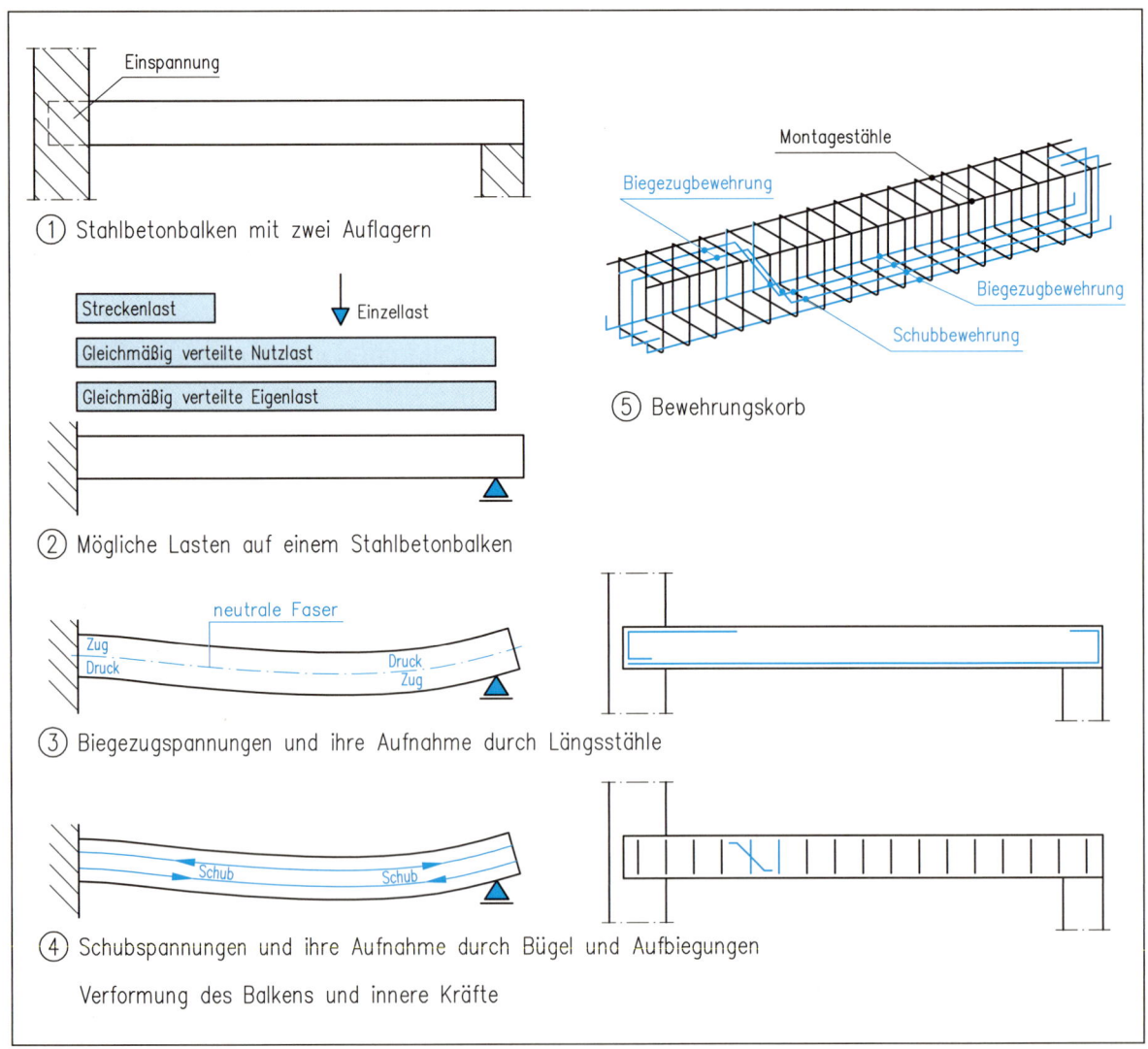

304.1 Bewehrung eines Stahlbetonbalkens

8.3 Balkenlängsbewehrungen

Der erforderliche Gesamtquerschnitt der Stähle A_s geht aus der statischen Berechnung hervor. Mithilfe der Tabelle 310.1 können der/die Stahldurchmesser und die erforderliche Anzahl der Stähle bestimmt werden. Nach Tabelle 310.4 kann die erforderliche Balkenbreite unter Berücksichtigung der Stabdurchmesser, der Anzahl der Stähle, der erforderlichen Bewehrungsabstände, der Bügelstahldurchmesser und der Betondeckung ermittelt werden.

8.4 Balkenbewehrungen aus Bügeln

Die Bügel haben die Schub-(Quer-)Kräfte in den Balken aufzunehmen und die Längsstähle in ihrer Lage zu fixieren. **Bügel aus Betonstabstahl** sind in Bild 302.2 zusammengestellt. Bügel für die Aufnahme von Querkräften müssen mithilfe von Haken oder Winkelhaken verankert werden (Bild 302.3).
Zusätzliche Querkraftbewehrungen sind sog. Bügelkörbe und „Leitern", bei denen senkrecht stehende Stäbe oben und unten durch Längsstähle miteinander verbunden sind. Leitern als Querkraftbewehrung sind nur zulässig, wenn ein Abplatzen des Betons durch eine ausreichende Betondeckung sicher vermieden wird; dies gilt als erfüllt, wenn die seitliche Betondeckung c_{min} der Querbewehrung im Verankerungsbereich mindestens $3\,d_s$ und mindestens 50 mm beträgt.
Bügel in Balken und Plattenbalken werden normalerweise „oben", und nach Möglichkeit verschwenkt, geschlossen. Dabei ergeben sich zwei Möglichkeiten (Bild 302.3):
    a) und b) Bügelhaken befinden sich in der Druckzone
    c) und d) Bügelhaken befinden sich in der Zugzone
Die Bügel müssen in jedem Fall die Zugbewehrung umfassen.
Eine Hautbewehrung, z.B. aus Q-Matten, ist bei der Verarbeitung von Betonstählen $d_s > 32$ mm in dem Zugzonenbereich zusätzlich zu den Bügeln vorzusehen, um ein Reißen des Betons zu vermeiden und einem Brandschaden vorzubeugen.
Die Bügelabstände können innerhalb eines Stahlbetonbalkens je nach Stützenstellung und Auflagerart gleich oder verschieden sein (Bild 306.1). Die Anzahl der Bügel wird für jeden Balkenabschnitt nach der vorhandenen Schubspannung berechnet. Die Anzahl der erforderlichen Bügel (in Klammern) und ihre Abstände in cm werden auf der Zeichnung in einer Maßkette oberhalb oder unterhalb des Längsschnittes vermerkt.
Bügelkörbe aus Betonstahlmatten sind in Bild 302.1 zusammengestellt; daraus gehen die Haken und die Verankerungslängen hervor. Die Bügelkörbe werden werkmäßig aus Bügelmatten hergestellt; dabei müssen die Biegestellen vorgeschriebene Mindestabstände zu den Schweißstellen der Längsstähle haben, damit die Punktschweißungen beim Biegen nicht zerstört werden. Ebenso sind die vorgeschriebenen Biegerollendurchmesser einzuhalten.

8.5 Darstellungen von Balkenbewehrungen

Stahlbetonbalken können auf drei unterschiedliche Arten dargestellt werden:

Darstellungsart 1
Nach Bild 306.3 wird die Bewehrung im Bauteil liegend maßstäblich in Schnitten und Ansichten dargestellt. Die einzelnen Stabformen werden maßstäblich herausgezeichnet und vollständig vermaßt:
- In einem Längsschnitt werden der Balken und die Stützen im Maßstab 1:50 mit Volllinien (0,35) gezeichnet und mit Volllinien bemaßt (0,25).
- Die Längsbewehrung wird mit Volllinien (0,5) dargestellt. Positionsnummern, Anzahl und Durchmesser der Stähle werden an jede Stelle der Zeichnung geschrieben, an der die Bewehrung wechselt.
- Die Bügel werden nicht in den Längsschnitt eingezeichnet, sondern wie oben beschrieben bemaßt.
- Die oben liegende Bewehrung wird oberhalb, die unten liegende unterhalb des Längsschnittes in Volllinien (0,7) dargestellt und bemaßt.
- Der Querschnitt wird häufig in einem größeren Maßstab (1:20 oder 1:10; Volllinie 0,7) dargestellt. Ein Bügel (1,0) und die Längsstähle werden eingezeichnet und bemaßt.
- Die Bügelform wird gesondert gezeichnet und bemaßt.

Für jedes Stahlbetonbauteil ist eine Stahlliste zu erstellen (Tab. 306.2).

Darstellungsart 2
Bei der Bewehrungsart 2 ist die Bewehrung im Bauteil liegend in Schnitten und Ansichten maßstäblich darzustellen. Die Stabenden sind zu markieren. Die einzelnen Stabformen werden durch unmaßstäbliche, unbemaßte Skizzen neben den Positionsnummern dargestellt.

Darstellungsart 3
Nach Bild 307.1 sind die Bewehrungen im Bauteil liegend in Schnitten und Ansichten maßstäblich darzustellen, die Stabenden sind zu markieren. Die Biegeformen werden neben den Positionsnummern unmaßstäblich und unbemaßt skizziert. Die eingekreisten Formnummern sind durch Typenkennzeichen zu ergänzen, die in Bild 307.2 zusammengestellt sind.
- Längsschnitt und Auflager im Maßstab 1:50 zeichnen (0,35) und bemaßen (0,25).
- Längsbewehrungsstähle einzeichnen und deren Längen bemaßen. Zur Verdeutlichung werden die einzelnen Stabenden durch kurze schmale 45°-Volllinien markiert, an die die Formnummern ohne Kreis geschrieben werden.
- Die Formnummer und der Typ (nach Bild 307.2) werden in einen Kreis geschrieben und den Stählen mit Bezugslinien zugeordnet. Neben dem Kreis werden die Anzahl und der Durchmesser geschrieben und eine Formskizze des Stahles gezeichnet.
- Die Maßlinie für die Einteilung der Bügel, die nicht eingezeichnet werden, wird oberhalb des Längsschnittes angeordnet.
- Je nach Bewehrungsführung wird die Bewehrung in einem oder mehreren Schnitten gezeichnet (z. B. M 1:20), bemaßt und mit Formnummern versehen.

In der Tabelle 308.2 sind die Biegelängen der einzelnen Biegeformen aufgeführt; nach diesen Biegelängen ist in der Tabelle 308.3 eine Betonstabstahlliste mit Längen und Gewichten zusammengestellt.

Beton- und Stahlbetonarbeiten

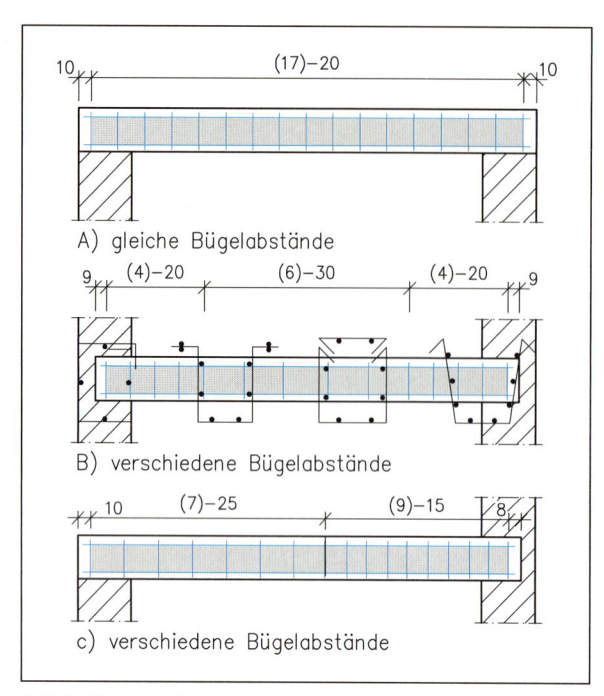

306.1 Bügelabstände

A) gleiche Bügelabstände
B) verschiedene Bügelabstände
c) verschiedene Bügelabstände

Form	Abbildung	Anzahl	Einzellänge m	Länge in m je			
				Ø 8	Ø 12	Ø 16	Ø 20
(1)	—	2	10,90				21,80
(2)	—	3	8,30				24,90
(3)	—	2	6,80				13,60
(4)	—	2	11,15			22,30	
(5)	⌐	4	4,75			19,00	
(6)	⌐	2	2,50			5,00	
(7)	□	53	2,02	107,06			
(8)	⊏	2	2,91		5,82		
Gesamtlänge je Ø in m				107,06	5,82	46,30	60,30
Nenngewicht je Ø in kg				0,395	0,888	1,58	2,47
Gewicht je Ø in kg				42,29	5,17	73,15	148,94
Gesamtgewicht in kg					269,56		

306.2 Betonstahlliste BSt 500 S für einen Balken auf zwei Stützen mit Kragarm

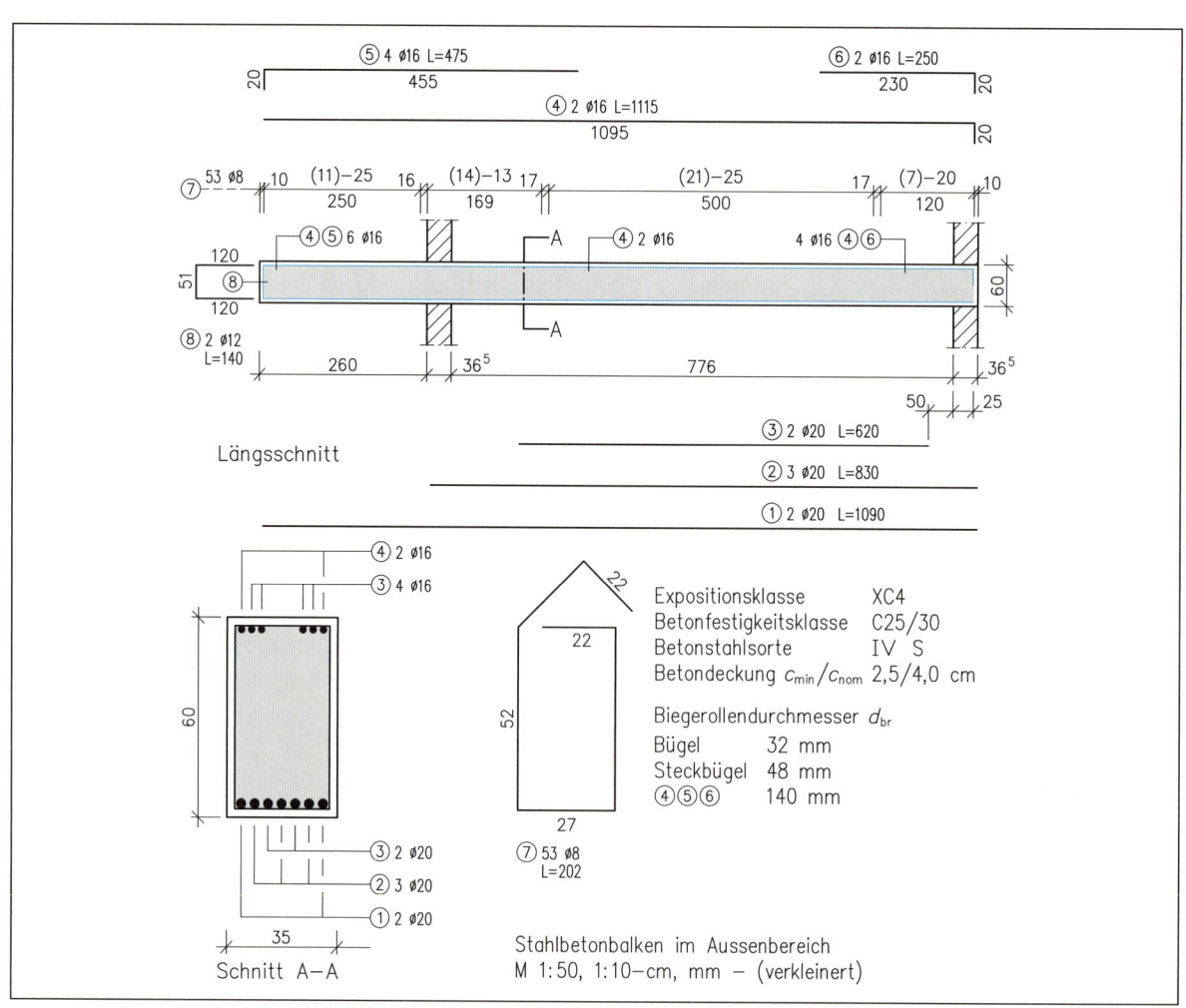

Längsschnitt

⑤ 4 ø16 L=475
⑥ 2 ø16 L=250
④ 2 ø16 L=1115
⑦ 53 ø8
⑧ 2 ø12 L=140
③ 2 ø20 L=620
② 3 ø20 L=830
① 2 ø20 L=1090

Schnitt A–A

④ 2 ø16
③ 4 ø16
③ 2 ø20
② 3 ø20
① 2 ø20

⑦ 53 ø8 L=202

Expositionsklasse   XC4
Betonfestigkeitsklasse C25/30
Betonstahlsorte   IV S
Betondeckung c_{min}/c_{nom} 2,5/4,0 cm

Biegerollendurchmesser d_{br}
Bügel   32 mm
Steckbügel   48 mm
④⑤⑥   140 mm

Stahlbetonbalken im Aussenbereich
M 1:50, 1:10 – cm, mm – (verkleinert)

306.3 Stahlbetonbalken nach Darstellungsart 1

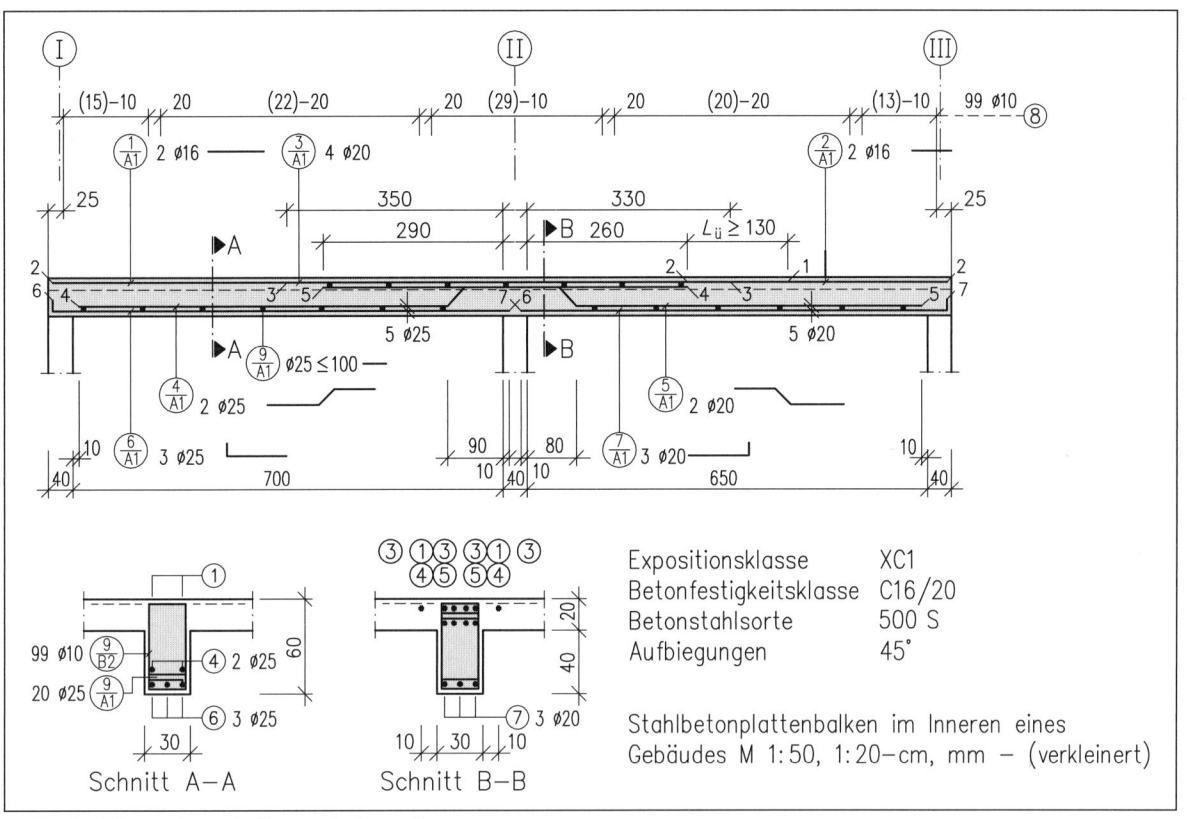

Beton- und Stahlbetonarbeiten

307.1 Stahlbetonplattenbalken nach Darstellungsart 3

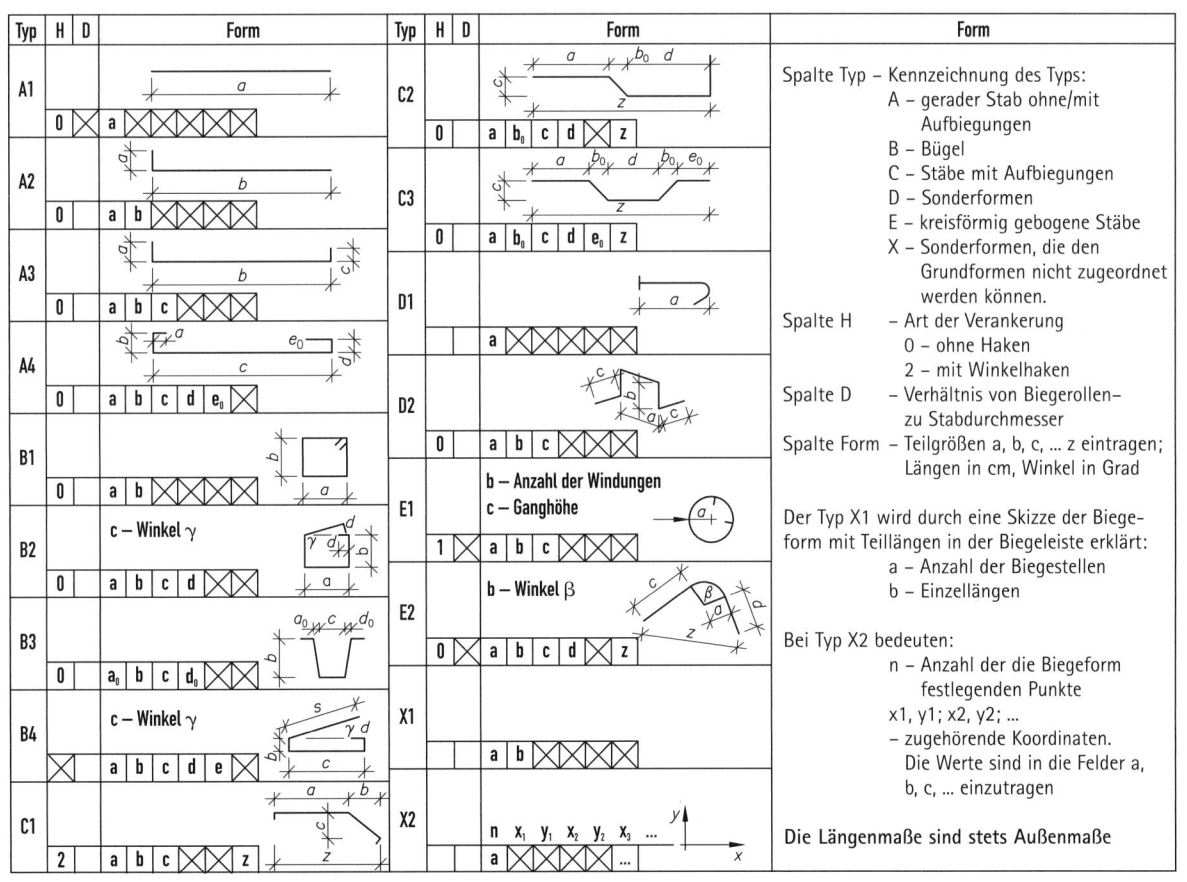

Expositionsklasse — XC1
Betonfestigkeitsklasse — C16/20
Betonstahlsorte — 500 S
Aufbiegungen — 45°

Stahlbetonplattenbalken im Inneren eines Gebäudes M 1:50, 1:20 – cm, mm – (verkleinert)

307.2 Geometrische Beschreibung der Biegeformen für die Datenerfassung

Spalte Typ – Kennzeichnung des Typs:
- A – gerader Stab ohne/mit Aufbiegungen
- B – Bügel
- C – Stäbe mit Aufbiegungen
- D – Sonderformen
- E – kreisförmig gebogene Stäbe
- X – Sonderformen, die den Grundformen nicht zugeordnet werden können.

Spalte H – Art der Verankerung
- 0 – ohne Haken
- 2 – mit Winkelhaken

Spalte D – Verhältnis von Biegerollen- zu Stabdurchmesser

Spalte Form – Teilgrößen a, b, c, ... z eintragen; Längen in cm, Winkel in Grad

Der Typ X1 wird durch eine Skizze der Biegeform mit Teillängen in der Biegeleiste erklärt:
- a – Anzahl der Biegestellen
- b – Einzellängen

Bei Typ X2 bedeuten:
- n – Anzahl der die Biegeform festlegenden Punkte
- $x_1, y_1; x_2, y_2; ...$ – zugehörende Koordinaten. Die Werte sind in die Felder a, b, c, ... einzutragen

Die Längenmaße sind stets Außenmaße

Beton- und Stahlbetonarbeiten

Erstes Zeichen	Zweites Zeichen
0 – keine Bögen	0 – gerader Stab
1 – ein Bogen	1 – 90°-Bogen/Bögen mit vorgegebenem Radius, alle Bögen in derselben Richtung gebogen
2 – zwei Bögen	2 – 90°-Bogen/Bögen mit anzugebendem Radius, alle Bögen in derselben Richtung gebogen
3 – drei Bögen	3 – 180°-Bogen/Bögen mit ungenormtem Radius, alle Bögen in derselben Richtung gebogen
4 – vier Bögen	4 – 90°-Bogen/Bögen mit vorgegebenem Radius, nicht alle Bögen in derselben Richtung gebogen
5 – fünf Bögen[1]	5 – Bögen < 90°, alle in derselben Richtung gebogen
6 – Bogen	6 – Bögen < 90°, nicht alle in derselben Richtung gebogen
7 – vollständige Windungen	7 – Kreisabschnitte oder vollständige Windungen
99 – besondere ungenormte Stabformen, die in einer Zeichnung beschrieben werden. Schlüsselnummer 99 ist für alle ungenormten Stabformen in jedem Fall anzuwenden. Biegeradien für Stabformen mit der Schlüsselnummer 99 entsprechen entweder dem Regelfall (r) oder der Biegeradius ist besonders angegeben (R)[2].	

[1] Schlüsselnummer 51 ist die einzige Stabform, bei der mehr als vier Bögen erlaubt sind. Fünf oder mehr Bögen sind unzweckmäßig und führen zu Schwierigkeiten innerhalb der Grenzabweichungen. Sie sind in jedem Fall vollständig zu zeichnen und erhalten die Schlüsselnummer 99.

[2] Mit Ausnahme der Stabformen 12 und 67 erhalten alle Stäbe und Radien, die nicht dem Regelfall entsprechen, die Schlüsselnummer 99, der Radius R ist in der Zeichnung anzugeben.

308.1 Erklärung der Schlüsselnummern

Form	Typ	Biegeleiste H	Biegeleiste D	Biegeleiste I	Anz. ⌀	Rechenansatz in cm	Länge in cm
(1)	A0	0	–	a	2 ⌀ 16	40 + 700 + 40 + 260 + 130 − 2	1 168
(2)	A1	0	–	a	2 ⌀ 16	650 + 40 − 260 − 2	428
(3)	A1	0	–	a	4 ⌀ 20	350 + 40 + 330	720
(4)	C2	2	20	a b_0 c d z	2 ⌀ 25	700 − 10 − 90 60 − 2 · (2 + 1 + 2,5 + 2,5) 60 − 16 90 − 44 + 40 + 260 700 − 10 + 40 + 260	600 44 44 346 990
(5)	C2	2	15	a b_0 c d z	2 ⌀ 20	290 + 40 + 80 − 44 60 − 2 · (2 + 1 + 2,5 + 2,5) 60 − 16 650 − 80 − 10 290 + 40 + 650 − 10	366 44 44 560 970
(6)	A2	2	7	a b	3 ⌀ 25	10 · 2,5 40 + 700 + 10 − 2	25 748
(7)	A1	2	7	a b	3 ⌀ 20	10 · 2,5 10 + 650 − 10	25 650
(8)	B2	2	4	a b c d	99 ⌀ 10	30 − 2 · 2 60 − 2 · 2 20° 20 · 1	26 56 20
(9)	A1	0	–	a	20 ⌀ 25	30 − 2 · 2	26

308.2 Biegeformen und Biegelängen für die Datenerfassung

Form	Anzahl/⌀	Grundlänge in m	Längenzugabe Haken, Aufbieg. in m	Länge je Durchmesser in m ⌀ 10	⌀ 16	⌀ 20	⌀ 25
(1)	2 ⌀ 16	11,68			23,96		
(2)	2 ⌀ 16	4,28			8,56		
(3)	4 ⌀ 20	7,20				28,80	
(4)	2 ⌀ 25	9,90	0,44 ($\sqrt{2}$ − 1) ≈				20,16
(5)	2 ⌀ 20	9,70				19,76	
(6)	3 ⌀ 25	7,73	0,18				23,19
(7)	3 ⌀ 20	6,75	0,44 ($\sqrt{2}$ − 1) ≈			20,25	
(8)	99 ⌀ 10	2,04		201,96			
(9)	20 ⌀ 25	0,26	0,18				5,20
Gesamtlänge je ⌀ in m				201,96	32,52	68,81	48,55
Nenngewicht je ⌀ in kg				0,617	1,58	2,47	3,85
Gewicht je ⌀ in kg				124,61	51,38	169,96	186,92
Gesamtgewicht in kg				532,87			

308.3 Betonstabstahlliste BSt 500 S für einen Plattenbalken auf drei Stützen (Seite 307)

8.6 Bevorzugte Stabformen

In Bild 309.1 sind häufig vorkommende Stabformen abgebildet. In einer Liste werden die relevanten Werte für jeden Bauteil eines Bauvorhabens zusammengefasst (Tab. 308.4). Nach dieser Liste kann eine Betonstabstahlliste, entsprechend der Tabelle 308.3, angefertigt werden.

Hilfsmaße sind in Klammern angegeben; sie sind sowohl als Ausgleich beim Zuschneiden als auch bei den Biegetoleranzen vorgesehen und werden in die Stückliste nicht aufgenommen, weil sie nicht auf den Zentimeter genau angegeben werden können.

8.7 Stahlbetonstützen

Stahlbetonstützen sind stabförmige Druckglieder, für die besondere Maße zu beachten sind:
- Die größere Querschnittsabmessung darf das Vierfache der kleineren Abmessung nicht übersteigen.
- Die geringste Seitenlänge für Stützen mit Vollquerschnitt beträgt:
  20 cm für vor Ort (senkrecht) betonierte Stützen,
  12 cm für waagerecht betonierte Fertigteilstützen.
- Der Durchmesser der Längsbewehrungsstäbe d_{sl} muss mindestens 12 mm betragen.
- Der horizontale Abstand der Längsstäbe darf 30 cm nicht überschreiten.
- Für Querschnitte mit b ≤ 40 cm und h ≤ b genügt je ein Bewehrungsstab in den Ecken.

Bauteil	Pos.	Stab-⌀ in mm	Formnummer	Biegemaße in cm a	b	c	d	e/R	Einzellänge in cm
Platte	0.1	12	26	450	28	150	20		628
Wand	1.4	16	00	380					380
Stütze	2.2	6	77	30	11				1036

308.4 Beispiel für eine Stabliste nach DIN ISO 4066

Beton- und Stahlbetonarbeiten 309

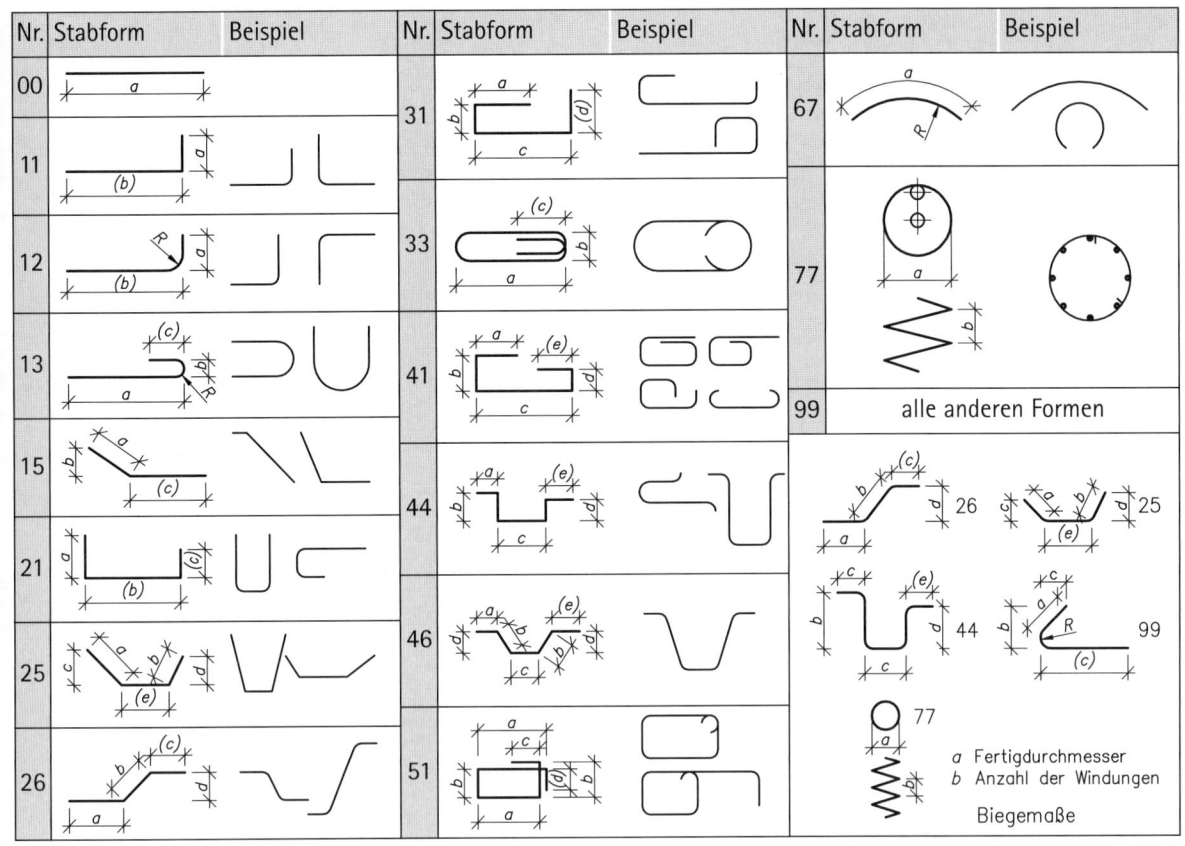

Nr.	Stabform	Beispiel	Nr.	Stabform	Beispiel	Nr.	Stabform	Beispiel
00			31			67		
11			33			77		
12			41			99	alle anderen Formen	
13			44					26, 25
15			46					44, 99
21			51					77
25								
26								

a Fertigdurchmesser
b Anzahl der Windungen
Biegemaße

309.1 Bevorzugte Stabformen nach DIN ISO 4066

- In Stützen mit polygonalem Querschnitt muss in jeder Ecke mindestens ein Längsstab liegen.
- In Stützen mit Kreisquerschnitt sind mindestens 6 Stäbe anzuordnen.
- Die Längsbewehrung von Stützen muss von einer Querbewehrung (Bügel, Schlaufen oder Wendeln) umschlossen sein:
  $d_{sbü} \geq 1/4\, d_{s1} \geq 6\,mm$
  Bügelbewehrungen aus Betonstahlmatten $d_s \geq 5\,mm$
- Bei der Anordnung von Stabbündeln mit $d_{sV} > 28\,mm$ muss $d_{sbü}$ von Einzelbügeln und Bügelwendeln $\geq 12\,mm$ betragen.
- Die Querbewehrung ist ausreichend zu verankern, bei Bügeln mit Haken $\geq 5\, d_{sbü}$.
- Die Bügelabstände $s_{bü}$ dürfen folgende Werte nicht unterschreiten:
  – das 12fache des kleinsten Durchmessers der Längsstäbe,
  – die kleinste Seitenlänge oder den Durchmesser der Stütze,
  – 30 cm.
- Die Bügelabstände sind mit dem Faktor 0,6 zu vermindern:
  – unmittelbar über oder unter Balken oder Platten über eine Höhe $\geq$ der größten Abmessung des Stützenquerschnitts,
  – bei Übergreifungsstößen der Längsstäbe, wenn deren Durchmesser $d_{s1} > 14\,mm$ ist.

- In jeder Ecke der Stütze sind maximal 5 Längsstäbe zulässig.
- Weitere Längsstäbe und solche, deren Abstand vom Eckbereich den 15fachen Bügeldurchmesser überschreitet, sind durch zusätzliche Querbewehrung zu sichern, die höchstens den doppelten Abstand $s_{bü}$ der übrigen Querbewehrung hat.

Balkenbreite b in cm[1]	Durchmesser d_s in mm						
	10	12	14	16	20	25	28
10	1	1	1	1	1	1	–
15	3	3	3	(3)[2]	2	2	1
20	5	4	4	4	3	3	2
25	6	6	6	5	5	4	3
30	8	(8)	7	7	6	5	4
35	10	9	(9)	8	7	6	5
40	11	11	10	9	8	7	6
45	13	12	(12)	11	10	8	7
50	15	14	13	12	11	9	(8)
55	16	15	14	14	12	10	8
60	18	17	16	15	13	11	9
Bügeldurchmesser $d_{sbü}$	$\leq 8\,mm$				$\leq 10\,mm$	$\leq 12\,mm$	$\leq 16\,mm$

[1] Betondeckung $c_{nom} = 2,5\,cm$, bezogen auf die Bügel
[2] Bei den Werten in () werden die geforderten Abstände geringfügig unterschritten

309.2 Größte Anzahl von Stäben in einer Lage bei Balken

Beton- und Stahlbetonarbeiten

d_s in mm	Anzahl der Stäbe									
	1	2	3	4	5	6	7	8	9	10
6	0,28	0,57	0,85	1,13	1,41	1,70	1,98	2,26	2,54	2,83
8	0,50	1,01	1,51	2,01	2,51	3,02	3,52	4,02	4,52	5,03
10	0,79	1,57	2,36	3,14	3,93	4,71	5,50	6,28	7,07	7,85
12	1,13	2,26	3,39	4,52	5,65	6,79	7,92	9,05	10,18	11,31
14	1,54	3,08	4,62	6,16	7,70	9,254	10,78	12,32	13,85	15,39
16	2,01	4,02	6,03	8,04	10,05	12,06	14,07	16,09	18,10	20,11
20	3,14	6,28	9,42	12,57	15,71	18,85	21,99	25,13	28,27	31,42
25	4,91	9,82	14,73	19,64	24,54	29,45	34,36	39,27	44,18	49,09
28	6,16	12,32	18,47	24,63	30,79	36,95	43,10	49,26	55,42	61,58

310.1 Querschnitte A_s von Balkenbewehrungen in cm²

9 Flächenförmige Betonbauteile

Zu den flächenförmigen Betonbauteilen gehören Platten und Wände.

9.1 Vollplatten aus Ortbeton

- Die Mindestdicke einer Vollplatte aus Ortbeton beträgt:
  - allgemein 7 cm,
  - für Platten mit Querkraftbewehrung 16 cm,
  - für Platten mit Durchstanzbewehrung 20 cm.
- Mindestens die Hälfte der Feldbewehrung ist über die Auflager zu führen und dort zu verankern.
- In einachsig gespannten Platten ist eine Querbewehrung vorzusehen, die mindestens 20 % der Zugbewehrung beträgt. Bei Betonstahlmatten muss der Mindestdurchmesser für die Querbewehrung 5 mm betragen.
- In zweiachsig gespannten Platten darf die Bewehrung in der minderbeanspruchten Richtung nicht weniger als 20 % der Bewehrung in der höherbeanspruchten Richtung betragen.
- Für den maximalen Abstand s der Stäbe gilt:
  - für die Zugbewehrung:
    $s = 250$ mm für Plattendicken $h \geq 250$ mm,
    $s = 150$ mm für Plattendicken $h \leq 150$ mm,
    Zwischenwerte sind linear zu interpolieren;
  - für die Querbewehrung oder die Bewehrung in der minderbeanspruchten Richtung $s \leq 250$ mm.
- Eine Drillbewehrung für in beiden Richtungen frei aufliegende Platten ist durch eine parallel zu den Seiten verlaufende untere und obere Netzbewehrung in den Plattenecken auszubilden (Bild 310.2). Die Querschnittsfläche der Drillbewehrung soll mindestens gleich der Querschnittsfläche der Feldbewehrung sein und mindestens eine Länge von 0,3 min l_{eff} haben. In Plattenecken, in denen ein frei aufliegender und ein eingespannter Rand zusammentreffen, sollte mindestens die Hälfte der Querbewehrung eingelegt werden.
- Bei vierseitig gelagerten Platten, die als einachsig gespannt gerechnet wurden, sollte zur Vermeidung von Rissbildungen ebenfalls eine Drillbewehrung verlegt werden.
- Ist die Platte mit Randbalken oder benachbarten Deckenfeldern biegefest verbunden, braucht keine Drillbewehrung vorgesehen zu werden.
- Entlang freier, ungestützter Ränder sind eine Längs- und eine Querbewehrung aus Längsstählen und Steckbügeln als Randsicherung anzuordnen.

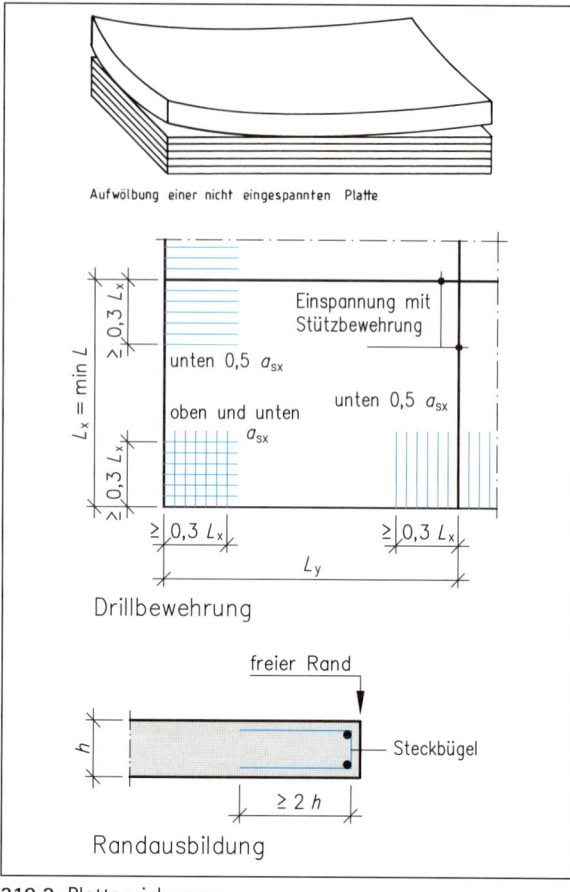

310.2 Plattensicherung

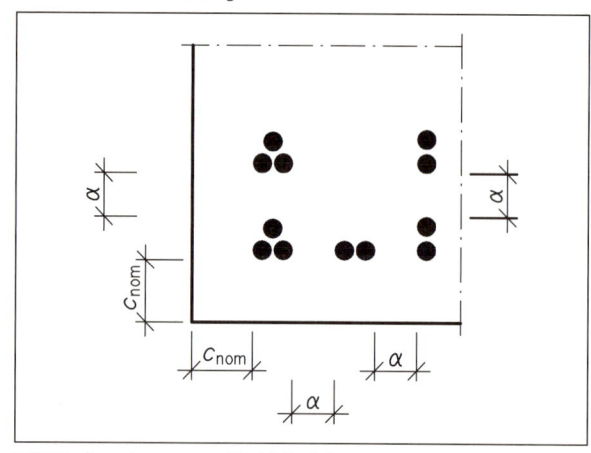

310.3 Anordnung von Stabbündeln

- Bei Fundamenten und innen liegenden Bauteilen des üblichen Hochbaus kann auf eine Randsicherung verzichtet werden.
- Einspannwirkungen, die an Endauflagern rechnerisch nicht erfasst werden, müssen bei Annahme frei drehbarer Auflagerung als Stützenmoment mit mindestens 25 % des benachbarten Feldmomentes angesetzt werden. Die Einspannbewehrung muss von Innenkante Endauflager mindestens über die 0,25fache Länge des Endfeldes verlegt werden.
- Bei der Bewehrung werden in der Regel
  - eine **Feldbewehrung** als untere Lage und
  - eine **Stützbewehrung** als obere Lage angeordnet.

9.2 Bewehrungen mit Lagermatten

Betonstahllagermatten haben eine einheitliche Breite von 2,15 m und eine Länge von 5,00 m oder 6,00 m (Tab. 294.1). Für flächige Bewehrungen werden Lagermatten mit Überdeckungsstößen verlegt. Die Übergreifungslängen $l_ü$ (in cm) dieser Stöße werden durch einen bzw. durch drei Stababstände plus zwei Stabüberstände gebildet. Lagermatten werden stets mit Zweiebenenstößen verlegt (Bild 295.1). Es sind Tragstöße und Verteilerstöße sowie Stöße in Längsrichtung und in Querrichtung zu unterscheiden.

9.3 Darstellungen von Lagermatten

Zeichnungen für das Verlegen von Betonstahllagermatten werden vorzugsweise im Maßstab 1:50 angefertigt und in cm bemaßt. Der Grundriss ist in Draufsicht zu zeichnen. Die nach dem Betonieren verdeckten Stützenkanten sind in gestrichelten schmalen Linien (etwa 0,35 mm) zu zeichnen, die sichtbaren in schmalen Volllinien. Die Matten und Diagonalen werden in breiten Volllinien (etwa 0,5 mm) dargestellt. Die untere und die obere Bewehrung werden in getrennten Zeichnungen erfasst.
In Bild 312.1 sind drei Darstellungsarten von Lagermatten wiedergegeben:
Einzeldarstellung. Jede einzelne Matte wird durch ein Rechteck mit einer Diagonalen, den Übergreifungsstößen, der Formnummer und der Mattenbezeichnung markiert. Die Übergreifungslängen l_s sind jeweils einmal zu bemaßen.
Zusammengefasste Darstellung. Gleiche Matten werden zu gesamten Bewehrungsflächen zusammengesetzt, die durch eine Diagonale markiert werden, an die die Anzahl der Matten, deren Formnummer und Bezeichnung geschrieben wird. Die Mattenstöße werden lediglich angedeutet, die Übergreifungslängen vermerkt.
Achsbezogene Darstellung. Über einem Achsenkreuz in breiten Volllinien werden in der Breitenrichtung die Positionsnummern geschrieben und die Übergreifungsstöße amgedeutet; das Übergreifungsmaß wird je einmal angegeben. Die Mattenbezeichnungn wird an der Längsstabachse angegeben.
Schneideskizzen werden vorzugsweise im Maßstab 1:100 angefertigt. Alle Mattenformen sind zu zeichnen und unter wirtschaftlichen Gesichtspunkten zu möglichst wenigen ganzen Matten zusammenzufassen. Kleinere Abfallstücke sollten nicht abgeschnitten, sondern mit größerer Übergreifungslänge verlegt werden.
In einer Zusammenstellung werden die Matten und deren Gesamtgewicht erfasst.
Unterstützungen der oberen Bewehrung (Tab. 312.1) können durch *Herabmessen* als Differenz zwischen der unteren Bewehrungsfläche und der oben nicht bewehrten Fläche ermittelt werden.

9.4 Positionsplan für die Verlegung von Lagermatten

Die Ergebnisse der statischen Berechnung für eine Zweifeldplatte sind in Bild 313.1 zu einem Positionsplan zusammengefasst, der die Grundlage für Verlegezeichnungen bildet.

9.5 Verlegezeichnungen für Lagermatten

Beim Schneiden von Lagermatten sollte nach Möglichkeit in Maschenmitte getrennt werden, um Reststücke mit überschaubaren Maßen zu erhalten.
Auf den Außenmauern liegt die Zweifeldplatte 12,5 cm auf. Unter Berücksichtigung von etwa 2,5 cm Betondeckung verbleibt eine Stahlauflagerung von 10 cm. Aus Sicherheitsgründen soll ein Stab der Matten hinter der rechnerischen Auflagerlinie R liegen, die bei den Außenmauern mit 12,5 cm/3 ≈ 4 cm angenommen werden kann. Für die Verlegezeichnungen (Bild 316.1) beginnt man am besten mit der unteren Bewehrung. Parallel zur Festlegung der einzelnen Formen sollten die Schneideskizzen angefertigt werden.
Die Einzelmattendarstellung ist durch die Mattenbemaßung in den Darstellungen der Bewehrungslagen ergänzt.

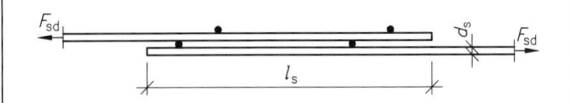

Zwei-Ebenen-Stoß

$$l_s = l_b \cdot \alpha_2 \cdot \frac{a_{s,erf}}{a_{s,vorh}} \geq l_{s,min}$$

l_b Grundmaß der Verankerungslänge
α_2 Beiwert zur Berücksichtigung des Mattenquerschnitts
  $= 0{,}4 + a_{s,vorh}/8 \geq 1{,}0$
  $\leq 2{,}0$
$a_{s,erf}$, $a_{s,vorh}$ erforderliche und vorhandene Querschnittsfläche im Stoßquerschnitt in cm²/m
$l_{s,min}$ Mindestwert der Übergreifungslänge
  $= 0{,}3 \cdot \alpha_2 \cdot l_b \geq s_q$
  ≤ 200 mm
s_q Abstand der (angeschweißten) Querstäbe

Verteilerstoß der Querbewehrung

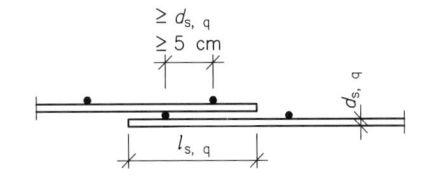

311.1 Stoßlängen l_s

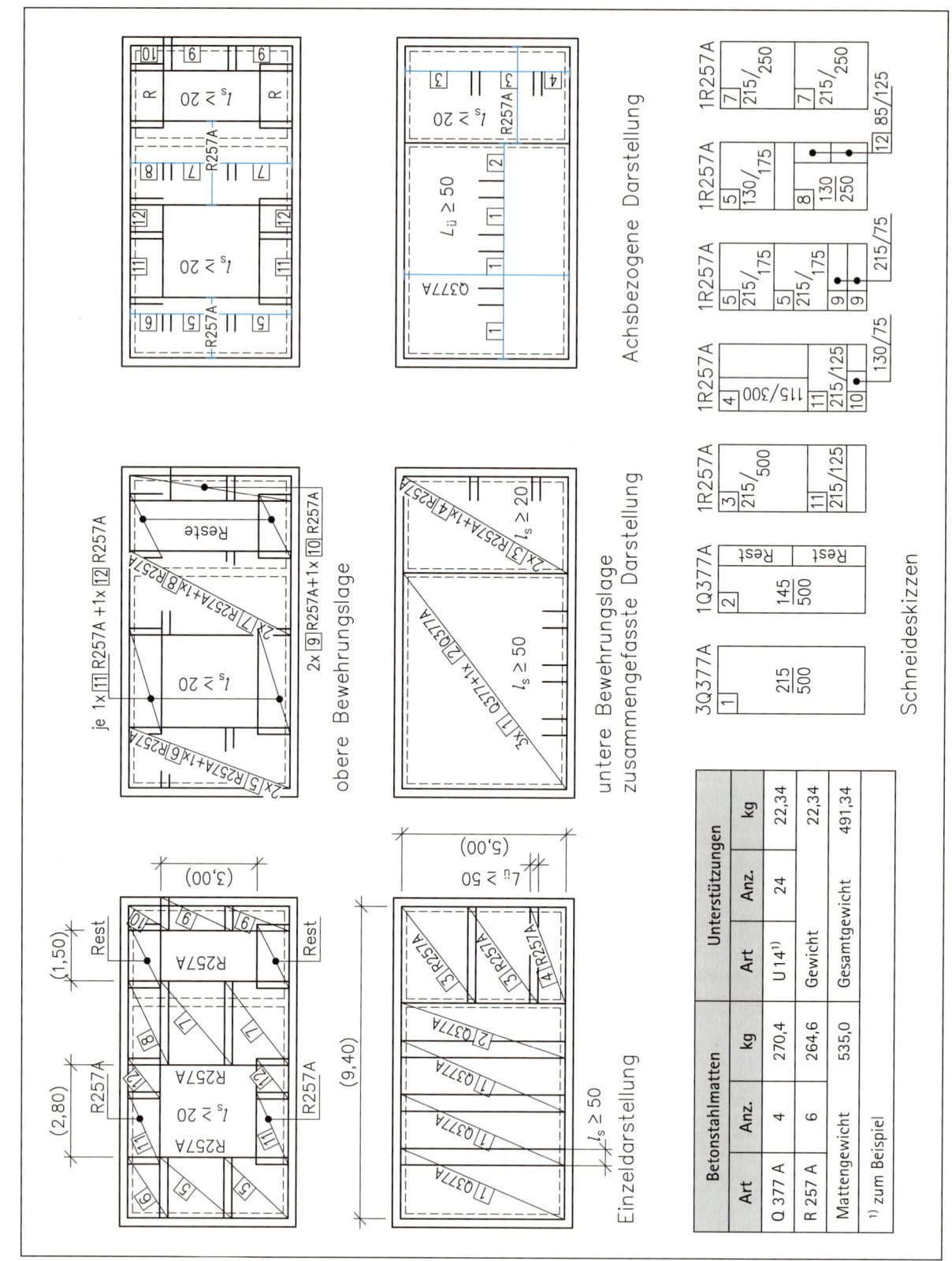

312.1 Darstellungen von Betonstahllagermatten

Beton- und Stahlbetonarbeiten

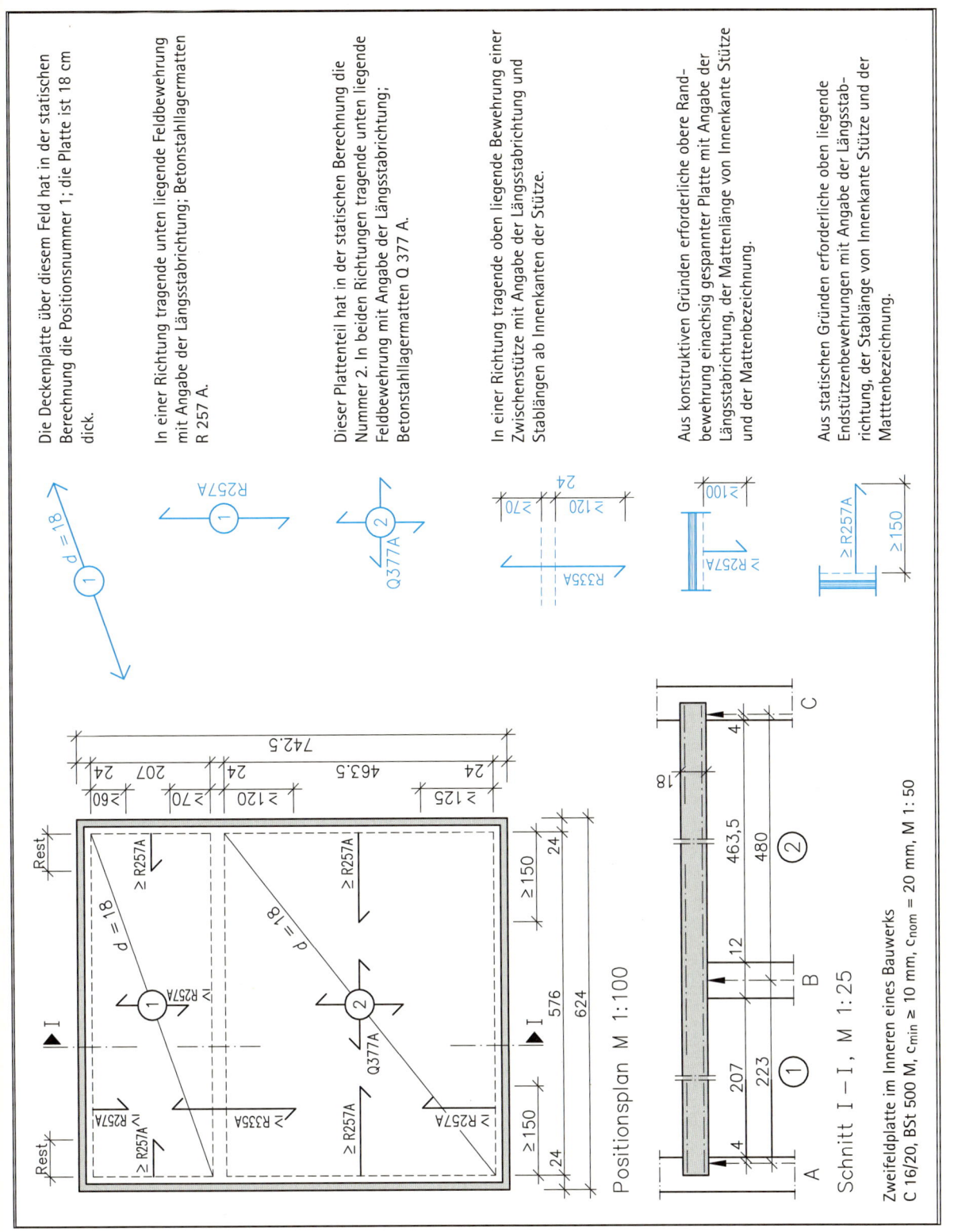

Die Deckenplatte über diesem Feld hat in der statischen Berechnung die Positionsnummer 1; die Platte ist 18 cm dick.

In einer Richtung tragende unten liegende Feldbewehrung mit Angabe der Längsstabrichtung; Betonstahllagermatten R 257 A.

Dieser Plattenteil hat in der statischen Berechnung die Nummer 2. In beiden Richtungen tragende unten liegende Feldbewehrung mit Angabe der Längsstabrichtung; Betonstahllagermatten Q 377 A.

In einer Richtung tragende oben liegende Bewehrung einer Zwischenstütze mit Angabe der Längsstabrichtung und Stablängen ab Innenkanten der Stütze.

Aus konstruktiven Gründen erforderliche obere Randbewehrung einachsig gespannter Platte mit Angabe der Längsstabrichtung, der Mattenlänge von Innenkante Stütze und der Mattenbezeichnung.

Aus statischen Gründen erforderliche oben liegende Endstützenbewehrungen mit Angabe der Längsstabrichtung, der Stablänge von Innenkante Stütze und der Mattenbezeichnung.

313.1 Positionsplan und Zeichenerklärung

Positionsplan M 1:100

Schnitt I–I, M 1:25

Zweifeldplatte im Inneren eines Bauwerks
C 16/20, BSt 500 M, $c_{min} \geq 10$ mm, $c_{nom} = 20$ mm, M 1:50

Beton- und Stahlbetonarbeiten

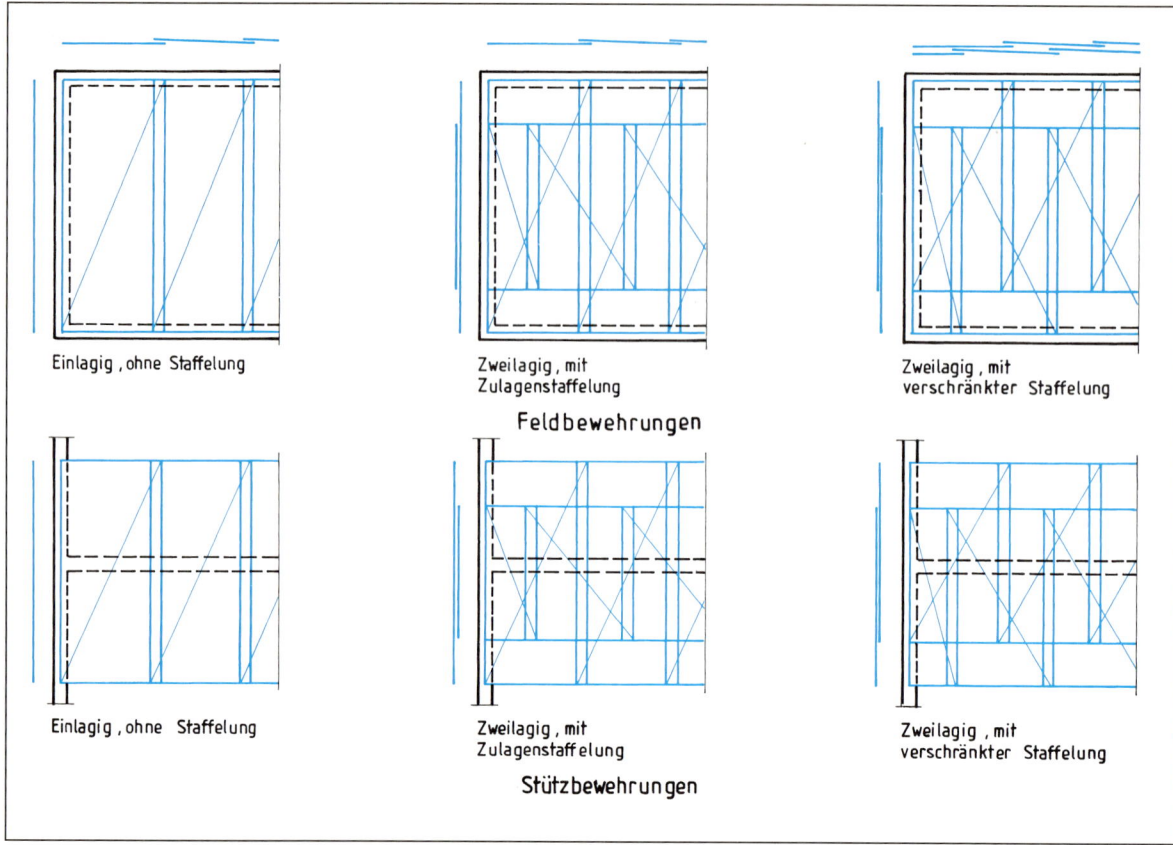

Feldbewehrungen

Einlagig, ohne Staffelung

Zweilagig, mit Zulagenstaffelung

Zweilagig, mit verschränkter Staffelung

Stützbewehrungen

Einlagig, ohne Staffelung

Zweilagig, mit Zulagenstaffelung

Zweilagig, mit verschränkter Staffelung

314.1 Betonstahlmatten-Verlegung bei einachsigen gespannten Platten

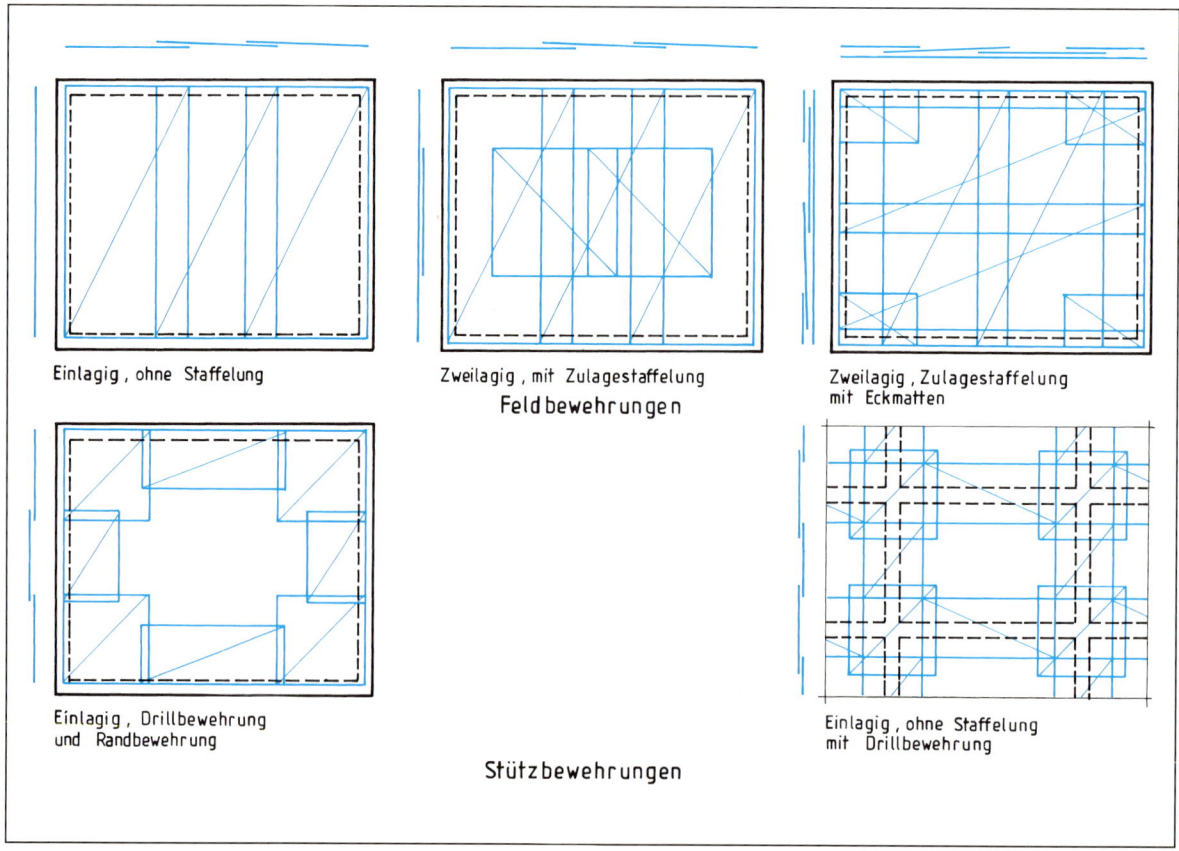

Feldbewehrungen

Einlagig, ohne Staffelung

Zweilagig, mit Zulagestaffelung

Zweilagig, Zulagestaffelung mit Eckmatten

Stützbewehrungen

Einlagig, Drillbewehrung und Randbewehrung

Einlagig, ohne Staffelung mit Drillbewehrung

314.2 Betonstahlmatten-Verlegung bei zweiachsigen gespannten Platten

Übergreifungslängen l von Tragstößen als Zwei-Ebenen-Stoß für C 12/15 bis C 30/37 in cm

In den Tabellen gilt: $\frac{a_{s,erf}}{a_{s,vorh}} = 1{,}0$; $l_{s,min}$ beachten!

Q-Matten	l im Verbundbereich I										l im Verbundbereich II									
	Tragstoß Längsrichtung					Tragstoß Querrichtung					Tragstoß Längsrichtung					Tragstoß Querrichtung				
	C12	C16	C20	C25	C30	C12	C16	C20	C25	C30	C12	C16	C20	C25	C30	C12	C16	C20	C25	C30
Q 188 A	40	33	29	25	22	40	33	29	25	22	57	47	41	35	31	57	47	41	35	31
Q 257 A	47	39	33	29	26	47	39	33	29	26	66	55	47	41	36	66	55	47	41	36
Q 335 A	53	44	38	33	29	53	44	38	33	29	76	63	54	47	41	76	63	54	47	41
Q 377 A	56	47	40	35	31	50	50	50	50	50	80	66	57	49	44	66	55	50	50	50
Q 513 A	68	57	49	42	37	55	50	50	50	50	97	80	69	60	53	78	64	56	50	50

R-Matten	l im Verbundbereich I										l im Verbundbereich II									
	Tragstoß Längsrichtung					Tragstoß Querrichtung					Tragstoß Längsrichtung					Tragstoß Querrichtung				
	C12	C16	C20	C25	C30	C12	C16	C20	C25	C30	C12	C16	C20	C25	C30	C12	C16	C20	C25	C30
R 188 A	40	33	29	25	25	40	33	29	25	22	57	47	41	35	31	57	47	41	35	31
R 257 A	47	39	33	29	26	40	33	29	25	22	66	55	47	41	36	57	47	41	35	31
R 335 A	53	44	38	33	29	40	33	29	25	22	76	63	54	47	41	57	47	41	35	31
R 377 A	56	47	40	35	31	40	33	29	25	22	80	66	57	49	44	57	47	41	35	31
R 513 A	68	57	49	42	37	40	33	29	25	22	97	80	69	60	53	57	47	41	35	31

Maschenregel für Zwei-Ebenen-Stoß (gilt für ungeschnittene Matten nach Lieferprogramm)

Q-Matten	Maschenanzahl im Verbundbereich I										Maschenanzahl im Verbundbereich II									
	Tragstoß Längsrichtung					Tragstoß Querrichtung					Tragstoß Längsrichtung					Tragstoß Querrichtung				
	C12	C16	C20	C25	C30	C12	C16	C20	C25	C30	C12	C16	C20	C25	C30	C12	C16	C20	C25	C30
Q 188 A	2	1	1	1	1	3	2	2	2	2	3	2	2	1	1	4	3	3	2	2
Q 257 A	2	2	1	1	1	3	3	2	2	2	3	3	2	2	1	4	4	3	3	3
Q 335 A	3	2	2	1	1	4	3	3	2	2	4	3	3	2	2	5	4	4	3	3
Q 377 A	4	3	2	2	1	3	3	3	3	3	6	5	4	3	3	4	3	3	3	3
Q 513 A	5	4	3	3	2	4	3	3	3	3	8	6	5	4	4	5	4	4	3	3

R-Matten	Maschenanzahl im Verbundbereich I										Maschenanzahl im Verbundbereich II									
	Tragstoß Längsrichtung					Verteilerstoß Querrichtung					Tragstoß Längsrichtung					Verteilerstoß Querrichtung				
	C12	C16	C20	C25	C30	C12	C16	C20	C25	C30	C12	C16	C20	C25	C30	C12	C16	C20	C25	C30
R 188 A	1	1	1	1	1	1	1	1	1	1	2	1	1	1	1	1	1	1	1	1
R 257 A	1	1	1	1	1	1	1	1	1	1	2	1	1	1	1	1	1	1	1	1
R 335 A	2	1	1	1	1	1	1	1	1	1	2	2	1	1	1	1	1	1	1	1
R 377 A	2	1	1	1	1	1	1	1	1	1	3	2	2	1	1	1	1	1	1	1
R 513 A	2	2	1	1	1	1	1	1	1	1	3	3	2	2	2	1	1	1	1	1

315.1 Übergreifungsstöße für Lagermatten

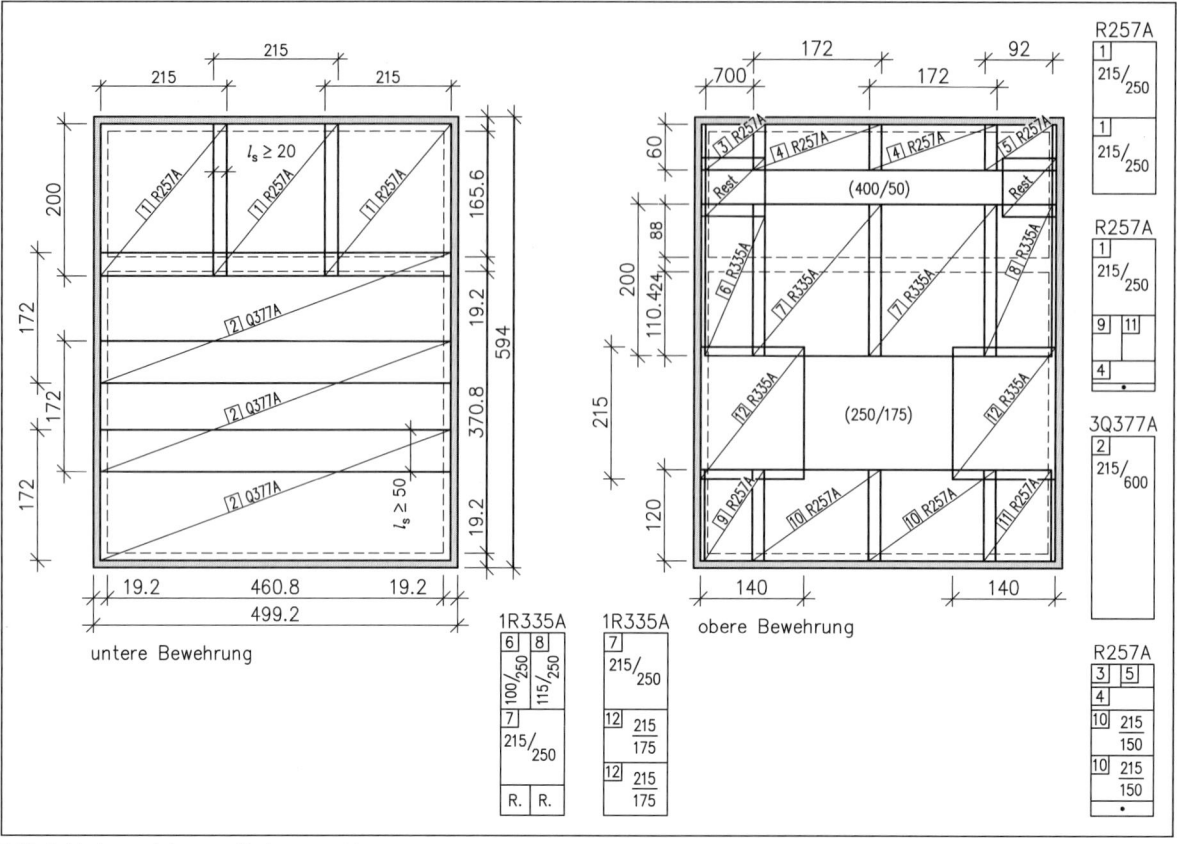

316.1 Verlegezeichnung für Lagermatten

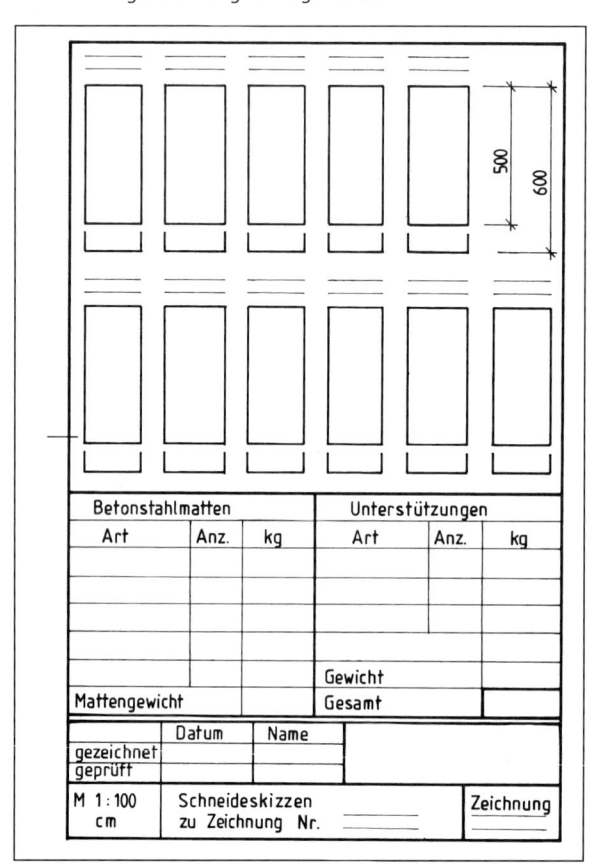

316.2 Schneideskizzen – Formblatt

Untere Bewehrung

Feld (1) R 257 A (215/500 cm)

Bei einachsig gespannten R 257 A braucht in der nicht tragenden Querrichtung lediglich ein Längsstab über dem Auflager zu liegen; der Querstabüberstand bei allen Lagermatten beträgt 2,5 cm.
Deckbreite einer R-Matte ≤ 215 cm – ≥ 20 cm ≤ 195 cm

Breitenstaffelung

erforderliche Deckbreite 2,5 cm + 576 cm + 2,5 cm ≥ 581 cm
Anzahl der Matten 581 cm : 195 cm = 2,98
gewählt 3 ganze Matten = 2 · 195 cm + 215 cm = 605 cm

Längenermittlung

rechnerische Länge
l_{eff} = 12,5 cm/3 + 207 cm + 24 cm/2 ≈ 223 cm
gewählt 250 cm
[1] 3 R 257 A – 215/250 cm
Feld (2) Q 377 A (215/600 cm)
Deckbreite einer Q-Matte ≤ 215 cm – ≥ 50 cm ≤ 165 cm

Breitenstaffelung

erforderliche Deckbreite
l_{eff} = 12,5 cm/3 + 463,5 cm + 24 cm/2 = 480 cm
Anzahl der Matten 480 cm : 165 cm = 2,91
gewählt 3 ganze Matten 2 · 165 cm + 215 cm = 545 cm
Die Überbreite wird auf die Stöße verteilt.

Längenermittlung
rechnerische Länge
   leff = 12,5 cm/3 + 576 cm + 12,5 cm/3 = 584 cm
gewählt 600 cm
[2] 3 Q 377 A – 215/600 cm

Obere Bewehrung
Stütze A – R 257 A (215/500 cm)
Breitenstaffelung
Damit die Stöße der oberen Bewehrung nicht über den Stößen der unteren Bewehrung liegen, wird mit einer Mattenbreite von 100 cm begonnen.
gewählt 100 cm – 20 cm + 2 · 195 cm + 115 cm = 585 cm
Länge gewählt 75 cm
[3] 1 R 225 A – 100/75 cm, [4] 2 R – 215/75 cm,
[5] 1 R 257 A – 115/75 cm

Stütze B – R 335 A (215/600 cm)
Breitenstaffelung wie Stütze A
Länge gewählt 250 cm
[6] 1 R 335 A – 100/250 cm, [7] 2 R 335 A – 215/250 cm,
[8] 1 R 335 A – 115/250 cm

Stütze C – R 257 A (215/500 cm)
Breitenstaffelung wie Stütze A
Länge gewählt 150 cm
[9] 1 R 257 A – 100/150 cm, [10] 2 R 257 A – 215/150 cm,
[11] 1 R 257 A – 115/150 cm

Randbewehrung Feld (2) – R 221 (215/500 cm)
Breite gewählt 215 cm
Länge gewählt 175 cm
[12] 2 R 257 A – 215/175 cm

Randbewehrung Feld (2) – Reststücke aus R 295
Bei einachsig gespannten Platten sind die nicht belasteten Auflager durch eine Abreißbewehrung vornehmlich aus Reststücken zu sichern.
gewählt 1 R 335 A – 100/100 cm, 1 R 335 A – 115/100 cm

Unterstützungen
Die Unterstützungen für die obere Bewehrung sollen auf der unteren Bewehrung stehen.
Unterstützungshöhe = Plattendicke – 2 · c_{nom} – 2∅
   = 18 cm – 2 · 2 cm – (0,85 cm + 0,75 cm) = 12,4 cm
gewählt SBA 12
Untere Bewehrungslage   = 6,01 m · 4,195 m = 25,2 m²
Oben nicht bewehrte Flächen
   4,00 m · 0,5 m + 2,50 m · 1,75 m =   6,4 m²
Unterstützungsfläche   = 25,2 m² – 6,4 m² = 18,8 m²
Anzahl der Unterstützungskörbe
   = 18,8 m² · 0,7 Körbe/m² ≈ 14 Körbe

9.6 Stahlbetonwände

Stahlbetonwände werden normalerweise lotrecht zu ihrer Ebene belastet. Für Wände mit überwiegender Biegung senkrecht zu ihrer Ebene gelten die Regeln für Platten.
Bei wandartigen Trägern sind folgende Vorschriften zu beachten:
- Für die Mindestwanddicken gelten die Angaben der Tabelle 317.1.
- Wandartige Träger sind an beiden Außenseiten mit einem rechtwinkligen Bewehrungsnetz zu versehen. Die Querschnittsfläche der Bewehrung darf je Außenfläche und Richtung $as \geq 1{,}5 \text{ cm}^2$/m und 0,075% des Betonquerschnitts A_c nicht unterschreiten.
- Die Maschenweite des Bewehrungsnetzes bei wandartigen Trägern darf nicht größer als die doppelte Wanddicke und nicht größer als 30 cm sein.

Für Stahlbetonwände gelten folgende Vorschriften:
- Die Mindestwanddicken sind der Tabelle 317.1 zu entnehmen.
- Im Allgemeinen soll die Hälfte der erforderlichen Bewehrung an jeder Wandaußenseite liegen.
- Die Querschnittsfläche der horizontalen Bewehrung muss mindestens 20% der lotrechten Bewehrung betragen.
- Die waagerechten, parallel zu den Wandaußenseiten und zu den freien Kanten verlaufenden Bewehrungen sollten außen liegend vorgesehen werden.
- Der Durchmesser der horizontalen Bewehrung muss mindestens ein Viertel des Durchmessers der lotrechten Stäbe betragen.
- Der Abstand s zwischen zwei benachbarten Tragstäben darf maximal 20 cm betragen, bei Verteilerstäben 35 cm.
- Bei Beton ab der Festigkeitsklasse C70/85 sollte der Abstand zwischen zwei benachbarten lotrechten Stäben nicht über der 2fachen Wanddicke oder 30 mm liegen, wobei der kleinere Wert maßgebend ist.
- Wenn die Querschnittsfläche der lasttragenden lotrechten Bewehrung 0,02 der Betonquerschnittsfläche A_c übersteigt, muss diese Bewehrung durch Bügel, wie bei Betonstützen, umschlossen werden.
- An freien Rändern von Wänden mit einer Bewehrung As je Wandseite $\geq 0{,}003 A_c$ müssen die Eckstäbe durch Steckbügel gesichert werden.
- Die außen liegenden Bewehrungsstäbe beider Wandseiten sind je m² Wandfläche an mindestens vier versetzt angeordneten Stellen zu verbinden. Als Verbindungen werden S-Haken oder bei dicken Wänden Steckbügel angeordnet. Bei Tragstäben mit $ds \leq 16$ mm dürfen S-Haken entfallen, wenn die Betondeckung mindestens 2 ds beträgt; in diesem Fall und stets bei Betonstahlmatten dürfen die druckbeanspruchten Stäbe außen liegen.

Zeichnerische Darstellungen von Stahlbetonwänden mit einer inneren und einer äußeren Bewehrung sind analog zu den Stahlbetonplatten anzufertigen.

Beton		Mindestwanddicken in cm			
		unbewehrte Wände		Stahlbetonwände	
		Decken nicht durchlaufend	Decken durchlaufend	Decken nicht durchlaufend	Decken durchlaufend
C12/15 oder LC12/13	Ortbeton	20	14	–	–
ab C16/20 oder LC16/18	Ortbeton	14	12	12	10
	Fertigteil	12	10	10	8

317.1 Mindestdicken für tragende Betonwände

Beton- und Stahlbetonarbeiten

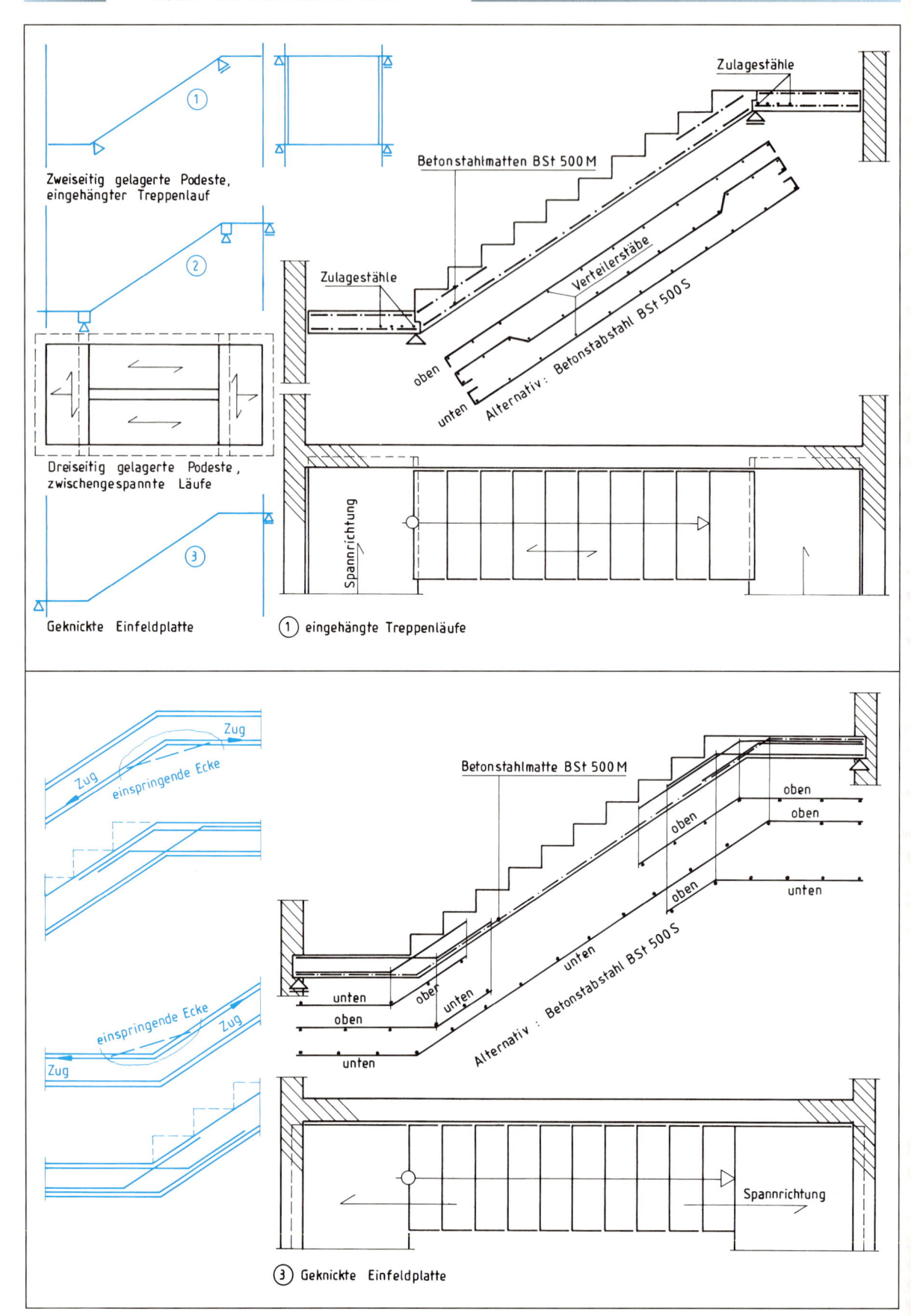

318.1 Stahlbetontreppen – Bewehrungsprinzipien

10 Stahlbetontreppen

Stahlbetontreppen sind als flächenförmige Bauteile anzusehen, die sich durch die Art ihrer Auflagerungen und damit durch die Bewehrungsführung unterscheiden.
In Bild 318.1 sind die drei häufigsten Auflagerungen am Beispiel einer mehrläufigen geraden Treppe zusammengestellt:
(1) Die Podeste sind zweiseitig gelagert, die Treppenläufe sind eingehängt.
(2) Die Podeste sind dreiseitig gelagert, an ihren Freiseiten enden sie in Plattenbalken oder plattengleichen Balken, zwischen die die Läufe eingespannt sind.
(3) Eine geknickte Einfeldplatte bildet die Podeste und den Treppenlauf.

Die Schalldämmung ist bei der Konstruktion von Massivtreppen besonders zu beachten. Linienförmig schalldämmende Platten können bei den vollflächigen Auflagern und Einhängungen angeordnet werden. Die Podestauflager können mehrere Einzelauflager bekommen, die mit Dämmelementen versehen sind.

11 Spannbeton

Spannbetonteile, die auf Biegezug beansprucht werden, können durch Spannstähle gestaucht oder überhöht werden, so dass der Beton unter Gebrauchslast nicht oder nur minimal auf Zug beansprucht wird.

11.1 Baustoffe für Spannbeton

- Alle Normenzemente der Festigkeitsklassen $\geq 42{,}5$.
- Portlandzement und Portlandhüttenzement der Festigkeitsklasse $\geq 32{,}5\,R$.
- Betonzuschlag mit $\leq 0{,}02$ Masse-% wasserlöslichem Chlorid.
- Spannstähle nach Tabelle 319.1.

Betonzusatzstoffe dürfen nicht verwendet werden.

Spannglieder
- Die Abstände der Spannglieder müssen so festgelegt werden, dass das Einbringen und Verdichten des Betons fachgerecht erfolgen kann.
- Zwischen Spanngliedern und verzinkten Einbauteilen oder verzinkter Bewehrung müssen mindestens 20 mm Beton vorhanden sein; außerdem darf keine metallische Verbindung bestehen.

11.2 Spannverfahren

Die Spannverfahren unterscheiden sich nach dem Zeitpunkt des Spannes und der Umhüllung mit Beton.

Spannen im sofortigen Verbund. Bei der werkmäßigen Herstellung von Stahlbetonfertigteilen erfolgt die Spannung vor dem Erhärten des Betons, dabei werden die Stähle über die Ränder der Betonform gespannt, danach wird der Beton eingebracht. Nach dem Erhärten wird die Vorspannung gelöst; die Spannkraft überträgt sich auf den Beton.

Spannglieder im sofortigen Verbund
- Für Vorspannungen im sofortigen Verbund sind glatte Stähle nicht zulässig.
- Die horizontalen und die vertikalen lichten Mindestabstände der einzelnen Spannglieder sind Bild 319.2 zu entnehmen.
- Spannglieder aus gezogenen Drähten oder Litzen dürfen nach dem Spannen umgelenkt werden.

Spannen im nachträglichen Verbund. Hüllrohre aus Blech mit geripter Oberfläche werden einbetoniert. Nach dem Erhärten des Betons werden die in den Rohren liegenden Stähle gespannt und Zementmörtel in die Rohre gepresst, dadurch wird der Verbund des Stahls zu dem Betonbauteil hergestellt. Mit Verankerungen werden die Stähle auf Spannung gehalten.

Spannglieder im nachträglichen Verbund
- Der lichte Abstand zwischen den einzelnen Hüllrohren muss mindestens das 0,8fache des äußeren Hüllrohrdurchmessers betragen, jedoch nicht weniger als 40 mm horizontal und 50 mm vertikal, wobei die Absolutmaße auch für rechteckige Hüllrohre gelten.

Spannen ohne Verbund. Außerhalb des Betonbauteils geführte Spannglieder zeichnen sich durch Austauschbarkeit und Inspizierbarkeit aus.

Die zeichnerische Darstellung von Spannstählen ist der Tabelle 303.2 zu entnehmen.

Spannstahlsorte (Auswahl)	Herstellungsart	Form	Steckgrenze/ Zugfestigkeit N/mm²	Durchmesser
Stabstahl	warmgewalzt, gereckt und angelassen	rund, gerippt	835/1030	26,5 32
Draht	kaltgezogen	rund, profiliert	1470/1670	5,5 7,0 6,0 6,5 6,5
Litzen	kaltgezogen	7-drähtige Litzen	1570/1770	9,2 12,9 11,0 15,7 12,5

319.1 Spannstähle

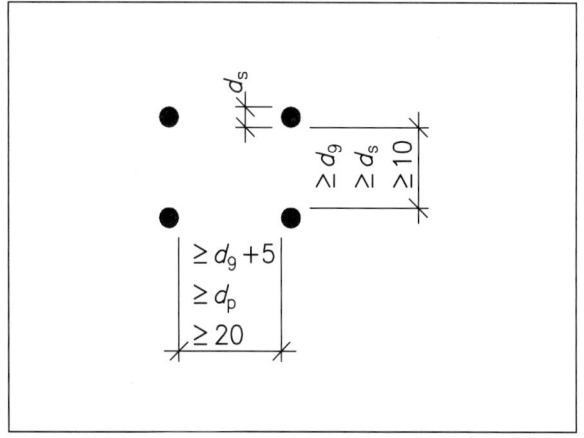

319.2 Spannglieder im sofortigen Verbund (mm)

Gründungen

1 Der Baugrund

Bei der Gründung von Bauwerken handelt es sich um die sichere Übertragung der Bauwerkslast über Fundamente auf den Baugrund, der von Ort zu Ort sehr unterschiedlich tragfähig sein kann. Die Abstimmung zwischen Fundament und Baugrund muss so erfolgen, dass sich die Bauwerkssetzungen in Grenzen halten und gleichmäßig erfolgen, um Risse in tragenden Teilen zu vermeiden. Ungestörter Baugrund besteht aus mehr oder weniger verwittertem Urgestein, zu dem Granit, Syenit, Diorit, Gneis und Porphyr gehören. Vor der Erstellung des Standsicherheitsnachweises sind unter Umständen Baugrunduntersuchungen in Form von Schürfungen, Bohrungen o. Ä. durchzuführen.

Die Preisbildung und die Wahl der Arbeitsgeräte für die Erdarbeiten richten sich u. a. nach dem Baugrund, dabei werden das Lösen, der Transport und das Wiedereinbringen im Wesentlichen durch die Bodenklassen bestimmt (Tab. 320.1), die in Ausschreibungen aufzuführen sind.

Organische Böden (Mutterboden, Bauerde) und stark verwitterte Böden sind als Baugrund ungeeignet, sie werden vor dem Beginn des Erdaushubs großzügig abgetragen, gelagert (evtl. abgefahren) und bei der späteren Landschaftsgestaltung wieder verwendet.

Die Beurteilung von Böden erfolgt zunächst nach ihrem Zustand.

Gewachsener Boden ist natürlich entstandener ungestörter Boden, der in folgende Arten untergliedert wird:
- Bindige Böden sind sehr feinkörnig und haben einen relativ hohen Wassergehalt, der zu starkem Quellen oder Schwinden führen kann und den Boden frostgefährdet. Bindige Böden sind nur mit großem Aufwand zu verdichten. Die Fundamentsohlen sind frostsicher unter Umständen bis 120 cm unter OK Terrain zu führen. Bauwerkssetzungen gehen im Zuge der Bodenaustrocknung relativ langsam vor sich und sind je nach Wassergehalt unterschiedlich groß.
  Die Konsistenz bindiger Böden wird in **flüssig, breiig, weich, steif, halbfest und hart** gegliedert.
- Nicht bindige Böden sind grobkörniger (haufwerkporig) und haben oberhalb des Grundwasserspiegels einen geringeren Wassergehalt als bindige Böden, wodurch der Baugrund frostsicherer ist; die Gründungstiefe der Fundamentsohle muss ≥ 80 cm unter OK Terrain liegen. Bauwerkssetzungen ergeben sich schneller, erfolgen jedoch in geringerem Maße als bei bindigen Böden.
  Die Lagerungsdichte nicht bindiger Böden wird mit **sehr locker, locker, mitteldicht oder dicht** bezeichnet.

Fels ist zumindest in tieferen Schichten in der Regel sehr belastbar und neigt selten zu Setzungserscheinungen. Wasseranfall, Klüftungen, Spalten oder schräg verlaufende Schichtungen können zur Minderung der Tragfähigkeit von Fels führen.

Geschütteter oder gestörter Boden ist vor einer Belastung durch geeignete Maßnahmen wie Bodenaustausch, Verdichtung, Injektionen oder Vermörtelung zu verfestigen.

Für die **Tragfähigkeit** des Baugrundes und die Wahl der Fundamentausbildung sind die Korngröße des Bodens und der höchste Grundwasserspiegel entscheidend, der bei ungünstiger Lage zum Auswaschen, Aufweichen oder Auffrieren des Baugrundes führen kann. Tragender Boden darf im Bereich der Fundamentsohle nicht gefrieren, weil sich sein Volumen durch Eisbildung vergrößert und das Fundament unter Umständen anhebt, das sich bei Tauwetter dann wieder senkt, so dass es zu Rissen in Gebäuden kommen kann. In Tabelle 321.1 sind die wichtigsten Baugrundbodenarten zusammengestellt. Eine Bodenart kommt selten in reiner Form vor, Beimengungen sind zu beachten.

Anhand von Bohrproben zur Erkundung tiefer liegender Bodenschichten sind evtl. Zeichnungen anzufertigen.

Zu den organischen Bodenarten gehören Humus und Torf, zu den anorganischen zählen Ton, Schluff, Sand, Kies und Steine (Fels).

Zu den bindigen Böden gehören Ton und Schluff, zu den nicht bindigen Böden Sand, Kies und Steine.

1.1 Reaktionen des Baugrundes

In dem Bild 321.2 sind Reaktionen des Baugrundes bei Belastung zusammengestellt. Das Ausmaß der Baugrundverformung ist neben der Lastgröße und der Fundamentform entscheidend von der Bodenart abhängig.
- Die Druckzwiebel zeigt das Prinzip des Abbaus der Bodenpressung im Bereich eines Einzelfundamentes; die prozentuale Abnahme der Spannung ist von der Bodenart abhängig.
- Fundamente belasten den Baugrund vor allem in den Bereichen der Vertikallasten, d. h. Wände u. Ä.
- Nahe beieinander stehende Bauten können in setzungsempfindlichem Baugrund teilweise zu einer Überlastung führen, wodurch die Standsicherheit der Bauten gefährdet wird.
- An- und Erweiterungsbauten können infolge einseitiger Setzung zum Kippen neigen.
- Ungleichmäßige Bauwerkssetzungen in Form einer Mulde oder eines Sattels können zu Fassadenrissen führen. Eine Fundamentverformung kann z. B. durch den Einschluss eines weniger tragfähigen Bodens, einer „Linse", bedingt sein.

Gründungen

Boden-arten	Kurzzeichen		Symbole	Korn-größen mm
	Haupt-anteil	Neben-anteil[1]		
Humus	H	h	– – – – – – – – –	–
Ton	T	t	)))))))	< 0,002
Schluff	Su	su	/////	0,002 bis < 0,06
Sand fein mittel grob	fS S mS gS	fs s ms gs	∘∘∘∘∘ ∘∘∘∘∘ ⊙⊙⊙⊙	0,06 bis ≤ 2,0
Grand (Kies) fein mittel grob	fG G mG gG	fg g mg gg	∘∘∘∘∘ ∘∘∘∘∘ ⊙⊙⊙⊙	> 2,0 bis 63,0
Steine	St	st	△△△△ △△△△	> 63,0

[1] geringe Nebenanteile werden durch ' bezeichnet: (mS h'), ein hoher Anteil von Nebenanteilen durch ¯: (fG m̄s̄)

321.1 Baugrundbodenarten

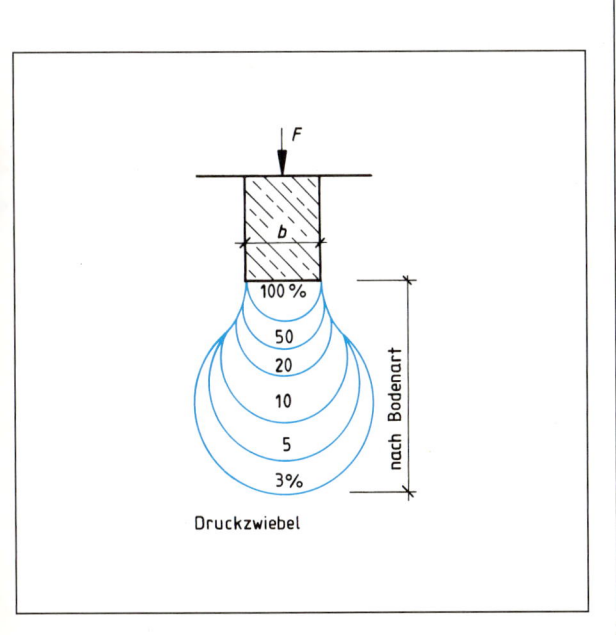

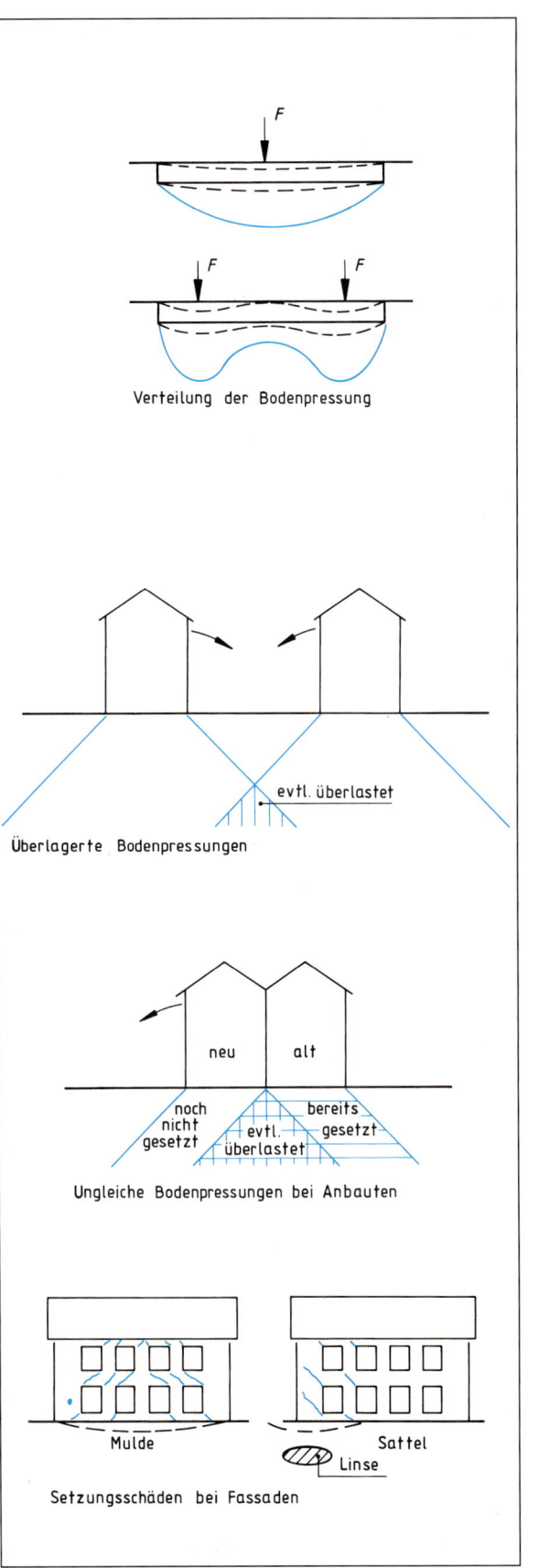

Druckzwiebel

Verteilung der Bodenpressung

Überlagerte Bodenpressungen

Ungleiche Bodenpressungen bei Anbauten

Setzungsschäden bei Fassaden

321.2 Reaktionen des Baugrundes

Gründungen

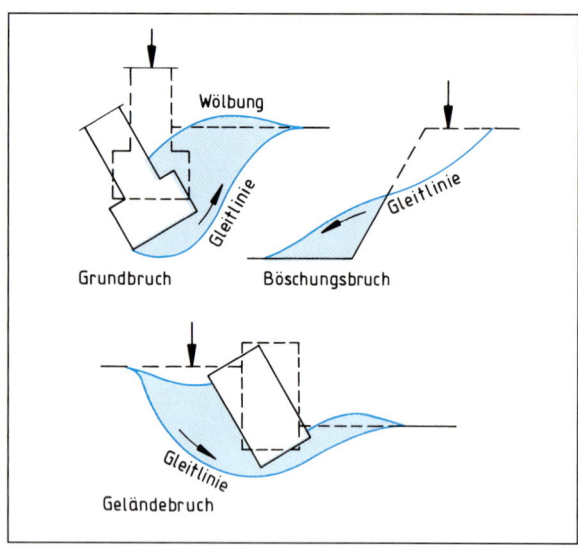

322.1 Baugrundbrüche

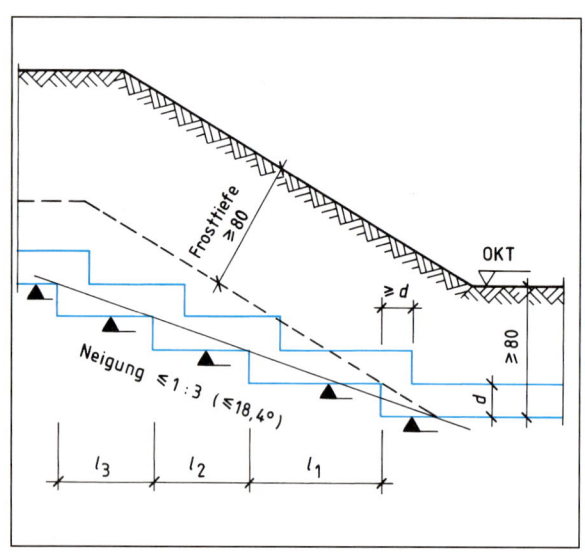

322.2 Abgetrepptes Fundament

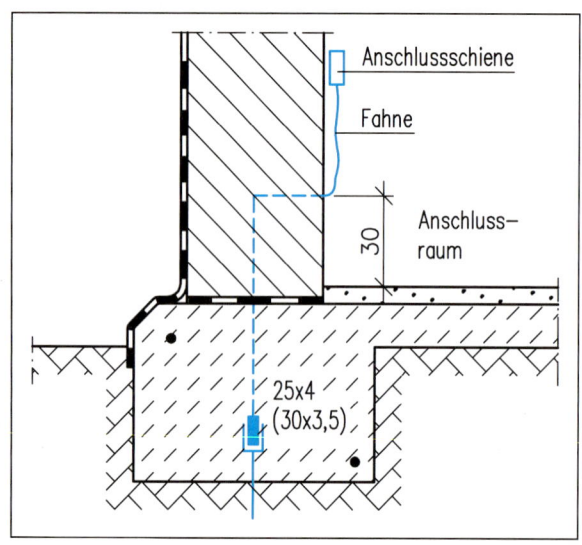

322.3 Fundamenterder

Baugrundbrüche sind bei einer Überbelastung des Bodens möglich (Bild 322.1):
Ein **Grundbruch** – Aufwölbung des Baugrundes – kann bei Überlastung und/oder Kippen des Fundamentes entstehen.
Ein **Böschungsbruch** kann auftreten, wenn die Böschung zu steil angelegt oder ihre Kante zu stark belastet ist.
Ein **Geländebruch** kann im Bereich unterschiedlich hoher Terrainoberflächen vorkommen, wenn die Stützmauer z. B. nicht tief genug gegründet ist und an ihrer Unterseite ausweicht.
Weitere Schäden am Fundament oder Baugrund:
Kippen bei stark ausmittiger Belastung des Fundamentes und ungenügender Einbindetiefe in den Baugrund.
Gleiten bei schräg angreifender Fundamentbelastung oder bei geneigten Fundamenten, die zur Stabilisierung im Verhältnis $\leq 1:3$ abgetreppt werden müssen, um horizontal verlaufende Fundamentsohlen zu bilden (Bild 322.2). Dabei ist darauf zu achten, dass die erforderliche Frosttiefe für die Fundamentsohle nicht unterschritten wird.
Um unterschiedlich hohe elektrische Spannungen (Potenziale) abzuleiten, die zu gefährlichen Berührungsspannungen führen können, ist ein ringförmiger **Fundamenterder** (Bild 322.3) aus verzinktem Bandstahl $25 \cdot 4$ mm oder $30 \cdot 3{,}5$ mm auf Stützen in die Außenmauerfundamente oder in die Fundamentplatte zu betonieren und im Hausanschlussraum in etwa 30,0 cm über Fußboden ausgehend mit einer Fahne zu einer Anschlussschiene zu führen; an diese Schiene werden die Null- und Schutzleiter der elektrischen Anlage sowie sämtliche Metalleitungen des Gebäudes wie Wasser-, Heizungs-, Gas- und Fernmeldeleitungen, außerdem Antennen und Blitzschutzerder, angeschlossen.

1.2 Gründungsarten

Je nach Tragfähigkeit des Baugrundes und der Art des Bauwerkes sind verschiedene Gründungskonstruktionen vor allem nach ihrer Einbindetiefe zu unterscheiden.
Flachgründungen (Bild 323.1) ruhen mit ihrer Sohle unmittelbar auf dem Baugrund. **Streifenfundamente** werden in Fundamentgräben und/oder Schalungen in C 8/10 bis C 20/25 geschüttet. Eine konstruktive Bewehrung aus ≥ 2 $\varnothing$ 12 BSt. IV S (oder 4 $\varnothing$ 10 IV S) ist als Ringanker kraftschlüssig mit etwa 5,0 cm Betondeckung zu verlegen. Abgesehen von Fundamenten untergeordneter Bauten (Garagen u. Ä.) müssen Streifenfundamente zur Vermeidung eines Grundbruches mindestens 50,0 cm Einbindetiefe in den Baugrund haben. Eine Kellersohle von ≥ 10 cm Dicke wird entweder in einem Arbeitsgang mit den Streifenfundamenten geschüttet oder später eingebracht.
Bei bindigen Böden und bei statisch bedingter Bewehrung ist u. U. eine verdichtete Sauberkeitsschicht von $\geq 5{,}0$ cm Dicke aus steifem Beton C 8/10 unter dem Fundament und der Kellersohle vorzusehen. Für die üblichen zulässigen Bodenpressungen gelten bei Streifenfundamenten je nach Einbindetiefe die in Bild 322.4 aufgeführten Werte.

Bodenart	zulässige Bodenpressung kN/m²
Bindige Böden	90 bis 500
Nicht bindige Böden	200 bis 700
Fels	1 000 bis 4 000

322.4 Zulässige Bodenpressungen

Gründungen

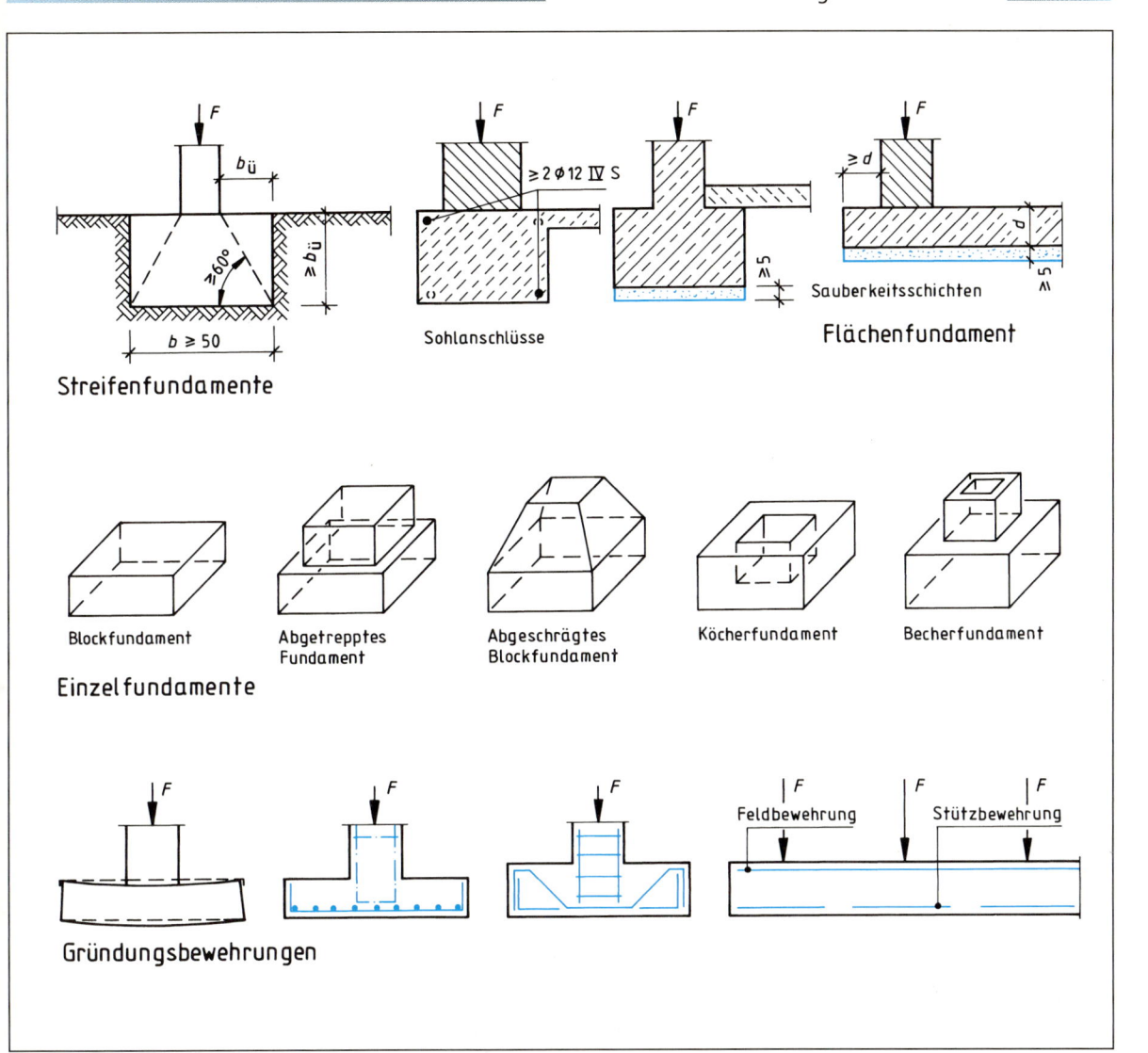

323.1 Flachgründungsarten

Für Berechnung der Fundamentbreiten denkt man sich eine Scheibe von 1,0 m Dicke aus dem am stärksten belasteten Teil des Gebäudes herausgeschnitten und berechnet die Gesamtbelastung F aus der Summe aller Verkehrs- und Eigenlasten für 1,0 lfd. M. Fundamentlänge.

Die erforderliche Sohlenbreite des Fundamentes ist:

$$zul\ \sigma = \frac{F}{A} \qquad zul\ b = \frac{F}{zul\ \sigma \cdot 1{,}0\ m}$$

$zul\ \sigma$ zulässige Bodenpressung in kN/m²
F Gesamtbelastung in der Fundamentsohle in kN
A Fläche in m²
$erf\ b$ erforderliche Fundamentbreite in m

Weil das Streifenfundament-Eigengewicht häufig nur als Schätzwert in die Berechnung eingegangen ist, werden Streifenfundamentbreiten aus arbeitstechnischen Gründen allgemein auf volle 5 bzw. 10 cm aufgerundet. Fundamentbreiten von 30 bis < 50 cm sind lediglich für untergeordnete Bauten (Garagen u.Ä.) üblich.

Flächenfundamente sind bewehrte Betonplatten, die bei eng zusammenliegenden Vertikallasten oder bei unterschiedlichen Bodenarten den Streifenfundamenten gegenüber bevorzugt werden. Eine Fundamentplatte ≥ 20,0 cm bildet gleichzeitig die evtl. erforderliche Keller- (Untergeschoss-)sohle. Bei Fundamentplatten liegt die Feldbewehrung oben, die Stützenbewehrung unten. Zu den Flächenfundamenten zählen Stahlbeton-Wannengründungen, die evtl. zur Sperrung gegen nicht drückendes oder drückendes Wasser erforderlich sind. Der Überstand einer Fundamentplatte von Außenkante Außenmauer soll ≥ Plattendicke sein.

Einzelfundamente nehmen vor allem Lasten aus Stützen auf, sie sind in der Regel bewehrt, weil ihre Auskragungen gegenüber dem Lastangriff verhältnismäßig groß sind und dadurch zu Verformungen neigen. Einzelfundamente haben je nach erforderlicher Höhe und Sohlflächengröße, Belastung sowie Anschluss zur Stütze unterschiedliche Formen. Die Sohlflächen von Einzelfundamenten sind bei zentrischer Last quadratisch.

Gründungen

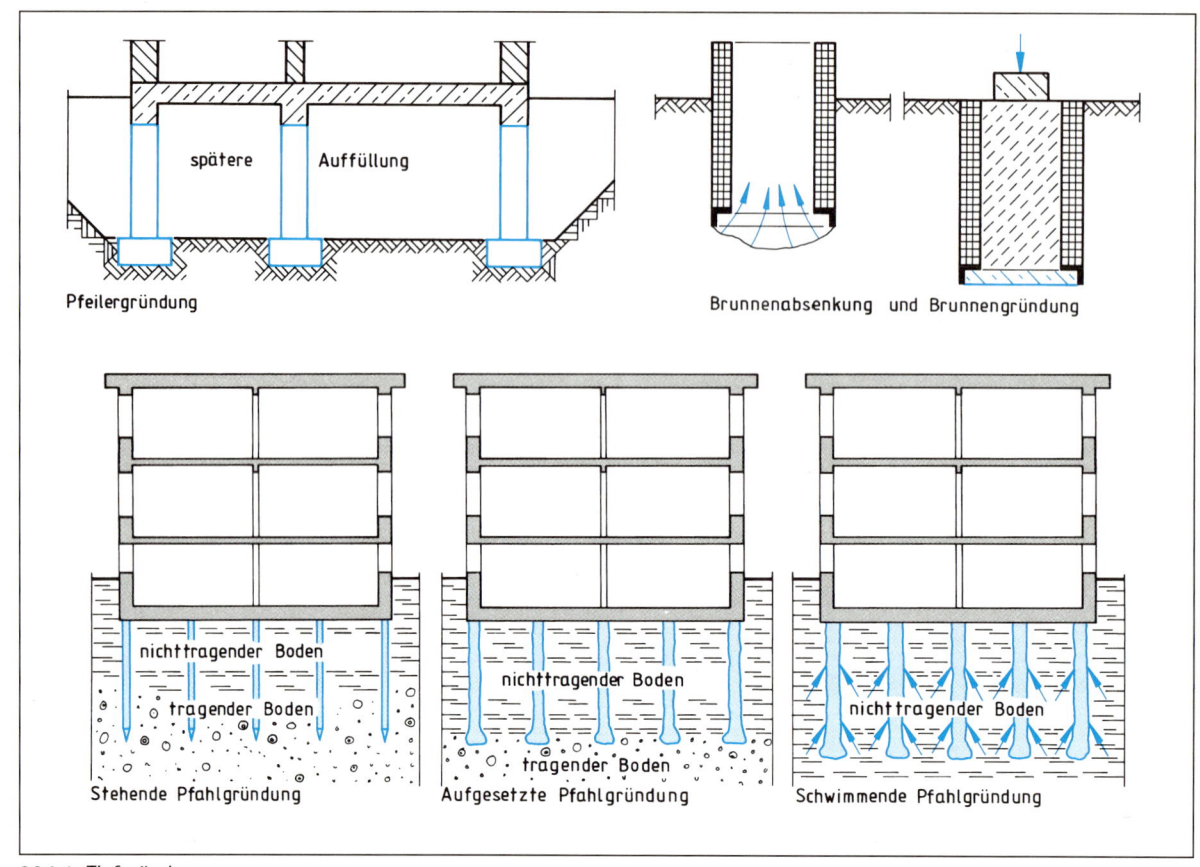

324.1 Tiefgründungen

Tiefgründungen (Bild 324.1) werden erforderlich, wenn der Boden der Baugrubensohle nicht oder nicht ausreichend tragfähig ist.

- **Pfeilergründungen** werden eingesetzt, wenn die nicht tragfähige Schicht bis zum tragenden Boden ausgeschachtet werden kann. In dem tragfähigen Boden werden Einzelfundamente unterhalb der später zu errichtenden Wände, jedoch maximal bis zu 2,0 m Abstand betoniert, auf denen Klinkerpfeiler (etwa 0,49 m/0,49 m) gemauert oder Stahlbetonstützen mit erforderlicher Querschnittsgröße errichtet werden. Über die Pfeiler bzw. Stützen werden vorzugsweise Stahlbeton-Plattenbalkendecken geschüttet, die das Bauwerk tragen.
- **Brunnenringe** ($\varnothing$ etwa 1,0 m) aus Beton werden als verlorene Schalung durch Ausschachten des inneren Bodens bis auf den tragenden Grund durch ihr Eigengewicht abgesenkt. In die Hohlräume der Ringe wird u.U. eine Stahlbetonplatte und darauf Stampfbeton mit ausreichender Festigkeit eingebracht.
- **Pfahlgründungen** werden aus Ramm-, Bohr- oder Pressbetonbohrpfählen erstellt. Als Pfahlmaterial mit $\geq$ 400 cm² runder oder quadratischer Querschnittsfläche eignen sich Beton, Stahlbeton, Spannbeton, Stahl und Holz, das allerdings in voller Länge ständig unter Wasser bleiben muss, damit es im Bereich der Wasserwechselzone nicht verrottet.

Bei Pfahlgründungen sind hinsichtlich der Gebäudelast-Übertragung auf den Baugrund drei Arten voneinander zu unterscheiden, dabei können die Pfähle eines Gebäudes je nach ihrer Belastung unterschiedliche Durchmesser haben: Bei der **stehenden Pfahlgründung** (Spitzendruckpfähle) werden die Pfähle bis in den tragenden Baugrund gerammt. Bei der **aufgesetzten Pfahlgründung** steht jeder Pfahl mit verbreitertem Fuß auf der tragenden Baugrundschicht. Dafür wird ein Rohr in den Boden gerammt, geleert und mit Pressbeton gefüllt; während des Füllens wird das Rohr wieder gezogen.
Bei der **schwebenden** (schwimmenden) **Pfahlgründung** (Reibungspfähle) reicht die Fuß- und Mantelreibung des Pfahles aus, um die Gebäudelast in dem an sich nicht tragfähigen Boden aufzunehmen. Der Arbeitsablauf ist ähnlich dem der aufgesetzten Pfahlgründung.

Auf die Tiefgründungselemente werden entweder Stahlbeton-Platten oder -Balkenroste betoniert, die ihrerseits das Gebäude aufnehmen.

Unterfangungen, Tieferlegung der Fundamente, werden bei einer nachträglichen Unterkellerung des Gebäudes oder einem Anbau an einen Altbau mit unterschiedlicher Fundamenthöhe erforderlich. Die Unterfangungen müssen abschnittsweise so ausgeführt werden, dass eine Gebäudesetzung weitgehend ausgeschlossen ist; u.U. sind Abstützungen der Fassade und/oder Decken erforderlich.

Die Unterfangungsabschnitte sollen $\leq$ 1,25 m lang sein und jeweils einen Abstand von $\geq$ 3,75 m haben; nachdem die volle Tragfähigkeit der ersten Abschnitte erreicht ist, dürfen die nächsten vorbereitet und ausgeführt werden.

1.3 Baugruben

In Bild 325.2 sind zwei Baugrubenböschungen mit ihren Bezeichnungen und üblichen Abmessungen dargestellt. Der Böschungswinkel β richtet sich nach der Bodenart und seiner Beschaffenheit, er ist Tabelle 325.1 zu entnehmen.

Das Volumen einer im Querschnitt trapezförmigen Baugrube kann nach der folgenden Formel berechnet werden:

$$V = \frac{h}{3} \cdot (A_u + A_o + \sqrt{A_u \cdot A_o})$$

V Volumen in m³; h Baugrubenhöhe in m
A_u Fläche der Baugrubensohle in m²
A_o obere Baugrubenfläche in m²

Beispiel: Gegeben (Bild 325.3): Kellergeschossaußenmaße 10,00 m · 14,00 m; Arbeitsraum 0,65 m; Baugrubenhöhe 2,20 m; Bodenklasse 4.
Gesucht: Fläche der Baugrubensohle; obere Baugrubenfläche bei 60° Böschungsneigung; Volumen des Hinterfüllungsbodens bei einer bleibenden Auflockerung von 8 % (auf der Baustelle zu lagernder Boden); Volumen des Aushubs bei einer Auflockerung von 20 % (Restboden).

$A_u = (10,00\,m + 2 \cdot 0,65\,m) \cdot (14,00\,m + 2 \cdot 0,65\,m)$
$= 11,30\,m \cdot 15,30\,m \qquad \underline{= 172,89\,m^2}$

Grundmaß der Böschung
$= \tan 30° \cdot 2,20\,m \qquad \underline{= 1,27\,m}$

$A_o = (11,30\,m + 2 \cdot 1,27\,m) \cdot (15,30\,m + 2 \cdot 1,27\,m)$
$= 13,84\,m \cdot 17,84\,m \qquad \underline{= 246,91\,m^2}$

Volumen der Baugrube
$V = \frac{2,20\,m}{3}$
$\cdot (172,89\,m^2 + 246,91\,m^2 + \sqrt{172,89\,m^2 \cdot 246,91\,m^2})$
$V \qquad \underline{= 459,37\,m^3}$

Hinterfüllungsboden
$V_H = [459,37\,m^2 - (10,00\,m \cdot 14,00\,m \cdot 2,20\,m)] \cdot 1,08$
$\underline{= 163,48\,m^3}$

Restboden
$V_R = 10,00\,m \cdot 14,00\,m \cdot 2,20\,m \cdot 1,20 \qquad \underline{= 369,60\,m^3}$

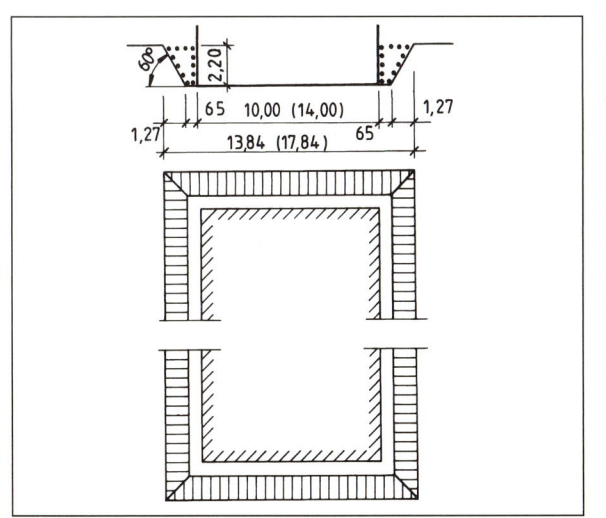

Baugrund	Böschungswinkel β	Bodenklasse	Auflockerung vorübergehend Raum-%	bleibend
Nicht bindig oder weich	≤ 45°	bis 3	8 ... 15	1 ... 3
Steif, halbfest	≤ 60°	4; 5	10 ... 30	3 ... 10
Fels	≤ 80°	6; 7	30 ... 50	8 ... 15

325.1 Übliche Baugruben-Böschungswinkel, Bodenklassen und Bodenauflockerungen

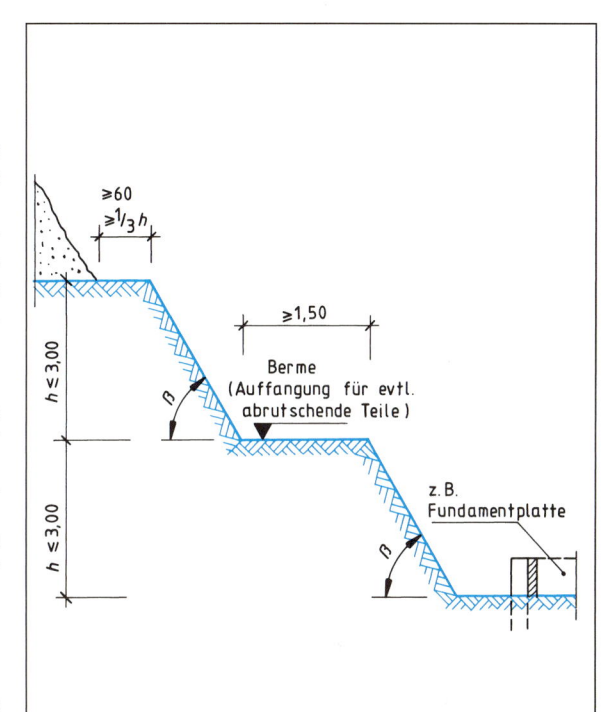

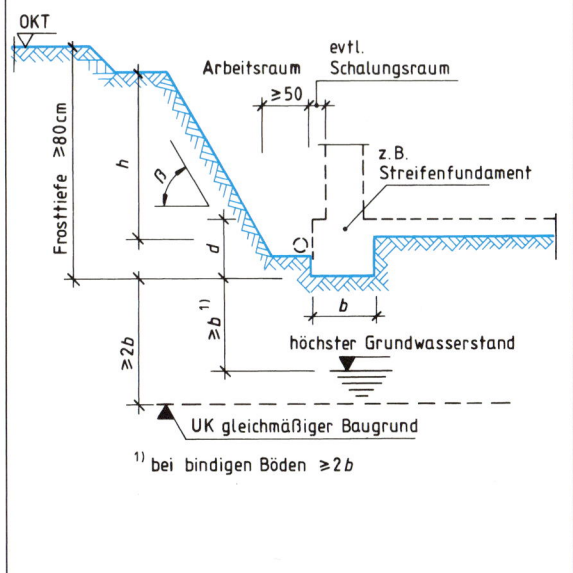

325.2 Baugrubenböschungen

325.3 Baugrube

Ausbauarbeiten

1 Holzwerkstoffe

Holzwerkstoffe sind plattenförmige Werkstoffe. Sie haben gegenüber Massivholz den Vorteil, dass sie nur geringfügig schwinden und quellen und somit großflächig verarbeitet werden können.

1.1 Lagenholz

Unter Lagenholz versteht man Werkstoffe, die aus mindestens drei, oder einer höheren ungeraden Zahl von kreuzweise aufeinander gelegten Furnierschichten, den Holzlagen, verleimt sind.

Furnierplatten FU, früher Sperrholz genannt (Bild 326.2), haben vor allem für den Baubereich Bedeutung. Daneben werden Schichtholz, Lagenholzformteile und Kunstharzpressholz hergestellt. In der Regel werden dazu Schälfurniere von 0,55 bis 10,00 mm Dicke verwandt. Sollen die Außenseiten sichtbar bleiben, so werden, wegen des lebhaften Maserbildes (Textur), Messerfurniere aufgeleimt. Furnierplatten haben eine höhere Festigkeit als Vollholz, sind maßgenauer und formbeständiger. Nach der Verleimungsart unterscheidet man zwischen Innen- und Außensperrholz. Sperrholz mit der Verleimungsart IF 20 kann nur im Innenbereich, und dort auch nur in Räumen mit allgemein niedriger Luftfeuchte eingesetzt werden. Im Außenbereich ist die Verleimung AW 100 bedingt wetterbeständig, d.h. die Verleimung hält auch bei erhöhter Feuchtigkeit. Eine IF-Verleimung muss einer 24stündigen Kaltwasserlagerung widerstehen. Die AW-Verleimung hat zusätzlich zu dem Kaltwasserversuch einen Kochwechselversuch auszuhalten. Je nach Beschaffenheit und Aussehen der Deckfurniere europäischer Hölzer werden die Furnierplatten in die Güteklassen 1-3, 2-2, 2-3 und 3-3 eingeteilt. Die Ziffern bezeichnen die Furniergüteklassen der Vor- und Rückseiten der Platten, wobei die niedrigere Ziffer für die bessere Güteklasse steht.
Neben der Normalausführung von Furnierplatten werden je nach Anforderung verschiedene Ausführungen hergestellt.

Edelfurnierte Platten erhalten ein- oder beidseitig ein Deckfurnier edler Holzarten mit ausgewählter Textur.
Multiplexplatten haben mindestens 5 Lagen und eine Dicke von 12 bis 80 mm. Sie zeichnen sich durch eine besonders hohe Festigkeit aus und werden für Treppenstufen und Werkbanktischplatten verwendet.
Baufurnierplatten (BFU) besitzen ebenfalls eine erhöhte Festigkeit. Sie werden für die Beplankung von Rahmenelementen im Fertighaus- und im Ingenieurholzbau benötigt.
Betonschalungsplatten sind kunstharzbeschichtete, wetterbeständige Furnierplatten. Sie können je nach Dicke als gekrümmte Schalung (d = 4 mm), Vorsatzschalung (d = 8 mm) oder auch als selbst tragende Schalhaut (d = 12 bzw. 22 mm) eingesetzt werden.
Weitere Erzeugnisse aus Furnierplatten sind: Paneele, Täfelbretter, metall- oder glasfaserbewehrte Furnierplatten, schalldämmende oder schalldämpfende Furnierplatten, fungizid- und insektizidimprägnierte Platten.

Dicke mm	4, 5, 6, 8, 10, 12, 18, 20, 22, 25, 30, 35, 40, 50
Länge mm	1 200, 1 250, 1 500, 1 530, 1 830, 2 050, 2 200, 2 440, 2 500, 3 050
Breite mm	1 220, 1 250, 1 500, 1 530, 1 700, 1 830, 2 050, 2 440, 2 500, 3 050

326.1 Abmessungen von Furnierplatten

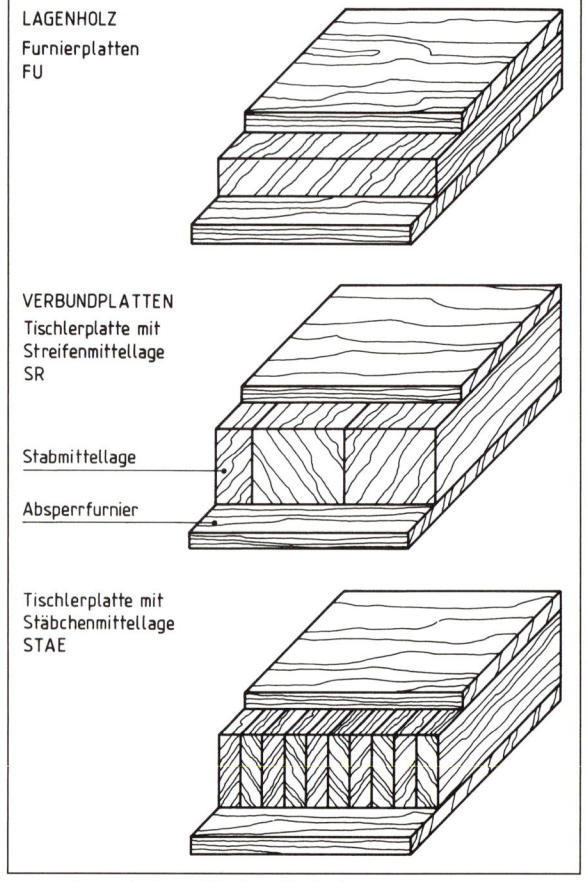

326.2 Lagenholz und Verbundholzplatten

1.2 Verbundplatten

Verbundplatten werden aus verschiedenen Werkstoffen hergestellt und bestehen hauptsächlich aus zwei Außen- und einer Mittellage. Vorwiegend nehmen die Außenlagen die Biegezug- und Biegedruckkräfte auf, die leichtere Mittellage vermindert das Eigengewicht und verbessert die Wärmedämmung der Platte. Für die Außenlage eignen sich Furniere, Furnierplatten, Faserplatten, Holzwolle-Leichtbauplatten und Metalle. Als Mittellage eignen sich Vollholzstäbe, Vollholzstäbchen, Lagenholz, Spanplatten, Kunststoffschaum und Hohlraumlagen. Die Sperrholz-Tischlerplatten, auch Mittellagenplatten genannt, zeichnen sich durch ihre hohe Biegefestigkeit aus. Die Ebenheit ist abhängig von der Breite der Leisten in der Mittellage. Wie beim Lagenholz verleimt man in IF 20 oder AW 100. Die Sortierung wird in die Güteklassen 1 und 2 eingeteilt.

Tischlerplatten mit Stabeinlage (ST) erhalten eine Innenlage aus 24 bis 28 mm breiten Leisten, die miteinander verleimt sind.

Tischlerplatten mit Streifenmittellage (SR) (Bild 326.2) unterscheiden sich von der vorgenannten Platte dadurch, dass die Leisten nicht miteinander verleimt sind.

Tischlerplatten mit Stäbcheneinlage (STAE) (Bild 326.2) haben eine Innenlage aus senkrecht stehenden 6 bis 8 mm breiten miteinander verleimten Schälfurnieren. Deshalb haben diese Platten nur senkrecht stehende Jahrringe und erreichen dadurch von den drei genannten Tischlerplatten die beste Ebenheit und höchste Festigkeit.

Bautischlerplatten (BTI) werden als Baustabsperrholzplatten (BST) und als Baustäbchensperrholzplatten (BSTAE) hergestellt und erhalten besonders abriebfeste und harte Absperrfurniere als Außenlagen. Werden diese Platten für Betonschalungen eingesetzt, sind ihre Oberflächen überwiegend kunststoffbeschichtet.

Nenndicken (mm): 13, 16, 19, 22, 25, 28, 30, 38.

1.3 Holzspanwerkstoffe

Holzspanplatten sind plattenförmige Werkstoffe, die durch Pressen einer Holzspanleimmischung hergestellt werden. Holzspanplatten werden zum Beplanken von Rahmen für die Tafelbauweise von Fertighäusern, als Dachschalungen und Schwimmender Estrich sowie als Edelfurnierträgerplatten für Bodenbeläge, Möbelbau, Wand- und Deckenverkleidungen u. a. verwendet. Im Gegensatz zum Lagenholz und zu den Verbundplatten haben Holzspanplatten eine geringere Biegefestigkeit. Diese Festigkeit besteht in allen Richtungen der Plattenebene annähernd gleich. Durch die unterschiedliche, nach außen abnehmende Spangröße wird eine allgemeine Festigkeitssteigerung erreicht. Nach dem Aufbau unterscheidet man einschichtige und mehrschichtige Flachpressplatten (Bild 327.1); Flachpressplatten mit stetigem Übergang in der Struktur und einschichtige Strangpressplatten.

Flachpressplatten (FPY) für allgemeine Zwecke werden aus Spänen, die parallel zur Plattenoberfläche liegen hergestellt.

Flachpressplatten (FPO) für allgemeine Zwecke unterscheiden sich von der vorherigen Platte durch die feinspanige Oberfläche. Sie können ohne Vorarbeiten direkt beschichtet oder lackiert werden.

Der Leim der FPY- und FPO-Platten gibt einige Jahre nach der Herstellung nennenswerte Mengen an Formaldehyd ab. Um gesundheitliche Schäden durch das Einatmen dieses giftigen Gases zu vermeiden, müssen die Platten mindestens die Emissionsklasse 3 erreichen. Die Emissionen dürfen die Werte bei der Klasse 1 < 0,1 ppm, bei Klasse 2 < 0,1 bis 1,0 ppm und bei Klasse 3 > 1,0 bis 2,3 ppm nicht überschreiten. 1 ppm (parts per million) entspricht 1 mg/m^3 Luft. Rohspanplatten der Emissionklasse 2 und 3 müssen, um eine Ausdünstung zu umgehen, bekleidet oder beschichtet werden. Die Bezeichnung der Platten werden nach folgendem Muster vorgenommen: Benennung – DIN-Nr. - Plattentyp – Emissionsklasse – Nenndicke, Länge und Breite in mm – Spanmaterial (H für Holzspäne).

Beispiel:
FPY DIN 68763 – V20 – E1 – 19 × 5000 × 2000 – H

Nenndicken (mm): 6, 8, 10, 13, 16, 19, 22, 25, 28, 32, 36, 40, 45, 50, 60, 70.

Spanplatten für Sonderzwecke werden im Bauwesen vor allem für dekorative und schallabsorbierende Wand- und Deckenverkleidungen verwendet. Dazu zählen Strangpressplatten, deren Späne durch die Herstellung bedingt rechtwinklig zur Plattenebene stehen. Sie werden als Röhrenplatte (Bild 327.1) oder als Vollplatten beschichtet oder beplankt, geschlossen oder durchbrochen hergestellt.

Kunststoffbeschichtete dekorative Flachpressplatten (KF) bestehen aus höher verpressten, mehrschichtigen Holzspanplatten, die beidseitig eine Dekorschicht aus kunstharzgetränkten Trägerbahnen erhalten. Die Oberfläche dieser Platten ist fertig und muss nur noch an den Kanten mit einem Umleimer versehen werden. Sie sind porenfrei und somit hygienisch einwandfrei sowie unempfindlich gegen kochendes Wasser und Zigarettenglut. Die Platten werden für stark beanspruchte Flächen im Büro-, Labor-, Küchen- und Ladenbau eingesetzt.

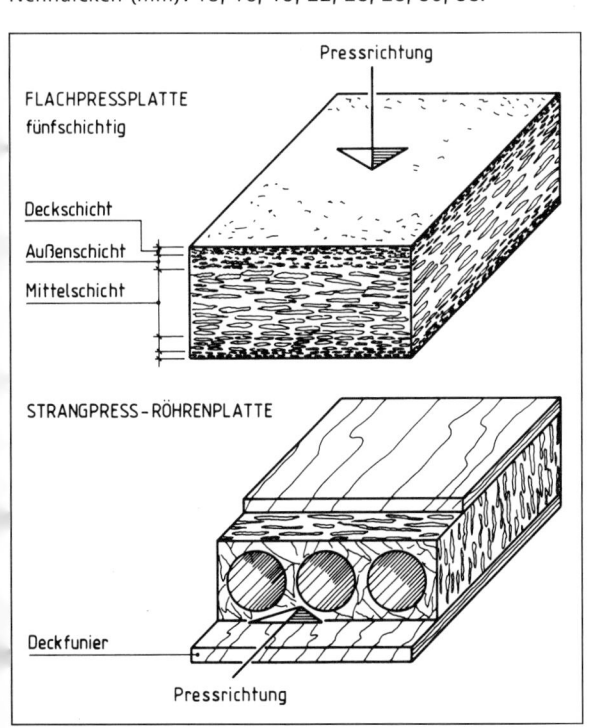

327.1 Holzspanwerkstoffe

1.4 Holzfaserplatten

Holzfaserplatten (Bild 328.1) werden aus Holzfasern oder Holzfaserbündeln mit oder ohne Bindemittelzusatz hergestellt. Im Querschnitt haben diese Platten in der Regel einen einheitlichen Aufbau. Sie können aber auch auf den Außenschichten mit einem feineren oder andersartigen Faserstoff belegt sein. Die Eigenschaften und Anwendungsmöglichkeiten sind je nach Holzfaserplattenart verschieden.

Poröse Holzfaserplatten (HFD) haben eine Rohdichte von 230 kg/m^3 bis 400 kg/m^3. Diese Werte erreichen sie durch ihr poröses Gefüge. Poröse Holzfaserplatten sind deshalb wärmedämmend und schallabsorbierend. Sie können im Bauwesen nur dort eingesetzt werden, wo eine geringe mechanische Beanspruchung gewährleistet wird: für schallabsorbierende Deckenverkleidungen, als biegeweiche Schicht für schwimmende Estriche sowie zur Verbesserung der Wärmedämmung.
Nenndicken (mm): 6,8,10,12,15,16,18,19,20.

Bitumenholzfaserplatten (BPH) unterscheiden sich gegenüber HFD-Platten dadurch, dass sie einen Zusatz von Bitumen enthalten. Sie dienen als Trennschicht für zweischalig gemauerte Wohnungstrennwände, als biegeweiche Schicht für schwimmende Estriche, als Schalung auf Dachsparren und als mehrlagige Wärmedämmung im Dach- und Wandbereich zwischen und auf den Bauteilen. Die Nenndicken entsprechen denen der HFD-Platte.

Mitteldichte Holzfaserplatten (MDF) haben in der Mittelschicht eine Dichte von etwa 700 kg/m^3 und in den Deckschichten eine Dichte von etwa 1 000 kg/m^3. Sie werden als Trägerplatten und Profile, furniert, beschichtet oder lackiert verwendet.

Harte Holzfaserplatten werden je nach ihrer Verdichtung in drei verschiedene Härten eingeteilt. Man unterscheidet die mittelharte Holzfaserplatte HFM, die harte Holzfaserplatte HFH und die extraharte Holzfaserplatte HFE. Harte Holzfaserplatten haben je eine glatte und eine genarbte Außenseite. Sie eignen sich im Innenausbau besonders für einseitig gewölbte Wand- und Deckenverkleidungen, als Schrankrückwände und als Deckplatten für Türen.

Kunststoffbeschichtete dekorative Holzfaserplatten (KH) sind auf der glatten Außenseite mit einer abrieb- und zigarettenglutfesten kunstharzgetränkten Dekorschicht versehen. Diese Platten verwendet man für Wand- und Deckenverkleidungen sowie im Möbelbau.

1.5 Holzwolle-Leichtbauplatten und Mehrschicht-Leichtbauplatten

Holzwolle-Leichtbauplatten (HWL) (Bild 328.1) werden aus magnesit- oder zementgebundener langfaseriger Holzwolle hergestellt. Sie eignen sich als Putzträger, Wärmedämmplatten, Verkleidung von Bauteilen zur Erhöhung der Feuerwiderstandsdauer, sowie als Schalldämmplatten und wirken, wenn sie sichtbar bleiben, schallschluckend. Für sichtbare Schallabsorptionsverkleidungen werden häufig Platten mit einem feinwolligeren Gefüge eingesetzt. Die Platten können mit Haftsicherungsankern (6 Stück/m^2) versehen, als verlorene Schalung direkt in die Grundschalung eingelegt, mit Mörtel nachträglich an Mauerwerk und Beton angesetzt oder mit verzinkten Leichtbauplattennägeln auf eine Holzunterkonstruktion genagelt werden. Putze sind durch eine Putzbewehrung im Spritzbewurf aus verzinktem Drahtnetzgewebe oder Glasfaser-Armierungsgewebe gegen Schwundrißbildung ganzflächig zu sichern. Magnesitgebundene Platten wirken bei Berührung mit Metallen korrosionsfördernd. Metallbauteile sind deshalb an den gefährdeten Stellen mit einem Korrosionsschutz zu versehen. HWL-Platten müssen der Baustoffklasse B1, schwer entflammbar, entsprechen.
Nenndicken (mm): 15, 25, 35, 50, 75, 100.
Format (cm): 200/50

Mehrschicht-Leichtbauplatten (ML) (Bild 328.1) enthalten eine Dämmschicht aus Hartschaum, auch Hartschaum-ML-Platten (HS-ML) genannt, oder Mineralfasern, auch Mineralwolle-ML-Platten (Min-ML) genannt. Die Dämmschicht kann einseitig (Zweischichtplatte) oder beidseitig (Dreischichtplatte) mit Leichtbauplatten oder/und mit einer Dampfsperre belegt sein. Die ML-Platten haben einen deutlich höheren Wärmedämmwert als die einfachen HWL-Matten. Die Verarbeitungsrichtlinien entsprechen denen der Holzwolle-Leichtbauplatten. HS-ML-Platten sind im Brandverhalten mindestens der Baustoffklasse B 2, normal entflammbar, zuzuordnen. Min-ML-Platten haben den Anforderungen der Baustoffklasse B1, schwer entflammbar, zu genügen. Die Vorzugsmaße unterscheiden sich zur HWL-Platte nur dadurch, dass die Dreischichtplatte auch mit einer Dicke von 125 mm hergestellt wird.

Holzwolle-Leichtbaustoffe eignen sich außerdem für Schalungssteine, als tragende zweihäuptige verlorene Schalung und für Rolladenkästen.

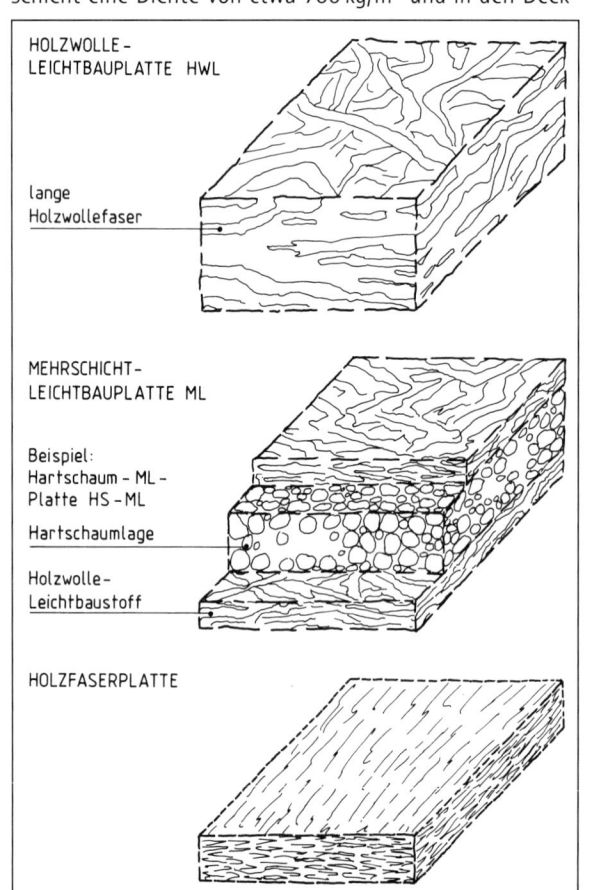

328.1 Leichtbau- und Holzfaserplatten

1.6 Gipskartonplatten und Gipskartonverbundplatten

Gipskartonplatten sind im Wesentlichen aus Gips bestehende Platten, deren Oberflächen und Kanten mit einem fest haftenden Karton ummantelt sind. Die ausreichende Druckfestigkeit des Gipses und die hohe Zugfestigkeit des Kartons ergänzen sich zu einem Verbundwerkstoff, der große Plattenmaße zulässt. Im Brandfall gibt Gips das in seinem Kristallaufbau enthaltene Wasser ab und wirkt der Ausbreitung eines Brandes entgegen. Die Platten sind feuchtigkeitsausgleichend, leicht verarbeitbar und können nach dem Verspachteln der Stoßfugen tapeziert, gefliest oder mit einem Anstrich versehen werden. Durch Zusätze wird eine verzögerte Wasseraufnahme oder/und eine erhöhte Feuerwiderstandsdauer von Bauteilen erreicht.

Gipskartonbauplatten (GKB) mit einer Dicke von 9,5 mm sind zum Befestigen oder Ansetzen auf flächigem Untergrund vorgesehen. Ab einer Dicke von 12,5 mm sind die Platten zur Befestigung auf einer Unterkonstruktion für Wand- und Deckenverkleidungen geeignet.

Gipskarton-Feuerschutzplatten (GKF) enthalten Zusätze, z. B. 3–30 mm lange Glasfasern, um bei einer Beflammung den Gefügezusammenhalt nicht zu verlieren. Diese Platten erhöhen nach DIN 4102 im Brandfalle die Widerstandsdauer der damit bekleideten Bauteile.

Gipskarton-Bauplatten-imprägniert (GKBI) haben zusätzlich eine verzögerte Wasseraufnahme durch eine Spezialimprägnierung. Sie sind für Räume mit normaler Feuchtigkeitsbeanspruchung wie Bäder und Duschen im Wohnhausbau geeignet.

Gipskarton-Feuerschutzplatten-imprägniert (GKFI) vereinen die Eigenschaften der GKF- und der GKBI-Platten.

Gipskarton-Putzträgerplatten (GKP) werden nach der Montage auf Wänden und Decken mit einem 10 mm dicken Gipsmörtel verputzt.

Gipskarton-Loch- und Schlitzplatten werden gelocht oder geschlitzt, großformatig oder in Kassettenform, vierseitig scharfkantig geschnitten bzw. gefast hergestellt. Sie werden für dekorative und akustische Zwecke verwendet.

Gipskartonverbundplatten (GVB) bestehen aus Gipskartonplatten und einem werkmäßig aufgebrachten Dämmstoff aus Polystyrol-Hartschaum (PS), Polyurethan-Hartschaum (PU) oder Mineralfasern (MF). ist eine Dampfbremse erforderlich, so kann werkseitig eine Aluminiumfolie zwischen Dämmstoff und Gipskartonplatte geklebt werden. Für andere Plattenarten sind weitere Kombinationsmöglichkeiten werkseitiger Kaschierungen möglich. So sind rückseitig Walzblei- und sichtseitig PVC-Folien-, Stahlblech- und Schichtstoffplattenbeplankungen erhältlich.

Die Kennzeichnung von Gipskartonplatten über Marke, Hersteller, DIN, Plattenart, Baustoffart und Überwachungszeichen erfolgt, je nach Plattenart, mit einem farbigen Aufdruck auf der Rückseite der Platte. Der Rückseitenstempel hat bei den Platten GKB, GKBI, GKP eine blaue und bei den Platten GKF und GKFI eine rote Farbe. Bei den imprägnierten Platten ist der Vorder- und Rückseitenkarton grün, bei den Putzträgerplatten grau eingefärbt.
Beispiel für eine Gipskartonfeuerschutzplatte: Marke xyz, Werkzeichen, DIN 18180 GKF DIN 4102-A 2, Überwachungszeichen.

Gipskartonverbundplatten werden nach folgender Reihe bezeichnet: Benennung, DIN, Kurzzeichen der Gipskartonplatte, Kurzzeichen des Dämmstoffes und der Lieferform, Typkurzzeichen (Verwendbarkeit als Wärmedämmstoff bei Belastung auf Druck, Biegung, Abreißfestigkeit ...) Wärmeleitfähigkeitsgruppe, Dicke der Gipskartonbauplatte, Dicke der Dämmstoffplatte, Brandverhalten.
Beispiel für eine Gipskartonverbundplatte (VB) mit Polystyrolhartschaum (PS) als Platte (P), nicht druckbelastbar (W), Wärmeleitfähigkeitsgruppe 025, Gipskartonplattendicke 12,5 mm, Dämmplattendicke 50 mm schwer entflammbar: Verbundplatte DIN 18184-VBPSP-W-025-12,5-50-B1

Gipsfaserplatten werden aus Gips und Zellulosefasern als Bewehrung hergestellt. Die Platten werden im Format 1,50/1,00 m und der Dicke von 10 mm gefertigt und auf flächigem Grund mit Ansetzgips geklebt oder auf eine Unterkonstruktion geschraubt. Dabei sollte ein Abstand von 33 cm an der Decke und 50 cm an der Wand nicht überschritten werden.

1.7 Faserzementplatten

Faserzementplatten werden aus dem Bindemittel Zement und einer Mischung aus Poyacrylfasern und Zellulose hergestellt. Sie sind nicht brennbar (A2) sowie frost- und witterungsbeständig. Aus Faserzement werden Dach- und Fasadenplatten, Dach und Fassadenwellplatten sowie Rohre hergestellt.

Nenndicken (mm): zwischen 5 und 20
Formate (cm): 340/140 bis 40/40, 30/30, 20/40, 30/20, 30/15

Dicke mm	Regelbreite mm	Regellänge mm
9,5 12,5 15,0	1250	2000 bis 4000 in Stufen von 250
9,5	400	1500 und 2000
> 18 (20 u. 25)	600 und 1250	2000 bis 3500 in Stufen von 250

329.1 Plattengrößen GKB, GKF, GKBI und GKFI

Dicke Gipskartonplatte mm	Dämmplatte mm	Länge und Breite
9,5	20 30	
12,5	20 30 40 50 60	wie bei den Gipskarton-Bauplatten

329.2 Schichtdicken von Gipskarton-Verbundplatten

Ausbauarbeiten

Art	Kurz-zeichen	Dicke in mm	Art	Kurz-zeichen	Dicke in mm
Nadelhölzer					
Fichte	FI	1,00	Douglasie	DGA	0,85
Kiefer	KI	0,90	Red Pine	PIR	0,85
Lärche	LA	0,90	Tanne	TA	1,00
Laubhölzer (europäische)					
Ahorn	AH	0,6	Eiche	EI	0,65
Birke	BI	0,55	Esche	ES	0,60
Birnbaum	BB	0,55	Kirschbaum	KB	0,55
Buche, Rot-	BU	0,55	Nussbaum	NB	0,50
Laubhölzer (außereuropäisch)					
Limba	LMB	0,6	Makoré	MAC	0,50
Mahagoni, echt	MAE	0,55	Rio-Palisander	PRO	0,50
Mahagoni, Sapeli-	MAS	0,55	Palisander ostindischer	POS	0,55
Mahagoni, Sipo-	MAU	0,55	Teak	TEK	0,60

330.1 Holzarten und Furnierdicken

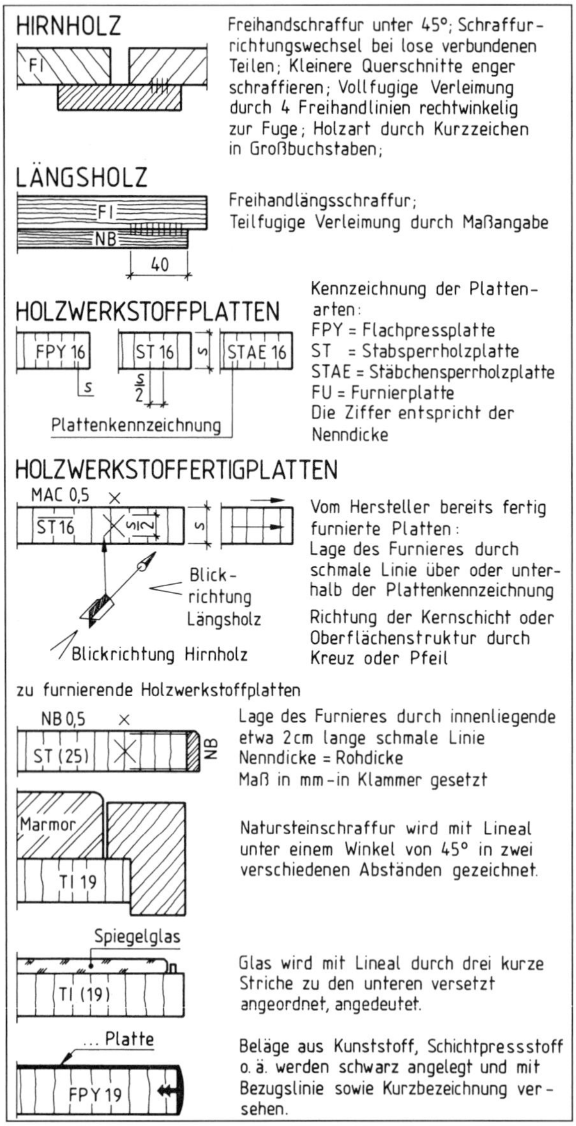

HIRNHOLZ — Freihandschraffur unter 45°; Schraffurrichtungswechsel bei lose verbundenen Teilen; Kleinere Querschnitte enger schraffieren; Vollfugige Verleimung durch 4 Freihandlinien rechtwinkelig zur Fuge; Holzart durch Kurzzeichen in Großbuchstaben;

LÄNGSHOLZ — Freihandlängsschraffur; Teilfugige Verleimung durch Maßangabe

HOLZWERKSTOFFPLATTEN — Kennzeichnung der Plattenarten:
FPY = Flachpressplatte
ST = Stabsperrholzplatte
STAE = Stäbchensperrholzplatte
FU = Furnierplatte
Die Ziffer entspricht der Nenndicke

HOLZWERKSTOFFERTIGPLATTEN — Vom Hersteller bereits fertig furnierte Platten:
Lage des Furnieres durch schmale Linie über oder unterhalb der Plattenkennzeichnung
Richtung der Kernstruktur oder Oberflächenstruktur durch Kreuz oder Pfeil

Blickrichtung Längsholz
Blickrichtung Hirnholz

zu furnierende Holzwerkstoffplatten
Lage des Furnieres durch innenliegende etwa 2 cm lange schmale Linie
Nenndicke = Rohdicke
Maß in mm - in Klammer gesetzt

Marmor — Natursteinschraffur wird mit Lineal unter einem Winkel von 45° in zwei verschiedenen Abständen gezeichnet.

Spiegelglas — Glas wird mit Lineal durch drei kurze Striche angeordnet zu den unteren versetzt, angedeutet.

Platte — Beläge aus Kunststoff, Schichtpressstoff o. ä. werden schwarz angelegt und mit Bezugslinie sowie Kurzbezeichnung versehen.

330.2 Darstellung von Werkstoffen – Innenausbau

2 Verkleidungen

Wände oder Decken werden aus optischen oder technischen Gründen verkleidet. Optisch lässt sich ein Raum durch eine Verkleidung in seinen Proportionen verändern. Er erfährt eine Steigerung in seinem Wert und in seiner Behaglichkeit. Technisch kann durch Verkleidung die Schalldämmung, die Schalldämpfung, die Schallreflektion, die Wärmedämmung, der Brandschutz, die Belüftung, die Lichtwirkung oder der Witterungsschutz verändert, bzw. verbessert werden. Die Aufgaben einer Außenverkleidung beschränken sich im Gegensatz zur Innenverkleidung nur auf die Verbesserung der Wärmedämmung und des Schlagregenschutzes. Auch wird durch die Bretterstruktur eine optische Verbesserung bewirkt.

Die Endbehandlung richtet sich nach der Beanspruchung. Holz kann roh belassen, oder mit farblosen, lasierenden oder deckenden Anstrichsystemen geschützt werden.
Während im Innenbereich vielfach die natürliche Farbe des Holzes erhalten bleiben kann, ist ein Witterungsschutzanstrich im Außenbereich bei fast allen Hölzern mit mittlerem Harzgehalt notwendig. Wenn die Oberfläche des Holzes nur durch einen farblosen Schutzanstrich statt durch eine pigmenthaltige Lasur geschützt wird, geht die natürliche Holzfarbe vom warmen Gelbbraun durch den UV-Anteil des Sonnenlichtes in ein Silbergrau über.

Bei geringem Schlagregenschutz durch fehlenden ausreichenden Dachvorsprung, sind unbedingt folgende Regeln für den konstruktiven Holzschutz zu beachten:
- Die Holzfeuchtigkeit der Bauteile muss beim Einbau der umgebenden Luftfeuchtigkeit angepasst sein.
- Durch geeignete Unterkonstruktionen ist für eine Hinterlüftung der Verkleidung zu sorgen.
- Es sind Konstruktionen und Gefälle zu wählen, damit das Wasser schnell abläuft.
- Witterungsresistente Holzarten (Fichte, Kiefer, Lärche, Eiche) sind witterungsempfindlichen Holzarten (Buche) vorzuziehen.
- Das Abrunden von Kanten verhindert Rissebildung des Anstrichfilmes.
- Der Mindestabstand der Holzteile vom Erdboden (Spritzwasser, Schnee) von 30 cm ist einzuhalten.
- Direkter Kontakt zu fremden Werkstoffen wie Metall oder Stein, ist zu vermeiden.
- Es sind korrosionsgeschützte Verbindungsmittel wie verzinkte Nägel und Schrauben, zu verwenden.
- Die Kapillarwirkung von anliegenden Fugen ist zu beachten! Vor allem muss Hirnholz gut geschützt sein.

2.1 Wandverkleidungen

Verschindelungen werden aus dem Holz der Fichte, Lärche, Zeder oder Eiche hergestellt. Ihre Größen variieren in der Breite zwischen 5 bis 8 cm bei kleinformatigen und 7 bis 35 cm bei großformatigen Schindeln. Die schmalen Schindeln sind ca. 16 cm, die breiten ca. 41 cm und 46 cm lang. Sie werden zu einem Schindelschirm (Bild 332.1) auf einen Lattenrost oder einer geschlossenen Schalung, dem Schindelboden, verdeckt festgenagelt. Dabei überdecken zwei darüber liegende Schindelreihen die untere Schindelreihe zu 2/3.

Ausbauarbeiten

DÜBELVERBINDUNG (Holzdübel)

Querschnitt — Längsschnitt

$\varnothing\, 8 \times 35 - BU$
- Werkstoff
- Länge in mm
- Durchmesser in mm

neuere Darstellung $\varnothing\, 8 \times 35 - BU$

Die Schnittebene wird nicht durch den Dübel geführt. Deshalb wird der Dübel in Quer- und Längsschnitt nur gestrichelt gezeichnet. Die Bohrlochlänge wird ca. 3 mm tiefer hergestellt.

HOLZDÜBELGRÖSSEN

$\varnothing$ in mm	Länge in mm	$\varnothing$ in mm	Länge in mm
5	25; 30; 35;	14	50; 60; 80; 120; 140; 160;
6	25; 30; 35; 40;	16	60; 80; 120; 140; 160;
8	25; 30; 35; 40; 50;	18	80; 120; 140; 160;
10	30; 35; 40; 45; 50; 60;	20	60; 120; 160;
12	35; 40; 45; 50; 60; 80;		

FEDERVERBINDUNG
Furniersperrholzfeder — Furniersperrholzwinkelfeder

Federn werden durchgehend eingenutet, es verläuft die Schnittebene durch die Feder; die Kanten werden in Volllinie gezeichnet. Die Schraffur ist etwas enger gehalten. Es werden Federn aus Vollholz, Furnierplatte oder Kunststoff verwendet.

SCHRAUBENVERBINDUNG vereinfachte Darstellung
DIN 7997 − 4 × 25   DIN 7997 − 4 × 25

Holzschrauben mit

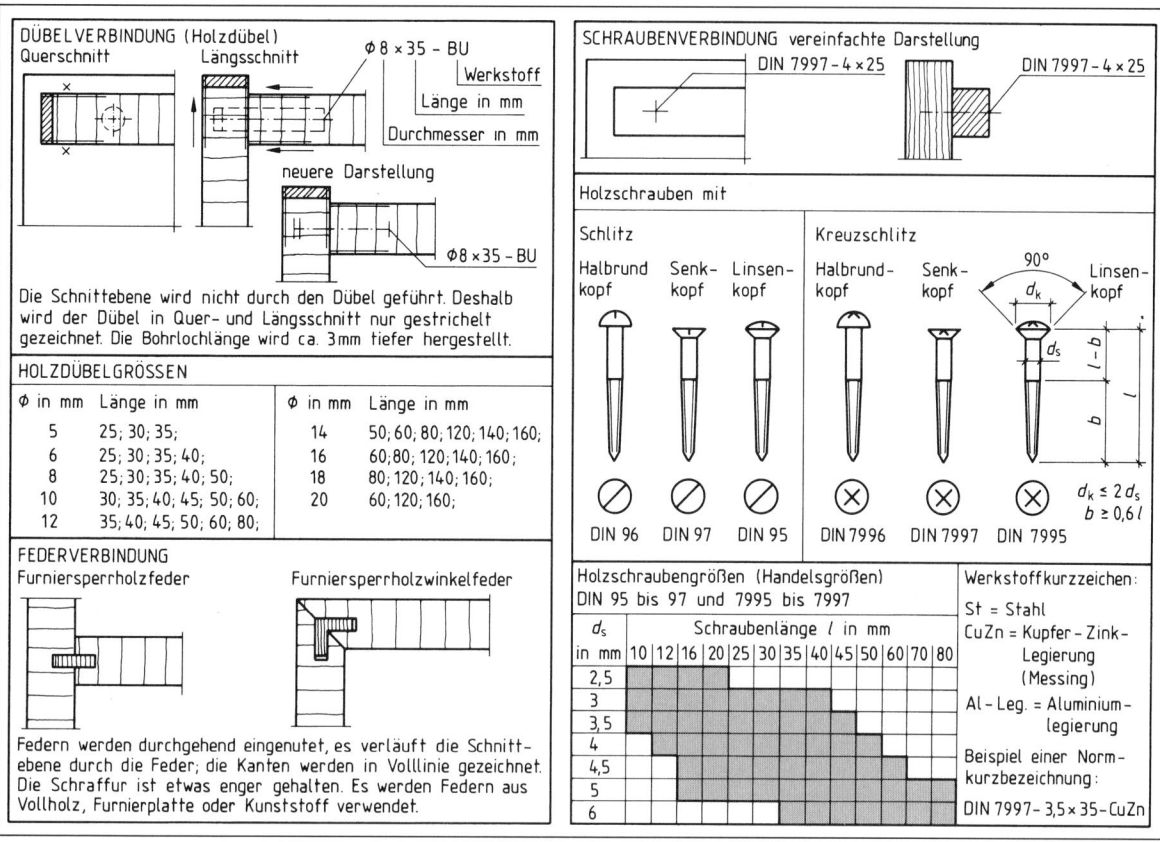

Schlitz: Halbrundkopf, Senkkopf, Linsenkopf — DIN 96, DIN 97, DIN 95

Kreuzschlitz: Halbrundkopf, Senkkopf, Linsenkopf — DIN 7996, DIN 7997, DIN 7995

$d_k \leq 2\, d_s$
$b \geq 0{,}6\, l$

Holzschraubengrößen (Handelsgrößen) DIN 95 bis 97 und 7995 bis 7997

d_s in mm	Schraubenlänge l in mm
	10 12 16 20 25 30 35 40 45 50 60 70 80
2,5	
3	
3,5	
4	
4,5	
5	
6	

Werkstoffkurzzeichen:
St = Stahl
CuZn = Kupfer−Zink−Legierung (Messing)
Al−Leg. = Aluminiumlegierung

Beispiel einer Normkurzbezeichnung:
DIN 7997 − 3,5 × 35 − CuZn

331.1 Verbindungsmittel

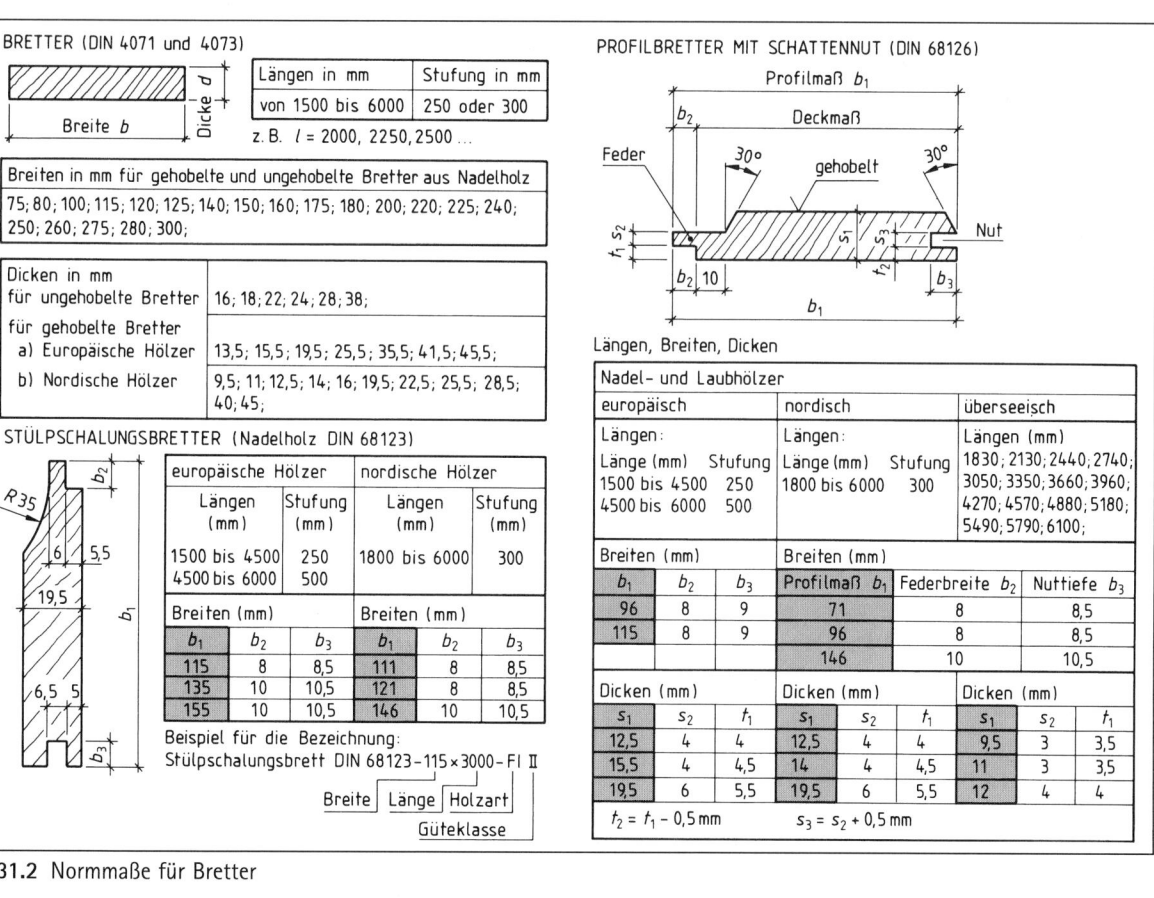

BRETTER (DIN 4071 und 4073)

Längen in mm	Stufung in mm
von 1500 bis 6000	250 oder 300
z. B. l = 2000, 2250, 2500 …	

Breiten in mm für gehobelte und ungehobelte Bretter aus Nadelholz
75; 80; 100; 115; 120; 125; 140; 150; 160; 175; 180; 200; 220; 225; 240; 250; 260; 275; 280; 300;

Dicken in mm	
für ungehobelte Bretter	16; 18; 22; 24; 28; 38;
für gehobelte Bretter	
a) Europäische Hölzer	13,5; 15,5; 19,5; 25,5; 35,5; 41,5; 45,5;
b) Nordische Hölzer	9,5; 11; 12,5; 14; 16; 19,5; 22,5; 25,5; 28,5; 40; 45;

STÜLPSCHALUNGSBRETTER (Nadelholz DIN 68123)

europäische Hölzer		nordische Hölzer	
Längen (mm)	Stufung (mm)	Längen (mm)	Stufung (mm)
1500 bis 4500	250	1800 bis 6000	300
4500 bis 6000	500		

Breiten (mm)			Breiten (mm)		
b_1	b_2	b_3	b_1	b_2	b_3
115	8	8,5	111	8	8,5
135	10	10,5	121	8	8,5
155	10	10,5	146	10	10,5

Beispiel für die Bezeichnung:
Stülpschalungsbrett DIN 68123 − 115 × 3000 − FI II
(Breite, Länge, Holzart, Güteklasse)

PROFILBRETTER MIT SCHATTENNUT (DIN 68126)

Profilmaß b_1, Deckmaß, Feder, gehobelt, Nut, 30°
$t_2 = t_1 - 0{,}5$ mm $s_3 = s_2 + 0{,}5$ mm

Längen, Breiten, Dicken

Nadel- und Laubhölzer		
europäisch	nordisch	überseeisch
Längen: 1500 bis 4500 Stufung 250; 4500 bis 6000 Stufung 500	Längen: 1800 bis 6000 Stufung 300	Längen (mm): 1830; 2130; 2440; 2740; 3050; 3350; 3660; 3960; 4270; 4570; 4880; 5180; 5490; 5790; 6100;

Breiten (mm)			Breiten (mm)			Breiten (mm)		
b_1	b_2	b_3	Profilmaß b_1	Federbreite b_2	Nuttiefe b_3	Profilmaß b_1	Federbreite b_2	Nuttiefe b_3
96	8	9	71	8	8,5			
115	8	9	96	8	8,5			
			146	10	10,5			

Dicken (mm)			Dicken (mm)			Dicken (mm)		
s_1	s_2	t_1	s_1	s_2	t_1	s_1	s_2	t_1
12,5	4	4	12,5	4	4	9,5	3	3,5
15,5	4	4,5	14	4	4,5	11	3	3,5
19,5	6	5,5	19,5	6	5,5	12	4	4

331.2 Normmaße für Bretter

Verbretterungen werden aus Vollholz mit senkrechtem, waagerechtem oder schrägem Fugenverlauf hergestellt. Verwendet werden parallel besäumte Bretter mit Breiten bis 146 mm. Die Oberfläche kann sägerau, gehobelt oder gebürstet sein. Sollen im Innenbereich teure Holzarten verwendet werden, so kann Vollholz durch furnierte Holzwerkstoffe ersetzt werden. Verbretterungen für den Außenbereich werden aus dem Holz der Fichte oder der Kiefer, seltener aus dem der Zeder oder der Lärche hergestellt. Um ein Verziehen bei Holzfeuchtigkeitswechsel zu vermeiden, werden Bretter von mindestens 15,5 mm Dicke verwendet. In der Regel werden allseitig gehobelte Bretter mit einer Dicke von 19,5 oder 25,5 mm vom Zimmermann bevorzugt. Gesägte 24 mm dicke Bretter sind witterungsbeständiger, da sie durch ihre raue Oberfläche mehr Holzschutzmittel aufnehmen. Nach der Fügeart unterscheidet man im Wesentlichen senkrechte und waagerechte Verbretterungen. Im Außenbereich werden besonders senkrechte Verbretterungen bevorzugt, da diese Konstruktionen gewährleisten, dass das Regenwasser schnell und ungehindert ablaufen kann. Dazu gehören:

- Deckelschalung mit Schlupf- und Deckelbrett, auch überlukte Bretterschalung genannt (Bild 332.1a).
- Schalung mit Deckleisten (Bild 332.1b).

Bei waagerechten Verbretterungen muss ein Eindringen von Regenwasser hinter die Schalung durch entsprechende Profilierung verhindert werden.

- Stülpschalungen (Bild 332.1c) zählen zu dieser Verkleidungsart.

Im Innenbereich werden bevorzugt:
- Gefälzte Schalung (Bild 332.2b).
- Profilbretterschalung mit Schattennut als gespundete Schalung (Bild 332.2d, 333.1a und 333.2a).
- Überschobene Schalung (Bild 332.2c).
- Sparschalung (Glattkantbretter auf Abstand) (Bild 332.2a).

Verstäbungen aus schmalen, meist profilierten Holzstäben auf Rahmen gearbeitet, werden zur Verkleidung von Heizkörpern eingesetzt.

Paneelverkleidungen bestehen vorwiegend aus Span- oder Furnierplatten, deren sichtbare Oberflächen mit einem endbehandelten Deckfurnier, einer Kunststoff- oder Metallfolie belegt sind. Paneele werden raumhoch, oder in Längen von 500 bis 1 000 mm und in Breiten von 125 bis 500 mm hergestellt. Einschubfedern überbrücken die Fugen.

Plattentäfelungen (Bild 333.1b, 333.2b) werden aus furnierten Span- oder Sperrholzplatten der Längen 500 bis 1 200 und Breiten 300 bis 625 mm gefertigt. Auf die Oberfläche werden Edelholzfurniere, Kunststoffplatten oder Metallbleche geleimt bzw. geklebt. Die Fugen von 10 bis 15 mm werden offen gelassen, oder mit einer Furnierplattenfeder geschlossen.

Rahmentäfelung (Bild 333.1c, 333.2c) aus Rahmen und Füllung hergestellt, ergeben je nach Profilierung der Halteleisten eine stark gegliederte Oberfläche. Die Rahmen werden vorwiegend aus Massivholz, die Füllungen aus Furnierplatten oder furnierten Spanplatten gefertigt.

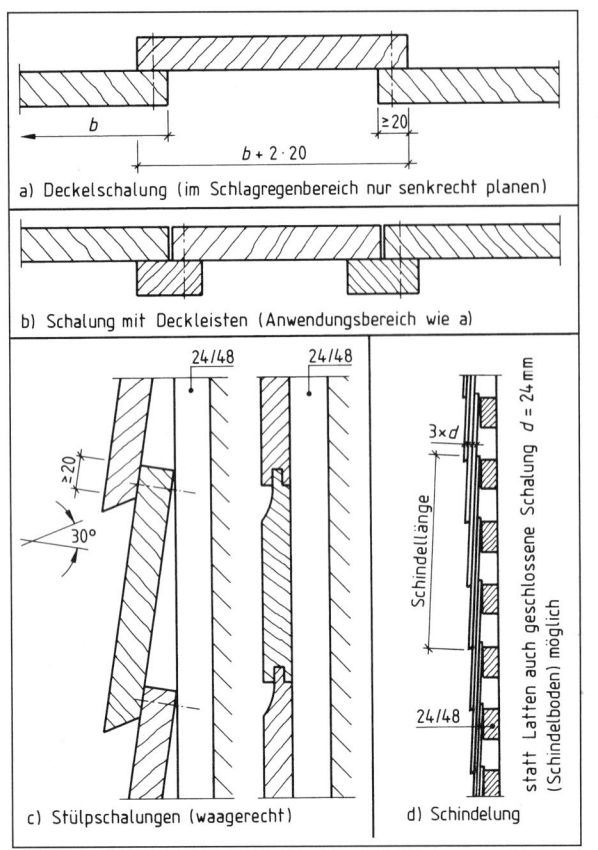

332.1 Verbretterungen – im Außenbereich bevorzugt

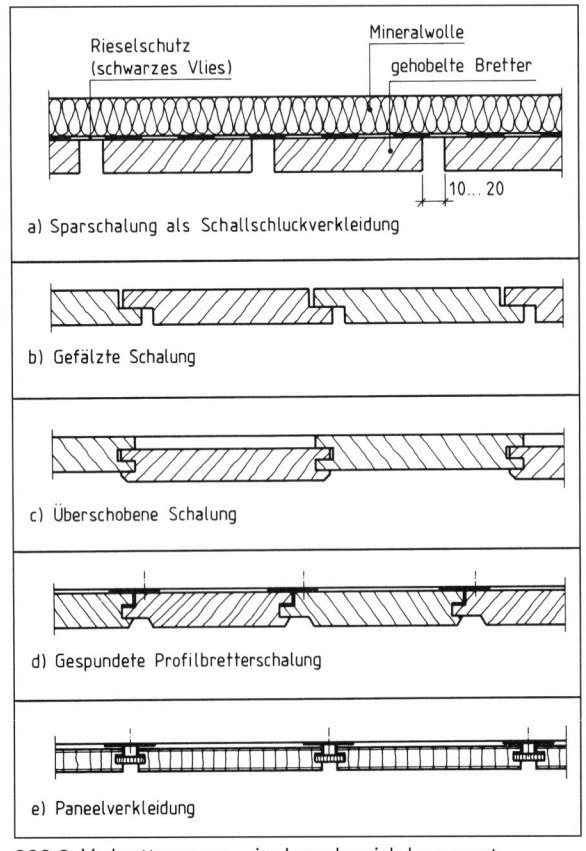

332.2 Verbretterungen – im Innenbereich bevorzugt

Ausbauarbeiten

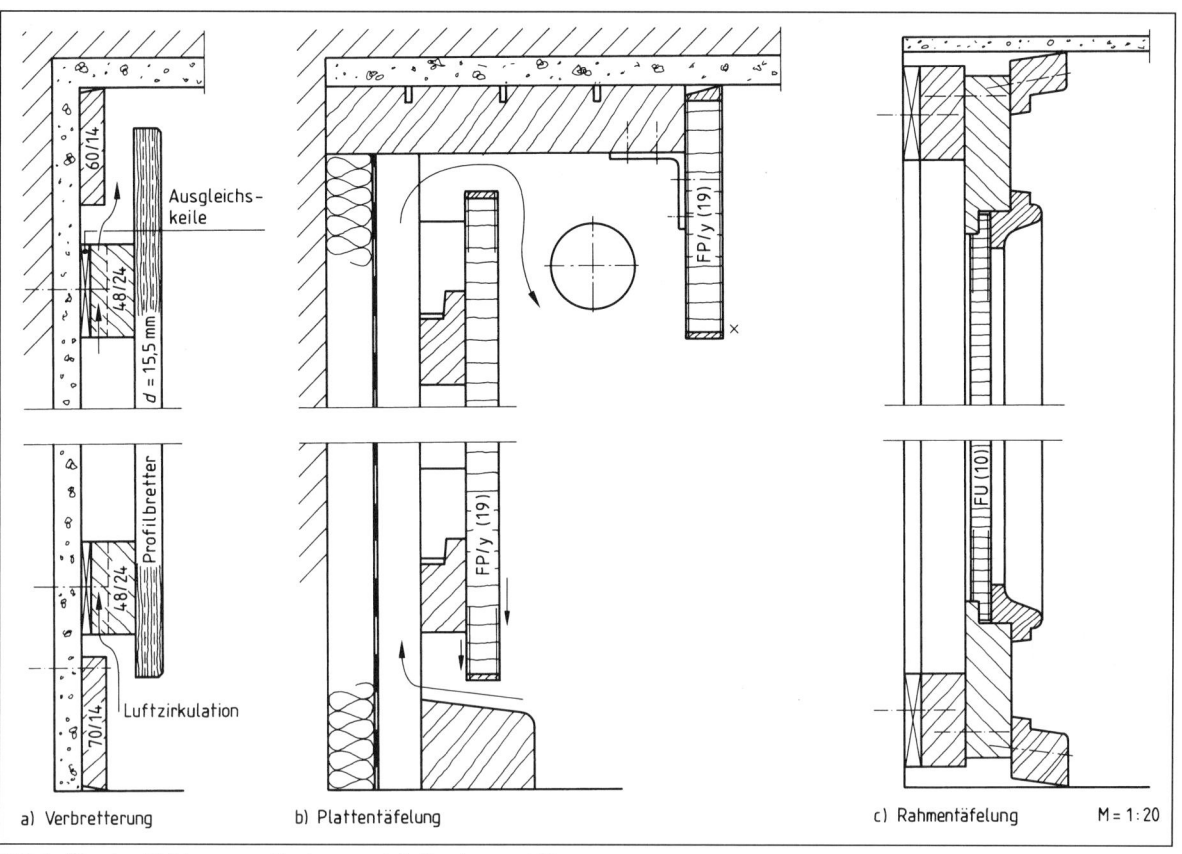

333.1 Wandverkleidungen – Decken- und Fußbodenanschlüsse
a) Verbretterung b) Plattentäfelung c) Rahmentäfelung M = 1:20

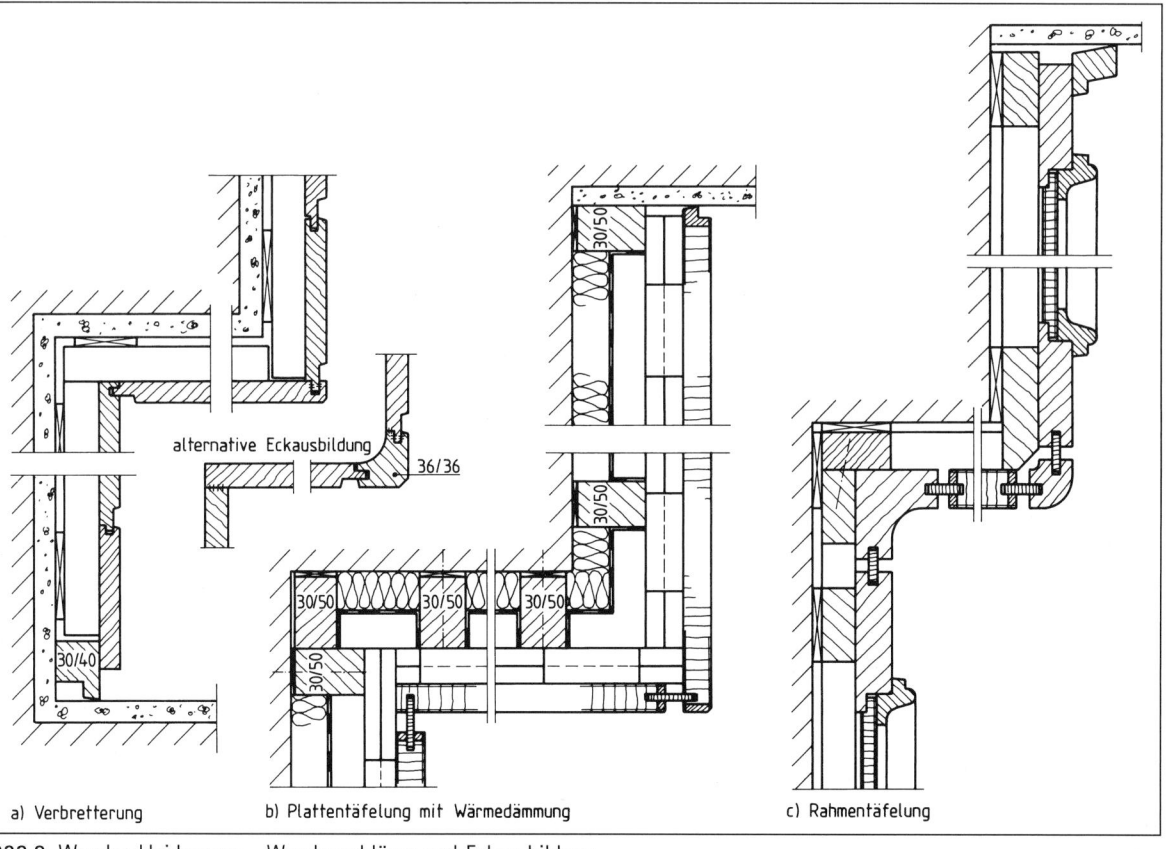

333.2 Wandverkleidungen – Wandanschlüsse und Eckausbildung
a) Verbretterung b) Plattentäfelung mit Wärmedämmung c) Rahmentäfelung

Ausbauarbeiten

Weitere Verkleidungen können aus plattenförmigen Materialien wie Gipskartonplatten, Gipsfaserplatten, Holzwolle-Leichtbauplatten o.Ä. hergestellt werden.

Unterkonstruktionen (Bild 334.1) aus Latten, Kanthölzern oder Metallständerwerk werden für Wandbekleidungen fast immer benötigt. Sie haben die Aufgaben, die Verkleidung zu tragen, Unebenheiten der Rohbauteile auszugleichen und Belüftung durch einen Abstand von > 2 cm zwischen der Rückseite der Verkleidung und der Wandfläche zu schaffen.

Während für Verkleidungen aus Gipsplatten überwiegend verzinktes Metallständerwerk verwendet wird, bevorzugt man für Verkleidungen aus Holz oder Holzwerkstoffen nach wie vor Unterkonstruktionen aus ungehobelten Latten mit den Querschnitten:

24/48, 30/50 oder 40/60 mm.

Für Verkleidungen d < 12 mm darf 600 mm Lattenabstand, bei d > 12 mm sollten 800 mm nicht überschritten werden.

Häufig ist es sowohl im Außen- als auch im Innenbereich erforderlich, eine Hinterlüftung der Verkleidung vorzusehen, damit sich an ihrer Außen- und Innenseite etwa die gleichen klimatischen Verhältnisse einstellen und sich auf keinen Fall Feuchtigkeit absetzt.

Eventuell erforderliche Dämmplatten oder -matten werden zwischen den Latten befestigt. Sie dürfen den erforderlichen Luftstrom nicht behindern. Dies bedingt bei senkrechter Schalung zur waagerechten Lattung eine senkrecht verlaufende Konterlattung in Dämmschichtstärke plus der erforderlichen Luftschicht von > 2 cm.

Eine Konterlattung kann entfallen, wenn gewährleistet ist, dass der Luftstrom durch häufig anzuordnende ca. 4 cm lange Aussparungen in den Latten strömen kann. Bei waagerechter Schalung reicht meist eine senkrechte Lattung, die ebenfalls mindestens 2 cm stärker sein muss als die Dämmschichtstärke.

Bei sehr großen Unebenheiten der Rohwand ist eine Konterlattung plus Feinlattung zum Ausgleich zu empfehlen. Die Flucht und das Lot der Unterkonstruktion wird dann durch Keile zwischen Lattung und Wand justiert.

Die Verkleidung kann innen sichtbar durch verchromte oder Messingschrauben bzw. verdeckt durch nicht rostende Profilbrettklammern, Nutklötzchen oder Metallwinkel angebracht werden. Im Außenbereich (Bild 335.1) wird die Verkleidung vorwiegend mit verzinkten Nägeln oder korrosionsgeschützten Holzschrauben sichtbar befestigt. Die Dämmung einer Außenverkleidung sollte nach außen durch eine diffusionsoffene Wetterschutzbahn vor eindringendem Regen- und Schmelzwasser, sowie vor Wind bewahrt werden.

Um zu verhindern, dass Insekten, Mäuse und anderes Getier in der Dämmung und in den Belüftungshohlräumen nisten sind die Zu- und Abluftöffnungen mit fraßfestem Insektengitter zu verschließen. Im Innenbereich, besonders in Feucht- und Nassräumen, muss die Dämmung durch eine auf der Dämmungsinnenseite angebrachte Dampfsperrschicht (PE-Kunststoffhahn, Al-Folie und Bitumendichtungshahn) gegen Kondenswasserbildung geschützt werden. Für eine Belüftung unmittelbar hinter dem Verkleidungsschirm muss gesorgt sein. Die Befestigung der Unterkonstruktion auf der Rohwand erfolgt je nach verwendetem Baustoff der Wand durch Dübelschrauben, Bolzen oder Anker und Ankerschienen.

2.2 Deckenverkleidungen

Neben den bereits erwähnten optischen und technischen Gründen kommen für den Einbau einer Deckenverkleidung noch weitere Aufgaben hinzu. Ver- und Entsorgungsleitungen (Strom, Wasser, Abwasser, Be- und Entlüftung) können über der Deckenverkleidung (Unterdecke) unsichtbar eingebaut werden. Die Installationen sind für die Wartung und Reparatur jederzeit zugänglich zu halten. Außerdem ist es möglich, das Tragsystem der Rohdecke z. B. Unterzüge, gänzlich oder teilweise unsichtbar zu machen.

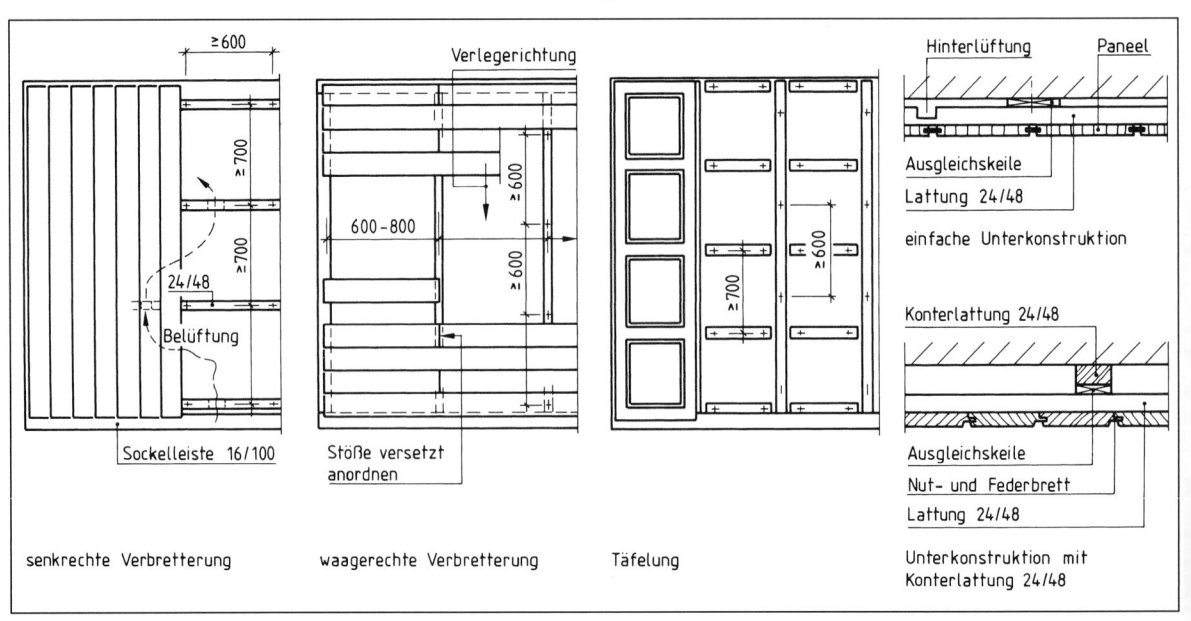

334.1 Wandverkleidung – Unterkonstruktionen

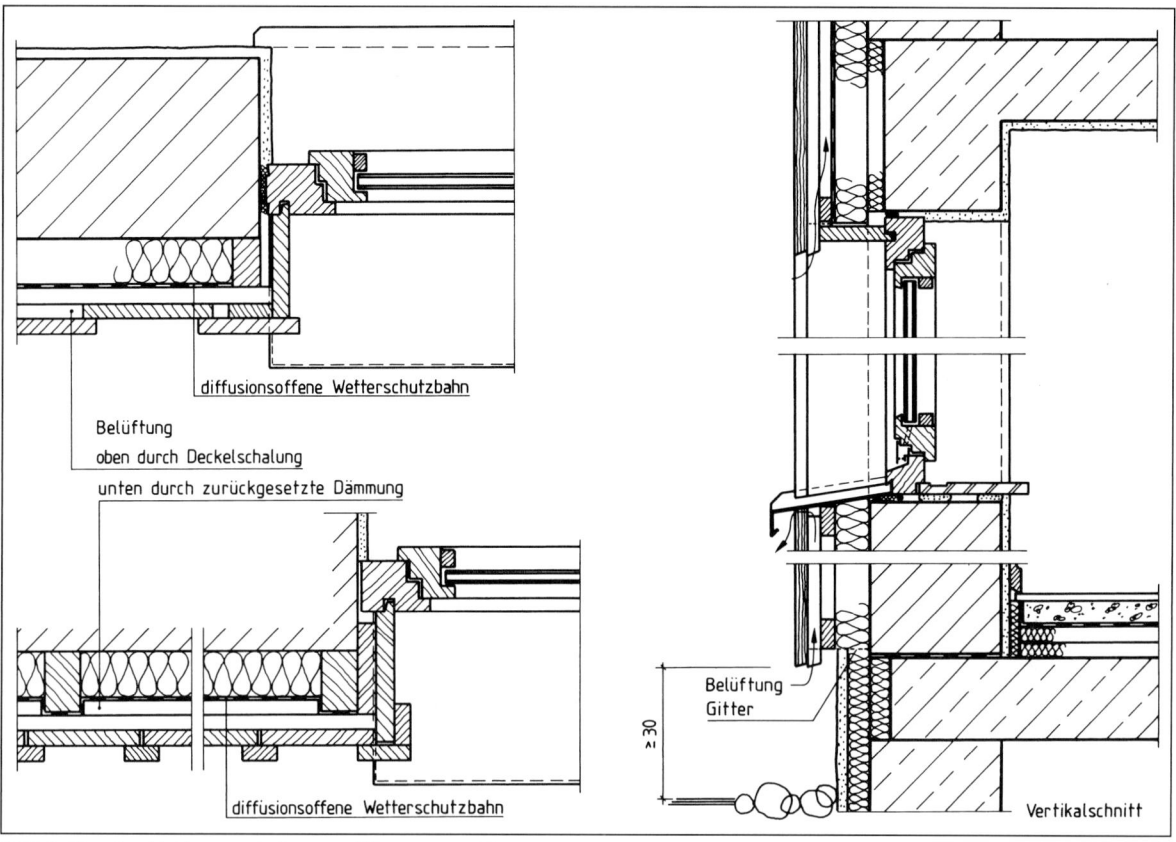

Ausbauarbeiten 335

335.1 Wandverkleidung – Außenwand/Fensteranschluss

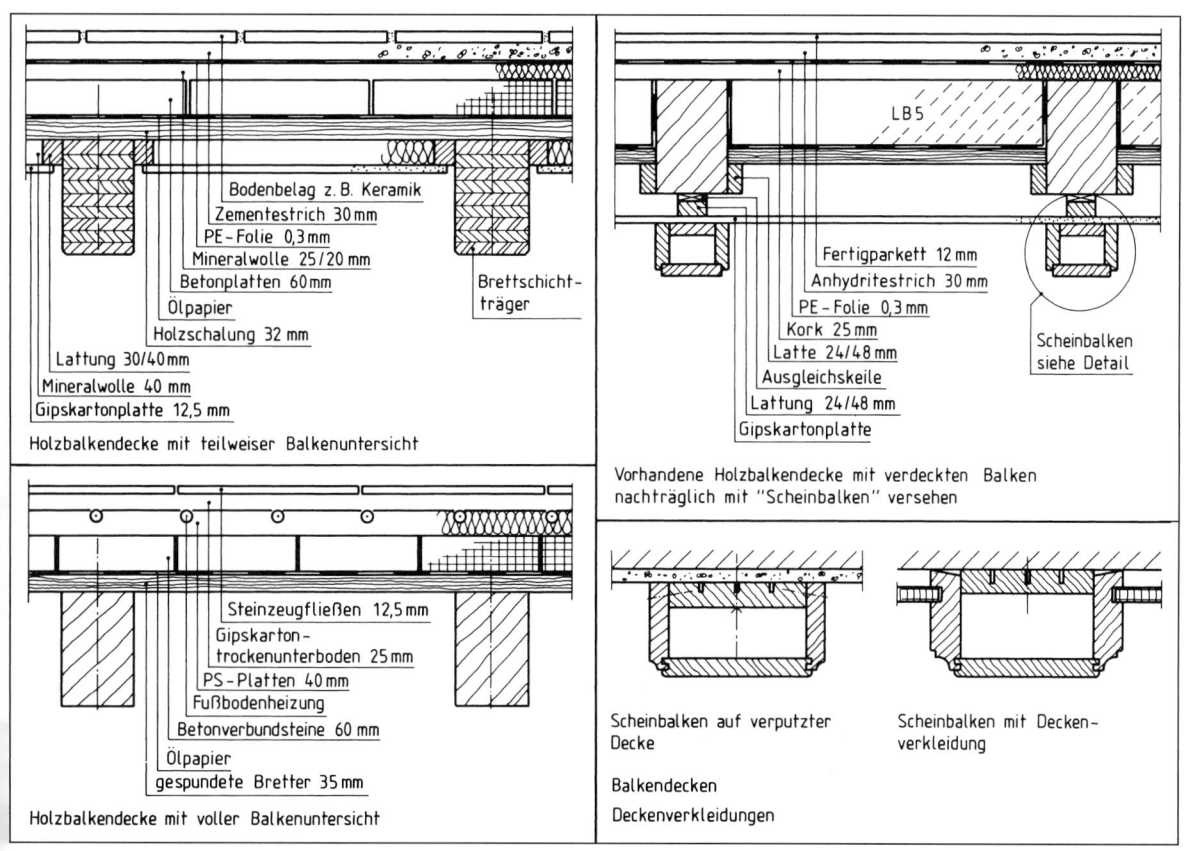

Labels (oberes Detail, links):
- diffusionsoffene Wetterschutzbahn
- Belüftung oben durch Deckelschalung
- unten durch zurückgesetzte Dämmung
- diffusionsoffene Wetterschutzbahn

Labels (rechtes Detail):
- Belüftung Gitter
- ≥ 30
- Vertikalschnitt

335.2 Holzbalkendecken

Holzbalkendecke mit teilweiser Balkenuntersicht:
- Bodenbelag z. B. Keramik
- Zementestrich 30 mm
- PE-Folie 0,3 mm
- Mineralwolle 25/20 mm
- Betonplatten 60 mm
- Ölpapier
- Holzschalung 32 mm
- Brettschichtträger
- Lattung 30/40 mm
- Mineralwolle 40 mm
- Gipskartonplatte 12,5 mm

Holzbalkendecke mit voller Balkenuntersicht:
- Steinzeugfliesen 12,5 mm
- Gipskarton-trockenunterboden 25 mm
- PS-Platten 40 mm
- Fußbodenheizung
- Betonverbundsteine 60 mm
- Ölpapier
- gespundete Bretter 35 mm

Vorhandene Holzbalkendecke mit verdeckten Balken nachträglich mit "Scheinbalken" versehen:
- LB 5
- Fertigparkett 12 mm
- Anhydritestrich 30 mm
- PE-Folie 0,3 mm
- Kork 25 mm
- Latte 24/48 mm
- Ausgleichskeile
- Lattung 24/48 mm
- Gipskartonplatte
- Scheinbalken siehe Detail

Balkendecken Deckenverkleidungen:
- Scheinbalken auf verputzter Decke
- Scheinbalken mit Deckenverkleidung

Deckenverkleidungen sind zunächst nach der Unterkonstruktion zu unterscheiden:

Direkte Deckenverkleidungen haben eine Unterkonstruktion, die unmittelbar an der Rohdecke befestigt wird.

Abgehängte Deckenverkleidungen verfügen über eine Unterkonstruktion, die in einem größeren Abstand unter der Rohdecke hängt. Dabei sind Abhängemaße von ca. 30 bis 60 cm für die Unterbringung der Lüftungskanäle üblich.

Außerdem werden Deckenverkleidungen nach dem optischen Bild ihrer Untersicht unterschieden:

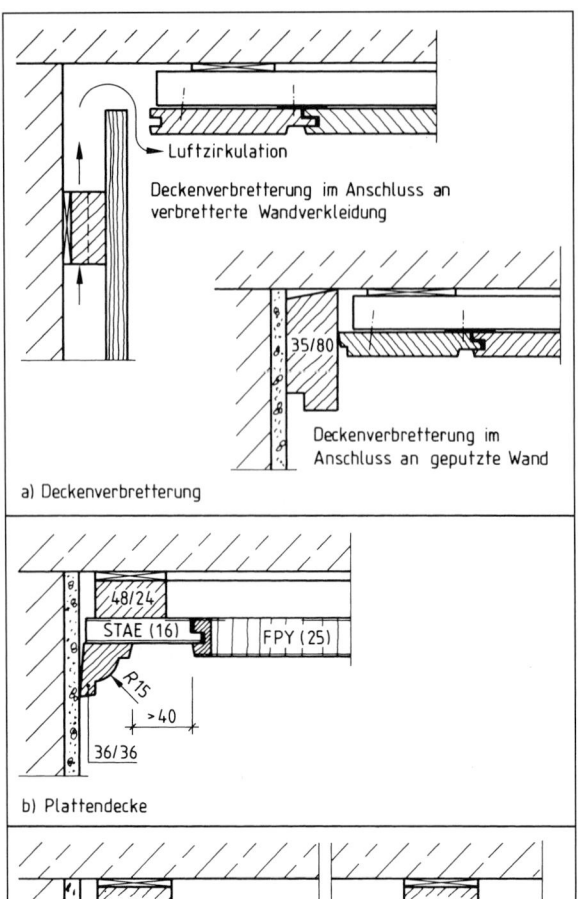

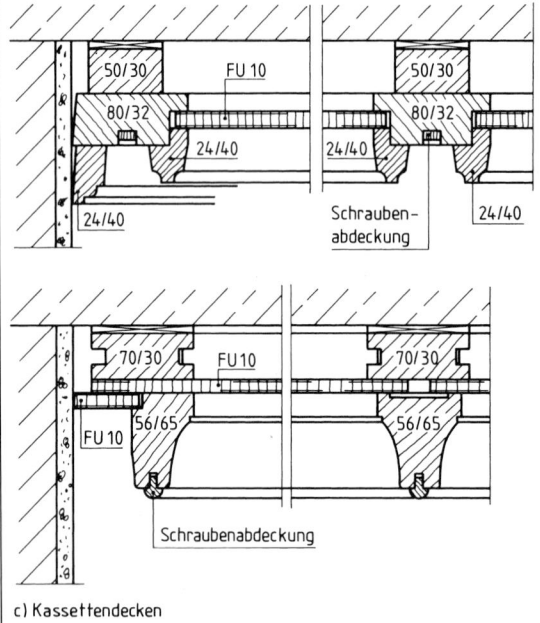

Balkendecken (Bild 335.2) lassen die tragende Balkenlage sichtbar. Die dazwischen liegenden Felder werden verbrettert oder verputzt. Imitationen durch Scheinbalken sind möglich, widersprechen aber der Ästhetik der Konstruktion.

Bretterdecken (Bild 336.1 a) können wie bei Wandverkleidungen durch eine Vielzahl von Brettprofilen und deren unterschiedliche Anordnung z. B. des Fugenverlaufs rechtwinklig, parallel oder schräg zur Wand gestaltet werden.

Plattendeckenverkleidungen (Bild 336.1 b) werden aus quadratischen oder rechteckigen furnierten Span- oder Sperrholzplatten von 500 bis 1 000 mm Kantenlänge hergestellt. Sollen die Platten der Decke einzeln zur Wirkung kommen, so sind sie durch schmale Schattenfugen von etwa 6 mm zu trennen.

Kassettendecken (Bild 336.1 c) unterscheiden sich von der Plattendecke dadurch, dass die einzelnen vorwiegend quadratischen Felder von einem häufig stark profilierten Rahmen eingefasst sind.

Unterkonstruktionen von Deckenverkleidungen erfordern gegenüber der der Wandverkleidung zusätzliche konstruktive Überlegungen. Die Bewohner müssen vor herunterfallenden Teilen geschützt sein. Die Decke ist der wärmste Teil eines Raumes, sodass sich nach dem Einbau der Verkleidung eine Holzfeuchte von ca. 6 %, bezogen auf das Darrgewicht, einstellt. Dadurch ist ein erhebliches Schwinden der Holzbauteile möglich. Aus diesem Grund wird für die Unterkonstruktion Holz der Sortierklasse S 10/MS 10 mit max. 20 % Holzfeuchte gefordert.

Für eine einfache Unterkonstruktion eignen sich sägeraue Latten 48/24 mm. Deckenverkleidungen, die, wie z. B. bei Kassettendecken, eine hohe Passgenauigkeit erfordern, bedingen gehobelte Lattung oder Rahmen. Eine beidseitige Hobelung bedeutet etwa 4 mm Querschnittsmaßverlust. Bei größeren Rohdeckenunebenheiten ist eine Konterlattung (Grundlattung) 60/40 und eine Feinlattung 48/24 oder 50/30 mm zu empfehlen. Der Abstand der Latten ist der Tabelle 336.2 zu entnehmen.

Beim Einbau einer Wärmedämmung sind hinsichtlich Belüftung und Dampfsperre die gleichen konstruktiven Regeln wie bei den Wandverkleidungen zu beachten. Für die Abhängung der Deckenverkleidung eignen sich verzinkter Draht ⌀ 2,8 mm, Schlitzbandabhänger oder Spannhänger mit Verschiebeblech. Sie werden an Ankerschienen, Dübel, Bolzen oder an einbetonierten konischen Dübellatten 60/40 geschraubt.

336.1 Deckenverkleidungen

Lattung	Querschnitt		Abstand der Befestigung mm
	sägerauh mm	gehobelt mm	
Grundlattung	60/40	56/36	1 100
abgehängte Grundlattung	40/60	36/56	1 400
Feinlattung	48/24	44/20	600
Feinlattung	50/30	46/26	800

336.2 Lattenabstand bei 0,4 kN/m² Belastung

2.3 Türen

Türen bestehen aus dem Türrahmen als dem feststehenden Teil und aus dem Türblatt als dem beweglichen Teil sowie den Beschlägen. Zu den Beschlägen zählen die Bänder als bewegliche Verbindung zwischen Türrahmen und Türblatt sowie das Schloss mit Drücker und Schilder zum Bewegen und Schließen der Tür. Sie werden nach unterschiedlichen Merkmalen (Bild 337.1) eingeteilt:

- **Innentüren** werden als Windfangtüren, Wohnungstüren, Zimmertüren und Nasszellentüren sowie als Feuer hemmende, wärmedämmende, schalldämmende und strahlungsundurchlässige Türen hergestellt.
- **Außentüren** werden als Haustüren, Kelleraußentüren und Eingangstüren für gewerbliche Bauten gefertigt. Bestimmte physikalische Anforderungen wie Schall- und Wärmedämmung werden häufig gefordert.
- **Drehflügeltüren** werden nach ihrer Schlagrichtung benannt. Sie werden von dem Raum aus betrachtet, in den sie sich öffnen. Sind die Bänder bzw. der Drehpunkt der Tür rechts, so spricht man von einer DIN-rechts-Tür.
- **Schiebetüren** werden parallel zur Wandfläche bewegt. Sie werden häufig bei beengten Platzverhältnissen oder bei sehr breiten Türblättern benötigt. Sie können ein- oder mehrteilig vor der Wand, in Mauertaschen oder hinter Verkleidungen geführt werden.
- **Hebedreh- und Hebeschiebetüren** lassen sich nur durch Anheben des Flügels über den Handhebel eines Hebebandes öffnen. Beim Schließen wird der Flügel auf ein entsprechend geformtes Profil abgesetzt und dadurch unten besonders gut abgedichtet.
- Weitere Türarten, die nach der Öffnungsart eingeteilt werden, sind Drehtür, Pendeltür und Falttür. Die Fenstertüren werden bereits dem Bauteil Fenster zugeordnet.
- **Werkstoffbenannte Türen** erhalten ihre Bezeichnung nach dem überwiegend eingesetzten Material. Man unterscheidet Holz-, Ganzglas-, Aluminium-, Stahl- und Kunststofftüren. Verbundkonstruktionen aus verschiedenen Werkstoffen zwischen Rahmen und Beplankung werden vielfach angewandt.

Türrahmen sind das Bindeglied zwischen Wand und Türblatt. Sie haben die Aufgabe, die Kräfte aus dem Türblatt in die Wand zu übertragen und die Fuge zwischen diesen beiden Bauteilen schall- und luftdicht abzuschließen. Folgende Türrahmenarten werden unterschieden:

- **Futter und Bekleidung** (Bild 337.2) bestehen als Rahmen aus einem Futter, dessen Breite etwa dem Wandmaß einschließlich Putz bzw. Fliesen entspricht. Die Fugen zwischen den Leibungen sowie dem Futterrahmen werden mit Montageschaum ausgefüllt und auf beiden Wandseiten einschließlich Sturz mit Bekleidungen abgedeckt. Als Werkstoff dienen überwiegend zweiseitig furnierte Spanplatten. Putzabdeckleisten schließen den Übergang zwischen Bekleidung und Putz.
- **Zargenrahmen** (Bild 337.2) haben einen Rahmen aus einer Holzzarge (Einfassung), ebenfalls aus beidseitig furnierten Spanplatten, deren Tiefe geringfügig größer ist als die Wandbreite einschließlich Putz oder Fliesen. Die Trennung zwischen Zarge und Wandbelag wird durch eine Putzschiene hergestellt, die darüber hinaus eine Schattenfuge ergibt.

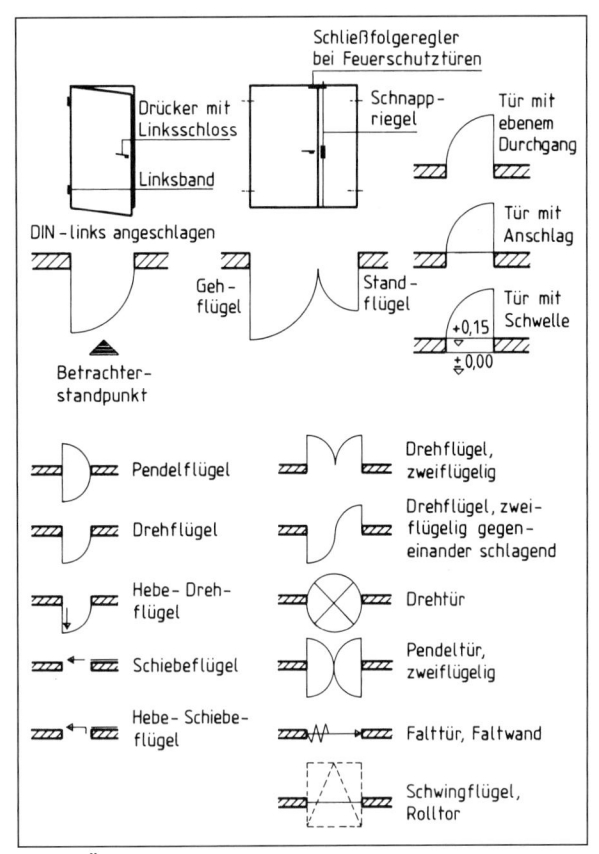

337.1 Öffnungsarten für Türen

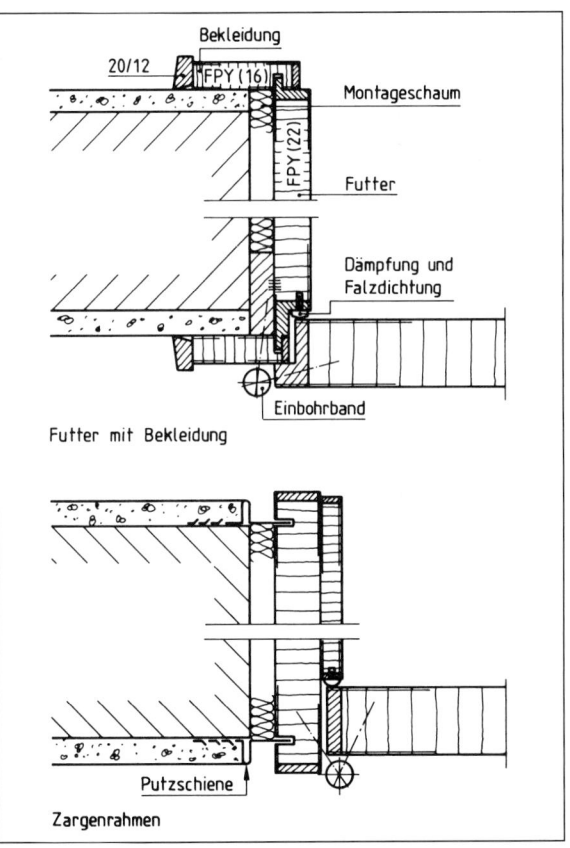

337.2 Rahmenarten für Türen

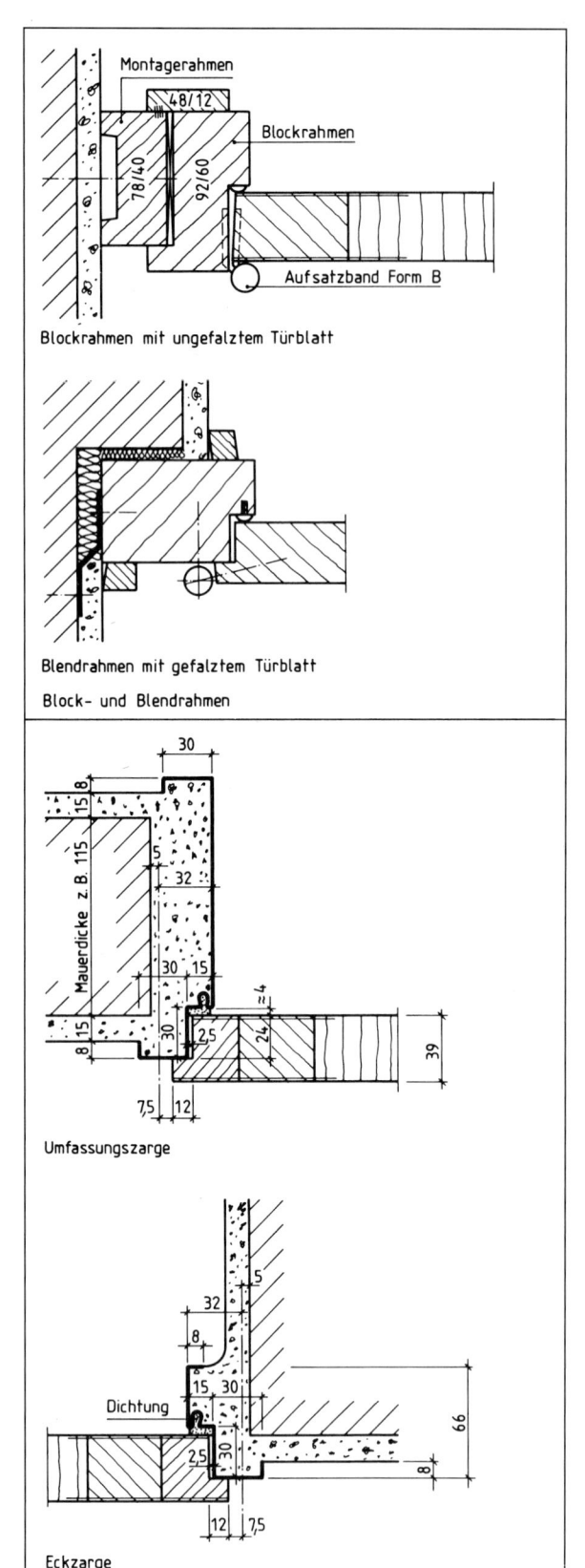

- **Blockrahmen** (Bild 338.1) bestehen aus einem massiven zweiteiligen Holzrahmen. Der Montagerahmen wird auf die geputzten Wandleibungen und unter den Sturz geschraubt. Daran wird der Blockrahmen durch eine Abdeckleiste unverschieblich befestigt. Dieser Rahmentyp wird überwiegend bei Haustüren angewandt.
- **Blendrahmentüren** (Bild 338.1) haben einen einteiligen Massivholzrahmen mit rechteckigem Querschnitt, der häufig in einen Mauerwerksanschlag eingebaut wird. Auch dieser Rahmentyp findet überwiegend Anwendung bei Hauseingangstüren.
- **Stahlzargen** (Bild 338.2) haben einen Rahmen aus einem 1,5 bis 2 mm dicken Stahlblechprofil. Der Hohlraum zwischen Zarge und Mauerwerk wird mit Zementmörtel ausgegossen oder mit PU-Schaum gefüllt. Eine umlaufende Gummidichtung schließt die Fuge luftschalldämmend zwischen Türblatt und Zarge und wirkt schalldämpfend beim Schließen der Türe.
- **Aluminium-Zargen** werden aus Alu-Profilen zusammengesteckt und verdeckt verschraubt. Sie werden scharfkantig oder gerundet, einfach oder doppelt gefalzt hergestellt. Die Zarge wird mit am Mauerwerk angedübelten Stahlprofilen verschraubt.

Türblätter (Bild 339.1) bestehen aus Rahmen mit Füllungen aus Glas oder Sperrholz (Rahmentüren) oder nur aus Sperrholz (Sperrtüren). Diese Sperrtüren sind glatte Türblätter aus einem umlaufenden Rahmen. Verstärkungen im Rand-, Schloss- und Bandbereich, einer Einlage als Mittellage und zwei beidseitigen Deckplatten als Außenlage. Dazu zählen nicht die Außentüren und die Türen mit besonderen Anforderungen, z.B. im Bereich des Schall-, Wärme-, Brand- und Strahlenschutzes. Als Einlage eignen sich Vollholz oder Holzwerkstoffe. Durch das Aussparen von Hohlräumen wird das Eigengewicht des Türblattes vermindert. Die Außenlage kann aus Furnierplatten, zwei kreuzweise aufgeleimten Furnierlagen, Holzspanplatten, harten Holzfaserplatten oder anderen geeigneten Werkstoffen hergestellt sein. Alle üblichen Formen, wie Rechteck-, Stichbogen-, Korbbogen- und Rundbogentüren sind herstellbar.

Beschläge. Für die Funktion der Türen werden Bänder (Bild 339.2) und Schlösser benötigt. Sie werden überwiegend aus Stahl hergestellt. Sichtbare Teile fertigt man aus eloxierten Aluminiumlegierungen. Die drehbare Befestigung der Türblätter erfolgt über die Bänder. Es stehen mehrere Ausführungen zur Auswahl.
- **Einbohrbänder** werden ihrer einfachen Montage wegen am häufigsten eingebaut. Die Einbohrzapfen sind mit einem Gewinde versehen. Je nach der Tiefe des Eindrehens der Zapfen in den Rahmen und in das Türblatt kann die Einstellung reguliert werden.
- **Aufschraubbänder**, auch Aufsatzbänder genannt, eignen sich besonders für stumpf einschlagende Türen. Überfälzte Türen erhalten gekröpfte Bänder.
- **Fitschen**, sie werden auch als Einstemmbänder bezeichnet, bestehen aus einem Ober- und Unterlappen, der eingestemmt wird. Diese Bänder werden nur noch selten eingebaut.
- **Einsteckschlösser** ermöglichen das Verschließen von Türen. Für Wohnungstüren wird die mittelschwere Ausführung (Bild 339.2) bevorzugt. Damit die Tür geöffnet

338.1 Rahmenarten

Ausbauarbeiten

werden kann, ist das Schloss mit einer Drückergarnitur versehen. Sie besteht aus den Drückern selbst und den Türschildern, die als Lang- oder Kurzschild oder als Rosette gefertigt werden. Nasszellentürschlösser (Bad, WC, etc.) werden häufig mit einem Knebel von der Innenseite verriegelt. Wechselgarnituren für Wohnungstüren haben einen nicht drehbaren Knopf auf der Außenseite und den Drücker auf der Innenseite. Buntbart- und Zuhaltungsschlösser bieten im Gegensatz zum Profilzylinder-Einsteckschloss nur eine geringe Einbruchsicherheit.

Rohbau- und Fertigdurchgangsmaße. Türmaße sind Rechteckquerschnitte und werden in Werkzeichnungen in Bruchform als **Rohbaunennmaße** (Bild 339.3) angegeben, d. h. die Rohbaunennmaßhöhe setzt sich zusammen aus der Höhe des Fußbodenaufbaus, der Türblatthöhe von 1985 oder 2110 mm, der Sturzfutterstärke von etwa 25 mm und dem Toleranzmaß von 15 mm. Folgende Rohbaunennbreiten sind gängig: 635, 760, 885, 1010 und 1260 mm.

Beispiel: Für eine Türblatthöhe von 1985 mm, einer Rohbaunennbreite von 885 mm und einem Fußbodenaufbau von 120 mm sind die Rohbau-Nennmaße für die Türöffnung zu ermitteln!

Rohbau-Nennmaßhöhe:	Türblatt:	1985 mm
	Sturzfutterstärke:	25 mm
	Toleranzmaß:	15 mm
	Fußbodenaufbau:	110 mm
	Rohbau-Nennmaßhöhe:	2135 mm

Rohbau-Nennmaß für die Türöffnung: $88^5/2{,}13^5$

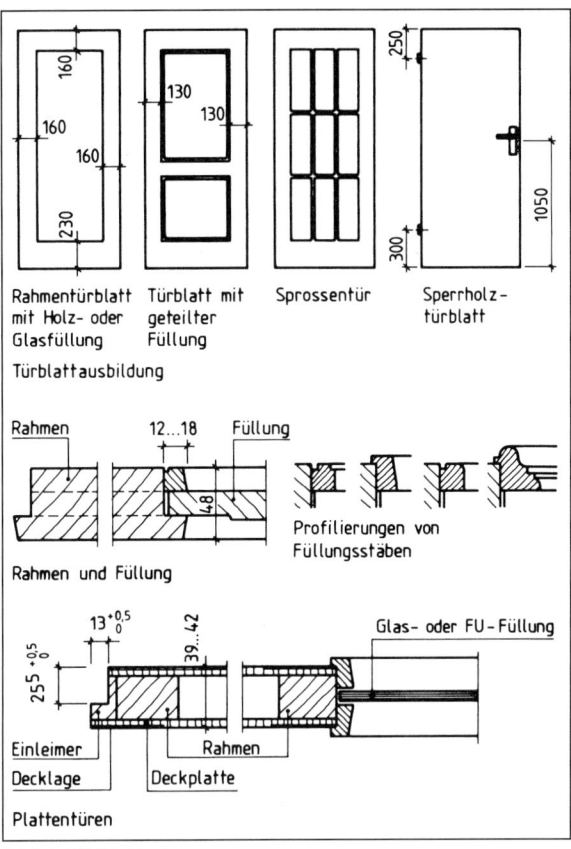

339.1 Türblattarten

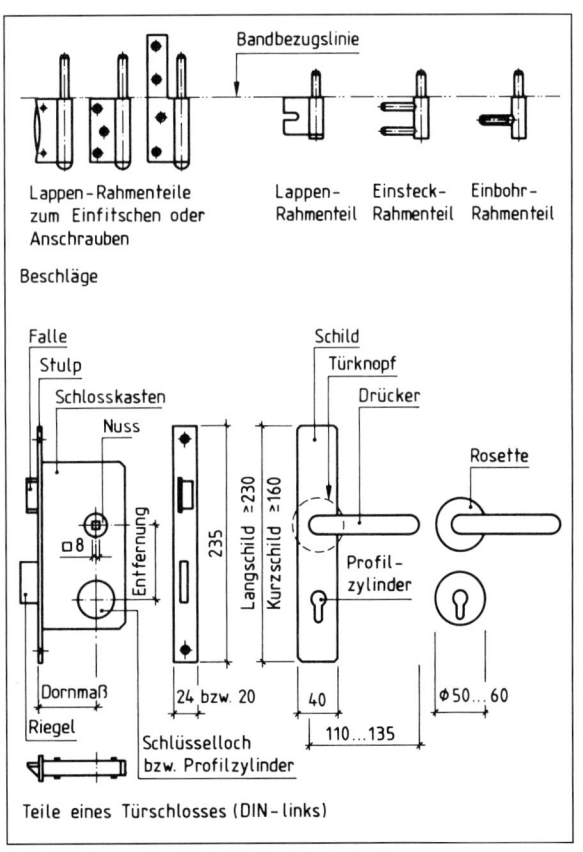

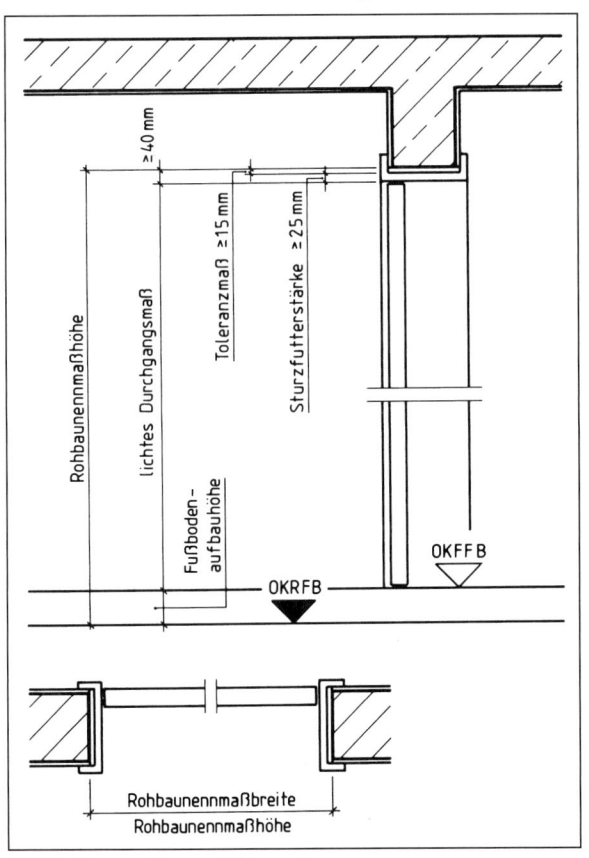

339.3 Systemskizze – Türbemaßung

339.2 Türbandarten – Schlossbestandteile

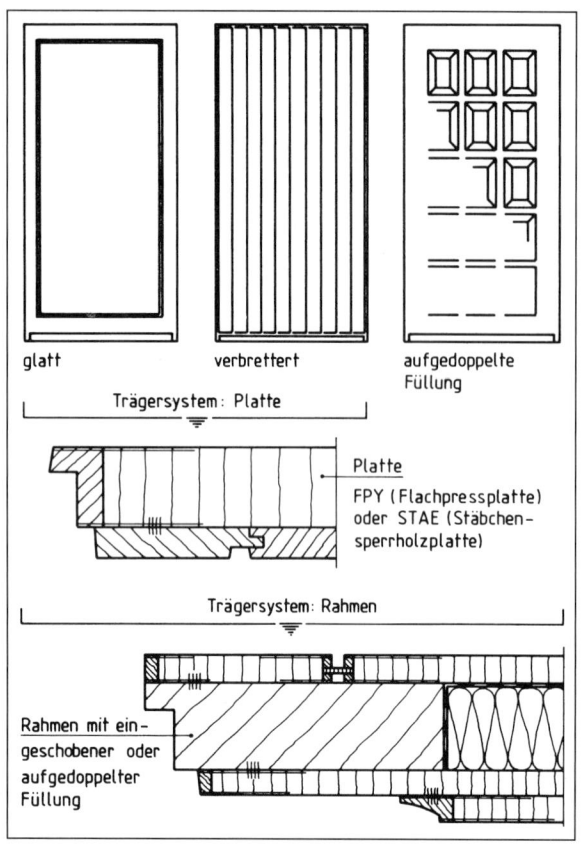

340.1 Außentürblattarten

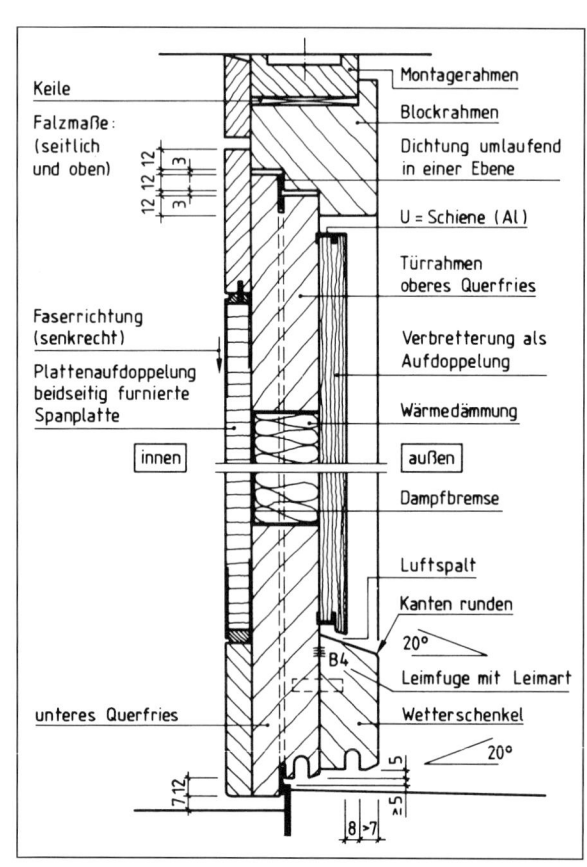

340.2 Außentürelemente

2.4 Haustüren

Von Haustüren wird Wetterbeständigkeit, Wärmedämmung, Einbruchsicherheit, Betriebssicherheit und harmonisches Aussehen verlangt. Jeder Haustyp benötigt die passende Tür. Eine symmetrische Fassadengestaltung erfordert eine symmetrische Türgestaltung, eine Sprossenfensterfassade erfordert eine ähnliche Sprossenaufteilung in der Haustür. Für Öffnungshöhen > 2,20 m wird ein Oberlicht notwendig. Statt überladener Beschläge sind schlichte Türgriffe und Türbänder zu wählen.

Technische Anforderungen: Um eine Leichtgängigkeit selbst bei Mehrfachverriegelung zu gewährleisten, darf sich die Tür nicht verformen. Deshalb sind folgende Konstruktionsmerkmale zu beachten: symmetrischer, mehrschaliger Aufbau, keine starre Verbindung mit dem Trägerrahmen, dickes Türblatt, möglichst eine Holzart (z. B. sind EI/FI unverträglich), konstruktiver Holzschutz und Wärmedämmung in Verbindung mit einer auf der wärmeren Innenseite angebrachten Dampfbremse.

Als Werkstoff eignen sich die Hölzer Fichte, Kiefer, Lärche und Eiche sowie außereuropäische Hölzer. Bei Haustüren aus den Werkstoffen Stahl, Aluminium und Kunststoff erübrigt sich eine Beschreibung, da diese Türen in der Mehrzahl reine Industrieerzeugnisse sind. Um eine Einbruchsicherheit zu gewährleisten, wird ein Einbruchwiderstand von min. 8 bis 10 Minuten verlangt. Außerdem dürfen Verformungen von nur wenigen Millimetern bei 3 kN waagerechter Belastung im Randbereich und 6 kN waagerechter Belastung im Schloss- und Bandbereich auftreten. Diese Forderungen kann man mit einem Stahl-Holz-Verbundrahmen erfüllen. Glasleisten müssen innen angeordnet werden. Briefschlitze sind nicht in der Nähe des Türdrückers einzuplanen.

Folgende Konstruktionsmerkmale (Bild 340.2) sind zu beachten:

- Türrahmen werden als Block- oder Blendrahmen ausgeführt. Bei großen Feldern wird ein hohes Widerstandsmoment durch Kopplungsprofile mit tief eingreifenden Federn (zusammengesetzte Profile) oder durch Stahl-Holz-Verbundprofile erreicht.
- Türblätter (Bild 340.1) werden in einfacher Art als Plattenelement oder in gediegener Ausführung in Rahmenbauweise mit mehrschaligem Aufbau hergestellt.

In der Rahmenbauweise selbst werden wiederum drei Konstruktionen unterschieden:

- Zweischalige Tür mit **aufgedoppelter Verbretterung** (Bild 341.1). Sie kann durch die Anordnung der Bretter waagerecht, senkrecht, diagonal, stern- oder rautenförmig vielfältig gestaltet werden.
- Zweischalige Tür mit **aufgedoppelten furnierten Spanplatten**. Auf die Spanplatten können zur Gestaltung weitere furnierte Spanplatten beliebiger Form aufgeleimt werden.
- Zweischalige Tür mit **eingeschobener Füllung und zusätzlicher innerer Aufdoppelung**. Die kleinformatigen Massivholzfüllungen lassen sich kassettenartig gestalten und vielfältig bearbeiten.

Um Schäden zu vermeiden dürfen die Schalen mit dem Rahmen nicht starr verleimt werden. Als Befestigungsmittel eignen sich Al-U-Schienen, Falzleisten, Montagebeschläge, Schrauben etc.

Ausbauarbeiten 341

Ansicht u. Schnitte M 1:10

senkrechter Schnitt M 1:1

Bretter mit stehenden Jahrringen

schmaler Leimstreifen

horizontaler Schnitt M 1:1

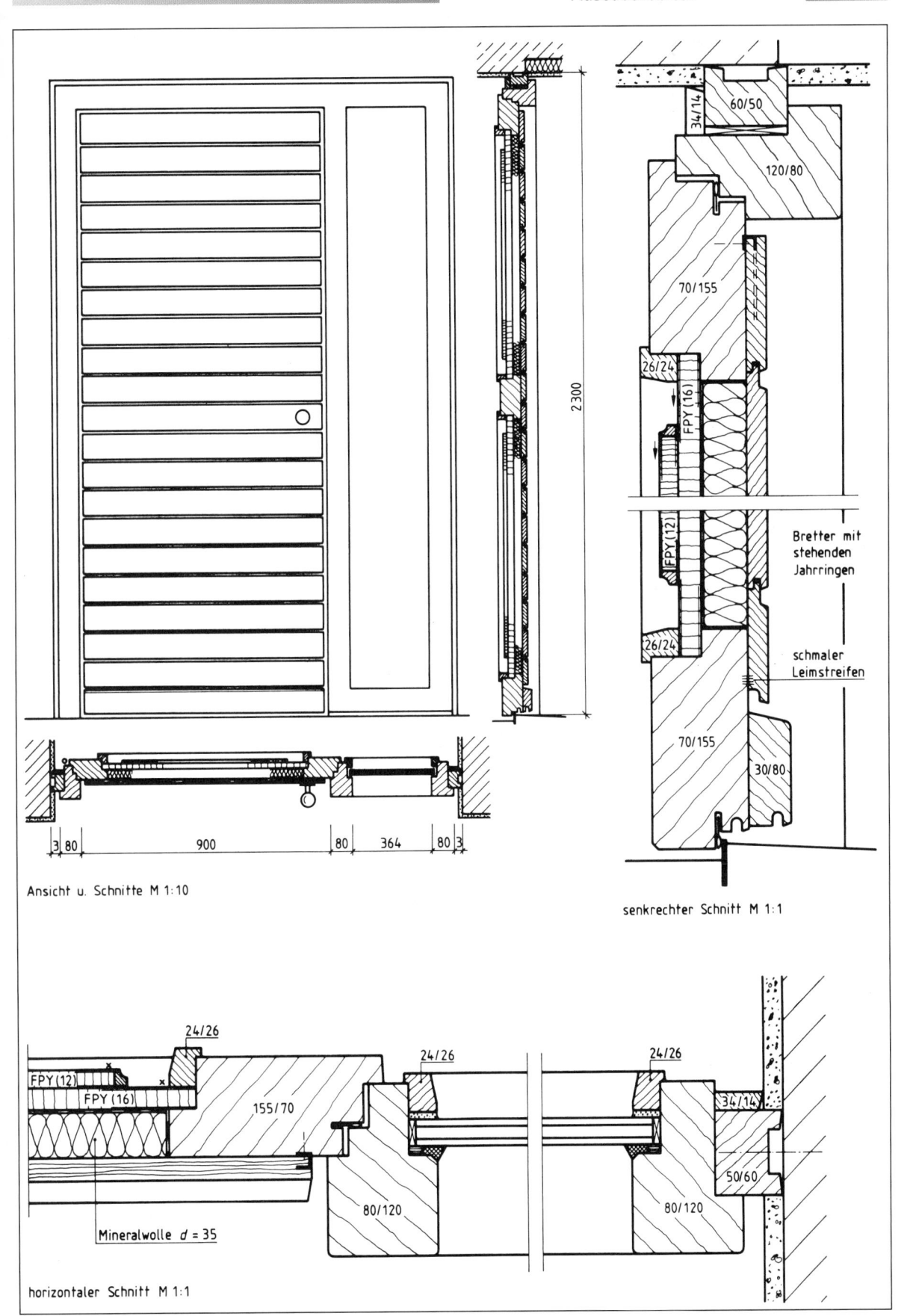

Mineralwolle $d = 35$

341.1 Außentür

Ausbauarbeiten

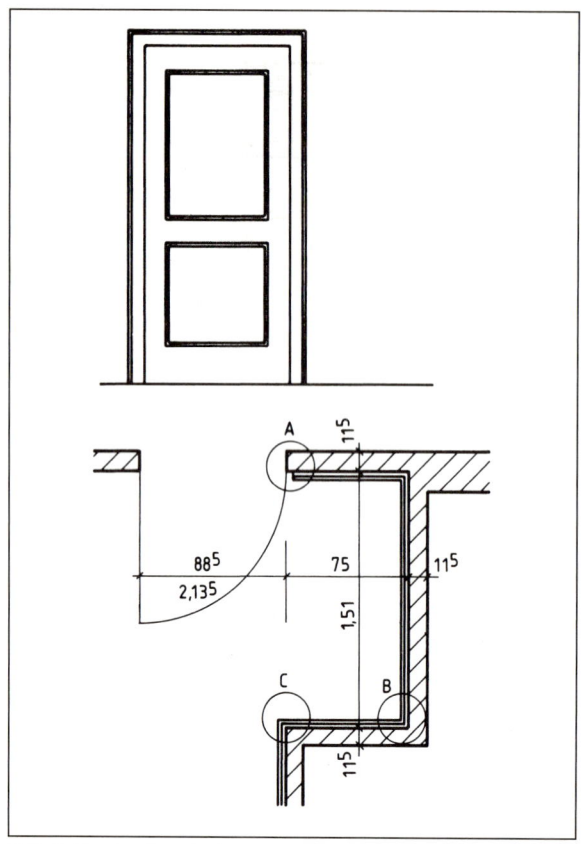

342.1 Garderobennische

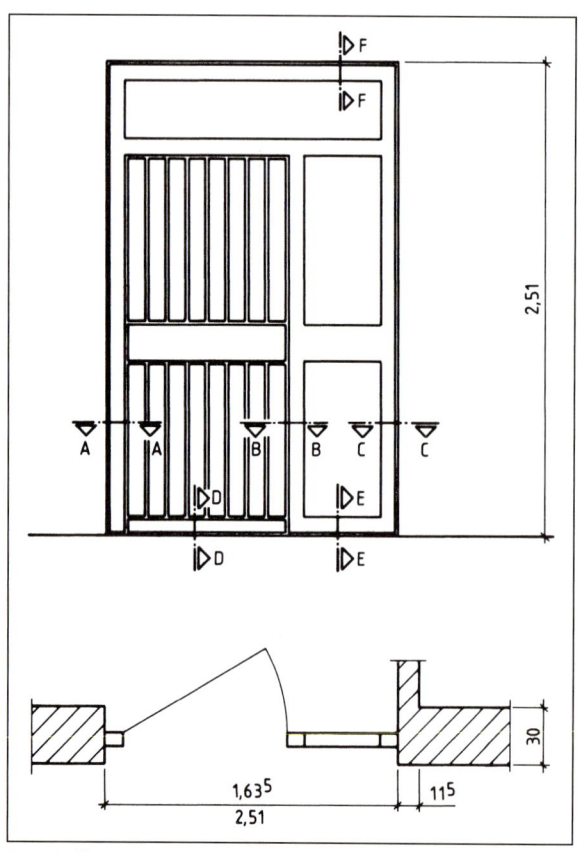

342.2 Haustür

Aufgabe 1: Zeichnen Sie von der Wandverkleidung der Garderobennische (Bild 342.1) die Ansicht des 1,51 m langen und 2,45 m hohen Feldes im Maßstab 1:10. Zeichnen Sie außerdem die Horizontalteilschnitte der Punkte B und C, sowie die Vertikalteilschnitte Boden- und Deckenanschluss im Maßstab 1:1.
Konstruktion: Nut- und Federschalung mit waagerechtem Fugenverlauf, 15,5 mm Dicke, auf Dachlattenunterkonstruktion 24/48 mm. Boden mit 15 mm Steinzeugplatten belegt. Decke ebenfalls mit Nut und Federschalung verkleidet. Die Fugen laufen im rechten Winkel zur Wand.

Aufgabe 2: Zeichnen Sie die gleiche Wandverkleidung als Rahmentafelung und teilen Sie die Felder waagerecht in zwei und senkrecht in drei Abschnitte. Wählen Sie selbst eine gefällige Profilierung der Füllungsstäbe sowie eine proportional ausgewogene Rahmenbreite. Die Decke ist verputzt. Zeichnen Sie alternativ eine indirekte Beleuchtung mit einem Deckenanschluss an eine Kassettendecke.

Aufgabe 3: Zeichnen Sie die in Bild 342.1 dargestellte Tür in der Ansicht und im Horizontalschnitt, Maßstab 1:10, und zeichnen Sie den Horizontalteilschnitt Punkt A, im Maßstab 1:1.
Konstruktion: Türblatt DIN links, Vollholzrahmen 40 mm dick aus Kiefer, 10 mm dicke FU-Füllung mit Kieferfurnier belegt. Futter aus FPY 28 und Bekleidung aus FPY 19 beidseitig mit Kiefer furniert, Putzleisten 22/15.

Aufgabe 4: Zeichnen Sie die gleiche Tür mit einem Blockrahmen 90/70. Wählen Sie den Querschnitt für den Montagerahmen selbst.

Aufgabe 5: Zeichnen Sie von der Haustür Bild 342.2 die Ansicht, den Horizontal- und Vertikalschnitt im Maßstab 1:10. Zeichnen Sie außerdem die Horizontalteilschnitte A–A, B–B und C–C, sowie die Vertikalteilschnitte D–D, E–E und F–F im Maßstab 1:1.
Konstruktion: zweischalige Tür mit aufgedoppelter senkrechter Verbretterung, Blockrahmen 136/85, Türrahmen 76/150, Verbretterung 15,5/115, Innenschale FPY 16 mit FPY 12 in zwei Felder aufgeteilt. Verglasung mit Zweischeibenisolierglas 5/12/5. Querschnitt und Profilierung der Füllungsstäbe, des Wetterschenkels nach eigener Wahl.

Aufgabe 6: Entwerfen Sie selbst eine einfache Haustür mit Verbretterung, deren Fugen schräg verlaufen und Glasausschnitt. Rohbaurichtmaß 1,01/2,13⁵. Zeichnen Sie davon die Ansicht, den Horizontal- und Vertikalschnitt im Maßstab 1:10.

Aufgabe 7: Entwerfen Sie selbst eine Haustür für eine Öffnungsbreite mit dem Rohbaumaß 1,76/2,26.
Konstruktion: Türblatt zweischalig mit aufgedoppelten furnierten Spanplatten, Seitenteil verglast mit Zweischeibenisolierglas 5/12/5. Zeichnen Sie die Ansicht, den Vertikal- und Horizontalschnitt im Maßstab 1:10, sowie alle wichtigen Teilschnitte im Maßstab 1:1.

2.5 Holzfenster

Ein zeitgemäßes Fenster hat neben den bekannten Aufgaben Schutz vor Regen, Kälte und Wind, besonders die Forderungen des Wärme-, Schall-, Sonnen-, Umwelt- und Einbruchschutzes zu erfüllen.

Einzelteile eines Fensters. Das Fenster (Bild 343.1) besteht aus dem unverschieblich eingebauten Blendrahmen und dem Flügelrahmen. Senkrechte Unterteilungen des Blendrahmens erfolgen durch Pfosten (alte Bezeichnung: Setzholz) und waagerechte Unterteilungen durch Riegel (alte Bezeichnung: Kämpfer). Der Flügelrahmen ist in der Regel beweglich durch Bänder mit dem Blendrahmen verbunden (angeschlagen). Ausnahmen bilden feststehende Flügel, die aus optischen, konstruktiven oder Sicherheitsgründen eingebaut werden können. Die Verglasung von Fenstern kann zusätzlich durch Sprossen unterteilt werden.

Die Fensterbeschläge umfassen sämliche Teile aus Metall oder Kunststoff, die der einwandfreien Funktion des Fensters dienen.

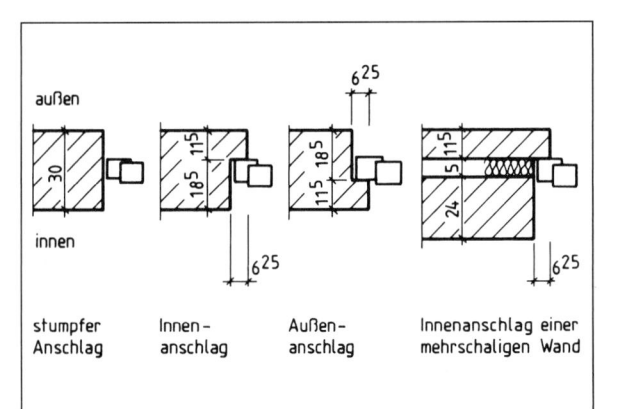

Die Ausbildung der Leibung und des Sturzes der Rohbaufensteröffnung (Bild 343.2) kann je nach Wandkonstruktionen (z.B. ein- oder mehrschalige Wand) oder landschaftlich gebundenen Konstruktionen auf verschiedene Weise ausgeführt werden. Man unterscheidet den inneren, den äußeren und den stumpfen Anschlag (ohne Anschlag).

Neben den tropischen Hölzern werden für Holzfenster auch heimische Holzarten wie Fichte, Kiefer, Lärche, Douglasie und Eiche verarbeitet.

Öffnungsarten. Je nach Gebrauch und Platzbedarf können Fenster verschieden geöffnet werden. Die Schlagrichtung der Flügel wird, vor allem in Ansichtszeichnungen, also von außen gesehen, durch Symbole dargestellt. In Tabelle 343.3 sind Beispiele wiedergegeben, in denen Winkelschenkel die Lage der Bänder und den Sitz des Riegels verdeutlichen. Bei Schiebefenstern ist die Öffnungsrichtung durch einen Pfeil zu kennzeichnen. Die Anschlagarten bestimmen auch die Profilquerschnitte, die maximale Rahmengröße und die Beschläge.

343.2 Anschlagarten

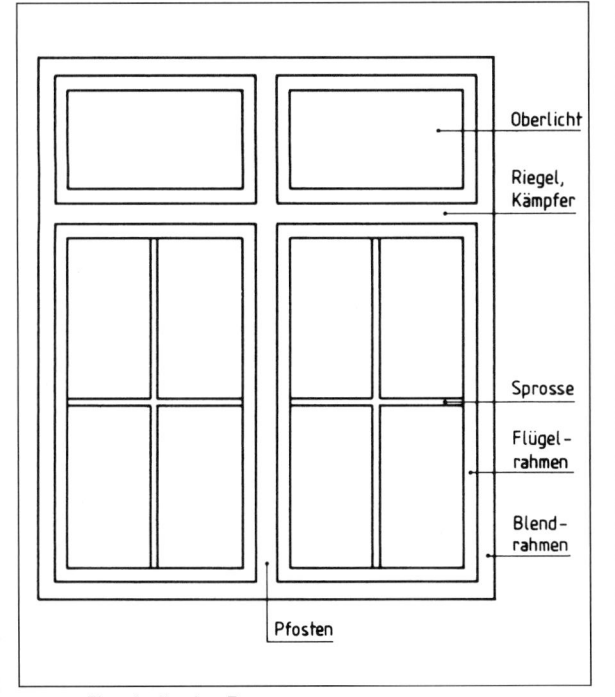

343.1 Einzelteile des Fensters

Bezeichnung	Symbol für Ansichten	parallelperspektivische Darstellung
Drehflügel	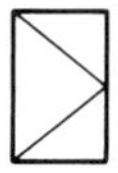	
Kippflügel	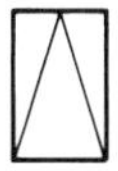	
Dreh-Kippflügel	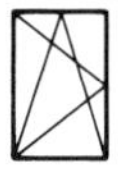	
Klappflügel	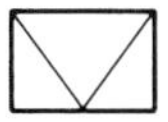	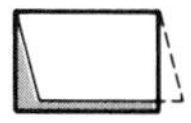
Schwingflügel	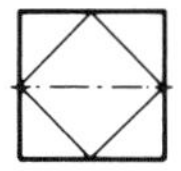	
Wendeflügel	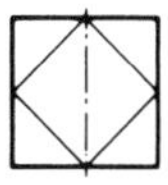	
Hebe-Drehflügel	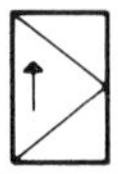	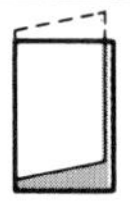
Schiebeflügel horizontal	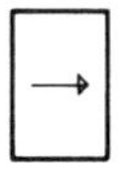	
Hebe-Schiebeflügel	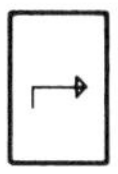	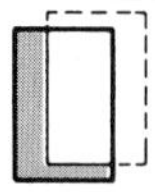
Festverglasung		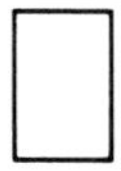
Schiebeflügel vertikal	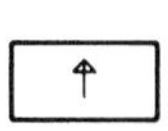	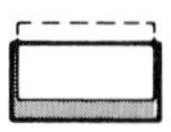

343.3 Öffnungsarten für Fenster

2.6 Einfach, Verbund- und Kastenfenster

Dem Aufbau des Flügelrahmens entsprechend, unterscheidet man drei Fensterarten (Bild 344.1):
- Das Einfachfenster besteht aus einem Einzelprofil, das überwiegend mit Mehrscheibenisolierglas bestückt ist. Dieser Fenstertyp wird am häufigsten eingebaut.
- Das Verbundfenster wird aus zwei hintereinanderliegenden Profilen zusammengesetzt. Zu Reinigungszwecken lassen sich die Rahmenhälften entkuppeln. Diese Fensterart hat durch die Entwicklung des Einfachfensters mit Mehrscheibenisolierglas an Bedeutung stark verloren.
- Das Kastenfenster besitzt zwei im größeren Abstand voneinander liegende und unabhängig zu öffnende Einfachfenster mit eigenen Drehpunkten. Die beiden Flügel haben einen gemeinsamen, feststehenden Rahmen, der als Zarge bezeichnet wird. Werden Abdichtung der Fälze und schallschluckende Auskleidung der Zarge und Fälze sorgfältig geplant und ausgeführt, so zeichnet sich dieses Fenster durch besonders hohe Schalldämmung aus.

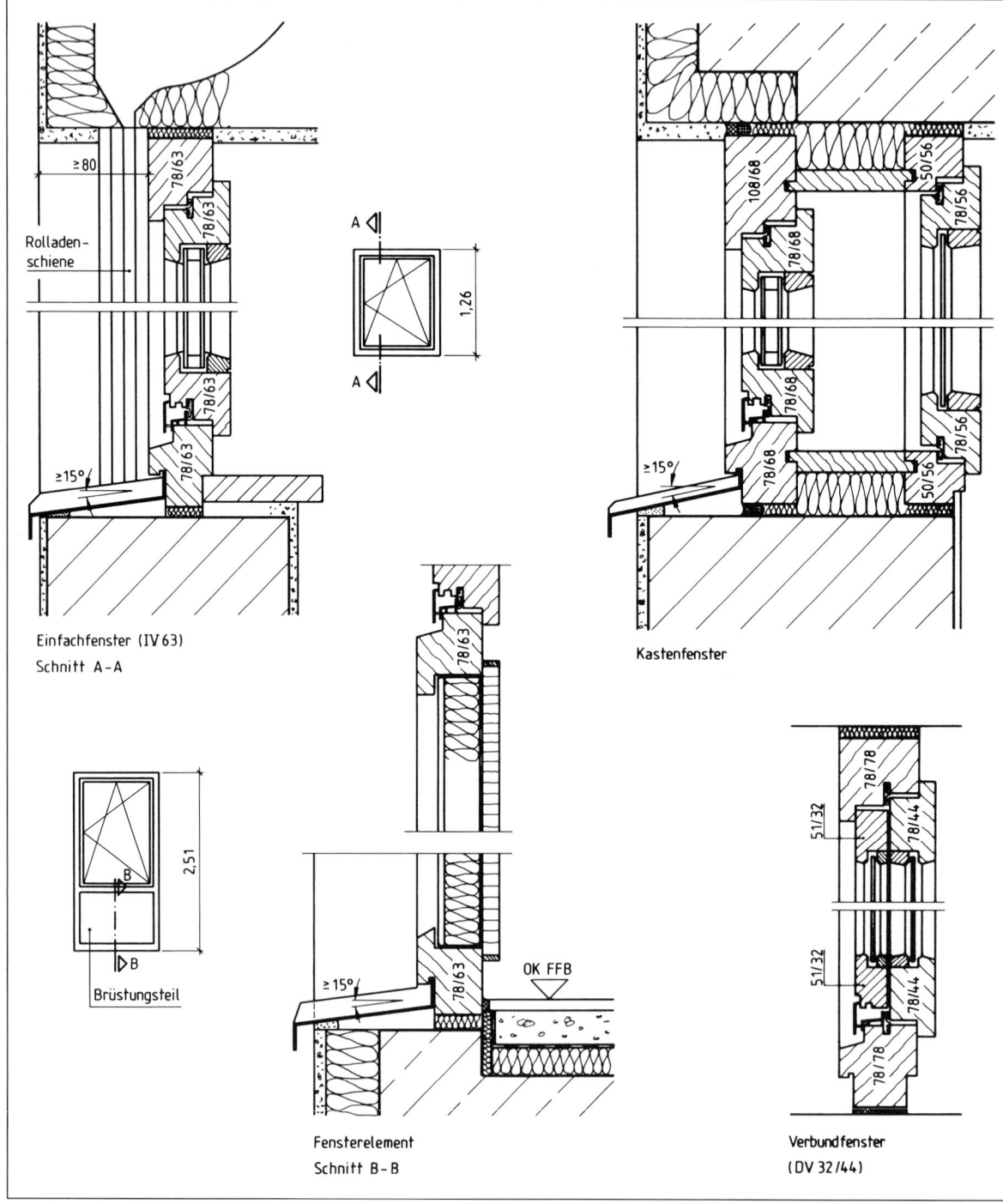

344.1 Konstruktionsarten für Holzfenster

Ausbauarbeiten

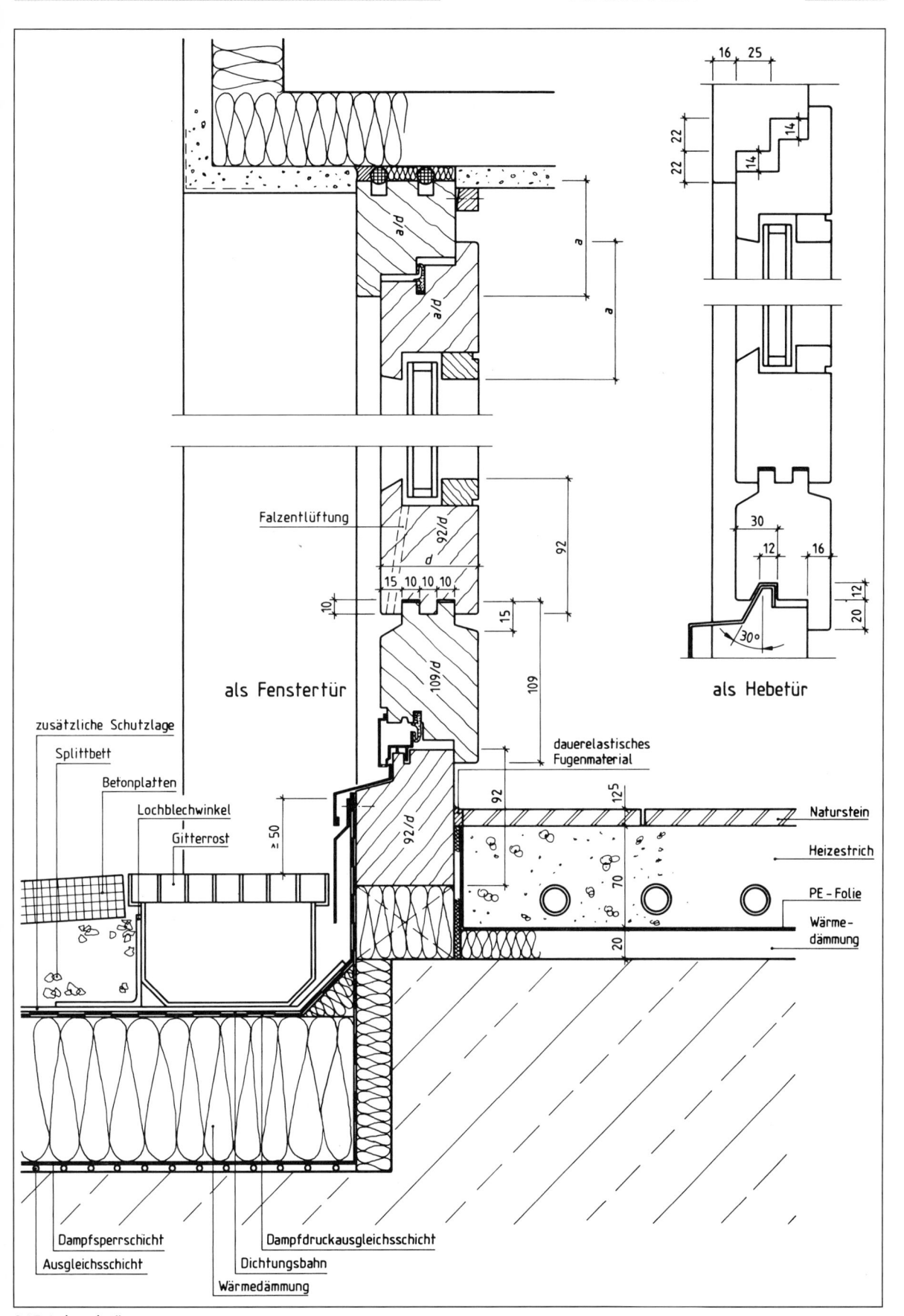

als Fenstertür

Falzentlüftung

zusätzliche Schutzlage
Splittbett
Betonplatten
Lochblechwinkel
Gitterrost

dauerelastisches Fugenmaterial

Naturstein
Heizestrich
PE-Folie
Wärmedämmung

als Hebetür

Dampfsperrschicht
Ausgleichsschicht
Dampfdruckausgleichsschicht
Dichtungsbahn
Wärmedämmung

345.1 Loggiatür

Ausbauarbeiten

Einfachfenster (Isolierverglasung)	Einfachtür	Einfachfenster
IV 56[1]	IV 56	IV 56
IV 68 (78)		IV 68
IV 68 (92)	IV 68	IV 78
IV 78	IV 78	IV 92
IV 92	IV 92	
Verbundfenster		
DV 35/38		
DV 30/38	DV 30/38	
DV 44/44 (78)		
DV 44/44 (92)	DV 44/44	
DV 56/56		

[1] Die Ziffer gibt die Dicke des Flügelrahmens in mm an.

346.1 Holzfensterprofile nach DIN 68121

Profilgestaltung. Gemäß DIN 68121, Holzprofile für Fenster und Fenstertüren, kann auf eine eigene Profilentwicklung verzichtet werden, wenn die Norm beachtet wird. Dabei entfällt auch der Nachweis der Gebrauchstauglichkeit. Die in Tabelle 346.1 und 346.2 enthaltenen Profile werden in der Norm aufgeführt.

Häufig wird vom Bauherrn eine Unterteilung der Glasfläche durch Sprossen (Bild 347.3) gewünscht. Es besteht jedoch bei den „Echtsprossen" die Gefahr, dass durch Undichtigkeiten die Luftschalldämmung des Fensters stark gemindert wird. Diesem Nachteil begegnet man durch Scheinsprossen. Beim „Schweizer Kreuz" sind die Sprossen aus beschichtetem Aluminium im Scheibenzwischenraum untergebracht und berühren die Glasflächen nicht. Die „Wiener Sprosse" unterscheidet sich von der vorherigen Ausführungsart dadurch, dass zusätzlich auf die Scheibenoberflächen Sprossen aus Holz aufgebracht werden. Dies vermittelt eher den Eindruck eines Echtsprossenfensters.

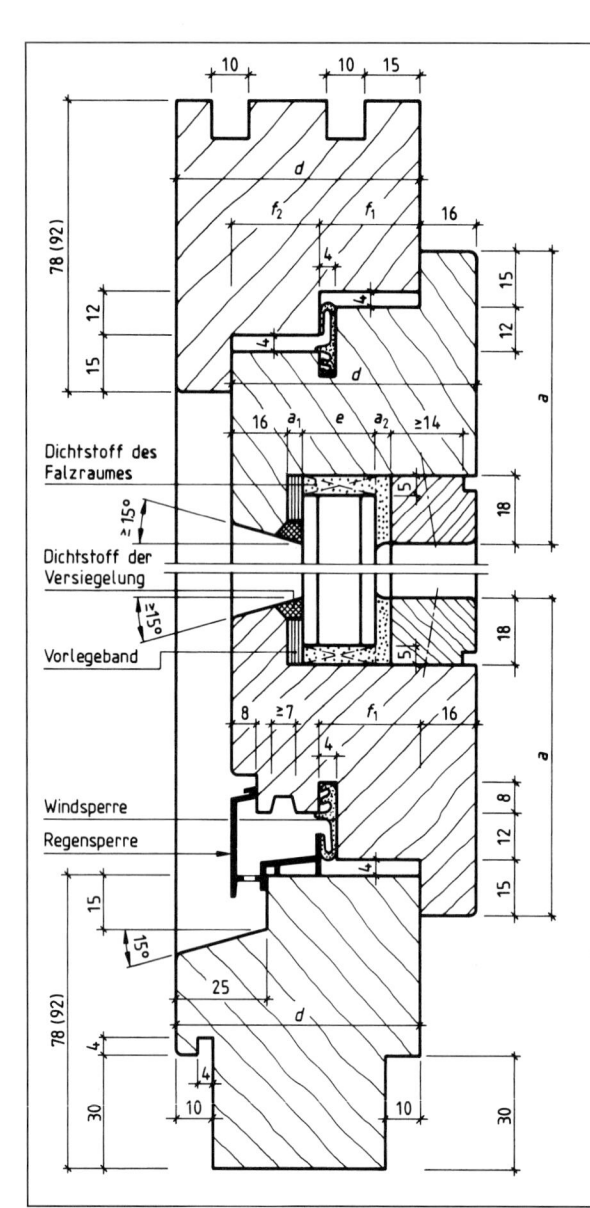

Handelsgrößen für Isolierglas

Aufbau mm	Glasdicke e in mm	max Kantenlänge in cm	min Abmessung in cm	max Seitenverhältnis	Verwendung
4/12/4	20	240	24/24	1:6	Wärmedämmung
5/12/5	22	300		1:10	
6/12/6	24	400		1:10	
8/12/8	28	400		1:10	
6/12/4	22	300		1:6	Schall- und Wärmedämmung
6/15/4	25				
10/12/4	26				
8/15/4	27				
10/20/4	34				
10/24/4	38				

Profilmaße in mm

Ausführung	IV 56	IV 68	IV 68	IV 78	IV 92
Dicke d	56	68	68	78	92
Flügelholzbreite a	78	78	92	92	92
Falzhöhe f_1 (mit Dichtung)	25	27	27	37	45
Falzhöhe f_2	15	25	25	25	31
Dichtstoffvorlage a_1 bzw. a_2 längste Kante: ≤ 2500 mm	3				
≤ 4000 mm	4				
> 4000 mm	5				

346.2 Profilmaße für Einfachholzfenster mit Isolierverglasung

2.7 Beanspruchungsgruppen für Fenster

Fenster müssen an den Berührungsstellen der Bauteile dicht ausgeführt werden, um gegen Wind, Schall, Regen und Kälte wirksam zu schützen. Deshalb ist auf eine einwandfreie konstruktive Ausbildung der Fugen zwischen Bauwerk und Blendrahmen bzw. Zarge, Blend- und Fensterrahmen sowie zwischen Fensterrahmen und Verglasung, besonders zu achten. Für die Fugendurchlässigkeit und Schlagregensicherheit sind in der DIN 18055 vier Beanspruchungsgruppen (BG) A bis D (Tab. 347.1) enthalten. Deren Einstufung ist nach Tabelle 347.1 abhängig vom Prüfdruck, der Windstärke und der Gebäudehöhe. Die Beanspruchungsgruppe ist im Leistungsverzeichnis anzugeben.

Beanspruchungs-gruppe	A	B	C	D
Prüfdruck in Pa	bis 150	bis 300	bis 600	Sonder-regelung
entspricht einer Windstärke von ca.	7	9	11	
Gebäudehöhe in m	bis 8	bis 20	bis 100	

347.1 Beanspruchungsgruppen nach DIN 18055

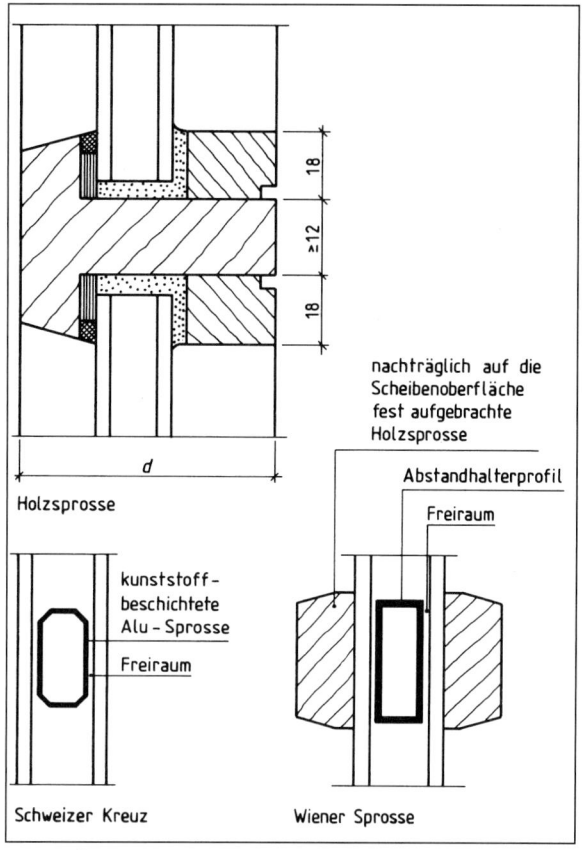

347.3 Sprossenarten

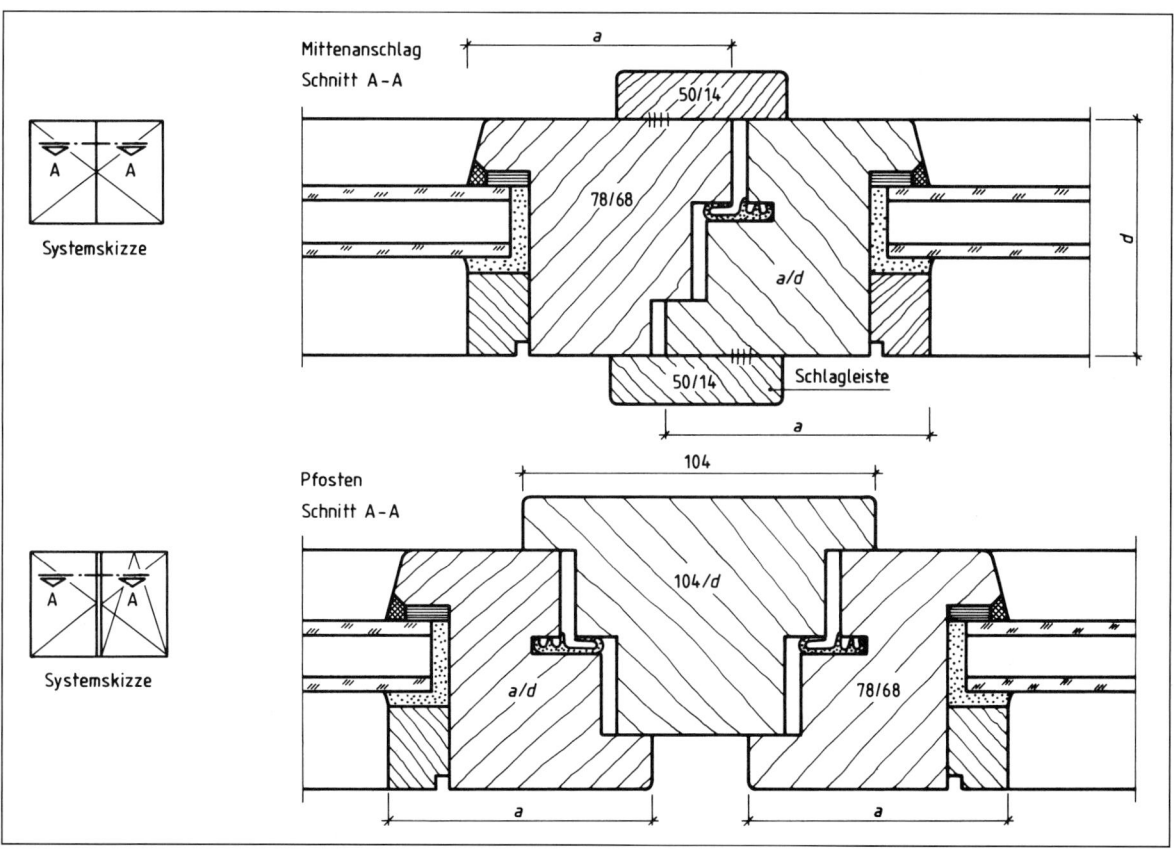

347.2 Mittenanschlag und Pfosten des Fensters mit Isolierverglasung

Ausbauarbeiten

Die zulässige Größe eines Fensters ist abhängig von dessen Format, Teilung, Öffnungsart und Rahmenwerkstoff. Aus dem Bild 348.1 kann die maximale Flügelgröße, die erforderlichen Zusatzverriegelungen und die zu erreichende Beanspruchungsgruppe für ein Holzfenster im Profilbereich IV 63–78 ermittelt werden.

Beispiel: Die Zeichnungen eines Bauvorhabens enthalten folgende Holzfenstergrößen:

Pos.	101	Fenster	1,25 m/1,25 m
	102	Fenster	1,00 m/1,25 m
	103	Kippfenster	2,30 m/0,70 m
	104	Fenstertür	0,95 m/2,10 m

Es soll die Beanspruchungsgruppe sowie die Zusatzverriegelung in der Höhe und der Breite des Fensters aus der Tabelle Bild 348.1 festgestellt werden.

Lösung:

Pos. Nr.	Fensterart	Maße	Beanspruchungsgruppe	Zusatzverriegelung vert.	horiz.
101	Fenster	1,25/1,25	B	1	1
102	Fenster	1,00/1,25	C	1	0
103	Kippfenster	2,30/0,70	–	–	2
104	Fenstertür	0,95/2,10	C	2	–

Die Abdichtung eines Fensters (Bild 348.2) muss auch an der Fuge zwischen Mauerwerk und Blendrahmen schlagregendicht und luftundurchlässig sein. Eine sichere Lösung stellt der Innenanschlag dar. Durch dessen einfache Falzausbildung erhält man gegenüber dem stumpfen Anschlag eine erhöhte Dichtigkeit. Das Fenster sollte gegenüber der Außenfassadenfläche um 10 bis 15 cm zurückgesetzt sein. Eine sichere Verbindung zwischen Baukörper und Blendrahmen wird durch Beschläge in etwa 80 cm Abstand an Leibung und Sturz erzielt.

Im Kern wird mit Mineralfaserstoffen oder Ein- und Zweikomponentenschäumen abgedichtet. Die Füllungen müssen außen wie innen vor Feuchtigkeit durch ein vorkomprimiertes Band oder durch andere elastische Dichtstoffe geschützt werden. Außen verhindert ein Abdeckprofil aus Holz, Metall oder Kunststoff die Verwitterung der Dichtungsmassen durch UV-Strahlung.

Die Verglasung der Holzfenster (Bild 349.2) kann mit freier Dichtstofffase, ausgefülltem Falzraum oder dichtstofffreiem Falzraum ausgeführt werden. Am häufigsten wird die letzte Art eingesetzt. Der dichtstofffreie Falzraum muss zur Außenseite hin entlüftet werden. Dabei wird zwischen Verglasung mit Vorlegeband, Verglasung ohne Vorlegeband und Verglasung mit vorgefertigten Dichtprofilen unterschieden.

Eine Vielzahl von Einwirkungen, wie Windlast, Fenstergröße, Kantenlänge der Verglasung, Erschütterungen und Fensterart, beeinträchtigen die Schlagregendichtigkeit eines Fensters im Bereich des Glasfalzes. Dringt Wasser zwischen Glas und Holzrahmen ein, folgen nach Durchfeuchtungsschäden an Fenster und Brüstung der Zerfall des Bauwerks im Fassadenbereich durch Pilzbefall und Frostschäden am Mauerwerk.

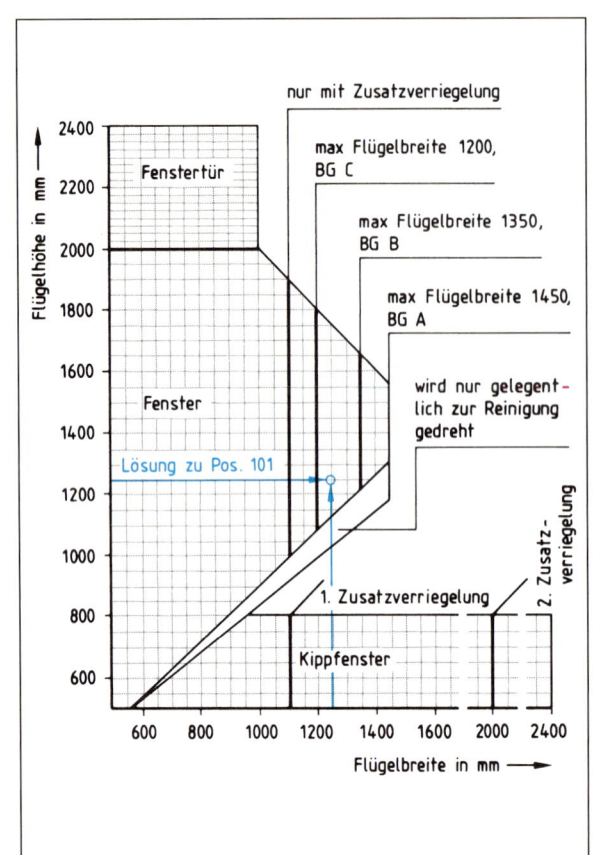

348.1 Fenstergrößen – Beanspruchungsgruppen

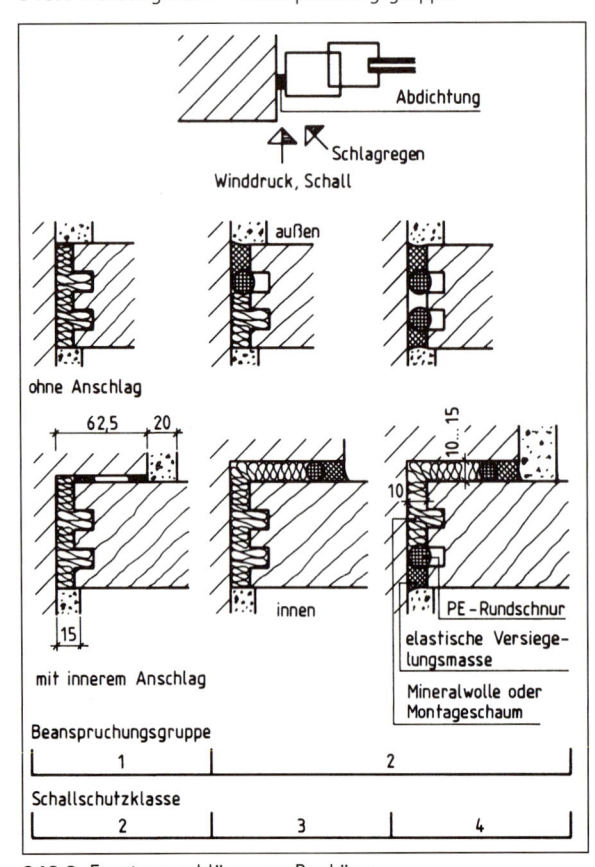

348.2 Fensteranschlüsse am Baukörper

Ausbauarbeiten

DIN 18545 sind fünf Beanspruchungsgruppen 1 bis 5 für das Verglasungssystem, d.h. die Ausbildung des Glasfalzes zusammengestellt. Mithilfe der Tabellen Bild 349.1 und Bild 349.2 kann aus den genannten Kennzeichen, die der Beanspruchungsgruppe zugehörige Verglasungsart und Dichtstoffgruppe für Holzfenster gewählt werden.

Beispiel: Ermittlung der Beanspruchungsgröße für ein Drehkippfenster aus Holz, Größe 1,47 m/1,28 m, im Wohnbereich.

Lösung:
Öffnungsart (Bild 349.1) Drehkipp → BG 1
Einwirkungen von der Raumseite normal → BG 1
max. Kantenlänge 1,50 m → BG 3
somit max. erforderliche Beanspruchungsgruppe: BG 3
min. erforderliches Verglasungssystem: Va3 oder Vf3
erforderliche Dichtstoffgruppe (Bild 349.2):
a) für Va3 → Falzraum → B Versiegelung → C
b) für Vf3 → Versiegelung → C

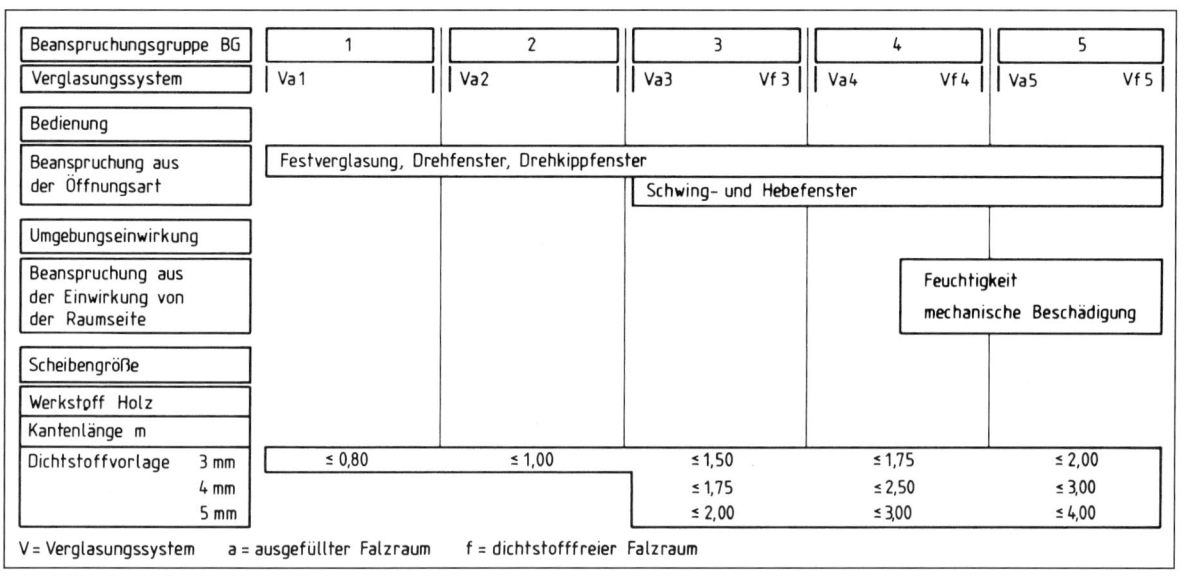

Beanspruchungsgruppe BG	1	2	3	4	5
Verglasungssystem	Va1	Va2	Va3 Vf3	Va4 Vf4	Va5 Vf5
Bedienung					
Beanspruchung aus der Öffnungsart	Festverglasung, Drehfenster, Drehkippfenster				
			Schwing- und Hebefenster		
Umgebungseinwirkung					
Beanspruchung aus der Einwirkung von der Raumseite				Feuchtigkeit mechanische Beschädigung	
Scheibengröße					
Werkstoff Holz					
Kantenlänge m Dichtstoffvorlage 3 mm	≤ 0,80	≤ 1,00	≤ 1,50	≤ 1,75	≤ 2,00
4 mm			≤ 1,75	≤ 2,50	≤ 3,00
5 mm			≤ 2,00	≤ 3,00	≤ 4,00

V = Verglasungssystem a = ausgefüllter Falzraum f = dichtstofffreier Falzraum

349.1 Beanspruchungsgruppen

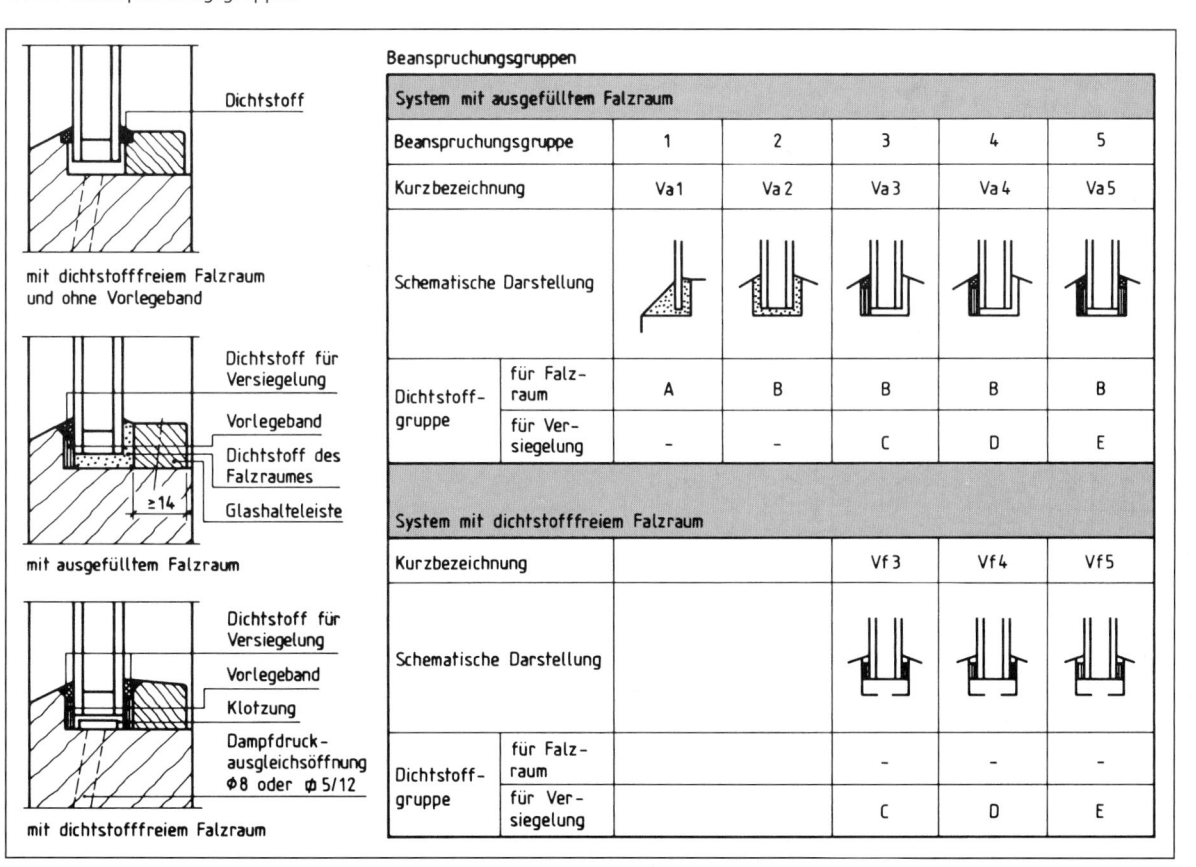

Beanspruchungsgruppen						
System mit ausgefülltem Falzraum						
Beanspruchungsgruppe		1	2	3	4	5
Kurzbezeichnung		Va1	Va2	Va3	Va4	Va5
Schematische Darstellung						
Dichtstoffgruppe	für Falzraum	A	B	B	B	B
	für Versiegelung	-	-	C	D	E
System mit dichtstofffreiem Falzraum						
Kurzbezeichnung				Vf3	Vf4	Vf5
Schematische Darstellung						
Dichtstoffgruppe	für Falzraum			-	-	-
	für Versiegelung			C	D	E

349.2 Verglasungssysteme

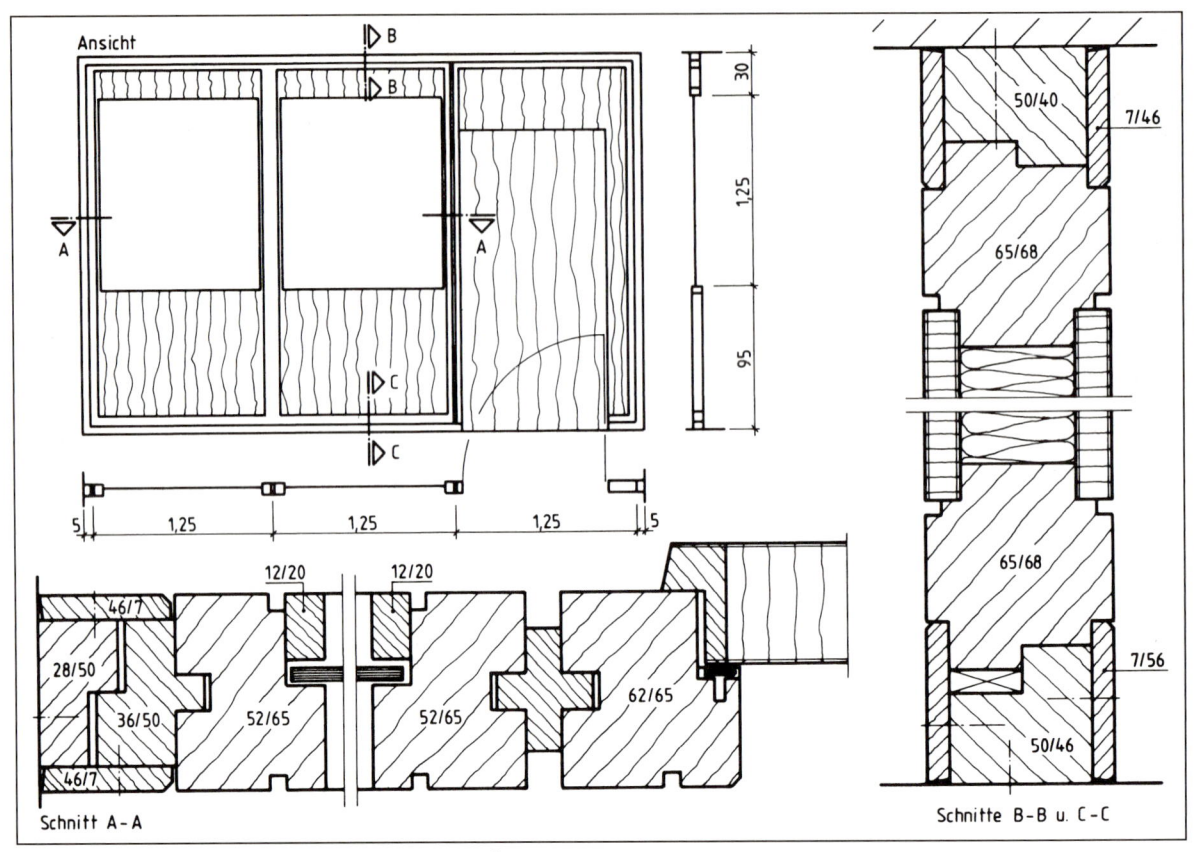

350.1 Darstellung einer leichten Elementtrennwand

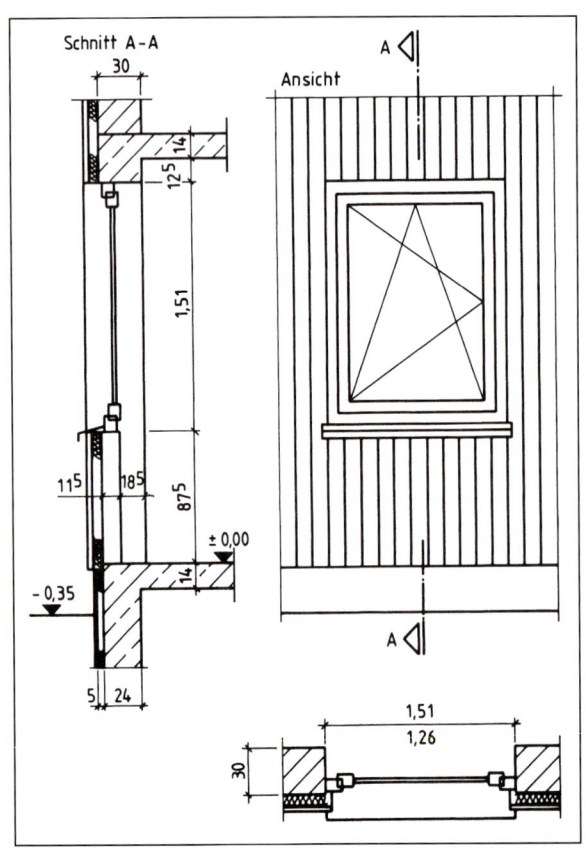

350.2 Aufgaben Außenwandverkleidung

2.8 Leichte Elementtrennwände

In der Industrie ist durch die fortschreitende Technik der Raumbedarf einem ständigen Wechsel unterworfen. Dazu werden leichte, versetz- und wiederverwendbare Trennwände (Bild 350.1) benötigt. Leichte Elementtrennwände erfüllen diese Forderung. Sie werden häufig zweischalig aus Plattenwerkstoffen mit einer inneren Mineralwolledämmung gefertigt. Die Oberflächen können kunststoffbeschichtet oder furniert sein. Als Verbindung der Elemente eignen sich Nut- und Federsysteme. Horizontalkräfte werden durch Montageleisten auf dem Boden und an der Decke aufgenommen. Die Elemente werden durch Keile auf der Bodenmontageleiste an die Deckenmontageleiste gepresst. Man unterscheidet Vollwand-, Tür- und verglaste Elemente.

Aufgabe 1: Zeichnen Sie den Teilfassadenschnitt (Bild 350.2) mit einer senkrechten Verbretterung im Maßstab 1 : 10. Schichtaufbau von innen nach außen: Putz 1,5 cm, Mauerwerk 24 cm, Warmedämmung 70 mm Mineralwolle, Deckelschalung aus gehobelten 25,5 mm dicken Brettern mit den Breiten 14/18; Unterkonstruktion: Dachlattenrost 24/48 mm auf Rahmenschenkel 6/7 cm; Fensterprofil IV 68 ohne Rolladen. Zeichnen Sie außerdem einen waagerechten Teilschnitt durch die Leibung im gleichen Maßstab.

Aufgabe 2: Zeichnen Sie den Teilfassadenschnitt mit den oben angegebenen Daten und folgenden Änderungen: Wärmedämmung 50 mm, Rahmenschenkel 6/6 cm, Verschindelung (Zederschindel b = 20 cm, l = 41 cm, d = 1 cm) Fensterprofil IV 68 mit Rolladen.

3 Glas

Die ältesten Glasfunde wurden im Nahen Osten gemacht. Sie sind bis zu 7000 Jahre alt. Industriell wird Glas als Massenprodukt erst seit 1900 gefertigt. Es wird aus den in der Natur reichlich vorkommenden Stoffen Quarzsand, Kalk und Soda hergestellt. Das Gemenge wird in einem Schmelzofen auf 1 100 °C erhitzt. Für die Herstellung des Bauglases lässt man es auf ein flüssiges Zinnbad fließen (Floatglas). Dabei breitet sich die Masse zu einem absolut planparallelen Glasband aus. Um beim Erstarren die Festigkeit wiederzugewinnen, führen Walzen es einem Kühlkanal zu. Strukturgläser erhalten ihre Muster durch einen Walzvorgang.

Eigenschaften des Glases. Glas ist gegen nahezu alle Chemikalien beständig. Ausnahmen machen die Flusssäure, wässerige Lösungen der Industrieabgase, Kondenswasser und Silikone. Flusssäure wird deshalb als Ätzmittel für matte Ornamente und Schriften benutzt. Wässerige Lösungen der Industrieabgase oder Kondenswasser führen bei längerer Einwirkungsdauer selbst bei dicht gelagerten Stapeln zu Verwitterungsschäden und machen Glasscheiben „blind". Silikone haben die Eigenschaft sich mit Glas zu verbinden. Deshalb sind Glasscheiben bei Malerarbeiten mit Silikatfarben beim Streichen der Fassade oder Hydrophobierung von Sichtmauerwerk zu schützen.

Die Druckfestigkeit des Glases beträgt bis zu 900 N/mm², während die Zugfestigkeit nur den Wert von 90 N/mm² erreicht. Glas ist ein immer wichtiger werdender Baustoff zur passiven Sonnennutzung (Tabelle 351.1). Der Sonnenenergiezugewinn wird dadurch erreicht, dass die kurzwelligen Sonnenstrahlen (sichtbares Licht) ohne großen Reflektionsverlust durch das Glas in das Gebäude gelangen. Dort wird diese Strahlung besonders von dunklen Gegenständen und Bauteilen absorbiert und in eine langwellige Wärmestrahlung umgewandelt. Da Glas für diese langwellige Strahlung weitgehend undurchlässig ist, wird ein Zurückstrahlen nach außen nahezu verhindert.

$U_{eq} = U - S \cdot g$

U_{eq} = Energiebilanzwert;
U = U-Wert in W/m²; (Wärmedurchgangskoeffizient);
g = g-Wert in % (Gesamtenergiedurchlaßwert für Verglasungen) z. B. Isolierglas 71 bis 76%, Sonnenschutzglas ca. 35%;
S = Strahlungsgewinnfaktor; Er wird durch mehrere Größen bestimmt:
- Bauliche Faktoren: z.B. Rolläden, Wintergarten, Verglasungsarten der Fenster etc.;
- Geografische Lage: Faktor S der Verglasungsseite Nord = 0,95; Süd = 2,4; Ost und West = 1,65;
- Spezifische Nutzung: z. B. Wohnhaus, Lagerhalle; Heiz- und regeltechnische Ausrüstung: zeitgesteuerte Heizkörperventile, Fußbodenheizung etc.;
- Meteorologische Gegebenheiten: mittlere Sonnenscheindauer, Windhäufigkeit, etc.

351.1 Berechnung des Energiegewinns

Bauglasarten. Unter dem Sammelbegriff „Bauglas" werden eine Vielzahl von Erzeugnissen hergestellt. Gläser werden für Fenster, Schaufenster, Türen und leichte Trennwände benötigt. Sie werden nach ihrem optischen Aussehen sowie nach ihren schall-, wärme-, sicherheits- und brandschutztechnischen Eigenschaften eingeteilt. Zu Bauglas zählen auch Pressglas (Glasbau- und Glasdachsteine), Schaumglas und andere Glaswerkstoffe.

3.1 Flachgläser

Einscheibenfenstergläser (Tab. 351.2) werden nach der Dicke, Ebenheit der Oberfläche und nach der Durchsichtqualität unterschieden. Es wird in drei Qualitätsgruppen eingeteilt:
- Verglasungsqualität V – Mindestanforderung für Fensterglasherstellung,
- Verarbeitungsqualität VA mit höheren Anforderungen,
- Belegqualität BG mit höchsten Anforderungen zur Spiegelglasherstellung.

Gussgläser erhalten durch Walzen im weichen Zustand eine mehr oder weniger starke Profilierung. Es entsteht durch die lichtstreuende Wirkung ein diffuses Licht. Somit erhält man eine gleichmäßige Belichtung des Raumes. Außerdem wird die Durchsicht verhindert. Das Drahtgussglas bekommt beim Walzen noch zusätzlich ein Drahtgewebe. Es hält bei einem eventuellen Bruch die Scherben zusammen und verhindert Verletzungen. Dieses Glas eignet sich für Überkopfverglasungen (Sheddach) sowie Tür- und Brüstungsverglasungen. Gussglas wird in Dicken von 4–9 mm hergestellt.

3.2 Wärmeschutzgläser

Zweifachisoliergläser (Bild 352.3 und Tab. 352.1) bestehen aus zwei Floatscheiben, die durch einen Zwischenraum aus getrockneter Luft der Dicke 12, 14, 16, 20 oder 24 mm getrennt sind. Den Abstand hält ein Aluminiumhohlprofil, das zweifach zu den Scheiben durch eine Butylschnur und eine Polysulfidmasse abgedichtet wird.

Bezeichnung	Dicke mm	Toleranz mm	Größtmaß cm
Fensterglas ED einfache Dicke	1,8	+ 0,2 − 0,05	60 × 188
Fensterglas MD mittlere Dicke	2,8	+ 0,2 − 0,1	132 × 260
Fensterglas DD doppelte Dicke	3,8	+ 0,2	188 × 300
Kristallspiegelglas	4 bis 21	+ 0,2 + 1,0	318 × 600 276 × 450

351.2 Technische Daten: Fenster- und Kristallspiegelglas

Schichtaufbau Glas/Luft/Glas in mm	Glasdicke in mm	U-Wert in mm	g-Wert %
4/12/4	20	3,0	76
5/12/5	22	3,0	73
6/12/6	24	3,0	73
8/12/8	28	3,0	71

352.1 Technische Daten: Zweifachisolierglas

Schichtaufbau Glas/Argon/Glas mm	Glasdicke mm	U-Wert W/m²K	U_{eq}-Wert $(U - 1,2 \times g)$ W/m²K	g-Wert %
4/14/4	22	1,3	0,56	62

352.2 Wärmefunktionsglas (silberbeschichtet)

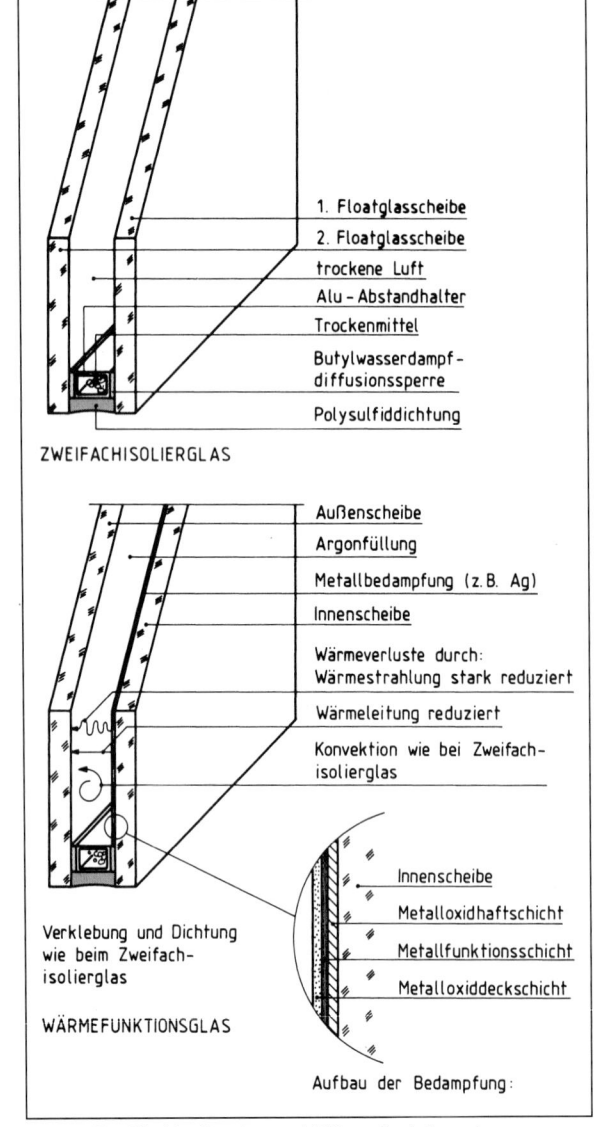

352.3 Zweifachisolierglas und Wärmefunktionsglas

Die Polysulfiddichtung hat außerdem die Aufgabe, die Scheiben dauerhaft zu verbinden. Das Trockenmittel im Aluminiumhohlprofil absorbiert während der Lebensdauer von mehr als 25 Jahren geringe Mengen eindiffundierenden Wasserdampfes. Wird eine Isolierglasscheibe undicht, so schlägt sich an der Innenscheibe im Luftzwischenraum Kondenswasser nieder, das sich nicht mehr beseitigen lässt. Die Scheibe ist dann unbrauchbar.

Dreifachisoliergläser erhält man, wenn dem Zweifachisolierglas eine weitere Scheibe mit Luftzwischenraum zugefügt wird, sodass sich der Wärmedurchlasswiderstand verdoppelt. Ersetzt man die Luft zwischen den Scheiben durch das Gas Argon, so wird durch dessen geringe Wärmeleitfähigkeit der Wärmedurchlasswiderstand weiter erhöht. Damit verfügt das Dreifachisolierglas über einen hohen, jedoch noch nicht optimalen Wärmeschutz. Dem gewonnenen hohen Wärmedurchlasswiderstand stehen erhebliche Nachteile gegenüber. Die 3 Scheiben bedingen durch ihr höheres Gewicht und breitere Einbaudicke einen größeren Rahmenquerschnitt; es besteht die erhöhte Gefahr, dass die Scheiben undicht werden.

Wärmefunktionsgläser (Bild 352.3 und 352.2) sind beschichtet und erreichen als Zweischeibengläser günstigere Energiebilanzwerte als Dreischeibenisoliergläser. Die extrem dünne Silber- oder Goldschicht (0,1 μm) verhindert den Wärmestrahlungsverlust, der etwa 2/3 des Wärmeverlustes einer konventionellen Zweischeibenisolierglasscheibe entspricht, nahezu völlig. Eine Argonzwischenraumfüllung steigert weiter den Wärmedurchlasswiderstand.

3.3 Schallschutzgläser

Schallschutzisoliergläser (Bild 353.1) erreichen ein hohes Schalldämmmaß durch das hohe Scheibengewicht, eine hohe Scheibenelastizität durch Gießharzverbund mehrerer Scheiben, eine unterschiedliche Dicke der Scheiben, einen großen Scheibenzwischenraum und eine Gasfüllung des Zwischenraumes mit Schwefelhexafluorid bei gleichzeitig hohem Wärmedurchlasswiderstand.

3.4 Sicherheitsgläser

Sicherheitsgläser bieten Schutz vor Verletzungen mit Glas (passiver Schutz) und Schutz vor Einbruch, Beschuss und Angriff auf Leib und Leben (aktiver Schutz).
Einscheibensicherheitsglas (ESG) erhalten ihre verletzungshemmenden Eigenschaften durch thermische Behandlung. Sie werden rasch auf 600 °C erhitzt und danach mit kalter Luft abgeschreckt. Beim Abkühlen verfestigt sich der Randbereich zuerst. Die Kernzone kühlt sich später ab und erzeugt beim Zusammenziehen im Randbereich Druck- und im Kernbereich Zugspannungen. Dies erhöht die Biegezug-, Schlag- und Temperaturwechselbeständigkeit. Im Gegensatz zu normalem Glas zerfällt die Scheibe beim Bruch in viele kleine stumpfkantige Glaskrümel.
ESG-Scheiben bieten vor allem passiven Schutz und eignen sich für Fenster- und Türverglasungen von Sportstätten (ballwurfsicher), Schul- und Kindergärten und im Heizkörperbereich sowie für Ganzglasfassaden.
Verbundsicherheitsgläser (VSG) sind splitterbindende Gläser, die sehr häufig verwendet werden. Bei der Her-

stellung werden zwei oder mehr Floatscheiben durch dazwischen liegende Polyvinylbutyralfolien (PVB) bei einer Temperatur von 150 °C und einem Druck von 15 bar miteinander fest verbunden. Beim Bruch haften die Glassplitter an der Folie. Im Gegensatz zur ESG-Scheibe, die bei der Zerstörung in sich zusammenfällt, besteht bei der VSG-Scheibe durch den Zusammenhalt der Splitter weiterhin ein gewisser Schutz vor Einbruch. Anwendung finden VSG-Scheiben beim Personen- und Wertschutz, im Sportstättenbau, bei Überkopfverglasungen und für Brüstungen. Je nach Anzahl und Dicke der Scheiben und der Dicke der PVB-Folie unterscheidet man:

Durchwurfhemmende Verglasung	– Kennbuchstabe A
Durchbruchhemmende Verglasung	– Kennbuchstabe B
Durchschusshemmende Verglasung	– Kennbuchstabe C
Sprengwirkungshemmende Verglasung	– Kennbuchstabe D

3.5 Brandschutzgläser

G-Verglasungen müssen einen Flamm- und Gasdurchtritt je nach Feuerwiderstandsklasse über eine Branddauer von 30, 60, 90 oder 120 Minuten verhindern. Drahtglas mit punktgeschweißtem Drahtnetz erfüllt G 60 und G 90-, aufwändige ESG-Kombinationen im Isolierglasverbund G 60- und vorgespanntes Borosilikatglas G 120-Anforderungen.

F-Verglasungen müssen neben Rauch- und Flammdichtigkeit auch die Hitzestrahlung abschirmen. Sie dürfen sich auf der dem Feuer abgekehrten Seite auf max. 140 K erhitzen. Erreicht werden diese Forderungen durch die Füllung des Scheibenzwischenraumes durch ein Gel, das im Brandfalle aufschäumt und damit Wärmeleitung und Wärmestrahlung mindert.

3.6 Glasbaustoffe

Die hohe chemische Beständigkeit, Festigkeit, Formbarkeit und Lichtdurchlässigkeit von Glas ermöglichen die Herstellung einer Vielzahl von Glaswaren:

- **Profilbauglas** wird in Längen bis zu 6,00 m als U-Querschnitt aus Gussglas geformt. Das Profil ist in den Breiten von 230 mm bis 500 mm, einer Höhe von 41 mm und einer Glasdicke von 6 mm erhältlich. Der Einbau erfolgt vertikal ein- oder zweischalig in einem umlaufenden U-Metallprofil.
- **Pressglas** wird aus der zähflüssigen Glasschmelze in Pressen hergestellt. Daraus lassen sich Glasbausteine, Betongläser und Glasdachsteine formen.
- **Glasfasern** werden durch Ziehen oder im Blasverfahren aus der Glasschmelze gewonnen. Daraus wird Textilglasgewebe für glasfaserverstärkten Kunststoff, Glasvlies als Einlage von Dichtungsbahnen oder Glaswolle für Schall- und Wärmedämmstoffe hergestellt.
- **Schaumglas** wird aus einer pulverigen Mischung von Glas und Kohle durch Erhitzen auf 1 000 °C erzeugt. Die geschlossenporigen und feuchtigkeitsbeständigen Platten mit hohem Wasserdampfdiffusionswiderstand eignen sich als guter Wärmedämmstoff.
- **Email** ist nicht wie Glas ein eigenständiger Werkstoff. Es erfordert immer eine tragende Unterlage (Stahl, Gusseisen, etc.). Email besteht aus pulverisiertem Glas, das neben anderen Stoffen Trübungsmittel und Pigmente enthält. Das Gemenge wird häufig in drei Schichten auf den Untergrund aufgeschmolzen. Fassadenverkleidungen und Sanitäreinrichtungsgegenstände sind teilweise emailliert.

Aufgabe 1: Erläutern Sie den Begriff „blind" bei Glasscheiben! Wodurch wird dieser Vorgang ausgelöst.

Aufgabe 2: Erklären Sie den Widerspruch, dass einerseits durch Fensterflachen viel Energie verloren gehen kann und andererseits durch die Verwendung von geeigneten Verglasungen ein Energiegewinn erzielt werden kann?

Aufgabe 3: Erläutern Sie den Begriff von aktivem Schutz bei der Verwendung von Verbundsicherheitsglas VSG für Brüstungselemente in einem Treppenhaus.

Aufgabe 4: Warum ist die Einteilung einer Glasfläche durch Echtsprossen in kleine Felder schwierig herzustellen?

Aufgabe 5: In schadhaften Zweifachisolierglasscheiben bildet sich auf der Innenseite Kondenswasser. Wodurch wird dieser Vorgang ausgelöst?

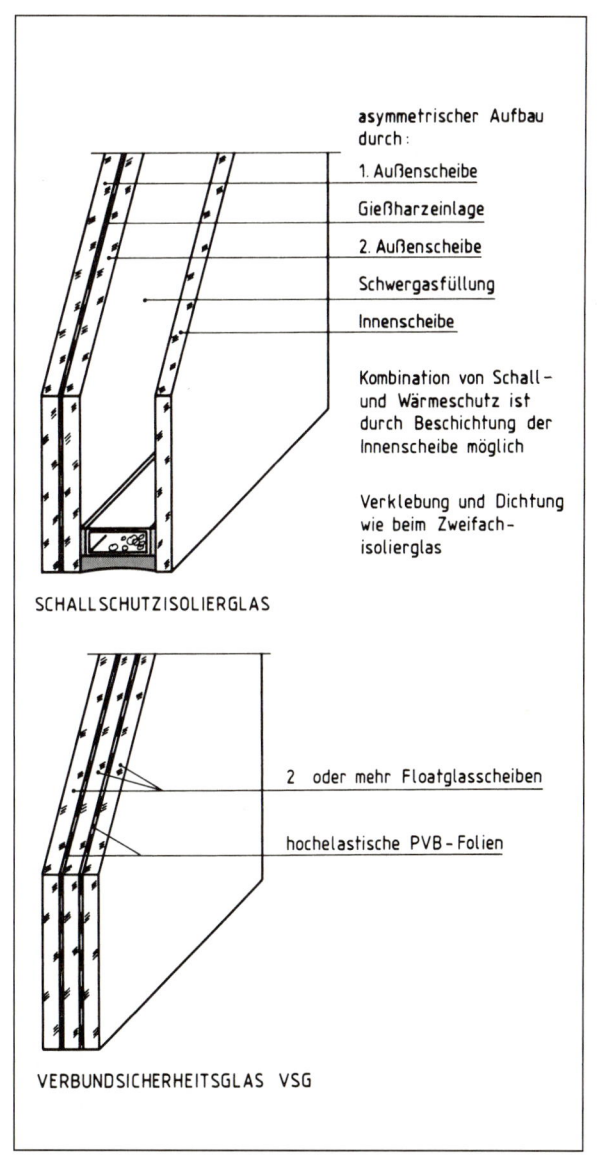

353.1 Schallschutz- und Isolierglas

Treppenbau

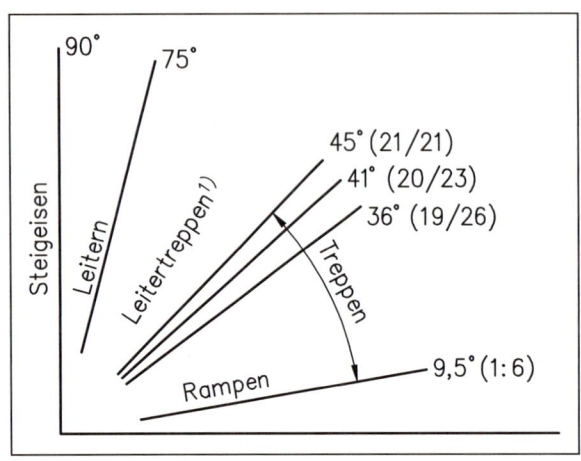

354.1 Neigungsrichtlinien

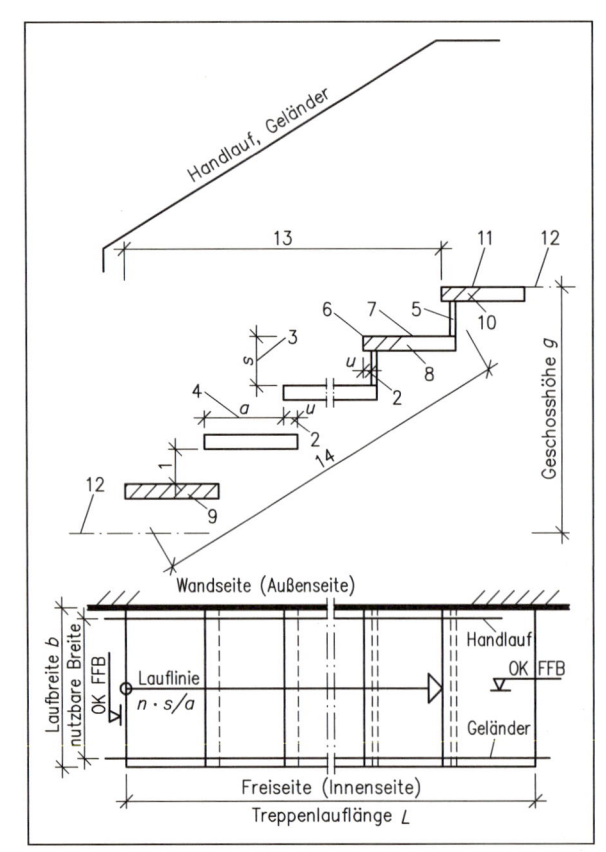

354.2 Benennung von Treppeneinheiten

Treppen sind fest mit dem Bauwerk verbundene, unbewegbare Bauteile, bestehend aus wenigstens einem Treppenlauf aus mindestens drei Steigungen. Treppen dienen der stufenweisen Überwindung von Höhenunterschieden. In Bild 354.1 sind die Abgrenzungen zwischen Rampen, Treppen und Leitern dargestellt.

Notwendige Treppen sind nach behördlichen Vorschriften erforderliche Bauteile zur Erschließung von Wohnungen, Rettungswegen u.Ä.

Nicht notwendige Treppen sind zusätzliche Treppen, die auch der Hauptnutzung dienen können.

1 Vorschriften für Gebäudetreppen

Die Bauordnungsvorschriften der einzelnen Bundesländer unterscheiden sich in Bezug auf Gebäudetreppen. Im Folgenden werden deshalb die **gültigen Normen** berücksichtigt; Landesbauordnungsvorschriften haben Priorität gegenüber Normen.

In Bild 354.2 sind die **Benennungen von Treppenteilen** aufgeführt:
1 Lichter Stufenabstand ≦ 12 cm
2 Unterschneidung (Untertritt) u
3 (Treppen-)Steigung s
4 (Treppen-)Auftritt a
5 Setzstufe
6 Trittkante
7 Trittfläche
8 (Tritt-)Stufe
9 Antritt(-Stufe)
10 Austritt(-Stufe)
11 Trittfläche der Austrittstufe
12 OK Geschossdecke oder Treppenpodest
13 Treppenlauflänge l (Grundmaß der Treppe)
14 Treppenlauf.

- Treppen bestehen aus Stufen, deren Grundform aus einer **Steigung** s und einem **Auftritt** a gebildet wird. Zur Verbreiterung der Auftrittfläche dient eine **Unterschneidung** u von 3 bis 4 cm, die jedoch auch aus konstruktiven Gründen erforderlich sein kann.
- Die **Anzahl der Steigungen** n ist stets eine ganze Zahl, die durch Teilung der Geschosshöhe durch die **gewählte Steigungshöhe** ermittelt wird (Bild 354.1).
- In der Draufsichtzeichnung wird die Treppenrichtung durch eine pfeilförmige **Lauflinie** gekennzeichnet, die an der Trittkante der Antrittstufe mit einer Markierung beginnt und stets **treppauf** bis zur Trittkante der Austrittstufe reicht. Bei geradläufigen Treppen liegt die Lauflinie in der Mitte der nutzbaren Treppenbreite.

Treppenbau

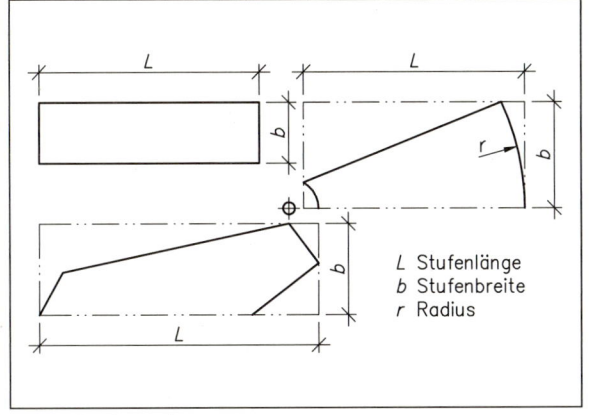

355.1 Stufenmaße

- *L* Stufenlänge
- *b* Stufenbreite
- *r* Radius

- Die Stufenlänge *l* (Bild 355.1) entspricht der konstruktiven Treppenlaufbreite *b*, von der die **nutzbare Treppenlaufbreite** zu unterscheiden ist, die vorwiegend in Handlaufhöhe gemessen wird. In Bild 354.2 sind Anhaltsmaße für nutzbare Treppenlaufbreiten in Abhängigkeit von der Treppennutzung zusammengestellt.
- Jede gewendelte Gebäudetreppe hat einen bei der Nutzung bevorzugten **Gehbereich**, dessen Lage und Breite sich nach der vorhandenen nutzbaren Laufbreite richtet. In Bild 355.3 sind die Maße der unterschiedlichen Gehbereiche wiedergegeben.
- Die **Lauflinie** kann vom Planer bei Treppen mit gewendelten Stufen innerhalb des Gehbereiches frei gewählt werden. Auf der gekrümmten Lauflinie werden die Auftrittmaße abgetragen und von dort aus die Trittkanten festgelegt.
- Die **lichte Treppendurchgangshöhe** (Kopfhöhe) ist in Bild 355.4 erklärt: Über einer durch die Trittkanten verlaufenden Messebene dürfen sich in $\geq 2,00$ m senkrecht gemessener Höhe keine festen Körper befinden. In einigen Ländern wird in der AVO, abweichend von der DIN, eine höhere Kopfhöhe vorgeschrieben. In Bild 355.5 ist die Berechnung der **Treppenlochlänge** für eine geradläufige Treppe erläutert:

$$y = g - d - \geq 2,00 \text{ m} \qquad x = l - (y/s - 1) \cdot a$$

Nutzung der Treppe bzw. des Gebäudes	nutzbare Treppenlaufbreite cm
Ein- und Zweifamilienhäuser	80 bis 100
Mehrfamilienhäuser	110 bis 130
Öffentliche Gebäude	120 bis ...
Gebäudenutzung	
bis 100 Personen	≥ 110
bis 250 Personen	≥ 165
über 250 Personen	≥ 210
Treppennutzung durch	
2 Personen nebeneinander	≥ 125
3 Personen nebeneinander	≥ 185
Verkaufs-/Versammlungsräume	
bis 100 m² Nutzfläche	≥ 110
bis 250 m² Nutzfläche	≥ 130
bis 500 m² Nutzfläche	≥ 165
bis 1 000 m² Nutzfläche	≥ 180
über 1 000 m² Nutzfläche	≥ 210

355.2 Empfohlene nutzbare (lichte) Treppenlaufbreiten

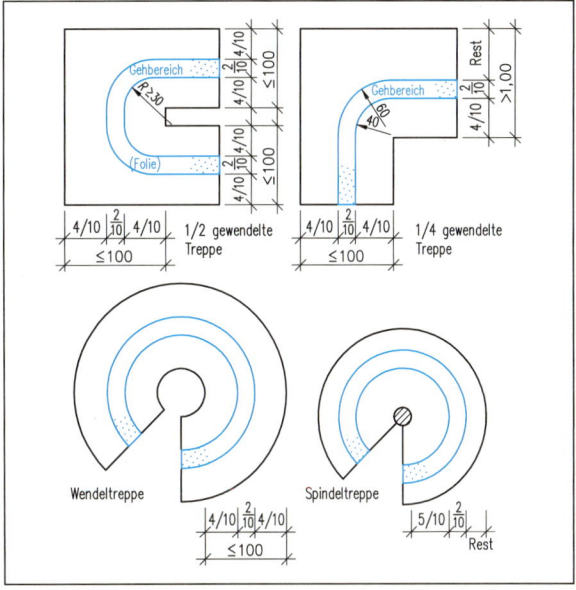

355.3 Gehbereiche bei gewendelten Treppen

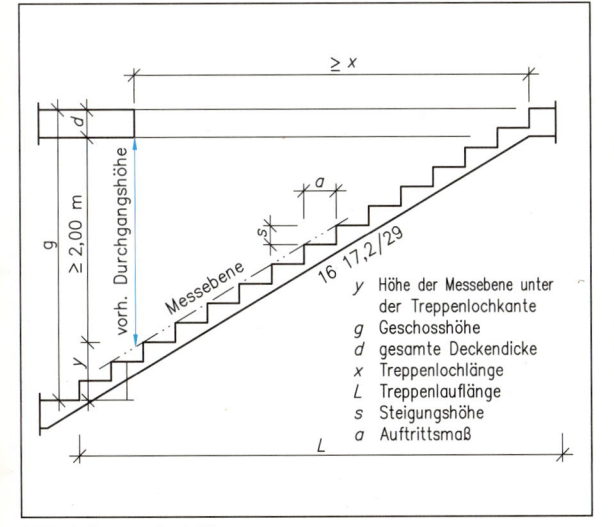

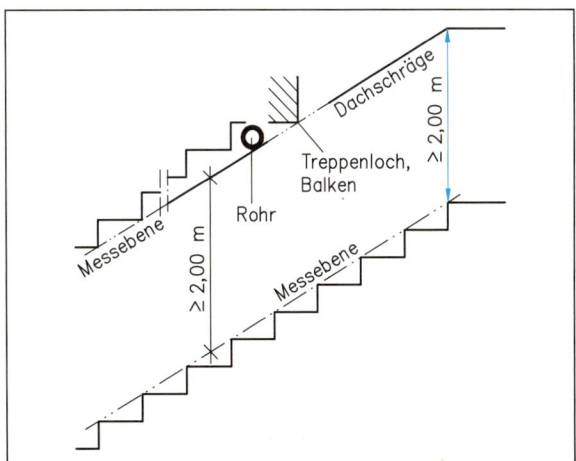

355.5 Treppenlochlänge

- *y* Höhe der Messebene unter der Treppenlochkante
- *g* Geschosshöhe
- *d* gesamte Deckendicke
- *x* Treppenlochlänge
- *L* Treppenlauflänge
- *s* Steigungshöhe
- *a* Auftrittsmaß

355.4 Lichte Treppendurchganghöhe (Kopfhöhe)

Treppenbau

Absturz-höhen	Gebäudearten	Treppen-geländerhöhe min. cm
bis 12 m[1]	Wohngebäude und andere Gebäude, die nicht der Arbeitsstättenverordnung unterliegen	90[2]
bis 12 m[1]	Arbeitsstätten	100[3]
über 12 m	für alle Gebäudearten	110

[1] außerdem bei größeren Absturzhöhen, wenn das Treppenauge bis 20 cm breit ist.
[2] nach Bauordnungsrecht
[3] nach Arbeitsschutzrecht

356.1 Geländerhöhen für Gebäudetreppen

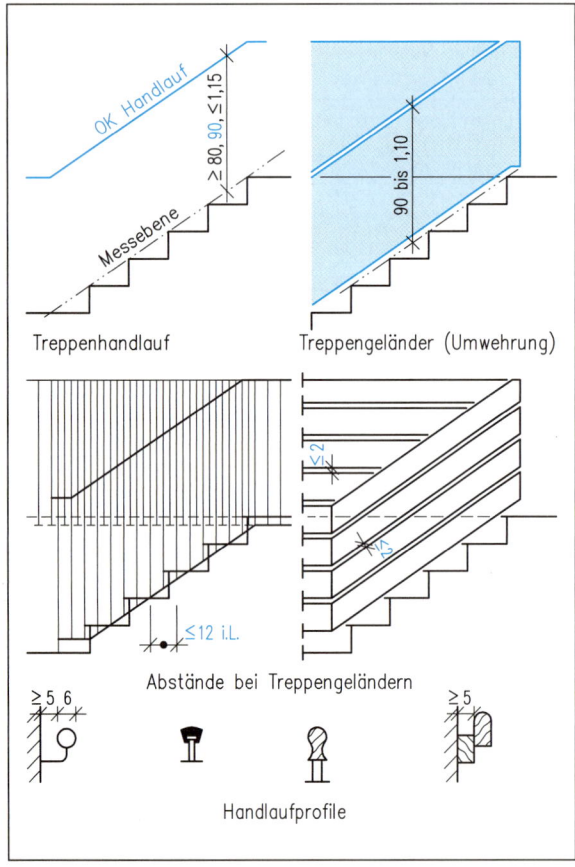

356.2 Handläufe und Geländer

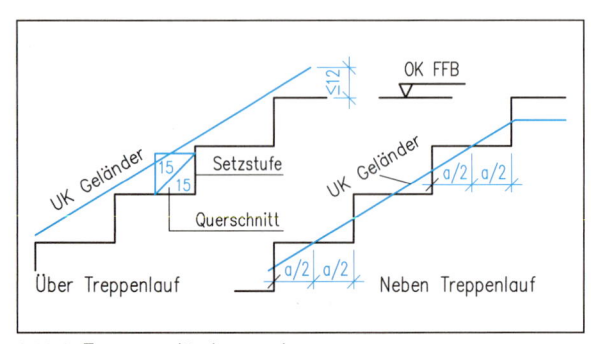

356.3 Treppengeländerunterkanten

Beispiel: Geschosshöhe 2,75 m; Deckendicke 0,25 m; Treppenlauflänge 4,35 m; Steigung 0,172 m; Auftritt 0,29 m:
y = 2,75 m − 0,25 m − ≥ 2,00 m = 0,50 m
x = 4,35 m − (0,50 m/0,172 m − 1) · 0,29 m = 3,797 m
gewählt ≥ 3,80 m.

- Für Treppen, die von Kindern begangen werden, gelten für **Treppengeländer** Vorschriften, die in den Bildern 356.1 und 356,.2 wiedergegeben sind. Die Oberkanten von Treppengeländern können als Handlauf ausgebildet werden, sofern sie nicht höher als 1,15 m sind; andernfalls ist ein zusätzlicher Handlauf vorzusehen. Die bevorzugte Höhe von Handläufen beträgt 90 cm. Für Treppenläufe ab drei Steigungen sind Handläufe zwingend vorgeschrieben. Bei sehr breiten Treppen sind Zwischenhandläufe vorzusehen.
- Für die Lage der **Treppengeländerunterkanten** gibt es zwei Möglichkeiten (Bild 356.3).
  Über den Treppenläufen darf ein Klotz mit einem Querschnitt von 15/15 cm nicht unter dem Untergurt des Geländers durchgeschoben werden können.
  Neben dem Treppenlauf muss die Unterkante Geländer (bei einem Abstand ≤ 6,0 cm) auf einer Linie liegen, die durch a/2 verläuft.
- In Bild 357.2 sind **Lichtraumprofile** mit ihren Mindestmaßen dargestellt.

2 Berechnung für Gebäudetreppen

Treppen sind für die Nutzung durch Menschen zu planen. Das erfordert die Berücksichtigung der Schrittlänge des Menschen (Bild 357.3). Bequemlichkeit und Sicherheit bei der Nutzung der Treppe sind weitere Forderungen. Bewährt haben sich folgende Formeln:

Schrittmaßregel $\quad 2s + a = 59$ bis 65 cm (i. M. 63 cm)
Bequemlichkeitsregel $\quad a - s = 12$ cm
Sicherheitsregel $\quad a + s = 46$ cm

Die Schrittmaßregel ist die am häufigsten angewendete Formel.

Beispiel: Berechnung einer notwendigen Geschosstreppe nach der Schrittmaßregel in einem Gebäude mit mehr als zwei Wohnungen und einer Geschosshöhe von 283 cm.
Man beginnt, ausgehend von den Fertigmaßen, mit der Berechnung der Anzahl der Steigungen. Nach Bild 357.1 ist eine maximale Steigung von 19 cm zulässig; gewählt 18 cm:

$$\text{erf. } n = \frac{g}{s}$$

n Anzahl der Steigungen
g Geschosshöhe in cm
s zulässige Steigungshöhe in cm

$$\text{erf. } n = \frac{283 \text{ cm}}{18 \text{ cm}} = 15{,}7 \text{ Steigungen}$$

Treppenbau

Weil die Steigungen innerhalb einer Treppenanlage stets gleich groß sein müssen, ist **eine ganze aufgerundete Anzahl von Steigungen zu wählen:** In diesem Beispiel sind es 16 Steigungen.
Danach ist die vorhandene Steigungshöhe zu berechnen:

vorh. $s = \dfrac{\text{Geschosshöhe}}{\text{gewählte Anzahl der Steigungen}}$

vorh. $s = \dfrac{283 \text{ cm}}{16} = 17{,}7 \text{ cm} < 19 \text{ cm}$

Berechnung des Auftrittsmaßes a ohne das Unterschneidungsmaß u nach der
Schrittmaßregel: $2s + a \approx 63 \text{ cm}$
$\qquad\qquad\qquad\quad a \approx 63 \text{ cm} - 2 \cdot s$
$a \approx 63 \text{ cm} - 2 \cdot 17{,}7 \text{ cm} \approx 27{,}6 \text{ cm} > 26 \text{ cm}$

Als Auftrittsmaß werden ganze Zentimeter bevorzugt.
Gewählt: 28 cm

Eine Treppe wird in Zeichnungen und Texten mit
Anzahl der Steigungen · vorh. s / gewähltes Auftrittsmaß
bezeichnet.
Beispieltreppe: 16 · 17,7 / 28

Die Treppenlauflänge l setzt sich aus der Anzahl der Auftrittsbreiten zusammen. Weil der letzten Steigung in jedem Fall eine Fußbodenfläche und kein Auftritt folgt, lautet die Formel für die Treppenlauflänge:
$l = (n - 1) \cdot a$ Beispiel: $l = (16 - 1) \cdot 28 \text{ cm} = 420 \text{ cm}$
Falls erforderlich, kann die Treppenneigung mithilfe des Tangens berechnet werden:

$\tan \alpha = \dfrac{s}{a}$ Beispiel: $\tan \alpha = \dfrac{17{,}7 \text{ cm}}{28 \text{ cm}}$ $\alpha = 32{,}3°$

Nach der Bequemlichkeitsregel $a = 12 \text{ cm} + s$ beträgt das Auftrittsmaß $12 \text{ cm} + 17{,}7 \text{ cm} = 29{,}7 \text{ cm}$; gewählt 30 cm
Lauflänge $l = (16 - 1) \cdot 30 \text{ cm} = 450 \text{ cm}$.

Nach der Sicherheitsregel $a = 46 \text{ cm} - s$ beträgt das Auftrittsmaß $46 \text{ cm} - 17{,}7 \text{ cm} = 28{,}3 \text{ cm}$; gewählt 29 cm.
Lauflänge $l = (16 - 1) \cdot 29 \text{ cm} = 435 \text{ cm}$.

Die Wahl der Treppenregel richtet sich auch nach dem zur Verfügung stehenden Treppenraum.
Das Steigungsverhältnis 17/29 cm erfüllt sowohl die Schrittmaß- als auch die Bequemlichkeits- und die Sicherheitsregel. Bei der Berechnung der Steigungshöhe kann man grundsätzlich von $\approx 17 \text{ cm}$ ausgehen.

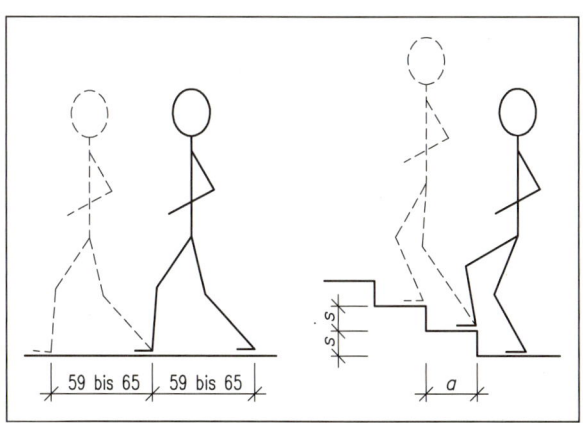

357.3 Schrittmaß

Gebäudeart	Treppenart	Nutzbare Treppen-laufbreite min. cm	Treppen-Steigung $s^{2)}$ max. cm	Treppen-auftritt $a^{3)}$ min. cm
Wohngebäude mit nicht mehr als zwei Wohnungen[1]	Treppen, die zu Aufenthalts-räumen führen	80	20	23[4]
	Kellerinnen-treppen, die nicht zu Auf-enthaltsräu-men führen	80	21	21[5]
	Bodentreppen, die nicht zu Aufenthalts-räumen führen	50	21	21[5]
Sonstige Gebäude	Baurechtlich notwendige Treppen	100	19	26
Alle Gebäude	Baurechtlich nicht notwen-dige Treppen	50	21	21

[1] schließt auch Maisonette-Wohnungen in Gebäuden mit mehr als zwei Wohnungen ein.
[2] aber nicht < 14 cm
[3] aber nicht > 37 cm
[4] Bei Stufen, deren Auftritt a unter 26 cm liegt, muss die Unterschneidung u mindestens so groß sein, dass insgesamt 26 cm Trittfläche ($a + u$) erreicht werden.
[5] Bei Stufen, deren Auftritt a unter 24 cm liegt, muss die Unterschneidung u mindestens so groß sein, dass insgesamt 24 cm Trittfläche ($a + u$) erreicht werden.

357.1 Grenzmaße für Gebäudetreppen

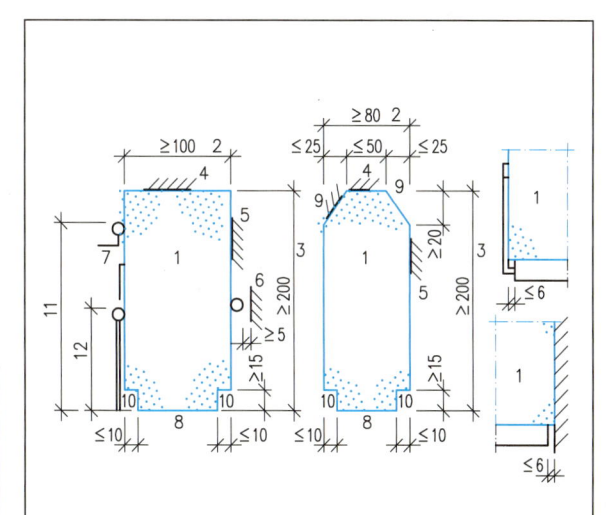

1 Lichtraumprofil
2 Nutzbare Treppenlaufbreite
3 Lichte Treppendurchgangshöhe
4 und 9 obere Begrenzung des Lichtraumprofils
5, 6 und 7 seitliche Begrenzung des Lichtraumprofils
8 Untere Begrenzung des Lichtraumprofils durch Messebene
10 Untere Einschränkung des Lichtraumprofils
11 Treppengeländerhöhe
12 Treppenhandlaufhöhe

357.2 Lichtraumprofil und Seitenabstände

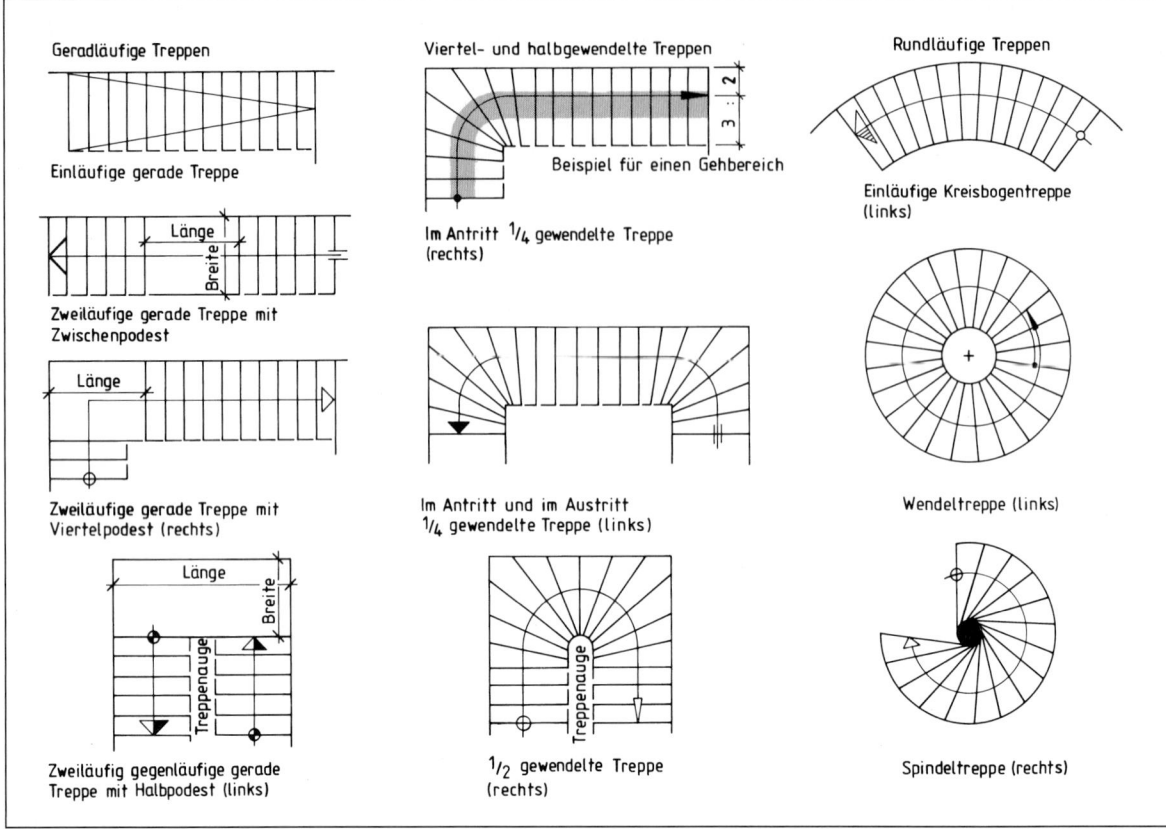

Treppenbau

358.1 Häufige Treppenformen

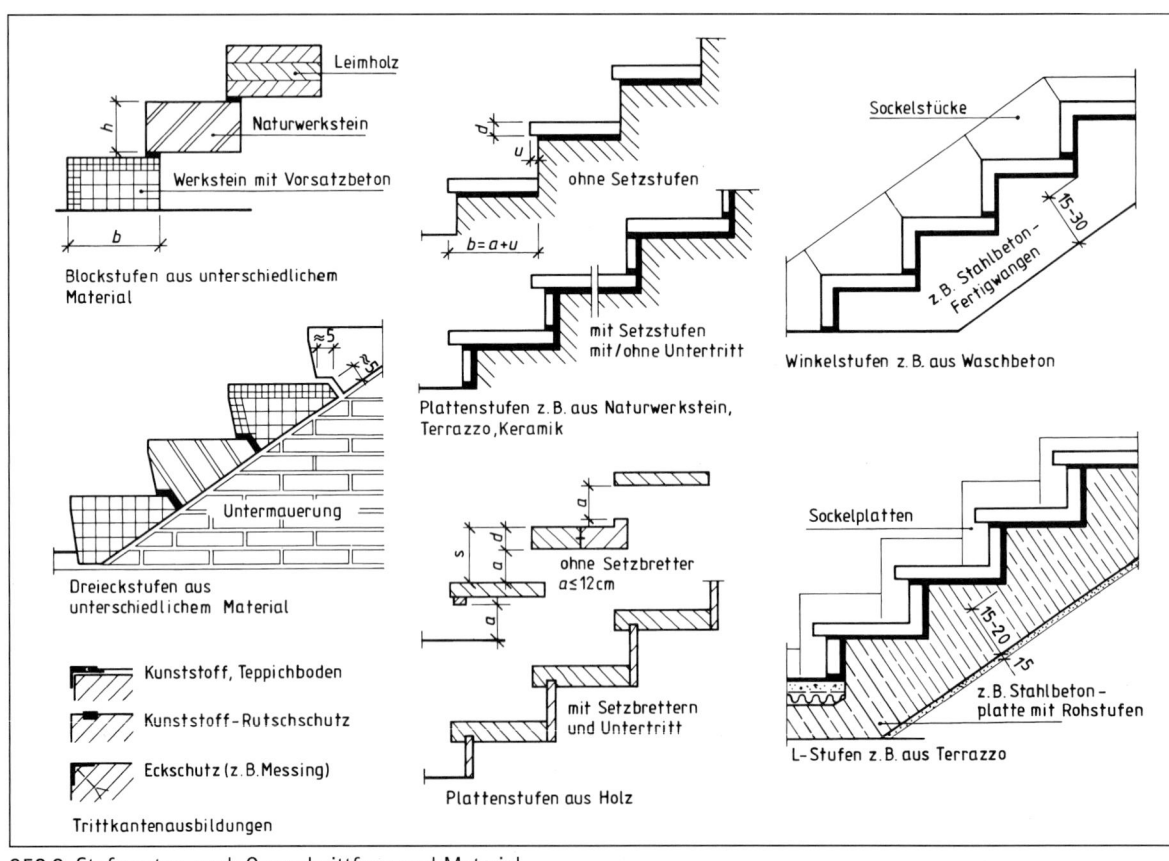

Geradläufige Treppen
- Einläufige gerade Treppe
- Zweiläufige gerade Treppe mit Zwischenpodest
- Zweiläufige gerade Treppe mit Viertelpodest (rechts)
- Zweiläufig gegenläufige gerade Treppe mit Halbpodest (links)

Viertel- und halbgewendelte Treppen
- Im Antritt ¼ gewendelte Treppe (rechts) – Beispiel für einen Gehbereich
- Im Antritt und im Austritt ¼ gewendelte Treppe (links)
- ½ gewendelte Treppe (rechts)

Rundläufige Treppen
- Einläufige Kreisbogentreppe (links)
- Wendeltreppe (links)
- Spindeltreppe (rechts)

358.2 Stufenarten, nach Querschnittform und Material

- Blockstufen aus unterschiedlichem Material (Leimholz, Naturwerkstein, Werkstein mit Vorsatzbeton)
- Dreieckstufen aus unterschiedlichem Material (Untermauerung)
- Trittkantenausbildungen: Kunststoff, Teppichboden; Kunststoff-Rutschschutz; Eckschutz (z. B. Messing)
- Plattenstufen z. B. aus Naturwerkstein, Terrazzo, Keramik (ohne Setzstufen; mit Setzstufen mit/ohne Untertritt); $b = a + u$
- Plattenstufen aus Holz (ohne Setzbretter $a \leq 12$ cm; mit Setzbrettern und Untertritt)
- Winkelstufen z. B. aus Waschbeton (z. B. Stahlbeton-Fertigwangen)
- L-Stufen z. B. aus Terrazzo (Sockelplatten; z. B. Stahlbetonplatte mit Rohstufen)

3 Treppenformen

Die Bezeichnung von Treppen kann sich auf ihren Verwendungszweck (Geschoss-, Keller-, Boden-, Ausgleichstreppe) oder auf ihre Form in der Draufsicht beziehen. In Laufrichtung gesehen gibt es gerade, rechts oder links verlaufende Treppen. Bei Treppen ist zwischen der Außen-(Wand-) und der Innen-(Frei-)seite zu unterscheiden.

Im Bild 358.1 sind einige Treppenformen wiedergegeben: Geradläufige Treppen können einläufig oder mit Podesten (Treppenabsätzen) mehrläufig sein.

Die Länge von Podesten wird in der Laufrichtung der Treppe gemessen, ihre Breite entspricht der Treppenbreite. Die Länge soll mindestens gleich der Treppenbreite sein. Zwischenpodeste erleichtern das Überwinden großer Höhenunterschiede. Nach maximal 18 Steigungen sollen ein bis zwei Schritte auf horizontaler Ebene dem Ausruhen dienen. Die Länge von Zwischenpodesten (Bild 359.1) beträgt nach Möglichkeit $A/2 + n \cdot$ Schrittlänge $+ A/2$

Viertel- und Halbpodeste dienen vor allem der Richtungsänderung einer Treppenanlage. Beim Viertelpodest empfiehlt sich eine Rechteckform (Länge > Breite), um das Geländer an der Freiseite fließend gestalten zu können. Bei halbgewendelten Treppen und Treppen mit Halbpodest entsteht zwischen den Laufrichtungen ein Treppenauge, dessen Breite mit ≥ 15 cm zu wählen ist.

- Bei viertel- und halbgewendelten Treppen (nicht in Großwohnhäusern zulässig) wird die Richtungsänderung des Treppenlaufes durch „verzogene" Wendelstufen erreicht. Jede gewendelte Treppe hat etwa in ihrer Mitte einen relativ schmalen Gehbereich von ca. 20 cm Breite, der sich aus den Gehmöglichkeiten (Alter, Größe) der Benutzer, der Gehrichtung (auf- oder abwärts), der Treppenbreite und Treppenform ergibt. Innerhalb dieses Bereiches wird die Lauflinie dargestellt, auf der die Auftritte mithilfe eines Stechzirkels abgetragen werden. Allgemeingültig ist zu empfehlen, die Lauflinie bei gewendelten Treppen ausmittig im Verhältnis 3:2, von der Freiseite (Innenseite) aus gesehen, einzuzeichnen.
- Bei rundläufigen Treppen weisen die Trittkanten entweder auf einen gemeinsamen Mittelpunkt hin oder bilden Tangenten zu einem Kreis.

Gewendelte Treppen (nicht als notwendige Treppen zulässig) unterscheiden sich durch die Gestaltung der Innenseite:

Die Wendeltreppe hat vorwiegend ein rundes Treppenauge.
Die Spindeltreppenstufen sind in der Treppenmitte aufgelagert.

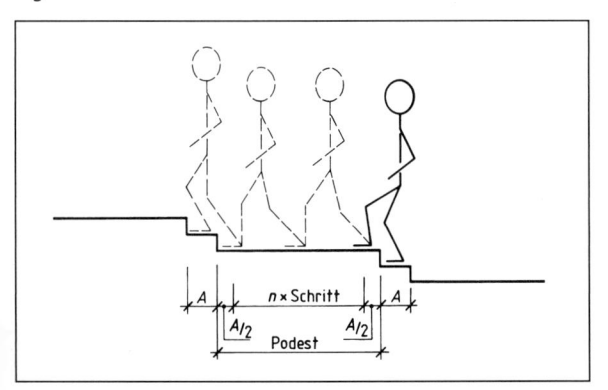

4 Stufenarten

Treppenstufen werden vorwiegend nach der Form ihres Querschnittes, jedoch auch zusätzlich nach dem verwendeten Material bezeichnet (Bild 358.2).

- **Blockstufen** sind rechteckförmig und werden im Freien vornehmlich in Sand oder Beton verlegt. Blockstufen dienen aus konstruktiven Gründen (Schub- und Auflagersicherung) häufig als Antrittsstufen.
- **Dreieckstufen** werden vor allem für Kelleraußentreppen und Kellerinnentreppen verarbeitet.
- **Plattenstufen** haben Trittstufen in schmaler Rechteckform.

Plattenstufen aus Stein (Naturwerkstein, Terrazzo, Keramik) müssen als unbewehrte Platten nahezu vollflächig in Mörtel, z.B. auf Stahlbeton, verlegt werden, weil sie nicht auf Biegung beansprucht werden dürfen. Bewehrte Plattenstufen können in Teilen freitragend ausgebildet werden. Trittstufen sind 3 bis 7 cm dick. Setzstufen etwa 2 cm.

Plattenstufen aus Holz. Bei einer „offenen Treppe" darf das Lichtmaß zwischen den Stufen 12 cm nicht überschreiten; dies kann dadurch erreicht werden, dass $s \leq (d + a)$ ist (s relativ klein oder d verhältnismäßig groß) oder dass Leisten mit ausreichender Höhe unter oder auf den Trittstufen vorgesehen werden.

- **Winkel- und L-Stufen** werden nach ihrer Form, jedoch ebenfalls nach der Lage ihrer Horizontalfuge unterschieden, die entweder in Oberkante oder in Unterkante Auftritt verläuft. Die Stufen werden vollflächig in Mörtel vorwiegend auf einer Stahlbetonlaufplatte mit Rohstufen verlegt.
- Die Trittkanten von Stufen, die mit einem Teppichboden oder ähnlichem belegt werden, können mit einem Kantenprofil enden. Bei Natur- bzw. Werksteinstufen können sie mit Kunststoffstreifen gegen Ausrutschen bzw. mit einem Metallprofil gegen Beschädigung versehen werden.
- Sockel unterschiedlicher Form, die in ihrem Material zu den Stufen passen, können als Abschluss zur Wandseite hin vorgesehen werden.

Gemauerte Treppen werden häufig als Frei-(Hauseingangs-)Treppen geplant. Dabei ist es wichtig, dass das Material frostsicher ist und die einschlägigen Mauerverbandsregeln beachtet werden (Bild 359.2).

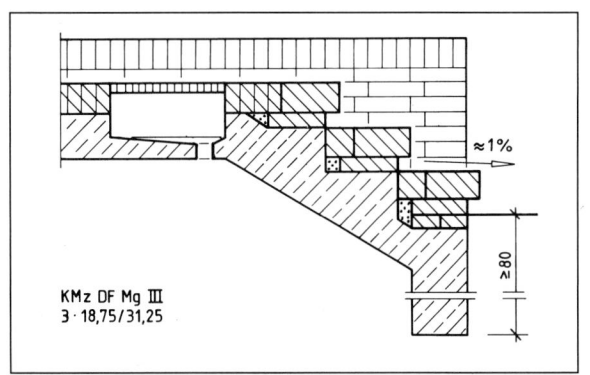

359.1 Podestlänge

359.2 Gemauerte Freitreppe

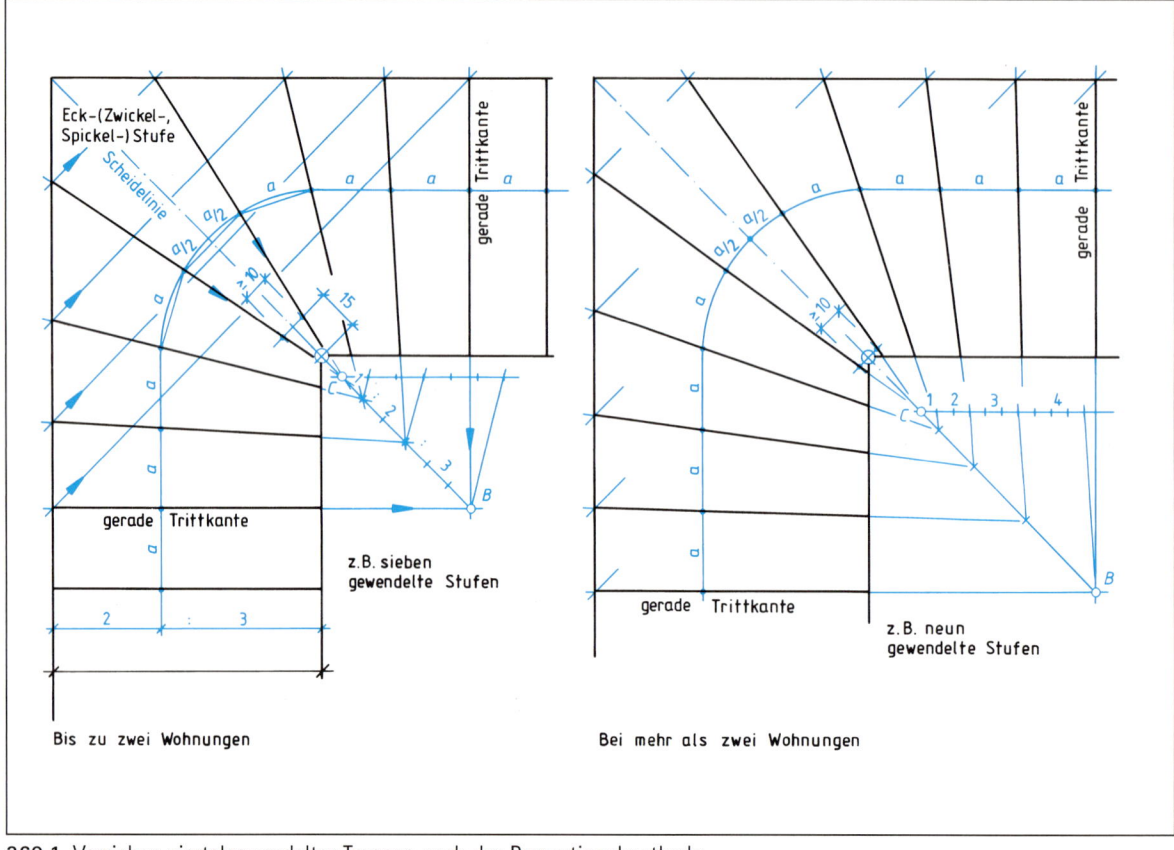

360.1 Verziehen viertelgewendelter Treppen nach der Proportionalmethode

5 Verziehen von Stufen

Bei der Planung von viertel- und halbgewendelten Treppen muss die Forderung nach leichtgängiger, flüssiger und sicherer Begehbarkeit der Treppe sowie nach einer fachgerechten Herstellung unbedingt beachtet werden. Neben dem Verhältnis Steigung zu Auftritt ist dabei das harmonische Verziehen der schrägen Stufen von besonderer Bedeutung. Bei viertelgewendelten Treppen sind mindestens sieben, bei halbgewendelten Treppen mindestens dreizehn Stufen zu verziehen, um eine einwandfreie Begehbarkeit zu gewährleisten. Für das Verziehen von Stufen werden zeichnerische oder rechnerische Methoden angewendet:

Die Proportionalmethode (Bild 360.1) setzt den Idealfall voraus, dass sich bei ausreichender räumlicher Variationsmöglichkeit die Mitte des Eckstufenauftritts mit der Scheidelinie deckt, die in 45° Neigung aus der Ecke heraus den unteren von dem oberen Treppenteil trennt.
Arbeitsablauf: Berechnen der Auftrittsbreite a, Treppenaußenecke (vorwiegend Wandecke), Scheidelinie (Symmetrieachse zeichnen), Laufbreite bestimmen, Treppeninnenseite und Lauflinie zeichnen.
Eckauftritt auf der Lauflinie mittig über der Scheidelinie und von dort aus je drei, besser vier, Auftritte vor und hinter der Eckstufe abtragen, die beiden geraden Trittkanten vor und hinter der Wendelung zeichnen und auf der verlängerten Scheidelinie zum Schnitt bringen (Punkt B).
Für die Bestimmung der Lage der geringsten zulässigen Auftrittsbreite von 10 cm, die im Bereich der Scheidelinie in diesem Fall mittig abzutragen ist, gibt es bei der Proportionalmethode je nach Anzahl der Wohnungen, die über die Treppe zu erreichen sind, zwei unterschiedliche Möglichkeiten: Entweder wird die kleinste zulässige Auftrittsbreite in 15 cm Abstand von der Innenseite der Treppe abgetragen, oder es wird das Mindestmaß direkt an der Innenseite der Laufbreite angelegt.

Durch die einander entsprechenden Teilungspunkte auf der Lauflinie unterhalb und oberhalb der Scheidelinie sowie die zugehörigen Mindestmaßpunkte im Bereich der Treppeninnenseite werden die beiden Ecktrittkanten gezeichnet und auf der Scheidelinie zum Schnitt gebracht (Punkt C).

Die Strecke B – C ist zeichnerisch im Verhältnis 1 : 2 : 3 = 6 Teile (bei neun gewendelten Stufen 1 : 2 : 3 : 4 = 10 Teile) zu unterteilen. Die Stufenkanten von den Proportionalpunkten sind über die Punkte auf der Lauflinie fluchtend zu zeichnen.

Wegen der sich häufig in sehr spitzem Winkel schneidenden Linien (schleifende Übergänge) sind die tatsächliche Lage und die Form der Wendelstufen nur schwer zu bestimmen. Trotz sehr genauen Zeichnens empfiehlt es sich daher, entweder zunächst die Trittkanten auf der einen Seite der Wendelung darzustellen und deren Schnittpunkte mit der Außen- und der Innenseite unter 45° auf den anderen Treppenteil zu übertragen oder kleine Ungenauigkeiten bei dem vorgezeichneten Trittkantenverlauf beim Nachzeichnen zu korrigieren.

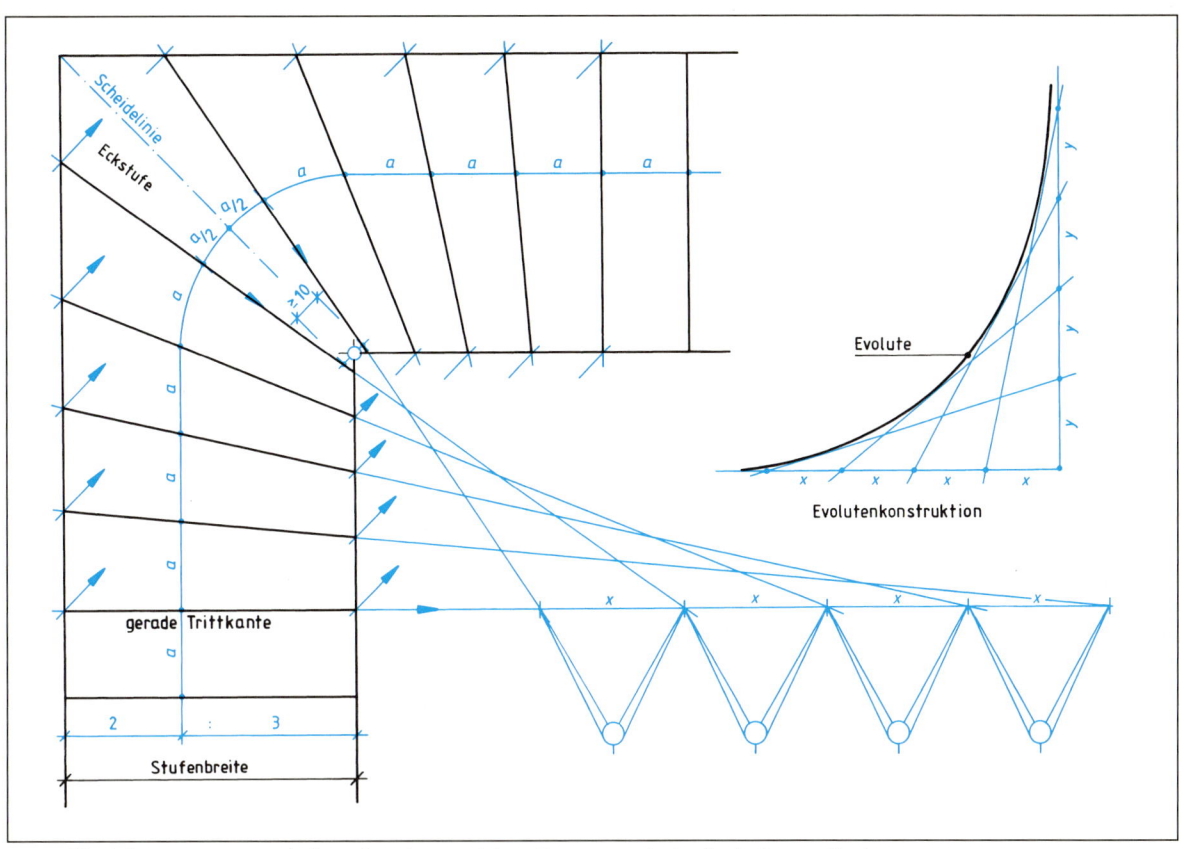

361.1 Verziehen von symmetrischen viertelgewendelten Treppen nach der Evolutionsmethode

Die Evolutionsmethode (Evolution: Fortentwicklung) eignet sich sowohl für symmetrische als auch für asymmetrische Wendelungen. Eine Evolute ist eine zeichnerisch konstruierte Kurve (Bild 361.1).

Arbeitsablauf: Bei symmetrischer Wendelung (Bild 361.1) werden zunächst die Eckstufe und die letzte gerade Trittkante vor oder die erste gerade Trittkante hinter der Wendelung dargestellt. Je nach vorhandenem Platz auf dem Zeichenblatt wird die eine oder die andere gerade Trittkante zu einer Konstruktionslinie verlängert, auf der wiederum die sich kreuzenden Verlängerungen der Eckstufentrittkanten das Maß x ergeben, das so oft auf der Konstruktionslinie abgetragen wird wie gewendelte Stufen vor bzw. hinter der Eckstufe liegen. Die Verbindungen der ermittelten Punkte mit den Teilungspunkten auf der Lauflinie ergeben die Trittkanten der Stufen auf der einen Seite der Wendelung, die unter 45° auf die andere Seite übertragen werden. Bei der Evolutionsmethode für asymmetrische Treppen (Bild 362.3) liegt die erste oder die letzte gerade Trittkante aus grundrissbedingten Gründen fest, von ihr aus wird mit dem Abtragen des Auftrittsmaßes begonnen.

Die Viertelkreismethode eignet sich gut für viertelgewendelte Treppen mit besonders kurzem An- oder Austritt (Bild 363.2) sowie für das Verziehen der Stufen halbgewendelter Treppen (Bild 364.1).

Arbeitsablauf: Treppenbreite, Lauflinie, Auftritte, Treppenachse und schmalsten Auftritt zeichnen. Bei halbgewendelten Treppen liegt auf der Achse (Scheidelinie) entweder eine Trittkante oder eine Auftrittsmitte.

Die Punkte B und C bestimmen, um B einen Viertelkreis mit r = Strecke $\overline{BC}$ zeichnen und auf dem Umfang so viele gleiche Teile abtragen, wie auf jeder Treppenseite Stufen gewendelt werden sollen. Die Teilungspunkte auf die verlängerte Scheidelinie projizieren. Trittkanten über die Lauflinienpunkte fluchten.

Aufgabe 1: Die sieben unteren Stufen der symmetrisch vierteigewendelten Treppe (Bild 362.1) sind nach der Proportionalmethode zu verziehen. Die Untertrittkanten sind parallel zu den gehörenden Trittkanten als verdeckt darzustellen.

Aufgabe 2: Die sieben Wendelstufen der symmetrisch viertelgewendelten Treppe (Bild 362.2) sind nach der Evolutionsmethode zu verziehen. Die Lauflinie soll ausmittig im Verhältnis 2:3 verlaufen; die Untertrittkanten sind einzuzeichnen.

Aufgabe 3: Für eine im Austritt festliegende, daher unsymmetrische, viertelgewendelte Treppe sind die Trittkanten für die Stufen 9 bis 11 einerseits sowie 14 und 15 andererseits nach der Evolutionsmethode zu verziehen; Lauflinie ausmittig.

Aufgabe 4 und 5: Die Stufen der halbgewendelten Treppe (Bild 364.2) sind so zu verziehen, dass einmal eine Trittkante, ein anderes Mal eine Auftrittsmitte auf der Scheidelinie liegt. Die Lage der schmalsten Auftrittsbreite, direkt an der Innenseite oder in 15 cm Entfernung, sowie die Laufrichtung der Treppe sind selbstständig zu wählen.

Treppenbau

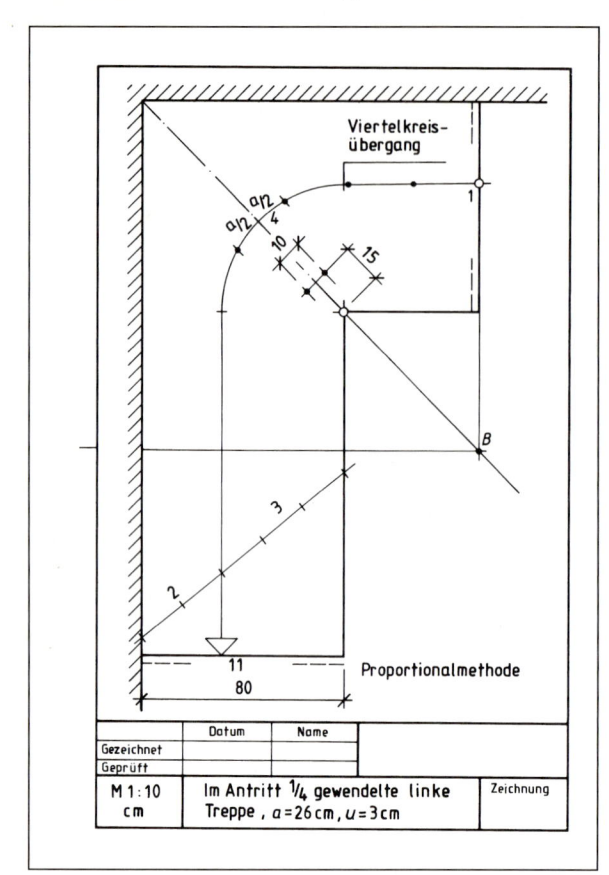

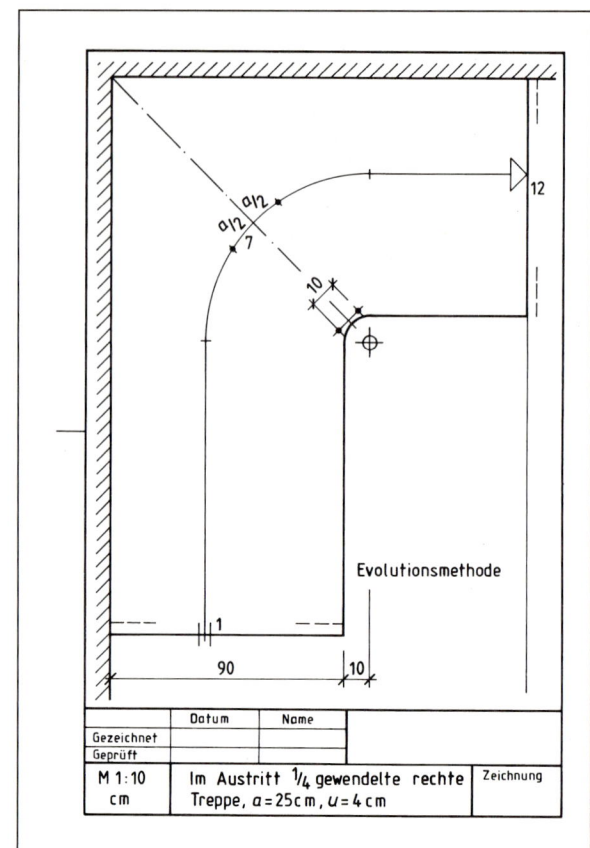

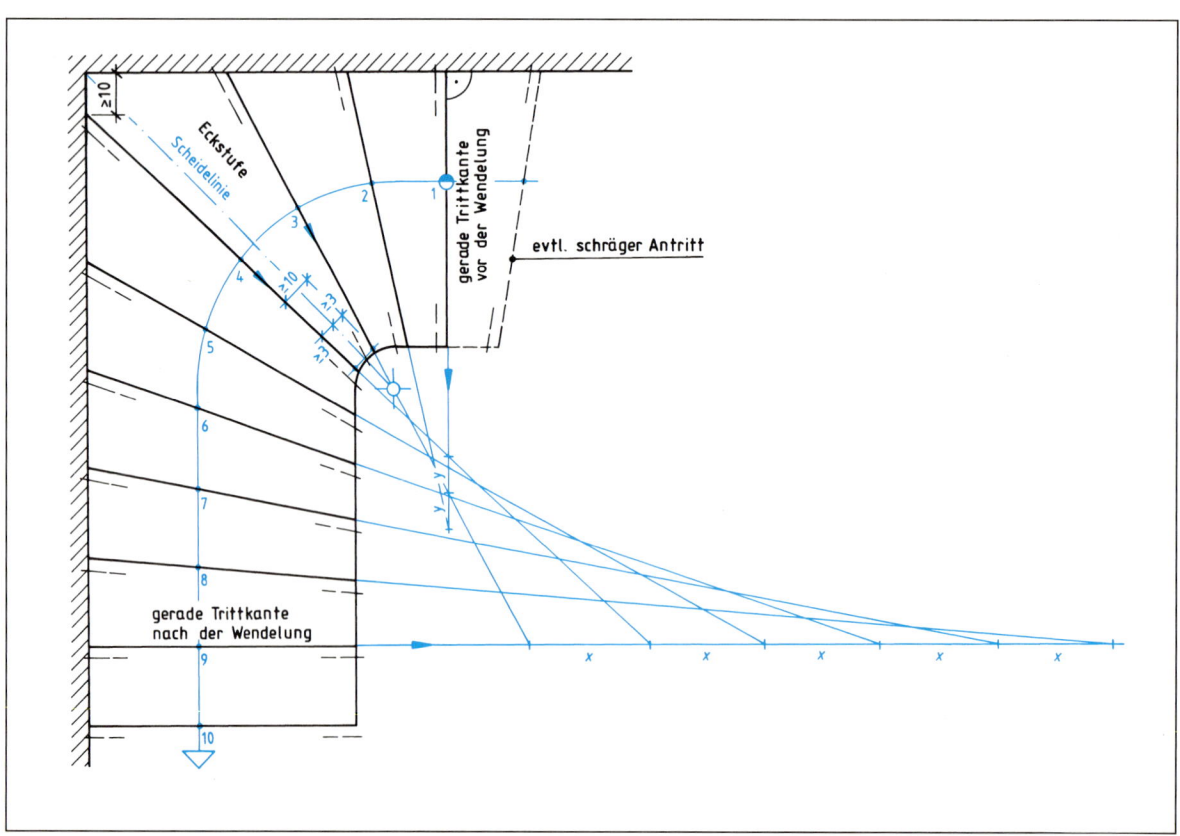

▲ 362.1 Im Antritt ¼ gewendelte linke Treppe, $a=26\,cm$, $u=3\,cm$ — Proportionalmethode

▲ 362.2 Im Austritt ¼ gewendelte rechte Treppe, $a=25\,cm$, $u=4\,cm$ — Evolutionsmethode

362.3 Verziehen asymmetrischer viertelgewendelter Treppen nach der Evolutionsmethode

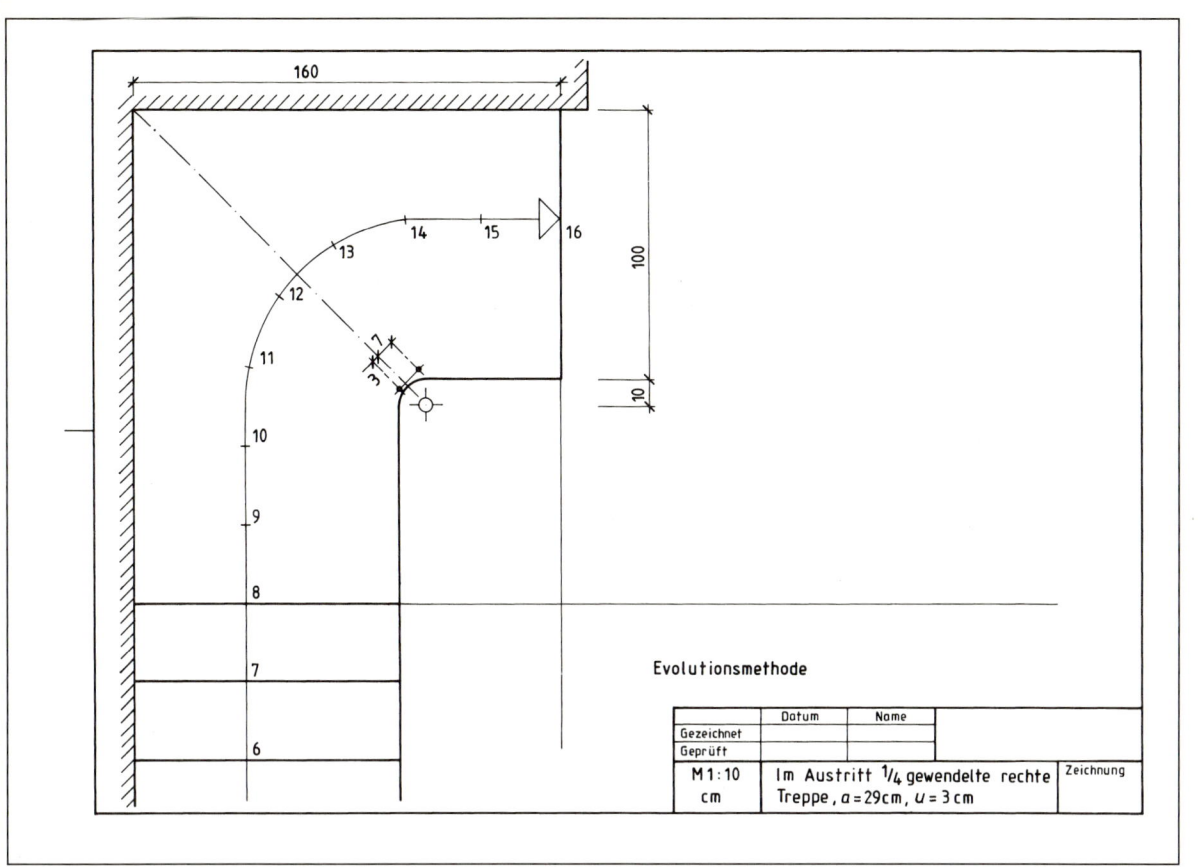

Treppenbau

363.1

Evolutionsmethode

	Datum	Name	
Gezeichnet			
Geprüft			
M 1:10 cm	Im Austritt ¼ gewendelte rechte Treppe, $a = 29$ cm, $u = 3$ cm		Zeichnung

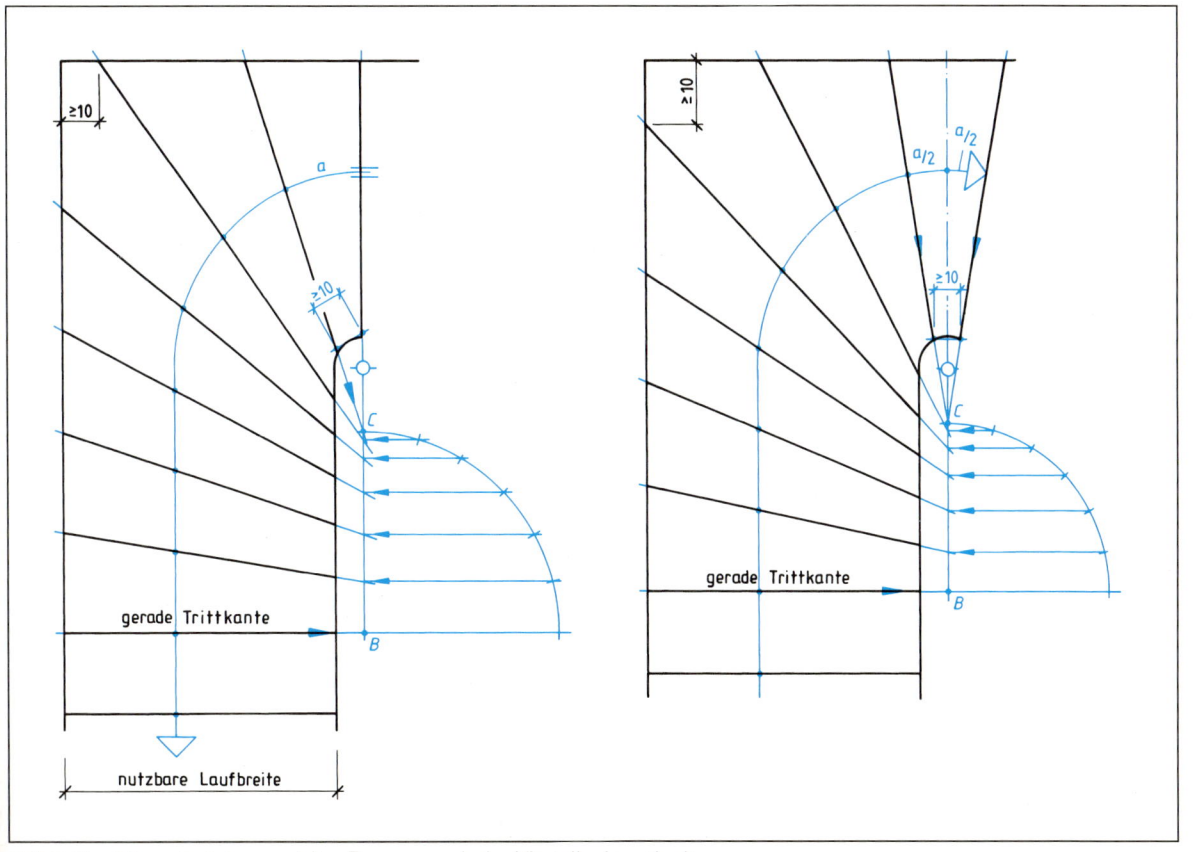

363.2 Verziehen viertelgewendelter Treppen nach der Viertelkreismethode

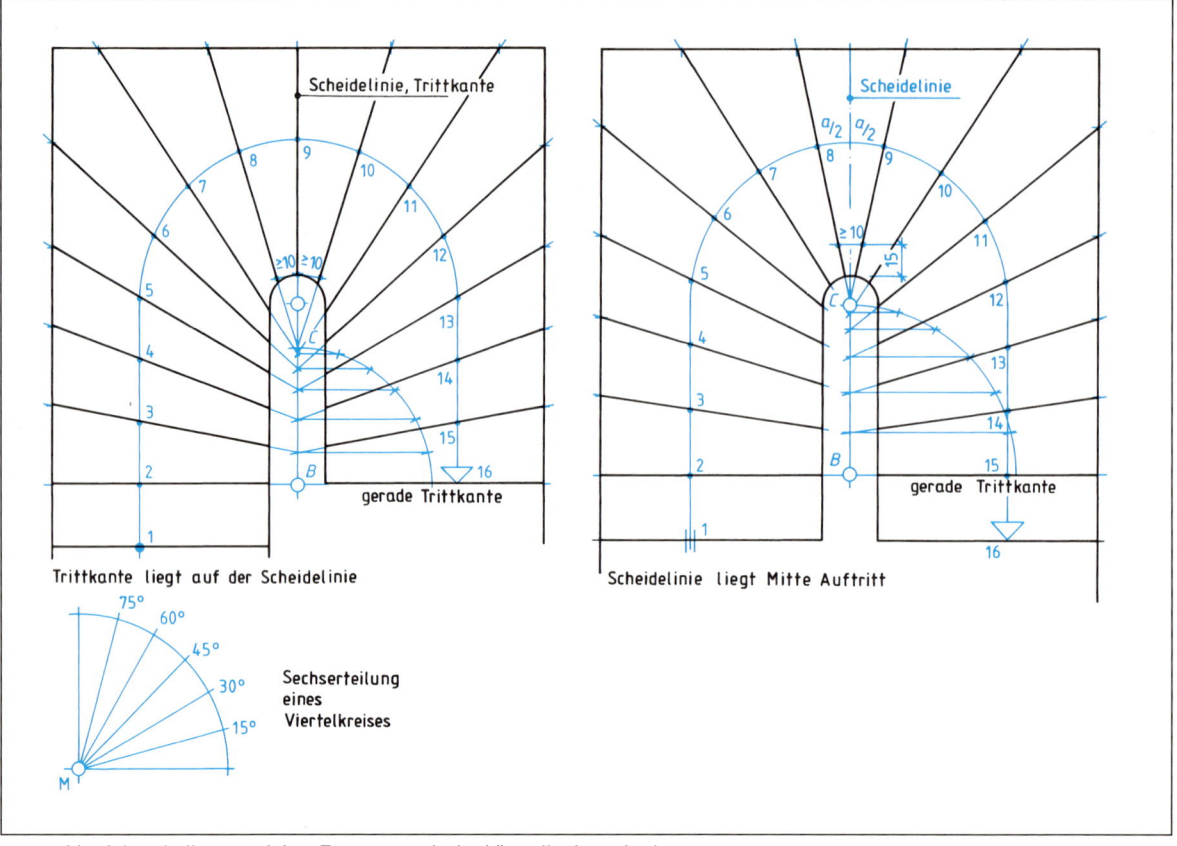

Treppenbau

364.1 Verziehen halbgewendelter Treppen nach der Viertelkreismethode

▼ 364.2

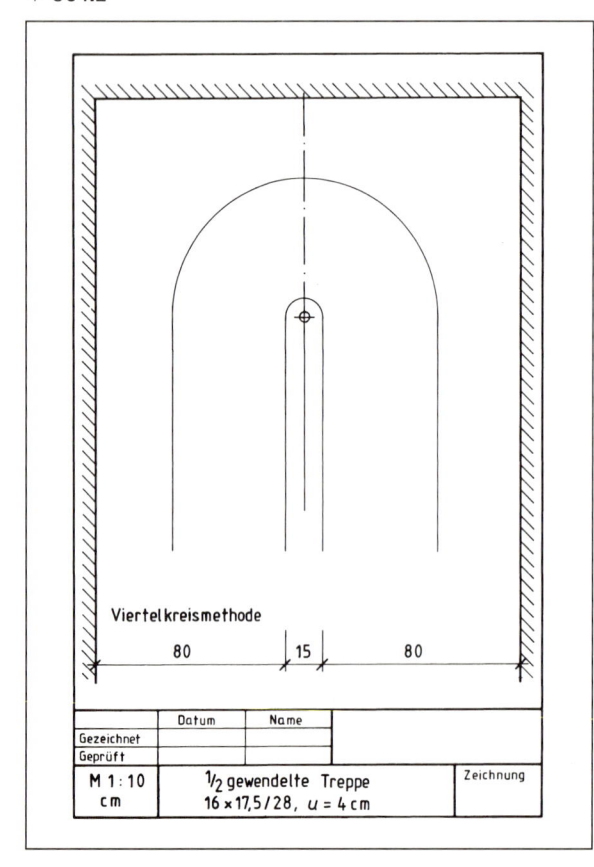

Bei **der rechnerischen Methode** (so genannte *x*-Methode) zum Verziehen der Trittkanten einer viertelgewendelten Treppe werden die häufig raumbedingt zur Verfügung stehenden Abmessungen entweder auf einer Linie im Abstand von 15 cm zur Innenseite der Treppe oder direkt auf der Freiseite des Treppenlaufes in harmonisch aufeinander abgestimmte Maße eingeteilt. In dem Bild 365.1 sind die beiden Möglichkeiten dargestellt. Dabei liegt die Eckstufe in dem linken Beispiel mittig (symmetrische Aufteilung), in dem rechten Teil ausmittig (asymmetrische Aufteilung). In beiden Fällen jedoch hat die Eckstufe einen Mindestauftritt von 10 cm, der stufenweise um das konstante Maß x wächst, das für jede Treppe neu zu berechnen ist.

Die symmetrische Wendelung mit sieben Stufen hat als Wendelungslänge die
Strecke $\overline{BC}$ = 43 cm + 60 cm · π/4 + 43 cm = 133,12 cm

Aus dieser Länge ist das Maß x zu berechnen:
7 · 10 cm + 12 x = 133,12 cm
$$x = \frac{133{,}12 \text{ cm} - 70 \text{ cm}}{12} = 5{,}26 \text{ cm}$$

Stufe 4 = 10,00 cm
Stufen 3 und 5: 10 cm + 5,26 cm = 15,26 cm
Stufen 2 und 6: 10 cm + 2 · 5,26 cm = 20,52 cm
Stufen 1 und 7: 10 cm + 3 · 5,26 cm = 25,78 cm

Kontrolle:
10 cm + 2 (15,26 cm + 20,52 cm + 25,78 cm) = 133,12 cm

Treppenbau

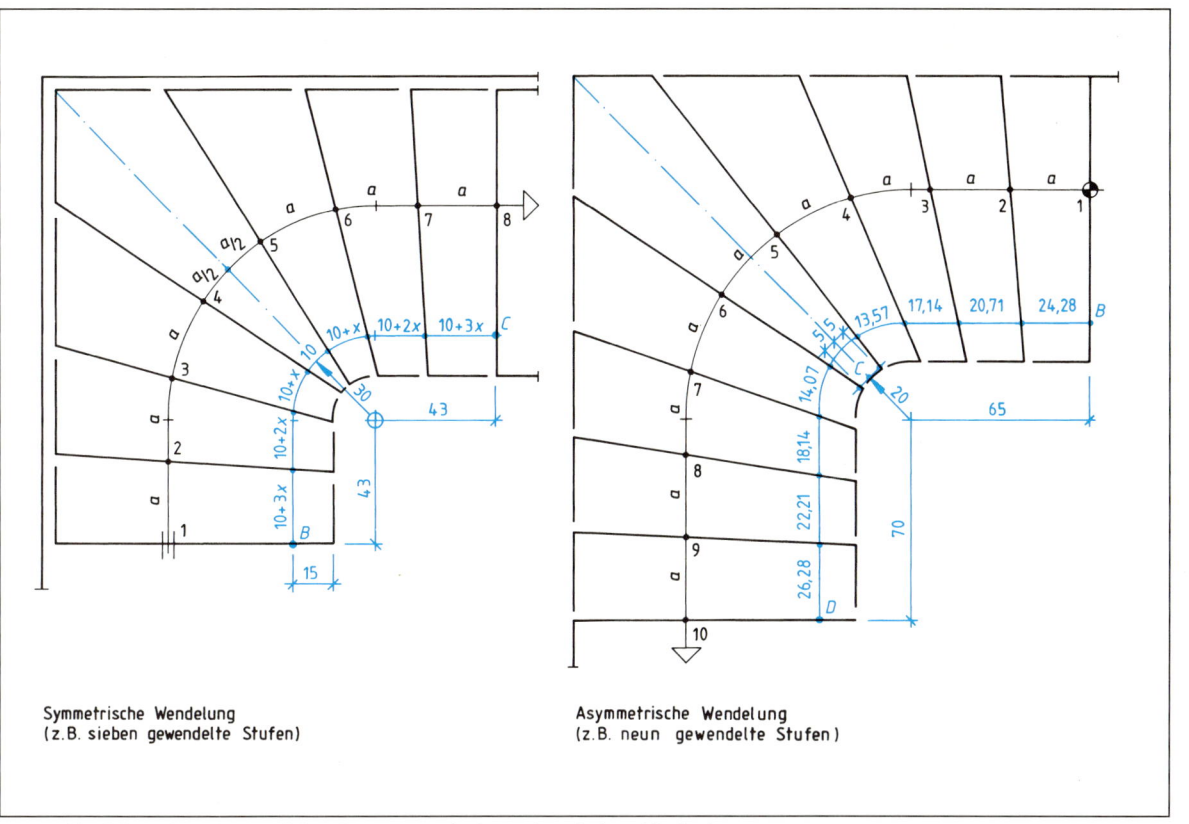

365.1 Verziehen viertelgewendelter Treppen nach der rechnerischen Methode

Die **asymmetrische Wendelung** mit neun Stufen hat zwei unterschiedliche Wendelungslängen:

Strecke $\overline{BC}$ = 65 cm + 40 cm · π/8 = 80,7 cm

5 cm + 4 · 10 cm + 10 · x_1 = 80,7 cm

$x_1 = \dfrac{80{,}7 \text{ cm} - 45 \text{ cm}}{10} = 3{,}57 \text{ cm}$

Stufe 5 (anteilig)	5,00 cm
Stufe 4 = 10 cm + 3,57 cm	= 13,57 cm
Stufe 3 = 10 cm + 2 · 3,57 cm	= 17,14 cm
Stufe 2 = 10 cm + 3 · 3,57 cm	= 20,71 cm
Stufe 1 = 10 cm + 4 · 3,57 cm	= 24,28 cm
Kontrolle: Σ Auftritte =	80,70 cm

Strecke $\overline{CD}$ = 70 cm + 40 cm · π/8 = 85,7 cm

5 cm + 4 · 10 cm + 10 · x_2 = 85,7 cm

$x_2 = \dfrac{85{,}7 \text{ cm} - 45 \text{ cm}}{10} = 4{,}07 \text{ cm}$

Stufe 5 (anteilig)	5,00 cm
Stufe 6 = 10 cm + 4,07 cm	= 14,07 cm
Stufe 7 = 10 cm + 2 · 4,07 cm	= 18,14 cm
Stufe 8 = 10 cm + 3 · 4,07 cm	= 22,21 cm
Stufe 9 = 10 cm + 4 · 4,07 cm	= 26,28 cm
Kontrolle: Σ Auftritte =	85,70 cm

Aufgabe 1: Für die im Antritt viertelgewendelte rechte Treppe (Bild 365.2) sind die Auftrittsmaße an der Innenseite zu berechnen, an der die Eckstufe ein Maß von 12 cm hat. Treppendraufsicht im Maßstab 1:10 auf DIN A4 zeichnen.

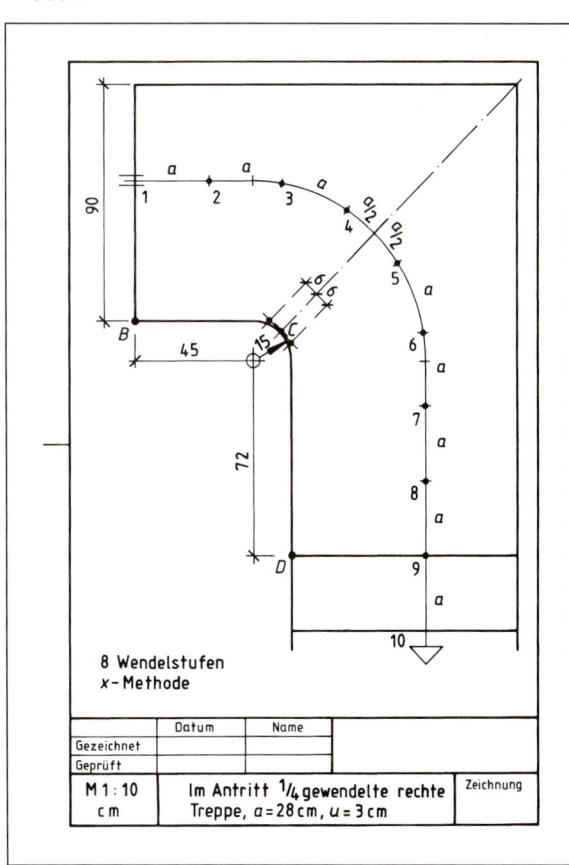

▼ 365.2

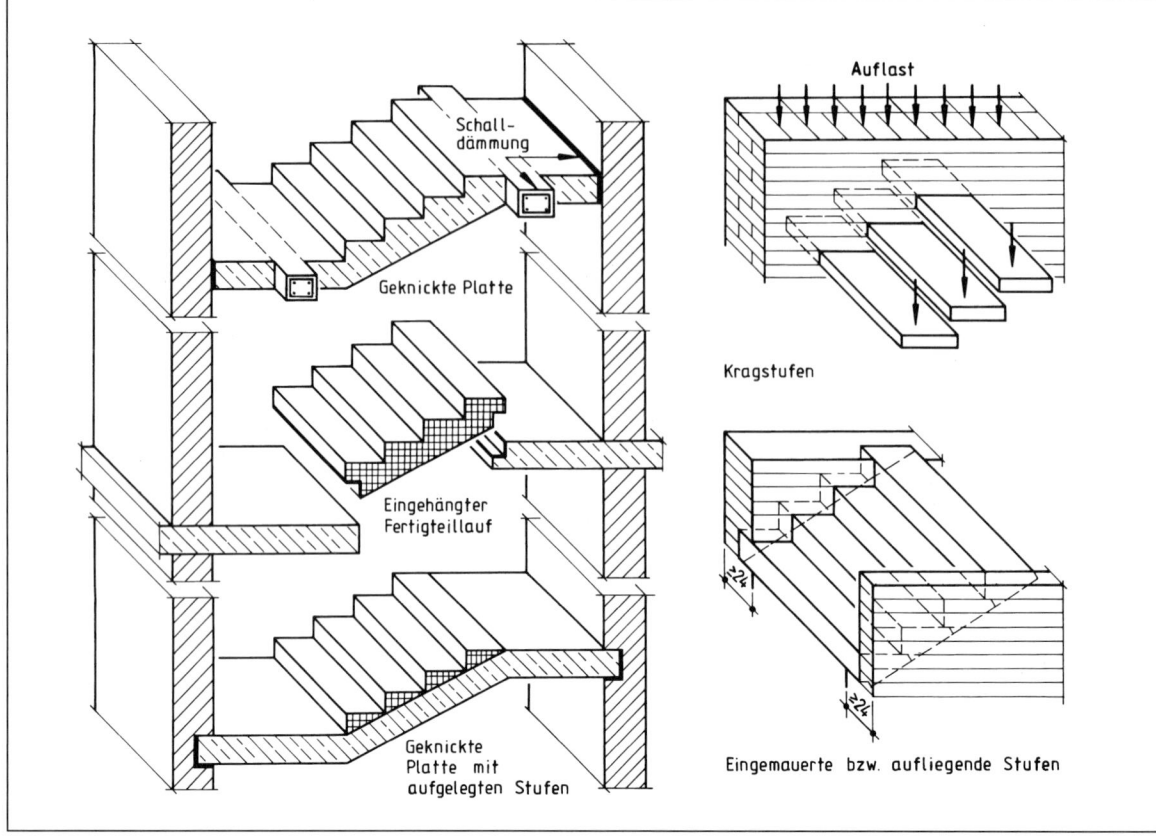

366.1 Stufentragekonstruktionen aus Stahlbeton und Mauerwerk – cm

6 Tragekonstruktionen für Stufen

Treppenstufen müssen durch Konstruktionen unterstützt werden, die die Tragfähigkeit der Treppe gewährleisten sowie herstellungsbedingten und architektonischen Anforderungen genügen. Besondere konstruktive Maßnahmen erfordert die Schalldämmung der Treppe gegenüber anderen Bauteilen:

Abstand zu anderen massiven Bauteilen (Mauern, Stahlbetonplatten), der durch dauerelastisches Material geschlossen werden kann.

Trennfugen zwischen der Massivtreppe und dem umgebenden Mauerwerk sowie massiven Geschossdecken.

Dämmtrennlage in ausreichender Dicke und Festigkeit aus Filz, Schaumstoff oder ähnlichem.

Punktförmige Auflagerung mit zusätzlichen elastischen Lagerplatten.

Tragekonstruktionen sind im Wesentlichen zu gliedern in Tragwerke aus Stahlbeton oder Mauerwerk und in Konstruktionen aus Holz und/oder Metall.

- Tragwerke aus Stahlbeton bestehen entweder aus Ortbeton und/oder aus Betonfertigteilen. Auf die Rohkonstruktion werden in der Regel Fertigstufen gelegt. In Bild 366.1 sind einige häufig angewendete Betonausführungen zusammengestellt.
- Tragteile aus Mauerwerk, die gegründet sein müssen, nehmen häufig massive Dreieckstufen auf, die $\geq 11{,}5$ cm ein- oder untermauert werden. Ihre Auflager als Endauflager müssen jedoch mindestens ein Stein dick sein.
- Hölzerne Stufen (Bild 367.1) werden von schräg verlaufenden Wangen (Holmen) getragen, in die die Stufen bis 20 mm tief eingelassen werden (eingefräste Nuten) oder auf denen sie in voller Wangenbreite lagern. Es ist möglich, bei einer Treppenanlage unterschiedliche Wangenarten zu kombinieren, z. B. eine halbgestemmte Wandwange und eine Sattelwange als Freiwange. Mittig liegende einzelne Treppenholme, häufig mit aufgeleimten Keilen, sind statisch nachzuweisen; als Anhalt dient das Maß Wangenhöhe $\approx$ Wangenlänge/20; die Treppenholmbreite richtet sich nach der erforderlichen Stufenauflagerbreite.

Die Wangen und die Trittstufen sind 40 bis 60 mm dick, die Setzstufen 20 mm zu wählen. Die Wangenhöhe richtet sich nach der Treppenkonstruktion und Treppenneigung, dem Auftrittsmaß sowie dem Untertrittsmaß und eventuell erforderlichen Besteckmaßen.

Als unterer oder oberer Besteck (Besteckmaß, Vorholz) wird der rechtwinklig zum Verlauf der Wangenkanten übliche Abstand von 40 bis 60 mm zu den Stufeneinfräsungsecken bezeichnet. Das sorgfältige Abtragen dieser Maße ist vor allem bei geschwungenen Wangen unerlässlich. Bei viertel- und halbgewendelten Holztreppen werden die Außenwangen an den Wänden befestigt, während die Freiwangen häufig zusätzlich gegen ein Absacken gesichert werden müssen. Im Bild 367.2 sind einige übliche Möglichkeiten der Ausführung des Wangenstoßes zusammengestellt. Unterstützungen wie ein Pfosten oder ein Krümmling können gleichzeitig den Handlauf oder ein Geländer tragen. Ähnlich den Eckpfosten sind Antritts- und Austrittspfosten zur Aufnahme der Handläufe vorzusehen.

In Bild 367.3 sind Beispiele für An- und Austrittskonstruktionen von Holztreppen zusammengestellt.

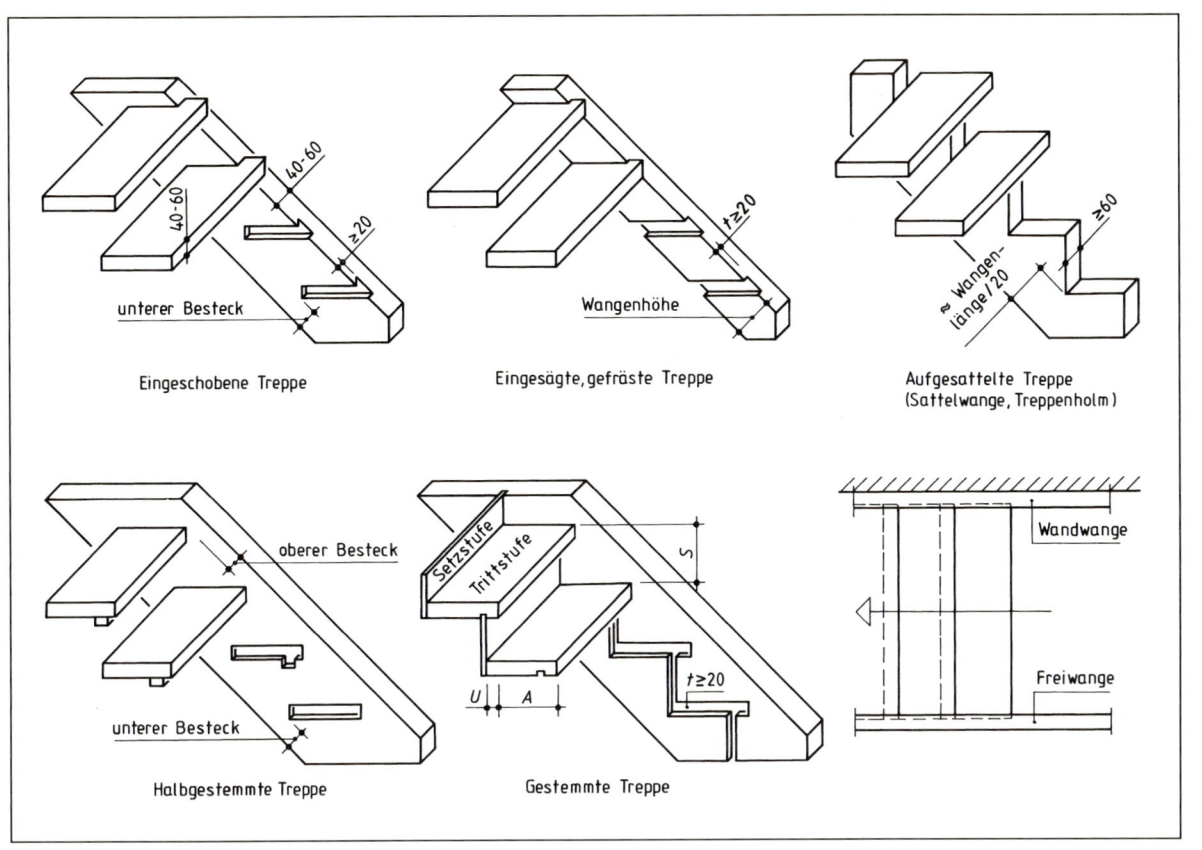

Treppenbau

367.1 Holztreppenkonstruktionen – mm

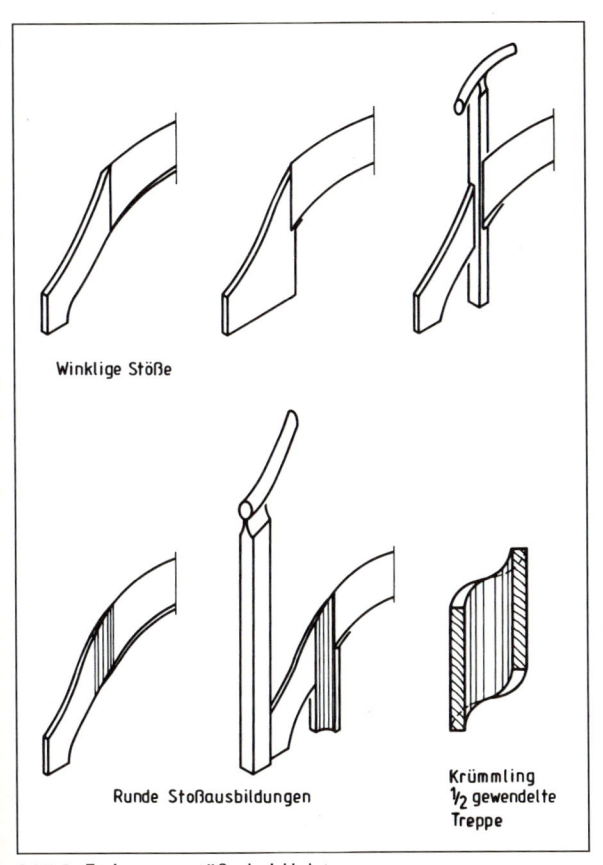

- Eingeschobene Treppe (unterer Besteck, 40-60, ≥20)
- Eingesägte, gefräste Treppe (Wangenhöhe, t≥20)
- Aufgesattelte Treppe (Sattelwange, Treppenholm) (≈ Wangenlänge/20, ≥60)
- Halbgestemmte Treppe (oberer Besteck, unterer Besteck)
- Gestemmte Treppe (Setzstufe, Trittstufe, S, U, A, t≥20)
- Wandwange, Freiwange

367.2 Freiwangenstöße bei Holztreppen
- Winklige Stöße
- Runde Stoßausbildungen
- Krümmling ½ gewendelte Treppe

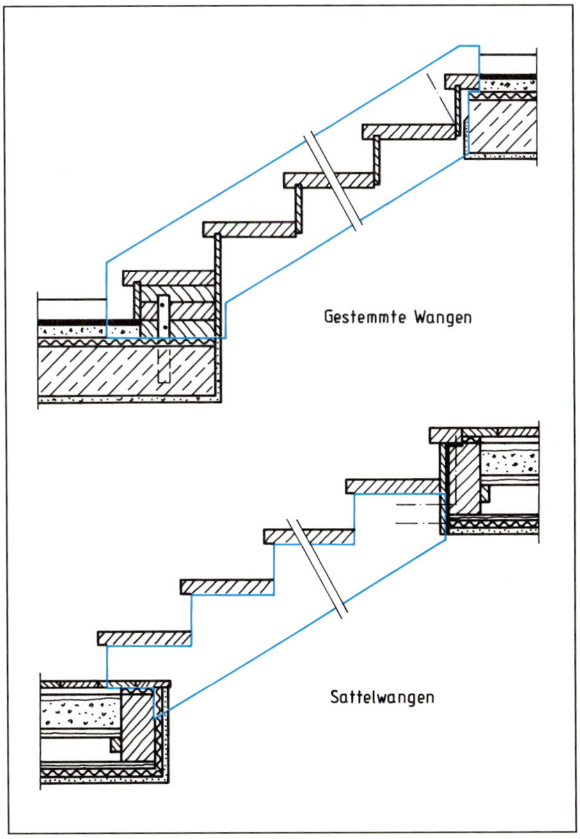

367.3 An- und Austrittsbeispiele
- Gestemmte Wangen
- Sattelwangen

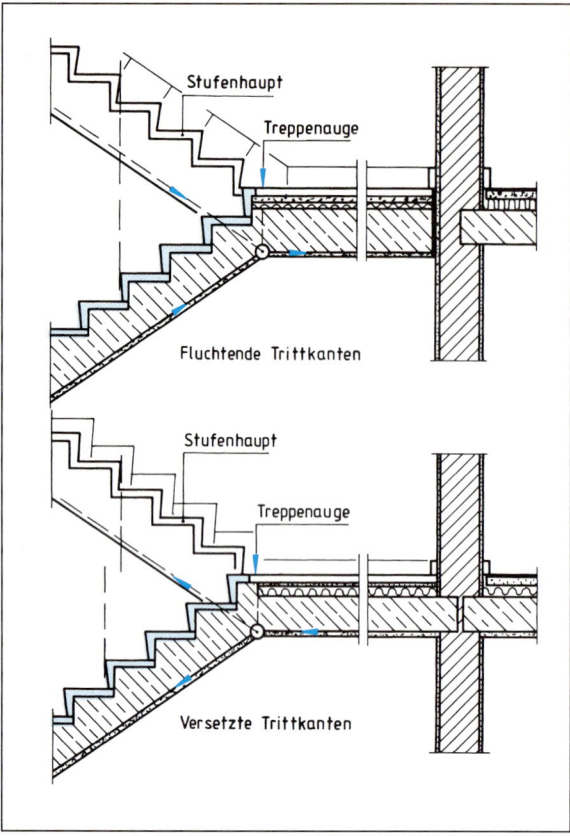

7 Darstellung von Treppenanlagen

Bei der Planung geradläufiger Massivtreppen mit Halbpodest ist es unter anderem wichtig, dass die beiden Lauf- und die Podestunterseiten in einer Linie zusammentreffen, damit sich das Treppenauge gut einfügt und die Podestunterseite ein in sich geschlossenes Rechteck bildet.

Im Bild 368.1 sind zwei Möglichkeiten wiedergegeben, die die oben genannte Forderung erfüllen.

Sollen die Trittkanten der Treppenläufe in der Draufsicht fluchten, bei gleicher Steigungsanzahl je Treppenlauf bevorzugt, bestimmt die Schnittlinie der Laufunterseiten die Podestunterseitenhöhenlage: Die erforderliche Podestrohdicke wird dadurch häufig überschritten. Liegt die Podestunterseiten-Höhe fest, beginnen die Laufunterseiten von ihr aus: Die Trittkanten verlaufen gegeneinander versetzt, was bei unterschiedlicher Steigungsanzahl je Lauf unter Umständen erwünscht ist.

Im Bild 368.2 ist die zeichnerische Entwicklung einer Treppenanlage mit fluchtenden Trittkanten wiedergegeben:

Die Breitenlage wird nach den einschlägigen Vorschriften in einem ausreichend großen Treppenraum im Grundriss fixiert.

Die Höhenlagen beziehen sich auf die Fertigoberkanten der Geschoss-, Podest- und Stufenflächen. Dabei ist darauf zu achten, dass die Stufenmaße (S/A) innerhalb einer Treppenanlage vom Keller bis zum Dach konstant sind.

Die Treppenläufe werden durch die Darstellung der Stufen, Laufunterseiten und Podeste in Draufsicht und Schnitt dargestellt.

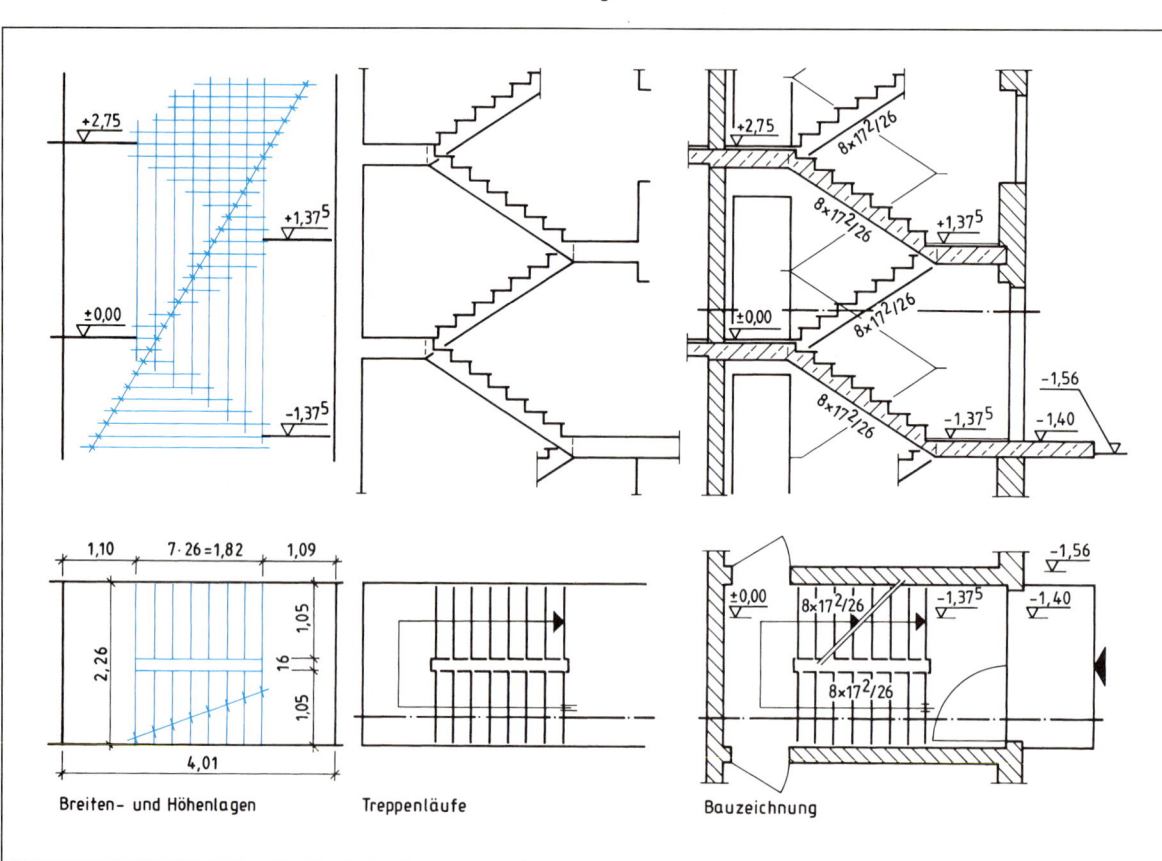

368.1 Lauf- und Podest-Unterseiten

368.2 Zeichnerische Entwicklung einer Treppenanlage – m, cm

Treppenbau

Im Bild 369.1 sind die vier Wangenteile einer halbgestemmten viertelgewendelten Treppe ausgetragen (abgewickelt): Nach dem Zeichnen der Draufsicht mit den Wangen, Tritt- und Untertrittkanten werden die Stufenober- und Unterflächen in den Aufrissen dargestellt und die Vorder- und Hinter-Trittkanten projiziert.

In der Detailzeichnung ist das Abtragen der Besteckmaße am Beispiel einiger Stufen erklärt: Durch die obere und die untere Stufenkantenecke verlaufen gedachte Kurven, die um das Besteckmaß nach oben bzw. nach unten verschoben werden und so die endgültigen Wangenschwünge ergeben.

Dafür müssen Parallelen in gleichem Abstand, z.B. 40 mm, zu den verlängerten Stufenflächen-Begrenzungen gezeichnet werden. Es entstehen kleine Quadrate, deren Diagonalen rechtwinklig zum Wangenschwung stehen und das Besteckmaß ergeben

$40 \text{ mm} \cdot \sqrt{2} \approx 57 \text{ mm}$.

Der Handlauf verläuft mit seiner Oberkante in senkrechtem Abstand von vorzugsweise 90 cm über den Trittkanten.

Im Bild 369.2 ist die Austragung einer halbgewendelten (Stahlbeton-)Massivtreppe als Systemzeichnung wiedergegeben, deren Unterseitenschwünge durch ein unteres Besteckmaß wie bei gewendelten Holztreppenwangen bestimmt werden.

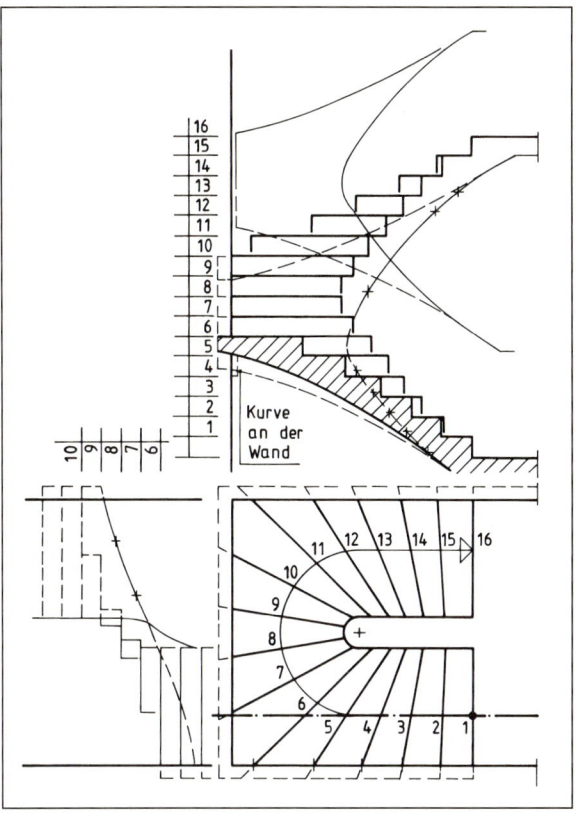

369.2 Austragung einer halbgewendelten Massivtreppe

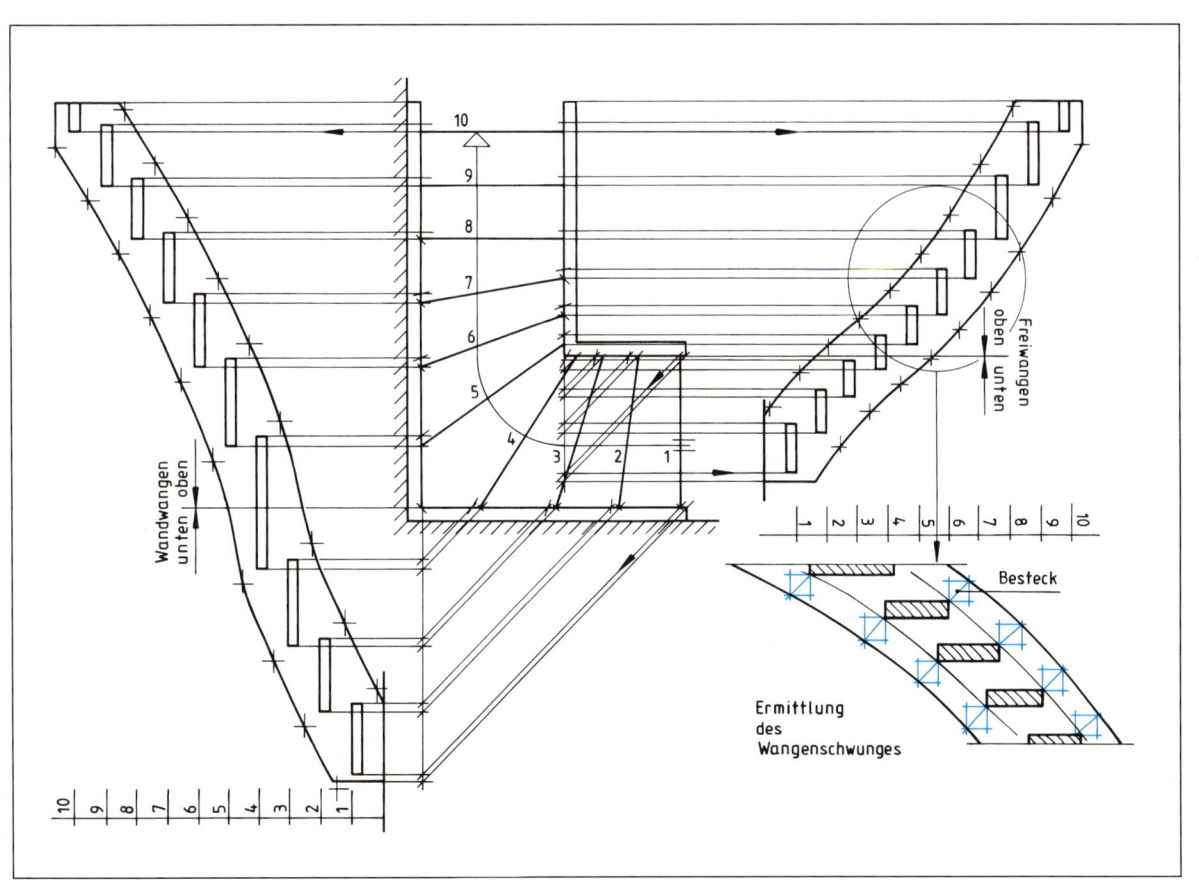

369.1 Austragen von Holzwangen gewendelter Treppen

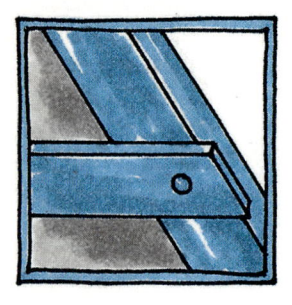

Zimmerarbeiten und Ingenieurholzbau

Zu den Zimmerarbeiten gehört vor allem die Ausführung von standsicheren hölzernen Gebäudeteilen wie Holzbalkenlagen, Holzfachwerken und Dächern, aber auch einigen Ausbauarbeiten, z. B. Holzfußböden, hölzernen Trennwänden und einfachen Holztüren.

Regionale Unterschiede im Holzbau sind u.a. auf die historische Entwicklung der Bebauung, das Holzvorkommen, die klimatischen und geologischen Gegebenheiten sowie die Lebensgewohnheiten der Hausbenutzer zurückzuführen.

1 Bauholz

Vom Zimmerer werden vorzugsweise einheimische Hölzer verarbeitet.

Nadelhölzer NH (Weichhölzer):
- **Fichte FI** ist ein Bauholz, das sowohl für Roh- als auch für Ausbauarbeiten Verwendung findet, soweit es vor dem häufigen Wechsel von Nässe und Trockenheit geschützt wird. Die Fichte ist hellfarbig, langfaserig und biegefest.
- **Tanne TA** (Weißtanne) ist sehr hell, elastischer und weicher als die Fichte, jedoch wenig witterungsfest. Die Tanne ist gegenüber Chemikalien besonders beständig.
- **Kiefer KI** (Föhre) ist aufgrund ihres Harzgehaltes für Außenarbeiten im Hoch-, Brücken- und Wasserbau geeignet.
- **Lärche LA** ist gegenüber den genannten Nadelhölzern elastischer, fester und gegen Holzkrankheiten unempfindlicher, sie ist gelbrötlich. Die Lärche ist ein hervorragendes Bau-, Konstruktions- und Ausbauholz.
- **Douglasie DG** hat gute Festigkeits- und Elastizitätseigenschaften. Das gelbrotbraune Holz wird im Außen-, Innen- und Ausstattungsbau verarbeitet.

Laubhölzer LH (vorwiegend Harthölzer) finden im konstruktiven Hochbau seltener Anwendung:
- **Eiche EI** ist in nahezu allen Fällen bis hin zum Wasserbau einsetzbar.
- **Buche BU** (Rotbuche) hat etwa die gleiche Härte wie Eiche, sie neigt allerdings zu Verwerfungen sowie zur Rissebildung und ist ohne zusätzliche chemische Behandlung vor allem im Außenbereich nicht einsetzbar, weil sie gegen Witterungseinflüsse sehr anfällig ist.

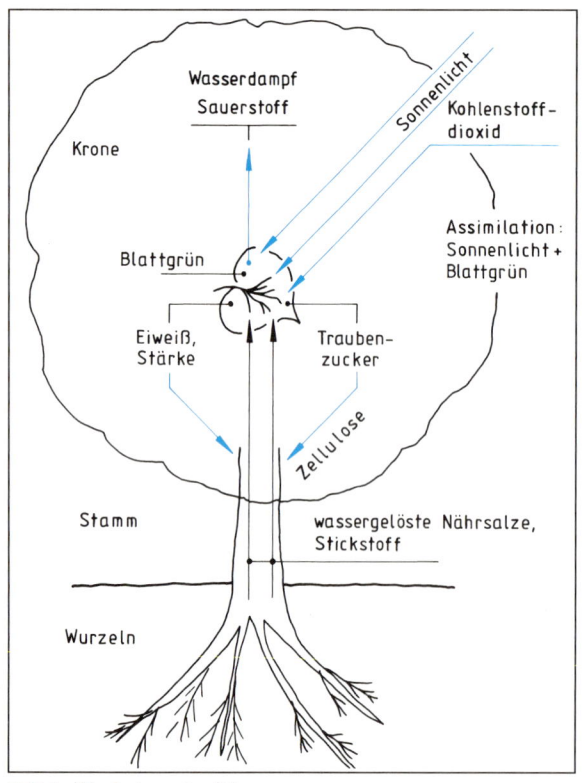

370.1 Wachstum der Bäume

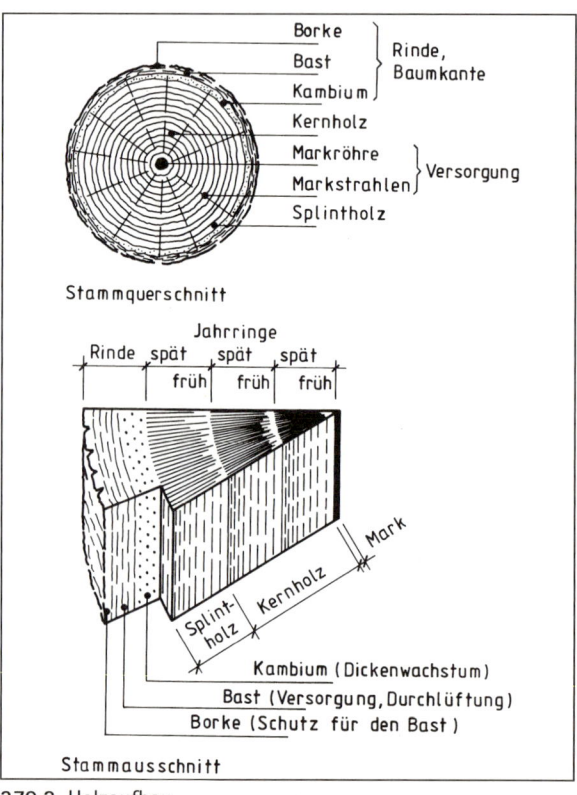

370.2 Holzaufbau

1.1 Wachstum der Bäume

Die Wurzeln dienen der Verankerung des Baumes im Erdreich und der Aufnahme von wassergelösten Nährsalzen wie z.B. Stickstoff, Phosphor, Kalium und Spurenelementen wie Schwefel, Magnesium u. a. Die Nährsalze werden vor allem durch Sonnenenergie und Kohlendioxid in die Nährstoffe Eiweiß, Stärke, Zellulose und Traubenzucker umgewandelt, jedoch auch in Farbstoffe, Harze, Öle und Gerbstoffe. In dem Bild 370.1 ist das Prinzip des Wachstums eines Baumes wiedergegeben.

Der Stamm wird in seinem unteren Teil als Stammende, in seinem oberen Teil als Zopfende bezeichnet. In eingebautem Zustand sollten geneigt oder senkrecht verlaufende Hölzer entsprechend ihrem Wuchs mit dem Zopfende nach oben hin zeigen.

Die Krone ist biologisch gesehen der wichtigste Teil des Baumes, in ihr vollzieht sich u.a. die chemische Umsetzung der Nährsalze für das Wachstum des Baumes.

Unterschiedliche Zellen, die durch Zellteilung entstehen bilden den Holzteil des Baumes.

In dem Bild 370.2 sind ein Stammquerschnitt und ein Stammausschnitt dargestellt, die das Dickenwachstum des Holzes verdeutlichen. In Zonen mit gemäßigtem Klima erfolgt etwa von April bis August im Bereich des Kambiums der Dickenzuwachs. Das im feuchteren Frühjahr ansetzende Frühholz wächst schneller und ist grobporiger als das im trockeneren Sommer gewachsene dunklere Spätholz.

Ein Jahrring besteht stets aus Früh- und aus Spätholz. Das Wachstum der Bäume endet im Spätsommer. Unterschiedliche Jahrringausbildungen lassen Rückschlüsse auf die Witterung der Jahre zu, in denen das Holz gewachsen ist.

Tropische Hölzer aus Regionen mit ununterbrochener Vegetationszeit haben wegen ihres dauernden Wachstums keine Jahrringe; das Strukturbild derartiger Hölzer entsteht durch Ablagerungen im Holz.

Im Bild 371.1 sind die üblichen Schnittführungen dargestellt, die zu besonderen Erscheinungsbildern hinsichtlich der Holzmaserung führen. Unterschiedliche Hirnschnitte sind mit bloßem Auge zu erkennen (Bild 371.2):

Splintholzbäume sind im gesamten Querschnitt in Bezug auf Färbung, Feuchtigkeit und Festigkeit annähernd gleich (Weißbuche, Birke, Ahorn).

Reifholzbäume sind in ihrem Kern- und Splintholz farblich kaum zu unterscheiden, jedoch ist das ältere innen liegende Reifholz etwas härter und trockener als das äußere Splintholz, das sich allerdings ebenso gut verarbeiten lässt wie das Kernholz (Fichte, Tanne, Rotbuche).

Kernholzbäume haben einen stärker verholzten, trockenen festen und dunklen Kern, jedoch ein helles, grobporiges Splintholz. Die Verkernung wird durch die Einlagerung von Harzen, Fett-, Farb- oder Gerbstoffen deutlich. Von Kiefern darf Kern- und Splintholz gleichermaßen, von Eichen lediglich das Kernholz verarbeitet werden. Zu den Kernholzbäumen zählt auch die Lärche.

Kernreifholzbäume, z. B. Ulme (Rüster), haben in ihrem Querschnitt drei unterschiedlich gefärbte Bereiche: Kernholz (dunkel), Reifholz (mittel), Splintholz (hell).

Die Holzfeuchte setzt sich als tropfbares Wasser in den Zellhohlräumen und als gebundenes Wasser in den Wandungen der Zellen ab; überschüssiges Wasser verdunstet über die Baumkrone. Die Holzfeuchte wird prozentual auf den reinen Holzanteil (Darrmasse mit 0% Holzfeuchte) bezogen (Tab 371.3).

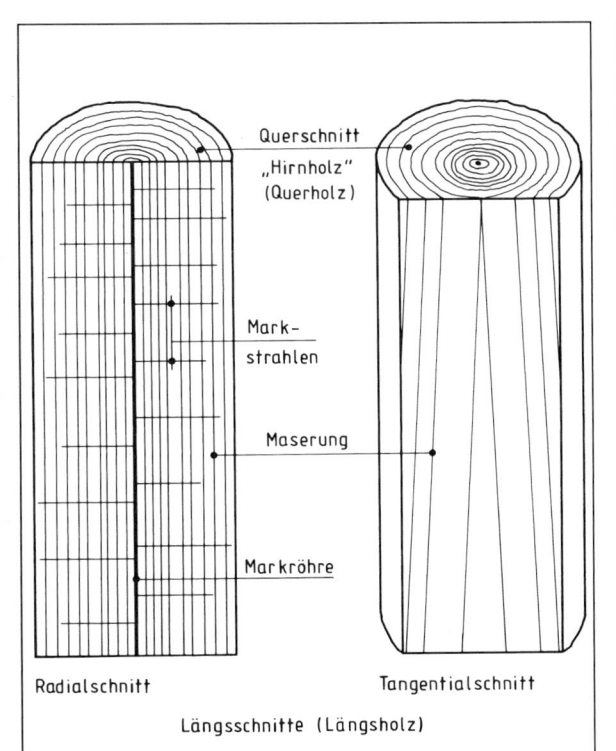

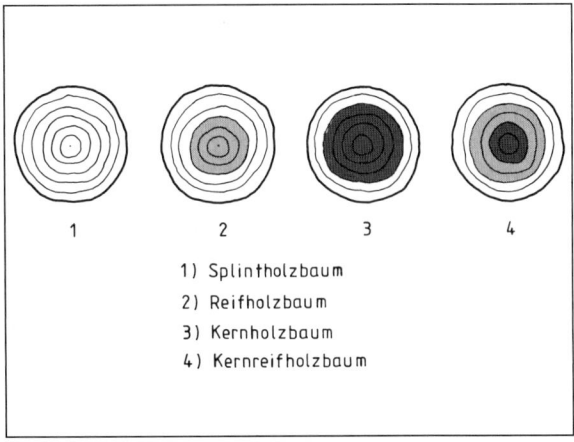

371.1 Schnittführungen

371.2 Farblich unterschiedliche Hirnschnitte

1) Splintholzbaum
2) Reifholzbaum
3) Kernholzbaum
4) Kernreifholzbaum

Beschaffenheit	Holzfeuchte bei Querschnittsgrößen	
	$\leq 200\,cm^2$	$> 200\,cm^2$
frisch	$> 30\%$[1]	$> 35\%$
halbtrocken	$> 20\% \leq 30\%$	$\leq 35\%$
trocken	$\leq 20\%$[2]	

[1] Fasersättigungsprodukt
[2] lediglich durch technische (Kammer-)Trocknung zu erreichen

371.3 Mittlere Holzfeuchte, bezogen auf die Darrmasse

Zimmerarbeiten und Ingenieurholzbau

Die Trocknung der Hölzer für später verdeckte Zimmerkonstruktionen kann auf einem Holzlagerplatz durch Luftlagerung erreicht werden, d. h. das Schnittholz wird so lange vor Regen, Schnee und Sonne geschützt dem Wind ausgesetzt gelagert, bis es etwa halbtrocken ist; man kann davon ausgehen, dass das Holz dabei innerhalb eines Jahres allseitig um etwa einen cm Tiefe trocknet. Sichtbar bleibende Hölzer, die ohnehin vorwiegend gehobelt werden, müssen vor ihrer Bearbeitung in Trockenkammern auf den gewünschten Feuchtegehalt technisch getrocknet werden. Das Schwinden des Holzes erfolgt in Längs-, Radial- und Tangentialrichtung unterschiedlich stark (Bild 372.1). Die angegebenen Werte gelten für das Schwinden von grünem Holz bis zum Darrzustand.

Das Werfen des Holzes ist auf die Trocknung unterschiedlich feuchter Holzteile und verschieden großer Zellen bzw. Zellwanddicken zurückzuführen. Es können Verdrehungen oder Schüsselungen auftreten, bei denen sich die ursprünglich feuchteren Seiten des Schnittholzes deutlicher verformen als die trockeneren, stärker verholzten Seiten (Bild 372.3).

Bei der Herstellung von Vollholzplatten werden Einzelhölzer geschwenkt, Splint an Splint und Kern an Kern, miteinander verleimt, um Schwind- und Verwerfungsspannungen aufzuheben (Bild 372.4).

1.2 Vollholz

- Rohhölzer (Rundhölzer) sind geschälte Stämme, die für den Tiefbau vorgesehen sind bzw. im Säge- oder Furnierwerk weiterverarbeitet werden.
- Nadelschnittholz (NSH) wird aus Rohholz auf Gattersägen eingeschnitten und im Handel als ungehobeltes Vollholz (VH) oder Konstruktionsholz (KH) auf Vorrat gehalten, es wird nach dem Herkunftsland europäisch, nordisch (Schweden, Norwegen, Finnland, russische Seeware) und überseeisch unterschieden.

Durch Hobeln gehen pro Holzseite ca. 3 mm verloren. In dem Bild 373.2 sind die Bezeichnungen und Querschnittsgrenzmaße für Nadelschnitthölzer zusammengestellt.

Die Vorzugsgrößen von Nadelschnittholz (Bild 373.3) werden für sägerauen Zustand angegeben. Die Lastannahme beträgt 6 kN/m³ (halbtrocken).

In dem Bild 373.1 sind Bezeichnungen für Schnitthölzer aufgeführt.
Nadelholzbäume werden je nach Dicke und Astansammlung für unterschiedliche Schnittholzarten genutzt (Bild 373.2).

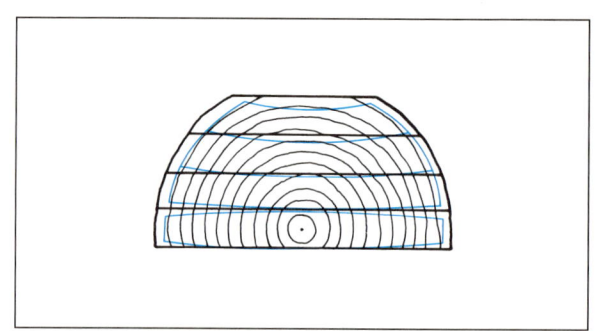

372.1 Schwinden von Nadelholz

372.3 Werfen von Nadelschnittholz

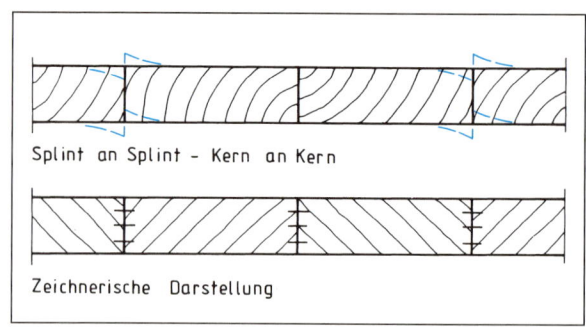

372.4 Vollholzplatten

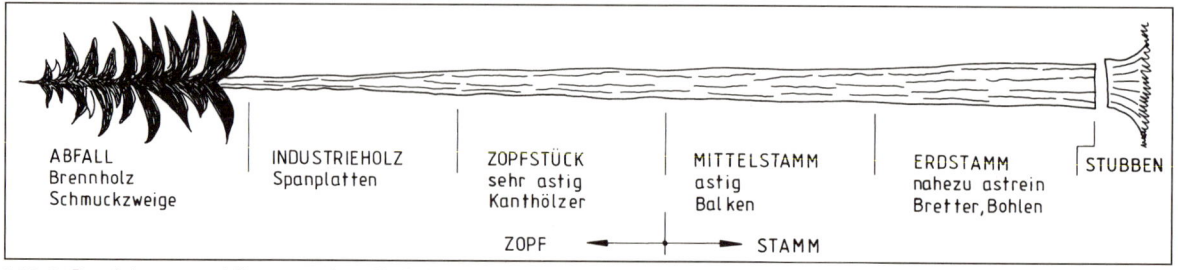

372.2 Bezeichnung und Nutzung eines Nadelbaums

Zimmerarbeiten und Ingenieurholzbau 373

Die Gütesortierung von Rohholz (Nadel- und Laubholz) erfolgt nach den Güteklassen
A – gesundes Holz
B – Holz mit normaler Güte
C – gewerblich verwendbares Holz
D – nicht unter A, B oder C einzuordnendes Holz
Die Güteklassen gelten ebenfalls für die Beurteilung von Hartholzfertigprodukten (z.B. Dübeln).
Die Tragfähigkeit von Nadelschnittholz wird in vier Klassen unterteilt (Tab. 373.4). Die Sortierklasse (zulässige Druckspannung in N/mm²) kann visuell (S) oder maschinell (MS) bestimmt werden.

Die Tragfähigkeit der Nadelschnitthölzer ist von unterschiedlichen Faktoren abhängig: z. B. von Schnittklassen (Bild 373.1), Astgrößen, Jahrringbreiten, Faserneigungen, Rissen, Verfärbungen, Wachstumsfehlern, Insektenfraß, Krümmungen.
Im Bild 373.5 sind die Schnitt- und die Sortierklassen einander gegenübergestellt sowie die zulässigen Baumkantenmaße angegeben.

Bezeichnungen für einen fehlkantigen Balken mit üblicher Tragfähigkeit, Breite 14 cm, Höhe 20 cm, aus Fichte:
14/20 S 10-Fi.

Bezeichnung	Dicke d bzw. Höhe h mm	Breite b mm
Latten	≤ 40	< 80
Bretter[1]	≤ 40	≥ 80
Bohlen[1]	> 40	$> 3d$
Kanthölzer und Balken[2]	$b \leq h \leq 3b$	> 40

[1] Vorwiegend hochkant beanspruchte Bretter und Bohlen sind wie Kanthölzer und Balken zu sortieren.
[2] Größte Querschnittsseite ≥ 20 cm.

373.2 Querschnitts-Grenzmaße für Nadelschnittholz

Nadelschnittholz	Abmessungen
Latten (mm)	24/48 30/50 38/58 40/60
Brettdicken (mm)	16 18 22 24 28 38
Bohlendicken (mm)	44 48 50 63 70 75
Bohlen- und Brettbreiten (mm)	75 80 100 115 120 125 140 150 160 175 180 200 220 225 240 250
Kanthölzer (cm/cm)	6/8 6/10 6/12 6/14 8/16 8/18 8/8 8/10 8/12 8/14 10/16 10/18 10/10 10/12 10/14 12/16 14/18 12/12 12/14 14/16 18/18 14/14 16/16
Balken (cm/cm)	8/20 10/22 12/24 12/26 10/20 16/22 16/24 20/26 12/20 18/22 18/24 14/20 20/24 16/20 20/20

373.3 Vorzugsgrößen von sägerauen (nordischen) Nadelschnitthölzern

Tragfähigkeit	Sortierklasse (neu)
gering	S (MS) 7
üblich	S (MS) 10
überdurchschnittlich	S (MS) 13
besonders hoch	MS 17

373.4 Bezeichnungen der Tragfähigkeit von Nadelschnitthölzern

Schnittklassen (alt)	Sortierklassen (neu)	Merkmale	
		Breite der Baumkante	Restquerschnittsbreite und -höhe
S scharfkantig		ohne Baumkanten	
A vollkantig	S (MS) 13 und MS 17	$\leq 1/8 h$	$\geq 2/3 b$ $\geq 2/3 h$
B fehlkantig	S (MS) 10	$\leq 1/3 h$	$\geq 1/3 b$ $\geq 1/3 h$
C sägegestreift	S (MS) 7	nicht festgelegt	

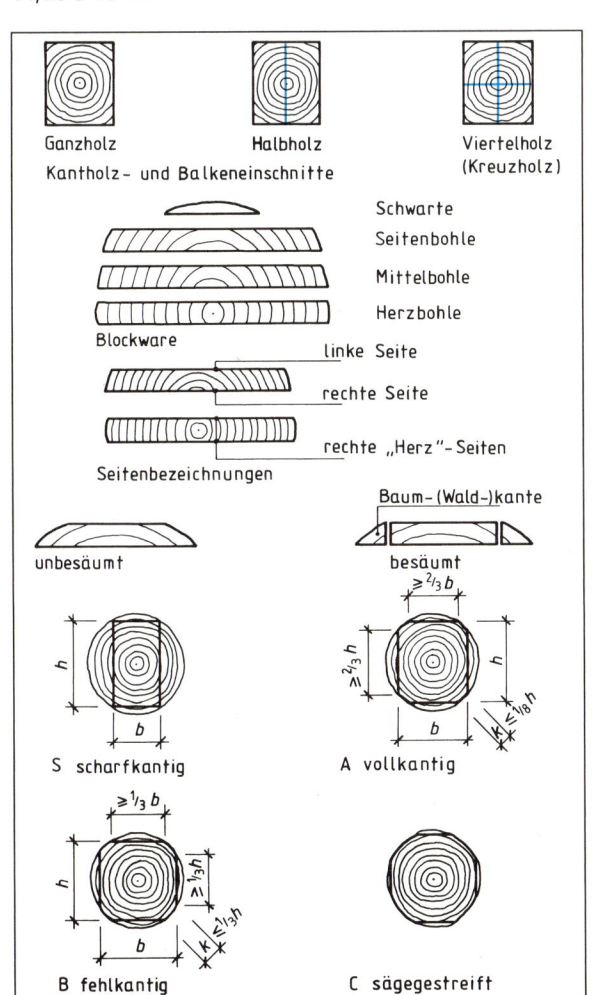

373.1 Bezeichnungen für Schnittholz, Schnittklassen

373.5 Schnitt- und Sortierklassen, zulässige Baumkantenmaße

Höhe cm \ Breite cm	6	8	10	12	14	16	20
10			■				
12	■	■	■	■			
14					■		
16	■	■	■	■	■	■	
20		■	■	■	■	■	■
24		■		■		■	
28				■	■	■	
32				■	■	■	
36					■	■	■
40						■	■

374.1 Standardquerschnitte für Brettschichtholz in Sichtqualität BS 11

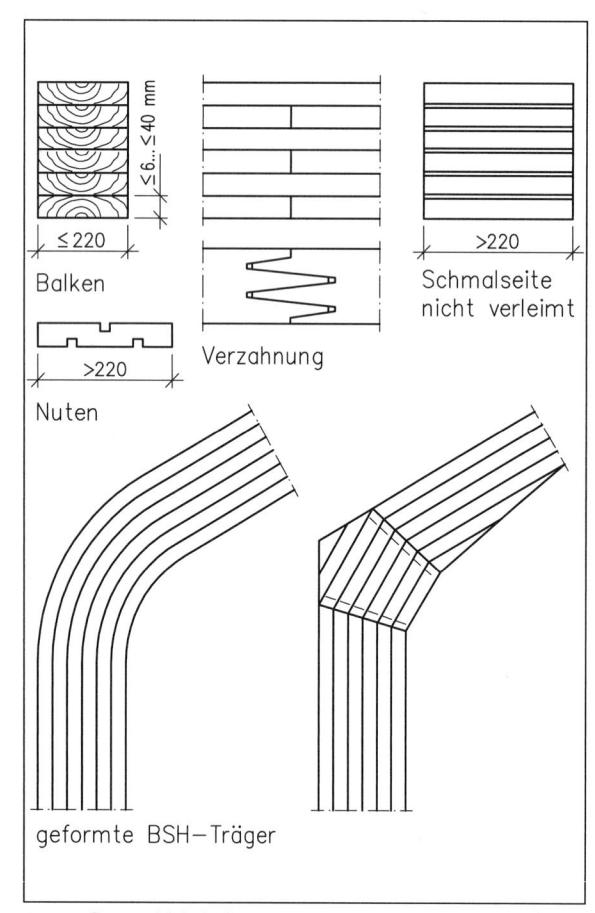

374.2 Brettschichtholz

1.3 Brettschichthölzer

Kanthölzer und Balken als Vollhölzer können durch Brettschichthölzer (BSH), auch Leimschichtholz (LSH) genannt, ersetzt werden (Bild 374.2) Allseitig gehobelte Fichtenbretter werden im Pressbett für Innenbauteile mit Harnstoffharzleim (helle Leimfuge) oder für Außenbauteile mit Resorcinharzleim (dunkle Leimfuge) miteinander verbunden. Nach dem Verleimen werden die Brettschichthölzer gehobelt, *gefast* und abgelängt. Die Mindestdicke der Bretter beträgt 6 mm, die maximale Dicke 40 mm (Bild 374.2). Die Holzfeuchte der einzelnen Bretter soll 12 % nicht überschreiten.

Um Spannungen innerhalb der zusammengesetzten Querschnitte so gering wie möglich zu halten, werden jeweils eine rechte und eine linke Holzseite miteinander verleimt. Als äußere Fläche soll jedoch eine rechte Holzseite liegen. In Brettbreiten von mehr als 220 mm werden beidseitig Entlastungsnuten gefräst. Holzbreiten von mehr als 220 mm sind aus mehreren Brettern mit nicht verleimten Schmalseiten zu bilden. Dabei soll das Übergreifungsmaß der einzelnen Schichten mindestens 25 mm betragen. Brettschichthölzer können in jeder gewünschten Länge durch Keilverzinkung der Bretter hergestellt werden.

Gekrümmte, geknickte oder sich verjüngende Brettschichthölzer können der Bauform oder dem Kraftverlauf angepasst werden. Brettschichthölzer sind besonders formstabil und weitgehend rissfrei. Je nach Mindestabmessungen werden Brettschichthölzer den Feuerwiderstandsklassen F30 oder F60 zugeordnet. Wegen der geforderten niedrigen Holzfeuchte kann auf einen chemischen Holzschutz gegen Pilzbefall verzichtet werden.

Brettschichthölzer sind lieferbar in den Sortierklassen
BS 11, BS 14, BS 16 und BS 18.
Die Oberflächen von BS-Hölzern werden unterschieden nach **Industriequalität** – ohne besondere Anforderungen.
Sichtqualität – Ausfalläste über 20 mm Durchmesser sind ersetzt, fest verwachsene Äste sowie farbliche Differenzen sind bis zu 10 % der Oberflächen zulässig.
Auslesequalität – Oberflächen sind frei von Bläue und Roststreifigkeit, fest verwachsene oder ersetzte Ausfalläste sind zulässig.

1.4 Duo- und Triobalken

Für Innenräume und für überdachte Außenbereiche ohne direkte Bewitterung ist die Verwendung von miteinander verklebten, gehobelten und *gefasten* Fichtevollhölzern zulässig. Die Holzfeuchte soll < 15 % betragen, wodurch eine hohe Formstabilität erreicht wird und eine geringe Anfälligkeit zur Rissbildung besteht. Duo- und Triobalken werden so miteinander verklebt, dass stets rechte Holzseiten außen liegen, weil sie weniger zur Rissbildungg neigen als linke Seiten. Ein chemischer Holzschutz gegen Pilzbefall kann unterbleiben.

In Bild 375.1 sind Duo- und Triobalken mit ihren höchsten Einzelquerschnittsmaßen dargestellt. Die Hölzer werden durch Keilzinkung in Längen bis zu 18,00 m hergestellt. Die Biegefestigkeit von miteinander verklebten Hölzern entspricht normalerweise der
Sortierklasse S 10,
auf Anfrage auch S 13. Die Bilder 375.2 und 375.3 geben die Vorzugsquerschnitte für Duo- und Triohölzer wieder. Auf Bestellung sind auch andere Querschnitte, außer den mit X gekennzeichneten, erhältlich.

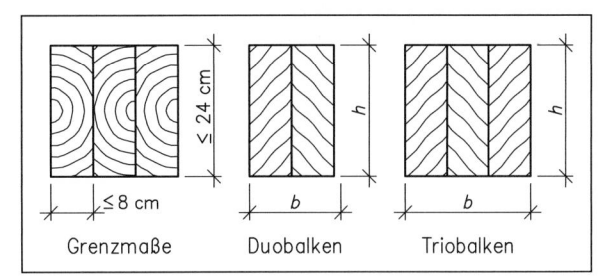

375.1 Duo- und Triobalken

1.5 Hobeldielen

Für großflächige Boden- und Wandbeläge werden gespundete Bretter nach Bild 375.4 verarbeitet. Sog. Rauspund ist an seiner Unterseite lediglich angehobelt, er findet als Blindboden, Dachschalung o. Ä. Verwendung. Hobeldielen werden aus heimischer Fichte oder Kiefer angefertigt. Neben nordischen Hölzern werden für repräsentative Zwecke auch amerikanische Kieferarten (z.B. Pitchpine) verarbeitet. Bei Bestellungen von Hobeldielen ist zu bedenken, dass das Deckmaß gleich dem Profilmaß minus Federbreite ist.

Breite cm \ Höhe cm	10	12	14	16	18	20	22	24
8				■	■	■	■	■
10	■			■	■	■	■	■
12		■		■	■	■	■	■
14			■		■	■	X	X
16				■		X	X	X

375.2 Vorzugsquerschnitte Duo-Balken (X nicht zulässig)

1.6 Parkett

Unter Parkett versteht man hölzerne oder Kunststoff-Elemente, die als Fußbodenbeläge Verwendung finden. Die Einzelelemente werden auf einer tragenden Unterkonstruktion (Beton oder hölzerner Blindboden) verlegt.
Massive **Parkettstäbe** und **Parkettriemen** werden geklebt, selten genagelt, und geschliffen. Als Verlegemuster werden Fischgrät, Schiffboden, Römischer Verband, Würfel- und Flechtmuster unterschieden.
Tafelparkett und **Mosaikparkett** sind fertige massive 6 mm dicke Verlegeeinheiten, die verklebt werden und entweder noch geschliffen werden müssen oder bereits endbehandelt sind.
Fertigparkett besteht aus einer etwa 4 mm dicken, endbehandelten hölzernen Laufschicht auf einer Holzwerkstoffunterlage. Das Fertigparkett ist rund 10 mm dick, 18 cm breit sowie 1,20 m lang, es wird vorwiegend im Schiffbodenmuster geliefert und schwimmend verlegt. Dieses Parkett kann bis zu zweimal nachgeschliffen werden.
Laminat ist ein Kunststoffparkett mit fotografisch aufgetragener Holzstruktur in Schiffbodenmuster. Eine Trittschalldämmschicht liegt an der Unterseite der etwa 8 mm dicken, 18 cm breiten und 1,20 m langen Elemente, die schwimmend verlegt werden.

Breite cm \ Höhe cm	10	12	14	16	18	20	22	24
18					■	■	■	■
20			■		■			X
24	■	■	■	■	X	X	X	

375.3 Vorzugsquerschnitte Triobalken (X nicht zulässig)

Herkunftsgebiet	Brettdicke s_1 mm	Profilmaß b mm	Brettlänge l mm
europäisch	15,5	95	1 500 bis 4 500[1]
	19,5	115	
	25,5	135	> 4 500 bis 6 000[2]
	35,5	155	
nordisch	19,5	96	1 800 bis 6 000[3]
	22,5	111	
	25,5	121	

[1] Stufung 250 mm
[2] Stufung 500 mm
[3] Stufung 300 mm

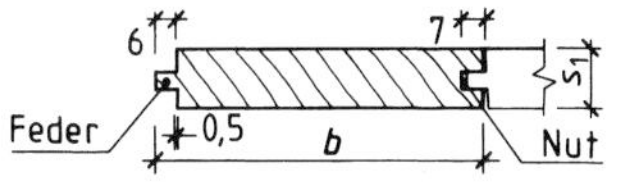

375.4 Gespundete Bretter und Rauspund aus Nadelholz

376 Zimmerarbeiten und Ingenieurholzbau

Würfelmuster (mit Nut und Feder)
auf Schwimmendem Estrich

Schiffbodenmuster
auf Lagerhölzern

Flechtmuster
auf altem Teppich- oder PVC-Boden

(Römischer) Verband
auf alten Hobeldielen

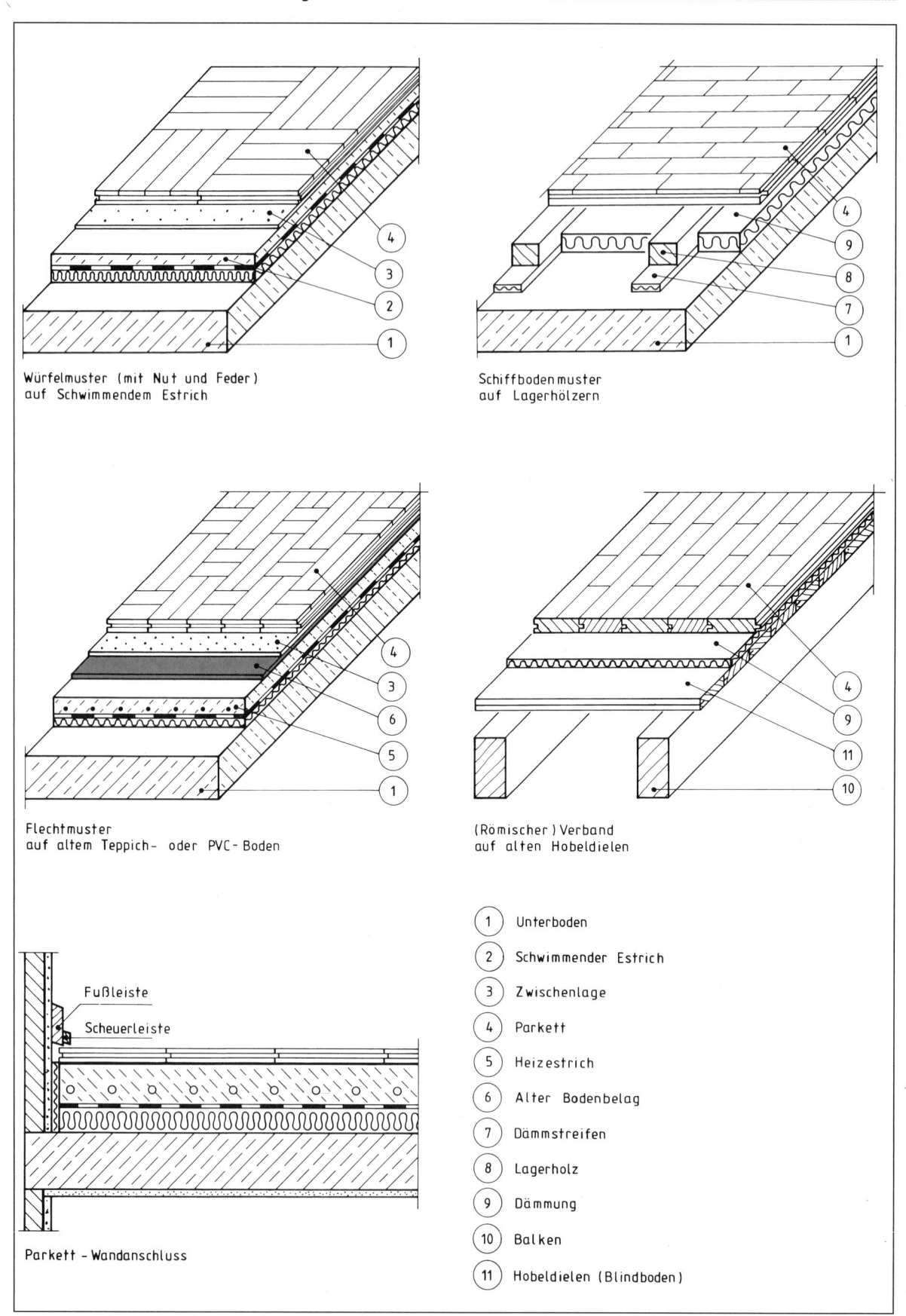

Fußleiste
Scheuerleiste

Parkett-Wandanschluss

① Unterboden
② Schwimmender Estrich
③ Zwischenlage
④ Parkett
⑤ Heizestrich
⑥ Alter Bodenbelag
⑦ Dämmstreifen
⑧ Lagerholz
⑨ Dämmung
⑩ Balken
⑪ Hobeldielen (Blindboden)

376.1 Fertigparkettmuster und Unterkonstruktionen

1.7 Holzpflaster

Holzpflaster eignet sich als Fußboden für Innenbereiche von Gewerbebetrieben GE, repräsentative Böden in Versammlungsräumen und in Wohnungen RE-V sowie für Werkräume ohne Fahrverkehr RE-W.
Holzpflaster besteht aus scharfkantigen, gehobelten Holzklötzchen, die so verarbeitet werden, dass die nach dem Verlegen geschliffene Hirnholzfläche als Lauffläche dient. Als Holzpflaster eignen sich Kiefer, Fichte, Eiche oder gleichwertige Holzarten wie Lärche und Douglasie.

Fußböden aus Holzpflaster sind widerstandsfähig gegen mechanische Beanspruchung, sie sind fußwarm, wärmedämmend, gering elektrisch leitfähig, schwer entflammbar (Baustoffklasse B1) und umweltfreundlich. Allerdings kann eine starke Verölung oder Verstaubung zu einer Rutschgefahr führen.
Holzpflaster wird vorwiegend mit durchgehenden Längsfugen und versetzten Querfugen verlegt (Römischer Verband), selten im Fischgrätmuster.
In der Tabelle 377.3 sind die wichtigsten Maße für Holzpflaster zusammengestellt.

GE-Pflaster ist werkseitig gegen Holzschädlinge und/oder Feuchteaufnahme druckimprägniert. Die Oberflächen von RE-V und RE-W werden nach dem Verlegen geschliffen und versiegelt oder imprägniert.

Die Verlegung von Holzpflaster (Bild 377.2) erfolgt entweder in **Pressverlegung** nach dem Eintauchen in einen Kleber, vorwiegend aus Steinkohlenteerpech, dicht an dicht oder im **Lättchenverfahren** (gegen hohe Schub- und Zugspannungen durch Schwertransporte), bei dem 4 bis 6 mm breite Leisten (Lättchen) in die Längsfugen gelegt werden; die Fugen werden vergossen.
Zwischen dem zu verlegenden Holzpflaster und den angrenzenden Bauteilen sind Fugen einzuplanen.

1.3 Fußleisten

Fußleisten (Sockelleisten) decken die Fuge zwischen Fußboden und Wand. Sie schützen außerdem in ihrem unteren Bereich vor Beschädigung und Verschmutzung. Eine zu große Fuge zwischen OK Fußboden und UK Fußleiste kann wiederum durch eine „Scheuerleiste" mit rechteckigem Querschnitt (etwa 10/16 mm) oder durch eine Viertelstableiste (Radius etwa 15 mm) geschlossen werden. In der Tabelle 377.1 sind die Maße der handelsüblichen Fußleisten aus Nadelholz zusammengestellt; die Längen sind unabhängig von Dicke und Breite der Leisten.

Herkunfts-gebiet	Leisten Dicke s mm	Leisten Breite b mm
europäisch	15	73
	19,5	42
	21	42
nordisch	12,5	58
	12,5	70

377.1 Fußleisten aus Nadelholz

377.2 Holzpflaster

Mess-richtung	Gewerblich GE mm	Repräsentativ RE Versammlungs- und Werkräume	
		RE-V mm	RE-W mm
Höhe	50; 60; 80; 100	22[1]; 25[1]; 30; 40; 50; 60; 80	
Breite	80	40 bis 80	
Länge	80 bis 160[2]	40 bis 120[2]	

[1] nur bei RE-V [2] je nach Holzanfall

377.3 Maße für Holzpflaster

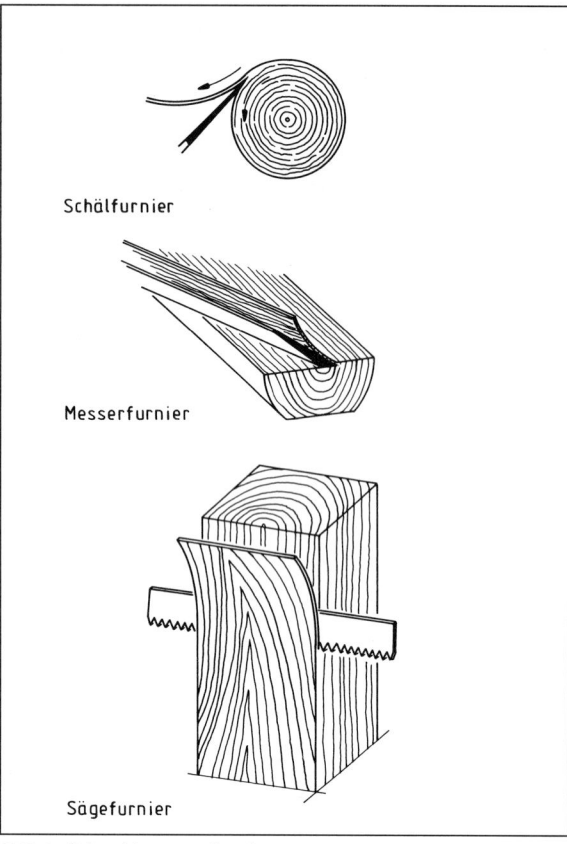

1.9 Furniere

Furniere sind dünne Holzblätter, die aus nahezu sämtlichen Rohhölzern angefertigt werden können. Je nach Holzart, der gewünschten Dicke und der Aufgabe des Furniers werden drei Methoden der Furnierherstellung unterschieden (Bild 378.1):

Schälfurniere sind am einfachsten herzustellen, sie haben ein wenig ausdrucksvolles Maserungsbild und werden aus diesem Grunde vor allem für Sperr- und Blindfurniere verarbeitet.

Messerfurniere sind die am häufigsten als Deckfurnier genutzten Blätter.

Die Holzstämme für die Herstellung von Schäl- und Messerfurnieren werden vor der Bearbeitung häufig gekocht, dadurch kann die Holzfarbe verfälscht werden.

Sägefurniere werden wegen des hohen Schnittverlustes (Sägespäne) und des großen Zeitaufwandes lediglich aus Hölzern angefertigt, die stark zum Reißen neigen; ferner werden Sägefurniere gewählt, wenn sie unbehandelt in Dicken von 8 bis 12 mm verarbeitet werden sollen.

1.10 Zeichnerische Darstellungen von Bauholz

Die Umrisse von Bauschnitthölzern werden je nach Maßstab der Zeichnung in schmalen oder in mittelbreiten Volllinien gezeichnet (Bild 378.2).

Hirnschnittflächen können bei kleinen Maßstäben voll angelegt oder mit einem Kreuz markiert werden, bei Zeichnungen in größerem Maßstab wird in etwa 45° Neigung zur Leserichtung oder zur Holzachse freihändig in schmalen Volllinien schraffiert. Unregelmäßigkeiten des Holzwuchses, Wind- oder Kernrisse werden nicht dargestellt. Es reicht die natürliche Unruhe der Hand beim Zeichnen; ein unter das Transparentblatt gelegtes Millimeterpapier kann bei großen Schraffurflächen hilfreich sein. Um dem Bild der Jahrringe nahezukommen, können zwei unterschiedliche Linienabstände im Wechsel gewählt werden (Früh-/Spätholz). Im Regelfall werden Schraffuren nicht vorgezeichnet, sondern vorwiegend in Tusche als letztes in der Reinzeichnung ausgeführt.

Längsschnittflächen werden lediglich bei flächigen Holzkonstruktionen freihändig etwa parallel zu den Umrisslinien hervorgehoben. Schnittführungen durch stabförmige Holzbauteile (Balken u.Ä.) werden dadurch vermieden, dass die Schnittebene vor das Holz gelegt wird, die Bauteilbegrenzungen erscheinen in der Ansicht. Im Zweifelsfall kann die Faserrichtung durch Pfeile o.Ä. verdeutlicht werden. Langhölzer werden vor allem in Zeichnungen mit größerem Maßstab nicht in voller Länge dargestellt, uninteressante Teile können „herausgeschnitten" werden; zwei schmale überstehende Volllinien markieren die Unterbrechung.

Querschnittsflächen in Ansicht werden lediglich durch ihren Umriss dargestellt.

Holzmaserungen in der Ansicht werden, wenn überhaupt, auf dekorativen Holzflächen dezent evtl. in Blei dargestellt.

Oberflächenbearbeitungen können durch Hinweise (z. B. „gehobelt") gekennzeichnet werden.

Bemaßungen von Holzquerschnitten werden in der Reihenfolge Höhe/Breite eingetragen, und zwar bezogen auf die Einbaulage oder die Leserichtung.

378.1 Schneiden von Furnieren

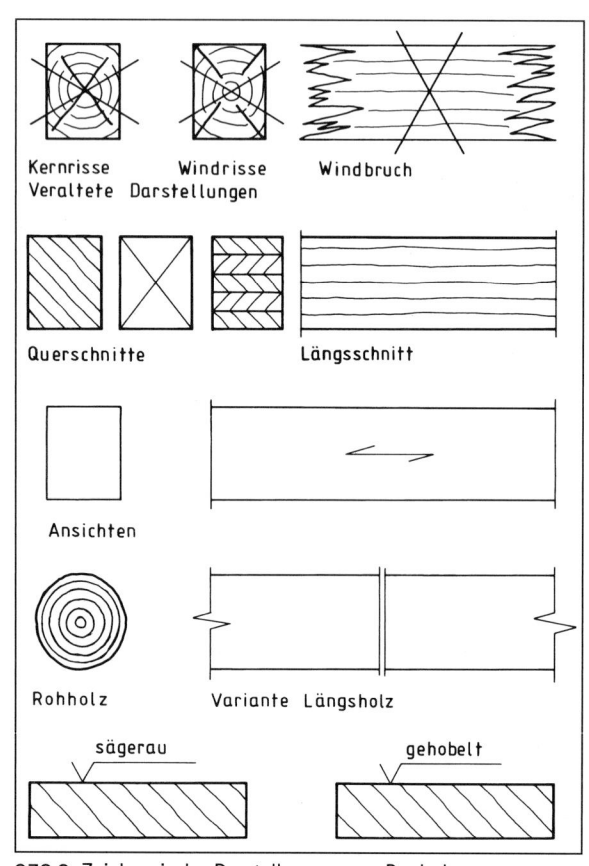

378.2 Zeichnerische Darstellungen von Bauholz

2 Mechanische Holzverbindungsmittel

Bei Zimmerarbeiten werden unterschiedliche Verbindungsmittel eingesetzt, die vor allem der mechanischen Übertragung von Kräften in Holzverbindungen dienen.

2.1 Nägel

Holznägel (Bild 379.1) werden aus möglichst parallelfaserigen quadratischen Leisten (NH oder EI) vom Zimmermann selbst angefertigt. Holznägel werden bei einigen Holz-Holz-Verbindungen eingesetzt, bei denen sie lediglich auf Biegung quer zu ihrer Faserrichtung beansprucht werden dürfen. In der Bohrung entsteht Lochleibungsdruck. Holznägel dienen der Fixierung der Verbindung, sie sind nicht gegen Herausziehen gesichert und können Hölzer nicht zusammenklemmen. Aus den genannten Gründen müssen Holznägel mindestens zweischnittig belastet werden.

Holzdübel können statt der Holznägel verarbeitet werden, sie werden vor allem aus Eiche oder Rotbuche gefräst bzw. (als Quelldübel) gepresst (Tab. 379.2).

Stahlnägel werden für die Verbindung von Holz und/oder Holzwerkstoffen eingesetzt. Eine in statischer Hinsicht tragende Nagelverbindung muss mindestens vierschnittig sein; dabei soll die Holzbreite 100 bis 140 mm betragen.

In Tabelle 379.3 sind übliche Nagelarten zusammengestellt.

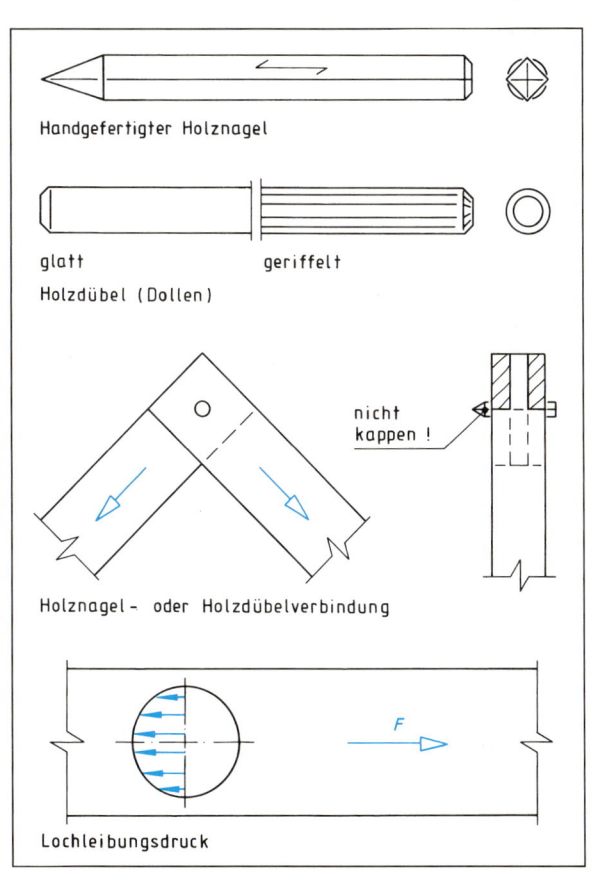

379.1 Holznägel und Holzdübel

Durchmesser d mm	Länge l mm				
5	25	30	35		
6	25	30	35	40	
8	25	30	35	40	50
10	30	35	40	45	50	60
12	35	40	45	50	60	80
14	50	60	80	120	140	160
16	60	80	120	140	160
18	80	120	140	160	
20	60	120	160		

379.2 Holzdübel

glattschaftige Nägel runde Drahtnägel		profilierte Sondernägel	
mit Senkkopf	mit Stauchkopf	Schraubnägel	Rillennägel
d_n mm/10 l_n mm	d_n mm/10 l_n mm	d_n mm/10 l_n mm	d_n mm/10 l_n mm
18 · 35	18 · 35	4,0 · 40 ... 100	2,5 · 25 ... 70
20 · 40	20 · 40	5,1 · 80 ... 320	2,9 · 30 ... 70
20 · 45			
	22 · 45	6,0 · 70 ... 100	3,1 · 35 ... 90
22 · 45	22 · 50		
22 · 50			4,0 · 40 ... 100
25 · 55	25 · 55		
25 · 60	25 · 60		6,0 · 60 ... 330
28 · 65	28 · 65		
31 · 65	31 · 70		
31 · 70	31 · 80		
31 · 80			
34 · 80	34 · 90		
34 · 90	38 · 100		
38 · 100			
42 · 100			
42 · 110			
42 · 120			
46 · 130			
55 · 140			
55 · 160			
70 · 210			
76 · 230			
76 · 260			
88 · 260			

379.3 Nägel für Verbindung von Holz und Holzwerkstoffen

Die Verbindungsmittel werden blank (bk), verzinkt (zn) oder metallisiert (me) geliefert.

Glattschaftige runde Drahtstifte mit Senkkopf werden für tragende Holzverbindungen bevorzugt. Sollen die Nagelköpfe verdeckt werden, können runde Drahtstifte mit Stauchkopf verarbeitet werden, der nach dem Senken verspachtelt wird.

Runde Drahtstifte dürfen nur kurzzeitig parallel zu ihrer Längsrichtung gegen Herausziehen belastet werden (Bild 380.2). Ausnahmen bilden flächige Verschalungen. Die Durchmesser d_n runder Drahtstifte werden in mm/10, die Längen l_n in mm angegeben.

Sondernägel mit profiliertem Schaft können in ihrer Längsrichtung auch auf Herausziehen belastet werden. Zu den Sondernägeln gehören Schraubnägel (SNa) und Rillennägel (RNa). Die Schaftdurchmesser und die Längen von Sondernägeln werden in mm angegeben.

In dem Bild 380.1 sind die Darstellungsart und die Bezeichnungen von Nagelverbindungen wiedergegeben.

Die Mindestholzdicke min α (Spaltgefahr) und die Mindesteinschlagtiefe min$_S$ (Herausziehen bei Querbelastung) sind vom Nageldurchmesser d_n abhängig. Maschinenstifte werden mithilfe automatischer Einpressgeräte verarbeitet.

Bezeichnungen von Nägeln: Anzahl, Kurzbezeichnung (Na, SNa, RNa), Nageldurchmesser in 1/10 mm bzw. in mm, Nagellänge in mm, Oberflächenbehandlung, evtl. vorgebohrt vb:

$$6 \text{ Na } 4{,}2 \times 110 \text{ bk, vb}$$

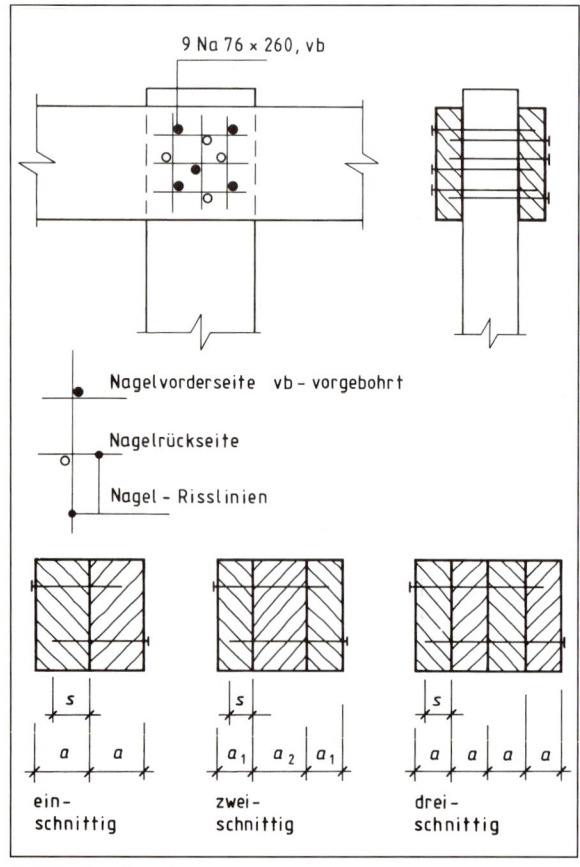

2.2 Holzschrauben

Schraubverbindungen sind in der Regel im Bereich des glatten Schaftteils mit ds, im Gewindebereich mit 0,7 ds, vorzubohren. In dem Bild 381.1 sind Arten und Maße der für Zimmerarbeiten üblichen Holzschrauben wiedergegeben.

Damit sich der Schraubenkopf nicht in das Holz zieht, müssen ggf. Scheiben untergelegt werden (Tab. 380.3).

Bezeichnungen von Holzschrauben: Anzahl Kurzbezeichnung Sr, Nenndurchmesser d_S x Nennlänge l_S in mm, D ..., Anzahl, Form und Lochdurchmesser der Scheibe:

$$4 \text{ Sr } 10 \times 80\text{-DIN } 571\text{-8 R } 14$$

Schnellbauschrauben dienen z.B. der Befestigung von Gipskartonplatten auf Holz oder auf Stahlblechprofilen. Diese Schrauben werden nicht vorgebohrt, sie haben Kreuzschlitze (Bild 381.2).

Die Aufgabe von Schraubgewinden besteht darin, dem vorhandenen Flankendruck zwischen Gewinde und verschraubtem Material standzuhalten. Die Abwicklung einer Gewindeumdrehung bildet die Hypotenuse eines rechtwinkligen Dreiecks, dessen Grundmaß gleich dem Gewindeumfang und dessen Gegenkathete gleich der Gewindesteigung it. Je flacher der Gewindesteigungswinkel ist, desto sicherer ist die Schraube gegen Herausziehen gesichert.

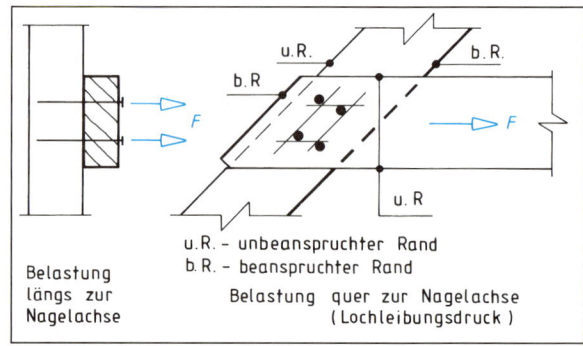

380.2 Belastung von Nägeln und Holz

380.1 Nagelverbindungen

Schraubennenndurchmesser d_S mm	Vierkantscheiben V			Rundscheiben R		
	Lochdurchmesser d mm	Kantenlänge a mm	Dicke s mm	Lochdurchmesser d_1 mm	Außendurchmesser d_2 mm	Dicke s mm
4	–	–	–	5,5	18	2
5	–	–	–	6,6	22	2
6	–	–	–	9	28	3
8	11	30	3	11	34	3
10	14	40	3	14	45	4
12	18	50	5	18	58	5
16	22	60	5	22	68	5
20	26	80	6	26	92	6

380.3 Scheibenmaße für Holzschrauben

Zimmerarbeiten und Ingenieurholzbau

Nenndurchmesser d_S mm	Halbrund-Holzschrauben mit Schlitz DIN 96 l_S mm	Senk-Holzschrauben mit Schlitz DIN 97 l_S mm	Sechskant-Holzschrauben DIN 571 l_S mm	Spanplatten-(Spax-)Schrauben mit Kreuzschlitz l_S mm
3	–	–	–	12 … 45
3,5	–	–	–	12 … 50
4	20 … 60	20 … 60	20 … 40	12 … 70
4,5	–	–	–	16 … 80
5	20 … 70	25 … 80	25 … 50	16 … 100
6	30 … 80	30 … 80	30 … 60	40 … 160
8	–	40 … 80	40 … 100	–
10	–	–	45 … 100	–
12	–	–	55 … 120	–
16	–	–	70 … 160	–
20	–	–	90 … 200	–

381.1 Holzschrauben

Schnellbauschraube Kopfform	Abkürzung		Gewindeart	Nenndurchmesser d_S mm	Nennlänge l_S mm
Trompetenkopf	TN		doppelgängig	3,5 4,0 4,3	25 … 55
			ein- oder doppelgängig	5,1 5,5	70 … 130
Trompetenkopf	TB		Blechschraubengewinde	3,5	25 … 55
Senkkopf	SN		Blechschraubengewinde	3,5	30 … 35
Flachrundkopf	FN		ein- oder doppelgängig	4,3 5,1 5,5	35
Linsenkopf	LB		Blechschraubengewinde	3,5	9,5

381.2 Schnellbauschrauben (Spax-Schrauben)

2.3 Bolzen

Bei Zimmerarbeiten werden Bolzen (Sechskantschrauben) mit metrischem Gewinde M, Muttern und Scheiben auf den Holzseiten für Verbindungen und Verankerungen verarbeitet (Bild 382.3). Die Maße der Bolzen sind in dem Bild 382.1 zusammengestellt.

Die Scheiben sind nach den in Tabelle 382.2 aufgeführten Holzverbindern und deren Durchmesser zu wählen.

Bezeichnung für 6 Bolzen: $d_B = 16$ mm, $l = 170$ mm, mit Mutter und 2 runden Scheiben für tragende Holz-Holz-Verbindung: **6 M16 × 170 – Mu, 12 R 68**

Bezeichnung einer runden Unterlegscheibe mit Durchmesser 58 mm, Dicke 6 mm: **U-Scheibe ⌀ 58/6**

Für tragende Bolzenverbindungen sind die in Tabelle 382.4 aufgeführten Mindestabstände einzuhalten.

Bei tragenden Bolzenverbindungen von Schräganschlüssen, für ein- und zweischnittige Verbindungen, für ein- oder zweiseitige bzw. mittig liegende Stahllaschen und für Bauplattenverbindungen siehe DIN 1052.

Bolzenteile	Bolzenmaße mm				
	M12	M16	M20	M24	M30
Gewinde-⌀ d	12	16	20	24	30
Schaft-⌀ d_b	= Gewindedurchmesser d				
Kopfhöhe k	8	10	13	15	19
Mutterhöhe m	10	13	16	19	24
Schlüsselweite s	19	24	30	36	46
Eckmaße e	20,88	26,17	32,95	39,55	50,85
Längenstufung: $l = 20$ bis 80 mm: 5 mm	$l = 90$ bis 200 mm: 10 mm				
	$l > 200$ mm: 20 mm				

382.1 Bolzenmaße

Holzverbinder	Scheiben	M12	M16	M20	M24	M30
				mm		
Tragende Holz-Holz-Verbindung	Dicke	6	6	8	8	–
	Außendurchmesser	58	68	80	105	–
Dübelverbindung bzw. außen liegende Stahllaschen	Dicke (DIN 125)	2,5	3	3	4	4
	Dicke (DIN 7989)	8	8	8	8	8
	Außendurchmesser	24	30	37	44	56
Heftbolzen	Dicke	4	5	5	6	6
	Außendurchmesser	45	58	68	92	105
	Seitenlänge bei Vierkantscheiben	40	50	60	80	95

382.2 Scheibenmaße für Holzverbinder

Abstand	Richtung	Maß
untereinander	∥ zur Faser	7 d_b ≥ 100 mm
	⊥ zur Faser	5 d_b
vom beanspruchten Rand (b.R.)	∥ zur Faser	7 d_b ≥ 100 mm
	⊥ zur Faser	4 d_b
vom unbeanspruchten Rand (u.R.)	∥ zur Faser	3 d_b
	⊥ zur Faser	3 d_b

382.4 Mindestabstände tragender Bolzen

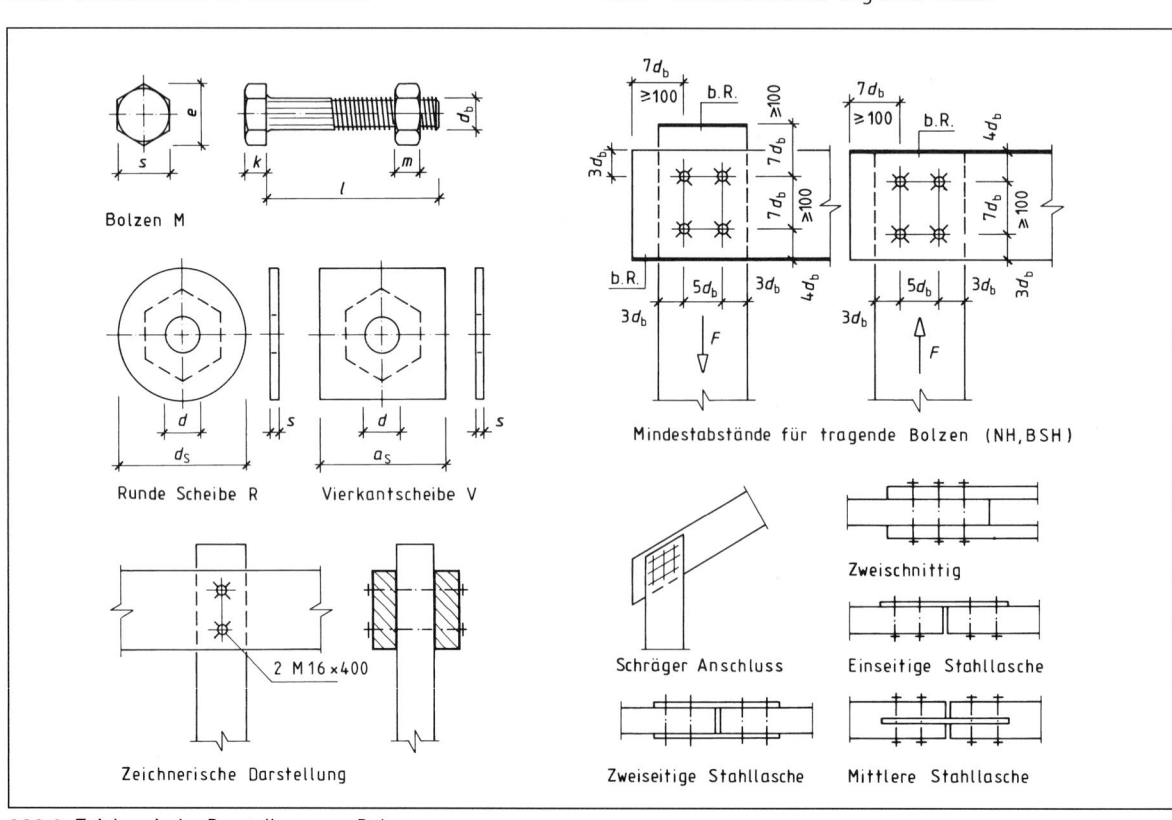

382.3 Zeichnerische Darstellung von Bolzen

2.4 Stabdübel und Passbolzen

Für besonders hoch beanspruchte Holzverbindungen können unterschiedliche Verbinder eingesetzt werden, für die die Hölzer mit dem Nenndurchmesser der Holzverbinder vorzubohren sind.

Stabdübel (Bild 383.2) sind zylinderförmige Holzverbinder aus Stahl ohne Gewinde, die in Bohrungen hineingetrieben und vorwiegend auf Biegung bzw. Scherung beansprucht werden.

Passbolzen (Bild 383.4) sind Bolzen mit zwei Gewindeenden oder einem Sechskantkopf und einem Gewinde; Scheibe(n) und Mutter(n) verhindern ein Herausziehen und pressen die Hölzer zusammen. Damit das vordere Gewinde des Passbolzens beim Hineintreiben in das Bohrloch nicht beschädigt wird, ist sein Durchmesser geringer als der Bolzenschaftdurchmesser. Die Scheibenbohrung darf 1,0 mm größer sein als der Nenndurchmesser der Verbindungsmittel. Für den Einsatz von Stabdübeln und Passbolzen sind die Vorschriften der DIN 1052 zu beachten.

Stabdübel, Passbolzen Nenn-⌀ d_{st} mm	Gewindegröße für Passbolzen	Außenmaße für Scheiben für Passbolzen nach	
		DIN 440 (rund) R mm	DIN 436 (vierkant) V mm
8	M6	22	–
10	M8	28	–
12	M10	34	30
16	M12	45	40
20	M16	58	50
24	M20	68	60
30	M20	68	60
30	M24	92	80

383.3 Maße für Stahldübel und Passbolzen

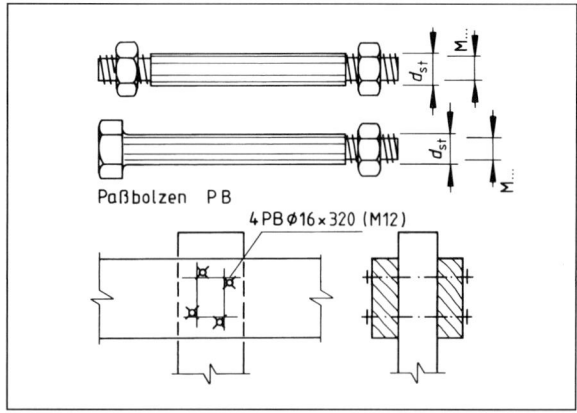

Abstand	Richtung	Maß
untereinander	‖ zur Faser	5 d_{st}
	⊥ zur Faser	3 d_{st}
vom beanspruchten Rand (b.R.)	‖ zur Faser	6 d_{st}
	⊥ zur Faser	3 d_{st}
vom unbeanspruchten Rand (u.R.)	‖ zur Faser	3 d_{st}
	⊥ zur Faser	3 d_{st}

383.1 Mindestabstände für tragende Stabdübel und Passbolzen

383.4 Passbolzen

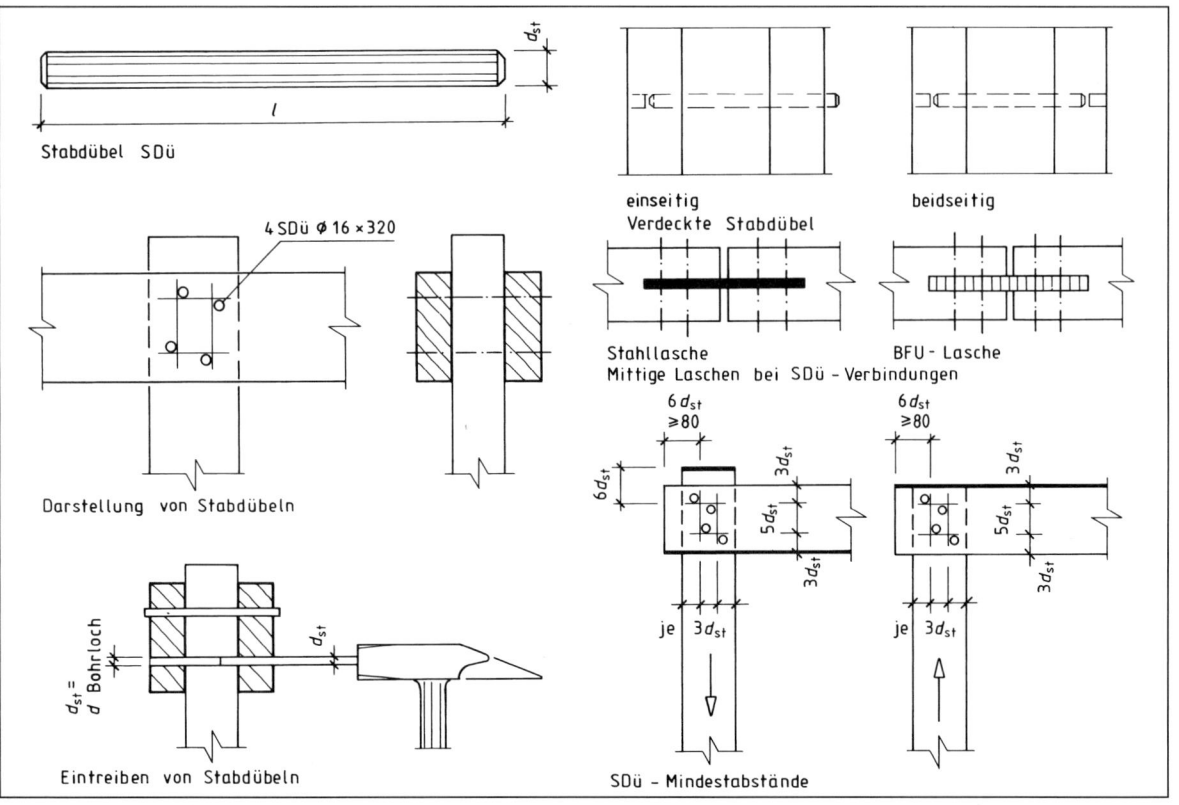

383.2 Vorgebohrte Stabdübel

Zimmerarbeiten und Ingenieurholzbau

Drahtdurchmesser d_n mm	Schaftlänge[1] l_n mm	Rückenbreite b_R mm
1,53	28,6 bis 64	10,5 bis 12,8
1,55	40 bis 65	10,6
1,57	38 bis 50	11,2 bis 12
1,58	35 bis 64	11
1,80	44 bis 75	11 bis 13
1,83	44 bis 63	11,4
2,00	50 bis 90	$\geq$ 12

[1] beharzte Länge $l_H \geq 0{,}5\ l_n$

384.1 Maße tragender Klammern

Klammertyp	Drahtdurchmesser[1] d_n mm	Rückenbreite[1] b_R mm	Klammerlänge l_n mm
A	1,0 bis 1,3	5,0 bis 8,4	29 bis 32
B	1,0 bis 1,3	8,5 bis 11,5	29 bis 40
C	1,3 bis 1,5	9,0 bis 12,0	35 bis 40
D	1,5 bis 1,6	9,0 bis 12,0	37 bis 65

[1] je nach Eintreibgerät

384.2 Klammern für Gipskartonplatten

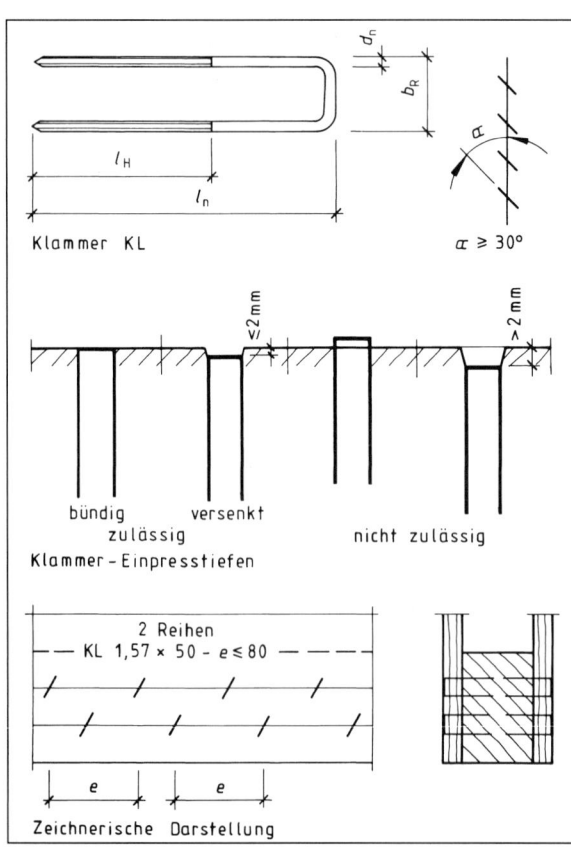

2.5 Klammern

Plattenförmige Holzwerkstoffe mit Dicken $\geq$ 6 mm können durch Klammern an Nadelholz $\geq$ 24 mm oder Holzwerkstoffplatten $\geq$ 12 mm kraftschlüssig mithilfe geeigneter Eintreibgeräte befestigt werden (Bild 384.3). Um eine bessere Haftung gegen Herausziehen zu erreichen, können die Klammerschäfte beharzt sein. Der Klammerrücken soll $\geq$ 30° zur Holzfaser geneigt sein. In Tabelle 384.1 sind Klammerabmessungen wiedergegeben.

Für die Befestigung von Gipskartonplatten auf Holz sind Klammern nach Tabelle 384.2 zu wählen.
Bezeichnung von Klammern mit Drahtdurchmesser d_n 1,57 mm, Klammerlänge l_n 50 mm, Klammerabstand $e \leq$ 80 mm: **KL 1,57 $\times$ 50 – $e \leq$ 80**
Bauklammern (Bild 384.4) dürfen lediglich für untergeordnete Verbindungen oder als zusätzliche Sicherung verarbeitet werden.

2.6 Nagelplatten

Gleich starke, auf Stoß gearbeitete Nadelhölzer können durch beidseitige Nagelplatten zu Holzkonstruktionen miteinander verbunden werden (Bild 384.5). Nagelplatten bestehen aus 1,0 bis 2,5 mm dickem verzinktem Stahlblech mit rechtwinklig aufgebogenen nagelförmigen Ausstanzungen. Die Größe eines Nagelbleches richtet sich nach der für die Kraftübertragung erforderlichen Nagelanzahl, bei der die einzuhaltenden Randabstände zu berücksichtigen sind. Die Bleche werden mit Spezialmaschinen hydraulisch in die Hölzer gepresst.

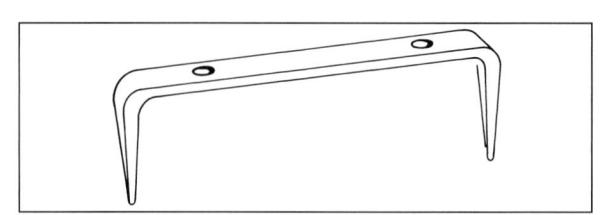

384.3 Tragende Klammern

384.4 Bauklammer

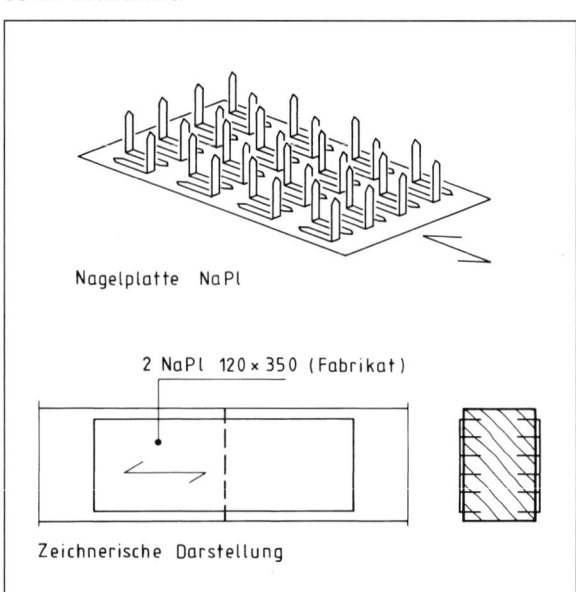

384.5 Nagelplatten-Verbindungen

2.7 Rechteckige Dübel

Übersteigt der vorhandene Lochleibungsdruck im Bereich der Scherfläche von Zugverbindungen aus NH oder BSH den zulässigen Wert, sodass mit einer zu großen Verschiebung der Hölzer gegeneinander zu rechnen ist, können rechteckige Dübel aus Hartholz in die Scherflächen eingelassen werden (Bild 385.1).

Die Abkürzungen in Zeichnungen und Berechnungen bedeuten:
b_H – Holzbreite
l_V – Vorholzlänge
l_d – Dübellänge
b_d – Dübelbreite
t_d – Dübeleinschnitttiefe
$2 t_d$ – Dübeldicke

Beispiel für die erforderlichen Angaben zu einer Verbindung mit Rechteckdübeln:
Kantholz 12/16 cm
2 Laschen 12/6 cm
8 Dübel 12/12/4 cm El A
$t_d \geq 2$ cm
$l_V = 16$ cm
5 Klemmbolzen M 12 × 300
10 U-Scheiben 58 × 6

Jeder Rechteckdübel ist für die Montage mit zwei vorgebohrten runden Heftnägeln zu fixieren.
In dem Bild 385.2 sind zwei Arten von Rechteckdübeln aus Stahl dargestellt. Die Verbindungen sind durch Klemmbolzen und Scheiben zu sichern.

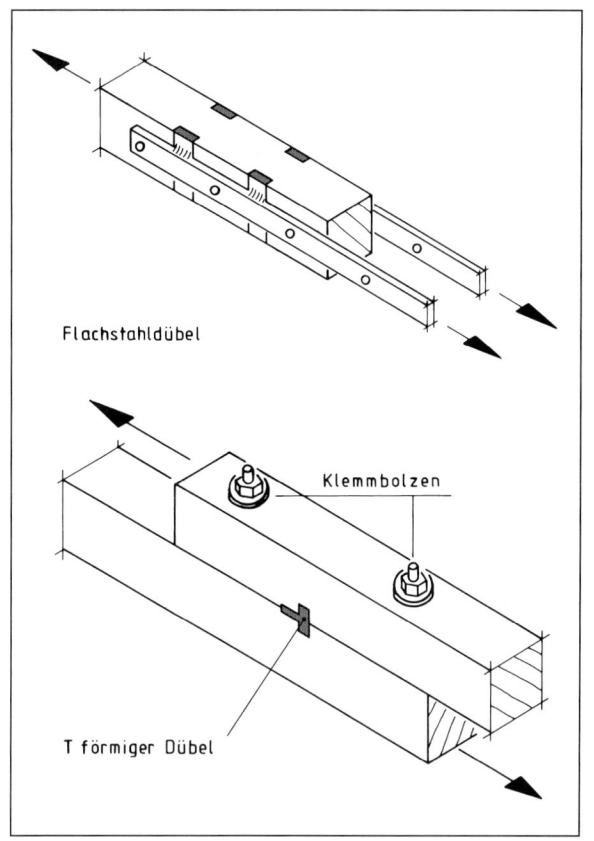

385.2 Flach- und T-förmige Stahldübel

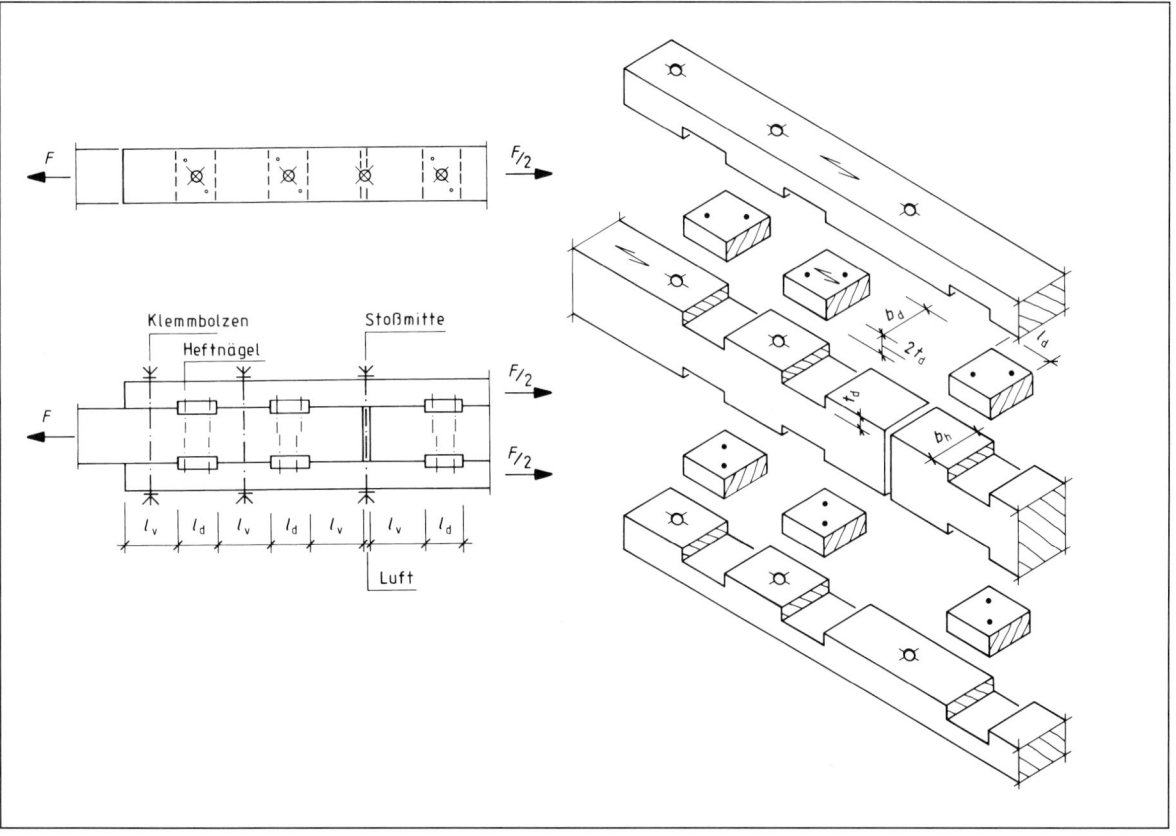

385.1 Rechteckdübel aus Holz

Zimmerarbeiten und Ingenieurholzbau

2.8 Dübel besonderer Bauart

Vor allem für hoch beanspruchte Holz/Holz- oder Holz/Stahlverbindungen können außer Sechskantschrauben auch Dübel besonderer Bauart eingesetzt werden. In Bild 386.2 sind zwei häufig verwendete Dübeltypen dargestellt:
- Einlassdübel werden mithilfe von Fräswerkzeugen in das Holz eingelassen.
- Einpressdübel werden mit ihren nagelartigen Spitzen in das Holz eingetrieben.
- Einpress-/Einlassdübel stellen eine Kombination der beiden abgebildeten Dübeltypen dar.
- Einseitige Dübel kommen bei Holz-/Stahlverbindungen zur Anwendung.

Maße für Dübel besonderer Bauart sind Tabelle 386.1 oder der DIN 1052 zu entnehmen.

2.9 Holzverbinder

Die Holzverbinder (Bild 387.2) bestehen aus feuerverzinkten ebenen oder gebogenen Stahlblechen, sie werden bei Zimmerkonstruktionen aus Kostengründen angewendet und sind nach Möglichkeit verdeckt anzuordnen. Um viele Anwendungsmöglichkeiten der lagermäßig vorgehaltenen Verbinder abzudecken, haben Holzverbinder in der Regel mehr Nagel- bzw. Bolzen-, Schrauben- oder Dübellöcher als für die jeweilige Verbindung erforderlich sind.

Lediglich auf Abscheren beanspruchte Rillennägel müssen im Holz in ganzer Nagellänge mit $0,8 \cdot d_n$ bis $0,85 \cdot d_n$ vorgebohrt werden. Auf Herausziehen beanspruchte Nägel dürfen nicht vorgebohrt werden.

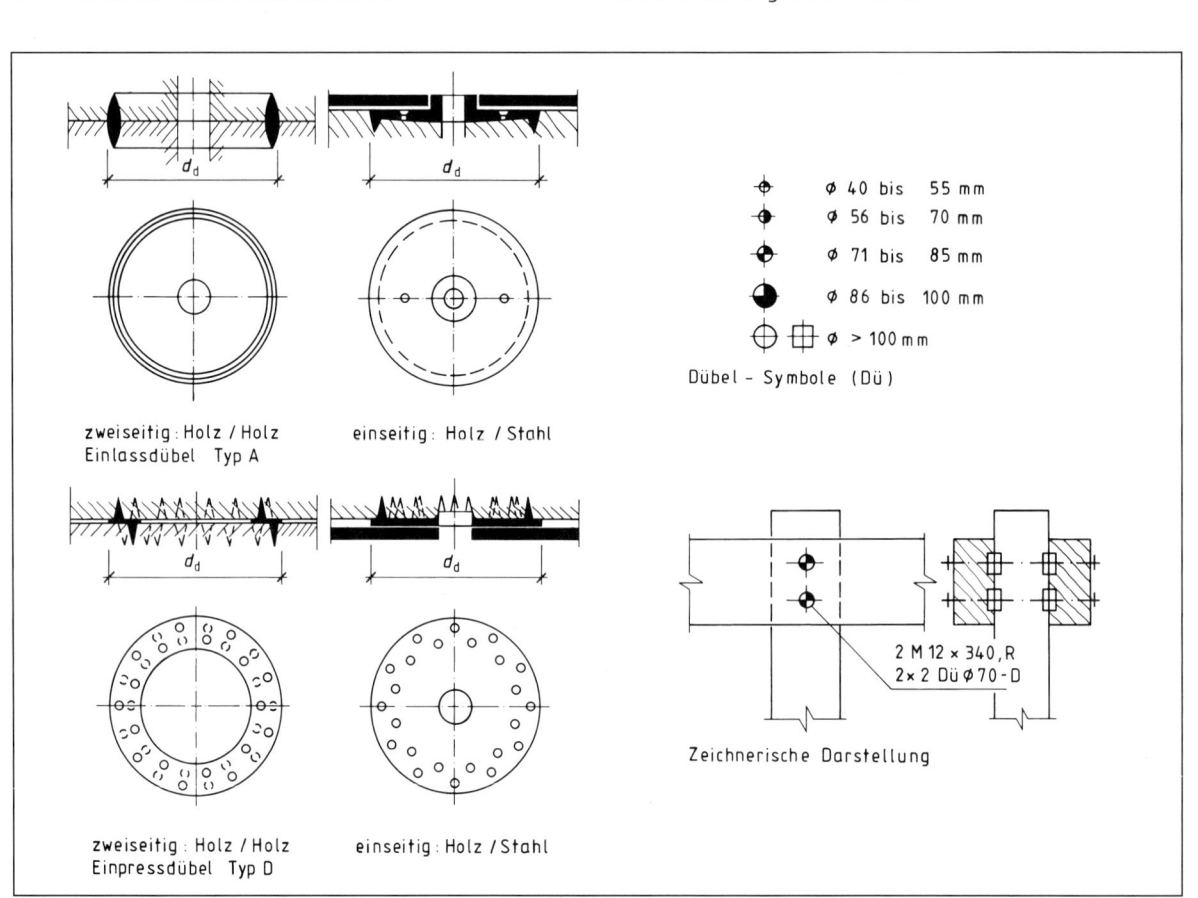

Dübel-typ	Durchmesser ein- und zweiseitig d_d mm	Sechskant-schrauben d_b mm	Scheiben Durchmesser/Dicke rund R mm/mm	Scheiben Durchmesser/Dicke vierkant V mm/mm
A	65	M12	58/6	50/6
	80	M12	58/6	50/6
	95	M12	58/6	50/6
	126	M12	58/6	50/6
	128	M12	58/6	50/6
	160	M16	68/6	60/6
	190	M16	68/6	68/6
B[1]	66	M12	58/6	50/6
	100	M12	58/6	50/6
D	50	M12	58/6	50/6
	65	M16	68/6	60/6
	80	M20	80/8	70/8
	85	M20	80/8	70/8
	95	M24	105/8	95/8
	115	M24	105/8	95/8

[1] Rundholzdübel (Eiche), ohne Abbildung

386.1 Maße für Dübel besonderer Bauart

386.2 Dübel besonderer Bauart

Zimmerarbeiten und Ingenieurholzbau 387

Verbinder	Blech-dicke t mm	Breite b mm	Länge (Höhe) l mm	Rillennägel $d_n \times l_n$ mm $\times$ mm
Ebene Lochbleche	$\geq 3{,}0$	40 bis 200	120 bis ...	$4 \cdot 40$ bis 50
Windrispenbänder	$\geq 3{,}0$	40 bis 60	50 000	$4 \cdot 40$ bis 60
Winkelverbinder	$\geq 2{,}5$	40 bis 100	40 bis 200	$4 \cdot 40$ bis 60^1
Balkenverbinder Balkenschuhe	2,0	60 bis 140	100 bis 320	$4 \cdot 40$ bis $60^{1\,2}$
Balkenträger	3,0	50	90 bis 240	$4 \cdot 60^3$
Stützenschuhe T-Profil U-Profil	8,0 5,0	90 40 bis 90	120 80 bis 140	Stabdübel $\varnothing$ 8 mm $4 \cdot 40^4$
Universalverbinder	2,0	50 bis 60	100 bis 190	$4 \cdot 40$ bis 60
Holz-Träger-Verbinder	4,0	40	140 bis 180	$4 \cdot 40$ bis 60^4
Sparren-Pfettenanker	2,0	35	170 bis 370	$4 \cdot 40$
Sparrenfußverbinder	2,5	50 bis 70	180 bis 260	$4 \cdot 40$ bis 60

[1] evtl. Bolzen oder Schlüsselschrauben $\varnothing$ 10
[2] voll ausnageln
[3] Stabdübel $\varnothing$ 8 bzw. $\varnothing$ 12
[4] evtl. M 12

387.1 Holzverbinder

387.2 Ebene Holzverbinder

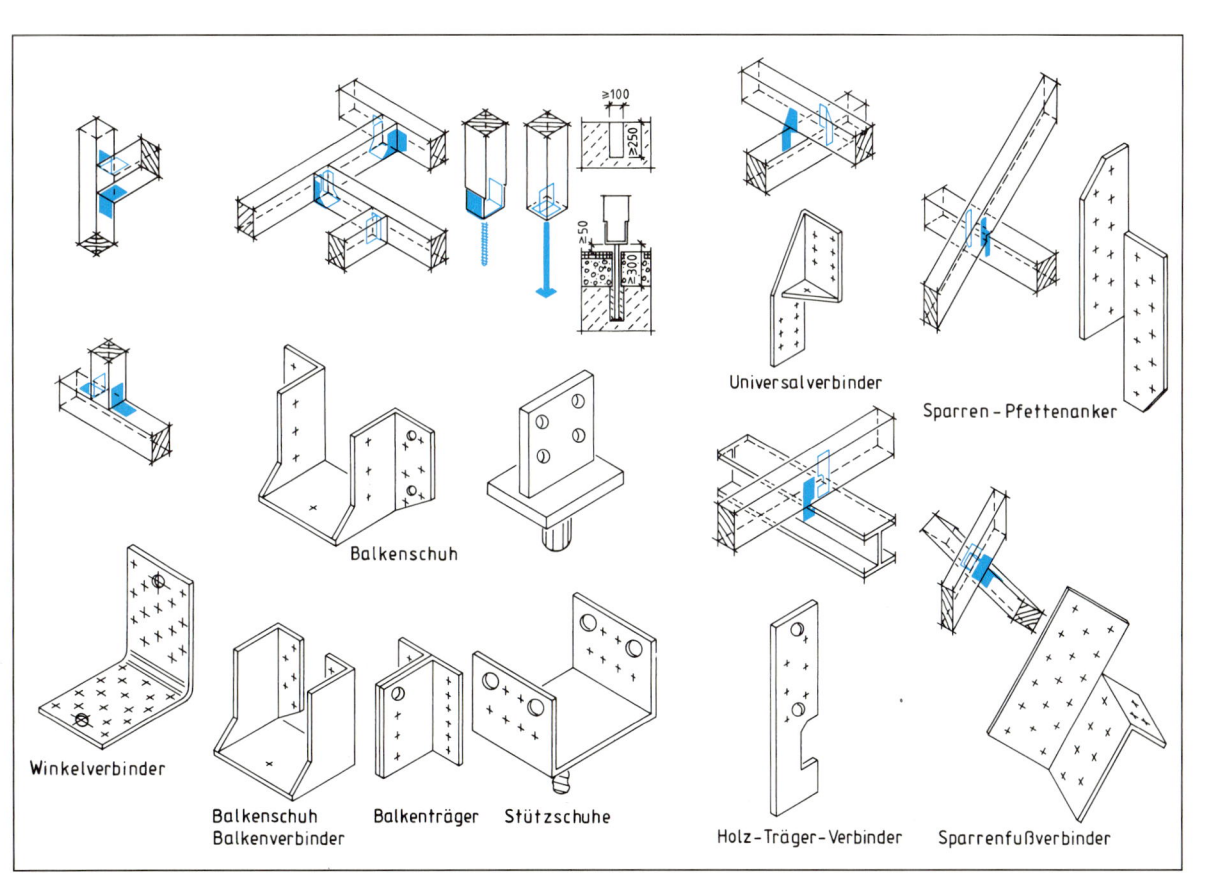

387.3 Gebogene Holzverbinder – Auswahl

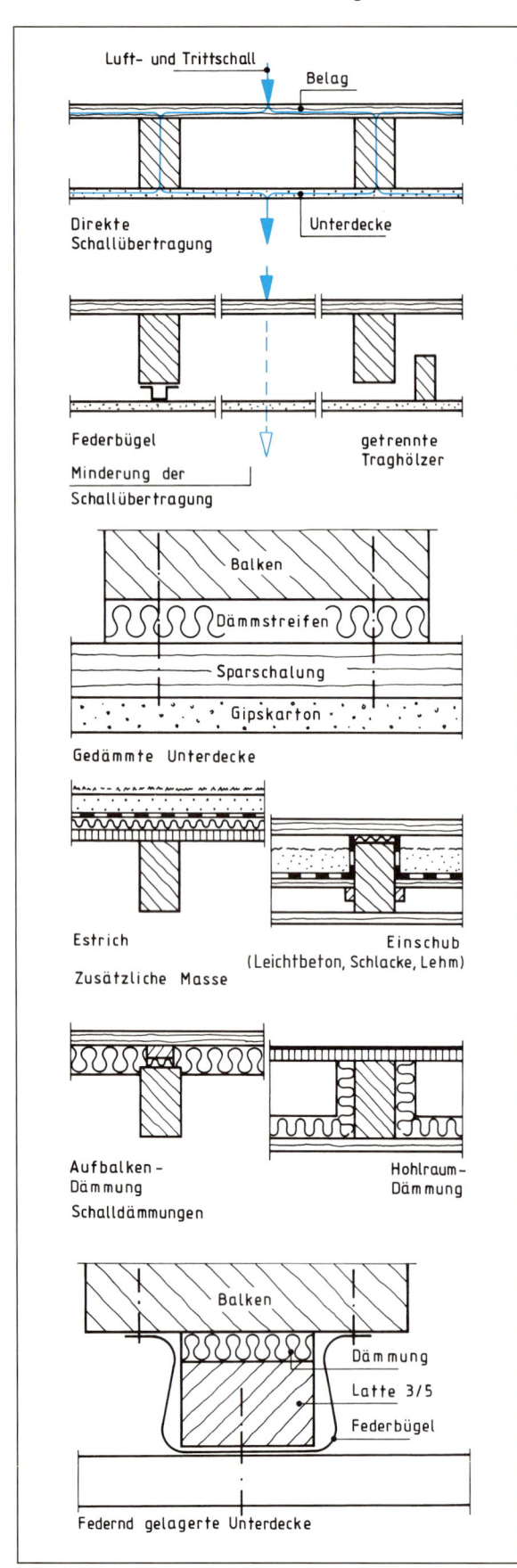

3 Holzbalkenlagen

Bei Holzbalkenlagen bilden Balken die tragende Konstruktion für flächige Bauteile wie z. B. für Fußböden, Deckenputz, Dämmaterial und Dachdeckung.

Maße für Balkenlagen:

Balkenquerschnitt aus statischen Gründen ≥ 8/20 cm, Balkenabstand (Lichtmaß + eine Balkenbreite) ≤ 90 cm. Freitragende Länge ≤ 4,50 m; andernfalls zu große Durchbiegung bzw. unwirtschaftlicher Querschnitt. Bei größeren Längen sind die Balken zu unterstützen (Bild 388.2). Holzbalkenlagen zeichnen sich durch ein verhältnismäßig geringes Gewicht aus, sie müssen daher gegen Luft- und Trittschallübertragung gedämmt werden. In dem Bild 388.1 sind einige Dämmmöglichkeiten dargestellt.

Zu den Holzbalkenlagen gehören:
- **Geschossdecken**, die in Wohnhäusern mit bis zu zwei Vollgeschossen verlegt werden dürfen. Hölzerne Kellerdecken sind nicht zulässig, weil z. B. eine ausreichende Durchlüftung der Holzteile nicht gewährleistet ist.
- **Dachdecken**, die einen hölzernen Dachstuhl tragen und häufig einen Bestandteil der Konstruktion bilden.
- **Flachdächer** in Balkenkonstruktion.

In Bild 389.1 ist eine Balkenlage dargestellt. Die einzelnen Hölzer werden nach ihrer Lage bzw. ihrer Aufgabe benannt. Streichbalken verlaufen in einem Abstand von 2 bis 20 cm von der Wand.

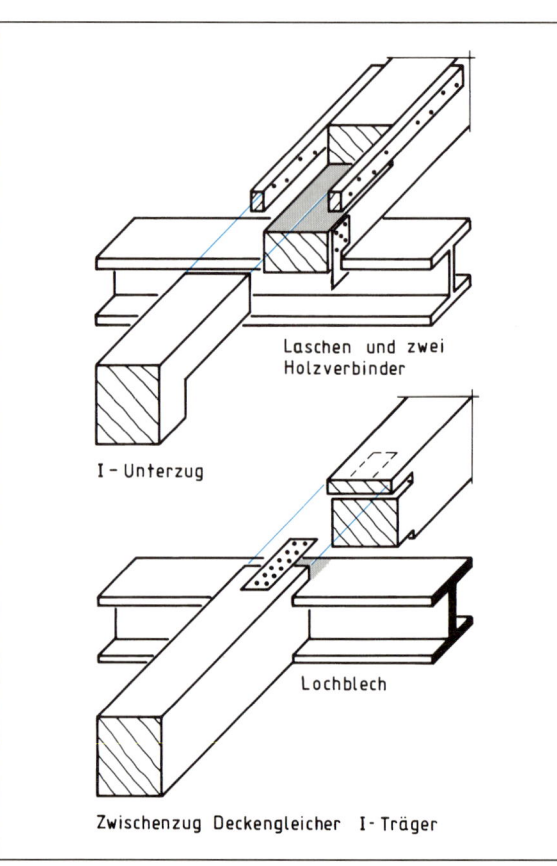

388.1 Schalldämmung bei Holzbalkenlagen

388.2 I-Trägerunterstützungen

Zimmerarbeiten und Ingenieurholzbau

Balkenseiten müssen mindestens 20 cm von Innenkante Rauchrohr bzw. $\geq$ 5 cm von Außenkante Schornstein entfernt liegen. Zur Aussteifung des Schornsteins kann der Zwischenraum mit Beton oder auskragenden Mauerschichten ausgefüllt werden; zusätzlich ist eine Mineralfaserdämmatte zu verlegen.

Endauflager von Balken müssen mindestens 12 cm lang und das Mauerwerk $\geq$ 24 cm dick sein.

Die Bemaßung von Balkenlagen erfolgt vorwiegend links- oder rechtsbündig, selten mittig.

Bei der Lagerung von Balken auf Mauerwerk oder Beton ist darauf zu achten, dass die Hölzer weitgehend frei liegen, belüftet sind bzw. durch eine Sperrpappe vor dauernder Feuchtigkeitseinwirkung geschützt werden (Bild 389.2).

Zimmermannsmäßige Holzverbindungen bei Balkenlagen (Bild 389.3):

Zapfen z. B. für Wechselbalken. **Blätter** für Stichbalken und Füllhölzer. Zusätzliche mechanische Holzverbinder wie Winkel oder Balkenschuhe sind möglich.

Aufgabe: In der Balkenlage (Bild 390.1) sollen die Hölzer in gleichmäßigen Abständen von etwa 70 cm zueinander liegen. Zunächst sind die beiden Streichbalken in 5 cm Abstand von der Mauerinnenkante zu zeichnen und zu bemaßen (siehe Detail). Das linksbündige große Abstandsmaß der Streichbalken wird durch das ungefähre Balkenabstandsmaß (70 cm) geteilt. Als Anzahl der Abstände ist stets eine ganze Zahl zu wählen, die zu dem gesuchten Abstandsmaß führt. Schornsteine und Treppenloch sind auszuwechseln, Details sind darzustellen. Die erforderlichen Mauerverankerungen sind einzuzeichnen und zu bemaßen.

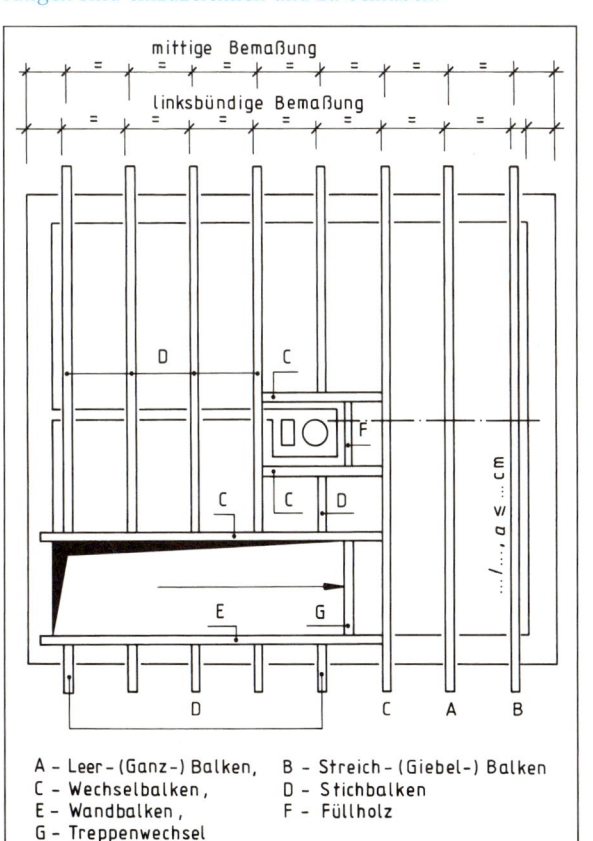

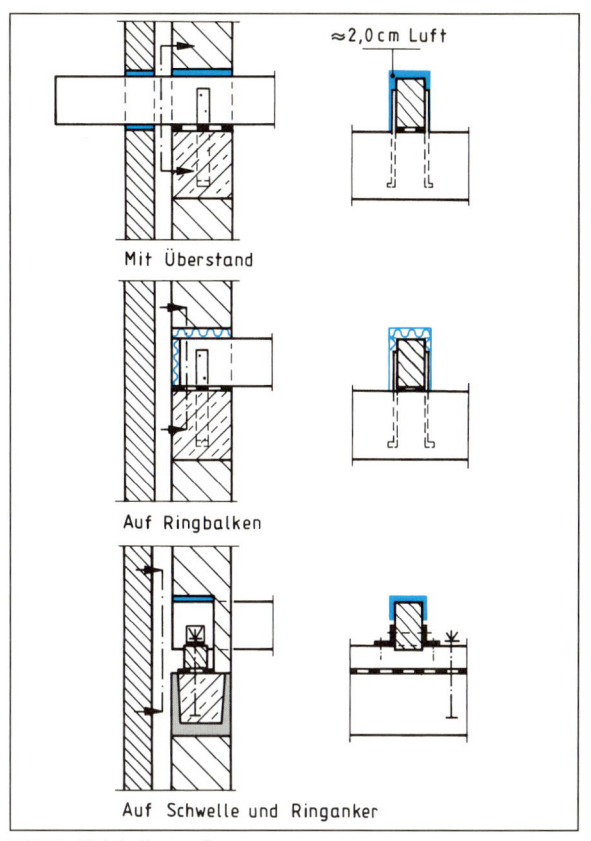

389.2 Holzbalkenauflager

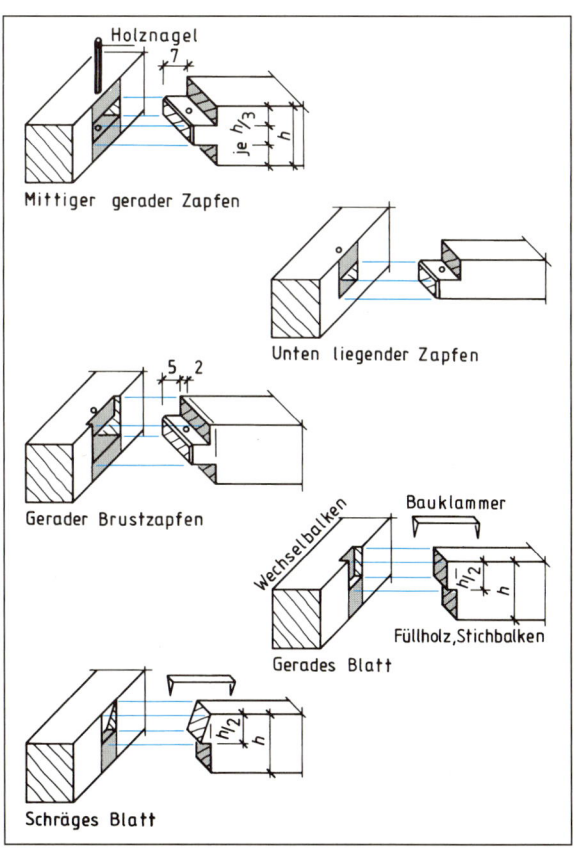

389.1 Holzbalkenlage

A – Leer-(Ganz-) Balken, B – Streich-(Giebel-) Balken
C – Wechselbalken, D – Stichbalken
E – Wandbalken, F – Füllholz
G – Treppenwechsel

389.3 Zapfen- und Blattverbindungen

Zimmerarbeiten und Ingenieurholzbau

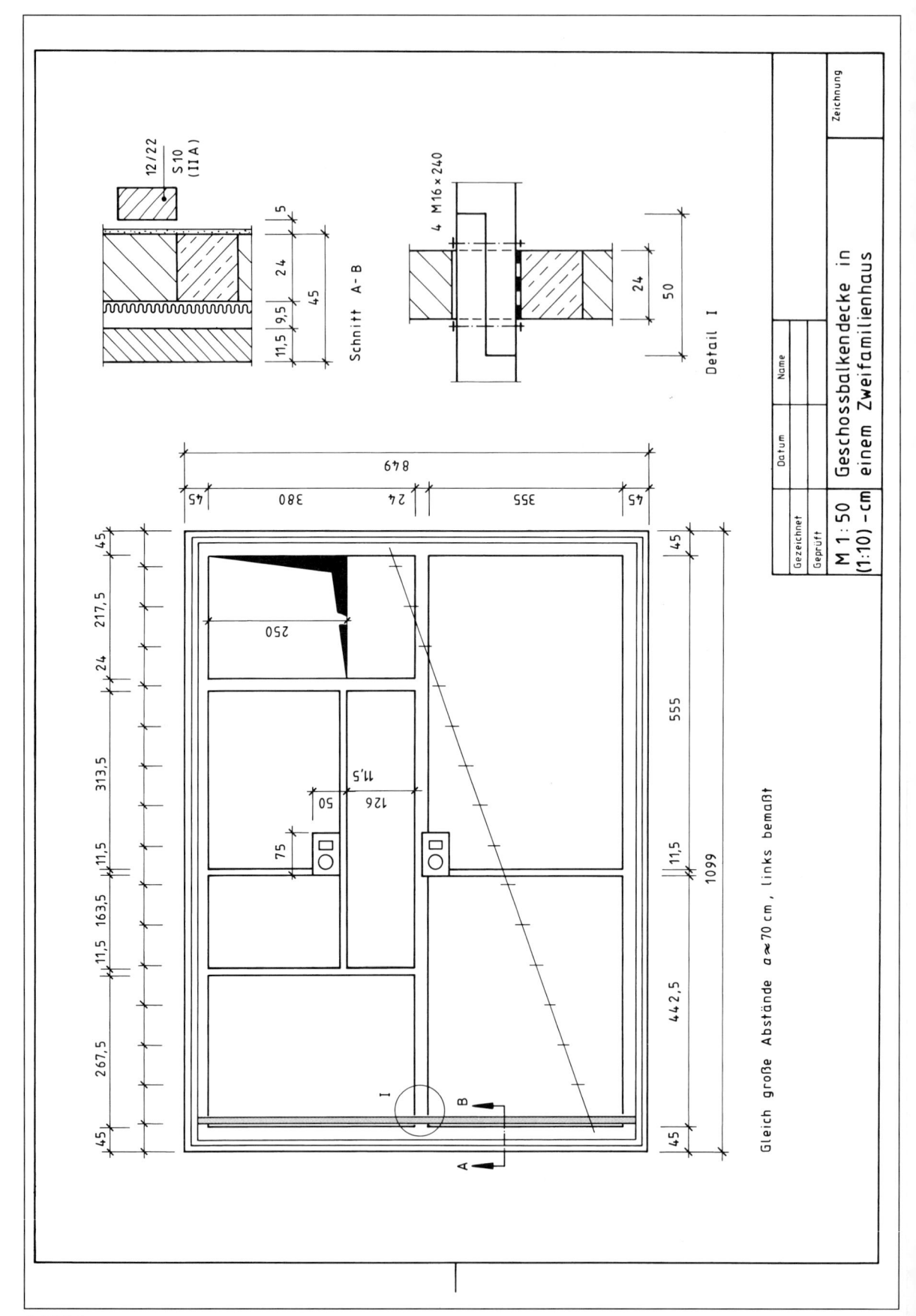

▲ 390.1

4 Holzhausbau

Gebäude bis zu drei Vollgeschossen können in Holzbauweise errichtet werden (Bild 391.1). Ausmauerungen, flächige Wärme-, Schall-, Feuer- und Feuchteschutzmaßnahmen sind erforderlich. Äußere Beplankungen oder Putzschichten sind möglich. Holzhäuser werden gern im Ökobau errichtet.

Fachwerkbauten bestehen aus Kanthölzern, die geschossweise durch zimmermannsmäßige Holzverbindungen zusammengefügt sind. Dies bedingt häufig eine Schwächung der Querschnitte.

Ständerbauten haben über mehrere Geschosse reichende Ständer. Verzinkte Holzverbinder ermöglichen die Verbindung ungeschwächter Hölzer.

Skelettbauten zeichnen sich durch weit auseinander stehende Stützen aus. Brettschichthölzer finden bei dieser Mischung aus Fachwerk- und Ständerbau Verwendung.

Rahmenbauten bestehen aus Hölzern mit relativ geringen Querschnitten (etwa 60/120 mm) auf einer Massivplatte. Holzverbinder sichern die Knotenpunkte.

Tafelbauten eigenen sich vor allem für die werkmäßige Serienherstellung großformatiger Bauteile im Endzustand. Witterungsunabhängige Fabrikation und kurze Richtzeiten sind Vorteile dieser Bauweise. Genagelte Verbindungen sind üblich.

Brettstapelbauten bestehen in ihren Flächen – Wände, Decken, Dächer – aus miteinander verbundenen gehobelten Brettern (S 10) in Hochlage. Als Verbindungsmittel werden Nägel, Hartholzdübel o. Ä. verwendet.

Blockbauten bestehen in ihren Wänden aus mehr oder weniger bearbeiteten Vollhölzern (Bild 391.2).

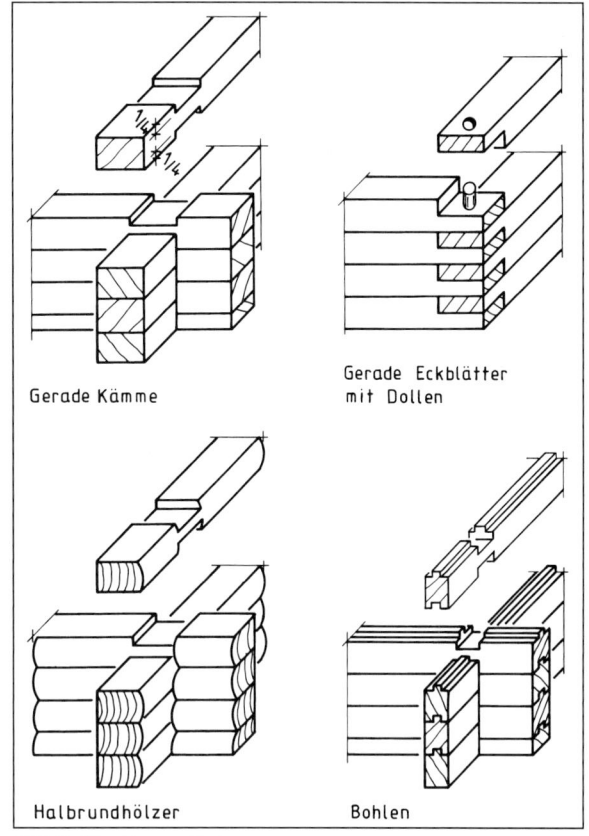

391.2 Blockhauswände

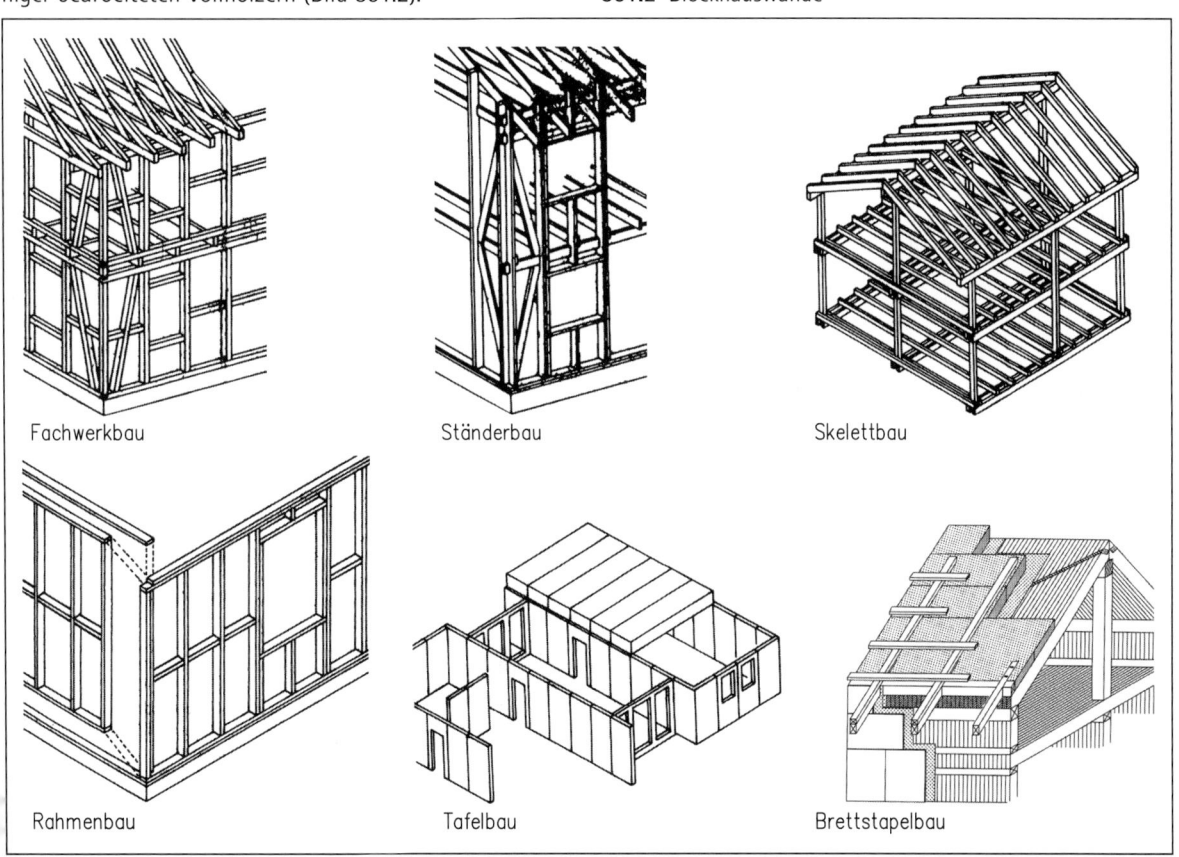

Gerade Kämme — Gerade Eckblätter mit Dollen — Halbrundhölzer — Bohlen

Fachwerkbau — Ständerbau — Skelettbau

Rahmenbau — Tafelbau — Brettstapelbau

391.1 Holzhausbau

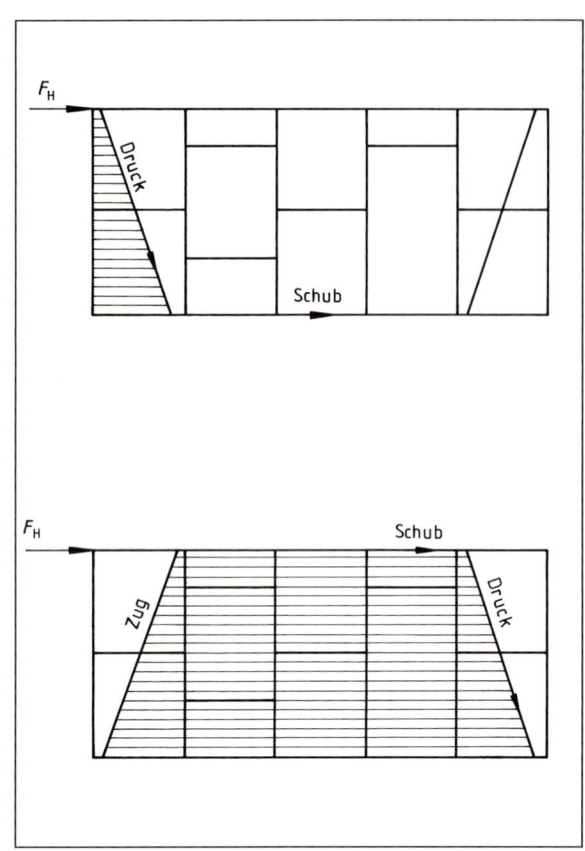

Zimmerarbeiten und Ingenieurholzbau

4.1 Fachwerkbau

Holzfachwerke werden in Nadelholz oder Eiche ausgeführt. In Bild 392.1 ist die Belastung einer Fachwerkwand infolge von Horizontalkräften dargestellt, wie sie sich aus unterschiedlicher Strebestellung ergibt.

Die Bezeichnungen einer Fachwerk-(Riegel-)wand sind in Bild 392.2 wiedergegeben. Die Schwelle wird mit Bolzen M16, $a \leq 2{,}00$ m oder durch Winkelverbinder in der Stahlbetonplatte oder dem Mauerwerk verankert.

In den Bildern 393.1 bis 394.3 sind Längs- und Querverbindungsdetails für den Fachwerkbau dargestellt, wie sie vom Zimmermann ausgeführt werden. Die Verbindungen werden, falls erforderlich, durch Holznägel, Holzdübel, Bolzen oder Nägel zusammengehalten.

In Bild 394.4 sind die Möglichkeiten der Verbindung zwischen Holzfachwerk und Ausmauerung sowie Sockelausbildungen wiedergegeben.

Aufgabe: Die Zeichnung (Bild 395.1) für eine Waldarbeiterhütte ist durch die Fachwerkwände zu vervollständigen. Dabei ist von den Holzachsen auszugehen.

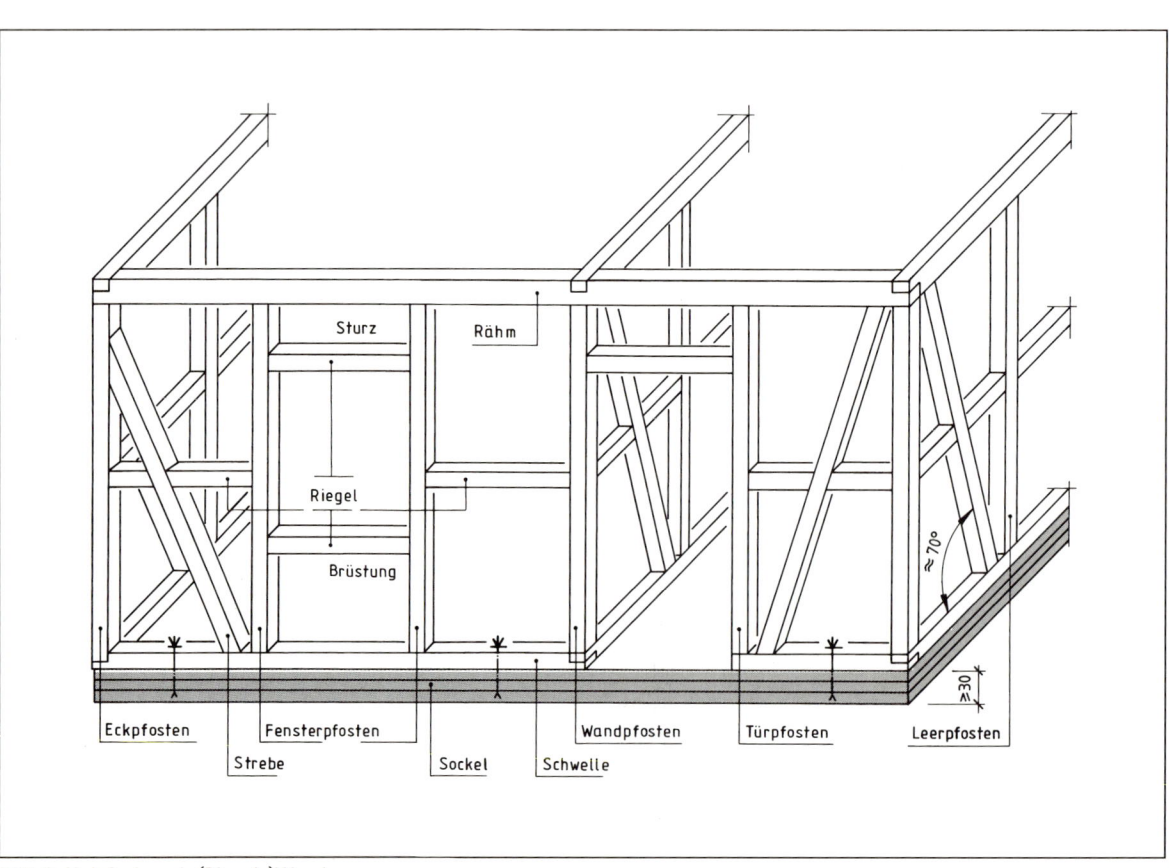

392.1 Horizontale Belastung von Fachwerkflächen

392.2 Holzfachwerk-(Riegel-)Wand

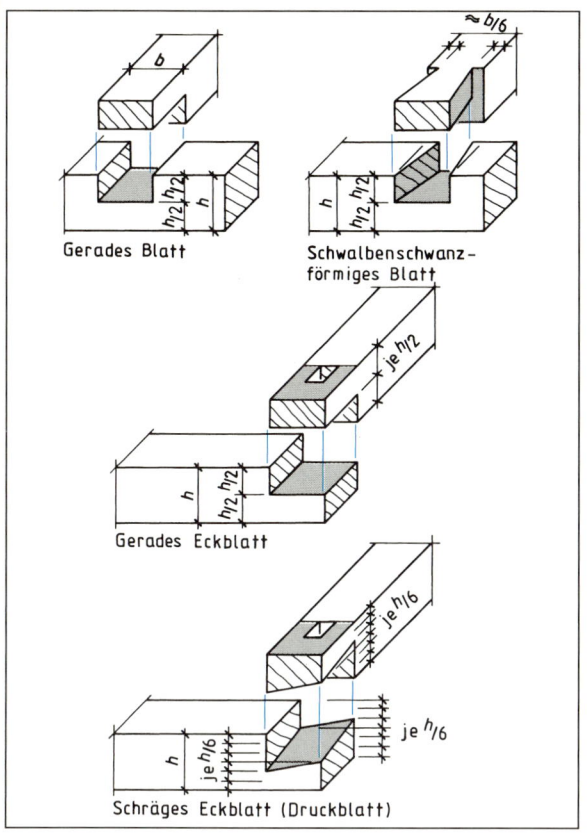

Zimmerarbeiten und Ingenieurholzbau 393

393.1 Blätter

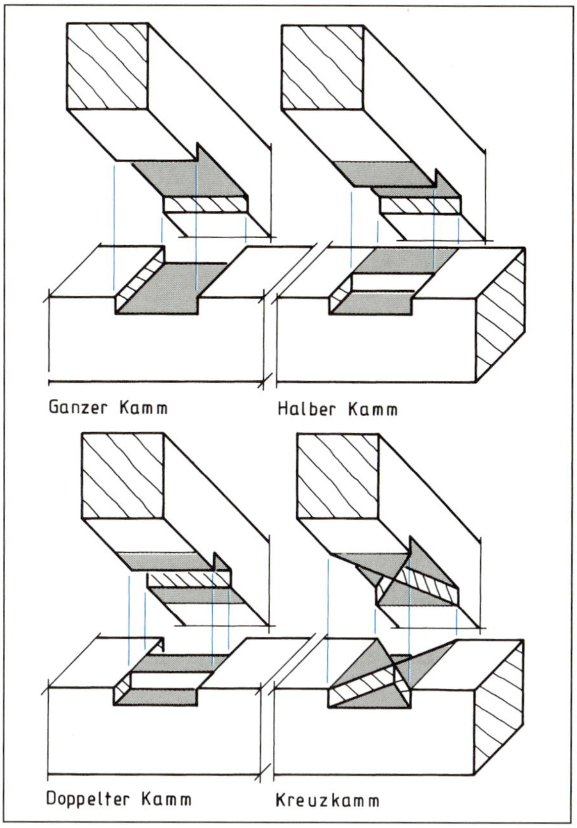

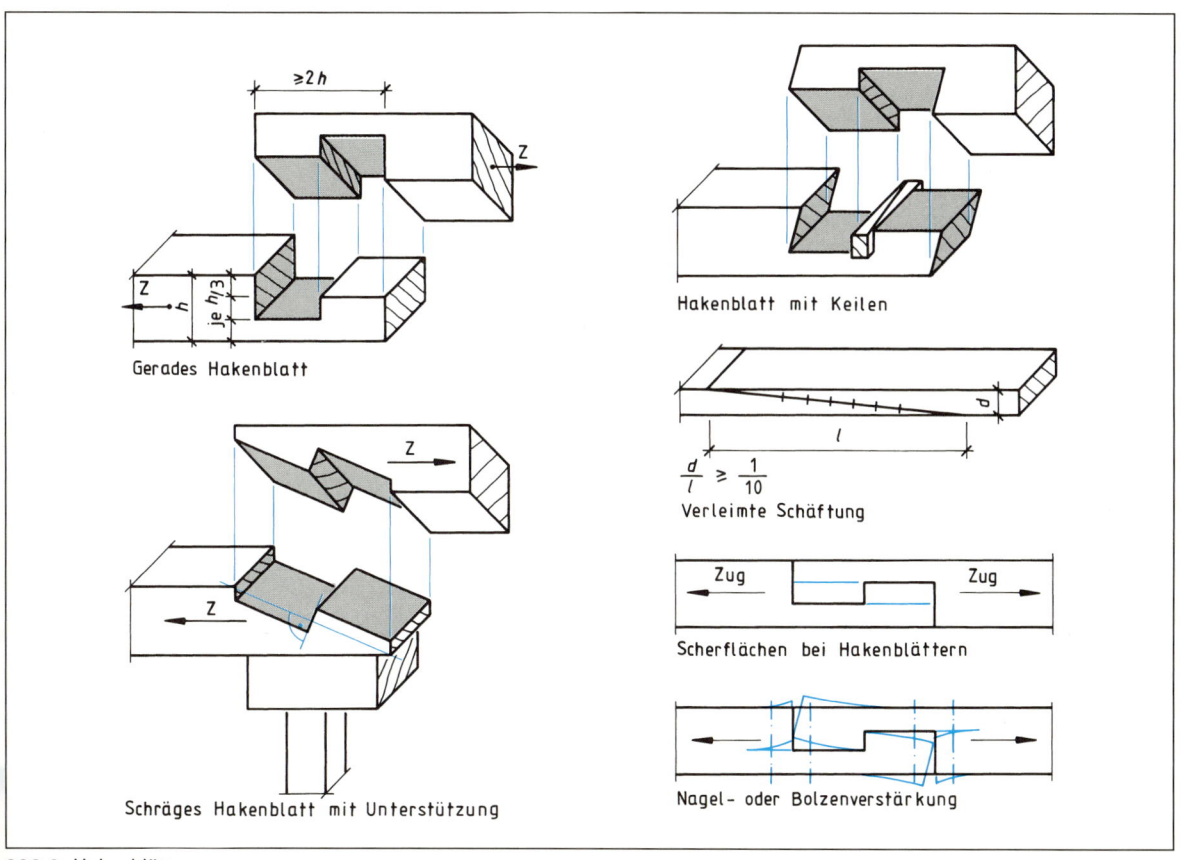

393.2 Hakenblätter

393.3 Kämme

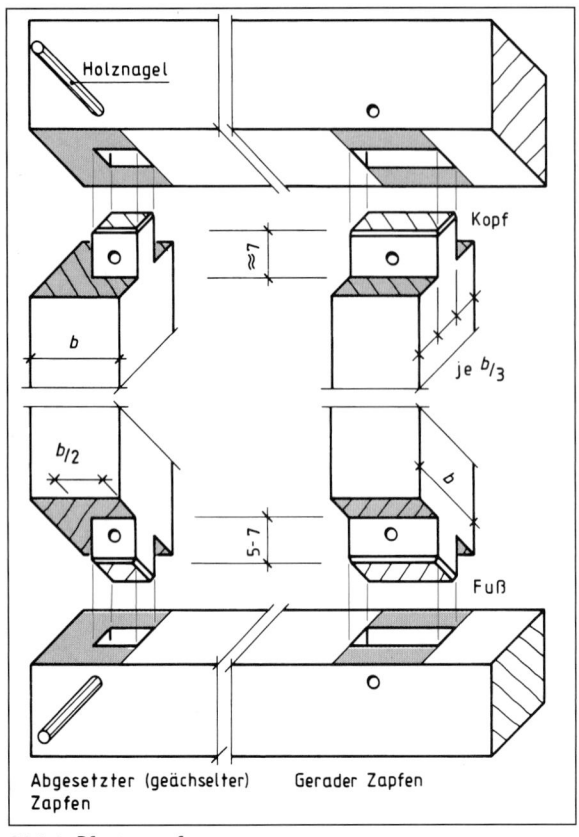

Zimmerarbeiten und Ingenieurholzbau

394.1 Pfostenzapfen

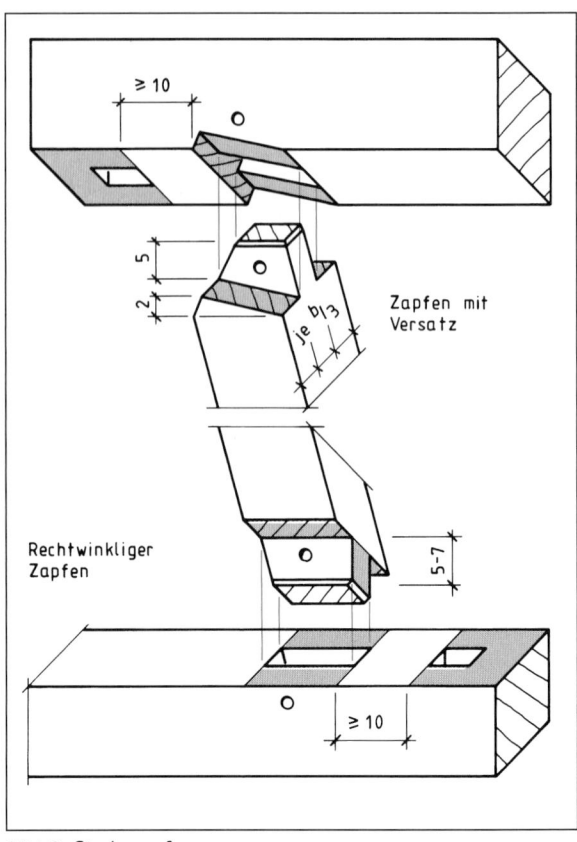

394.3 Strebezapfen

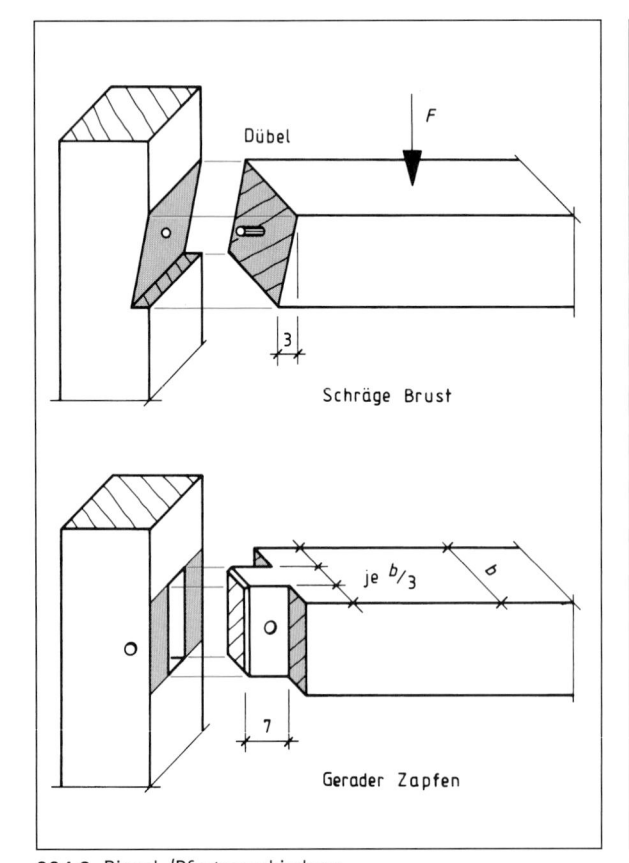

394.2 Riegel-/Pfostenverbindung

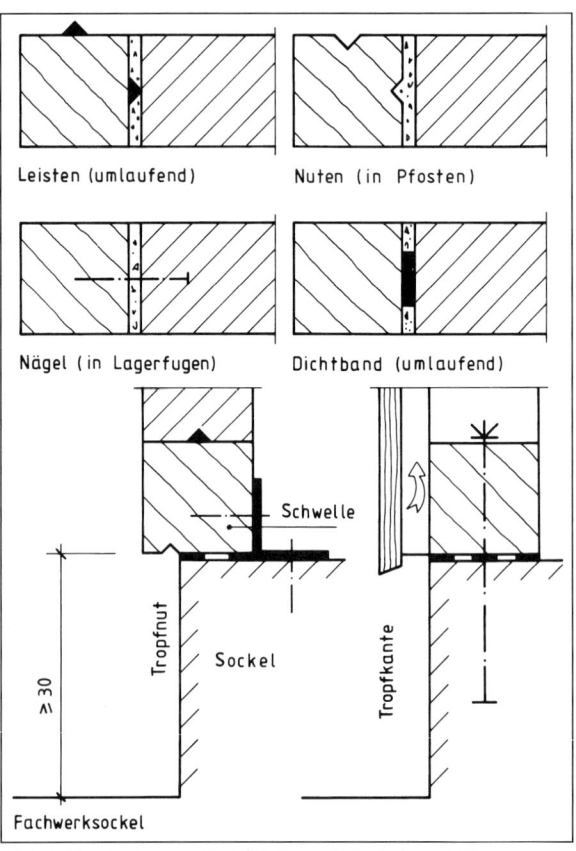

394.4 Verbindungen Holz/Stein und Sockelanschlüsse

395.1

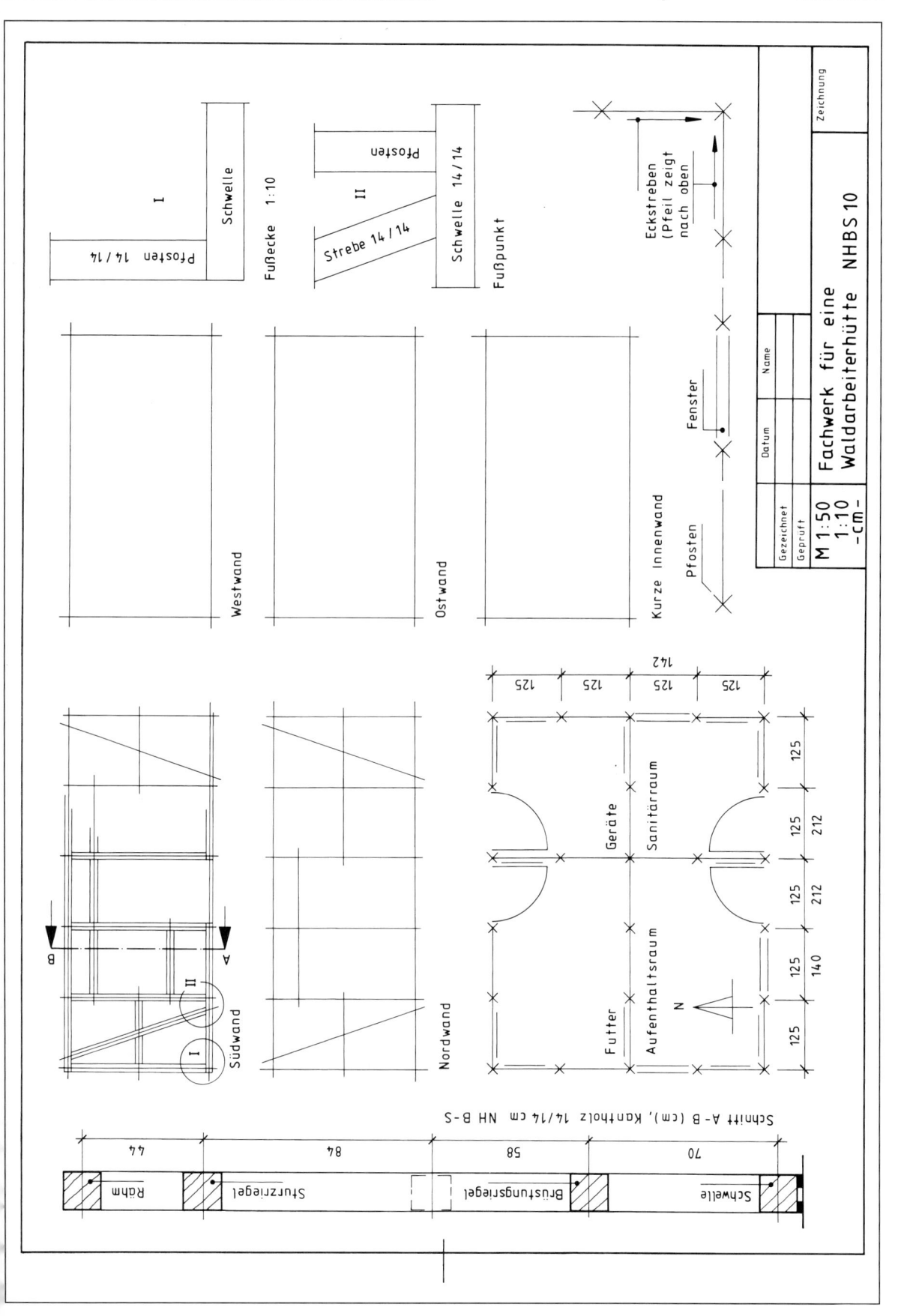

Zimmerarbeiten und Ingenieurholzbau

5 Dachtragwerke

Bei den Dachtragwerken sind zunächst zwei Arten zu unterscheiden:

Gezimmerte Dächer, zu denen Pfettendächer, Sparren- und Kehlbalkendächer sowie Mischformen aus diesen beiden im Grundsatz unterschiedlichen Konstruktionen gehören.

Fachwerkbinder in Ingenieurbauweise, die nach Art ihrer vorwiegend verwendeten Verbindungsmittel unterschieden werden (Nagelbinder, Dübelbinder, Leimbinder u.Ä.).

5.1 Pfettendächer

In den Detailzeichnungen (Bild 396.2) sind Sattel- und Walmdächer sowie zusammengesetzte Dächer in Pfettendachkonstruktion zusammengestellt.

Pfettendächer bestehen aus einer Aneinanderreihung von geneigten Trägern (Sparren im Abstand von maximal 90 cm) auf zwei oder drei Pfetten (Patena: lat. Längsholz) ohne oder mit Kragarm (Bild 396.1). Die Sparren übertragen die Lasten aus Dachhaut, Wind, Schnee oder Begehung auf die Pfetten als wichtigste tragende Konstruktionsteile. In dem Bild 397.1 sind die einzelnen Teile eines Pfettendaches und ihre Bezeichnungen aufgeführt; die Sparren werden unmittelbar von Pfetten unterstützt.

Die Pfetten müssen, soweit sie nicht flächig aufliegen und verankert sind (Fußpfetten), durch Pfosten unterstützt werden. Damit die Pfettenstützenkonstruktionen in Längsrichtung nicht durch Horizontalkräfte verschoben werden können, werden sie durch Kopfbänder (Büge) oder Streben ausgesteift (Bild 397.3). Die gesamte tragende Längskon-

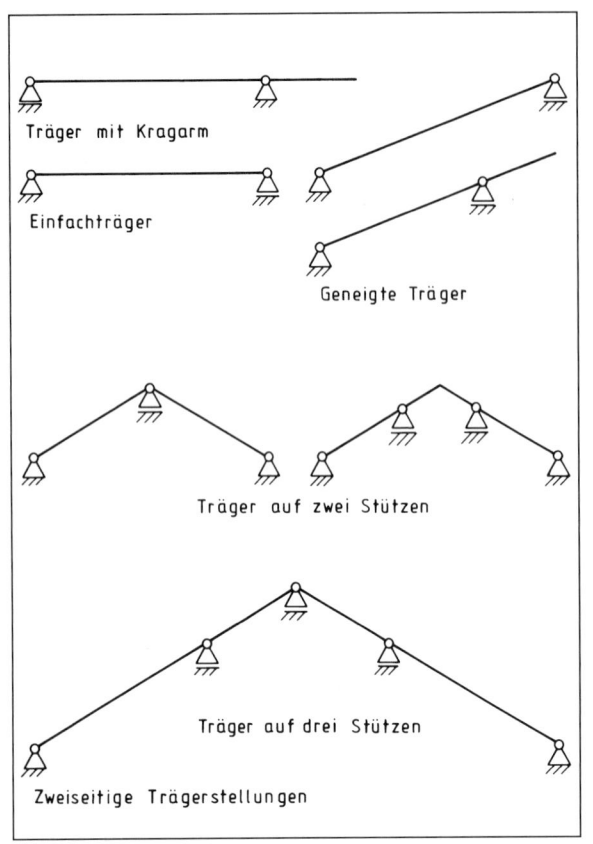

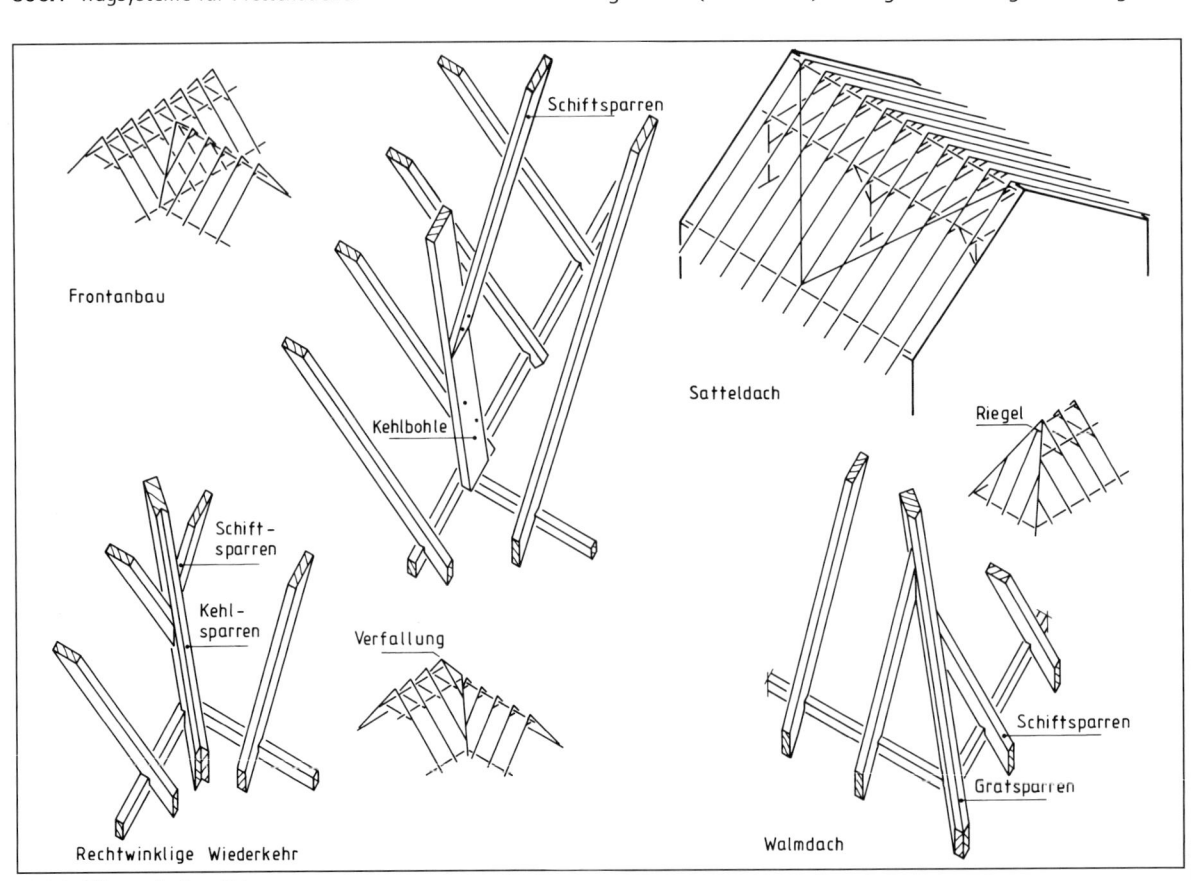

396.1 Tragsysteme für Pfettendächer

396.2 Pfettendachgerüste

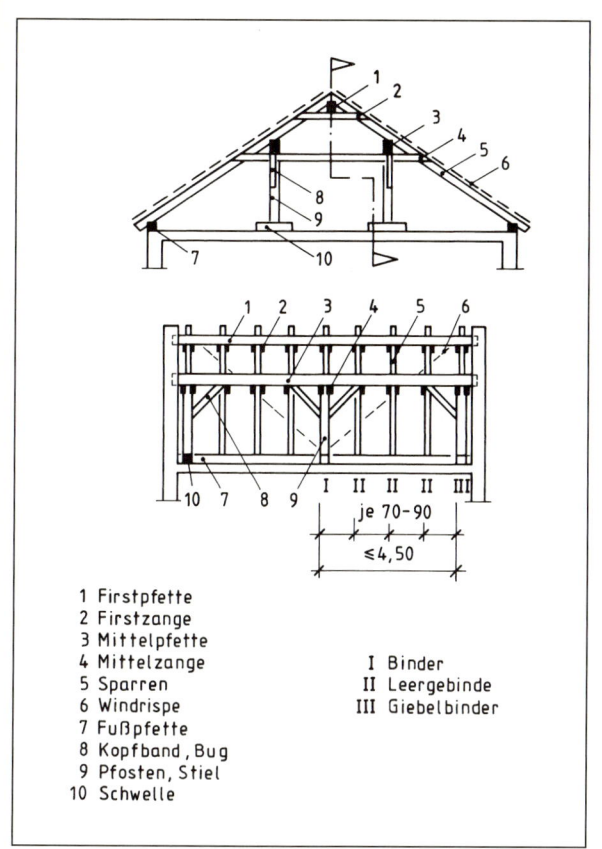

Zimmerarbeiten und Ingenieurholzbau 397

1 Firstpfette
2 Firstzange
3 Mittelpfette
4 Mittelzange
5 Sparren
6 Windrispe
7 Fußpfette
8 Kopfband, Bug
9 Pfosten, Stiel
10 Schwelle

I Binder
II Leergebinde
III Giebelbinder

397.1 Pfettendachbezeichnungen

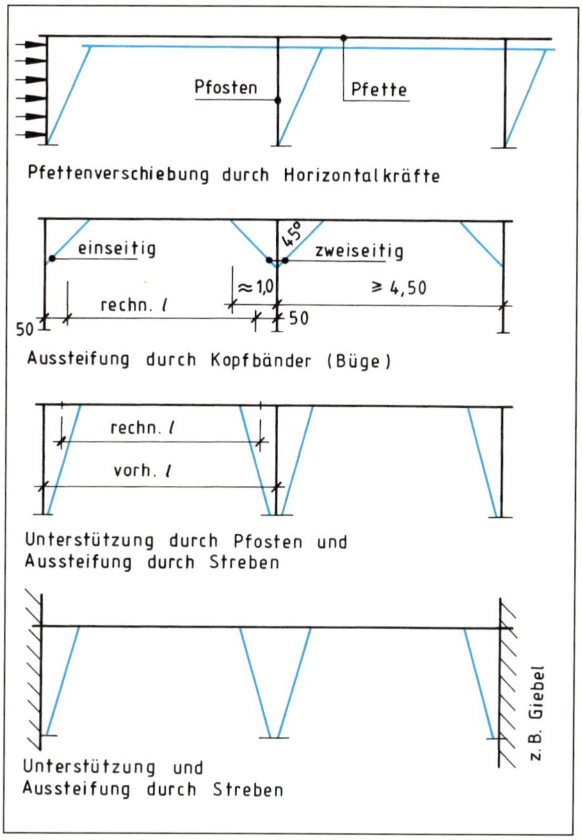

Pfettenverschiebung durch Horizontalkräfte

Aussteifung durch Kopfbänder (Büge)

Unterstützung durch Pfosten und Aussteifung durch Streben

Unterstützung und Aussteifung durch Streben

397.3 Stuhlkonstruktionen

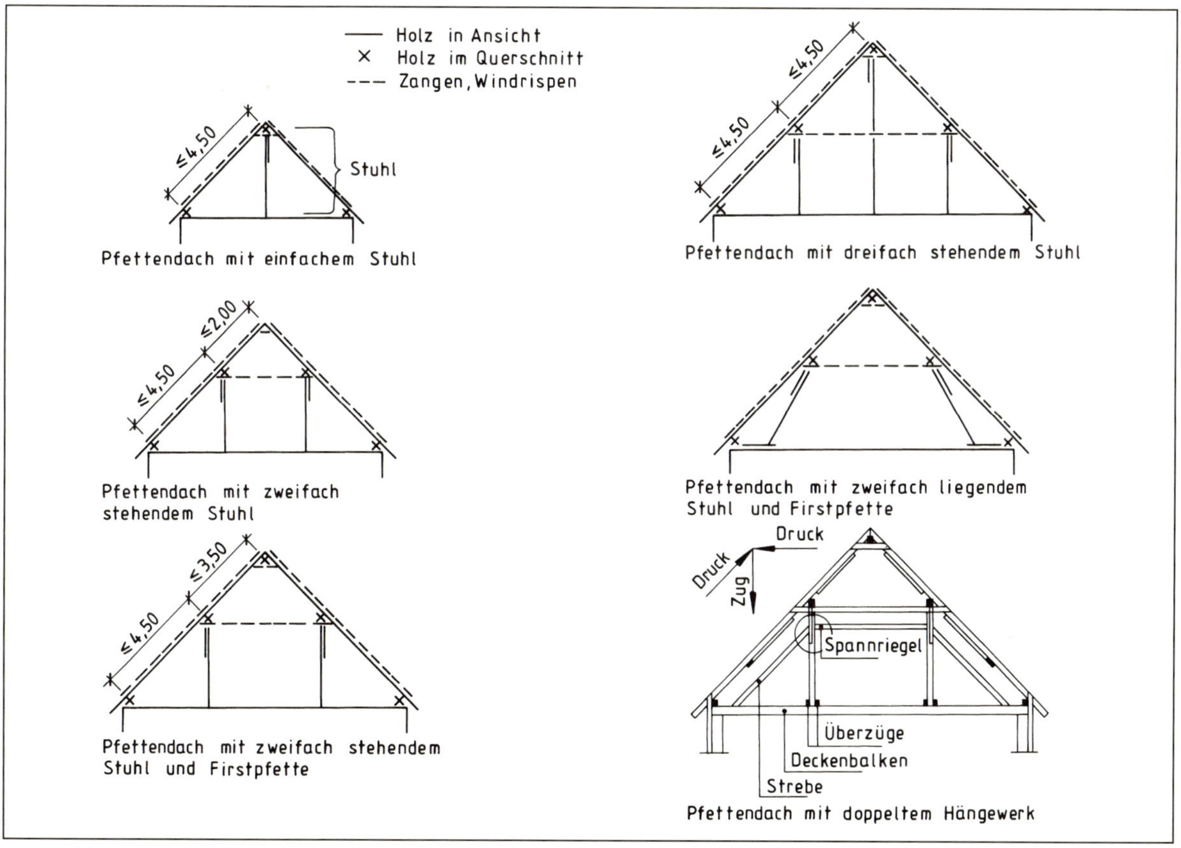

— Holz in Ansicht
× Holz im Querschnitt
--- Zangen, Windrispen

Pfettendach mit einfachem Stuhl

Pfettendach mit zweifach stehendem Stuhl

Pfettendach mit zweifach stehendem Stuhl und Firstpfette

Pfettendach mit dreifach stehendem Stuhl

Pfettendach mit zweifach liegendem Stuhl und Firstpfette

Pfettendach mit doppeltem Hängewerk

397.2 Pfettendächer

Zimmerarbeiten und Ingenieurholzbau

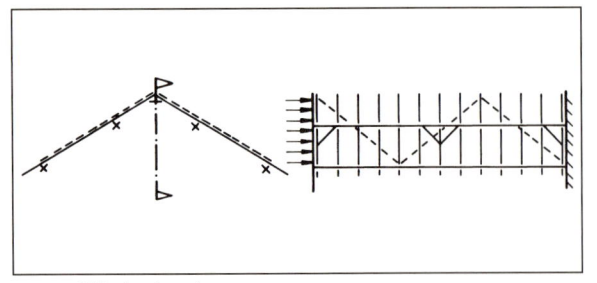

398.1 Windverband

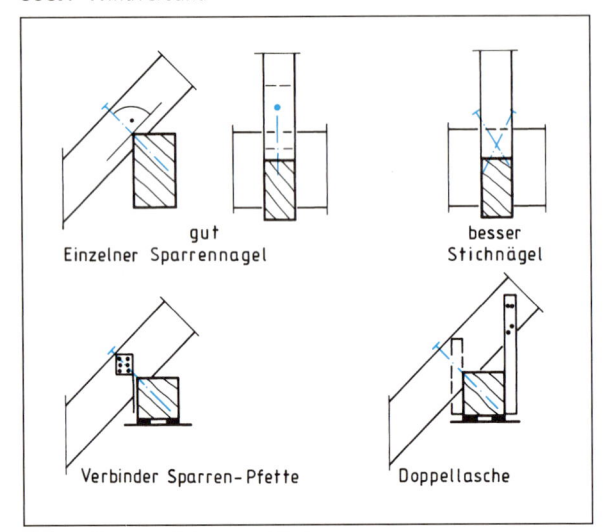

398.2 Sparren-/Pfettenverbindungen
- gut: Einzelner Sparrennagel
- besser: Stichnägel
- Verbinder Sparren-Pfette
- Doppellasche

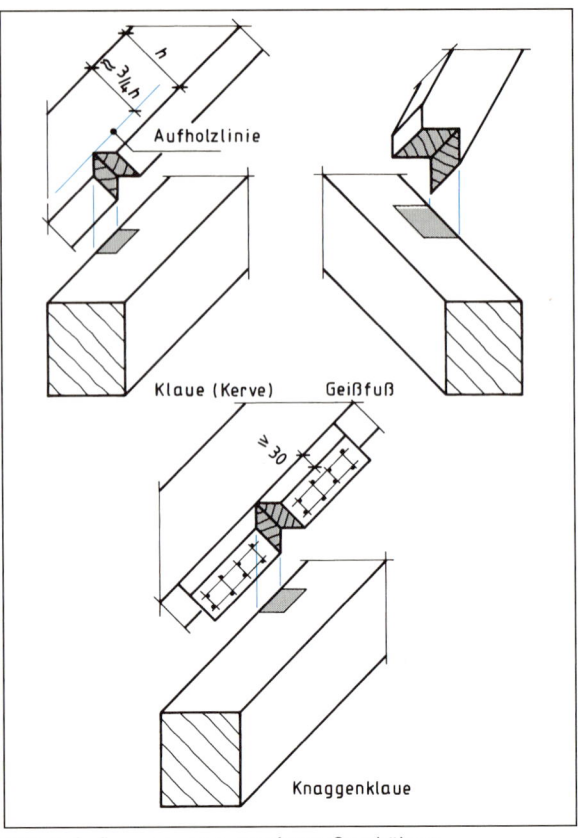

398.4 Auflagerung von geneigten Querhölzern
- Klaue (Kerve) — Geißfuß
- Knaggenklaue

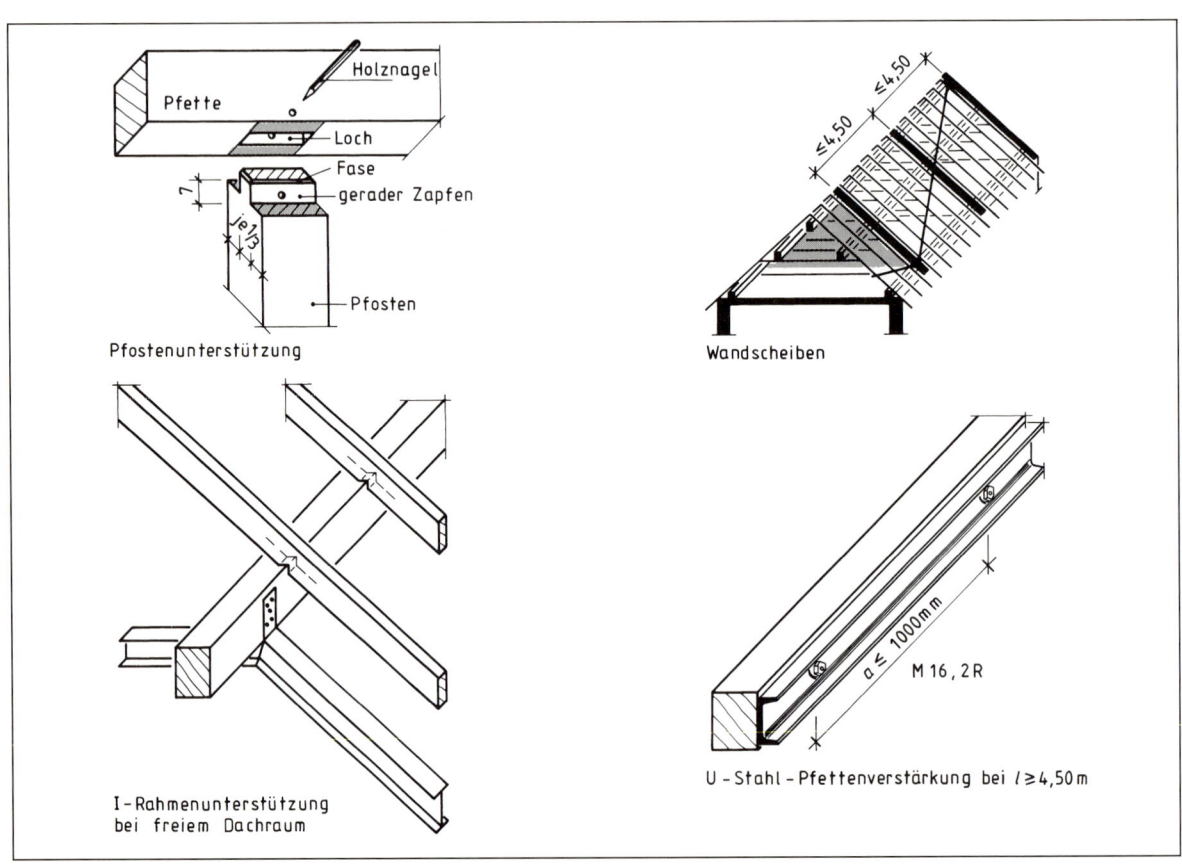

398.3 Pfettenunterstützungen
- Pfostenunterstützung (Pfette, Holznagel, Loch, Fase, gerader Zapfen, Pfosten)
- I-Rahmenunterstützung bei freiem Dachraum
- Wandscheiben
- U-Stahl-Pfettenverstärkung bei $l \geq 4{,}50$ m; M 16, 2R; $a \leq 1000$ mm

struktion wird als Stuhl bezeichnet, der zur Pfettenunterstützung einen Abstand von jeweils ≤ 4,50 m hat. In dem Bild 397.2 sind Pfettendächer zusammengestellt und nach der Anzahl und Neigung ihrer Stühle benannt. Liegende Stühle schaffen einen größeren Dachraum als stehende Stühle.

Eine Sonderkonstruktion der Pfettendächer stellt das Hängewerk dar, bei dem die von Spannriegel und Streben gehaltenen Pfosten als Zugglieder die Deckenbalken tragen. Die Konstruktion wird ebenfalls mit einfachem Stuhl ausgeführt. Hängewerke ermöglichen größere Deckenspannweiten und damit größere Räume unter dem Dach.

Eine zusätzliche Aussteifung erfahren die Dachflächen durch einen Windverband aus Latten oder Bandstahl (Bild 398.1). Mittel- oder Firstpfetten können auf Wandscheiben liegen (Bild 398.3). Bei größeren Stützweiten werden vor allem Mittelpfetten durch angebolzte U-Stähle verstärkt. Soll der Dachraum von Stützen freibleiben oder müssen die Pfettenlasten auf die Außenmauern übertragen werden, sind I-Rahmenkonstruktionen möglich.

Die unmittelbare Unterstützung der Sparren durch die Pfetten erfolgt über eine Klaue (Kerve), die bis zur Aufholzlinie in etwa 3/4 Sparrenhöhe ausgearbeitet wird (Bild 398.2). Die Klaue soll 3 bis 4 cm tief sein, um ein sicheres Auflager zu gewährleisten. Knaggenklauen und Geißfüße gelten ebenfalls als Sparrenauflager. Ein oder zwei Sparrennägel fixieren die Verbindung. Bei Mittel- und Firstpfetten wird die Sparrenverbindung zusätzlich durch Zangen gesichert, bei Fußpfetten sind zwei Winkel- oder zwei Sparrenpfetten-Verbinder oder Doppellaschen erforderlich.

Einzelkonstruktionen. In dem Dachprofil (Bild 402.3) sind Detailpunkte zu Pfettendächern markiert. Die folgenden Zeichnungen und die Aufgaben beziehen sich auf diese Punkte.

Traufdetailbeispiele sind in dem Bild 399.1 im Zusammenhang mit Mauerwerk und Dachdecke dargestellt. Die Fußpfette, als Rechteckquerschnitt vorwiegend in Flachlage, wird durch Bolzen mit Scheibe und Mutter im Abstand von ≤ 2,00 m verankert. Fußpfetten sind stets durch eine Sperrlage vor der Aufnahme von Feuchtigkeit aus anderen Bauteilen zu schützen.

Firstpunkte für Pfettendächer (Bild 400.1) zeichnen sich dadurch aus, dass die Sparrenzusammenstöße stumpf sind, jedoch mindestens durch Zangen, ein Richt- oder Firstholz bzw. eine Firstpfette mit Zangen gehalten und unterstützt werden.

Stehende Pfettenpfosten werden durch gerade bzw. abgesetzte Zapfen oder Laschen mit der Pfette verbunden, die erforderliche Steifigkeit erhält der Knotenpunkt erst durch das Zangenpaar (Bild 401.1).

Strebenanschlüsse (Bild 400.2) sind für Hölzer erforderlich, die der Dachkonstruktion die erforderliche unverschiebliche Standfestigkeit geben (Dreieckverband). Zu diesen Hölzern gehören neben Streben vor allem Kopfbänder (Büge). Kopfbänder sind in der Regel schmaler als die dazugehörenden Pfosten und Pfetten, sie werden dann außenbündig (Bundseite) oder mittig zu den auszusteifenden Hölzern verzimmert. Bei Zapfenverbindungen werden Holznägel zur Sicherung des Anschlusses verwendet.

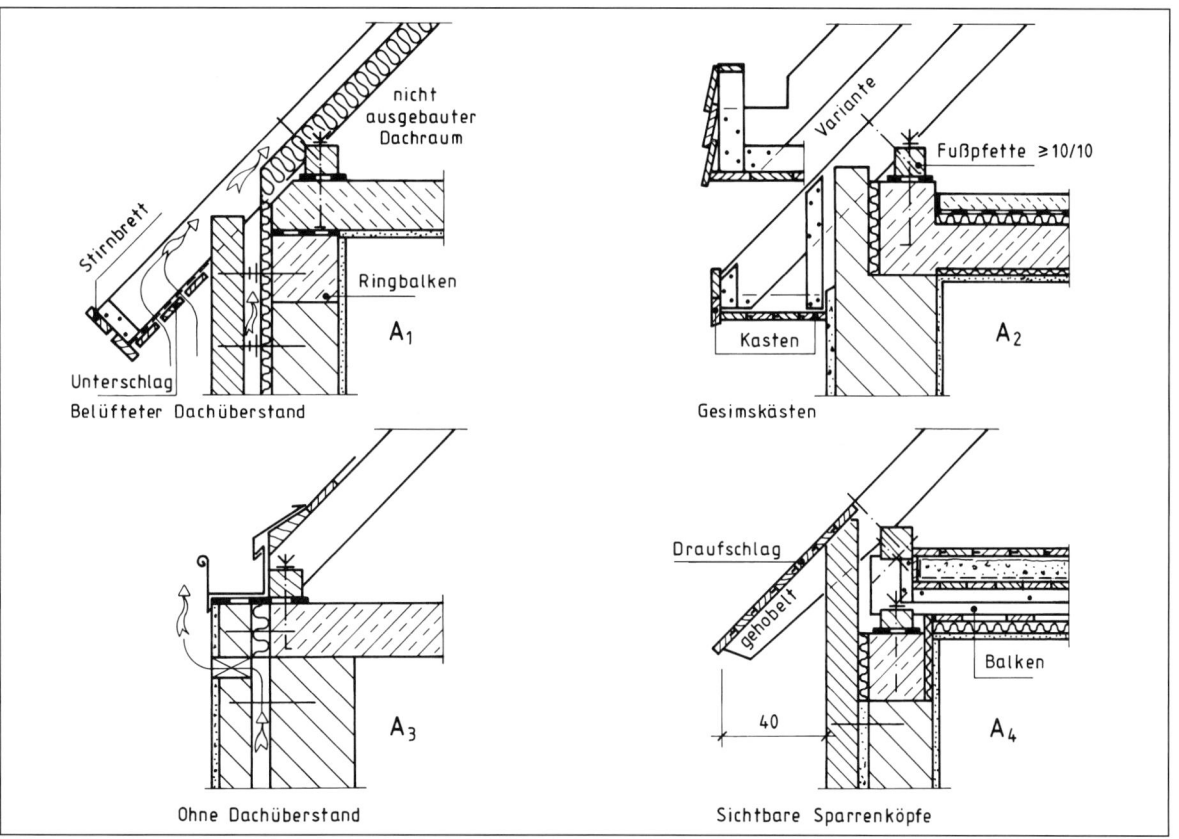

399.1 Traufdetails für Pfettendächer

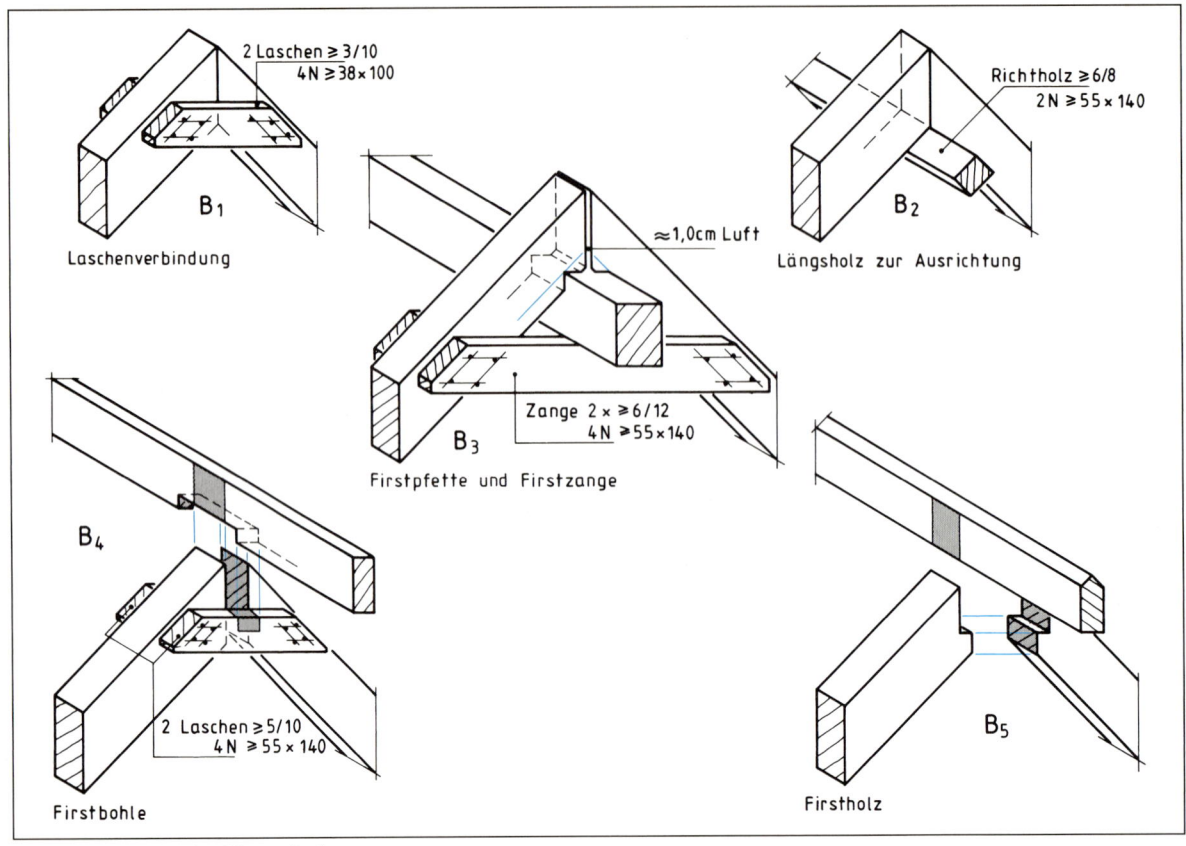

400.1 Firstdetails für Pfettendächer

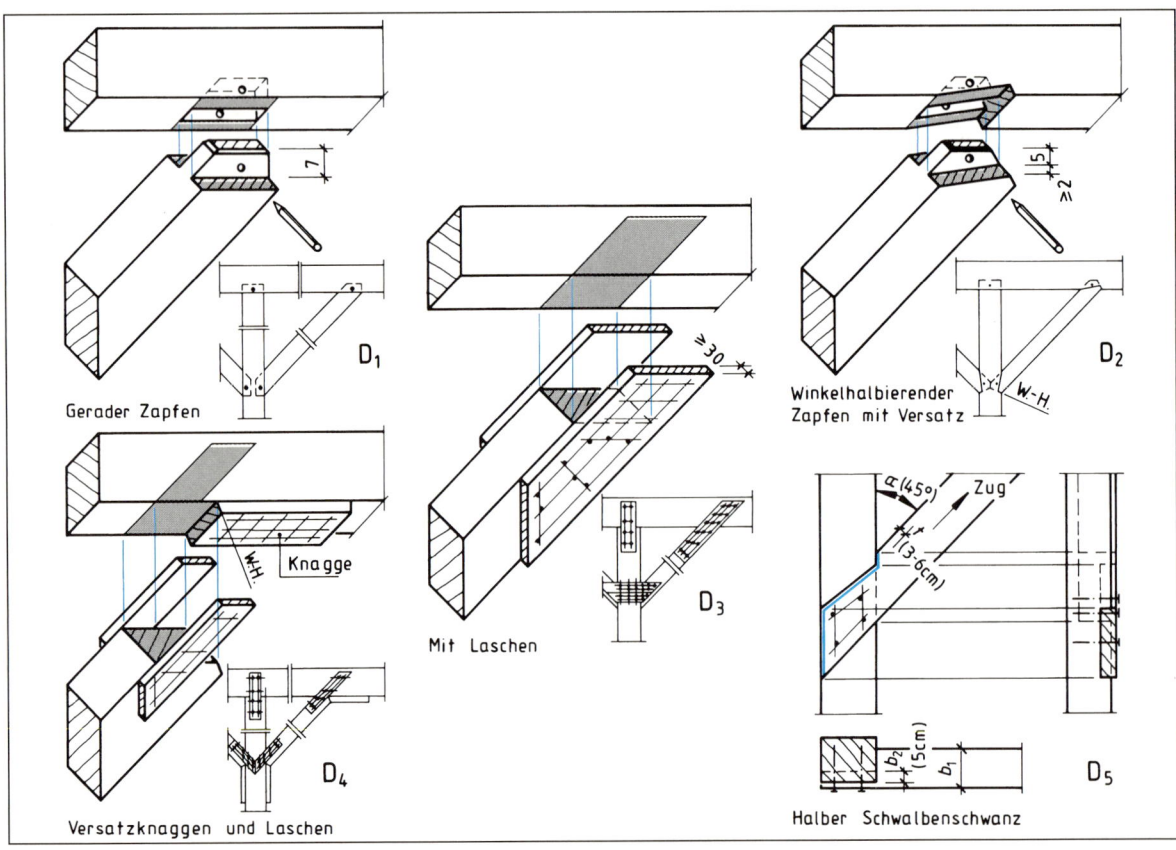

- B₁ Laschenverbindung — 2 Laschen ≥ 3/10, 4N ≥ 38×100
- B₂ Längsholz zur Ausrichtung — Richtholz ≥ 6/8, 2N ≥ 55×140
- B₃ Firstpfette und Firstzange — ≈1,0 cm Luft; Zange 2× ≥ 6/12, 4N ≥ 55×140
- B₄ Firstbohle — 2 Laschen ≥ 5/10, 4N ≥ 55×140
- B₅ Firstholz

400.2 Strebenanschlüsse (Kopfbänder, Büge)

- D₁ Gerader Zapfen
- D₂ Winkelhalbierender Zapfen mit Versatz
- D₃ Mit Laschen — ≥ 30
- D₄ Versatzknaggen und Laschen — Knagge, W-H
- D₅ Halber Schwalbenschwanz — α (45°), Zug, (3–6 cm), b₁, b₂ (5 cm)

Zimmerarbeiten und Ingenieurholzbau 401

C₁

Stumpf unterliegende Zange, Pfosten durchgehend

C₂

Zange mit ganzen Kämmen, Pfostenkopf abgesetzt

C₃

2 Laschen ≥ 3/10
≥ 4 N 42 × 100

Laschenverbindung

E₁

2 Anker ≥ 4 × 40 × 400

Pfosten auf einer Stahlbetonplatte
mit Mauerunterstützung

E₂

2 Winkel 150 × 200 × 3

Lastverteilung über eine Schwelle
auf eine Stahlbetonplatte

E₃

2 Laschen ≥ 3/10
≥ 38 × 100

Druckverteilung über eine Schwelle auf Deckenbalken

401.1 Stehende Pfettenpfosten

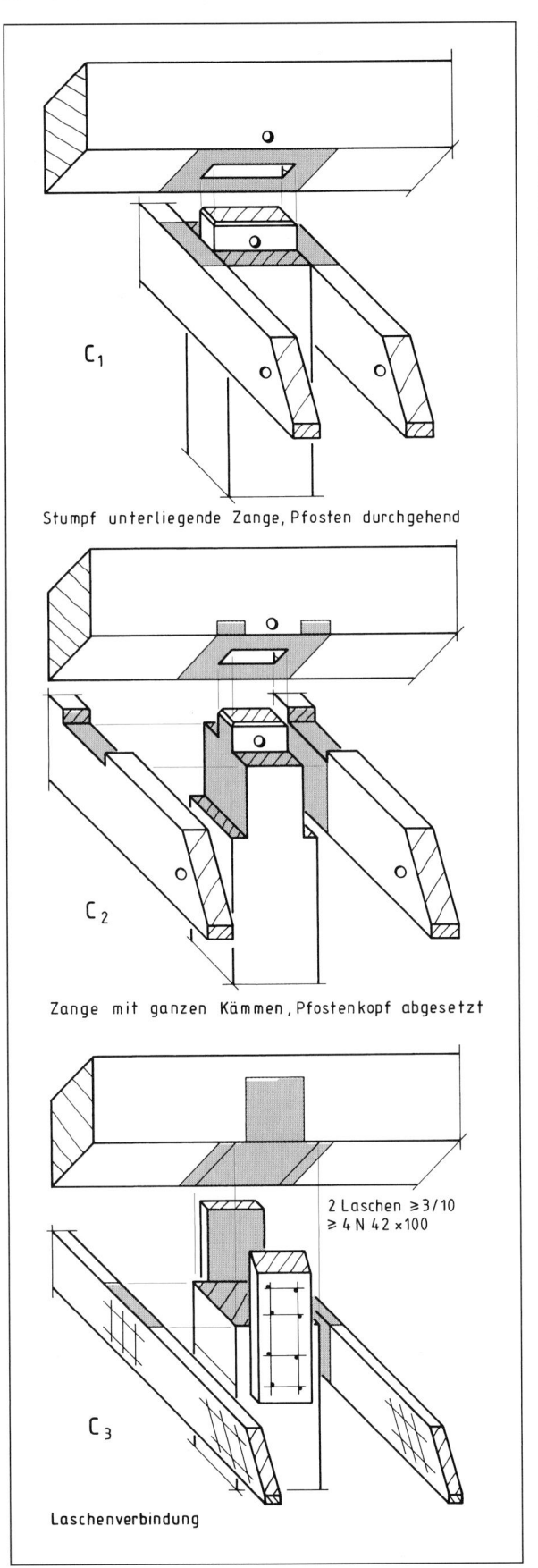

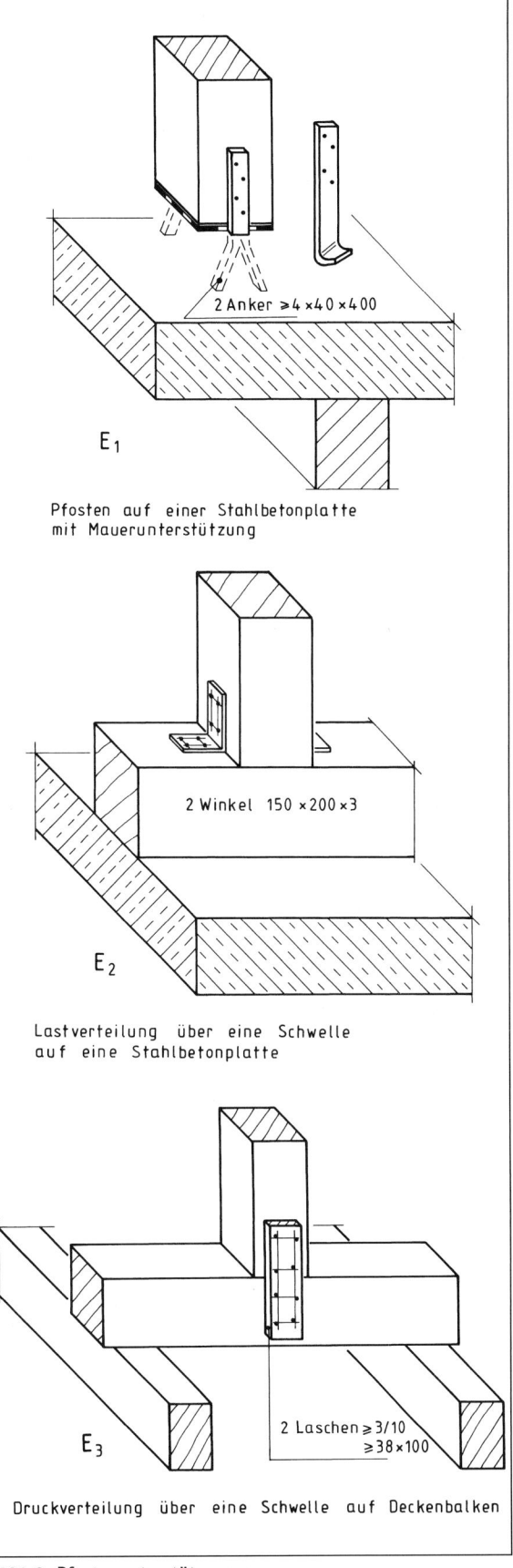

401.2 Pfostenunterstützungen

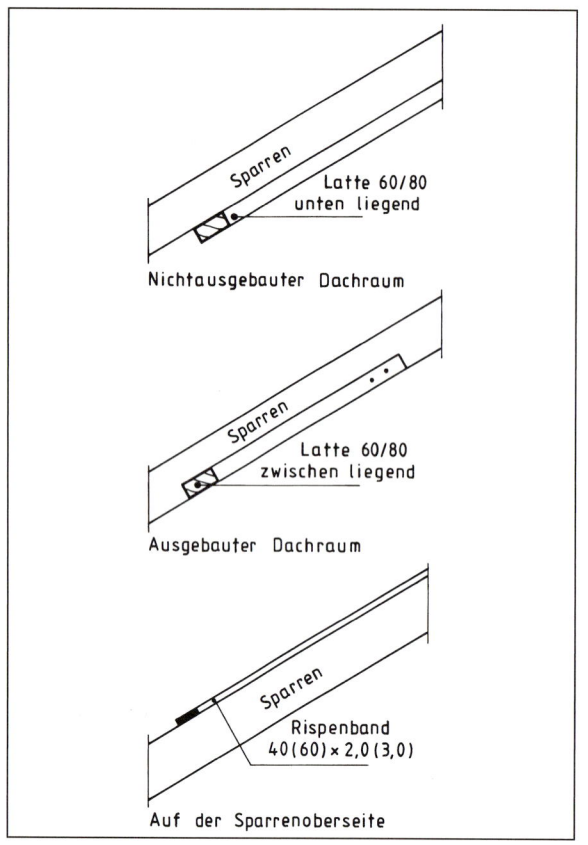

Zimmerarbeiten und Ingenieurholzbau

402.1 Windrispen

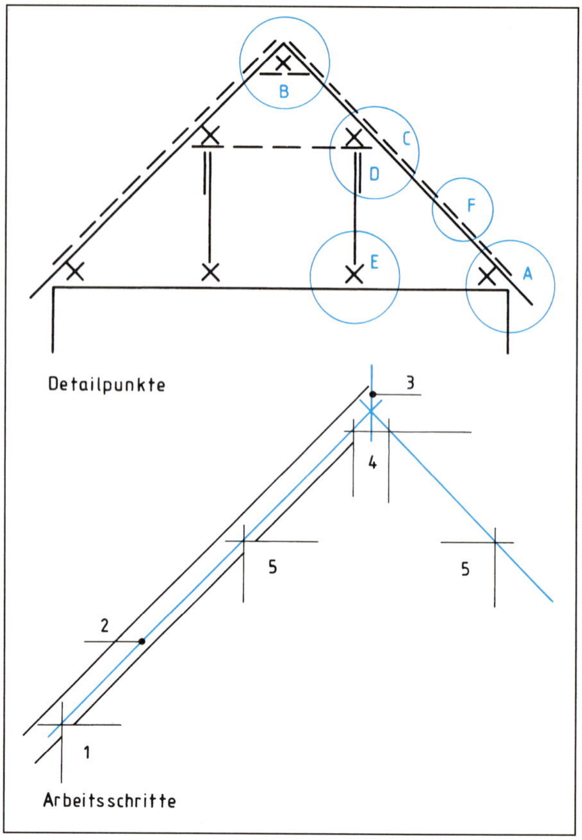

402.3 Darstellung von Pfettendächern

▼ 402.2 Pfettendach mit zweifach stehendem Stuhl, BS10, Fl

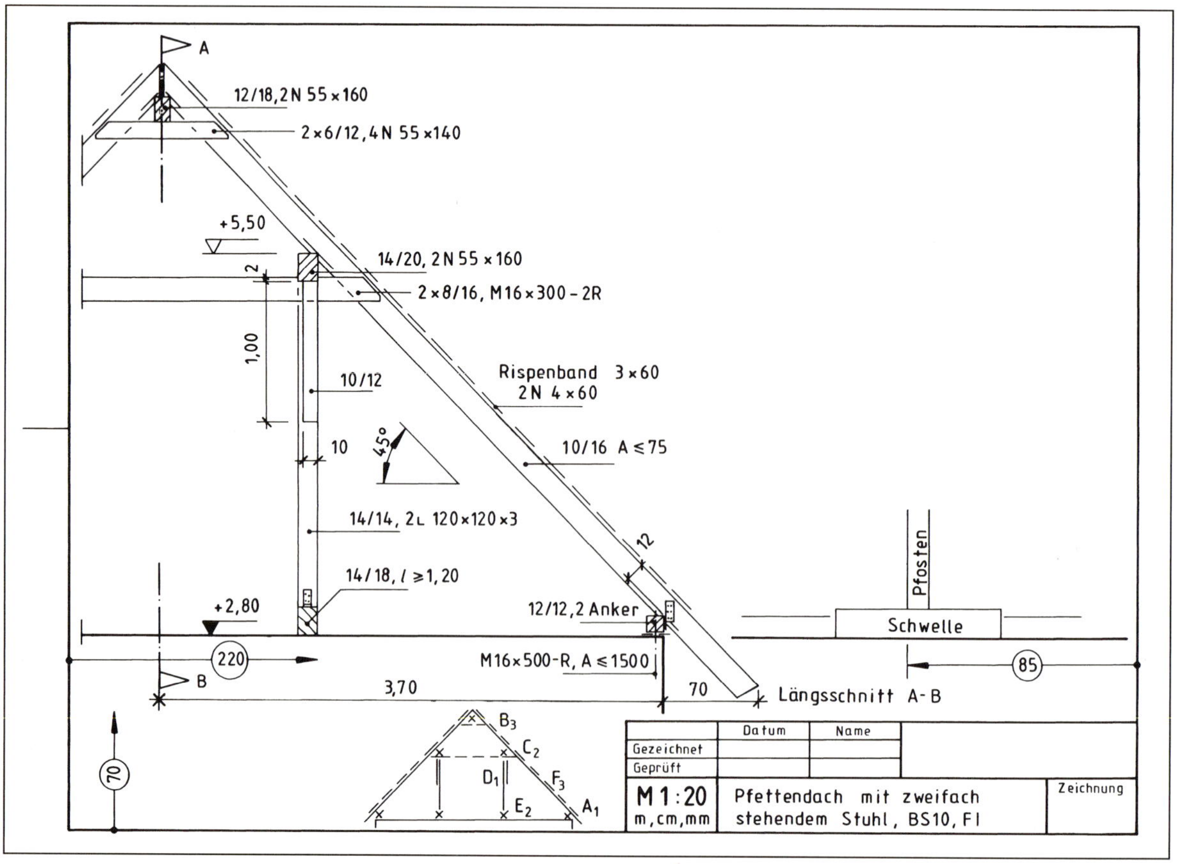

Zimmerarbeiten und Ingenieurholzbau

Pfostenunterstützungen (Bild 401.2) sind sowohl durch Wände im 1,00-m-Bereich des Pfostenfußes möglich als auch durch Schwellhölzer. Durch diese kräftigen Unterlagen wird einerseits die Pfostenlast verteilt, andererseits der Pfostenfuß fixiert.

Windrispen bestehen entweder aus Latten, die bei nicht ausgebauten Dächern unter die Sparren, bei ausgebauten Dächern zwischen sie genagelt werden, oder aus Rispenbandstahl, der auf die Sparren genagelt wird (Bild 402.1). Bei der Darstellung von Pfettendachprofilen ist die nachstehend aufgeführte Reihenfolge zu empfehlen (Bild 402.3):

1) Außen- und Oberkante der Fußpfette zeichnen
2) Aufholzlinie in Sparrenneigung festlegen
3) Firstlot fällen
4) Außenkanten und Oberkante Firstpfette zeichnen
5) Außen- und Oberkante Mittelpfette darstellen

Holzquerschnitte ergänzen, Sparrenoberseite in Aufholzabstand (etwa 2/3 der Sparrenhöhe) parallel zur Aufholzlinie abtragen. Die Zeichnung durch Stühle, Zangen und Windrispen vervollständigen.

Aufgabe 1: Das Bild 403.1 enthält drei Pfettendachsysteme, die zeichnerisch zu ergänzen sind. In den Profilzeichnungen werden Zangen und Windrispen gestrichelt dargestellt, geschnittene Längshölzer als Kreuz ohne Umrisse, Pfosten und Kopfbänder in Ansicht als Volllinien.

Aufgabe 2: In Bild 402.2 ist das Halbprofil eines Pfettendaches dargestellt. Die Zeichnung ist durch einen Teillängsschnitt zu ergänzen.

Aufgabe 3: In Bild 403.2 ist der Teillängsschnitt eines Pfettendaches dargestellt. Zu ergänzen ist der Teilquerschnitt.

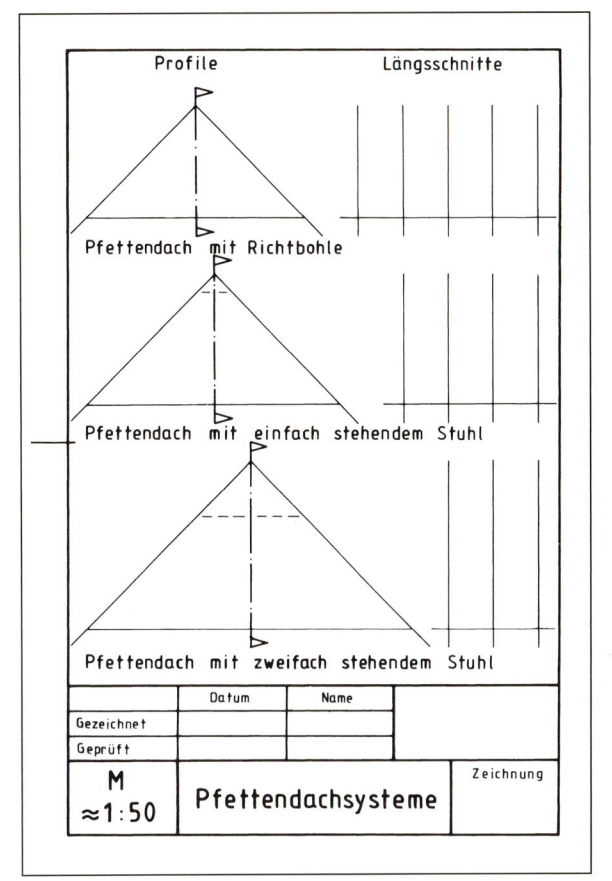

▲ 403.1

▼ 403.2

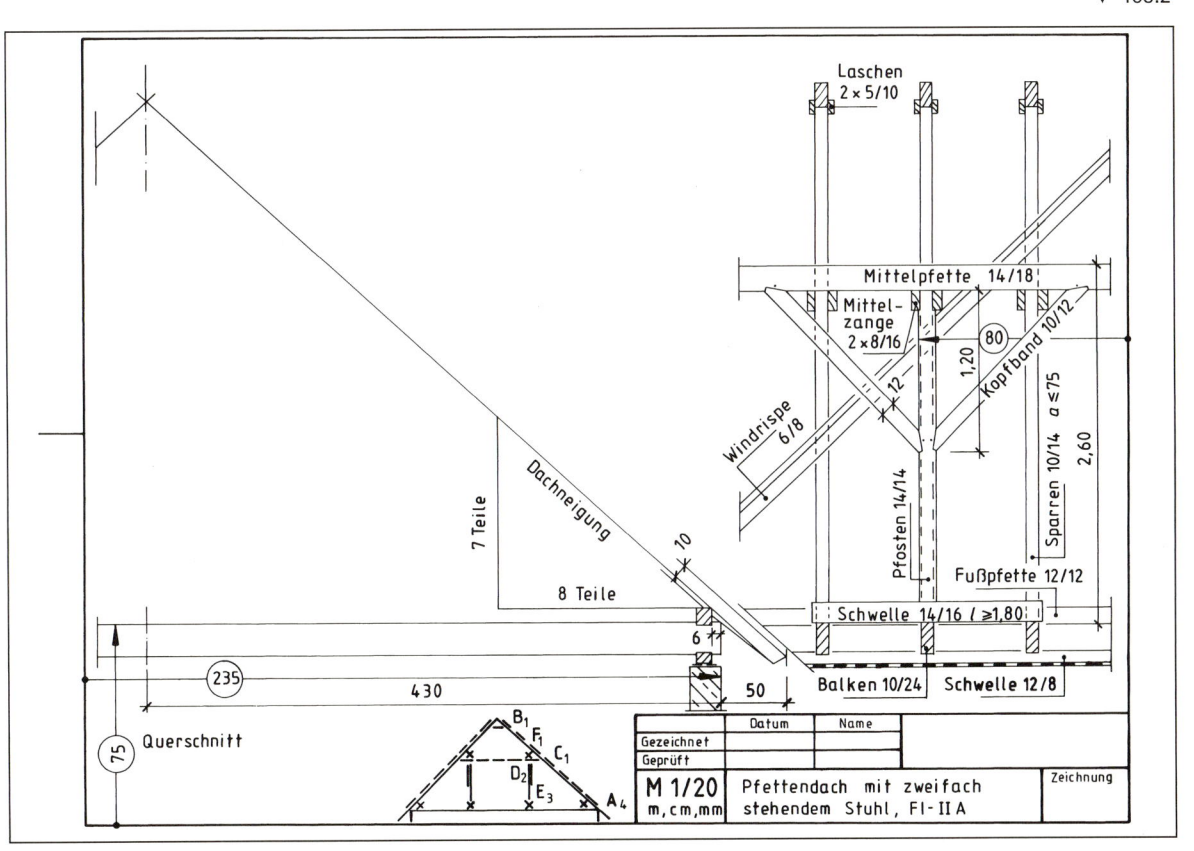

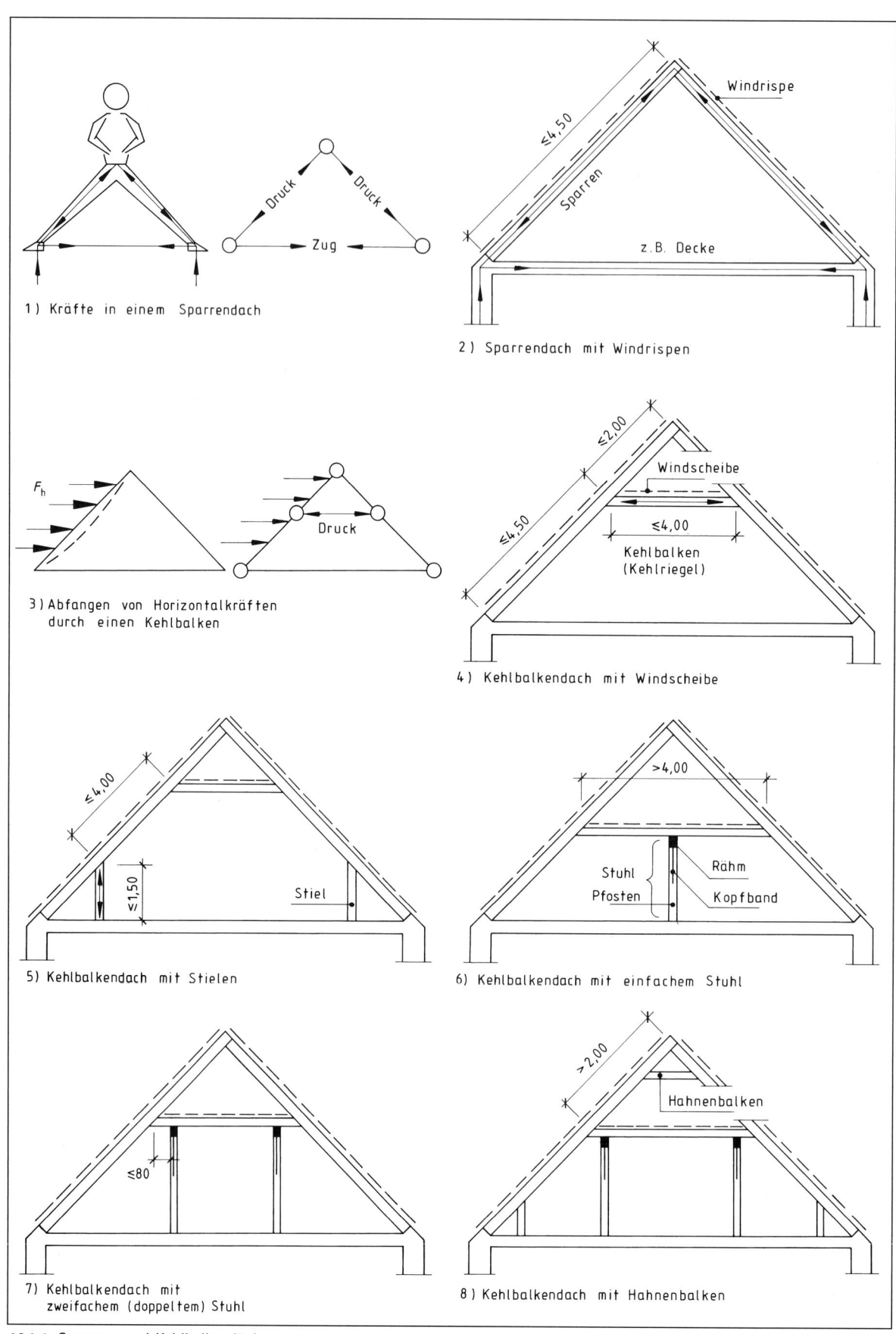

404.1 Sparren- und Kehlbalkendächer

5.2 Sparren- und Kehlbalkendächer

Bei Sparrendächern, zu denen die Kehlbalkendächer gehören, stellen die Sparren die tragende Konstruktion dar. Jedes Gebinde dieser Dächer bildet mit der Dachdecke (vorwiegend Stahlbeton oder Holz) bzw. einem Untergurt im Ganzen ein unverschiebliches Dreieck, in dem jeder einzelne Eckpunkt in sich jedoch beweglich ist. Dieser standsichere Verband darf nicht durch Auswechselungen unterbrochen werden, er eignet sich besonders für Dachneigungen $\geq 45°$. In dem Bild 404.1 sind Kräfte und Dachkonstruktionen zusammengestellt:

1) Die Sparren werden auf Druck, die Decke auf Zug beansprucht.
2) Bei reinen Sparrendächern beträgt die maximale wirtschaftliche Sparrenlänge 4,50 m.
3) Überschreitet die Durchbiegung der Sparren das zulässige Maß oder soll eine horizontale Decke gebildet werden, so wird ein Kehlbalken (Kehlriegel) druckfest in jedes Gebinde eingezogen.
4) Nicht unterstützte Kehlbalken sollen nicht länger als 4,00 m sein. Jede Kehlbalkenlage muss zu einer in sich unverschieblichen Windscheibe ausgebildet werden.
5) Wird die untere Sparrenlänge eines Kehlbalkendaches größer als 4,00 m, können Stiele für die Abfangung der Sparren eingesetzt wrden.
6) ist der Kehlbalken länger als 4,00 m, muss er durch ein Rähm (Rahmen) unterstützt werden, das zusammen mit Pfosten und Streben (Kopfbändern, Bügen) einen Stuhl bildet. Die Rähme berühren die Sparren nicht.
7) Wenn ein mittlerer Stuhl stört, können doppelte Stühle vorgesehen werden, die ≤ 80 cm von dem Kehlriegelende entfernt liegen dürfen.
8) Wird der obere Sparrenabschnitt größer als 2,00 m, muss ein Hahnbalken eingebunden werden.

In dem Bild 405.2 sind Detailpunkte für Sparren- und Kehlbalkendächer wiedergegeben, auf die sich die folgenden Zeichnungen und Aufgaben beziehen.

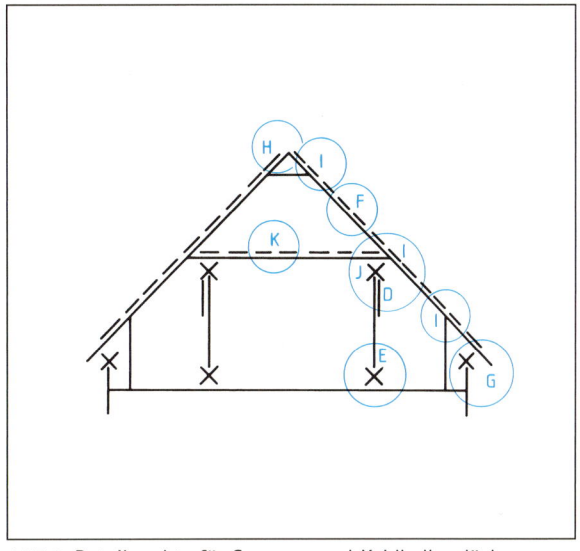

405.2 Detailpunkte für Sparren- und Kehlbalkendächer

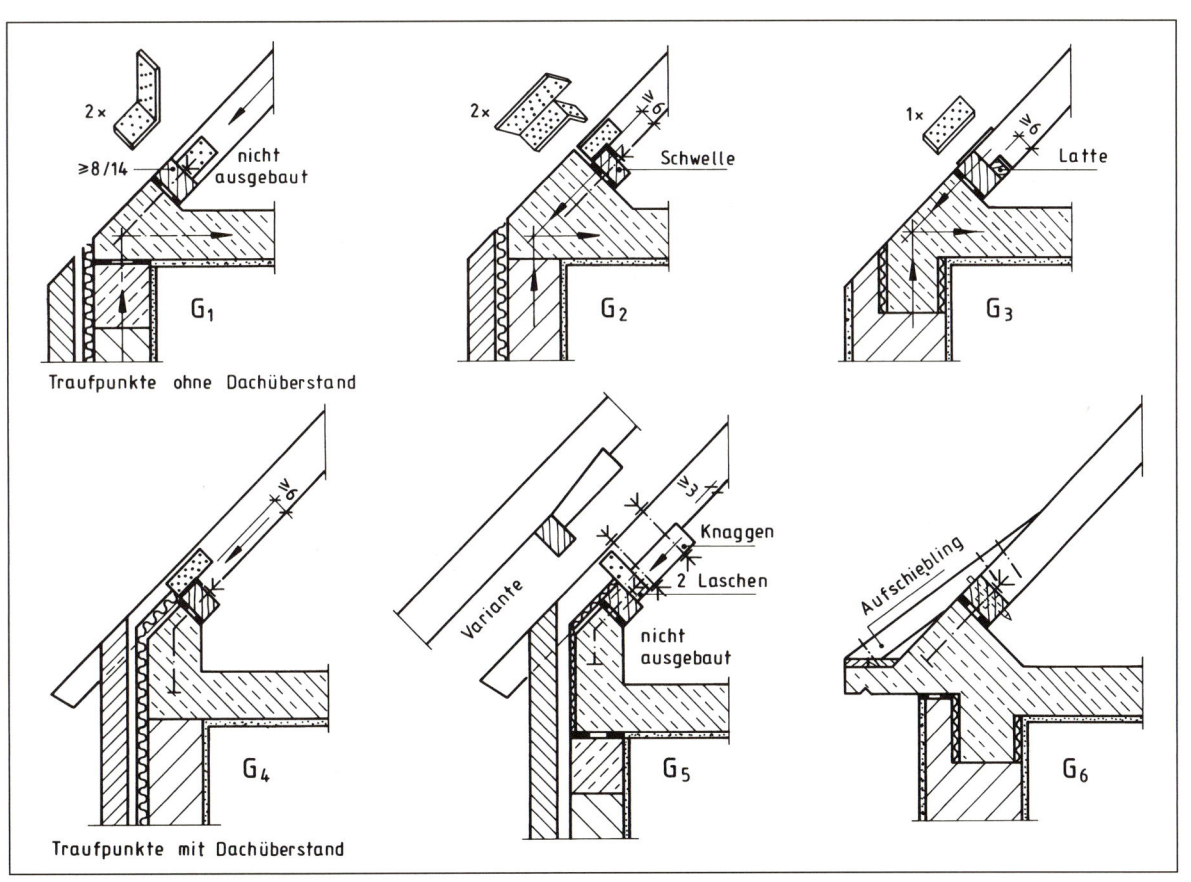

405.1 Traufpunkte für Sparrendächer

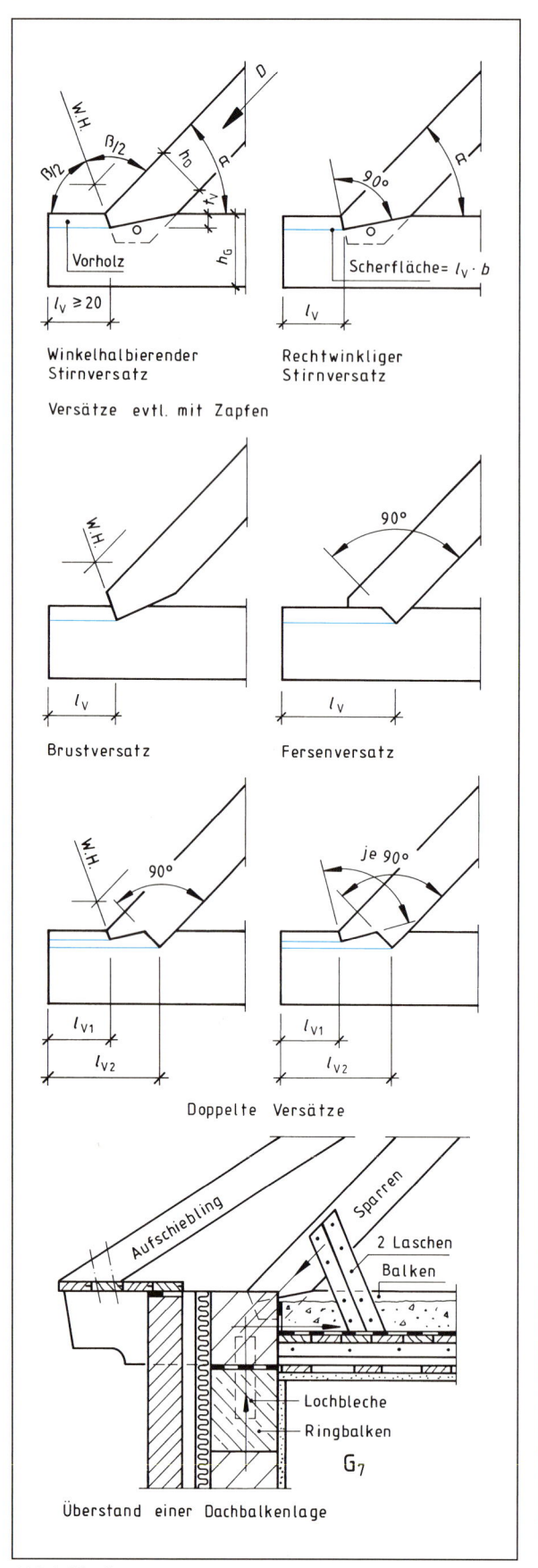

Traufpunkte für Sparren- und Kehlbalkendächer müssen unverschieblich ausgebildet werden (Bild 405.1). Für die Aufnahme der Druckkräfte eignen sich vor allem mit Beton verbundene Fußschwellen, die in der Regel mit (Schraub-) Bolzen $\geq \emptyset$ 12 mm im Abstand $\leq$ 2,00 m verankert werden.

Versätze sind arbeitstechnisch sehr aufwändig (Bild 406.1). Sie werden als schräg ansetzende Holzverbindungen vor allem zwischen Sparren und Deckenbalken, Kehlbalken und Sparren sowie Strebe und Längsholz eingesetzt. Am häufigsten wird der winkelhalbierende Versatz mit mindestens 20 cm Vorholz ausgeführt.

Firstdetails bestehen bei Sparren- und Pfettendächern vorwiegend aus einem geraden Blatt oder einem Scherzapfen (Bild 406.2). Gerade Blätter werden durch mindestens 4 Nägel, Scherzapfen durch einen Holznagel gesichert. Ein Richtholz kann zum besseren Fluchten der Firstpunkte vorgesehen werden.

Kehl- und Hahnbalkenanschlüsse müssen ebenfalls unverschieblich, d. h. druck-, scher- und verrutschungsfest, ausgeführt werden (Bild 407.1).

Kehlbalken können stumpf oder mit einem Kamm auf den Rähmen liegen (Bild 407.2).

Windverbände für Kehlbalkenlagen werden entweder durch eine vollflächige Spundbretterlage oder durch kreuzweise angeordnete Rispenbänder gebildet (Bild 407.3).

Aufgabe 1: Der Halbschnitt des Kehlbalkendaches (Bild 408.1) ist zu einem Gesamtprofil zu ergänzen.

Aufgabe 2: Die Detailpunkte des Kehlbalkendaches im Bild 408.2. sind zu vervollständigen.

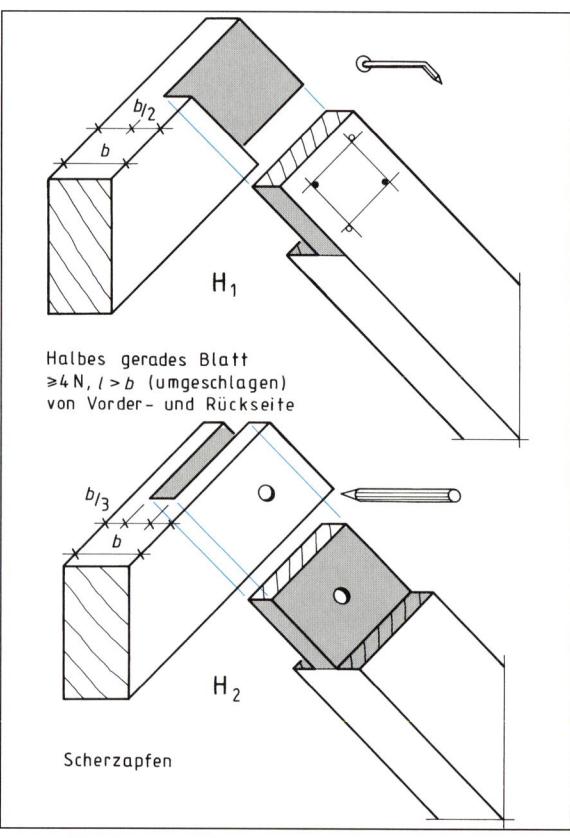

406.1 Versätze

406.2 Firstdetails für Sparren- und Kehlbalkendächer

Zimmerarbeiten und Ingenieurholzbau 407

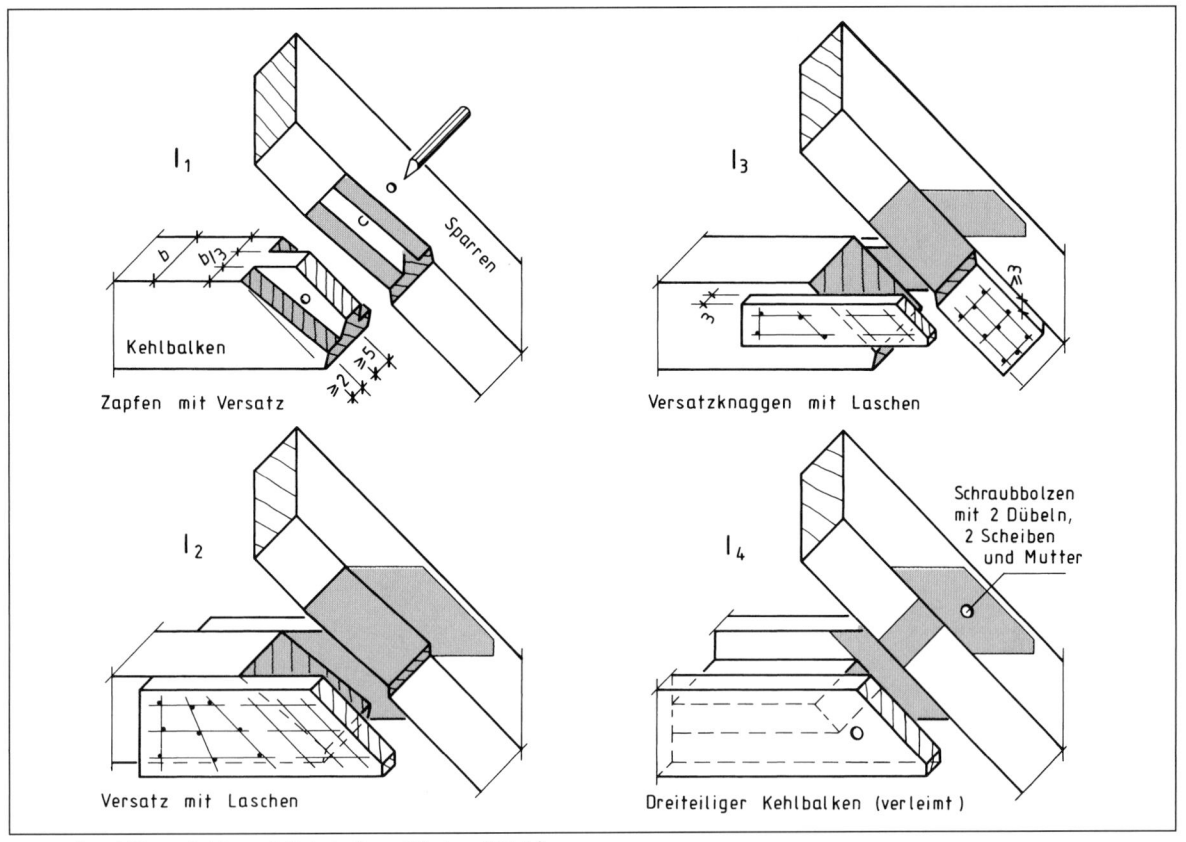

407.1 Anschlüsse, Kehl- und Hahnbalken, Pfosten (Stiele)

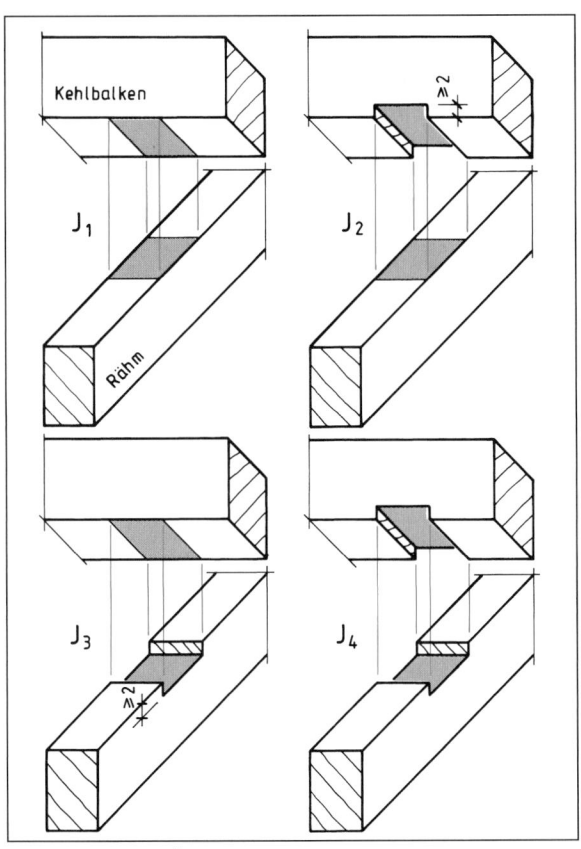

407.2 Kehlbalken/Rähmauflager

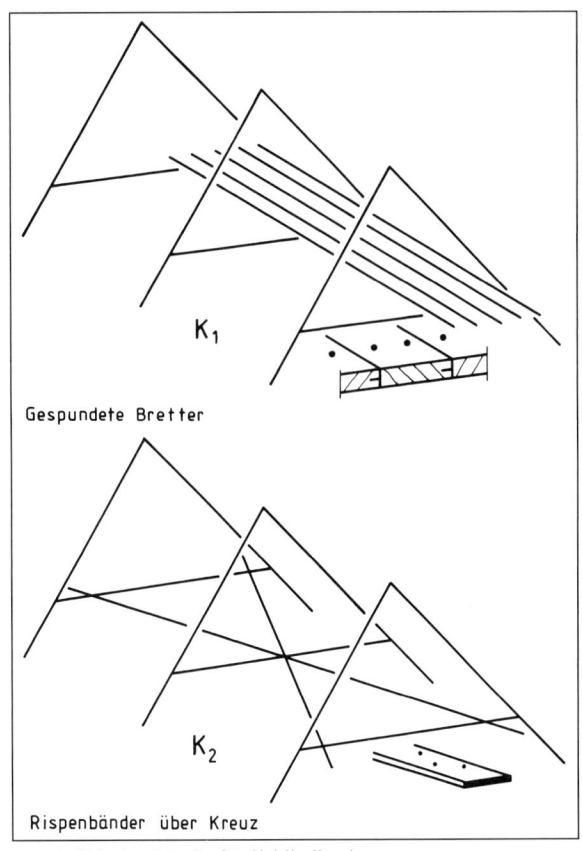

407.3 Windverbände für Kehlbalkenlagen

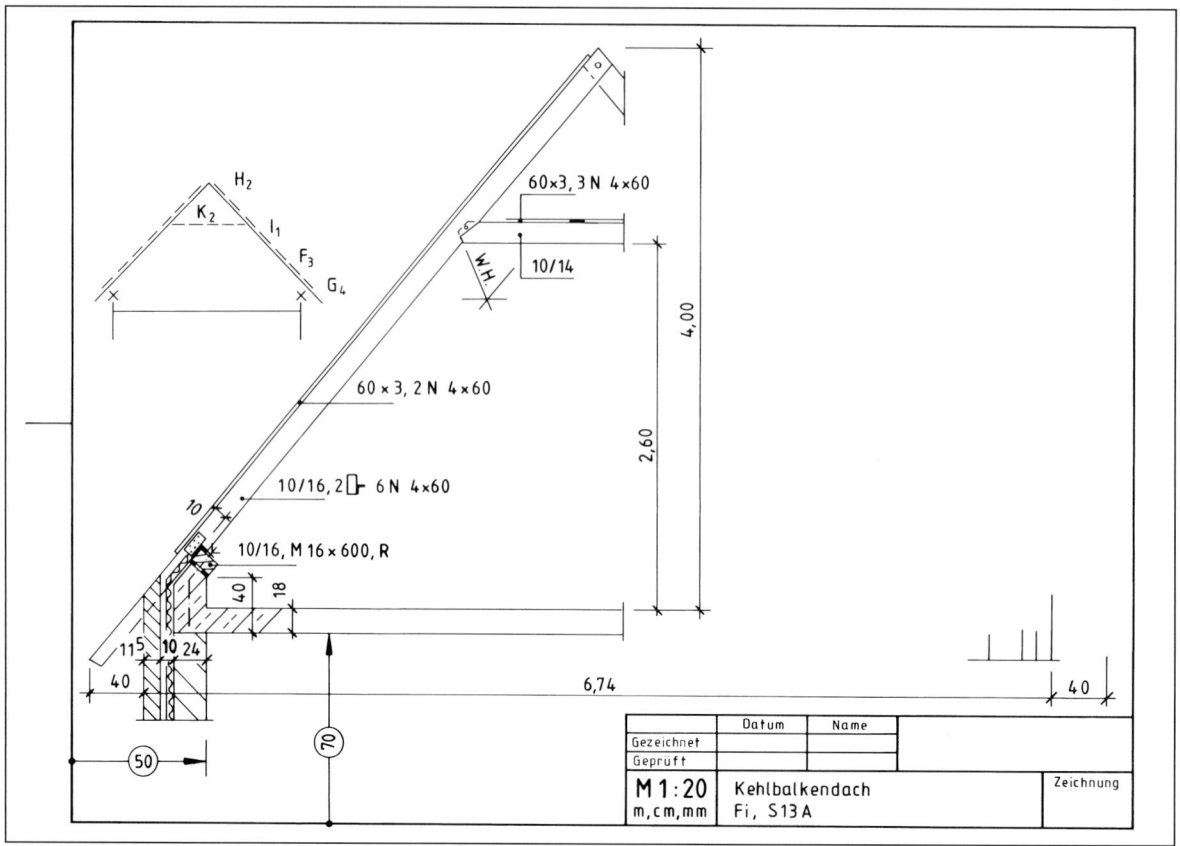

▲ 408.1

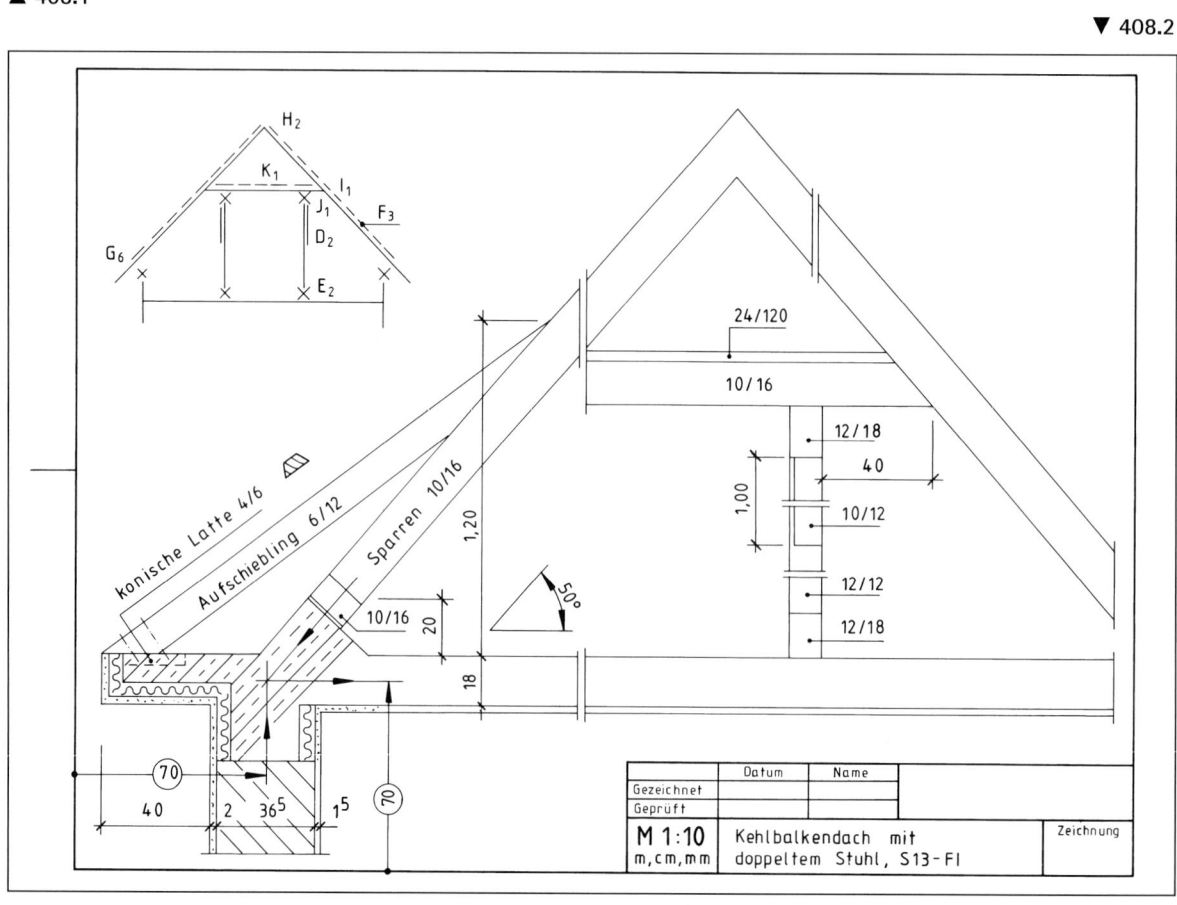

▼ 408.2

6 Dachraumbelichtungen

Bei Sattel- und Krüppelwalmdächern kann eine ausreichende Dachraumbelichtung u. U. durch Fenster in den Giebelwänden erfolgen, andernfalls muss die Dachfläche unterbrochen werden.

Dachflächenfenster stellen eine relativ unauffällige Möglichkeit der Dachraumbelichtung dar, die in die Dachhaut eingebaut werden. Die Fensterelementmaße sind den einschlägigen Herstellerprospekten zu entnehmen.

In dem Bild 409.1 sind vier Schritte für die Bestimmung der Einbaulage, der Höhe nach, für ein gelattetes Pfettendach dargestellt. Der Einbau von Wechseln in Sparrendächern ist nicht zulässig.
Die allgemein zu beachtenden Einbaubreitenmaße sind in dem Bild 409.2 wiedergegeben. Sollte es erforderlich sein, können auch zwei Füllhölzer eingebaut werden.

Dachgauben sind ihrer Form nach im Bild 410.1 zusammengestellt und benannt; die Hauptdachformen sind unabhängig von den Gaubenformen.
In dem Bild 411.1 ist das Konstruktionsprinzip für Gauben an dem Beispiel einer Schleppgaube dargestellt:
Das Gaubengerüst nimmt das Fenster auf und bildet die Fensterbrüstung. Gaubendach und Zangenlage gehen ineinander über. Die äußeren und inneren Seitenflächen der Gaube werden auf zusätzlichen Unterkonstruktionen befestigt.
Sattel-, Walmdach- oder ähnliche Gauben können nach dem Prinzip des Bildes 410.2 konstruiert werden.

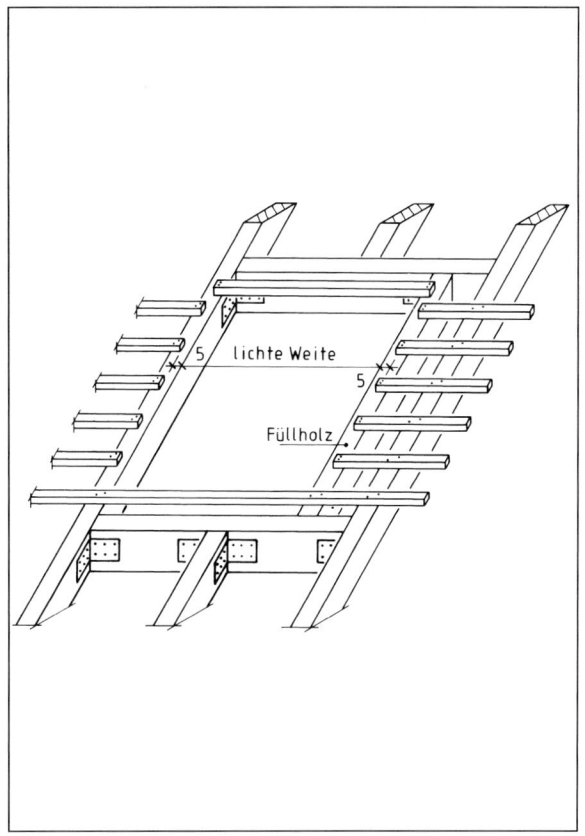

409.2 Breiten-Einbaumaße für Dachflächenfenster

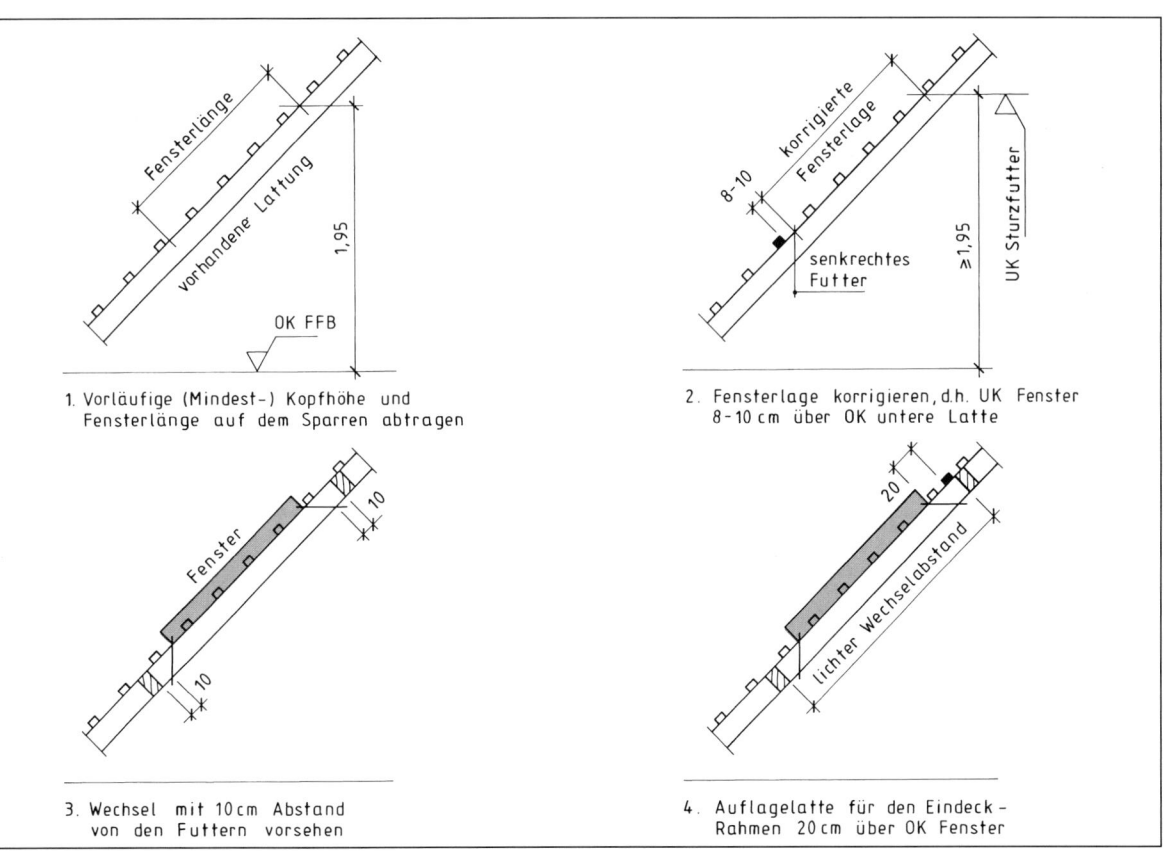

1. Vorläufige (Mindest-) Kopfhöhe und Fensterlänge auf dem Sparren abtragen
2. Fensterlage korrigieren, d.h. UK Fenster 8–10 cm über OK untere Latte
3. Wechsel mit 10 cm Abstand von den Futtern vorsehen
4. Auflagelatte für den Eindeck-Rahmen 20 cm über OK Fenster

409.1 Höhen-Einbaumaße für Dachflächenfenster

Zimmerarbeiten und Ingenieurholzbau

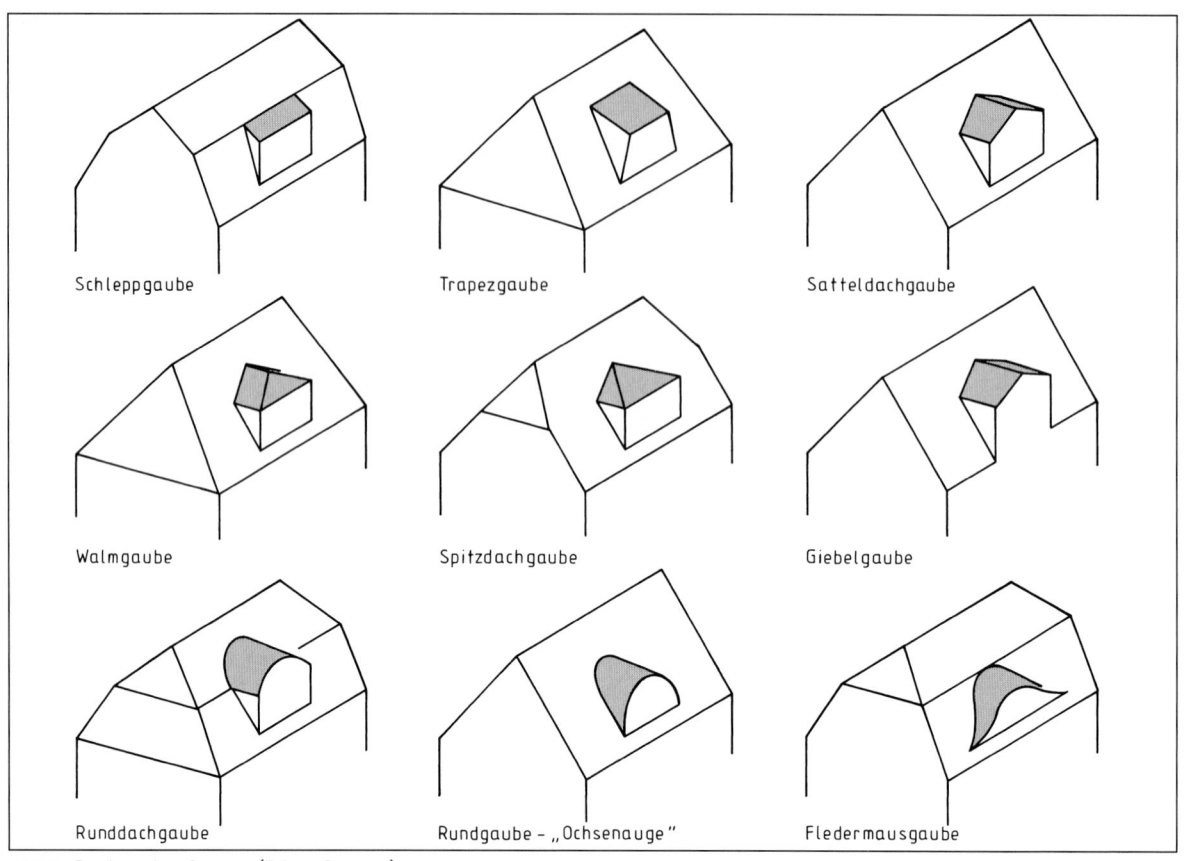

410.1 Dachgaubenformen (Erker, Gaupen)

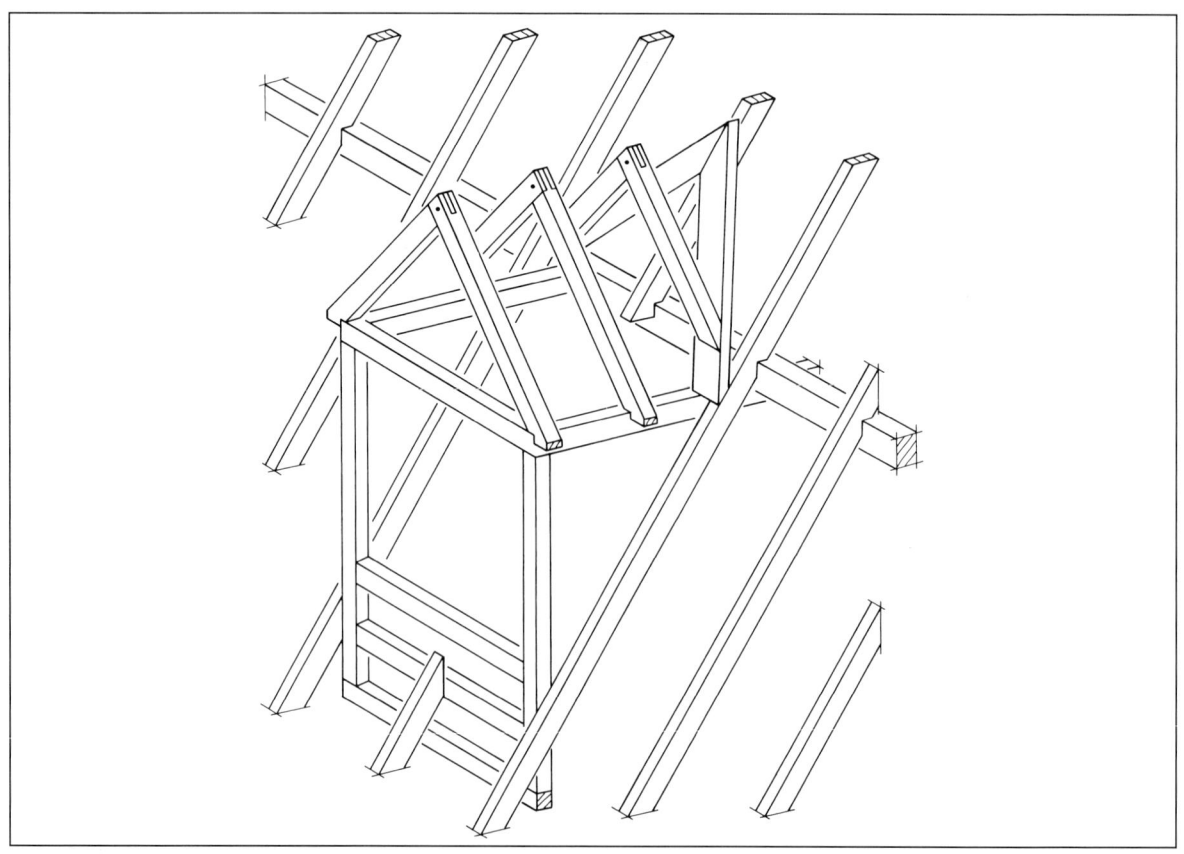

Schleppgaube — Trapezgaube — Satteldachgaube
Walmgaube — Spitzdachgaube — Giebelgaube
Runddachgaube — Rundgaube – „Ochsenauge" — Fledermausgaube

410.2 Satteldach-/Walmdachgauben, Konstruktionsprinzip

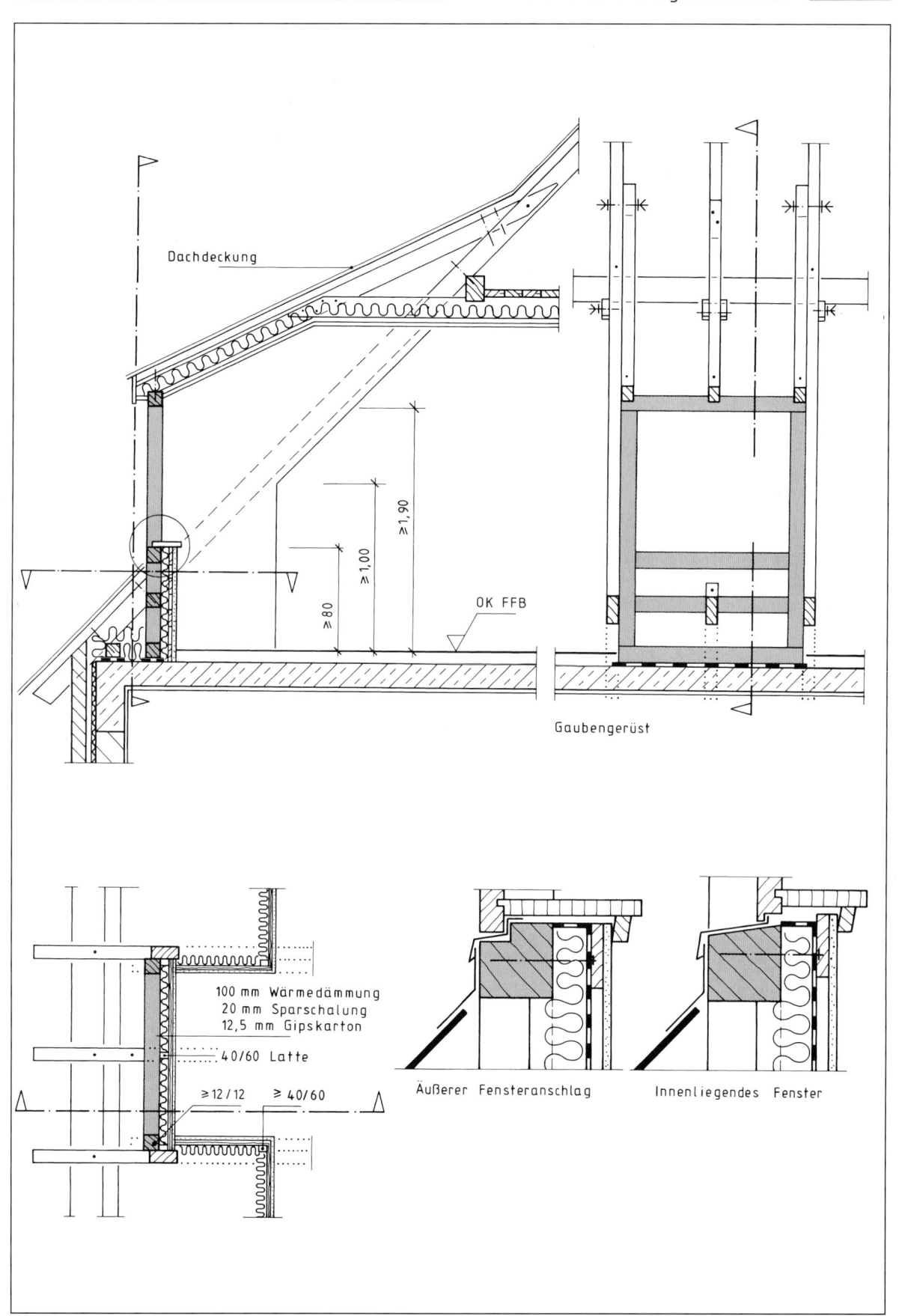

Zimmerarbeiten und Ingenieurholzbau 411

Dachdeckung

≥ 80
≥ 1,00
≥ 1,90

OK FFB

Gaubengerüst

100 mm Wärmedämmung
20 mm Sparschalung
12,5 mm Gipskarton
40/60 Latte
≥ 12/12   ≥ 40/60

Äußerer Fensteranschlag   Innenliegendes Fenster

411.1 Konstruktionsprinzip für Gauben

7 Nagelbinder

Genagelte Fachwerkbinder aus Brettern werden als Nagelbinder bezeichnet (Bild 413.1), für deren Stabanschlüsse in Bezug auf Kraftart, Kraftrichtung und Anschlussneigung besondere Vorschriften zu beachten sind. Diese Vorschriften beziehen sich auf Nagelmaße, Mindestholzdicke und Mindesteinschlagtiefe (Tab. 412.1) sowie auf Nagelabstände, Kraftrichtung im Verhältnis zur Holzfaserrichtung und Art der Nagelungsvorbereitung (Tab. 412.2 und Bild 412.3).

Nagelmaße $d_n \times l_n$ mm/10 · mm	Mindestholzdicke min a mm		Mindesteinschlagtiefe min s mm	
	nicht vorgebohrt	vor-gebohrt	ein-schnittig	mehr-schnittig
18 · 35[1]	24 / 20[2]	24 / 20[2]	22	15
20 · 40[1]	24	24	24	16
20 · 45[3]	20[2]	20[2]		
25 · 55[1]	24	24	30	20
25 · 60[1]	20[2]	20[2]		
28 · 65	24 / 20[2]	24 / 20[2]	34	23
31 · 65	24	24	38	25
31 · 70	20[2]	20[2]		
31 · 80[1]				
34 · 80	24	24	41	27
34 · 90[1]	22[2]	22[2]		
38 · 100	24	24	46	30
42 · 100				
42 · 110	26	26	51	34
42 · 129				
46 · 130	30	28	55	37
55 · 140	40	35	66	44
55 · 160				
60 · 180	50	35	72	48
70 · 210	60	45	84	56
76 · 230	70	45	91	61
76 · 260				
88 · 260	90	55	106	70

[1] auch runde Maschinenstifte
[2] Mindestholzdicke bei rauen Brettern; bei gehobelten Hölzern können die Maße um 2 mm verringert werden
[3] nur runde Maschinenstifte

412.1 Nagelmaße, Mindestholzdicken und Mindesteinschlagtiefen für runde Drahtnägel bei NH, LH, BSH und Holzwerkstoffen

Nagel-abstand	Mess-richtung	Maß	
		nicht vorgebohrt[1]	vorgebohrt
unter-einander	∥ zur Faser-richtung	10 d_n (12 d_n)[2]	5 d_n
	⊥ zur Faser-richtung	5 d_n	5 d_n
vom bean-spruchten Rand (b.R.)	∥ zur Faser-richtung	15 d_n	10 d_n
	⊥ zur Faser-richtung	7 d_n (10 d_n)	5 d_n
vom unbe-anspruchten Rand (u.R.)	∥ zur Faser-richtung	7 d_n (10 d_n)	5 d_n
	⊥ zur Faser-richtung	5 d_n	3 d_n

[1] bei Douglasie stets vorbohren
[2] bei Nägeln $d_n > 4{,}2$ mm

412.2 Mindestnagelabstände parallel zur Kraftrichtung für Vollholz NH, LH und BSH

Quer zur Faser

Zug

Druck

1) Bei Nägeln $d_n > 4{,}2$ mm
2) u. R.
3) b. R.

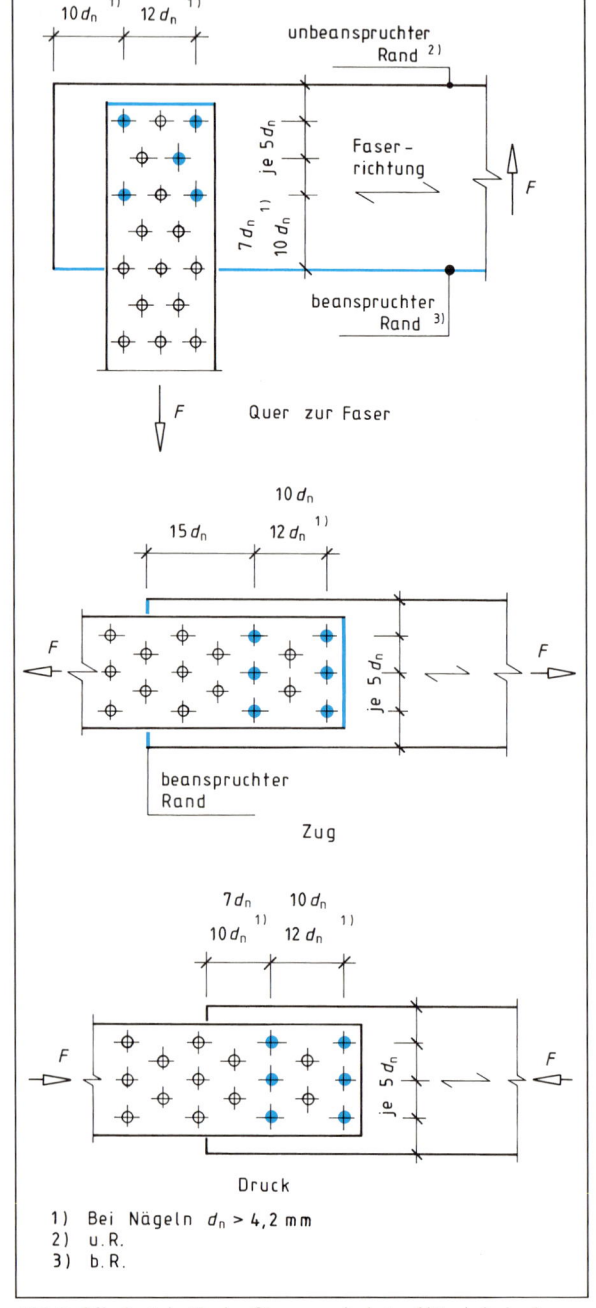

412.3 Mindestabstände für vorgebohrte Nägel bei ebenen Blechen

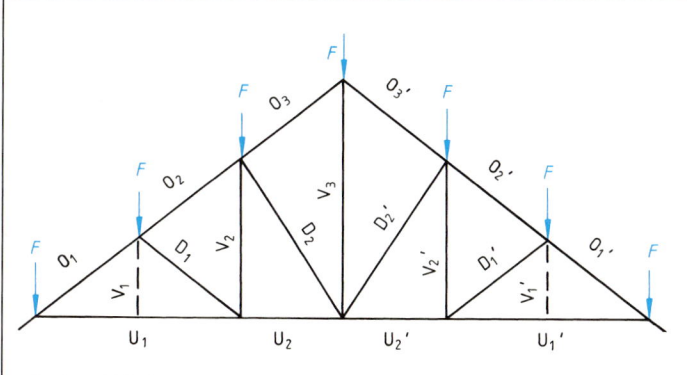

Zimmerarbeiten und Ingenieurholzbau 413

Fachwerkbinder

Stabbezeichnungen	linke Seite	rechte Seite	Stabarten
Obergurtstäbe	O_1 O_2 O_3	O_1' O_2' O_3'	Druckstäbe
Untergurtstäbe	U_1 U_2	U_1' U_2'	Zugstäbe
Vertikalstäbe	V_1	V_1'	Nullstäbe
	V_2	V_2'	Druckstäbe
	V_3		
Diagonalstäbe	D_1 D_2	D_1' D_2'	Druckstäbe

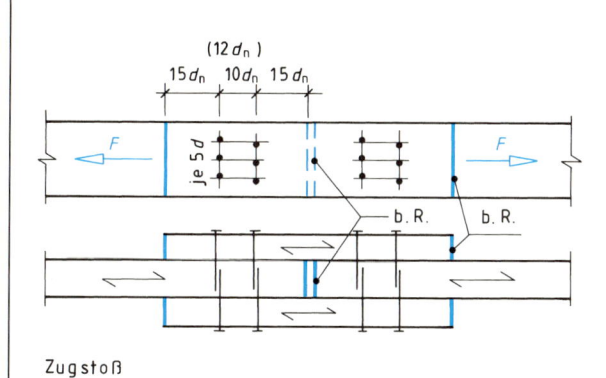

Zugstoß

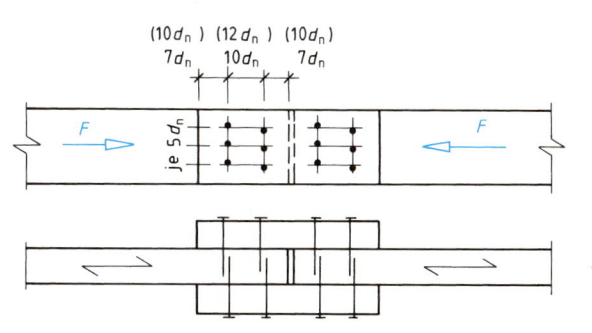

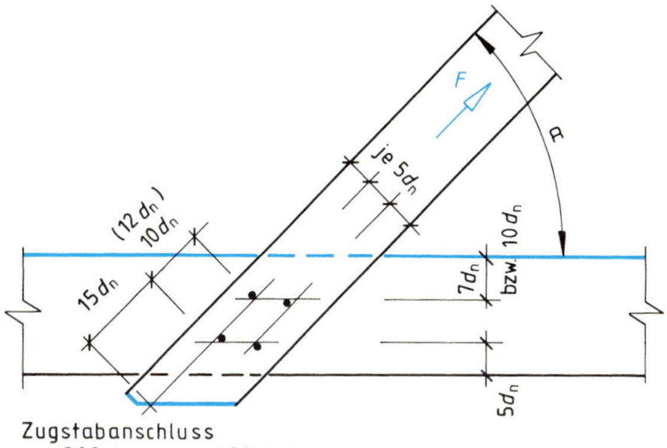

Zugstabanschluss
$\alpha \geq 30°$ bzw. $\alpha \geq 25°$ bei $d_n > 4,2$

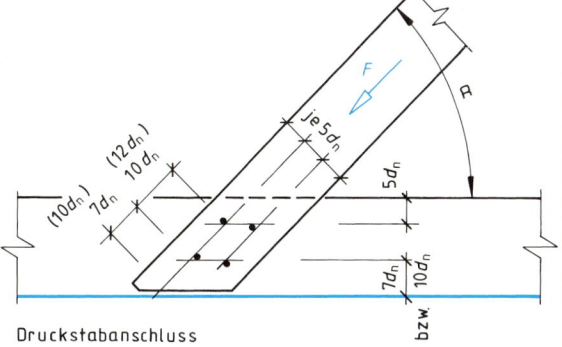

Druckstabanschluss
$\alpha \geq 30°$ bzw. $\alpha \geq 25°$ bei $d_n > 4,2$

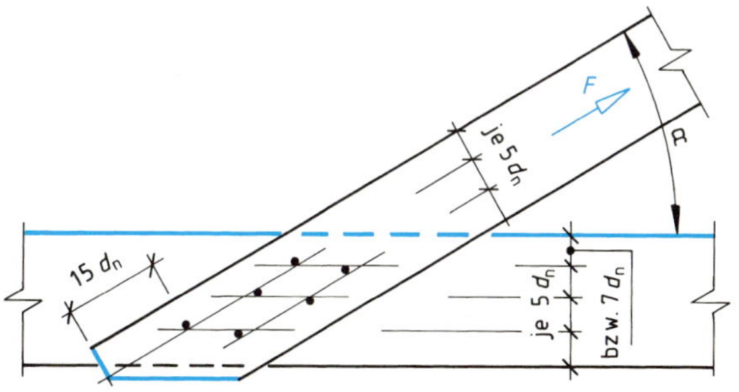

Druckstoß (kein beanspruchter Rand)

Zugstabanschluss
$\alpha < 30°$ bzw. $\alpha < 25°$ bei $d_n > 4,2$

Gerade Stabanschlüsse
(Klammerwerte für Nägel $d_n > 4,2$)

Schräge Stabanschlüsse
(Klammerwerte für Nägel $d_n > 4,2$)

413.1 Nagelverbindungen von Holz und Holzwerkstoffen

414 Zimmerarbeiten und Ingenieurholzbau

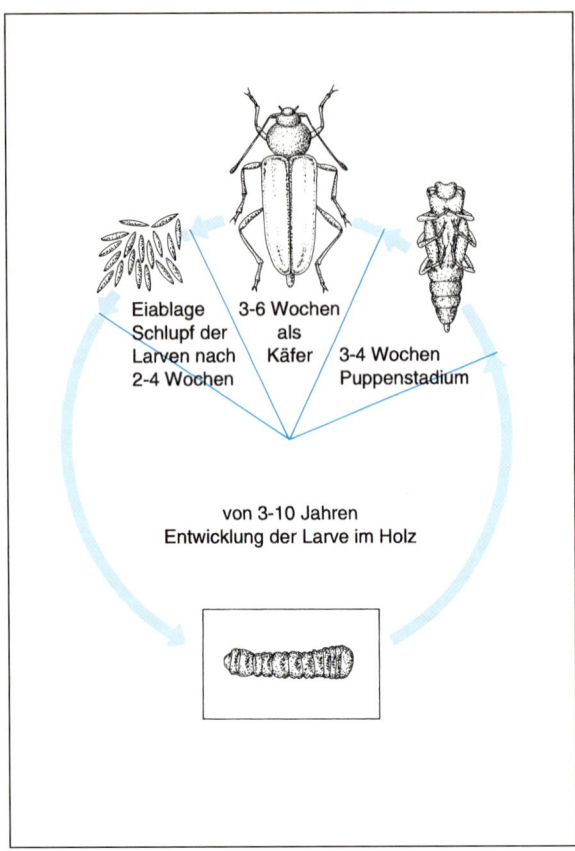

414.1 Entwicklung eines Insekts (Hausbock)

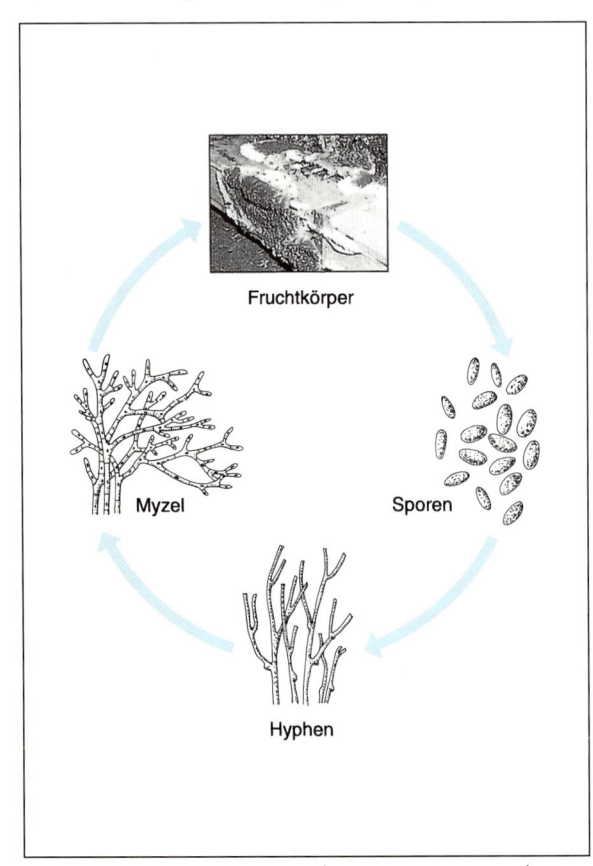

414.2 Entwicklung eines Pilzes (Echter Hausschwamm)

8 Holzschutz

Als organisches Baumaterial sind Holz und Holzwerkstoffe in besonderem Maße durch tierische (Insekten) oder pflanzliche (Pilze, Schwämme) Schädlinge gefährdet.
Einerseits kann unzureichende Be- und Entlüftung einen Pilzbefall fördern, andererseits sollten Fenster im unausgebauten Dachbereich während der Insektenflugzeit (warme Sommermonate) nach Möglichkeit geschlossen bleiben.
Sobald die Holzfeuchte für längere Zeit über 20% liegt, nimmt die Gefahr des Pilzbefalls erheblich zu. Tierische und pflanzliche Schädlinge befallen vor allem das nährreiche Splintholz, wobei Nadelholz stärker gefährdet ist als Laubholz.

8.1 Tierische Holzschädlinge

Holz zerstörende Insekten werden nach bestimmten Gesichtspunkten unterschieden:
- Frischholzinsekten: z. B. Borkenkäfer, Holzwespe, Scheibenbock.
- Trockenholzinsekten: z. B. Hausbock, Gewöhnlicher Nagekäfer, Brauner Splintholzkäfer.
- Vorwiegend oder ausschließlich Nadelholz befallende Insekten: z. B. Hausbock, Mulmbock, Holzwespe.
- Vorwiegend oder ausschließlich Laubholz befallende Insekten: z. B. Brauner Splintholzkäfer, Gekämmter Nagekäfer.

Eine Generation von Holzinsekten erstreckt sich über vier Entwicklungsstadien (Bild 414.1). Bemerkenswert ist, dass lediglich die Larve, die sich frühestens nach drei Jahren verpuppt, durch ihre Fresstätigkeit das Holz zerstört. Die Entwicklungsdauer vom Ei bis zum Vollinsekt hängt vor allem von der Käferart, den Holzinhaltsstoffen (z. B. Kohlenhydrate, Eiweißstoffe), der Holzfestigkeit, der Holzfeuchte sowie der das Holz umgebenden Temperatur ab.
In Bild 418.1 sind einige Holz zerstörende Insekten mit ihren Erkennungsmerkmalen dargestellt. Eine Bestimmung der Schädlingsart kann durch die Begutachtung der Ausfluglochform, des Fraßmehls, der Fraßgänge vor Ort sowie durch eine mikroskopische Untersuchung der Kotteile bzw. einer Larve oder eines Käfers erfolgen.
Von den Holzschädigern ist der Hausbock am gefährlichsten, er ist deshalb bei der Bauaufsichtsbehörde ebenso wie Termitenbefall meldepflichtig.

8.2 Pflanzliche Holzschädlinge

Holzbefallende Pilze werden in zwei Gruppen unterteilt.
- Holz zerstörende Pilze: z. B. Echter Hausschwamm, Porenschwamm und Kellerschwamm.
- Holzverfärbende Pilze, die die Tragfähigkeit des Holzes nicht mindern: z. B. Bläue- und Schimmelpilze.

Der Entwicklungskreislauf eines Pilzes ist im Bild 414.2 dargestellt. Die Sporen setzen sich am Holz ab. Durch das Zusammenwirken geeigneter Wachstumsvoraussetzungen wie Holzfeuchte, Temperatur (Optimum 18 °C bis 25 °C), verdeckte, unbelüftete und unbelichtete Gebäudebereiche (Decken, Wände, Verkleidungen) kommt es über die Sporenkeimung zur Hyphenbildung; daraus entwickelt sich das Myzel, das sich zum Fruchtkörper auswachsen kann, der wiederum die Sporen streut.

Je nach Pilzart entsteht ein typischer Fäulnistyp.
- Braunfäule: Abbau der Zellulose.
- Weißfäule: Abbau der Zellulose und das Lignins.
- Moderfäule: Abbau der Zellulose, bei hoher, andauernder Holzfeuchte.

Im Hochbau werden die größten Schäden durch die Braunfäule verursacht, sie wird hauptsächlich durch den Echten Hausschwamm, den Porenschwamm und/oder den Kellerschwamm hervorgerufen.
Der Echte Hausschwamm ist wegen seiner hohen Resistenz gegenüber wechselnden Wachstumsvoraussetzungen und seiner häufig großen Ausdehnung am aufwändigsten zu bekämpfen; er ist wie der Hausbock meldepflichtig.
In Bild 419.1 sind Beispiele für Holz zerstörende und Holz verfärbende Pilze mit ihren Erkennungsmerkmalen zusammengestellt.

8.3 Vorbeugender chemischer Holzschutz

Holzbauteile sind in Gefährdungsklassen eingeteilt (Tab. 415.1). Vorbeugende Holzschutzmittel für tragende Bauteile müssen vom Deutschen Institut für Bautechnik (DIfBt) geprüft und zugelassen sein. In Tabelle 415.2 sind die Prüfprädikate der Holzschutzmittel aufgeführt, die jeweils in Abhängigkeit von der Gefährdungsklasse einzusetzen sind.

Chemische Holzschutzmittel werden nach ihrer Trägersubstanz unterschieden.
- Ölige Holzschutzmittel dürfen lediglich bei einer Holzfeuchte bis 30 % eingesetzt werden (halbtrocken).
- Wassergelöste Holzschutzmittel können sowohl bei trockenen und halbtrockenen als auch bei frischen Hölzern verwendet werden.

Je nach Holzart (besondere Inhaltsstoffe, Rohdichte) und Gefährdungsklasse sind die Eindringtiefe und das Einbringverfahren festzulegen (Bild 415.3).
- Oberflächenschutz: **Streichen – Spritzen – Kurztauchen**
- Randschutz: **Tauchen**
- Tiefschutz: **Trogtränkung**
- Tief- oder Vollschutz: **Kesseldrucktränkung**

8.4 Bekämpfender chemischer Holzschutz

Bekämpfungsmaßnahmen sind nach der Art des Befalls festzulegen und vor Inangriffnahme der Arbeiten von einem Sachverständigen festzulegen.
- Insektenbefall, insbesondere beim Hausbock:
  Beilproben im Splintholzbereich von Konstruktionshölzern, jeweils alle 50,0 cm versetzt links und rechts ein Beilschlag.
  Abbeilen der vermulmten Holzschichten.
  Bohrlochtränkungen an nicht allseitig zugänglichen Hölzern (Bild 416.1).
  Säuberung der freigelegten Fraßgänge und aller Holzoberflächen.
  Imprägnierung durch zweimaliges flächiges Spritzen.
  Schuttbeseitigung, ggf. als Sondermüll entsorgen.

Gfkl	Beanspruchung	Gefährdung durch			
		Insekten	Pilze	Auswaschung	Moderfäule
0	Innen verbautes Holz, ständig trocken	nein[1]	nein	nein	nein
1		ja	nein	nein	nein
2	Holz, das weder dem Erdkontakt noch direkt der Witterung oder Auswaschung ausgesetzt ist, vorübergehende Befeuchtung möglich	ja	ja	nein	nein
3	Holz, der Witterung oder Kondensation ausgesetzt, aber nicht mit Erdkontakt	ja	ja	ja	nein
4	Holz, in dauerndem Erdkontakt oder ständiger starker Befeuchtung ausgesetzt	ja	ja	ja	ja

[1] Bei Farbkernholz mit Splintholzanteil < 10 % und bei Holz, das in Räumen mit üblichem Wohnklima verbaut ist und entweder durch eine Bekleidung allseitig abgedeckt oder zum Raum hin mindestens dreiseitig kontrollierbar ist.

415.1 Gefährdungsklassen

Iv	gegen Insekten vorbeugend wirksam
P	gegen Pilze vorbeugend wirksam
W	für Holz einsetzbar, das der Witterung ausgesetzt ist, jedoch nicht im ständigen Erdkontakt und nicht im ständigen Kontakt mit Wasser steht
E	für Holz einsetzbar, das extremer Beanspruchung ausgesetzt ist

415.2 Prüfprädikate

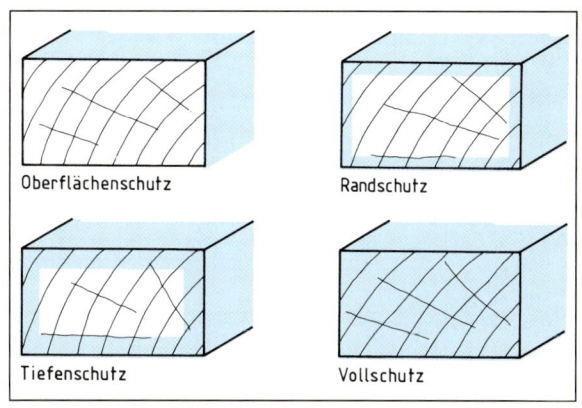

415.3 Eindringtiefen von Holzschutz

Zimmerarbeiten und Ingenieurholzbau

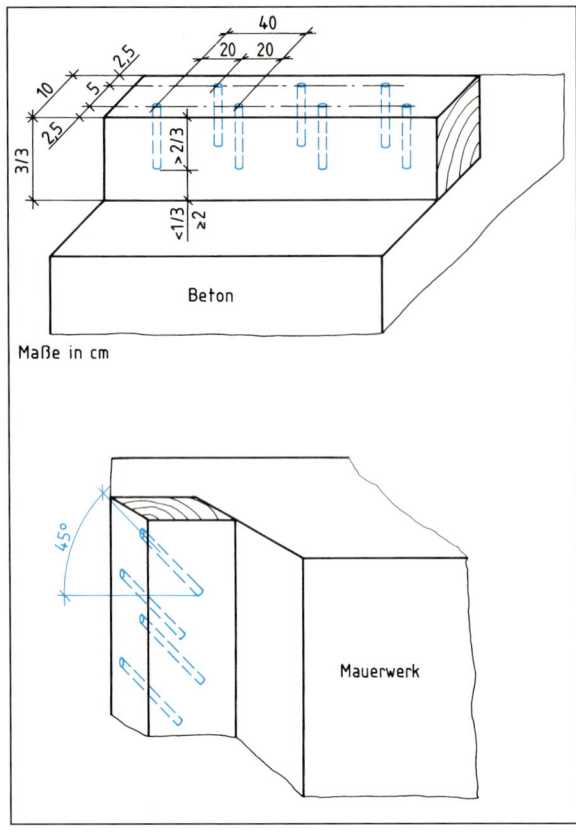

416.1 Bohrlochtränkung – Holz

- **Schwammbefall**, insbesondere bei dem Echten Hausschwamm:
  Untersuchen von Putz, Mauerwerk, Fugenmörtel und anderen gefährdeten Bereichen mit Sicherheitszonen von 1,50 m auf Pilzdurchwachsungen.
  Entfernen von myzel- oder fruchtkörperbefallenen Putzflächen, Hölzern, Schüttungen und anderem Baumaterial mit Sicherheitszonen von 0,30 bis 1,50 m über den sichtbaren Befallsbereich hinaus.
  Auskratzen der Fugen 1,5 bis 2,0 cm.
  Säubern mit Stahlbürsten.
  Abflammen mit Gas.
  Bohrlochtränkungen des Mauerwerkes (Bild 416.2).
  Fluten der Wandflächen mit Bekämpfungsmitteln.
  Abdichtung feuchtigkeitsdurchlässiger Bereiche.
  Austrocknung und Belüftung befallener Bauteile.
  Schuttbeseitigung, ggf. als Sondermüll entsorgen.

Bei übermäßigen Abbeilarbeiten an konstruktiven Hölzern müssen Verstärkungsmaßnahmen durchgeführt werden. Die Bekämpfung eines Insektenbefalls ist auch durch Heißluft oder Begasung möglich, soweit alle befallenen Hölzer erreicht werden.

8.5 Konstruktiver Holzschutz

Als vorbeugender Holzschutz gelten konstruktive und bauphysikalische Maßnahmen, die dem Schutz des Holzes vor atmosphärischen, mechanischen, tierischen und pflanzlichen Schädigungen dienen (Beispiele: Bild 417.1).

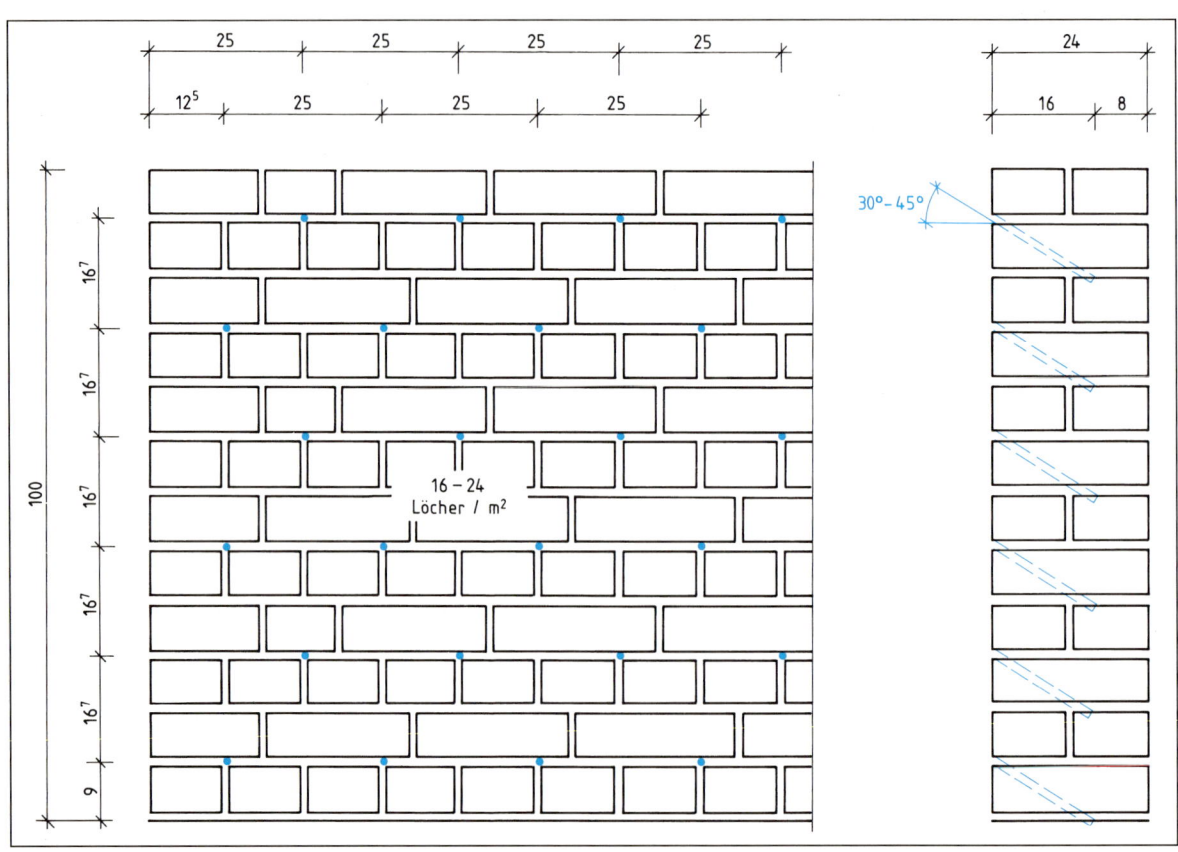

416.2 Bohrlochtränkung – Mauerwerk

Zimmerarbeiten und Ingenieurholzbau   417

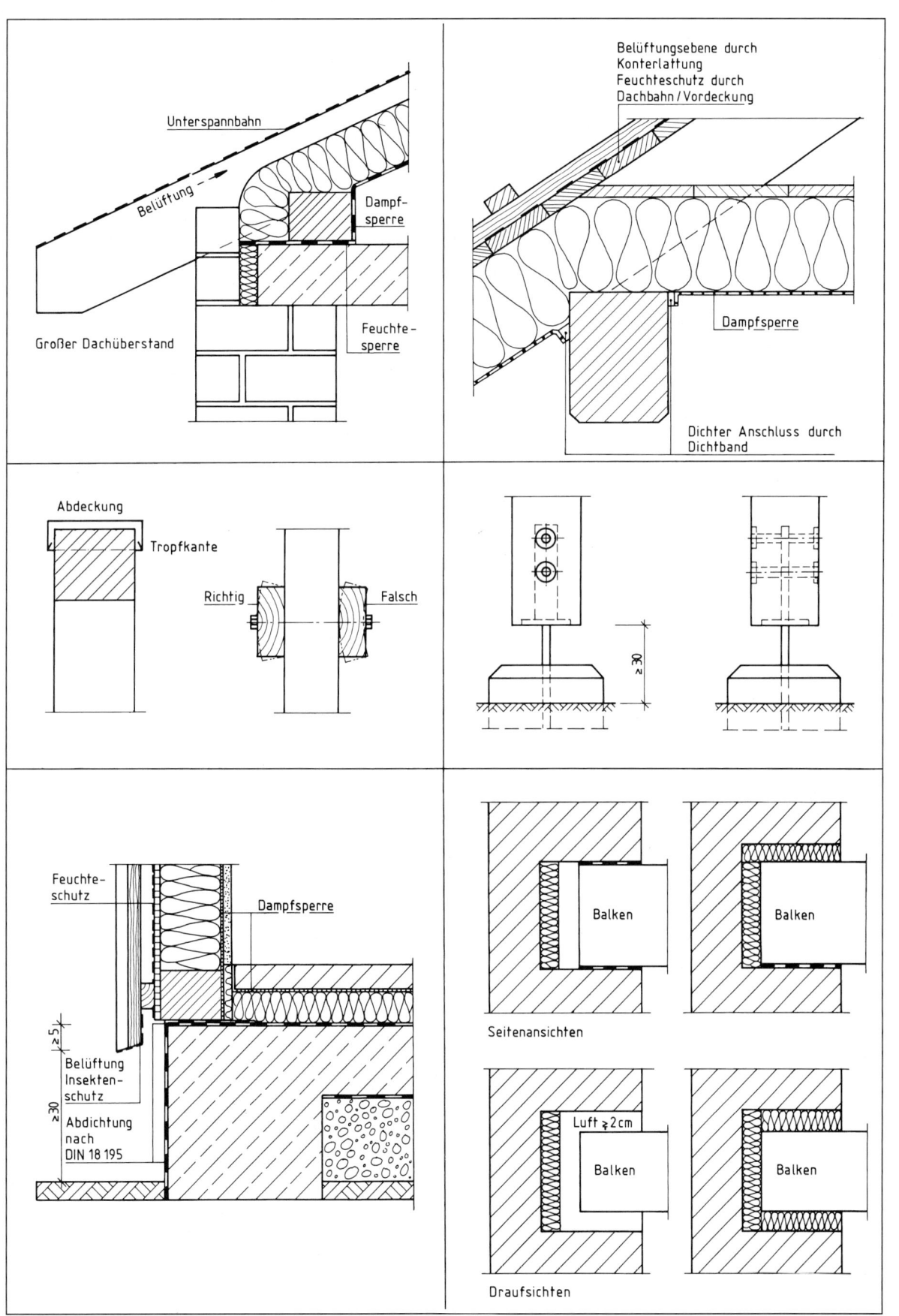

417.1 Konstruktiver Holzschutz

Zimmerarbeiten und Ingenieurholzbau

Insektenart	Larve	Vollinsekt	Befallsbild	Erkennungsmerkmale
Hausbock (Hylotrupus bajulus)	natürliche Länge ca. 15–30 mm	natürliche Länge ca. 8–20 mm	ovales Flugloch ca. 4 × 7 mm	**Käfer:** Körper und Flügeldecken schwarz bis schwarzbraun, dicht behaarter Halsschild mit zwei glänzenden schwarzen Schwielen und gelblichweißer Querbinde. **Larve:** Elfenbeinfarbig, rotbraune Mandibeln (Beißzangen). **Befallene Holzarten:** Nadel-Splintholz
Gewöhnlicher Nagekäfer (Anobium punctatum)	natürliche Länge ca. 4–6 mm	natürliche Länge ca. 2,5–4,5 mm	rundes Flugloch ⌀ 1,5–2 mm	**Käfer:** Dunkelbraun bis schwarz, Längsstreifen auf den Flügeldecken, Halsschild bis über den Kopf reichend, Fühler aus 11 Gliedern. **Larve:** Gelblich weiß, gekrümmt, Atemöffnungen an den Flanken, drei Beinpaare. **Befallene Holzarten:** Laub- und Nadelholz
Brauner Splintholzkäfer (Lycius brunneus)	natürliche Länge ca. 4–6 mm	natürliche Länge ca. 3–6 mm	rundes Flugloch ⌀ 1–1,5 mm	**Käfer:** Kastanienbrauner Körper von flacher, stäbchenartiger Form, Fühler mit zweigliedriger Keule. **Larve:** Elfenbeinfarbig, durchscheinender Darminhalt. Atemlöcher an den Seiten des letzten Segments. **Befallene Holzarten:** stärkehaltige Laub-Splinthölzer (z. B. Limba, Abachi, Ramin, Esche, Rüster, Eiche)
Holzwespe z. B. Sirex juvencus	natürliche Länge ca. bis 30 mm	natürliche Länge ca. 15–30 mm	rundes Flugloch ⌀ 4–7 mm	**Wespe:** Blauschwarz, Beine und Hinterleib rotgelb. **Larve:** Weißlich, augenlos, drei Paar Brustfüße, dunkel gefärbter Stachel am Hinterleib. **Befallene Holzarten:** Nadelholz

418.1 Holz zerstörende Insekten

Pilzart	Befallsbild	Erkennungsmerkmale	Anmerkungen
Echter Hausschwamm (Serpula lacrymans)		Gefährlichster Gebäudepilz. Braucht zur Entstehung nur Feuchtigkeit, danach Übergriff auch auf trockeneres Holz möglich. **Mycel:** Watteartig, weiß, zitronengelb oder braun. **Stränge:** Bis bleistiftdick, grau. **Fruchtkörper:** Rostbraun mit weißem Rand, fladen- oder konsolenförmig, faltig.	fleischig; manchmal mit ausgeschwitzten Wassertropfen; riecht im Zustand der Zersetzung ähnlich wie Petroleum. **Sporen:** Rotbraun; in der Masse wie feiner Staub. **Befallene Holzarten:** Vorwiegend Nadelhölzer.
Kellerschwamm (Conlophora puteana)		**Mycel:** Anfangs weiß, später grau bis schwarzbraun. Wurzelähnlich verzweigte strahlenartige Stränge. **Fruchtkörper:** Fest am Holz haftende hellbraune bis dunkelolivbraune Krusten, von gelblich-weißem, nachdunkelndem Zuwachsrand gesäumt. Auf der Oberseite warzenförmige, kugelige Erhebungen. **Sporen:** olivbraun.	**Befallene Holzarten:** Vorwiegend Nadelhölzer.
Porenschwamm (Poria spez.)		**Mycel:** Schneeweiß, eisblumenförmig mit dünnen Strängen. **Fruchtkörper:** Anfangs weiß, später gelblich mit charakteristischer Porenschicht auf einer Seite. Der Porenschwamm hat ein hohes Feuchtigkeitsbedürfnis.	**Befallene Holzarten:** Vorwiegend Nadelhölzer
Blättling (Gloeophyllum abletinum)		Treten häufig an Fenstern auf, Schäden zunächst auf der Oberfläche. **Mycel:** Beige bis hellbraun (wächst im Holz). **Fruchtkörper:** Konsolen- oder leistenförmig mit Lamellen an der Unterseite. Farbe: rötlich bräunlich mit hellen oder gelben Zuwachsrändern, später dunkelbraun bis schwarz.	**Befallene Holzarten:** Nur Nadelhölzer
Moderfäule (hervorgerufen durch Ascomyceten)		Vorwiegend bei Hölzern mit ständig hoher Holzfeuchte, z.B. Rieselwerk bei Kühltürmen, Hölzer im Erdreich (Pfähle), langsamer Zerstörungsablauf mit mikroskopischer Kavernenbildung in den Holzzellen.	**Befallene Holzarten:** Nadel- und Laubhölzer
Bläue. Mehrere Arten, z.B. Aureobasidium pullulans		Das dunkel gefärbte Mycel verursacht die Verfärbung des Holzes. Die kleinen, oft flaschenförmigen Fruchtkörper durchbrechen und zerstören Lack- oder Farbfilme. Stärkerer Bläuebefall bewirkt eine höhere Aufnahmebereitschaft von Flüssigkeiten, also auch Holzschutzmitteln.	**Befallene Holzarten:** Nadelhölzer

419.1 Holz zerstörende und Holz verfärbende Pilze

Klempner- und Dachdeckerarbeiten

1 Klempnerarbeiten

Bauklempner-(Spengler-)arbeiten umfassen vor allem die Dachentwässerung, aber auch die Ausführung wasserdichter Anschlüsse (Verwahrungen) zwischen Dachflächen und Dachausbauten wie Schornsteinen, Gauben u.Ä. Klempner- und Dachdeckerarbeiten liegen häufig in einer Hand.

Das wichtigste Material für Klempnerarbeiten sind etwa 1,0 mm dicke Zinkbleche (Zn), Kupferbleche (Cu), selten verzinkte Stahlbleche. Die Bleche werden in Streifen geschnitten, aus denen die benötigten Teile geformt werden.

Die Bleche werden in Bahnen oder in Tafeln von 1 000 × 2 000 mm geliefert. Um beim Zuschneiden der erforderlichen Blechstreifen keinen Abfall zu haben, wird die Tafellänge von 2 000 mm in 5, 6, 7 oder 8 gleich breite Streifen geschnitten.

Aus diesen 400 mm, 333 mm, 285 mm oder 250 mm breiten Zuschnitten werden die erforderlichen Blechformen auf Biegemaschinen vom Handwerker selbst oder fabrikmäßig angefertigt und vorwiegend auf der Baustelle angepasst und evtl. aneinandergelötet. Kunststofffertigteile werden für Dachentwässerungen seltener montiert. Ebenfalls kommen VA-Bleche bei Klempnerarbeiten kaum zur Anwendung. Wegen der Zersetzungsgefahren durch Kontaktkorrosion dürfen Zink und Kupfer nicht in unmittelbarer Nähe zueinander eingebaut werden, andernfalls würden die Zinkteile (weniger edel) zerstört.

1.1 Dachrinnen

Dachflächen werden über Dachrinnen entwässert, die an der niedrigsten Dachlinie (Traufe) ohne oder mit Gefälle von etwa 0,5 cm auf 100 cm anzuordnen sind.

Halbrunde Hängedachrinnen werden am häufigsten verwendet. In dem Bild 420.1 sind ein Rinnenquerschnitt sowie Zubehörteile für die Befestigung der Rinne dargestellt. Die Wulst dient der Rinnenaussteifung, sie wird bei

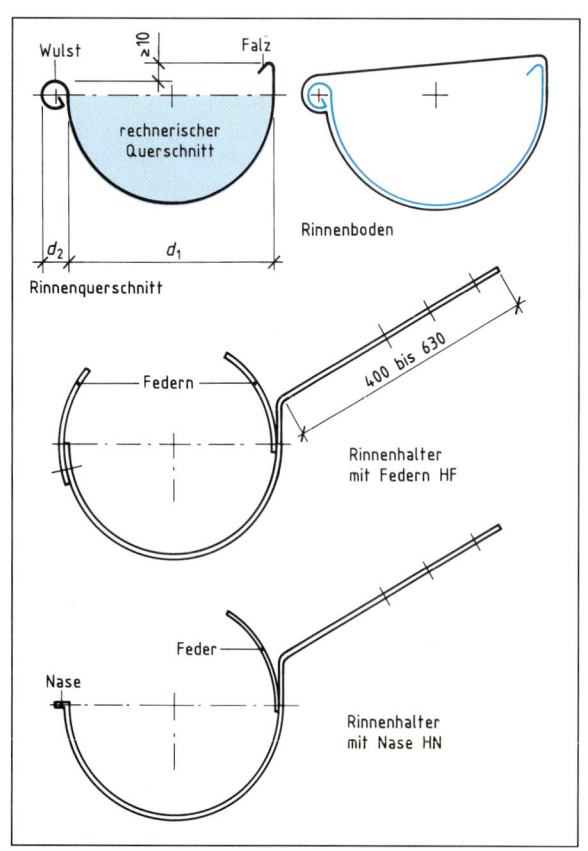

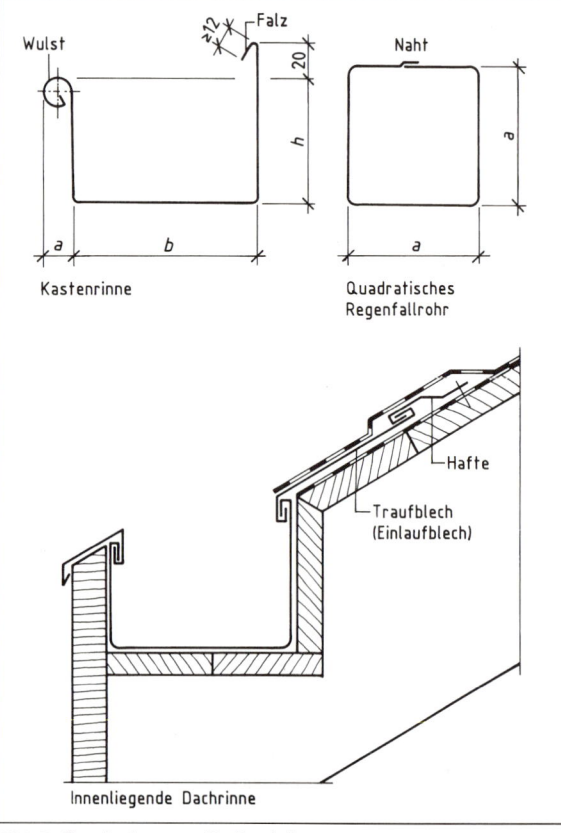

420.1 Halbrunde Hängedachrinne

420.2 Sonderformen für Dachrinnen

Rinnenhaltern mit Nase über diese Vorsprünge gekantet. Die etwa 15 mm breiten Federn werden zur Befestigung der Rinne über den Falz und evtl. die Wulst gebogen, es muss eine Dehnmöglichkeit der Rinne gewahrt bleiben. Der zur Wandseite hin liegende Falz dient ebenfalls der Rinnenaussteifung, jedoch auch dem Einhängen von Traufblechen.

Dachrinnen-Sonderformen sind in dem Bild 420.2 dargestellt, sie sollten in ihren Abwicklungen einem der genannten Zuschnittsmaße entsprechen. Kastenrinnen werden häufig auf einem Gesims oder Dachüberstand liegend angeordnet.

1.2 Regenfallrohre und Fallrohranschlüsse

Regenfallrohre führen das Wasser aus der Rinne ab. Regenfallrohre haben untereinander einen Abstand von 10,0 bis 12,0 m.

Runde Regenfallrohre (Bild 421.2) werden am häufigsten verwendet, sie sind in 2,00 m Länge im Handel erhältlich. Die Regenfallrohre werden durch Rohrschellen vorwiegend senkrecht an Wänden befestigt. Um die Entfernung zwischen Rinne und Wand zu überbrücken, können Fallrohrbögen (60° oder 45°) eingebaut werden. Zu halbrunden Dachrinnen gehören runde Fallrohre mit gleichem Zuschnitt.

Quadratische Regenfallrohre dienen vor allem der Entwässerung von Kastenrinnen, sie können in Mauerschlitzen liegen.

Rohrstutzen oder Rinnenkessel unterschiedlicher Form, die mit der Dachrinne verpresst oder verlötet sind, leiten das Wasser aus der Rinne in das Fallrohr (Bild 421.1).

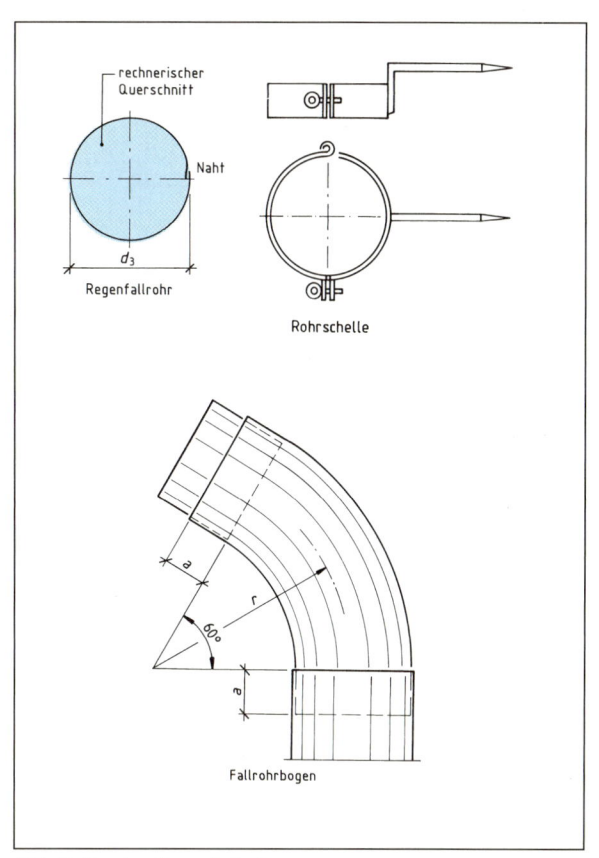

421.2 Rundes Regenfallrohr

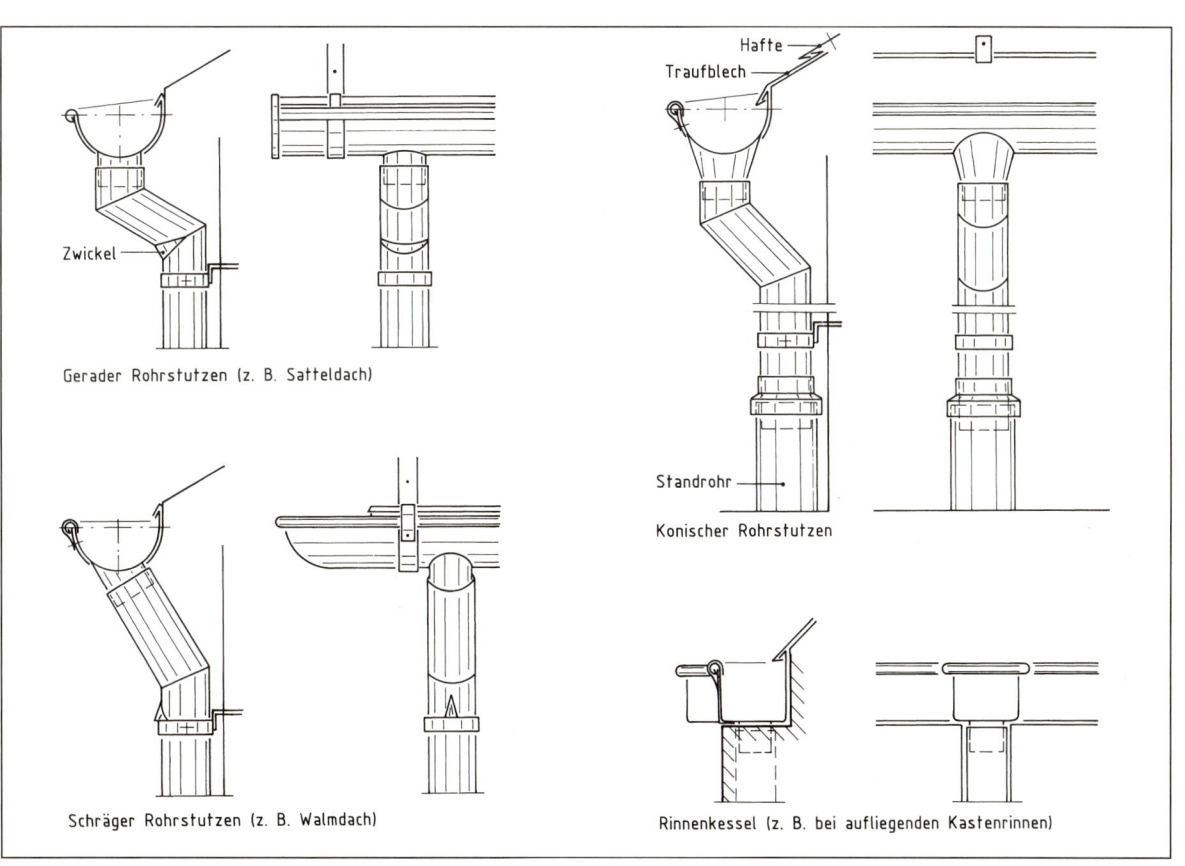

421.1 Fallrohranschlüsse

Standrohre (Bild 422.1) bilden die Übergänge von Fallrohren zur Grundleitung, sie bestehen aus dickwandigen Zink-, Kupfer-, Gusseisen- oder PE-Rohren und müssen an öffentlichen Straßen mindestens 1500 mm, sonst ≥ 500 mm über Terrain hoch sein.

1.3 Größenbemessung für Dachentwässerungen

Für die Berechnung von Dachrinnen- und Regenfallrohr-Querschnitten ist die Dachgrundfläche als Einzugsfläche maßgebend:
1,0 m² Einzugsfläche erfordert ≥ 1,0 cm² Rinnenquerschnitt. Starker, plötzlicher Wasseranfall bei Dachneigung über 45°, bei Tafeldeckungen über 30° Neigung, und an der Wetterseite erfordert einen Rinnenquerschnitt von 1,5 cm² pro m² Einzugsfläche. Für innen liegende Rinnen werden 2,0 cm²/m² gefordert.

Beispiel: Die Regen-Einzugsfläche eines Daches mit 48° Neigung beträgt 50 m². Nach den genannten Richtlinien sind 1,5 cm²/m² Rinnenquerschnitt erforderlich.

50 m² · 1,5 cm²/m² = 75 cm²; gewählt: 6-teilig

In den Tabelle 422.3 sind Werte für halbrunde Hängedachrinnen und runde Fallrohre aufgeführt. Dabei gilt die Regel, dass die Zuschnittsmaße für Rinne und zugehöriges Fallrohr normalerweise gleich sind.

In dem Bild 422.2 sind vier Arbeitsschritte für die Anordnung halbrunder Hängedachrinnen in ihrer Lage zur Dachdeckung dargestellt. Im Idealfall soll die Oberkantenflucht der Dachdeckung durch den Mittelpunkt der Wulst verlaufen, damit auch Sturzregen aufgefangen wird.

Auf Zeichnungen können für die Dachentwässerung z. B. folgende Bezeichnungen verwendet werden:
Halbrunde Hängedachrinne, 6-teilig, Zinkblech **D 333-Zn**
Rundes Regenfallrohr, 8-teilig, Kupferblech **R 250-Cu**
Regenfallrohrbogen, 7-teilig, Zinkblech **B 285-Zn**

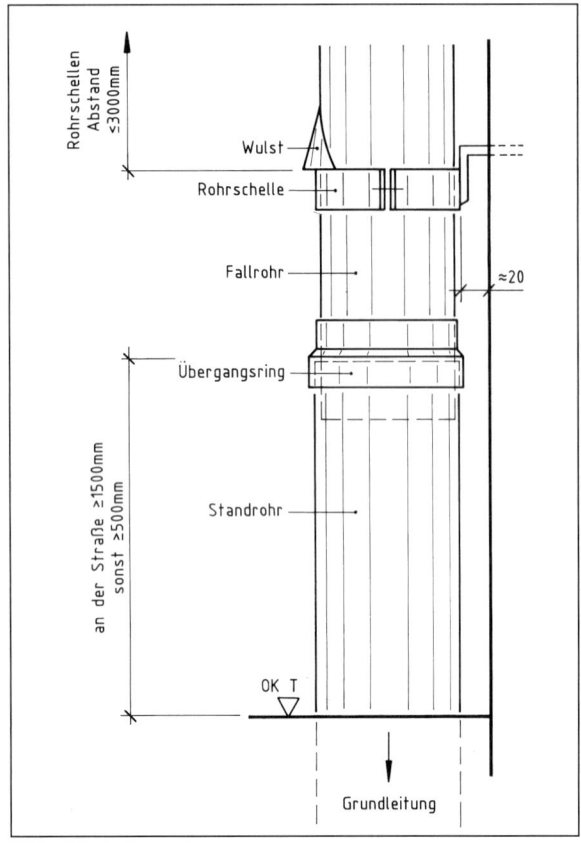

422.1 Fallrohranschluss

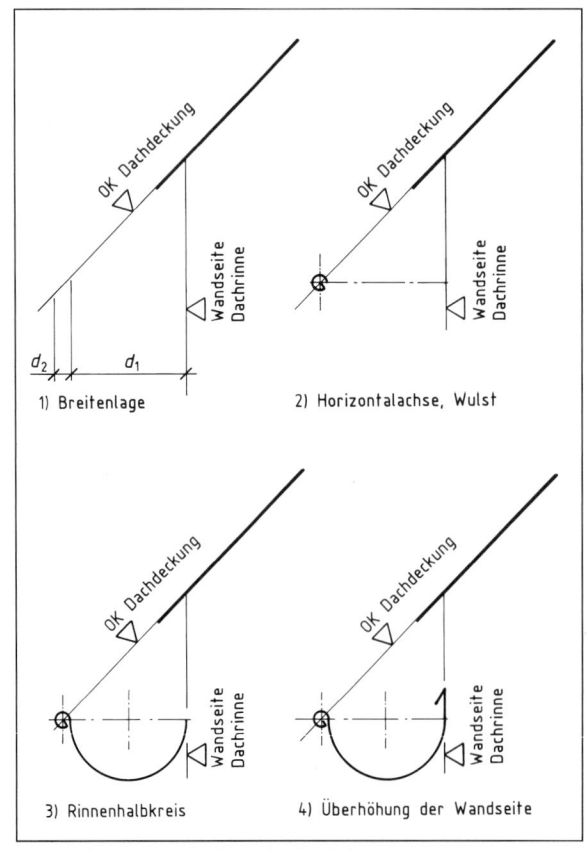

422.2 Anordnung halbrunder Dachrinnen

Halbrunde Hängerinnen			Runde Regenfallrohre		Rohrbögen	
Durch-messer	Wulst-durch-messer	Quer-schnitt	Durch-messer	Quer-schnitt	Ein-steck-länge	Achs-maß
d_1 mm	d_2 mm	cm²	d_3 mm	cm²	a mm	r mm
250 (8-teilig)						
105	18	43	76	45	35	130
285 (7-teilig)						
127	18	63	87	59	35	150
333 (6-teilig)						
153	20	92	100	79	37,5	175
400 (5-teilig)						
192	22	145	120	113	40	210

422.3 Halbrunde Hängedachrinnen und runde Regenfallrohre

2 Dachdeckerarbeiten

Für die Ausführung von Dachdeckerarbeiten und die Wahl des Deckmaterials ist die vorhandene Neigung der die Dachhaut tragenden Unterkonstruktion zu beachten. In dem Bild 423.1 sind Richtwerte für Dachneigungen zusammengestellt; Neigungen werden aus dem Verhältnis Höhe : Grundmaß ermittelt.

In dem Bild 423.2 sind Sonderformen häufig vorkommender Flachdächer zusammengestellt, hierzu gehört auch das Horizontaldach.

Bei der Entscheidung für eine Dachdeckung sind gestalterische Gesichtspunkte oder Bebauungsvorschriften zu berücksichtigen; ferner ist zu beachten, dass die Dachneigung ausschlaggebend ist für die zulässige Fugenhäufung und die davon abhängige Durchlässigkeit des Deckmaterials. Im Bild 423.1 sind fünf Gruppen von Dachdeckungen hinsichtlich ihrer Einzelgröße zusammengestellt. Mit zunehmender Dachneigung kann das Deckmaterial kleinformatiger werden:

Abdichtungen und Beschichtungen (ab 0° Neigung) aus miteinander verschweißten Kunststofffolien oder mehrlagigen Bitumenschweißbahnen mit Trägereinlage bzw. mehrschichtigen Kunststoffbezügen.

Bahnendeckungen (ab 1,5° Neigung) aus mehrlagigen Bitumenbahnen mit Trägereinlage.

Tafeldeckungen (ab 3° Neigung) aus zementgebundenen Wellplatten oder Profilblechen.

Schuppendeckungen (ab 25° Neigung) aus Dachziegeln, Betondachsteinen, Schindeln oder Schiefer.

Rohrdeckungen (ab 45° Neigung) aus Reet oder Stroh.

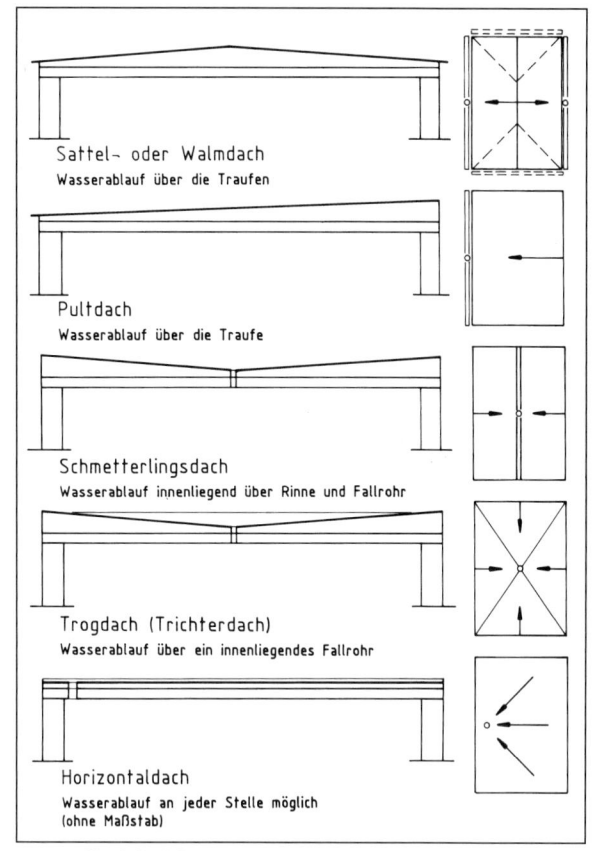

Sattel- oder Walmdach
Wasserablauf über die Traufen

Pultdach
Wasserablauf über die Traufe

Schmetterlingsdach
Wasserablauf innenliegend über Rinne und Fallrohr

Trogdach (Trichterdach)
Wasserablauf über ein innenliegendes Fallrohr

Horizontaldach
Wasserablauf an jeder Stelle möglich
(ohne Maßstab)

423.2 Flachdachformen

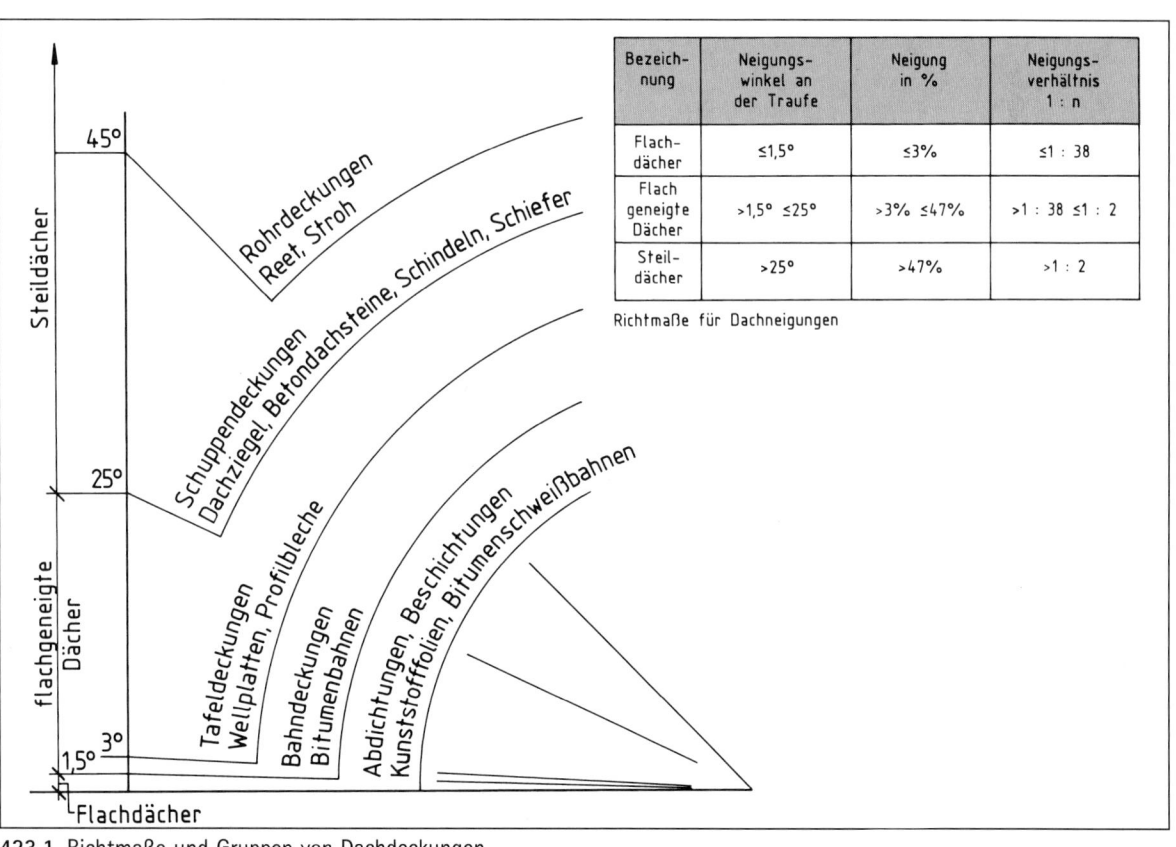

Bezeichnung	Neigungswinkel an der Traufe	Neigung in %	Neigungsverhältnis 1 : n
Flachdächer	≤1,5°	≤3%	≤1 : 38
Flach geneigte Dächer	>1,5° ≤25°	>3% ≤47%	>1 : 38 ≤1 : 2
Steildächer	>25°	>47%	>1 : 2

Richtmaße für Dachneigungen

423.1 Richtmaße und Gruppen von Dachdeckungen

Klempner- und Dachdeckerarbeiten

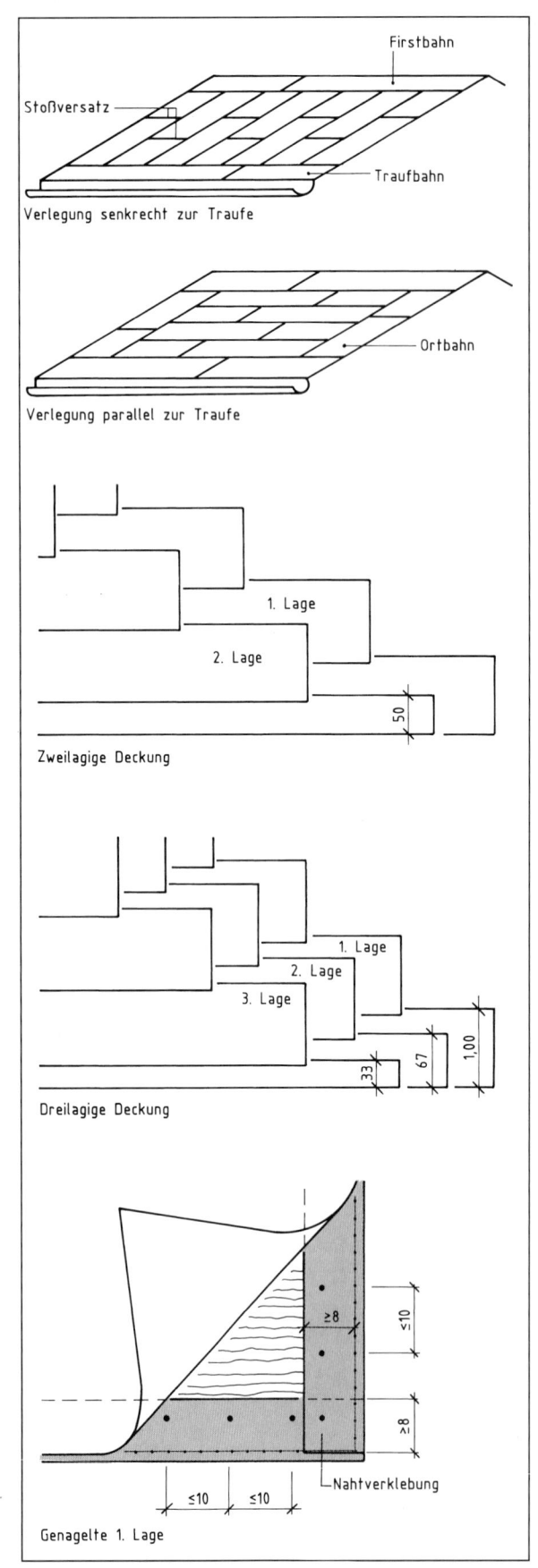

2.1 Bahndeckungen

Bei Bahnendeckungen werden Bitumenschweißbahnen und Bitumendichtungsbahnen bevorzugt verarbeitet; beide Bahnenarten sind in der Regel mit einer Trägereinlage aus Polyestervlies, Glasgewebe, Glasvlies, Jutegewebe oder Aluminiumband armiert, um vor allem mechanischen Beanspruchungen weitgehend widerstehen zu können.
Die Bahnen sind 1,00 m breit und werden in Rollen von etwa 5,0 m Länge geliefert. Die Bahnen werden entweder senkrecht oder parallel zur Traufe vorwiegend mehrlagig verlegt (Bild 424.1). Bei massiver Unterkonstruktion wird die erste Lage nach einem Voranstrich vollflächig geklebt, bei einer Holzunterlage genagelt.

Dachdeckungen bis 30° Neigung werden häufig in Bahnendeckung ausgeführt, deren zeichnerische Darstellung dem Bild 424.2 zu entnehmen ist. Die Oberflächen von Bahnendeckungen müssen insbesondere vor Sonneneinstrahlung, mechanischen Einflüssen und Windsog geschützt werden. In dem Bild 425.1 sind Bahnendeckungen in Abhängigkeit von der Dachneigung und dem Oberflächenschutz zusammengestellt.

Nicht belüftete Dächer sind einschalige Dächer (Warmdächer), bei denen der gesamte Deckungsaufbau direkt auf der tragenden Konstruktion liegt (Bild 425.2).

Bei herkömmlichen Dachaufbauten wird der Feuchtigkeitsschutz über der Wärmedämmung angeordnet. Bei dem Umkehrdach liegt der Feuchtigkeitsschutz unter der Wärmedämmung.

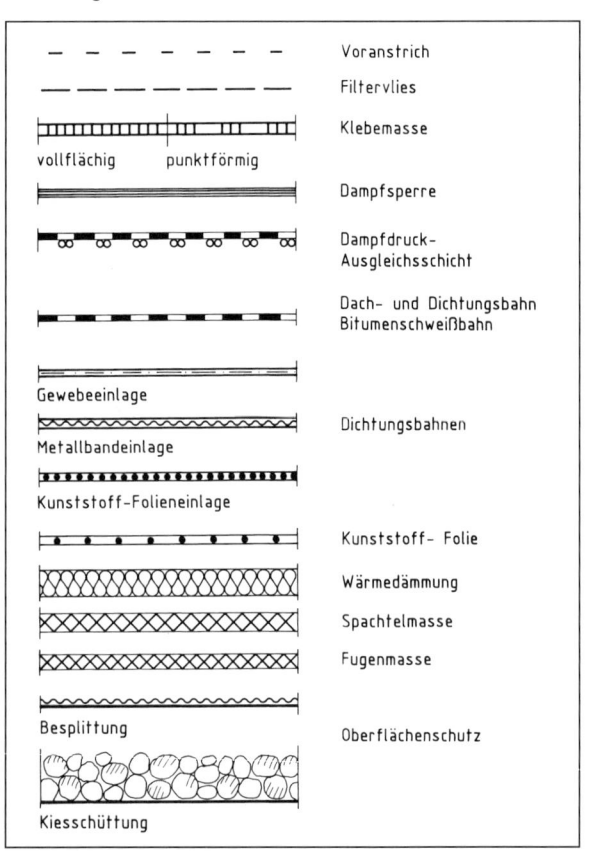

424.1 Bahnendeckungen

424.2 Darstellungen von Bahnendeckungen

Klempner- und Dachdeckerarbeiten 425

Bei dem **Plusdach** ist die erforderliche Wärmedämmdicke in zwei Schichten unterteilt, zwischen denen der Feuchteschutz liegt. Eine evtl. erforderlich werdende Sanierung der Feuchtesperre ist beim Plusdach sehr aufwändig.

Belüftete Dächer sind zweilagige Dächer (Kaltdächer), bei denen ein ungehinderter Luftstrom zwischen Wärmedämmung und Dachdichtung den Dachaufbau hinterlüftet (Bild 426.1). Der Lufteintritt und der Luftaustritt erfolgen in der Regel über die Traufen bzw. den First. Die Größe der Be- und auch der Entlüftung ist auf die Dachgrundfläche A zu beziehen und beträgt bei einer Dachneigung $< 5°$ jeweils A/150, bei Neigungen $\geq 5°$ je A/500.

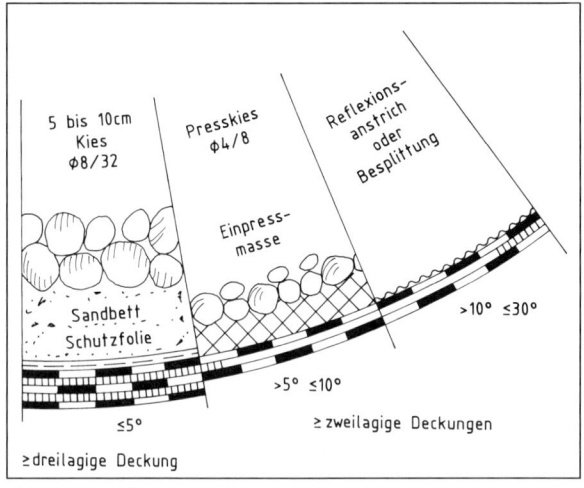

① Unterkonstruktion als dachdeckungtragender Bauteil aus Stahlbeton, Porenbeton, Holz o.Ä.

② Voranstrich aus einer dünnflüssigen Bitumenlösung zur Staubbindung und Haftverbesserung für vollflächig auf massiven Untergründen zu verklebende erste Lage.

③ Ausgleichsschicht, die den Dachaufbau vor Einflüssen, z.B. Dehnung, aus der Unterkonstruktion schützt.

④ Dampfsperrschicht zur Verhinderung von Wasserdampfdiffusion.

⑤ Dampfdruckausgleichschicht dient als geschlossene Luftschicht dem Ausgleich unterschiedlicher Dampfdrücke.

⑥ Wärmedämmschicht, vorwiegend aus Hartschaum, zur Vermeidung des Temperaturausgleichs zwischen innen und außen.

⑦ Dachabdichtung in wasserdichtem Aufbau.

⑧ Filtervlies oder Schutzschicht gegen das Eindringen von Schmutzteilen in die Wärmedämmungen und Deckungen.

⑨ Oberflächenschutz gegen UV-Strahlen und Versprödung aus einer Reflexionsschicht oder einer Besplittung.

⑩ Auflast aus Kies oder Matten gegen Abheben der Dachschichten bei Windsog und zum Schutz vor mechanischen Einflüssen.

⑪ Trennschicht zur permanenten Trennung von Decklagen untereinander.

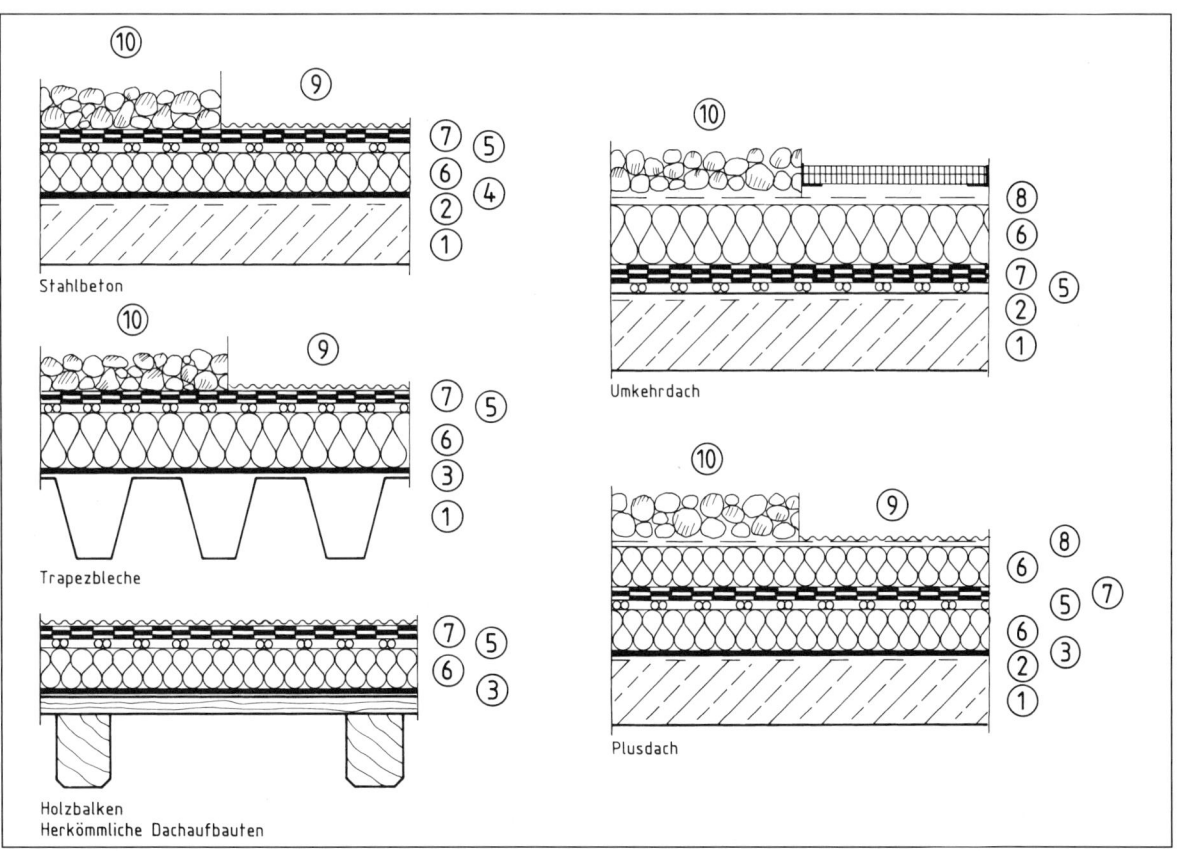

425.1 Oberflächenschutz - Bahnendichtungen

425.2 Nicht belüftete Dächer

2.2 Tafeldeckungen

Zu den Tafeldeckungen gehören großflächige zementgebundene Platten, Kupfer- und Zinkbleche sowie verzinkte Stahlbleche. Damit die 2. und die 3. Tafel nicht übereinanderliegen und sperren, werden ihre Ecken in Überdeckungshöhe geschnitten (Bild 426.2). Bei ausreichender Plattensteifigkeit können leichte Pfetten im Abstand von etwa 60,0 cm aus Holz oder Stahl als Deckungsträger dienen.

2.3 Schuppendeckungen

Als Deckunterlage für Schuppendeckungen werden entweder Dachlatten oder vollflächige Schalungen angewendet (Bild 426.3). Zur Ableitung von evtl. durchdringendem Wasser und Flugschnee sowie zur Verankerung bzw. Hinterlüftung der Dachhaut können Pappdocken oder Dachbahnen (Unterspannbahnen) verarbeitet und evtl. Konterlatten vorgesehen werden Um die Sturmsicherheit der Deckung zu erhöhen, wird sie genagelt bzw. jede zweite Schuppe durch Klammern gesichert.

Dachziegel sind aus Ton gebrannte Deckungen, die, bedingt durch ihre Form oder durch Fälze, zu einer relativ dichten Dachhaut verarbeitet werden können. In dem Bild 427.1 sind Dachziegel mit ihren Maßen dargestellt. Dachziegel ohne Fälze können in Kalkmörtel verlegt oder verstrichen werden. Biberschwanz- und Strangfalzziegel-Deckungen sind durch Doppellage wasserdicht.

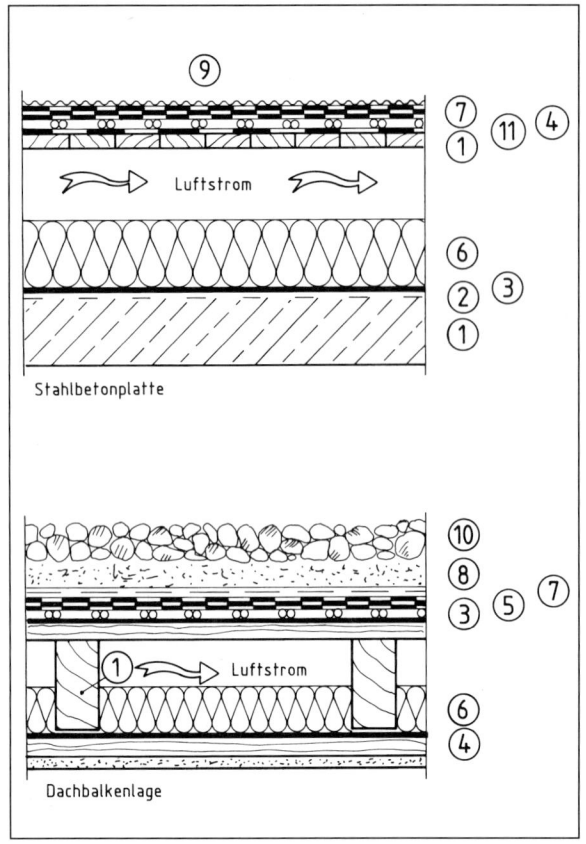

426.1 Belüftete Dächer

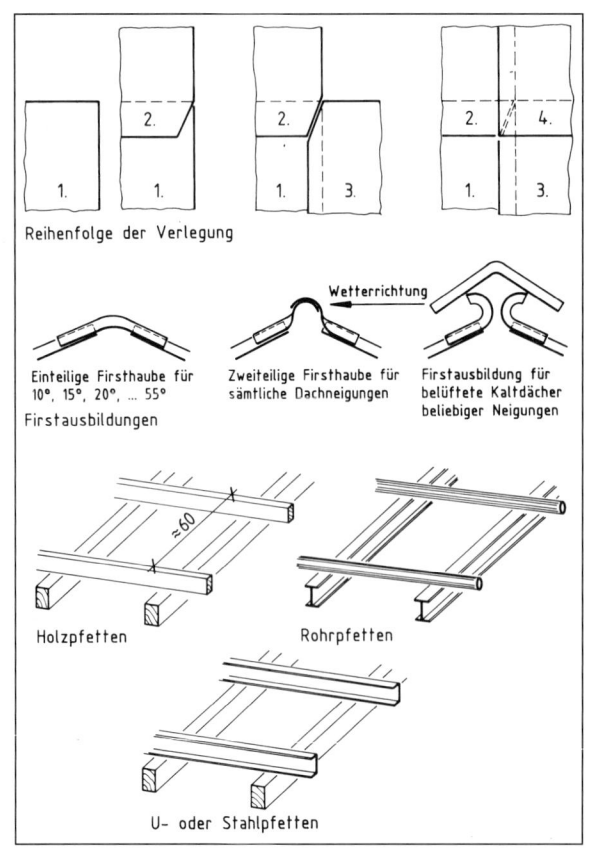

426.2 Tafeldeckungen

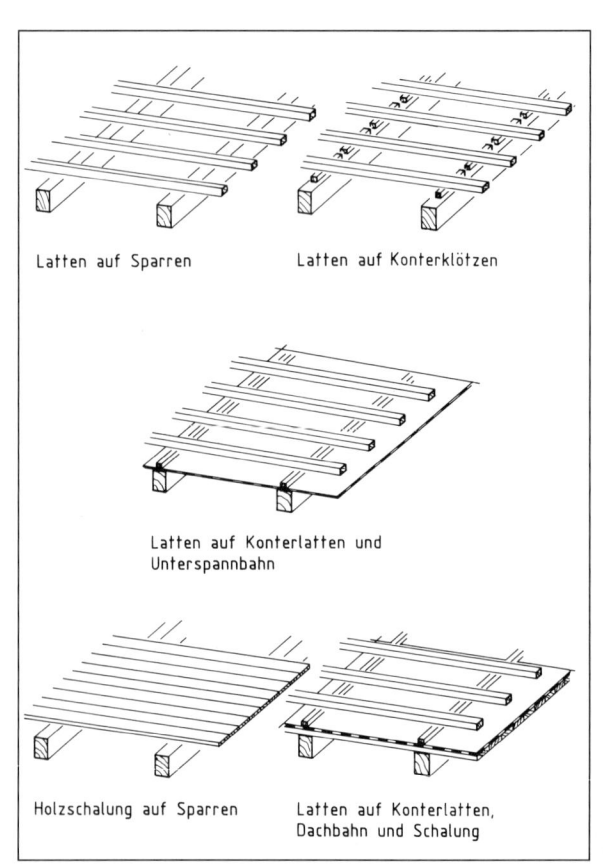

426.3 Unterlagen für Schuppendeckungen

Betondachsteine bestehen aus stark verdichtetem Beton mit Farbzusatz (Bild 427.2). Sie werden in Pappdocken verlegt und durch Klammern mit den Latten verbunden.

Schindeln sind entweder zement- oder kunststoffgebundene künstliche Platten (Bild 428.1) oder von Hand bzw. maschinell gespaltene Holzscheiben (Bild 428.2).

Schiefer werden sowohl künstlich hergestellt als auch im Bergwerk abgebaut und anschließend geformt. In dem Bild 428.3 ist eine Altdeutsche Deckung aus natürlichen Schiefern dargestellt. Die Schieferreihe wird als Gebinde bezeichnet, dessen Steigung sich nach der Dachneigung richtet:

Traufe, Ort und Dachneigung zeichnen, Viertelkreis mit beliebigem Radius schlagen, die Senkrechte von der Traufe und die Waagerechte von dem Viertelkreispunkt zum Schnitt bringen. Die Verbindung A–B ergibt die Gebindesteigung, die bei der Verschieferung von Senkrechten horizontal verläuft.

2.4 Rohrdeckungen

Rohr gehört zu den natürlichen Dachdeckungsmaterialien. Das Reet (Schilf) oder Stroh wird in einer Dicke von $\geq$ 30 cm mit verzinktem Draht oder Tauwerk auf Latten genäht (Bild 428.4). Firste werden regional unterschiedlich mit Rohr, Gras-, Heidesoden oder Kunststoffkappen ausgebildet. Reiterknüppel oder Holzsticken dienen der Befestigung des Materials. Rohrdeckungen sind witterungsbedingt vor allem an der Südseite gefährdet.

In Bild 429.1 sind einige Dachdeckungsdetails im Zusammenhang mit der Dachentwässerung dargestellt.

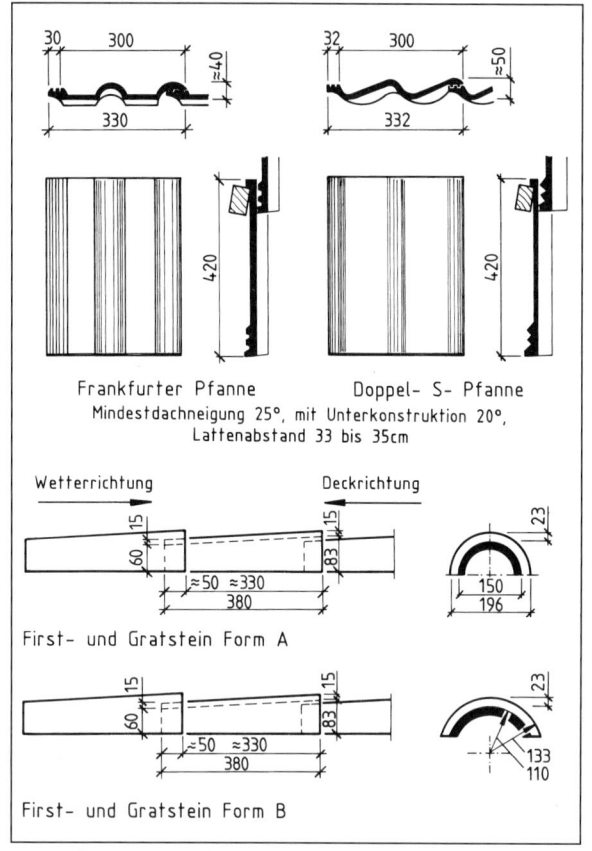

427.2 Betondachsteine

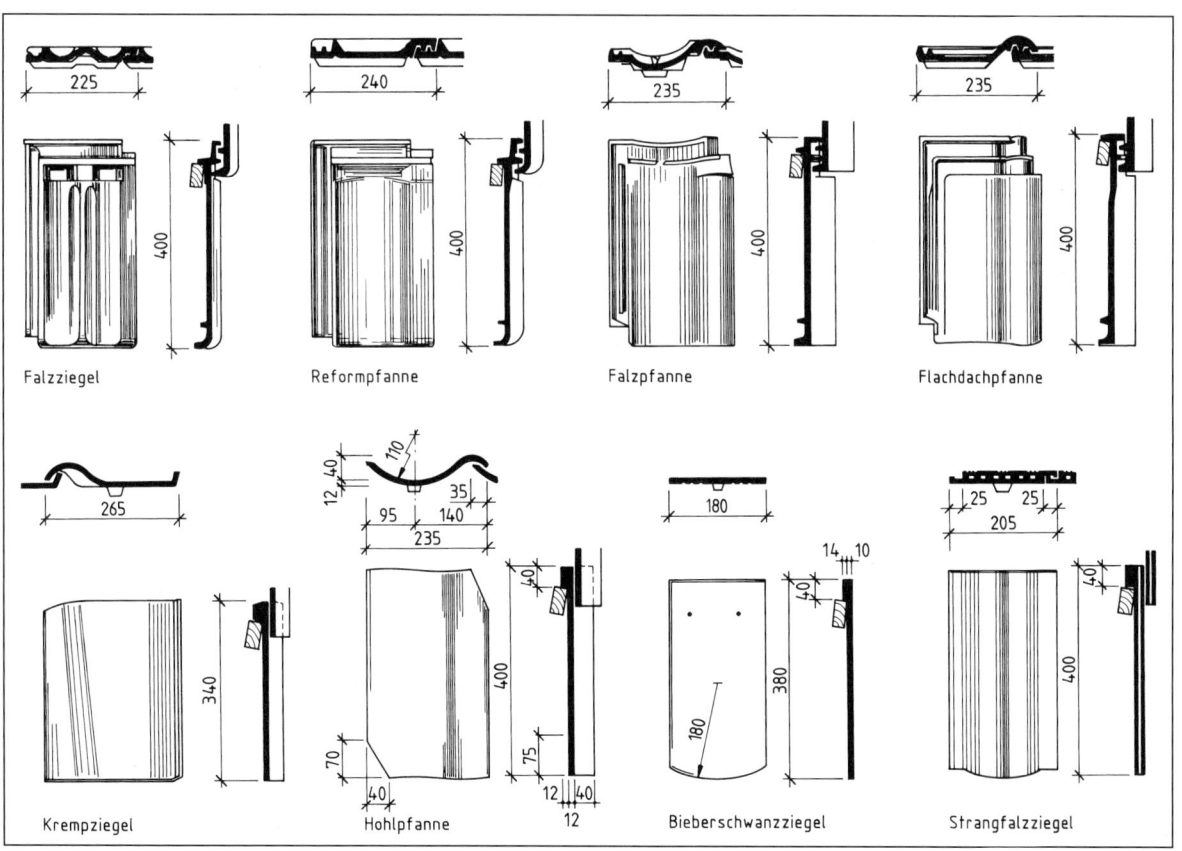

427.1 Dachziegel

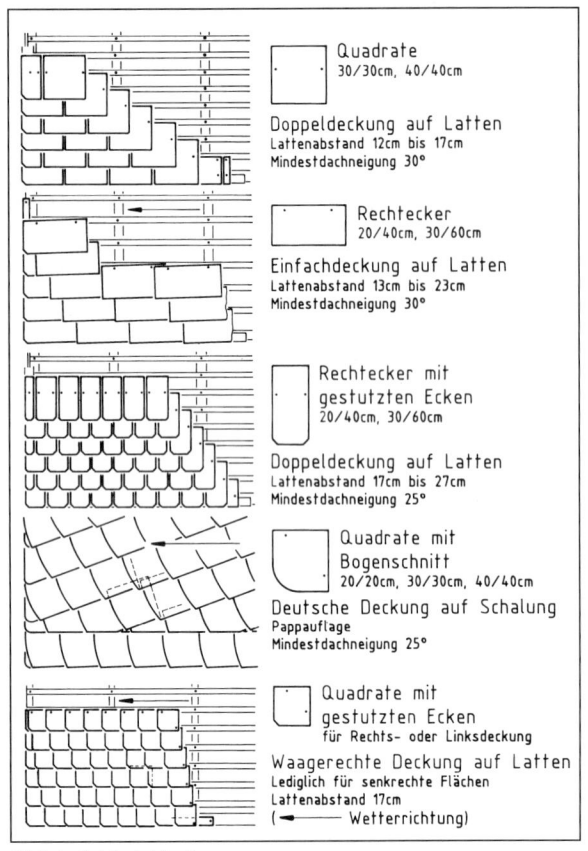

Klempner- und Dachdeckerarbeiten

428.1 Schindeldeckungen

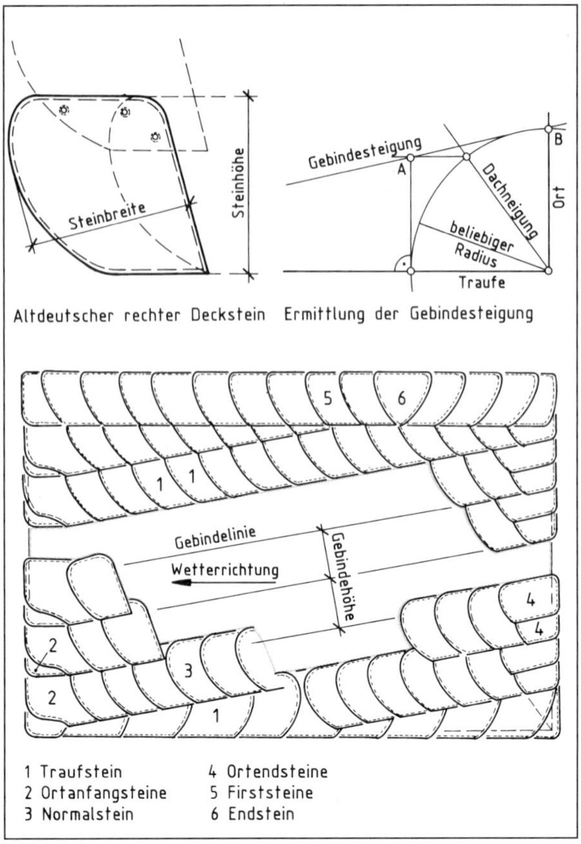

Quadrate
30/30cm, 40/40cm
Doppeldeckung auf Latten
Lattenabstand 12cm bis 17cm
Mindestdachneigung 30°

Rechtecker
20/40cm, 30/60cm
Einfachdeckung auf Latten
Lattenabstand 13cm bis 23cm
Mindestdachneigung 30°

Rechtecker mit gestutzten Ecken
20/40cm, 30/60cm
Doppeldeckung auf Latten
Lattenabstand 17cm bis 27cm
Mindestdachneigung 25°

Quadrate mit Bogenschnitt
20/20cm, 30/30cm, 40/40cm
Deutsche Deckung auf Schalung
Pappauflage
Mindestdachneigung 25°

Quadrate mit gestutzten Ecken
für Rechts- oder Linksdeckung
Waagerechte Deckung auf Latten
Lediglich für senkrechte Flächen
Lattenabstand 17cm
(← Wetterrichtung)

428.2 Holzschindeln

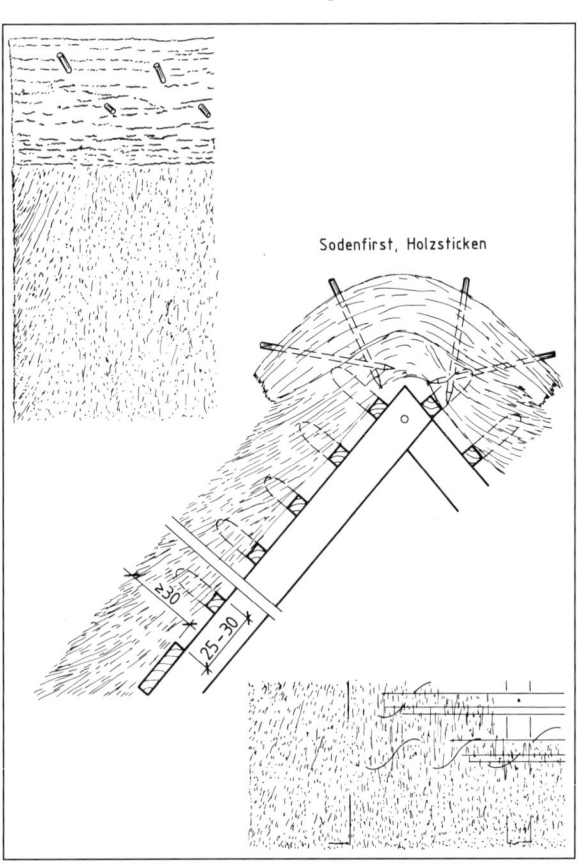

Rechteckschindeln, dreifache Deckung

Schuppenschindeln, doppelte Deckung

428.3 Altdeutsche Schieferdeckung

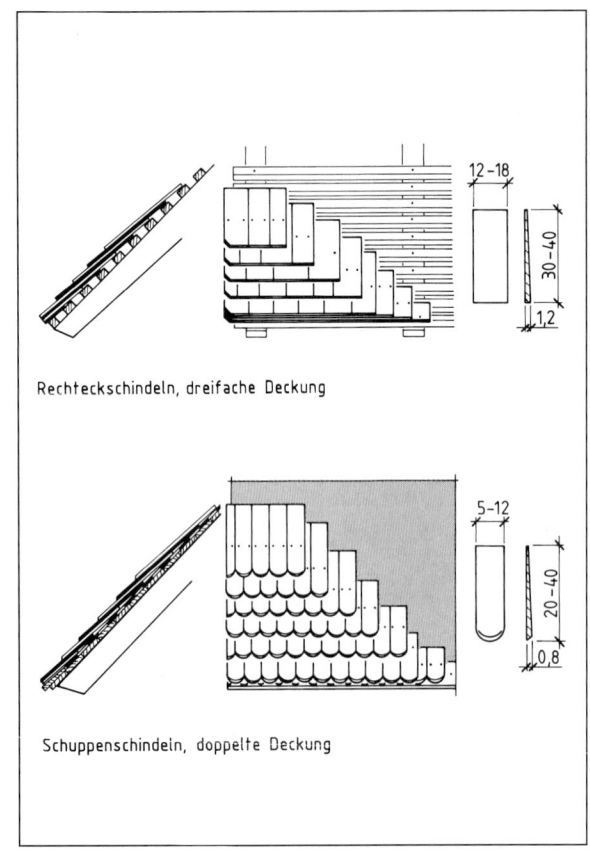

Altdeutscher rechter Deckstein — Ermittlung der Gebindesteigung

1 Traufstein   4 Ortendsteine
2 Ortanfangsteine 5 Firststeine
3 Normalstein 6 Endstein

428.4 Rohrdeckung

Sodenfirst, Holzsticken

Klempner- und Dachdeckerarbeiten

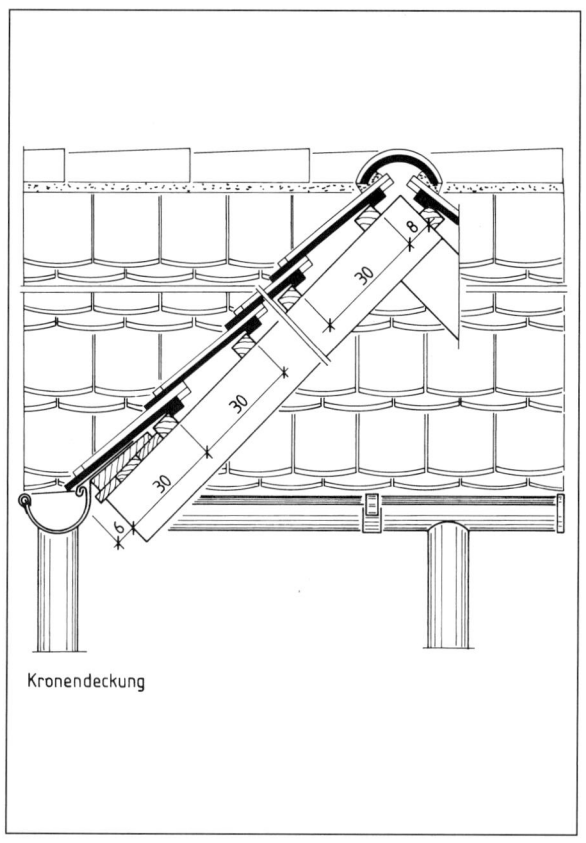

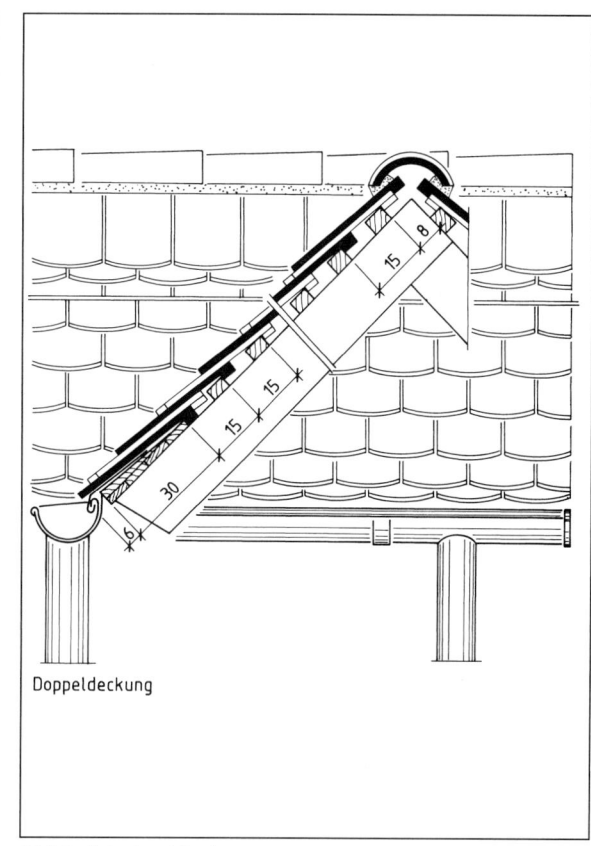

429.1 Hohlpfannendeckung — Kronendeckung

429.3 Falzziegeldeckung — Doppeldeckung

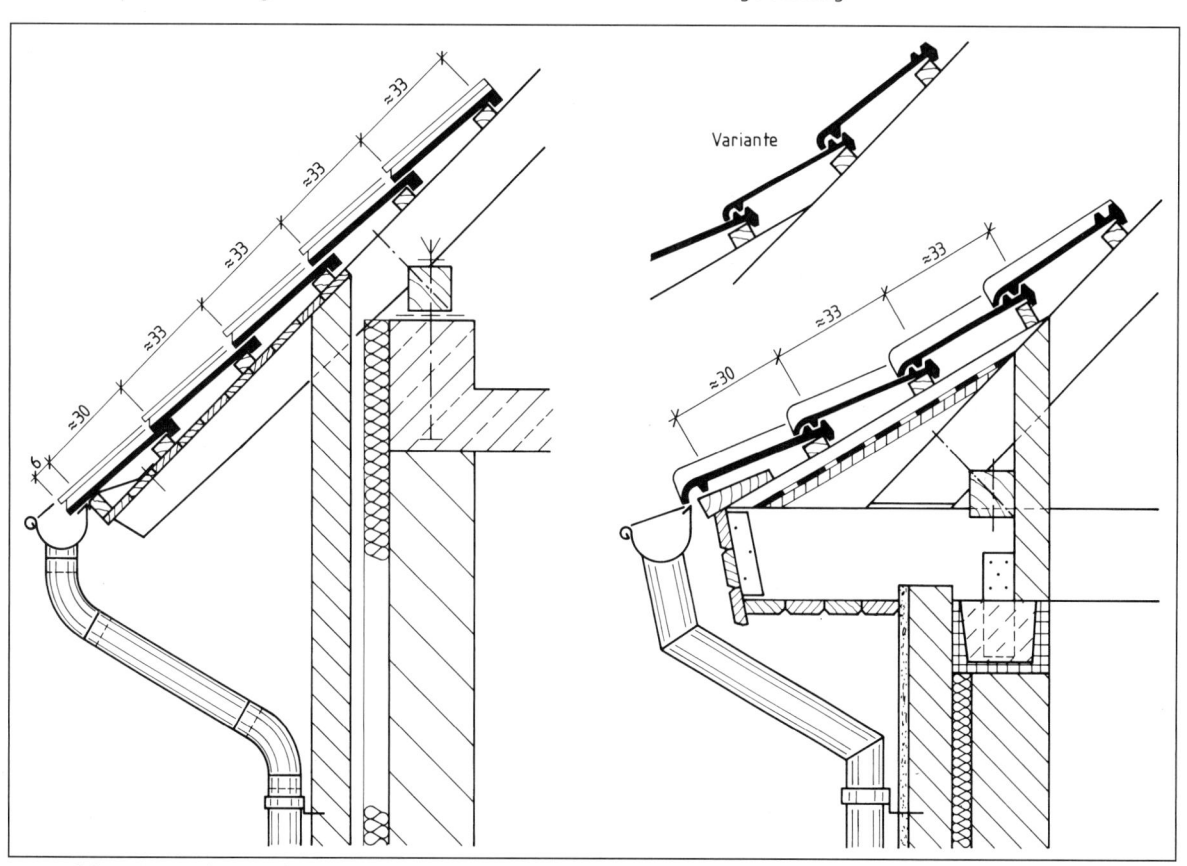

429.2 Biberschwanzdeckungen

Entwässerung

1 Drainung

Die vom Erdreich umschlossenen Bauteile eines Bauwerks, wie Untergeschosswände, Bodenplatten und begrünte Dachdecken, werden von verschiedenen Wasserarten beansprucht. Um Bauschäden zu vermeiden, muss das Wasser drucklos über eine Drainung abgeleitet werden. Die Bauausführung mit einer Drainung (DIN 4095) zusammen mit der Abdichtung (DIN 18195) lassen z. B. in Wohngebäuden eine Nutzung für Freizeitgestaltung o. Ä. zu.

1.1 Abwasserarten

Man unterscheidet folgende Wasserarten (Bild 431.1):
- Oberflächenwasser ist Niederschlagswasser, das durch eine verhältnismäßig dichte Oberfläche, wie bindige Böden, Asphalt oder Beton, nur geringfügig in den Boden eindringen kann. Es muss über ein Gefälle von $\geq 2\%$ vom Bauwerk weggeleitet und gegebenenfalls einem Ablauf zugeführt werden.
- Spritzwasser ist Niederschlagswasser, das durch Rückprall Außenwände, Türen, Schornsteine etc. befeuchtet. Zwischen gefährdetem Bauteil und Prallfläche sind Mindestabstände (Tab. 430.1) einzuhalten.
- Sickerwasser ist Wasser, das durch gut durchlässige Bodenschichten, wie Kies und Grobsand, durchsickert.
- Schichtwasser tritt auf, wenn Sickerwasser auf eine schwer durchlässige Schicht wie Lehm oder Mergel trifft. Dadurch sammelt sich Wasser auf dieser Schicht und fließt zum Tiefpunkt ab. Dieser Schichtwasserzudrang ist vom Einzugsgebiet, von der Neigung und Durchlässigkeit der Schichten sowie von der Jahreszeit (Frühjahr/Herbst) abhängig.
- Kapillar- oder Haftwasser ist Wasser, das den Körnungen des Bodens anhaftet und durch die Kapillarität gegen die Schwerkraft ansteigt.
- Stauwasser ist Wasser, das sich aus Sickerwasser und Schichtwasser mangels Abfluss aufstaut.
- Grundwasser sind Wasseransammlungen größerer Tiefe, deren Wasserspiegel leicht geneigt sein kann und den Jahreszeiten entsprechend schwankt. Im Grundwasser stehende Bauwerke bedürfen einer aufwändigen Abdichtung.

Abgesehen vom Grundwasser kann aus den genannten Wasserarten drückendes Wasser aus Sicker-, Schicht- und Stauwasser entstehen. Verhindert man den Aufbau eines hydrostatischen Drucks durch eine Drainung, so werden die drei zuletzt genannten Wasserarten zum nicht drückenden Wasser gezählt. Danach braucht nach DIN 18195 Teil 4 nur noch gegen Bodenfeuchtigkeit abgedichtet zu werden.

1.2 Planungsrichtlinien

Durch eine Baubegehung werden die zu erwartende Wasserart und Wassermenge ermittelt. Niederschlagsmenge, Jahreszeit, Größe des Einzugsgebietes, Neigung des Geländes, Schichtung und Durchlässigkeit des Bodens geben erste Anhaltswerte. Nach dem Baugrubenaushub sind die angenommenen Werte zu überprüfen.

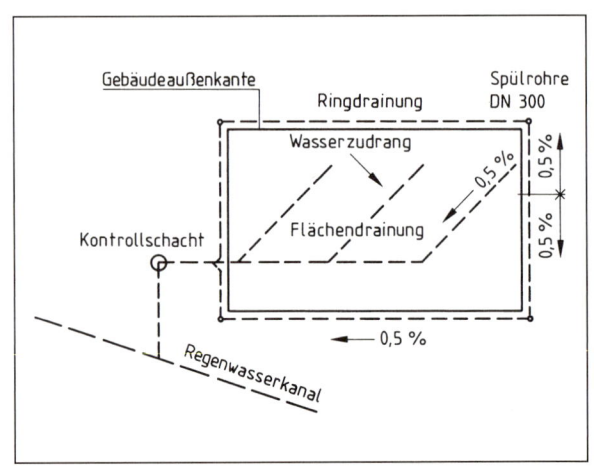

Bauteil	Mindestabstand zur Prallfläche
Außenwand	≥ 30 cm
Schornstein, Terrassentüren, Lichtkuppeln	≥ 15 cm
Dachrand	≥ 10 cm

430.1 Spritzwasserabstände

Wände		Decken	
Einflussgröße	Wert	Einflussgröße	Wert
Gelände	eben bis leicht geneigt	Gesamtauflast	≤ 10 kN/m²
		Deckenfläche	≤ 150 m²
		Deckengefälle	$\geq 3\%$
Bodendurchlässigkeit	gering	Länge der Drainleitung zwischen Hochpunkt und Dacheinlauf bzw. Traufkante	≤ 15 m
Gebäudehöhe	≤ 15 m		
Länge der Drainleitung zwischen Hochpunkt u. Tiefpunkt	≤ 60 m	Angrenzende Gebäudehöhe	≤ 15 m

430.2 Richtwerte für den Regelfall einer Drainanlage

430.3 Drainungssysteme

Überschreiten die Daten (Tab. 430.2) nicht die zulässigen Werte der DIN 4095, so kann ohne besonderen Nachweis die Drainung nach dieser Norm ausgeführt werden. Das anfallende Wasser wird mit einem Gefälle von ≥ 0,5% über einen Kontrollschacht in einen Vorfluter (See, Fluss, Bach) oder in einen Abwasserkanal eingeleitet.

Für kleinere Bauwerke wie Wohngebäude, kann die Drainleitung eben auf dem Fundament verlegt werden. Es stellt sich dann ein Freispiegelgefälle von ca. 0,2% ein. Gegebenenfalls muss noch ein Rückstauverschluss eingebaut werden. Eine umweltfreundlichere Lösung wäre der Anschluss an einen Sickerschacht (Bild 431.2), wodurch das nicht verunreinigte Wasser dem Erdreich wieder zurückgegeben und einer Absenkung des Grundwasserspiegels entgegengewirkt wird. Die Drainleitungen sind möglichst zu einer Ringdrainung (Bild 430.3) zusammenzufassen.

Flächendrainungen (Bild 430.3) unter Bodenplatten und auf begrünten Dächern mit ≤ 200 m² zu entwässernder Fläche erfordern selten Drainleitungen.

Das Wasser fließt hauptsächlich von unten in die Drainleitung ein. Um ein „Zuwachsen" der Drainrohre mit Boden zu vermeiden, sind sie allseitig 15 cm mit filterfestem Kies zu ummanteln. Die Sohle der Drainung (Bild 432.3) darf nicht unter der Fundamentunterkante liegen, da sonst die Gefahr der Unterspülung besteht. An den Gebäudeecken sind Spülrohre DN 300 vorzusehen. Beim Zeichnen der Pläne sind die Sinnbilder nach DIN 4095 (Bild 432.2) zu verwenden. Dabei sind Angaben über Lage, Sohlenhöhen, Maße sowie Art, Dicke und Flächengewicht der Baustoffe erforderlich.

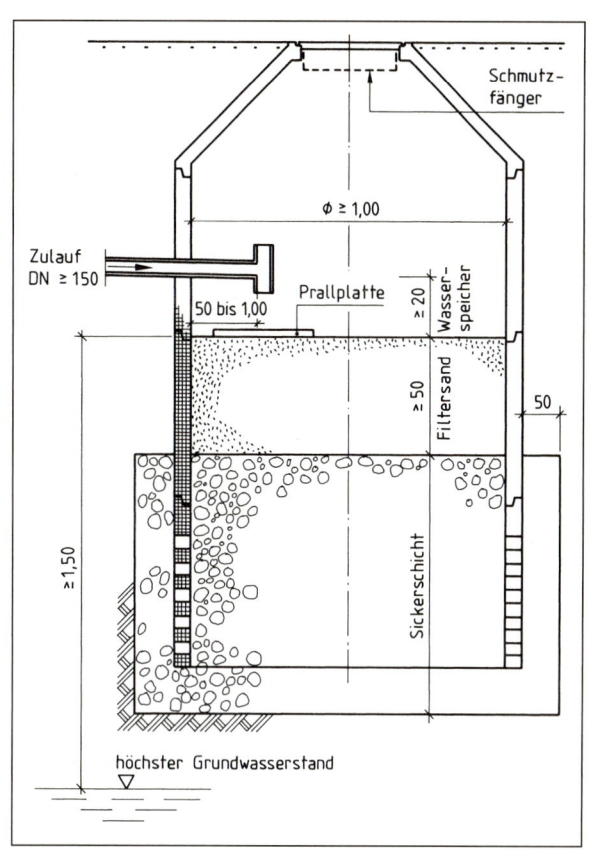

431.2 Sickerschacht

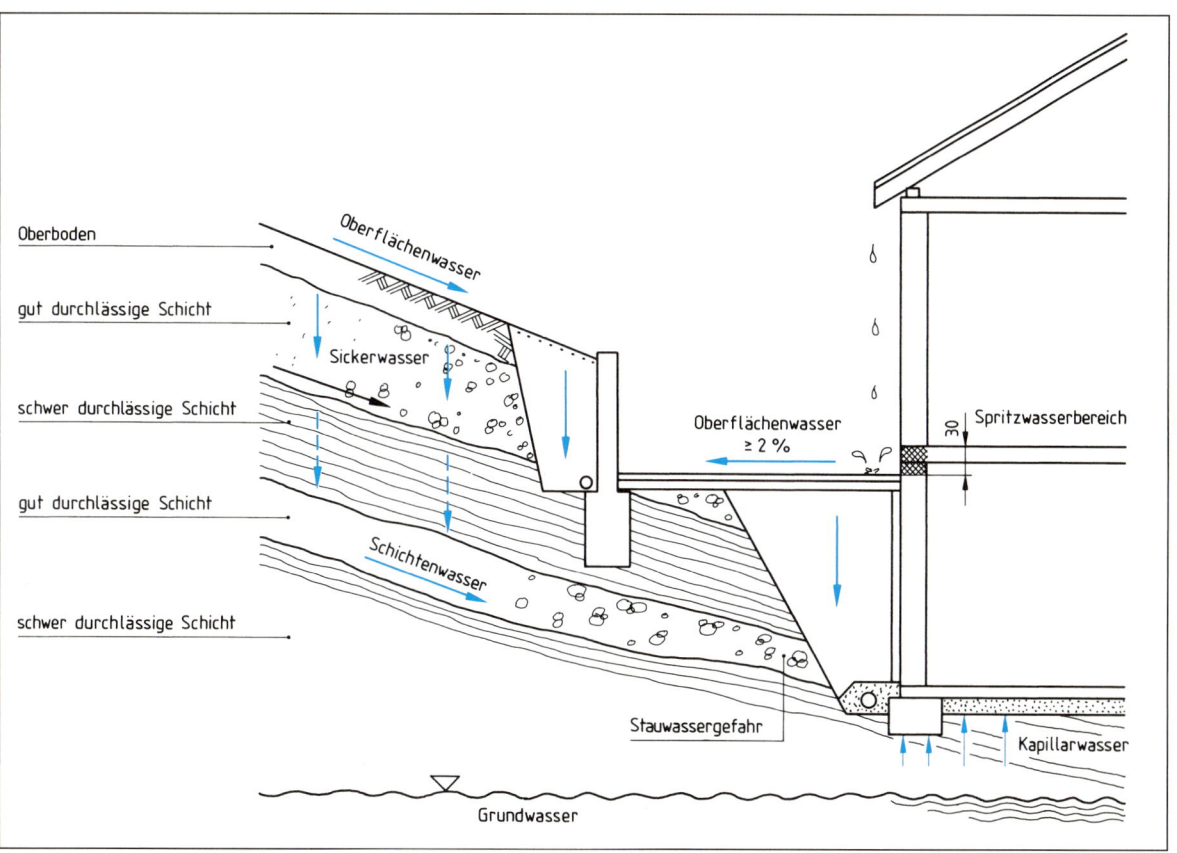

431.1 Wasserarten

Entwässerung

1.3 Bestandteile einer Drainung

Eine Drainung (Tab. 432.1 und 432.4) setzt sich aus der Drainschicht, Drainleitung und den Kontrolleinrichtungen zusammen. Die Drainschicht selbst besteht wiederum aus bis zu drei Schichten. Diese heißen Schutz-, Sicker- und Filterschicht. Zu den Kontrolleinrichtungen zählen die Spülrohre und der Kontrollschacht. In der Praxis werden bei der Herstellung einer Drainung teilweise mehrere Funktionen von einem Bauteil übernommen. Um trockene Untergeschossräume und aufsteigende Mauern zu gewährleisten, reichen Drainungen nicht aus. Es müssen zusätzliche Abdichtungen vorgesehen werden.

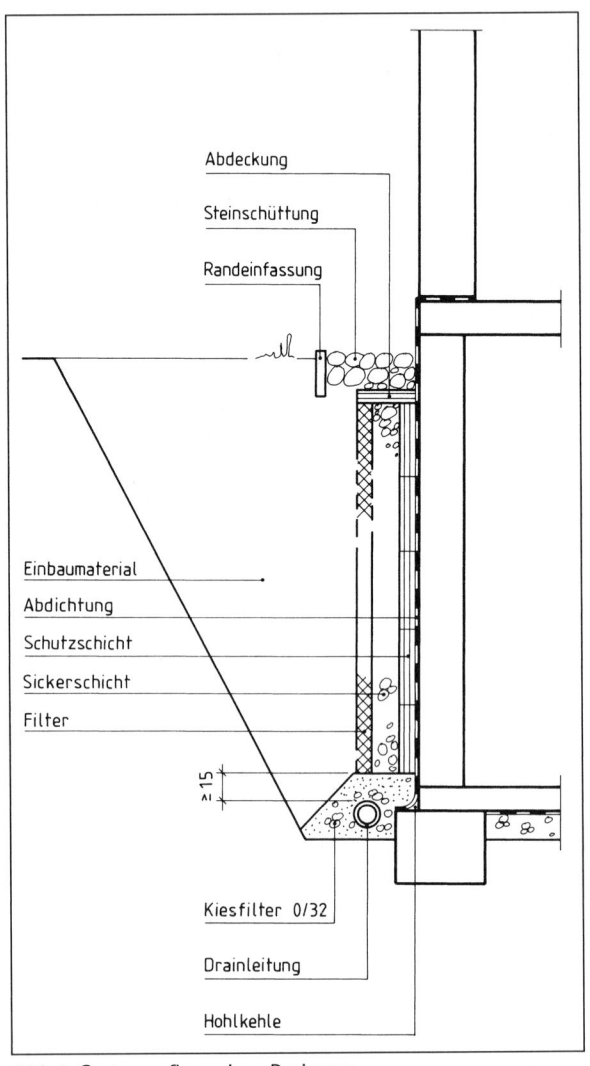

Bauteil	Funktion
Abdichtung	Eindringen von Wasser verhindern
Schutzschicht	Beim Verfüllen des Arbeitsraumes mit Aushub die Abdichtung vor mechanischen Verletzungen schützen.
Sickerschicht	Vordringendes Wasser so schnell wie möglich senkrecht zur Drainleitung zuführen.
Filter	Bodenteilchen zurückhalten, um ein „Zuwachsen" der Drainleitung zu verhindern.
Kiesfilter um die Drainleitung	Entspricht in seinen Aufgaben der Sicker-, Filter- und Schutzschicht.
Drainleitung	Ableiten des Wassers aus der Drainschicht.
Spülrohre	Freispülen der Drainleitung von eingedrungenem Boden.
Kontrollschacht	Kontrolle des Wassers und der Leitungen, Zusammenführen und Reinigen der Leitungen.

432.1 Drainbauteile

Bauteil	Art	Darstellung
Filterschicht	Sand	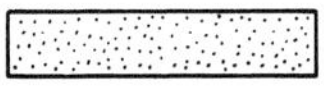
	Geotextil	
Sickerschicht	Kies	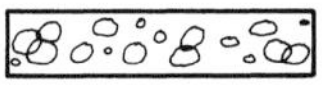
	Einzelelement z.B. Drainstein	
Drainschicht	Kiessand	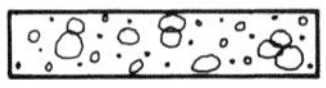
	Verbundelement z.B. Drainmatte	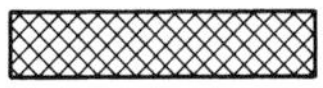
Trennschicht	Folie	
Abdichtung	Bahnen	
Drainleitung	Drainrohr	
Spülrohr	Rohr	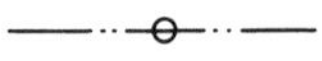
Kontrollschacht	Ringschacht	

432.2 Drainungssinnbilder

432.4 Systemaufbau einer Drainung

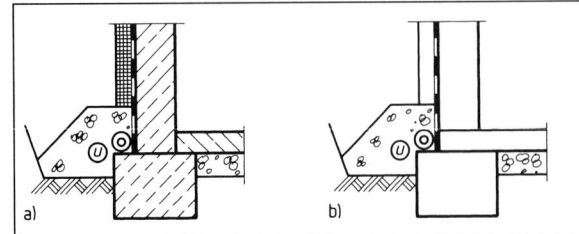

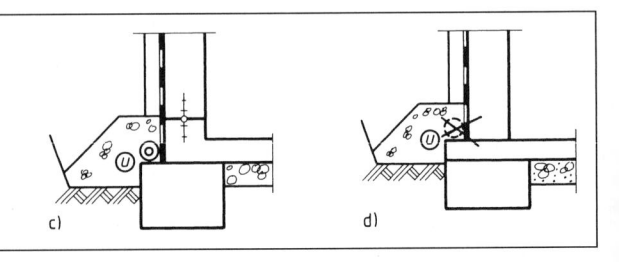

Labels: Abdeckung, Steinschüttung, Randeinfassung, Einbaumaterial, Abdichtung, Schutzschicht, Sickerschicht, Filter, ≥ 15, Kiesfilter 0/32, Drainleitung, Hohlkehle

432.3 Lagen verschiedener Drainleitungen

2 Ausführung von Drainleitungen

Drainleitungen werden in verschiedenen Ausführungen (Tab. 433.2) hergestellt. Bei einem Gefälle von ≥ 0,5 % und normaler Wasserspende ist ein Durchmesser von DN 100 ausreichend. Leicht zu verlegen sind geschlitzte oder gelochte PVC-Schläuche. Hohe Festigkeit haben gelochte Betonrohre oder Rohre aus Haufwerkbeton. Für Betonfiltersteine gibt es passende Betonrinnen.
Die Drainleitung erhält einen Filter (Bild 433.3 und 433.5). Sie wird in Kiessand, Körnung 0/32, als Mischfilter eingebettet. Besser, aber aufwändiger ist ein Stufenfilter aus einer inneren Grobkornschicht 16/32 und einer äußeren Mischkornschicht 0/32.

Drainschichten (Tab. 433.4) sind je nach Lage unterschiedlich auszuführen. Wir unterscheiden Drainschichten unter Bodenplatten, vor Wänden und auf Decken.

- **Drainschichten unter Bodenplatten** (Bild 433.5) werden als 15 bis 12 cm dicke Kiesschüttungen der Körnung ⌀ 63 bzw. ⌀ 8/16 mm ausgeführt. Eine PE-Folienabdeckung verhindert in der Kiesschüttung eine Verfüllung der Haufwerkporen beim Betonieren. Sie mindert somit den Betonverbrauch und sperrt gegen Bodenfeuchtigkeit. Bei Flächendrainagen ist die Drainschicht zusätzlich durch eine Filterschicht gegen eindringende Bodenteilchen von der Baugrubensohle her zu schützen.

- **Drainschichten vor Wänden** müssen als Schutz-, Sicker- und/oder Filterschicht ausgebildet werden. Diese drei Funktionen übernehmen Betonfiltersteine (Bild 433.1) aus haufwerkporigem Beton. Die Steine werden im Verband als Trockenmauerwerk verlegt. Weitere Möglichkeiten sind EPS-Drainplatten aus geschäumten Polystyrolkugeln. Drainmatten mit Längen von 20, 25 oder 30 m und Breiten von 1,0 oder 1,5 m erfüllen den gleichen Zweck. Sie werden als Verbundstoff aus einem Vlies als Filterschicht oder textilem Kunststoff als Sicker- und Schutzschicht gefertigt. Nach dem Einbau der Drainung ist zweckmäßigerweise mit dem Verfüllen des Arbeitsraumes zu beginnen.

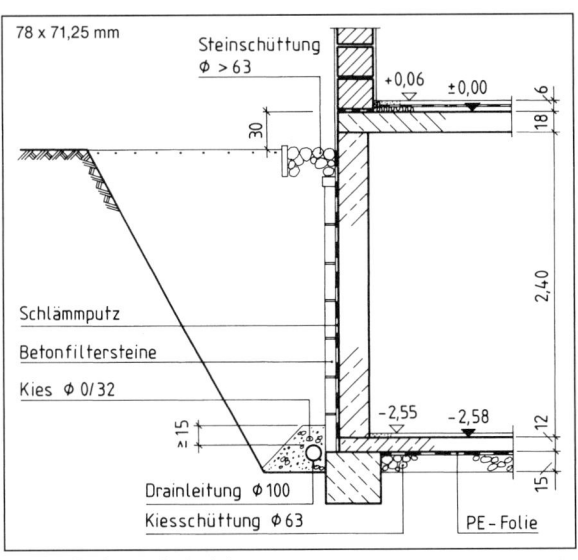

Lieferform	Aufbau	Material
Flexible Schläuche	geschlitzt oder gelocht	Hart-PVC
Betonrohre l = 1,00 m	haufwerkporig	Beton aus Zuschlägen mit Ausfallkörnung
Betonrinnen, nur unter Betonfiltersteinen	als Vollkreis- oder Offenrinne	Normalbeton

433.2 Lieferformen von Drainleitungen

Begriff	Aufbau	Dicke
Mischfilter	Kiessand, Körnung 0/32 SLB	≥ 15 cm
Stufenfilter	Sickerschicht innen: Körnung 4/16 SLB; Filterschicht außen: Körnung 0/4 SLA	≥ 15 cm ≥ 10 cm
Stufenfilter	Sickerschicht innen: Körnung 8/16 SLA; Filterschicht außen: Geotextil	≥ 10 cm

433.3 Rohrfilter für Drainleitungen

Lage	Aufgabe	Aufbau	Dicke
unter Bodenplatten	Filterschicht unten	Körnung 0/4 SLA	≥ 10 cm
	Sickerschicht oben	Körnung 4/16 SLB	≥ 10 cm
	Filterschicht unten	Geotextil	
	Sickerschicht oben	Körnung 8/16 SLA	≥ 15 cm
vor Wänden	Filter-, Sicker- und Schutzschicht	Kiessand Körnung 0/32 oder Betonfiltersteine l/h 50/25 als Trockenmauerwerk, Betonfilterplatten	≥ 50 cm ≥ 10 cm ≥ 4,5 cm
		EPS-Drainplatten aus geschäumten Polystyrolkugeln, geklebt oder Drainmatten aus Vlies und textilen Kunststoffen	

433.4 Drainschichten

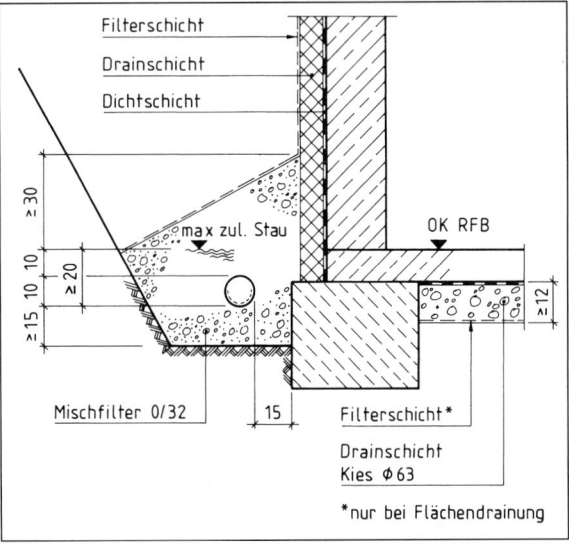

433.1 Drainungsbeispiele

433.5 Filteraufbau einer Drainleitung

- Drainschichten auf Dachdecken (Bild 434.1) werden für Dachbegrünungen benötigt. Man unterscheidet zwischen Intensivbepflanzung (Bodennutzung mit hohem Arbeitsaufwand) mit Wasseranstau durch eine Wasser aufnehmende Drainschicht und einer Extensivbegrünung (Bodennutzung mit geringem Arbeitsaufwand) ohne Wasseranstau durch eine wasserabführende Drainschicht. Den Wasseranstau bei der Intensivbepflanzung erhält man durch den Einbau von Wasseranstauschwellen in der Dachhaut. Die Mindestdachneigung für die Extensivbegrünung sollte bei 3° bzw. 2% liegen. Der Schichtaufbau setzt sich von innen nach außen aus tragender Baukonstruktion, Dampfsperre, Wärmedämmung, Dampfdruckausgleichsschicht, Dachabdichtung, Trennlage, Wurzelschutzkonstruktion, Drainschicht, Filterschicht und Vegetationsschicht zusammen.

Die Filterschicht verhindert, dass feine Bodenteilchen aus der Vegetationsschicht in die Drainung eingeschwemmt werden und deren Ableitungsfähigkeit beeinträchtigen. Die Wasserdurchlässigkeit der Filterschicht muss größer als die der Vegetationsschicht sein. Dadurch wird verhindert, dass die Pflanzen durch den Nässestau geschädigt werden und die Vegetationsschicht durch den geringeren inneren Reibungswinkel die Standfestigkeit verliert. Die Drainschicht wirkt je nach Konstruktion als Wasservorratsbehälter oder zur Wasserableitung. Dafür eignen sich Schüttstoffe wie Kies, Blähton, Bims und Blähschiefer. Das Material muss frostbeständig sein und im pH-Wert der Vegetation sowie der Vegetationsschicht entsprechen. Die geforderten pH-Werte liegen bei der Extensivbegrünung zwischen 7,0 und 8,5 und bei der Intensivbepflanzung zwischen 6,0 und 8,0. Drainmatten werden als Kunststoffnoppenmatten, Strukturvliese, Schaumstoffflockenmatten o. Ä. hergestellt. Die Wurzelschutzkonstruktion verhindert, dass Pflanzenwurzeln in die Dachabdichtung ein- oder durchdringen können. Dafür eignen sich Zementestriche von ≥ 4 cm Dicke oder Wurzelschutzbahnen auf Kunststoffbasis. Die Trennlage gewährleistet, dass sich der darüber und darunter liegende Schichtaufbau ohne Spannungen frei bewegen kann. Häufig verwendet man dafür Kunststoffbahnen, die auf der unteren Seite mit einer Glasvliesschicht versehen sind. Es können auch Dichtungsbahnen mit integriertem Wurzelschutz eingebaut werden.

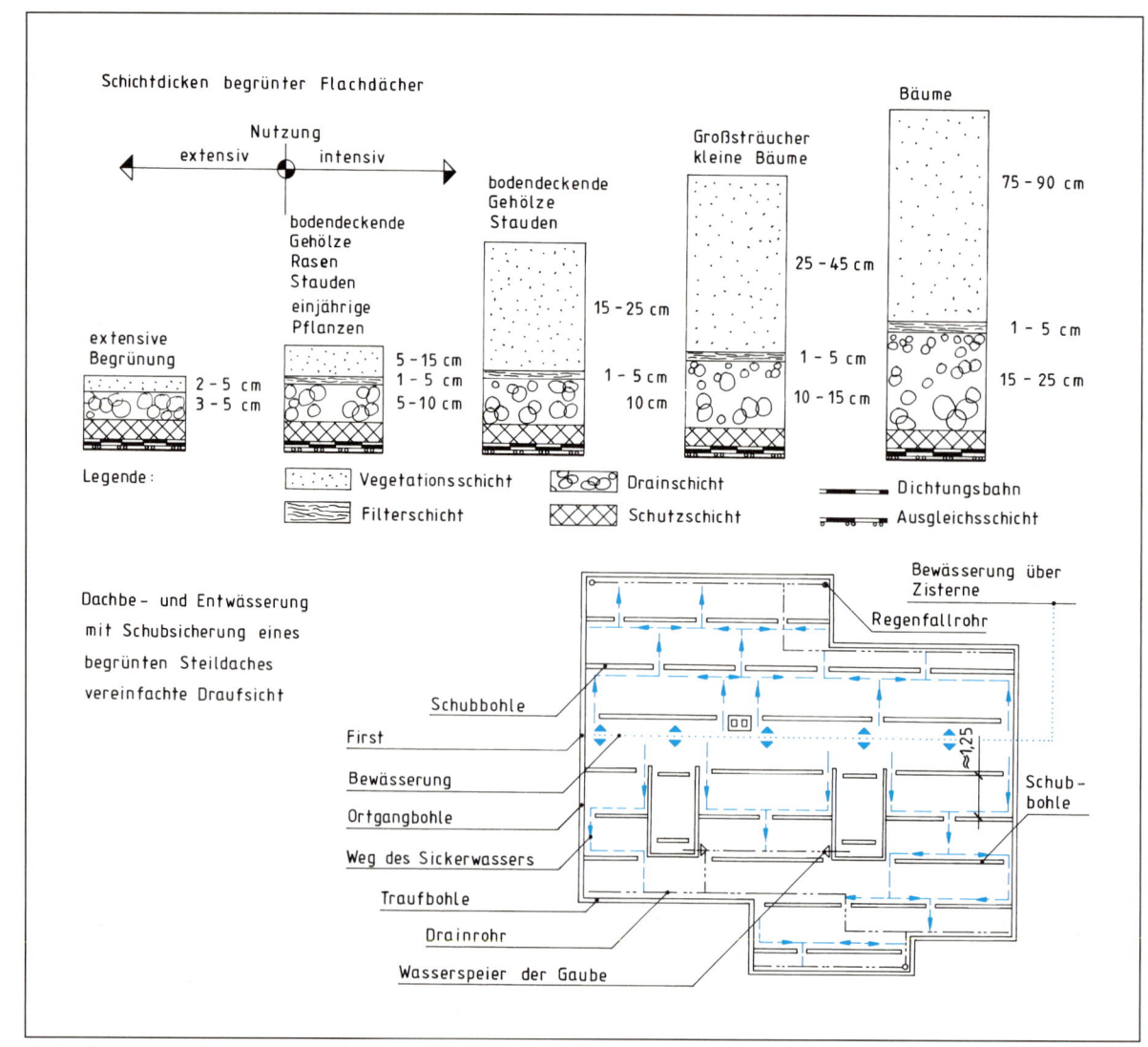

434.1 Drainung und Entwässerung begrünter Dächer

3 Regen- und Schmutzwasserentsorgung

Abwasser wird in Regenwasser, Schmutzwasser und giftiges Abwasser (Bild 435.1) eingeteilt. Das Regenwasser von Dächern, Plätzen und Straßen ist nur gering mit anorganischen Stoffen verschmutzt und soll dem Vorfluter direkt zugeleitet werden. Schmutzwasser kann mit organischen Stoffen aus dem häuslichen und gewerblichen Bereich stark verunreinigt sein. Diese Stoffe müssen möglichst rasch einer Kläranlage zugeführt werden, damit sie dort möglichst fäulnisfrei ankommen und in drei Reinigungsstufen abgebaut werden können. Die erste Stufe reinigt das Abwasser mechanisch durch Absetzen der festen Teilchen. In der nachfolgenden biologischen Stufe übernehmen anaerobe Bakterien den Grobabbau der halbfesten und gelösten Stoffe. Erst in der zweiten biologischen Stufe leisten im beheizten Ausfaulturm Methanbakterien die Feinstarbeit und verwandeln die graue, übelriechende Masse in schwarzen, geruchlosen Schlamm und in Faulgas. Das Gas besteht überwiegend aus Methan. Es ist brennbar, besitzt einen hohen Heizwert und wird im Eigenbetrieb der Kläranlage für Heizzwecke benützt. Das gereinigte Abwasser leitet man in den Vorfluter. Giftige Abwässer fallen hauptsächlich in der Industrie an und dürfen auf keinen Fall direkt in die Kläranlage geleitet werden. Sie würden dort die empfindlichen Bakterien abtöten und die Kläranlage unwirksam machen. Giftige Abwässer werden in einer Entgiftungsanlage durch Zugabe von chemischen Verbindungen zu einer neuen ungiftigen chemischen Verbindung umgewandelt. Nach der Entgiftung muss das Abwasser in die Kläranlage eingeleitet werden. Jauche und Silagewässer aus der Landwirtschaft dürfen nicht in die Kanalisation eingeleitet werden.

3.1 Entwässerungssysteme

Erfolgt die Entsorgung der Regen- und Schmutzabwässer in getrennten Leitungen, so spricht man vom Trennsystem. Werden die beiden Abwasserarten in einer Leitung der Kläranlage zugeführt, so bezeichnet man dies als Mischsystem (Bild 435.2).

Mischsystem: Die Vorteile dieses Verfahrens liegen besonders in der Wirtschaftlichkeit, da der Bau und die Unterhaltung nur für eine Leitung erforderlich sind. Nachteilig wirken sich die bei Sturz- und Gewitterregen auftretenden großen Wassermengen aus. Um das Leitungsnetz nicht zu überlasten, werden Regenrückhaltebecken eingebaut. Übersteigt die Wassermenge deren Aufnahmefähigkeit, so wird die Überschussmenge über Regenüberläufe in den Vorfluter geleitet. Damit wird der Vorfluter mit beträchtlichen Schmutzmengen verunreinigt. Die Mindestsohltiefe des Kanals beträgt 1,90 m.

Trennsystem: Der Vorteil dieses Verfahrens liegt in der Umweltfreundlichkeit. Der Vorfluter wird nicht durch Schmutzwasser aus Regenüberlaufbauwerken verunreinigt. Die Kläranlage wird gleichmäßiger belastet und kann kleiner dimensioniert werden. Da eine reine Schmutzwasserleitung ein größeres Gefälle benötigt als eine Mischwasserleitung, werden in der Ebene mehr Pumpstationen gebraucht; dies und die Leitungskosten übersteigen die Einsparung bei kleineren Kläranlagen.

3.2 Leitungsarten

Für Entwässerungsanlagen auf Grundstücken und in Gebäuden werden folgende Leitungsarten (Bild 436.1) unterschieden:

- Anschlusskanal ist ein Verbindungskanal vom öffentlichen Straßenkanal bis zur Grundstücksgrenze oder bis zur nächsten Reinigungsöffnung, z.B. Kontrollschacht.
- Grundleitung ist die im Erdreich verlegte Leitung zwischen Anschlusskanal und Fallleitung oder im Boden verlegte Sammelanschlussleitung. Einige Behörden schreiben für diese Leitungen eine Mindestnennweite von 150 mm vor.
- Sammelleitung ist die im Gebäude liegende Leitung zur Aufnahme des Abwassers von Fall- und Anschlussleitungen.
- Sammelanschlussleitung ist die Leitung zur Aufnahme des Abwassers von mehreren Einzelanschlussleitungen.
- Fallleitungen werden je nach abzuleitender Abwasserart in Schmutzwasser- oder Regenfallleitungen unterschieden. Die Leitungen werden senkrecht verlegt und können gegebenenfalls verzogen werden. Sie müssen über das Dach zur Belüftung geführt werden.
- Lüftungsleitung: Leitung, die, ohne Abwasser aufzunehmen, über das Dach geführt wird. Sie belüftet das ganze Entwässerungssystem. Dadurch wird eine Ansammlung von explosiven und gesundheitsschädigenden Gasen vermieden. Außerdem wird die Gefahr, dass Geruchsverschlüsse leer gesaugt werden, gemindert.

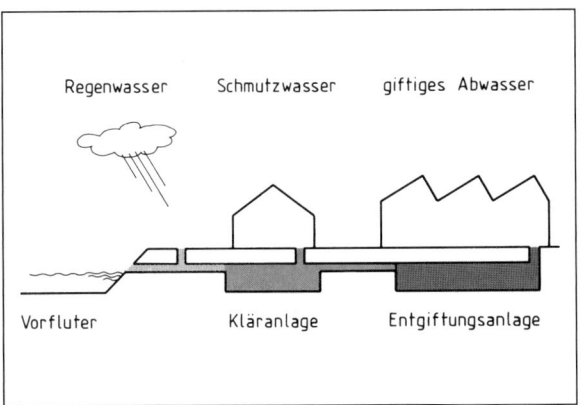

435.1 Abwasserarten

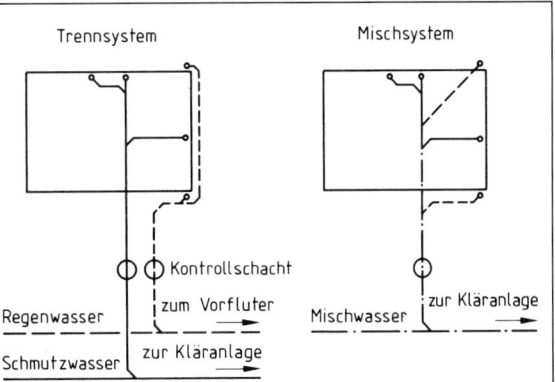

435.2 Entwässerungssysteme

Entwässerung

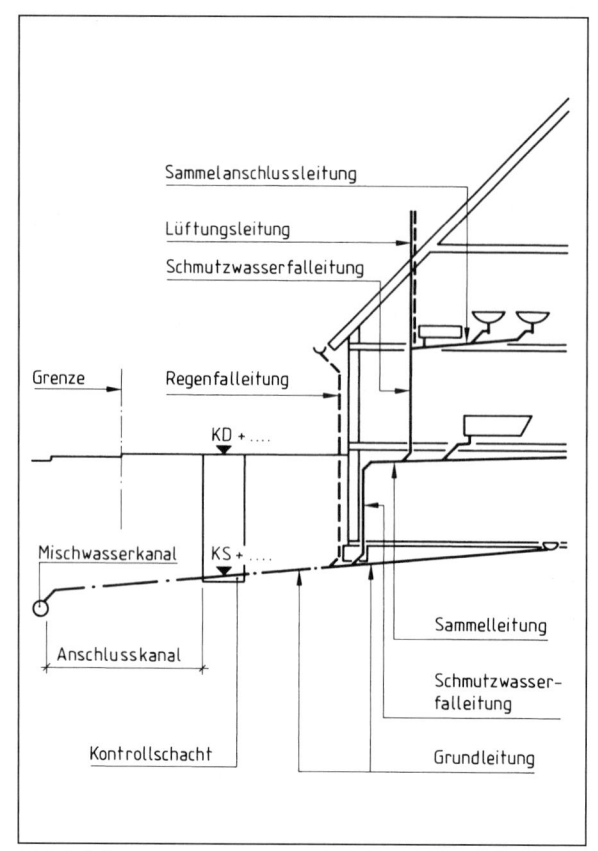

436.1 Leitungsarten

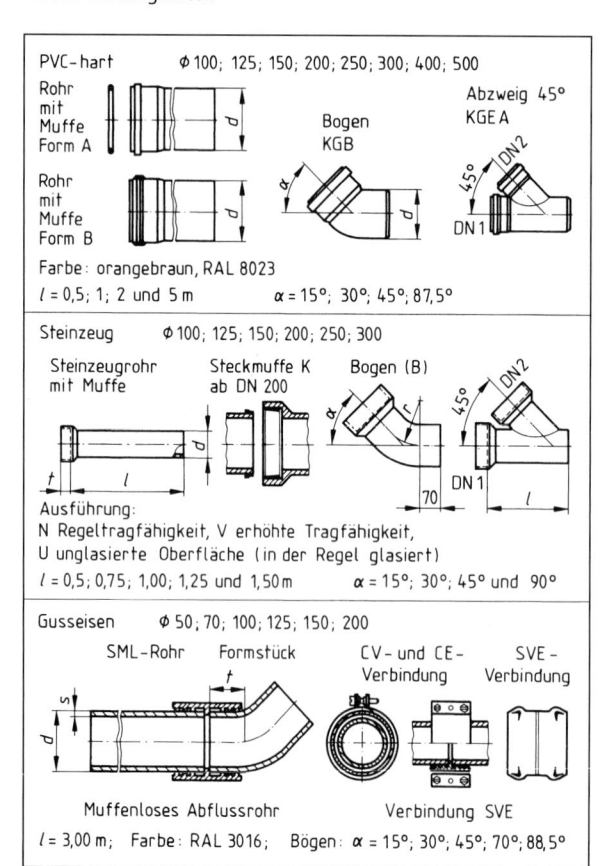

436.2 Abwasserrohre

3.3 Rohrarten, Kontrollschächte und Abscheider

Je nach Einsatzgebiet werden Rohre (Bild 436.2) aus verschiedenen Werkstoffen hergestellt:

- Straßenkanäle werden aus Steinzeug- oder PVC-Rohren sowie aus Stahlbetonrohren mit oder ohne Steinzeugschalen hergestellt. Für große Durchmesser werden nahezu ausschließlich Schleuderbetonrohre verwendet.

- Grundleitungen im Erdreich des Baugrundstücks werden aus Steinzeug- oder PVC-Rohren gefertigt. Das PVC-Rohr zeichnet sich durch einen geringen Verlegeaufwand und eine hohe Elastizität aus. Das Steinzeugrohr ist widerstandsfähig gegen nahezu alle aggressiven Wässer.

- Gebäudeleitungen werden frei im Gebäude als Leitungen aus PVC, PE oder Guss verlegt. Wegen ihrer Biegefestigkeit werden Gussrohre bevorzugt an Decken abgehängt eingesetzt.

Damit Abwasser das Grundwasser nicht verunreinigt und Wurzeln, die zu Verstopfungen führen können, nicht in die Rohre eindringen, müssen die Rohrverbindungen dicht sein. Übliche Dichtungen sind: Rollgummidichtungen, Steckmuffendichtungen und Überschiebkupplungen.
Kunststoffrohre werden teilweise spiegelverschweißt oder es werden die Muffen verklebt.

Kontrollschächte (Bild 436.3) dienen der Kontrolle des Abwassers und der Leitungen. Über diese Schächte werden die Leitungen gereinigt. Ihr Mindestdurchmesser muss 1,00 m betragen. Bei konventionell betonierten oder gemauerten Schächten ist ein Mindestmaß von

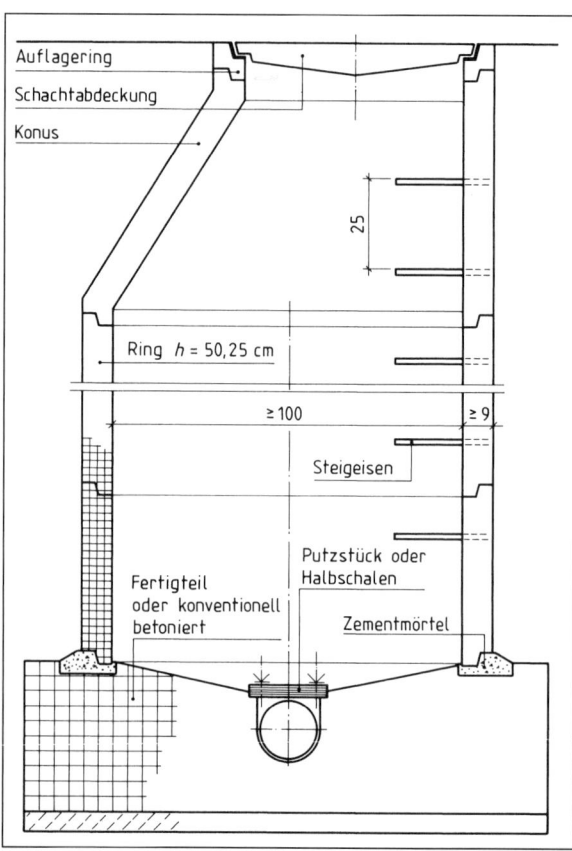

436.3 Kontrollschacht

0,80 m/1,00 m oder von 0,90 m/0,90 m einzuhalten. Die Leitungen können in den Schächten offen mit Halbschalen geführt werden. Bei Geruchsbelästigungen werden gasdichte Deckel notwendig oder die Rohrdurchführung erfolgt geschlossen über ein Reinigungsstück. Dies ist ein Rohrstück, das den Zugang zur Leitung durch einen abnehmbaren Deckel ermöglicht. Die Schachtdeckel müssen der Verkehrslast entsprechen. Die Leitungen sind vor den Schächten zusammenzuführen.

Schmutzwasser, das durch Leichtflüssigkeiten (Benzin), durch Fette oder Stärke verunreinigt ist, gefährdet die Leitungsnetze durch Explosion oder Verstopfung. Es muss in der Nähe der Einlaufstelle über Abscheider (Bild 437.2) geleitet werden. Ein Schlammfang wird dem Abscheider vorgeschaltet. Schlammfang und Abscheider werden in Intervallen überwacht und geleert.

3.4 Planungsrichtlinien

Beim Mischsystem dürfen Regen- und Schmutzwasser erst außerhalb des Gebäudes zusammengeführt werden (Bild 438.2). Die Leitungen sind parallel zu den Fundamenten zu planen. Grundsätzlich sind die Winkel der Formstücke zu berücksichtigen. Dabei ist zu beachten, dass zwei 45°-Bögen sich strömungsgünstiger auswirken als ein 90°-Bogen (Bild 437.4). Gefälle- und Richtungswechsel sind zu vermeiden. Die Anlage ist frostfrei und auf gewachsenem Grund vorzusehen. Müssen Rohre im Arbeitsraum einer Baugrube verlegt werden, so sind sie mit Beton oder Mauerwerk zu unterbauen. Rohrdurchführungen durch Wände sind elastisch auszubilden. In der Zeichnung sind folgende Angaben für den Hauptstrang einzutragen: Richtung des Gefälles durch einen Pfeil, das Gefälle in %, die Nennweite DN in mm und das Rohrmaterial.

Für die Herstellung der Kontrollschächte sind die Höhenangaben KS (Kanalsohle) und KD (Kanaldeckel) wichtig. Zum Zeichnen der Entwässerungsanlage im Fundament- oder UG-Plan sind die Sinnbilder und Zeichen (Tab. 438.1) der DIN 1986 zu verwenden.

Gegenstand	Linienbreite	Maßstab
Sanirärausstattung	0,50 mm	1/50
	0,25 mm	1/100
Rohrleitungen	1,00 mm	1/50
	0,50 mm	1/100

437.1 Linienbreiten für Sanitärausstattungen und Rohrleitungen

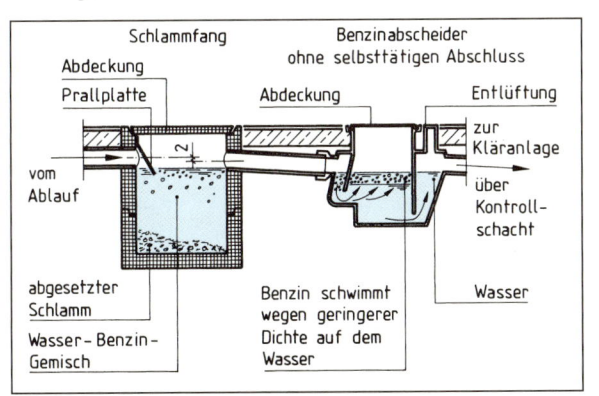

437.2 Abscheider für Leichtflüssigkeiten

Zur Berechnung des Gefälles wird vom längsten Rohrstrang ausgegangen und die waagerechte Länge gemessen. Bei der Ermittlung der dem Gefälle zur Verfügung stehenden Höhe ist zu berücksichtigen, dass beim Übergang von der Fallleitung in die Sammelleitung bei DN 100 ein Höhenverlust von ca. 30 cm einzurechnen ist. Ein weiterer Höhenverlust (ca. 15cm) entsteht durch die meist scheitelgleiche Einleitung in den Straßenkanal.

$$p = \frac{h \cdot 100\%}{l} \quad \begin{array}{l} p = \text{Prozentsatz} \\ h = \text{Höhe in m} \\ l = \text{Länge in m} \end{array}$$

Rechenbeispiel

gegeben: Schmutzwasserleitung: DN 150
OK RFB UG = 722,95 ü.NN
Straßenkanal: DN 300 Sohle = 721,05 ü.NN
längster Leitungsstrang: l = 24,50

gesucht: Gefälle in %

Rechengang

Höhenunterschied:
$(722{,}95\,\text{m} - 0{,}30\,\text{m}) - (721{,}05\,\text{m} + 0{,}15\,\text{m}) = 1{,}45\,\text{m}$

Gefälle: $p = 1{,}45\,\text{m} \cdot 100\% / 24{,}50\,\text{m} = 5{,}9\%$

Aufgabe:

Ermitteln Sie die Sohle des Kontrollschachtes, der 8,20 m vom Straßenkanal entfernt ist!

437.3 Berechnung des Gefälles

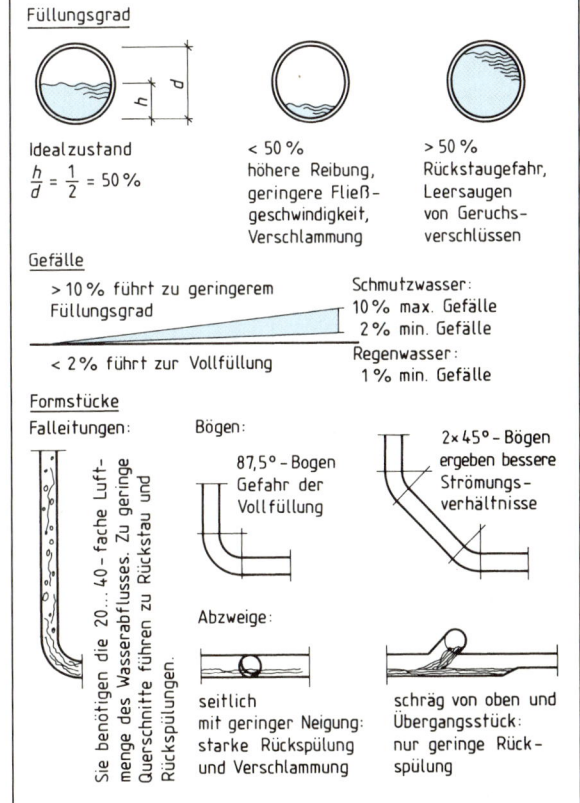

437.4 Strömungsverhalten

Entwässerung

Benennung	Grundriss	Aufriss	Benennung	Grundriss	Aufriss	Benennung	Grundriss	Aufriss
Schmutzwasserleitung / Druckleitung wird mit DS gekennzeichnet	—DS—	DS	Reinigungsverschluss			Schacht mit offenem Durchfluss (dargestellt m. Schmutzwasserltg.)		
Regenwasserleitung / Druckleitung wird mit DR gekennzeichnet	— —DR— —	DR	Rohrendverschluss			Schacht mit geschlossenem Durchfluss		
Mischwasserleitung	—··—··—		Geruchverschluss			Badewanne		
Lüftungsleitung	======		Ablauf oder Entwässerungsrinne ohne Geruchverschluss			Duschwanne		
Lüftungsleitung			Ablauf oder Entwässerungsrinne mit Geruchverschluss			Waschtisch Handwaschbecken		
Falleitung	○	je nach Leitungsart	Ablauf mit Rückstauverschluss für fäkalienfreies Abwasser			Sitzwaschbecken		
Richtungshinweise a) hindurchgehend b) beginnend und abwärts verlaufend c) von oben kommend und endend d) beginnend und aufwärts verlaufend		je nach Leitungsart	Schlammfang	S	S	Urinalbecken		
			Heizölsperre	H Sp	H Sp	Klosettbecken		
						Ausgussbecken		
Nennweitenänderung	100 / 125	100 / 125	Heizölsperre mit Rückstauverschluss	H Sp	H Sp	Spülbecken, einfach		
Werkstoffwechsel			Rückstauverschluss für fäkalienfreies Abwasser			Spülbecken, doppelt		
			Rückstauverschluss für fäkalienhaltiges Abwasser			Geschirrspülmaschine		
Reinigungsrohr mit runder oder rechteckiger Öffnung			Kellerentwässerungspumpe			Waschmaschine		
			Fäkalienhebeanlage			Wäschetrockner		
Bedeutung der Buchstaben: St = Stärkeabscheider, S = Schlammfang, B = Benzinabscheider, F = Fettabscheider, H = Heizölabscheider						Klimagerät		

438.1 Sinnbilder und Zeichen für die Darstellung von Entwässerungsanlagen

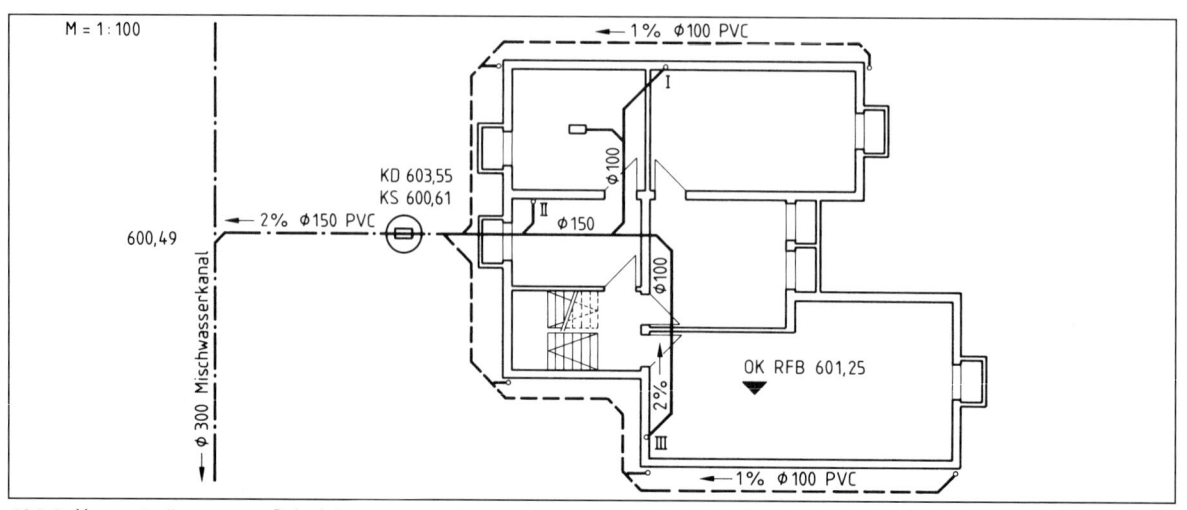

438.2 Hausentwässerung – Beispiel

Entwässerung

Längen und Höhen von Anschlussleitungen an unbelüfteten Fallleitungen dürfen, um ein Leersaugen des Geruchsverschlusses und um Abflussgeräusche zu vermeiden, bestimmte Werte nicht überschreiten. Können die in Tab. 439.1 angegebenen Strecken nicht eingehalten werden, ist die Leitung zu belüften.

Aufgabe: Zeichnen Sie anhand der abgebildeten Skizze (Bild 439.3)
a) den Grundriss des Erdgeschosses im Maßstab 1:50 ohne die Zellenwände der WC- und Duschkabinen.
b) den Fundamentplan, einschließlich der Entwässerungsanlage.

Zusätzliche Angaben:
Lichte Rohbauraumhöhe: 3,125 m
Fundamente nur unter Wänden mit $d = 24$ cm
Fundamentgröße: 40/1,00 unter Außenwände
50/80 unter Mittelwand
Bodenplatte: $d = 12$ cm, darunter 15 cm Kiesschüttung
Tragende Wände: $d = 24$ cm, Hbl 2, Mörtelgruppe II
Zwischenwände: $d = 11,5$ cm, V 2, Mörtelgruppe I
Trennwand WC/Waschraum: $d = 11,5$ cm,
Hbl 2, + $d = 11,5$ cm, V 2 als Installationswand,
Mörtelgruppe I,
Bodenbelag: 5cm Hartschaumplatten, PE-Folie, $d = 0,3$ mm,
4 cm Zementestrich ZE 20, Steinzeugfliesen, $d = 12,5$ mm
Oberlichtfenster: 1,885/51, Brüstungshöhe = 2,215 m.

Beachten Sie, dass in der Außenwand im Duschbereich eine Entlüftungsleitung über das Dach geht. Es ist dort eine entsprechende Aussparung vorzusehen. Die Versorgungsleitungen zum WC- und Waschraum laufen im Boden in einem betonierten Kanal 35/40 cm. Das Achsmaß für die WC-Anschlussleitung DN 100 beträgt 22 cm bis zur Wand. Fehlende Angaben und Maße sind nach eigenem Ermessen zu ergänzen.

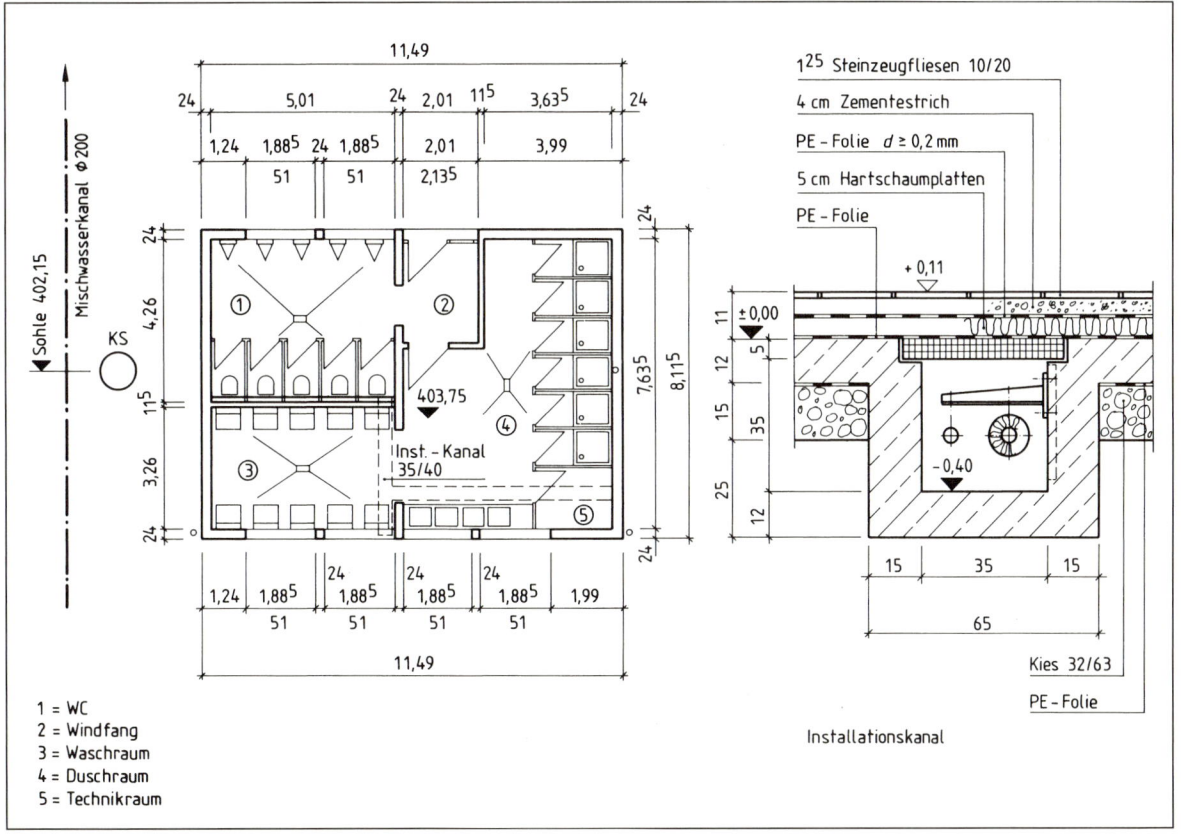

Zulässige Abstände für Einzelanschlussleitungen		
DN mm	h m	l m
40	< 1	≤ 3
50	< 1	≤ 3
70	< 1	≤ 5
100	< 3	> 5

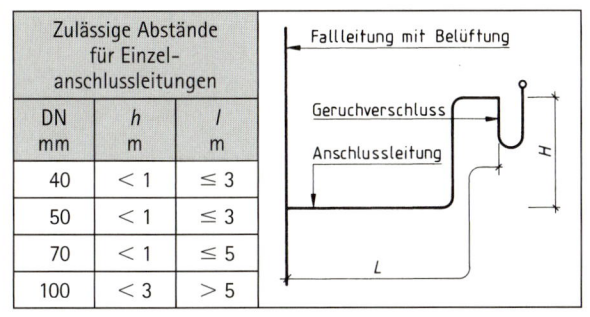

439.1 Abstände für Einzelanschlussleitungen

DN	Mindestgefälle für Leitungen			
	innerhalb von Gebäuden			außerhalb von Gebäuden Schmutz-, Regen- und Mischwasser
	Schmutzwasser	Regenwasser	Mischwasser	
bis 100	1:50	1:100	1:50	1:DN
125 bis 150	1:66,7	1:100	1:66,7	
ab 200	$1 : \frac{DN}{2}$	$1 : \frac{DN}{2}$	$1 : \frac{DN}{2}$	

439.2 Mindestgefälle von Abwasserleitungen

1 = WC
2 = Windfang
3 = Waschraum
4 = Duschraum
5 = Technikraum

439.3 Sanitärpavillon für Campingplatz

Haustechnik

Damit ein Gebäude gebrauchsfähig wird, ist eine Vielzahl von technischen Installationen erforderlich. Dazu gehören die Versorgung mit elektrischem Strom, Telefon, Gas und Wasser sowie Be- und Entlüftung, Heizung und die Entsorgung von Abwasser. Alle diese Installationen benötigen Platz sowie u. U. Schlitze und Durchbrüche in Wänden und Decken. Bei der Bauplanung sind diese einzelnen Raumwünsche der Haustechnikfirmen zu erfassen und in einen Aussparungsplan für die Rohbaufirmen einzuzeichnen. Bei der Installation ist ein Montagevorrecht zu beachten: Vom Gefälle abhängige Einbauten, wie z. B. Abwasserleitungen, oder voluminöse Einbauten mit strömungsgünstigen großen Krümmungsradien, wie z. B. Lüftungskanäle, werden bei der Linenführung im Gebäude bevorzugt behandelt.

1 Elektroinstallation

Die Energieversorgungsunternehmen (EVU) liefern den Strom mit einer Spannung von 400 und 230 Volt.

Zwischen den drei Außenleitern L1, L2 und L3 besteht eine Spannung von 400 V. Sie liefern den Drehstrom für größere Elektromotore und für Heizungen, z. B. im Elektroherd und Boiler. Zwischen einem Außenleiter und dem Nulleiter N besteht eine Spannung von 230 V. Sie liegt als Einphasenwechselstromspannung in den Verbraucherstellen an.

Neben der genannten Netzspannung werden in Gebäuden Anlagen betrieben, die eine Spannung von 12, 24, ... bis 60 V benötigen. Dazu zählen Telefon, Haussprech-, Alarm-, Halogenleuchtenanlagen u. a.

1.1 Gefahren des elektrischen Stromes

Der Stromfluss durch den menschlichen Körper kann lebensgefährlich sein. Die Gefährdung ist abhängig von der Größe und Zeitdauer des Stromflusses (Bild 440.1). Eine Durchströmung erfolgt, wenn die Person zwischen zwei spannungsführende Leiter gerät oder wenn sie mit einem spannungsführenden Leiter und dem Erdpotenzial Kontakt bekommt. Zu den Leitern zählen auch feuchter Beton, nasses Holz und Mauerwerk.

Die Gefährdung wird in vier Stufen eingeteilt (Bild 440.2):
- Bereich 1 liegt unterhalb einer Stromstärke von 0,5 mA von beliebig langer Einwirkungsdauer. Der menschliche Körper zeigt keine Reaktionen oder gesundheitsschädliche Auswirkungen.
- Bereich 2 erreicht noch nicht die Loslassgrenze von 10 mA. Es entstehen keine Muskelverkrampfungen, die das Loslassen des spannungsführenden Teils verhindern. Medizinische Schäden treten nicht auf.
- Bereich 3 enthält die Gefahr von tödlichem Herzkammerflimmern und bei längerer Einwirkungszeit Atemstillstand. Die Loslassgrenze ist überschritten.
- Bereich 4 schließt tödliche Schäden wie Herzkammerflimmern, Herzstillstand, Atemstillstand und bei Hochspannung schwere innere und äußere Verbrennungen ein.

Eine weitere Gefahr geht von überlasteten Leitungen aus: Fließt ein zu hoher Strom durch zu kleine Leitungsquerschnitte, so erwärmt sich der Leiter so stark, dass Brände entstehen können.

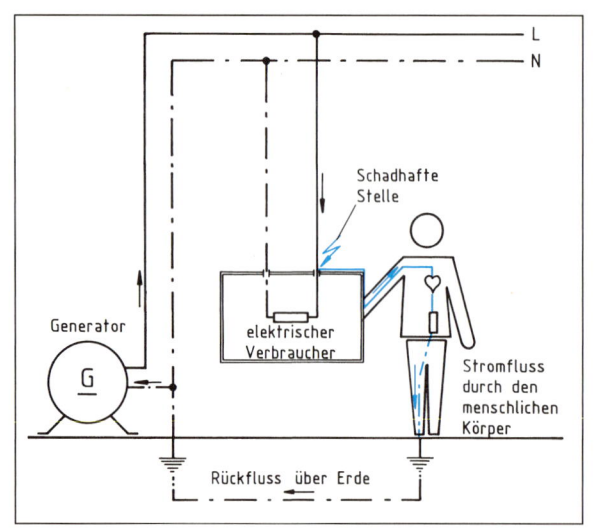

440.1 Stromfluss durch den menschlichen Körper

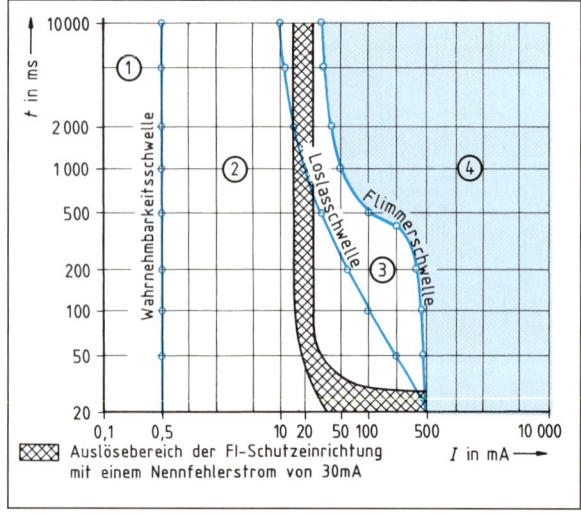

440.2 Gefährdungsstufen

1.2 Schutzmaßnahmen

Gegen gefährliche Berührungsspannung gibt es eine Vielzahl von Schutzmaßnahmen (Bild 441.2).

- Der Fehlerstromschutzschalter (FI-Schalter) sichert Aufenthaltsräume, besonders Nassräume (Bad und Dusche), Kinderzimmer, Hobbyräume etc. sowie Steckdosen im Außenbereich, Schwimmbadanlagen und Springbrunnen. Dieses kleine Gerät vergleicht zugeführten und rückfließenden Elektronenstrom miteinander. Fließt durch einen schadhaften Verbraucher Strom zur Erde (Fehlerstrom) ab, so kann eine Stromdifferenz von z. B. $\leq 30\,mA$ im FI-Schalter innerhalb von 40 ms zur Unterbrechung des Stromkreises führen. Es gibt FI-Schalter mit Auslöseströmen von 10 bis 500 mA.
- Die Schutzisolierung schützt durch eine geschlossene Isolierung aller spannungsführenden Teile eines Gerätes.
- Die Erdung (PE) wird für Geräte mit leitendem Metallgehäuse verwendet. Eine Verbindung (Schutzleiter) mit der Erde (Potenzialausgleichsschiene) führt Fehlerströme eines Gerätes ab und bringt bei großen Strömen das Überstromschutzorgan (Sicherung) zur Auslösung.
- Die Schutzkleinspannung von 50 V wird für Rüttelgeräte oder Schweißanlagen in dem besonders gefährdeten Bereich der Baustelle eingesetzt.
- Leitungsschutzschalter (Sicherungsautomaten) sichern Leitungen vor Überhitzung. Sie lösen thermisch und elektromagnetisch aus. Bei Kurzschlüssen kann der Strom so groß sein, dass der Leitungsschutzschalter verbrennt.

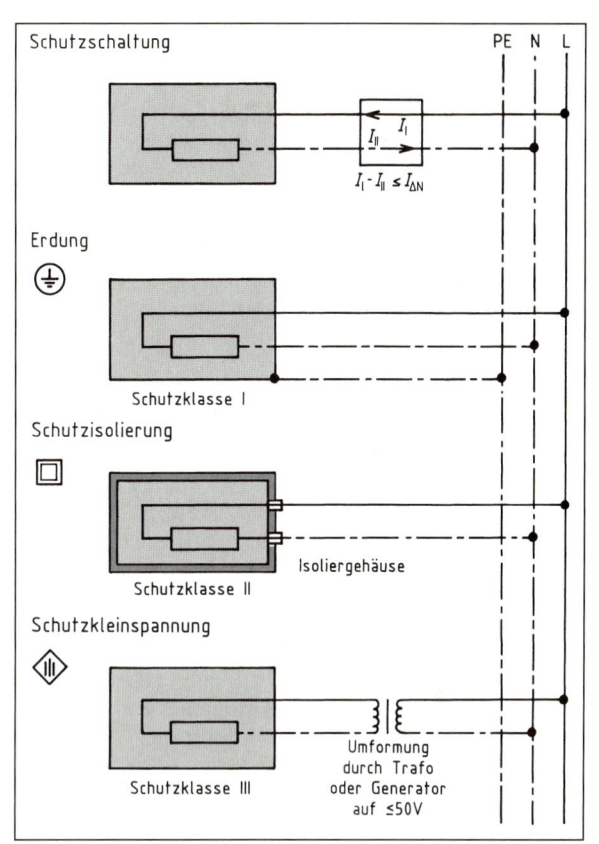

441.2 Schutzmaßnahmen

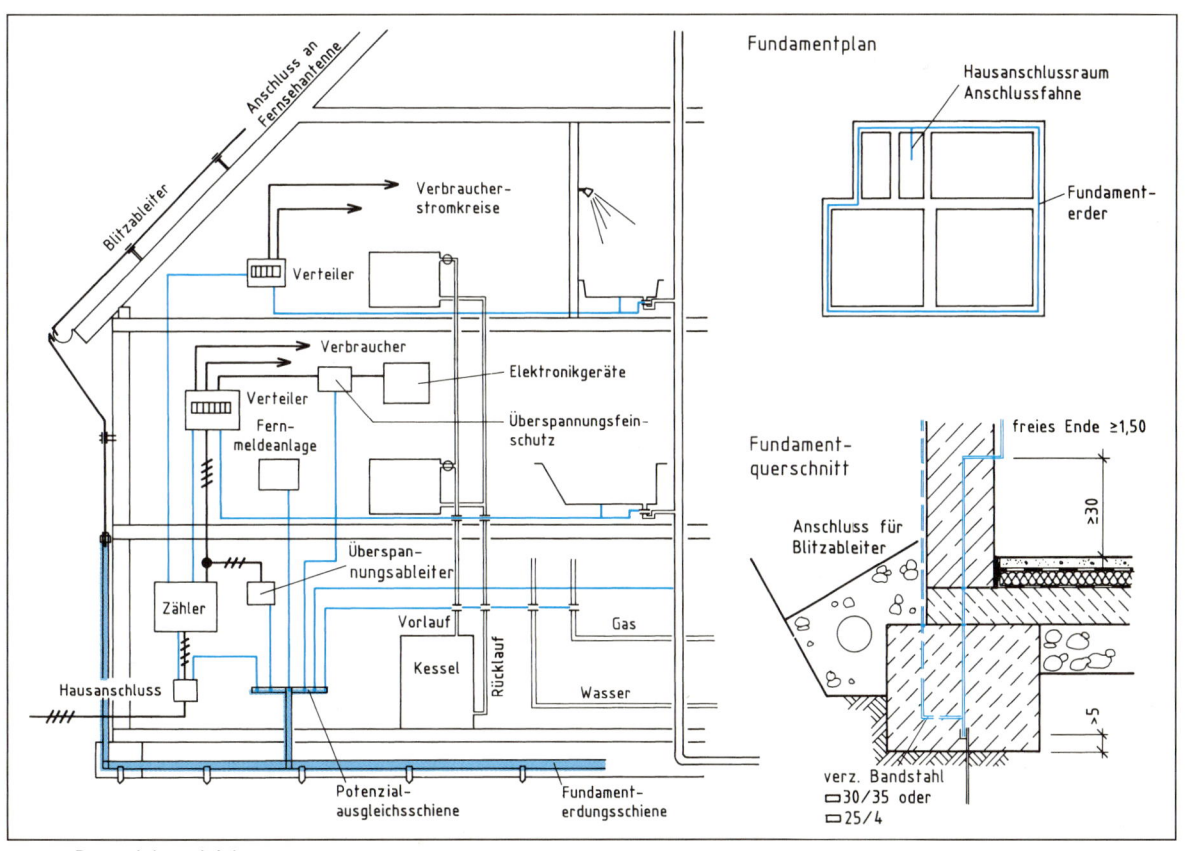

441.1 Potenzialausgleich

1.3 Gebäudeinstallation

Der Fundamenterder wird vor dem Betonieren der Fundamente als geschlossener Ring unter den Außenwänden vorgelegt (Bild 441.1). Er besteht aus verzinktem oder unverzinktem Bandstahl 30 × 3,5, 25 × 4 oder aus Rundstahl ⌀ 10 mm und sollte mindestens 5 cm über der Fundamentsohle liegen. Der Fundamenterder ist Bestandteil des Potenzialausgleichs (Bild 441.1), der alle leitfähigen Systeme, wie Rohre für Gas, Wasser, Abwasser etc., miteinander verbindet. Im Fehlerfall werden Potenzialunterschiede, d.h. gefährliche Spannungen zwischen defektem Gerät oder leitenden Gegenständen (Heizkörper, Badewanne usw.) und der Erde, weitestgehend ausgeglichen. Der Fundamenterder dient auch als Erdungsanschluss für Fernmelde-, Antennen- und Blitzschutzanlagen.

Der elektrische Hausanschluss besteht aus dem Hausanschlusskabel und dem Hausanschlusskasten im Hausanschlussraum (Bild 442.1). Der Hausanschlusskasten bildet die Übergabestelle zwischen dem Verteilungsnetz der EVU (Energieversorgungsunternehmen) und der Verbraucheranlage. Er enthält die Überstromschutzeinrichtungen (Hausanschlusssicherungen) und wird von dem zuständigen EVU montiert. Der Elektroinstallationsbetrieb des Bauherrn beginnt oberhalb der Hausanschlusssicherungen.

Der Hausanschlussraum enthält außerdem die Anschlussschienen für den Hauptpotenzialausgleich. Daran werden der Fundamenterder, der Hauptschutzleiter, eventuelle Blitzschutz- und Antennenerdungsleitungen sowie alle Systemleitungen und, soweit wie möglich, die Metallteile der Gebäudekonstruktion angeschlossen.

Der Zählerkasten wird mit der Hauptanschlussleitung verbunden. Die Messeinrichtung für den Verbrauch von elektrischer Energie soll in einem vom Tageslicht beleuchteten und allgemein zugänglichen Raum, z.B. dem Treppenhaus, installiert werden. Die Größe der vorzusehenden Aussparung (Bild 442.1) richtet sich nach der Anzahl der Wohnungen.

Die Verteilungen teilen den Strom, der vom Zähler kommt, in mehrere Stromkreise je nach Raum und hier wiederum getrennt nach Lichtstromkreis und Steckdosenstromkreis auf. Jeder Stromkreis erhält in der Verteilung eine Überstromschutzeinrichtung (Sicherung) und soweit erforderlich, eine Fehlerstromschutzeinrichtung (FI-Schalter). In der Regel werden Verteilungen in den einzelnen Wohnungen im Flur vorgesehen.

Leitungen für die Hausinstallation werden nach einem System (Bild 443.2) auf Putz (AP) oder unter Putz (UP) verlegt.

Es werden PVC-Aderleitungen (Kennzeichnung: H07V-U) in Elektroinstallationsrohren, Stegleitungen (Kennz.: NYIF) im Putz auf dem Mauerwerk, Mantelleitungen (Kennz.: NYM) und Kunststoffkabel (Kennz.: NYY) auf Putz oder unter Putz in gefrästen Mauerschlitzen unterschieden. Der Vorteil teurerer Rohrinstallationen liegt in der leichten Auswechselbarkeit der Leitungen. Das NYY-Kabel darf auch im Erdreich, im Wasser und im Freien verwendet werden.

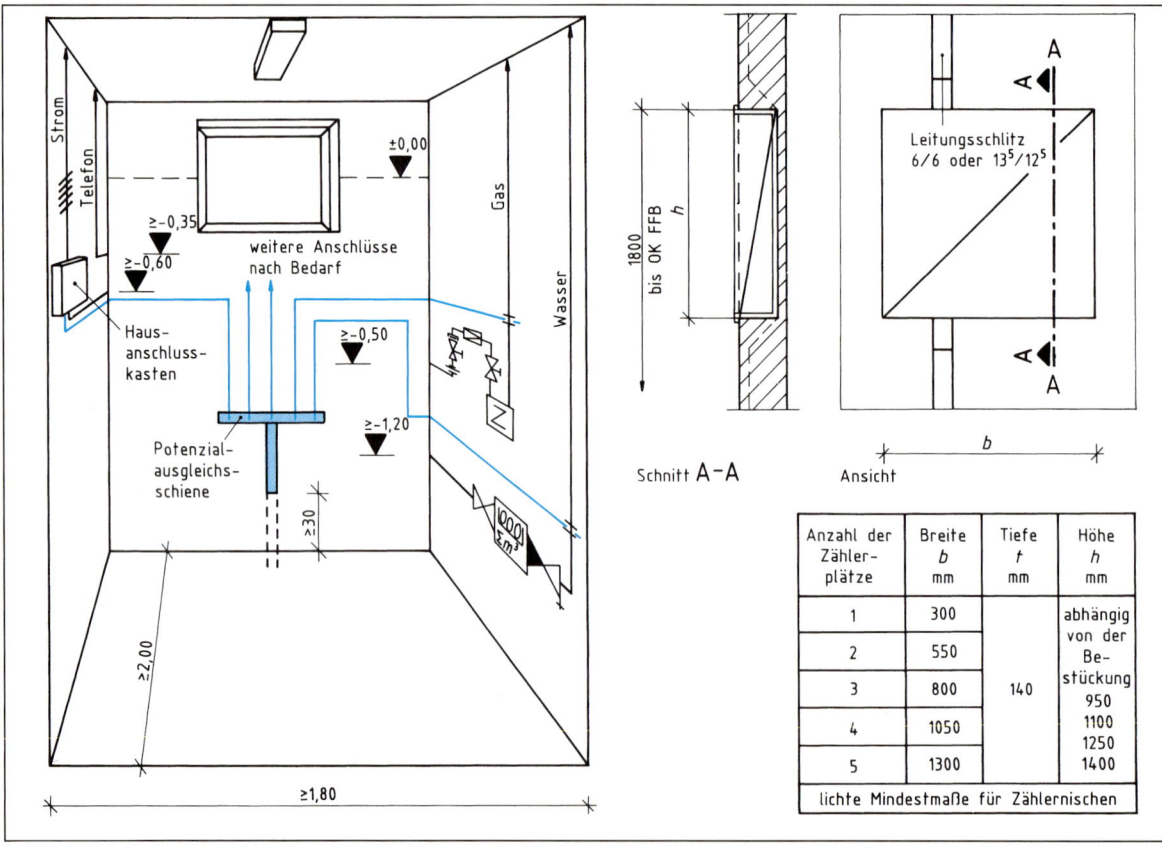

Anzahl der Zählerplätze	Breite b mm	Tiefe t mm	Höhe h mm
1	300	140	abhängig von der Bestückung 950 1100 1250 1400
2	550		
3	800		
4	1050		
5	1300		
lichte Mindestmaße für Zählernischen			

442.1 Hausanschlussraum, Zählerkasten

Haustechnik

Schalter und Steckdosen werden in Aufenthaltsräumen in UP-Ausführung montiert. In untergeordneten Räumen sind AP-Ausführungen üblich. Es werden außer den Ausführungen ohne besondere Kennzeichnung für trockene Räume, tropfwassergeschützte Ausführungen für feuchte und nasse Räume (Garage) sowie wasserdichte Ausführungen für strahlwasser- und explosionsgefährdete Räume (Farbspritzanlagen) verwendet. Die UP-Programme bestehen häufig aus der Dose, dem Schalter- oder Steckdoseneinsatz, dem Abdeckrahmen und beim Schalter der Wippe. Folgende Schalterarten stehen für die Planung zur Auswahl:

- Ausschalter schalten einen Verbraucher von einer Stelle aus oder an.
- Serienschalter beinhalten zwei Ausschalter in einem Gehäuse.
- Wechselschalter sind zwei Schalter, die an verschiedenen Einbauorten einen Verbraucher zuschalten.
- Tastschalter sind Stromstoßschalter in Verbindung mit einem Stromstoßrelais oder einem Zeitrelais. Mehrere Tastschalter an verschiedenen Einbauorten schalten ein Relais. Beim Stromstoßrelais wechselt der Schaltzustand mit jedem Druck auf den Taster. Beim Zeitrelais wird mit dem Druck auf den Taster sofort eingeschaltet und selbsttätig nach einer einstellbaren Zeit wieder ausgeschaltet.

Elektroinstallationspläne (Bild 443.1) werden für den ausführenden Handwerksbetrieb hergestellt. Dazu werden Arbeitspläne, in der Regel Grundrisse im Maßstab 1:50, durch Schaltzeichen ergänzt (Tab. 444.1). Die Stromleiter werden häufig nicht gezeichnet.

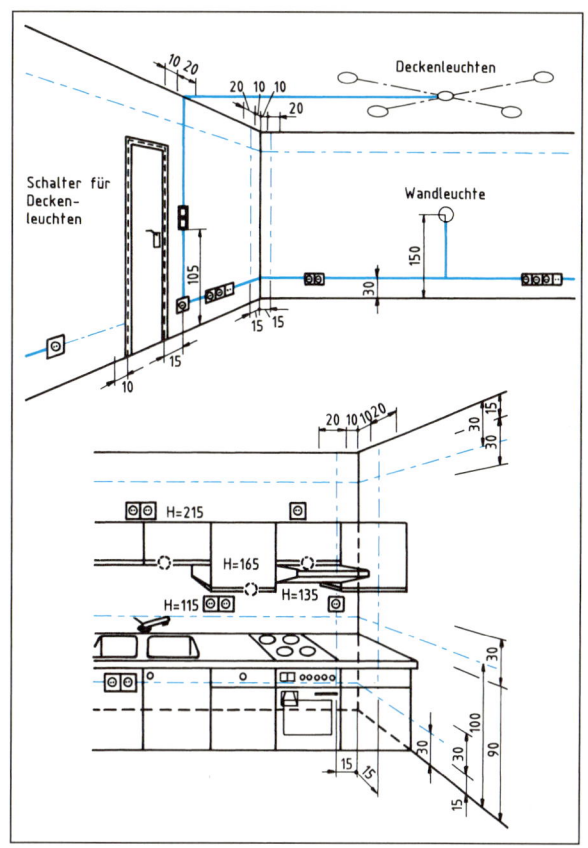

443.2 Elektrische Leitungen unter Putz

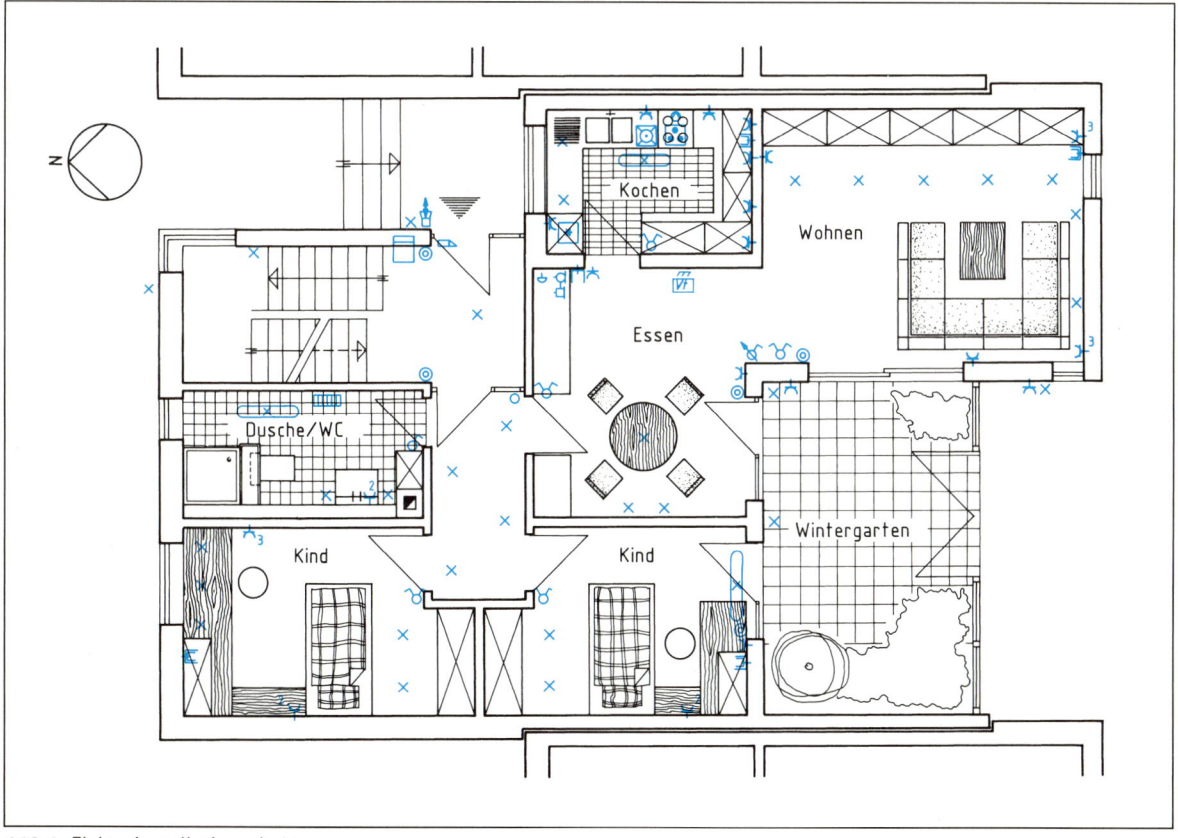

443.1 Elektroinstallationsplan

Haustechnik

Symbol	Bezeichnung	Symbol	Bezeichnung	Symbol	Bezeichnung
——	Starkstromleitung		Einfach-Schutzkontaktsteckdose	Ⓜ	Motor, allgemein
–·–·–	Schutzleitung, z. B. für Erdung, Nullung oder Schutzschaltung		Zweifach-Schutzkontaktsteckdose	HVt	Fernsprech-Hauptverteiler
– – –	Signalleitung	³	Dreifach-Schutzkontaktsteckdose	Vt	Verteiler auf Putz
······	Fernsprechleitung	3/N	Einfach-Schutzkontaktsteckdose für Drehstrom	Vt	Verteiler unter Putz
– – –	Rundfunkleitung		Leerdose, für spätere Bestückung mit Schutzkontaktsteckdose		Fernsprechgerät, allgemein, zugleich Hausstelle
≡ ≡	Unterirdische Leitung, z. B. Erdkabel		Fernmeldesteckdose	6V	Element, Akkumulator oder Batterie, z. B. 6 V
⫼⫼	Leitung auf Putz		Antennensteckdose	230/5V	Transformator, z. B. Klingeltransformator
⫼–⫼	Leitung in Putz	⋎	Schalter 1/1 (Ausschalter, einpolig)		Umsetzer, allgemein
⫼ ⫼	Leitung unter Putz		Schalter 1/2 (Ausschalter, zweipolig)	–D	Wecker
(t)	Isolierte Leitung für trockene Räume, z. B. Rohrdraht		Schalter 1/3 (Ausschalter, dreipolig)	–⊲	Summer
(f)	Isolierte Leitung für feuchte Räume, z. B. Feuchtraumleitung		Schalter 4/1 (Gruppenschalter, einpolig)	⊗	Leuchtmelder, Signallampe
(k)	Kabel für Außen- oder Erdverlegung		Schalter 5/1 (Serienschalter, einpolig)		Türöffner
NYIF Cu 1,5²	Beispiel: Stegleitung NYIF mit zwei Kupferleitern von 1,5 mm²		Schalter 6/1 (Wechselschalter, einpolig)	⊘	elektrische Uhr, insbesondere Nebenuhr
⌁	von oben kommende oder nach oben führende Leitung	⋈	Schalter 7/1 (Kreuzschalter, einpolig)	⊠	Notleuchte
⌁	von unten kommende oder nach unten führende Leitung	Z	Schalter 6/1 (Wechselschalter, als Zugschalter)	⊠	Panikleuchte
⊤	Leitungsverzweigung	◎	Tastschalter		Dämmerungsschalter
⊕	Abzweigdose oder Verteilerkasten	◉	Leuchttastschalter		Raumtemperaturregler
⬜	Starkstrom-Hausanschluß-kasten, allgemein		Näherungs-Schalter (Ausschalter)		Ruftaster mit Namensschildern
⬛	Verteilung		Berührungs-Schalter (Ausschalter)		Haussprechstelle (Mikrophon und Fernhörer)
⏚	Erdung, allgemein		Dimmer mit mechanischem Schalter (Ausschalter)		Wechselsprechstelle
⊕	Anschlußstelle für Schutz-leitung nach VDE 0100		Elektroherd	Y	Antenne, allgemein
⊥	Masse, Körper		Heißwasserbereiter	▷	Verstärker
	Überspannungsableiter		Waschmaschine	⊲	Lautsprecher
10A	Sicherung mit Angabe des Nennstromes, z. B. 10 Ampere		Wäschetrockner		Rundfunkempfangsgerät
⌐ ¬	Umrahmung für Geräte, z. B. Gehäuse, Schalter, Schrank		Geschirrspülmaschine		Fernsehempfangsgerät
	Zähler		Speicherheizgerät		Fernsehkamera
×	Leuchte, allgemein		Lüfter, elektrisch angetrieben		Zeitrelais, z. B. für Treppenbeleuchtung
2×40W	Leuchtband für Entladungslampen, z. B. mit zwei Lampen zu je 40 W		Klimagerät		Stromstoßschalter
³	Mehrfachleuchte mit Angabe der Lampenzahl, z. B. mit 3		Kühlgerät	——	Stecker (allgemein)
	Vorschaltgerät, allgemein		Gefriergerät		Schutzkontaktstecker

444.1 Sinnbilder für Elektroinstallationen

1.4 Beleuchtung

Tageslicht- und künstliche Beleuchtung beeinflussen unser körperliches und auch seelisches Wohlbefinden. Richtige Beleuchtung vermeidet Unfälle, reduziert Ermüdungserscheinungen, erhöht die Einbruchssicherheit, schafft eine stimmungsvolle Atmosphäre und ist für kulturelle und repräsentative Zwecke unentbehrlich. Grundlagen für eine richtige Beleuchtungstechnik sind:

Die Leuchtdichte ist das reflektierte Licht, das unser Auge wahrnimmt. Sie ist abhängig von der Beleuchtungsstärke und dem Reflektionsgrad der beleuchteten Flächen. Dunkle Räume erfordern höhere Beleuchtungsstärken. Höhere Leuchtdichten werden auch mit steigender Seharbeit (Zeichensaal), zunehmender Sehschwäche und mit längerer Dauer der Seharbeit benötigt.
Hohe Leuchtdichteunterschiede durch schlecht abgeschirmte Lampen ermüden und verringern die Sehkraft. Geringe Leuchtdichteunterschiede verringern die Wahrnehmung der Dreidimensionalität eines Raumes. Zwischen Arbeitsfeld und näherer Umgebung sollte der Leuchtdichteunterschied nicht größer als 1:3 und zwischen Arbeitsfläche und weiterer größerer Flächen nicht größer als 1:10 sein.

Die Blendung wird unterteilt in die Direktblendung durch die im Blickfeld befindlichen Leuchten und die Reflexblendung durch Spiegelungen des Lichtes auf glänzende Materialien wie z. B. verchromte Metallteile, Bildschirme u. a. (Bild 445.1). Blendungen setzen das Wohlbefinden herab. Freie Leuchten sind steiler als 45° zur Blickrichtung anzuordnen. Für die Beleuchtung von Büroarbeitsplätzen sind Leuchtstofflampen vorteilhaft, die meist links und parallel zur Blickrichtung angeordnet sind (Bild 445.2). Leuchten, die aus der gegebenen räumlichen Situation diese Einteilung nicht einhalten können, sind mit Blendschirmen oder Rastern zu versehen oder sie sind durch deckenbündige Einbauleuchten zu ersetzen. Reflexblendungen können dadurch verhindert werden, dass der Lichteinfallswinkel zur Arbeitsfläche nicht dem Blickwinkel entspricht. Matte Arbeitsflächen oder Leuchten mit geringer Leuchtdichte mindern ebenfalls Reflexblendungen.

Die Lichtrichtung lässt durch die entstehenden Eigen- und Schlagschatten die Oberflächenbeschaffenheit und die räumliche Körperform erkennen. Statt einer allseitigen, gleichförmigen Beleuchtung ist eine bevorzugte Lichtrichtung, häufig vom Fenster her, einzuplanen. Jedoch verschlechtern auch zu tiefe und harte Schlagschatten die Erfassbarkeit eines Gegenstandes.

Die Farbe des Lichtes ist ausschlaggebend für die Behaglichkeit eines Raumes oder bei Arbeitsräumen für deren Funktion. Für festliche oder der Entspannung dienende Räume wird ein warmweißes Licht mit niedrigen Beleuchtungsstärken bevorzugt. Für Arbeitsräume eignen sich neutralweiße Lichtfarben mit mittlerer Beleuchtungsstärke, da sie mit dem Tageslicht zusammen einsetzbar sind. Es ist zu beachten, dass Lichtquellen verschiedene Spektren haben können. Sie geben dann die Farben der Umgebung verschieden wieder.

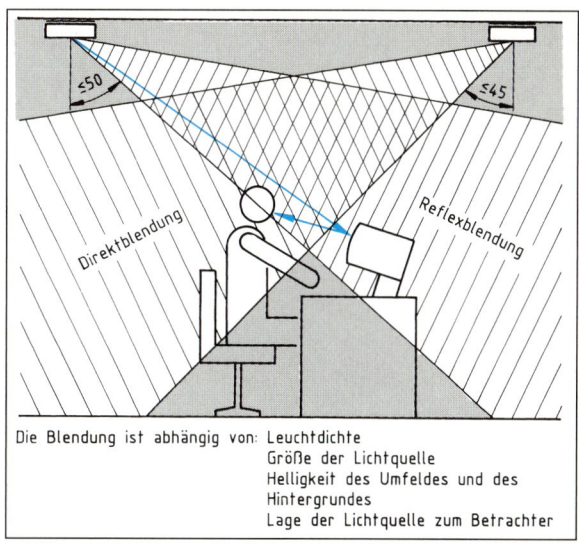

Die Blendung ist abhängig von: Leuchtdichte
Größe der Lichtquelle
Helligkeit des Umfeldes und des Hintergrundes
Lage der Lichtquelle zum Betrachter

445.1 Blendungsbereiche

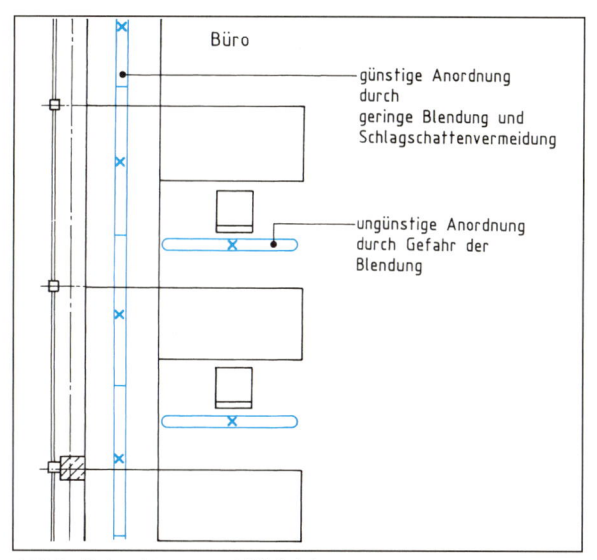

Büro
günstige Anordnung durch geringe Blendung und Schlagschattenvermeidung
ungünstige Anordnung durch Gefahr der Blendung

445.2 Beleuchtung und Blickrichtung

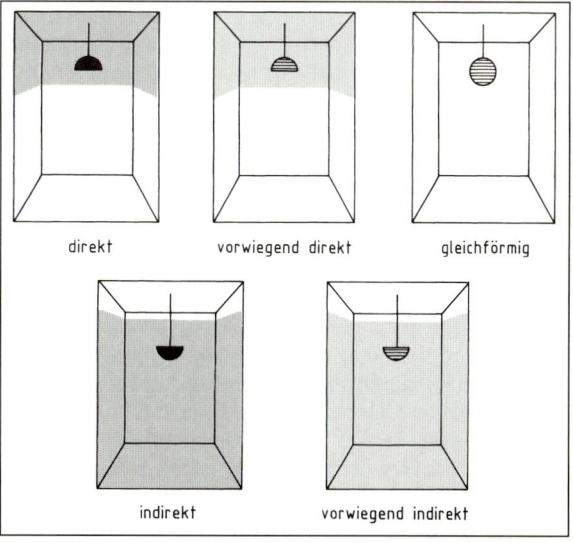

direkt | vorwiegend direkt | gleichförmig
indirekt | vorwiegend indirekt

445.3 Beleuchtungsarten

Haustechnik

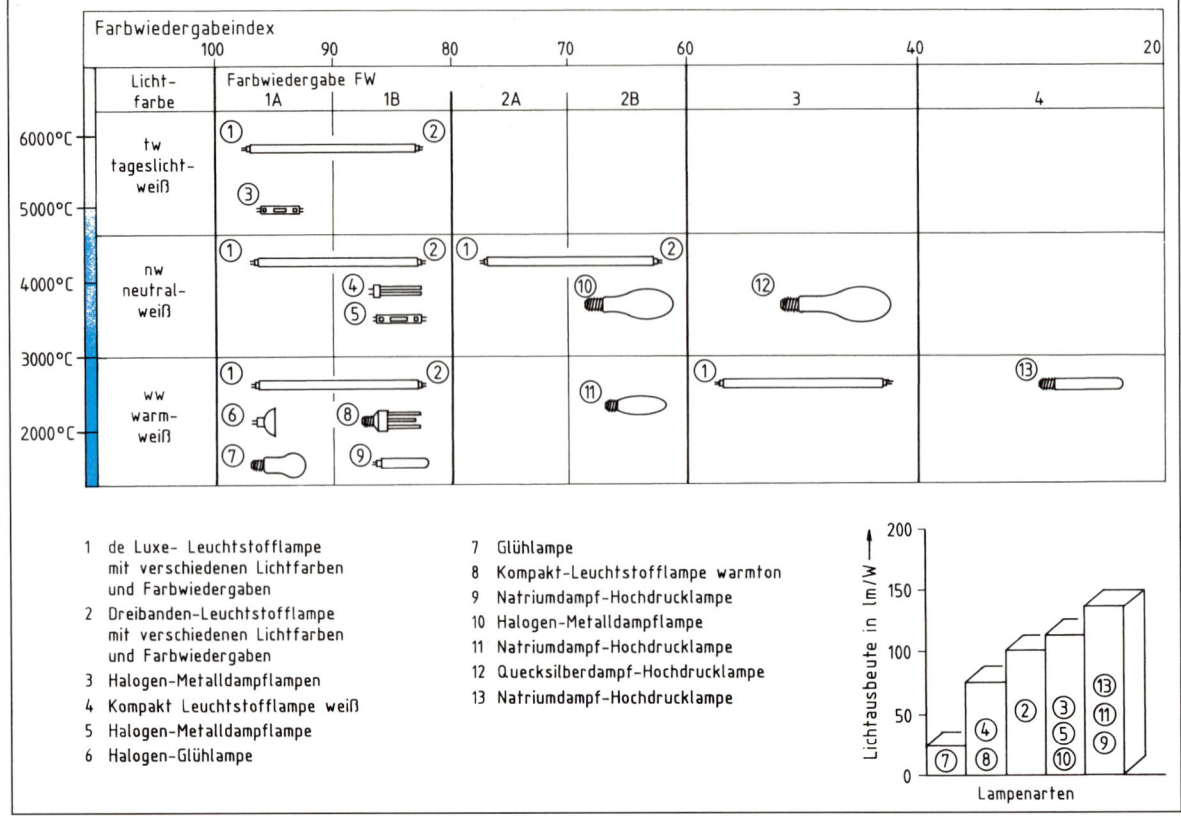

446.1 Lampenarten

1 de Luxe- Leuchtstofflampe mit verschiedenen Lichtfarben und Farbwiedergaben
2 Dreibanden-Leuchtstofflampe mit verschiedenen Lichtfarben und Farbwiedergaben
3 Halogen-Metalldampflampen
4 Kompakt Leuchtstofflampe weiß
5 Halogen-Metalldampflampe
6 Halogen-Glühlampe
7 Glühlampe
8 Kompakt-Leuchtstofflampe warmton
9 Natriumdampf-Hochdrucklampe
10 Halogen-Metalldampflampe
11 Natriumdampf-Hochdrucklampe
12 Quecksilberdampf-Hochdrucklampe
13 Natriumdampf-Hochdrucklampe

Eine Leuchte setzt sich aus der Lampe, dem Gehäuse mit Lampenfassung, eventuellen Zusatzgeräten und je nach Ausführung aus Reflektor, Schirm, Raster, Streulinse etc. zusammen. Leuchten lenken den Lichtstrom in die gewünschte Richtung. Entsprechend der Leuchtstärkeverteilung werden direkt, vorwiegend direkt, gleichförmig, vorwiegend indirekt und indirekt strahlende Leuchten unterschieden (Bild 445.3). In Wohngebäuden sind zur Bestückung der Leuchten folgende Lampenarten gebräuchlich (Bild 446.1):

- Glühlampen zeichnen sich durch eine warme Lichtfarbe bei guter Farbwiedergabe aus. Der Farbmangel beschränkt sich auf den Bereich rot und blau. Die Lichtausbeute ist gering. Sie eignen sich für stimmungsbetonte Räume.
- Niedervolt-Halogen-Glühlampen ergeben durch die höhere Temperatur der Glühwendel ein warmweißes frisches Licht. Sie werden mit einer Spannung von 12 V, seltener von 24 V, betrieben und erfordern einen Trafo, der in der Nähe der Leuchten oder in ihnen installiert wird. Die Lampe ist zierlich, hat eine doppelt so hohe Lichtausbeute wie die Glühlampe und besitzt eine sehr gute Farbwiedergabe. Der Lichtstrahl lässt sich leicht bündeln. Versieht man die Halogenlampe mit einem Infrarotstrahlen durchlässigen Reflektor, so werden nur noch 30 % der Wärmestrahlung in Lichtrichtung abgestrahlt. Diese Lampe nennt man Kaltlicht-Reflektorlampe. Besonders beim deckenbündigen Einbau ist auf eine gute Belüftung dieser Lampe zu achten.
- Die Standard-Leuchtstofflampen haben ihre Vorteile gegenüber den Glühlampen in der 8-mal höheren Lichtausbeute und der gleichmäßigeren Ausleuchtung. Mit elektronischem Vorschaltgerät werden ein flackerfreier Sofortstart und ein dimmbares automatisches Angleichen an das Tageslicht erreicht. Leuchtstofflampen benötigen zum Betrieb Vorschaltgeräte, die den Strom, der durch die Lampe fließt, begrenzen. Starter erzeugen beim Einschalten die hohen Energie- und Spannungsimpulse um die Lampe zu zünden. Lampen mit elektronischen Vorschaltgeräten (EVG) benötigen keinen Starter. Mehrere Lichtfarbtöne sind möglich.
- Dreibanden-Leuchtstofflampen haben die höchste Lichtausbeute und eine sehr gute Farbwiedergabe. In der Gasentladung wird ein Spektrum erzeugt, das aus einzelnen Linien, den Banden, und/oder aus einem Kontinuum besteht. Diese Lampen haben drei oder fünf besonders ausgeprägte Spektralbereiche im blauen, roten oder grünen Bereich.
- Kompaktleuchtstofflampen haben dieselben Eigenschaften wie die Standard-Leuchtstofflampen, nur dass sie nahezu das Volumen und die Schraubfassung einer Glühlampe haben.
- Hochdruck-Metallhalogendampflampen werden für die Beleuchtung von Verkaufsräumen und Schaufenstern verwendet. Sie zeichnen sich durch hohe Lichtausbeute und gute Farbwiedergabe aus. Sie haben eine Leistung von 250 W bis 3 500 W.
- Hochdruck-Natriumdampflampen haben eine Leistung von 50 W bis 1 000 W. Sie werden bevorzugt auf Straßen, Plätzen, Sportstätten, in Industriehallen u. Ä. eingesetzt.

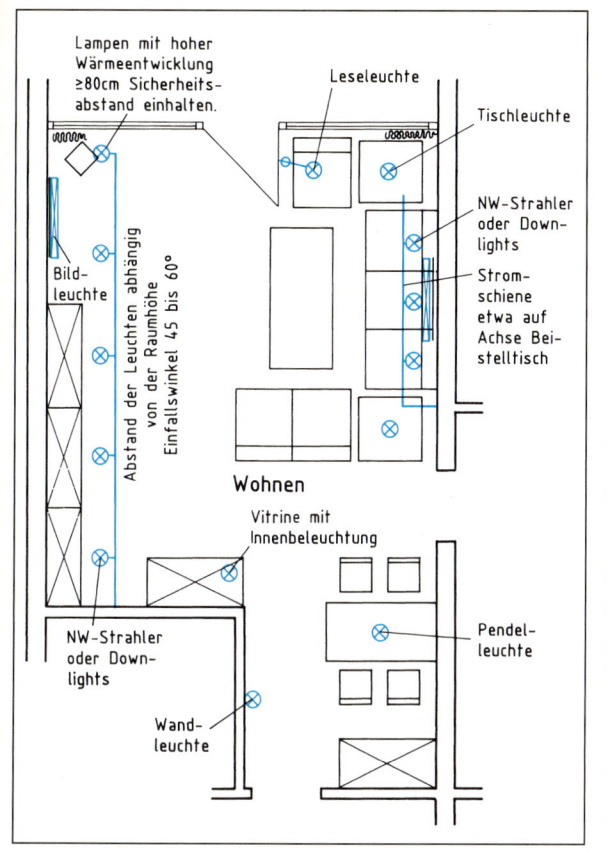

447.1 Wohnzimmerbeleuchtung

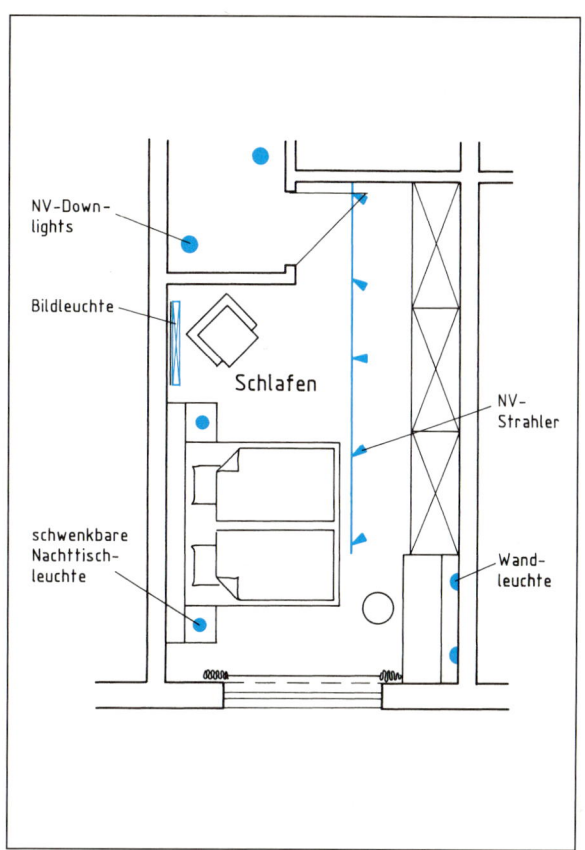

447.2 Schlafzimmerbeleuchtung

Für die Beleuchtung einzelner Räume eines Wohnhauses sind folgende Richtlinien zu beachten:
- Der Eingang sollte aus einer Höhe > 2,00 m beleuchtet werden. Nackte Leuchten auf Augenhöhe blenden und sind deshalb nur als zusätzliche Effektbeleuchtung zu sehen und mit schwachen Lampen auszustatten.
- Das Treppenhaus ist mit Leuchten geringer Leuchtdichte oder indirekter Beleuchtung auf helle Wände von oben her zu belichten. In Laufrichtung nach unten dürfen keine Blendquellen wie Lampen oder Reflexflächen vorhanden sein. Kurze weiche Schlagschatten der Tritte machen die Treppe sicher begehbar.
- Die Küche benötigt Deckenleuchten als Grundbeleuchtung in Verbindung mit hellen Wänden als reflektierende Flächen. Arbeitsflächen werden zusätzlich durch verdeckte Einzelleuchten in den Oberteilen der Wandschränke beleuchtet.
- Der Essbereich erhält zentral über dem Esstisch eine vorwiegend direkt strahlende Leuchte etwa 60 cm über der Tischoberfläche. Die Ausleuchtung beschränkt sich auf eine gleichmäßige Belichtung des Tisches.
- Der Wohnbereich (Bild 447.1) sollte dreiteilig durch eine Allgemeinbeleuchtung, eine Stimmungsbeleuchtung und eine gerichtete Beleuchtung auf Pflanz-, Sammel- oder Kunstobjekte beleuchtbar sein. Als Allgemeinbeleuchtung eignen sich Einbauleuchten, Pendelleuchten sowie indirekte Wand- und Deckenleuchten. Pendelleuchten sollten so hoch hängen, dass sie den Blickkontakt zum Gesprächspartner nicht behindern. Als Stimmungsleuchten kommen harmonisch verteilte Steh- oder Hockerleuchten mit großflächigen Schirmen in Betracht.
- Der Schlafzimmerbereich (Bild 447.2) ist in vier Beleuchtungsbereiche aufzuteilen: die Allgemeinbeleuchtung, die Spiegelbeleuchtung am Frisierplatz, die Lesebeleuchtung und die Orientierungsbeleuchtung. Die Allgemeinbeleuchtung ist in der Nähe der Schränke einzuplanen, damit der Schrankinhalt gut zu erkennen ist. Die Spiegelbeleuchtung kann aus zwei rechts und links des Spiegels angeordneten Leuchten oder besser durch eine oben montierte Leuchte mit geringer Leuchtdichte bestehen. Die Leseleuchten sollen richtbar sein und ein gebündeltes Licht ausstrahlen. Sie werden seitlich hinter dem Kopfteil des Bettes plaziert. Orientierungsleuchten haben Lampen mit geringer Leistung und dienen zur Orientierung, ohne Schlafende zu stören. Sie können auch als Notbeleuchtung ausgeführt sein.
- Der Arbeitsbereich wird durch eine Grundbeleuchtung von der Decke als Leuchtenband parallel zur Außenwand erhellt. Tiefe Räume erfordern weitere Bänder. Es ist zu beachten, dass das Tageslicht und das künstliche Licht bei Rechtshändern immer von links einfällt. Die Umgebung sollte hell gestaltet sein und die Tische sollten etwa 30 bis 50% des Lichtes reflektieren. Arbeitsplatzleuchten ergänzen die Leuchtdichte für bestimmte Bereiche.
- Der Außenbereich mit seinen Zugangs- und Zufahrtswegen sowie Stellplätzen ist zur allgemeinen Sicherheit lückenlos zu beleuchten. Terrassen und Gartenflächen werden in der Dunkelheit durch Leuchten in stimmungsvolle Lebensräume verwandelt (Bild 448.1).

448　　Haustechnik

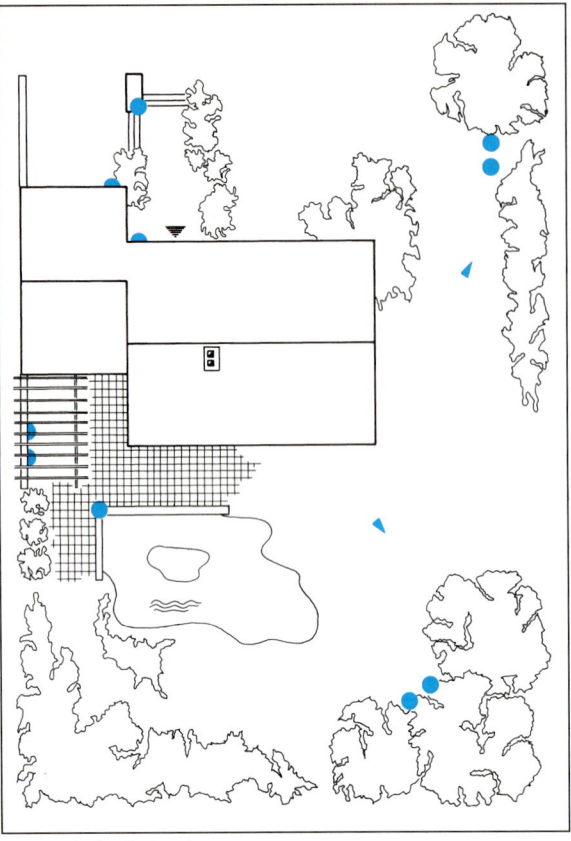

448.1 Außenbeleuchtung

1.5 Einbruchsicherung

Neben dem konstruktiven Einbruchsschutz (Schlösser, Riegel) stellt eine Einbruchmeldeanlage (EMA) eine weitere Möglichkeit dar, Personen und Sachen zu schützen (Bild 448.2). Aufgabe einer EMA ist es, vor eindringenden Personen frühzeitig optisch über Blitzleuchten und eine Rundumflutlichtanlage oder akustisch über Sirenen zu warnen sowie direkt über einen Telefonaußenanschluss zum Nachbarn oder zur Polizei (TEMEX-Anschluss) automatisch Hilfe herbeizuholen. An gebäudetypische Schwachstellen werden nach ihrer unterschiedlichen Wirkungsweise folgende Meldesensoren angebracht und über elektrische Leitungen mit der Meldezentrale verbunden:

- Körperschallsensoren, die einen Frequenzbereich von 50 bis 100 kHz melden, was der Frequenz einer berstenden Glasscheibe entspricht.

- Fenster-, Tür- und Schließblechkontakte melden über einen Reedkontakt das Öffnen von Türen und Fenstern. Wegen der hohen Verletzungsgefahr vermeiden Einbrecher den Einstieg durch eingeschlagene Glasscheiben. Einfacher ist das Öffnen des Fensters durch die eingeschlagene Scheibe. Der Reedkontakt meldet diesen Vorgang.

- Infrarot-Detektoren reagieren auf die Wärmeausstrahlung des ungebetenen Eindringlings. Sie sind als Bewegungssensoren ausgelegt und registrieren Personen, die sich im überwachten Raum bewegen.

- Weitere Sensoren wirken auf der Basis von Mikrowellen oder Ultra-Schallwellen.

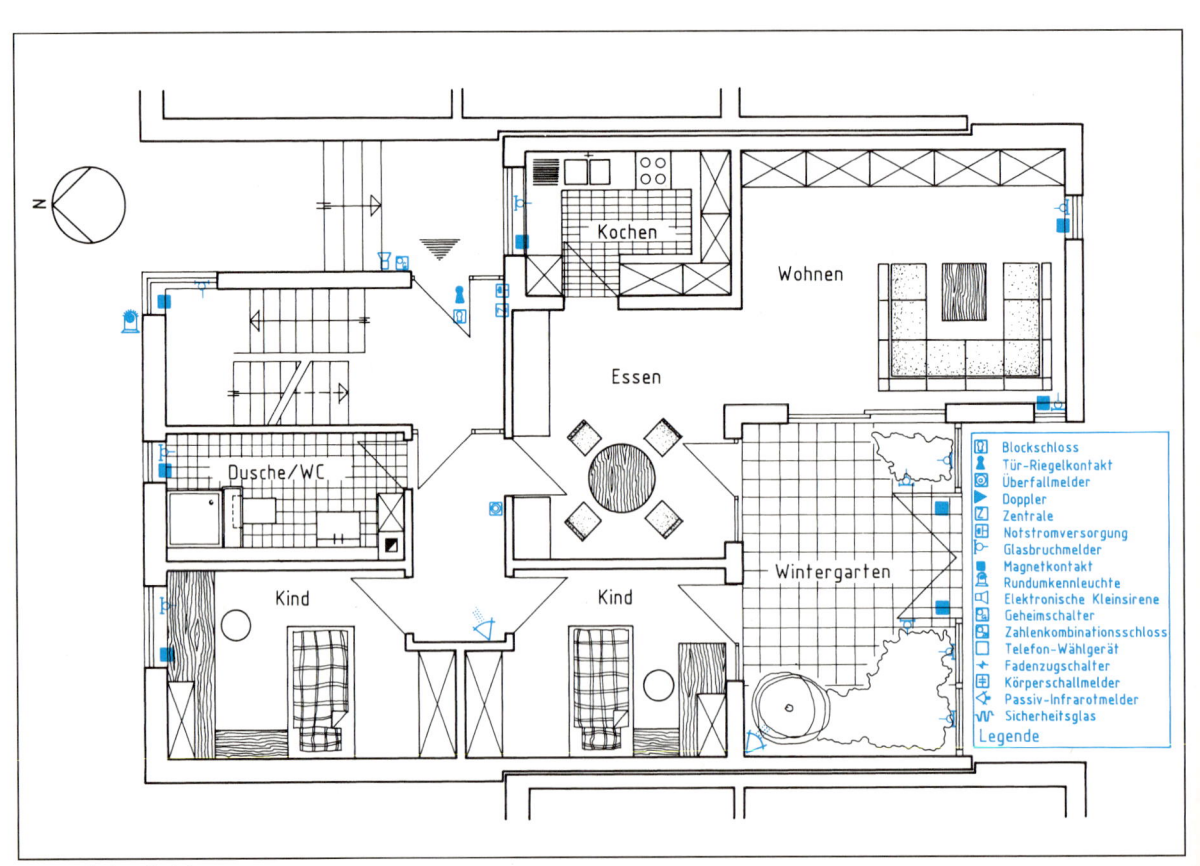

448.2 Gebäudesicherung

Legende:
- Blockschloss
- Tür-Riegelkontakt
- Überfallmelder
- Doppler
- Zentrale
- Notstromversorgung
- Glasbruchmelder
- Magnetkontakt
- Rundumkennleuchte
- Elektronische Kleinsirene
- Geheimschalter
- Zahlenkombinationsschloss
- Telefon-Wählgerät
- Fadenzugschalter
- Körperschallmelder
- Passiv-Infrarotmelder
- Sicherheitsglas

1.6 Blitzschutz

Der Blitzschutz wird nach dem äußeren Blitzschutz zum Schutze des Gebäudes und dem inneren Blitzschutz zum Schutze der elektrischen Anlage unterschieden.

Der äußere Blitzschutz (Bild 449.1) hat die Aufgabe, den Blitzstrom aufzufangen und um das Gebäude herum in die Erde abzuleiten, ohne dass ein direkter Einschlag erfolgt. Gefährdet sind besonders Bauwerke, die in der Ebene allein oder am Ortsrand stehen sowie Bauten, die über ein allgemeines Niveau hinausragen. Bevorzugte Einschlagstellen sind First, Ortgang, Traufe (Dachrinne) sowie Kanten von Dachaufbauten. Die Bauteile des äußeren Blitzschutzes sind Fang- und Ableitungen sowie der Fundamenterder. Gebäude bis zu einer Gesamthöhe von 20 m benötigen nur eine Fangleitung oder Fangstange, wenn die Bauteile einen gedachten 90°-Kegel nicht durchdringen. Gebäude, die eine Gesamthöhe von > 20 m haben, großflächig oder Flachdachbauten sind, dürfen eine Maschenweite des Fangnetzes von 10,0 m · 20,0 m nicht überschreiten. Kein Punkt des Hauses darf > 5 m von einer Fangleitung entfernt sein. Die Fangeinrichtungen bestehen aus verzinktem Rundstahl ⌀ 8 mm, die der Ableitungen aus verzinktem Rundstahl ⌀ 16 mm. Die Ableitungen werden an den Fundamenterder angeschlossen.

Der innere Blitzschutz schützt alle inneren elektrischen und elektronischen Geräte und Installationen (Fernseher, Computer, Waschmaschine, Heizungssteuerung usw.) vor der Zerstörung durch den Blitzstrom sowie seiner elektrischen und magnetischen Felder. Dazu ist ein Blitzschutzpotenzialausgleich zwischen allen metallenen Systemen (Wasser, Heizung, Gas, Abwasser etc.) des Bauwerks und des äußeren Blitzschutzes herzustellen. Annäherungen zwischen dem äußeren Blitzschutz und den Systemleitungen sowie der elektrischen Anlage sind wegen des Blitzüberschlages zu vermeiden.

1.7 Sonstige elektrische Installationen

Neben dem Versorgungsnetz 230/400 V ist noch eine Vielzahl von weiteren Leitungen für Informations- und Kommunikationsanlagen vor dem Verputzen der Wände zu verlegen. Wegen der rasch fortschreitenden Technik ist es sinnvoll, trotz des Einsatzes von drahtlosen Übertragungen einen großen Teil der Leiter in Rohre einzuziehen. Folgende Installationen sind noch zu beachten:

- Klingel-, Türsprech-, Türöffner- und Türfernsehanlagen können über eine hauseigene Telefonzentrale bedient werden.
- Heizungssteuerung.
- BK- (Breitbandkabel-), Antennen- und Satellitenempfangsanlagen benötigen am Übergabepunkt einen Verstärker mit einer Netzspannung von 230 V. Die Empfangssignale werden über ein abgeschirmtes Kabel in die einzelnen Wohnungen geleitet.
- Fernmeldeanlagen sollten aus Gründen der Sicherheit als Erdkabel von außen unsicht- und schwer erreichbar eingespeist werden. Ein großer Teil von Fernüberwachungs- und Fernsteueraufgaben werden bereits über das Fernmeldenetz unter dem Begriff TEMEX (Tab. 449.2) abgewickelt.

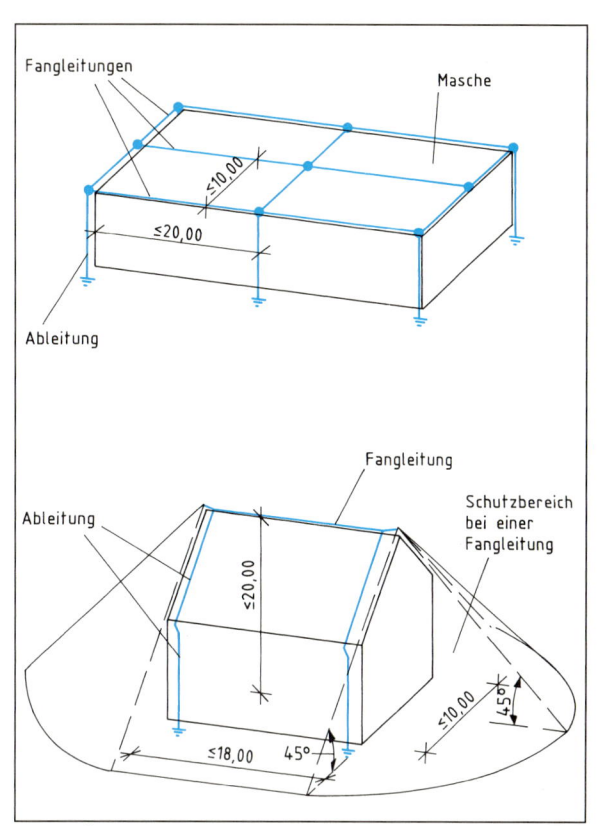

449.1 Äußerer Blitzschutz

Begriff	Fernwirken			
	Fernüberwachen		Fernsteuern	
	Melderichtung		Befehlsrichtung	
Begriff	Fernanzeigen	Fernmessen	Fernschalten	Ferneinstellen
Signale	Ein/Aus	Werte	Ein/Aus	Werte
Anwendung	Alarmübermittlung	Ablesen von Meßwerten	Schalten aus entfernten Orten	Anbieten von Informationen
Beispiele	Feuer Krankheit Maschinenschaden	Gas Wasser Wärme	Beleuchtung Heizung Hilferuf	Lenken von Verkehr

449.2 Möglichkeiten der Fernwirktechnik TEMEX

Aufgabe 1: Welche Arbeiten hat der Elektroinstallateur bereits während der Rohbauphase auszuführen?

Aufgabe 2: Bereits beim Betonieren der Fundamente wird die Potenzialausgleichsschiene eingebaut.
a) Welche Aufgaben hat der Potenzialausgleich?
b) Welche Systeme werden daran angeschlossen?

Aufgabe 3: Planen Sie mit einem vorhandenen EG-Grundriss, M 1:50, die Beleuchtung und die Einbruchsicherung. Zeichnen Sie die erforderlichen Symbole in den Plan ein!

Aufgabe 4: Warum sind die Stromkreise im Bad, Kinderzimmer, Außenbereich etc. unbedingt über einen Fehlerstromschutzschalter zu führen?

2 Heizungsinstallation

Energie sparendes Heizen ist ein wichtiger Beitrag zur Schadstoffreduzierung und Verringerung der Umweltbelastung. Der positive Nebeneffekt einer niedrigeren Heizkostenrechnung gleicht die höheren Investitionskosten nach einigen Jahren aus. Eine Heizungsanlage besteht im Wesentlichen aus dem Wärmeerzeuger (Kessel, Brenner, Abgas führende Teile), dem Wärmeverteilsystem (Leitungen, Ventile, Umwälzpumpe), den wärmeabgebenden Elementen (Heizkörper, Rohre von Wand- und Fußbodenheizungen) und der zugehörigen Steuerung.

Heizungssysteme können nach verschiedenen Kriterien unterteilt werden: Häufig werden die Systeme nach der Art ihrer Wärmeabgabe (Radiatoren- oder Fußbodenheizung), der Rohrführung (Ein- oder Zweirohrheizung) oder dem Wärmeentwickler (Brennwertkessel- oder Wärmepumpenheizung) benannt.

Besondere gesetzliche Grundlagen sind die Verordnung über Energie sparende Anforderungen an heizungstechnische und Brauchwasseranlagen (HeizAnlV). Diese Vorschriften sind gültig für Anlagen mit > 4 kW Nennwärmeleistung. Außerdem ist die Verordnung über Kleinfeuerungsanlagen (1. BImSchV) zu beachten, die für die Beschaffenheit und den Betrieb nicht genehmigungspflichtiger Feuerungsanlagen (offene Kamine, Kachelöfen etc.) gilt. Auskünfte geben die zuständigen Bezirksschornsteinfegermeister. Für Gebäude mit mehr als einer Wohneinheit wurde die Verordnung über die verbrauchsabhängigen Abrechnungen der Heiz- und Warmwasserkosten (HeizkostenV) erlassen.

2.1 Physikalische Grundbegriffe

Der Norm-Gebäudewärmebedarf $Q_{N,Geb}$ in W für die Kesseldimensionierung setzt sich zusammen aus dem Transmissionswärme- und dem Lüftungswärmebedarf sowie einem von der Gebäudehöhe abhängigen Lüftungsabschlag.

Die Wärmeübertragung erfolgt auf verschiedene Arten. Unterschiedliche Übertragungen können auch gemeinsam wirken. Sie werden dann unter dem Sammelbegriff Gesamtwärmedurchgang bzw. -übergang zusammengefasst. Folgende Übertragungsarten sind möglich:

- Wärmeleitung innerhalb eines gasförmigen, flüssigen oder festen Stoffes. Die Moleküle geben ihre Wärmeenergie durch ortsgebundene Schwingungen weiter. Man spricht von innerer Wärmeübertragung.
- Wärmestrahlung zwischen zwei durch ein gasförmiges Medium getrennte Körper. Die Wärmestrahlen durchdringen z. B. die Luft nahezu verlustfrei und wandeln sich besonders gut in Wärme um, wenn sie auf feste Infrarotstrahlen absorbierende (schwarzmatte) Stoffe auftreffen. Man spricht von äußerer Wärmeübertragung.
- Konvektion bedeutet die Verlagerung eines Mediums, das Wärmeenergie aufgenommen hat, an einen anderen Ort. Dort wird die Energie wieder abgegeben. Dabei ist zu beachten, dass gleiche Stoffe unterschiedlicher Temperatur, unterschiedliche Dichten aufweisen. Warme Luft oder warmes Wasser steigt nach oben, kühlt sich in kühler Umgebung ab und fällt dann wieder zu Boden.

2.2 Heizkörper

Heizkörper geben ihre Wärme am Ort des Bedarfs ab. Dies kann überwiegend durch Wärmestrahlung oder durch Konvektion geschehen. Als Medium wird Luft oder Wasser eingesetzt. Allgemein werden folgende Anforderungen an Heizkörper gestellt:

- Geringe Oberflächentemperatur, um Wärmeverluste in Leitungen und Kessel so niedrig wie möglich zu halten und um Staubumwälzungen und Strahlungswärme zu vermeiden sowie Staubverschwehrung zu verhindern.
- Häufung der Heizflächen in der Nähe von kalten Flächen wie Fenstern und Türen. Dadurch werden Zugerscheinungen und kalte Oberflächentemperaturen dieser Bauteile verhindert sowie die Temperaturverteilung im Raum ausgeglichen.
- Für ungehinderte Konvektion und Strahlung sorgen, indem Mindestabstände von Bauteilen eingehalten und Abdeckungen (Vorhänge etc.) vermieden werden.
- Geringer Wasserinhalt und geringe Eigenspeichermasse (Fußbodenaufbau einer Fußbodenheizung) um eine rasche Reaktion der Heizung durch äußere Einflüsse (plötzlicher Sonnenschein) zu sichern.

Es werden folgende Heizkörperarten unterschieden:

Radiatoren bestehen je nach Heizleistung aus einer Anzahl von Gliedern. Die Breiten- und Höhenmaße bestimmen ebenfalls die Heizleistung (Tab. 451.3). Als Werkstoff wird Stahl oder Gusseisen verwendet. Die Wärmeabgabe erfolgt etwa zu 1/3 durch Strahlung und etwa zu 2/3 durch Konvektion. Minderleistungen entstehen durch helle und bronzefarbene Anstriche (bis zu 10%), durch Heizkörperverkleidungen (etwa 20%) sowie durch Abdeckungen wie Möbel und Vorhänge (bis zu 20%).

Plattenheizkörper, vielfach auch Flachheizkörper oder Kompaktheizkörper genannt (Tab. 451.3), eignen sich für besonders lange Fensterbänder mit großen Wandflächen und überall dort, wo beengte Raumverhältnisse bestehen, wie z. B. im Bad, Diele etc. Plattenheizkörper sind durch ihren geringen Wasserinhalt besonders reaktionsschnell.

Konvektoren geben ihre Wärme nahezu ausschließlich über Konvektion ab. Sie benötigen gegenüber anderen Heizkörperarten eine höhere Vorlauftemperatur und sind für ökologische Heizungen weniger geeignet.

Rohrheizkörper werden in Wand-, Fußboden- oder/und Deckenstrahlungsheizungen eingebaut. Sie haben den Vorteil, dass sie mit sehr niedrigen Vorlauftemperaturen betrieben werden können. Da der Behaglichkeitsgrad auch von der Oberflächentemperatur der Umgebungsflächen eines Raumes abhängt, kann die Raumlufttemperatur gesenkt werden. Dadurch ergibt sich ein weiterer Energieeinsparungseffekt. Diese Flächenheizungen sind durch die hohe Speichermasse und die geringe Vorlauftemperatur reaktionsträge. Deshalb werden sie häufig als Grundlastheizungen eingesetzt und zusätzlich mit Radiatorenheizungen kombiniert. Die Rohre der Fußbodenheizung werden im oder unter dem Estrich, die der Wandheizungen auf dem Mauerwerk im Putz und die der Deckenheizung unter der Rohdecke mit Blechreflektoren mäanderförmig oder bifilar verlegt. Bei der Planung ist auf eine hohe Wärmedämmung auf der kalten Seite des rohrheizkörpertragenden Bauteils sowie auf einen die Wärmedehnung aufnehmenden Estriches mit Bewegungsfugen (Bild 452.1) zu achten.

2.3 Leitungen

Heizkörper werden mit dem Heizmedium über Rohrleitungen aus Stahl, Kupfer oder Kunststoff versorgt. Stahlrohre werden überwiegend durch Schweißen sowie durch Press- und Klemmverbindungen zusammengesetzt. Anschlüsse von Kessel und Armaturen werden als leicht lösbare Flansch- oder Gewindeverbindungen ausgeführt. Kupferrohre lötet man mittels Lötfittingen zusammen. Kunststoffrohre werden über Klemmverbindungen verbunden. Da der Heizungskreislauf in der Regel geschlossen ausgeführt wird und somit Sauerstoff zum Medium Wasser keinen Zutritt hat, können verschiedene Metalle ohne die Gefahr der elektrochemischen Korrosion bedenkenlos in beliebiger Reihenfolge aneinander gereiht werden. Rohrleitungen und Armaturen müssen gegen Wärmeverlust gedämmt werden (Bild 451.1), sofern sie innerhalb beheizter Räume oder in Trennwänden zwischen beheizten Räumen liegen. Sie sollten nicht in Außenwänden verlegt werden. Für selten genutzte Räume sowie Einliegerwohnungen sind getrennte Heizkreisläufe vorzusehen.

Nennweite (NW) der Rohrleitung oder Armatur mm	Mindestdicke der Dämmschicht mm
bis 20	20
22 bis 35	30
40 bis 100	wie NW
> 100	100

451.1 Wärmedämmung von Rohrleitungen und Armaturen

Symbol	Bezeichnung	Symbol	Bezeichnung
⊖	Wärmeverbraucher (allg.)	———	Ölleitung
⊖ (Σ)	Wärmetauscher	⋙	Rohrleitung gedämmt
⊠	Heizkessel	⋘	Rohr im Mantelrohr, gedämmt
⊠	Umformer	∿	Schlauch
⊖	Umwälzpumpe	▽	Niveauangabe
▥	Heizkörper	—·—	Verbindung (geschweißt, gelötet, geklebt)
1) ⌒ 1)	Rohrschlange	⋈	Absperrventil Schieber
1) ▭ 1)	Rohrregister	⋈	Absperrorgan mit Entleerung
———	Heizungsvorlauf		Regler und Fühler
-----	-rücklauf		Heizkörperventil
—··—	Luftleitung		Schmutzfänger
1) Symbole nicht genormt			Trinkwassererwärmer (TEW)

451.2 Sinnbilder für Heizungsanlagen

Stahlradiatoren nach DIN 4703

Bauhöhe h_1 in mm	Nabenabstand h_2 in mm	Bautiefe b in mm	Normwärmeleistung q_n in W/Glied	nach DIN 4703 T 3 in Nische
300	200	160 / 250	50 / 70	
450	350	110 / 160 / 220	55 / 74 / 99	
600	500	110 / 160 / 220	73 / 99 / 128	
1000	900	110 / 160 / 220	122 / 157 / 204	

Gußradiatoren nach DIN 4703

Bauhöhe	Nabenabstand	Bautiefe	Normwärmeleistung
280	200	250	92 (134)
430	350	70 / 110 / 160 / 220	55 (80) / 70 (102) / 93 (135) / 122 (177)
580	500	70 / 110 / 160 / 220	68 (99) / 92 (134) / 126 (183) / 162 (235)
680	600	160	147 (214)
980	900	70 / 160 / 220	111 (161) / 204 (297) / 260 (378)

Klammerwerte Aufstellung frei vor der Wand

Kompaktheizkörper Bauhöhe 600 mm

Baulänge in mm	Typ	10	11	21	22	23
–	750	14	49	100	100	155
190	900					
300	1000					
350	1200					
400	1500					
450	1800					
500	2000					
550	2500					
600	2800					

1. Zahl entspricht der Plattenanzahl (ein- oder zweireihig)
2. Zahl entspricht der Anzahl der Lamellen (Konvektoren)

Röhrenradiatoren

Bauhöhe h in mm: 400, 500, 600, 700, 800, 900, 1000, 1200, 1400, 1600, 1800, 2000, 2300, 2600, 3000

Bautiefe T in mm: 64, 101, 139, 46, 177, 215

451.3 Heizkörper – Auswahl

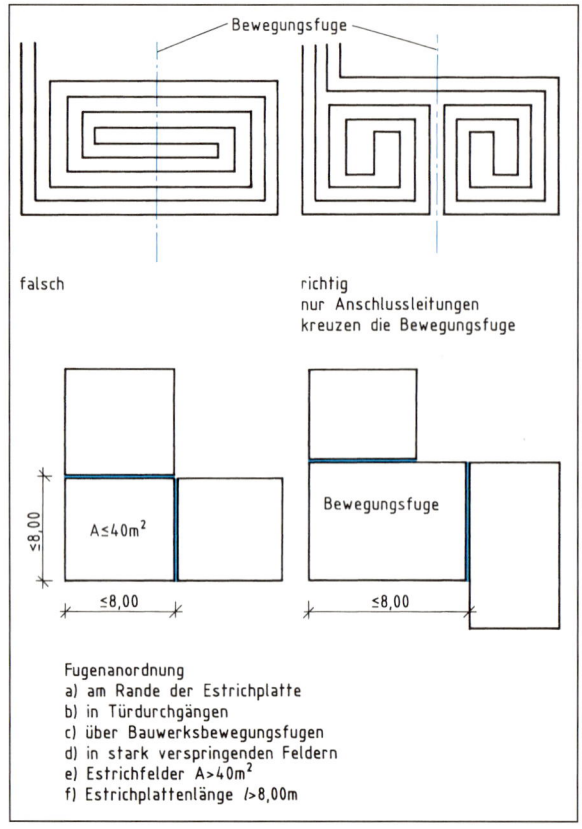

Eine Umwälzpumpe befördert das Medium durch die Leitungen vom Wärmeerzeuger zum Heizkörper und wieder zurück. Absperrventile lassen, ohne die Anlage leeren zu müssen, einen Austausch oder eine Reparatur von Heizungsbauteilen zu.

Die Einrohrheizung versorgt die Heizkörper von einem Rohrstrang aus. Das bedeutet vereinfachte Montage und bei Sanierungen geringere Aufwendungen für Deckendurchbrüche und Schlitzarbeiten. Da die mittlere Heizkörpertemperatur von Heizkörper zu Heizkörper sinkt, bedeutet dies eine unterschiedliche Heizflächengröße. Außerdem bewirkt eine Absperrung einzelner Heizkörper eine Erhöhung der Wärmeabgabe an die folgenden Heizkörper.

Die Zweirohrheizung (Bild 452.2) versorgt den Heizkörper mit erwärmtem Wasser aus einer Leitung, dem Vorlauf, und führt das abgekühlte Wasser über eine zweite Leitung, dem Rücklauf, dem Kessel wieder zu. Dabei kann jeder Heizkörper an einen zentralen Stockwerksverteiler, an vom Stockwerksverteiler ausgehende Stichleitungen oder an zwei Ringleitungen angeschlossen werden.

2.4 Wärmeerzeuger

Die Wärme kann in Einzelöfen, offenen Feuerstätten, Kachelöfen, Kesseln, Wärmepumpen oder Kollektoren erzeugt werden. Die Energie liefern feste Brennstoffe wie Holz und Kohle sowie der flüssige Brennstoff Öl oder Flüssig- bzw. Erdgas. Der Brennstoff Holz darf nur noch trocken, d.h. je nach Holzart nach einer Lagerzeit von 2 bis 5 Jahren und naturbelassen verbrannt werden.

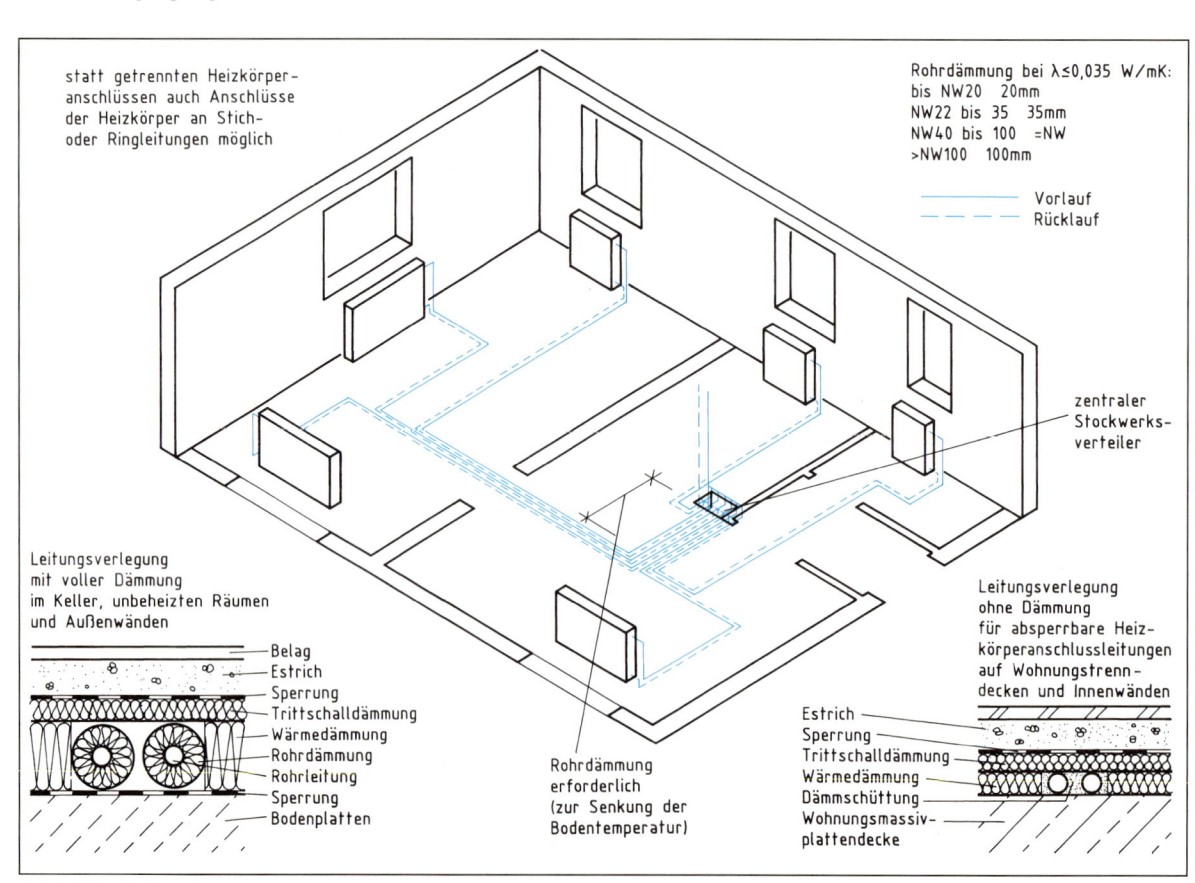

452.1 Bewegungsfugen

452.2 Zweirohrsystem

Haustechnik

Überwiegend werden Kessel für gasförmige oder flüssige Brennstoffe eingebaut, da ihre Technik eine genaue und auf die einzelnen Bedürfnisse abstimmbare Regelung zulässt. Viele Anlagen werden mit einem Pufferspeicher ausgerüstet (Bild 453.3). Durch ihn wird ein zu häufiges Ein- und Ausschalten (Takten) vermieden. Dadurch werden Verbrauch, Emission und Verschleiß verringert. Bivalente Anlagen, z. B. Anlagen, die aus zwei Wärmeerzeugern bestehen (Gasniedertemperaturkessel und Wärmepumpe), beinhalten immer großvolumige Pufferspeicher.

Der Niedertemperaturkessel für die Brennstoffe Öl oder Gas erwärmt das Heizwasser in Abhängigkeit von der Außentemperatur nur so hoch, wie es zur Beheizung der Räume erforderlich ist. Die Temperaturen betragen für den Vorlauf 40 bis 75 °C, für die Abgase 160 bis 220 °C.

Der Brennwertkessel (Bild 453.1) wird so genannt, weil er nahezu die gesamte gewinnbare Wärmeenergie nutzt, also den Brennwert und nicht nur den Heizwert der Energie wie bei konventionellen Kesseln. Bei Brennwertgeräten wird der Nutzungsgrad auf der Basis des Heizwertes angegeben. Dies ist der Grund dafür, dass Werte von 102 bis 105% erreicht werden. Diese hohe Energieausnutzung wird durch die Abkühlung der Abgase im Kessel unter den Taupunkt erreicht. Dadurch kondensiert der mitgeführte Wasserdampf und gibt die latente Wärme frei. Das aggressive Kondensat darf beim Gas-Brennwertkessel mit einer Nennwärmeleistung bis 25 kW ohne Neutralisation in das häusliche Abwasser abgeleitet werden. Öl-Brennwertkessel erfordern wegen des hohen Schwefelgehaltes im Kondensat stets eine Neutralisation. Durch diesen Entsorgungsaufwand und die geringere Energieausnützung werden Gas-Brennwertkessel bevorzugt.

Wärmepumpen (Bild 453.2) arbeiten nach dem Kühlschrankprinzip. Während das Innere gekühlt wird, entsteht auf der Außenrückseite Wärme. Der Energieaufwand, häufig elektrischer Strom, beträgt nur etwa 25 bis 50% der freiwerdenden Wärmeenergie.
Technisch läuft dieser Prozess in folgenden Schritten ab: Ein Kältemittel wird in einem Wärmetauscher verdampft. Die Energie dazu wird der Umwelt entzogen. Ein Kompressor verdichtet diesen Dampf, dessen Temperatur sich dabei erhöht (wie die Hitzeentwicklung beim Luftpumpen). In einem zweiten Wärmetauscher gibt der Dampf seine Wärme an den Heizkreislauf ab und verflüssigt sich wieder. Wärmepumpen beziehen ihre Wärme überwiegend aus der Außenluft, aus im Erdreich verlegten Leitungen (Erdwärme), aus Abluft, aus Abwasser oder/und aus Absorbern auf Dächern und Außenwänden (Wärmestrahlung der Sonne). Wirtschaftlich, d. h. mit hohem Wirkungsgrad, arbeiten Wärmepumpen bis zu einer Wärmeträgertemperatur von −3 °C.

Kollektoren (Bild 453.2) erwärmen einen Wärmeträger über Sonnenlicht. Die aufgenommene Energie kann über einen Wärmetauscher oder direkt für die Brauchwassererwärmung oder Heizung während der Übergangsmonate verwendet werden. Die Kollektoren bestehen aus schwarzmatten Metallabsorberrohren, die in dickwandigen Glasröhren verlaufen. Zur besseren Wärmedämmung wird die Luft ähnlich einer Thermosflasche nahezu abgepumpt.

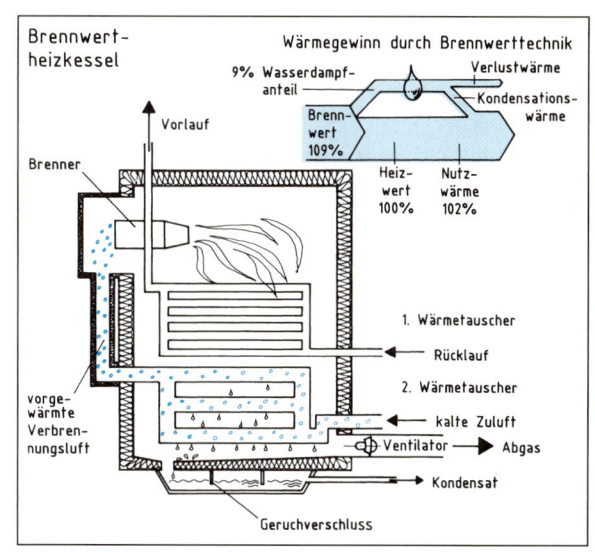

453.1 Brennwertkessel

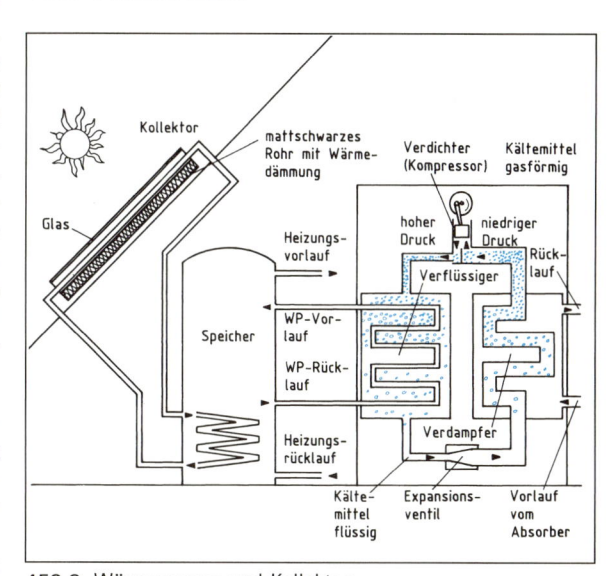

453.2 Wärmepumpe und Kollektor

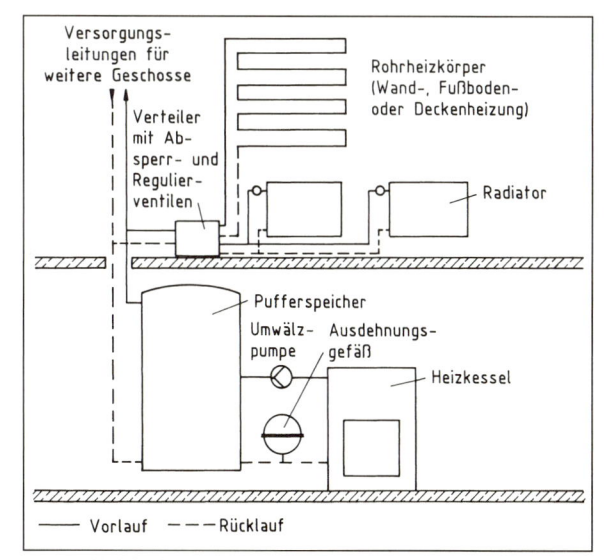

453.3 Heizkreis

2.5 Brennstofflagerung

Öl wird in Tanks unterirdisch oder oberirdisch gelagert (Bild 454.1). Wegen der hohen Kosten für die Haftpflichtversicherung und der teuren Wartung (Erdtanks werden in fünfjährigen Intervallen vom TÜV überprüft) werden nahezu nur noch oberirdische Tanks im Untergeschoss der Gebäude aufgestellt. Außer dem Werkstoff Stahl wird auch der Kunststoff Polyäthylen verwendet. Die wichtigsten Vorschriften für oberirdische Öllager im Gebäudeinnern sind:
- Volumenbeschränkung in Heizräumen auf 5000 l
- Wände und Decken müssen feuerbeständig sein
- Türen in Feuer hemmender Ausführung
- Permanentlüftung
- Boden muss öldicht beschichtet sein. Auslaufendes Öl muss im Auffangraum aufgenommen werden können.

Flüssiggas (Bild 455.2) wird unter Druck in flüssigem Zustand in Stahltanks aufbewahrt. Sie können erdbedeckt, halboberirdisch oder oberirdisch gelagert werden. Die Behälter sind vor Gefahren von außen, aber auch zum Schutz der Umgebung vor den Gefahren, die von den Behältern selbst ausgehen, von Schutzbereichen umgeben. Im Schutzbereich dürfen sich keine Zündquellen und brennbaren Stoffe sowie Öffnungen wie Fenster, Türen, Gruben, Lichtschächte etc. befinden. Der Schutzbereich darf, wenn die Platzverhältnisse beengt sind, durch eine Feuer hemmende Schutzwand eingeschränkt werden. Der Tank ist bei fehlender Grundstückseinfriedung durch einen Zaun zu schützen.

2.6 Regelung und Steuerung

Die Regelung (Bild 455.1) hat dafür zu sorgen, dass der Wärmeerzeuger nicht mehr Wärme als notwendig produziert und dass in den Räumen die gewünschte Temperatur zur gewünschten Zeit gehalten wird. Moderne Heizanlagen erreichen die erforderliche Kesselwassertemperatur in gleitender Betriebsweise mit unterer Temperaturbegrenzung durch eine Computer-Kesselkreisregelung.

Die Elektronik vergleicht über Sensoren in 20-Sekundenabständen die Kesseltemperaturen und schaltet je nach Größe der Temperaturunterschiede zwischen den Zeitabständen den Brenner am Kessel. Über ein Fernbedienungsgerät lässt sich die geforderte Wohnraumtemperatur steuern. Einen hohen Energieeinsparungseffekt erzielt man durch den Einsatz von zeit- (h und Tage) und temperaturprogrammierbaren Heizkörperthermostaten in den einzelnen Räumen. Das System unterscheidet drei Temperaturzustände:
- den Absenkbetrieb in unbenutzten Räumen oder während des Lüftens
- den Normalbetrieb während der Nutzungsperioden
- den erhöhten Temperaturbetrieb für ein unverändertes Temperaturempfinden am Morgen bei ausgekühlten Wänden oder abends bei sitzender Tätigkeit.

Dieses System kann auch über ein Fernbedienungsgerät gesteuert werden. Die Fernüberwachung und Fernsteuerung der Heizungsanlage sowie die Aufschaltmöglichkeit weiterer Funktionen (Ölstand, Hausbeleuchtung, etc.) über das Telefonnetz (TEMEX-Anschluss) sind möglich.

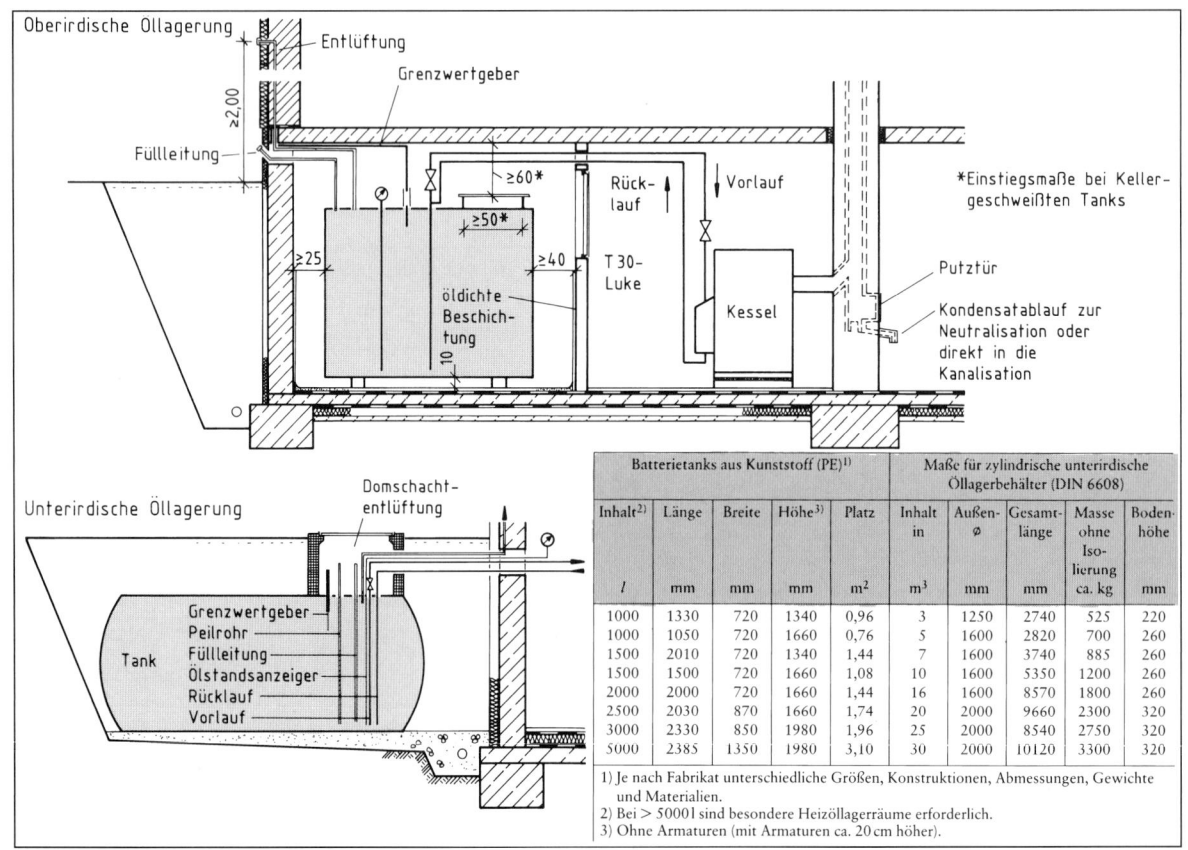

Batterietanks aus Kunststoff (PE)[1]					Maße für zylindrische unterirdische Öllagerbehälter (DIN 6608)				
Inhalt[2]	Länge	Breite	Höhe[3]	Platz	Inhalt in	Außen ø	Gesamtlänge	Masse ohne Isolierung ca. kg	Bodenhöhe
l	mm	mm	mm	m²	m³	mm	mm		mm
1000	1330	720	1340	0,96	3	1250	2740	525	220
1000	1050	720	1660	0,76	5	1600	2820	700	260
1500	2010	720	1340	1,44	7	1600	3740	885	260
1500	1500	720	1660	1,08	10	1600	5350	1200	260
2000	2000	720	1660	1,44	16	1600	8570	1800	260
2500	2030	870	1660	1,74	20	2000	9660	2300	320
3000	2330	850	1980	1,96	25	2000	8540	2750	320
5000	2385	1350	1980	3,10	30	2000	10120	3300	320

1) Je nach Fabrikat unterschiedliche Größen, Konstruktionen, Abmessungen, Gewichte und Materialien.
2) Bei > 5000 l sind besondere Heizöllagerräume erforderlich.
3) Ohne Armaturen (mit Armaturen ca. 20 cm höher).

454.1 Lagerung von Heizöl

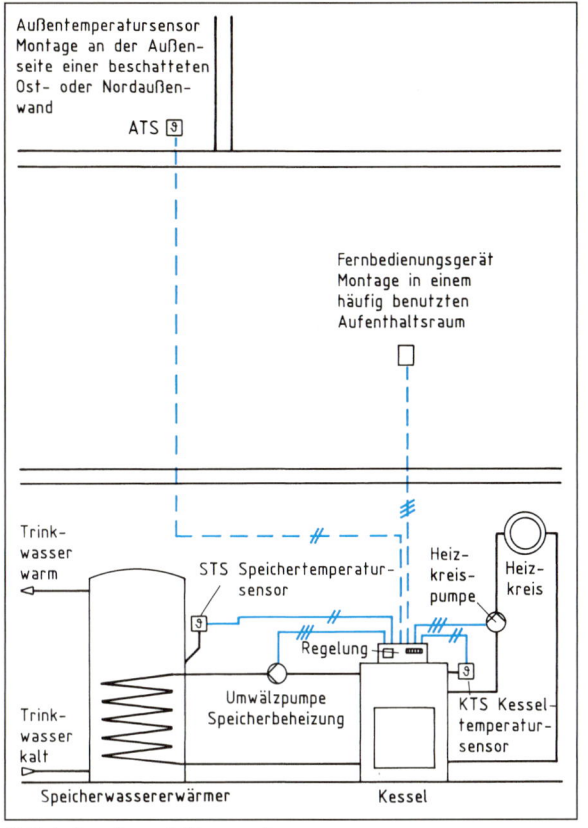

Haustechnik

455.1 Regel- und Steueranlage

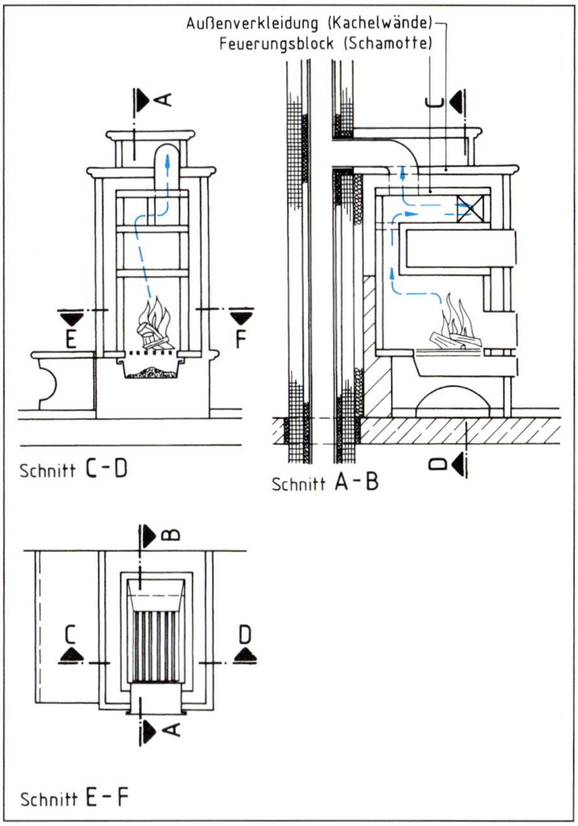

455.3 Kachelofen

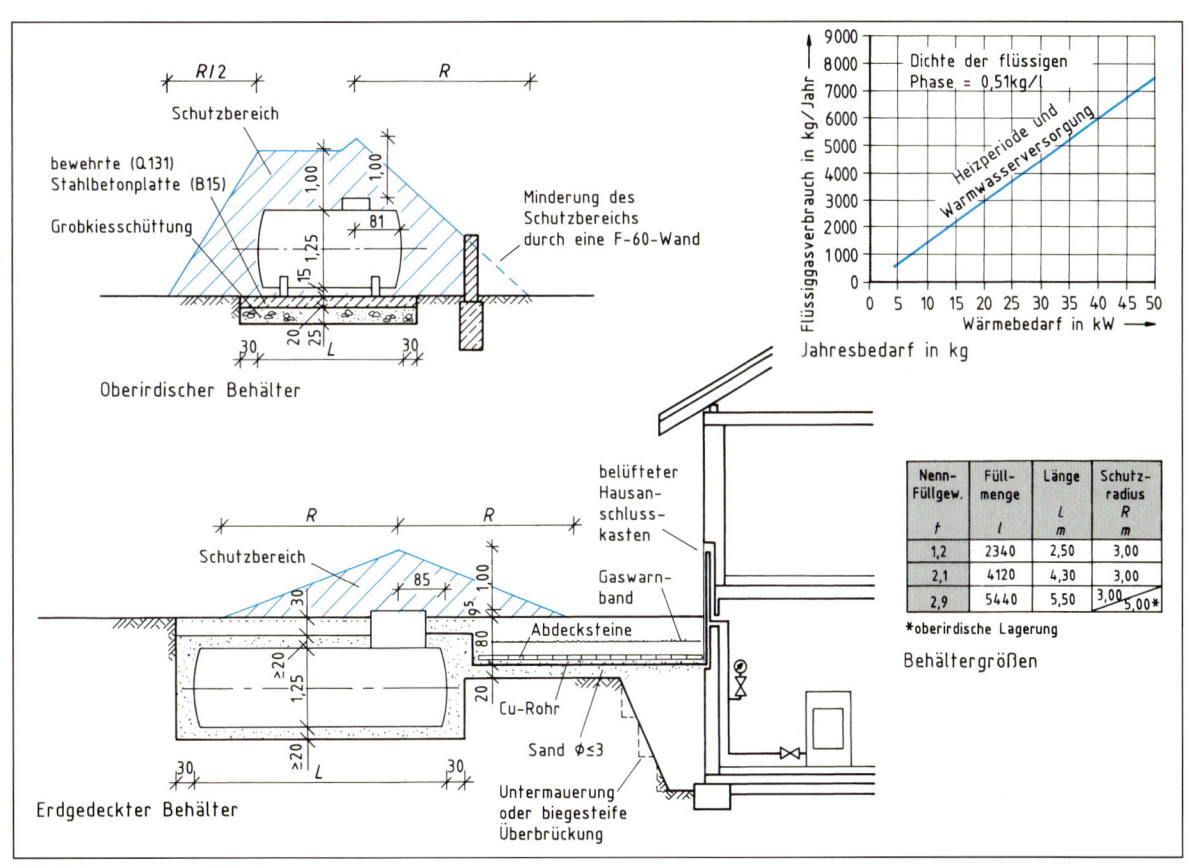

455.2 Lagerung von Flüssiggas

Nenn-Füllgew.	Füll-menge	Länge	Schutz-radius
t	l	L m	R m
1,2	2340	2,50	3,00
2,1	4120	4,30	3,00
2,9	5440	5,50	3,00 / 5,00*

*oberirdische Lagerung

Behältergrößen

3 Sanitärinstallation

Sanitärräume dienen der Hygiene und Gesundheit der Menschen. Häufig benützte Sanitärräume sind als Nassräume auszubilden (Abdichtung nach DIN 4122), da deren Wände und Böden intensiv mit Spritz- oder Schwallwasser benässt werden.

Die Installation dieser Räume wird unterteilt in die Ausstattung mit **Funktionsgegenständen**, wie Badewanne, Waschtisch, Spülklosett und die **Einrichtung**, wie Waschmaschine, Haltegriff, Klosettpapierhalter.

Sanitärapparate sind Sanitäreinrichtungen oder Sanitärausstattungen, die eine Wasserentsorgung und eine Trinkwasserversorgung benötigen. Im gewerblichen Bereich wird nach Brauch- und Trinkwasserversorgung unterschieden. An das Trinkwasser werden folgende besondere hygienische und chemische Ansprüche gestellt:

- klar, farb- und geruchlos sind Eigenschaften, die sich mit menschlichen Sinnen prüfen lassen und die bereits einen ersten Anhalt zur Beurteilung geben,
- geringe Keimzahl bedeutet geringer Anteil von Krankheitserregern (Typhus-, Cholera-, Ruhrbakterien etc.),
- kühle Temperatur von 7 bis 10 °C verhindert die Vermehrung von eventuell vorhandenen Keimen
- einen bestimmten, für den menschlichen Körper notwendigen Mineralstoffanteil. Reines Wasser (destilliertes Wasser) ist ungesund. Mineralienarmes Wasser führt zur Korrosion in den Leitungen.
- frei von oder arm an gesundheitsschädigenden Stoffen wie z.B. Nitrat und Pestizide aus der Landwirtschaft oder Kohlenwasserstoffverbindungen aus der Industrie.

Als Härte des Wassers bezeichnet man die Summe der im Wasser vorhandenen Erdkali-Elemente. Sie wird in Millimol je Liter (mmol/l) gemessen. Früher wurden die Härte in Grad deutscher Härte (°d) angegeben (1 mmol/l = 5,6 °d). Der Erdkaligehalt von 0,179 mmol/l entspricht einem Kalkgehalt von 1 Gramm je 100 l Wasser. Gemäß dem Waschmittelgesetz wird die Wasserhärte in Härtebereiche eingeteilt. Während in manchen geografischen Bereichen das Wasser aufgehärtet werden muss, da im örtlichen Quellwasser zu wenig Kalk gelöst ist, enthält der größte Teil des Trinkwassers zu viel Kalk. Das bedeutet größeren Waschmittelverbrauch und Verkalkung von Boilern und Leitungen ab einer Temperatur von etwa 50 °C.

Trinkwasser wird zu 64% aus Grundwasser (Brunnen), 9% aus Quellwasser (zutage tretendes Grundwasser) und 27% aus Oberflächenwasser (Seen und Flüsse, Talsperren) gewonnen. Danach wird es, wenn nötig, mit aufwändiger Technik mechanisch, chemisch und biologisch von Schadstoffen befreit und mit Chlor oder Ozon desinfiziert. In Gussleitungen, die vom Hochbehälter auf der Anhöhe oder von Wassertürmen in der Ebene kommen, steht es mit einem Druck von etwa 5 bar zum Anschluss im Straßenbereich in etwa 1,50 m Tiefe zur Verfügung.

Härtebereich 1: bis 1,3 mmol/l = weiches Wasser
Härtebereich 2: 1,4 bis 2,5 mmol/l = mittelhartes Wasser
Härtebereich 3: 2,6 bis 3,8 mmol/l = hartes Wasser
Härtebereich 4: über 3,8 mmol/l = sehr hartes Wasser

456.1 Härtebereiche des Wassers

3.1 Planungsgrundlagen

Bereits bei der Planung sind Nassbereiche wie Küche und Bad so anzuordnen, dass sie von einer zentralen Stelle mit Wasser versorgt und von Abwasser entsorgt werden können. Die ohne statische Berechnung zugelassenen Aussparungen gemäß DIN 1053 genügen nicht mehr, um insbesondere die Vielzahl waagerechter und wärmegedämmter Leitungen in Wandschlitzen aufzunehmen. Zusätzlich verlangt die DIN 4109 für installationsbelegte Wände die hohe flächenbezogene Masse von 450 kg/m². Aus diesen Gründen wird die Vorwandinstallation gegenüber der Schlitzinstallation bevorzugt. Die Vorwandinstallation kann mit einer gemauerten Vorsatzschale abgeglichen oder in einer zweischaligen Installationswand (Bild 458.1) in Trockenbauweise untergebracht werden. Die Tragständer für Waschbecken, WC-Becken, etc. sind seiten- und höhenverstellbare Fertigelemente und enthalten maßgerecht alle Ver- und Entsorgungsanschlüsse. Der Platzbedarf beträgt im Allgemeinen für die waagerechte Vorwandinstallation 20 cm und für die senkrechte Vorwandinstallation 25 cm. Die dabei entstehenden Vorsprünge können später, sofern sie auf der entsprechenden Höhe angeordnet sind, als Ablagen genutzt werden. Die Einrichtungsgegenstände (Bild 457.1) sind in ihren Ausmaßen genormt, können aber auch in anderen handelsüblichen Größen bezogen werden. Damit beim Gebrauch der Sanitäreinrichtungen genügend Bewegungsfreiheit vorhanden ist, sind untereinander und gegen Wandflächen seitliche Mindestabstände einzuhalten (Bild 457.2).

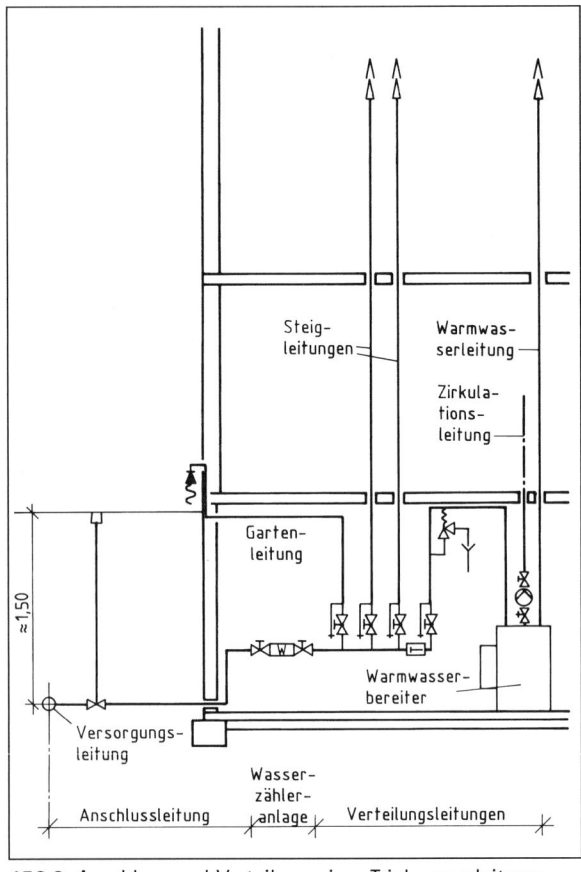

456.2 Anschluss und Verteilung einer Trinkwasserleitung

Haustechnik

Einrichtungen		Stellflächen (in cm) nach DIN 18022		handelsübliche Modelle	
		b	t	b	t
Waschtische, Hand- und Sitzwaschbecken					
	Einzelwaschtisch	≥ 60	≥ 55	55...120	43...60
	Doppelwaschtisch	≥ 120	≥ 55	94...130	55...60
	Einbauwaschtisch mit 1 Becken und Unterschrank	≥ 70	≥ 60	siehe Herstellerunterlagen	
	Einbauwaschtisch mit 2 Becken und Unterschrank	≥ 140	≥ 60		
	Handwaschbecken	≥ 45	≥ 35	40...55	32...42
	Sitzwaschbecken (Bidet), bodenstehend oder wandhängend	40	60	35...40	57...66
Wannen					
	Duschwanne	≥ 80 (90)	≥ 80 (75)	80...120	75...90
	Badewanne	≥ 170	≥ 75	160...200	70...120
Klosettbecken und Urinale					
	Klosettbecken mit Spülkasten oder Druckspüler vor der Wand	40	75	35...40	53...60
	Klosettbecken mit Spülkasten oder Druckspüler für Wandeinbau	40	60	35...40	66...75
	Bidet	–	–	46	71
	Urinal	40	40	29...40	21...40
Wäschepflegegeräte					
	Waschmaschine	60	60	Kompaktmodelle siehe Herstellerunterlagen	
	Wäschetrockner				
Badmöbel					
	Hochschrank (Unterschrank, Oberschrank)	≥ 30	≥ 40	siehe Herstellerunterlagen	

Die Anordnung von Schaltern, Steckdosen, Leuchten und Lüftungseinrichtungen sowie von Warmwasserbereitern und Heizkörpern ist zu berücksichtigen. Der Abstand zwischen Stellflächen und Türleibungen beträgt ca. 10 cm.

1) Der Abstand kann bis auf 0 verringert werden.
2) Bei Wänden auf beiden Seiten.
3) Auch bei Duschabtrennungen.
4) Bei Anordnung der Versorgungsarmaturen in der Trennwand.
5) Im Wohnungsbau nicht üblich.
6) Nicht empfehlenswert.

457.1 Stellflächen und Einrichtungen in Bad und WC

	Waschtisch einzeln	Waschtisch doppelt	Handwasch	Bidet	Dusche	Wanne	WC	Urinal	Schrank	Seitenwand 3)
Waschtisch einzeln	20	–	–	25	20[1]	20[1]	20	20	20	5	20
Waschtisch doppelt	–	0	–	25	15[1]	15[1]	20	20	15	0	0 / 15[2]
Handwasch	–	–	–	25	20	20	20	20	20	–	20
Bidet	25	25	25	–	25	25	25	25[6]	25	25	25
Dusche	20[1]	15[1]	20	25	–[5]	0 / 15[4]	20	20	0	0	0
Wanne	20[1]	15[1]	20	25	0 / 15[4]	–[5]	20	20	0	0	0
WC (stehend)	20	20	20	25	20	20	–[5]	20	20	20	20 / 25[2]
Urinal	20	20	20	25[6]	20	20	20	–[5]	20	20	20 / 25[2]
Waschmaschine	20	15	20	25	0	0	20	20	0	0	3
Schrank	5	0	20	25	0	0	20	20	0	0	3
Seitenwand 3)	20	0 / 15[2]	20	25	0	0	20 / 25[2]	20 / 25[2]	3	3	–

457.2 Seitliche Abstände von Stellflächen

Haustechnik

Schnitt A–A

- Meterriss +1,00 über FFB
- −0,07
- ±0,00
- Warmwasser
- Kaltwasser
- Abwasser
- Installationsblock für Waschtisch

Grundriss

- Gipskartonplatten
- Installationsblock
- Installationsschacht für Wasser, Heizung und Lüftung
- 15

Ansicht

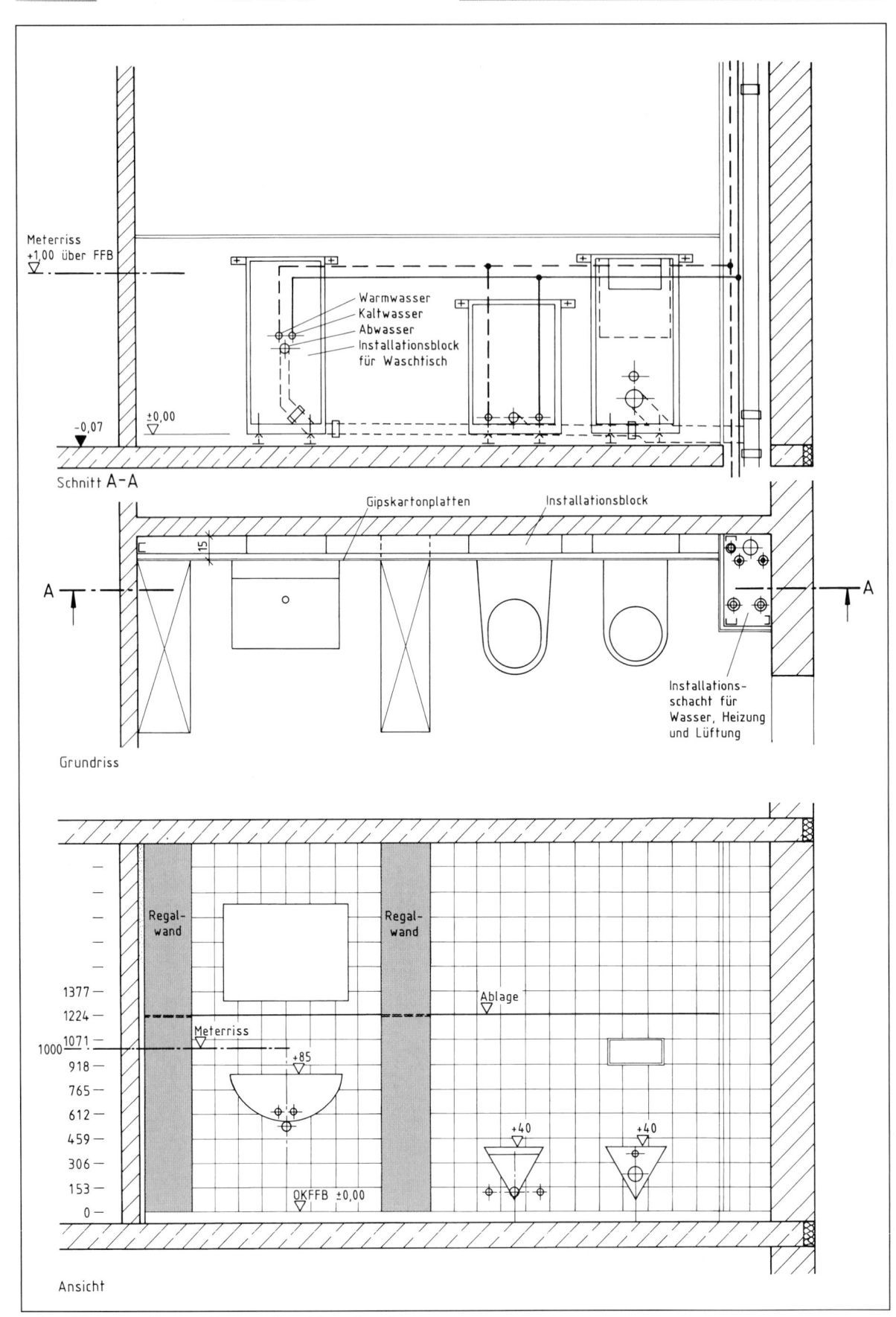

- Regalwand
- Regalwand
- Ablage
- Meterriss
- +85
- +40
- +40
- OKFFB ±0,00
- 1377
- 1224
- 1000 / 1071
- 918
- 765
- 612
- 459
- 306
- 153
- 0

458.1 Flieseneinteilung – Schnitt – Grundriss – Ansicht

3.2 Rohrinstallationen

Für die Versorgung einer Sanitäreinrichtung mit Kalt- und Warmwasser werden vier Leitungsstränge benötigt. Kaltwasser-, Warmwasser-, Zirkulations- und Abwasserleitung. Die Zirkulationsleitung wird immer dann gebraucht, wenn sich die Warmwasserbereitung nicht in unmittelbarer Nähe der Zapfstelle befindet. Durch zu lange Stränge bis zum Kessel oder Boiler wird zu viel Wasser verschwendet bis warmes Wasser aus dem Hahn fließt. Diesen Missstand vermeidet man durch eine zweite Leitung, die mit der Warmwasserleitung kurzgeschlossen wird (Bild 461.2). Eine Umwälzpumpe fördert im Kreislauf ständig Warmwasser vom Erzeuger zu den Zapfstellen.

Als **Rohrwerkstoffe** eignen sich für die Trinkwasserversorgung verzinkte Stahlrohre, Kupferrohre, Kunststoffrohre aus Polyäthylen weich (PE weich) und Verbundwerkstoffen z. B. von vernetztem Polyäthylen-Aluminium-Polyäthylen. Rohre mit geringen Rohrreibungsverlusten, wie bei Kunststoff- oder Kupferrohren, lassen geringere Nennweiten zu. Im Außendurchmesser gleiche und im Innendurchmesser zueinander passende Rohre, Rohrverbindungen, Formstücke und Armaturen werden mit einer Pass-Kenngröße der Nennweite DN (Diameter normal) bezeichnet.

Die Nennweiten müssen rechnerisch ermittelt werden. Sie sind abhängig von dem Volumenstrom in der Leitung und von dem Druckverlust in den Rohren und Armaturen. Für Kalt- und Warmwasserleitungen gibt es Richtwerte zur Bemessung der Mindestnennweiten.

Rohrverbindungen für Trinkwasserleitungen müssen hygienisch unbedenklich sein. Dafür sind als lösbare Verbindungen Gewinderohrverbindungen und Verschraubungen sowie als unlösbare Verbindung Löt- und Klebeverbindungen geeignet.

Die Wärmedämmung der Leitungen ist nicht nur für die Warmwasserleitungen, sondern auch für die Kaltwasserleitungen notwendig. Die niedrige Temperatur des Trinkwassers überträgt sich auf die Rohrleitungsaußenwandoberfläche und führt dort, bedingt durch hohe Lufttemperatur und hohe relative Luftfeuchtigkeit, besonders im Sommer zur Kondenswasserbildung. Tropfwasserschäden oder stetige Durchfeuchtung von Bauteilen sind die Folge. Um ein Einfrieren der Leitungen bei starkem Frost zu vermeiden, sind sie, besonders bei einer Innendämmung, nicht in Außenwänden zu verlegen. In Gebäuden, die längere Zeit unbeheizt bleiben (Wochenendwohnungen) muss die Installation im Gefälle auf einen Tiefpunkt zur Entwässerung geführt werden.

Die Fliesengerechte Installation ist erforderlich, um den optischen Gesamteindruck des Raumes nicht zu stören. Die Anordnung der Apparateachsen ist in das Fliesenraster so einzuplanen, dass sichtbare Abwasseranschlüsse sowie Sanitärarmaturen entweder zur Fliesenmitte, mit Anschlüssen in der Fliesen- oder Fugenmitte, und in der Fugenmitte, mit den Anschlüssen in der Fugenmitte oder dem Fugenkreuz, ausgerichtet werden (Bild 460.1). Armaturen und Sanitärbauelemente sind auf diese Fliesenmaße abgestimmt. Die Montagehöhen der Sanitärapparate (Tab. 462.1), bezogen auf die Fertigfußbodenhöhe, sind abhängig von der Körperhaltung, Körpergröße und dem Grad einer eventuellen Behinderung des Menschen.

459.1 Sinnbilder für Rohrleitungs- und Trinkwasserinstallation

Haustechnik

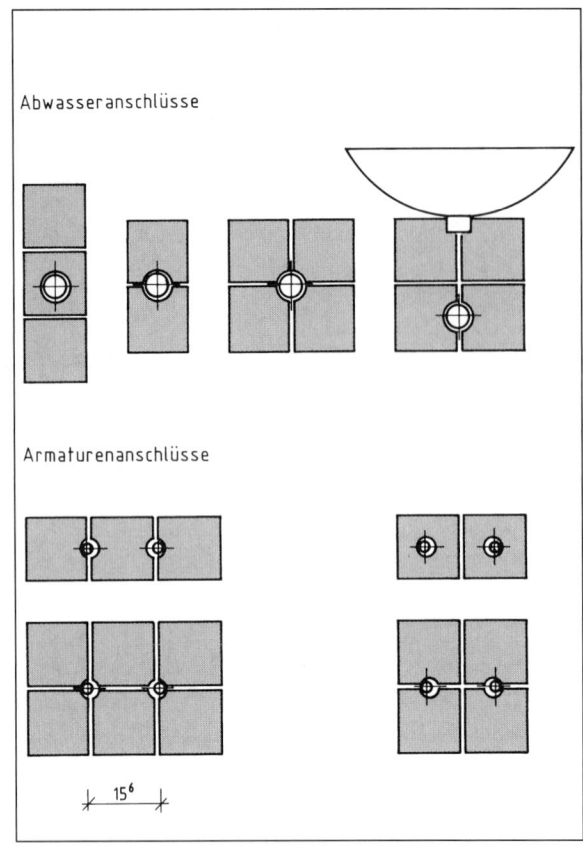

460.1 Anschlüsse

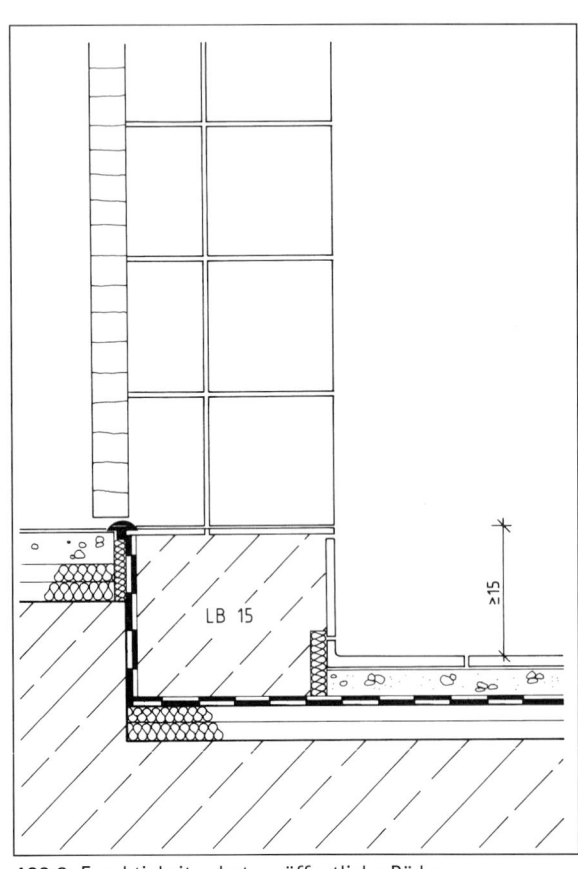

460.2 Feuchtigkeitsschutz – öffentliche Bäder

Der Feuchtigkeitsschutz für Sanitärräume wird je nach Nutzung unterschiedlich ausgeführt. Bei häufigem Feuchtigkeitsanfall, wie in öffentlichen Bädern, Kasernen etc. muss die Abdichtung nach DIN 4122 und DIN 18195 trogartig aus mindestens zwei Lagen Dichtungshahn ausgebildet sein. Sie ist an den Wänden auch im Bereich der Türen mindestens 15 cm über OK FFB zu führen. Das bedeutet, dass dort eine Schwelle ausgebildet werden muss (Bild 460.2).

Über Wasserentnahmestellen darf die Dichtung erst in einer Höhe von 20 cm über dieser Feuchtigkeitsquelle enden. Im Randbereich sind die Bahnen mit Klemmschienen zu befestigen. Als Schutzschicht und als Putzträger zur Aufnahme von Fliesenbelägen muss eine Wand vorgemauert werden. Für Wohnungsbäder ist in Anbetracht der geringen Wasserbeanspruchung diese aufwändige Abdichtungspraxis nicht vorgeschrieben (Bild 461.1). Der Grad der Feuchtigkeitsbeanspruchung kann durch den Benutzer selbst reguliert werden, sodass die Abdichtung nach den Ansprüchen der Bewohner gefertigt werden kann. Bewährt haben sich

- Dichtungsschlämmen von wenigen mm Dicke auf risse-freibleibenden Bauteilen;
- Sperrputze und -estriche aus Zementmörtel, denen ein Dichtungsmittel zugegeben wurde. Sie eignen sich ebenfalls nur für einen risse-freibleibenden Untergrund wie z.B. Mauerwerk, Beton (Festigkeitsklasse C 16/20), Putze (Mörtelgruppen II und III) etc.
- Bitumen- und Bitumenkautschukbeschichtungen, die lösungsmittelfrei mit einer Schichtdicke von 2 mm auf den risse-freibleibenden Untergrund aufgespachtelt werden. Darauf können die Fliesen in direktem Verbund mit einem mineralischen Mörtel, dem eine geringe Menge an Kunstharzdispersion zugegeben wurde, angesetzt werden. Reine Dispersionsklebstoffe zum Versetzen der Fliesen eignen sich dafür nicht, da die erforderliche Wasserabgabe weder in Richtung Untergrund noch in Richtung Fliese möglich ist.
- Dichtungsschichten aus Dünnbettmörteln bilden im Verbund mit den Fliesen eine wasserundurchlässige Schicht. Diese Klebemörtel sind überwiegend auf Kunstharzdispersions- oder Zweikomponentenbasis aufgebaut und eignen sich für verformende oder vibrierende Untergründe. Eine wasserdichte elastische Ausführung erhält man auch durch die Verfugung der Fliesen mit einer Epoxidharzmasse.
- Einlagige elastische Boden- und Wandbeläge, z.B. aus Kunststoffbahnen statt Fliesen.
- Hinterlüftete Bekleidungen aus Holz.

Die Warmwasserbereitung kann durch direkte Beheizung über einen Wärmeerzeuger, wie z.B. Gas- oder Ölkessel, Wärmepumpe, Kollektor etc. erfolgen. Häufig wird eine ausreichende Warmwassermenge in einem Speicher bevorratet. Üblich sind indirekte Beheizungen über ein Speichersystem, d.h. das Warmwasser wird in einem Speicher durch einen Kesselwasserkreislauf sowie bivalent zusätzlich durch einen Kollektor- oder einen Wärmepumpenkreislauf erwärmt (Bild 461.2). Nach der HeizungsanlagenVO darf die Warmwassertemperatur 60 °C nicht überschreiten. Die Zirkulationspumpe muss durch eine Zeitschaltuhr während geringer Abnahmezeiten, z.B. 23.00 Uhr bis 5.00 Uhr, abschaltbar sein.

3.3 Sanitäreinrichtungen

Die Sanitäreinrichtung muss frühzeitig geplant werden. In der Ausführung wird die Montage der Armaturen und Sanitäreinrichtungsgegenstände zuletzt, d. h. nach den Malerarbeiten, vorgenommen. Folgende Funktionsgegenstände werden unterschieden:
- Waschtische werden durch Standarmaturen mit Wasser versorgt. Je nach Einbauart unterscheidet man Waschtische mit Wandabstand, in den Wandbelag eingelassene Waschtische, Waschtische mit Säule und Waschtische mit Tisch- oder Schrankeinbau. Die Montagehöhen sind abhängig von der Größe der Benutzer.
- Wannenbadeanlagen werden nach ihrer Form in Normal-, Kurz-, Stufen- und Großwanne unterschieden. Sie werden aus emailliertem Stahl, Gusseisen oder Kunststoffen hergestellt. Um dem Trend nach dem „Wohnlichen Bad" nachzukommen, wird eine Vielzahl von Formen, Größen und Ausstattungsvarianten angeboten. Beim Einbau ist besonders auf schall- und wärmedämmende Bauweise zu achten.
- Brausebadeanlagen werden überwiegend quadratisch, bodeneben oder mit erhöhtem Einbau geplant. Die Öffnungsbreite der Kabine ist > 55 cm zu fertigen. Brause und Badewannen müssen, bevor sie eingefliest werden, vom Elektrofachmann an den Potentionalausgleich angeschlossen werden.
- Bidetanlagen dienen als Sitzwaschbecken der Reinigung der unteren Körperpartien. Sie lassen sich auch als Fußwaschbecken verwenden. Häufiger werden sie in hängender als in stehender Ausführung eingebaut.
- Urinalanlagen werden für Herrenaborte in Büros Schulen, Gasthäusern usw. eingebaut.
- Klosettanlagen werden nach Abgang, Anbringung und Spülung unterschieden.

Der Abgangsstutzen bei bodenstehenden Klosettkörpern kann waagerecht oder senkrecht, die der Hängeklosettkörper bauartbedingt nur waagerecht sein. Die hängende Anbringung des Hängeklosetts erleichtert die Säuberung des Bodens. Nach der Spülung der Fäkalien unterscheidet man das Flachspül-, das Tiefspül- und das Absaugklosett (Bild 462.3). Das Flachspülklosett erlaubt im Gegensatz zu den beiden anderen Arten die Kontrolle der Fäkalien mit dem Nachteil der Geruchsbelästigung. Absaugklosetts haben einen sehr hohen Spülwasserverbrauch. Sie lassen Windeln und ähnliche Stoffe durch den veränderten Geruchverschluss nicht hindurch und tragen somit zur geringeren Störanfälligkeit des Leitungsnetzes bei. Spülkästen sind häufig in den Bauelementen verdeckt integriert. Sie werden nur noch selten sichtbar auf der Wand montiert.

Die Küche ist immer noch ein Kommunikations- und Arbeitszentrum. Sie muss Platz für Familienmitglieder bieten, um ein Gespräch und ein Mithelfen zu ermöglichen sowie einen ungehinderten Arbeitsablauf zu gewährleisten. Der Küchenbereich wird in vier Arbeitszentren eingeteilt, die für die einzelnen Tätigkeiten einen möglichst geringen Weg erfordern sollten. Die Arbeitsbereiche werden in das Kochzentrum, in die Arbeitsvorbereitung I (Vorbereiten und Anrichten), das Spülzentrum und in die Arbeitsvorbereitung II (für raumaufwändige Arbeiten wie Backen und Einkochen) gegliedert (Bild 463.1).

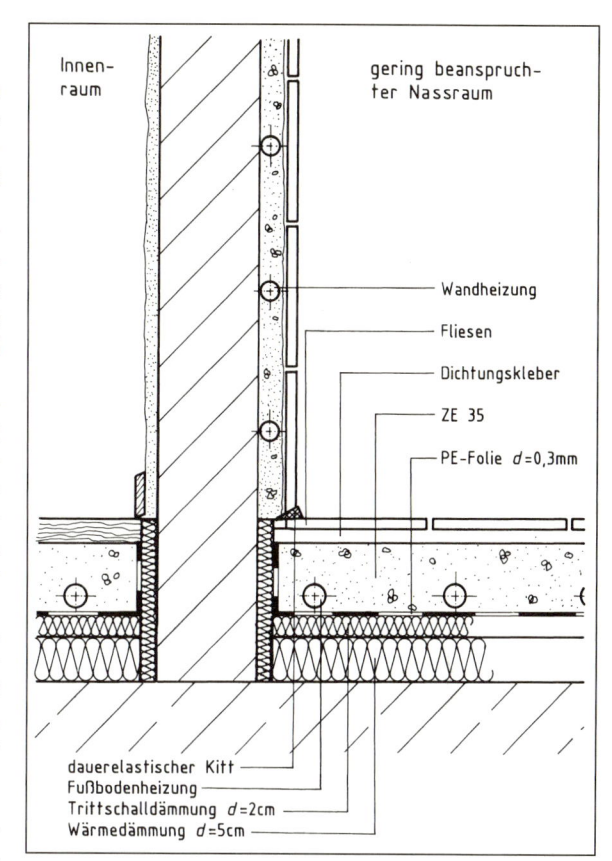

461.1 Feuchtigkeitsschutz – Wohnungsbäder

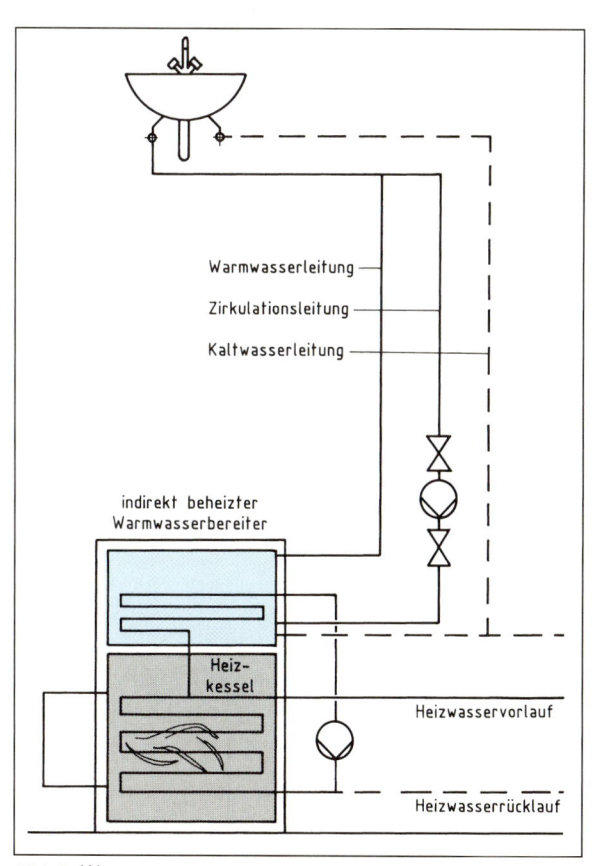

461.2 Warmwasserversorgung

Haustechnik

Sinnbild nach DIN 1986		Sanitär-gegenstand	Einbauhöhen Fliesenraster mm		
Grundriss	Aufriss		153	102	203
		Waschtisch	850 Handwaschbecken 900	850	850
			459 Handwaschbecken 612	510 612	508 608
		Bidet	400 modellabhängig ~ 110	400	400
		Spültisch	850 bis 900 je nach Küchenmöblierung 450		
		Brausewanne	148	199	198
		Badewanne	454 oder 550 je nach Wannenhöhe	404 505	401 550
		Wand-WC	400 ~ 225	400 ~ 225	400 ~ 225

462.1 Sinnbilder für Sanitäreinrichtungsgegenstände

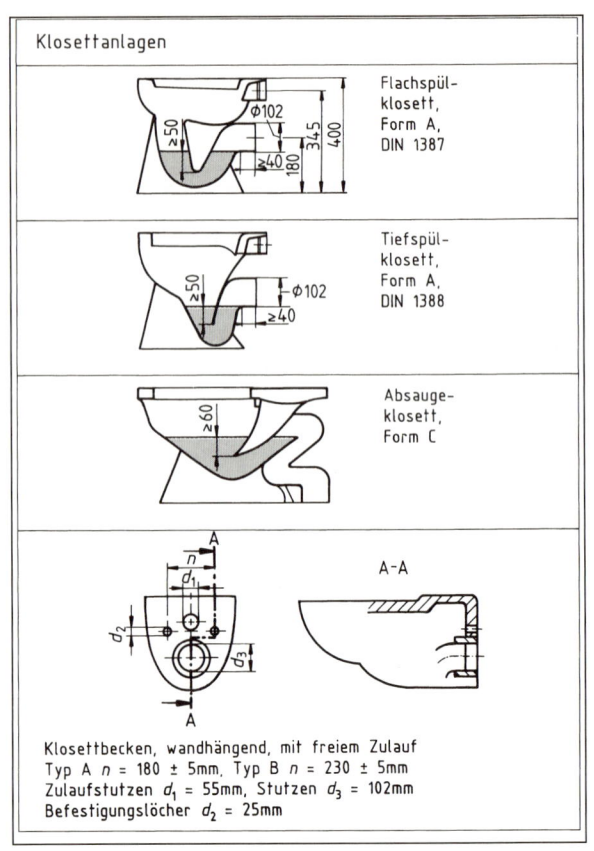

462.3 Klosettanlagen – Auswahl

Klosettbecken, wandhängend, mit freiem Zulauf
Typ A $n = 180 \pm 5mm$, Typ B $n = 230 \pm 5mm$
Zulaufstutzen $d_1 = 55mm$, Stutzen $d_3 = 102mm$
Befestigungslöcher $d_2 = 25mm$

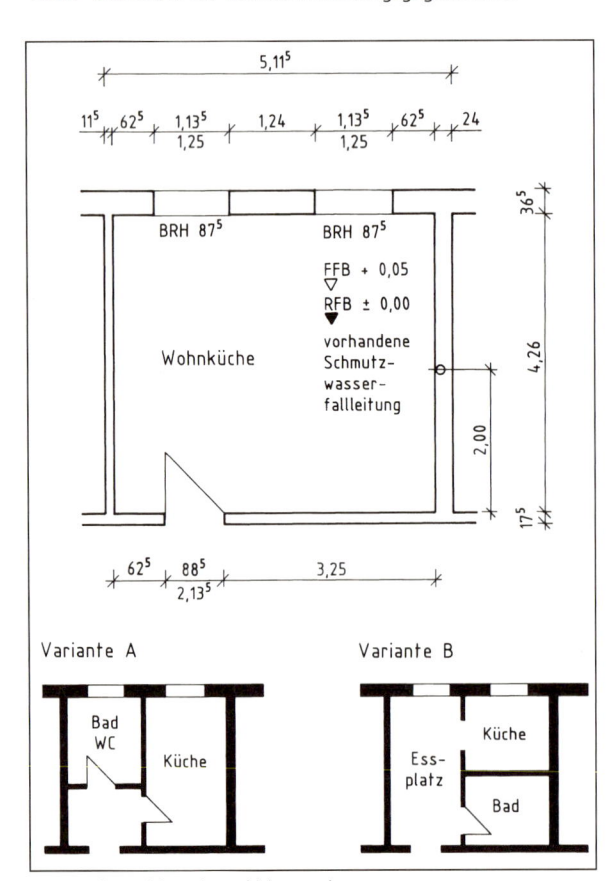

462.2 Grundriss einer Altbauwohnung

Aufgabe 1:
Der Grundriss (Bild 462.2) einer Altbauwohnung ist nach Variante A so zu verändern, dass neben einem Vorraum eine Küche und ein Bad mit WC entstehen. Das statische System der Decke lässt gemauerte Wände aus Leichtziegeln ($d = 11,5\,cm$) oder Porenbeton ($d = 12,5\,cm$) zu. Es können aber auch Leichtbauwände aus Gipskartonplatten eingeplant werden. Der Nassraum ist mit einer Badewanne, zwei Waschtischen und einem Wand-WC mit Wandeinbauspülvorrichtung auszurüsten. Für die Wasserver- und entsorgung ist ein neuer Installationsschacht einzuplanen. Die Küche erhält ein Doppelspülbecken.

a) Zeichnen Sie den Grundriss als Entwurf, Maßstab 1:100, mit der Möblierung und den Sanitäreinrichtungsgegenständen.

b) Fertigen Sie danach den Grundriss als Arbeitsplan, Maßstab 1:20, für den Maurer bzw. Trockenbaufacharbeiter und den Sanitärinstallateur. Zeichnen Sie einen Fliesenrasterplan, Maßstab 1:20, von der Ansicht der Waschtischseite für den Sanitärinstallateur und den Fliesenleger.

Aufgabe 2:
Zeichnen Sie einen Entwurf nach Variante B. Zusätzlich wird bei dieser Aufgabe ein Essplatz für vier Personen verlangt. Außerdem ist aus baulichen Gründen nur ein Abwasseranschluss an die vorhandene Abwasserfallleitung möglich. Statt der Badewanne kann eine Brausewanne geplant werden. Fertigen Sie die Ausführungszeichnungen wie in Aufgabe 1.

Leitungsarten	Entwässerungs-gegenstand	Einzelanschluss			Sammelanschluss		
		l max	h max	DN	l max	h max	DN
Einzelanschlussleitung	Waschtisch	keine			6.00 m	1.00 m	50
	Bidet	Begrenzung	3.00 m	50	6.00 m	3.00 m	70*
Sammelanschlussleitung	Badewanne Duschwanne Spüle	3.00 m	1.00 m	50	10.00 m	1.00 m	70
			3.00 m	70	10.00 m	3.00 m	100*
	WC	5.00 m	1.00 m	100			
			3.00 m	125	10.00 m	1.00 m	100

Erfahrungswerte zur Leitungsdimensionierung

*Nennweitenvergrößerung ab Fallleitung

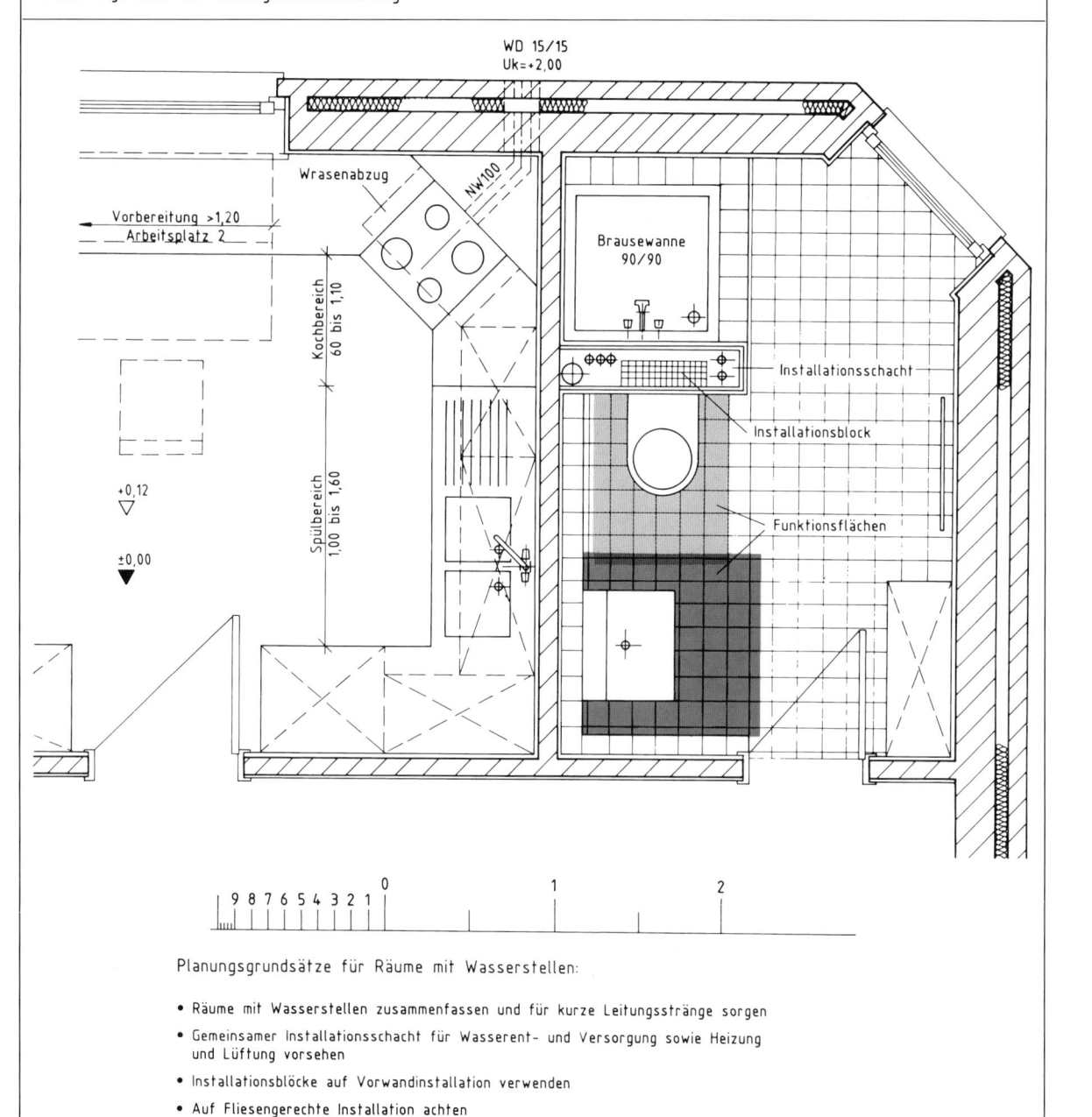

463.1 Planungsgrundsätze für Räume mit Wasserentnahmestellen

Planungsgrundsätze für Räume mit Wasserstellen:

- Räume mit Wasserstellen zusammenfassen und für kurze Leitungsstränge sorgen
- Gemeinsamer Installationsschacht für Wasserent- und Versorgung sowie Heizung und Lüftung vorsehen
- Installationsblöcke auf Vorwandinstallation verwenden
- Auf Fliesengerechte Installation achten

Bautenschutz

Gebäude sind innen wie außen einer Vielzahl, häufig physikalischer Einflüsse (Bild 464.1) ausgesetzt. Besonders Wärme, Frost, Schall, Feuchtigkeit und Feuer wirken auf die Gebäudesubstanz zerstörend, schädigen die Gesundheit der Bewohner und belasten die Umwelt.
- Der Feuchteschutz verhindert das Eindringen von Wasser in das Gebäude über und unter der Geländeoberfläche sowie die Bildung von Tauwasser an den Oberflächen und im Inneren von Bauteilen.
- Der Wärmeschutz hat die Aufgabe, im Sommer in den Räumen für angenehme Temperaturen und im Winter für geringe Wärmeverluste zu sorgen. Ihm kommt auch die Aufgabe zu, die für unsere Umwelt schädlichen Heizungsabgase zu mindern.
- Der Schallschutz dient der Minderung des Schalls im Raum der Entstehung und der Minderung des Schalldurchgangs durch Bauteile in andere Räume.
- Der Brandschutz ist zu unterscheiden in vorbeugenden und bekämpfenden Brandschutz. Er hat die Aufgabe, in gefährdeten Bereichen die Entstehung bzw. die Ausbreitung des Feuers zu verhindern sowie im Brandfalle freie Flucht- und Rettungswege zu garantieren.

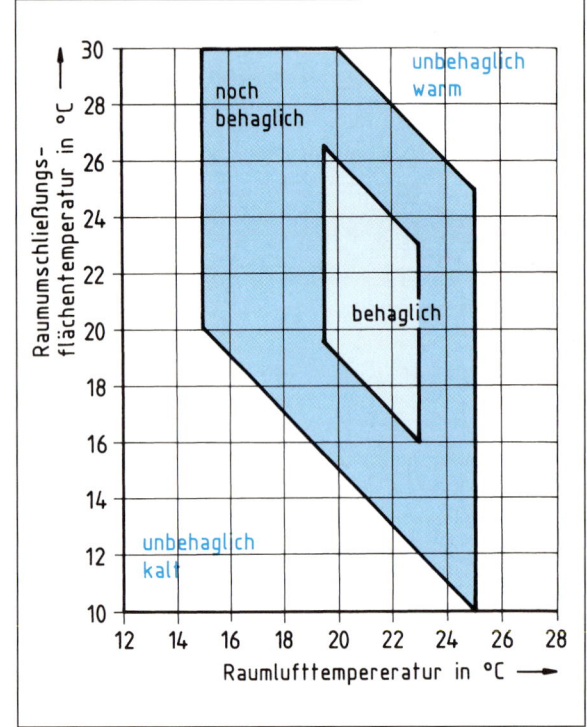

1 Wärmeschutz

Zwei technische Regelwerke bilden die Grundlage für den Wärmeschutz:
- Die DIN 4108 fordert Mindestwerte des Wärmedurchlasswiderstandes zum Schutz der Menschen vor thermisch unbehaglichen Zuständen und zum Schutz der Baukonstruktion vor Schäden, z. B. Rissbildungen, Frostschäden, Holzzerstörungen usw.
- Die Energieeinsparverordnung (EnEV) befasst sich mit dem energiesparenden Wärmeschutz und der energiesparenden Anlagentechnik bei Gebäuden.

Um ein behagliches Raumklima in den Räumen zu gewährleisten, sind auch die Einflüsse während der verschiedenen Jahreszeiten, wie Winter und Sommer, zu beachten. Bei dem Wärmeschutz im Winter wird der Energieverbrauch für die Beheizung eines Gebäudes und ein hygienisches Raumklima erheblich von der Wärmedämmung und der Dichtigkeit der raumumschließenden Bauteile sowie der Gebäudeform und -gliederung beeinflusst (Bilder 464.1 u. 2).
Durch Empfehlungen für den sommerlichen Wärmeschutz soll verhindert werden; dass bei einer Folge von heißen Sommertagen die Innentemperatur in einzelnen Räumen über die Außentemperatur ansteigt. Die Erwärmung der Raumluft durch die Sonneneinstrahlung wird dabei insbesondere bestimmt durch die Energiedurchlässigkeit der Fensterverglasungen, deren Größe und Anordnung zur Himmelsrichtung, den Einbau von Sonnenschntzvorkehrungen, die Möglichkeit der Lüftung des Raumes sowie die Wärmespeicherfähigkeit der Innenbauteile.

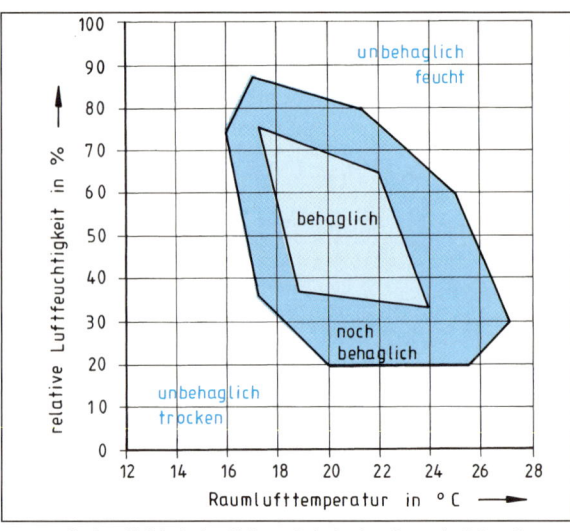

464.1 Thermische Behaglichkeit

464.2 Behaglichkeit in Abhängigkeit der Raumluftfeuchte

1.1 Physikalische Grundlagen

Unterschiedliche Energiezustände haben das Bestreben sich auszugleichen. Das bedeutet, dass unter dem Einfluss eines Temperaturgefälles ein Wärmestrom in Richtung dieses Gefälles entsteht (Bild 465.1). Dabei kann die Wärme durch Wärmeleitung, Konvektion oder Wärmestrahlung übertragen werden.

Wärmeleitung. In festen Körpern sowie in ruhenden Flüssigkeiten und Gasen wird die Wärme von einem Molekül zum anderen weitergegeben. Es gibt gute Wärmeleiter wie Metalle und schlechte wie Mineralwolle.

Konvektion. Bewegte Gase und Flüssigkeiten, die entweder durch den Druckunterschied aufgrund von Temperaturdifferenzen oder durch äußere Kräfte umgewälzt werden, führen Wärme mit sich fort (z.B. Zentralheizung).

Wärmestrahlung. Die Übertragung von Wärme erfolgt ohne materiellen Wärmeträger in Form elektromagnetischer Wellen. Beim Auftreffen auf einen Körper wird diese Strahlungsenergie absorbiert, wobei sich dunkle und raue Körper stärker erwärmen als solche mit hellen und glatten Oberflächen, wie z.B. Sonneneinstrahlung auf schwarz angestrichene Fensterprofile im Gegensatz zu einer weißen Kalksandsteinfassade.

Die wichtigsten wärmetechnischen Größen sind in Tabelle 465.2 aufgeführt und werden im weiteren Text noch näher erläutert.

Die Wärmeleitfähigkeit λ ist die wesentliche Ausgangsgröße für wärmeschutztechnische Berechnungen. Sie lässt erkennen, wie gut die Wärmeenergie von einem Stoff weitergeleitet wird. Die Wärmeleitfähigkeit ist bei jedem Stoff verschieden. Sie ist eine stoffspezifische Größe, die im Wesentlichen von der Rohdichte, dem Kristallaufbau, dem Feuchtegehalt und der Temperatur des Stoffes sowie seiner Porenstruktur bestimmt wird. Bei der rechnerischen Bestimmung von Bauteilen müssen jedoch die Wärmeleitfähigkeitsgrößen verwendet werden, die den praktischen Verhältnissen im normal ausgetrockneten Bauwerk entsprechen. Diese **Rechenwerte der Wärmeleitfähigkeit** λ_R sind in der DIN 4108-4, festgelegt (Bild 467.1). Bei der Bestimmung der Wärmeleitfähigkeit eines Stoffes wird die Wärmemenge Q in Wattsekunden (W · s) ermittelt, die in einer Sekunde durch 1 m² einer 1 m dicken homogenen Stoffschicht senkrecht zu den Oberflächen hindurchfließt, wenn der Temperaturunterschied 1 Kelvin (K) beträgt (Bild 465.3).

Wärmedurchlasskoeffizient Λ. Der Wärmeleitwert ist stets auf eine 1 m dicke Stoffschicht bezogen. Die Wärmedurchlässigkeit eines Stoffes ist jedoch von seiner tatsächlichen Schichtdicke d in m abhängig. Diese Abhängigkeit wird durch die Ermittlung des Wärmedurchlasskoeffizienten ausgedrückt:

Wärmedurchlasskoeffizient

$$= \frac{\text{Rechenwert der Wärmeleitfähigkeit in } \frac{W}{m \cdot K}}{\text{Schichtdicke in m}}$$

$$\Lambda = \frac{\lambda_R}{d} \text{ in } \frac{W}{m^2 \cdot K}$$

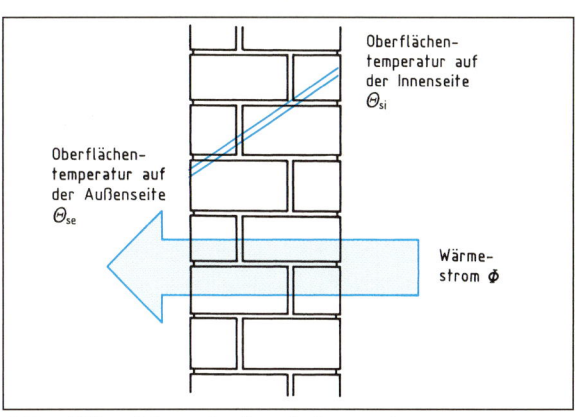

465.1 Wärmeleitung in einer Außenwand

Bedeutung	Formelzeichen	SI-Einheiten
Temperatur	Θ (Theta)	°C, K (Kelvin)
Temperaturdifferenz	$\Delta \Theta$ (Delta, Theta)	K
Wärmemenge	Q	W · s (Wattsekunde)
Wärmestrom	Φ	W (Watt)
Wärmestromdichte	q	W/m²
Wärmeleitfähigkeit	λ (Lambda)	W/(m · K)
Rechenwert der Wärmeleitfähigkeit	λ_R (Lambda)	W/(m · K)
Wärmedurchlasskoeffizient	Λ (Groß Lambda)	W/(m² · K)
Wärmedurchlasswiderstand	R	m² · K/W
Wärmeübergangskoeffizient	h	W/(m² · K)
Wärmeübergangswiderstand	innen R_{si} außen R_{se}	m² · K/W
Wärmedurchgangskoeffizient	U	W/(m² · K)
Wärmedurchgangswiderstand	R_T	m² · K/W

465.2 Wichtige Größen

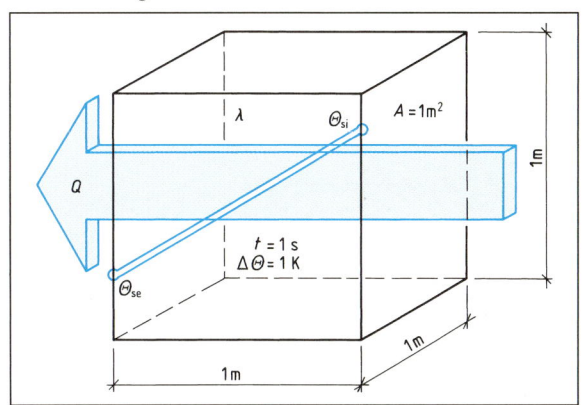

465.3 Wärmeleitfähigkeit

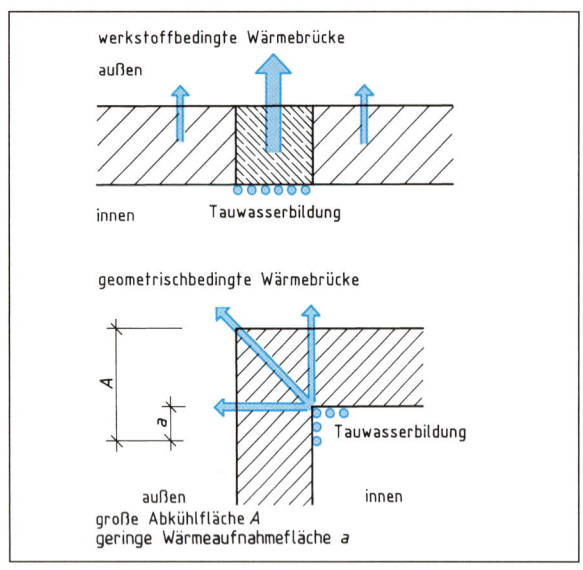

466.1 Wärmebrücken

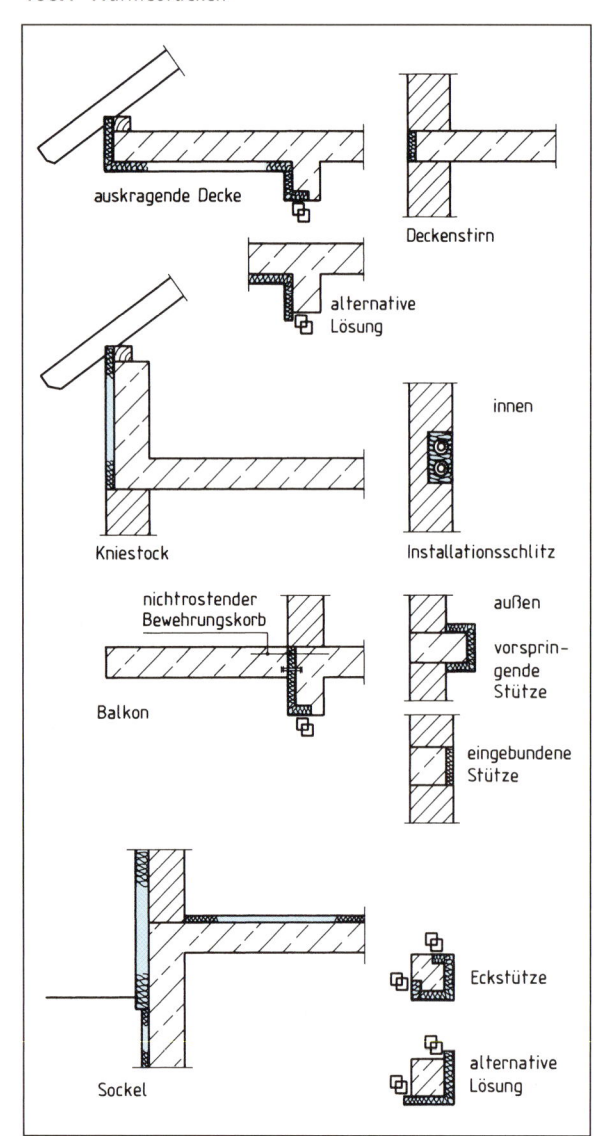

466.2 Wärmedämmung massiver Bauteile

Wärmedurchlasswiderstand R. Der Widerstand, den ein Baustoff der Wärme beim Durchgang entgegenbringt, wird durch den Wärmedurchlasswiderstand R ausgedrückt. Er gibt die wärmeschutztechnische Qualität eines Bauteils an und wird allgemein als Dämmwert bezeichnet. Seine Ermittlung erfolgt durch die Kehrwertbildung des Wärmedurchlasskoeffizienten.

$$\text{Wärmedurchlasswiderstand} = \frac{\text{Schichtdicke m}}{\text{Rechenwert der Wärmeleitfähigkeit in } \frac{W}{m \cdot K}}$$

$$R = \frac{d}{\lambda_R} \text{ in } \frac{m^2 \cdot K}{W}$$

Ein Bauteil setzt sich vorwiegend aus mehreren verschiedenen Schichten zusammen. Der Wärmedurchlasswiderstand für die gesamte Konstruktion wird aus der Summe der Wärmedurchlasswiderstände der einzelnen Bauteilschichten ermittelt:

$$R = \frac{d_1}{\lambda_{R1}} + \frac{d_2}{\lambda_{R2}} + \frac{d_3}{\lambda_{R3}} + \ldots + \frac{d_n}{\lambda_{Rn}} \text{ in } \frac{m^2 \cdot K}{W}$$

Die bisherigen Ausführungen gelten für ebene Bauteile mit einem gleich bleibenden Schichtenaufbau. Es gibt jedoch in Gebäuden örtlich begrenzte Stellen, die im Vergleich zu den angrenzenden Bereichen einen geringeren Dämmwert aufweisen. Weil an diesen Stellen eine größere Wärmemenge abgeleitet wird, bezeichnet man diese Stellen als **Wärmebrücken**.

Wärmebrücken kommen zustande, weil entweder Stoffe mit höherer Wärmeleitfähigkeit an dieser Stelle verwendet wurden (stoffbedingte Wärmebrücke, Bild 466.1) oder weil eine ungünstige geometrische Formgebung (geometrische Wärmebrücke, Bild 466.1) vorliegt.

Wärmebrücken stellen immer Schwachstellen der Konstruktion dar. Da sie vorwiegend flächenmäßig klein sind, kann der zusätzliche Wärmeverlust häufig vernachlässigt werden. Viel entscheidender ist die Tatsache, dass die Oberflächentemperatur an der Wärmebrücke niedriger als die der angrenzenden Flächen ist. Sinkt diese Oberflächentemperatur unter die Taupunkttemperatur der Raumluft ab, kommt es an diesen Stellen zu einem Tauwasserniederschlag, häufig verbunden mit einer Schimmelpilzbindung. Zu den wichtigsten stoffbedingten Wärmebrücken zählen Deckenauflager, Stahlbetonstützen und Fensteranschlüsse, da hier aus statisch konstruktiven Gründen Baustoffe eingesetzt werden müssen, die eine hohe Wärmeleitfähigkeit besitzen.

Bei der geometrischen Wärmebrücke spielen die Gebäudeaußenecken in der Praxis die größte Rolle. Hierbei ist die Auskühlfläche an der Außenseite weitaus größer als die Erwärmungsfläche an der Innenseite. In den oberen Raumaußenecken verstärkt sich dieser Effekt, da die Stahlbetondecke mit der Wandecke eine dreidimensionale Ecke bildet. Bei hoher relativer Luftfeuchtigkeit, die z. B. kurz nach der Baufertigstellung bei schlechter Raumlüftung auftritt, stellen sich dort die ersten feuchten Flächen ein. In der Praxis haben sich mittlerweile Konstruktionen mit einer zusätzlichen Wärmedämmung durchgesetzt, die eine Tauwasserbildung auf der Innenseite verhindern. Möbel sollten in Neubauten zunächst von Außenwandecken mehr als eine Wandstärke entfernt aufgestellt werden, damit eine Belüftung dieser kritischen Stellen nicht behindert wird.

	Stoff	Rohdichte ϱ kg/m³	Rechenwert der Wärmeleitfähigkeit λ_R W/(m·K)			Stoff	Rohdichte ϱ kg/m³	Rechenwert der Wärmeleitfähigkeit λ_R W/(m·K)
1	Putze, Estriche und andere Mörtelschichten					Porenbeton-Plansteinen (PP)	400 600 800	0,15 0,20 0,27
1.1	Kalkmörtel, Kalkzementmörtel Mörtel aus hydraulischem Kalk	1800	0,87		4.5	Mauerwerk aus Betonsteinen Hohlblöcke aus Leichtbeton (Hbl) nach DIN 18151 mit porigen Zuschlägen		
1.2	Leichtmörtel LM 21 (nach DIN 1053, Teil 1)	≤ 700	0,21					
1.3	Zementmörtel	2000	1,40			2 K Hbl, Breite = 240 mm	500	0,29
1.4	Kalkgipsmörtel, Gipsmörtel	1400	0,70			3 K Hbl, Breite = 300 mm	600	0,32
1.5	Gipsputz ohne Zuschlag	1200	0,35			4 K Hbl, Breite = 365 mm	700	0,35
1.6	Anhydritestrich	2100	1,20		5	Wärmedämmstoffe		
1.7	Zementestrich	2000	1,40		5.1	Holzwolle-Leichtbauplatten nach DIN 1101 Plattendicke 25 mm, WLG 090	360–480	0,090
1.8	Gussasphaltestrich, Dicke 15 mm	2300	0,90					
2	Großformige Bauteile				5.2	Korkplatten nach DIN 18161, Teil 1 Wärmeleitfähigkeitsgruppe 045 050 055	80–500	0,045 0,050 0,055
2.1	Normalbeton nach DIN 1045 (Kies- oder Splittbeton mit geschlossenem Gefüge, auch bewehrt)	2400	2,10					
2.2	Leichtbeton und Stahlleichtbeton mit geschlossenem Gefüge nach DIN 4219 Teil 1 und 2	800 1000 1200 1400 1600	0,39 0,49 0,62 0,79 1,00		5.3	Polystyrol (PS)-Partikelschaum Wärmeleitfähigkeitsgruppe 035 040		0,035 0,040
					5.4	Polyurethan (PUR)-Hartschaum Wärmeleitfähigkeitsgruppe 025 030 035	30	0,025 0,030 0,035
2.3	Dampfgehärteter Porenbeton nach DIN 4223	500 600 700 800	0,16 0,19 0,21 0,23					
2.4	Leichtbeton mit haufwerksporigem Gefüge und mit porigen Zuschlägen nach DIN 4226, Teil 2	600 800 1000 1200 1400 1600	0,22 0,28 0,36 0,46 0,57 0,75		5.5	Mineralische und pflanzliche Faserdämmstoffe nach DIN 18165 Wärmeleitfähigkeitsgruppe 035 040 045	8–500	0,035 0,040 0,045
					5.6	Schaumglas Wärmeleitfähigkeitsgruppe 045 050 055	100–500	0,045 0,050 0,055
3	Bauplatten				6	Holz und Holzwerkstoffe		
3.1	Porenbeton-Bauplatten, unbewehrt, nach DIN 4166, dünnfugig verlegt	600 700 800	0,20 0,23 0,27		6.1	Fichte, Kiefer, Tanne	600	0,13
					6.2	Buche, Eiche	800	0,20
3.2	Wandbauplatten aus Leichtbeton nach DIN 18162	800 1000 1200	0,29 0,37 0,47		6.3	Flachpressplatten	700	0,13
					6.4	Harte Holzfaserplatten	1000	0,17
3.3	Wandbauplatten aus Gips nach DIN 18163	600 900 1000	0,29 0,41 0,47		7	Beläge, Abdichtstoffe, Abdichtungsbahnen		
					7.1	Linoleum	1000	0,17
3.4	Gipskartonplatten nach DIN 18180	900	0,25		7.2	Kunststoffbeläge, z.B. auch PVC	1500	0,23
					7.3	Bitumen	1100	0,17
4	Mauerwerk einschließlich Mörtelfugen				7.4	Bitumendachbahnen	1200	0,17
4.1	Mauerwerk aus Mauerziegeln nach DIN 105, Teil 1–4				8	Sonstige gebräuchliche Stoffe		
	Vollklinker, Hochlochklinker, Keramikklinker	1800 2000 2200	0,81 0,96 1,20		8.1	Lose Schüttungen aus Blähperlit Hüttenbims Blähton, Blähschiefer	100 600 400	0,060 0,13 0,16
	Vollziegel, Hochlochziegel	1400 1600 1800	0,58 0,68 0,81		8.2	Sand, Kies, Splitt (trocken)	1800	0,70
					8.3	Fliesen	2000	1,00
	Leichthochlochziegel mit Lochung A und B	800 1000	0,39 0,45		8.4	Glas	2500	0,80
4.2	Mauerwerk aus Kalksandsteinen nach DIN 106, Teil 1 + 2	1000 1400 1600 1800 2000	0,50 0,70 0,79 0,99 1,10		8.5	Natursteine Granit, Basalt, Marmor Sandstein, Muschelkalk	2800 2600	3,50 2,30
					8.6	Böden (naturfeucht) Sand, Kiessand Bindige Böden		1,40 2,10
4.3	Mauerwerk aus Hüttensteinen nach DIN 398	1000 1200 1400	0,47 0,52 0,58		8.7	Metalle Stahl Kupfer Aluminium		60 380 200
4.4	Mauerwerk aus Porenbetonsteinen Porenbeton-Blocksteinen (PB)	400 600 800	0,20 0,24 0,29					

467.1 Rechenwerte der Rohdichte und Wärmeleitfähigkeit von Baustoffen

1.2 Mindestanforderungen nach DIN 4108

In der DIN 4108 sind für unterschiedliche Bauteile **Mindestwerte** für Wärmedurchlasswiderstände R angegeben (Tab 468.1, 468.2), die eingehalten werden müssen. Dabei wird unterschieden:

- **schwere Bauteile** mit einer flächenbezogenen Masse von $m \geq 100$ kg/m² (Tab. 468.1) und
- **leichte Bauteile** mit einer flächenbezogenen Masse von $m < 100$ kg/m² (Tab. 468.2).

Für **leichte Bauteile**, die der Sonneneinstrahlung ausgesetzt sind (z. B. Außenwände und Dächer, jedoch auch Decken unter nicht ausgebauten Dachräumen), bestehen zusätzliche Anforderungen an deren Wärmedämmverhalten, das von der Wärmespeicherfähigkeit der dem Innenraum zugekehrten Baustoffschichten abhängt.

Im Gegensatz zum winterlichen Wärmeschutz ist bei der Beurteilung der sommerlichen Temperaturverteilung davon auszugehen, dass die Oberflächentemperatur einer sonnenbeschienenen Fläche im Laufe von 24 Stunden erheblich schwankt. Ein Teil dieser Temperaturschwankung überträgt sich mit einer zeitlichen Verzögerung auf die Innenfläche des Bauteils. Für die Größe der Temperaturschwankung auf der Innenseite eines Bauteils ist die Wärmespeicherung der raumseitigen Bauteilschichten und ihr Schutz gegen die äußeren Temperaturschwankungen durch Wärmedämmstoffe von Bedeutung. Da die Wärmespeicherfähigkeit eines Baustoffes durch seine Masse bestimmt wird, sind für die Ermittlung der speicherfähigen Flächenmasse die Bauteilschichten in Rechnung zu stellen, die zwischen der raumseitigen Bauteiloberfläche und der Dämmschicht angeordnet sind.

	Bauteile		Wärmedurchlasswiderstand, R m²·K/W
1	Außenwände; Wände von Aufenthaltsräumen gegen Bodenräume, Durchfahrten, offene Hausflure, Garagen, Erdreich		1,2
2	Wände zwischen fremdgenutzten Räumen; Wohnungstrennwände		0,07
3	Treppenraumwände	zu Treppenräumen mit wesentlich niedrigeren Innentemperaturen; Innentemperatur $\vartheta \leq 10$ °C, aber Treppenraum mindestens frostfrei	0,25
4		zu Treppenräumen mit Innentemperaturen $\vartheta_i > 10$ °C (z. B. Verwaltungs-, Unterrichts- und Wohngebäude, Geschäftshäuser, Hotels, Gaststätten)	0,07
5	Wohnungsdecken, Decken zwischen fremden Arbeitsräumen; Decken unter Räumen zwischen gedämmten Dachschrägen und Abseitenwänden bei ausgebauten Dachräumen	allgemein	0,35
6		in zentralbeheizten Bürogebäuden	0,17
7	Unterer Abschluss nicht unterkellerter Aufenthaltsräume	unmittelbar an das Erdreich bis zu einer Raumtiefe von 5 m	0,90
8		über einen nicht belüfteten Hohlraum an das Erdreich grenzend	
9	Decken unter nicht ausgebauten Dachräumen; Decken unter bekriechbaren oder noch niedrigeren Räumen; Decken unter belüfteten Räumen zwischen Dachschrägen und Abseitenwänden bei ausgebauten Dachräumen, wärmegedämmte Dachschrägen		
10	Kellerdecken; Decke gegen abgeschlossene, unbeheizte Hausflure u. ä.		
11	Decken (auch Dächer), die Aufenthaltsräume gegen die Außenluft abgrenzen	11.1 nach unten, gegen Garagen, Durchfahrten und belüftete Kriechkeller	1,2
		11.2 nach oben, z. B. Dächer nach DIN 18530, Dächer und Decken unter Terrassen; Umkehrdächer nach 5.3.3. Für Umkehrdächer ist der berechnete Wärmedurchgangskoeffizient U nach DIN EN ISO 6946 mit den Korrekturwerten nach 468.3 um ΔU zu berechnen	

468.1 Mindestwerte für Wärmedurchlasswiderstände R nach DIN 4108 für schwere Bauteile ($m \geq 100$ kg/m²)

Bauteile		Wärmedurchlasswiderstände $R = $ m²·K/W
1	Außenwände, Decken unter nicht ausgebauten Dachräumen, Dächer	1,75
2	Rahmen- und Skelettbauarten Gefachbereich	1,75
	Mittelwert	1,00

468.2 Mindestwerte für Wärmedurchlasswiderstände R nach DIN 4108 für leichte Bauteile ($m > 100$ kg/m²)

Anteil des Wärmedurchlasswiderstandes raumseitig der Abdichtung am Gesamtwärmedurchlasswiderstand	Zuschlagswert, ΔU
%	W/(m²·K)
unter 10	0,05
von 10 bis 50	0,03
über 50	0

468.3 Zuschlagswerte für Umkehrdächer

Luftschichtdicke in mm		5	7	10	15	25	50	100
Richtung des Wärmestromes	aufwärts	0,11	0,13	0,15	0,16	0,16	0,16	0,16
	horizontal	0,11	0,13	0,15	0,17	0,18	0,18	0,18
	abwärts	0,11	0,13	0,15	0,17	0,19	0,21	0,23
Die Werte gelten für ruhende Luftschichten und für Luftschichten bei mehrschaligen Außenwänden nach DIN 1053-1								

468.4 Wärmedurchlasswiderstände R von Luftschichten

① 1,5 cm Kalkputz
② 24 cm HLZ-12-1,4
③ 6 cm Mineralfaser WLG 040
④ 4 cm Luftschicht
⑤ 11,5 cm VMZ-20-1,8

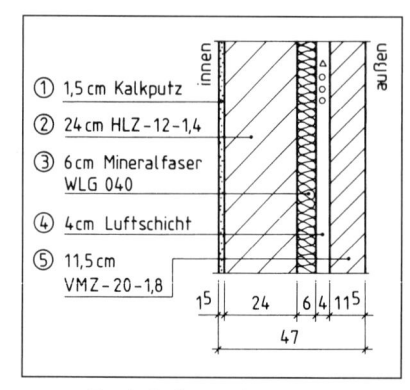

468.5 Zweischalige Außenwand

1.3 Wärmeübergang

Findet ein Wärmeaustausch zwischen der Luft und einer angrenzenden festen Oberfläche statt, bezeichnet man diesen Vorgang als **Wärmeübergang**.

In dem **Wärmeübergangskoeffizienten** h in W/(m² · K) werden alle Einflüsse des Bewegungszustandes der Luft sowie der Oberflächeneigenschaften des festen Bauteils (z.B. Farbe, Material, Rauigkeit), soweit sie den Wärmeübergang beeinflussen, zusammengefasst. Er gibt die Wärmemenge an, die stündlich auf einer 1 m² großen Fläche mit der Luft ausgetauscht wird, wenn die Temperaturdifferenz zwischen der Oberfläche und der Luft 1 K beträgt. Da die Strömungsgeschwindigkeit eine entscheidende Einflussgröße ist, unterscheidet man zwischen dem Wärmeübergang bei freier und bei erzwungener Konvektion.

Da der konvektive Wärmeübergang in erster Linie durch die Luftgeschwindigkeit in der Nähe der Bauteiloberfläche bestimmt wird, ist hier zwischen dem Inneren eines Raumes mit natürlicher Konvektion und dem äußeren Bereich mit einer durch den Wind erzwungenen Konvektion zu unterscheiden. Die Unterscheidung zwischen innen im Raum und außen im Freien erfolgt durch die Zusätze si und se. Für die praktischen Berechnungen werden jedoch die **Wärmeübergangswiderstände** R_s in m² · K/W verwendet.

Bauteil	Wärmeübergangswiderstand	
	R_{si} in m² · K/W	R_{se} in m² · K/W
Außenwand		0,04
Außenwand mit hinterlüfteter Außenhaut[1], Abseitenwand zum nicht wärmegedämmten Dachraum		0,08[2]
Wohnungstrennwand, Treppenraumwand, Wand zwischen fremden Arbeitsräumen, Trennwand zu dauernd unbeheiztem Raum, Abseitenwand zum wärmegedämmten Dachraum	0,13	[3]
An das Erdreich angrenzende Wand		0
Decken oder Dachschrägen, die Aufenthaltsräume nach oben gegen Außenluft abgrenzen (nicht belüftet)	0,13	0,04
Decke unter ausgebautem Dachraum unter Spritzboden oder unter belüftetem Raum (z.B. belüftete Dachschräge)		0,08[2]
Wohnungstrenndecke und Decke zwischen fremden Arbeitsräumen		
Wärmestrom von unten nach oben	0,13	[3]
Wärmestrom von oben nach unten	0,17	
Kellerdecke		[3]
Decke, die Aufenthaltsraum nach unten gegen die Außenluft abgrenzt	0,17	0,04
Unter Abschluss eines nicht unterkellerten Aufenthaltsraumes (an das Erdreich grenzend)		0

[1] Für zweischaliges Mauerwerk mit Luftschicht nach DIN 1053 Teil 1 gilt Zeile 1.
[2] Diese Werte sind auch bei der Berechnung des Wärmedurchgangswiderstandes von Rippen neben belüfteten Gefachen anzuwenden.
[3] bei innen liegendem Bauteil ist zu beiden Seiten mit demselben Wärmeübergangswiderstand zu rechnen.

469.1 Rechenwerte der Wärmeübergangswiderstände

Es ist der Wärmedurchlasswiderstand R für die Außenwand zu ermitteln. Ferner ist zu überprüfen, ob der Wandaufbau die Anforderungen an den Mindestwärmeschutz nach DIN 4108 erfüllt.
Schichtenaufbau von innen nach außen:
① Kalkputz $\quad\lambda_{R1} = 0,87$
② Hochlochziegel HLZ-12-1,4 $\quad\lambda_{R2} = 0,58$
③ Mineralfaserdämmung WLG 040 $\quad\lambda_{R3} = 0,04$
④ Luftschicht gem. DIN 1053 $\quad R_4 = 0,18$
⑤ Vormauervollziegel VMZ-20-1,8 $\quad\lambda_{R5} = 0,81$

Lösung:
$$R_4 = \frac{d_1}{\lambda_{R1}} + \frac{d_2}{\lambda_{R2}} + \frac{d_3}{\lambda_{R3}} + d_4 + \frac{d_5}{\lambda_{R5}}$$

$$R = \frac{0,015}{0,87} + \frac{0,24}{0,58} + \frac{0,06}{0,04} + 0,18 + \frac{0,115}{0,81} = 2,25 \frac{m^2 \cdot K}{W}$$

Speicherfähige Flächenmasse:
$m = (0,015 \cdot 1800 + 0,24 \cdot 1400) = 363,0 \text{ kg/m}^2$

Da die speicherfähige Flächenmasse mehr als 100 kg/m² beträgt, handelt es sich bei dieser Wandkonstruktion um ein „schweres Bauteil". Für die Überprüfung der Anforderungen an den Mindestwärmeschutz ist Bild 416.1 anzuwenden.

erf. $R = 1,2 <$ vorh. $R = 2,24 \frac{m^2 \cdot K}{W}$

469.2 Beispiel: Außenwand

Es ist der Wärmedurchlasswiderstand R für die Dachschräge zu ermitteln. Ferner ist zu überprüfen, ob der Dachaufbau die Anforderungen an den Mindestwärmeschutz nach DIN 4108 erfüllt.
Schichtenaufbau von innen nach außen:
① 1,25 cm Gipskartonbauplatte $\quad\lambda_{R1} = 0,21$
② 2,4 cm Sparschalung/Luftschicht
③ 16,0 cm Faserdämmstoff WLG 035 $\quad\lambda_{R2} = 0,035$
④ 2,0 cm Luftschicht
⑤ Unterspannung
⑥ 2,4 cm Konterlattung/Luftschicht
⑦ 4,0 cm Lattung
⑧ Dachdeckung

Die Luftschichten ② und ④ werden bei der Berechnung vernachlässigt, die Dachdeckung trägt aufgrund der Hinterlüftung nicht mehr zur Wärmedämmung bei.

Lösung:
$$R = \frac{d_1}{\lambda_{R1}} + \frac{d_2}{\lambda_{R2}}$$

$$R = \frac{0,0125}{0,21} + \frac{0,16}{0,035} = 4,63 \frac{m^2 \cdot K}{W}$$

Speicherfähige Flächenmasse:
$m = 0,0125 \cdot 900 = 11,25 \text{ kg/m}^2$

Da die speicherfähige Flächenmasse weniger als 100 kg/m² beträgt, handelt es sich bei dieser Dachkonstruktion um ein „leichtes Bauteil". Für die Überprüfung der Anforderungen an den Mindestwärmeschutz ist Bild 468.2 anzuwenden.

erf. $R = 1,75 <$ vorh. $R = 4,63 \frac{m^2 \cdot K}{W}$

469.3 Beispiel: Dachschräge

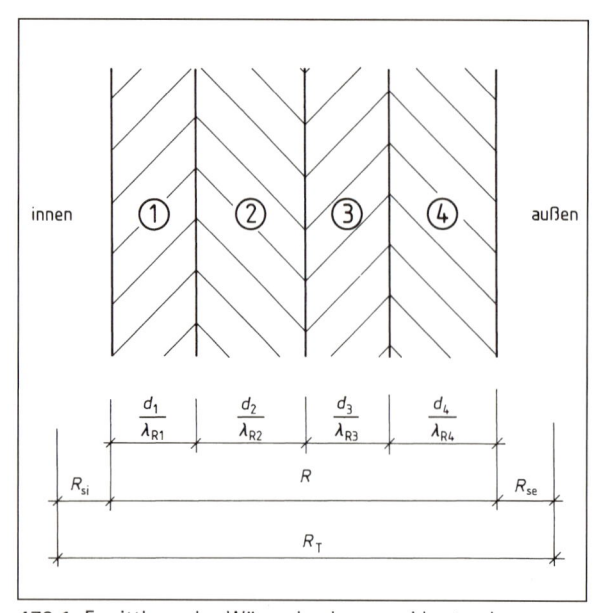

1.4 Wärmedurchgang durch Bauteile und Luftschichten

Der Wärmedurchgang durch ein Bauteil setzt sich zusammen aus dem Wärmeübergang von der Raumluft an die Seite des festen Stoffes (Wandoberfläche), der Leitung durch den Stoff bzw. durch die verschiedenen Stoffschichten und schließlich wieder dem Wärmeübergang von der äußeren Oberfläche an die Außenluft. In der praktischen Berechnung werden dabei die einzelnen Wärmedurchlasswiderstände und Wärmeübergangswiderstände addiert (Bild 470.1 und Bild 470.2).
Aus der Summe ergibt sich der **Wärmedurchgangswiderstand** R_T (m² · K/W). Aus dessen Kehrwert ergibt sich wiederum der **Wärmedurchgangskoeffizient** U (W/m² · K).

Der Wärmedurchgangskoeffizient U gibt immer an, wie viel Wärmeenergie in W pro m² Bauteilfläche hindurchgeht, wenn der Temperaturunterschied zwischen dem inneren und äußeren Raum 1 Kelvin beträgt.

Je kleiner der U-Wert desto größer ist der Dämmwert und desto geringer sind die Wärmeverluste.

1.5 Temperaturen auf und in Bauteilen

Die Kenntnisse über die Oberflächentemperaturen sowie über die Temperaturverteilung im Inneren der Bauteile sind notwendig, um diese im Hinblick auf etwa auftretendes Kondenswasser beurteilen zu können. Je nach Größe der Lufttemperaturdifferenz zwischen den durch das jeweilige Bauteil getrennten Räumen bzw. zwischen einem Raum und der Außenluft und der Wärmedurchlasswiderstände der einzelnen Bauteilschichten werden die beiden Oberflächen bestimmte Temperaturen aufweisen. Ferner wird sich im Bauteil selbst ein vom Schichtenaufbau abhängiges Temperaturgefälle einstellen. Die Temperaturen zwischen den einzelnen Bauteilschichten können entweder rechnerisch oder grafisch ermittelt werden.

Klimabedingungen: Bei nicht klimatisierten Aufenthaltsräumen können der Berechnung nach der DIN 4108-3, folgende Annahmen zugrunde gelegt werden:

Außenklima:
Lufttemperatur: $\Theta_e = -10\,°C \triangleq 263\,K$
relative Luftfeuchte: $\varphi_e = 80\,\%$

Innenraumklima:
Lufttemperatur: $\Theta_i = +20\,°C \triangleq 293\,K$
relative Luftfeuchte: $\varphi_i = 50\,\%$

470.1 Ermittlung des Wärmedurchgangswiderstandes

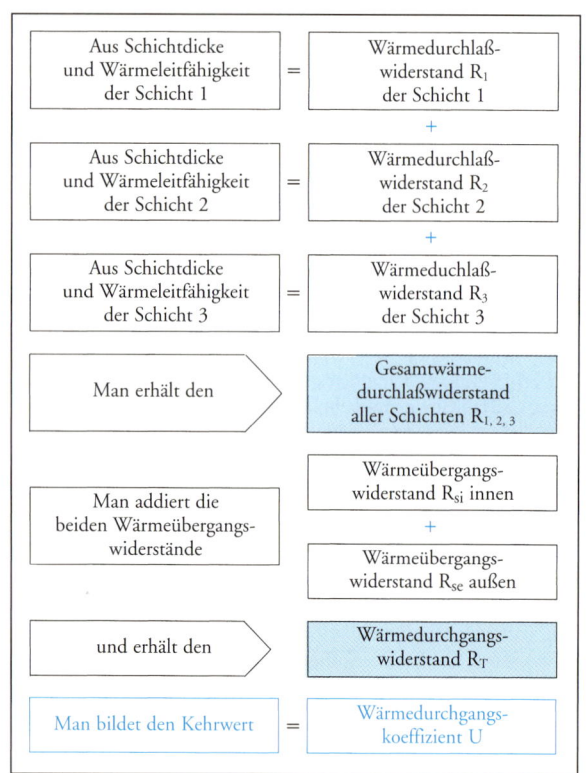

470.2 Ermittlung des Wärmedurchgangswiderstandes bei mehrschichtigen Bauteilen

---

Zweischalige Außenwand:
Es ist der Wärmedurchgangskoeffizient U für die Außenwand zu ermitteln. Der Wärmedurchlasswiderstand R wurde bereits mit 2,25 (m² · K)/W ermittelt.

$R_T = R_{si} + R + R_{se}$

$R_T = 0{,}13 + 2{,}25 + 0{,}04 = 2{,}42\,\dfrac{m^2 \cdot K}{W} \qquad U = 0{,}413\,\dfrac{W}{m^2 \cdot K}$

Dachschräge:
Es ist der Wärmedurchgangskoeffizient U für die Dachschräge zu ermitteln. Der Wärmedurchlasswiderstand R wurde bereits mit 4,63 (m² · K)/W ermittelt.

$R_T = R_{si} + R + R_{se}$

$R_T = 0{,}13 + 4{,}63 + 0{,}08 = 4{,}84\,\dfrac{m^2 \cdot K}{W} \qquad U = 0{,}207\,\dfrac{W}{m^2 \cdot K}$

470.3 Berechnung des Wärmedurchgangswiderstandes – Beispiele

1.6 Ermittlung des Temperaturverlaufes

Durch ein Bauteil mit der Fläche A fließt bei einer beidseitig angrenzenden Luft mit den Temperaturen Θ_i bzw. Θ_e ein Wärmestrom Φ von der Größe:

$\Phi = U \cdot A \cdot (\Theta_i - \Theta_e)$ in W

Bei der Begrenzung der Fläche A auf $1\,m^2$ Größe ergibt sich die Wärmestromdichte q:

$q = U \cdot (\Theta_i - \Theta_e)$ in W/m^2

Daraus ergeben sich die Oberflächentemperaturen auf der Innenseite Θ_{si} bzw. auf der Außenseite Θ_{se}:

$\Theta_{si} = \Theta_i - R_{si} \cdot q$ bzw. $\Theta_{se} = \Theta_e + R_{se} \cdot q$ in °C

Die Temperaturen Θ_1, Θ_2 ... Θ_n innerhalb des Bauteils nach der ersten, zweiten bzw. n-ten Schicht sind in Richtung des Wärmestromes zu ermitteln:

$\Theta_1 = \Theta_{si} - \dfrac{d_1}{\lambda_{R1}} \cdot q$;

$\Theta_2 = \Theta_1 - \dfrac{d_2}{\lambda_{R2}} \cdot q$ ... $\Theta_n = \Theta_{n-1} - R_n \cdot q$

1.7 Energieeinsparverordnung

Die Anforderungen an den Wärmeschutz von Gebäuden sind in der **Verordnung über Energie sparenden Wärmeschutz und Energie sparende Anlagentechnik bei Gebäuden (Energieeinsparverordnung – EnEV)** festgelegt. Die neue EnEV ist am 01. Febr. 2002 in Kraft getreten und hat die Wärmeschutzverordnung 1994 abgelöst.

Mit der neuen EnEV sollen durch eine Erweiterung der Anforderungen an den baulichen Wärmeschutz die CO_2-Emissionen weiter verringert werden. Zudem ist die ehemalige Heizanlagenverordnung in die EnEV integriert worden.

Für neu zu errichtende Gebäude sind der Jahres-Primärenergiebedarf sowie der spezifische, auf die Wärme übertragende Umfassungsfläche bezogene Transmissionswärmebedarf zu ermitteln. Dabei wird unterschieden in Gebäude mit normalen Innentemperaturen, d.h. Gebäude, die nach ihrem Verwendungszweck auf eine Innentemperatur von 19° C und mehr jährlich mehr als vier Monate beheizt werden, und Gebäude mit niedrigen Innentemperaturen (Innentemperaturen von 12 bis 19° C und jährlich mehr als vier Monate beheizt). Dabei sind die Bauteile, die die Gebäude gegen die Außenluft, das Erdreich oder Gebäudeteile mit wesentlich niedrigeren Innentemperaturen abgrenzen, so auszuführen, dass die Anforderungen an den Mindestwärmeschutz nach den allgemein anerkannten Regeln der Technik eingehalten werden. Der Einfluss konstruktiver Wärmebrücken auf den Jahresheizwärmebedarf ist nach den Regeln der Technik und den im jeweiligen Einzelfall wirtschaftlich vertretbaren Maßnahmen so gering wie möglich zu halten. Der verbleibende Einfluss der Wärmebrücken ist bei der Ermittlung des Transmissionswärmeverlustes und des Jahres-Primärenergiebedarfes zu berücksichtigen.

Für zu errichtende Gebäude mit normalen Innentemperaturen sind die wesentlichen Ergebnisse der nach der EnEV erforderlichen Berechnungen in einem **Energiebedarfsausweis** zusammenzustellen. Einzelheiten über den Energiebedarfsausweis werden noch in einer allgemeinen Verwaltungsvorschrift bestimmt, in der auch eine Einteilung der Gebäude in Klassen vorgegeben werden kann.

Nach der EnEV sind zwei Anforderungsgrößen zu berücksichtigen:

- Der auf die Gebäudenutzfläche und auf das beheizte Gebäudevolumen bezogene Jahres-Primärenergiebedarf.
- Der spezifische, auf die Wärme übertragende Umfassungsfläche bezogene Transmissionswärmeverlust.

Beide Größen dürfen Höchstwerte nicht überschreiten, die in Abhängigkeit vom Verhältnis A/V_e angegeben sind. Dabei werden die Arten der Gebäude unterschieden in **Wohngebäude** und **andere Gebäude**. Zusätzlich wird die Art der Warmwasserbereitung in **zentral** und **dezentral** differenziert (Tab. 472.1).

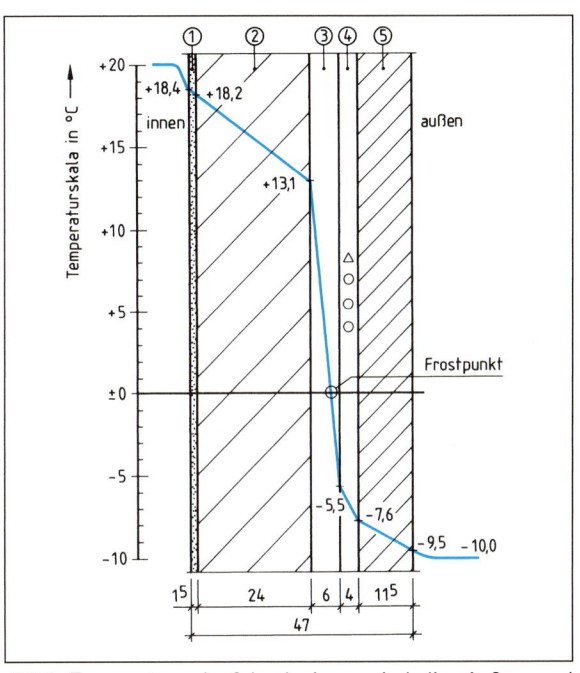

471.1 Temperaturverlauf durch eine zweischalige Außenwand

Es sind die Wärmestromdichte und der Temperaturverlauf für die bereits berechnete zweischalige Außenwand zu ermitteln. Für die Praxis wird dann der Temperaturverlauf in °C angegeben.

Wärmestromdichte:

$q = 0{,}413\,\dfrac{W}{m^2 \cdot K} \cdot (293\,K - 263\,K) = 12{,}39\,\dfrac{W}{m^2}$

Oberflächentemperatur innen:

$\Theta_{si} = +20{,}0\,°C - 0{,}13\,\dfrac{m^2 \cdot K}{W} \cdot 12{,}39\,\dfrac{W}{m^2} = +18{,}4\,°C$

Oberflächentemperatur außen:

$\Theta_{se} = -10{,}0\,°C + 0{,}04\,\dfrac{m^2 \cdot K}{W} \cdot 12{,}39\,\dfrac{W}{m^2} = -9{,}5\,°C$

Das Temperaturgefälle innerhalb des Bauteils wird durch Ermittlung der Temperaturen an den jeweiligen Berührungsflächen zwischen den einzelnen Bauteilschichten durchgeführt. Die Berechnung erfolgt normalerweise in der Richtung des Temperaturgefälles:

$\Theta_1 = +18{,}4\,°C - \dfrac{0{,}015}{0{,}87} \cdot 12{,}39 = +18{,}2\,°C$

$\Theta_2 = +18{,}2\,°C - \dfrac{0{,}24}{0{,}58} \cdot 12{,}39 = +13{,}1\,°C$

$\Theta_3 = +13{,}0\,°C - \dfrac{0{,}06}{0{,}04} \cdot 12{,}39 = -5{,}5\,°C$

$\Theta_4 = -5{,}7\,°C - 0{,}17 \cdot 12{,}39 = -7{,}6\,°C$

Der Temperaturverlauf ist in Bild 471.1 aufgetragen. Der Schnittpunkt der ermittelten Temperaturverlaufskurve mit der 0 °C-Linie ergibt den Frostpunkt. Alle Bauteilschichten von diesem Punkt nach außen sind dem Frost ausgesetzt und müssen frostbeständig sein.

471.2 Ermittlung des Temperaturverlaufs

Verhältnis A/V_e	Jahres-Primärenergiebedarf		Q_p' in kWh/(m³a) bezogen auf das beheizte Gebäudevolumen andere Gebäude	Spezifischer, auf die Wärme übertragende Umfassungsfläche bezogener Transmissionswärmeverlust H_T' W/(m² · K)
	Q_p'' in kWh/(m²a) bezogen auf die Gebäudenutzfläche Wohngebäude mit Warmwasserbereitung			
	zentral	dezentral		
≤ 0,2	66,00 + 2600/(100 + A_N)	88,00	14,72	1,05
0,3	73,53 + 2600/(100 + A_N)	95,53	17,13	0,80
0,4	81,06 + 2600/(100 + A_N)	103,06	19,54	0,68
0,5	88,58 + 2600/(100 + A_N)	110,58	21,95	0,60
0,6	96,11 + 2600/(100 + A_N)	118,11	24,36	0,55
0,7	103,64 + 2600/(100 + A_N)	125,64	26,77	0,51
0,8	111,17 + 2600/(100 + A_N)	133,17	29,18	0,49
0,9	118,70 + 2600/(100 + A_N)	140,70	31,59	0,47
1,0	126,23 + 2600/(100 + A_N)	148,23	34,00	0,45
≥ 1,05	130,00 + 2600/(100 + A_N)	152,00	35,21	0,44

Zwischenwerte zu den in der Tabelle festgelegten Höchstwerten sind wie folgt zu ermitteln:
Spalte 2: $Q_p'' = 50{,}94 + 75{,}29 \cdot A/V_e + 2600/(100 + A_N)$; Spalte 3: $Q_p'' = 72{,}94 + 75{,}29 \cdot A/V_e$; Spalte 4: $Q_p' = 9{,}9 + 24{,}1 \cdot A/V_e$; Spalte 5: $H_T' = 0{,}4 + 0{,}15 \cdot V_e/A$

472.1 Zulässige Höchstwerte nach Energiesparverordnung

Zeile	Zu ermittelnde Größen	Gleichung	Zu verwendende Randbedingungen
1	Jahres-Heizwärmebedarf Q_h	$Q_h = 66 (H_T + H_V) - 0{,}95 (Q_S + Q_i)$	
2	Spezifischer Transmissionswärmeverlust H_T bezogen auf die Wärme übertragende Umfassungsfläche	$H_T = \Sigma (F_{xi} U_i A_i) + 0{,}05 A^{1)}$ $H_T' = \dfrac{H_T}{A}$	Temperatur-Korrekturfaktoren F_{xi} nach Tab. 473.1
3	Spezifischer Lüftungswärmeverlust H_V	$H_V = 0{,}19 V_e$	ohne Dichtheitsprüfung nach Anhang 4 Nr. 2 EnEV
		$H_V = 0{,}163 V_e$	mit Dichtheitsprüfung nach Anhang 4 Nr. 2 EnEV
4	Solare Gewinne Q_S	$Q_S = \Sigma (I_s)_{j,HP} \Sigma 0{,}567 g_i A_i{}^{2)}$	Solare Einstrahlung: Orientierung $\Sigma (I_s)_{j,HP}$ SO bis SW 270 kWh/(m²a); NW bis NO 100 kWh/(m²a); übrige Richtungen 155 kWh/(m²a); Dachflächenfenster mit Neigungen < 30°³⁾ 225 kWh/(m²a). Die Fläche der Fenster $A_{j'}$ mit der Orientierung j (Süd, West, Ost, Nord und horizontal) ist nach den lichten Maueröffnungsmaßen zu ermitteln.
5	Interne Gewinne Q_i	$Q_i = 22 A_N$	A_N Gebäudenutzfläche nach Nr. 1, 3, 4

[1] Die Wärmedurchgangskoeffizienten der Bauteile U_i sind nach DIN EN ISO 6946:1996-11 zu ermitteln.
[2] Der Gesamtenergiedurchlassgrad g_i (für senkrechte Einstrahlung) ist technischen Produkt-Spezifikationen zu entnehmen oder nach DIN EN 410:1998-12 zu ermitteln. Besondere energiegewinnende Systeme, wie z.B. Wintergärten oder transparente Wärmedämmung, können im vereinfachten Verfahren keine Berücksichtigung finden.
[3] Dachflächenfenster mit Neigungen ≥ 30° sind hinsichtlich der Orientierung wie senkrechte Fenster zu behandeln.

472.2 Vereinfachtes Verfahren zur Ermittlung des Jahres-Heizwärmebedarfs

1.8 Nachweisverfahren

Der Jahres-Primärenergiebedarf und der spezifische, auf die Wärme übertragende Umfassungsfläche bezogene Transmissionswärmebedarf sind zu berechnen:

- Bei Wohngebäuden, deren Fensterflächenanteil 30 % nicht überschreitet, entweder nach dem vereinfachten Verfahren oder dem Monatsbilanzverfahren.
- Bei anderen Gebäuden nach dem Monatsbilanzverfahren.

Monatsbilanzverfahren

Für alle Gebäude ist nach DIN EN 832 ein Nachweisverfahren mittels einer Monatsbilanzierung vorgesehen. Dabei wird eine Vielzahl von Einflussgrößen bezüglich des Energie- und Wärmebedarfs berücksichtigt. Der Heizenergieverbrauch wird dem Primärenergieverbrauch gegenübergestellt und mit Aufwandszahlen und Faktoren aus Berechnungstabellen belegt. Dieses Verfahren der Ermittlung einer Wärmebilanz aus den monatlichen Wärmegewinnen und Wärmeverlusten über das gesamte Jahr ist sehr aufwendig und deshalb wirtschaftlich nur EDV-gestützt durchführbar.

Vereinfachtes Verfahren für Wohngebäude

Bei dem vereinfachten Verfahren wird der Jahres-Primärenergiebedarf Q_p wie folgt ermittelt:

$$Q_p = (Q_h + Q_w) \cdot e_p$$

Q_h Jahres-Heizwärmebedarf, Q_w Zuschlag für Warmwasser. Als Nutz-Wärmebedarf für die Warmwasserbereitung im Sinne der DIN V 4101-10 sind 12,5 hWH/(m² · a) anzusetzen; e_p Anlagenaufwandszahl nach DIN V 4701-10. Die Gesamtaufwandszahlen liegen im Bereich von 1,0 bis 1,35. Dabei können Standardheizungssysteme im Mittel mit einer Gesamtaufwandszahl von etwa **1,25** angesetzt werden. Die Standardheizungssysteme entsprechen der Ausführung mit Niedertemperatur-Kesseln, gedämmten Rohrverteilungssystemen und Thermostatventilen. Eine Verbesserung kann durch leistungsfähige Wärmeerzeuger und eine verbesserte Regelungstechnik erreicht werden.

Die Berechnung hat mit den Formeln zu erfolgen, die in den Tabellen 472.1 und 472.2 zusammengestellt sind.

Die Wärme übertragende Umfassungsfläche A eines Gebäudes wird über seine Außenabmessungen ermittelt. Die zu berücksichtigende Fläche ist die äußere Begrenzung einer abgeschlossenen beheizten Zone.

Das beheizte Gebäudevolumen V_e ist das Volumen das von der ermittelten Wärme übertragenden Umfassungsfläche A umschlossen wird.

Die Gebäudenutzfläche wird wie folgt ermittelt:

$$A_N = 0{,}32 \cdot V_e$$

Die Wärmebrückenwirkung wird über den Wärmebrückenverlustkoeffizienten ΔU_{wB} berücksichtigt. Ohne weiteren Nachweis ist die gesamte Wärme übertragende Umfassungsfläche A um $\Delta U_{wB} = 0{,}10$ W/(m² · K) zu erhöhen. Wenn die Regelkonstruktionen nach DIN 4108:1998-08, Beiblatt 2, erstellt wird, kann der Warmebrückenverlustkoeffizient auf $\Delta U_{wB} = 0{,}05$ W/(m² · K) reduziert werden (s. Tab. 472.1, Zeile 2).

Bautenschutz

Dichtheit, Mindestluftwechsel

Gebäude sind so zu errichten, dass die Wärme übertragende Umfassungsfläche einschließlich der Fugen entsprechend dem Stand der Technik dauerhaft luftundurchlässig abgedichtet wird. Außen liegende Fenster, Fenstertüren und Dachflächenfenster in der Wärme übertragenden Umfassungsfläche müssen den Anforderungen der Tabelle 473.2 entsprechen.
Wird eine Überprüfung der Dichtheit des gesamten Gebäudes durchgeführt, so darf der bei einer Druckdifferenz zwischen Innen und Außen von 50 Pa gemessene Volumenstrom bezogen auf das beheizte Luftvolumen – bei Gebäuden

- ohne raumlufttechnische Anlagen 3 h^{-1} und
- mit raumlufttechnischen Anlagen 1,5 h^{-1} nicht überschreiten.

Änderung von Gebäuden

Bei erstmaligem Einbau, Ersatz oder Erneuerung von Außenbauteilen bestehender Gebäude dürfen die in Tabelle 473.3 aufgeführten maximalen Wärmedurchgangskoeffizienten nicht überschritten werden.

Wärmeverteilungs- und Warmwasserleitungen sowie Armaturen

Die Wärmeabgabe von Wärmeverteilungs-(= Heizungs-) und Warmwasserleitungen sowie Armaturen ist zu begrenzen. Die hierfür erforderliche Dämmung ist in Tabelle 473.4 genannt. Soweit sich Leitungen von Zentralheizungen in beheizten Räumen oder in Bauteilen zwischen beheizten Räumen eines Nutzers befinden und ihre Wärmeabgabe durch freiliegende Absperrvorrichtungen beeinflusst werden kann, werden keine Anforderungen an die Mindestdicke der Dämmschicht gestellt. Dies gilt auch für Warmwasserleitungen in Wohnungen bis zum Innendurchmesser 22 mm, die weder in den Zirkulationskreislauf einbezogen noch mit elektrischer Begleitheizung ausgestattet sind.

1.9 Wärmedämmstoffe

Wärmedämmstoffe besitzen eine geringe Wärmeleitfähigkeit bzw. einen hohen Wärmeleitwiderstand. Dies wird erreicht durch:

- die geringe Wärmeleitfähigkeit des Basismaterials wie z. B. Kunststoff, Glas, Holz etc.;
- die längliche Form, geringe Größe und versetzte Anordnung der Poren oder durch die faserige Struktur des Grundmaterials;
- die geringe Rohdichte des Dämmstoffes, bedingt durch eine hohe Anzahl von Poren, Lochungen oder/und Kammern;
- einen bleibenden geringen Feuchtigkeitsgehalt im eingebauten Zustand.

Je nach Einbauort werden von Wärmedämmstoffen weitere technische Eigenschaften verlangt:

- Druckfestigkeit wird besonders bei befahrbaren Bodenbelägen und erddruckbelasteten Untergeschossaußenwanddämmungen (Perimeterdämmung) erforderlich.
- Querzugfestigkeit ist bei Vorsatzschalen erforderlich.
- Formbeständigkeit ist bei Kunststoffschaumplatten erst nach einer bestimmten Lagerzeit zu erreichen.
- Temperaturbeständigkeit für kurzzeitige Temperaturbelastung.

- Das Brandverhalten der Dämmstoffe muss mindestens der Baustoffklasse B 2 entsprechen.
- Resistenz gegen Verarbeitungshilfsstoffe, wie z. B. lösungsmittelhaltige Kleber. Wärmedämmstoffe werden nach ihrer Anwendung und nach ihrem Aufbau unterschieden (Bild 474.1 bis 422.3).

Wärmestrom nach außen über Bauteil i	F_{xi}
Außenwand, Fenster	1
Dach (als Systemgrenze)	1
Oberste Geschossdecke (Dachraum nicht ausgebaut)	0,8
Abseitenwand (Drempelwand)	0,8
Wände und Decken zu unbeheizten Räumen	0,5
Unterer Gebäudeabschluss: • Kellerdecke/-wände zu unbeheiztem Keller • Fußboden auf Erdreich • Flächen des beheizten Kellers gegen Erdreich	0,6

473.1 Temperatur-Korrekturfaktoren F_{xi}

Anzahl der Vollgeschosse	Fugendurchlässigkeitsklasse
bis zu 2	2
mehr als 2	3

473.2 Fugendurchlässigkeitsklassen nach DIN EN 12207-1

Bauteil	Maßnahme	Innentemperaturen normal	niedrig
		max. U in W/(m² · K)	
Außenwände	Allgemein Vorsatzschalen	0,45	0,75
	Dämmschicht, Außenputz	0,35	0,75
Außen liegende Fenster Fenstertüren Dachflächenfenster	Bauteilersatz	1,7	2,8
Verglasungen	Erneuerung	1,5	keine Anforderung
Steildächer	Erneuerung, Dämmung	0,30	0,40
Flachdächer	Bekleidungen	0,25	0,40
Decken und Wände gegen unbeheizte Räume oder Erdreich	Außenseitige Bekleidung/Dämmung	0,40	keine Anforderung
	Erneuerung, innenseitige Bekleidung bzw. Dämmung	0,50	

473.3 Höchstwerte der Wärmedurchgangskoeffizienten bei erstmaligem Einbau, Ersatz und Erneuerung von Bauteilen

	Art der Leitungen/Armaturen	Mindestdicke der Dämmschicht, bezogen auf eine Wärmeleitfähigkeit von 0,035 W/(m · K)
1	Innendurchmesser bis 22 mm	20 mm
2	Innendurchmesser über 22 mm bis 35 mm	30 mm
3	Innendurchmesser über 35 mm bis 100 mm	gleich Innendurchmesser
4	Innendurchmesser über 100 mm	100 mm
5	Leitungen und Armaturen nach den Zeilen 1 bis 4 in Wand- und Deckendurchbrüchen, im Kreuzungsbereich von Leitungen, an Leitungsverbindungsstellen, bei zentralen Leitungsnetzverteilern	1/2 der Anforderungen der Zeilen 1 bis 4
6	Leitungen von Zentralheizungen nach den Zeilen 1 bis 4, die nach Inkrafttreten dieser Verordnung in Bauteilen zwischen beheizten Räumen verschiedener Nutzer verlegt werden	1/2 der Anforderungen der Zeilen 1 bis 4
7	Leitungen nach Zeile 6 im Fußbodenaufbau	6 mm

473.4 Wärmedämmung von Wärmeverteilungs- und Warmwasserleitungen sowie Armaturen

Bautenschutz

Wärmedämmstoffe mit Wärmeleit-fähigkeitsgruppen	Dichte ρ in kg/m³	Wärmeleit-fähigkeit λ_R in $\frac{W}{m \cdot k}$	Diffusions-widerstand μ Bereich	Druckfestigkeit bei ≈ 10 % Stauchung in N/mm²	Baustoff-brennbarkeits-klasse	Lieferform P/Platten B/Bahnen S/Schüttung	Bestandteile besondere Eigenschaften bevorzugte Verwendung
Organische Dämmstoffe							
Holzwolleleicht-bauplatte	360 bis 570	0,09	2–5	0,15 bis 0,20	B1	P	Holzwolle mineralisch gebunden
Zellulosefaser-dämmstoff 040/045	50 bis 80	0,040 bis 0,045	1–2	–	B1, B2	S	Fasern aus Zeitungspapier werden in geschlossene Hohlräume den Balkenlagen von Dächern, Decken und Wänden geblasen.
Kork 045/050/055	80 bis 500	0,045 bis 0,055	5–10	0,05 bis 0,11	B2	P, S	Presskork: Korkschrot harzgebunden Blähkork: Korkschrot teergebunden
Polystyrolhartschaum (PS) als Partikelschaum (EPS) 025/030/035/040	15 bis 30	0,025 bis 0,040	20–100	0,07 bis 0,26	B1	P	EPS aus geblähtem Polystyrolgranulat XPS aus extrudergeschäumtem Polystyrol überwiegend geschlossenzelliger Schaum für den Außenbereich geschlossenzelliger Schaum Perimeterdämmung
Extruderschaum (XPS) 025/030/035/040	30 bis 45		80–200	0,25 bis 0,70			
Polyurethan-hartschaum (PUR) 020/025/030/035	30 bis 40	0,020 bis 0,035	30–100	0,15 bis 0,35	B1, B2	P	mit Treibmittel aufge-schäumtes Isocyanat u. Polyol Kerndämmung für zweischaliges Mauerwerk, Werk- und Ortschaum
Anorganische Dämmstoffe							
Faserdämmstoffe 035/040/045/050	8 bis 500	0,035 bis 0,050	1	0,04 bis 0,07	A1, A2, B1	P/B/S	künstliche Mineralfasern aus Glas-, Gesteins- oder Schlackenschmelze mit und ohne Faserbindung
Schaumglas 045/050/055/060	100 bis 500	0,045 bis 0,060	prakt. dampf-dicht	0,50 bis 0,90	A1	P	Glasschmelze durch Treibmittel Kohlenstaub aufgeschäumt, geschlossenzellig, Perimeterdämmung
Blähperlit 055/060	90	0,055 bis 0,060	–	0,01	A1	S	vulkanisches Gestein, das durch schockartiges Erhitzen aufgebläht wird
Calciumsilikat-Platten	240 bis 290	0,090	–	–	≥ 1,0	A1 P	gehärtete poröse Kalksilikate mit Zusätzen von Zellulose u.a.
Verbundplatten							
Mehrschicht-leichtbauplatte	Werte sind aus dem Schichtaufbau zu ermitteln					P	Holzwolleleichtbauplatte mit einer Mittelschicht aus EPS oder Mineralwolle
Gipskarton-verbundplatte	Werte sind aus dem Schichtaufbau zu ermitteln					P	Gipskartonplatte mit einer Zusatzschicht aus EPS oder Mineralwolle

Bezeichnung: Benennung (z.B. Schaumkunststoff), Norm-Hauptnummer, Stoffart (z.B. PUR), Anwendungstyp (z.B. WD), Wärmeleitfähigkeitsgruppe (z.B. 030), Brandverhalten (z.B. B1), Nenndicke 25
Beispiel: Schaumkunststoff-DIN 18164 – PUR – WD – 030 – B1 – 25

474.1 Kennwerte für Wärmedämmstoffe

W	Wärmedämmstoffe, nicht druckbelastbar, z.B. für Wände, Decken und Dächer
WL	Wärmedämmstoffe, nicht druckbelastbar, z.B. für Dämmungen zwischen Sparren- und Balkenlagen
WD	Wärmedämmstoffe, druckbelastbar, z.B. unter druckverteilenden Böden (ohne Trittschallanforderung) und in Dächern unter der Dachhaut
WV	Wärmedämmstoffe, beanspruchbar auf Abreiß- und Scherbean-spruchung, z.B. für angesetzte Vorsatzschalen ohne Unterkon-struktion

474.2 Anwendungstypen von Faserdämmstoffen – DIN 18165

W	Wärmedämmstoffe, nicht druckbelastet, z.B. in Wänden und belüfteten Dächern
WD	Wärmedämmstoffe, druckbelastet, z.B. unter druckverteilenden Böden (ohne Trittschallanforderung) und in unbelüfteten Dächern unter der Dachhaut
WS	Wärmedämmstoffe, mit erhöhter Belastbarkeit für Sonderein-satzgebiete, z.B. Parkdecks

474.3 Anwendungstypen von Schaumwärmedämmstoffen – DIN 18164

2 Klimabedingter Feuchteschutz

Auf jedes Gebäude wirken ständig sowohl von außen als auch von innen verschiedenste Feuchtebeanspruchungen unterschiedlichen Ursprungs (Bild 475.1). Dabei kommt die Feuchtigkeit in ihren drei Aggregatzuständen fest (als Eis, Schnee, Reif), flüssig (als Wasser) und gasförmig (als unsichtbarer Wasserdampf in der Luft) vor. Übermäßig feuchte Räume und Bauteile sowie Pilzbefall und Korrosion beeinflussen darüber hinaus das Wohlbefinden und die Gesundheit der Hausbewohner.

Für die Abdichtung von Gebäuden gegen Wasser ist die DIN 18195 maßgebend, während der klimabedingte Feuchteschutz von Hochbauten in der DIN 4108, Teil 3, festgelegt ist.

2.1 Tauwasserschutz bei Flachdächern

Bei Flachdächern unterscheidet man zwei grundsätzlich verschiedene Konstruktionsarten (Bild 475.2):
- einschalige, nicht belüftete Dächer
- zweischalige, belüftete Dächer.

Bei einschaligen, nicht belüfteten Dächern ist die Wärmedämmung unterhalb der Dachabdichtung angeordnet („traditioneller Flachdachaufbau"). Zudem gibt es neuere Flachdachaufbauten mit der Anordnung von wasserabweisenden Dämmschichten oberhalb der Dachabdichtung („Umkehrdach"). Bei den zweischaligen belüfteten Dächern ist zwischen der Wärmedämmung und der Dachabdichtung ein belüfteter Zwischenraum angeordnet, durch den auftretendes Tauwasser mithilfe der durchströmenden Luft nach außen abgeführt werden soll.

Ein Tauwasserschutz ist bei einschaligen, nicht belüfteten Dächern durch folgende Konstruktion gewährleistet:
- Anordnung einer Dampfsperrschicht mit einer vergleichbaren Luftschichtdicke $s_d \geq 100$ m unterhalb oder in der Wärmedämmschicht. Dabei darf der Wärmedurchlasswiderstand der Bauteilschichten unterhalb der Dampfsperrschicht höchstens 20% des Gesamtwärmedurchlasswiderstandes betragen.
- Einschalige Dächer aus Porenbeton nach DIN 4223 ohne Dampfsperrschicht an der Unterseite.

Bei zweischalig, belüfteten Dächern ist der Tauwasserschutz durch folgende Konstruktionen gewährleistet:
- Die vergleichbare Luftschichtdicke s_d der unterhalb des belüfteten Raumes angeordneten Bauteilschichten muss mindestens 10 m betragen.
- An mindestens zwei gegenüberliegenden Traufen sind Öffnungen mit je einem freien Lüftungsquerschnitt von mindestens 2‰ der gesamten Dachgrundrissfläche anzuordnen.
- Die Höhe des freien Lüftungsquerschnittes innerhalb der Dachfläche über der Wärmedämmschicht muss mindestens 5 cm betragen. In der Praxis wird jedoch heute eine Höhe von mindestens 20 cm einschließlich einer Konterlüftung von ≥ 5 cm empfohlen.
- Bei Dächern mit eingebauter Dampfsperrschicht ($s_d \geq 100$ m) sind diese so anzuordnen, dass der Wärmedurchlasswiderstand der Bauteilschichten unterhalb der Dampfsperrschicht höchstens 20% des Gesamtwärmedurchlasswiderstandes beträgt.

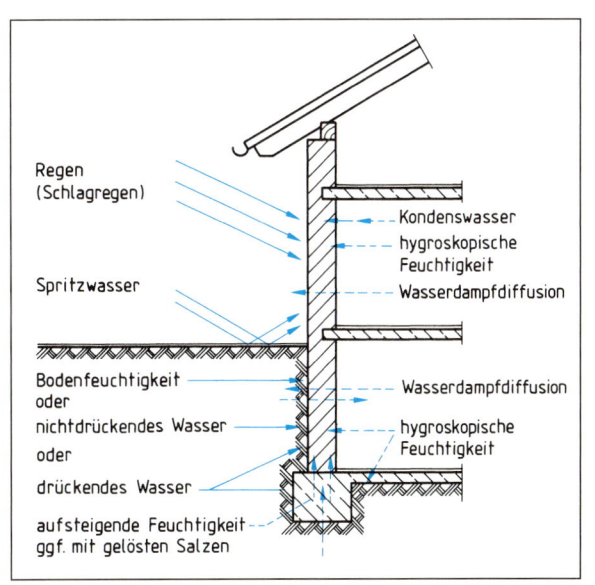

475.1 Feuchtigkeitsbeanspruchung von Gebäuden

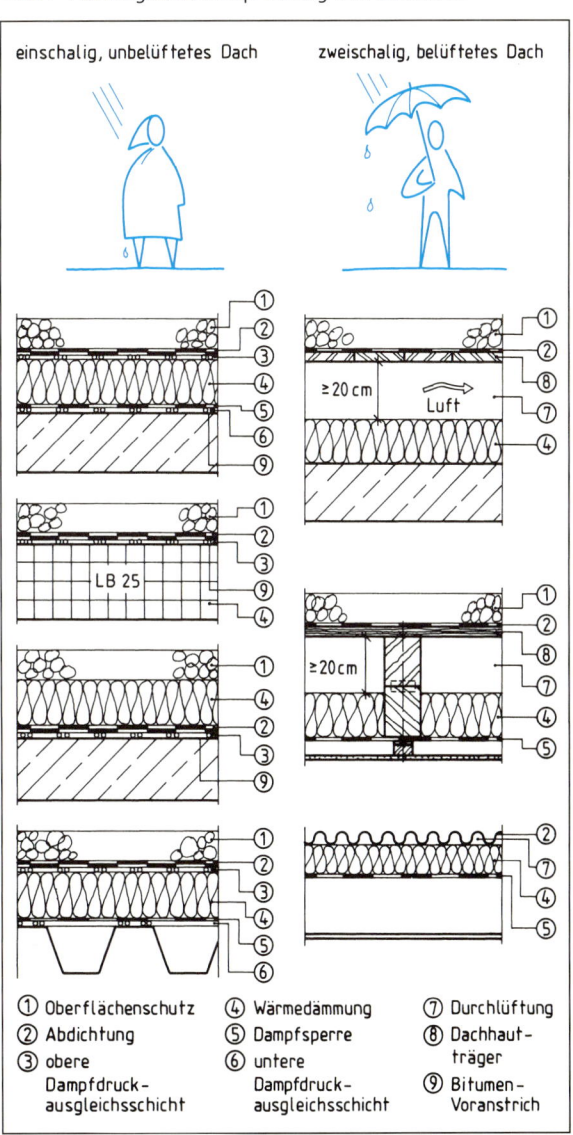

① Oberflächenschutz
② Abdichtung
③ obere Dampfdruckausgleichsschicht
④ Wärmedämmung
⑤ Dampfsperre
⑥ untere Dampfdruckausgleichsschicht
⑦ Durchlüftung
⑧ Dachhautträger
⑨ Bitumen-Voranstrich

475.2 Belüftetes und unbelüftetes Dach

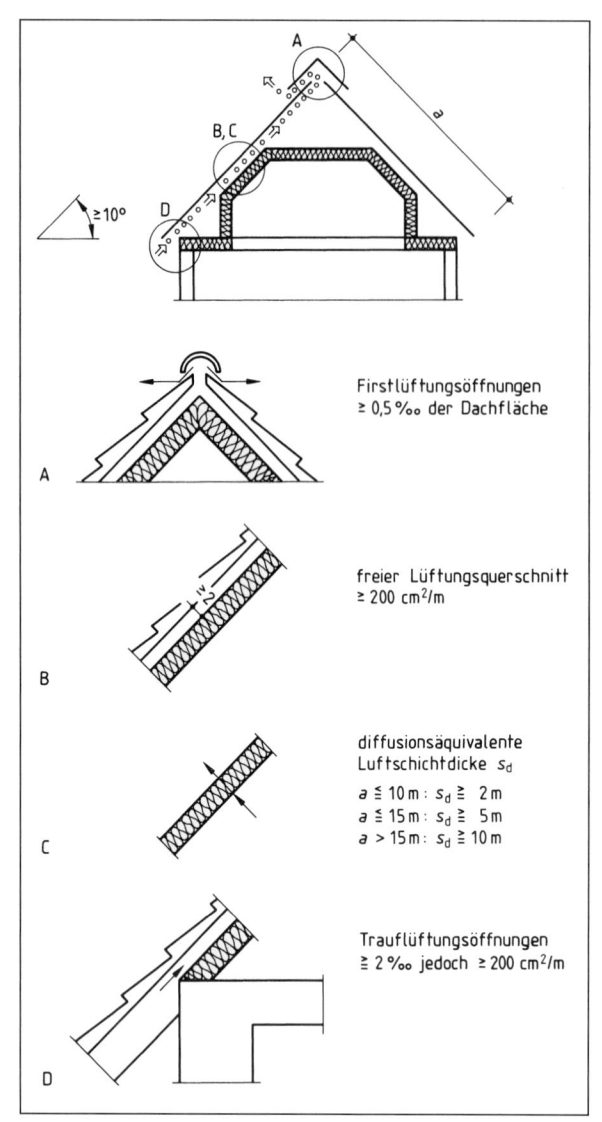

2.2 Tauwasserschutz bei geneigten Dächern

Bei belüfteten geneigten Dächern handelt es sich gemäß DIN 4108 Teil 3 um Dächer mit einer Dachneigung $\geq 10°$. Der Tauwasserschutz ist bei geneigten Dächern immer dann erfüllt, wenn die in Bild 476.1 dargestellten Anforderungen eingehalten werden.

Die Lüftungsebene oberhalb der Wärmedämmung einschließlich der entsprechenden Lüftungsöffnungen sorgt dafür, dass die durch die Wärmedämmung aus dem Gebäudeinneren diffundierende Feuchtigkeit an die Außenluft abgeführt wird. Bei wärmegedämmten Dächern ist oberhalb der Wärmedämmung zusätzlich eine Abdichtung durch Einbau einer Unterspannung, einer Vordeckung oder eines Unterdaches einzubauen. Für eine ausreichende Lüftung des Raumes zwischen der Unterspannbahn, der Vordeckung oder des Unterdaches und der Dachdeckung sind Konterlatten mindestens 24 mm dick auf den Sparren oberhalb der jeweiligen Abdichtung anzubringen.

Bei der Anordnung der Dämmung zwischen den Sparren in Verbindung mit einer Unterspannung o. Ä. handelt es sich um eine weit verbreitete Ausführung. Die Unterspannung ist mit einem leichten Durchhang (ca. 20 mm) und mit mindestens 100 mm Stoßüberdeckung parallel zur Traufe auf dem Sparren anzubringen (Bild 476.2).

Bei der Anordnung der Dämmung über den Sparren ist nur eine Lüftungsebene erforderlich. Die hier eingebauten Wärmedämmsysteme erfüllen zusätzlich die Funktion einer Unterspannung. Sie sind nach den Herstellervorschriften zu verlegen und entsprechend anzuschließen.

Auf die Lüftungsebene zwischen der Wärmedämmung und der Abdichtung („Vollsparrendämmung") kann verzichtet werden (Bild 476.2 und 477.1), wenn folgende Voraussetzungen eingehalten werden:
- Es wird ein individueller, auf ein Bauvorhaben bezogener Tauwassernachweis durchgeführt, oder
- es liegt ein systembezogener, vom Hersteller aufgestellter Tauwassernachweis vor, oder
- auf der Rauminnenseite wird eine Dampfsperre mit einer vergleichbaren Luftschichtdicke $s_d \geq 100$ m angebracht. In diesem Falle hat der Verarbeiter zu gewährleisten, dass die Dampfsperre innerhalb der gesamten Dachfläche, vor allem aber an Anschlüssen und Durchdringungen den festgelegten Wert von $s_d \geq 100$ m aufweist. Ferner muss es sich bei der Unterspannung o. Ä. um ein diffusionsoffenes Material handeln.

Geneigte Hausdächer mit Brettschalung. Eine Weiterentwicklung der genannten Konstruktionen sind die nicht belüfteten Dächer mit Brettschalung. Diese Konstruktion bietet die Möglichkeit, auch bei räumlich gegliederten Dachflächen die Anforderungen an den Wärme- und Feuchteschutz zuverlässig zu erfüllen. Dächer mit voller Brettschalung auf der Oberseite der Sparren werden seit vielen Jahren, besonders im süddeutschen Raum, als geneigte Dächer ausgeführt. Beim Ausbau solcher Dächer ist eine einwandfreie Belüftung in einigen Dachteilen jedoch nur mit einem hohen konstruktiven Aufwand zu erreichen.

476.1 Belüftung wärmegedämmter Dächer

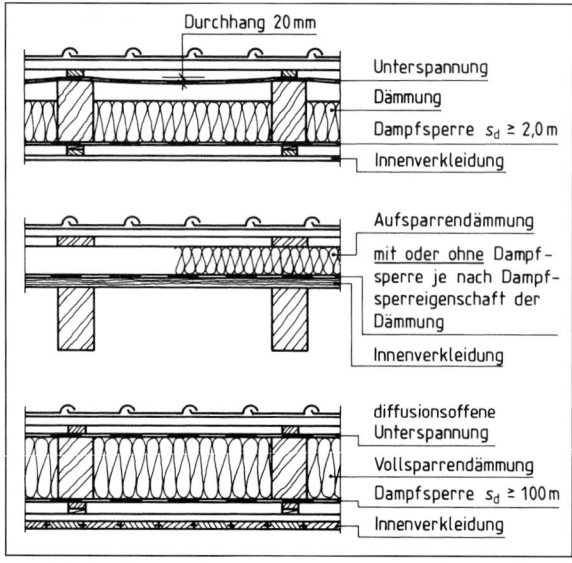

A — Firstlüftungsöffnungen $\geq 0,5‰$ der Dachfläche

B — freier Lüftungsquerschnitt ≥ 200 cm²/m

C — diffusionsäquivalente Luftschichtdicke s_d
$a \leq 10$ m: $s_d \geq 2$ m
$a \leq 15$ m: $s_d \geq 5$ m
$a > 15$ m: $s_d \geq 10$ m

D — Trauflüftungsöffnungen $\geq 2‰$ jedoch ≥ 200 cm²/m

476.2 Dachaufbau beim geneigten Dach

Durchhang 20 mm — Unterspannung, Dämmung, Dampfsperre $s_d \geq 2,0$ m, Innenverkleidung

Aufsparrendämmung, mit oder ohne Dampfsperre je nach Dampfsperreigenschaft der Dämmung, Innenverkleidung

diffusionsoffene Unterspannung, Vollsparrendämmung, Dampfsperre $s_d \geq 100$ m, Innenverkleidung

Das gilt unter anderem für:
- Sparrenfelder mit Dachflächenfenstern oder Schornsteinwechseln,
- Außenbauteile von Dachgauben (Seitenwände und Dächer),
- an Dachgauben anschließende Sparrenfelder,
- Dachteile im Bereich von Graten, Kehlen usw.

Auf eine solche Belüftung kann jedoch bei einem Dachaufbau verzichtet werden, wenn die folgende konstruktiven und bauphysikalischen Voraussetzungen erfüllt sind (Bild 477.1):
- Die Schalung sollte mindestens 24 mm dick sein und aus ungehobelten Brettern bestehen.
- An der Unterseite der Sparren muss eine durchgehende Dampfsperre angebracht sein. Die Stoßüberdeckungen der Bahnen sind miteinander zu verkleben. Die Bahnen können jedoch auch mit etwa 20 cm Stoßüberdeckung ohne Verklebung der Stöße genagelt werden, wenn konstruktiv gewährleistet ist, dass sie in diesem Bereich dicht anliegen. Dies ist in der Regel dann gegeben, wenn die Dampfsperre zwischen einer Holzwerkstoffplatte und der Innenverkleidung angeordnet ist. Dies ist auch dann der Fall, wenn die Dampfsperre zwischen dem Dämmstoff und der Innenverkleidung gehalten wird, z. B. bei Anordnung der Stoßüberdeckungen im Bereich der Sparren (Bild 476.2).
- Die Dampfsperre muss dicht an die quer zur Dachfläche anschließenden Bauteile wie Quer- und Giebelwände, Kehlbalkendecken usw. angeschlossen werden. Ebenso dicht ist der Anschluss am Fußpunkt, Drempel oder an der Abseitenwand auszuführen (Bild 477.1).
- Auf der Oberseite der Schalung ist zum Schutz gegen Niederschläge während der Bauzeit, gegen Flugschnee und zur zusätzlichen Winddichtigkeit des Daches eine Bahn zu verlegen, die einen ausreichenden Feuchteschutz bietet, jedoch einen hohen Dampfdurchlass gewährleisten sollte. Hierfür kommen handelsübliche Unterspannbahnen mit einer vergleichbaren Luftschichtdicke von $s_d \leq 0{,}20$ m infrage.

Die verbretterte Dachkonstruktion hat gegenüber den belüfteten Dächern den Vorteil, dass eine luftdichte Ausführung problemlos erreichbar ist und das Dach gleich nach dem Aufbringen der Feuchteschutzbahn gegen Niederschläge geschützt ist. Die Unzugänglichkeit für Insekten und die größere Sicherheit vor Feuchteschäden lassen eine Verringerung oder sogar einen völligen Verzicht des geforderten chemischen Holzschutzes zu.

Aufgrund von Forschungsergebnissen können tragende Hölzer, also auch die Sparren nicht belüfteter Dächer, in die Gefährdungsklasse 0 (kein chemischer Holzschutz erforderlich) eingestuft werden. Voraussetzung dafür ist, dass vorübergehend auftretende Feuchte während eines Zeitraumes verdunsten kann, in dem keine Schäden durch Pilzbefall zu erwarten sind (maximale Holzfeuchte 30%, Austrocknung innerhalb 3 bis 6 Monaten). Die Voraussetzungen für die Einstufung der Holzteile sind in Bild 477.2 aufgeführt. Sind die Bedingungen der Gefährdungsklasse 0 nicht einzuhalten, so sind die tragenden Teile eines Daches mit einem vorbeugenden chemischen Holzschutz zu versehen.

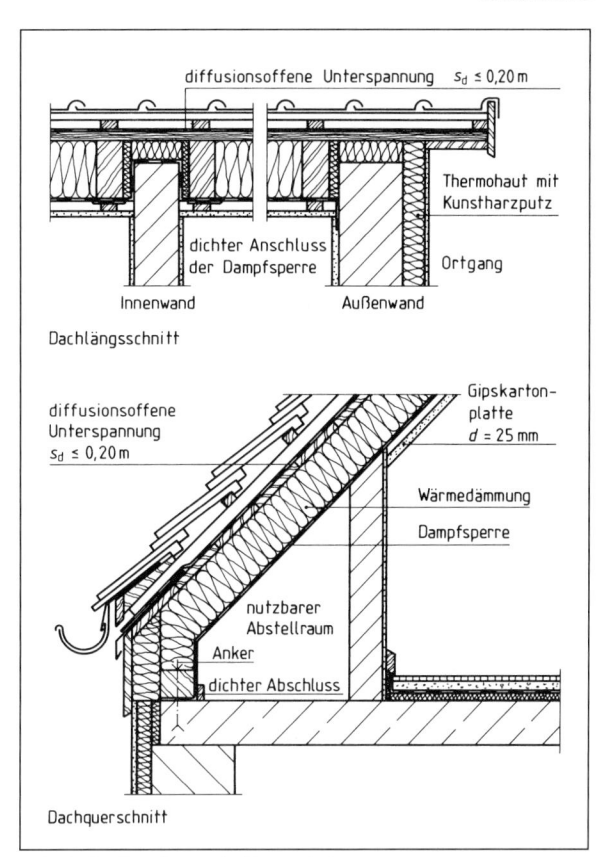

477.1 Dachaufbau mit Brettschalung

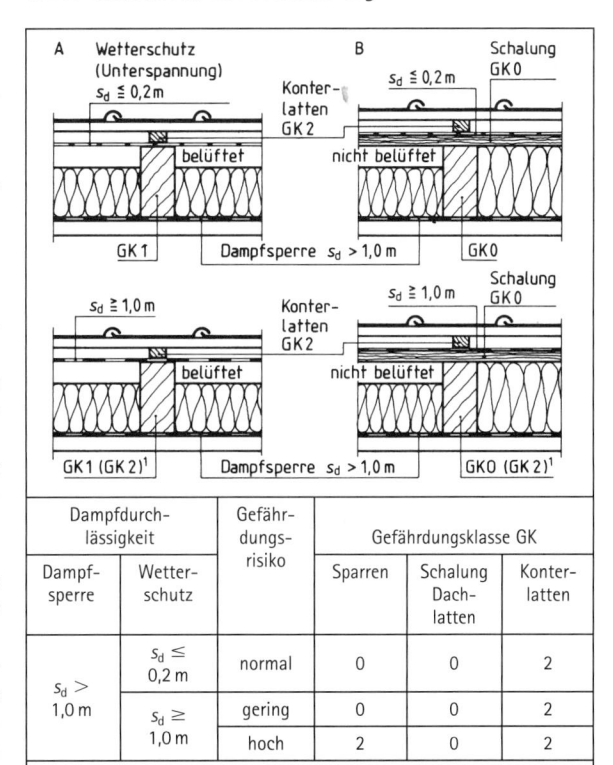

Dampfdurchlässigkeit		Gefährdungsrisiko	Gefährdungsklasse GK		
Dampfsperre	Wetterschutz		Sparren	Schalung Dachlatten	Konterlatten
$s_d >$ 1,0 m	$s_d \leq$ 0,2 m	normal	0	0	2
	$s_d \geq$ 1,0 m	gering	0	0	2
		hoch	2	0	2

GK 0 ≙ keine Pilzgefahr, keine Gefährdung durch Insekten
GK 1 ≙ keine Pilzgefahr, Gefährdung durch Insekten
GK 2 ≙ Gefährdung durch Insekten oder/und Pilze

[1] wenn häufige Befeuchtungen infolge Undichtigkeiten vorhanden sind.

477.2 Gefährdungsklassen der Holzteile von Dächern

2.3 Wasserdampf

Wasserdampf wird in jedem Gebäude durch die Benutzer und die Raumnutzung (Baden, Kochen, Waschen, Trocknen, Zimmerpflanzen) ständig erzeugt. Die tägliche Feuchteproduktion einer Familie beträgt 8 bis 15 Liter Wasser. Der Wasserdampf ist unsichtbar, jedoch bei jeder Temperatur in kleineren oder größeren Mengen in der Luft vorhanden. Die größtmögliche Wasserdampfmenge in der Luft ist von der Raumlufttemperatur abhängig, sie heißt **Sättigungsmenge** W_s (absolute Luftfeuchte in g/m³).
In dem Bild 478.2 sind die Zusammenhänge zwischen der Lufttemperatur und der Sättigungsmenge dargestellt.

Je höher die Lufttemperatur ist, desto größer ist die Sättigungsmenge.

Übersteigt die Raumfeuchtigkeit die Sättigungsmenge, setzt sich die überschüssige Feuchtigkeit als sichtbares Kondensat ab, z. B. an Fensterscheiben. Dies tritt immer dann ein, wenn die Luftfeuchtigkeit in einem Raum durch seine Nutzung stark erhöht, die Lufttemperatur gesenkt oder ungenügend gelüftet wird.

Beispiel: 1 m³ Luft hat bei +20 °C eine Sättigungsmenge von 17,3 g. Wird die Lufttemperatur auf +10 °C gesenkt, beträgt die Sättigungsmenge 9,4 g, es fallen 7,9 g Wasserkondensat aus.

Die Taupunkttemperatur. Das Wasserkondensat wird auch als Tauwasser bezeichnet, das beim Erreichen einer bestimmten Taupunkttemperatur ϑ_s (Theta s) ausfällt.

Die Taupunkttemperatur gibt an, wie weit die Temperatur einer Luft abgesenkt werden darf, bis Tauwasser ausfällt.

Die Taupunkttemperatur ist ein Kriterium dafür, ob an einer Bauteiloberfläche unter Umständen unerwünschtes Tauwasser anfällt. Dies ist z. B. dann der Fall, wenn die Oberflächentemperatur eines Bauteils ϑ_{oi} die Taupunkttemperatur ist (Beschlagen von Fensterscheiben in Feucht- und Schlafräumen). Die Oberflächentemperatur eines Bauteils ist umso niedriger, je kleiner der entsprechende Wärmedurchlasswiderstand R bzw. je größer der Wärmedurchgangskoeffizient U ist.

In dem Bild 479.1 sind die Abhängigkeiten zwischen Taupunkttemperatur, Lufttemperatur und relativer Luftfeuchte grafisch dargestellt.

Beispiel: Lufttemperatur +20 °C, relative Luftfeuchte 60%. Ermittlung: Taupunkttemperatur +12 °C.

Relative Luftfeuchte. Im Normalfall enthält die Luft lediglich einen bestimmten Teil der Sättigungsmenge. Das Verhältnis der in der Luft vorhandenen Feuchtigkeit zur Sättigungsmenge ist die Relative Luftfeuchte (φ, Phi). Sie wird in Prozent zur Sättigungsmenge ausgedrückt.

$$\text{Relative Luftfeuchte} = \frac{\text{vorh. Wasserdampfgehalt} \cdot 100\%}{\text{Sättigungsmenge}}$$

$$\varphi = \frac{\text{vorh. } w \cdot 100\%}{w_S} \text{ in } \frac{\text{g/m}^3}{\text{g/m}^3}$$

Beispiel: 1 m³ Luft von +20 °C enthält 8,65 g Feuchtigkeit. Die Relative Luftfeuchte beträgt:

$$\text{vorh. } \varphi = \frac{8,65 \text{ g/m}^3 \cdot 100\%}{17,3 \text{ g/m}^3}; \quad \text{vorh. } \varphi = 50\%$$

Der Wasserdampfdruck. Luft ist ein Gasgemisch, dessen einzelne Bestandteile entsprechend ihrem Anteil zu dem Gesamtluftdruck beitragen. Der in der Luft enthaltene Wasserdampf stellt den Teildruck p (Partialdruck) dar. Das prozentuale Verhältnis des Teildruckes zum Wasserdampfsättigungsdruck p_s ist gleich der relativen Luftfeuchte.

$$\text{rel. Luftfeuchte} = \frac{\text{vorh. Wasserdampfteildruck} \cdot 100\%}{\text{Wasserdampfsättigungsdruck}}$$

$$\text{vorh. } \varphi = \frac{\text{vorh. } p \cdot 100\%}{p_S} \text{ in } \frac{\text{Pa}}{\text{Pa}}$$

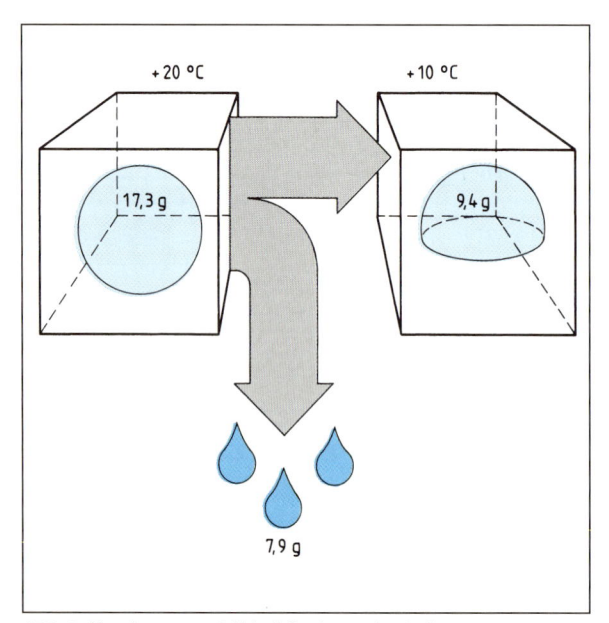

478.1 Kondensatausfall bei Senkung der Lufttemperatur

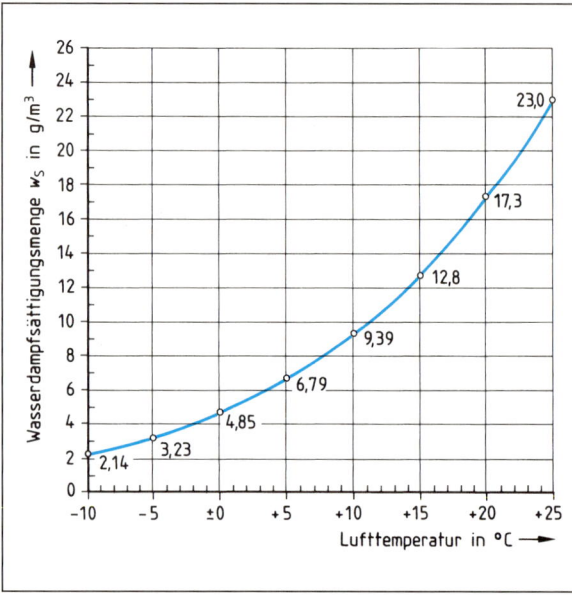

478.2 Wasserdampfsättigungsmenge in Abhängigkeit von der Lufttemperatur

Der Wasserdampfdruck wird in der Einheit Pascal (Pa) angegeben. Aus der Tabelle 479.2 kann die Größe des Wasserdampfsättigungsdruckes in Abhängigkeit der jeweiligen Lufttemperatur abgelesen werden. Aufgrund örtlich gemessener Lufttemperatur und relativer Luftfeuchte kann der vorhandene Wasserdampfteildruck wie folgt ermittelt werden:

$$\text{Vorh. Wasserdampfteildruck} = \frac{\text{Rel. Luftfeuchte} \cdot \text{Sättigungsdruck}}{100\%}$$

$$\text{vorh. } p = \frac{\varphi \cdot p_S}{100\%} \text{ in Pa}$$

Beispiel: Lufttemperatur +20 °C, relative Luftfeuchte 50 %. Wie groß ist der vorh. Wasserdampfteildruck?

$$\text{vorh. } p = \frac{50\% \cdot 2340\,\text{Pa}}{100\%}; \quad \text{vorh. } p = 1170\,\text{Pa}$$

Die Wasserdampfdiffusion. Unter Wasserdampfdiffusion versteht man das Hindurchwandern einzelner Wasserdampfmoleküle durch feste, mehr oder weniger poröse Baustoffe, wenn auf beiden Seiten des Bauteils unterschiedliche klimatische Bedingungen und damit unterschiedliche Wasserdampfteildrücke herrschen. Infolge physikalischer Gesetze drängen die unterschiedlichen Dampfdrücke nach einem Ausgleich, wobei der Diffusionsstrom stets von dem größeren zum kleineren Druck verläuft. In Bild 480.1 und Bild 482.1 sind typische Beispiele für den Wasserdampfteildruck-Ausgleich im Winter und im Sommer wiedergegeben.

Der Diffusionswiderstand. Dem Wasserdampfdiffusionsstrom stehen die jeweiligen Baustoffschichten für einen raschen und uneingeschränkten Ausgleich im Wege. Die Diffusionswiderstände von Baustoffen werden durch die **Diffusionswiderstandszahlen** μ (My) angegeben, die zu einer gleich dicken ruhenden Luftschicht ins Verhältnis gesetzt sind (Bild 480.1). Der μ-Wert der Luft wird dabei mit 1,0 angenommen. Die μ-Werte der Baustoffe (Tab. 481.1) sind als reine Verhältniszahlen dimensionslos.

Für die Ermittlung der Dampfdichtigkeit einer Baustoffschicht ist deren Schichtdicke in der Form zu berücksichtigen, dass das Produkt aus μ-Wert und Schichtdicke s (in m) gebildet wird. Der Produktwert entspricht einer in ihrer Wirkung vergleichbaren Luftschichtdicke.

Vergleichbare Luftschichtdicke $s^d = \mu \cdot s$ in m

479.1 Taupunkttemperatur in Abhängigkeit von der Lufttemperatur und der relativen Luftfeuchte

Lufttemperatur in °C	Wasserdampfsättigungsdruck in Pa									
	,0	,1	,2	,3	,4	,5	,6	,7	,8	,9
25	3169	3188	3208	3227	3246	3266	3284	3304	3324	3343
24	2985	3003	3021	3040	3059	3077	3095	3114	3132	3151
23	2810	2827	2845	2863	2880	2897	2915	2932	2950	2968
22	2645	2661	2678	2695	2711	2727	2744	2761	2777	2794
21	2487	2504	2518	2535	2551	2566	2582	2598	2613	2629
20	2340	2354	2369	2384	2399	2413	2428	2443	2457	2473
19	2197	2212	2227	2241	2254	2268	2283	2297	2310	2324
18	2065	2079	2091	2105	2119	2132	2145	2158	2172	2185
17	1937	1950	1963	1976	1988	2001	2014	2027	2039	2052
16	1818	1830	1841	1854	1866	1878	1889	1901	1914	1926
15	1706	1717	1729	1739	1750	1762	1773	1784	1795	1806
14	1599	1610	1621	1631	1642	1653	1663	1674	1684	1695
13	1498	1508	1518	1528	1538	1548	1559	1569	1578	1588
12	1403	1413	1422	1431	1441	1451	1460	1470	1479	1488
11	1312	1321	1330	1340	1349	1358	1367	1375	1385	1394
10	1228	1237	1245	1254	1262	1270	1279	1287	1296	1304
9	1148	1156	1163	1171	1179	1187	1195	1203	1211	1218
8	1073	1081	1088	1096	1103	1110	1117	1125	1133	1140
7	1002	1008	1016	1023	1030	1038	1045	1052	1059	1066
6	935	942	949	955	961	968	975	982	988	995
5	872	878	884	890	896	902	907	913	919	925
4	813	819	825	831	837	843	849	854	861	866
3	759	765	770	776	781	787	793	798	803	808
2	705	710	716	721	727	732	737	743	748	753
1	657	662	667	672	677	682	687	691	696	700
0	611	616	621	626	630	635	640	645	648	653
− 0	611	605	600	595	592	587	582	577	572	567
− 1	562	557	552	547	543	538	534	531	527	522
− 2	517	514	509	505	501	496	492	489	484	480
− 3	476	472	468	464	461	456	452	448	444	440
− 4	437	433	430	426	423	419	415	412	408	405
− 5	401	398	395	391	388	385	382	379	375	372
− 6	368	365	362	359	356	353	350	347	343	340
− 7	337	336	333	330	327	324	321	318	315	312
− 8	310	306	304	301	298	296	294	291	288	286
− 9	284	281	279	276	274	272	269	267	264	262
−10	260	258	255	253	251	249	245	244	242	239

479.2 Wasserdampfsättigungsdruck bei Lufttemperaturen von +25,9 bis −10,9 °C

Beispiel:
Wand aus 24 cm KSL-12-1,4; $\mu = 5$.
$s_d = 0{,}24\,m \cdot 5 = 1{,}20\,m$
Verblendschale aus 11,5 cm VMZ-20-1,8; $\mu = 10$.
$s_d = 0{,}115\,m \cdot 10 = 1{,}15\,m$.

Die Dampfdichtigkeit eines mehrschichtigen Bauteils ergibt sich aus der Summe der Dampfdichtigkeiten der einzelnen Bauteilschichten: $s_d = s_{d1} + s_{d2} + s_{d3} + \dots s_{dn}$ in m

Dampfbremse und Dampfsperre. Dampfbremsen sind Bauteilschichten mit einem sehr hohen Diffusionswiderstand. Ihr Anteil am Gesamtdiffusionswiderstand kann so groß sein, dass die anderen Schichten praktisch keinen Einfluss auf den Dampfteildruckverlauf haben. Zu diesen Dampfbremsen gehören u. a. bituminöse Stoffe, Kunstharze, Kunstharzanstriche, einige Kunststofffolien und Schaumglas. Die echte Dampfsperre hingegen ist eine Metallfolie, die so dick und porenfrei ist, dass Wasserdampf tatsächlich nicht hindurchdiffundieren kann. Bei Einbau einer Dampfsperre sind die anderen Bauteilschichten diffusionstechnisch ohne Bedeutung. An der Innenseite der Dampfsperre herrscht der gleiche Dampfteildruck wie in der Innenluft des Raumes. Auf der Außenseite dagegen herrschen feuchtigkeitsmäßig Außenklimaverhältnisse. Die Dampfsperre muss so weit zur Innenseite liegen, dass ihre Temperatur die Taupunkttemperatur der Innenluft niemals unterschreitet.

Damit eine Dampfsperre ihre Aufgabe erfüllen kann, muss sie auf der gesamten Fläche dicht sein. Undichtigkeiten werden durch folgende Maßnahmen vermieden:
- Die Stöße bahnenartiger Dampfsperren sind vollflächig zu verkleben.
- Die Dampfsperre muss an angrenzende Bauteile, z.B. Giebelwände, luft- und dampfdicht angeschlossen werden. Dieses kann durch Einbau von Fugendichtbändern oder Klebstreifen erreicht werden.
- Die Dampfsperre darf während des Einbaus nicht beschädigt werden.
- Die Dampfsperre muss durch Schutzschichten gegen mechanische Einflüsse auf Dauer geschützt werden. Als Schutzschichten werden Gipskarton-, Profilbretter- oder gleichwertige Verkleidungen verwendet.

2.4 Tauwasserbildung im Inneren von Bauteilen

Eine Tauwasserbildung (Kondensation) tritt im Inneren eines Bauteils nur dann ein, wenn der Wasserdampfteildruck den Sättigungsdruck erreicht. Um feststellen zu können, ob in einem Bauteil mit Tauwasserbildung zu rechnen ist, muss der Verlauf des Dampfdruckes (Dampfteildruck und Sättigungsdruck) in dem Bauteil ermittelt werden.

Im Inneren von Bauteilen ist eine Tauwasserbildung unschädlich, wenn durch die Erhöhung des Feuchtegehaltes der Bau- und Dämmstoffe der Wärmeschutz und die Standsicherheit nicht gefährdet werden. Diese Voraussetzungen liegen vor, wenn folgende Bedingungen erfüllt sind:
- Das während der Tauperiode (Winterzeit) im Inneren des Bauteils anfallende Tauwasser muss während der Verdunstungsperiode (Sommerzeit) wieder an die Umgebung abgegeben werden können.
- Baustoffe, die mit dem Tauwasser in Berührung kommen, dürfen nicht geschädigt werden (z. B. durch Korrosion, Pilzbefall u.a.)
- Bei Dach- und Wandkonstruktionen darf eine Tauwassermenge von $1{,}0\,kg/m^2$ nicht überschritten werden.
- Tritt Tauwasser an Berührungsflächen von kapillar nicht wasseraufnahmefähigen Schichten auf, so darf zur Begrenzung des Ablaufens oder Abtropfens eine Tauwassermenge von $0{,}5\,kg/m^2$ nicht überschritten werden (z.B. Berührungsflächen von Faserdämmstoff- und Luftschichten).
- Bei Holz ist eine Erhöhung des massebezogenen Feuchtegehaltes um mehr als 5%, bei Holzwerkstoffen um mehr als 3% unzulässig.

Klimabedingungen: Bei nicht klimatisierten Wohn- und Bürohäusern sowie vergleichbar genutzten Gebäuden können der Berechnung folgende vereinfachte Annahmen zugrunde gelegt werden:
Tauperiode:
Außenklima $\vartheta_{La} = -10\,°C$, $\varphi_a = 80\%$
Innenklima $\vartheta_{Li} = +20\,°C$, $\varphi = 50\%$
Dauer 1 440 Stunden (= 60 Tage)
Verdunstungsperiode:
Außenklima $\vartheta_{La} = +12\,°C$, $\varphi_a = 70\%$
Innenklima $\vartheta_{Li} = +12\,°C$, $\varphi_i = 70\%$
Klima im Tauwasserbereich $= +12\,°C$, $\varphi = 100\%$
Dauer 2 160 Stunden (= 90 Tage)

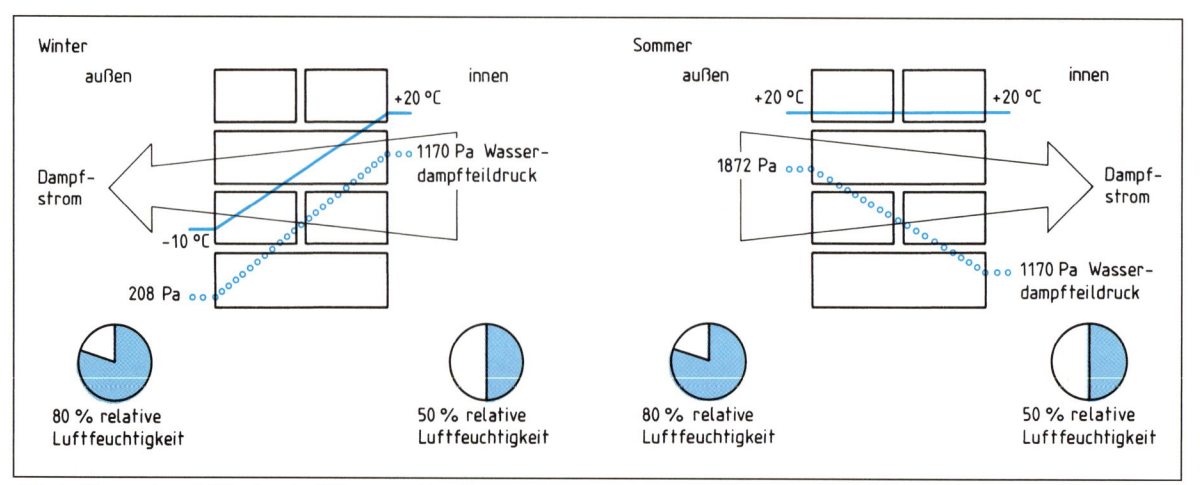

480.1 Wasserdampfdiffusion im Winter und im Sommer

Bautenschutz

Stoff	Dichte ϱ in kg/m³	Wasserdampf-diffusionswider-standszahlen μ[1]
Putze, Estriche und andere Mörtelschichten		
Kalkmörtel, Kalkzementmörtel Mörtel aus hydraulischem Kalk	1800	15/35
Leichtmörtel LM 21 (nach DIN 1053, Teil 1)	700	
Zementmörtel	2000	15/35
Kalkgipsmörtel, Gipsmörtel	1400	10
Gipsputz ohne Zuschlag	1200	10
Anhydritestrich	2100	
Zementestrich	2000	15/35
Gussasphaltestrich, Dicke ≥ 15 mm	2300	praktisch dampfdicht
Großformatige Bauteile		
Normalbeton nach DIN 1045 (Kies- oder Splittbeton mit geschlossenem Gefüge, auch bewehrt)	2400	70/150
Leichtbeton und Stahlleichtbeton mit geschlossenem Gefüge nach DIN 4219, Teil 1 und 2	800 1000 1200 1400 1600	70/150
Dampfgehärteter Porenbeton nach DIN 4223	500 600 700 800	5/10
Leichtbeton mit haufwerksporigem Gefüge und mit porigen Zuschlägen nach DIN 4226, Teil 2	600 800 1000 1200 1400 1600	5/15
Bauplatten		
Porenbeton-Bauplatten, unbewehrt, nach DIN 4166, dünnfugig verlegt	600 700 800	5/10
Wandbauplatten aus Leichtbeton nach DIN 18162	800 1000 1200	5/10
Wandbauplatten aus Gips	600 900 1000	5/10
Gipskartonplatten nach DIN 18180	900	8
Mauerwerk einschließlich Mörtelfugen		
Mauerwerk aus Mauerziegeln nach DIN 105, Teil 1–4 Vollklinker, Hochlochklinker Keramikklinker	1800 2000 2200	50/100
Vollziegel, Hochlochziegel	1400 1600 1800	5/10
Leichthochlochziegel mit Lochung A und B	800 1000	5/10
Mauerwerk aus Kalksandsteinen nach DIN 106, Teil 1 und 2	1000 1400 1600 1800 2000	5/10
Mauerwerk aus Hüttensteinen nach DIN 398	1000 1200 1400	70/100
Mauerwerk aus Porenbetonsteinen Porenbeton-Blocksteinen (P) Porenbeton-Plansteinen (PP)	400 600 800 400 600 800	5/10
Mauerwerk aus Betonsteinen Hohlblöcke aus Leichtbeton (Hbl) nach DIN 18151 mit porigen Zuschlägen 2 K Hbl, Breite = 240 mm 3 K Hbl, Breite = 300 mm 4 K Hbl, Breite = 365 mm	500 600 700	5/10
Wärmedämmstoffe		
Holzwolle-Leichtbauplatten nach DIN 1101 Plattendicke ≥ 25 mm	360–480	2/5
Korkplatten nach DIN 18161, Teil 1 Wärmeleitfähigkeitsgruppe 045 050 055	80–500	5/10
Polystyrol (PS)-Hartschaum Wärmeleitfähigkeitsgruppe 030 035 040		
Polyurethan (PUR)-Hartschaum Wärmeleitfähigkeitsgruppe 025 030 035	30	30/100
Mineralische und pflanzliche Faserdämmstoffe Wärmeleitfähigkeitsgruppe 035 040 045	8–500	1
Schaumglas Wärmeleitfähigkeitsgruppe 045 050 055	100–500	praktisch dampfdicht
Holz und Holzwerkstoffe		
Fichte, Kiefer, Tanne	600	40
Buche, Eiche	800	40
Spanplatten	700	
Harte Holzfaserplatten	1000	70
Beläge, Abdichtstoffe, Abdichtungsbahnen		
Linoleum	1000	
Kunststoffbeläge, auch PVC	1500	
Bitumen	1100	
Bitumendachbahnen	1200	10000/80000
PVC-Folien, Dicke 0,1 mm		20000/50000
Polyethylen-Folie, Dicke 0,1 mm		100000
Aluminium-Folie, Dicke 0,05 mm		praktisch dampfdicht
And. Metallfolien, Dicke 0,1 mm		

[1] Es ist jeweils der für die Baukonstruktion ungünstigste Wert einzusetzen.

481.1 Rechenwerte der Rohdichte und Wasserdampfdiffusionswiderstandszahlen von Baustoffen

2.5 Das Rechenverfahren nach Glaser

Die Untersuchung auf Tauwasserbildung im Inneren von Bauteilen und ihre Austrocknung erfolgt nach dem grafischen Verfahren von Glaser, einem Diffusions-Diagramm (**Glaser-Verfahren**). Dabei werden in das Diagramm auf der Waagerechten die einzelnen Baustoffschichten im Verhältnis ihrer vergleichbaren Luftschichtdicken s_d und auf der Senkrechten die Wasserdampfdrücke in p_a aufgetragen. Der Verlauf des Wasserdampfteildruckes ergibt sich aus der Verbindung zwischen dem Teildruck auf der Innenseite p_i und dem Teildruck auf der Außenseite p_a. Aufgrund der rechnerisch ermittelten Temperaturverteilung (Bild 471.1) werden die entsprechenden Wasserdampfsättigungsdrücke mithilfe von Tabelle 479.2 ermittelt und in das Diagramm eingetragen. Die vorgenannten Arbeitsschritte werden in Bild 482.1 dargestellt.

Ist der Wasserdampfteildruck an jeder Stelle niedriger als der mögliche Wasserdampfsättigungsdruck, so kommt es zu keiner Tauwasserbildung in dem Bauteil. Berührt die Kurve der Wasserdampfsättigungsdrücke die Gerade der Wasserdampfteildrücke in einem Punkt, so wird sich in dieser Ebene des Bauteils Tauwasser bilden. Schneidet die Kurve der Wasserdampfsättigungsdrücke die Gerade der Wasserdampfteildrücke, so wird in diesem Bereich im Inneren des Bauteils Tauwasser anfallen (Bild 482.1).

Bei einer großen Zahl der Baustoffe sind zwei Diffusionswiderstandszahlen angegeben, z. B. Vollziegel $\mu = 5/10$ (Tab. 481.1). Bei der Diffusionsberechnung ist jeweils der ungünstigere Wert anzusetzen. Das heißt, dass der kleinere Wert (z. B. $\mu = 5$) zu verwenden ist, wenn die Bauteilschicht auf der dem Diffusionsstrom zugewandten Seite angeordnet ist (z. B. auf der Innenseite). Der größere Wert (z. B. $\mu = 10$) ist zu verwenden, wenn die Bauteilschicht auf der dem Diffusionsstrom abgewandten Seite angeordnet ist (z. B. auf der Außenseite).

Beispiel: Zweischalige Außenwand, Wandaufbau und Temperaturverlauf siehe Seite 419.
Ermittlung der vergleichbaren Luftschichten $s_d = \mu \cdot s$:
1 Kalkputz: $\quad s_d = 15{,}0 \cdot 0{,}015\,\text{m} = 0{,}225\,\text{m}$
2 Hlz-12-1,4: $\quad s_d = 5{,}0 \cdot 0{,}240\,\text{m} = 1{,}200\,\text{m}$
3 Mineralfaserdämmung: $s_d = 1{,}0 \cdot 0{,}060\,\text{m} = 0{,}060\,\text{m}$
4 Luftschicht: $\quad s_d = 1{,}0 \cdot 0{,}040\,\text{m} = 0{,}040\,\text{m}$
5 VMZ-20-1,8: $\quad s_d = 10{,}0 \cdot 0{,}115\,\text{m} = 1{,}150\,\text{m}$
Summe $\quad\quad\quad\quad\quad\quad\quad\quad \underline{s_d = 2{,}675\,\text{m}}$

Ermittlung der Wasserdampfteildrücke:
Innenraumklima:
$\vartheta_{Li} = +20\,°C$, $\varphi_i = 50\%$, $p_i = 0{,}50 \cdot 2340 = 1170\,\text{Pa}$
Außenklima:
$\vartheta_{La} = -10\,°C$, $\varphi_a = 80\%$, $p_a = 0{,}80 \cdot 260 = 208\,\text{Pa}$

Ermittlung der Wasserdampfsättigungsdrücke:
$\vartheta_{oi} = +18{,}4\,°C$; $p_S = 2119\,\text{Pa}\quad \vartheta_3 = -5{,}5\,°C$; $p_S = 385\,\text{Pa}$
$\vartheta_1 = +18{,}2\,°C$; $p_S = 2091\,\text{Pa}\quad \vartheta_4 = -7{,}6\,°C$; $p_S = 321\,\text{Pa}$
$\vartheta_2 = +13{,}1\,°C$; $p_S = 1508\,\text{Pa}\quad \vartheta_{0a} = -9{,}5\,°C$; $p_S = 272\,\text{Pa}$

Die Berechnungsergebnisse werden in Bild 482.2 dargestellt.

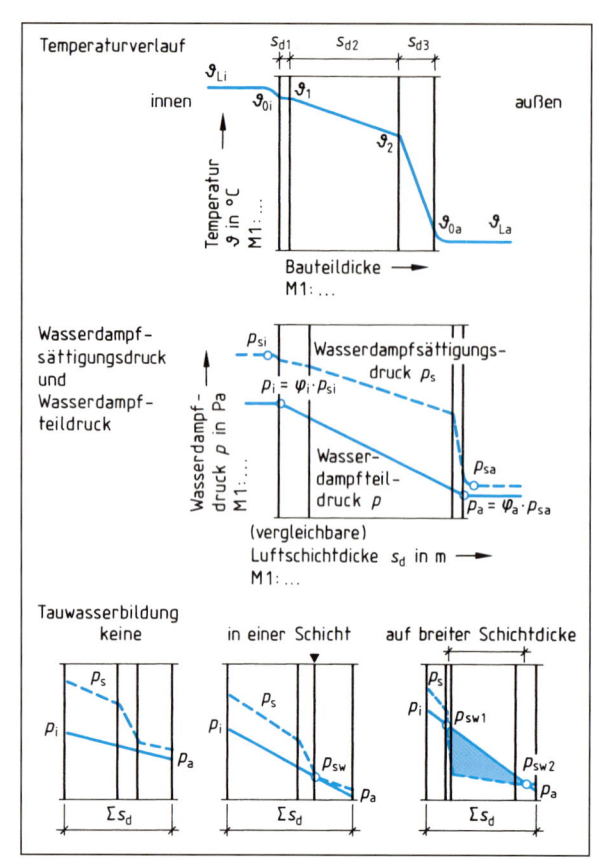

482.1 Ermittlung von Tauwasserausfall

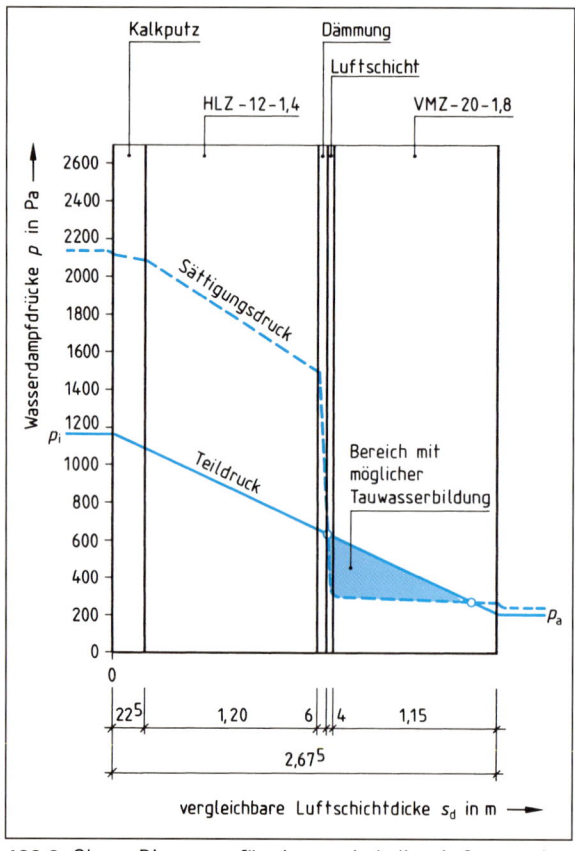

482.2 Glaser-Diagramm für eine zweischalige Außenwand

2.6 Kapillare Wasseraufnahme

Mit der kapillaren Wasseraufnahme wird die Saugfähigkeit des Baustoffes umschrieben. Durch die Kapillarkräfte wird Wasser in flüssiger Form in die Poren des Baustoffes transportiert. Auf kapillarem Wege nehmen Baustoffe immer dann Wasser auf, wenn sie direkt mit ihm in Berührung kommen. Mit dem Wasser werden häufig auch Schadstoffe wie Salze und gasförmige Verbindungen in den Baustoff transportiert. Im erdberührenden Teil eines Gebäudes spielt dieser Mechanismus eine wichtige Rolle. Die in diesem Bereich aufgenommene Feuchtigkeit wird als aufsteigende Feuchtigkeit bezeichnet. Die kapillare Wasseraufnahme kann im Wesentlichen durch zwei physikalische Gesetze beschrieben werden:

- Die maximale Steighöhe H ist umgekehrt proportional zum Kapillarradius. Dies bedeutet, dass sich in feinporigen Baustoffen größere Eindringtiefen des Wassers einstellen werden.
- Die kapillare Sauggeschwindigkeit v ist direkt abhängig vom Kapillarradius. Danach ist die Sauggeschwindigkeit in grobporigen Baustoffen wesentlich größer als die in feinporigen.

Zusammenfassend bedeutet dies, je feiner die Poren eines Baustoffes sind, desto geringer ist die Sauggeschwindigkeit und desto größer ist die theoretische maximale Steighöhe. Ist die Sauggeschwindigkeit bei feinporigen Baustoffen sehr klein, so ist es unwahrscheinlich, dass die maximal mögliche Steighöhe überhaupt erreicht wird, da dem Saugvorgang das Verdunsten des Wassers aus dem Bauteil entgegensteht.

2.7 Hygroskopische Wasseraufnahme

Bei der hygroskopischen Wasseraufnahme handelt es sich um eine erhöhte Wasseraufnahme von Baustoffen, wenn diese Salze enthalten. Unter der **Hygroskopizität** versteht man die Eigenschaft von Salzen, Wasser aus der umgebenden Raumluft bei entsprechender Luftfeuchtigkeit aufzunehmen. Die Folge ist, dass im Baustoff vorhandene oder hineingetragene Salze den Feuchtigkeitsgehalt dieser Baustoffe erhöhen können. Die Größe der Feuchtigkeitsaufnahme ist abhängig von der Art und der Menge des im Baustoff vorhandenen Salzes sowie von der Höhe der relativen Luftfeuchte der umgebenden Luft.
Einige bauschädliche Salze sind Gips (Calciumsulfat), Kalksalpeter und Calciumchlorid.

2.8 Kapillarkondensation

Unter der Kapillarkondensation versteht man die Bildung von Feuchtigkeit in den Poren eines Baustoffes bereits unterhalb des Wasserdampfsättigungsdruckes. Sie ist dafür verantwortlich, dass Baustoffe unter Normalbedingungen niemals völlig trocken sind, sondern immer eine gewisse Restfeuchte enthalten. Diese Restfeuchte wird als **Ausgleichsfeuchte** bezeichnet. Ihre Größe ist abhängig von der Art des Baustoffes (Größe und Struktur der Poren) und der relativen Luftfeuchte. Verändert sich die relative Luftfeuchte in einem Raum, so verändert sich ebenfalls die Ausgleichsfeuchte in dem jeweiligen Baustoff. In Bild 483.1 ist dieser Zusammenhang für einige Baustoffe aufgetragen.

Die Ausgleichsfeuchte ist somit die Feuchtigkeit, die ein Baustoff bei einer längeren Verweildauer in einem Raum in Abhängigkeit von der dort vorhandenen relativen Luftfeuchte aufnimmt.

Im Rahmen der Untersuchung der Feuchtigkeit eines Baustoffes spielt die Frage eine wesentliche Rolle, wann ein Baustoff überhaupt trocken oder feucht ist:
Ein Baustoff ist dann physikalisch als trocken zu bezeichnen, wenn sich sein Feuchtegehalt im Bereich seiner Ausgleichsfeuchte befindet.
Wird bei einem Baustoff ein höherer Feuchtegehalt festgestellt, so kann dieser begründet sein in einer zusätzlichen Feuchtigkeitsaufnahme aus **Kapillarität, Kondensation** oder **Hygroskopizität**. Darin ist dann die Schadensursache zu suchen, um entsprechende Sanierungsmaßnahmen einleiten zu können.

2.9 Richtiges Heizen und Lüften

Gerade in neu hergestellten Gebäuden ist noch viel Feuchtigkeit vorhanden, die ihre Ursache in der Bauerstellung selbst hat, durch die Verwendung von Anmachwasser und durch die chemische Erhärtungsreaktion einiger Bindemittel. Hinzu kommt noch die Feuchtigkeit, die durch die Wohnnutzung entsteht.
Durchfeuchtungen mangels Lüftung treten meist in den Schlafräumen und Bädern, teilweise auch in Kellerräumen auf. Problematisch zeigen sich insbesondere Außenwände, die durch Schränke oder schwere Vorhänge bedeckt sind. Die durch den Wohnbetrieb entstehende Feuchtigkeit soll möglichst bereits während des Entstehens nach außen abgeführt werden. Man kann dies am besten durch mehrmalige Stoßlüftung am Tage erreichen.

Der erforderliche Luftwechsel liegt bei 0,8 bis 1,0 pro Stunde. Dies bedeutet, dass das Volumen der Raumluft 0,8 bis 1,0 × pro Stunde ausgewechselt werden soll. Dabei ist jedoch zu beachten, dass die hereingelüftete Außenluft unverzüglich wieder aufzuheizen ist.

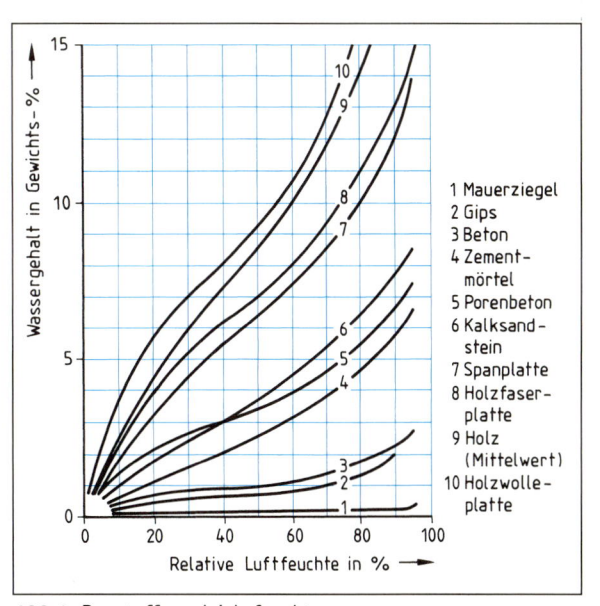

483.1 Baustoffausgleichsfeuchte

1 Mauerziegel
2 Gips
3 Beton
4 Zementmörtel
5 Porenbeton
6 Kalksandstein
7 Spanplatte
8 Holzfaserplatte
9 Holz (Mittelwert)
10 Holzwolleplatte

3 Bauwerksabdichtungen

Bauwerke müssen gegen Bodenfeuchtigkeit und gegen Wasser in tropfbar-flüssiger Form nach DIN 18195 abgedichtet werden. Diese Norm gilt nicht für die Abdichtung von
- nicht genutzten Dachflächen,
- von extensiv begrünten Dachflächen,
- Fahrbahnen im öffentlichen Straßen- und Schienenverkehr,
- Deponien, Erdbauwerken und bergmännisch erstellten Tunnels.

Die Angriffsart des Wassers und die Nutzung des Bauwerks oder des Bauteils bestimmen die Wahl der Abdichtungsart (Bild 484.1). Dazu müssen die Bodenart und deren Durchlässigkeitsbeiwert, die Geländeform und eventuell der Bemessungswasserstand ermittelt werden. Die Durchlässigkeit von Böden wird im Labor in einem Durchströmungsversuch bestimmt. Der Durchlässigkeitskoeffizient k in m/s wird nach folgender Formel berechnet:

$$k = \frac{Q \cdot l}{F \cdot \Delta t \cdot \Delta h}$$

Q = durchströmende Wassermenge
Δt = Durchströmungszeit
l = Länge des Probebodenkörpers
Δh = Druckdifferenz
F = Querschnitt des Probebodenkörpers

- **Stark durchlässige Böden** lassen Wasser von der Oberfläche des Geländes zum freien Grundwasserstand absickern. Sie haben einen Durchlässigkeitsbeiwert k von > 10 m/s.
- **Wenig durchlässige Böden** haben einen Durchlässigkeitsbeiwert k von ≤ 10 m/s. Bei diesen Böden besteht die Gefahr, dass in den früheren Arbeitsraum eindringendes Wasser sich zeitweise aufstaut und die Bauteile mit Druckwasser beansprucht.

Bauteilart	Wasserart	Einbauort		Einwirkungsart
Erdberührte Wände und Bodenplatten oberhalb des Bemessungswasserstandes	Kapillarwasser Haftwasser Sickerwasser	Stark durchlässiger Boden $k > 10^{-4}$ m/s		Bodenfeuchte und nicht stauendes Sickerwasser
		Wenig durchlässiger Boden $k \leq 10^{-4}$ m/s	Mit Drainung	
			Ohne Drainung bis Gründungstiefe ≤ 3 m unter OK Gelände	Aufstauendes Sickerwasser
Waagerechte und geneigte Flächen im Freien und im Erdreich; Wand und Bodenflächen in Nassräumen	Niederschlagswasser Sickerwasser Anstauebewässerung bis 10 cm Anstauhöhe bei Intensivbegrünung	Balkone u.ä. Bauteile im Wohnungsbau sowie Nassräume im Wohnungsbau		Nicht drückendes Wasser, mäßige Beanspruchung
		Genutzte Dachflächen intensiv begrünte Dächer, Nassräume (ausgenommen Wohnungsbau), Schwimmbäder		Nicht drückendes Wasser, hohe Beanspruchung
		Nicht genutzte Dachflächen frei bewittert, ohne feste Nutz-Schicht, einschließlich Extensiv-Begrünung		Nicht drückendes Wasser
Erdberührte Wände, Boden- und Deckenplatten unterhalb des Bemessungswasserstandes	Grundwasser Hochwasser	Jede Bodenart, Gebäudeart und Bauweise		Drückendes Wasser von außen
Wasserbehälter, Becken	Brauchwasser	Im Freien und in Gebäuden		Drückendes Wasser von innen

484.2 Abdichtung gegen die Wasserart in der entsprechenden Einbausituation

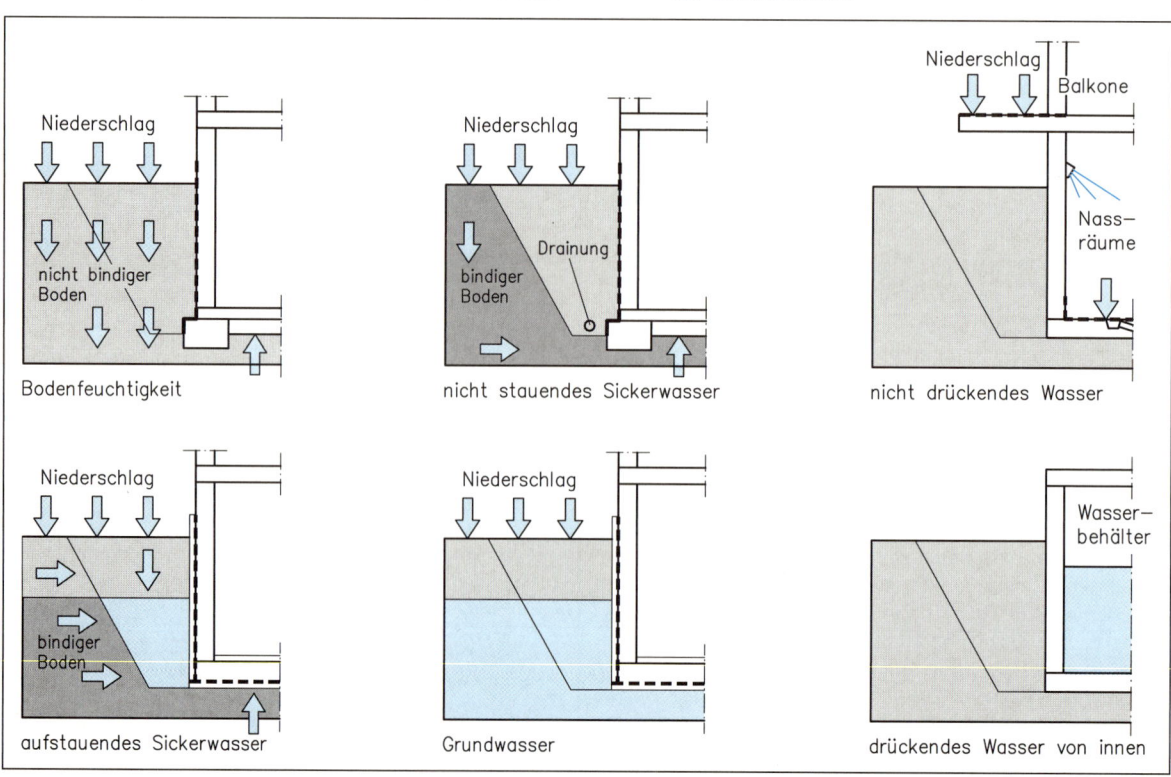

484.1 Art der Wasserwirkung

Werkstoff	Kurzbezeichnung
Nackte Bitumenbahnen	R 500 N
Bitumenbahnen mit Rohfilzeinlage	R 500
Glasvliesbitumenbahnen mit einer Trägereinlage von 60 g/m²	V 13
Bitumendachdichtungsbahnen	PV 200 DD GV 200 DD
Bitumenschweißbahnen	PV 200 S5 G 200 S5 G 200 S4 V 60 S4
Polymerbitumen-Dachdichtungsbahnen (Bahnentyp PYE)	PYE-PV 200 DD PYE-G 200 DD
Polymerbitumen-Schweißbahnen (Bahnentyp PYE)	PYE-PV 200 S5 PYP-PV 200 S5 PYE-G 200 S5 PYP-G 200 S5 PYE-G 200 S4 PYP-G 200 S4
Bitumenschweißbahnen mit 0,1 mm dicker Kupferbandeinlage	

485.1 Bitumen- und Polymerbitumenbahnen

```
PYE              PV 200            S 5
 △                △                △
Polymerbitumen   Trägereinlage    S schweißbahn
elastomer-       Polyestervlies   5 mm dick
modifiziert      200 g/m²
```

Bahnart: N Nackte Bitumenbahn   DD Dachdichtungsbahn
             D Dichtungsbahn   S Schweißbahn
Trägereinlage: R Rohglasvlies   CU Kupferbandeinlage
               V Glasvlies   G Textilglasvlies

485.2 Kennzeichnung von Bitumenbahnen

Werkstoff	Kurzbezeichnung
Ethylencopolymerisat-Bitumen	ECB-Bahnen
Polyisobutylen	PIB-Bahnen
Polyvinylchlorid weich, mit Glasvlieseinlage, nicht bitumenverträglich Polyvinylchlorid weich, mit Glasvlieseinlage, bitumenverträglich Polyvinylchlorid weich, mit Verstärkung aus synthetischen Fasern, nicht bitumenverträglich	PVC-Bahnen
Ethylen-Vinyl-Acetat-Terpolymer, bitumenverträglich	EVA-Bahnen
Elastomer mit Beschichtung zur Nahtfügetechnik sowie Dichtungsbahnen mit Selbstklebeschicht	EPDM-Bahnen

485.3 Kunststoffdichtungsbahnen

3.1 Abdichtungsstoffe

Abdichtungsstoffe sind Stoffe, die dazu bestimmt oder geeignet sind, gegen Wasser in tropfbar flüssiger Form undurchlässig zu sein. Die Abdichtungsstoffe werden nach der Verarbeitung in 3 Arten untergliedert:
- Flüssige Massen
- Bitumenbahnen und Metallbänder
- Kunststoffdichtungsbahnen

Flüssige Abdichtungsmassen. Dazu zählen Voranstrichmittel aus Bitumenlösungen und Bitumenemulsionen, heiß zu verarbeitende Klebemassen und Deckaufstrichmittel aus Straßenbaubitumen oder Oxidbitumen sowie Asphaltmastix und Gussasphalt. Bitumenvoranstriche werden durch Streichen, Rollen oder Spritzen so dick aufgetragen, dass eine Menge von 200 g/m² bis 300 g/m² gleichmäßig verteilt wird. Klebemassen und Deckaufstrichmittel werden je nach Bitumensorte bei 150 °C bis 220 °C verarbeitet. Kunststoffmodifizierte Bitumendickbeschichtungen (KMB) sind pastöse Massen auf der Basis von Bitumenemulsionen. Sie werden aufgespachtelt oder gespritzt. Es eignen sich ein- und zweikomponentige Bitumendickbeschichtungen. Asphaltmastix ist ein Gemisch aus 13 % bis 18 % Masseanteil Bitumen sowie Gesteinsmehl und Sand bis $\varnothing$ 0/2 mm. Gussasphalt besteht aus 7 % bis 9 % harten Bitumensorten und nach dem Betonprinzip aufgebautem Zuschlag mit stetiger Kornverteilung je nach Sorte bis $\varnothing$ 0/11 mm. Asphaltmastix und Gussasphalt werden mit Spachtel oder Schieber mit etwa 200 °C aufgetragen.

Bitumenbahnen (Tab. 485.1 und 485.2). Bitumenbahnen bestehen aus einer Trägereinlage wie z. B. Vliesstoffe, Gewebe, Gelege, oder Metallbänder sowie beidseitigen Bitumendeckschichten. Polymerbitumenbahnen werden in Elastomer- und Plastomerbitumenbahnen unterteilt. Die Vorteile der Elastomerbitumenbahnen sind: geringe Temperaturempfindlichkeit, verbesserte Wärmestandfestigkeit, besonders elastisch und lange Lebensdauer. Plastomerbitumenbahnen zeichnen sich durch hohe Wärmestandfestigkeit, ausreichende Kälteflexibilität, Plastizität und hohe Witterungsbeständigkeit aus. Bitumenbahnen sind vollflächig in Bitumenklebemassen zu verkleben. Schweißbahnen sind Bitumenbahnen mit dickeren Deckschichten, die im Schweißverfahren unter Wärmezufuhr verlegt werden. Kalt selbstklebende Bitumendichtungsbahnen werden unter Abziehen eines Trennpapiers flächig verklebt.

Metallbänder. Metallbänder haben einen etwa 60-mal höheren Dampfdiffusionswiderstand als Bitumenbahnen. Zur besseren Standfestigkeit besitzen sie eine Kalottenriffelung. Die Dicke des unprofilierten Bandes beträgt bei Kupfer 0,1 mm oder 0,2 mm, bei Edelstahl 0,05 mm. Die Kalotte weist eine Höhe von 1,0 mm auf. Metallbänder dürfen nur im Gieß- oder Einwalzverfahren vollflächig verklebt werden.

Kunststoffdichtungsbahnen (Tab. 485.3). Kunststoffdichtungsbahnen werden vollständig verklebt oder lose verlegt. Die Standfestigkeit erhält man durch mechanische Befestigung oder teilflächige Verklebung sowie durch eine ständig wirksame Auflast. Für die Herstellung der Naht- und Stoßverbindungen eignen sich Quellschweißen, Warmgas- und Heizelementschweißen sowie Verkleben mit Bitumenklebemasse.

Wasserundurchlässiger Beton hat tragende und abdichtende Eigenschaften. Der Baustoff wird bei der *Weißen Wanne* eingesetzt. Seine wasserdichtende Eigenschaft erhält der Beton durch den geforderten Wasserzementwert von $\leq 0{,}6$ bei einer Wassereindringtiefe von $e \leq 5$ cm. Diese Werte beziehen sich auf Betonbauteile von 10 cm bis 40 cm Dicke und gewährleisten die Unterbrechung der Kapillarporen. Weitere Anforderungen sollten folgende Werte sein:
- Betone der Betongruppe B II
- Zementgehalt: $z \approx 320$ kg/m^3
- Wassergehalt: ≤ 165 kg/m^3
- Zementleimgehalt: $v_{ZL} \leq 190$ l/m^3
- Zementart: CEM 32,5; CEM 32,5 R
- Zuschlag: A/B 32
- Zusatzmittel: Betonverflüssiger (BV) oder Fließmittel (FM)

Hilfsstoffe sind für den Aufbau der Abdichtung und deren Funktion notwendig. Dazu zählen Grundierungen, Versiegelungen, Trennschichten, Schutzlagen und Schutzschichten.
Grundierungen festigen den Untergrund und setzen dessen Saugfähigkeit herunter. *Versiegelungen* dichten Oberflächen ab, indem sie tief in die Poren des Untergrundes eindringen, ohne einen nennenswerten Film zu bilden.

Trennschichten oder *Trennlagen* trennen flächig Abdichtungen von Bauteilen. Dazu zählen:
- Ölpapier, ≥ 50 g/m^2
- Rohglasvliese nach DIN 52141
- Vliese aus Chemiefasern, ≥ 150 g/m^2
- Polyethylen-(PE-)Folie, $\geq 0{,}2$ mm dick
- Lochglasvlies-Bitumenbahn, einseitig grob besandet, $\geq 1\,500$ g/m^2

Schutzlagen schützen zusätzlich Abdichtungen. Sie ersetzen keine Schutzschicht und zählen nicht als Abdichtungslage. Dazu zählen:
- Bahnen aus PVC-halbhart, $\geq 0{,}2$ mm dick
- Bautenschutzmatten und -platten aus Gummi- oder Polyethylengranulat, ≥ 6 mm dick
- Geotextilien aus Chemiefasern, ≥ 150 g/m^2, $\geq 0{,}2$ mm dick

Schutzschichten schützen dauerhaft eine Abdichtung gegen mechanische und thermische Beanspruchungen. Dazu zählen z. B. bei Bitumendickbeschichtungen:
- expandierte Polystyrolhartschaumplatten (Perimeterdämmung)
- extrudierte Polystyrolhartschaumplatten (Perimeterdämmung)
- Noppenbahnen mit Gleitschicht
- Schaumglasplatten (Perimeterdämmung)
- Schutzstriche auf Trennfolie
- Wirrgelegebahnen mit beiderseitiger Geotextilauflage

Weitere Ausführungen von Schutzschichten für andere Abdichtungsarten bestehen aus:
- Mauerwerk, $d = 11^5$, Mörtelgruppe II oder III
- Beton oder Stahlbeton, $d \geq 5$ cm, C 16/20
- großformatige Betonfertigteile in Mörtel verlegt
- Gussasphalt, $d \geq 2$ cm

3.2 Ausführungen gegen Bodenfeuchte und nicht stauendes Sickerwasser

Waagerechte Abdichtungen in oder unter Wänden. Dafür eignen sich:
- Bitumen-Dachbahnen mit Rohfilzeinlage
- Bitumen-Dachdichtungsbahnen
- Kunststoffdichtungsbahnen

Die Bahnen sind häufig einlagig und mindestens in eine Lagerfuge des Mauerwerks einzubauen. Sie dürfen nicht aufgeklebt werden. Die Stoßüberdeckung muss ≥ 20 cm betragen. Die Überdeckungen dürfen überklebt werden.

Senkrechte Abdichtungen von Außenwandflächen (Bild 488.1). Sie müssen planmäßig bis 30 cm über das Gelände geführt werden, damit ausreichende Reserve für Anpassungsmöglichkeiten besteht. Im Endzustand darf der Wert 15 cm nicht unterschreiten. Ist dies in Sonderfällen, wie z. B. bei Terrassentüren und Hauseingängen nicht möglich, sind besondere Konstruktionen, wie große Vordächer, Rinnen mit Abdeckungen oder Gitterroste, einzuplanen. Oberhalb des Geländes darf die Abdichtung entfallen, wenn dort ausreichend Wasser abweisende Bauteile vorhanden sind. Ist dies nicht der Fall, muss die Abdichtung hinter der Sockelbekleidung hochgezogen werden. Für die Abdichtungen können folgende Werkstoffe verwendet werden:
- kunststoffmodifizierte Bitumendickbeschichtung (KMB), Trockenschichtdicke ≥ 3 mm
- Bitumenbahnen, mindestens einlagig geklebt
- kaltselbstklebende Bitumen-Dichtungsbahnen (KSK), mindestens einlagig geklebt
- Kunststoff- und Elastomer-Dichtungsbahnen, mindestens einlagig befestigt
- Elastomer-Dichtungsbahnen mit Selbstklebeschicht, einlagig befestigt, Überlappungen sind zu verschweißen.

Waagerechte Abdichtungen von Bodenplatten. Als Untergrund eignet sich eine Betonschicht. Darauf können folgende Abdichtungen aufgespachtelt oder aufgeklebt werden:
- kunststoffmodifizierte Bitumendickbeschichtungen (KMB), Trockenschichtdicke ≥ 3 mm
- Bitumenbahnen
- kaltselbstklebende Bitumen-Dichtungsbahnen (KSK)
- Kunststoff- und Elastomer-Dichtungsbahnen
- Elastomer-Dichtungsbahnen mit Selbstklebeschicht
- Asphaltmastix, $d \geq 7$ mm bzw. ≤ 15 mm

3.3 Ausführungen gegen von außen drückendes Wasser und aufstauendes Sickerwasser

Die Abdichtung wird in der Regel an der wasserzugekehrten Seite aufgebracht und muss das Bauwerk wie eine geschlossene Wanne umgeben. Bei stark durchlässigem Boden ist die Abdichtung ≥ 30 cm über den Bemessungswasserstand zu führen. Bei wenig durchlässigem Boden ist die Abdichtung ≥ 30 cm über die geplante Geländeoberkante hochzuziehen.

Bautenschutz

Es werden zwei Abdichtungsarten unterschieden:
- Bauwerksabdichtungen in drückendem Wasser sind Abdichtungsmaßnahmen im Grundwasser und Schichtenwasser, unabhängig von Gründungstiefe, Eintauchtiefe und Bodenart.
- Bauwerksabdichtungen gegen zeitweise aufstauendes Sickerwasser sind Abdichtungsmaßnahmen auf Kelleraußenwänden und Bodenplatten bei Gründungstiefen bis 3,00 m unter Geländeoberkante (GOK) in wenig durchlässigen Böden ohne Drainung. Die Kellerbodensohle muss mindestens 30 cm über dem Bemessungswasserstand liegen. Der Bemessungswasserstand ist der höchste über viele Jahre ermittelte Grundwasserstand/Hochwasserstand.

Die Ausführung (Tab. 487.1 und 487.2), wie z. B. Art und Anzahl der Dichtungslagen, Klebeart sowie die Mindesteinpressung ist abhängig von der Eintauchtiefe und der Druckbelastung. Die Mindesteinpressung wird durch die Eigenlast der Bauteile, wie z. B. die der Schutzschicht, und der Verkehrslast erzeugt.

Schwarze und **Weiße Wannen** sind Gründungs- und Kellerkonstruktionen gegen drückendes Wasser. Für die *Schwarze Wanne* (Bild 488.2) werden zuerst die Schutzschichten, das sind die dem Wasser zugekehrten äußersten Schichten, aus Stahlbeton oder Mauerwerk errichtet. Auf diesen Träger werden die Abdichtungsbahnen so aufgeklebt, dass sie eine geschlossene Wanne bilden. In diese Wanne wird dann der Keller, bestehend aus tragender Bodenplatte, Außen- und Aussteifungswänden, betoniert. Bei der *Weißen Wanne* (Bild 489.2) übernimmt der wasserundurchlässige Beton der Stahlbetonbodenplatte sowie der Außenwände die tragende und abdichtende Aufgabe. Die Bauteile sollten folgende Mindestabmessungen nicht unterschreiten:

- Sauberkeitsschicht: $d \geq 5$ cm $\geq C\ 16/20$
- Sohlplatte aus Stahlbeton: $d \geq 25$ cm $\geq C\ 25/30$
- Wände aus Ortbeton: $d \geq 30$ cm $\geq C\ 25/30$
- Wände als Dreifachwand, unbewehrt: $d \geq 25$ cm $\geq B\ 25/30$

Die Fugenabdichtung waagerecht/lotrecht der Bewegungsfugen, Scheinfugen und Arbeitsfugen muss sorgfältig ausgeführt werden.

Werkstoff	Anzahl der Schichten	Bemerkung
Kunststoffmodifizierte Bitumendickbeschichtung (KMB)	2 Arbeitsgänge	Gesamttrockendicke ≥ 4 mm Schutzschicht mit Gleitfolie auf der Abdichtungsseite erforderlich
Polymerbitumen-Schweißbahnen	1 Lage	Voranstrich und Schutzschicht mit Gleitfolie auf der Abdichtungsseite erforderlich
Bitumen- oder Polymerbitumen-Bahn	2 Lagen	Bahnen mit Gewebe oder Polyestervlieseinlage sowie Schutzschicht mit Gleitfolie auf der Abdichtungsseite erforderlich
Kunststoff- und Elastomer-Dichtungsbahnen	1 Lage	Schutzschicht mit Gleitfolie auf der Abdichtungsseite erforderlich

487.1 Ausführung gegen aufstauendes Sickerwasser

Werkstoff	Gebäude-Eintauchtiefe in m	Klebeverfahren	Anzahl der Lagen	Einlage
Nackte Bitumenbahn	≤ 4	Bürstenstreich-, Gieß- und Einwalzverfahren	≥ 3	keine
die Abdichtung muss mit einem Druck von $\geq 0,01$ MN/m² eingepresst sein	> 4 bis ≤ 9	Bürstenstreich-, Gießverfahrn	≥ 4	
		Gieß- und Einwalzverfahren	≥ 3	
Maximale Druckbelastung: $\leq 0,6$ MN/m²	> 9	Bürstenstreich-, Gießverfahren	≥ 5	
		Gieß- und Einwalzverfahren	≥ 4	
Nackte Bitumenbahn und Metallbänder	≤ 9	Bürstenstreich-, Gieß- und Einwalzverfahren	≥ 3	keine
Mindesteinpressung nicht erforderlich Maximale Druckbelastung: ≤ 1 MN/m²	> 9	Bürstenstreich-, Gießverfahren	≥ 4	
		Gieß- und Einwalzverfahren	≥ 3	
Bitumenbahn oder Polymer-Bitumen-Dachdichtungsbahn	≤ 4	Bürstenstreich-, Gieß- und Einwalzverfahren	≥ 2	Gewebe oder Vlies
Mindesteinpressung nicht erforderlich	> 4 bis ≤ 9		≥ 3	Gewebe oder Vlies
			$\geq 1 + 1$	Gewebe bzw. Vlies + Kupferband
Maximale Druckbelastung: $\leq 0,8$ MN/m²	> 9		$\geq 2 + 1$	Gewebe bzw. Vlies + Kupferband
Kunststoff- und Elastomerdichtungsbahn und nackte Bitumenbahn Mindesteinpressung nicht erforderlich;		Bürstenstreichverfahren	$\geq 1 + 1 + 1$ Kunststoff-Dichtungsbahn zwischen zwei Lagen nackter Bitumenbahnen	
			Dicke (mm) der Bahnen aus	
			EVA, PIB bzw. PVC-P	ECB und EPDM
Maximale Druckbelastung: ≤ 1 MN/m² bei PIV $\leq 0,6$ MN/m²	≤ 4		$d \geq 1,5$	$d \geq 2,0$
	> 4 bis ≤ 9		$d \geq 2,0$	$d \geq 2,5$
	> 9		$d \geq 2,0$	$d \geq 2,5$
Kunststoff-Dichtungsbahn aus PVC-P, lose verlegt	≤ 4		$d \geq 2,0$	

487.2 Ausführung gegen drückendes Wasser

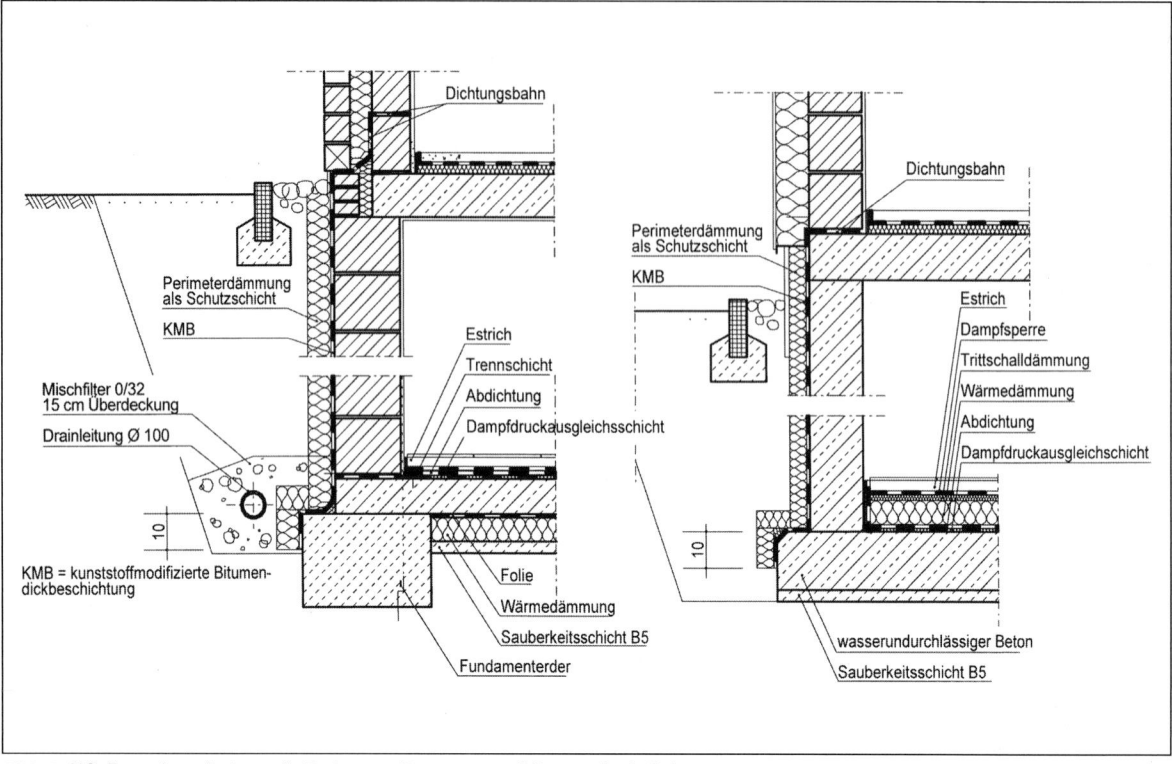

488.1 UG-Fassadenschnitte mit Perimeterdämmung und Bauwerksabdichtung

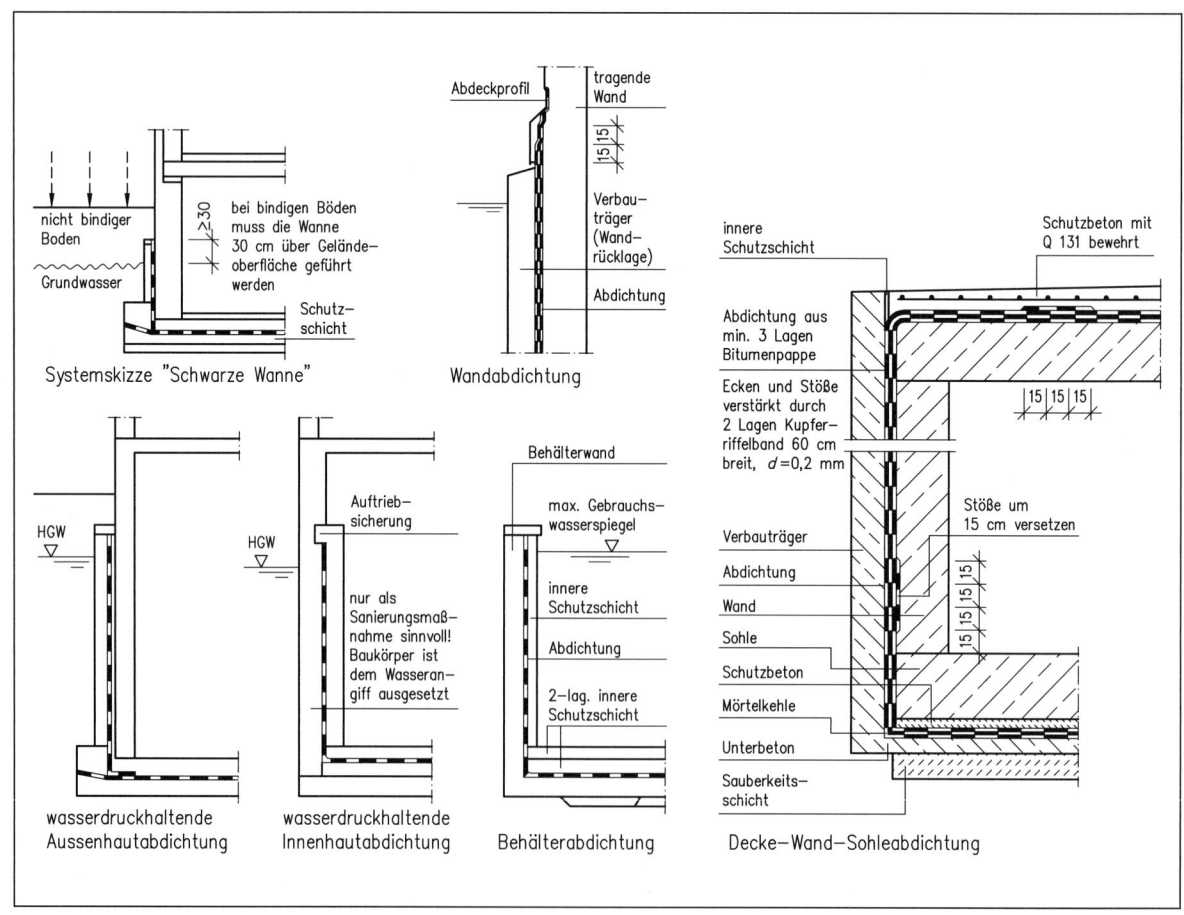

488.2 Schwarze Wanne

Bautenschutz

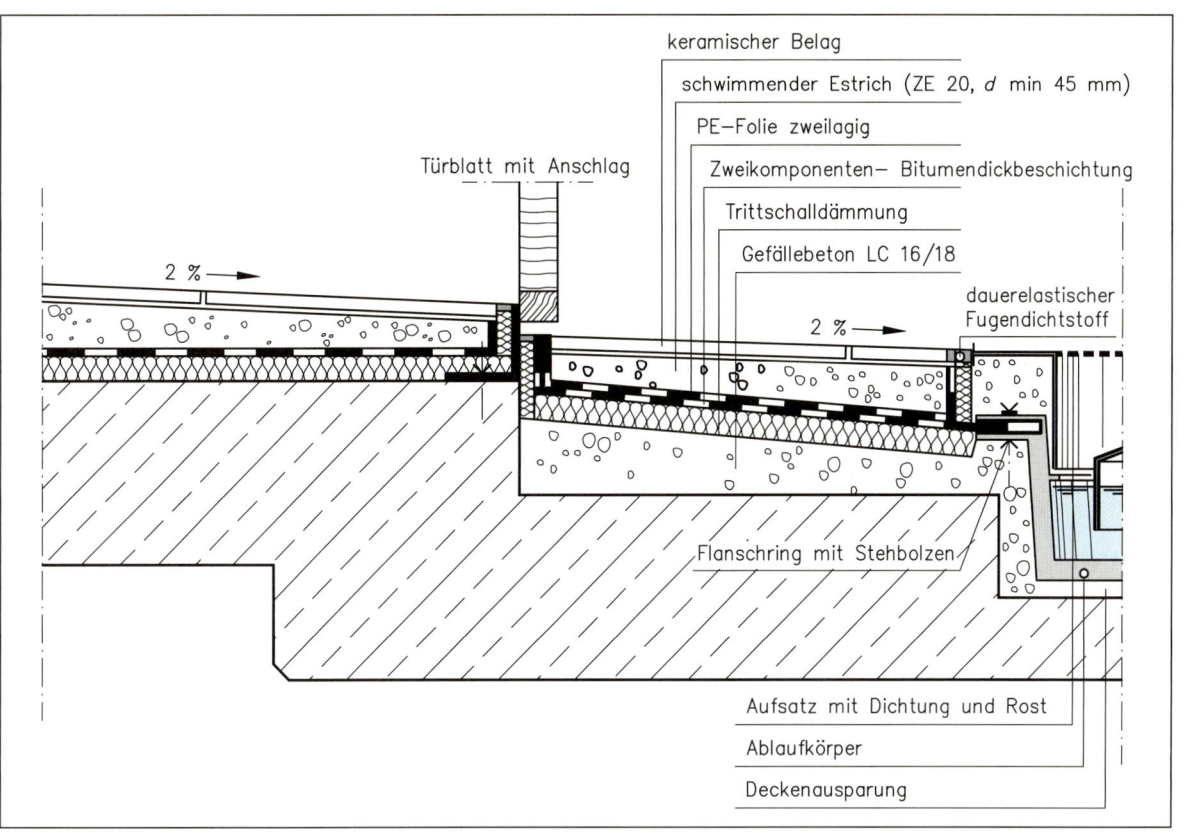

489.1 Waagerechte Abdichtung mit Bodenlauf

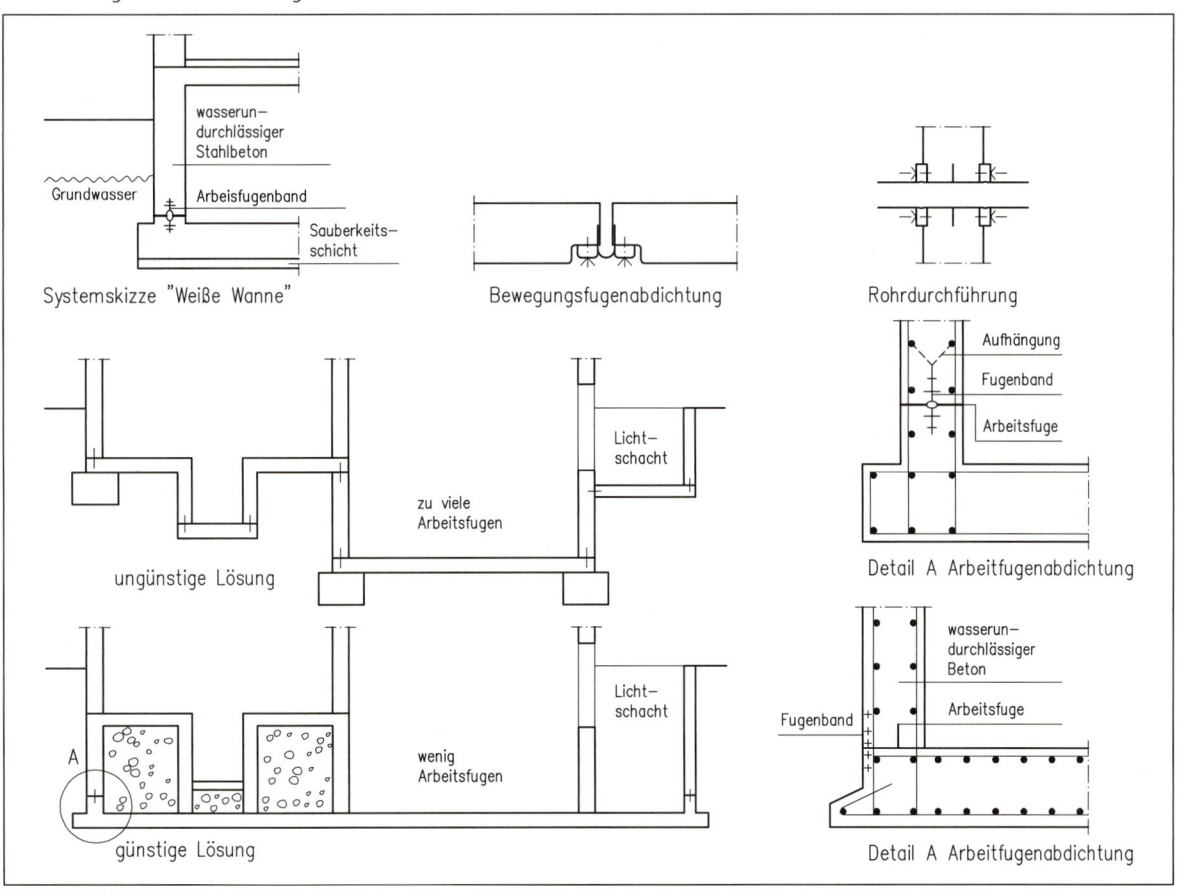

Labels:
- Türblatt mit Anschlag
- keramischer Belag
- schwimmender Estrich (ZE 20, d min 45 mm)
- PE-Folie zweilagig
- Zweikomponenten-Bitumendickbeschichtung
- Trittschalldämmung
- Gefällebeton LC 16/18
- dauerelastischer Fugendichtstoff
- Flanschring mit Stehbolzen
- Aufsatz mit Dichtung und Rost
- Ablaufkörper
- Deckenaussparung
- 2 %

489.2 Weiße Wanne

- Systemskizze "Weiße Wanne"
  - Grundwasser
  - wasserundurchlässiger Stahlbeton
  - Arbeitsfugenband
  - Sauberkeitsschicht
- Bewegungsfugenabdichtung
- Rohrdurchführung
- ungünstige Lösung — zu viele Arbeitsfugen, Lichtschacht
- günstige Lösung — wenig Arbeitsfugen, Lichtschacht
- Detail A Arbeitsfugenabdichtung
  - Aufhängung
  - Fugenband
  - Arbeitsfuge
- Detail A Arbeitsfugenabdichtung
  - wasserundurchlässiger Beton
  - Arbeitsfuge
  - Fugenband

4 Schallschutz

Der Schallschutz in Gebäuden hat große Bedeutung für die Gesundheit und das Wohlbefinden des Menschen. Besonders wichtig ist der Schallschutz im Wohnungsbau, da die Wohnung dem Menschen zur Entspannung und zum Ausruhen dient, aber auch den eigenen häuslichen Bereich gegenüber Nachbarn abschirmen soll. Ziel des Schallschutzes ist es, Menschen in Aufenthaltsräumen vor unzumutbaren Belästigungen durch Schallübertragung zu schützen. Es kann jedoch nicht erwartet werden, dass durch Schallschutzmaßnahmen keine Geräusche mehr von außen oder benachbarten Räumen wahrgenommen werden.

Unter Schallschutz werden Maßnahmen gegen die Schallentstehung (**Primär-Maßnahmen**) und Maßnahmen, die die Schallübertragung von einer Schallquelle zum Hörer vermindern (**Sekundär-Maßnahmen**), verstanden. Bei den Sekundär-Maßnahmen für den Schallschutz muss beachtet werden, ob sich die Schallquelle und der Hörer in verschiedenen Räumen oder in demselben Raum befinden. Befinden sich Schallquelle und Hörer in verschiedenen Räumen, wird der Schallschutz hauptsächlich durch Schalldämmung erreicht. Befinden sie sich in demselben Raum, sind Maßnahmen zur Schallabsorption erforderlich (Bild 490.1).

4.1 Bauakustische Grundbegriffe

Mechanische Schwingungen und Wellen eines elastischen Stoffes, insbesondere im Frequenzbereich des menschlichen Hörens, bezeichnet man als Schall.

Eine **Frequenz** f ist die Schwingungszahl der Verdichtungswellen je Sekunde. Sie wird in Hertz (Hz) gemessen. Eine Erhöhung der Frequenz bedeutet eine Erhöhung des Tones. Für das menschliche Ohr sind 16 bis 16 000 Hz wahrnehmbar. Mit zunehmendem Alter des Menschen verkleinert sich der hörbare Frequenzbereich (Bild 491.1).

Als **Eigenfrequenz (Resonanz)** wird der Frequenzbereich eines Bauteils (Resonators) bezeichnet, unter dem es angeregt von der Schallquelle (Erreger) mitschwingt. Eigenfrequenz vermindert bei Bauteilen die Dämmwirkung.

Die **Grenzfrequenz** ist der Frequenzbereich, in dem sich die Schalldämmung verschlechtert. Ungünstig wirkt sich diese Eigenschaft in den Bereichen 200 bis 2 000 Hz aus, die für Bauteile zu vermeiden sind. Außerhalb der Grenzfrequenz nimmt der Dämmwert mit steigender Frequenz zu.

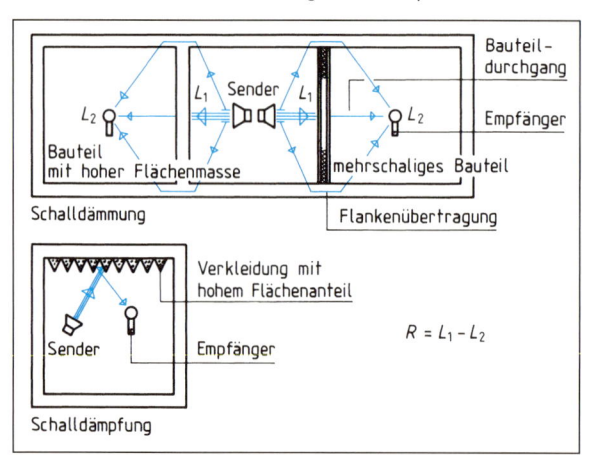

Die **Dynamische Steifigkeit** s' ist die akustische Kenngröße eines Schalldämmstoffes. Je kleiner die dynamische Steifigkeit eines Stoffes ist, desto größer ist sein Federungsvermögen. Die dynamische Steifigkeit ist dickenabhängig.

Die **Schallausbreitung** erfolgt kugelförmig von der Schallquelle. Schwingen die Moleküle längs zur Fortpflanzungsrichtung, so entstehen Längswellen. Senkrecht zur Ausbreitungsrichtung schwingende Moleküle erzeugen Biegewellen (Bild 490.2).

Die **Schallabsorption** (Schallschluckung) ist der Verlust an Schallenergie, wenn Schall in poröse Stoffe eindringt und dort mehrfach reflektiert wird (Bild 491.2). Die Schallenergie wird dabei in Wärmeenergie umgewandelt.

Unter **Schallreflektion** (Schallspiegelung) ist das Abweisen des Schalls von Stoffen zu verstehen. Der Schall wird dabei wie ein Lichtstrahl unter dem gleichen Winkel zur Bauteilebene reflektiert (Bild 491.3).

Der **Schalldruck** p ist der Wechseldruck, der durch die Schallwelle in Gasen oder Flüssigkeiten erzeugt wird und der sich mit dem atmosphärischen Druck der Luft überlagert (Einheit: 1 Pascal, mbar).

Aus der Beschreibung des Schalls als Schwingung und der Schallübertragung als Schwingungsübertragung ist festzuhalten, dass das menschliche Ohr die Schallwellen in der Luft wahrnimmt. Die Schallempfindung wird durch die Druckunterschiede in der Luft hervorgerufen. Physikalisch wird die Schallstärke durch die Druckschwankungen der Luftschallwelle bestimmt. Starke Druckschwankungen empfindet man als einen lauten, schwächere Druckschwankungen als einen leiseren Ton. Diese Druckschwankungen lassen sich durch Membranausschlag in einem Messgerät (Mikrofon) feststellen. Der zwischen der Hörschwelle und der Schmerzgrenze liegende physikalische Schalldruck (gemessen in Pascal) erstreckt sich auf über sechs Zehnerpotenzen. Eine derartige Beschreibung der Schallstärke würde eine Messskala von 1 bis 1 000 000 erfordern. Deshalb wurde der Schalldruckpegel L zur Bestimmung der Schallstärke eingeführt.

Der **Schalldruckpegel** L ist der zehnfache Logarithmus vom Verhältnis des Quadrats des jeweiligen Schalldrucks P zum Quadrat des festgelegten Bezugs-Schalldrucks p_0:

$$L = 10 \lg \frac{p^2}{p_0^2} \text{ dB} = 20 \lg \frac{p}{p_0}; \; p_0 = 20 \text{ Pa}$$

Schalldruckpegel und alle Schallpegeldifferenzen werden

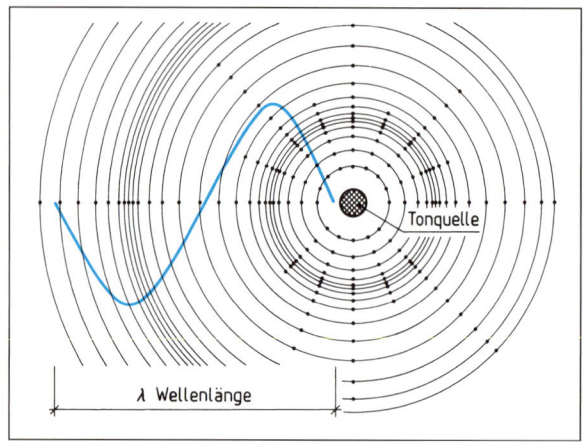

490.1 Schallschutzarten

490.2 Schallausbreitung

Bautenschutz

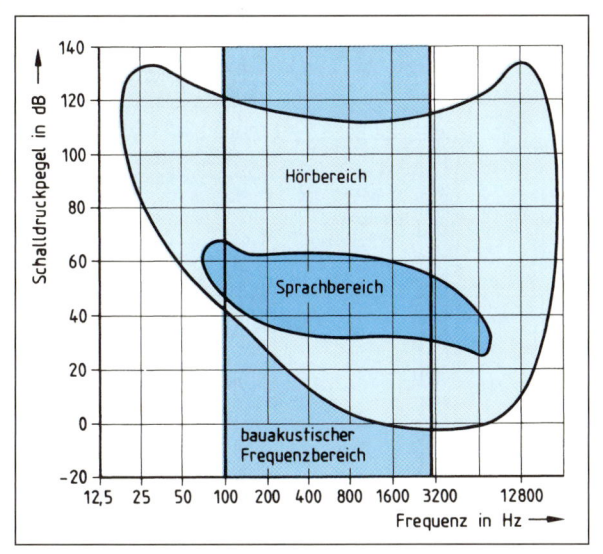

491.1 Wichtige Frequenzbereiche

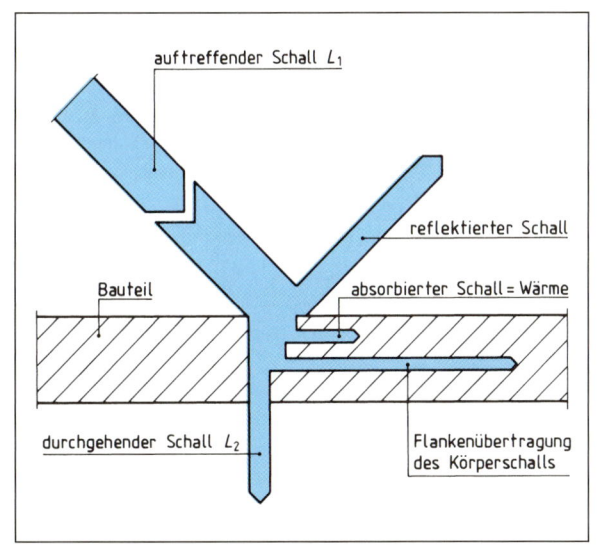

491.2 Schallverluste

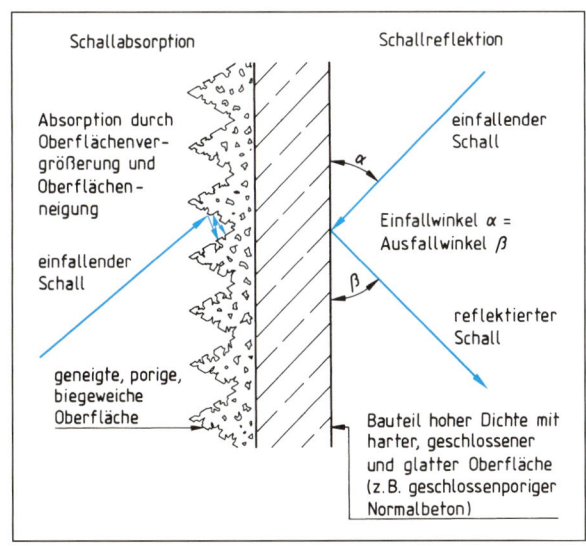

491.3 Schallabsorption und Schallreflektion

in Dezibel (Kurzzeichen: dB) angegeben. Bei dieser kompliziert erscheinenden Formel sollte der Baupraktiker nur wissen, dass es sich um eine logarithmische Rechnung zur Reduzierung des Umfangs der Messskala handelt und dass der jeweilig vorhandene Schalldruck in Beziehung zur „Hörschwelle" (entspricht dem Bezugs-Schalldruck p_0) gesetzt ist. Im Bereich der Hörschwelle liegt ein Schallpegel von 0 dB und im Bereich der Schmerzgrenze ein Schallpegel von 120 dB vor. Dezibel ist ein wie eine Einheit benutztes Zeichen, das zur Kennzeichnung von logarithmierten Verhältnisgrößen dient. Der Vorsatz „dezi" besagt, dass die Kennzeichnung „Bel", die für den Zehnerlogarithmus eines Energieverhältnisses verwendet wird, zehnmal größer ist. Von dem definierten Begriff des Schalldruckpegels L sind die für die Schallempfindung gebräuchlichen Begriffe des Lautstärkepegels und der Lautheit zu unterscheiden.

Der **Lautstärkepegel (phon)** ist gleich dem Schalldruckpegel eines 1000 Hz-Tones, der beim Hörvergleich mit einem Geräusch als gleich laut wie dieses empfunden wird.

Die **Lautheit (sone)** gibt an, um wievielmal lauter das Geräusch als ein 1000 Hz-Ton mit einem Schalldruckpegel von 40 dB empfunden wird.

Der physikalische Schalldruckpegel L wird nicht unmittelbar in die Schallschutzregeln des Hochbaues übertragen, denn das menschliche Ohr empfindet bei einem physikalisch gleichen Schallpegel die Lautstärke tonhöhenabhängig unterschiedlich. Für tiefe Töne ist das Ohr weniger empfindlich als für mittelhohe Töne. Das Ergebnis einer physikalischen Schallpegelmessung entspricht daher nicht dem Lautstärkeempfinden des menschlichen Ohres. Zusätzlich ist der Hörbereich des menschlichen Ohres auf die Töne mit einer Frequenz von etwa 16 Hz bis 16000 Hz eingeschränkt. Die besonderen Eigenschaften des menschlichen Hörempfindens dürfen bei Schallschutzmaßnahmen im Hochbau berücksichtigt werden. Dazu wurde der **A-bewertete Schalldruckpegel LA** mit der Maßeinheit dB (A) eingeführt, der etwa das menschliche Lautstärkeempfinden zahlenmäßig beschreibt. Die Anwendung der logarithmischen Grundformel führt dazu, dass oberhalb von etwa 40 dB (A) eine Schallpegeländerung um 10 dB (A) wie eine Verdoppelung der Lautstärke empfunden wird, während unterhalb von 40 dB (A) schon kleinere Pegeländerungen zu einer Verdoppelung bzw. Halbierung der Lautstärkenempfindung führen.

4.2 Luftschalldämmung

Der Schall breitet sich von der Schallquelle allseitig aus, durchdringt Bauteile und kann oft in anderen Räumen nur noch in abgeminderter Stärke wahrgenommen werden. Der Schall wird durch drei Faktoren verringert:
- Schallreflektion spiegelt einen Teil des Schalldruckes in den Raum der Schallentstehung zurück.
- Schallabsorption wandelt Teile der Schallenergie beim Durchdringen in Wärmeenergie um.
- Körperschall entsteht anteilig im Bauteil selbst und verbreitet sich auch durch Nebenwegübertragungen auf flankierende Bauteile.

Das **Schalldämmmaß** R eines Bauteils errechnet sich aus der Differenz der Schallpegel zwischen Senderaum und Empfangsraum in dB. Der erzielte Unterschied wird durch einen Wert berichtigt, der die Schallabsorbtion im Empfangsraum berücksichtigt. Die Nebenwegübertragungen des Schalls werden nicht einbezogen.

Das **Schalldämmmaß** R' enthält auch die Minderung des Schalls durch bauübliche flankierende oder andere Nebenwegübertragungen. Die beiden Werte R und R' sind frequenzabhängig und können nur aus Diagrammen entnommen werden.

Das **bewertete Schalldämmmaß** R'_w enthält einen Schalldämmwert als Einzahlangabe aus dem bauakustisch wichtigen Frequenzbereich von 100 bis 3 150 Hz und ist für die Praxis einfacher anzuwenden und ausreichend.

Hohe Schalldämmwerte können durch entsprechende Materialauswahl und Konstruktion des Bauteils erreicht werden. Voraussetzung ist, dass Undichtigkeiten durch Installationskanäle, Luftspalten unter Türen, Kabeldurchführungen etc. vermieden werden.

Einschalige Bauteile müssen, um einen hohen Dämmwert zu erreichen, ein hohes Flächengewicht haben. Ein gefordertes Dämmmaß von 55 dB erfordert ein Wandgewicht von ca. 500 kg/m². Ein Anstieg des Dämmwertes mit dem Flächengewicht ist material- und frequenzabhängig. Je höher die Frequenz, desto höher der Dämmwert. Eine Ausnahme macht der Bereich der Grenzfrequenz. Hier verschlechtert sich der Dämmwert durch Resonanzerscheinungen.

Mehrschalige Bauteile sind in der Beurteilung des Dämmwertes neben dem Flächengewicht von weiteren Faktoren abhängig. Folgende Merkmale beeinflussen die Dämmung:
- Niedrige Eigenfrequenz $f°$ (Resonanzfrequenz) des Systems (< 100 Hz) ergibt bei zunehmender Frequenz einen doppelten Anstieg des Dämmwertes gegenüber einer einschaligen Wand.
- Je größer der Schalenabstand, desto niedriger ist die Eigenfrequenz.
- Je geringer die dynamische Steifigkeit s' der federnden Schicht, desto geringer ist die Eigenfrequenz.
- Mit der Anzahl der Schalen steigt der Dämmwert. Mehr als zwei Schalen werden nur bei besonderen Bauteilen eingesetzt.
- Die Füllung der federnden Luftschicht mit einem biegeweichen Stoff mit hohem Füllungsgrad von > 60 % und hohem Strömungswiderstand ergibt einen hohen Dämmwert.
- Biegeweiche Randeinspannungen verhindern Schallbrücken auf flankierende Bauteile.

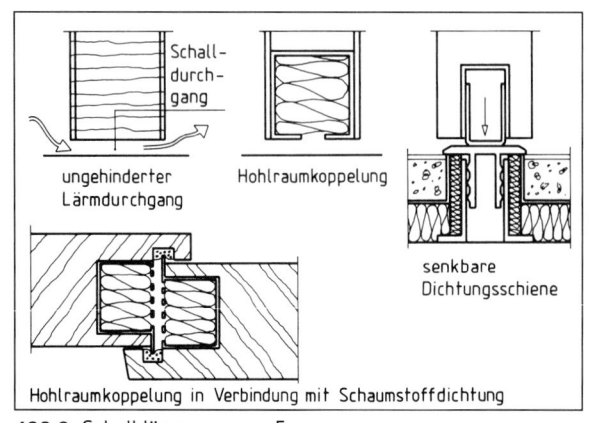

492.3 Schalldämmung von Fugen

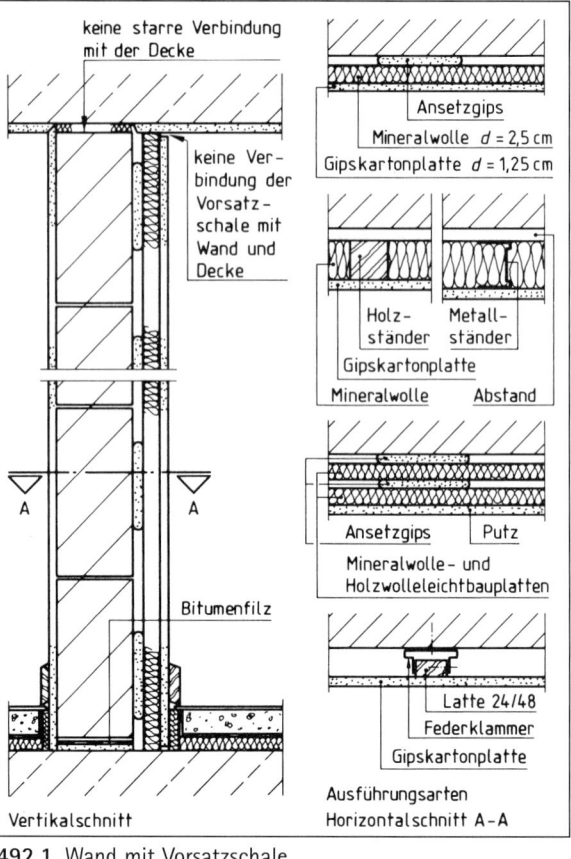

492.1 Wand mit Vorsatzschale

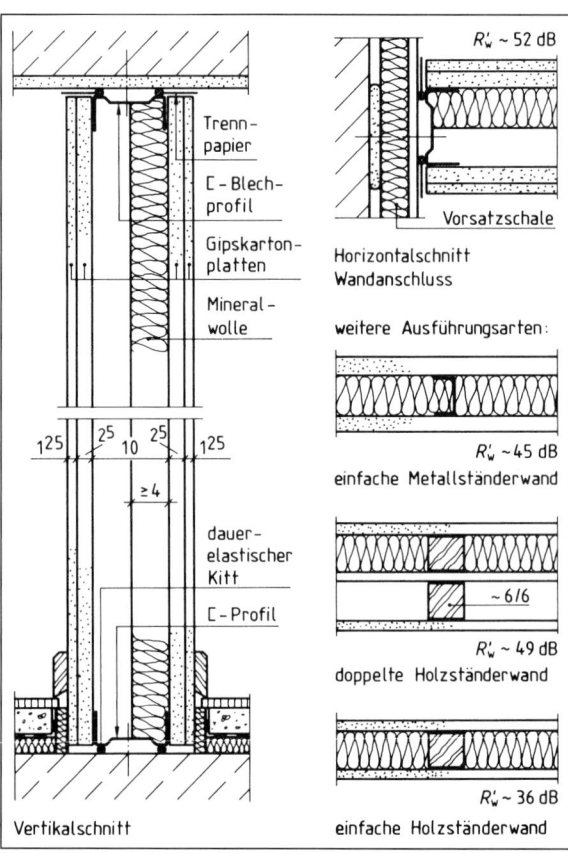

492.2 Ständer- und Riegelwände mit biegeweichen Schalen

Bautenschutz

In der Praxis werden häufig zweischalige Bauteile ausgeführt. Oft werden folgende Konstruktionen verwendet:
- Eine schwere biegesteife Schale und eine biegeweiche Schale mit einer dazwischen liegenden federnden Schicht (Bild 492.1). Diese Bauweise ist üblich, um nachträglich schalldämmende Verbesserungen an Massivwänden vorzunehmen. Dazu eignen sich Gipskartonverbundplatten (d = 12,5–30 bzw. 40) mit Mineralfasern.
- Zwei biegeweiche Schalen mit einer dazwischen liegenden federnden Schicht (Bild 492.2) werden bei leichten Trennwänden eingesetzt. Die biegeweichen Schalen bestehen häufig aus Gipskarton- oder Spanplatten sowie Stahl- oder Aluminiumblechen, die durch eine dazwischen liegende federnde Schicht aus Mineralfasern gedämpft werden.

Die flankierenden Bauteile werden durch eine Längsschalldämmung geschützt. Die Konstruktion erfolgt auf dieselbe Weise wie bei der Trennwand. Man kann den Schall durch ein hohes Wandgewicht oder durch Mehrschaligkeit mindern.

Die vereinfachte Berechnung des bewerteten Schalldämmmaßes R'_w wird über ein Schalldämmmaß einer Trenndecke oder -wand mit einem Flächengewicht von ca. 300 kg/m³ nach seiner Konstruktion ermittelt:
- als einschaliges Bauteil,
- als Bauteil, das auf einer Seite mit einer biegeweichen Vorsatzschale versehen ist,
- als Bauteil, das auf zwei Seiten mit einer biegeweichen Vorsatzschale versehen ist.

Korrekturfaktoren aus Tabellen und Diagrammen für die Abweichung vom mittleren Flächengewicht und für die Zahl der Flankenbauteile, die mit einer biegeweichen Schale versehen oder aus biegeweichen Schalen gefertigt sind, bilden den gesuchten Wert in dB.

4.3 Luftschalldämpfung

Die Luftschalldämmung eines Bauteils mindert den Schalldurchgang in andere Räume. Die Luftschalldämpfung mindert den Schall im Raum der Entstehung. Die Schallquelle kann selbst auch ein Bauteil sein, das von dem benachbarten Raum durch eine Schallquelle erregt wird. Durch das Verkleiden der Raumflächen mit Schall schluckenden (Schall absorbierenden) Materialien wie z.B. Textilien (Teppichböden, Vorhänge), Schaumstoffen (Polstermöbel), offene Wand- und Deckenverkleidungen mit hinterlegter Mineralwolle (Bild 493.1 und 493.2) etc. wird eine Schallpegelminderung erreicht. Schallwellen, die von einer Schallquelle ausgehend den Hörer direkt treffen, werden dabei nicht gemindert. Der Absorptionsgrad der einzelnen Dämmstoffe ist frequenzabhängig.

Luftschalldämpfende Maßnahmen mindern die Nachhallzeit. Sie werden auch ergriffen, wenn die Schallängsdäm-

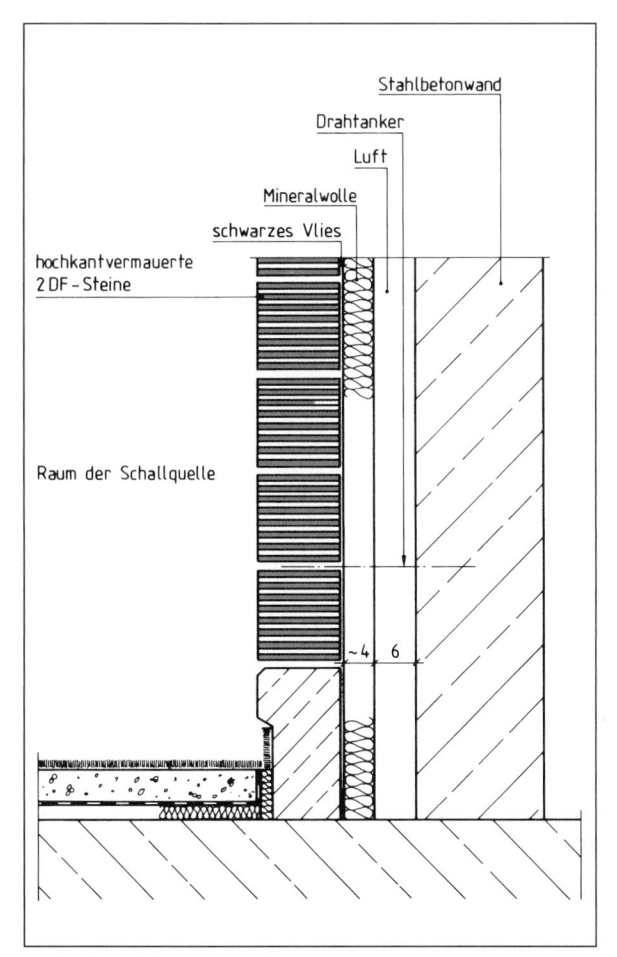

493.1 Schalldämpfende Wand

493.2 Schalldämpfende Deckenverkleidung

4.4 Trittschalldämmung

Beim Begehen einer Decke wird Körperschall erzeugt, der sich als Luftschall in die unteren Räume sowie durch Flankenübertragung über die Wände in die unteren und oberen Räume störend überträgt. Aus diesem Grunde wird für häufig begangene Räume im Untergeschoss ebenfalls ein Trittschallschutz notwendig.

Der Trittschallpegel LT wird mit einem genormten Hammerwerk auf der Decke erzeugt und im Raum darunter gemessen. Ähnlich der Luftschalldämmung beeinträchtigt die Schallschluckung des Raumes die Messwerte in dem das Empfangsmessgerät steht.

Den Normtrittschallpegel L'_n erhält man aus dem Trittschallpegel, der die Schallschluckfähigkeit des Messraumes berücksichtigt.

Der bewertete Normtrittschallpegel L'_{nw} ersetzt die Vielzahl der frequenzabhängigen Messwerte aus dem Normtrittschallpegel, wie bei der Luftschalldämmung, durch eine Einzahlangabe. Der auf diese Art gewonnene Messwert betrifft den gesamten Deckenaufbau. Je geringer dieser Wert ist, desto besser ist der Trittschallschutz. Bezieht man die Messung nur auf die Rohdecke, so bezeichnet man sie als äquivalent bewerteten Normtrittschallpegel L'_{nweq}. Damit lässt sich der Oberbodenaufbau nach der Formel berechnen: $L'_{nw} = L'_{nweq} - \Delta L_{wR} + 2\,dB$

Das Verbesserungsmaß ΔL_{wR} gibt die Verbesserung des Schallschutzes durch eine zusätzliche Auflage, z. B. durch einen Schwimmenden Estrich, auf der Rohdecke an. Das Verbesserungsmaß ist sehr von der dynamischen Steifigkeit der Trittschalldämmschicht abhängig. Trittschalldämmungswerte sind bei allen Wohn-, Büro- und Verwaltungsgebäuden in der DIN 4109 vorgeschrieben. Sie sind in Verbindung mit einer Decke von hohem Flächengewicht, z. B. bei Wohngebäuden einer Massivplattendecke von $d = 20\,cm$, auf verschiedene Weise zu erreichen:

- In Wohngebäuden werden nach der Baufertigstellung nicht tragende Zwischenwände nicht mehr versetzt. Die Oberböden werden als Schwimmende Estriche (Bild 491.1) einschließlich des Belages in den Räumen zwischen den Wänden verlegt. Um Schallbrücken zu vermeiden, darf der Oberboden mit der Wand keine Verbindung

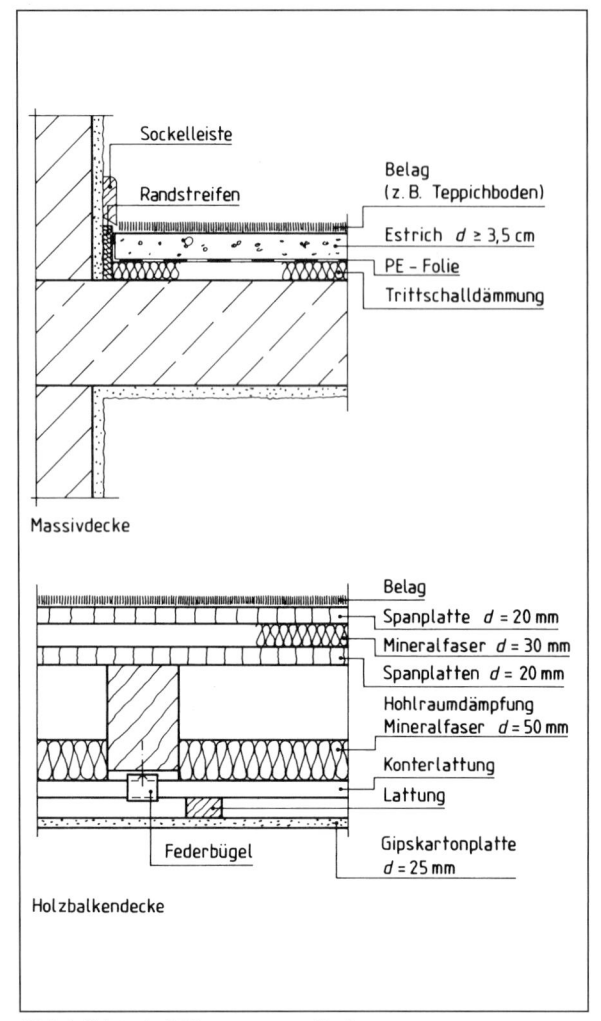

494.1 Trittschalldämmung von Decken

Massivdecke: d in cm	14	16	18	20
flächenbezogene Masse: kg/m²	322	368	414	460
äquivalenter Normtrittschallpegel: dB	77	75	73	71
schwimmende Estriche dynamische Steifigkeit der Trittschalldämmung				
$s' = 50\,MN/m^3$	57	55	53	51
$s' = 30\,MN/m^3$	55	53	51	49
$s' = 20\,MN/m^3$	51	49	47	45
$s' = 15\,MN/m^3$	50	48	46	44
$s' = 10\,MN/m^3$	49	47	45	43

494.2 Bewerteter Normtrittschallpegel für Massivdecken mit schwimmendem Estrich

mung aus anderen Räumen zu keinen befriedigenden Ergebnissen führt. Die Nachhallzeit ist die Zeitspanne, in der ein Schallpegel nach Beenden der Schallursache zusammenfällt. Günstige Nachhallzeiten liegen zwischen 1 und 3,5 s.

Typ	Dicke unbelastet mm	belastet mm	dyn. Steifigkeit MN/m³
13/10	13	10	16
20/15	20	15	10
25/20	25	20	8
30/25	30	25	6
35/30	35	30	5
40/35	40	35	5

494.3 Dynamische Steifigkeit von Mineralwolledämmplatten

haben. Der Estrich wird durch Randstreifen aus weichem Material, z.B. Mineralwolle, Wellpappe, der Fußbodenbelag durch Sockelleisten oder eine elastische Fuge von der Wand getrennt. Weich federnde Bodenbeläge und/oder eine federnd abgehängte Unterdecke verstärken den Dämmeffekt.

- In Büro- und Verwaltungsgebäuden werden häufig wiederversetzbare Leichtbauwände zur Raumbildung eingesetzt. Sie werden auf den Estrichen montiert. Um eine Flankenübertragung des Luft- und Trittschalls zu vermeiden, werden die Estriche als Verbundestriche oder als Estriche auf Gleitschicht ausgeführt. Der Trittschallschutz wird dann durch ein erhöhtes Flächengewicht der tragenden Decke, durch federnd abgehängte Unterdecken oder durch weich federnde Fußbodenbeläge erreicht.

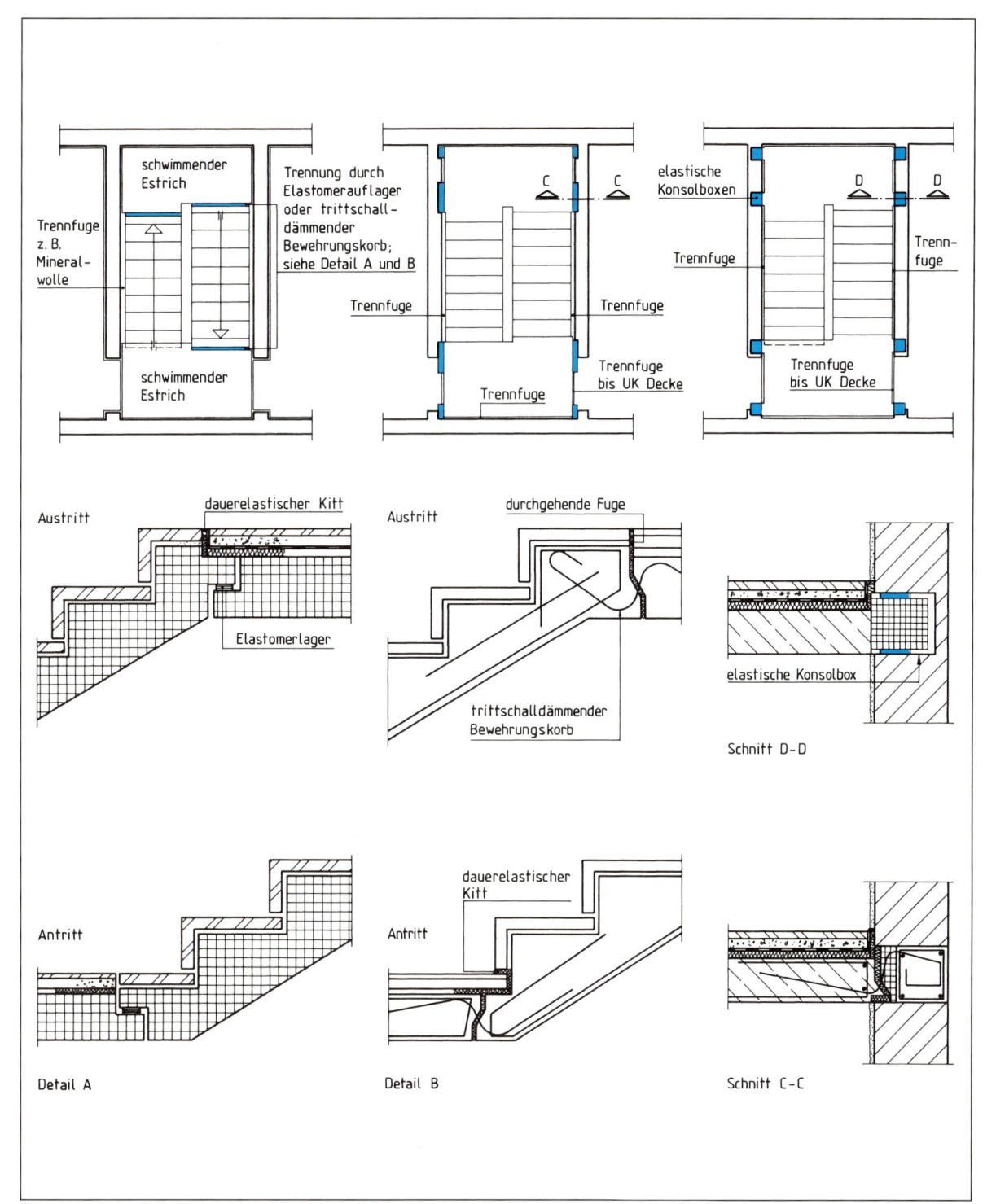

495.1 Trittschalldämpfende Maßnahmen bei Treppen

Bautenschutz

Massivtreppen übertragen den Trittschall über flankierende Bauteile. Er wird zum Teil durch die Masse des Bauteils gemindert. Für Gebäude mit mehr als zwei Wohnungen ohne Aufzug ist ein Trittschalldämmwert vorgeschrieben.

Die Beläge des Treppenlaufes lassen sich aus konstruktiven Gründen nicht in schwimmender Bauweise ausführen. Eine starre Verbindung zu Geschossdecken wird durch eine elastische Lagerung (Bild 495.1) der massiven Treppenlaufplatten auf Elastomerestreifen, elastischen Konsolboxen oder elastischen Bewehrungskörpern aufgehoben. Die Flanken der Treppenläufe werden durch elastische Platten von den Treppenhauswänden getrennt. Die Übergänge zwischen dem schwimmenden Estrich der Geschossdecke bzw. der Podeste und dem Belag der Treppenlaufkonstruktion müssen durch eine elastische Fuge gebildet werden.

Trittschalldämmstoffe werden nach ihrer dynamischen Steifigkeit eingeteilt. Diese ist umso besser, je geringer der dynamische Steifigkeitswert in MN/m^3 des Dämmstoffes und je dicker die Dämmstoffstärke ist. Da die Tragfähigkeit mit der Verbesserung des Dämmwertes sinkt, sind der dynamischen Steifigkeit nach unten Grenzen gesetzt. Es wird nach Anwendungstyp T für normale Estriche und TK für Estriche mit höheren Festigkeitsanforderungen aber ungünstigeren dynamischen Steifigkeitswerten unterschieden. Als Trittschalldämmstoffe werden überwiegend Mineralfaser-, PS-Schaum-, Kokosfaser- oder Korkplatten verwendet. Sie sind häufig zugleich Wärmedämmstoffe der Wärmeleitgruppen 035 bis 045. Nach WärmeschutzVO dürfen Schalldämmstoffe nicht beliebig dick verlegt werden. In diesem Fall verlegt man Wärme- und Trittschalldämmstoff getrennt, also zweilagig.

4.5 Körperschalldämmung

Körperschall in der Haustechnik entsteht durch Maschinen, z. B. Waschmaschinen, Gebläse bei Heizkesseln, Wärmepumpen und durch Fließ- und Aufprallgeräusche im Sanitär- und Heizungsbereich. Der Körperschall, der durch Maschinen verursacht wird, kann durch eine elastische Lagerung (Bild 496.1) ähnlich dem schwimmenden Estrich oder auf Gummi- bzw. Federelementen vermindert werden. Im Sanitärbereich wird nach zwei Lärmquellen unterschieden:
Fließgeräusche in Rohren können durch Verlangsamung der Fließgeschwindigkeit gemindert werden. Dies erreicht man, wenn die Nennweite der Rohre vergrößert wird. Auch strömungsgünstige Leitungsführung und Armaturausbildung sowie biegeweiche Lagerung der Rohre in den Befestigungsschellen tragen zu einer Minderung der Geräusche bei.
Aufprallgeräusche beim Füllen von Badewannen oder beim Duschen können durch eine freie elastische Lagerung der Wannen oder Wannenträger gedämmt werden. Besonders in Abwasserfallleitungen können die Aufprallgeräusche am Fußpunkt durch die Umlenkung mit zwei 45° Bögen gemindert werden.

4.6 Schutz gegen Außenlärm

Um effektives Arbeiten zu gewährleisten und um Krankheiten zu vermeiden, müssen Aufenthaltsräume bei der heutigen Dichte des Verkehrs vor dessen Lärm geschützt werden.

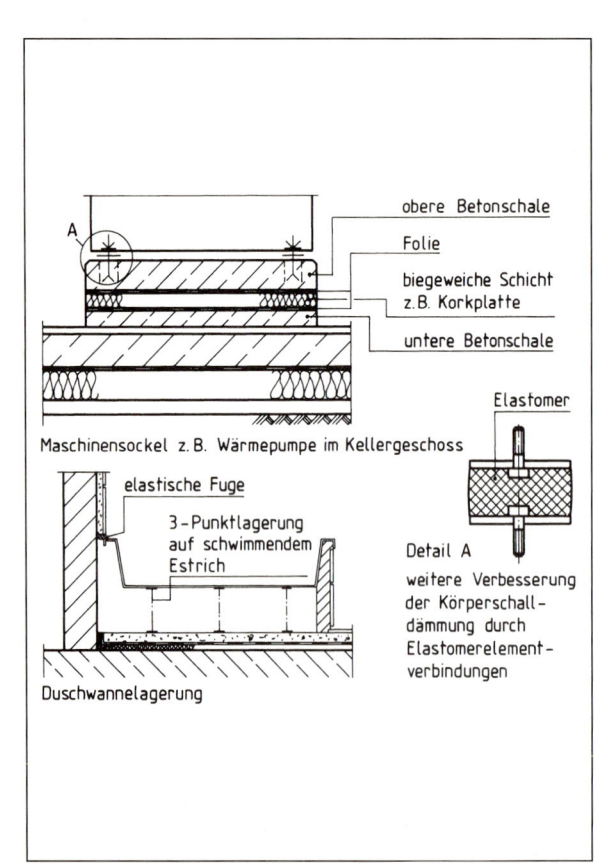

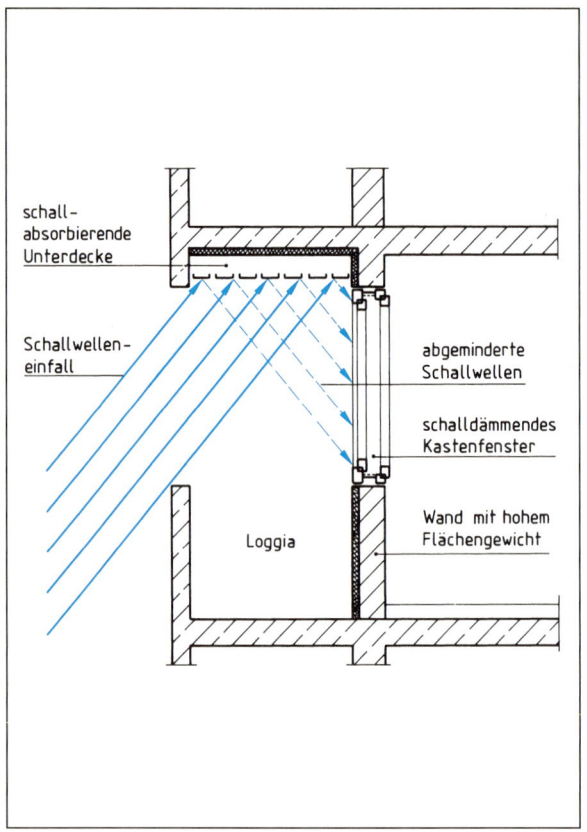

496.1 Dämmmaßnahmen gegen Körperschall

496.2 Dämmmaßnahmen gegen Außenlärm

Die Größe der vorgeschriebenen Dämmung der Außenwand einschließlich Rolladenkästen, Fenster, Lüftungsöffnungen etc. ist abhängig von dem kennzeichnenden Außenlärmpegel. Dieser wird von den vorbeifahrenden Kraftfahrzeugen pro Tag und dem Abstand der Straße vom Gebäude bestimmt. Als Dämmmaßnahmen (Bild 496.2) bieten sich an:
- Ausreichende Dämmung aller Bauteile der Außenhülle wie Wände, Fenster, Türen etc. sowie besonders deren dichte Anschlüsse zueinander.
- Einbau von Schalldämpferlüftungen oder indirekten Lüftungen bei besonders hohen Lärmbelastungen.
- Bildung ausreichender Schallabsorptionsflächen an Fassaden und innerhalb von Balkonen.
- Reflektion des Schalls in unkritische Bereiche.
- Abschirmung durch Außenanlagen wie z. B. bepflanzte Wälle, geschlossene Mauern, Tore und Nebengebäude.

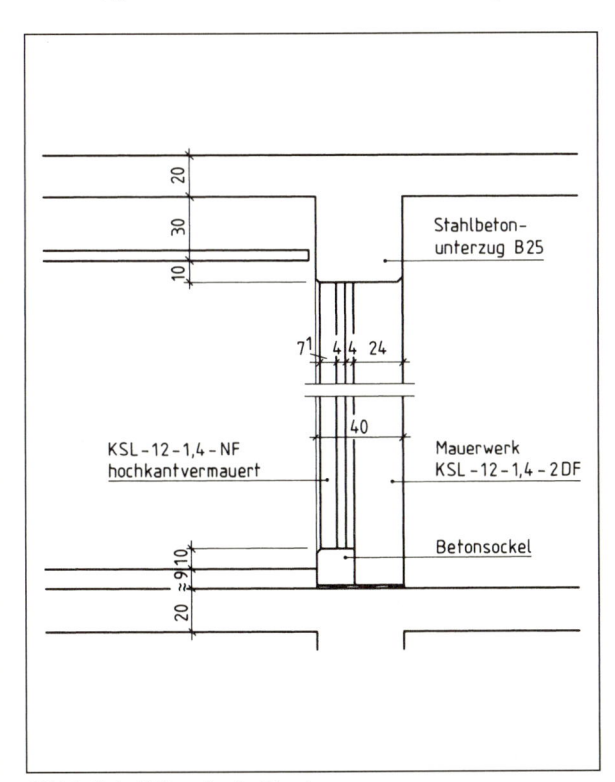

497.1 Schalldämpfende Wand

Aufgabe 1: Zeichnen Sie den Boden-Wand-Anschluss einer schalldämpfenden Wandkonstruktion im Maßstab 1:5. Der Wandaufbau besteht aus hochkant vermauerten NF-Hochlochziegelsteinen, 4 cm dicken Mineralwolleplatten und einer 2 cm dicken Luftschicht. Die Vormauerschale ist durch Maueranker mit der tragenden Wand zu verbinden. Vervollständigen Sie die Zeichnung durch eine Schall schluckende Unterdecke aus gehobelten Brettern (20 × 120 mm), die im Abstand von 20 mm voneinander montiert werden. Der schwimmende Estrich besteht aus Mineralwolleplatten 25/20, PE-Folie, 40 mm ZE 20 und 22 mm Parkett. Fehlende Angaben sind nach eigenem Ermessen zu ergänzen.
Zeichnen Sie zusätzlich als Alternative statt der NF-Hlz-Verkleidung eine Holzverkleidung nach eigener Vorstellung. Beispiele sind im Kapitel Ausbau dargestellt.

5 Brandschutz

Brandschutzvorschriften dienen der öffentlichen Sicherheit. Sie sollen sicherstellen, dass Personen einschließlich der Feuerwehrleute außerhalb und innerhalb von Gebäuden im Falle eines Brandes durch Rauch oder Feuer nicht gefährdet werden und ggf. das Gebäude sicher verlassen können. Die baulichen Gegebenheiten sind so zu planen und auszuführen, dass im Brandfalle die Löscharbeiten sicher durchgeführt werden können. Ferner sind in den Brandschutzvorschriften die Maßnahmen festgelegt, die zum Schutz von Nachbargebäuden erforderlich sind. Der Sachschutz wird baurechtlich nicht berücksichtigt.

Brände können durch unterschiedliche Ursachen entstehen, z. B. durch Überlastungen von elektrischen Anlagen, fehlerhafte oder selbst reparierte elektrische Haushaltsgeräte, unachtsame Handhabung beim Arbeiten mit Feuer gebenden/Hitze erzeugenden Geräten und Maschinen, Brandstiftung usw. Sobald es zu einer Entzündung eines brennbaren Stoffes kommt, entsteht ein Teilbrand. Dadurch erhöht sich die Temperatur im gesamten Brandbereich. Dies führt zu einer Zersetzung an den Oberflächen der erwärmten Materialien und zur Bildung brennbarer Gase. Überschreiten nun die im Brandraum verteilten Zersetzungsgase gewisse Konzentrationsgrenzen, so entzünden sich fast alle brennbaren Stoffe nahezu gleichzeitig und in kurzer Zeit steht der ganze Raum in Flammen. Diesen Vorgang bezeichnet man als Feuerübersprung (flash over). Hierbei kommt es zu Temperaturerhöhungen, die bis zu 1 000 °C und mehr betragen können, sowie zu einer Rauchentwicklung.

Über Rohre, Kabelschächte, Durchbrüche, Lüftungskanäle und Schächte können sich das Feuer und der Rauch in andere Gebäudebereiche ausbreiten. Die Schnelligkeit und die Intensität des Brandes hängen im Wesentlichen von der Brennbarkeit des Fußbodenbelags, der Möbel, Gardinen und verwendeten Baustoffe sowie von der Sauerstoffzufuhr ab. Dabei ist die Schließdichtigkeit, z. B. von Türen und Klappen, die zu Schächten und Brandabschnitten führen,

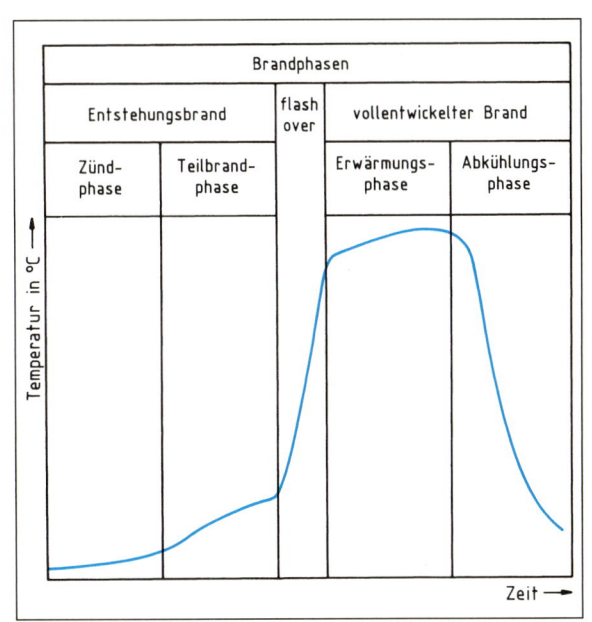

497.2 Brandverlauf

Bautenschutz

von mitentscheidender Bedeutung. Die Gefahr eines Brandes, der zu Gesundheitsschäden und zum Tod führen kann, geht neben dem Feuer und der Hitzeeinwirkung von entstehenden Rauchgasen und Dämpfen aus. Die im Bild 497.2 dargestellte Temperatur-Zeit-Kurve gibt einen idealisierten Brandverlauf wieder.

5.1 Baustoffklassen

In der Tabelle 498.1 sind die Baustoffklassen dargestellt. Bei der Prüfung der Baustoffe wird nicht nur nach dem Risiko der Brennbarkeit, sondern auch nach der Rauchdichtigkeit und der Materialzersetzung ermittelt. Baustoffe der Klasse A2 und B1 müssen ein gültiges Prüfzeichen des Deutschen Instituts für Bautechnik (DIfBt, Berlin) besitzen, wenn sie nicht gemäß DIN 4102 als klassifizierter Baustoff geführt werden. Baustoffe der Klasse A1 sowie Holz- und Holzwerkstoffe der Klasse B2 von über 400 kg/cbm Rohdichte und über 2 mm Dicke haben keine Kennzeichnungspflicht.

5.2 Feuerwiderstandsklassen

Bauteile und Sonderbauteile werden in Feuerwiderstandsklassen nach dem Brandverhalten, z.B. für eine tragende Wand in F30 (F60), F90, (F120 und F180) eingeteilt (Tab. 498.2). F30 heißt z.B., dass dieser bestimmte Bauteil eine Zeit von 30 Minuten dem Feuer, der Hitze und auch der Rauchentwicklung standgehalten hat. Zur vollständigen Benennung von Bauteilen wird hinter der Feuerwiderstandsklasse die Baustoffklasse der verwendeten Baustoffe angegeben und wie folgt festgelegt:
- A – der Bauteil besteht ausschließlich aus nicht brennbaren Baustoffen.
- AB – der Bauteil besteht im Wesentlichen aus nicht brennbaren Baustoffen, wobei aber auch brennbare Baustoffe beinhaltet sind.
- B – der Bauteil besteht im Wesentlichen aus brennbaren Baustoffen.

Brandwände werden nicht in FW-Klassen eingestuft.

Baustoffklasse		Bauaufsichtliche Benennung	Baustoffe[1]
nicht-brennbare Baustoffe	A	A1 – ohne brennbare Bestandteile	Mauersteine, Beton, Glas, Faserbeton, Stahl
		A2 – mit sehr geringen brennbaren Bestandteilen	Gipskartonfeuerschutzplatten
brennbare Baustoffe	B	B1 – schwerentflammbare Baustoffe	Gipskarton-, Holzwolleleichtbauplatten, EBS-Hartschaum
		B2 – normalentflammbare Baustoffe	Holz- und Holzwerkstoffe über 2 mm Dicke, PVC-Bodenbeläge
		B3 – leichtentflammbare Baustoffe	Holzwolle, Holz unter 2 mm Dicke[2]

[1] Beispiele [2] in Gebäuden nicht zulässig

498.1 Baustoffklassen

Bauteile		Feuerwiderstandsdauer min.	
		≥ 30	≥ 90
Bauteile	Wände, Decken, Unterzüge, Treppen	F30	F90
Sonderbauteile	nicht tragende Außenwände	W30	W90
	Feuerschutzabschlüsse (z.B. Türen)	T30	T90
	Brandschutz-Klappen für Lüftungsleitungen	K30	K90

498.2 Feuerwiderstandsklassen

Bauaufsichtliche Benennung	Benennung nach DIN 4102	Kurzbezeichnung
Feuer hemmend	FW-Klasse F30	F30-B
	FW-Klasse F30 und in den wesentlichen Teilen aus nichtbrennbaren Baustoffen[1]	F30-AB
	FW-Klasse F30 und aus nicht brennbaren Baustoffen	F30-A
feuerbeständig	FW-Klasse F90 und in den wesentlichen Teilen aus nichtbrennbaren Baustoffen	F90-AB
	FW-Klasse F90 und aus nicht brennbaren Baustoffen	F90-A

[1] Zu den wesentlichen Teilen gehören z.B. alle tragenden oder aussteifenden Teile.

498.3 Benennungen und Kurzbezeichnungen für Bauteile

Bauteil		Gebäude geringer Höhe		mittlerer Höhe
		bis zu 2 Wohnungen	mit mehr als 2 Wohnungen	
Tragende Wände	im Keller	F30-AB	F90-AB	F90-AB
	in Geschossen	F30-B[1]	F30-AB[1,2]	F90-AB
Außenwände		–	–	F30-AB[1]
Decken	im Keller	F30-AB[2]	F90-AB	F90-AB
	in Geschossen	F30-B[2]	F30-AB[1,2]	F90-AB
Treppen		–	F30-AB[1]	F90-AB[3]
Dächer		hB[4,5]	hB[1,5]	hB[5]

[1] Ausnahme möglich
[2] Gilt nicht für Gebäude mit nur einem Vollgeschoss
[3] Treppenraum geschlossen
[4] Harte Bedachung
[5] Bei aneinandergebauten Gebäuden: F30-B von innen geschützt

498.4 Brandschutztechnische Anforderungen

5.3 Bauaufsichtliche Bestimmungen

Bauaufsichtliche Benennungen (Tab 498.3) wie die Begriffe Feuer hemmend und feuerbeständig werden in der DIN 4102 nicht behandelt. Allgemein kann von Folgendem ausgegangen werden:
- Feuer hemmend sind Bauteile, wenn sie aus brennbaren Baustoffen mit der Kennzeichnung „B" bestehen, Beispiel F30-B.
- Feuerbeständig sind Bauteile, wenn sie im Wesentlichen aus nicht brennbaren Baustoffen mit der Kennzeichnung „AB" oder „A" bestehen, Beispiel F90-AB.

Allgemeine bauaufsichtliche Zulassungen durch das Deutsche Institut für Bautechnik sind dann erforderlich, wenn gemäß der DIN 4102 eine Bewertung von einem Bauteil nicht möglich ist.

Brandwände müssen Brandabschnitte sicher begrenzen und damit das Übergreifen des Feuers auf andere Gebäude oder Bauwerksabschnitte unterbinden. Sie müssen aus Baustoffen der Klasse A bestehen und mindestens die Anforderungen der Feuerwiderstandsklasse F90 erfüllen.

Brandschutztechnische Anforderungen an Bauteile sind in den Landesbauordnungen festgelegt. Tabelle 498.4 zeigt die bauaufsichtlichen Anforderungen in Teilbereichen auf. Hierbei werden Gebäudehöhen wie folgt unterschieden:
- Gebäude geringer Höhe: Der Fußboden des obersten Geschosses liegt nicht höher als 7 m über Geländeoberfläche.
- Gebäude mittlerer Höhe: Der Fußboden des obersten Geschosses liegt höher als 7 m und nicht höher als 22 m über Geländeoberfläche.
- Hochhäuser: Der Fußboden des obersten Geschosses liegt höher als 22 m über Geländeoberfläche.

Bekämpfende Brandschutzmaßnahmen sind in Bezug auf den Zugang für die Feuerwehr und auf die Sicherstellung einzelner Brandabschnitte in jedem Fall bei der Planung von Gebäuden zu berücksichtigen. Darüber hinaus sind automatische Löschanlagen, die mit automatischen Brand- und Raummeldern gekoppelt sein können, zur schnellen und sicheren Brandbekämpfung oftmals unerlässlich.

Chemische Brandschutzmaßnahmen werden durch Aufbringen von Anstrichen auf Kunststoff- oder Salzbasis vorgenommen. Beim Beflammen dieser geschützten Bauteile entsteht eine schützende dämmende Schaumschicht bzw. eine kühlende Gasschicht. Hölzer werden hierdurch vorwiegend Feuer hemmend geschützt. Beim Schützen von Holz vor Feuer und Insekten bzw. Pilzen ist grundsätzlich als letzte Maßnahme der Brandschutz vorzunehmen.

Konstruktive Brandschutzmaßnahmen werden durch Verkleidungen und Ummantelungen von Bauteilen erreicht oder durch gänzliches Herstellen von Bauteilen aus Stoffen, die beispielhaft in Tab. 498.1 aufgeführt sind. Neben den konstruktiven Ausführungen der DIN 4102 sind Sonderkonstruktionen mit amtlichen Nachweisen, z. B. Prüfzeugnissen/Prüfbescheiden möglich.

Baustoff/ Bauteil	Belastung[1] N/mm^2	Mindestmaß[2] für FW-Klasse F30-A mm	F90-A mm
Normalbeton		120	170
bewehrter Porenbeton		175 (150)[3]	225 (200)
PB-Blocksteine LB-Steine	$\sigma \leq 1{,}0$	150 (115)	200 (175)
Mauerziegel Kalksandsteine Hüttensteine	$\sigma \leq 1{,}4$	115 (115)	140 (115)
gemauerte Pfeiler (Mindestmaß d · b)	$\sigma \leq 3{,}0$	240/240	365/365

[1] Durchschnittliche Druckspannungen
[2] Maße der Rohkonstruktionen
[3] Klammerwerte gelten für verputzte Wände (≥ 15 mm PII oder PIV)

499.1 Mindestabmessungen tragender Wände und Pfeiler

Baustoff/Konstruktion		Mindestmaße einschalig mm	zweischalig mm
Normalbeton	unbewehrt	200	2 $\varnothing$ 180
	bewehrt, tragend	140	2 $\varnothing$ 140
	bewehrt, nicht-tragend	120	2 $\varnothing$ 100
Porenbeton ($\varrho \geq 600$ kg/m³), $\geq 4{,}4$ N/mm²	bewehrt, tragend	200	2 $\varnothing$ 200
	bewehrt, nicht-tragend	175	2 $\varnothing$ 175
Mauerwerk in MII, IIa, III	$\varrho > 1{,}2$[1]	240	2 $\varnothing$ 175
	ϱ 0,8 bis $\leq 1{,}2$[1]	290	2 $\varnothing$ 190
	$\varrho \leq 0{,}8$[1]	290	2 $\varnothing$ 240

[1] Steinrohdichte

499.2 Mindestabmessungen für Brandwände

Konstruktion	Baustoffe	Mindstmaße[1] für FW-Klassen F30-A mm	F90-A mm
Einschalige Wände	Normalbeton	80	100
	bewehrter Porenbeton PB-Blocksteine	75	100
	Ziegel (ohne LLz) Kalksandsteine	115 (71)	115 (115)[2]
	Gips-Wandbauplatten $\varrho \geq 0{,}6$	60	80
		für FW-Klassen F30-B mm	F90-B mm
Zweischalige Wände	Stahlblechprofile Dämmung, d[3]; ϱ[4] beidseitige GKF-Beplankung d	40; 40 12,5	40; 40 12,5 + 15
	Holzständer, Dämmung, d; ϱ beidseitige GKF-Beplankung d	40; 40 12,5	80; 100 2 · 12,5

[1] Rohkonstruktion
[2] Beidseitig verputzt
[3] Mindestdicke in mm
[4] Mindestrohdichte in kg/m³

499.3 Mindestdicken für nicht tragende Wände

5.4 Klassifizierte Bauteile

Klassifizierungen von Wänden werden im Wesentlichen durch die Gliederung in tragende Wände, Brandwände und nicht tragende Wände vorgenommen (Tab. 499.1 bis Tab. 499.3).

Tragende Wände sind hauptsächlich auf Druck beanspruchte scheibenartige Bauteile, die horizontale Kräfte, z. B. Windlasten, und vertikale Kräfte, z. B. Deckenlasten, aufnehmen. Tragende Wände können auch Gebäude aussteifende Funktionen übernehmen und müssen eine Mindestdicke von 11,5 cm aufweisen. Aussteifende Wände ohne tragende Aufgaben sind hinsichtlich des Brandschutzes grundsätzlich wie tragende Wände zu bemessen.

Brandwände sind scheibenartige tragende oder nicht tragende Bauteile, die mindestens der Feuerwiderstandsklasse F90 entsprechen müssen (Bild 500.1).

Nicht tragende Wände sind scheibenartige Bauteile, die nur durch Eigenlast beansprucht werden. Sie dürfen weder tragende noch aussteifende Funktionen übernehmen (Bild 500.2).

Decken aus Stahl-, Bims- und Porenbeton „ohne Unterdecken" sind in ihren konstruktiven Aufbaumöglichkeiten im Bild 501.1 aufgestellt.

Stahlbeton- und **Spannbetondecken** ohne „Unterdecken" sind in ihren konstruktiven Aufbaumöglichkeiten im Bild 500.3 dargestellt.

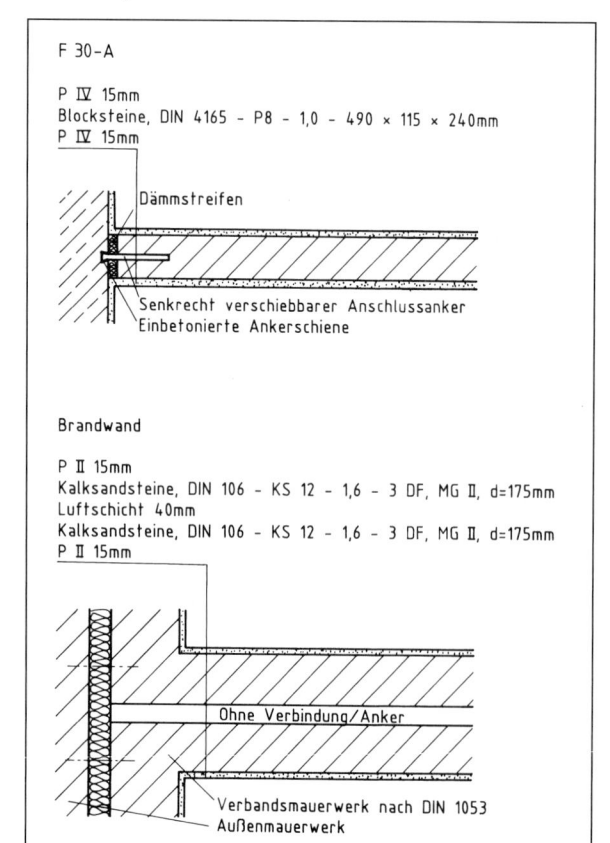

500.1 Tragende Wände, zweischalige Brandwand

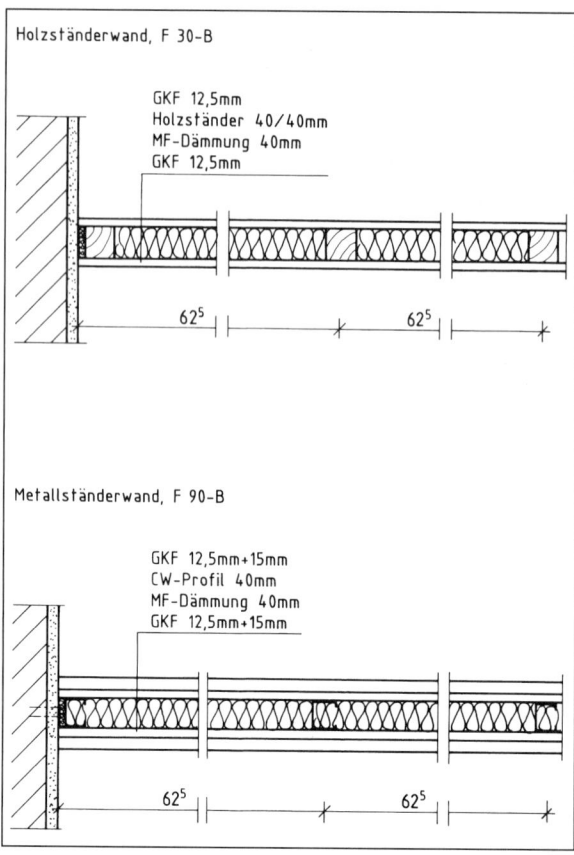

500.2 Zweischalige nicht tragende Wände

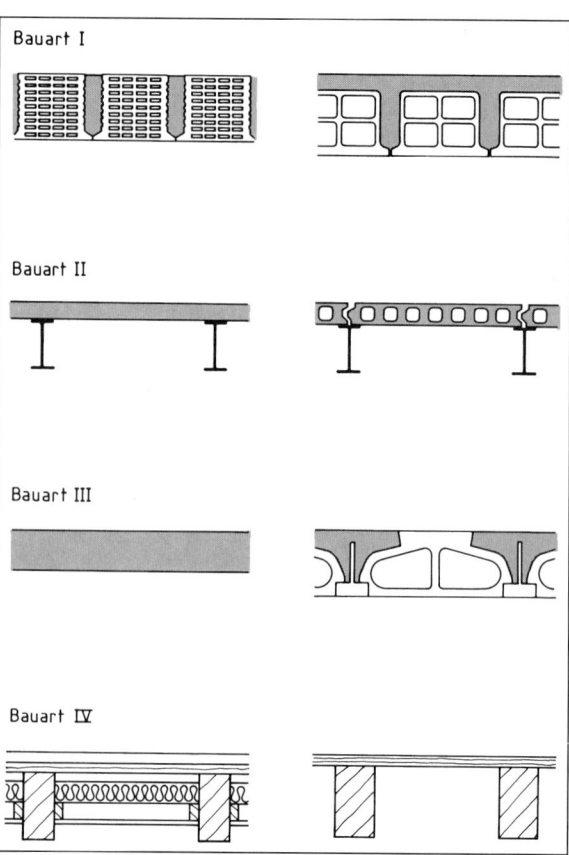

500.3 Deckenbauarten

Bautenschutz

Unterdecken, die tragenden Beton- und Stahlträgerdecken mit Zwischenbauteilen eine bestimmte Feuerwiderstandsklasse verleihen, sind in ihren konstruktiven Aufbaumöglichkeiten in den Tabellen 501.2 und 501.3 aufgeführt. Die Rohdecken sind in der Klassifizierung enthalten und in die Bauartgruppen I bis IV unterteilt (Bild 500.3).

- **Deckenbauart I:** Stahlbeton- oder Spannbetondecken mit Zwischenbauteilen aus Leichtbeton oder Ziegel nach DIN 278, 4158, 4156 und 4160 einschließlich Stahlsteindecken. Decken mit frei liegenden Stahlträgern und einem oberen, mindestens 5 cm dicken Abschluss aus Leichtbeton, Poren- oder Bimsbeton oder aus Ziegel.

- **Deckenbauart II:** Decken mit frei liegenden Stahlträgern und einem oberen, mindestens 5 cm dicken Abschluss aus Normalbeton.

- **Deckenbauart III:** Stahlbeton- oder Spannbetondecken aus Normalbeton, auch mit Zwischenbauteilen nach DIN 4158 aus Normalbeton.

- **Deckenbauart IV:** Holzbalkendecken mit Rechteckquerschnitten von mindestens 80/110 mm und mindestens der Güteklasse II.

Bekleidete Holzstützen müssen zur Einordnung in die Feuerwiderstandsklasse F30-B eine Mindestdicke von 80 mm haben und vollständig mit 15 mm Gipskartonfeuerschutzplatten (GKF) oder mit bewehrtem Beton oder Mauerwerk von jeweils 50 mm Dicke ummantelt sein.

Stahl- und Stahlbetonstützen sind zur Einordnung in eine bestimmte Feuerwiderstandsklasse in ihren konstruktiven Aufbaumöglichkeiten in der Tab. 501.4 zusammengestellt.

Decken ohne untere Bekleidung	Mindestrohdicke für FW-Klassen	
	F30-A mm	F90-A mm
Vollplatten aus Normalbeton	80[1] / 80[2]	100[1] / 80[2]
Normalbeton-Hohldielen	80[3]	120[3]
Bimsbeton-Hohldielen und Porenbeton-Platten	75	100

[1] Einschließlich evtl. Verbundestrich, Plattendicke jedoch ≥ 50 mm
[2] Zusätzlich schwimmender, nichtbrennbarer Estrich mit einer Verteilungsschicht ≥ 25 mm
[3] Wie [1], jedoch ≥ 80 mm; und Schwimmender Estrich wie [2]

501.1 Mindestabmessungen für Stahl-, Bims- und Poren-Betondecken

Maß	Konstruktion	Maße bei FW-Klassen	
		F30[1] mm	F90[1] mm
Max. Spannweite der Unterkonstruktion	Tragstab-φ ≥ 7 mm für Drahtputzdecken	750	400
	Tragelemente für HWL-Platten	1000	750
	Grund- und Tragelemente für GKP- und GKF-Platten	1000	1000
Max. Spannweiten der Putzträger bzw. der Verkleidungen	Putzträger aus Rippenstreckmetall	1000	750
	Putzträger aus Drahtgewebe	500	350
	HWL-Platten	500	–
	GKP- oder GKF-Platten	500	500
	Drahtputzdecken	12	20
Min. Abhängehöhen[2]	HWL-Platten	0 25	–
	GKP- oder GKF-Platten	40	80

[1] Zu ergänzen, je nach Brennbarkeit der Gesamtkonstruktion, durch die Kurzbezeichnung der Baustoffklassen A, AB oder B
[2] Von UK Rohdecke bis OK Putzträger bzw. Bekleidung

501.2 Maße für Unterdeckenkonstruktionen

Baustoff		Deckenbauart[1]					
		F30			F90		
		I	II mm	III	I	II mm	III
Min. Plattendicken	HWL-Platten ohne Putz	50	50	35	–	–	–
	GKF-Platten mit Dämmung im Zwischendeckenbereich	15	15	15	–	–	–
	GKF-Platten ohne Dämmung	15	12,5	12,5	–	–	15
Min. Putzdicken	Drahtputzdecken mit Wärmedämmung PII oder IVc	15	15	15	–	–	–
	PIVa oder IVb ohne Wärmedämmung	5	5	5	–	–	–
	PII oder IVc	15	10	5	–	25	15
	PIVa oder IVb	5	5	5	–	15	5
	HWL-Platten ≥ 25 mm mit Wärmedämmung PII oder IVc	25	25	15	–	–	–
	ohne Wärmedämmung PIVa oder IVb	20	20	15	–	–	–

[1] Für F30-B kann die Deckenbauart IV (Holzbalkendecke) von unten direkt mit ≥ 15 mm GKF-Platten auf Trägern geschützt werden

501.3 Mindestmaße der Platten und Putze für Unterdecken

Stützenart	Konstruktion	Maße bei FW-Klassen	
		F30-A mm	F90-A mm
Stahlbeton	unbekleidete Stützen: bei mehrseitiger Brandbeanspruchung; Achsabstand u[1] oder Achsabstand u[1]	150 / 18 / 150 / 18	240 / 45[2] / 300 / 35
	bei einseitiger Brandbeanspruchung; Achsabstand u[1]	100 / [1]18	140 / 35
Stahl	bekleidete Stützen: Normal- oder Portenbeton und Poren- oder Leichtbetonsteine	50	50
	Mauerziegel (ausgenommen LLz) und Kalksandsteine	52	71
	GKB-Platten	18	–
	GKF-Platten	12,5	3 · 15
	Putz aus PII oder PIVc bei: U/A[3] ≤ 179	15	45
	U/A ≤ 300	15	55

[1] u = Mindestachsabstand der Bewehrung bis zur beflammten Oberfläche des Bauteils
[2] Bei einer Betondeckung > 40 mm ist eine zusätzliche Schutzbewehrung erforderlich
[3] Umfang in m geteilt durch die Fläche in m vom Querschnitt eines Stahlprofils

501.4 Mindestmaße für Stützen

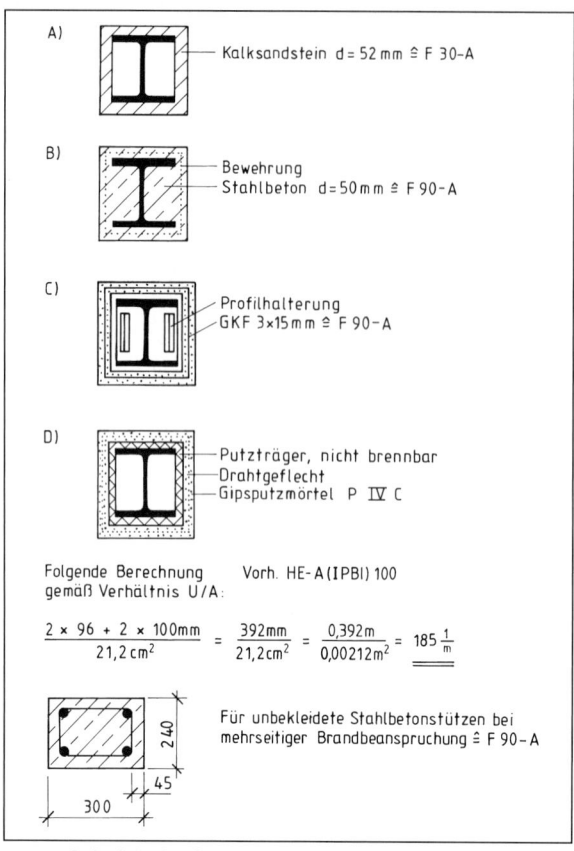

Bautenschutz

502.1 Beispiele für Stahlstützen, Stahlbetonstützen

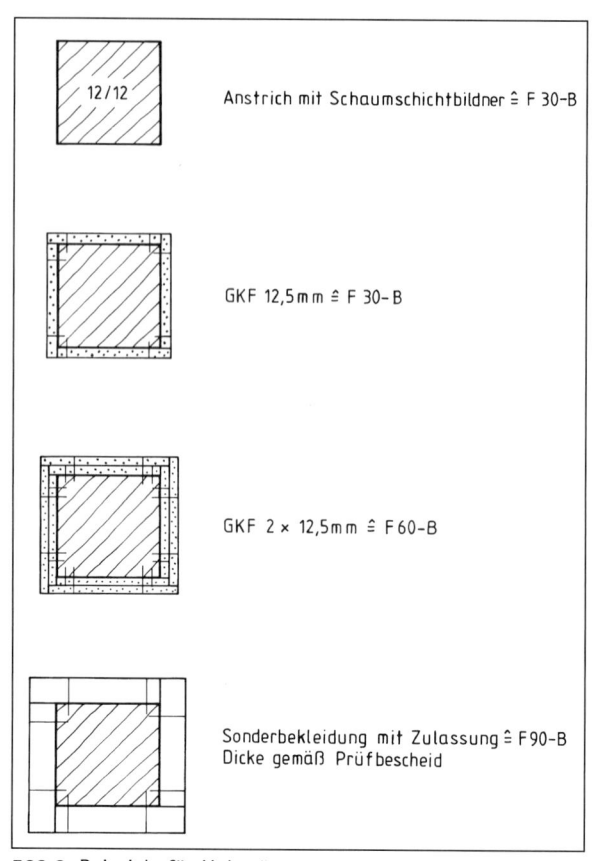

A) Kalksandstein d = 52 mm ≙ F 30-A

B) Bewehrung / Stahlbeton d = 50 mm ≙ F 90-A

C) Profilhalterung / GKF 3×15 mm ≙ F 90-A

D) Putzträger, nicht brennbar / Drahtgeflecht / Gipsputzmörtel P IV C

Folgende Berechnung gemäß Verhältnis U/A: Vorh. HE-A (IPBl) 100

$$\frac{2 \times 96 + 2 \times 100\,mm}{21{,}2\,cm^2} = \frac{392\,mm}{21{,}2\,cm^2} = \frac{0{,}392\,m}{0{,}00212\,m^2} = 185\,\frac{1}{m}$$

Für unbekleidete Stahlbetonstützen bei mehrseitiger Brandbeanspruchung ≙ F 90-A

(300 × 240, 45)

502.3 Beispiele für Holzstützen

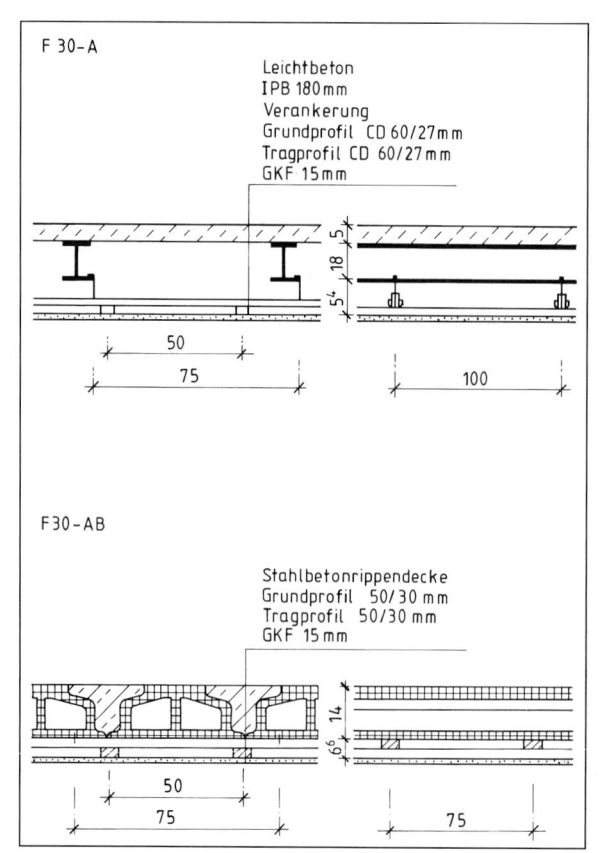

12/12 Anstrich mit Schaumschichtbildner ≙ F 30-B

GKF 12,5 mm ≙ F 30-B

GKF 2 × 12,5 mm ≙ F 60-B

Sonderbekleidung mit Zulassung ≙ F 90-B, Dicke gemäß Prüfbescheid

502.2 Deckenbauart I

F 30-A
Leichtbeton
IPB 180 mm
Verankerung
Grundprofil CD 60/27 mm
Tragprofil CD 60/27 mm
GKF 15 mm

F 30-AB
Stahlbetonrippendecke
Grundprofil 50/30 mm
Tragprofil 50/30 mm
GKF 15 mm

502.4 Deckenbauart II

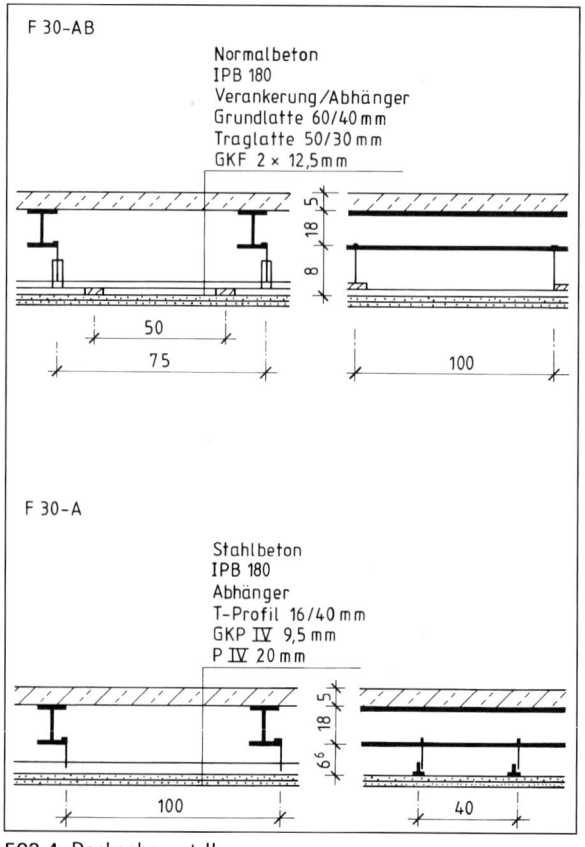

F 30-AB
Normalbeton
IPB 180
Verankerung/Abhänger
Grundlatte 60/40 mm
Traglatte 50/30 mm
GKF 2 × 12,5 mm

F 30-A
Stahlbeton
IPB 180
Abhänger
T-Profil 16/40 mm
GKP IV 9,5 mm
P IV 20 mm

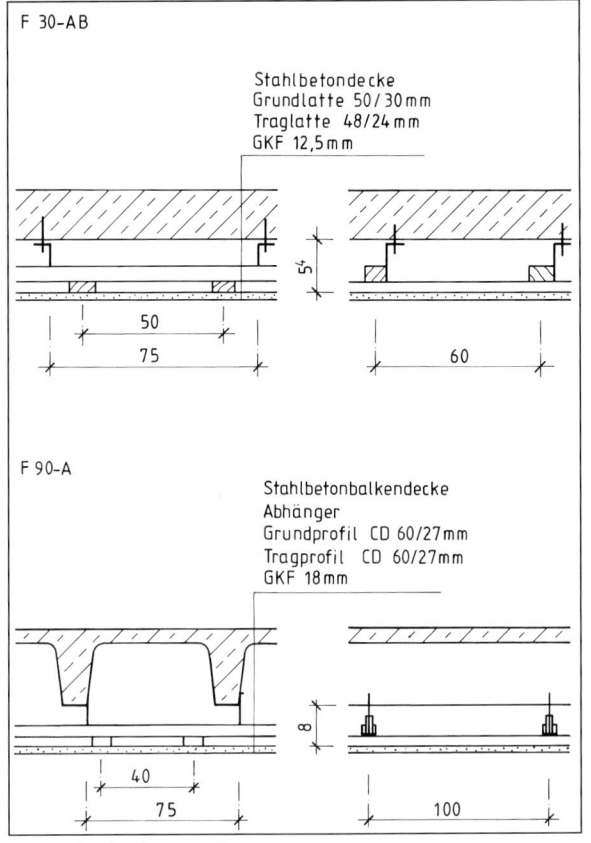

Bautenschutz

F 30-AB
Stahlbetondecke
Grundlatte 50/30 mm
Traglatte 48/24 mm
GKF 12,5 mm

F 90-A
Stahlbetonbalkendecke
Abhänger
Grundprofil CD 60/27 mm
Tragprofil CD 60/27 mm
GKF 18 mm

503.1 Deckenbauart III

F 30-B
Parkett 16 mm
Bretter gespundet 24 mm
Deckenbalken 12/24
Mineralfaser, WL e $\geq$ 30 kg/m^3, 60 mm
Grundlatte 50/30 mm
Traglatte 50/30 mm
GKF 12,5 mm

Verankerung

F 90-B (nachträglich im Altbau)
Gipskartonverbundplatten auf Ausgleichsschicht mit Zulassung
Bretter gespundet 24 mm
Deckenbalken 12/24
Ausgeglühter Quarzsand 60 mm auf Rieselschutz
Einschubbretter 24 mm auf Leisten
Sparschalung 24 mm mit Putzschicht auf -Träger
Bekleidung gemäß Zulassung/Prüfbescheid

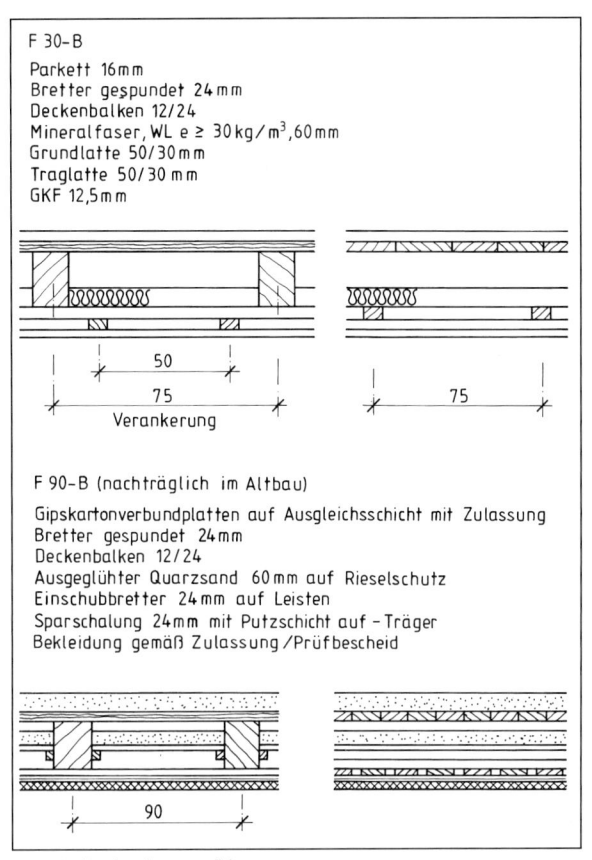

503.2 Deckenbauart IV

Ökologisches Bauen

Jedes Bauwerk belastet unsere Umwelt durch Rohstoffverbrauch sowie durch gasförmige, flüssige und feste Abfallstoffe. Selbst beim Abriss eines Bauwerks oder Bauteils stellt die notwendige Entsorgung eine Belastung dar.

Ziele der Bauökologie sind:
- Schutz und Erhaltung von Leben und Gesundheit des Menschen,
- Schutz und Erhaltung von Tieren, Pflanzen, Ökosystemen als natürliche Existenzgrundlage des Menschen,
- Schutz der natürlichen Ressourcen Boden, Wasser, Luft und Klima für vielfältige Nutzungsansprüche des Menschen,
- Schutz und Erhaltung von Sachgütern als kulturelle und wirtschaftliche Werte des einzelnen und der Gemeinschaft.

1 Energiesparhaus

Das Ziel der Architekten ist es, in den kommenden Jahren den Gesamtenergieverbrauch auf 0 kWh je m² Wohnfläche und Jahr zu senken. Dieses Ziel soll stufenweise durch Verbrauchshaustypen erreicht werden, die immer weniger Heizenergie verbrauchen. Die Klassifizierung der Haustypen ist zurzeit weder genormt noch sind die Kriterien einheitlich in den Bundesländern festgelegt. In Tabelle 504.2 ist eine übliche Gliederung aufgezeigt.

Die Orientierung eines Gebäudes zur Sonneneinstrahlung (Bilder 504.2 und 504.3) führt bei südlich ausgerichtetem und trichterförmig geöffnetem Grundriss zu einem bedeutenden Energiegewinn. Um zu verhindern, dass an kalten Tagen oder nachts die gewonnene und gespeicherte Sonnenenergie wieder verloren geht, sind diese Südflächen voll mit Wärmefunktionsglas zu verglasen oder durch Läden zu schützen.

Verbrauchstyp	Energieverbrauch Heizung	
	in kWh/m²	in l Heizöl/m²
Bestand (Altbau)	< 225	< 22,5
Standard (WSchVO 1995)	< 100	< 10,0
Niedrigenergiehaus (NEH) Frei stehendes Einfamilienhaus Doppelhaus Mehrfamilienhaus	< 70 < 65 < 55	< 7,0 < 6,5 < 5,5
Passivhaus	< 15	< 1,5

504.2 Klassifizierung der Energiesparhäuser

Der klimaverbesserte Außenbereich wirkt sich positiv auf die ökologische Bilanz eines Gebäudes aus. Die gärtnerische Gestaltung der Grundstücksfläche kann Lebensräume für Tiere und eine Artenvielfalt in der Vegetation schaffen sowie zu Einsparungen im Unterhalt des Gebäudes und im Energieverbrauch führen. Geländemodellierungen (Bild 505.1) durch Aushub (Baugrube, Teiche), Aufschüttungen und Anpflanzungen (Wallbepflanzungen) dienen als Wind- und Immissionsschutz (Einwirkungsschutz gegen Schall, Staub, etc.) sowie einer Verbesserung der Strahlungsstärke der Sonne. Öffnungen für Kaltluftabflüsse auf der Talseite eines Hanges sind vorzusehen. Je höher und verschiedenar-

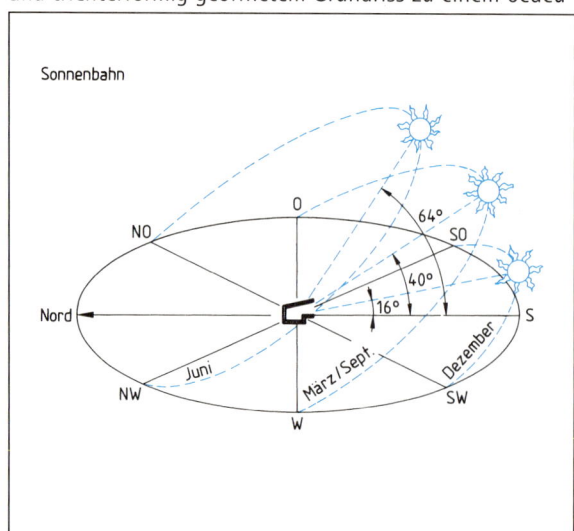

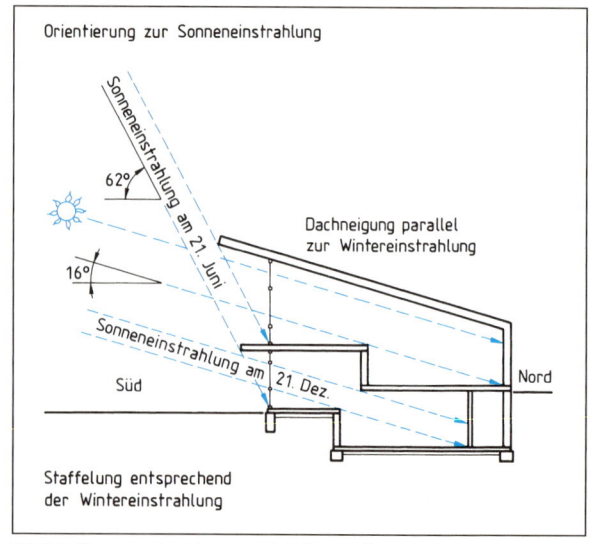

504.1 Sonnenstrahlung und Jahreszeit

504.3 Sonnenstrahlung und Jahreszeit

tiger eine Vegetation ist, desto ausgeglichener ist das Kleinklima im Tages- und Jahresverlauf. In der kalten Jahreszeit verlieren die Laubbäume ihr Blattwerk und lassen wärmende Sonnenstrahlen zum Gebäude durch. Im Sommer schützt das Laub das Gebäude vor Verwitterung und Wärmeabstrahlung.

Die Gebäudeform eines Bauwerks beeinflusst sehr stark die Transmissionswärmeverluste Q_T. Die Idealform eines Aufenthaltsraumes wäre die Kugel. Sie besitzt im Verhältnis zu ihrem Volumen die geringste Oberfläche. Für unsere Wohnansprüche sind gewölbte Flächen wenig geeignet. Deshalb sind gedrungene ebenflächige Körper ohne Vor- und Rücksprünge, Erker etc. (Kühlrippen) anzustreben. Ein niedriger Quotientenwert von Außenfläche/Volumen ist entscheidend für einen geringen Energieverbrauch.

Die Oberflächenart beeinflusst durch Farbe, Struktur und Materialzusammensetzung den Energieverbrauch eines Gebäudes. Helle Farben erzeugen auf der Innenseite der Außenwand durch ihr Reflektionsvermögen einen Ausstrahlungsschutz, vermindern außen Wärmespannungen an Bauteilen und bilden als Reflektionsflächen Belichtung für Räume und Pflanzen. Dunkle Farben auf den Bauteilen absorbieren die Wärmestrahlung und wandeln sie in Wärme um. Besitzen die Bauteile eine ausreichend hohe Wärmespeicherfähigkeit, so nehmen sie viel Wärmeenergie in sich auf. Die Rauigkeit der Oberfläche, z.B. durch Fassadenbewuchs, mindert die Windgeschwindigkeit und reduziert den Wärmeabtransport. Baustoffe mit hoher Wärmedämmung verringern den Wärmefluss durch ein Bauteil.

Die Gebäudeeinbettung (Bild 505.2) in das Erdreich vermindert den Transmissionswärmeverlust, da die Temperaturdifferenz zwischen Wandinnen- und Wandaußenseite im Erdbereich geringer als im Luftbereich ist. Zudem werden Fugenlüftungsverluste stark verringert. An heißen Sommertagen bleibt die Innenraumtemperatur bei angenehmen Werten.

Die Wärmedämmung der Außenhülle (Tab. 506.1) besonders im Bereich von Dach, Nord- und Ostwand, ist ein wichtiger Faktor für einen geringen Wärmeenergieverbrauch des Gebäudes. Da diese Bauelemente nicht, nur teilweise oder zu einem ungünstigen Zeitpunkt von der Sonne beschienen werden, sind dicke Wärme speichernde Elemente an dieser Stelle unangebracht. Eine hohe Wärmedämmung, z.B. eine Massivwand mit 15 cm Außenwärmedämmung oder Holzständerwände mit einer 30 cm dicken Zellulosedämmung, führen bei normalen winterlichen Wetterverhältnissen zu höheren Energieeinsparungen.

Die luftdichte Ausführung der Gebäudehülle beeinflusst in hohem Maße den Energieverbrauch. Typische undichte Stellen sind:
- Durchdringungen von Sparren, Pfetten, Deckengebälk, Rohrleitungen, Kabeln und Steckdosen;
- Anschlussfugen von Fenstern und Türen an Wände und Stürze;
- Stöße und Anschlüsse von Dampfsperren im Dachbereich von Ortgang, Drempel, Fußpfette und Giebelwänden;
- Fehlender Putz auf Wänden hinter Holzverkleidungen.

Die Lüftungsanlage mit hochwirksamer Wärmerückgewinnung wird durch die dichte Ausführung notwendig. Sie verringert zugleich die Lüftungswärmeverluste, die durch die früher übliche „Stoßlüftung" auftreten würden.

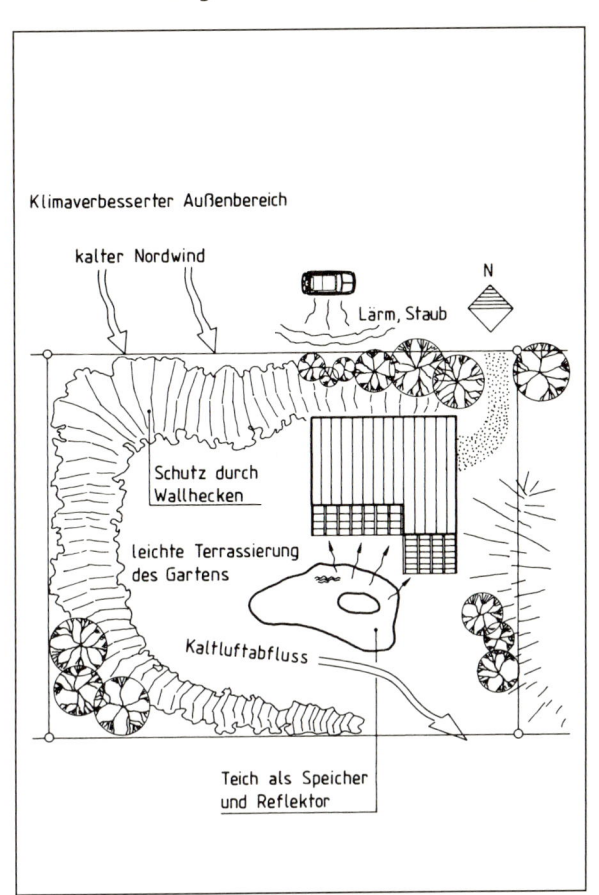

505.1 Beeinflussung des Mikroklimas

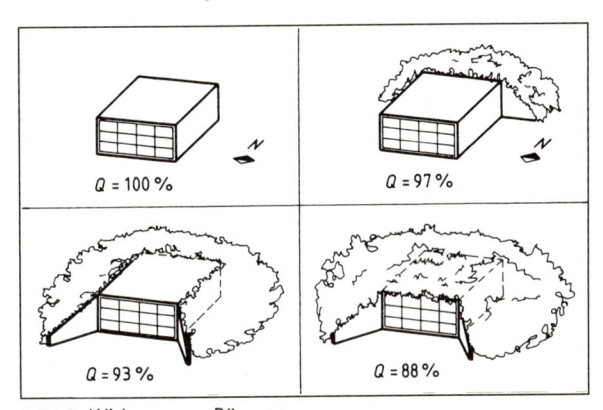

505.2 Wirkung von Bäumen

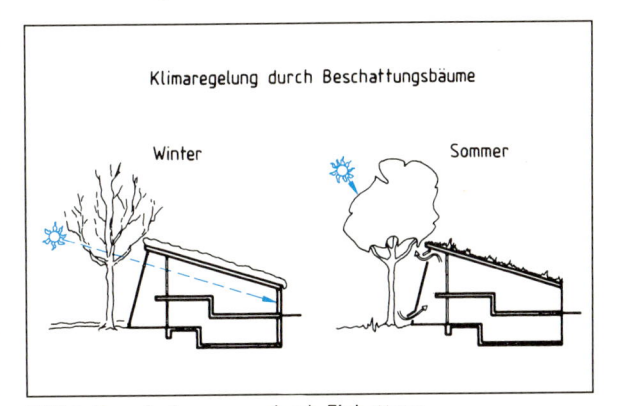

505.3 Energieeinsparung durch Einbettung

Ökologisches Bauen

Bauteil				
Lage der Wärmedämmung	a) unter und b) auf der Decke	a) auf und b) unter der Bodenplatte	a) innerhalb und b) außerhalb der Keller-Außenwand	a) innerhalb und b) außerhalb der Zwischenwand
Richtwert d (cm)	8 bis 10	8 bis 10	8 bis 10	8 bis 10
d (cm) Niedrigenergiehaus	≥ 12	≥ 12	≥ 12	≥ 12
Richtwert U (W/m²K)	$\leq 0{,}4$	$\leq 0{,}4$	$\leq 0{,}4$	$\leq 0{,}4$
U (W/m²K) Niedrigenergiehaus	$\leq 0{,}3$	$\leq 0{,}3$	$\leq 0{,}3$	$\leq 0{,}3$
Brandschutz	mindestens normal entflammbar B 2			
Hinweise	zu b) Dampfsperre über der Wärmedämmung	zu a) Dampfsperre über der Wärmedämmung zu b) geschlossenporiger Wärmedämmstoff (z.B. Schaumglas) = Perimeterdämmung	zu a) Dampfsperre vor der Wärmedämmung zu b) Perimeterdämmung	
Vorteile	zu a) gute Wärmespeicherung zu b) kurze Aufheizzeit	zu a) kurze Aufheizzeit zu b) gute Wärmespeicherung	zu a) kurze Aufheizzeit zu b) gute Wärmespeicherung	zu a) kurze Aufheizzeit zu b) gute Wärmespeicherung
Nachteile	zu b) große Belagstärke Nachgiebigkeit	zu a) Wärmebrücken zu b) unter Fundamenten nicht möglich	zu a) Frostgefahr für Leitungen in der Außenwand	

506.1 Wärmedämmung von Bauteilen

Ökologisches Bauen

Außenwand mit a) Außendämmung b) Kerndämmung c) Innendämmung		auf, zwischen oder unter dem Deckengebälk bzw. den Sparren und auf oder unter der Massivplatte		
mit Massivwand 6 bis 10 als Leichtbauwand 8 bis 12	18 bis 20	Dach 18 bis 20	Kniestock 18 bis 20	18 bis 20
mit Massivwand ≥ 16 als Leichtbauwand ≥ 20	≥ 26	≥ 26	≥ 20	≥ 26
mit Massivwand ≤ 0,6 als Leichtbauwand ≤ 0,5	≤ 0,2	≤ 0,2	≤ 0,2	≤ 0,2
mit Massivwand ≤ 0,2 als Leichtbauwand ≤ 0,2	≤ 0,15	≤ 0,15	≤ 0,2	≤ 0,15
zu a) und b) schwer entflammbar zu c) normal entflammbar		mindestens normal entflammbar		
zu a), b), c) Feuerwiderstandsklassen der LBO beachten! zu c) Dampfsperre vor der Wärmedämmung zu b) ohne Luftschicht nur mit Wasser abweisender Wärmedämmung zulässig		Belüftung für das Kaltdach bei einer Dachneigung von > 10° 2 cm, besser 4 cm ≤ 10° 5 cm Lüftungsquerschnitt Traufe ≥ 2 ‰ der Dachfläche und > 200 cm²/m Trauflänge First ≥ 0,5 % der Dachfläche Dampfsperre unter der Wärmedämmung		
zu a) gute Wärmespeicherung zu b) freie Gestaltungsmöglichkeiten bei gleichzeitig positiven bauphysikalischen Eigenschaften		Kaltdach: geringe Kondenswassergefahr		
zu c) Gefahr von Kondenswasserschäden bei nicht voll funktionsfähiger Dampfsperre und an Querwänden zu b) teuer, hoher Gebäudeflächenverbrauch		Kaltdach: höherer Dachaufbau		

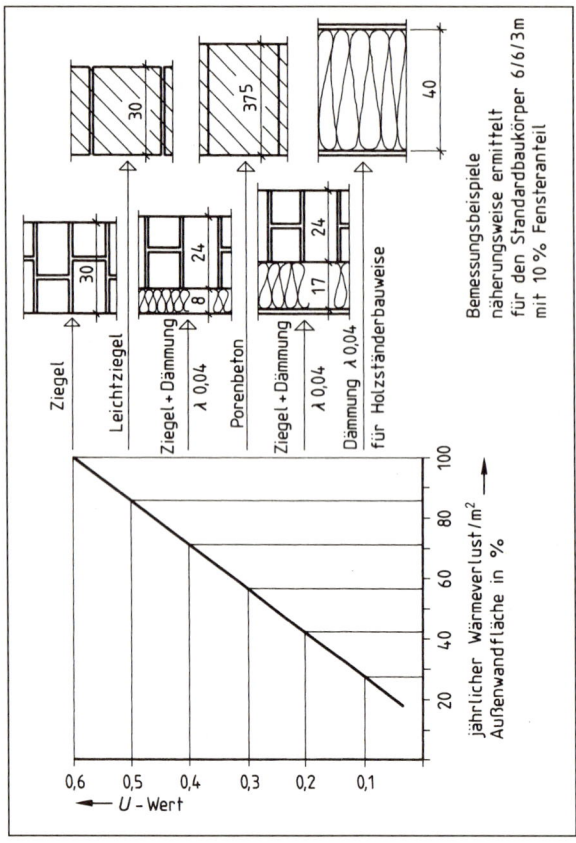

Ökologisches Bauen

Die Speicherung (Bild 508.2) hat die Aufgabe, die durch vollkommene Ausrichtung zur Sonne und durch Glasanbauten gewonnene Sonnenenergie in möglichst hohem Maße und lange zu speichern und bei Bedarf wieder an den Raum abzugeben. Geeignet sind vor allem die im Inneren den Fenstern gegenüberliegenden Wände des Gebäudes. Zu allen weiteren Bauteilen des Hauses muss eine thermische Luftzirkulation möglich sein. Um die Wärmeaufnahme auch bei geringeren Raumlufttemperaturen zu ermöglichen, sind die Wandoberflächen der Innenwände durch Profilierungen, z. B. durch Nischen, Vor- und Rücksprünge, zu vergrößern. Außenwände erfüllen ihre Aufgabe als Speichermedium nur, wenn sie mehrschalig mit einer dicken Kerndämmschicht aufgebaut sind. Der Fußboden ist als Speicher weniger geeignet, da er durch die Eigenschaften des Speichers, hohe Wärmeleitfähigkeit und hohe Dichte, nicht als fußwarm empfunden wird.

Die Pufferung bildet, ähnlich einer Zwiebel mit mehreren Hüllen, verschiedene Temperaturzonen in einem Gebäude. Diese Temperaturzonen, die Außenzone (12 bis 14 °C), die Zwischenzone (16 bis 18 °C) und die Kernzone (20 °C), lassen eine der Temperatur gemäße Nutzung zu. Dabei zeichnet sich folgende Rangordnung ab: Die äußerste Hülle wird durch die Vegetationshülle gebildet. Nach innen folgt mit dem Keller, dem Dach und den Anbauten die zweite Hülle. Die letzte Hülle vor dem eigentlichen Wohnkern wird für Tätigkeiten mit körperlicher Arbeit genutzt. Die Temperaturzonen sind im Winter geschlossen zu halten. Bei zunehmenden Temperaturen können die Bereiche durch Türen verbunden werden.

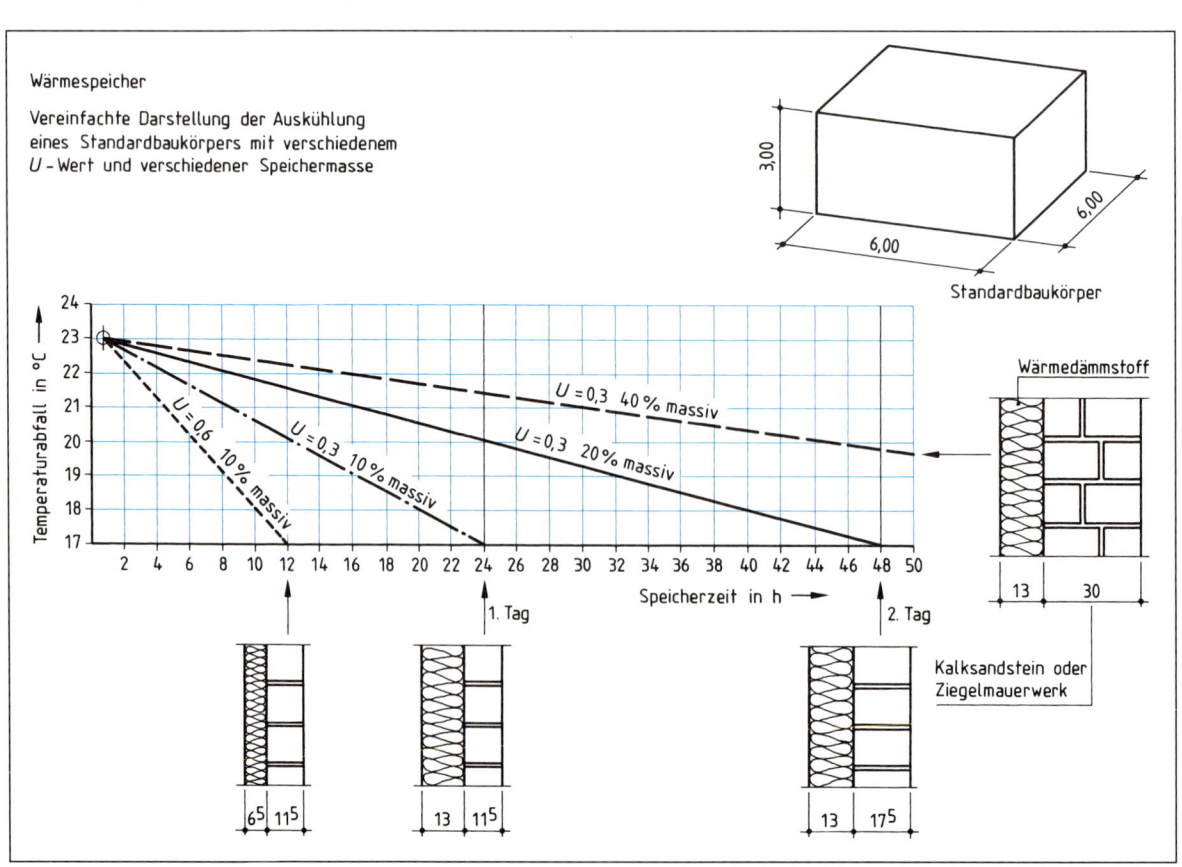

508.1 Wirkung von Wärmedämmungen

508.2 Auskühlung eines Standardbaukörpers – vereinfacht

Die gewünschte Temperatur in den verschiedenen Zonen erhält man durch folgende Beheizungsarten:
- Die Außenzonenheizung (Bild 509.1) bezieht ihre Wärme aus der passiv eingestrahlten Sonnenenergie durch Fenster und Gewächshaus sowie über Sonnenkollektoren und hält eine Temperatur von etwa 13 °C. Die Zwischenzone gewinnt ihre Temperatur von etwa 17 °C aus der Wärme der speichernden Bauteile, die durch direkte Sonneneinstrahlung aufgeheizt wurden. Die Kernzone mit 20 °C wird allein durch Abwärme (Geräte, Beleuchtung, Menschen etc.) beheizt.
- Die Zwischenzonenheizung erwärmt die Zwischenzone durch ein großflächiges Heizsystem aus Sonnenkollektoren. Die Kernzone hält ihre Temperatur durch Abwärme. Die Außenzone wird durch passive Sonneneinstrahlung und durch Transmissionswärmeverluste aus der Zwischenzone temperiert.
- Die Kernzonenheizung erwärmt den Kernbereich. Die restlichen Zonen erhalten ihre Wärmeenergie aus den Transmissionsverlusten der Wandschalen um den Kernbereich herum. Damit die gewünschten Temperaturen gehalten werden, müssen die U-Werte der Wände sorgsam aufeinander abgestimmt werden. Als Heizquelle kann eine Wärmepumpe oder ein Brennwertkessel dienen. Werden Bauteiloberflächen beheizt, Böden, Wände und Decken, so kann die Temperatur auf 18 °C gesenkt werden.

Die Heizungsarten der einzelnen Zonen müssen nicht starr von innen nach außen angeordnet werden. Sie können auch den Bedürfnissen der Bewohner angepasst werden.

2 Baustoffe

Um die Umwelt weniger zu belasten und das Wohlbefinden der Bewohner zu erhöhen, werden die Baustoffe zunehmend nach ökologischen Grundsätzen bewertet. Für die Beurteilung gelten folgende Prinzipien:
- Positive Wirkung des Baustoffes auf das Wohlbefinden und die Gesundheit des Menschen.
- Geringer Energieaufwand und schadstofffreie Herstellung des Baustoffes.
- Örtliche Fertigung (dezentrale Fertigung) und Nutzung der einheimischen Rohstoffvorkommen vermeidet Verkehrsbelastung.
- Gleichwertigkeit von Anforderung und Eigenschaft eines Baustoffes verhindert den Einsatz von hochwertigen energieträchtigen Materialien.
- Regenerierbarkeit des Baustoffes beim Abbruch des Gebäudes.

Grundsätzlich ist bei der Verwendung von natürlichen Baustoffen zu beachten, dass auch sie bei falschem Einbau zu Gesundheitsschäden führen können. So sind faserige, bei Alterung zur Versprödung neigende (Staubemission) Dämmstoffe von den Innenräumen dicht abzuschotten, der Dämmwert der Bauteile möglichst einheitlich zu gestalten und Dampfbremsen bzw. Dampfsperren, wo erforderlich, fachgerecht einzubauen. Es gibt eine Vielzahl gängiger und preiswerter Baustoffe, die mittlere bis gute ökologische Werte aufweisen. Das Wissen über Herkunft und Produktion eines Baustoffes ist für seine ökologische Beurteilung unumgänglich.

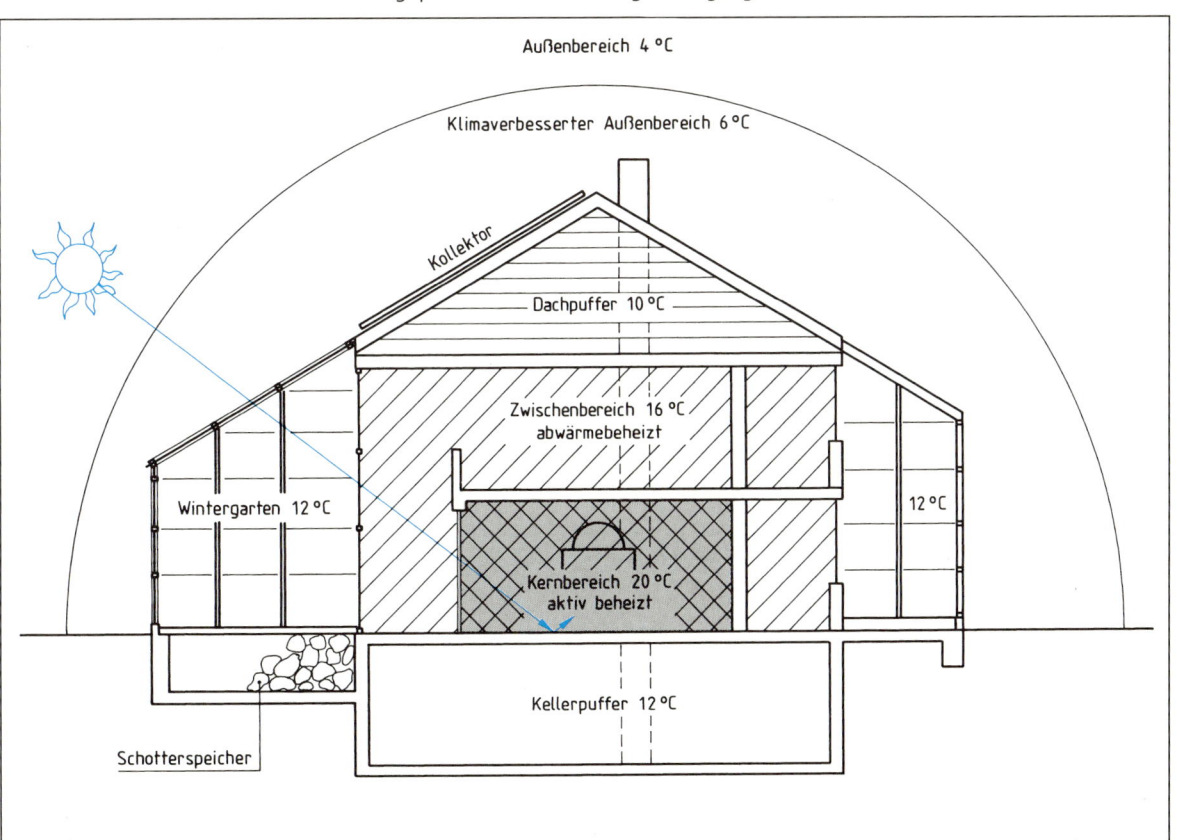

509.1 Pufferhüllen

3 Baukonstruktionen – ökologisch

Ökologisches Bauen erfordert gegenüber der herkömmlichen Bauweise ein Vielfaches an zusätzlichen Überlegungen bei der Planung der Konstruktion. Neue Techniken werden eingeführt, bereits in Vergessenheit geratene Bauweisen werden wieder entdeckt.

3.1 Wände

Die Wände dienen dem System der passiven (untätigen) Wärmegewinnung. Damit sie eine große Wärmemenge in sich aufnehmen können, benötigt man ein Mauerwerk mit hoher Wärmespeicherung. Drei Arten von Mauerwerksspeichern (Bild 511.1) werden unterschieden.

Rohbau Elemente	Baustoff
Untergeschoss:	
Fundamente	unbewehrter Beton
Entwässerung	Steinzeugrohre
Kellerboden	gestampfter Lehmboden Ziegelpflaster in Sand verlegt
UG-Umfassungswände	Gewölbe aus Ziegeln Mauerwerk aus Leichtbetonsteinen, Kalksandsteinen oder Ziegel
Decken über UG	Gewölbe aus Ziegeln Ziegel-Holzbalkendecken Ziegeldecken
Erdgeschoss bis Dachgeschoss	
Tragkonstruktion	**Holzskelettkonstruktion** Außenwände ausgefacht mit Strohleichtlehm, Blähtonleichtlehm (in Gleitbauweise hergestellt) oder in Kalkmörtel vermauerte ungebrannte Ziegel oder Leichtziegel **Mauerwerksbau** aus herkömmlichen Steinen mit Kalkmörtel gemauert
Trennwände	Mauerwerk aus natürlichen Steinen mit hoher Dichte (Wärmespeicherung) Mauerwerk aus künstlichen Steinen z.B. Kalksandsteinen und Ziegel mit hoher Dichte
Brandwände	gemauerte Wände aus künstlichen Mauersteinen, Ausführung entsprechend den Bauordnungen der Länder
Geschossdecken	Holzbalkendecken mit sichtbarem oder verdecktem Gebälk und Ziegellagen (ungebrannt oder gebrannt) zur Verbesserung der Luftschalldämmung und des Feuerschutzes. Ziegeldecken
Dachdecken	Holzkonstruktionen Dachdeckung bei einer Neigung von ≤ 20° Dachbegrünung > 20° Ziegeldeckung
Holzschutz	Dachkonstruktion vorbeugend: künstliche Trocknung, bekämpfend: Heißluftbehandlung Fenster vorbeugend und bekämpfend: Borsalzimprägnierung, kein chemischer Holzschutz im Innenausbau!

510.1 Ökologische Baustoffe – Auswahl

Ausbau Elemente	Baustoff
Sperrungen	Ölpapier Bitumenbahnen Teerbahnen nur bei Dachbegrünung Sperrputz (Mörtelgruppe III)
Außenverkleidung	Holzschalungen, Holzschindeln, Vormauerungen
Wärmedämmstoffe	Stroh, Zellulose, Holzwolle, Kokos, Sisal, Kork, Blähperlite, Holzwolleleichtbauplatten, Mineralwolle nur im Außenbereich
Schalldämmstoffe	Kork, Kokos, Weichfaserplatten
Heizung	Zentrale Warmwasserheizung mit Brennwertkessel und einfacher Regeltechnik, Brennstoff: Gas, Warmwasserversorgung über Sonnenkollektoren
Wasserversorgung	Trennung: Trinkwasser, Grauwasser
Wasser- und Heizungsrohre	VPE-Kunststoffrohre
Fenster, Türen	Massivholzkonstruktionen
Putze	mineralische Putze ohne Stellmittel, z.B. Putze mit Bindemitteln, die aus natürlichem Kalk-, Kalkmergel- oder Gipsstein hergestellt wurden
Trockenbau	Gipskartonplatten aus natürlichem Gipsstein und Karton ohne Zusätze (z.B. Fungizide)
Fliesen	verlegt in Zementdickbettmörtel ohne Zusatzmittel
Bodenbeläge	Teppichböden aus Wolle, Flachs, Kokos, Baumwolle Gespundete Bretter (Kiefer, Lärche) Parkett (Buche, Eiche, Esche etc.) Kork, Linoleum
Anstriche, Farben	Außenanstriche auf mineralischem Untergrund: Silikatfarben, Kalkfarben (Pigmente: Erdfarben) auf Holz: Naturharzlasur, Innenanstriche auf mineralischem Untergrund: Naturharzdisperionsfarbe auf Holz: Leinölfarben, Schellack, Naturharzlasuren, Wachse etc.
Wandbeläge innen	Papiertapete, Kork, Leinen, Bast, Holz etc.

510.2 Ökologische Baustoffe – Auswahl

- Der Zentrale Mauerwerksspeicher mitten im Gebäude der durch große Fenster oder Wintergärten von der Sonne beschienen wird.
- Der direkt erwärmte Mauerwerksspeicher, die Außenwand im Süden und Westen des Gebäudes, gibt die Wärme phasenverschoben an die Innenräume ab. Erhält der Speicher auf der Außenseite gegen Wärmeverluste eine Verkleidung aus Glas oder besser aus einem transparenten Wärmedämmstoff, so werden sehr hohe Werte der passiven Wärmegewinnung erzielt.
- Der indirekte Mauerwerksspeicher liegt in der Schattenzone des Gebäudes. Die Wärme wird durch Transmission übertragen. An der Außenwand ist eine hohe Wärmedämmung erforderlich.

Von den Wänden wird zugleich die physialische Eigenschaft verlangt, Feuchtigkeit und Geruchsstoffe durchzulassen (Diffusion). Diese Beschaffenheit besitzen besonders die Baustoffe Holz und Ziegel. Da eine Diffusion in unseren Breiten in der Regel von innen nach außen stattfindet, muss der Diffusionswiderstand des Wandaufbaus nach außen abnehmen, damit eine Durchfeuchtung vermieden wird.

3.2 Wintergärten

Die schalenförmige Einteilung in verschiedene Temperaturzonen wie klimaverbesserter Außenbereich, Außenzone, Zwischenzone und Kernzone wird als Pufferung bezeichnet. Die Schalenbauteile sind Wände, Böden und Decken. Je nach Lage und Funktion können sie aus tragenden und nicht tragenden undurchsichtigen Elementen oder einem Glasvorbau bestehen. Beim Glasvorbau (Bild 512.1) zur Nutzung als Wintergarten und als Pufferzone muss eine Vielzahl von technischen Details beachtet werden, um die Regeln der Bauordnungen einzuhalten und um Bauschäden zu vermeiden. Der Wärmeschutz (Bild 511.2) ist durch eine Wärmefunktionsverglasung so zu verbessern, dass ein Wärmerückstrahlungsaustausch zwischen den Scheiben infolge des Emissionsvermögens der Scheibenoberfläche für Wärmestrahlen weitgehend verhindert wird (Treibhauseffekt).

- Die Lüftung in einem Wintergarten vermeidet im Sommer die durch den Treibhauseffekt entstehenden hohen Temperaturen (60 °C) und mindert in der kalten Jahreszeit den Schwitzwasseranfall. Die thermische Lüftung ist der mechanischen Lüftung vorzuziehen. Dabei sind Lüftungsflügel, deren Fläche etwa 20% der Glasfläche ausmachen soll, im unteren und oberen Bereich vorzusehen. Sie müssen zugfrei einen 50fachen Luftwechsel/Std. gewährleisten.
- Der Sonnenschutz ist ein weiteres bautechnisches Mittel, um eine Überhitzung im Innenraum zu vermeiden. Es eignen sich besonders Beschattungskonstruktionen, die im Außenbereich vorgesehen werden. Dazu zählen Pflanzrankwerk, Rollos aus Tuchwerk, Sonnensegel, Markisen etc.
- Die Tragfähigkeit der geneigten Glasflächen muss so bemessen sein, dass Wind- und Schneelasten aufgenommen werden können. Außerdem sind die Überkopfverglasungen splitterbindend auszuführen. Dies wird durch Verbund-Sicherheitsglasscheiben VSG erreicht. Bei einem Wärmefunktionsglaselement wird die untere Scheibe als Verbundsicherheitsglas ausgeführt.
- Für die Rahmenausbildung eignen sich alle im Fensterbau eingesetzten Werkstoffe. Aus ökologischer Sicht wird das Holz bevorzugt. Gegen Feuchtigkeit und Witterungseinflüsse sind die Rahmen mit einer Lasur zu schützen.

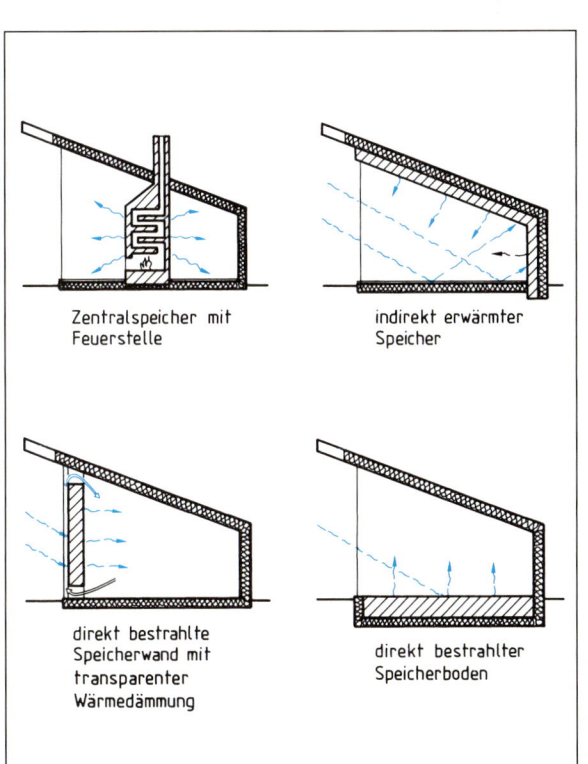

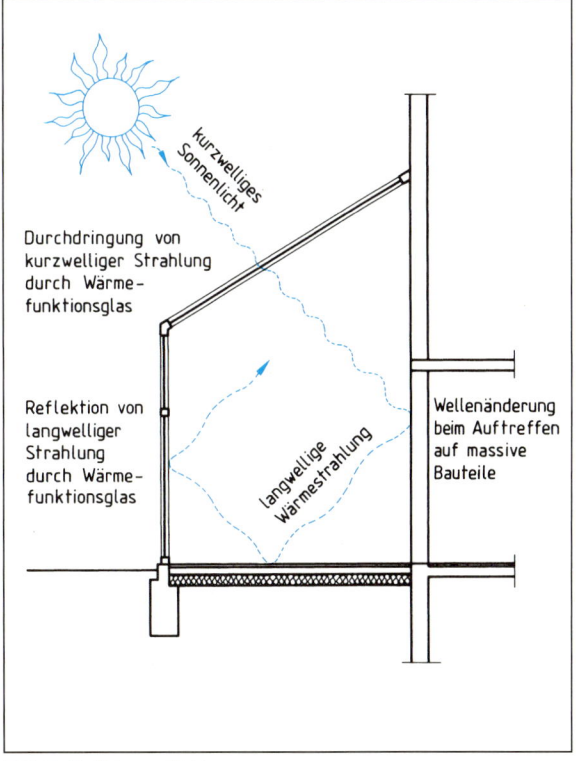

511.1 Speicherarten

511.2 Treibhauseffekt

Ökologisches Bauen

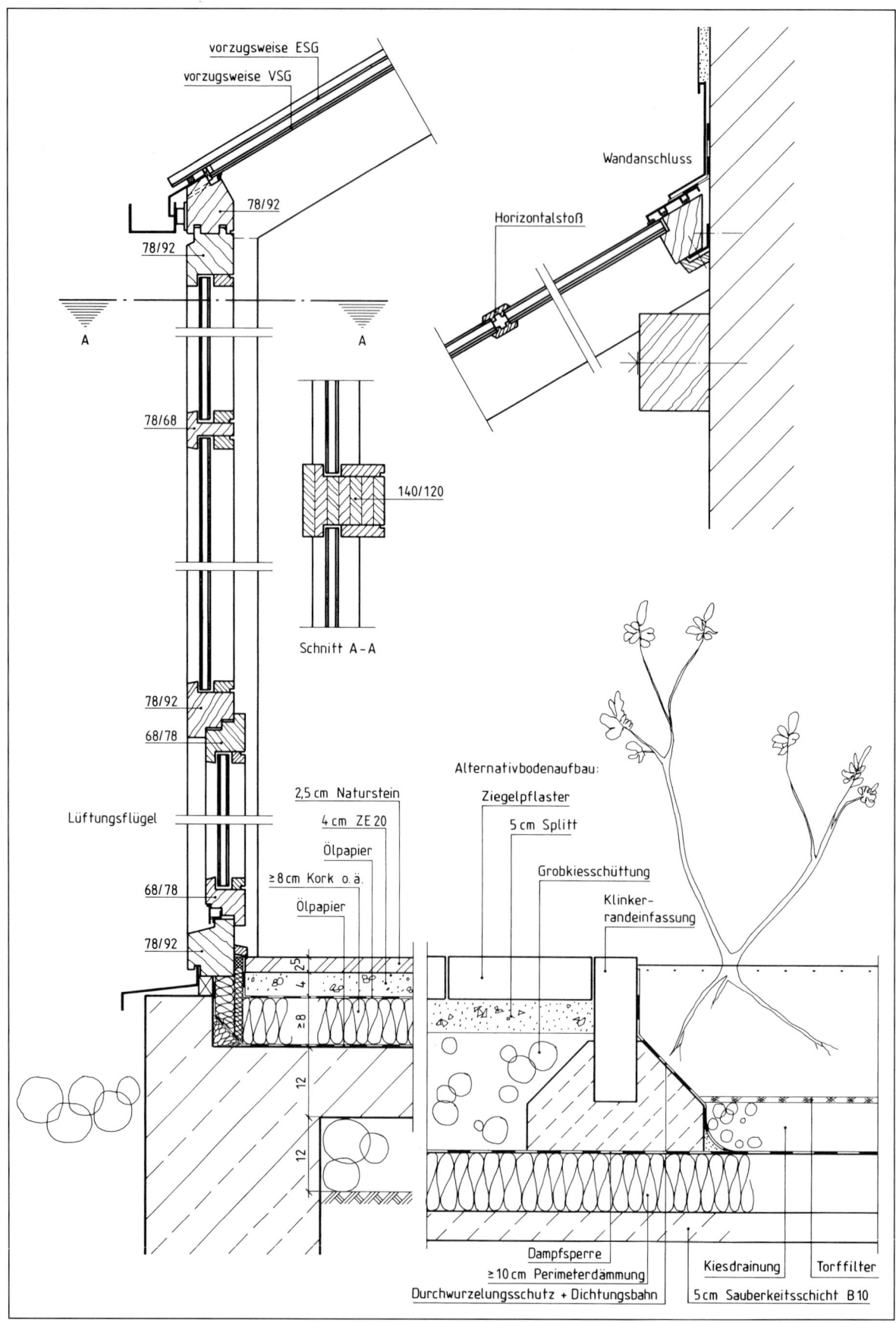

vorzugsweise ESG
vorzugsweise VSG
78/92
78/92
Wandanschluss
Horizontalstoß
78/68
140/120
Schnitt A–A
78/92
68/78
Lüftungsflügel
2,5 cm Naturstein
4 cm ZE 20
Ölpapier
≥ 8 cm Kork o. ä.
Ölpapier
68/78
78/92
Alternativbodenaufbau:
Ziegelpflaster
5 cm Splitt
Grobkiesschüttung
Klinkerrandeinfassung
Dampfsperre
≥ 10 cm Perimeterdämmung
Durchwurzelungsschutz + Dichtungsbahn
Kiesdrainung
Torffilter
5 cm Sauberkeitsschicht B 10

512.1 Wintergarten – Vertikalschnitt

3.3 Begrüntes Dach

Das begrünte Dach hat sich im kühlen Klima des Nordens sowie in tropischen Klimazonen seit vielen Jahrtausenden als Kälte- oder Wärmeschutz bewährt. Ihm kommt in unserer Zeit als ökologisches Konstruktionselement der Architektur wieder besondere Bedeutung zu:
- Temperaturdämpfend, schützen der Vegetationsschirm und der Speicher der Vegetationsschicht das Gebäude im Sommer wie im Winter vor zu starken Temperaturschwankungen.
- Wasser speichernd wirkt die Vegetationsschicht wie ein Schwamm und entlastet das Entwässerungssystem bei starken Regenfällen.
- Luft verbessernd wirken die Pflanzen beim Kohlenstoffdioxid-Sauerstoffaustausch sowie bei der Staubfilterung.
- Schallschutz bietet der Schichtaufbau durch seine Masse und Mehrschaligkeit als Schalldämmung sowie durch seinen Halm- und Blättermantel als Schalldämpfung.
- Schutz für den Dachaufbau vor mechanischer Beschädigung, z.B. Hagelschlag, und vor Versprödung durch ultraviolette Strahlung der Sonne gewährleistet der Vegetationsschichtaufbau.

Damit das begrünte Dach den gestellten Anforderungen genügt, müssen bestimmte Bedingungen erfüllt sein:
- Die Dachneigung sollte 20° nicht übersteigen. Dadurch erhalten die Pflanzen während der Vegetatonszeit auf der Nordseite eines Daches ausreichend Licht.
- Die Wasserversorgung muss durch einen ausreichenden Schichtaufbau, wenn nötig durch eine selbst steuernde Bewässerungsanlage mit Brauchwasser, besonders auf der Südseite, gesichert sein.
- Der Windschutz durch Dachaufbauten, Wände etc. verhindert, dass die Pflanzen austrocknen bzw. in ihrem Wachstum gehindert werden.
- Die Nährstoffversorgung muss durch eine der Vegetation entsprechende Schichtdecke gewährleistet sein.

Der Aufbau der Vegetationsschicht ist abhängig von der Dachneigung und der Art der Bepflanzung. Extensive Begrünung bedeutet im Gegensatz zur intensiven Begrünung, dass das Dach ohne gärtnerischen Pflegeaufwand durch anspruchslose, niedrig wachsende und selbsterhaltende Pflanzen, wie eine Sedum-Moos-Krautbegrünung, auskommt. Die Intensivnutzung hat auch den Nachteil des hohen Eigengewichtes. Während für das geneigte Dach nur ein einschichtiger Pflanzbodenaufbau notwendig ist, kann der Bodenaufbau für das Flachdach beim Normal- und Umkehrdach einschichtig oder mehrschichtig aufgebracht werden.

Einschichtige Flachdachaufbauten zur extensiven Begrünung eignen sich für Moose und Pflanzen, die von Natur aus Trockenphasen und Überschwemmungen vertragen. Die Pflanzbodenschicht besteht aus einer bis zu 15 cm dicken, mit Humus angereicherten Erdschicht oder aus Rasenpflaster (Grassoden). Vorteilhaft sind ein Dachgefälle von etwa 3% und der Einbau von Drainsträngen aus Grobkies $\varnothing$ 32 zur besseren Entwässerung.

Mehrschichtige Flachdachaufbauten (Bild 514.2), häufig als intensive Begrünung geplant, eignen sich für anspruchsvolle Vegetationen, die keine stauende Nässe vertragen. Der Schichtaufbau eines Flachdaches aus tragender Baukonstruktion, Ausgleichsschicht, Dampfsperre, Wärmedämmung, Dampfdruckausgleichsschicht, Dachabdichtung wird durch die Schichten zur Begrünung ergänzt. Dies sind Trennlage, Wurzelschutzschicht, Drainschicht, Filterschicht, Vegetationsschicht und Pflanzen.

- Die Trennlage gewährleistet unterschiedliche waagerechte Bewegungen, z. B. hervorgerufen durch Wärmespannungen zwischen Flachdachaufbau und den Schichten zur Begrünung. Dafür eignet sich ein Glasvlies.
- Die Wurzelschutzschicht hat die Aufgabe, das Durchdringen der Wurzeln durch die Dachabdichtung zu verhindern. Dazu dienen zusätzlich aufgeklebte spezielle Wurzelschutzbahnen. Mindestens 4 cm dicke bewehrte Zementestriche sind als Schutz gegen Baumwurzeln erforderlich.
- Die Drainschicht verhindert stauende Nässe, die nur wenige Pflanzen (Sumpfpflanzen) vertragen. Sie dient der Abführung von Überschusswasser und als pflanzenverfügbarer Durchwurzelungsraum. Dafür eignen sich mineralische Schüttstoffe aus Kies, Bims, Blähton und Schlacke.
- Die Filterschicht hält Bodenteilchen aus der Vegetationsschicht zurück und verhindert das „Zuwachsen" der Drainschicht. Diese Funktion übernehmen dünne Schichten aus Torf oder Glasvlies.
- Die Vegetationsschicht bestimmt durch ihre Dicke das Vegetationsbild. Sie kann aus verschiedenen humushaltigen Bodenmischungen bestehen. Anteile von Bimskies, Schaumlava etc. machen schweren Boden leichter und vergrößern die Wasserspeicherfähigkeit.

Begrünungsart	Dicke der Vegetationsschicht in cm
Flachdächer	
Moos-Sedum-Begrünung	2 bis 5
Moos-Sedum-Kraut-Begrünung	5 bis 8
Sedum-Gras-Kraut-Begrünung	8 bis 12
Gras-Kraut-Begrünung	> 15
Geneigte Dächer	
Moos-Sedum-Begrünung	2 bis 5
Moos-Sedum-Kraut-Begrünung	5 bis 10
Sedum-Gras-Kraut-Begrünung	10 bis 15

513.1 Regelschichten für extensive Begrünung

Begrünungsart	Drainung cm	Vegetationsschicht cm
Stauden, bodenbedeckende Gehölze	10	15 bis 25
Großsträucher, kleine Bäume	12	25 bis 45
Bäume	20	75 bis 90

513.2 Regelschichten für intensive Begrünung

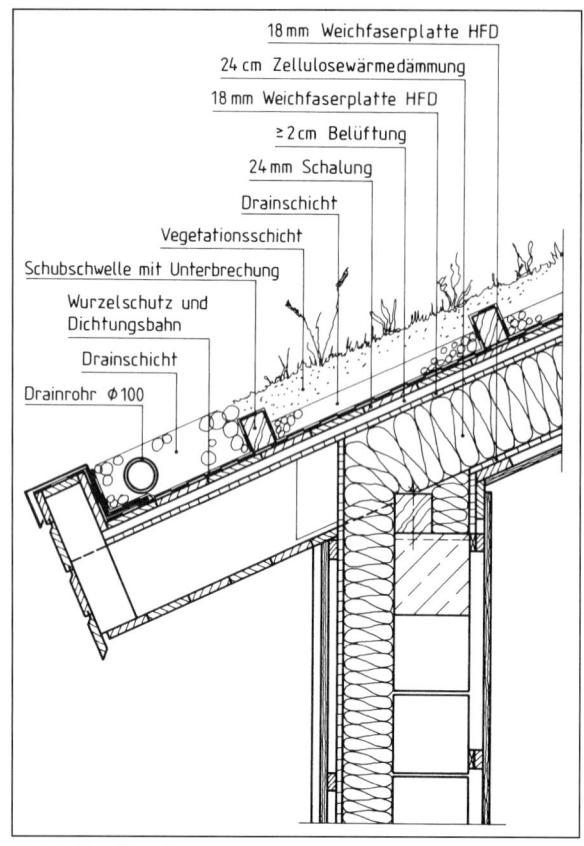

Ökologisches Bauen

Das **begrünte Umkehrdach** kann je nach Schichtaufbau ein- oder mehrschichtig, extensiv oder intensiv bepflanzt werden. Gegenüber dem herkömmlichen Flachdachaufbau hat es den Vorteil der Reparaturfreundlichkeit und des verbesserten Schutzes der Dachabdichtung durch die dicke Dämmschicht.

Bauschäden entstehen hauptsächlich durch Einwachsen oder Hinterwachsen von Abschlusskanten, Mauerwerksanschlüssen etc. Aus diesem Grund sind Pflanzen von diesen kritischen Stellen (Bild 514.2) durch 50 cm breite Kiesschüttungen oder Pflasterungen auf Abstand zu halten. Die Anschlüsse sind mindestens 15 cm hochzuführen. Besondere Sorgfalt ist auch auf die Abdichtung von Dehnungsfugen, Öffnungen und Durchführungen zu verwenden.

Das begrünte geneigte Dach (Bild 514.1) wird nur einschichtig, d.h. ohne Drainung, hergestellt, da das Problem der Staunässe nicht auftritt. Es besteht eher die Schwierigkeit, das Austrocknen der Vegetationsschicht zu verhindern. Damit bei zunehmender Dachneigung der gesamte Aufbau nicht von der Dachfläche rutscht, sind parallel zur Traufe Schubschwellen einzubauen. An den Stößen der Schubschwellen sind Lücken von etwa 10 cm für den Wasserablauf und für die Eigenbewegung der Hölzer zu lassen. Die Hölzer sind mit Dichtungsbahnen zu umkleiden. Um Verformungen am Ortgang zu vermeiden, sollte statt einer Abschlussbohle eine Lattenrahmenkonstruktion mit beidseitiger Brettbeplankung vorgesehen werden. Auf der Dach- und Oberseite ist das Holz durch eine Blechverkleidung zu schützen.

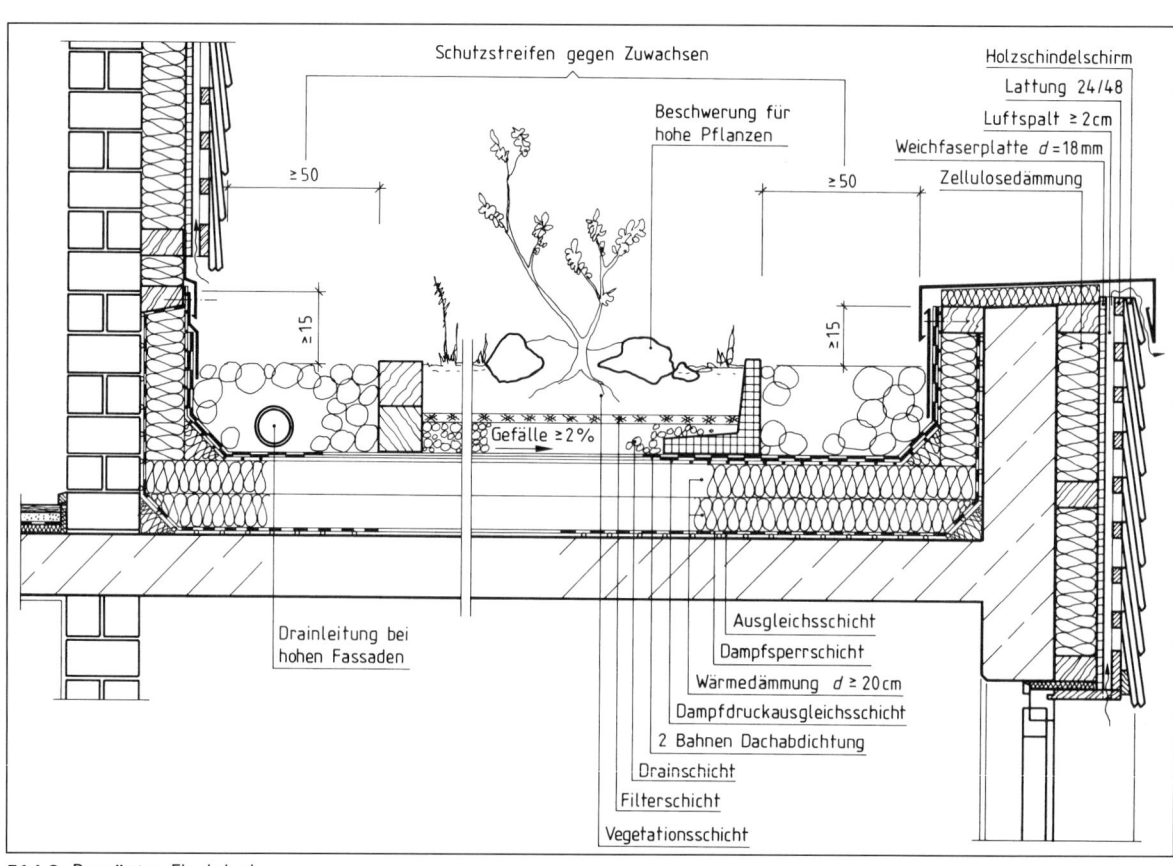

514.1 Traufdetail

514.2 Begrüntes Flachdach

4 Haustechnik

Durch steigende Kosten auf dem Energiemarkt und im Bereich der Wasserver- und -entsorgung werden die Bewohner eines Gebäudes nicht nur aus ökologischen, sondern auch aus marktwirtschaftlichen Gründen zu einer die Umwelt weniger belastenden Haustechnik angeregt.

Die Heizung (Bild 515.1) beschränkt sich auf den Spitzenlastausgleich der kältesten Tage und die Deckung einer minimalen Dauerlast für die kältesten Monate. Der überwiegende Rest an Wärme wird durch die passive Wärmegewinnung gedeckt.

Ökologische Heizsysteme strahlen waagerecht, da sie dann eine größere Oberfläche des Menschen treffen. Sie vermeiden die bei den vertikalen Strahlungsheizungen üblichen Feinstaubaufwirbelungen und Kreislaufbeschwerden der Bewohner. Zu den waagerecht strahlenden Heizsystemen gehören der Kachelofen mit einer hohen Betriebstemperatur von mehr als 100 °C und die Warmwasserwandheizung mit einer Vorlauftemperatur von weniger als 40 °C sowie einer Oberflächentemperatur von 20 bis 24 °C. Letztere hat durch die geringe Vorlauftemperatur den Vorteil von sehr niedrigen Betriebsverlusten sowie die Möglichkeit der Speisung durch eine Wärmepumpe.

Der Nachteil der Bauelementheizungen ist die träge Ansprechbarkeit der Regelung bei raschem Witterungswechsel. Für alle Betriebstemperaturbereiche mit hohem Wirkungsgrad und geringer Umweltbelastung eignen sich gasbetriebene Brennwertkessel. Die Regelung sollte vom System aus einfach, automatisch und zur Anpassunghandbedienbar sein. Die Trägheit der Warmwasserwandheizung kann durch einen zusätzlichen Radiatorkreislauf verbessert werden.

Die Warmwasserversorgung ist in der warmen Jahreszeit nahezu vollständig durch Sonnenkollektoren möglich. Die restliche Zeit kann mit einer Gastherme oder einer Wärmepumpe überbrückt werden. Häufig wird der Warmwasserspeicher indirekt durch einen Heiz- und Solarkreislauf beheizt (Bild 515.1).

Wärmerückgewinnungsanlagen von Abwasser/Trinkwasser erhöhen die Wirtschaftlichkeit.

Die Lüftung (Bild 515.2) bedeutet, bedingt durch die dichte Ausführung eines Gebäudes, Gesundheit und Behaglichkeit für die Bewohner und Vermeidung von Kondenswasserbildung im Gebäude. Die „Stoßlüftung", d. h. kurzes Lüften durch weit geöffnete Fenster, ist in der kalten Jahreszeit das richtige Mittel, um frische Luft in die Wohnräume zu lassen und um die Luftfeuchtigkeit zu senken. Dies ergibt einen Energieverlust, der durch ein automatisch gesteuertes Zu- und Abluftsystem mit Wärmerückgewinnung gemindert werden kann. Dabei wird die aus Bad, WC und Küche abgesaugte Luft über einen Wärmetauscher geführt, der wiederum Frischluft erwärmt und sie den Wohnräumen zuführt.

Bei Bedarf kann die zugeführte Luft über einen Wärmetauscher, der durch die Pumpenwarmwasser-Heizung beheizt wird, zusätzlich erwärmt werden. Die Frischluft wird mit einem Filter von Staub befreit. Bad, WC und Küche sind frei von unangenehmen Gerüchen; Fenster können bei Lärmbelästigungen geschlossen bleiben.

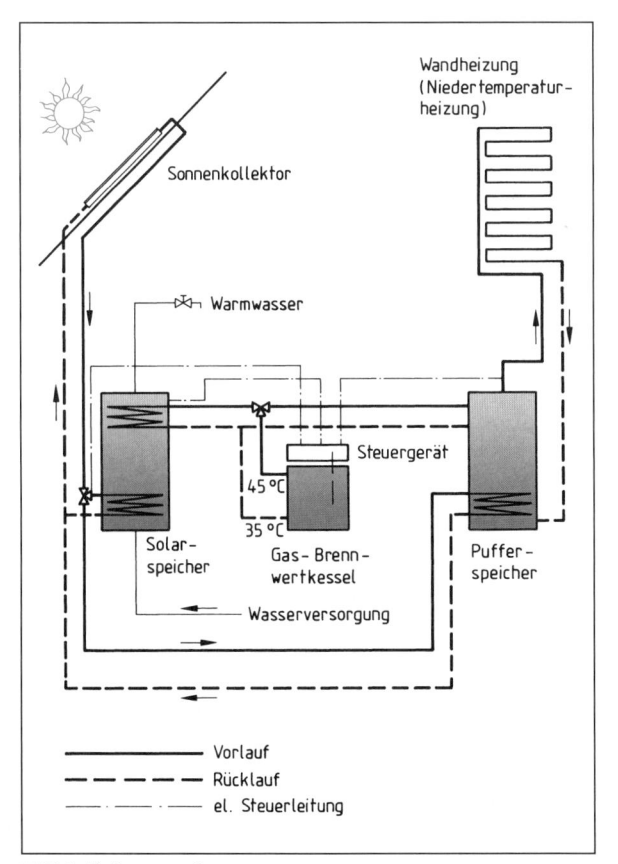

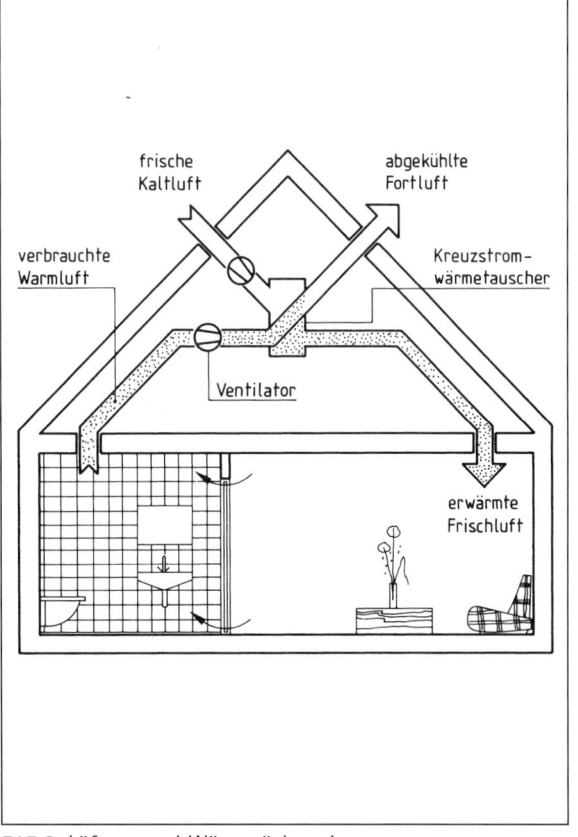

515.1 Heizungsanlage

515.2 Lüftung und Wärmerückgewinnung

Ökologisches Bauen

Die Stromversorgung kann zusätzlich zum Bezug von den großen Energieversorgungsunternehmen aus Sonnenlicht über die Fotovoltaik gewonnen werden. Dazu befestigt man Solarmodule auf dem Dach oder an anderen Positionen unter einem Winkel von $> 20°$, damit der Regen sie reinigen kann. Die Module arbeiten umso besser, je kühler sie sind. Daher sind sie hinterlüftet zu montieren. Die Solarmodule erzeugen Gleichstrom, der über einen Wechselrichter auf die Netzspannung von 230 bzw. 400V gebracht wird. Überschussstrom kann an die Energieversorgungsunternehmen verkauft werden. Die Leistung der Solarmodule wird mit etwa 130 W/m² angesetzt.

Um die elektrischen Leitungen bilden sich elektromagnetische Felder. Sie sind mit zunehmender Stromstärke gesundheitsschädlich. Die Intensität verringert sich mit größer werdendem Abstand. Bei der Leitungsführung der Elektroinstallation ist auf ausreichende Abstände zu Schlafstellen und anderen häufig benutzten Aufenthaltsorten zu achten.

Der Wasserhaushalt setzt sich aus der Trink- und Brauchwasserversorgung (Bild 516.1) sowie der Abwasserentsorgung zusammen. Eine Trennung zwischen Trink- und Brauchwasser (Brauchwasser entspricht nicht den hygienischen Anforderungen für Trinkwasser) findet nur im Industriebau, z.B. für die Kühlung von Maschinen, statt. Vielerorts besteht ein Anschlusszwang an das öffentliche Leitungsnetz. Der Trinkwasserbedarf kann durch die Verwendung von Brauchwasser für Waschmaschine, Garten und WC-Spülung verringert werden. Dazu wird Oberflächenwasser (Dachentwässerung) gefiltert und über eine Pumpe mit Windkessel dem Brauchwassernetz zugeführt.

Aufgabe 1:
Zeichnen Sie von dem Vertikalschnitt des Terrassenhauses (Bild 517.1) mit extensiver Dachbegrünung und Wintergarten einen Fassadenschnitt im Maßstab 1:10. Der Schichtaufbau der Dächer und Decken ist in der Zeichnung beschrieben. Für das Fenster im Dachgeschoss ist das Profil IV 68 zu wählen. Der Wintergarten ist aus Profilen nach Bild 512.1 zu gestalten. Fehlende Angaben sind nach eigenem Ermessen zu ergänzen.

Aufgabe 2:
Zeichnen Sie zur Aufgabe 1 die Detailpunkte A Traufe, B Wintergartenanschluss, C Wintergartenfußpunkt und D Attika im Maßstab 1:5.

Aufgabe 3:
Ändern Sie das Satteldach in ein Pultdach und zeichnen Sie statt des Traufpunktes den Firstpunkt im Maßstab 1:5.

Aufgabe 4:
Zeichnen Sie den Detailpunkt C des Wintergartens im Maßstab 1:10 mit einer für intensive Staudenbegrünung ausreichenden Vegetationsschicht. Geben Sie dazu der Stahlbetondeckenkonstruktion die notwendige Tiefe.

Aufgabe 5:
Zeichnen Sie den Querschnitt durch den Ortgang des begrünten Daches zur Aufgabe 1 im Maßstab 1:5. Wählen Sie dazu eine Lattenrahmenkonstruktion mit beidseitiger Brettbeplankung. Der Querschnitt der Bretter und deren Aufteilung ist mit dem Traufdetail abzustimmen.

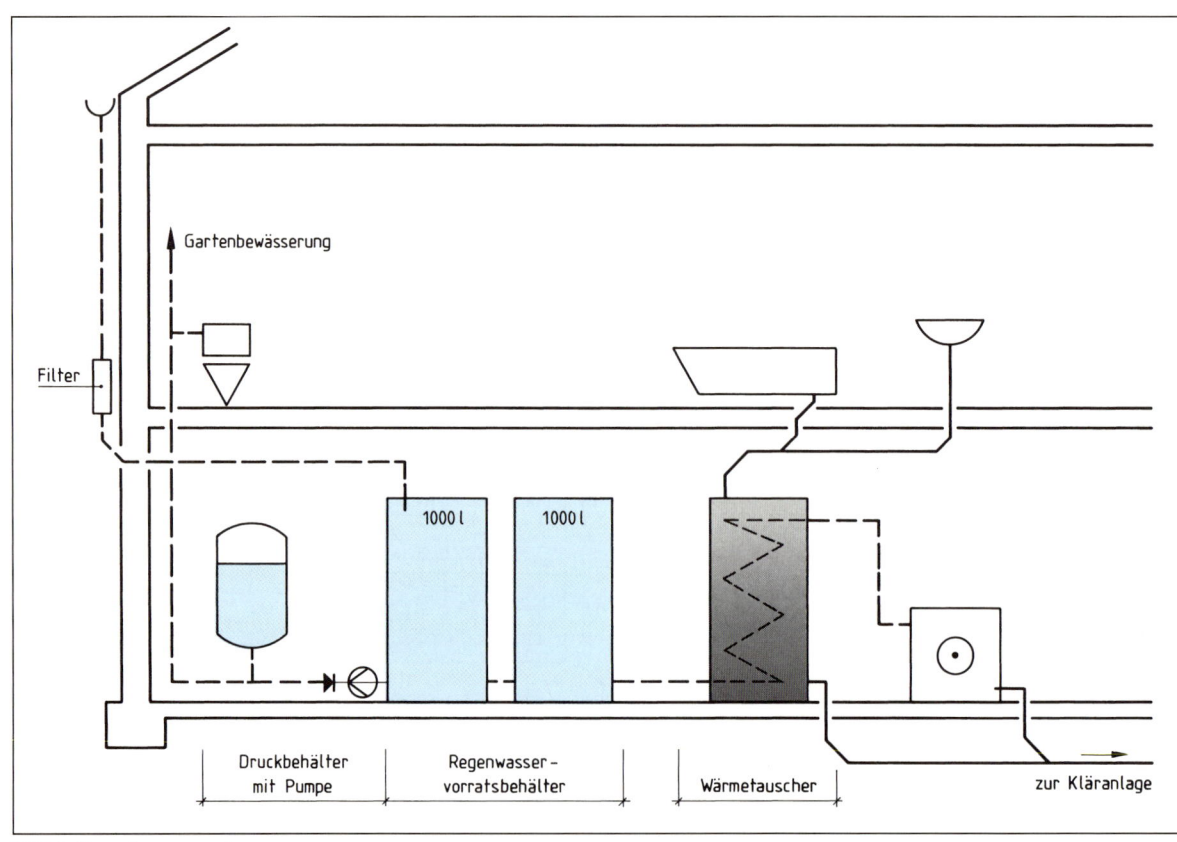

516.1 Brauchwasseranlage

Ökologisches Bauen

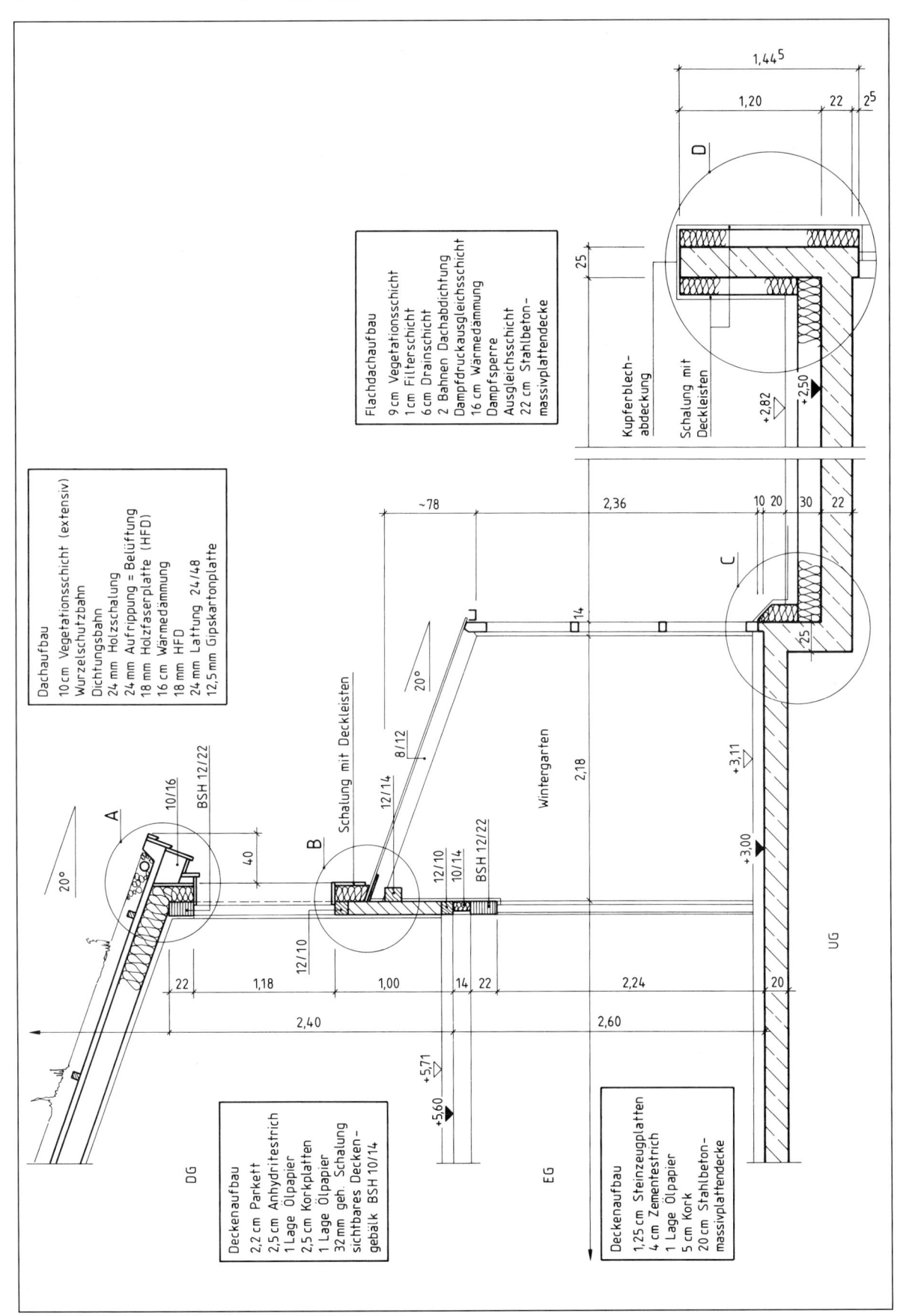

Dachaufbau
10 cm Vegetationsschicht (extensiv)
Wurzelschutzbahn
Dichtungsbahn
24 mm Holzschalung
24 mm Aufrippung = Belüftung
18 mm Holzfaserplatte (HFD)
16 cm Wärmedämmung
18 mm HFD
24 mm Lattung 24/48
12,5 mm Gipskartonplatte

Flachdachaufbau
9 cm Vegetationsschicht
1 cm Filterschicht
6 cm Drainschicht
2 Bahnen Dachabdichtung
Dampfdruckausgleichsschicht
16 cm Wärmedämmung
Dampfsperre
Ausgleichsschicht
22 cm Stahlbeton-massivplattendecke

Deckenaufbau
2,2 cm Parkett
2,5 cm Anhydritestrich
1 Lage Ölpapier
2,5 cm Korkplatten
1 Lage Ölpapier
32 mm geh. Schalung sichtbares Deckengebälk BSH 10/14

Deckenaufbau
1,25 cm Steinzeugplatten
4 cm Zementestrich
1 Lage Ölpapier
5 cm Kork
20 cm Stahlbeton-massivplattendecke

517.1 Terrassenhaus – Vertikalschnitt

Stahlbau

1 Werkstoff Stahl

Stahl wird aus Roheisen gewonnen, das Beimengungen enthält, welche die Eigenschaften des Materials überwiegend nachteilig beeinflussen. Ein hoher Kohlenstoffgehalt (3 bis 5%) sowie Beimengungen wie z.B. Silizium, Mangan, Phosphor und Schwefel, ergeben einen harten, spröden und porösen Werkstoff mit niedrigem Schmelzpunkt und geringer Bearbeitbarkeit.

Die unerwünschten Roheisenbegleiter werden je nach Stahlart in verschiedenen Verfahren oxidiert. Dabei entsteht ein Werkstoff, der sich durch hohe Elastizität, Druck- und Zugfestigkeit sowie Bearbeitbarkeit, z. B. Span-, Schweiß- und Härtbarkeit, auszeichnet. Beim Erstarren des flüssigen Stahles bilden sich Blasen aus Kohlenmonoxid, die nur unvollkommen entweichen. Außerdem reichern sich im Innern der Blöcke Schwefel und Phosphor an, die zu Seigerungen in Walzerzeugnissen führen.

Beide Erscheinungen sind im unberuhigten Stahl enthalten und mindern die Schweißbarkeit. Durch Zusätze von Titan, Aluminium oder Kalium bindet man den im Stahl gelösten Sauerstoff. Der auf diese Weise beruhigte Stahl erstarrt blasenfrei, neigt weniger zu Seigerungen und lässt sich deshalb auch in großen Dicken schweißen.

Werden andere Metalle, wie z.B. Vanadium, Chrom Molybdän, Nickel oder Wolfram etc. zugegeben, erhält man legierte Stähle. Dabei werden Eigenschaften wie Härte, Verarbeitbarkeit, Härtbarkeit und Korrosionsbeständigkeit verändert.

Man unterscheidet Stähle nach ihrer Festigkeit (Tab. 518.1), nach ihrem Legierungsgrad (Tab. 518.2) und ihrer Form (Tab. 519.2).

2 Korrosionsschutz

Unter Korrosion versteht man die Zersetzung von Werkstoffen durch Wasser und die Bestandteile der Luft. Stahl beginnt bei einer Luftfeuchtigkeit von > 65% zu korrodieren. Es entsteht dabei poröser, im Volumen vergrößerter Rost, der diesen chemischen Vorgang, im Gegensatz zu den Nichteisenmetallen, nicht unterbricht sondern mit zunehmender Geschwindigkeit fortschreiten lässt. Salze beschleunigen diesen Ablauf. Um den Stahl wirksam vor Korrosion zu schützen, sind bereits bei der Planung geeignete Maßnahmen zu ergreifen. Folgende Merkmale sind zu beachten (Bild 519.1):

- Geringe gegliederte Bauteile beinhalten weniger Oberfläche und somit geringere Korrosionsangriffsflächen;
- Gute Zugänglichkeit zu den Bauteiloberflächen bedeuten eine sorgfältigere Ausführung, Prüfung und Instandhaltung des Korrosionsschutzes.
- Vermeiden von Wassersäcken durch nach unten geöffnete Profile, geneigte Flächen und Einbau von Entwässerungsöffnungen führen dazu, dass die benetzten Flächen rasch wieder abtrocknen.

Eine weitere Möglichkeit des Korrosionsschutzes bietet das Aufbringen von geschlossenen Auftragsschutzschichten auf die Bauteile. Man unterscheidet drei Arten:

Beschichtungen bestehen aus zwei bis vier Schutzschichten. Sie setzen sich aus Pigmenten, wie z. B. Bleimennige, Zinkstaub und Zinkchromat etc. als den eigentlichen Korrosionsschutzmitteln sowie einem Bindemittel und einem Füllmittel zusammen. Vor dem Aufbringen durch Streichen, Rollen oder Spritzen werden die Bauteile in Durchlaufanlagen von Zunder (blauer Eisenhammerschlag), Rost und

Stahlsorten nach		Vergießungsart	Zugfestigkeit N/mm²	Verwendung
DIN 17100	EU 25/12			
St 33	Fe 310-0	–	290	untergeordnete Bauteile
USt 37-2	Fe 360-BFU	U	340 bis 470	normaler Baustahl für den Stahlbau
RSt 37-2	Fe 360-BFN	R		
St 37-3	FE 360-C FE 360-D	RR		
St 52-3	FE 510C FE 510D	RR	490 bis 630	hochwertiger Baustahl z.B. für den Brückenbau

Vergießungsarten U = unberuhigt, R = beruhigt, RR = besonders beruhigt
Behandlungszustand U = warm gewalzt und unbehandelt, N = normalgeglüht

518.1 Festigkeitsklassen von Baustahlsorten – Auszug

Legierungsgrad	Legierungszusatz	Stahlart	Verwendung
unlegierte Stähle	–	Baustahl	Form- und Stabstähle, Stahlbleche und Stahlrohre, Ankerschienen, Spundwände
		Betonstahl	Betonstabstähle Bestonstahlmatten
niedrig legierte Stähle	< 5% Chrom, Vanadium, Molybdän, Nickel etc.	Hochleistungsstahl Spezialstahl	HLS und SP für Werkzeuge
hoch legierte Stähle	5 bis 30% Legierungsmetallanteil	Hochleistungsstahl	HSS für Schneidwerkzeuge mit hoher Standzeit

Rostsichere Stähle haben einen Legierungsanteil von 18% Chrom und 8% Nickel

518.2 Stahlarten nach ihrem Legierungsgrad

Stahlbau

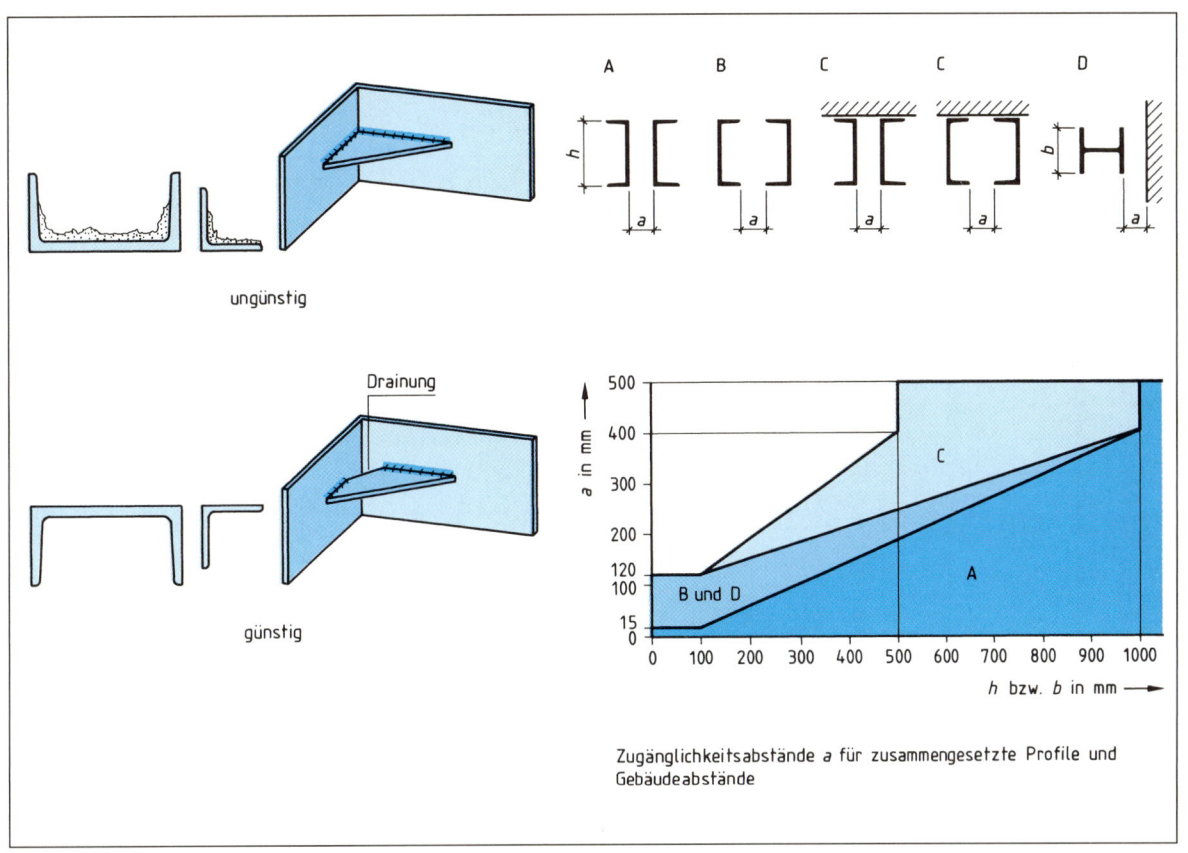

519.1 Vorbeugender Korrosionsschutz

Zugänglichkeitsabstände *a* für zusammengesetzte Profile und Gebäudeabstände

Bezeichnung		Kurzzeichen	Schreibweise	Maße in mm Höhe	Breite	Bemerkungen
Stabstahl						
T	T-Stahl	T	T	20 – 140	20 – 140	hochstegig oder breitfüßig
[	U-Stahl	U oder [	U	30 – 65	15 – 42	Flansche innen schräg; Kanten rund
Z	Z-Stahl	Z	Z	30 – 160	38 – 70	Flansche parallel; Kanten rund
L	Winkelstahl	L	L	20 – 200	20 – 200	gleich- und ungleichschenklig; Kanten rund
● Rund-, ■ Vierkant-, ⬢ Sechskant- und Sonderprofile						
Formstahl						
[	U-Stahl	U oder [	U	80 – 400	45 – 110	Flansche innen schräg; Kanten rund
I	schmale Träger	I	I	80 – 600	42 – 215	
I	mittelbreite Träger	IPE	IPE	80 – 600	46 – 228	Flansche parallel; Kanten scharf
I	breite Träger	HE (IPE)	HE	96 – 1008	100 – 402	besonders leicht: HE–AA; leicht: HE–A normal: HE–B; verstärkt: HE–M
Hohlprofile						
○	Rohr	○	Rohr	⌀ 51 bis 1016		Wanddicke 2,6 – 10 mm
□	Hohlprofil	□	Quadrathohlprofil	⌀ 40 bis 260		Wanddicke 2,9 – 17,4 mm
▭	Hohlprofil	▭	Rechteckhohlprofil	⌀ 50 × 30 – 260 × 180		Wanddicke 2,9 – 14,2 mm

519.2 Lieferformen von Baustahl

Stahlbau

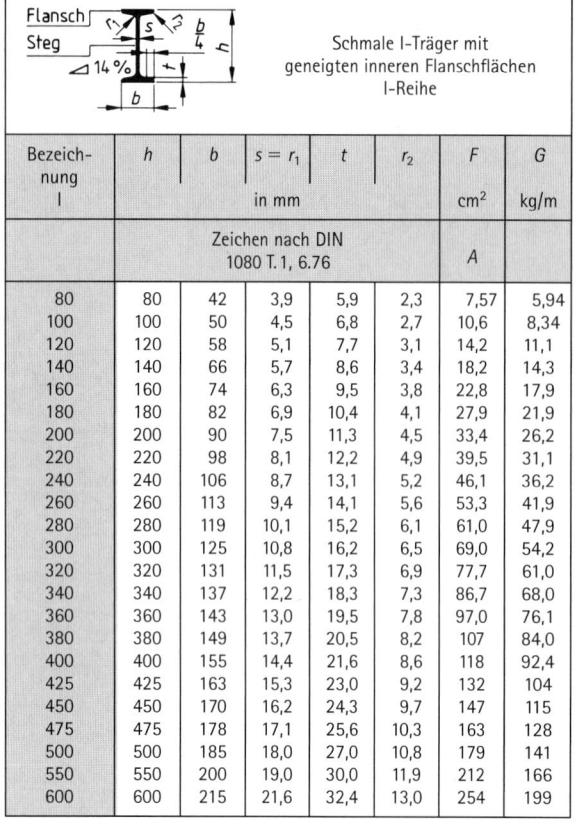

520.1 Schmale I-Träger

Schmale I-Träger mit geneigten inneren Flanschflächen
I-Reihe

Zeichen nach DIN 1080 T.1, 6.76

Bezeichnung I	h	b	s = r₁	t	r₂	F	G
			in mm			cm² (A)	kg/m
80	80	42	3,9	5,9	2,3	7,57	5,94
100	100	50	4,5	6,8	2,7	10,6	8,34
120	120	58	5,1	7,7	3,1	14,2	11,1
140	140	66	5,7	8,6	3,4	18,2	14,3
160	160	74	6,3	9,5	3,8	22,8	17,9
180	180	82	6,9	10,4	4,1	27,9	21,9
200	200	90	7,5	11,3	4,5	33,4	26,2
220	220	98	8,1	12,2	4,9	39,5	31,1
240	240	106	8,7	13,1	5,2	46,1	36,2
260	260	113	9,4	14,1	5,6	53,3	41,9
280	280	119	10,1	15,2	6,1	61,0	47,9
300	300	125	10,8	16,2	6,5	69,0	54,2
320	320	131	11,5	17,3	6,9	77,7	61,0
340	340	137	12,2	18,3	7,3	86,7	68,0
360	360	143	13,0	19,5	7,8	97,0	76,1
380	380	149	13,7	20,5	8,2	107	84,0
400	400	155	14,4	21,6	8,6	118	92,4
425	425	163	15,3	23,0	9,2	132	104
450	450	170	16,2	24,3	9,7	147	115
475	475	178	17,1	25,6	10,3	163	128
500	500	185	18,0	27,0	10,8	179	141
550	550	200	19,0	30,0	11,9	212	166
600	600	215	21,6	32,4	13,0	254	199

520.3 Mittelbreite I-Träger

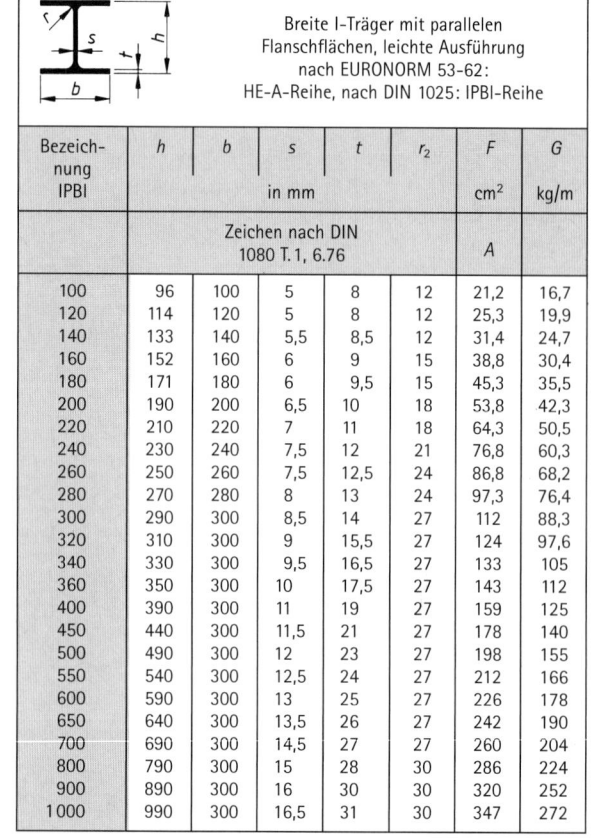

Mittelbreite I-Träger mit parallelen Flanschflächen
IPE-Reihe

Zeichen nach DIN 1080 T.1, 6.76

Bezeichnung IPE	h	b	s	t	r₂	F	G
			in mm			cm² (A)	kg/m
80	80	46	3,8	5,2	5	7,64	6,00
100	100	55	4,1	5,7	7	10,3	8,10
120	120	64	4,4	6,3	7	13,2	10,4
140	140	73	4,7	6,9	7	16,4	12,9
160	160	82	5,0	7,4	9	20,1	15,8
180	180	91	5,3	8,0	9	23,9	18,8
200	200	100	5,6	8,5	12	28,5	122,4
220	220	110	5,9	9,2	12	33,4	126,2
240	240	120	6,2	9,8	15	39,1	30,7
270	270	135	6,6	10,2	15	45,9	36,1
300	300	150	7,1	10,7	15	53,8	42,2
330	330	160	7,5	11,5	18	62,6	49,1
360	360	170	8,0	12,7	18	72,7	57,1
400	400	180	8,6	13,5	21	184,5	166,3
450	450	190	9,4	14,6	21	198,8	177,6
500	500	200	10,2	16,0	21	116	90,7
550	550	210	11,1	17,2	24	134	106
600	600	220	12,0	19,0	24	156	122

520.2 Breite I-Träger

Breite I-Träger mit parallelen Flanschflächen nach EURONORM 53-62:
HE-B-Reihe, nach DIN 1025: IPB-Reihe

Zeichen nach DIN 1080 T.1, 6.76

Bezeichnung IPB	h	b	s	t	r₂	F	G
			in mm			cm² (A)	kg/m
100	100	100	6	10	12	26,0	20,4
120	120	120	6,5	11	12	34,0	26,7
140	140	140	7	12	12	43,0	33,7
160	160	160	8	13	15	54,3	42,6
180	180	180	8,5	14	15	65,3	51,2
200	200	200	9	15	18	78,1	61,3
220	220	220	9,5	16	18	91,0	71,5
240	240	240	10	17	21	106	83,2
260	260	260	10	17,5	24	118	93,0
280	280	280	10,5	18	24	131	103
300	300	300	11	19	27	149	117
320	320	300	11,5	20,5	27	161	127
340	340	300	12	21,5	27	171	134
360	360	300	12,5	22,5	27	181	142
400	400	300	13,5	24	27	198	155
450	450	300	14	26	27	218	171
500	500	300	14,5	28	27	239	187
550	550	300	15	29	27	254	199
600	600	300	15,5	30	27	270	212
650	650	300	16	31	27	286	225
700	700	300	17	32	27	306	241
800	800	300	17,5	33	30	334	262
900	900	300	18,5	35	30	371	291
1000	1000	300	19	36	30	400	314

520.4 Breite I-Träger

Breite I-Träger mit parallelen Flanschflächen, leichte Ausführung nach EURONORM 53-62:
HE-A-Reihe, nach DIN 1025: IPBl-Reihe

Zeichen nach DIN 1080 T.1, 6.76

Bezeichnung IPBl	h	b	s	t	r₂	F	G
			in mm			cm² (A)	kg/m
100	96	100	5	8	12	21,2	16,7
120	114	120	5	8	12	25,3	19,9
140	133	140	5,5	8,5	12	31,4	24,7
160	152	160	6	9	15	38,8	30,4
180	171	180	6	9,5	15	45,3	35,5
200	190	200	6,5	10	18	53,8	42,3
220	210	220	7	11	18	64,3	50,5
240	230	240	7,5	12	21	76,8	60,3
260	250	260	7,5	12,5	24	86,8	68,2
280	270	280	8	13	24	97,3	76,4
300	290	300	8,5	14	27	112	88,3
320	310	300	9	15,5	27	124	97,6
340	330	300	9,5	16,5	27	133	105
360	350	300	10	17,5	27	143	112
400	390	300	11	19	27	159	125
450	440	300	11,5	21	27	178	140
500	490	300	12	23	27	198	155
550	540	300	12,5	24	27	212	166
600	590	300	13	25	27	226	178
650	640	300	13,5	26	27	242	190
700	690	300	14,5	27	27	260	204
800	790	300	15	28	30	286	224
900	890	300	16	30	30	320	252
1000	990	300	16,5	31	30	347	272

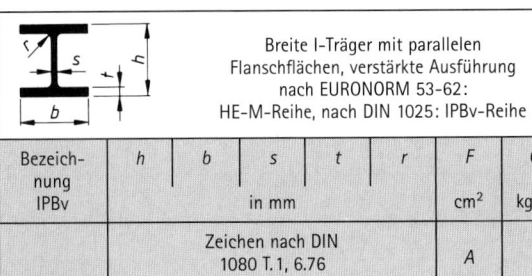

Stahlbau

521.1 Breite I-Träger

Breite I-Träger mit parallelen Flanschflächen, verstärkte Ausführung nach EURONORM 53-62: HE-M-Reihe, nach DIN 1025: IPBv-Reihe

Bezeich-nung IPBv	h	b	s	t	r	F	G
	in mm					cm²	kg/m
	Zeichen nach DIN 1080 T. 1, 6.76					A	
100	120	106	12	20	12	53,2	41,8
120	140	126	12,5	21	12	66,4	52,1
140	160	146	13	22	12	80,6	63,2
160	180	166	14	23	15	97,1	76,2
180	200	186	14,5	24	15	113	88,9
200	220	206	15	25	18	131	103
220	240	226	15,5	26	18	149	117
240	270	248	18	32	21	200	157
260	290	268	18	32,5	24	220	172
280	310	288	18,5	33	24	240	189
300	340	310	21	39	27	303	238
320/305*	320	305	16	29	27	225	177
320	359	309	21	40	27	312	245
340	377	309	21	40	27	316	248
360	395	308	21	40	27	319	250
400	432	307	21	40	27	326	256
450	478	307	21	40	27	335	263
500	524	306	21	40	27	344	270
550	572	306	21	40	27	354	278
600	620	305	21	40	27	364	285
650	668	305	21	40	27	374	293
700	716	304	21	40	27	383	301
800	814	303	21	40	30	404	317
900	910	302	21	40	30	424	333
1000	1008	302	21	40	30	444	349

* EURONORM 53-62-HE-C

521.3 Rundkantiger U-Stahl

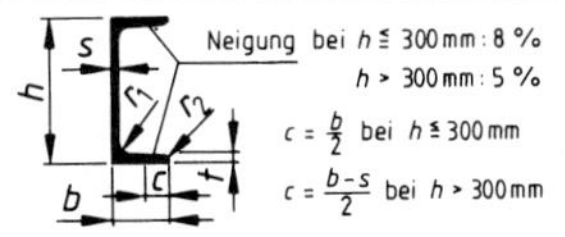

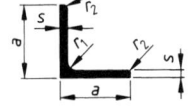

Rundkantiger U-Stahl EURONORM 24-62, nach DIN 1026: ⌐ oder ⌐

Neigung bei $h \leq 300$ mm: 8 %; $h > 300$ mm: 5 %
$c = \frac{b}{2}$ bei $h \leq 300$ mm
$c = \frac{b-s}{2}$ bei $h > 300$ mm

Bezeich-nung U	h	b	s	t = r₁	F	G
	in mm				cm²	kg/m
	Zeichen nach DIN 1080 T. 1, 6.76				A	
30 · 15	30	15	4	4,5	2,21	1,74
30	30	33	5	7	5,44	4,27
40 · 20	40	20	5	5,5	3,66	2,87
40	40	35	5	7	6,21	4,87
50 · 25	50	25	5	6	4,92	3,86
50	50	38	5	7	7,12	5,59
60	60	30	6	6	6,46	5,07
65	65	42	5,5	7,5	9,03	7,09
80	80	45	6	8	11,0	8,64
100	100	50	6	8,5	12,5	10,6
120	120	55	7	9	17,0	13,4
140	140	60	7	10	20,4	16,0
160	160	65	7,5	10,5	24,0	18,8
180	180	70	8	11	28,0	22,0
200	200	75	8,5	11,5	32,2	25,3
220	220	80	9	12,5	37,4	29,4
240	240	85	9,5	13	42,3	33,2
260	260	90	10	14	48,3	37,9
280	280	95	10	15	53,5	41,8
300	300	100	10	16	58,8	46,2
320	320	100	14	17,5	75,8	59,5
350	350	100	14	16	77,3	60,6
380	380	102	13,5	16	80,4	63,1
400	400	110	14	18	91,5	71,8

521.2 Gleichschenkliger rundkantiger L-Stahl nach DIN 1028

Gleichschenkliger rundkantiger L-Stahl

a · s Kurzzeichen L	r₁ mm	F cm²	G kg/m	e cm	a · s Kurzzeichen L	r₁ mm	F cm²	G kg/m	e cm
		Zeichen nach DIN 1080 T.1, 6.76 / A					Zeichen nach DIN 1080 T.1, 6.76 / A		
20 · 3	3,5	1,12	0,88	0,60	80 · 6		9,35	7,34	2,17
25 · 3		1,42	1,12	0,73	8	10	12,3	9,66	2,26
4	3,5	1,85	1,45	0,76	10		15,1	11,9	2,34
30 · 3		1,74	1,36	0,84	90 · 7	11	12,2	9,61	2,45
4	5	2,27	1,78	0,89	9		15,5	12,2	2,54
(5)		2,78	2,18	0,92	100 · 8		15,5	12,2	2,74
35 · 4	5	2,67	2,10	1,00	10	12	19,2	15,1	2,82
5		3,28	2,57	1,04	12		22,7	17,8	2,90
40 · 4		3,08	2,42	1,12	110 · 10	12	21,2	16,6	3,07
5	6	3,79	2,97	1,16	120 · 10		23,2	18,2	3,31
45 · 4	7	3,49	2,74	1,23	(11)	13	25,4	19,9	3,36
5		4,30	3,38	1,28	12		27,5	21,6	3,40
50 · 5		4,80	3,77	1,40	130 · 12	14	30,0	23,6	3,64
6	7	5,69	4,47	1,45	140 · 13	15	35,0	27,5	3,92
7		6,56	5,15	1,49	150 · 12		34,8	27,3	4,12
(55 · 6)	8	6,31	4,95	1,56	(14)	16	40,3	31,6	4,21
60 · 5		5,82	4,57	1,64	15		43,0	33,8	4,25
6	8	6,91	5,42	1,69	160 · 15		46,1	36,2	4,49
8		9,03	7,09	1,77	(17)	17	51,8	40,7	4,57
65 · 7	9	8,70	6,83	1,85	180 · 16		55,4	43,5	5,02
70 · (6)		8,13	6,38	1,93	18	18	61,9	48,6	5,10
7	9	9,40	7,38	1,97	200 · 16		61,8	48,5	5,52
9		11,9	9,34	2,05	(18)		69,1	54,3	5,60
75 · 7	10	10,1	7,94	2,09	20	18	76,4	59,9	5,68
8		11,5	9,03	2,13	24		90,6	71,1	5,84

Stahlbau

522.1 Rundkantiger hochstegiger und breitfüßiger T-Stahl

Kurz-zeichen	h	b	s = t	r_1	F	G
	in mm				cm²	kg/m
Rundkantiger hochstegiger T-Stahl						
T 20	20	20	3	3	1,12	0,88
T 25	25	25	3,5	3,5	1,64	1,29
T 30	30	30	4	4	2,26	1,77
T 35	35	35	4,5	4,5	2,97	2,33
T 40	40	40	5	5	3,77	2,96
T 45	45	45	5,5	5,5	4,67	3,67
T 50	50	50	6	6	5,66	4,44
T 60	60	60	7	7	7,94	6,23
T 70	70	70	8	8	10,6	8,32
T 80	80	80	9	9	13,6	10,7
T 90	90	90	10	10	17,1	13,4
T 100	100	100	11	11	20,9	16,4
T 120	120	120	13	13	29,6	23,2
T 140	140	140	15	15	39,9	31,3
Rundkantiger breitfüßiger T-Stahl						
TB 30	30	60	5,5	5,5	4,64	3,64
TB 35	35	70	6	6	5,94	4,66
TB 40	40	80	7	7	7,91	6,21
TB 50	50	100	8,5	8,5	12,0	9,42
TB 60	60	120	10	10	17,0	13,4

522.2 Rundkantiger ⌐-Stahl

Rundkantiger ⌐-Stahl DIN 1027

Bezeichnung	Maße für				F	G
⌐	h mm	b mm	s mm	t = r_1 mm	cm²	kg/m
30	30	38	4	4,5	4,32	3,39
40	40	40	4,5	5	5,43	4,26
50	50	43	5	5,5	6,77	5,31
60	60	45	5	6	7,91	6,21
80	80	50	6	7	11,1	8,71
100	100	55	6,5	8	14,4	11,4
120	120	60	7	9	18,2	14,3
140	140	65	8	10	22,9	18,0

522.3 Vierkantstahl

Vierkantstahl DIN 1014

a in mm		Querschnitt cm²	G kg/m
Reihe A	Reihe B		
8		0,640	0,502
10		1,00	0,785
12		1,44	1,13
	13	1,69	1,33
14		1,96	1,54
	15	2,25	1,77
16		2,56	2,01
18		3,24	2,54
	19	3,61	2,83
20		4,00	3,14
22		4,84	3,80
	24	5,76	4,52
25		6,25	4,91
	28	7,84	6,15
30		9,00	7,07
32		10,2	8,04
35		12,3	9,62
40		16,0	12,6
	45	20,3	15,9
50		25,0	19,6
	55	30,3	23,7

Die Seitenlängen der Reihe A sind zu bevorzugen

522.4 Rundkantiger ungleichschenkliger L-Stahl

Rundkantiger ungleichschenkliger L-Stahl DIN 1029
Hinweis: EURONORM 57 weicht von DIN 1029 ab

$a \cdot b \cdot s$ Kurzzeichen L	r_1 mm	F cm²	G kg/m
Zeichen nach DIN 1080 T.1, 6.76		A	
30 · 20 · 3	3,5	1,42	1,11
4		1,85	1,45
40 · 20 · 3	3,5	1,72	1,35
4		2,25	1,77
(40 · 25 · 4)	4	2,46	1,93
45 · 30 · (3)		2,19	1,72
4	4,5	2,87	2,25
5		3,53	2,77
50 · 30 · 4	4,5	3,07	2,41
5		3,78	2,96
50 · 40 · (4)	4	3,46	2,71
5		4,27	3,35
60 · 30 · 5	6	4,29	3,37
60 · 40 · 5		4,79	3,76
6	5	5,68	4,46
(7)		6,55	5,14
65 · 50 · 5		5,54	4,35
(7)	6	7,60	5,97
(9)		9,58	7,52
70 · 50 · 6	6	6,88	5,40
75 · 50 · 7	6,5	8,30	6,51
(9)		10,5	8,23
75 · 55 · 5		6,30	4,95
7	7	8,66	6,80
(9)		10,9	8,59
80 · 40 · 6	7	6,89	5,41
8		9,01	7,07
80 · 60 · 7	8	9,38	7,36
80 · 65 · 8		11,0	8,66
(10)		13,6	10,7
90 · 60 · 6	7	8,69	6,82
8		11,4	8,96
100 · 50 · 6		8,73	6,85
8	9	11,5	8,99
10		14,1	11,1
100 · 65 · 7		11,2	8,77
9	10	14,2	11,1
(11)		17,1	13,4
100 · 75 · (7)		11,9	9,32
9	10	15,1	11,8
(11)		18,2	14,3
120 · 80 · 8		15,5	12,2
10	11	19,1	15,0
12		22,7	17,8
130 · 65 · 8		15,1	11,9
10	11	18,6	14,6
(12)		22,1	17,3
(130 · 90 · 12)	12	25,1	19,7
150 · 75 · 9		19,5	15,3
11	10,5	23,6	18,6
150 · 100 · 10		24,2	19,0
12	13	28,7	22,6
(14)		33,2	26,1
(160 · 80 · 12)	13	27,5	21,6
180 · 90 · 10		26,2	20,6
(12)	14	31,2	24,5
200 · 100 · 10		29,2	23,0
12	15	34,8	27,3
14		40,3	31,6

Eingeklammerte Werte vermeiden.

Nahtlose und geschweißte Stahlrohre DIN 2448

Rohr-durchmesser D mm	Wanddicke s mm	Gewicht (Eigenlast) G kg/m	Rohr-durchmesser D mm	Wanddicke s mm	Gewicht (Eigenlast) G kg/m	Rohr-durchmesser D mm	Wanddicke s mm	Gewicht (Eigenlast) G kg/m
33,7	2,6	1,99	133	4	12,7	273	6,3	41,4
	3,2	2,41		5,6	17,6		7,1	46,6
	4	2,93		7,1	22,0		8,8	57,3
42,4	2,6	2,55	139,7	4	13,4		10	64,9
	3,2	3,09		5,6	18,5		11	71,1
	4	3,79		6,3	20,7	323,9	$6,3^2$	49,3
48,3	2,6	2,93		7,1	23,2		7,1	55,5
	3,2	3,56	159	4,5	17,1		8,8	68,4
	4	4,37		5,6	21,2		10	77,4
60,3	2,9	4,11		6,3	23,7		11	84,9
	3,6	5,03		7,1	26,6		12,5	96,0
	4	5,55	168,3	4,5	18,2	355,6	8	68,6
	5	6,82		5,6	22,5		10	85,2
76,1	2,9	5,24		6,3	25,2		12,5	106
	3,6	6,44		7,1	28,2	406,4	8,8	86,3
	4	7,11		8,8	34,6		12,5	121
	5	8,77	193,7	5^2	23,3		17,5	168
88,9	3,2	6,76		5,6	26,0	457	10	110
	4	8,38		6,3	29,1		$14,2^1$	155
	5	10,3		7,1	32,7		$17,5^1$	190
	6,3	12,8		8	36,6	508	$8,8^2$	108
101,6	3,6	8,70		8,8	40,1		14,2	173
	4,5	10,8	219,1	5^2	26,4		20^1	241
	6,3	14,8	219,1	6,3	33,1	559	12,5	168
108	3,6	9,27		7,1	37,1		16	214
	4,5	11,5		8,8	45,6		20	266
	6,3	15,8		10	51,6	610	12,5	184
114,3	3,6	9,83	244,5	6,3	37,0		16	234
	4,5	12,2		8	46,7		20	291
	5,6	15,0		10	57,8	660	14,2	226
	7,1	18,8		11	63,6		20	316
							25	392

523.1 Nahtlose und geschweißte Stahlrohre

Quadrat-Hohlprofile DIN 59410

a mm	s mm	G kg/m	a mm	s mm	G kg/m
40	2,9	3,32	160	8	36,9
	4	4,41			45,1
50	2,9	4,23	180	6,3	33,6
	4	5,67		8	41,9
60	2,9	5,14		10	51,4
	4	6,93	200	6,3	37,5
	5	8,47		8	46,9
70	3,2	6,64		10	57,6
	4	8,18	220	6,3	41,5
	5	10,0		8	52,0
80	3,6	8,55		10	63,9
	4,5	10,5	260	7,1	55,4
	5,6	12,9		8,8	67,8
90	3,6	9,68		11	83,6
	4,5	11,9	280	8	87,0
	5,6	14,6		10	82,8
100	4	12,0		12,5	102
	5	14,7	320	10	95,3
	6,3	18,3		12,5	118
120	4,5	16,1		16	148
	5,6	19,7	360	10	108
	6,3	22,0		12,5	133
140	5,6	23,3		16	168
	7,1	29,0	400	12,5	149
	8,8	35,3		16	188
160	6,3	29,6		20	231

523.2 Quadrat-Hohlprofile

Rechteck-Hohlprofile DIN 59410

$a \cdot b$ mm	s mm	G kg/m	$a \cdot b$ mm	s mm	G kg/m
50 · 30	2,9	3,32	200 · 120	6,3	29,6
	4	4,41		8	36,9
60 · 40	2,9	4,23		10	45,1
	4	5,67	220 · 120	6,3	31,6
70 · 40	2,9	4,69		8	39,4
	4	6,30		10	48,2
80 · 40	2,9	5,14	260 · 140	6,3	37,5
	4	6,93		8	46,9
	5	8,47		10	57,6
90 · 50	3,2	6,64	260 · 180	6,3	41,5
	4	8,18		8	52,0
	5	10,0		10	63,9
100 · 50	3,6	7,98	280 · 180	7,1	48,7
	4,5	9,83		8,8	59,6
	5,6	12,0		11	73,2
100 · 60	3,6	8,55	280 · 220	8	59,5
	4,5	10,5		10	73,3
	5,6	12,9		12,5	90,1
120 · 60	4	10,6	320 · 180	8,8	65,1
	5	13,0		10	73,3
	6,3	16,1		12,5	90,0
140 · 80	4	13,1	320 · 220	8,8	70,6
	5	16,2		10	79,6
	6,3	20,0		12,5	97,9
160 · 90	4,5	16,6	360 · 220	10	85,9
	5,6	20,4		12,5	106
	7,1	25,3		16	132
180 · 100	5,6	23,0	400 · 260	11	108
	7,1	28,6		14,2	137
	8,8	34,7		17,5	166

523.3 Rechteck-Hohlprofile

524 Stahlbau

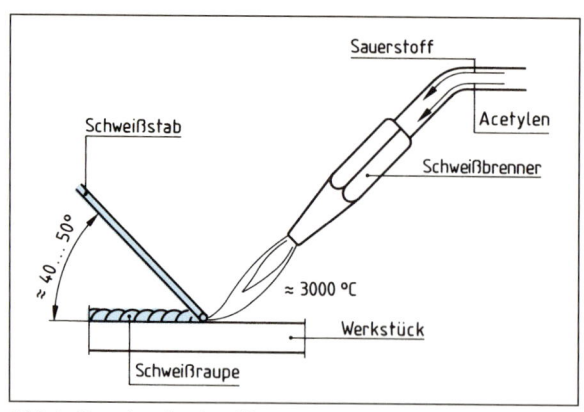

524.1 Gasschmelzschweißen

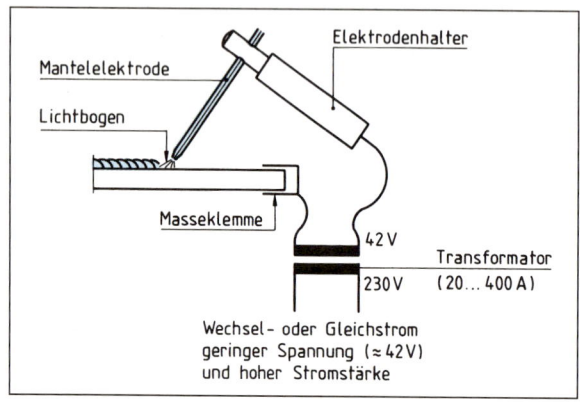

524.2 Lichtbogenschweißen

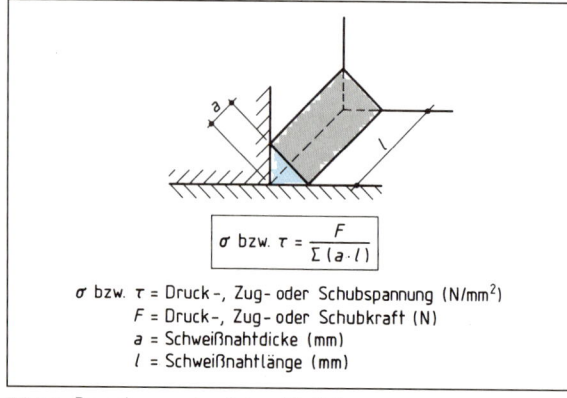

524.3 Berechnung der Schweißnähte

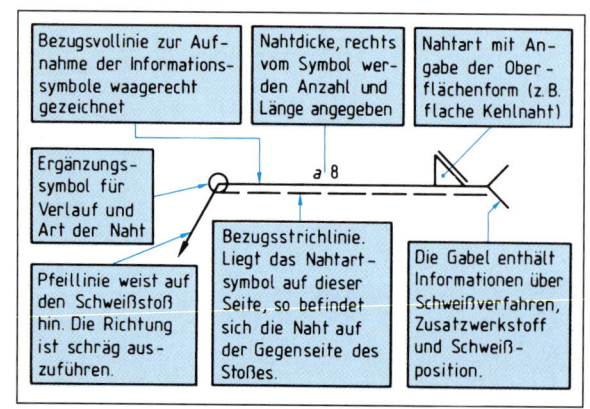

$$\sigma \text{ bzw. } \tau = \frac{F}{\Sigma (a \cdot l)}$$

σ bzw. τ = Druck-, Zug- oder Schubspannung (N/mm²)
F = Druck-, Zug- oder Schubkraft (N)
a = Schweißnahtdicke (mm)
l = Schweißnahtlänge (mm)

524.4 Schweißnaht – Schema

Schmutz befreit. Die Bauteile werden dabei mit Stahlkies, Drahtkorn oder Korund unter Preßluft abgestrahlt. Die Standzeit (Schutzdauer) beträgt bei diesem Verfahren und einer Schichtdicke von 240 bis 320 µm (1 µm = 0,001 mm) etwa 15 bis 25 Jahre.

Überzüge bestehen aus einer metallischen Schicht. Am gebräuchlichsten ist das Feuerverzinken. Dabei werden die Bauteile in Bädern entfettet sowie von Rost und Zunder befreit. Nach einem Flussmittelbad und anschließender Trocknung werden die Stähle in flüssiges Zink von 450 °C getaucht. Die Schichtdicke beträgt nach dem Erkalten etwa 80 µm. Sie schützt je nach Umweltbelastungen, Industrie- oder Landluft, 8 bis 45 Jahre.

DUPLEX-Systeme werden aus einer Verbindung von Überzug und Beschichtung hergestellt. Die Schutzdauer erhöht sich um das 1,8fache.

3 Verbindungen

Stahlbauteile werden zu einem Skelett beweglich oder biegesteif und scher-, zug- oder druckfest zusammengefügt. Es werden lösbare und unlösbare Verbindungen unterschieden:

- **Schraubverbindungen** sind lösbare Verbindungen. Sie ermöglichen die Montage und das Ausrichten des Bauwerks auf der Baustelle auf einfache Art.
- **Nietverbindungen** sind in ihrem Aufbau den Schraubverbindungen ähnlich. Für tragende Bauteile sind sie in der Herstellung sehr zeitaufwändig und werden deshalb nur noch sehr selten eingesetzt. Für nicht tragende Bauteile, z.B. zur Befestigung von dünnwandigen Blechen, werden Blindnietverbindungen verwendet. Sie haben den Vorteil, dass sie beim Nieten nur von einer Seite zugänglich sein müssen. Nietverbindungen gehören zu den unlösbaren Verbindungen.
- **Schweißverbindungen** sind unlösbare Verbindungen. Sie sparen Werkstoff sowie Arbeitszeit und somit Kosten. Sie vereinen konstruktive Funktionalität mit ästhetischen Ansprüchen. Da der Arbeitsvorgang des Schweißens witterungsabhängig und stromgebunden ist, werden Schweißarbeiten überwiegend im Werk getätigt. Die Größe der Bauteile, wie z.B. ihre Abmessungen und ihre Last, wird durch die Transportmöglichkeiten eingeschränkt.
- **Klebeverbindungen** erreichen nicht die Festigkeiten der klassischen Verbindungsarten und erfordern einen hohen Vorbereitungsaufwand. Sie haben den Vorteil dass auch verschiedene Metalle miteinander verbunden werden können. Sie eignen sich für untergeordnete Bauteile (Geländer, Treppenstufen etc.) und zählen zu den unlösbaren Verbindungen.

Schweißverbindungen werden im Stahlbau häufig durch Lichtbogenschmelzschweißen und selten durch Gasschmelzschweißen (Autogenes Schweißen) hergestellt.

Beim **Gasschmelzschweißen** wird der Werkstoff bis zum Schmelzfluss durch einen Brenner (Bild 524.1) erwärmt. Mit dem Schweißdraht wird die zu verschweißende Fuge gefüllt. Die Flamme des Brenners wird durch Sauerstoff und ein Brenngas, überwiegend Acetylen, gespeist. Dabei entstehen Temperaturen von etwa 3000 °C. Dieses Verfahren hat den Nachteil, dass durch die große Wärmezufuhr starke Spannungen im Bauteil entstehen, die zu erheblichen Verformungen führen können. Die Oxidationsfähigkeit des

Stahlbau

Stahles in einem reinen Sauerstoffstrahl bei hoher Entzündungstemperatur wird auch zum Trennen (Brennschneiden) genutzt. Der Brenner besitzt eine zusätzliche Sauerstoffdüse, durch die nach dem Vorwärmen ein Sauerstoffstrahl das flüssige Eisen oxidiert und durch eine sich bildende Fuge von 1,2 bis 2 mm Breite bläst.

Lichtbogenschmelzschweißen wird überwiegend zum Verbinden von Stahlbauteilen eingesetzt. Die Schweißplatzausrüstung (Bild 524.2) besteht aus einem regelbaren Transformator oder Generator mit hoher Stromstärke und einer Schutzkleinspannung von etwa 45 V als Wechsel- oder Gleichstromquelle sowie einem Elektrodenhalter mit Elektrode und einer Masseklemme. Zwischen Werkstoff und Elektrode brennt ein Lichtbogen von etwa 4000 °C. Er bringt beide Teile zum augenblicklichen Schmelzen. Mantelelektroden besitzen einen Stahlkern und eine dickere Ummantelung aus Stoffen, die beim Abbrand eine schützende Schlackenabdeckung ergeben. Diese Abdeckung schützt vor Oxidation während des Schweißvorganges und vor zu rascher Abkühlung. Die punktförmige Erwärmung des Werkstoffes erzeugt nur geringe Wärmespannungen. Die Bauteile erhalten ihre kraftschlüssige Verbindung je nach Anordnung durch verschiedene Arten von Stumpf- oder Kehlnähten (Bild 525.2). Die Stahlbauzeichnung enthält neben der Darstellung der Bauteile im Maßstab 1:100, 1:10 und 1:1 die Stoßart, die Art der Schweißnaht durch Sinnbilder, die Nahtdicke und eventuelle Zusatzsymbole (Bilder 524.4). Die Maßeinheiten werden in mm angegeben.

Querschnitt	Bezeichnung	Symbol
	Bördelnaht	⋏
1..5	I-Naht	‖
6..15	V-Naht	V
	Y-Naht	Y
	HV-Naht	V
	HY-Naht	Y
	U-Naht	Y
	HU-Naht	Y
14..40	Gegenlage	⌒
	Kehlnaht	△

Darstellung bzw. Beschreibung	Bezeichnung	Zusatzsymbol
	Flachnaht	—
	Wölbnaht	⌢
	Hohlnaht	⌣
vollständige Verschweißung	ringsumverlaufende Naht	⊙
Heftnaht zur Montage	Montagenaht	

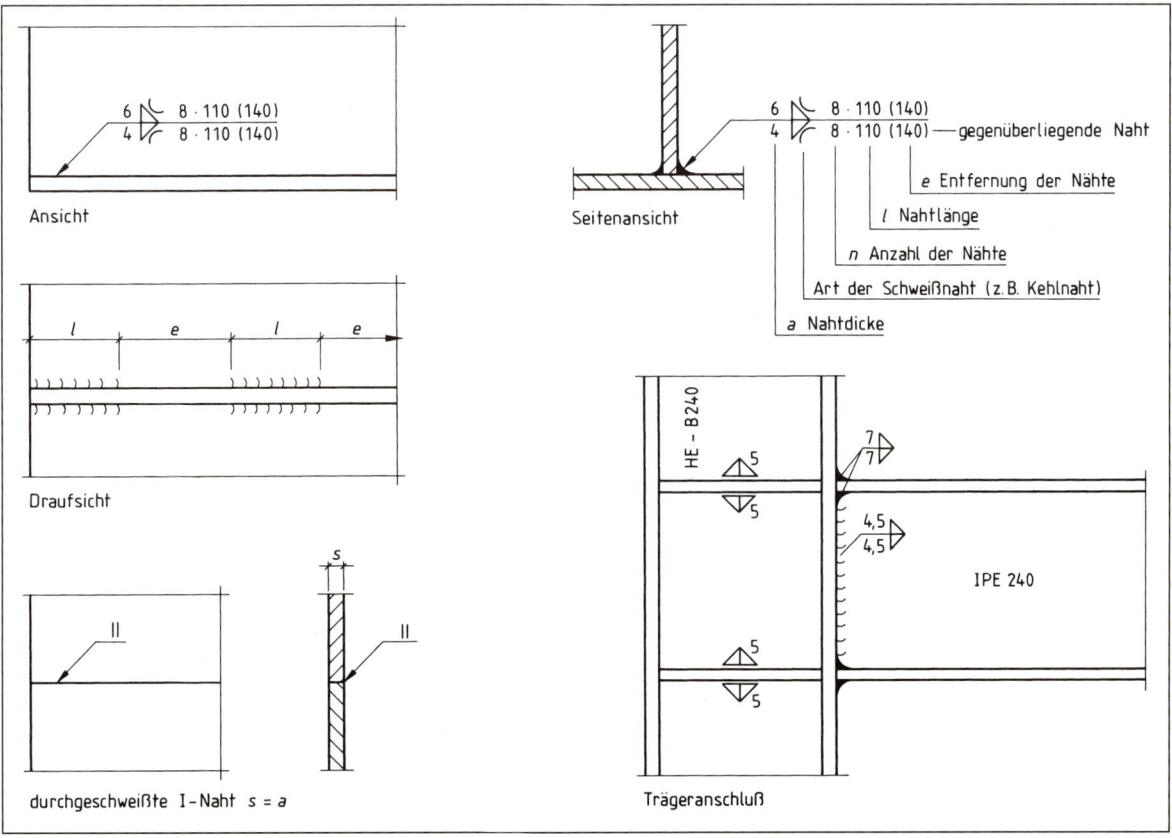

525.2 Arten von Schweißnähten

525.1 Darstellungen von Schweißverbindungen

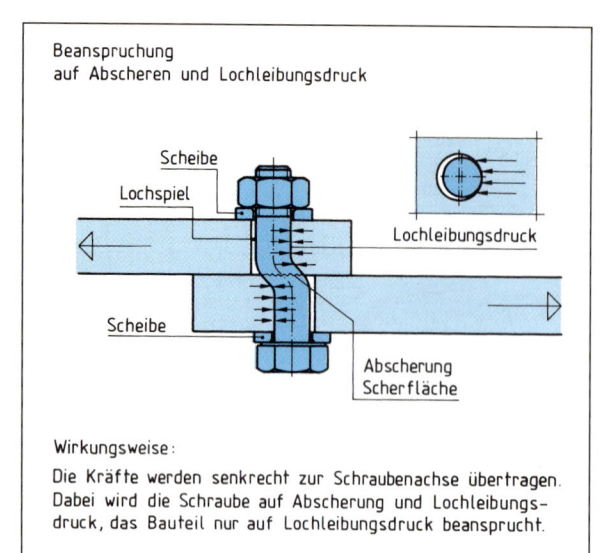

Stahlbau

Schraubverbindungen sind leicht herstellbare und wieder lösbare Verbindungen, die überwiegend auf der Baustelle zum Zusammenschrauben der einzelnen auf Transportformat abgelängten Bauteile und zum Ausrichten des Stahlskelettbaus eingesetzt werden. Einfache Schraubverbindungen werden auf Scherung und Lochleibungsdruck (Bild 526.1) beansprucht. Um eine gleitfeste Verbindung zu ermöglichen, werden „Hochfeste Schrauben" (HV-Schrauben) verwendet. Die Achsen der Schraubabstände und die Wurzelmaße (Anreißmaße) w der Formstähle lassen sich nach Bild 527.1 festlegen. Schraubenanzahl sowie Schraubendurchmesser werden in der Regel so dimensioniert, dass der Einsatz von Schrauben verschiedener Arten und Durchmesser vermieden werden. Die Schraubengrößen werden in der Zeichnung durch Sinnbilder dargestellt (Bild 527.2).

Befestigungsmittel dienen dem Verankern von Stahlbauteilen an Massivbauteilen aus Beton oder Mauerwerk sowie zum Befestigen von nicht tragenden Bauteilen wie Heizungsrohren, Lüftungskanälen, Fenstern, Türen, Blechverkleidungen etc. auf Stahlbauteilen. Zu den wichtigsten Befestigungsmitteln zählen:

- **Ankerplatten** werden vor dem Betonieren in der Schalung fixiert. Nach dem Erhärten des Betons können daran Stahlbauteile fest angeschweißt, geschraubt oder in Aussparungen beweglich gehalten werden. Damit die Ankerplatte sich beim Schweißen nicht zu stark verzieht, ist auf eine ausreichende Dicke zu achten.
- **Ankerschienen** verschiedener Profilmaße sind Stahlschienen mit C-förmigem Querschnitt, in die Hammerkopfschrauben eingesteckt und durch eine 90°-Drehung gehalten werden. Die Schienen werden ebenfalls vor dem Betonieren in der Schalung befestigt. Nach dem Erhärten des Betons können daran an jeder Stelle Bauteile geschraubt werden.
- **Dübel** werden für die verschiedensten Zwecke hergestellt. Man unterscheidet **kraftschlüssige** Dübelverbindungen, wie z.B. Spreizdübel oder Stahlanker, die im Innern des Bohrloches einen Spreizdruck auslösen und **stoffschlüssige** Verbindungen, wie z.B. Verbundanker, die beim Eindrehen der Schraube einen Zweikomponenten-Kunststoff zur Reaktion bringen und die Schraube mit dem Bohrlochmantel fest verbinden. Für tragende Bauteile dürfen nur Dübel verwendet werden, die amtlich zugelassen sind.
- **Schneidschrauben** schneiden sich ihr Gewinde in ein vorgebohrtes Loch selbst.
- **Bohrschrauben** bohren sich das Kernloch durch eine Schabenut am Anfang des Schraubenschaftes selbst. Der nachfolgende Gewindeteil schneidet das Gewinde. Dieser Schraubentyp eignet sich zum Befestigen von Trapezblechen und Sandwichelementen auf den Stahlbauteilen. Die Verbindung ist lösbar.
- **Setzbolzen** werden mit einem Bolzensetzwerkzeug durch das zu befestigende Blech in das Stahlbauteil geschossen. Die dabei entstehende Reibungswärme ist so hoch, dass der Bolzen mit dem Stahlbauteil verschweißt. Die Energie erhält der Bolzen aus einer Kartusche mit einer Treibladung. Die Verwendung eignet sich im Gegensatz zu Bohrschrauben nur für nicht lösbare Verbindungen.

526.1 SL-Schraubverbindung

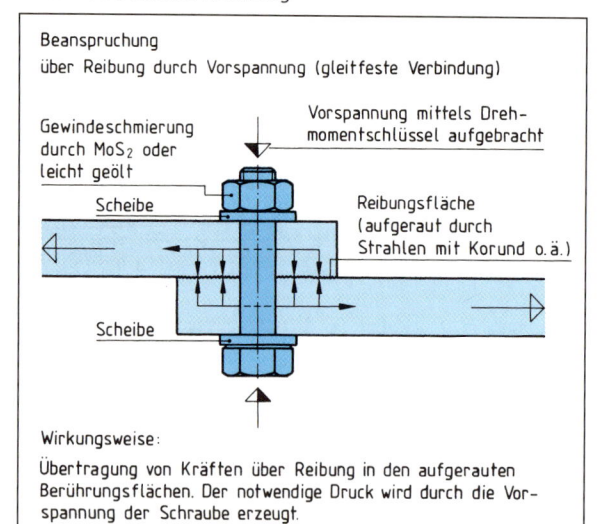

526.2 GV-Schraubverbindung

Ver-bindung	Schraube	Loch-spiel in mm	Vor-spannung	Anwendung
SL[1]	Rohe Schr. hochfeste Schraube	≤ 2	0 0 > 0,5 · F_v[4]	vorwiegend ruhende Belastung z.B. Stahlhochbau
SLP[2]	Passschr. hochfeste Passschraube	≤ 0,3	0 0 > 0,5 · F_v	vorwiegend ruhende und nicht ruhende Belastung z.B. Hochbau (biegefeste Stöße) Brückenbau
GV[3]	hochfeste Schraube	≤ 2	1,0 F_v	vorwiegend ruhende und nicht ruhende Belastung z.B. Hochbau, Brückenbau u.a. ≙ 90% der Schraubverbindungen
GVP	hochfeste Passschraube	≤ 0,3		

[1] SL = Scher- u. Lochleibungsverbindung
[2] P = Passschraubverbindung
[3] GV = Gleitfeste Verbindung
[4] F_v = aufzubringende Vorspannkraft nach Tabelle

526.3 Schraubenarten und ihre Anwendungen

Stahlbau

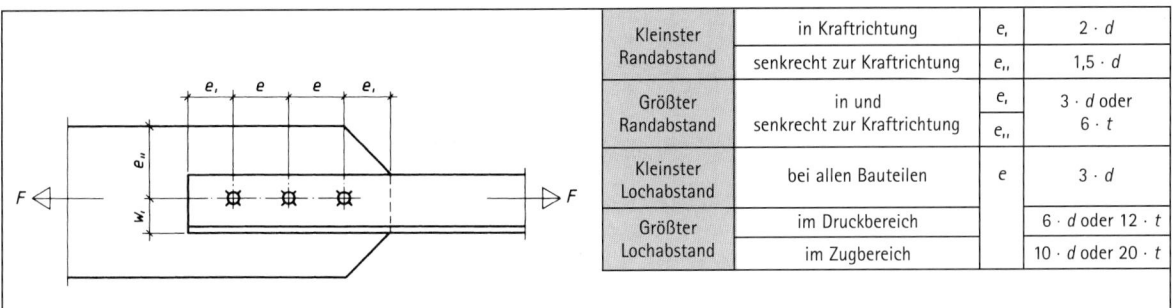

Kleinster Randabstand	in Kraftrichtung	e_1	$2 \cdot d$
	senkrecht zur Kraftrichtung	$e_{\shortparallel}$	$1,5 \cdot d$
Größter Randabstand	in und senkrecht zur Kraftrichtung	e_1 / $e_{\shortparallel}$	$3 \cdot d$ oder $6 \cdot t$
Kleinster Lochabstand	bei allen Bauteilen	e	$3 \cdot d$
Größter Lochabstand	im Druckbereich		$6 \cdot d$ oder $12 \cdot t$
	im Zugbereich		$10 \cdot d$ oder $20 \cdot t$

Rand- und Lochabstände

Wurzelmaße (Anreißmaße) w, für Formstahl

h mm	HE-B u. A		I		h mm	IPE		⊔		h mm	T		L + ⌐	
	$d \leq$	w_1	$d \leq$	w_1		$d \leq$	w_1	$d \leq$	w_1		$d \leq$	w_1	$d \leq$	w_1
80	–	–	6,4	22	80	6,4	26	13	25	20	3,2	–	4,3	12
100	13	56	6,4	28	100	8,4	30	13	50	25	3,2	15	6,4	15
120	17	66	8,4	32	120	8,4	36	17	30	30	4,3	17	8,4	17
140	21	76	11	34	140	11	40	17	35	35	4,3	19	11	18
160	23	86	11	40	160	13	44	21	35	40	6,4	21	11	22
180	25	100	13	44	180	13	50	21	40	45	6,4	24	13	25
200	25	110	13	48	200	13	56	23	40	50	6,4	30	13	30
240	25	120	17	56	240	17	68	23	45	60	8,4	34	17	35
260	25	120	17	60	270 260	21	72	25	50	70	11	38	21	40
300	28	120	21	64	300 280	23	80	25	50	80	11	45	23	45
340	28	120	21	74	330 300	25	86	28	55	90	13	50	25	50
360	28	120	23	76	360 320	25	90	28	58	100	13	60	25	45
400	28	120	23	86	400 350	28	96	28	58	110	–	–	25	45
450	28	120	25	94	450 380	28	106	28	60	120	17	70	25	50
500	28	120	28	100	500 400	28	110	28	60	140	21	80	28	55

527.1 Schraubenabstände

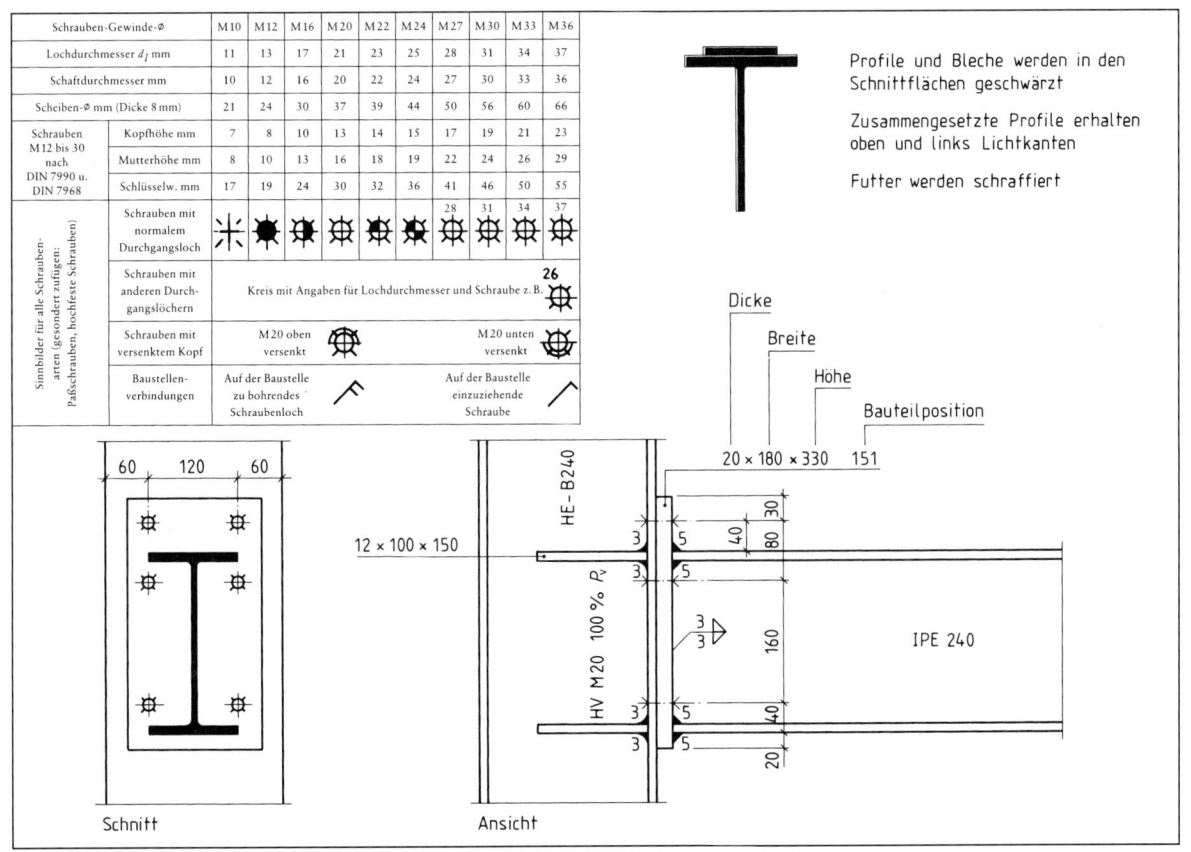

Schrauben-Gewinde-∅		M10	M12	M16	M20	M22	M24	M27	M30	M33	M36
Lochdurchmesser d_l mm		11	13	17	21	23	25	28	31	34	37
Schaftdurchmesser mm		10	12	16	20	22	24	27	30	33	36
Scheiben-∅ mm (Dicke 8 mm)		21	24	30	37	39	44	50	56	60	66
Schrauben M 12 bis 30 nach DIN 7990 u. DIN 7968	Kopfhöhe mm	7	8	10	13	14	15	17	19	21	23
	Mutterhöhe mm	8	10	13	16	18	19	22	24	26	29
	Schlüsselw. mm	17	19	24	30	32	36	41	46	50	55

Profile und Bleche werden in den Schnittflächen geschwärzt

Zusammengesetzte Profile erhalten oben und links Lichtkanten

Futter werden schraffiert

527.2 Schraubenverbindungen – Darstellungsbeispiel

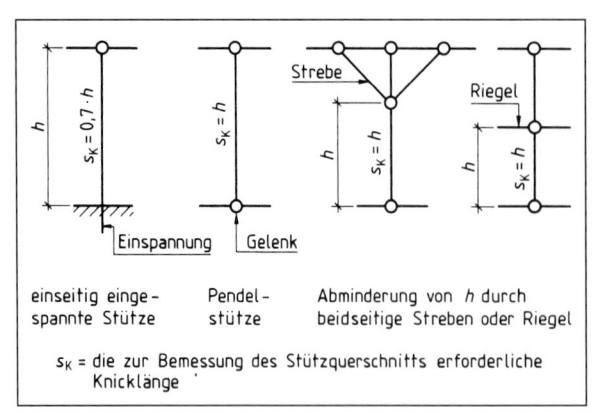

4 Stahlbauteile

Stützen werden statisch in Pendelstützen und eingespannte Stützen eingeteilt (Bild 528.1). Pendelstützen haben einen gelenkig gelagerten Fuß- und Kopfpunkt, übertragen nur vertikale Lasten und werden auf Knickung beansprucht. Ihr Querschnitt wird deshalb symmetrisch ausgebildet. Eingespannte Stützen werden seltener eingebaut. Sie sind am Fußpunkt fest eingespannt und übernehmen zu den vertikalen Lasten auch horizontale Kräfte aus Wind, Wärmedehnung etc. Zusätzlich zur Knickung werden sie auf Biegung beansprucht. Daraus ergibt sich ein asymmetrischer Querschnitt. Stahlstützen werden überwiegend aus breiten I-Profilen, nach Euronorm der HE- und HD-Reihe sowie IPE-Profilen oder aus Rohren mit kreisförmigem, quadratischem oder rechteckigem Querschnitt hergestellt (Bild 528.2). Sie erhalten am oberen Ende eine Kopf- und am unteren Ende eine Fußplatte aus dickem Stahlblech aufgeschweißt (Bild 528.3). Bohrungen in diesen Platten sind zur Verschraubung vorgesehen. Im Fundament können Ankerschrauben bereits fest einbetoniert sein oder es sind Öffnungen ausgespart, in welche die Ankerschrauben gesteckt und nachträglich mit Beton ausgegossen werden. Bei größeren Bauteilen werden Stützen aus Formstählen und Blechen zusammengeschweißt.

Träger werden statisch in Einfeld-, Krag- und Mehrfeldträger, auch Durchlaufträger genannt, eingeteilt (Bild 529.2) Durchlaufträger werden bei gleicher Spannweite und gleicher Belastung geringer beansprucht. Aus diesem Grunde werden sie, um Material zu sparen, häufig eingesetzt. Die Auflager der Träger können bei Stahlstützen als Kopf-

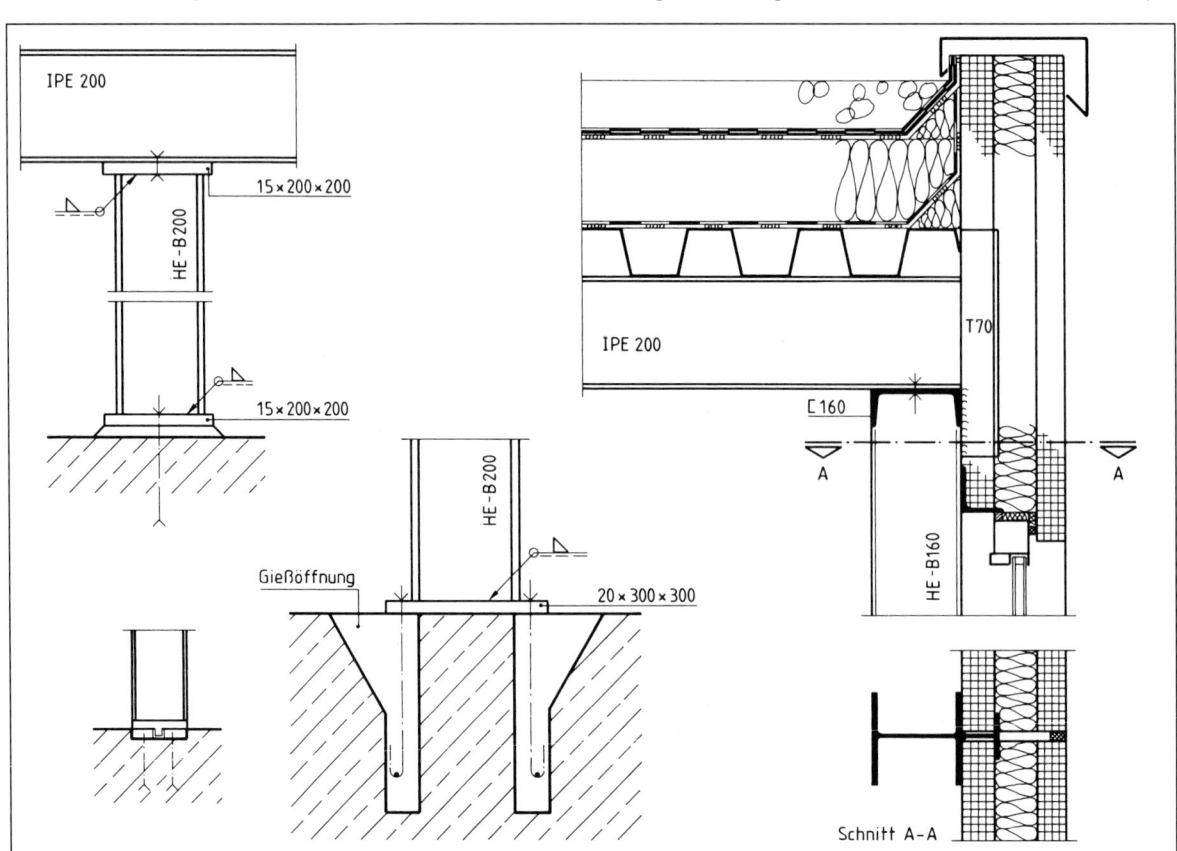

528.1 Wichtige, senkrechte Tragwerksysteme

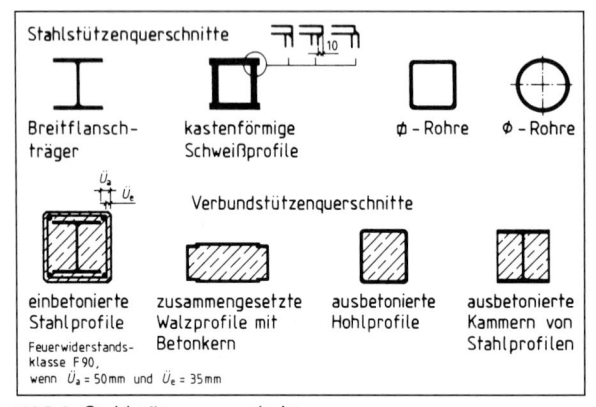

528.2 Stahlstützenquerschnitte

528.3 Stützenfuß, Stützenkopf und Ortgang

platten- oder Querkraftanschlüsse ausgeführt werden (Bild 529.1). Auf Beton sind Stahlträger auf eine bis 3 cm dicke Zementmörtelausgleichsschicht oder besser auf einbetonierte Ankerplatten zu lagern. Mauerwerk ist nur über eine Lastverteilung durch einen Betongurt zum Auflegen von Stahlträgern geeignet.

Querkraftanschlüsse an Betonwänden sind über Ankerplatten oder Ankerkonsolen möglich. Als Träger eignen sich für leichte Lasten die Träger der IPE-Reihe oder Rohre mit rechteckigem Querschnitt, für schwere Lasten die der drei HE-Reihen und als Randträger U-Profile (Bild 529.3). Weitere Arten sind Stegblechträger, Kastenträger und Wabenträger. Für besonders große Spannweiten eignen sich Fachwerkbinder. Wegen ihrer großen Bauhöhe werden sie überwiegend als Dachbinder verwendet.

Rahmen vermindern, ähnlich der Wirkung eines Durchlaufträgers, die Belastung bei gleicher Spannweite und gleicher Auflast. Sie bestehen aus biegesteif miteinander verbundenen Stäben. Sie können gerade, geknickt oder gebogen sein. In der Regel bilden Stützen die Rahmenstiele und Träger die Rahmenriegel. Die Verbindung beider Bauteile muss biegesteif erfolgen (Bilder 530.1 und 530.2).

Wände werden nach ihrer Lage und den an sie gestellten Anforderungen verschieden ausgeführt (Bild 531.1 und 532.1). Fassadenverkleidungen aus Porenbetonplatten, ein- oder mehrschaligen Stahltrapezprofilen mit und ohne Wärmedämmung sowie wärmegedämmte Stahlsandwichelemente und Mauerwerk vor, zwischen oder hinter den Stützen schließen den Baukörper nach außen ab. Wenn aus aussteifungs-, schall- oder feuerschutztechnischen

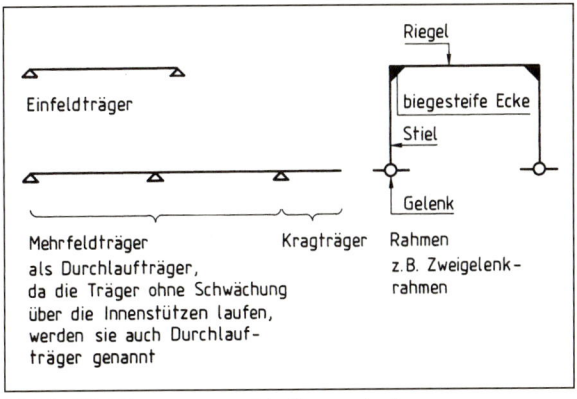

529.2 Wichtige, waagerechte Tragwerkarten

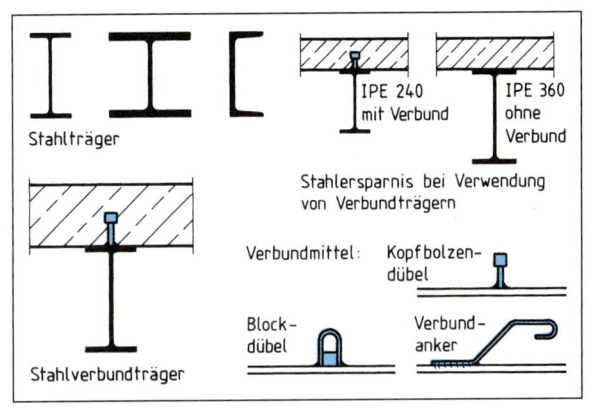

529.3 Trägerarten

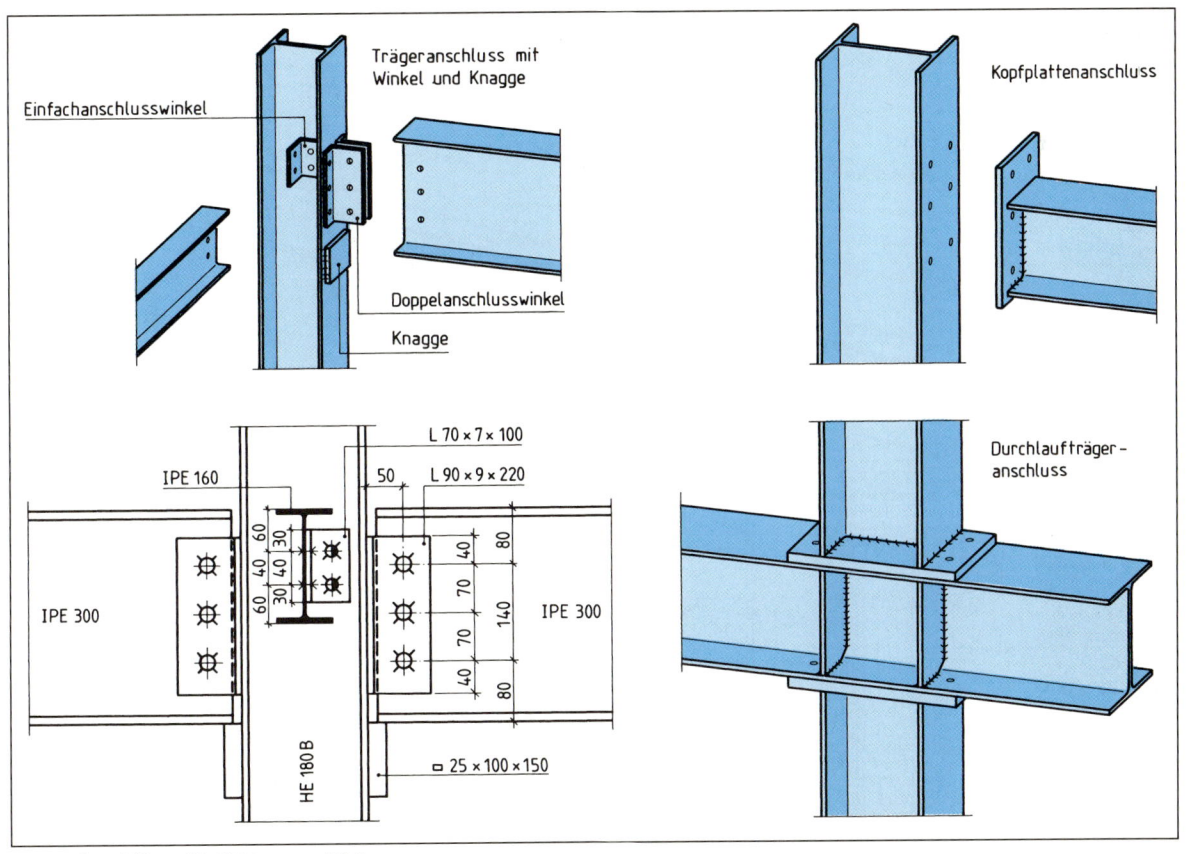

529.1 Anschlüsse für Stützen und Träger

Stahlbau

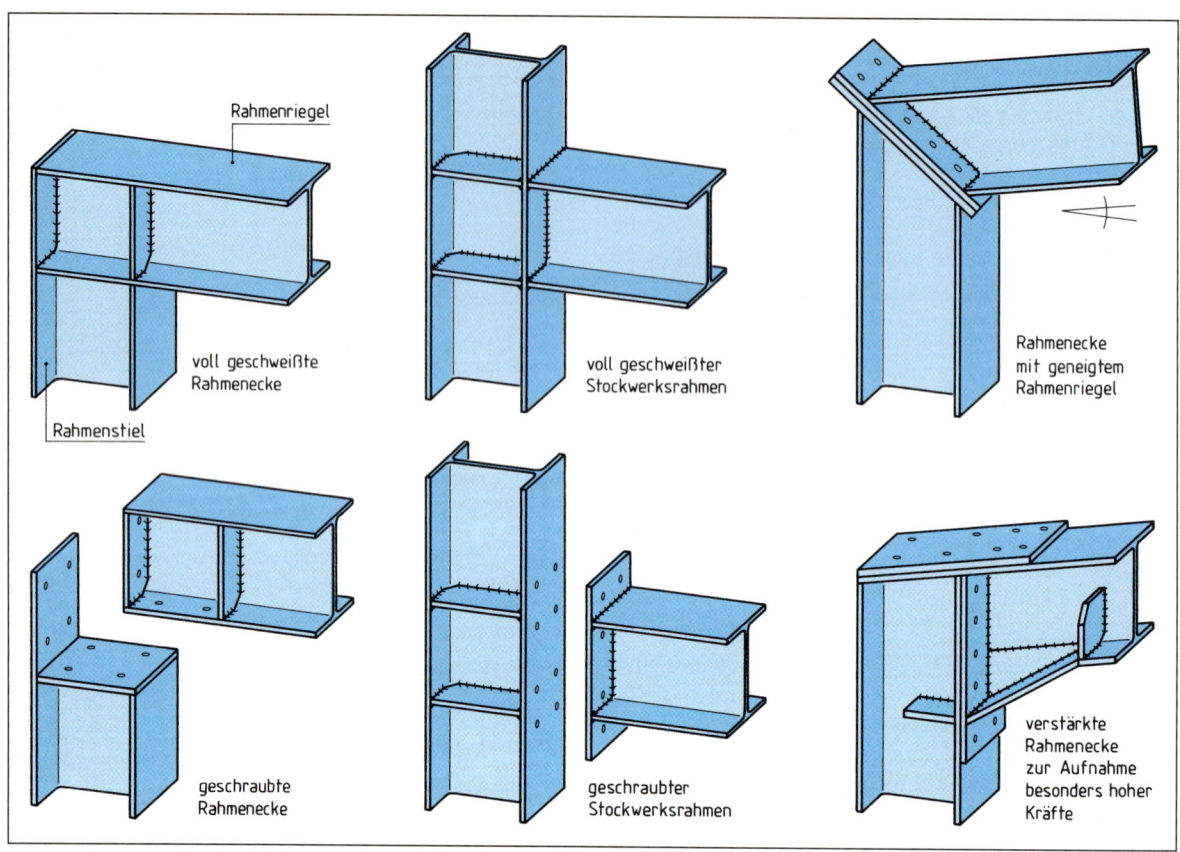

530.1 Rahmenecken und Stockwerksrahmen

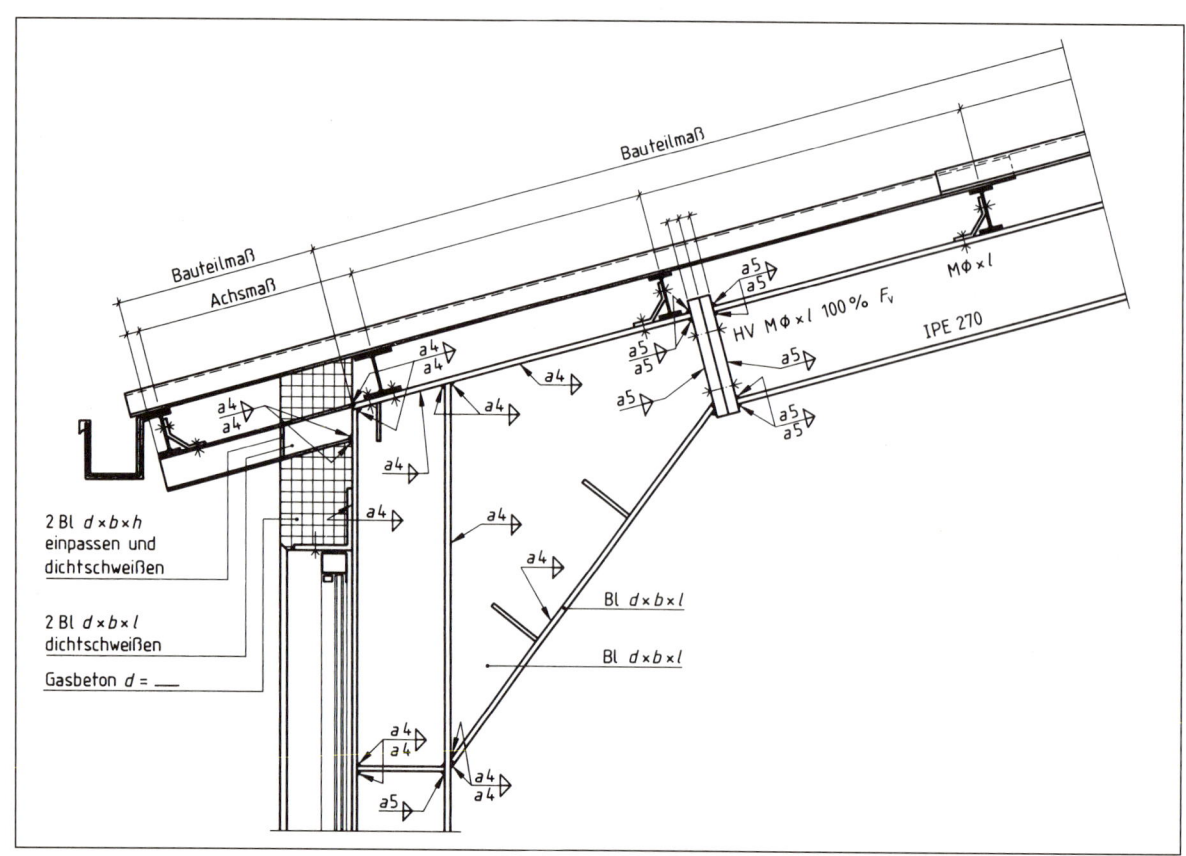

Labels in figure 530.1:
- Rahmenriegel
- Rahmenstiel
- voll geschweißte Rahmenecke
- voll geschweißter Stockwerksrahmen
- Rahmenecke mit geneigtem Rahmenriegel
- geschraubte Rahmenecke
- geschraubter Stockwerksrahmen
- verstärkte Rahmenecke zur Aufnahme besonders hoher Kräfte

530.2 Rahmenecke einer Halle

Labels in figure 530.2:
- Bauteilmaß
- Achsmaß
- 2 Bl $d \times b \times h$ einpassen und dichtschweißen
- 2 Bl $d \times b \times l$ dichtschweißen
- Gasbeton $d =$ ___
- HV M$\phi \times l$ 100 % F_v
- M$\phi \times l$
- IPE 270
- Bl $d \times b \times l$

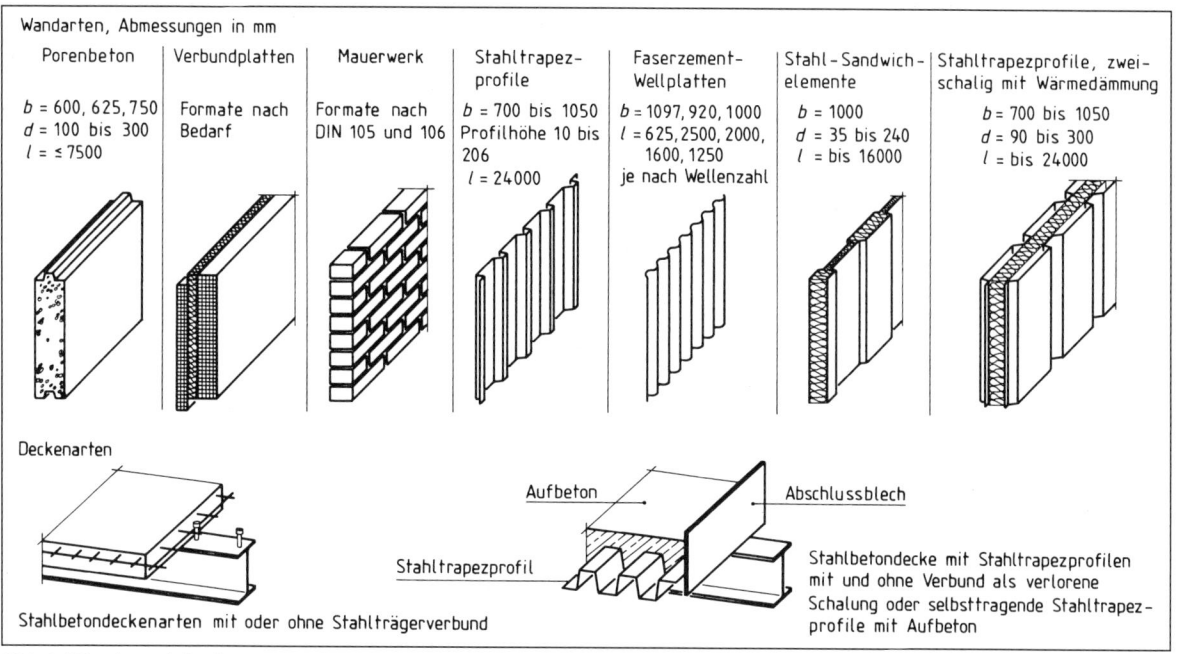

Stahlbau

531.1 Wand- und Deckenarten

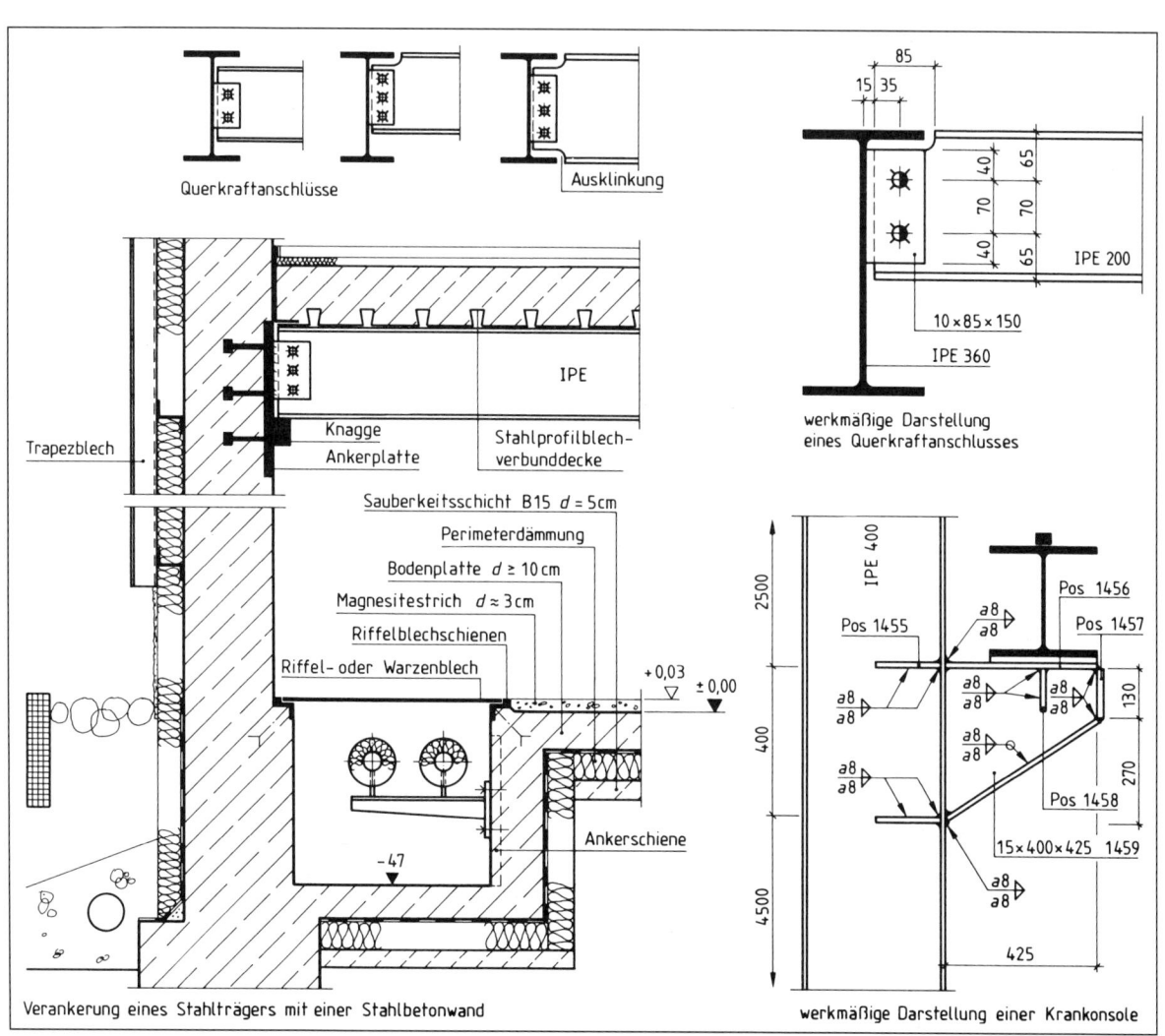

Wandarten, Abmessungen in mm

Porenbeton	Verbundplatten	Mauerwerk	Stahltrapez-profile	Faserzement-Wellplatten	Stahl-Sandwich-elemente	Stahltrapezprofile, zweischalig mit Wärmedämmung
b = 600, 625, 750 d = 100 bis 300 l = ≤ 7500	Formate nach Bedarf	Formate nach DIN 105 und 106	b = 700 bis 1050 Profilhöhe 10 bis 206 l = 24000	b = 1097, 920, 1000 l = 625, 2500, 2000, 1600, 1250 je nach Wellenzahl	b = 1000 d = 35 bis 240 l = bis 16000	b = 700 bis 1050 d = 90 bis 300 l = bis 24000

Deckenarten

Stahlbetondeckenarten mit oder ohne Stahlträgerverbund

Aufbeton — Abschlussblech — Stahltrapezprofil

Stahlbetondecke mit Stahltrapezprofilen mit und ohne Verbund als verlorene Schalung oder selbsttragende Stahltrapezprofile mit Aufbeton

531.2 Details in Stahlbaudarstellungen

Querkraftanschlüsse — Ausklinkung

Trapezblech — Knagge — Ankerplatte — Stahlprofilblech-verbunddecke — IPE

Sauberkeitsschicht B15 d = 5cm
Perimeterdämmung
Bodenplatte d ≥ 10 cm
Magnesitestrich d ≈ 3 cm
Riffelblechschienen
Riffel- oder Warzenblech
Ankerschiene

Verankerung eines Stahlträgers mit einer Stahlbetonwand

werkmäßige Darstellung eines Querkraftanschlusses (IPE 200, IPE 360, 10×85×150)

werkmäßige Darstellung einer Krankonsole (IPE 400, Pos 1455, Pos 1456, Pos 1457, Pos 1458, 15×400×425 1459)

Stahlbau

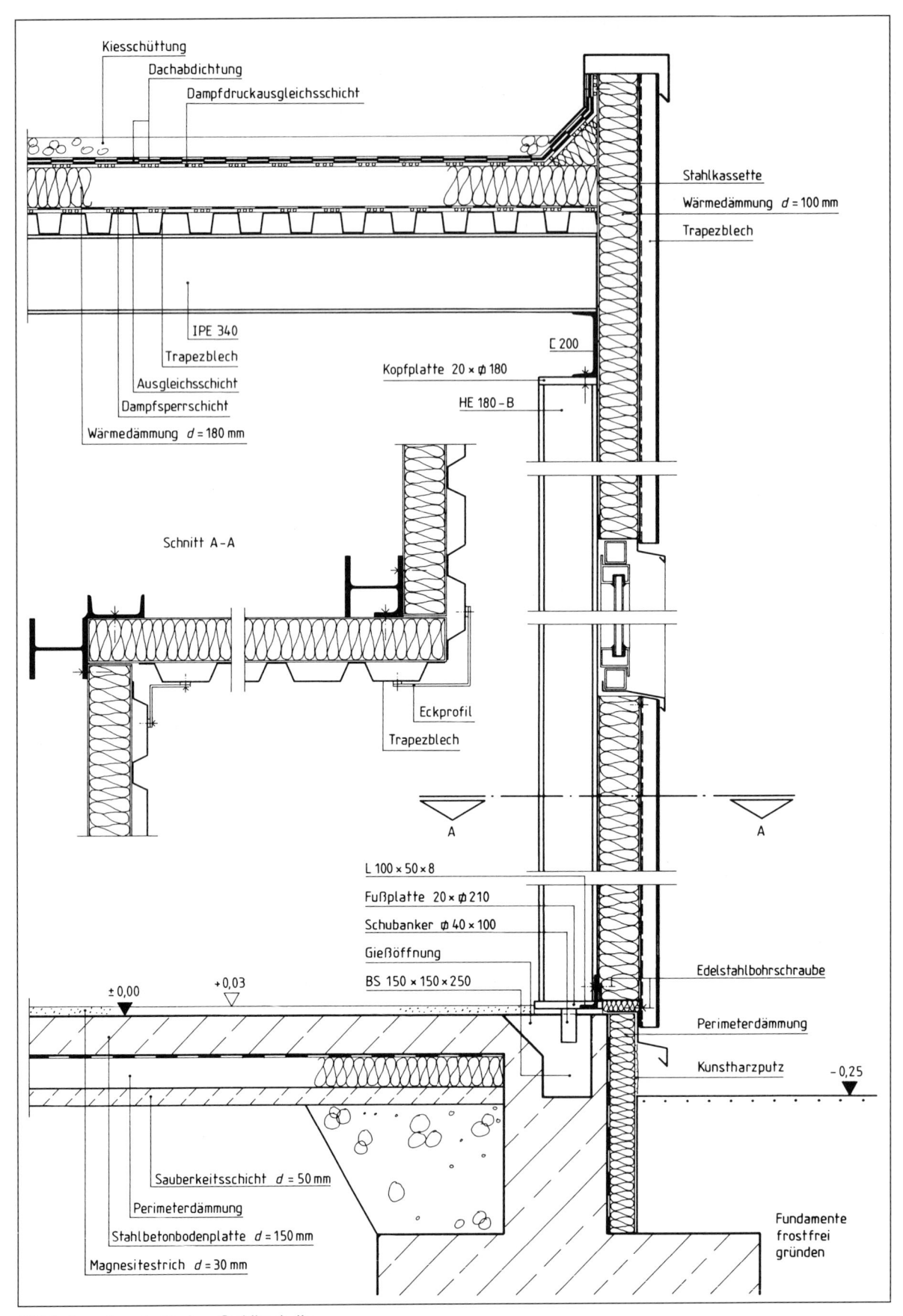

532.1 Fassadenschnitt einer Stahlbauhalle

Beschriftungen:
- Kiesschüttung
- Dachabdichtung
- Dampfdruckausgleichsschicht
- Stahlkassette
- Wärmedämmung $d = 100$ mm
- Trapezblech
- IPE 340
- Trapezblech
- Ausgleichsschicht
- Dampfsperrschicht
- Wärmedämmung $d = 180$ mm
- Kopfplatte $20 \times \phi 180$
- [200
- HE 180-B
- Schnitt A–A
- Eckprofil
- Trapezblech
- L $100 \times 50 \times 8$
- Fußplatte $20 \times \phi 210$
- Schubanker $\phi 40 \times 100$
- Gießöffnung
- BS $150 \times 150 \times 250$
- Edelstahlbohrschraube
- Perimeterdämmung
- Kunstharzputz
- ± 0,00
- + 0,03
- − 0,25
- Sauberkeitsschicht $d = 50$ mm
- Perimeterdämmung
- Stahlbetonbodenplatte $d = 150$ mm
- Magnesitestrich $d = 30$ mm
- Fundamente frostfrei gründen

Gründen keine Massivwände aus Mauerwerk oder Stahlbeton im Innern des Bauwerks erforderlich sind, werden besonders im Industriebau für die innere Raumaufteilung wieder versetzbare leichte Trennwände verwendet.

Decken können aus Stahltrapezprofilen gefertigt werden. Aus Gründen des Brandschutzes müssen sie auf der Oberseite mit 50 mm Aufbeton versehen werden. Häufiger werden Verbunddecken (Bild 531.1) aus Stahlträgern oder Stahltrapezprofilen vereinigt mit einer Stahlbetonmassivplatte eingeplant. Während der Stahlträger bzw. das Trapezprofil die Zugkräfte in der Decke aufnimmt, werden die Druckkräfte auf die Betonmassivplatte übertragen. Die Schubkräfte zwischen Stahlbau- und Betonteil werden vielfach von Kopfbolzendübeln, Verbundankern oder über Reibungsverbund durch vorgespannte Schrauben aufgenommen. Dächer werden mit Leichtbeton- oder Porenbetondielen, Trapezprofilen oder Wellfaserplatten gedeckt. Während die ersten beiden Konstruktionsarten einen üblichen Dichtungs- und Wärmedämmaufbau eines Flachdaches erhalten können, müssen die Wellplatten auf der Unterseite mit einer geschlossenporigen Wärmedämmung versehen werden.

5 Aussteifung von Stahlskelettbauten

Um die Standfestigkeit von Skelettbauten zu gewährleisten, müssen sie gegen horizontale Kräfte wie z. B. Windkräfte, Bremskräfte von Kränen etc., ausgesteift werden. Die Aussteifung muss diese Kräfte in den Baugrund ableiten sowie horizontale Verformungen und bei hohen Gebäuden eventuelle Schwingungen begrenzen. Man unterscheidet zwei Aussteifungsarten (Bild 533.1):

- Die horizontale Aussteifung in den waagerechten Ebenen der Decken und Dächer. Sie besteht entweder aus massiven Scheiben, wie z.B. Stahlbetonmassiv- oder Stahlbetonverbundplattendecken oder aus einem Stahlfachwerk (Windverband) zwischen den Hallenbindern. Eine Fachwerkaussteifung in den mittleren Feldern oder zwei Fachwerkaussteifungen in den Endfeldern sind ausreichend. Das Stahlfachwerk kann kreuz-, K- oder V-förmig angeordnet werden.
- Die vertikale Aussteifung in den senkrechten Ebenen der Außenfassade oder der Zwischenwände, der biegesteife Rahmen und die Anbindung an Stahlbetontreppenhaus- und Aufzugstürme. Die Unverschieblichkeit des Dreieckverbandes oder der Scheibe wird auch bei der vertikalen Aussteifung eingesetzt. Außer dem Stahlfachwerk im mittleren oder in den beiden äußeren Fassadenfeldern werden Aussteifungen durch Stahlbetonmassivwände bevorzugt. Dabei ist zu beachten, dass nachträgliche Durchbrüche für Türen etc. nur bedingt möglich sind.

Aufgabe 1: Zeichnen Sie im Maßstab 1:10 den geschweißten Anschluss eines Trägers IPE 300 an eine durchlaufende Stütze HE-B 260 entsprechend Bild 529.1. Die Kehlnähte haben durchweg eine Nahtdicke von 8 mm und sind am Anschluss umlaufend.

Aufgabe 2: Zeichnen Sie im Maßstab 1:10 den Fassadenschnitt einer Werkhalle nach der Werkzeichnung (Bild 533.2). Die Tragkonstruktion ist als Rahmen darzustellen. Fehlende Angaben sind nach eigenem Ermessen zu ergänzen.

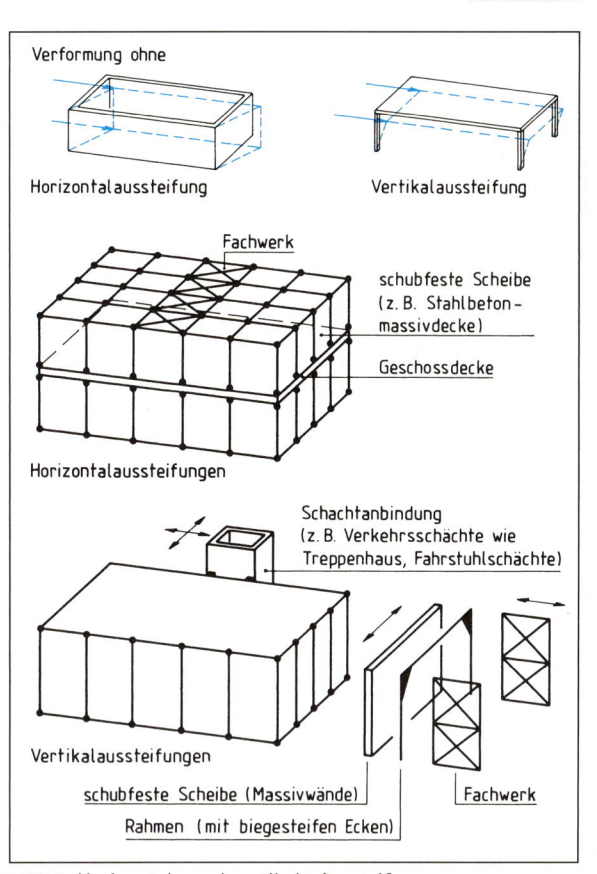

533.1 Horizontale und vertikale Aussteifung

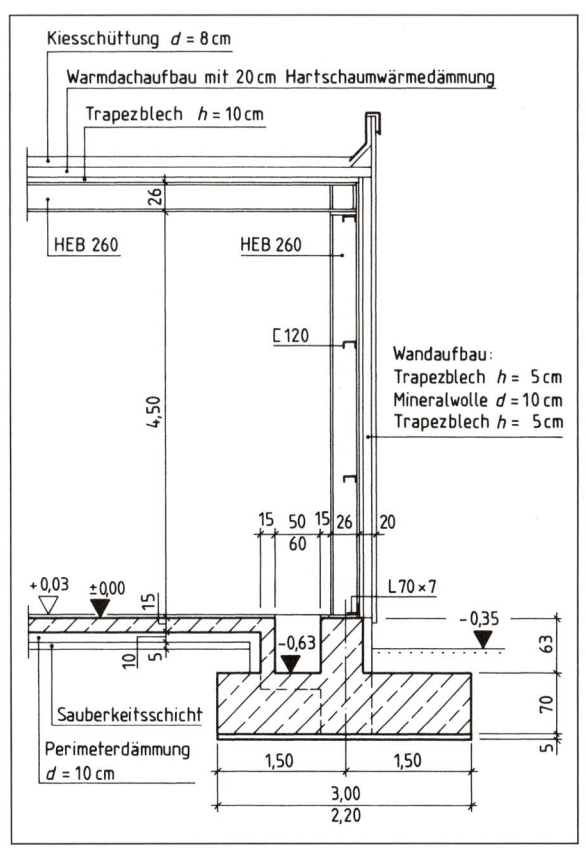

533.2 Werkzeichnung – Stahlbauhalle

Tiefbau

1 Bodeneinteilung

Die einzelnen Bodenarten haben unterschiedliche statische Eigenschaften. Sie werden nach ihrem tragenden Verhalten in drei Gruppen eingeteilt:
- Gewachsener Boden wurde seit seiner geologischen Entstehung nicht durch künstliche Lockerung gestört.
- Fels in unterschiedlichem Verwitterungsgrad.
- Geschütteter Boden, unverdichtet oder verdichtet.

Die gewachsenen und geschütteten Böden werden in zwei weitere Gruppen eingeteilt:
- Nicht bindige Böden, wie Sand, Kies, Steine und ihre Mischungen haben geringe Zusammenhangskraft. Der Anteil der Korngruppe $\varnothing < 0{,}06$ mm darf 15 % nicht übersteigen. Die Wasserdurchlässigkeit ist sehr hoch. Nicht bindige Böden sind deshalb frostbeständig. Sie erreichen ihr Setzungsmaß häufig während der Bauzeit. Die zulässige Tragfähigkeit von 140 bis 700 kN/m² hängt von der inneren Reibung des Materials ab. Einen hohen Wert erhält man bei großer Lagerungsdichte und gleichkörnigem Aufbau.
- Bindige Böden, wie Ton, Lehm (Sand und Ton), Mergel (Ton und Kalk) und Schluff haben eine hohe Zusammenhangskraft. Der Anteil der Korngruppe $\varnothing < 0{,}06$ mm übersteigt die 15 %. Die Wasserdurchlässigkeit ist gering. Die Tragfähigkeit von 90 bis 500 kN/m² hängt von der Konsistenz und der entsprechenden Bodenart ab. Bindige Böden sind frostempfindlich und erreichen bei Belastung ihr Setzungsmaß erst über einen längeren Zeitraum.

Ausbruchklassen werden nach dem Standardleistungsbuch für den Ausbruch des Gebirges im Untertagebau unterschieden. Ihre Einteilung erfolgt in zehn Klassen nach dem Schwierigkeitsgrad, der durch den Abbruchaufwand und die Sicherungsmaßnahmen notwendig wird. Ein standfestes Gebirge, das keine Sicherungsmaßnahmen erfordert, wird der Ausbruchklasse 1, ein Boden, der eine Verfestigung durch Zementinjektionen erfordert, wird der Ausbruchklasse 10 zugeordnet.

Bodenklassen werden nach der Verdingungsordnung für Bauleistungen, VOB, Teil C nach wirtschaftlichen Kriterien in 7 Klassen eingeteilt (Tab. 534.1). Zum Beispiel erfordert ein schwer lösbarer Boden einen Bagger mit hoher Reißkraft bzw. kleinem Löffelinhalt. Durch die hohe Auflockerung werden Fahrzeuge mit großer Ladefläche benötigt. Hohe Deponiegebühren und einen hohen Energieaufwand für das Verdichten des Bodens beim Wiedereinbau sind weitere Preis bildende Faktoren dieser Bodenklasse.

Klasse	Begriff	Zusammensetzungen
1	Oberboden	Gemisch aus Humus und anorganischen Stoffen wie z.B. Kies-, Sand- und Tongemischen
2	Fließende Bodenarten	Bodenarten mit flüssiger bis breiiger Beschaffenheit und die das Wasser schwer abgeben
3	Leicht lösbare Bodenarten	≤ 15 %; ≤ 30 %; organische Bodenarten mit geringem Wassergehalt (z.B. trockener Torf)
4	Mittelschwer lösbare Bodenarten	> 15 % < 85 %; ≤ 30 %; > 85 % bindig weich bis halbfest
5	Schwer lösbare Bodenarten	Klasse 3 und 4 ≤ 70 % > 30 %; Klasse 3 und 4 > 70 % ≤ 30 %; ausgeprägte plastische Tone mit einem Wassergehalt von weich bis halbfest
6	Leicht lösbarer Fels und vergleichbare Bodenarten	Klasse 3 und 4 > 30 % ≤ 70 %
7	Schwer lösbarer Fels	$V > 0{,}1\,m^3$

Legende:
- bindige Beimengungen $\varnothing < 0{,}06$ mm
- Kies und Sand $\varnothing > 0{,}06$ mm ≤ 63 mm
- Steine $\varnothing > 63$ mm ≤ $V = 0{,}01\,m^3$ ≙ $\varnothing\,300$ mm
- Steine $V > 0{,}01\,m^3$ ≤ $0{,}1\,m^3$ ≙ $\varnothing\,600$ mm
- Mischungen

534.1 Bodenklassen

2 Bodenaushub

Um Personen- und Sachschäden vorzubeugen, sind vor Beginn der Erdarbeiten bei den zuständigen Dienststellen der Ver- und Entsorgungsunternehmen Erkundigungen über eventuell im Boden verlegte Leitungen (Bild 535.2) einzuholen. Außer den üblichen Leitungen für Telefon, Strom, Gas, Wasser und Abwasser gibt es besonders im Bereich von Industriebetrieben eine Vielzahl von Leitungen mit weiteren zum Teil gefährlichen Stoffen. Der Achsverlauf von Strom- und Telefonleitungen ist durch Einstreuen zu kennzeichnen, wenn deren genaue Lage nicht bekannt ist. Im Abstand von 50 cm rechts und links der Leitungsachse darf maschinell nicht ausgehoben werden. Die Leitungen sind abzufangen oder rechtzeitig umzulegen.

Nach dem Einmessen der Aushubgrenzen kann der Oberboden abgeschoben werden. Diese Humusschicht ist in der Regel 20 bis 50 cm dick und wird als Wachstumsschicht der Pflanzen wieder benötigt. Sie enthält die für die Umwandlung von anorganischen zu organischen Stoffen notwendigen Kleinstlebewesen. Diese Mikroben benötigen für ihre Arbeit Sauerstoff und Feuchtigkeit. Deshalb muss die Oberbodenschicht locker in Mieten von 1,00 m Höhe gelagert werden. Für den eigentlichen Aushub sind die Unfallverhütungsvorschriften der Berufsgenossenschaft und die Normen zu beachten. Bei Baugrubentiefen von > 1,25 m sind Sicherungsmaßnahmen durch Abböschen oder Verbauen notwendig (Bild 535.3 und 536.1). Böschungen erfordern je nach Bodenart unterschiedlich viel Platz und sind in geschlossen bebautem Gebiet kaum noch durchführbar. Der Böschungswinkel ist nicht nur von der Bodenart abhängig. Belastungen am Böschungskopf (Kran), Erschütterungen (LKW) oder die längere Zeit der Offenhaltung erfordern einen flacheren Böschungswinkel (Bild 535.4) Zusätzlich sind Schalungsraum und Arbeitsraum zu berücksichtigen.

Die Wahl eines Verbaus richtet sich nach der Tiefe und Breite der Baugrube, nach der Höhe des Grundwasserspiegels und nach einer möglichen Mitverwendung als tragende Außenwand.

Der Holzverbau ist eine einfache konventionelle Verbauart. Sie wird überwiegend für Rohrgrabenaushub eingesetzt. Als Bauteile werden einfache Bauhilfsstoffe wie Dielen, Kanthölzer und Rundholzsteifen, eingesetzt. Der Name des Verbaus bezieht sich auf die Lage der Dielen. Waagerechter Verbau – waagerecht eingebaute Dielen, senkrechter Verbau – senkrecht eingebaute Dielen. Mit Kanthölzern, Rundholzsteifen und Keilen wird der Verbau ausgesteift.

Holzverbau	Waagerechter Holzverbau senkrechter Holzverbau
Grabenverbauhilfsgeräte	Grabenverbaugeräte
Verbauverfahren großformatigen Grabenverbauplatten	mittig- und randgestützte sowie in Gleitschienen geführte Platten
Stahlverbau Trägerbohlwandverbau Sonderverfahren	Kanaldielen, Spundwand Berliner Verbau Schlitzwände, Bohrpfahlwände, Gefrierverfahren

535.1 Baugrubenverbauarten

Kurz-bezeichnung	Leitungsart	Mindest-überdeckung	Höhe
E	elektrischer Strom	60 cm	je nach Anzahl der Leitungen
P	Fernmeldekabel	60 cm	
FH	Fernheizung	1,20 m	60 cm
G	Gas	1,00 m	je nach Nennweite der Leitungen
W	Wasser	1,00 m i.d.R. 1,50 m	
KR	Regenwasserkanal	1,00 m	
KS	Schmutzwasserkanal		
KM	Mischwasserkanal		

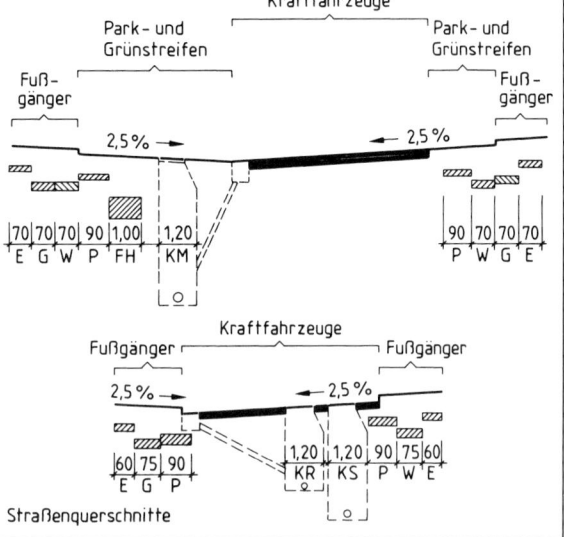

535.2 Höhenlagen und Grundbreiten der Ver- und Entsorgung

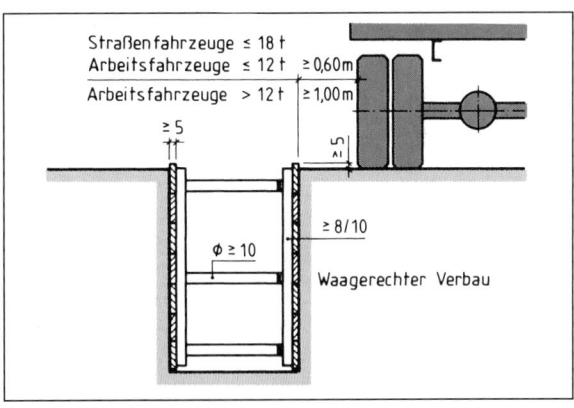

535.3 Sicherheitsabstände

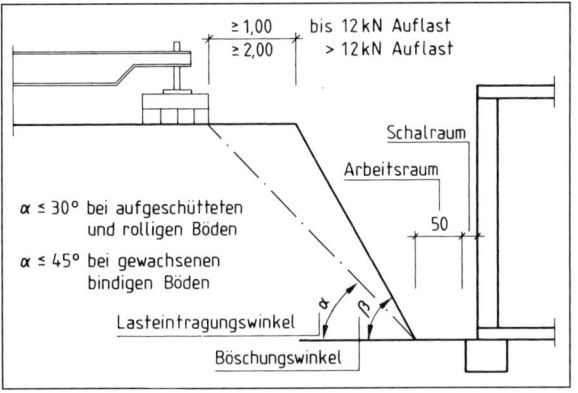

535.4 Belastung des Baugrubenrandes

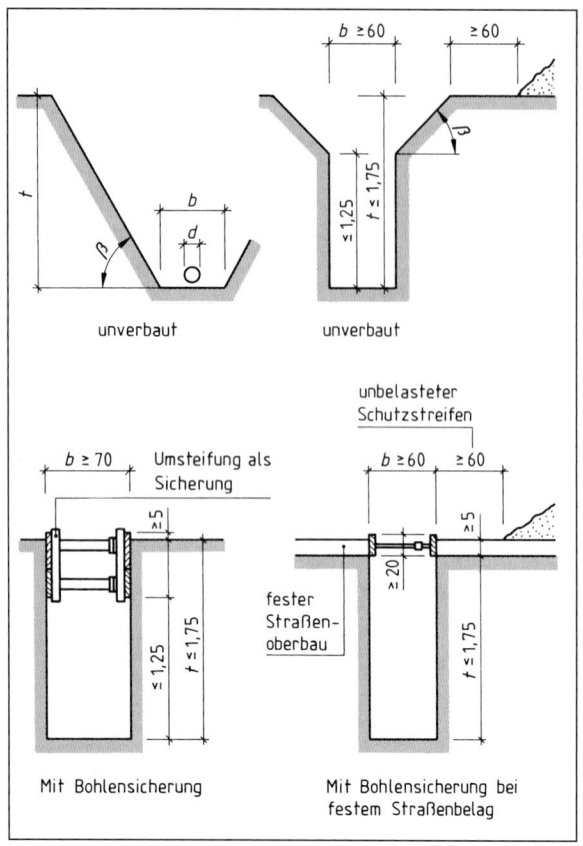

536.1 Rohrgrabenverbau

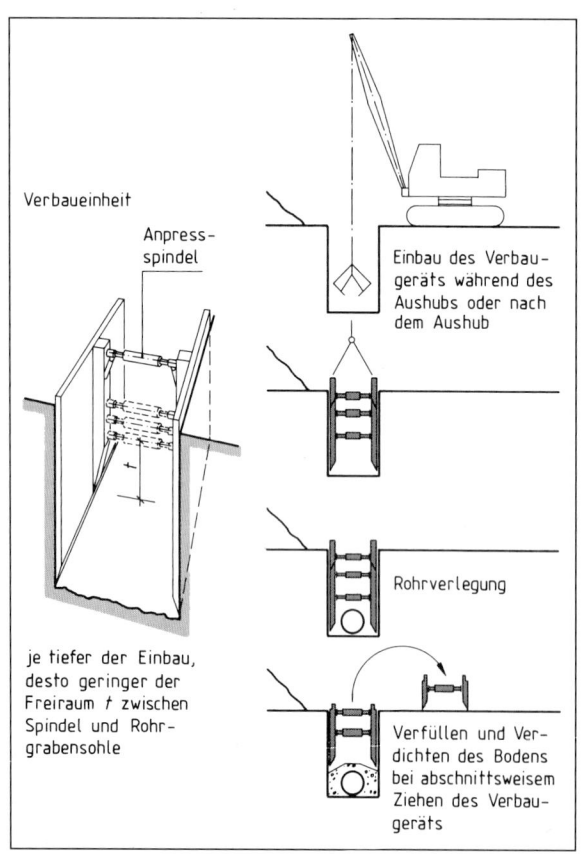

536.2 Rohrgrabenaushub

Grabenbausysteme und Grabenverbaugeräte (Bild 536.2) sind für größere Rohrlängen durch eine vereinfachte Montage wirtschaftlicher als der Holzverbau. Das Versetzen einer ganzen Einheit geschieht mit dem Bagger.

Der Berliner Verbau (Bild 537.1) gehört zu den klassischen Verbauarten. I-Träger werden im Abstand von etwa 2 m in den Boden gerammt. Mit dem Baugrubenaushub werden fortlaufend Kanthölzer d > 8 cm zwischen die I-Träger eingeschoben und gegen die Baugrubenwand verkeilt. Der Erddruck wird durch Steifenlagen oder Rückverankerung aufgenommen. Steifen können den Bauablauf behindern. Eine Rückverankerung ist sehr aufwändig, ergibt aber eine freie Baugrube. Es werden leicht geneigte Löcher gebohrt. Sie enthalten, durch ein PE-Rohr geschützt, die Spannstähle. Das Ende wird mit Zementleim ausgepresst. Nach dem Erhärten wird der Stahl gespannt und verkeilt.

Die Bohrpfahlwand (Bild 537.3) wird häufig für den Verbau von Baugruben bei Gebäuden mit mehreren Untergeschossen in Gebieten mit geschlossener Bauweise eingesetzt. Man unterscheidet tangierende, aufgelöste und überschnittene Pfahlwände. Überschnittene Bohrpfahlwände sind wasserdicht und können zugleich als Außenwände dienen. Vor dem Bohren und Verrohren der Bohrlöcher für die Pfähle wird eine Bohrschablone betoniert. Danach werden die Pfähle mit den ungeraden Nummern ohne Bewehrung gebohrt und betoniert. Anschließend fertigt man auf die gleiche Weise die dazwischen liegenden Pfähle mit den geraden Nummern. Sie erhalten zusätzlich eine Bewehrung. Beim Bohren wird der kurz vorher erstarrte Beton der Pfähle mit den ungeraden Nummern angeschnitten. Bohrpfahlwände erhalten eine Rückverankerung.

Schlitzwände (Bild 537.2) stellen besonders bei naher Randbebauung und anstehendem Grundwasser eine günstige Verbauart dar. Sie werden rückverankert und dienen zugleich als UG-Wand. Durch einen Greifer mit einem Führungsschienengestell können Lamellen bis zu 30 m Tiefe ausgehoben werden. Beim Ausheben und Betonieren überspringt man eine oder mehrere Lamellen. Zum Abschalen der Fugen werden Abschalrohre verwendet. Eine Stützflüssigkeit aus einer Bentonit-Suspension (Ton-Suspension) verhindert während des Lamellenaushubs ein Einstürzen des Bodens. die Schlitzwände erhalten einen stabilen Bewehrungskorb. Beim Betonieren verdrängt der Beton die Stützflüssigkeit, die nach einer Aufbereitung für die nächsten Lamellen wiederverwendet wird.

Stahlspundwände (Bild 537.3) eignen sich für Baugruben in offenen Gewässern. Sie werden eingerammt oder eingerüttelt. Ein angewalztes Schloss verbindet sie wasserdicht.

Arbeitsraum	unverbaut		verbaut			
Äußerer Leitungs- bzw. Rohrschaft-⌀	lichte Mindestbreite b		Grabentiefe			
	$\beta \leq 60°$	$\beta > 60°$	Regelfall	Umsteifung	Grabentiefe t	lichte Mindestbreite b
≤ 40	$b = d + 40$			$b = d + 70$	≤ 1,75	70
> 40 ≤ 80	$b = d + 40$	$b = d + 70$	$b = d + 70$		> 1,75 ≤ 4,00	80
> 80 ≤ 1,40			$b = d + 85$			
> 1,40			$b = d + 1,00$		> 4,00	1,00

536.3 Mindestbreiten für Gräben

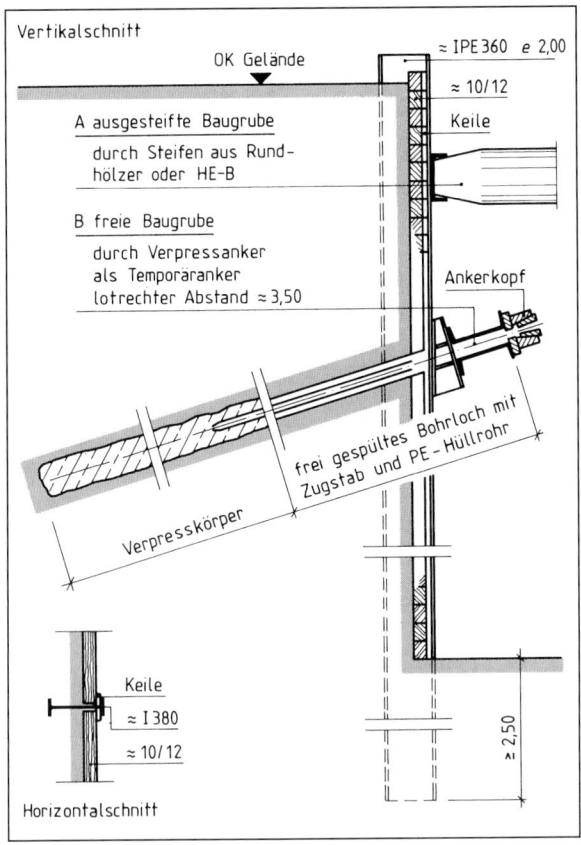

Tiefbau

537.1 Berliner Verbau

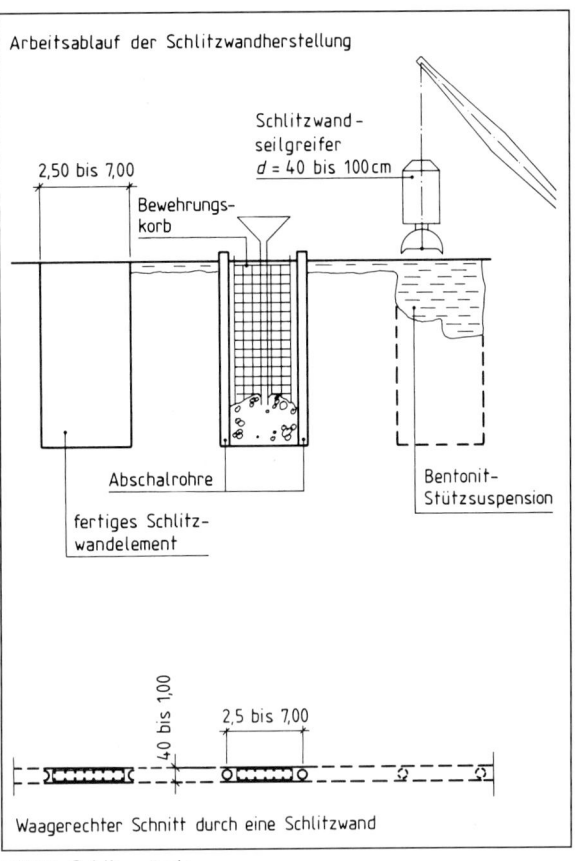

537.2 Schlitzwände

3 Gebäudesicherung

Baugruben und Gründungen neben bestehenden Gebäuden sind durch die zusätzliche Belastung des Bodens besonders sorgfältig auszuführen. Ein Standsicherheitsnachweis erübrigt sich, wenn die Gebäudesicherung nach DIN 4123 erfolgt (Bild 538.1). Dabei darf das zu sichernde Gebäude nicht mehr als fünf Geschosse haben. Um einen Grundbruch zu vermeiden, dürfen nur Abschnitte von 1,25 m Länge ausgeschachtet und mit C 16/20 unterfangen werden. Die neuen Fundamente sind mit der Unterfangung gleich mitzubetonieren. Zwischen zwei gleichzeitig hergestellten Abschnitten muss mindestens die dreifache Abschnittslänge liegen. Die Unterfangung muss gegen die alten Fundamente mit Stahldoppelkeilen verkeilt werden.

Wegen der beschränkten Baugrubentiefe und des hohen Einsatzes von Handarbeit, eignet sich dieses Bauverfahren nur für kleinere Bauprojekte. Gebäude werden nach derselben Art gesichert wie Baugruben in unbebauten Bereichen. Überschnittene und aufgelöste Bohrpfahlwände sowie Schlitzwände mit oder ohne Injektionen sind die häufigsten Gebäudesicherungen. Liegt die Baugrubensohle im Grundwasserbereich, muss man an die vertikale Sicherung mit einer durch Injektionen wasserdicht gemachten Sohle anschließen.

Dichtwände werden eingesetzt, um Wasserbauwerke vor Unterströmung zu sichern. Neben den genannten Spundwänden und Bohrpfahlwänden eignen sich Dichtungsschmal- oder Schlitzwände. Dabei wird der Schlitzwandaushub durch eine Dichtungsmasse (Betonit, Zement und Wasser) ersetzt.

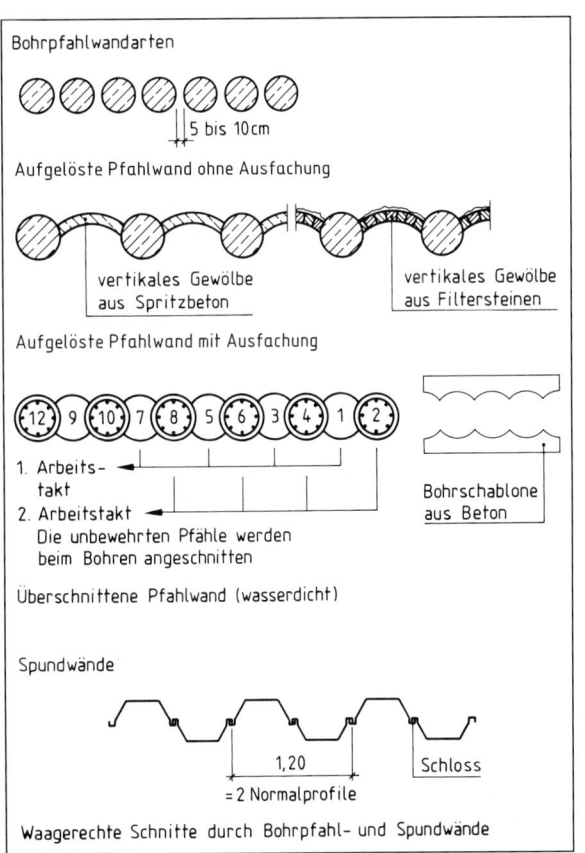

537.3 Bohrpfahl- und Spundwände

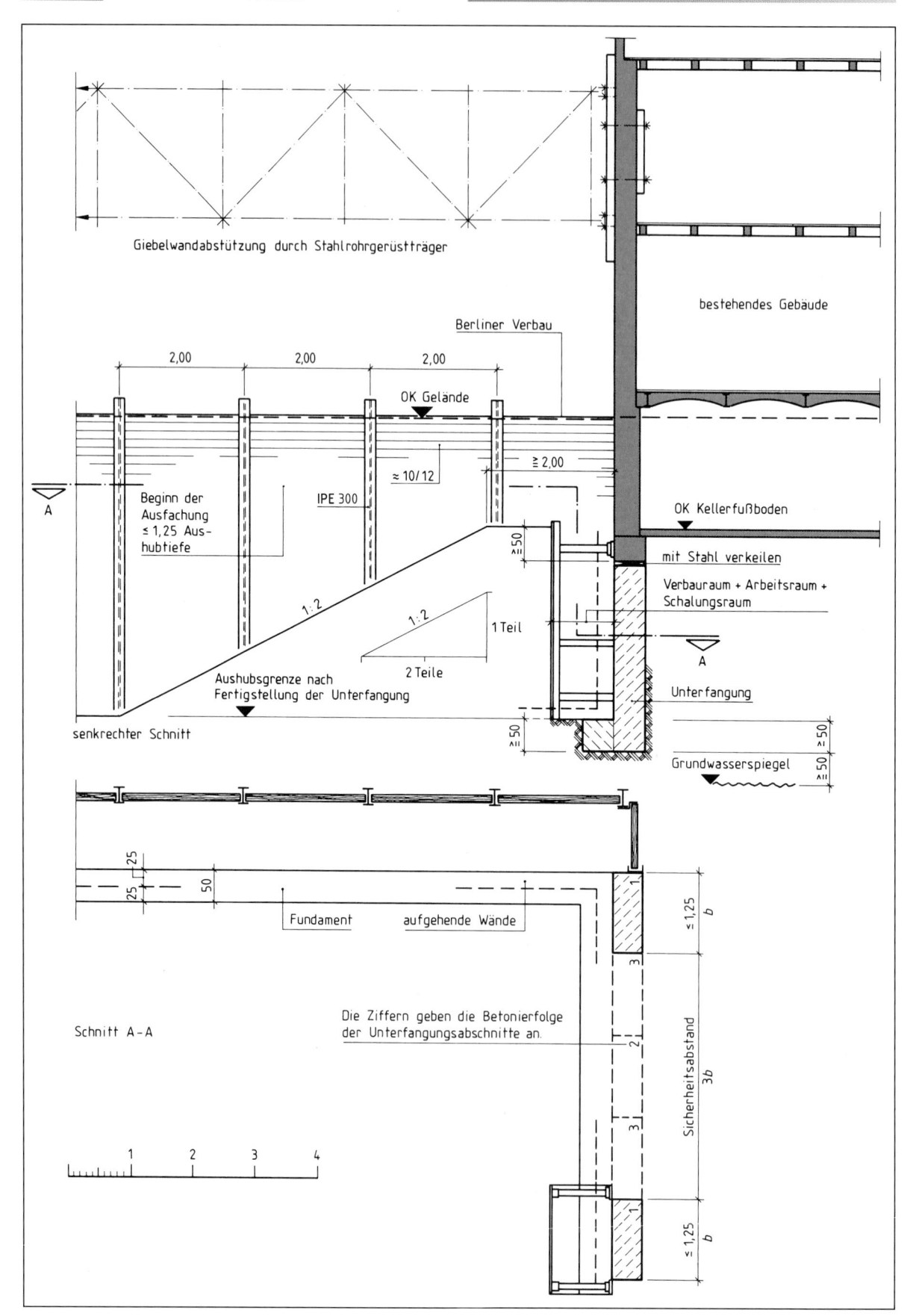

538.1 Baugrube mit Unterfangung, Berliner Verbau und Giebelsicherung

4 Wasserhaltung

Während der Bauzeit ist die Baugrube trocken zu halten. Eine geeignete Entwässerungsmaßnahme ist die offene Wasserhaltung. Dabei wird Oberflächen-, Sicker- und Quellwasser durch Gräben und Leitungen erfasst und in das Kanalnetz geleitet. Das Bauen im Grundwasserbereich erfordert einen höheren technischen Wasserhaltungsaufwand. Eine für das Pflanzenwachstum schädliche und bei Nachbargebäuden zu Setzungen führende Grundwasserabsenkung wird von den Behörden nur noch selten zugelassen. Üblich sind dagegen Grundwasser schonende Wasserhaltungen, die die Baugrube mit einem wasserdichten Mantel umgeben.

Dazu zählen:
- Dichtungssohlen in Verbindung mit Schlitz-, Spund- oder überschnittenen Pfahlwänden. Die senkrechten wasserdichten Wandsicherungen werden mit einer durch Injektionen gedichteten Sohle zu einer wasserdichten Wanne verbunden. Danach kann ausgehoben und das restliche Wasser abgepumpt werden.
- Grundwasserverdrängung durch Druckluft wird häufig im Tunnelbau eingesetzt. Durch Überdruck in der Arbeitskammer wird das Wasser verdrängt. Material und Personen erreichen über Schleusen den Arbeits- oder Außenbereich.
- Vereisung des Bodens ermöglicht einen wasserdichten Abschluss der Baugrube, wenn dieser einen ausreichend hohen Wassergehalt aufweist. Im Boden eingebrachte Gefrierrohre kühlen das Erdreich unter den Gefrierpunkt.

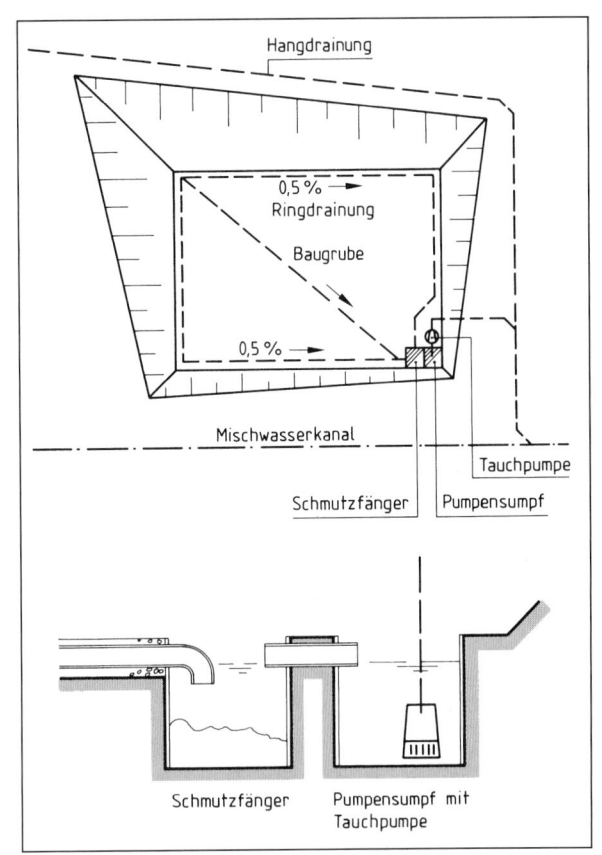

539.2 Wasserhaltung für geringen Wasserandrang

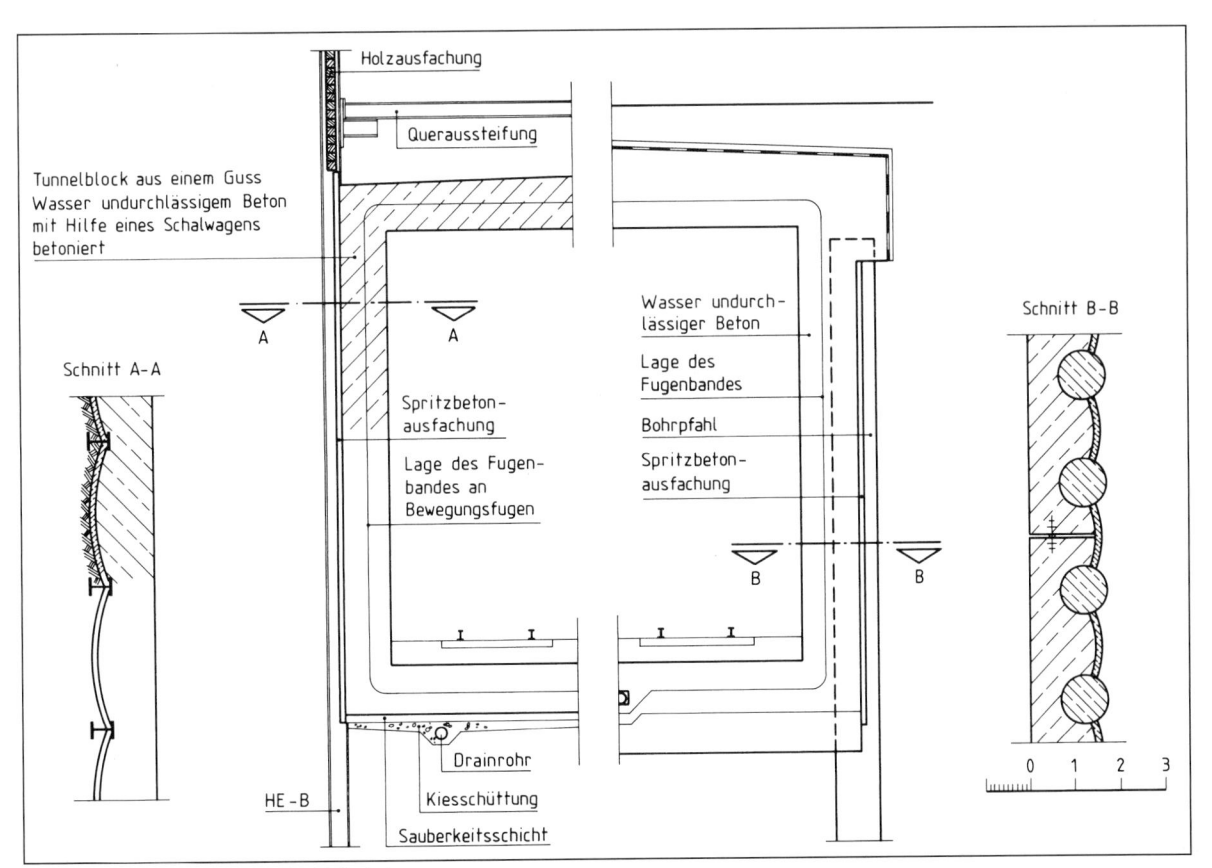

539.1 Baugrubensicherung im U-Bahnbau

Sachwortverzeichnis

2D-Darstellung 143
3D-Darstellung 144
3D-Flächen 144
3D-Gebäudemodell 153
3D-Kantenmodell 153

A

Abdichtung 432, 484
Abdichtungshilfsstoff 486
Abdichtungsstoffe 485
Abgehängte Deckenverkleidung 336
Ablagerungsgestein 219
Absatztext 151
Abstandhalter 295
– obere Lage 295 f.
– untere Lage 295 f.
Abstraktion 86 f.
Abtreppung 234
Abwasser 435
Abwasser, Planungsrichtlinien 437
Abwasserarten 430, 435
Abwasserleitungsarten 435 f.
Abwasserrohre 436
Abziehen Putztechnik 269
Achsbemaßung 21
Achtelmetermaß 233
AEC 144
AEC-Elemente 144
Ägyptische Baukunst 90
Aktennotiz 137
Altertum 90
Aluminiumzarge 338
am 233
Anhydritestrich 275 f.
Anhydritmörtel 228
Animation 157
Ankerplatte 526
Ankerschiene 526
Anordnung 148
Anschlusskanal 435
Anschlussleitungen, Abstände 439
Ansicht 109, 120 f, 153
Ansichtszeichnungen 12
Antritt 367
Anwenderprogramm 134
Apsis 97
Aquädukt 91
Arbeitsraum 535
Archivierung 136
Arkade 91
ASP 136
Assoziativ 149
Aufgesattelte Treppe 367
Aufgesetzte Pfahlgründung 324
Auflösung 130
Aufprallgeräusch 496
Aufschiebling 405
Aufschraubband 338 f.
aufstauendes Sickerwasser 484
Auftritt 354
Ausbreitmaß 284
Ausbruchklassen 534
Ausführungszeichnungen 114 ff.

Ausgleichestrich 271
Ausgleichsfeuchte 483
Ausschalfristen 281
Ausschalter 443
Außenlärm 496
Außenmaß 229, 233
Außenmauern 257, 259
Außenmauerwerk 260
Außenputze, Putzsystem 270
Außenschale 258 ff.
Außentür 337
Äußere Leibung 241
Äußerer Anschlag 241
Aussparungen, Darstellung 247
Aussparungsplan 122 f.
Aussteifung 262
Aussteifung von Gebäuden 263
Aussteifung von Mauern 263
Austragen von Holzwangen 369
Austritt 367
Auswahlfilter 148
Auszusteifende Mauern 264
AVA 128 f.
AVI 157

B

Backsteingotik 101
Bahnendeckung 423
Bahnendeckung, Darstellung 424
Bahnendeckung, Schutz 424
Balkenanker 265
Balkenbewehrung 305 f.
Balkendecke 336
Balkenschuh 387
BAMTEC-Bewehrung 174 ff.
Barock 104
Basilika 96
Bau-Bemaßung 149
Baugeschichte 90 ff.
Baugips 267
Bauglasarten 351 ff.
Baugrube 325
Baugrube Massenermittlung 325
Baugrund 320
Baugrundbruch 322
Baugrundreaktionen 320
Bauhaus 107
Baukalk 227
Baumdarstellung 87
Bäume 114
Bauschrift 15
Baustahl, Lieferformen 518
Baustil 90 ff.
Bauteile, intelligente 142
Bauteilmassen 154
Bautischlerplatte 327
Bauvorlagezeichnungen 109 ff.
Bauwerksabdichtung 484
Bauzeichnungsarten 12, 108 ff.
Beanspruchungsgruppe, Fenster 347, 349
Bebauungsplan 186
Becherfundament 323
Befestigungsmittel, Stahl 526

Begrüntes Dach 434, 513
Begrüntes Dach, extensiv 434
Begrüntes Dach, intensiv 434
Begrüntes Flachdach 513
Begrüntes geneigtes Dach 514
Begrüntes Umkehrdach 514
Behaglichkeit 464
Beleuchtung 445ff.
Beleuchtung, Arbeitsbereich 447
Beleuchtung, Außenbereich 447
Beleuchtung, Eingang 447
Beleuchtung, Essbereich 447
Beleuchtung, Küche 447
Beleuchtung, Schlafzimmer 447
Beleuchtung, Treppenhaus 447
Beleuchtung, Wohnzimmer 447
Beleuchtungsarten 445
Belüftetes Dach 426
Bemaßen 149
Bemaßung 20
Bemaßungsrichtlinien 18ff.
Benzinabscheider 437
Bericht 137
Berliner Verbau 536ff.
Beschichtung, Stahl 518
Beschlag 338
Beschriften 151
Bestandszeichnung 152
Besteck 366f.
Beton, wasserundurchlässig 486
Betondachsteine 427
Betondeckung 289
– Mindestmaß 289
– Nennmaß 289
– Vorhaltemaß 289
Betonstabstahl 291
– Biegerollendurchmesser 291f.
– Flächenbewehrung 293
– Längenzugabe 292f.
– Nenndurchmesser 291
– Nenngewicht 291
– Nennquerschnitt 291
– Nennumfang 291
– Mindestabstand 292
– Streckgrenze 291
Betonstahl 281, 291
Betonstahlmatten 294
Betonzusammensetzung 287f.
Betonzusätze 283
Betonzusatzmittel 283f.
Betonzusatzstoffe 283
Betonzuschlag 282
Betriebssystem 134
Bewehrtes Mauerwerk 255
Bewehrung 281
Bewehrungsbaukasten 184f.
Bewehrungskorb 304
Bezugspunkt 148
Bieberschwanzziegel 427, 429
Biegeformen 307f.
biegeweiche Schale 492
Bildaufteilung 82
Bildausschnitt 82
Bildschirmarbeitsplatz 135
Bildwiederholfrequenz 130
Binär 128

Binderschicht 232, 234, 236
Binderverband 236
Bindiger Boden 320, 534
Bitumenbahn 485
Bitumenholzfaserplatte 328
Blattformate 10
Blattverbindung 389, 393
Bläuepilze 414, 419
Bleistifte 9, 80
Bleistifthärte 80
Blendrahmen 338
Blendung 445
Blitzschutz 449
Blockbau 391
Blöcke 152
Blockrahmen 338
Blockstein 226
Blockverband 236
Boden, stark durchlässig 484
Boden, wenig durchlässig 484
Bodenfeuchtigkeit 484
Bodenheizung Bewegungsfugen 452
Bodenklassen 534
Bodenpressung 322
Bohlen 375
Bohlensicherung 536
Bohrpfahlwand 536f.
Bohrschraube 526
Bolzen 382
Bolzen, Darstellung 382
Bolzenmaße 382
Borkenkäfer 414
Böschungswinkel 535
Brandschutz
– Baustoffklassen 497
– bauaufsichtliche Benennung 497
– Baustoffe 497
Brandschutzglas 353
Brandschutzmaßnahmen
– bekämpfende 498
– chemische 498
– konstruktive 498
Brandwände 498
Braunfäule 415
Brennstofflagerung 454f.
Brennwertkessel 452
Bretter 375
Bretter, Normmaße 331
Brettschichtholz 374
Brettstapelbau 391
Bruchsteinmauerwerk 220
Brunnengründung 324
Brüstungshöhe 241
Brutto-Grundfläche 125
Brutto-Rauminhalt 125ff.
BSH 374
Bug 397
Bügelabstände 309
Bügelbewehrung 302

C
CAD 129, 139ff.
CAD-Bemaßung 149
Capitalis quadrata 15
CD 131

Chor 97
CPU 130

D
Dach, gezimmert 396
Dachdeckung 423
Dachdrainung 434
Dachentwässerung, Bemessung 422
Dachflächenfenster 409
Dachgaube 409, 410
Dachgeschossplan 116
Dachrinne, Zuschnittsmaß 422
Dachrinnen 420
Dachrinnengrößen 422
Dachstuhl 397
Dachtragsysteme 396 ff.
Dachziegel 426
Dämmstoffe, Estrich 273
Dampfbremse 480
Dampfsperre 480
Darstellung, fotorealistische 155
Datenaustausch 136
Datenübertragungsrate 133
dB 490 f.
Deckelschalung 332, 335
Decken 265
Deckenarten 266
Deckenkonstruktionen 266
Deckenputz 267 ff.
Deckenunterseite 265
Deckenverkleidung 334 f.
Dehnen 148
Dehnfugen, Mauerwerk 257
Details 153
Deutscher Werkbund 107
DF 225
DGM 144
Dichtstoffgruppe 349
Dichtungssohlen 539
Dickbettverfahren 275
Dielen 375
Dienste 97
Diffusionswiderstand 479
Diffusionswiderstandszahl 479, 481
Digitales Geländemodell 190
Dimetrie 28
Direkte Deckenverkleidung 336
DL-Schraubverbindung 526
Dollen 379
Dolomitkalk 227
Dom St. Michael, Hildesheim 96
Dongle 134
Doppelter Anschlag 242
dorische Säule 90
Download 136
Drahtanker 258 ff.
Drahtgussglas 351
Drahtmodell 153
Drahtstifte 380
Drainbauteile 431
Drainschicht 513
Drainschichten 433
Drainung 430 ff.
Drainung, Lage 432
Drainungssinnbilder 432

Drainungsysteme 430
Drehflügeltür 337
Dreibanden-Leuchtstofflampe 446
Dreiecksgiebel 103
Dreifachisolierglas 352
dreilagige Deckung 424
Dresdner Zwinger 105
drückendes Wasser von innen 484
Drucker 132
Druckfestigkeit, Naturstein 219
Druckfestigkeitsklassen 290
Druckverteilungsbalken 246
Druckzwiebel 320
Dübel 385 f, 526
Dübelmaße 386
Dünnbettmörtel 228
Dünnbettverfahren 276
Dünnformat 225
Duobalken 374 f.
DUPLEX-System 524
Durchbrüche 248
Durchfeuchtungsschutz 259
Durchlaufträgeranschluss 529
Durchstoßpunkt 63
DVD 131
DWG-Format 136
DXF-Format 136
Dynamische Steifigkeit 490

E
Ebene 142
Echter Hausschwamm 414, 419
Eckperspektive 65 ff.
Edelputz 271
Editieren 148
Eigenfrequenz 490
Eigenschatten 75
Einbohrband 338 f.
Einbruchsicherung 448
Einfachfenster 344
Eingesägte Treppe 367
Eingeschobene Treppe 367
Einlassdübel 386
Einläufige Treppe 358
Einpressdübel 386
Einrichtungsgegenstände 124
Einrohrheizung 452
Einschaliges Bauteil 492
Einschaliges Mauerwerk 259
Einschalung 280
Einscheibenfensterglas 351
Einscheibensicherheitsglas 352
Einseitige Dübel 386
Einsteckschloss 338 f.
Einzelfundament 323
Eklektizismus 106 f.
Elastomerlager 495
Elektroinstallation 440
Elektroinstallation, Sinnbilder 443
Elektroinstallationspläne 443
Ellipse 26
Email 353
EN 8
Energieeinsparverordnung 471, 472, 473
– Änderung von Gebäuden 473
– Dichtheit, Mindestluftwechsel 473

- Nachweisverfahren 472
- Wärmeverteilungs- und Warmwasseranlagen 473
Energiesparhaus 504
Energiesparhaus Klassifizierung 504
Entwässerung, Planungsbeispiel 438
Entwässerungsplan 123
Entwässerungssysteme 435
Erdgeschossplan 115
Erdung 441
Ergonomie 134
Erhärtungszeit 281
Erstarrungsgestein 219
ESG 352
Estrich 271
Estrich auf Trennschicht 271f.
Estricharten 274
Estrichdicke 274f.
Estrichfestigkeiten 274f.
Evolutionsmethode 361
Expositionsklassen 284, 285f.

F
Fachwerk, alemannisch 101
Fachwerk, fränkisch-rheinisch 101
Fachwerk, sächsisch 101
Fachwerkbau 391f.
Fachwerkbinder 396
Fachwerksockel 394
Fahrzeugdarstellung 89
Fallleitung 435
Fallrohranschluss 421
Faltmarken 10
Faltung 10
Falzpfanne 427
Falzziegel 427, 429
Fang 143
Farbe 141
Faserzementplatte 329
Fassadenschnitt 119
Fehlerstromschutzschalter 441
Fels 320
Fels 534
Fenster 343ff.
Fensterabdichtung 348
Fensteranschlagarten 343, 348
Fensterbauteile 343
Fenstergrößen 347
Fenstermaßkette 149
Fensteröffnungsarten 343
Fensterprofilmaße 346
Fenstertür 345
Fernmeldeanlagen 449
Fertigbalkendecke 266
Fertighöhe 19
Fertigparkett 375
Fertigsturz 245
Fertigteilestrich 271f.
Fertigteilschornstein 252
Fertigteilschornsteinkopf 252
Festbeton 284
Festigkeitsklassen, Stahl 518
Festplatte 130f.
Feuchteschutz, klimabedingter 475ff.
Feuchthalten 281
Feuchtigkeitsschutz 460
Feuerwiderstandsklassen 497

Fiale 100
Filter 432
Filterschicht 513
Filzen 269
Finite Elemente 170
Firstdetail 400
FI-Schalter 441
Fitschen 338f.
Flachdachformen 423
Flachdachpfanne 427
Flächendrainung 430f.
Flächenfundament 323
Flächenmodell 153
Flächennutzungsplan 186f.
Flächenschattierung 155
Flachglas 351
Flachgründung 322
Flachpressplatte 327
Flachsturz 245
Flash over 497
Fledermausgaube 410
Fliesen 275
Fliesenarbeiten 275
Fliesenarten 275
Fliesenbodenbekleidung 278f.
Flieseneinteilung 458
Fliesenmaße 276
Fliesenuntergrund 276
Fliesenwandbekleidung 278
Fließbeton 284
Fließestrich 271f.
Fließgeräusch 496
Fluchtpunkt 62, 65, 66
Fluchtpunktperspektive 62
Flüssige Abdichtungsmasse 485
Flüssiggas 454
Flüssiggaslagerung 455
Folie 142
Formstahl 518
Freeware 136
Freiburger Münster 99
Freihandzeichenübung 81f.
Freihandzeichnen 80ff.
Freistellungen 109
Freiwange 367
Frequenz 490
Fresken 97
Fresko 271
Frischbeton 284
Frischholzinsekten 414
Frontalperspektive 63
Froschperspektive 63
Fruchtkörper 414, 419
Fugenbezeichnung 229
Fugenbild, Natursteinmauer 221
Fugendicke, Berechnung 243
Fugmörtel 228
Fundamentberechnung 323
Fundamentbewehrung 323
Fundamenterder 322
Fundamenterdungsschiene 441
Fundamentplan 118
Funktionsfläche 125
Furnier 378
Furnierdicken 330
Furnierplatte 326

Fußbodenheizung 452
Fußleisten 377
Futter und Bekleidung 337
F-Verglasung 353

G
Gasschmelzschweißen 524
Gaubengerüst 409
Gaubenkonstruktion 410f.
Gebäudeeinbettung 505
Gebäudeform 505
Gebäudesicherung 448, 537f.
Gefälle 437
Gefälleberechnung 437
Gefälleestrich 271
Gefälzte Schalung 332
Geflieste Böden 278f.
Geflieste Wände 278
Gehbereich 355
Gehobeltes Holz 372
Geländemodell, digitales 144
Geländerhöhe 356
Gelbdruck 8
gemauerte Öffnungsüberdeckung 241
Geschlossenes System 104
Geschossbalkendecke 390
Geschütteter Boden 534
gesprengter Giebel 103
Gespundete Profilbretterschalung 332
Gestemmte Treppe 367
Gestemmte Wange 367
Gewachsener Boden 320, 534
Gewendelte Treppe 358
Gewölbe, römisch 93
Giebel 43f.
Giebelanker 264
Giebelgaube 410
Gips 228
Gipsfaserplatte 329
Gipskartonplatte 329
Gipskartonverbundplatte 329
Gipsmörtel 228
Gipswandbauplatte 256
Glas 351
Glasbausteinwände 256f.
Glasbaustoffe 353
Glaser-Verfahren 482
Glasfaser 353
Glätten 269
Gleitlager 263
Glühlampen 446
Goldener Schnitt 27
Gotik 99ff.
Gotischer Verband 237
Gräben, Mindestbreiten 536
Grafikformate 155
Grafikkarte 130
Grafiktablett 132
Grat 43f.
Gratsparren 396
Grenadierschicht 232, 234
Grenzfrequenz 490
Grenzwerte für Mauerbögen 241
Griechische Baukunst 90
Großformatige Steine 226
Größtkorn 282

Grundbruch 322
Grundflächen 125f.
Grundflächenberechnung 125
Grundleitung 123, 435
Grundrisse 12, 108
Grundrisse gespiegelt 12
Gründungsart 322
Grundwasser 430 f, 484
Grundwasserverdrängung 539
Gussasphaltestrich 274f.
Gusseisenrohr 436
Gussglas 351
Güteklassen 373ff.
G-Verglasung 353
GV-Schraubverbindung 526

H
Haftwasser 430
Hagia Sophia 93
Hahnenbalken 404
Halbgestemmte Treppe 367
Halbrundbogen 242, 244
Halbrund-Holzschrauben 381
Hallenfassadenschnitt 531f.
Hammerrechtes Schichtenmauerwerk 220
Handlauf 356
Hangdrainung 539
Hängedachrinnen, halbrund 420
Hängewerk 397
Hardware 129
Hardwarelock 134
Harte Holzfaserplatte 328
Hauptnutzfläche 125
Hauptplatine 129
Hauptschiff 97
Hausanschlussraum 442
Hausbock 414, 418
Hausschornstein 248
Haustür 340ff.
HE-A 520
HE-B 520
Hebe-Schiebetür 337
Hebetür 345
Heizestrich 271ff.
Heizkreisregelung 454f.
Heizkreissteuerung 454f.
Heizöllagerung 454
Heizung 450 ff, 515
Heizungsanlagen, Leitungen 451
Heizungsanlagen, Sinnbilder 451
HeizungsanlagenVO 460
Heizungsraum 251
Heizungssteuerung 449
HE-M 521
Herzkammerflimmern 440
Hilfslinienraster 146
Hintermauerwerk 222
Historismus 106f.
Hobeldielen 375
Hochdruck-Natriumdampflampe 446
Hochkantschicht 232, 234
Hochromanik 97
Höhenangabe 19
Höhenbemaßung 19,20
Höhenkoten 163
Höhenlage, Leitungen 535

Hohlpfanne 427, 429
Hohlprofile 518
Hohlraumkoppelung 492
Holländischer Verband 236
Holz Vorzugsquerschnitte 375
Holz, Sichtqualität 374
Holz, Auslesequalität 374
Holz, Darstellung 378
Holz, Industriequalität 374
Holzarten 370
Holzarten 370
Holzarten Kurzbezeichnung 370
Holzarten Wachstum 370
Holzartenkurzbezeichnung 330
Holzbalkenauflager 389
Holzbalkendecke 335, 388
Holzbalkenlage 388
Holzdübel 379
Holzfaserplatte 328
Holzfeuchte 371 f, 374
Holznagel 379
Holzpflaster 377
Holzpflasteraufbau 377
Holzschraubenscheiben 380
Holzschutz
– Bekämpfungsmaßnahmen 415 f.
– Eindringtiefen 415
– Gefährdungsklassen 415
– Prüfprädikate 415
Holzschutzmittel
– ölige 415
– wasserlösliche 415
Holzspanwerkstoff 327
Holzständerwand 492
Holztrennwände 256
Holztreppe 367
Holzverbinder 386
Holzverbindungen 393 f.
Holzverbindungsmittel 331
Holzwerkstoff 326 f.
Holzwerkstoff, Darstellung 330
Holzwespe 414, 418
Holzwolle-Leichtbauplatte 328
Horizont 63
Horizontalbemaßung 20
Horizontale Aussteifung 533
Horizonthöhe 65
Hybrid-Plan 152
Hydraulischer Kalk 227
Hyperlinks 152
Hyphen 414
Hypokaustenanlage 91 f.

I
IAI 136
Icon 139
IFC 136
Industrieestrich 271
Infrarot-Detektoren 448
Inkreis 26
Innenputze, Putzsystem 270
Innenschale 258 f.
Innentür 337
Innere Leibung 241
Innerer Anschlag 241
Internet 135, 152

Ionische Säule 90
IPE 520
ISO 8
Isolierglas Handelsgrößen 346
Isometrie 28

J
Jugendstil 106

K
Kachelofen 455
Kalk 227
Kalkmörtel 228
Kalkzementmörtel 228
Kameraweg 157
Kammverbindungen 393
Kämpfer 244
Kanteneckenprojektion 69
Kapillarkondensation 483
Kapillarwasser 430
Kapitell 90, 100
Karolingischer Stil 94
Kartusche 103
Kassettendecke 336
Kastenfenster 344
Kastenrinne 421
Kathedrale 99 f.
Kavalierperspektive 28
Kegelschnitt 38 f.
Kehlbalken 404
Kehlbalkendach 404 ff.
Kehlbohle 396
Kehle 43 f.
Kehlsparren 396
Kellenwurf 269
Kellergeschossplan 117
Kellerschwamm 414, 419
Kerndämmung 259 f.
Kernholzbaum 371
Kernreifholzbaum 371
Kerve 398
Klammern 384
Klassizismus 106
Klaue 398
Klebeverbindung 524
Kleinstkorn 282
Klosett 462
Klosterkirche Hirsau 97
Knagge 405
Knochenhaueramtshaus 103
Köcherfundament 323
Kollektor 452
Kolossalordnung 105
Kolosseum 91
Kommunikation, betriebliche 137
Kompaktleuchtstofflampe 446
Konsistenz 284
Konstruktions-Grundfläche 125
Konstruktiver Holzschutz 330
Kontrollschacht 436
Konturverfolgung 150
Konvektion 450, 465
Konvektor 450
Koordinaten
– absolut 140

– kartesisch 140
– polar 140
– relativ 140
Koordinatenbemaßung 21
Kopfband 397
Kopfhöhe 355
Kopfplattenanschluss 529
Kopfverband 236
Kopieren 148
Korbbogen 26
korinthische Säule 90
Korndurchmesser 282
Körperschalldämmung 496
Körperschallsensoren 448
Korrosionsschutz 518 f.
Krankonsole 531
Kratzputz 270
Kreisbogenberechnung 242
Krempziegel 427
Kreuzausgabe 8
Kreuzgratgewölbe 98
Kreuzrippengewölbe 100
Kreuzungen, Verband 237 ff.
Kreuzverband 236
Krümmling 367
Krypta 97
Kunstharzputz 268
Künstliche Mauersteine 223 f.
Kunststoffdichtungsbahn 485
Kurzbefehl 139

L
L 521 f.
Lagenholz 326
Lageplan 189
Lagerfuge 232
Lagermatten 295, 315
– Verlegezeichnung 316
Laminat 375
Lampenarten 446
LAN 133
Längsfugen 260
Längsschnitte 12, 109
Lasten
– flächenförmige 280
– punktförmige 280
– streckenförmige 280
Lättchenverfahren 377
Läuferschicht 232, 235
Läuferverband 236
Lauflinie 355
Layer 142
Layout 157
Legierung 518
Lehm 227, 534
Leibung 241
Leichtbeton 285
Leichte Elementtrennwände 350
Leichte Trennwände 256
Leicht-Langlochziegel 226
Leicht-Langloch-Ziegelplatten 226
Leichtmörtel 228
Leimschichtholz 374
Leitungen, Höhenlage 535
Leitungsschutzschalter 441
Sicherungsautomat, Leuchtdichte 445

Lichtbogenschmelzschweißen 525
Lichte Durchgangshöhe 355
Lichtfarbe 445
Lichtkante 527
Lichtrichtung 445
Linienarten 16 ff.
Linienstärke 141
Löschen 148
Loslassgrenze 440
LSH 374
Luftdichte Ausführung 505
Luftfeuchte, relative 478 ff.
Luftschalldämmung 491
Luftschalldämpfung 493
Lüftung 511, 515
Lüftung 515
Lüftungsleitung 435

M
Magnesiaestrich 273 f.
Magnesitestrich 273 f.
Mainboard 129
Makros 152
Mansarddach 43
Märkischer Verband 236
Maßeinheiten 18
Maßeintragung 19
Massenermittlung 114
Maßlinie 18
Maßlinienbegrenzung 18
Maßordnung 229
Maßstäbe 11
Mattenbewehrung 170
Mattenliste 172
Mattenschneideskizze 172
Mauerarten 219
Mauerbogen, Berechnung 242
Mauerdicken 235 ff.
Mauerdicken über Terrain 264
Mauerfugen 219
Mauermaß 233
Maueröffnung 241
Mauerschicht 232, 234
Mauerschichthöhen 232
Mauersteinvorzugsformat 225
Mauerwerkbelüftung 259 f.
Mauerwerkbewehrung 255
Mauerwerksdehnfugen 257
Mauerwerksfestigkeit 228
Mauerwerksöffnungsüberdeckung 241
Mauerwerksspeicher 510 f.
Mauerwerksverankerung 264
Maus 132
mehrschaliges Bauteil 492
Mehrschicht-Leichtbauplatte 328
Meldepflicht 414, 415
Menschdarstellung 86 f.
Menschen 114
menschlicher Körper 86
Menü 139
Mergel 534
Merowingischer Stil 94
Messerfurnier 378
Metallband 485
Metallständerwand 492
Mindestgefälle, Abwasser 439

Mineralischer Putz 267 ff.
Mischmauerwerk 222
Mischsystem 435
Mischungsverhältnis, Mörtel 228
Mischungsverhältnisse, Putz 268
Mittelalter 94
Mittelbettverfahren 276
Mittenanschlag 347
Möblierungsschablone 124
Moderfäule 415
Modifizieren, Bauteile 145
Monitor 132
Montagewände 256
Mörtel 228
Mörtel, Fliesenarbeiten 276
Mörtelgruppe 228
Mörtelmischungsverhältnis 228
Mosaikparkett 375
MPEG 157
Mulmbock 414
Multilinie 143
Multiplexplatte 326
Mutterboden 320
MV-Blöcke 152
Myzel 414, 419

N
Nachbehandlung 290
Nadelschnittholz 372 f.
Nagekäfer
– gekämmter 414
– gewöhnlicher 414, 418
Nägel 379
Nagelarten 379, 380, 412 f.
Nagelmaße 412, 327
Nagelplatten 384
Nagelschablone 380, 412
Nagelverbindungen 380
Nassraum 461
Nationalsozialistische Architektur 107
Natürliche Baustoffe 509 f.
Natürlicher Hydraulischer Kalk 227
Naturputz 270
Naturstein, Druckfestigkeit 219
Natursteinmauer, Arten 221
Natursteinmauerwerk 220
Nebennutzfläche 125
Netto-Grundfläche 125, 127
Netto-Rauminhalt 125 ff.
Neuzeit 102 ff.
NF 225
Nicht belüftetes Dach 424 f
Nicht belüftetes Dach, Arten 424
Nicht bindiger Boden 320, 534
Nicht drückendes Wasser 484
Nicht notwendige Treppe 354
Nicht stauendes Sickerwasser 484
Nicht tragende Wände 255 f.
Niederschlagswasser 430
Niedertemperaturkessel 452
Niedervolt-Halogen-Glühlampe 446
Nietverbindung 524
Nordpfeil 124
Normalbeton 285
Normalformat 225
Normentwurf 8

Normschrift 13 ff.
Normtrittschallpegel 494
Normung 8
Notre Dame 94
Notwendige Treppe 354
Numerische Daten 154
Nutzbare Treppenlaufbreite 355
Nutzfläche 125

O
Oberflächenart 505
Oberflächenwasser 430 f.
Objektfang 143
Objektwahl
– Fenster 148
– Kreuzen 148
– Zaun 148
Ochsenauge 410
Offenes System 104
Öffnungsmaß 230, 233
Öffnungsüberdeckung 241, 246
Öl 454
Organischer Boden 320
Organischer Putz 268
Ortbeton 284
Ortbetonplatte 309 f.
– Bewehrung 311
– Drillbewehrung 310
– Lagermatten 311 f.
– Randausbildung 310
Ortgang 43 f.
Ortgang, Stahlhalle 528
Ottonik 94

P
Pan 141
Paneelverkleidung 332
Papierbereich 157
Parabel 27
Parallelperspektive 62
Parkett 375
Parkettaufbau 376
Parkettkonstruktionen 376
Parkettmuster 376
Parkettstäbe 375
Passbolzen 383
Peer-to-peer 133
Perspektive 62 ff, 155
Pfettendach 396
Pfettendach, Pfostenanschluss, Pfostenunterstützung 401, 403
Pfettendach, Strebenanschluss 399 f.
Pfettendacharten 397
Pfettendachbezeichnungen 397
Pfettendachstuhl 397
Pfettenunterstützung 398
Pfettenverstärkung, Stahl 398
Pflanzen 114
Pflanzendarstellung 87
Pfostenzapfen 394
Pilaster 103
Pilaster 97
Pilzdecke 266
Pilze
– holzverfärbende 414, 419
– holzzerstörende 414, 419

Pixelbild 152
Planungsbeispiel 158
Planzeichenverordnung 186
Planzusammenstellung 157
Platten
– einachsig gespannt 314
– zweiachsig gespannt 314
– Bewehrung 314
– Zweifeldplatte 313
Plattenarbeiten 276
Plattenbalken 280, 304, 307
Plattenbalkendecke 280
Plattendeckenverkleidung 336
Plattenheizkörper 450 f.
Plattentäfelung 332 f.
Plotten 157
Plotter 133
Plusdach 424
Podest 358 f.
Polygonale Feldbewehrung 171
Polylinie 143
Porenschwamm 414, 419
Poröse Holzfaserplatte 328
Positionsplan 168 f, 311, 313
Potenzialausgleich 441
Präsentation 138
Pressglas 353
Pressverlegung 377
Profilbauglas 353
Profilstahlsturz 245
Programmiersprachen 128
Projektionsebene 63
Proportionalmethode 360
Proxy Server 133
Prozessor 130
Pufferspeicher 452
Pufferung 508
Punktlinie 17
Putte 105
Putz 267
Putzbewehrung 269
Putzprofile 269
Putzschäden 271
Putzsystem, Außenputze 270
Putzsystem, Innenputze 270
Putztechnik 269
Putztechnik, Abziehen 269
Putzträger 268
PVC-Rohr 436

Q
Quadermauerwerk 220
Quadrat-Hohlprofile 523
Querschnitte 12, 109

R
Rabitzgewebe 269
Radialschnitt 371
Radiator 450 f.
Rähm 392
Rahmenbau 391
Rahmenecken 530
Rahmentäfelung 332 f.
Rahmentür 338 f.
RAM 130

Randbewehrung mit Bügelmatten 172
Rapputz 269
Raster 143
Rasterdaten 152
Rauchrohr 251
Rauminhalte 125 f.
Raumprogramm 108
Rauspunddielen 375
Raytracing 155
Rechnerisches Verziehen 365 f.
Rechteck-Hohlprofile 523
Reetdeckung 427
Referenzen, externe 152
Reformpfanne 427
Regelschichten extensiv begrünt 513
Regelschichten intensiv begrünt 513
Regelverband 236
Regenfallrohr 421
Regenwasser 123, 435
Region 144
Reiben 269
Reifholzbaum 371
Reihe 148
Renaissance 102 f.
Rendern 155
Revisionsöffnung, Schornstein 250
Rezeptmauerwerk RM 229 f.
Riegel 392
Riemchen 225
Ringanker 262
Ringbalken 262
Ringdrainung 430
Rippendecke 280
Rispenband 402
Rocaille 105
Rohbauhöhe 19
Rohdecke 265
Rohholz 372
Rohrdeckung 423, 427 f.
Rohrfilter 433
Rohrgrabenverbau 536
Rohrheizkörper 450
Rohrinstallation Dimensionierung 463
Rohrinstallation Sinnbilder 459
Rohrinstallation Verbindungen 459
Rohrinstallation Wärmedämmung 459
Rohrinstallation Werkstoffe 459
Rohrstutzen 421
Rollschicht 232, 234
Romanik 96 ff.
Römische Baukunst 91
Rundbogenfries 98
Runddachgaube 410
Rundholz 372
Rundstahlbewehrung – Stabstahlbewehrung 177 ff.
Rütteln 281

S
S(MS) 373
Sägefurnier 378
Sammelanschlussleitung 435
Sammelleitung 435
Sand 227
Sanitärapparate 456
Sanitäreinrichtungen 461 f.
Sanitärinstallation 456

Sanitärplanung 456
Sanitärstellflächen 457
Sanitärstellflächen Abstände 457
Satteldachgaube 410
Sattelwange 367
Säulenbündel 100
Schälfurnier 378
Schallabsorption 490
Schalldämmmaß 492f.
Schalldämpfende Decke 493
Schalldämpfende Wand 493
Schalldruck 490
Schalldruckpegel 490f.
Schallreflexion 490
Schallschutz 490
Schallschutzarten 490
Schallschutzglas 352
Schalplan 164ff.
Schalraum 535
Schalter 443
Schalterarten 443
Schalung mit Deckleisten 332
Schalungsstein 226
Schattenarten 75
Schaumglas 353
Scheibenbock 414
Scheinbalken 335
Scheinfugen 271
Scheitrechter Bogen 242
Scheuerleisten 377
Schichtenmauerwerk 220
Schichtmaß 243
Schichtwasser 430f.
Schieben 148
Schiebetür 337
Schieferdeckung 428
Schilfdeckung 427
Schimmelpilze 414
Schindeldeckung 428
Schlagschatten 75
Schlagschattenkonstruktion 75
Schlammfang 437
Schleppgaube 410
Schlesischer Verband 237
Schlitze 248
Schlitzwand 536f.
Schloss Wörlitz 106
Schluff 534
Schlupf- und Deckelschalung 332, 335
Schlussstein 100, 243
Schmutzwasser 123, 435
Schneideskizze 311, 316
Schneidschraube 526
Schnellbauschrauben 380f.
Schnitt 120, 153
Schnittflächenschraffur 23
Schnittklassen 373
Schnittlinien-Bemaßung 150
Schornstein 248
Schornsteinhöhen 249
Schornsteinkopf 249ff.
Schornsteinquerschnitte 252
Schornsteinreinigung 252
Schornsteinsanierung 254f.
Schornsteinschaft 249f.
Schornsteinvorschriften 248

Schornsteinwangen 249
Schraffieren 150
Schraffur 22ff.
– automatisch 150
– konturdefiniert 150
Schränkschicht 232
Schraubenabstände 527
Schraubenarten, Stahl 526
Schraubensymbole 527
Schraubverbindung 524
Schriftfeld 10
Schriftform 13
Schrifthöhen 13
Schriftneigung 13
Schuppendeckung 423, 426
Schutzestrich 271
Schutzisolierung 441
Schutzkleinspannung 441
Schutzlage 486
Schutzmaßnahmen 441
Schutzschicht 432, 486
Schutzstreifen 514
Schwalbenschwanz 400
Schwarze Wanne 487
Schweißnaht 524f.
Schweißnahtart 525
Schweißverbindung 524
Schweißverbindung, Darstellung 525
Schwerbeton 285
Schwimmende Pfahlgründung 324
Schwimmender Estrich 272 ff, 494
Scribble 155
Sechskant-Holzschrauben 381
Sechskantschrauben 382
Segmentbogen 242, 244
Segmentgiebel 103
Sehhilfen 135
Seitenschiff 97
Semper – Oper 106
Senk-Holzschrauben 381
Senkrechte Abdichtung 486
Serienschalter 443
Server 133
Setzbolzen 526
Setzstufe 354, 367
Setzung 320f.
Sgraffito 271
Shading 155
Sicherheitsabstände 535
Sicherheitsglas 352
Sickerschacht 431
Sickerschicht 432
Sickerwasser 430f.
Sieblinie 282
Sinnbilder, Entwässerung 438
Skalieren 148
Skelettbau 391
Skizzieren 82
Sockelleisten 377
Software 134
Softwareschutz 134
Sonneneinstrahlung 504
Sonnenschutz 511
Sortierklassen 373, 375
Spannbeton 319
Spannstähle 319

Sachwortverzeichnis

Spannverfahren 319
– nachträglicher Verbund 319
– sofortiger Verbund 319
Spanplatten-Schrauben 381
Sparrendach 404 ff.
Sparrendach, Traufpunkt 405
Sparrendachanschlüsse 405 ff.
Sparrenpfettenanker 387
Sparren-Pfettenverbindung 398
Sparschalung 332
Speicher 130
Speicherarten 511
Sperrtür 338
Spiegelung 155
Spindeltreppe 358
Spitzbogen 242, 244
Spitzbogenfenster 100
Spitzdachgaube 410
Spline 143
Splintholzbaum 371
Splintholzkäfer 414, 418
Sporen 414, 419
Spritzen, Putz 269
Spritzwasser 430 f.
Spritzwasserabstände 430
Sprossenarten 347
Stabbündel 298, 310
Stabdübel 383
Stabformen 309
Stabstahl 518
Stahl 518 ff.
Stahlbauwandarten 531
Stahlbetonbalken 304
Stahlbetonbauteile 280
Stahlbetonkassettendecke 266
Stahlbetonplattenbalkendecke 266
Stahlbetonrippendecke 266
Stahlbetonsturz 245
Stahlbetonstütze 308 f.
– Bügelabstände 309
Stahlbetontreppe 318 f.
– Bewehrungszeichnung 318
Stahleinlagen 280
Stahllisten 154
Stahlnägel 379
Stahlrohre 523
Stahlspundwand 536 f
Stahlstützen 528
Stahlträger 528
Stahlüberzüge 524
Stahlverbindungen 524 ff.
Stahlzarge 338
Standard-Leuchtstofflampe 446
Standardquerschnitte 374
Ständerbau 391
Standpunktentfernung 66 f.
Standpunktlage 63, 67
Standrohr 422
Standsicherheit, Mauerwerk 262
stark durchlässiger Boden 484
Stauwasser 430 f.
Steckdosen 443
Stehende Pfahlgründung 324
Steifigkeit, Gebäude 262
Steigungshöhe 354
Steinfestigkeiten 225 f.

Steinformat 225
Steinhöhe 232
Steinkurzzeichen 224
Steinrohdichte 224
Steinzeugrohr 436
Stockputz 270
Stockwerksrahmen 530
Stöße, Verband 238 ff.
Strahlung 135
Strangfalzziegel 427
Streamer 131
Strebe 392
Strebebogen 100
Strebezapfen 394
Strecken 148
Streifenfundament 322 F
Strichlinie 17
Strichpunktlinie 17
Strichzweipunktlinie 17
Stromleitungen 442
Stromschicht 232
Strömungsverhalten, Abwasser 437
Stromversorgung 516
Stromverteilung 442
Strukturdarstellung 87
Stufenart 359
Stufenbelag 359 f.
Stufenquerschnitt 358
Stufentragkonstruktion 366
Stumpfer Anschlag 241
Stützenanschluss 529
Stützenfuß 528
Stützenkopf 528
Stützweite, rechnerische 297 f.
Sumerische Baukunst 90
Symbole, Entwässerung 438
Symmetrische Wendelung 364

T

T 522
Tafelbau 391
Tafeldeckung 423, 426
Tangentialschnitt 371
Tastatur 131
Tastschalter 443
Tauperiode 480
Taupunkttemperatur 478
Tauwasserausfall 482
Tauwasserbildung 480
Tauwasserschutz 475 ff.
– bei Flachdächern 475
– bei geneigten Dächern 476
– Lüftungsebene 475, 476, 477
Teilbild 142
TEMEX 449
Temperaturverlauf 471
Termitenbefall 414
Textur 155
Tiefenwirkung 109
Tiefgründung 324
Tischlerplatte 327
Toolbar 139
Trägeranschluss 529
Trägerarten 529
Transportbeton 284
Trapezgaube 410

Traufdetail 399, 405
Traufe 43
Traufpunkt 399, 405
Treibhauseffekt 511
Trennfugen, Estrich 273
Trennlage 513
Trennschicht 486
Trennsystem 435
Trennwände in Holzbauart 256
Treppe zeichnen 368
Treppen 354 ff.
Treppenauge 358, 368
Treppenberechnung 355 ff.
Treppendarstellung 368
Treppenform 359
Treppengeländer 356
Treppenhandlauf 356
Treppenknickpunkt 368
Treppenlauflänge 354
Trinkwasser 456
Trinkwasserverteilung 456
Triobalken 374 f.
Trittschalldämmung Massivtreppe 495
Trittschalldämmung 494 f.
Trittschalldämmstoffe 273, 494
Trittschallpegel 494
Trockenholzinsekten 414
Trockenmauerwerk 220
Trogsteinsturz 245
Türarten 337
Türblatt 338
Türblattarten 339 f.
Türen 337
Türöffnungsarten 337
Türrahmen 337
Türrahmenarten 337 f.
Tympanon 98

U
U 521
Überbindemaß 232
Übergreifungslänge 300 f.
Übergreifungsstöße 301
– Querbewehrung 303
Überschobene Schalung 332
Ulmer Münster 94
Umgeworfener Verband 235
Umkehrdach 424
Umkreis 26
Umrissermittlung 84
Umwandlungsgestein 219
Umwehrung 356
unbelüftetes Dach 424 f.
Undo 148
Unregelmäßiges Schichtenmauerwerk 221
Unterboden-Speicherheizung 98
Unterdecke 265
Unterfangung 538
Unterlagen, bautechnische 297
Unterstützungskörbe 296, 317
U-Schalensturz 246

V
Varia 148
Vegetationsschicht 434, 513

Vektordaten 152
Verankern von Mauern 265
Verankerung Berechnung 258 f.
Verankerung 258 f.
Verankerungsarten 299
Verankerungslänge 297 f.
– Grundmaß 298, 300
Verarbeitungsregeln Natursteine 220
Verband 235 ff.
Verbandsregel Natursteinmauerwerk 220
Verbau 535
Verbesserungsmaß 494
Verbretterungen 332 f.
Verbundbedingungen 297, 299
Verbundestrich 271 f.
Verbundfenster 344
Verbundholzplatte 326
Verbundplatte 327
Verbundsicherheitsglas 352
Verdichten 281
Verdichtungsmaß 284
Verdunstungsperiode 480
Vereisung 539
Verfallung 396
Verglasungssysteme 349
Vergleichbare Luftschichtdicke 479, 480
Verkehrsfläche 125
Vernetzung 133
Verstäbung 332
Vertikalbemaßung 20
Vertikale Aussteifung 533
Verzahnung 234
Verziehen von Stufen 360 ff.
Verziehen, Schornstein 250
Vieleck 27
Viertelkreismethode 361, 363
Vierung 97
Vitruv 91
Vogelperspektive 63
Völkerwanderung 93
Vollfüllung 437
Volllinie 16
Volumenkörper 144
Volumenmodell 153
Volute 103
Vorbescheid 108
Vorentwurf 110
Vorentwurfszeichnung 108
Vorplanung 108
Vorsatzschale 492
Vorsprungsmaß 229, 233
VSG 352

W
w/z-Wert 283
Waagerechte Abdichtung 486
Wachstum 370
Walmdach 43
Walmgaube 410
Wände, Stahlhalle 529
Wandputz 267 ff.
Wandverkleidung 330
Wandwange 367
Wärmebrücke 466
– geometrischbedingte 466
– stoffbedingte 466

Wärmedämmstoffe 473, 474
Wärmedämmung 505ff.
Wärmedurchgang 470
Wärmedurchgangswiderstand 470
Wärmedurchlasskoeffizient 465
Wärmedurchlasswiderstand 466
– für leichte und schwere Bauteile 468
– Mindestwerte 468
Wärmedurchlasswiderstandsgruppe 253
Wärmeerzeuger 452
Wärmefunktionsglas 352
Wärmeleitfähigkeit, Rechenwert 465, 467
Wärmeleitung 450, 465
Wärmepumpe 452
Wärmeschutz 464
Wärmeschutzglas 351 f.
Wärmespeicher 510 f.
Wärmespeicherung 508
Wärmestrahlung 450, 465
Wärmeübergang 469
Wärmeübergangswiderstand 469
Warmwasserbereitung 460 f.
Warmwasserversorgung 515
Waschputz 271
Wasseraufnahme 483
– hygroskopische 483
– kapillare 483
Wasserdampf 478 ff.
– druck 478
– diffusion 479
– diffusion 479
– Sättigungsmenge 478
– sättigungsdruck 468
– teildruck 478
Wasserhaltung 539
Wasserhärte 456
Wasserhaushalt 516
Wasserundurchlässiger Beton 486
Wasserzementwert 283
Wechselplatte 131
Wechselschalter 443
Weißdruck 8
Weiße Wanne 487
Weißfäule 415
Weißkalk 227
Wendel 26
Wendeltreppe 358
wenig durchlässiger Boden 484
Werkbeton 284
Werktrockenmörtel 228

Werkzeugkasten 139
Westwerk 97
Wilder Verband 236
Windrispe 397, 403 f.
Windverbände, Kehlbalkendach 407
Wintergarten 511 f.
Wohnflächenberechnung 154
Würfelkapitell 98
Wurzelschutz 434
Wurzelschutzschicht 513

Z
Z 522
Zählerkasten 442
Zählernische 442
Zange 400
Zapfenverbindung 389
Zapfenverbindungen 394
Zargenrahmen 337
Zeichenblattformate 10
Zeichenfolien 9
Zeichengeräte 9
Zeichengrund 80
Zeichenmittel 80
Zeichenpapier 9
Zeichnungsmaßstäbe 11
Zeichnungsträger 9, 80
Zeilentext 151
Zement 227
Zementarten 281 f.
Zementestrich 274
Zementfestigkeitsklassen 282
Zementmörtel 228
Zentralperspektive 62 ff.
Zeughaus 103
Ziehen, Schornstein 250
Zonenheizung 509
Zoom 141
Zugabewasser 283
Zuganker, Mauerwerk 264
Zugriffsrechte 133
Zusatzmittel 273
Zuse, Konrad 128
Zweifachisolierglas 351 f.
zweilagige Deckung 424
Zweiläufige Treppe 358
Zweirohrheizung 452
Zweischaliges Außenmauerwerk 259
Zweischaliges Mauerwerk 257 ff.
Zyklopenmauerwerk 220